# MBA－MPA－MPAcc 管理类专业学位联考
# 数学高分一本通(附历年真题)

## （2026 版）

朱 杰　吴晶雯　王 炎 **编著**

★ 完全针对新考纲编写
★ 全面知识点分类剖析
★ 解析全部真题抓核心
★ 历年试题统计明重点
★ 实用解题技巧最给力

*明天的你，会感谢今天如此努力的自己！*

上海交通大学出版社
SHANGHAI JIAO TONG UNIVERSITY PRESS

## 内容提要

本书根据全国硕士研究生入学统一考试管理类专业学位联考综合能力考试最新大纲的要求，由知识点分类汇总以及2009—2025年全国管理类联考数学真题及解析两部分组成，是主编教师多年辅导管理类入学考试数学复习的经验之作。本书重视分析真题抓核心，普适性解法与实用解题技巧融会贯通。且每年都会及时更新全国管理类联考数学真题，以满足广大考生的要求。

本书适合参加管理类专业学位联考的考生及辅导老师参考阅读。

## 图书在版编目(CIP)数据

MBA‐MPA‐MPAcc 管理类专业学位联考数学高分一本通：附历年真题：2026 版 / 朱杰，吴晶雯，王炎编著.

上海：上海交通大学出版社，2025.3.—ISBN 978‐7‐313‐32437‐5

Ⅰ. O13

中国国家版本馆 CIP 数据核字第 20256LF000 号

**MBA‐MPA‐MPAcc 管理类专业学位联考**
**数学高分一本通(附历年真题)**
**(2026 版)**
MBA‐MPA‐MPAcc GUANLI LEI ZHUANYE XUEWEI LIANKAO
SHUXUE GAOFEN YIBENTONG（FU LINIAN ZHENTI）
**(2026 BAN)**

编　　著：朱　杰　吴晶雯　王　炎

出版发行：上海交通大学出版社　　　　　　　　　地　　址：上海市番禺路 951 号

邮政编码：200030　　　　　　　　　　　　　　　电　　话：021‐64071208

印　　制：常熟市文化印刷有限公司　　　　　　　经　　销：全国新华书店

开　　本：787mm×1092mm　1/16　　　　　　　印　　张：34.25

字　　数：834 千字

版　　次：2011 年 5 月第 1 版　2025 年 3 月第 15 版　　印　　次：2025 年 3 月第 23 次印刷

书　　号：ISBN 978‐7‐313‐32437‐5

定　　价：98.00 元

# 前　言

　　管理类专业学位联考(MBA，MPA，MPAcc)是专门为未来职场精英设计的选拔性考试，从内容和形式上都类似于国外商学院入学考试(GMAT)。考试分2张试卷，英语(满分100分)和综合能力卷(满分200分)。其中综合能力卷由3部分组成，数学基础(75分)、逻辑推理(60分)、写作(65分)。英语、综合都有单科线，要想进名校深造，那数学必须拿高分。

　　综合卷中的数学基础，由算术、代数、几何、数据分析(依照最新考纲)4个部分组成，主要考查考生的运算能力、逻辑推理能力、空间想象能力和数据处理能力，通过问题求解和条件充分性判断2种题型进行测试。考纲中明确指出，要求考生具有运用数学基础知识、基本方法分析和解决问题的能力。该考试与考生以往遇到过的数学考试的显著差别有以下2个方面。第一，条件充分性题型是考生在以往的考试(中考、高考等)中都没有遇到过的，该题型是一种带逻辑推理的数学试题。第二，综合能力卷三部分在一张试卷中，要在3小时内完成25道数学题、30道逻辑题、2篇作文的写作，可见对考生的能力和做题速度都有一定要求。数学内容不但要会做，而且要做得快！数学要考高分，我们认为必须重视以下3个要素：基本计算、基本知识点及其解法、实用解题技巧。数学要考高分，其实也不难。因为考试题型的限定，所以基本计算、基本知识点都是有限的，如能掌握实用的解题技巧，数学拿到60分应该不是问题！

　　如何复习？广大考生应该分阶段、有重点地进行系统复习安排。广大考生都是职场中的精英，平时工作都很忙，如何提高复习效率是大家最关注的问题。因此，我们建议广大考生要站在"巨人"的肩膀上，选择好的教辅书、专业的辅导老师、权威的辅导班，这样可以少走很多弯路，大大节约复习时间。我们曾个别辅导过一些数学困难户(年纪大、离开校园时间长、工作忙、没有时间复习、原本数学就比较弱等)，他们通过自身努力也考进了名校。实践证明，只要有恒心、有毅力、坚持不懈，就能圆名校梦，为今后的职业生涯加油！

　　本书是我们多年来在全国各大辅导班授课的总结，有如下特点：

（1）针对最新的考纲进行编写。

（2）知识点分类归纳,重视对历年真题的分析,考生能够透过真题的表面看到知识点的本质。笔者已经将1997年至今所有真题都以例题、习题的形式呈现给大家了。

（3）例题、习题都有详细解答,重要习题后有评注,帮助考生抓住要点。

（4）对历年考题中出现的知识点进行了统计,考生对什么是重点一目了然。

（5）针对考试题型的特点,专门有一章讲授一些实用解题技巧(以往的教辅书中从未有过)。

能写成此书,首先要感谢家人的支持与生活上对我的关心。其次,要感谢向明中学的恩师黄萃椿先生,他对数学的理解让我至今受用。最后,还要感谢我们的历届学员,是你们的鼓励与鞭策增强了我们写作的动力。在本书编写时,编者参阅了有关教辅书籍,引用了一些例子,在此一并向有关作者致谢。

由于编者水平有限,写作时间紧张,书中存在的错误和疏漏之处,恳请同行、广大考生指正。

朱 杰

新浪微博:考研数学朱老师

微信公众号:朱杰考研

2025年1月于上海

# 目 录

# 第 1 部分
# 数学考试情况介绍

# 数学考试内容、历年联考知识点分布统计、题型介绍

## 0.1 数学考试内容[①]

管理类专业学位联考(MBA、MPA、MPAcc、审计、工程管理、旅游管理、图书情报等)综合能力考试数学部分要求考生具有运用数学基础知识、基本方法分析和解决问题的能力.

综合能力考试中的数学部分(75分)主要考查考生的运算能力、逻辑推理能力、空间想象能力和数据处理能力,通过问题求解(15小题,每小题3分,共45分)和条件充分性判断(10小题,每小题3分,共30分)两种形式来测试.

数学部分试题涉及的数学知识范围如下.

### 0.1.1 算术

**1. 整数**
(1) 整数及其运算.
(2) 整除、公倍数、公约数.
(3) 奇数、偶数.
(4) 质数、合数.

**2. 分数、小数、百分数**

**3. 比与比例**

**4. 数轴与绝对值**

### 0.1.2 代数

**1. 整式**
(1) 整式及其运算.
(2) 整式的因式与因式分解.

**2. 分式及其运算**

**3. 函数**
(1) 集合.
(2) 一元二次函数及其图像.
(3) 幂函数、指数函数、对数函数.

---

[①] 参考《2025年全国硕士研究生招生考试管理类专业学位联考综合能力考试大纲》,教育部考试中心编,高等教育出版社,2024年9月.

**4. 代数方程**

(1) 一元一次方程.

(2) 一元二次方程.

(3) 二元一次方程组.

**5. 不等式**

(1) 不等式的性质.

(2) 均值不等式.

(3) 不等式求解:一元一次不等式(组),一元二次不等式,简单绝对值不等式,简单分式不等式.

**6. 数列、等差数列、等比数列**

## 0.1.3　几何

**1. 平面图形**

(1) 三角形.

(2) 四边形(矩形、平行四边形、梯形).

(3) 圆与扇形.

**2. 空间几何体**

(1) 长方体.

(2) 柱体.

(3) 锥体.

(4) 球体.

**3. 平面解析几何**

(1) 平面直角坐标系.

(2) 直线方程与圆的方程.

(3) 两点间距离公式与点到直线的距离公式.

## 0.1.4　数据分析

**1. 计数原理**

(1) 加法原理、乘法原理.

(2) 排列与排列数.

(3) 组合与组合数.

**2. 数据描述**

(1) 平均值.

(2) 方差与标准差.

(3) 数据的图表表示:直方图、饼图、数表.

**3. 概率**

(1) 事件及其简单运算.

(2) 加法公式.

(3) 乘法公式.

（4）古典概型.

（5）伯努利概型.

# 0.2　历年联考真题知识点分布统计

说明：

（1）2007 年 10 月起联考只考初等数学内容(不考微积分、线性代数).

（2）下表是对 2007 年 10 月至 2024 年 12 月(共 26 套试卷)所有真题按照新大纲知识点进行分类统计.

（3）考试中不少题目涉及多个知识点,则分值进行平分. 例如一题涉及 3 个知识点,则每个知识点 1 分.

**管理类联考历年真题知识点分布表**

| 模块　年份 | 整数 | 实数 | 比与比例 | 数轴与绝对值 | 整式 | 分式及其运算 | 函数 | 代数方程 | 不等式 | 数列 | 平面图形 | 平面解析几何 | 空间几何体 | 计数原理 | 概率 | 数据描述 | 应用题 |
|---|---|---|---|---|---|---|---|---|---|---|---|---|---|---|---|---|---|
| | (一)算数【15%】 | | | | (二)代数【27%】 | | | | | | (三)几何【22%】 | | | (四)数据分析【19%】 | | | (五)应用题【17%】 |
| 2025 | 6 | 3 | 9 | | | | 3 | | 3 | 6 | 12 | 6 | 3 | 3 | 9 | 3 | 9 |
| 2024 | 3 | | 3 | 4.5 | 3 | | 3 | | | 9 | 12 | 7.5 | 4.5 | 3 | 9 | | 10.5 |
| 2023 | 3 | 3 | 6 | 3 | | 3 | 3 | 3 | | 6 | 3 | 9 | 3 | 9 | 6 | 3 | 12 |
| 2022 | 4.5 | | 3 | 4.5 | 3 | | 4.5 | | 1.5 | 7.5 | 12 | | 3 | 7.5 | 6 | 3 | 15 |
| 2021 | 3 | 3 | 3 | 4.5 | | | 4.5 | | | 7.5 | 4.5 | 9 | 3 | 3 | 9 | 3 | 18 |
| 2020 | 1.5 | | 3 | 1.5 | 1.5 | 1.5 | 4.5 | | | 10.5 | 6 | 9 | 6 | 3 | 7.5 | 7.5 | 9 |
| 2019 | 7.5 | | 4.5 | 3 | | | 1.5 | 3 | 4.5 | 7.5 | 6 | 6 | | 3 | 4.5 | 6 | 9 |
| 2018 | | | 4.5 | 3 | | 3 | 6 | | 6 | 4.5 | 7.5 | 6 | 3 | 9 | 6 | 3 | 13.5 |
| 2017 | 3 | | 7.5 | 6 | | 3 | 1.5 | | | 7.5 | 9 | 3 | 6 | 3 | 9 | 4.5 | 12 |
| 2016 | 3 | | 3 | | | | 4.5 | | 4.5 | 6 | | 6 | 3 | 6 | 9 | | 12 |
| 2015 | 1.5 | | 3 | 3 | | 3 | 1.5 | 3 | 7.5 | 10.5 | 6 | 7.5 | 4.5 | 6 | | | 12 |
| 2014 在职 | 7.5 | | 3 | | 3 | | | 6 | 7.5 | 7.5 | 13.5 | 9 | 3 | 6 | 4.5 | 1.5 | 3 |
| 2014 | | | | | 3 | | | 3 | 3 | 6 | 9 | 6 | 3 | 6 | | | 12 |
| 2013 在职 | | | | 3 | | | 3 | 4.5 | 6 | 7.5 | 6 | 6 | | 3 | 6 | | 21 |
| 2013 | 3 | | 6 | 3 | 3 | | 6 | 3 | 6 | 7.5 | 4.5 | 3 | | 9 | 3 | | 9 |
| 2012 在职 | | | 12 | 4.5 | | | 6 | 1.5 | 3 | 9 | 9 | 6 | | 3 | 9 | | 12 |
| 2012 | 3 | | | | 3 | | 4.5 | 3 | 7.5 | 4.5 | 7.5 | 4.5 | 3 | 6 | 12 | | 13.5 |
| 2011 在职 | | | 3 | 3 | 3 | | | | 6 | 9 | 7.5 | 7.5 | | 3 | 9 | | 21 |
| 2011 | | 7.5 | 3 | | | 3 | | 1.5 | 3 | 9 | 7.5 | 6 | | 3 | 6 | | 13.5 |
| 2010 在职 | 3 | 3 | 1.5 | | 3 | 3 | 8.5 | 1 | | 9 | 4.5 | 16 | / | 4.5 | | | 9 |
| 2010 | 6 | | 4.5 | 3 | 3 | | 0.75 | | 6.75 | 9 | 7.5 | 1.5 | / | | | | 21 |
| 2009 在职 | 3 | 7.5 | | 6 | 3 | | 1.5 | | 3 | 6 | 3 | 9 | | | 4.5 | 1.5 | 15 |
| 2009 | | 7 | 4.5 | 4 | | 4 | 3 | 6 | 4 | 11.5 | 3 | 9 | | | 3 | 4.5 | 11.5 |
| 2008 在职 | 2 | 7 | | 10 | 2 | 3 | | 7 | 3 | 7 | 9 | 5.5 | | 5 | 3.5 | 4 | 8 |
| 2008 | | 1.5 | 2 | 4 | | | 2 | 3.5 | 6 | 8 | 5.5 | 15.5 | | 5 | 8 | | 14 |
| 2007 在职 | 2 | | 8 | 6 | 3 | | 3 | 5 | 8 | 8 | 3 | 9 | / | 3 | 4 | 2 | 10 |
| 百分比/% | 3.7 | 2.2 | 5.1 | 4.1 | 1.6 | 1.5 | 3.1 | 4.5 | 6.0 | 10.2 | 9.8 | 9.4 | 3.2 | 6.1 | 9.0 | 3.9 | 16.7 |

由表分析,总体来说,应用题、数列、平面解析几何、平面图形、概率等比较重要.但每年都有所变化,侧重点有所不同.

# 0.3  数学部分题型介绍

管理类专业学位联考数学部分有两种题型:问题求解(15 小题,每小题 3 分,共 45 分)和条件充分性判断(10 小题,每小题 3 分,共 30 分).下面分别做简要介绍.

## 0.3.1  问题求解题型

联考中的问题求解题型是大家非常熟悉的一般选择题,即要求考生从 5 个所列选项(A),(B),(C),(D),(E)中选择一个符合题干要求的选项,该题型属于单项选择题,有且只有一个正确答案.

该题型有直接解法(根据题干条件推出结论)和间接解法(由结论判断题干是否成立)两种解题方法.下面举例说明:

**例 0.1**  方程 $|x-|2x+1||=4$ 的根是(    ).

(A) $x=-5$ 或 $x=1$

(B) $x=5$ 或 $x=-1$

(C) $x=3$ 或 $x=-\dfrac{5}{3}$

(D) $x=-3$ 或 $x=\dfrac{5}{3}$

(E) 不存在

**解法 1**  原方程等价于 $x-|2x+1|=4$ 或 $x-|2x+1|=-4$.

即 $\begin{cases}2x+1\geqslant0,\\x-2x-1=4,\end{cases}$ $\begin{cases}2x+1<0,\\x+2x+1=4,\end{cases}$ 或 $\begin{cases}2x+1\geqslant0,\\x-2x-1=-4,\end{cases}$ $\begin{cases}2x+1<0,\\x+2x+1=-4.\end{cases}$

前面两组无解,从后两组可解出 $x=3$ 或 $x=-\dfrac{5}{3}$. 所以选(C).

**解法 2**  将 $x=-5$ 代入等式左边 $=|x-|2x+1||=14\neq4$,所以(A)不正确.同理可得(B)、(D)、(E)也不正确.故只有(C)正确.

解法 1 从题干出发,逐步导出结论,属于直接解法.解法 2 是排除不符合题干条件的选项,从而确定正确选项,属于间接法.

## 0.3.2  条件充分性判断题型

**1. 充分条件基本概念**

1) 充分条件的定义

对两个命题 A 和 B 而言,若命题 A 成立,肯定可以推出命题 B 也成立(即 A⇒B 为真命题),则称命题 A 是命题 B 成立的充分条件.

2) 条件与结论的定义

两个数学命题中,通常会有"条件"与"结论"之分,若由"条件命题"的成立,肯定可以推出"结论命题"也成立,则称"条件"充分.若由"条件命题"不一定能推出(或不能推出)"结论命题"成立,则称"条件"不充分.

**例 0.2** 　不等式 $x^2-5x-6<0$ 能成立.

(1) $1<x<3$ 　(2) $x>7$ 　(3) $x=5$ 　(4) $x<6$ 　(5) $-1<x<6$

此例中,题干"$x^2-5x-6<0$ 能成立",这个命题是"结论",下面分别给出的5个命题都是不同的"条件".

可以把它们按照条件充分与否分为两类:条件(1)、(3)、(5)充分;条件(2)、(4)不充分.

**2. 条件充分性判断题**

考试中有一类和其他考试不同的题目类型:条件充分性判断题.本类题要求判断所给出的条件能否充分支持题干中陈述的结论.即阅读每小题中的条件(1)和(2)后选择.

**请注意:全书此类题型都给出条件(1)和条件(2),判断后按如下规则选(A)～(E).**

(A) 代表:(1)充分,但是(2)不充分.

(B) 代表:(1)不充分,但是(2)充分.

(C) 代表:(1)单独不充分,(2)单独不充分,但条件(1)和(2)联合起来充分.

(D) 代表:(1)充分,(2)也充分,即(1)、(2)单独都充分.

(E) 代表:条件(1)和(2)单独都不充分,条件(1)和(2)联合也不充分.

**例 0.3** 　(条件充分性判断)[①]方程 $x^2-3x-4=0$.

(1) $x=-1$ 　　(2) $(x-4)^2=0, x\in \mathbf{R}$

**解法1** 　该题的关键是:由条件推结论.

(1) $x=-1$,则代入 $x^2-3x-4\Rightarrow x^2-3x-4=0$,所以满足要求.

因此(1)是结论 $x^2-3x-4=0$ 成立的充分条件.

(2) $(x-4)^2=0\Leftrightarrow x=4$,因此代入 $x^2-3x-4\Rightarrow x^2-3x-4=0$,所以满足要求.

因此(2)是结论 $x^2-3x-4=0$ 成立的充分条件.

所以(1)充分,(2)单独也充分.因此选择(D).

**解法2** 　可以先将结论化简,$x^2-3x-4=0\Leftrightarrow (x-4)(x+1)=0\Leftrightarrow x=-1$ 或 $x=4$,故(1)、(2)都是充分条件,因此选择(D).

**例 0.4** 　$x=-1$.

(1) 方程 $x^2-3x-4=0$ 　　(2) 满足不等式 $x^2+2x<0$

**解** 　(1) 方程 $x^2-3x-4=0\Leftrightarrow x=4$ 或 $x=-1$,所以(1)不充分.

(2) 满足不等式 $x^2+2x<0\Leftrightarrow x(x+2)<0\Leftrightarrow -2<x<0$,所以(2)不充分.

但是条件(1)与条件(2)联合,即 $x=4$ 或 $x=-1$ 且 $-2<x<0$,实质就是 $x=-1$,所以联合充分,应该选(C).

注意,此题特别容易犯的错误是将结论代入条件,认为都充分,此外还要注意与例0.3比较.

**例 0.5** 　$a>4$.

(1) $a>3$ 　　(2) $a>5$

**解** 　(1) $a>3$ 不能推出 $a>4$,所以(1)不充分.

(2) $a>5$ 可以推出 $a>4$,所以(2)充分.

所以(1)不充分,但是(2)充分,因此选择(B).

**例 0.6** 　$1/q>1$ 成立.

---

① 形如本题样式的都为条件充分性判断题,以后不再重复.

(1) $q < 1$　　(2) $q > 1$

**解法 1**　(1) 当 $q < 1$,例如 $q = -1$,则 $1/q > 1$ 不成立,故(1)不是充分条件.

(2) 当 $q > 1$,例如 $q = 2$,则 $1/q > 1$ 不成立,故(2)不是充分条件.

而且条件(1)与条件(2)不能联合,所以选择(E).

**解法 2**　将结论等价化简,$1/q > 1 \Leftrightarrow (1-q)/q > 0 \Leftrightarrow q(q-1) < 0 \Leftrightarrow 0 < q < 1$.

所以条件(1)、(2)都不充分.

**例 0.7**　$1/q \geqslant 1$ 成立.

(1) $q \leqslant 1$　　(2) $q \geqslant 1$

**解**　最终答案应该选(C),注意与例 0.6 比较.

**例 0.8**　$x \in (0, 1)$.

(1) $-1 \leqslant x \leqslant 1$　　(2) $0 < x < 2$

**解**　(1) 因为 $[-1, 1] \not\subset (0, 1)$,所以条件(1)不充分.(或者直接给个反例 $x = -0.5$)

(2) 因为 $(0, 2) \not\subset (0, 1)$,所以条件(2)不充分.(或者直接给个反例 $x = 1.5$)

条件(1)与(2)联合,得到 $0 < x \leqslant 1$,联合仍然不充分.

因为 $(0, 1] \not\subset (0, 1)$,关键是 $x = 1$ 时结论不成立.

所以选(E).

**3. 关于条件充分性试题的几点说明**

(1) 条件充分性问题永远是从条件出发推结论.

(2) 如果题目中的条件或者结论比较复杂,可以先做**等价化简**再做判断.

(3) 要说明条件充分,需要严格证明;要说明条件不充分,只要举出一个反例即可.

(4) 若条件包含在结论中(即条件范围比结论范围小)则条件充分,若条件不包含在结论中则条件不充分,常用于不等式范围的讨论,还要特别注意条件与结论中的等号.

(5) 条件充分性问题可以按照如下顺序做 3 个判断:

① 判断条件(1)单独是否充分.

② 判断条件(2)单独是否充分.

③ 有必要时进一步判断条件(1)与条件(2)联合起来是否充分.

第 2 部分

知识点精讲精练与历年
真题分类汇编

# 第1章

# 整　　数

## 1.1　基本概念、定理、方法

### 1.1.1　整数及带余除法

(1) 整数可分为两类:偶数及奇数. 两个相邻的整数必有一偶一奇. 例如 $n$,$n+1$ 这两个连续的自然数中必定有一个偶数.

(2) 整数包括正整数、负整数和零. 两个整数的和、差、积仍然是整数,但是用一个不等于零的整数去除另一个整数所得的商不一定是整数,因此,我们有以下整除的概念.

(3) 整除(定义):

设 $a$,$b$ 是任意两个整数,其中 $b \neq 0$,如果存在一个整数 $q$,使得等式 $a = bq$ 成立,则称 $b$ 整除 $a$ 或 $a$ 能被 $b$ 整除,记做 $b|a$,此时我们把 $b$ 叫作 $a$ 的因数,把 $a$ 叫作 $b$ 的倍数. 如果这样的 $q$ 不存在,则称 $b$ 不能整除 $a$,记做 $b \nmid a$.

例如 $2|6$,因为可以有等式 $6 = 2 \times 3$. 但 $2 \nmid 5$,因为 $5 = 2 \times 2 + 1$.

(4) 整除具有如下性质:

① 如果 $c|b$,$b|a$,则 $c|a$.

② 如果 $c|b$,$c|a$,则对任意的整数 $m$,$n$ 有 $c|(ma+nb)$.

(5) 带余除法(定理):

设 $a$,$b$ 是两个整数,其中 $b > 0$,则存在整数 $q$,$r$,使得

$$a = bq + r, \ 0 \leqslant r < b$$

成立,而且 $q$,$r$ 都是唯一的. $q$ 称为 $a$ 被 $b$ 除所得的不完全商,$r$ 称为 $a$ 被 $b$ 除所得的余数. 例如 $2$ 除 $11$,不完全商为 $5$,余数为 $1$,因为 $11 = 2 \times 5 + 1$.

(6) 由整除的定义及带余除法可知,若 $b > 0$,则 $b|a$ 的充分必要条件是带余除法中余数 $r = 0$.

(7) 用带余除法,根据余数我们可将整数集合分类. 若取 $b = 2$,则余数 $0 \leqslant r < 2$,即余数为 $0$ 和 $1$,则整数可分为 $2q$ 或 $2q+1$(即偶数和奇数两大类). 若取 $b = 3$,则整数可分为 $3q$,$3q+1$,$3q+2$ 三大类.

(8) 关于数的整除问题有如下一些小结论:

① 零能被任意非零自然数整除.

② 能被 2 整除的数,其个位数字是 $0$,$2$,$4$,$6$,$8$ 这 5 个数字中的一个.

③ 各位数字之和能被 3(或 9)整除的数必能被 3(或 9)整除.

④ 末两位能被 4 整除的数必能被 4 整除.

⑤ 末位是 0 或 5 的数必能被 5 整除.

### 1.1.2　质数、合数及算术基本定理

(1) 在正整数中,1 的正因数只有它本身,因此在整数中 1 占有特殊的地位. 任何一个大于 1 的整数,都至少有两个正因数,即 1 和这个整数本身. 将大于 1 的整数,按照它们含有正因数的个数分类,就得到关于质数和合数的概念.

(2) 质数和合数(定义):

一个大于 1 的整数,如果它的正因数只有 1 和它本身,则称这个整数是质数(或素数);一个大于 1 的整数,如果除了 1 和它本身,还有其他正因数,则称这个整数是合数(或复合数).

由定义可知:1 既不是质数也不是合数;大于 1 的整数可分为两类:质数及合数;2 是最小的质数,除了最小的质数 2 是偶数外,其余质数均为奇数;4 是最小的合数.

(3) 质数 $P$ 具有如下性质:

① 若 $P$ 是一质数,$a$ 是任一整数,则 $a$ 能被 $P$ 整除或 $a$ 与 $P$ 互质($P$ 与 $a$ 的最大公因数是 1).

② 设 $a_1$,$a_2$,$\cdots$,$a_n$ 是 $n$ 个整数,$P$ 是质数,若 $P | a_1 \cdot a_2 \cdot \cdots \cdot a_n$,则 $P$ 一定能整除其中一个 $a_k$.

(4) 整数的质因数分解(定理):

任何一个大于 1 的整数都能分解成若干个质数之乘积,即对于任一整数 $a > 1$,有

$$a = P_1 \cdot P_2 \cdot \cdots \cdot P_n,$$

式中:$P_1$,$P_2$,$\cdots$,$P_n$ 是质数,且要求 $P_1 \leqslant P_2 \leqslant \cdots \leqslant P_n$,则这样的分解式是唯一的.

例如,合数 60 可以质因数分解为 $60 = 2 \times 2 \times 3 \times 5$.

### 1.1.3　最大公因数和最小公倍数

(1) 公因数、互质(定义):

设 $a$,$b$ 是两个整数,若整数 $d$ 满足 $d | a$ 且 $d | b$,则称 $d$ 是 $a$,$b$ 的一个公因数(公约数). 整数 $a$,$b$ 的公因数中最大的一个称为 $a$,$b$ 的最大公因数(公约数),记为 $(a, b)$. 若 $(a, b) = 1$,则称 $a$,$b$ 互质.

例如,$a = 12$,$b = 30$,则 1,2,3,6 都是 $a$,$b$ 的公因数,其中最大的是 6,所以 6 是 12,30 的最大公因数.

(2) 公倍数(定义):

设 $a$,$b$ 是两个整数,若 $p$ 是整数,满足 $a | p$ 且 $b | p$,则称 $p$ 是 $a$,$b$ 的公倍数. $a$,$b$ 的所有公倍数中最小的正整数叫作 $a$,$b$ 的最小公倍数,记为 $[a, b]$.

例如,$a = 12$,$b = 30$,则 60,120,180 等都是 $a$,$b$ 的公倍数,其中最小的是 60,所以 60 是 12,30 的最小公倍数.

(3) 设 $a$,$b$ 是任意两个正整数,则有:

① $a$,$b$ 的所有公倍数都是最小公倍数 $[a, b]$ 的倍数,即若 $a | p$ 且 $b | p$,则 $[a, b] | p$. 例如 60 是 12,30 的最小公倍数,60 能够整除 120,180 等 12,30 的公倍数.

② 若 $a | p$ 且 $b | p$,且 $(a, b) = 1$(即 $a$,$b$ 互质),则 $a \cdot b | p$.

例如,$2 | 24$ 且 $3 | 24$,且 $(2, 3) = 1$,则 $2 \times 3 | 24$.

③ $[a, b] = \dfrac{ab}{(a, b)}$. 特别当 $(a, b) = 1$，则 $[a, b] = ab$.

例如，$a = 12$，$b = 30$，则 $(a, b) = 6$，$[a, b] = 60$，$ab = 360$.

## 1.2　知识点分类精讲

**【知识点 1.1】**　判断数的奇偶性

A. 奇数±奇数＝偶数　　　　奇数×奇数＝奇数

　　奇数±偶数＝奇数　　　　奇数×偶数＝偶数

　　偶数±偶数＝偶数　　　　偶数×偶数＝偶数

B. 若两个整数之和为奇数，则必定是一奇一偶；

　　若两个整数之积为奇数，则必定都是奇数.

**例 1.1**　已知 $a$，$b$，$c$ 三个数中有两个数是奇数，一个数是偶数，$n$ 是整数，如果 $S = (a + n + 1) + (b + 2n + 2) + (c + 3n + 3)$，那么（　　）.

(A) $S$ 为偶数

(B) $S$ 为奇数

(C) 当 $n$ 为偶数时，$S$ 是偶数；当 $n$ 为奇数时，$S$ 是奇数

(D) 当 $n$ 为偶数时，$S$ 是奇数；当 $n$ 为奇数时，$S$ 是偶数

(E) $S$ 的奇偶性不能确定

**解**　由于 $S = (a + n + 1) + (b + 2n + 2) + (c + 3n + 3) = (a + b + c) + 6(n + 1)$，又由于 $a$，$b$，$c$ 三个数中有两个数是奇数，一个数是偶数，因此 $a + b + c$ 一定为偶数. 从而 $S = (a + b + c) + 6(n + 1)$ 一定为偶数，故答案是(A).

〖评注〗　有时括号是阻碍，打开括号后可能豁然开朗.

**例 1.2**　已知 $m$，$n$ 都是整数，$m$ 是偶数.

(1) $3m + 2n$ 是偶数

(2) $3m^2 + 2n^2$ 是偶数

**解**　条件(1)：由于 $2n$ 是偶数，所以 $3m$ 也必须是偶数，而 3 是奇数，故 $m$ 是偶数，充分.

条件(2)：由于 $2n^2$ 是偶数，所以 $3m^2$ 也必须是偶数，而 3 是奇数，故 $m^2$ 是偶数，$m$ 必然是偶数，充分. 答案是(D).

**例 1.3**　(201001)有偶数位来宾.

(1) 聚会时所有来宾都被安排坐在一张圆桌周围，且每位来宾与其邻座性别不同

(2) 聚会时男宾人数是女宾人数的两倍

**解**　条件(1)中男女成对出现，所以有偶数位来宾，所以条件(1)充分.

条件(2)反例：男宾 2 人，女宾 1 人.

所以答案是(A).

〖评注〗　条件(1)中围着圆桌(或者绕圈)坐是关键.

**例 1.4** $m$ 为偶数.

(1) 设 $n$ 为整数, $m=n(n+1)$

(2) 在 $1$, $2$, $3$, $\cdots$, $1988$ 这 $1988$ 个自然数中相邻两个数之间任意添加一个加号或减号, 设这样组成的运算式的结果是 $m$

**解** 由条件(1), $m=n(n+1)$, 连续两个整数中, 正好一个奇数一个偶数, 从而 $m$ 是偶数, 所以条件(1)是充分的.

由条件(2), 在 $1$, $2$, $3$, $\cdots$, $1988$ 中有 $994$ 个偶数, $994$ 个奇数. $994$ 个偶数相加减必为偶数, $994$ 个(偶数个)奇数相加减也必为偶数, 所以其运算式的结果一定是偶数, 从而条件(2)也是充分的. 答案是(D).

【评注】 若将条件(2)改为: 在 $1$, $2$, $3$, $\cdots$, $1990$ 这 $1990$ 个自然数中相邻两个数之间任意添加一个加号或减号, 这样组成的运算式的结果还是偶数吗?

**例 1.5** $\dfrac{a+b}{2}$, $\dfrac{b+c}{2}$, $\dfrac{c+a}{2}$ 中至少有一个整数.

(1) $a$, $b$, $c$ 是三个任意的整数    (2) $a$, $b$, $c$ 是三个连续的整数

**解** 由条件(1), $a$, $b$, $c$ 是三个任意的整数, 因此 $a$, $b$, $c$ 中至少有两个奇数或两个偶数, 从而 $a+b$, $b+c$, $c+a$ 中至少有一个偶数, 即 $\dfrac{a+b}{2}$, $\dfrac{b+c}{2}$, $\dfrac{c+a}{2}$ 中至少有一个是整数.

由条件(2), $a$, $b$, $c$ 中正好有两个奇数或两个偶数, 因此 $a+b$, $b+c$, $c+a$ 中至少有一个是偶数, 从而 $\dfrac{a+b}{2}$, $\dfrac{b+c}{2}$, $\dfrac{c+a}{2}$ 中至少有一个是整数.

因此条件(1)和条件(2)都是充分的, 答案是(D).

【评注】 此题很容易认为条件(1)不充分, 思考的时候也需要比较仔细.

**【知识点 1.2】** 质数、互质、公因数、公倍数

解题技巧: 利用质因数分解解题

**A. 质数、合数的判断**

**例 1.6** (201001)三名小孩中有一名学龄前儿童(年龄不足 6 岁), 他们的年龄都是质数(素数), 且依次相差 6 岁, 他们的年龄之和为(    ).

(A) 21        (B) 27        (C) 33        (D) 39        (E) 51

**解** 年龄不足 6 岁, 其年龄只能是 2, 3, 5, 则年龄组合有三种可能:

① 2  8  14; ② 3  9  15; ③ 5  11  17

只有情况③全是质数, 所以年龄之和为 $5+11+17=33$. 答案是(C).

【评注】 注意 1, 7, 13 不是满足题目条件的一组数, 因为 1 不是质数.

**例 1.7** 某人左右两手分别握了若干颗石子, 左手中石子数乘 3 加上右手中的石子数乘 4 之和为 29, 则右手中的石子数为(    ).

(A) 奇数            (B) 偶数            (C) 质数

(D) 合数            (E) 以上结论均不正确

**解** 根据题意得, 左×3＋右×4＝29(奇数), 右＝(29－左×3)/4 为整数, 所以当左手中的石子数为 3 或 7 时, 才能整除, 得到右手中的石子数为 5 或 2. 因为 2 和 5 都是质数, 答案是(C).

〚评注〛 实际问题从整除性角度入手.如果这个题目问左手中的石子数,又如何分析?

## B. 有关质数的问题

**解题技巧(1):小质数用穷举法,大整数考虑用质因数分解**

**例 1.8** 如果 $132n$($n$ 为正整数)是一个自然数的平方,则 $n$(　　).

(A) 为质数　　　　　　(B) 为合数　　　　　　(C) 不是质数,也不是合数

(D) 为奇数　　　　　　(E) 以上结论均不正确

**解**　因为 $132 = 2^2 \times 3 \times 11$,又 $132n$ 是完全平方数,所以 $n$ 中必有 3 的奇数次幂和 11 的奇数次幂的因数,即 $n$ 有除 1 和自身以外的因数,故它是合数.答案是(B).

〚评注〛 质数与合数的区别关键是有没有除了 1 和自身以外的因数.

**例 1.9** 9 121 除以某质数,余数得 13,这个质数是(　　).

(A) 7　　　　　(B) 11　　　　　(C) 17　　　　　(D) 23　　　　　(E) 以上结论都错误

**解**　将 $9\,121 - 13 = 9\,108$ 分解得到 $9\,121 - 13 = 23 \times 11 \times 36$,其中质数为 23,答案是(D).

〚评注〛 在质因数分解的时候,一定要分解出比 13 大的质数,因为余数要比除数小.

**例 1.10** (200910)$a + b + c + d + e$ 的最大值是 133.

(1) $a$,$b$,$c$,$d$,$e$ 是大于 1 的自然数,且 $abcde = 2\,700$

(2) $a$,$b$,$c$,$d$,$e$ 是大于 1 的自然数,且 $abcde = 2\,000$

**解**　条件(1)有 $2\,700 = 2 \times 2 \times 3 \times 3 \times 3 \times 5 \times 5$,

所以 $a + b + c + d + e$ 的最大值为 $2 + 2 + 3 + 3 + 3 \times 5 \times 5 = 85$.

条件(2)有 $2\,000 = 2 \times 2 \times 2 \times 2 \times 5 \times 5 \times 5$,

所以 $a + b + c + d + e$ 的最大值为 $2 + 2 + 2 + 2 + 5 \times 5 \times 5 = 133$.

答案是(B).

〚评注〛 本题看似与质因数没有什么关系,但 $a$,$b$,$c$,$d$,$e$ 的乘积有了,可以从这个乘积入手进行质因数分解,因数之间差别越大则和越大.

**解题技巧(2):考虑用质因数结合奇偶性**

**例 1.11** 已知 $p$,$q$ 都是质数,以 $x$ 为未知数的方程 $px^2 + 5q = 97$ 的根是 1,则 $40p + 101q + 4$ 的值等于(　　).

(A) 2 003　　　(B) 2 004　　　(C) 2 005　　　(D) 2 006　　　(E) 2 007

**解**　将 $x = 1$ 代入方程,得 $p + 5q = 97$ 为奇数,于是 $p$,$5q$ 中一定有一个奇数、一个偶数,又由于 $p$,$q$ 都是质数,所以 $p$,$q$ 中必有一个等于 2.

若 $q = 2$,则 $p = 87$ 为合数,不合题意;若 $p = 2$,则 $q = 19$,符合题意.

将 $p = 2$,$q = 19$ 代入 $40p + 101q + 4$ 中得 $40 \times 2 + 101 \times 19 + 4 = 2\,003$.

故本题应选(A).

〚评注〛 两个质数之和为奇数,则其中一个质数必定为 2.

**解题技巧(3):考虑用质因数分解并结合整除性质来解题**

**例 1.12** $n$ 为大于 1 的正整数,则 $n^3 - n$ 必有约数(因数)(    ).

(A) 4        (B) 5        (C) 6        (D) 7        (E) 8

**解**   $n^3 - n = (n^2 - 1)n = (n-1)n(n+1)$,在三个连续的整数中必有一个是 3 的倍数,在两个连续的整数中必有一个是 2 的倍数(即偶数),因此,$3 | (n^3 - n)$,$2 | (n^3 - n)$,又 2,3 互质,所以 6 是 $n^3 - n$ 的约数.答案是(C).

【评注】   此题用到了三个连续整数中必定有一个是 3 的倍数,必定有一个是 2 的倍数,而且利用了质数、整除的性质.

**例 1.13**   三个质数之积恰好等于它们和的 5 倍,则这三个质数之和为(    ).

(A) 11        (B) 12        (C) 13        (D) 14        (E) 15

**解法 1**   设三个质数分别为 $P_1$,$P_2$,$P_3$,由已知 $P_1 P_2 P_3 = 5(P_1 + P_2 + P_3)$,即 $5 | P_1 P_2 P_3$,由于 5 是质数,从而 5 一定整除 $P_1$,$P_2$,$P_3$ 中的一个.

不妨设 $5 | P_1$,由于 $P_1$ 是质数,可知 $P_1 = 5$,因此,$5 P_2 P_3 = 5(5 + P_2 + P_3)$,得 $P_2 P_3 = 5 + P_2 + P_3$,$P_2 P_3 - P_2 - P_3 + 1 = 6$,$(P_2 - 1)(P_3 - 1) = 6$,又 $P_2$,$P_3$ 是整数,即 $P_2 = 2$,$P_3 = 7$ 或 $P_2 = 7$,$P_3 = 2$.所以 $P_1 + P_2 + P_3 = 14$.答案是(D).

**解法 2**   从正面解题比较困难,可以用选项排除法.由题意三个质数之积恰好等于它们之和的 5 倍.若(A)选项成立,则三个质数之积 $= 55 = 5 \times 11$,不能分成三个质数的乘积.只有(D)选项三个质数之积 $= 70 = 2 \times 5 \times 7$ 符合题意.

【评注】   此题有一定的难度.解法 1 中一个方程 $P_1 P_2 P_3 = 5(P_1 + P_2 + P_3)$ 要解三个未知数,综合利用了整除、质数的性质,解法 2 用选项排除的方法比较简单.

## C. 最大公因数、最小公倍数计算
**解题技巧:紧扣定义结合质因数分解**

**例 1.14**   $(a, b) = 30$,$[a, b] = 18\,900$.

(1) $a = 2\,100$,$b = 270$

(2) $a = 140$,$b = 810$

**解**   由条件(1),$a = 2 \times 2 \times 3 \times 5 \times 5 \times 7$,$b = 2 \times 3 \times 5 \times 9$,

从而知 $(a, b) = 2 \times 3 \times 5 = 30$,$[a, b] = 2 \times 2 \times 3 \times 5 \times 5 \times 7 \times 9 = 18\,900$,条件(1)是充分的.

由条件(2),$a = 2 \times 2 \times 5 \times 7$,$b = 2 \times 3 \times 3 \times 3 \times 3 \times 5$,

从而知 $(a, b) = 2 \times 5 = 10$,$[a, b] = 2 \times 2 \times 3 \times 3 \times 3 \times 3 \times 5 \times 7 = 11\,340$,条件(2)不充分.

答案是(A).

【评注】   以上利用质因数分解求最大公因数、最小公倍数是最标准的解法.

**例 1.15**   若某一长方形操场的长与宽均为整数,且其最大公约数为 20,其最小公倍数为 60,则该操场的面积为(    ).

(A) 200        (B) 600        (C) 1 200        (D) 1 800        (E) 2 400

**解法 1**   设该操场的长为 $m$、宽为 $n$,由于其最大公约数为 20,故可令 $m = 20p$,$n = 20q(p, q$ 互质$)$,此时其最小公倍数 $60 = 20pq$.操场的面积 $S = mn = 20p \cdot 20q = 20 \times 20pq = $

$20 \times 60 = 1\,200$.

**解法 2**　由经验结论知 $a \times b = (a, b) \times [a, b] = 20 \times 60 = 1\,200$.

答案是(C).

---

**【知识点 1.3】**　数的整除与带余除法

解题技巧：带余除法可转化为 $a = bq + r\,(0 \leqslant r < b)$ 的等式问题．反之，看到等式条件也要考虑利用整除来解题．

---

**例 1.16**　当整数 $n$ 被 6 除时，其余数为 3，则下列哪一项不是 6 的倍数？（　　）．

(A) $n-3$　　　(B) $n+3$　　　(C) $2n$　　　(D) $3n$　　　(E) $4n$

**解**　由已知 $n = 6k+3$，这里 $k$ 是整数，从而 $n-3 = 6k+3-3 = 6k$，$n+3 = 6k+3+3 = 6(k+1)$，$2n = 2(6k+3) = 12k+6 = 6(2k+1)$，$4n = 4(6k+3) = 6(4k+2)$，即 $n-3$，$n+3$，$2n$，$4n$ 都是 6 的倍数，而 $3n = 3(6k+3) = 6(3k+1)+3$，其余数 $r = 3$，即 $3n$ 不是 6 的倍数．

答案是(D).

〖评注〗　倍数问题也是整除问题，整除问题化为等式问题．

**例 1.17**　(200810)$\dfrac{n}{14}$ 是一个整数．

(1) $n$ 是一个整数，且 $\dfrac{3n}{14}$ 也是一个整数

(2) $n$ 是一个整数，且 $\dfrac{n}{7}$ 也是一个整数

**解**　条件(1)中 $\dfrac{3n}{14}$ 也是一个整数，3 与 14 互质，即 $n$ 是 14 的倍数，所以条件(1)充分．

条件(2)$\dfrac{n}{7}$ 也是一个整数，即 $n$ 是 7 的倍数，所以条件(2)不充分．（反例 $n = 7$）

答案是(A).

〖评注〗　判断一个数是否为整数，结合互质的性质考虑整除性．

**例 1.18**　若 $x$ 和 $y$ 是整数，则 $xy+1$ 能被 3 整除．

(1) 当 $x$ 被 3 除时，其余数为 1

(2) 当 $y$ 被 9 除时，其余数为 8

**解**　取 $x = 4$，$y = 1$，则知条件(1)不充分．

取 $y = 17$，$x = 2$，知条件(2)也不充分．

联合条件(1)和条件(2)，令 $x = 3q+1$，$y = 9l+8$，则 $xy+1 = (3q+1)(9l+8)+1 = 27ql + 24q + 9l + 9 = 3(9ql + 8q + 3l + 3)$，因此，$xy+1$ 能被 3 整除，答案是(C).

〖评注〗　利用带余除法公式将余数问题转化为等式问题．

**例 1.19**　自然数 $n$ 的各位数之积为 6．

(1) $n$ 是除以 5 余 3，且除以 7 余 2 的最小自然数

(2) $n$ 是形如 $2^{4m}$（$m$ 是正整数）的最小自然数

**解法 1**　由条件(1)，

$$n = 5k_1 + 3, \ n = 7k_2 + 2,$$

因此，$5k_1 + 3 = 7k_2 + 2$，$7k_2 = 5k_1 + 1$，则满足 $7 | 5k_1 + 1$ 的最小正整数 $k_1 = 4$，从而 $n = 5 \times 4 + 3 = 23$，$2 \times 3 = 6$，即条件(1)是充分的.

**解法 2**　用列举的方法. 根据 $n$ 是除以 5 余 3 的自然数，可以得到 $n$ 为 8，13，18，23，…，再满足除以 7 余 2 的最小自然数即为 23.

由条件(2)，应取 $m = 1$，$2^{4m} = 2^4 = 16$，即 $n = 16$，$1 \times 6 = 6$，条件(2)也是充分的.

答案是(D).

【评注】　条件(1)的解法 1，看到等式 $7k_2 = 5k_1 + 1$，就要想到整除"$7 | 5k_1 + 1$"；解法 2 说明有的时候罗列也是一个好办法.

**例 1.20**　有一个四位数，它被 131 除余 13，被 132 除余 130，则此数字的各位数字之和为(　　).

(A) 23　　　　(B) 24　　　　(C) 25　　　　(D) 26　　　　(E) 27

**解法 1**　设所求四位数为 $n$，由已知 $n = 131k_1 + 13 = 132k_2 + 130$，式中 $k_1$，$k_2$ 都为整数.

因为 $n = 131k_1 + 13 = 132k_2 + 130 = (131 + 1)k_2 + 131 - 1 = 131(k_2 + 1) + (k_2 - 1)$，

所以 $\begin{cases} k_1 = k_2 + 1 \\ 13 = k_2 - 1 \end{cases} \Rightarrow \begin{cases} k_1 = 15 \\ k_2 = 14 \end{cases}$，

所以 $n = 132 \times 14 + 130 = 1\,978$，此数字的各位数字之和为 25，答案是(C).

**解法 2**　四位数被 131，132 除商之间应该差 1，设四位数被 131 除商为 $a$，则四位数被 132 除商为 $a - 1$，则因为 $131a + 13 = 132(a - 1) + 130$，所以 $a = 15$. 答案是(C).

【评注】　解法 2 充分利用了商之间的关系，计算量比较小.

**例 1.21**　$8x^2 + 10xy - 3y^2$ 是 49 的倍数.

(1) $x$，$y$ 都是整数　　(2) $4x - y$ 是 7 的倍数

**解**　只有在整数范围内，条件(1)不充分，$8x^2 + 10xy - 3y^2$ 是某个整数的倍数才有意义，即条件(2)不充分，且条件(1)，(2)联合也不一定充分，因此，本题答案只能是(C)或(E).

由于 $8x^2 + 10xy - 3y^2 = (4x - y)(2x + 3y)$，由于 $2(2x + 3y) = 4x + 6y = (4x - y) + 7y$ 是 7 的倍数，而 $(2, 7) = 1$，因此 $7 | (2x + 3y)$，即 $8x^2 + 10xy - 3y^2 = (4x - y)(2x + 3y)$ 是 49 的倍数.

答案是(C).

【评注】　$4x - y$ 是 7 的倍数，则可设 $4x - y = 7q$（$q$ 为整数），将 $y = 4x - 7q$ 代入 $2x + 3y = 2x + 3(4x - 7q) = 14x - 21q = 7(2x - 3q)$，所以 $7 | (2x + 3y)$. 该方法转化为等式问题.

## 1.3　历年真题分类汇编与典型习题(含详解)

**1.** 三个 2 002 位数的运算 $\underbrace{99\cdots9}_{2\,002} \times \underbrace{88\cdots8}_{2\,002} \div \underbrace{66\cdots6}_{2\,002}$ 的结果中有(　　).

(A) 相邻的 2 001 个 3　　　(B) 相邻的 2 002 个 3　　　(C) 相邻的 2 001 个 2

(D) 相邻的 2 002 个 2　　　(E) 以上答案均不正确

**2.** 从 1 到 120 的自然数中,能被 3 整除或被 5 整除的数的个数是(　　)个.

(A) 64　　　　(B) 48　　　　(C) 56　　　　(D) 46　　　　(E) 72

**3.** 若 $5m+3n(m,n$ 是任意自然数)是 11 的倍数,则 $9m+n$(　　).

(A) 是 11 的倍数　　(B) 不是 11 的倍数　　(C) 对某些 $m,n$ 的值,是 11 的倍数

(D) 是 3 的倍数　　(E) 以上结论均不正确

**4.** 用长是 9 厘米、宽是 6 厘米、高是 5 厘米的长方体木块叠成一个正方体,至少需要这种长方体木块(　　)块.

(A) 2 700　　(B) 2 800　　(C) 3 000　　(D) 2 400　　(E) 2 200

**5.** 已知 $3a^2+2a+5$ 是一个偶数,那么整数 $a$ 一定是(　　).

(A) 奇数　　(B) 偶数　　(C) 任意数　　(D) 既可以是奇数也可以是偶数

(E) 质数

**6.** 一班同学围成一圈,每位同学的一侧是一位同性同学,而另一侧是两位异性同学,则这班的同学人数(　　).

(A) 一定是 4 的倍数　　　　　　(B) 不一定是 4 的倍数

(C) 一定不是 4 的倍数　　　　　(D) 一定是 2 的倍数,不一定是 4 的倍数

(E) 以上结论均不正确

**7.** 有一个正整数,除以 4 余 3,除以 5 余 4,除以 7 余 6.这个数最小是 $m$,则 $m$ 的各个数位之和为(　　).

(A) 6　　　　(B) 7　　　　(C) 13　　　　(D) 14　　　　(E) 9

**8.** 工人要在周长为 300 米的圆形花坛边等距离地栽上树.他们先沿着花坛的边每隔 3 米挖一个坑,当挖完 30 个坑时,突然接到通知改为每隔 5 米栽一棵树.这样,他们还要挖(　　)个坑才能完成任务?

(A) 50　　　　(B) 51　　　　(C) 52　　　　(D) 53　　　　(E) 54

**9.** $m+n=19.$

(1) $m,n$ 均为质数　　(2) $5m+7n=129$

**10.** 一个整数 $a$ 与 1 080 的乘积是一个完全平方数,则 $a$ 的最小值等于(　　).

(A) 2　　　　(B) 6　　　　(C) 10　　　　(D) 15　　　　(E) 30

**11.** 正整数 $n$ 是一个完全平方数.

(1) 对于每个质数 $p$,若 $p$ 是 $n$ 的一个因子,则 $p^2$ 也是 $n$ 的一个因子

(2) $\sqrt{n}$ 是一个整数

**12.** 已知 3 个质数的倒数和为 $\dfrac{1\,661}{1\,986}$,则这三个质数的和为(　　).

(A) 334　　　　(B) 335　　　　　　(C) 336

(D) 338　　　　(E) 不存在满足条件的三个质数

**13.** 有苹果、橘子各一筐,苹果有 240 个,橘子有 313 个,把这两筐水果平均分给一些小朋友,已知苹果分到最后余 2 个,橘子分到最后还余 7 个,求最多有多少个小朋友参加分水果?(　　).

(A) 14　　　　(B) 17　　　　(C) 28　　　　(D) 34　　　　(E) 32

**14.** (201310)$m^2n^2-1$ 能被 2 整除.

(1) $m$ 是奇数　　(2) $n$ 是奇数

**15.** (201410)$m^2-n^2$ 是偶数.

(1) $m$，$n$ 都是偶数　　(2) $m$，$n$ 都是奇数

**16.** (201410)两个相邻的正整数都是合数,则这两个数的乘积的最小值是(　　).

(A) 420　　　(B) 240　　　(C) 210　　　(D) 90　　　(E) 72

## 详解:

**1.** 【A】

解

$$\underbrace{99\cdots9}_{2\,002}\times\underbrace{88\cdots8}_{2\,002}\div\underbrace{66\cdots6}_{2\,002}=3\times\underbrace{33\cdots3}_{2\,002}\times2\times\underbrace{44\cdots4}_{2\,002}\div\underbrace{66\cdots6}_{2\,002}$$

$$=\underbrace{66\cdots6}_{2\,002}\times3\times\underbrace{44\cdots4}_{2\,002}\div\underbrace{66\cdots6}_{2\,002}$$

$$=3\times\underbrace{44\cdots4}_{2\,002}$$

$$=1\underbrace{33\cdots3}_{2\,001}2$$

〚评注〛　整数较复杂的运算,考虑提取公因子.

**2.** 【C】

解　1 到 120 中能被 3 整除的数可表示为 $3k$，$k=1$，$2$，$\cdots$，$40$. 能被 5 整除的数可表为 $5k$，$k=1$，$2$，$\cdots$，$24$ . 3 和 5 的最小公倍数 $[3,5]=15$，既能被 3 整除，又能被 5 整除的数一定是 15 的倍数,可表示为 $15k$，$k=1$，$2$，$\cdots$，$8$，从而能被 3 整除或被 5 整除的个数为 $40+24-8=56$ 个.

〚评注〛　注意不要重复计算个数.

**3.** 【A】

解　因为 $3(9m+n)=27m+3n=(5m+3n)+22m$，由于 $5m+3n$ 和 $22m$ 都是 11 的倍数,所以 $3(9m+n)$ 也是 11 的倍数. 又因为 3 与 11 互质,所以 $9m+n$ 是 11 的倍数.

故本题应选(A).

〚评注〛　倍数问题也是整除问题,转化为等式问题即可.因为要使用已知条件所以要乘以 3.

**4.** 【A】

解　由题设条件,经分析知叠成的正方体的棱长为 9，6，5 的最小公倍数,即 90,从而有 $\dfrac{90\times90\times90}{9\times6\times5}=$ $2\,700$，故选(A)

〚评注〛　最小公倍数的求法,正方体和长方体的体积公式.

**5.** 【A】

解　$3a^2+2a+5$ 是偶数,又 $2a$ 一定是偶数,故 $3a^2+5$ 也必须是偶数,即 $3a^2$ 应是奇数,选(A).

〚评注〛　加减的奇偶性问题.

**6.** 【A】

解　根据题意得到同学的排列规律:……男男女女男男女女……,也就是说有偶数个男生和偶数个女生,并且男生的人数等于女生的人数,所以全班人数一定是 4 的倍数.

〚评注〛　围成一圈很重要.

**7.** 【C】

解　观察各个余数,加 1 就可以同时被 4，5，7 整除,4，5，7 的最小公倍数为 140,则用 $140-1=139$ 就为所求的数,然后 $1+3+9=13$，故选(C).

〖评注〗　最小公倍数,商和余数的关系.

**8.【E】**

**解**　已经挖了 $(30-1)\times 3=87$ 米.3 米与 5 米重叠的那些坑可以不用,3 与 5 的最小公倍数为 15,$87\div 15=5$ 余 12,即有 $5+1$ 个坑不用动(分别是 0、15、30、45、60、75 米的坑),所以还需要挖 $300\div 5-6=54$ 个坑.

〖评注〗　植树问题:非封闭型植树(例如直线型):棵数 ＝ 段数 ＋1;封闭型(例如环形):棵数 ＝ 段数.

**9.【E】**

**解**　条件(1)和条件(2)显然单独都不充分,考虑两个条件联合.由于 $5m+7n=129$ 为奇数,从而 $5m$,$7n$ 中一定有一个奇数和一个偶数,又由于 $m$,$n$ 都是质数,所以 $m$,$n$ 中必定有一个等于 2.

若 $m=2$,则 $n=17$,于是 $m+n=19$;若 $n=2$,则 $m=23$,于是 $m+n=25$.

所以两个条件联合也不充分.

〖评注〗　两个质数之和为奇数,则其中一个质数必定为 2.

**10.【E】**

**解**　$1\,080=2^3\times 3^3\times 5$,要求 $1\,080a$ 是完全平方数,$a$ 的最小值为 $2\times 3\times 5=30$.

〖评注〗　完全平方数也用质因数分解解题.

**11.【B】**

**解**　取 $n=8=2\times 2\times 2$,条件(1)是满足的,但 $n=8$ 不是一个完全平方数.因此条件(1)是不充分的.条件(2),$\sqrt{n}=m$,$n=m^2$ 是一个完全平方数.因此条件(2)是充分的.

〖评注〗　完全平方数问题.

**12.【C】**

**解**　因为 $1\,986=2\times 3\times 331$,所以这三个质数可能是 2,3 和 331.检验它们三个是否满足条件:$\dfrac{1}{2}+\dfrac{1}{3}+\dfrac{1}{331}=\dfrac{5}{6}+\dfrac{1}{331}=\dfrac{5\times 331+6}{1\,986}=\dfrac{1\,661}{1\,986}$,满足.所以这三个质数的和为 336.

〖评注〗　分数通分,实质是找所有分母的最小公倍数,所以要对分母进行质因数分解.

**13.【D】**

**解**　由"苹果分到最后余 2 个"可知,$240-2=238$ 能被小朋友的人数整除;由"橘子分到最后还余 7 个"可知,$313-7=306$ 能被小朋友的人数整除.所以小朋友的人数是 238 和 306 的公约数,又要求的是最多的情况,即求 238 和 306 的最大公约数.

用分解质因数法,$238=2\times 119=2\times 7\times 17$,$306=2\times 3\times 3\times 17$,可知最大公约数是 $2\times 17=34$.

**14.【C】**

**解**　(1)与(2)单独显然不充分,考虑联合起来:$m^2 n^2-1=(mn)^2-1$.当 $m$ 和 $n$ 均为奇数时,$mn$ 为奇数,故 $m^2 n^2-1$ 为偶数.

**15.【D】**

**解**　条件(1) $m^2-n^2=(m+n)(m-n)=$ 偶数×偶数 → 偶数,

条件(2) $m^2-n^2=(m+n)(m-n)=$ 偶数×偶数 → 偶数,

即两个条件都充分.

**16.【E】**

**解法 1**　穷举法,依次列举出合数,为 4、6、8、9、10…发现 8 和 9 相邻,乘积 72 最小.

**解法 2**　反向验证,发现 72 最小,$72=8\times 9$ 符合题干条件,选(E).

# 第2章

# 实　数

## 2.1　基本概念、定理、方法

### 2.1.1　实数的分类

$$实数\begin{cases}有理数\begin{cases}整数(正整数、零和负整数)\\分数(正分数和负分数)\end{cases}\\无理数(即为无限不循环小数)\end{cases}$$

**注意:**

(1) 自然数是非负整数集,是由正整数和零组成的.

(2) 整数还有以下两种分类方法:

$$整数\begin{cases}偶数&2n\\奇数&2n\pm1\end{cases}(n\in\mathbf{Z})$$

$$正整数\begin{cases}1\\质数(也称为素数,它只有1和自身两个约数)\\合数(有除1和自身以外的约数)\end{cases}$$

两个相邻整数必为一奇一偶.除了最小质数 2 是偶数以外,其余质数均为奇数.任何一个合数都能分解为若干个质因数之积.

### 2.1.2　实数的性质

(1) 实数与数轴上的点一一对应.

(2) 若 $a$,$b$ 是任意两个实数,则在 $a<b$,$a=b$,$a>b$ 中有且只有一个关系成立.

(3) 若 $a$ 是任意实数,则 $a^2\geqslant0$ 成立(任意实数平方非负).

### 2.1.3　实数的运算

实数的加、减、乘、除四则运算符合加法和乘法运算的交换律、结合律和分配律.下面着重讨论一下实数的乘方和开方运算.

**1. 乘方运算**

(1) 当实数 $a\neq0$ 时,$a^0=1$,$a^{-n}=\dfrac{1}{a^n}$.

(2) 负实数的奇数次幂为负数;负实数的偶数次幂为正数.

**2. 开方运算**

(1) 在实数范围内,负实数无偶次方根;0 的偶次方根是 0;正实数的偶次方根有两个,它们互为相反数,其中正的偶次方根称为算术根. 当 $a > 0$ 时,$a$ 的平方根是 $\pm\sqrt{a}$,其中 $\sqrt{a}$ 是正实数 $a$ 的算术平方根.

(2) 在运算有意义的前提下,$a^{\frac{n}{m}} = \sqrt[m]{a^n}$.

### 2.1.4  实数的整数部分与小数部分

对于任意实数 $x$,用 $[x]$ 表示不超过 $x$ 的最大整数(从数轴上看,$[x]$ 应该在 $x$ 的左侧);令 $\{x\} = x - [x]$,称 $[x]$ 是 $x$ 的整数部分,$\{x\}$ 是 $x$ 的小数部分. 由定义可得出下列简单性质:

(1) $x = [x] + \{x\}$;        (2) $0 \leqslant \{x\} < 1$.

例如,3.8 的整数部分与小数部分:$[3.8] = 3$,$\{3.8\} = 0.8$,

$\qquad$ $\pi$ 的整数部分与小数部分:$[\pi] = 3$,$\{\pi\} = \pi - 3$,

$\qquad$ $-2.6$ 的整数部分与小数部分:$[-2.6] = -3$,$\{-2.6\} = 0.4$,

$\qquad$ $-e$ 的整数部分与小数部分:$[-e] = -3$,$\{-e\} = 3 - e$.

### 2.1.5  有理数

(1) 整数和分数统称为有理数. 任何一个有理数都可以写成分数 $\dfrac{m}{n}$ 的形式($m$,$n$ 均为整数,$n \neq 0$). 这是有理数与无理数本质的区别.

(2) 因为分数与有限小数和无限循环小数可以互化,所以又称有理数为有限小数和无限循环小数. 若 $(m, n) = 1$(即 $m$,$n$ 互质),则称 $\dfrac{m}{n}$ 为既约分数(最简分数).

(3) 两个有理数的和、差、积、商(分母不为零)仍然是一个有理数.

## 2.2  知识点分类精讲

**【知识点 2.1】**  有理数、无理数判断与差异

**例 2.1**  下列各式中正确的是(        ).

(A) 两个无理数的和是无理数

(B) 两个无理数的乘积是无理数

(C) 两个无理数的乘积是有理数

(D) 一个有理数和一个无理数的乘积是无理数

(E) 一个有理数和一个无理数相加减,其结果是无理数

**解**  两个无理数的和或差不一定是无理数. 例如,$a = 2 - \sqrt{3}$,$b = 2 + \sqrt{3}$,则 $a + b = 4$ 是有理数;两个无理数的乘积或商不一定是无理数,例如,$a = 2 - \sqrt{3}$,$b = 2 + \sqrt{3}$,则 $ab = 2^2 - 3 = 1$ 是有理数,若 $a = 3 - \sqrt{3}$,$b = 2 + \sqrt{3}$,则 $ab = 3 + \sqrt{3}$. 是无理数. 因此(A),(B),(C)都不正确.

一个有理数和一个无理数的乘积可能是有理数,也可能是无理数.例如,$a=0,b=2+\sqrt{5}$,则 $ab=0$ 是有理数;$a\neq0$,$a$ 为有理数,$b$ 为无理数,则 $ab$ 一定是无理数.因此(D)不正确.

一个有理数和一个无理数相减,其结果一定是无理数,即(E)是正确的.答案是(E).

〖评注〗　有理数的四则运算是有理数,无理数不成立.

**例 2.2**　已知 $x$ 是无理数,且 $(x+1)(x+3)$ 是有理数,则

①$x^2$ 是有理数;②$(x-1)(x-3)$ 是无理数;③$(x+1)^2$ 是有理数;④$(x-1)^2$ 是无理数.

以上结论正确的有(　　)个.

(A) 0　　　　(B) 1　　　　(C) 2　　　　(D) 3　　　　(E) 4

**解**　由 $x$ 是无理数、$(x+1)(x+3)=x^2+4x+3$ 是有理数,所以

(1) $x^2=x^2+4x+3-(4x+3)=$ 有理数 $-$ 无理数 $=$ 无理数.

(2) $(x-1)(x-3)=x^2-4x+3=(x^2+4x+3)-8x=$ 有理数 $-$ 无理数 $=$ 无理数.

(3) $(x+1)^2=x^2+2x+1=(x^2+4x+3)-(2x+2)=$ 有理数 $-$ 无理数 $=$ 无理数.

(4) $(x-1)^2=x^2-2x+1=(x^2+4x+3)-(6x+2)=$ 有理数 $-$ 无理数 $=$ 无理数.

因此②,④正确,所以选(C).

〖评注〗　结论要向已知条件靠拢,关键用到"有理数加减无理数为无理数".

**例 2.3**　(200710)$m$ 是一个整数.

(1) 若 $m=\dfrac{p}{q}$,其中 $p$ 与 $q$ 为非零整数,且 $m^2$ 是一个整数

(2) 若 $m=\dfrac{p}{q}$,其中 $p$ 与 $q$ 为非零整数,且 $\dfrac{2m+4}{3}$ 是一个整数

**解**　$m$ 能写成 $\dfrac{p}{q}$(其中 $p$ 与 $q$ 为非零整数),则 $m$ 是有理数.

条件(1)若 $m^2$ 是整数,则 $m$ 一定是整数.因此条件(1)是充分的.

条件(2)取 $m=\dfrac{5}{2}$,可知 $\dfrac{2m+4}{3}=3$ 是整数,但 $m$ 不是整数.因此条件(2)不充分.

答案是(A).

〖评注〗　有理数的平方是整数,则这个有理数是整数,无理数不成立.

**例 2.4**　$a=b=0$.

(1) $ab\geqslant0$,$\left(\dfrac{1}{2}\right)^{a+b}=1$

(2) $a,b$ 是有理数,$\beta$ 是任意无理数,且 $a+b\sqrt{\beta}=0$

**解**　由条件(1),$\left(\dfrac{1}{2}\right)^{a+b}=1$,则 $a+b=0$,而 $ab\geqslant0$ 则必有 $a=b=0$,

因此,条件(1)是充分的.

由条件(2),$a=-b\sqrt{\beta}$,若 $b\neq0$,则 $-b\sqrt{\beta}$ 是无理数,与 $a$ 是有理数矛盾,

从而 $b=0$,因此 $a=0$.即条件(2)也是充分的.

答案是(D).

〖评注〗　条件(2)$a+b\sqrt{\beta}=0$,等式右边 0 为有理数,所以无理数 $\sqrt{\beta}$ 前的系数 $b=0$.

例 2.5 (200910)若 $x,y$ 都是有理数,且满足 $(1+2\sqrt{3})x+(1-\sqrt{3})y-2+5\sqrt{3}=0$,则 $x,y$ 的值分别为(    ).

(A) 1, 3　　　　　(B) $-1$, 2　　　　　(C) $-1$, 3

(D) 1, 2　　　　　(E) 以上结论都不正确

**解** 原式整理为 $(x+y-2)+(2x-y+5)\sqrt{3}=0$,可得 $\begin{cases} x+y-2=0 \\ 2x-y+5=0 \end{cases} \Rightarrow \begin{cases} x=-1 \\ y=3 \end{cases}$,

所以选(C).

〖评注〗 等式两边的有理部分与无理部分应该对应相等.

【知识点 2.2】 实数有规律运算

例 2.6 (201301)已知 $f(x)=\dfrac{1}{(x+1)(x+2)}+\dfrac{1}{(x+2)(x+3)}+\cdots+$

$\dfrac{1}{(x+9)(x+10)}$,则 $f(8)=($    $)$.

(A) $\dfrac{1}{9}$　　　(B) $\dfrac{1}{10}$　　　(C) $\dfrac{1}{16}$　　　(D) $\dfrac{1}{17}$　　　(E) $\dfrac{1}{18}$

**解** $f(8)=\dfrac{1}{9\times10}+\dfrac{1}{10\times11}+\cdots+\dfrac{1}{17\times18}=\dfrac{1}{9}-\dfrac{1}{10}+\dfrac{1}{10}-\dfrac{1}{11}+\cdots+\dfrac{1}{17}-\dfrac{1}{18}=$

$\dfrac{1}{9}-\dfrac{1}{18}=\dfrac{1}{18}$. 答案是(E).

例 2.7 $(1^2+3^2+5^2+7^2+9^2)-(2^2+4^2+6^2+8^2+10^2)=($    $)$.

(A) 55　　　(B) $-55$　　　(C) 45　　　(D) $-45$　　　(E) 0

**解** 原式 $=(1^2-2^2)+(3^2-4^2)+\cdots+(9^2-10^2)$

$=(1-2)(1+2)+(3-4)(3+4)+\cdots+(9-10)(9+10)$

$=-1-2-3-4-\cdots-9-10=-55$.

答案是(B).

例 2.8 求值 $1\dfrac{5}{6}-2\dfrac{7}{12}+3\dfrac{9}{20}-4\dfrac{11}{30}+5\dfrac{13}{42}-6\dfrac{15}{56}=($    $)$.

(A) $-3$　　　(B) $-2$　　　(C) $-1$　　　(D) $-21/8$　　　(E) $21/8$

**解** 原式 $=(1-2+3-4+5-6)+\left(\dfrac{5}{6}-\dfrac{7}{12}+\dfrac{9}{20}-\dfrac{11}{30}+\dfrac{13}{42}-\dfrac{15}{56}\right)$

$=-3+\left(\dfrac{1}{2}+\dfrac{1}{3}-\dfrac{1}{3}-\dfrac{1}{4}+\dfrac{1}{4}+\dfrac{1}{5}-\cdots-\dfrac{1}{7}-\dfrac{1}{8}\right)$

$=-3+\left(\dfrac{1}{2}-\dfrac{1}{8}\right)=-\dfrac{21}{8}$.

答案是(D).

【知识点 2.3】 无理数运算:无理数开方,无理数分母有理化

例 2.9 $x=\sqrt{3}-1$.

(1) $x=\sqrt{8+2\sqrt{15}}$　　　(2) $x=\sqrt{4-\sqrt{12}}$

**解**　由条件(1)，$x=\sqrt{8+2\sqrt{15}}=\sqrt{3+2\sqrt{15}+5}=\sqrt{(\sqrt{3}+\sqrt{5})^2}=\sqrt{3}+\sqrt{5}$，即条件(1)不充分.

由条件(2)，$x=\sqrt{4-\sqrt{12}}=\sqrt{3-2\sqrt{3}+1}=\sqrt{(\sqrt{3}-1)^2}=\sqrt{3}-1$，从而条件(2)是充分的.

答案是(B).

〖评注〗　无理数的开方运算，关键是根号内的配方问题，配方往往从交叉项入手.

**例 2.10**　设 $x,y$ 是有理数，且 $(x-\sqrt{2}y)^2=6-4\sqrt{2}$，则 $x^2+3y^2=($　　$)$.

(A) 3　　　　(B) 4　　　　(C) 5　　　　(D) 6　　　　(E) 7

**解法 1**　因为 $6-4\sqrt{2}=(2-\sqrt{2})^2=(x-\sqrt{2}y)^2$，所以 $x=\pm2,y=\pm1$，所以 $x^2+3y^2=7$.

**解法 2**　由 $(x-\sqrt{2}y)^2=(x^2+2y^2)-2\sqrt{2}xy=6-4\sqrt{2}$，

得 $\begin{cases}x^2+2y^2=6\\2xy=4\end{cases}$，将 $y=\dfrac{2}{x}$ 代入 $x^2+2y^2=6$.

整理得，$x^4-6x^2+8=0$，$(x^2)^2-6x^2+8=0$，

从而 $x=\pm2,y=\pm1$，$x^2+3y^2=(\pm2)^2+3(\pm1)^2=7$. 所以选(E).

〖评注〗　显然开方运算解法 1 比较简单.

**例 2.11**　设 $\dfrac{\sqrt{5}+1}{\sqrt{5}-1}$ 的整数部分为 $a$，小数部分为 $b$，则 $ab-\sqrt{5}=($　　$)$.

(A) 3　　　　(B) 2　　　　(C) $-1$　　　　(D) $-2$　　　　(E) 0

**解**　$\dfrac{\sqrt{5}+1}{\sqrt{5}-1}=\dfrac{(\sqrt{5}+1)(\sqrt{5}+1)}{(\sqrt{5}-1)(\sqrt{5}+1)}=\dfrac{6+2\sqrt{5}}{4}=\dfrac{3+\sqrt{5}}{2}$，而 $\dfrac{5}{2}=\dfrac{3+\sqrt{4}}{2}<\dfrac{3+\sqrt{5}}{2}<\dfrac{3+\sqrt{9}}{2}=3$，

因此，$a=\left[\dfrac{3+\sqrt{5}}{2}\right]=2$，$b=\dfrac{3+\sqrt{5}}{2}-2=\dfrac{-1+\sqrt{5}}{2}$，即 $ab-\sqrt{5}=2\times\dfrac{-1+\sqrt{5}}{2}-\sqrt{5}=-1$.

答案是(C).

〖评注〗　分子分母都是无理数不方便考虑，分母有理化后形式就简单了，然后再考虑整数部分与小数部分. 如果整数部分计算正确的话，那么小数部分＝原数－整数部分.

**例 2.12**　$\left(\dfrac{1}{1+\sqrt{2}}+\dfrac{1}{\sqrt{2}+\sqrt{3}}+\cdots+\dfrac{1}{\sqrt{2\,004}+\sqrt{2\,005}}\right)\times(1+\sqrt{2\,005})=($　　$)$.

(A) 2 003　　　(B) 2 004　　　(C) 2 005　　　(D) 2 006　　　(E) 2 007

**解**　$\left(\dfrac{1}{1+\sqrt{2}}+\dfrac{1}{\sqrt{2}+\sqrt{3}}+\cdots+\dfrac{1}{\sqrt{2\,004}+\sqrt{2\,005}}\right)\times(1+\sqrt{2\,005})$

$=\left[\dfrac{(\sqrt{2}-1)}{(\sqrt{2}+1)(\sqrt{2}-1)}+\dfrac{(\sqrt{3}-\sqrt{2})}{(\sqrt{3}+\sqrt{2})(\sqrt{3}-\sqrt{2})}+\cdots+\dfrac{(\sqrt{2\,005}-\sqrt{2\,004})}{(\sqrt{2\,005}+\sqrt{2\,004})(\sqrt{2\,005}-\sqrt{2\,004})}\right]\times$

$(1+\sqrt{2\,005})=(\sqrt{2}-1+\sqrt{3}-\sqrt{2}+\cdots+\sqrt{2\,005}-\sqrt{2\,004})(1+\sqrt{2\,005})$

$=(-1+\sqrt{2\,005})(1+\sqrt{2\,005})=2\,005-1=2\,004$,答案是(B).

〖评注〗 分母有理化后注意规律.

例2.13 比较 $a=\sqrt{7}-\sqrt{2}$ 与 $b=\sqrt{8}-\sqrt{3}$ 的大小,可得(    ).

(A) $a=b$        (B) $a>b$        (C) $a<b$        (D) $2a<b$        (E) 无法判定

**解** $\sqrt{7}-\sqrt{2}=\dfrac{5}{\sqrt{7}+\sqrt{2}}$,$\sqrt{8}-\sqrt{3}=\dfrac{5}{\sqrt{8}+\sqrt{3}}$. 由于 $\sqrt{7}+\sqrt{2}<\sqrt{8}+\sqrt{3}$,

因此 $a=\dfrac{5}{\sqrt{7}+\sqrt{2}}>\dfrac{5}{\sqrt{8}+\sqrt{3}}=b$. 答案是(B).

〖评注〗 此题用到了分子有理化.

**【知识点2.4】 定义新的运算**

例2.14 对任意两个实数 $a$,$b$,定义两种运算:

$$a\oplus b=\begin{cases}a, & \text{如果 }a\geqslant b\\ b, & \text{如果 }a<b\end{cases} \quad\text{和}\quad a\otimes b=\begin{cases}b, & \text{如果 }a\geqslant b\\ a, & \text{如果 }a<b\end{cases}$$

那么算式$(5\oplus 7)\otimes 5$ 和算式$(5\otimes 7)\oplus 7$ 分别等于(    ).

(A) 5 和 5        (B) 5 和 7        (C) 7 和 7        (D) 7 和 5

(E) 以上结论均不正确

**解** 观察两种运算不难发现,$a\oplus b$ 的结果是取 $a$ 和 $b$ 中的较大者,$a\otimes b$ 的结果则取较小者,因此 $(5\oplus 7)\otimes 5=7\otimes 5=5$,$(5\otimes 7)\oplus 7=5\oplus 7=7$. 故本题应选(B).

〖评注〗 题中定义新的运算,要紧扣定义去解答.

例2.15 一个大于 10 的自然数,划去它的个位数字后得到一个新数,若原数除以新数商为13,则这样的原数共有(    ).

(A) 0 个        (B) 1 个        (C) 2 个        (D) 3 个        (E) 4 个

**解** 设这个大于 10 的自然数为 $\overline{a_1a_2\cdots a_n}$($a_i$ 为 0 到 9 这十个数中的一个),由已知 $\overline{a_1a_2\cdots a_n}=13\,\overline{a_1a_2\cdots a_{n-1}}$,所以 $10\,\overline{a_1a_2\cdots a_{n-1}}+a_n=13\,\overline{a_1a_2\cdots a_{n-1}}$,即

$$3\,\overline{a_1a_2\cdots a_{n-1}}=a_n.$$

由上面的等式可得 $a_n$ 是 3 的倍数且不为零,所以 $a_n$ 只能是 3,6 或 9,相应的 $\overline{a_1a_2\cdots a_{n-1}}$ 的值分别为 1,2,3,所以原数只能是 13,26,39.故本题应选(D).

〖评注〗 本题考虑数的结构问题,要学会用这种方法表示数,而且要联系各位数字之间的关系.

# 2.3 历年真题分类汇编与典型习题(含详解)

**1.** (200810)以下命题中正确的一个是(    ).

(A) 两个数的和为正数,则这两个数都是正数

(B) 两个数的差为负数,则这两个数都是负数

(C) 两个数中较大的一个其绝对值也较大

(D) 加上一个负数,等于减去这个数的绝对值

(E) 一个数的 2 倍大于这个数本身

**2.** (200810)一个大于 1 的自然数的算数平方根为 $a$,则与这个自然数左右相邻的两个自然数的算数平方根分别为(　　).

(A) $\sqrt{a}-1$, $\sqrt{a}+1$　　　　(B) $a-1$, $a+1$　　　　(C) $\sqrt{a-1}$, $\sqrt{a+1}$

(D) $\sqrt{a^2-1}$, $\sqrt{a^2+1}$　　　(E) $a^2-1$, $a^2+1$

**3.** 对于正整数 $a$, $b$ 规定 $a*b=a\times(a+1)\times(a+2)\times\cdots\times(a+b-1)$,那么 $(x*3)*2=3\,660$.

(1) $x=2$　　　(2) $x=4$

**4.** $x^6+y^6=400$.

(1) $x=\sqrt{5+\sqrt{5}}$, $y=\sqrt{5-\sqrt{5}}$

(2) $(x+1)^2+\sqrt{y-2\sqrt{2}}=0$

**5.** (200910)设 $a$ 与 $b$ 之和的倒数的 2 007 次方等于 1, $a$ 的相反数与 $b$ 之和的倒数的 2 009 次方也等于 1,则 $a^{2\,007}+b^{2\,009}=$(　　).

(A) $-1$　　　(B) 2　　　(C) 1　　　(D) 0　　　(E) $2^{2\,007}$

**6.** 设 $x$, $y$ 都是有理数,且满足方程 $\left(\dfrac{1}{2}+\dfrac{\pi}{3}\right)x+\left(\dfrac{1}{3}+\dfrac{\pi}{2}\right)y-4-\pi=0$,那么 $x-y=$(　　).

(A) 12　　　(B) $-6$　　　(C) 6　　　(D) 18　　　(E) 以上结论均不正确

**7.** 设 $a$, $b$, $c$ 为有理数,则 $a+\sqrt{2}b+\sqrt{3}c=\sqrt{5+2\sqrt{6}}$ 成立.

(1) $a=0$, $b=-1$, $c=1$

(2) $a=0$, $b=1$, $c=1$

**8.** 设 $\dfrac{\sqrt{5}+1}{\sqrt{5}-1}$ 的整数部分为 $a$,小数部分为 $b$,则 $a^2+\dfrac{1}{2}ab+b^2=$(　　).

(A) $3\sqrt{5}$　　　(B) 5　　　(C) $\sqrt{5}$　　　(D) 2　　　(E) 3

**9.** $4a^2+2a-2=-1$.

(1) $a$ 表示 $\dfrac{1}{3-\sqrt{5}}$ 的小数部分

(2) $a$ 表示 $3-\sqrt{5}$ 的小数部分

**10.** 有一个正的既约分数,如果其分子加上 24,分母加上 54 后,其分数值不变,那么此既约分数的分子与分母的乘积等于(　　).

(A) 24　　　(B) 30　　　(C) 32　　　(D) 36　　　(E) 38

**11.** $a$, $b$, $x$, $y$ 是 10(包括 10)以内的无重复的正整数,那么 $\dfrac{a-b}{x+y}$ 的最大值是(　　).

(A) $1\dfrac{2}{5}$　　　(B) $1\dfrac{4}{5}$　　　(C) 2　　　(D) $2\dfrac{1}{3}$　　　(E) 3

## 详解:

**1.【D】**

**解** 由 $3+(-2)=1$,$2-3=-1$,$2>-3$ 但 $|2|<|-3|$,$2\times(-1)<-1$,可知(A),(B),(C),(E)都不正确.所以选(D).

**2.【D】**

**解** 设 $n$ 为大于1的自然数,$\sqrt{n}=a$,则 $n=a^2$,$n-1$,$n+1$ 分别为 $a^2-1$,$a^2+1$,从而 $n-1$,$n+1$ 的算术平方根分别为 $\sqrt{a^2-1}$,$\sqrt{a^2+1}$.所以选(D).

**3.【E】**

**解** 由条件(1),当 $x=2$ 时,

$(x*3)*2=(2*3)*2=[2\times3\times(2+3-1)]*2=24*2=24\times25=600$,条件(1)不充分.

由条件(2),当 $x=4$ 时,

$(4*3)*2=[4\times5\times(4+3-1)]*2=120*2=120\times121=14\,520$,条件(2)也不充分.

〖评注〗 紧扣新运算的定义.

**4.【A】**

**解** 由条件(1),$x^2=5+\sqrt{5}$,$y^2=5-\sqrt{5}$,因此 $x^2+y^2=10$,$x^2y^2=20$,

$$x^6+y^6=(x^2)^3+(y^2)^3=(x^2+y^2)(x^4-x^2y^2+y^4)=10[(x^2+y^2)^2-3x^2y^2]$$
$$=10\times(100-60)=400.$$

因此条件(1)是充分的.

由条件(2),得 $x=-1$,$y=2\sqrt{2}$,则 $x^6+y^6=(-1)^6+(2\sqrt{2})^6=1+8^3=513$.

即条件(2)不充分.

〖评注〗 无理数运算怕高次,利用因式分解进行化简.

**5.【C】**

**解** 由已知条件,$\left(\dfrac{1}{a+b}\right)^{2\,007}=1$,$\left(\dfrac{1}{-a+b}\right)^{2\,009}=1$,

则有 $\begin{cases}a+b=1\\-a+b=1\end{cases}\Rightarrow\begin{cases}a=0\\b=1\end{cases}$,因此 $a^{2\,007}+b^{2\,009}=1$,选(C).

〖评注〗 考察实数的次方运算.

**6.【D】**

**解** 由于方程 $\left(\dfrac{1}{2}+\dfrac{\pi}{3}\right)x+\left(\dfrac{1}{3}+\dfrac{\pi}{2}\right)y-4-\pi=0$ 可化为 $\left(\dfrac{1}{2}x+\dfrac{1}{3}y-4\right)+\left(\dfrac{1}{3}x+\dfrac{1}{2}y-1\right)\pi=0$.所以有 $\begin{cases}\dfrac{1}{2}x+\dfrac{1}{3}y-4=0\\\dfrac{1}{3}x+\dfrac{1}{2}y-1=0\end{cases}$,即 $\begin{cases}3x+2y-24=0\\2x+3y-6=0\end{cases}$,解得 $x-y=18$.

〖评注〗 等式右边0为有理数,所以等式左边有理数$=0$,无理部分前系数$=0$.

**7.【B】**

**解** $\sqrt{5+2\sqrt{6}}=\sqrt{(\sqrt{2}+\sqrt{3})^2}=\sqrt{2}+\sqrt{3}$,

若 $a+\sqrt{2}b+\sqrt{3}c=\sqrt{5+2\sqrt{6}}=\sqrt{2}+\sqrt{3}$,则必须有 $a=0$,$b=1$,$c=1$ 成立.

〖评注〗 结论等式右边无理数开方运算.

**8.【B】**

**解** 因为 $\dfrac{\sqrt{5}+1}{\sqrt{5}-1}=\dfrac{(\sqrt{5}+1)^2}{4}=\dfrac{6+2\sqrt{5}}{4}=\dfrac{3+\sqrt{5}}{2}=\dfrac{4+\sqrt{5}-1}{2}=2+\dfrac{\sqrt{5}-1}{2}$,

其中 $0 < \dfrac{\sqrt{5}-1}{2} < \dfrac{\sqrt{9}-1}{2} = 1$，所以 $a = 2$，$b = \dfrac{\sqrt{5}-1}{2}$.

从而 $a^2 + \dfrac{1}{2}ab + b^2 = 4 + \dfrac{\sqrt{5}-1}{2} + \dfrac{(\sqrt{5}-1)^2}{4} = 4 + \dfrac{1}{2}(\sqrt{5}-1+3-\sqrt{5}) = 5$.

〖评注〗　分数无理数，分母有理化后求整数部分与小数部分.

**9.【A】**

**解**　结论等价化简：$4a^2 + 2a - 1 = 0 \Leftrightarrow a = \dfrac{-1 \pm \sqrt{5}}{4}$.

条件(1) $\dfrac{1}{3-\sqrt{5}} = \dfrac{(3+\sqrt{5})}{(3-\sqrt{5})(3+\sqrt{5})} = \dfrac{(3+\sqrt{5})}{4} \in \left[ \dfrac{5}{4}, \dfrac{6}{4} \right]$，

所以 $a = \left\{ \dfrac{1}{3-\sqrt{5}} \right\} = \dfrac{3+\sqrt{5}}{4} - 1 = \dfrac{\sqrt{5}-1}{4}$，所以条件(1)充分.

条件(2)因为 $0 = 3-\sqrt{9} < 3-\sqrt{5} < 3-\sqrt{4} = 1$，所以 $a = \{3-\sqrt{5}\} = 3-\sqrt{5}$，所以不充分.

〖评注〗　条件、结论同时等价化简，无理数分母有理化.

**10.【D】**

**解**　设此既约分数为 $\dfrac{x}{y}$，则由已知 $\dfrac{x+24}{y+54} = \dfrac{x}{y}$，整理得 $\dfrac{x}{y} = \dfrac{24}{54} = \dfrac{4}{9}$，因为 $(4, 9) = 1$，即 $x = 4$，$y = 9$，$xy = 36$.

〖评注〗　分子、分母设一下化为等式问题.

**11.【D】**

**解**　应考虑分子 $a-b$ 的值尽可能取较大的值，同时分母 $x+y$ 的值尽可能取较小的值，由于 $a$，$b$，$x$，$y$ 是 10(包括 10)以内的无重复的正整数，故只有以下 3 种情况：

$$\dfrac{10-1}{2+3} = \dfrac{9}{5} = 1\dfrac{4}{5}, \quad \dfrac{10-2}{1+3} = 2, \quad \dfrac{10-3}{1+2} = \dfrac{7}{3} = 2\dfrac{1}{3},$$ 其中最大的值是 $2\dfrac{1}{3}$.

〖评注〗　分子越大、分母越小，则分数最大，有限个可能情况罗列出来比较一下即可.

# 第3章

# 比与比例

## 3.1 基本概念、定理、方法

### 3.1.1 比、百分比

两个数 $a$, $b$ 相除又可称为这两个数 $a$ 与 $b$ 的比,记做 $a:b\left(a:b=\dfrac{a}{b}\right)$. 其中,$a$ 称为比的前项,$b$ 称为比的后项. 若 $a$ 除以 $b$ 的商为 $k$,则称 $k$ 为 $a:b$ 的比值.

比的基本性质:(1) $a:b=k\Leftrightarrow a=kb$; (2) $a:b=ma:mb\,(m\neq 0)$.

在实际应用时,常将比值表示为百分数,一般情况将以百分数的形式表示的比值称为百分比(或百分率). 若 $a:b=r\%$,则常表述为"$a$ 是 $b$ 的 $r\%$",即 $a=b\cdot r\%$.

### 3.1.2 比例外项、比例内项

如果两个比 $a:b$ 和 $c:d$ 的比值相等,就称 $a$, $b$, $c$, $d$ 成比例,记做 $a:b=c:d$,或 $\dfrac{a}{b}=\dfrac{c}{d}$. 其中,$a$ 和 $d$ 称为比例外项,$b$ 和 $c$ 称为比例内项.

当 $a:b=b:c$ 时,称 $b$ 为 $a$ 和 $c$ 的比例中项. 显然当 $a$, $b$, $c$ 均为正数时,$b$ 是 $a$ 和 $c$ 的几何平均值.

### 3.1.3 比例的性质

(1) 等式定理:$a:b=c:d\Rightarrow ad=bc$(将比例问题转化为等式问题).

(2) 更比定理:$\dfrac{a}{b}=\dfrac{c}{d}\Leftrightarrow\dfrac{a}{c}=\dfrac{b}{d}$.

(3) 反比定理:$\dfrac{a}{b}=\dfrac{c}{d}\Leftrightarrow\dfrac{b}{a}=\dfrac{d}{c}$.

(4) 合比定理:$\dfrac{a}{b}=\dfrac{c}{d}\Leftrightarrow\dfrac{a+b}{b}=\dfrac{c+d}{d}$.

(5) 分比定理:$\dfrac{a}{b}=\dfrac{c}{d}\Leftrightarrow\dfrac{a-b}{b}=\dfrac{c-d}{d}$.

(6) 合分比定理:$\dfrac{a}{b}=\dfrac{c}{d}=\dfrac{a\pm mc}{b\pm md}\overset{m=1}{=\!=}\dfrac{a\pm c}{b\pm d}$.

(7) 等比定理:$\dfrac{a}{b}=\dfrac{c}{d}=\dfrac{e}{f}=\dfrac{a+c+e}{b+d+f}$.

### 3.1.4 正反比

若 $y=kx\,(k\neq 0$,$k$ 为常数),则称 $y$ 与 $x$ 成正比,$k$ 为比例系数. 注意:并不是 $x$ 和 $y$ 同

时增大或减小才称为正比.比如当 $k < 0$ 时,$x$ 增大时,$y$ 反而减小.

若 $y = \dfrac{k}{x}$($k \neq 0$,$k$ 为常数),则称 $y$ 与 $x$ 成反比,$k$ 为比例系数.

### 3.1.5　一些重要关系

(1) 甲与乙的比例.

① 原值为 $a$,增长 $p\%$,则现值为 $a(1+p\%)$;原值为 $a$,下降 $p\%$,则现值为 $a(1-p\%)$;

② 甲是乙的 $p\%$ $\Leftrightarrow$ 甲 = 乙 $\times p\%$;乙是甲的 $\dfrac{n}{m}$ $\Leftrightarrow$ 乙 = 甲 $\times \dfrac{n}{m}$ $\Leftrightarrow$ 甲 = 乙 $\times \dfrac{m}{n}$;

③ 甲比乙大 $p\%$ $\Leftrightarrow$ 甲 = 乙 $\times (1+p\%)$ $\Leftrightarrow$ $\dfrac{\text{甲} - \text{乙}}{\text{乙}} = p\%$;

乙比甲小 $p\%$ $\Leftrightarrow$ 乙 = 甲 $\times (1-p\%)$ $\Leftrightarrow$ $\dfrac{\text{甲} - \text{乙}}{\text{甲}} = p\%$.

**特别注意**:甲比乙大 $p\%$ $\neq$ 乙比甲小 $p\%$;找准基准量,常设后者为基准量,尤其一个题目中出现多个百分比,每个基准量都不一样.

(2) 增减并存与恢复原值.

**增减并存**:$a(1+p\%)(1-p\%) < a$;$a(1-p\%)(1+p\%) < a$.

**恢复原值:**

先增后减:$a(1+p\%)(1-x) = a \Rightarrow x = \dfrac{p\%}{1+p\%}(<p\%)$;

先减后增:$a(1-p\%)(1+x) = a \Rightarrow x = \dfrac{p\%}{1-p\%}(>p\%)$.

(3) 变化率.

变化率 $= \dfrac{\text{变化量}}{\text{变前量}} \times 100\%$;增长率 $= \dfrac{\text{现值} - \text{原值}}{\text{原值}} \times 100\%$;减少率 $= \dfrac{\text{原值} - \text{现值}}{\text{原值}} \times 100\%$.

(4) 总量与部分量关系:总量 = 部分量/部分量对应的百分比.

## 3.2　知识点分类精讲

**【知识点 3.1】** 抽象比例问题

解题技巧:将比例问题转化为等式问题或者利用比例性质(合分比性质等).

**例 3.1**　$\dfrac{a+b}{c+d} = \dfrac{\sqrt{a^2+b^2}}{\sqrt{c^2+d^2}}$ 成立.

(1) $\dfrac{a}{b} = \dfrac{c}{d}$ 且 $a$,$b$,$c$,$d$ 均为正数

(2) $\dfrac{a}{b} = \dfrac{c}{d}$ 且 $a$,$b$,$c$,$d$ 均为负数

**解** (1) 令 $\dfrac{a}{b}=\dfrac{c}{d}=k \Rightarrow a=bk$，$c=dk$，代入等式左边 $\dfrac{a+b}{c+d}=\dfrac{bk+b}{dk+d}=\dfrac{b}{d}$，

等式右边 $\dfrac{\sqrt{a^2+b^2}}{\sqrt{c^2+d^2}}=\dfrac{\sqrt{(bk)^2+b^2}}{\sqrt{(dk)^2+d^2}}=\dfrac{|b|}{|d|}=\dfrac{b}{d}$，充分；

(2) 令 $\dfrac{a}{b}=\dfrac{c}{d}=k \Rightarrow a=bk$，$c=dk$，代入等式左边 $\dfrac{a+b}{c+d}=\dfrac{bk+b}{dk+d}=\dfrac{b}{d}$，

等式右边 $\dfrac{\sqrt{a^2+b^2}}{\sqrt{c^2+d^2}}=\dfrac{\sqrt{(bk)^2+b^2}}{\sqrt{(dk)^2+d^2}}=\dfrac{|b|}{|d|}=\dfrac{-b}{-d}=\dfrac{b}{d}$，充分；

答案是(D).

**例 3.2** (200901)对于使 $\dfrac{ax+7}{bx+11}$ 有意义的一切 $x$ 的值，这个分式为一个定值.

(1) $7a-11b=0$

(2) $11a-7b=0$

**解** 当 $bx+11 \neq 0$ 时，分式 $\dfrac{ax+7}{bx+11}$ 有意义.

由条件(1)，将 $a=\dfrac{11}{7}b$ 代入分式得，$\dfrac{ax+7}{bx+11}=\dfrac{\frac{11}{7}bx+7}{bx+11}$，显然不是一个定值，即条件(1)不是充分的.

由条件(2)，将 $a=\dfrac{7}{11}b$ 代入分式得，$\dfrac{ax+7}{bx+11}=\dfrac{\frac{7}{11}bx+7}{bx+11}=\dfrac{\frac{7}{11}(bx+11)}{bx+11}=\dfrac{7}{11}$，是一个定值，因此条件(2)是充分的.

答案是(B).

〖评注〗 利用合分比性质可以秒杀.

**【知识点 3.2】** 联比问题

解题技巧：将分数、小数联比化为整数比，常设联比比例系数转化为等式问题.

**例 3.3** (2002)设 $\dfrac{1}{x}:\dfrac{1}{y}:\dfrac{1}{z}=4:5:6$，则使 $x+y+z=74$ 成立的 $y$ 值是（　　）.

(A) 24　　　(B) 36　　　(C) 74/3　　　(D) 37/2　　　(E) 以上结论都不正确

**解法 1** 比例问题常可设比例系数求解. 由已知 $\dfrac{\frac{1}{x}}{4}=\dfrac{\frac{1}{y}}{5}=\dfrac{\frac{1}{z}}{6}=k$，则 $\dfrac{1}{4k}+\dfrac{1}{5k}+\dfrac{1}{6k}=74$，解出 $k=\dfrac{1}{120}$，得到 $y=24$，答案是(A).

**解法 2** 由比例性质得到 $x:y:z=\dfrac{1}{4}:\dfrac{1}{5}:\dfrac{1}{6}=15:12:10$. 根据 $x+y+z=74$ 得 $y=2\times 12=24$.

〖评注〗 将联比设为比例系数转化为等式问题是求解的好方法.

**例 3.4** (200710)某产品有一等品、二等品和不合格品 3 种，若在一批产品中一等品件

数和二等品件数的比是 $5:3$,二等品件数和不合格品件数的比是 $4:1$,则该产品的不合格品率约为(　　).

(A) 7.2%　　　(B) 8%　　　(C) 8.6%　　　(D) 9.2%　　　(E) 10%

**解法 1**　设一等品、二等品和不合格品的件数分别为 $a$, $b$, $c$,由已知 $\dfrac{a}{b}=\dfrac{5}{3}$, $\dfrac{b}{c}=\dfrac{4}{1}$,

因此 $\dfrac{c}{a+b+c}=\dfrac{\frac{1}{4}b}{\frac{5}{3}b+b+\frac{1}{4}b}=\dfrac{3}{35}\approx 8.6\%$,答案为(C).

**解法 2**　一等品件数和二等品件数的比是 $5:3=20:12$,二等品件数和不合格品件数的比是 $4:1=12:3$,所以一等品件数:二等品件数:不合格品件数 $=20:12:3$,所以不合格品率为 $3/(20+12+3)\approx 8.6\%$.

〔评注〕　已知部分比例关系,求总体比例.解法 2 利用最小公倍数转化为联比问题.

例 3.5　某公司得到一笔贷款共 68 万元,用于下属 3 个工厂的设备改造.结果甲、乙、丙 3 个工厂按比例分别得到 36 万元、24 万元和 8 万元.

(1) 甲、乙、丙 3 个工厂按 $\dfrac{1}{2}:\dfrac{1}{3}:\dfrac{1}{9}$ 的比例分配贷款

(2) 乙厂所得款额恰是甲厂所得款额与丙厂所得款额的 2 倍的比例中项

**解**　设甲、乙、丙 3 个工厂分别得到贷款 $x$, $y$ 和 $z$(万元).结论是: $x=36$, $y=24$, $z=8$.由条件(1), $x:y:z=\dfrac{1}{2}:\dfrac{1}{3}:\dfrac{1}{9}=9:6:2$,设一份为 $a$,则 $x=9a$, $y=6a$, $z=2a$,由已知 $9a+6a+2a=68$,所以 $a=4$,所以 $x=36$, $y=24$, $z=8$. 所以条件(1)充分.

条件(2)可得出 $\begin{cases} x+y+z=68 \\ y^2=2xz \end{cases}$,当 $x=8$, $y=24$, $z=36$ 时,方程组成立,但题干结论不成立,所以条件(2)不充分.答案是(A).

〔评注〕　条件(2)这个方程比较难解,但将结论代入验证方程成立,这样判断条件充分是严重的解题逻辑错误.

---

**【知识点 3.3】**　正反比问题
解题技巧:紧扣正反比的定义,用待定系数法求解比例系数.

---

例 3.6　已知 $y=y_1-y_2$,且 $y_1$ 与 $\dfrac{1}{x^2}$ 成反比例, $y_2$ 与 $\dfrac{1}{x+2}$ 成正比例. 当 $x=1$ 时, $y=-\dfrac{1}{2}$;又当 $x=-1$ 时, $y=-\dfrac{5}{2}$,那么 $y$ 可用 $x$ 来表示的式子是(　　).

(A) $y=-\dfrac{x^2}{2}+\dfrac{1}{x+2}$　　　(B) $y=\dfrac{x^2}{2}-\dfrac{3}{x+2}$　　　(C) $y=\dfrac{1}{x^2}-\dfrac{3}{x+2}$

(D) $y=-\dfrac{1}{x^2}-\dfrac{3}{x+2}$　　　(E) 以上都错

**解**　由题意,有 $y_1=\dfrac{k_1}{\frac{1}{x^2}}=k_1 x^2$, $y_2=k_2\cdot\dfrac{1}{x+2}$ 所以 $y=y_1-y_2=k_1 x^2-\dfrac{k_2}{x+2}$,

将 $x=1$ 时，$y=-\dfrac{1}{2}$；$x=-1$ 时，$y=-\dfrac{5}{2}$ 代入，得到 $\begin{cases} -\dfrac{1}{2}=k_1-\dfrac{k_2}{3} \\ -\dfrac{5}{2}=k_1-k_2 \end{cases}$，解 $\begin{cases} k_1=\dfrac{1}{2} \\ k_2=3 \end{cases}$.

从而 $y=\dfrac{x^2}{2}-\dfrac{3}{x+2}$ $(x\neq -2)$，答案是(B).

〖评注〗 解本题的关键是正确掌握正、反比例的概念，用待定系数法列出方程组. 其中 $y_1$ 与 $\dfrac{1}{x^2}$ 成反比及 $y_2$ 与 $\dfrac{1}{x+2}$ 成正比的比例系数 $k_1$、$k_2$ 在一般情况下是不同的，不能设为同一字母.

**例 3.7** 某商品的销售对于进货量的百分比与销售价格成反比，又销售价格与进货价格成正比. 当进货价格为 6 元时，可售出进货量的百分比为 2/3.

(1) 销售单价为 8 元时可售出进货量的 80%

(2) 进货价格为 5 元，销售价格为 8 元

**解** 可售出进货量的百分比与销售价格成反比，即可售出进货量的百分比 $=\dfrac{k_1}{销售价格}$ ①

又销售价格与进货价格成正比，即销售价格 $=k_2\times$ 进货价格 ②

所以可售出进货量的百分比 $=\dfrac{k_1}{k_2\times 进货价格}$.

当进货价格为 6 元时，条件(1)，(2)单独只能确定 $k_1$，$k_2$ 之一，所以单独不充分考虑联合.

条件(1)，销售价格为 8 元时，可售出进货量的 80%，由①可得，$k_1=6.4$；

条件(2)，进货价格为 5 元，销售价格为 8 元，由①可得，$k_2=1.6$；

将 $k_1$，$k_2$ 代入，得可售出进货量的百分比 $=\dfrac{6.4}{1.6\times 进货价格}=\dfrac{4}{进货价格}$，当进货价格为 6 元时，可售出进货量的百分比为 2/3.

答案是(C).

**【知识点 3.4】** 比例应用题

解题技巧：明确所给或所求百分比是哪两个量的比值十分重要，然后找等量关系.

**例 3.8** (200710) 1 千克鸡肉的价格高于 1 千克牛肉的价格.

(1) 一家超市出售袋装鸡肉与袋装牛肉，一袋鸡肉的价格比一袋牛肉的价格高 30%

(2) 一家超市出售袋装鸡肉与袋装牛肉，一袋鸡肉比一袋牛肉重 25%

**解** 条件(1)和条件(2)单独都不充分. 联合条件(1)和条件(2)，

设一袋牛肉重 $b$ 千克，价格为 $a$ 元，则一袋鸡肉重 $1.25b$ 千克，价格为 $1.3a$ 元，

因此 $\dfrac{1.3a}{1.25b}:\dfrac{a}{b}=\dfrac{1.3}{1.25}>1$，从而 1 千克鸡肉的价格高于 1 千克牛肉的价格. 答案是(C).

〖评注〗 单价＝总价/重量. 甲是乙的 $p\%$，我们常设后者乙为 $x$(或单位 1)，则甲为 $x\cdot p\%$(或 $p\%$). 所以此题我们设牛肉重 $b$ 千克，价格为 $a$ 元.

**例 3.9** 一个分数的分子减少 25%，而分母增加 25%，则新分数比原来分数减少的百分率是( ).

(A) 40% 　　　(B) 45% 　　　(C) 50% 　　　(D) 60% 　　　(E) 55%

**解**　设原分数分子为 $x$,分子减少 25%,则新分子为 $(1-25\%)x = 0.75x$. 设原分数分母为 $y$,分母增加 25%,则新分母为 $(1+25\%)y = 1.25y$. 则新分数比原来分数减少的百分率是 $\left(\dfrac{x}{y} - \dfrac{0.75x}{1.25y}\right) \div \dfrac{x}{y} = 1 - \dfrac{0.75}{1.25} = 1 - \dfrac{3}{5} = 0.4 = 40\%$. 答案是(A).

【评注】　减少或者增加的百分比问题,一般而言:

$$减少的百分比 = \frac{原值 - 现值}{原值} \times 100\%, \quad 增长的百分比 = \frac{现值 - 原值}{原值} \times 100\%.$$

在这类有关减少或者增长的百分比(比例)问题中,都是以原值作为标准来比较的.

**例 3.10**　(200901)A 企业的职工人数今年比前年增加了 30%.

(1) A 企业的职工人数去年比前年减少了 20%

(2) A 企业的职工人数今年比去年增加了 50%

**解**　显然单独都不充分,考虑联合.

由(1)设前年的人数为 $a$,则去年的人数为 $0.8a$. 由(2)今年的人数为 $0.8a(1+50\%) = 1.2a$,所以 A 企业的职工人数今年比前年增加了 $\dfrac{1.2a - a}{a} = 20\%$. 所以联合也不充分.

答案是(E).

【评注】　常设后者(前年)为基准量,不能简单地通过 50% - 20% = 30% 得到!

**例 3.11**　(201110)某种新鲜水果的含水量为 98%,1 天后的含水量降为 97.5%. 某商店以每斤 1 元的价格购进了 1 000 斤新鲜水果,预计当天能售出 60%,2 天内售完. 要使利润维持在 20%,则每斤水果的平均售价应定为(　　　)元.

(A) 1.20 　　　(B) 1.25 　　　(C) 1.30 　　　(D) 1.35 　　　(E) 1.40

**解**　设平均售价为 $x$ 元/斤,首先求出总重量降低的百分数:设原来水果的总重量为 100,含水为 98,果为 2,最后占 2.5% = 2/80,说明最后水果重量为 80,故总重量为原来的 80%(本题一定要以不变的果作为等量关系来分析).

所以得到 $600x + 400 \times 80\% \times x = 1\,200$,解得 $x \approx 1.30$.

答案是(C).

【评注】　典型错解:设平均售价为 $x$ 元/斤,则成本为 1 000 元,$600x + 400 \times (1 - 98\% + 97.5\%) \cdot x = 1\,200$,解得 $x \approx 1.20$.

**例 3.12**　(200401)某工厂生产某种新型产品,一月份每件产品销售的利润是出厂价的 25%(假设利润 = 出厂价 - 成本),二月份每件产品出厂价降低 10%,成本不变,销售件数比一月份增加 80%,则利润增长(　　　).

(A) 6% 　　　(B) 8% 　　　(C) 15.5% 　　　(D) 25.5% 　　　(E) 以上均不对

**解**　由于每个月的变量比较多,可以列表分析.

|  | 出厂价 | 成本 | 利润 | 销量 |
|---|---|---|---|---|
| 一月 | 设 100 | 75 | 25 | 设 10 |
| 二月 | 90 | 75 | 15 | 18 |

则二月利润增长为 $\dfrac{15 \times 18 - 25 \times 10}{25 \times 10} = 8\%$，选(B).

【评注】 百分比问题可以整十整百放大，对于多个变量比较问题建议列表，清晰明了.

**例 3.13** (200901)一家商店为回收资金，把甲、乙两件商品均以 480 元一件卖出. 已知甲商品赚了 $20\%$，乙商品亏了 $20\%$，则商店盈亏结果为(    ).

(A) 不亏不赚　(B) 亏了 50 元　(C) 赚了 50 元　(D) 赚了 40 元　(E) 亏了 40 元

**解** 设甲商品成本价为 $a$ 元，乙商品成本价为 $b$ 元，

由已知 $1.2a = 480$(元)，$0.8b = 480$(元)，从而 $a = 400$(元)，$b = 600$(元).

所以 $2 \times 480 - (400 + 600) = -40$(元)，即商店亏了 40 元，所以选(E).

【评注】 售价—成本>0 则盈利，售价—成本<0 则亏损.

**例 3.14** (199901)甲、乙、丙三名工人加工完成一批零件，甲工人完成了总件数的 $34\%$，乙、丙两工人完成的件数之比是 $6:5$，已知丙工人完成了 45 件，则甲工人完成了(    ).

(A) 48 件　(B) 51 件　(C) 60 件　(D) 63 件　(E) 132 件

**解法 1** 设总件数为 $a$，甲完成了 $0.34a$，丙完成了 45 件，乙完成了 $b$，且 $\dfrac{b}{45} = \dfrac{6}{5}$，即 $b = 54$. 从而 $0.66a = 45 + 54 = 99$，$a = 150$，甲完成了 $0.34a = 51$(件)，答案是(B).

**解法 2** (利用总量＝部分量÷部分量百分比)

甲工人完成件数 $= \dfrac{乙 + 丙}{66\%} \times 34\% = \dfrac{54 + 45}{66\%} \times 34\% = 51$.

**解法 3** (利用质数不可约原理)

$34\%$ 中含有质数 17，答案中仅有(B)含有 17，只有(B)正确.

**例 3.15** (201310)甲、乙、丙三个容器中装有盐水. 现将甲容器中盐水的 $\dfrac{1}{3}$ 倒入乙容器，摇匀后将乙容器中盐水的 $\dfrac{1}{4}$ 倒入丙容器，摇匀后再将丙容器中盐水的 $\dfrac{1}{10}$ 倒回甲容器，此时甲、乙、丙三个容器中盐水的含盐量都是 9 千克，则甲容器中原来的盐水含盐量是(    )千克.

(A) 13　(B) 12.5　(C) 12　(D) 10　(E) 9.5

**解** 因为最后丙容器倒了 $\dfrac{1}{10}$ 给甲容器之后剩下 9 千克盐，则丙中原有盐 $\dfrac{9}{\frac{9}{10}} = 10$ 千克，

甲在接收丙容器的盐水之前有 8 千克盐，即甲将 $\dfrac{1}{3}$ 盐水倒入乙之后剩余 8 千克盐，即 8 千克盐占甲原先含盐量的 $\dfrac{2}{3}$，则甲原来盐水含盐量为 $\dfrac{8}{\frac{2}{3}} = 12$ 千克. 答案是(C).

【技巧】 甲容器中盐水的 $\dfrac{1}{3}$ 倒入乙容器，根据只有 12 能被 3 整除，选(C).

**例 3.16** (200901)某国参加北京奥运会的男女运动员的比例原为 $19:12$，由于先增加若干名女运动员，使男女运动员的比例变为 $20:13$，后又增加了若干名男运动员，于是男女运动员比例最终变为 $30:19$. 如果后增加的男运动员比先增加的女运动员多 3 人，则最后运动员的总人数为(    ).

(A) 686        (B) 637        (C) 700        (D) 661        (E) 600

**解法1**  设原来男运动员为 $a$ 人,女运动员为 $b$ 人,后增加女运动员 $x$ 人,增加男运动员 $y$ 人,

则有 $\begin{cases} \dfrac{a}{b}=\dfrac{19}{12} \\ \dfrac{a}{b+x}=\dfrac{20}{13} \\ \dfrac{a+y}{b+x}=\dfrac{30}{19} \\ y=x+3 \end{cases}$,解得 $x=7$,$y=10$,$a=380$,$b=240$.

从而最后运动员总人数为 $380+240+7+10=637$(人),答案是(B).

**解法2**  设原来男运动人数为 $19k$,女运动员人数为 $12k$,先增加 $x$ 名女运动员,后增加 $x+3$ 名男运动员,则

$\begin{cases} \dfrac{19k}{12k+x}=\dfrac{20}{13} \\ \dfrac{19k+x+3}{12k+x}=\dfrac{30}{19} \end{cases} \Rightarrow \begin{cases} k=20 \\ x=7 \end{cases}$,所以最后运动员人数为 $(19k+x+3)+(12k+x)=637$,

答案是(B).

**解法3**  固定基准量

男:女 $=19:12=380:240$;

男:女 $'=20:13=380:247$;

男$'$:女$'=30:19=390:247$;

男的增加了 10 份,女的增加了 7 份,差 3 份对应 3 个人,所以 1 份 1 个人,所以总人数为 $390+247=637$(人).

〖评注〗  解法 1 设方程比较简单,但求解比较复杂.解法 2 利用已知条件尽可能减少未知数个数,求解就比较方便.除此以外,男女运动员比例最终变为 30:19,即结果应该能被 49 整除,只可能是(A)或者(B).

# 3.3  历年真题分类汇编与典型习题(含详解)

1. 新分数比原来分数减少的百分率是 $30\%$.
   (1) 分子减少 $25\%$,分母增加 $25\%$
   (2) 分子减少 $25\%$,分母增加 $20\%$

2. 某企业人均利税今年上半年比去年同期增长 $50\%$.
   (1) 某企业今年上半年利税额比去年同期增加 $40\%$,而员工人数比去年同期减少 $20\%$
   (2) 某企业今年上半年利税额比去年同期减少 $10\%$,而员工人数比去年同期减少 $40\%$

3. 若 $(x+y):(y+z):(z+x)=4:2:3$,则 $\left(\dfrac{1}{x}+\dfrac{1}{y}\right):\left(\dfrac{1}{y}+\dfrac{1}{z}\right):\left(\dfrac{1}{z}+\dfrac{1}{x}\right)=($       ).

   (A) $4:2:3$      (B) $4:3:2$      (C) $4:8:9$      (D) $4:9:10$      (E) $4:10:9$

**4.** 若 $y$ 与 $x-1$ 成正比,比例系数为 $k_1$,$y$ 又与 $x+1$ 成反比,比例系数为 $k_2$,且 $k_1:k_2=2:3$,则 $x=($　　$)$.

(A) $\pm\dfrac{\sqrt{15}}{3}$　　(B) $\dfrac{\sqrt{15}}{3}$　　(C) $-\dfrac{\sqrt{15}}{3}$　　(D) $\pm\dfrac{\sqrt{10}}{2}$　　(E) $-\dfrac{\sqrt{10}}{2}$

**5.** 2007 年,我国甲省人口是全国人口的 $c\%$,其生产总值占国内生产总值的 $d\%$;乙省人口是全国人口的 $e\%$,其生产总值占国内生产总值的 $f\%$,则 2007 年甲省人均生产总值与乙省人均生产总值之比是(　　).

(A) $\dfrac{cd}{ef}$　　(B) $\dfrac{ce}{df}$　　(C) $\dfrac{cf}{de}$　　(D) $\dfrac{de}{cf}$　　(E) 以上结果均不正确

**6.** (1)若 $x$ 与 $y$ 成反比例,$y$ 与 $z$ 成正比例;(2)若 $2x$ 与 $\dfrac{1}{y}$ 成正比例,$y$ 与 $\dfrac{z}{3}$ 成反比例;则(1)与(2)中 $x$ 与 $z$ 的函数关系是(　　).

(A) (1)正比例,(2)反比例　　　　(B) (1)反比例,(2)正比例
(C) (1)正比例,(2)正比例　　　　(D) (1)反比例,(2)反比例
(E) 以上结果均不正确

**7.** (200210)若 $\dfrac{a+b-c}{c}=\dfrac{a-b+c}{b}=\dfrac{-a+b+c}{a}=k$,则 $k$ 的值等于(　　).

(A) 1　　　　(B) 1 或 $-2$　　(C) $-1$ 或 2　　(D) $-2$　　(E) 1 或 2

**8.** (201210)将 3 700 元奖金按 $\dfrac{1}{2}:\dfrac{1}{3}:\dfrac{2}{5}$ 的比例分给甲、乙、丙三人,则乙应得奖金(　　)元.

(A) 1 000　　(B) 1 050　　(C) 1 200　　(D) 1 500　　(E) 1 700

**9.** (201210)第一季度甲公司的产值比乙公司的产值低 20%;第二季度,甲公司的产值比第一季度增长了 20%,乙公司的产值比第一季度增长了 10%;第二季度甲、乙公司的产值之比是(　　).

(A) 96:115　　(B) 92:115　　(C) 48:55　　(D) 24:25　　(E) 10:11

**10.** (201210)某人用 10 万元购买了甲、乙两种股票.若甲种股票上涨 $a\%$,乙种股票下降 $b\%$ 时,此人购买的甲、乙两种股票总值不变,则此人购买甲种股票用了 6 万元.
(1) $a=2,b=3$
(2) $3a-2b=0(a\neq 0)$

**11.** (201210)某商品经过八月份与九月份连续两次降价,售价由 $m$ 元降到了 $n$ 元,则该商品的售价平均每次下降了 20%.
(1) $m-n=900$
(2) $m+n=4\,100$

**12.** (201310)如果 $a,b,c$ 的算术平均值等于 13,且 $a:b:c=\dfrac{1}{2}:\dfrac{1}{3}:\dfrac{1}{4}$,那么 $c=($　　$)$.

(A) 7　　　　(B) 8　　　　(C) 9　　　　(D) 12　　　　(E) 18

**13.** (200101)一公司向银行借款 34 万元,欲按 $\dfrac{1}{2}:\dfrac{1}{3}:\dfrac{1}{9}$ 的比例分配给下属甲、乙、丙三车间进行技术改造,则甲车间应得(　　).

(A) 4 万元    (B) 8 万元    (C) 12 万元    (D) 18 万元

**14.** (201410) 高速公路假期免费政策带动了京郊旅游的增长. 据悉,2014 年春节 7 天假期,北京市乡村民俗旅游接待游客约 697 000 人次,比去年同期增长 14%,则去年大约接待游客人次为( ).

(A) $6.97 \times 10^5 \times 0.14$      (B) $6.97 \times 10^5 - 6.97 \times 10^5 \times 0.14$

(C) $\dfrac{6.97 \times 10^5}{0.14}$        (D) $\dfrac{6.97 \times 10^7}{0.14}$

(E) $\dfrac{6.97 \times 10^7}{114}$

## 详解:

**1.【E】**

**解** 设原分数为 $\dfrac{x}{y}$,新分数为 $\dfrac{x_1}{y_1}$,则需判断哪一个条件可推出 $\dfrac{\frac{x}{y} - \frac{x_1}{y_1}}{\frac{x}{y}} = 0.3$.

由条件(1),$x_1 = 0.75x$,$y_1 = 1.25y$,得 $\dfrac{\frac{x}{y} - \frac{x_1}{y_1}}{\frac{x}{y}} = 1 - \dfrac{0.75}{1.25} = 1 - 0.6 = 0.4$.

由条件(2),$x_1 = 0.75x$,$y_1 = 1.2y$,得 $\dfrac{\frac{x}{y} - \frac{x_1}{y_1}}{\frac{x}{y}} = 1 - \dfrac{0.75}{1.2} = 0.375$.

即条件(1)和(2)都不充分.

〖评注〗 也可以将分子、分母都设为 1,这样就不用设字母了.

**2.【B】**

**解** 设去年同期利税额为 $a$,员工为 $b$,则人均利税为 $\dfrac{a}{b}$.

今年上半年利税额为 $a_1$,员工人数为 $b_1$,则需推出 $\dfrac{a_1}{b_1} = 1.5 \dfrac{a}{b}$.

由条件(1) $a_1 = 1.4a$,$b_1 = 0.8b$,代入 $\dfrac{a_1}{b_1} = \dfrac{1.4a}{0.8b} = 1.75 \dfrac{a}{b}$,条件(1)不充分.

由条件(2) $a_1 = 0.9a$,$b_1 = 0.6b$,代入 $\dfrac{a_1}{b_1} = \dfrac{0.9a}{0.6b} = 1.5 \dfrac{a}{b}$,条件(2)充分.

所以选(B).

〖评注〗 求的是增长的百分比.

**3.【E】**

**解** 设 $\begin{cases} x+y = 4k, \\ y+z = 2k, \\ z+x = 3k, \end{cases}$ 则有 $x = \dfrac{5}{2}k$, $y = \dfrac{3}{2}k$, $z = \dfrac{k}{2}$,

得 $x : y : z = 5 : 3 : 1$,$\dfrac{1}{x} : \dfrac{1}{y} : \dfrac{1}{z} = \dfrac{1}{5} : \dfrac{1}{3} : \dfrac{1}{1} = 3 : 5 : 15$,

所以 $\left(\dfrac{1}{x} + \dfrac{1}{y}\right) : \left(\dfrac{1}{y} + \dfrac{1}{z}\right) : \left(\dfrac{1}{z} + \dfrac{1}{x}\right) = 8 : 20 : 18 = 4 : 10 : 9$,故选(E).

〖评注〗 $(x+y) : (y+z) : (z+x) = 4 : 2 : 3$,等价于 $\dfrac{x+y}{4} = \dfrac{y+z}{2} = \dfrac{z+x}{3} = k$.(联比问题设比

例系数为 $k$)

**4.【D】**

**解**　$y=k_1(x-1)=\dfrac{k_2}{x+1}$，所以 $\dfrac{k_1}{k_2}=\dfrac{1}{(x+1)(x-1)}=\dfrac{2}{3}$，即 $x^2=\dfrac{5}{2}$，所以 $x=\pm\dfrac{\sqrt{10}}{2}$.

〖评注〗　紧扣正反比的定义，注意有不同的比例系数.

**5.【D】**

**解**　设全国人口数为 $u$，国内生产总值为 $v$，则甲省人口为 $cu\%$，生产总值为 $dv\%$，人均生产总值为 $\dfrac{dv}{cu}$；

乙省人口为 $eu\%$，生产总值为 $fv\%$，人均生产总值为 $\dfrac{fv}{eu}$，因此，甲省人均生产总值与乙省人均生产总值之比

为 $\dfrac{dv}{cu}\div\dfrac{fv}{eu}=\dfrac{de}{cf}$. 故选(D).

〖评注〗　设全国人口数为 $u$，国内生产总值为 $v$，设而不求，方便列式.

**6.【B】**

**解**　(1) 若 $x$ 与 $y$ 成反比例，则 $x=\dfrac{k_1}{y}$，$y$ 与 $z$ 成正比例，则 $y=k_2 z$. 所以 $x=\dfrac{k_1}{k_2}\cdot\dfrac{1}{z}$.

(2) 若 $2x$ 与 $\dfrac{1}{y}$ 成正比例，则 $2x=k_1\cdot\dfrac{1}{y}$，$y$ 与 $\dfrac{z}{3}$ 成反比例，则 $y=\dfrac{k_2}{\dfrac{z}{3}}=\dfrac{3k_2}{z}$.

所以 $x=k_1\cdot\dfrac{1}{\dfrac{6k_2}{z}}=\dfrac{k_1}{6k_2}z$. 答案为(B).

〖评注〗　紧扣正反比的定义，注意有不同的比例系数，再做等式化简得到结论.

**7.【B】**

**解**　因为 $\dfrac{a+b-c}{c}=\dfrac{a-b+c}{b}=\dfrac{-a+b+c}{a}=k$，所以 $\begin{cases}a+b-c=ck\\ a-b+c=bk\\ -a+b+c=ak\end{cases}$，三式相加得

$$a+b+c=k(a+b+c).$$

所以，当 $a+b+c\neq 0$ 时，$k=1$；

当 $a+b+c=0$ 时，$a+b=-c$，得 $k=\dfrac{a+b-c}{c}=\dfrac{-2c}{c}=-2$.

故本题应选(B).

〖评注〗　等式两边要同除以一个代数式，要讨论其是否等于 0.

**8.【A】**

**解**　$\dfrac{1}{2}:\dfrac{1}{3}:\dfrac{2}{5}=15:10:12$，共 37 份，所以乙应得奖金 1 000 元.

**9.【C】**

**解**　由题意可设第一季度甲产值为 0.8，乙产值为 1；第二季度甲产值为 $0.8\times1.2=0.96$，乙产值为 $1\times 1.1=1.1$，则第二季度甲、乙公司的产值之比为 $0.96:1.1=48:55$.

**10.【D】**

**解**　设购买甲种股票用了 $x$ 万元，则 $x\times a\%=(10-x)b\%$. 由条件(1)与(2)都可以推出 $x=6$.

**11.【C】**

**解**　明显需要联合. 由条件(1)与(2)联合得 $m=2\,500$，$n=1\,600$，设 $2\,500(1-x)^2=1\,600$，解得 $x=0.2$，充分.

**12.【C】**

**解**  $\dfrac{a+b+c}{3}=13\Rightarrow a+b+c=39$,$a:b:c=\dfrac{1}{2}:\dfrac{1}{3}:\dfrac{1}{4}=6:4:3$,则 $c=39\times\dfrac{3}{6+4+3}=9$.

**13.【D】**

**解**  因为 $\dfrac{1}{2}:\dfrac{1}{3}:\dfrac{1}{9}=9:6:2$,而共有 34 万元,

所以甲车间应得 $\dfrac{9}{9+6+2}\times34=18$ 万元. 答案为(D).

【评注】  此题关键要找到甲占总数的真正份额,甲、乙、丙之比为 $\dfrac{1}{2}:\dfrac{1}{3}:\dfrac{1}{9}$,甲并不占 $\dfrac{1}{2}$,因为 $\dfrac{1}{2}+$

$\dfrac{1}{3}+\dfrac{1}{9}\neq1$,甲实际上占总数的 $\dfrac{9}{9+6+2}=\dfrac{9}{17}$,不要看到分数就认为是对应的份额!

**14.【E】**

**解**  去年人数 $=\dfrac{697\,000}{1.14}=\dfrac{6.97\times10^{7}}{114}$.

# 第4章

# 数轴与绝对值

## 4.1 基本概念、定理、方法

### 4.1.1 绝对值定义、数学描述和几何意义

**绝对值(定义)**:正数的绝对值是它本身;负数的绝对值是它的相反数;零的绝对值还是零.

**数学描述**:实数 $a$ 的绝对值定义为 $|a| = \begin{cases} a, & a \geqslant 0, \\ -a, & a < 0, \end{cases}$ 零点分段去绝对值.

进一步,$\dfrac{|a|}{a} = \dfrac{a}{|a|} = \begin{cases} 1, & a > 0, \\ -1, & a < 0. \end{cases}$ 即 $\dfrac{|a|}{a}$,$\dfrac{a}{|a|}$ 有且只有两个值 1 或者 $-1$.

**几何意义:**

实数 $a$ 的绝对值 $|a|$ 的几何意义:数轴上 $a$ 对应的点 $A$ 到原点 $O$ 的距离,即 $|a| = |AO|$.

两个实数 $a,b$ 差的绝对值 $|a-b|$ 的几何意义:数轴上 $a,b$ 对应的点 $A,B$ 间的距离,即 $|a-b| = |AB|$. 如图 4.1 所示.

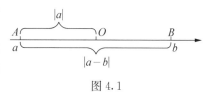

图 4.1

### 4.1.2 绝对值的性质

(1) 非负性:即 $|a| \geqslant 0$,任何实数 $a$ 的绝对值非负.

(2) 对称性:$|-a| = |a|$,即互为相反数的两个数的绝对值相等.

(3) 自比性:$-|a| \leqslant a \leqslant |a|$,即任何一个实数都在其绝对值和绝对值的相反数之间.

(4) 平方性:$|a|^2 = a^2$,即实数平方与它绝对值的平方相等(可以利用平方去绝对值).

(5) 根式性:$\sqrt{a^2} = |a|$,即实数平方的算术根等于它的绝对值.

(6) 范围性:若 $b > 0$,则 $|a| < b \Leftrightarrow -b < a < b$;$|a| > b \Leftrightarrow a < -b$ 或 $a > b$.

(7) 运算性质:$|a \cdot b| = |a| \cdot |b|$,$\left| \dfrac{a}{b} \right| = \dfrac{|a|}{|b|}$ $(b \neq 0)$.

### 4.1.3 绝对值三角不等式

(1) $||a| - |b|| \leqslant |a \pm b| \leqslant |a| + |b|$.

其中,当且仅当 $ab \geqslant 0$ 时,$|a+b| = |a| + |b|$;当且仅当 $ab \leqslant 0$ 时,$||a| - |b|| = |a+b|$;

当且仅当 $ab \leqslant 0$ 时, $|a-b| = |a| + |b|$; 当且仅当 $ab \geqslant 0$ 时, $||a| - |b|| = |a-b|$.

(2) $|a| - |b| \leqslant |a+b| \leqslant |a| + |b|$.

其中,左边等号成立的条件: $ab \leqslant 0$ 且 $|a| \geqslant |b|$; 右边等号成立的条件: $ab \geqslant 0$.

(3) $|a| - |b| \leqslant |a-b| \leqslant |a| + |b|$.

其中,左边等号成立的条件: $ab \geqslant 0$ 且 $|a| \geqslant |b|$; 右边等号成立的条件: $ab \leqslant 0$.

### 4.1.4 绝对值方程与不等式

| | 方程<br>$\|x\| = a \, (a > 0)$ | 不等式<br>$\|x\| > a \, (a > 0)$ | 不等式<br>$\|x\| < a \, (a > 0)$ |
|---|---|---|---|
| 解法1:<br>绝对值几何意义(数轴形象) | $x = \pm a$ | $x < -a$ 或 $x > a$ | $-a < x < a$ |
| 解法2:<br>平方去绝对值 | $\|x\|^2 = x^2 = a^2$<br>$\Leftrightarrow x^2 - a^2 = 0$<br>$\Leftrightarrow (x-a)(x+a) = 0$<br>所以 $x = \pm a$ | $\|x\|^2 = x^2 > a^2$<br>$\Leftrightarrow x^2 - a^2 > 0$<br>$\Leftrightarrow (x-a)(x+a) > 0$<br>所以 $x < -a$ 或 $x > a$ | $\|x\|^2 = x^2 < a^2$<br>$\Leftrightarrow x^2 - a^2 < 0$<br>$\Leftrightarrow (x-a)(x+a) < 0$<br>所以 $-a < x < a$ |
| 解法3:<br>零点分段去绝对值 | $a = \|x\| = \begin{cases} x, & x \geqslant 0 \\ -x, & x < 0 \end{cases}$<br>所以 $x = \pm a$ | $a < \|x\| = \begin{cases} x, & x \geqslant 0 \\ -x, & x < 0 \end{cases}$<br>所以 $x < -a$ 或 $x > a$ | $a > \|x\| = \begin{cases} x, & x \geqslant 0 \\ -x, & x < 0 \end{cases}$<br>所以 $-a < x < a$ |

【评注】 几何意义与平方去绝对值方法计算量比较小,但有使用限制条件. 根据绝对值定义零点分段去绝对值是普适性方法.

## 4.2 知识点分类精讲

【知识点 4.1】 绝对值定义(零点分段去绝对值)

解题技巧:主要判断绝对值内(看成一个整体)的正负号.

**例 4.1** (2003)可以确定 $\dfrac{|x+y|}{x-y} = 2$.

(1) $\dfrac{x}{y} = 3$      (2) $\dfrac{x}{y} = \dfrac{1}{3}$

**解** 若条件(1)成立,则 $\dfrac{|x+y|}{x-y} = \dfrac{|3y+y|}{3y-y} = \dfrac{|4y|}{2y} = \dfrac{\pm 4y}{2y} = \pm 2$;

若条件(2)成立,则 $\dfrac{|x+y|}{x-y} = \dfrac{|x+3x|}{x-3x} = \dfrac{|4x|}{-2x} = \dfrac{\pm 4x}{-2x} = \pm 2$.

从而条件(1),(2)都不充分,又因为(1),(2)两条件矛盾,所以选(E).

〚评注〛　没有条件限制时 $|a|=\pm a$.

**例 4.2**　(2003)已知 $\left|\dfrac{5x-3}{2x+5}\right|=\dfrac{3-5x}{2x+5}$, 则实数 $x$ 的取值范围是(　　　).

(A) $x<-\dfrac{5}{2}$ 或 $x\geqslant\dfrac{3}{5}$　　(B) $-\dfrac{5}{2}\leqslant x\leqslant\dfrac{3}{5}$　　(C) $-\dfrac{5}{2}<x\leqslant\dfrac{3}{5}$

(D) $-\dfrac{3}{5}\leqslant x\leqslant\dfrac{5}{2}$　　(E) 以上结论均不正确

**解**　由题意知 $\dfrac{5x-3}{2x+5}\leqslant 0$, 从而 $\begin{cases}2x+5>0\\5x-3\leqslant 0\end{cases}$ 或 $\begin{cases}2x+5<0\\5x-3\geqslant 0\end{cases}$, 可得 $-\dfrac{5}{2}<x\leqslant\dfrac{3}{5}$. 所以选(C).

〚评注〛　绝对值去掉后变号, 原绝对值之内应该非正.

**例 4.3**　(2001)已知 $\sqrt{x^3+2x^2}=-x\sqrt{2+x}$, 则 $x$ 的取值范围是(　　　).

(A) $x<0$　　(B) $x\geqslant-2$　　(C) $-2\leqslant x\leqslant 0$　　(D) $-2<x<0$

**解**　$\sqrt{x^3+2x^2}=\sqrt{x^2(x+2)}=|x|\sqrt{x+2}=-x\sqrt{x+2}$,

则必有 $x\leqslant 0$, $x+2\geqslant 0$ 同时成立, 即 $-2\leqslant x\leqslant 0$. 所以选(C).

〚评注〛　零点分段 ($\sqrt{x^2}=|x|=-x$) 与根号内非负.

**例 4.4**　(200810) $|1-x|-\sqrt{x^2-8x+16}=2x-5$.

(1) $2<x$　　　(2) $3>x$

**解**　题干为 $|1-x|-\sqrt{(x-4)^2}=2x-5$, 即题干要求 $|1-x|-|x-4|=2x-5$ 成立.

$|1-x|-|x-4|=\begin{cases}-3,&x<1\\2x-5,&1\leqslant x\leqslant 4,\\3,&x>4\end{cases}$ 从而当 $1\leqslant x\leqslant 4$ 时题干成立.

条件(1)和条件(2)单独都不充分.

联合条件(1)和条件(2), 则 $2<x<3$ 是 $1\leqslant x\leqslant 4$ 的子集合,

从而条件(1)和条件(2)联合起来是充分的. 所以选(C).

〚评注〛　结论对零点分段有要求.

**〖知识点 4.2〗** $\dfrac{|a|}{a}$, $\dfrac{a}{|a|}$ 问题

解题技巧: $\dfrac{|a|}{a}=\dfrac{a}{|a|}=\begin{cases}1,&a>0,\\-1,&a<0.\end{cases}$ 即只要判断 $a$ 的正负号即可,

且 $\dfrac{|a|}{a}$, $\dfrac{a}{|a|}$ 有且只有两个值 1 或者 $-1$.

**例 4.5**　已知 $\dfrac{a}{|a|}+\dfrac{|b|}{b}+\dfrac{c}{|c|}=1$, 则 $\left(\dfrac{bc}{|ab|}\cdot\dfrac{ac}{|bc|}\cdot\dfrac{ab}{|ca|}\right)\div\left(\dfrac{|abc|}{abc}\right)^{2007}=$

(　　　).

(A) 1　　　(B) $-1$　　　(C) 2　　　(D) $-2$　　　(E) $-\dfrac{1}{2}$

**解** 由已知 $\frac{a}{|a|}+\frac{|b|}{b}+\frac{c}{|c|}=1$，$a,b,c$ 只能是两正一负，不妨设 $a>0,b>0$，$c<0$，则

$$\left(\frac{bc}{|ab|}\cdot\frac{ac}{|bc|}\cdot\frac{ab}{|ca|}\right)\div\left(\frac{|abc|}{abc}\right)^{2007}=\left(\frac{bc}{ab}\cdot\frac{ac}{-bc}\cdot\frac{ab}{-ac}\right)\div\left(\frac{-abc}{abc}\right)^{2007}=1\div$$

$(-1)=-1.$

答案是(B).

〖评注〗 关键 $\frac{|x|}{x}$，$\frac{x}{|x|}$ 的结果有且只有两个值1或者 $-1$.

例4.6 (200801) $\frac{b+c}{|a|}+\frac{c+a}{|b|}+\frac{a+b}{|c|}=1$.

(1) 实数 $a,b,c$ 满足 $a+b+c=0$

(2) 实数 $a,b,c$ 满足 $abc>0$

**解** 取 $a=b=c=0$，则知条件(1)不充分. 取 $a=b=c=1$，则知条件(2)也不充分. 联合条件(1)和条件(2)知 $a,b,c$ 三个实数中必有两个负数一个正数.

不妨设 $a<0,b<0,c>0$，则有 $\frac{b+c}{|a|}+\frac{c+a}{|b|}+\frac{a+b}{|c|}=\frac{-a}{-a}+\frac{-b}{-b}+\frac{-c}{c}=1$ 成立.

所以选(C).

〖评注〗 $\frac{x}{|x|}$ 去绝对值要根据正负号讨论.

**【知识点4.3】** 绝对值几何意义求解(数轴形象)

解题技巧：数轴可以体现数轴上点的大小(左、右)，点到原点的距离(绝对值).

例4.7 (2006) $|b-a|+|c-b|-|c|=a$.

(1) 实数 $a,b,c$ 在数轴上的位置如图 4.2(a)所示.

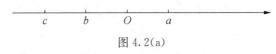

图 4.2(a)

(2) 实数 $a,b,c$ 在数轴上的位置如图 4.2(b)所示.

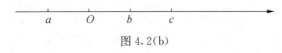

图 4.2(b)

**解** 在条件(1)下，$|b-a|+|c-b|-|c|=a-b+b-c+c=a$.

在条件(2)下，$|b-a|+|c-b|-|c|=b-a+c-b-c=-a$.

因而，条件(1)充分，但条件(2)不充分. 所以选(A).

〖评注〗 根据数轴上点的位置可以比较绝对值内式子的符号.

例4.8 实数 $a,b,c$ 在数轴上的位置如图 4.3 所示：

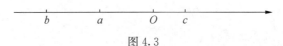

图 4.3

则 $\sqrt{a^2}-|a+b|+\sqrt{(c-a)^2}+|b+c|$ 化简的结果为（　　）.

(A) $2c-a$ 　　(B) $a+2b$ 　　(C) $a$ 　　(D) $-3a-2b$ 　　(E) $-a$

**解**　观察数轴,结合绝对值几何意义,得 $a<0$, $a+b<0$, $c-a>0$, $b+c<0$.

$$\sqrt{a^2}-|a+b|+\sqrt{(c-a)^2}+|b+c|=|a|-[-(a+b)]+|c-a|-(b+c)$$
$$=-a+a+b+c-a-b-c=-a.$$

故本题应选(E).

〖评注〗　根据数轴上点的位置可以比较绝对值内式子的符号,根据数轴上点到原点 $O$ 的距离可以得到 $b+c<0$.

---

【知识点 4.4】　绝对值的非负性

解题技巧:若干个具有非负性的数字之和为零,则其中每一项皆为零.

例如:$a$, $b$, $c$ 为实数,$n$, $m\in\mathbf{Z}$, $m$ 为偶数,若 $|a|+b^{2n}+\sqrt[m]{c}=0$, 则 $a=b=c=0$.

**例 4.9**　(200810) $|3x+2|+2x^2-12xy+18y^2=0$, 则 $2y-3x=$（　　）.

(A) $-\dfrac{14}{9}$ 　　(B) $-\dfrac{2}{9}$ 　　(C) $0$ 　　(D) $\dfrac{2}{9}$ 　　(E) $\dfrac{14}{9}$

**解**　由已知 $|3x+2|+2(x-3y)^2=0$, 因此 $3x+2=0$ 且 $x-3y=0$,

即 $x=-\dfrac{2}{3}$, $y=-\dfrac{2}{9}$, 则 $2y-3x=-\dfrac{4}{9}+2=\dfrac{14}{9}$. 所以选(E).

〖评注〗　利用绝对值与平方的非负性.

**例 4.10**　(200901)已知实数 $a$, $b$, $x$, $y$ 满足 $y+|\sqrt{x}-\sqrt{2}|=1-a^2$ 和 $|x-2|=y-1-b^2$, 则 $3^{x+y}+3^{a+b}=$（　　）.

(A) 25 　　(B) 26 　　(C) 27 　　(D) 28 　　(E) 29

**解**　由 $y=1-a^2-|\sqrt{x}-\sqrt{2}|$ 及 $y=|x-2|+1+b^2$, 可得 $1-a^2-|\sqrt{x}-\sqrt{2}|=|x-2|+1+b^2$,

整理得 $|\sqrt{x}-\sqrt{2}|(|\sqrt{x}+\sqrt{2}|+1)+a^2+b^2=0$, 从而解得 $x=2$, $a=0$, $b=0$, $y=1$.

所以 $3^{x+y}+3^{a+b}=3^3+3^0=28$. 所以选(D).

〖评注〗　利用绝对值和平方的非负性,关键要把两个等式的信息综合在一个等式中.

**例 4.11**　(200910) $2^{x+y}+2^{a+b}=17$.

(1) $a$, $b$, $x$, $y$ 满足 $y+|\sqrt{x}-\sqrt{3}|=1-a^2+\sqrt{3}b$

(2) $a$, $b$, $x$, $y$ 满足 $|x-3|+\sqrt{3}b=y-1-b^2$

**解**　取 $a=1$, $b=0$, $x=3$, $y=0$ 满足条件(1),但 $2^{x+y}+2^{a+b}=10$, 条件(1)不充分;

取 $b=0$, $x=3$, $y=1$, $a$ 任意取值都满足条件(2),所以条件(2)不充分;

联合条件(1)和条件(2),则有 $|x-3|+\sqrt{3}b+1+b^2=1-a^2+\sqrt{3}b-|\sqrt{x}-\sqrt{3}|$.

整理得 $|x-3|+a^2+b^2+|\sqrt{x}-\sqrt{3}|=0$, 从而 $x=3$, $a=b=0$, $y=1$, $2^{x+y}+2^{a+b}=17$ 成立.

选(C).

〖评注〗 利用绝对值和平方的非负性,关键要把条件(1)与(2)的信息综合在一个等式中.

例 4.12　$(4x - 10y)^z = \dfrac{1}{6}\sqrt{2}$.

(1) 实数 $x, y, z$ 满足 $(x - 2y + 1)^2 + \sqrt{x - 1} + |2x - y + z| = 0$

(2) 实数 $x, y, z$ 满足 $|x^2 + 4xy + 5y^2| + \sqrt{z + \dfrac{1}{2}} = -2y - 1$

解　由条件(1),因为 $x, y$ 是实数,所以 $\begin{cases} x - 2y + 1 = 0, \\ x - 1 = 0, \\ 2x - y + z = 0, \end{cases}$　解得 $x = 1, y = 1, z = -1$,

所以 $(4x - 10y)^z = -\dfrac{1}{6}$,条件(1)不充分.

在条件(2)中,$x^2 + 4xy + 5y^2 = (x + 2y)^2 + y^2 \geqslant 0$,所以 $|x^2 + 4xy + 5y^5| = x^2 + 4xy + 5y^2$.

条件(2)中的等式化为 $(x + 2y)^2 + (y + 1)^2 + \sqrt{z + \dfrac{1}{2}} = 0$,

因为 $x, y$ 是实数,所以 $\begin{cases} x + 2y = 0, \\ y + 1 = 0, \\ z + \dfrac{1}{2} = 0, \end{cases}$　解得 $x = 2, y = -1, z = -\dfrac{1}{2}$,所以

$(4x - 10y)^z = (8 + 10)^{-\frac{1}{2}} = \dfrac{1}{\sqrt{18}} = \dfrac{1}{3\sqrt{2}} = \dfrac{1}{6}\sqrt{2}$,条件(2)充分.

答案(B).

〖评注〗 注意条件(2)中去绝对值的方法.

---

**【知识点 4.5】** 绝对值三角不等式

解题技巧:特别要注意绝对值三角不等式等号成立的条件.

---

例 4.13　等式 $|2m - 7| = |m - 2| + |m - 5|$ 成立,则实数 $m$ 的取值范围是(　　).

(A) $2 \leqslant m \leqslant 5$　　　　(B) $m \leqslant -2$ 或 $m \geqslant 5$　　　　(C) $-2 < m < 5$

(D) $m \leqslant 2$ 或 $m \geqslant 5$　　　(E) $m \leqslant -5$ 或 $m \geqslant -2$

解　$|2m - 7| = |m - 2 + m - 5| \leqslant |m - 2| + |m - 5|$,当且仅当 $m - 2$ 与 $m - 5$ 同号时等式成立,即 $(m - 2)(m - 5) \geqslant 0$.因而 $m \leqslant 2$ 或 $m \geqslant 5$.所以选(D).

〖评注〗 利用绝对值三角不等式等号成立的条件.

例 4.14　不等式 $\dfrac{|a - b|}{|a| + |b|} < 1$ 能成立.

(1) $ab > 0$　　　(2) $ab < 0$

解　由题干 $|a - b| < |a| + |b|$,由于 $|a - b| = |a + (-b)| < |a| + |b| = |a| + |-b|$ 成立,因此,需 $a(-b) < 0$ 成立.即 $ab > 0$,即条件(1)充分,条件(2)不充分.所以选(A).

【评注】　利用绝对值三角不等式等号不成立的条件.

【知识点 4.6】　绝对值方程

解题技巧：解绝对值方程可以利用零点分段、平方、绝对值几何意义去绝对值,转化为一般方程问题.零点分段去绝对值是普适性解法.绝对值的几何意义在特定场合才能使用,特别要注意平方运算可能造成增根的情况.

例 4.15　(2007)如果方程 $|x| = ax + 1$ 有一个负根,那么 $a$ 的取值范围是(　　).

(A) $a < 1$　　　　(B) $a = 1$　　　　(C) $a > -1$　　　　(D) $a < -1$

(E) 以上结论均不正确

解　因为方程 $|x| = ax + 1$ 有一个负根,所以 $|x| = -x = ax + 1$, $(a+1)x = -1$. 又因为 $x$ 为负数,即 $a + 1 > 0$, $a > -1$ 成立. 所以选(C).

【评注】　因为是负根可以把绝对值去掉.先把参数 $a$ 当成已知数,然后利用根的符号把 $a$ 的范围解出来.

例 4.16　$a$ 为实数,能确定 $\dfrac{1}{a} + |a| = \sqrt{5}$.

(1) $\dfrac{1}{a} - |a| = 1$　　　　(2) $\dfrac{1}{a} - |a| = -1$

解　由条件(1), $\dfrac{1}{a} = |a| + 1$, 得 $a > 0$, 从而 $a$ 满足 $\dfrac{1}{a} = a + 1$, 即 $a^2 + a - 1 = 0$, $a = \dfrac{-1 + \sqrt{5}}{2}$.

因此, $\dfrac{1}{a} + |a| = \dfrac{2}{\sqrt{5}-1} + \dfrac{\sqrt{5}-1}{2} = \dfrac{\sqrt{5}+1}{2} + \dfrac{\sqrt{5}-1}{2} = \sqrt{5}$ 成立. 即条件(1)是充分的.

由条件(2), $a < 0$ 时, $\dfrac{1}{a} + a = -1$, 即 $a$ 满足 $a^2 + a + 1 = 0$, 方程无解;

$$a > 0 \text{ 时}, \frac{1}{a} - a = -1, \text{即 } a \text{ 满足 } a^2 - a - 1 = 0, \text{解得 } a = \frac{1 + \sqrt{5}}{2}.$$

因此, $\dfrac{1}{a} + |a| = \dfrac{2}{\sqrt{5}+1} + \dfrac{\sqrt{5}+1}{2} = \dfrac{\sqrt{5}-1}{2} + \dfrac{\sqrt{5}+1}{2} = \sqrt{5}$ 成立. 即条件(2)是充分的.

所以选(D).

【评注】　注意由条件(1) $\dfrac{1}{a} = |a| + 1$, 隐含 $a$ 的范围.

例 4.17　方程 $x^2 - 2|x| = a$ 有三个不同的解,则实数 $a$ 的取值范围是(　　).

(A) $a = 0$　　　　　　　　　　(B) $a > 0$ 或 $a < -1$

(C) $a < -1$　　　　　　　　　　(D) $-1 < a < 0$

(E) $a > 0$

解　设 $|x| = t \geqslant 0$, 从而原方程变为 $|x|^2 - 2|x| - a = 0$, 即 $t^2 - 2t - a = 0$.

原方程有三个不同的解,即方程 $t^2 - 2t - a = 0$ 有一个解为 $t_1 = 0$, 有一个解 $t_2 > 0$. 因此 $a = 0$. 故本题应选(A).

【评注】　一般情况下 $(|x| - m)(|x| - n) = 0 (m, n > 0$ 且 $m \neq n)$ 有四个解 $x = \pm m$,

$\pm n.$

**例 4.18** 关于 $x$ 的方程 $|1-|x||+\sqrt{|x|-2}=x$ 的根的个数为(　　).

(A) 0　　　(B) 1　　　(C) 3　　　(D) 4　　　(E) 2

**解**　由于 $|1-|x||\geqslant 0$,$\sqrt{|x|-2}\geqslant 0$,从而可知

$$x=|1-|x||+\sqrt{|x|-2}\geqslant 0. \qquad ①$$

又因为 $|x|-2\geqslant 0$,即 $x\geqslant 2$ 或 $x\leqslant -2.$ 　　　　②

结合①②得,$x\geqslant 2.$

所以方程 $|1-|x||+\sqrt{|x|-2}=x \Leftrightarrow |1-x|+\sqrt{x-2}=x \Leftrightarrow x-1+\sqrt{x-2}=x$,

即 $\sqrt{x-2}=1$,方程的解为 $x=3$,经检验原方程只有一个根.

故本题应选(B).

〖评注〗　综合利用绝对值的非负性和被开方数非负.

**例 4.19**　(200901)方程 $|x-|2x+1||=4$ 的根是(　　).

(A) $x=-5$ 或 $x=1$　　　(B) $x=5$ 或 $x=-1$　　　(C) $x=3$ 或 $x=-\dfrac{5}{3}$

(D) $x=-3$ 或 $x=\dfrac{5}{3}$　　　(E) 不存在

**解**　原方程等价于 $x-|2x+1|=4$ 或 $x-|2x+1|=-4$,

即 $\begin{cases}2x+1\geqslant 0,\\ x-2x-1=4,\end{cases}\begin{cases}2x+1<0,\\ x+2x+1=4,\end{cases}$ 或 $\begin{cases}2x+1\geqslant 0,\\ x-2x-1=-4,\end{cases}\begin{cases}2x+1<0,\\ x+2x+1=-4.\end{cases}$

前面两不等式无解,从后不等式组可解出 $x=3$ 或 $x=-\dfrac{5}{3}$. 所以选(C).

〖评注〗　先用几何意义去掉外层绝对值,再用零点分段去内层绝对值.下列解法对不对?

$x-4=|2x+1|$,两边平方得到 $(x-4)^2=(2x+1)^2$,解出 $x=-5$ 或 1.

此种平方去绝对值的方法造成了增根.原因在于不能确定 $x-4$ 是正的.所以只有两边都是正数的时候才能用平方去绝对值.

---

**【知识点 4.7】**　绝对值不等式

解题技巧:解绝对值不等式问题的要点也在如何去绝对值,常用的方法有零点分段、平方等.

---

**例 4.20**　实数 $x$ 满足 $\left|x-\dfrac{1}{2}\right|+\left|x-\dfrac{3}{2}\right|<2.$

(1) $\left|\dfrac{2x-1}{3}\right|<1$　　　(2) $\left|\dfrac{2x-1}{x+1}\right|\leqslant 1$

**解**　结论求解:$\left|x-\dfrac{1}{2}\right|+\left|x-\dfrac{3}{2}\right|<2.$

(不等式解法3:零点分段去绝对值)两个零点 $\dfrac{1}{2}$,$\dfrac{3}{2}$ 将数轴分为三段.

① $x<\dfrac{1}{2}$ 时,$\left|x-\dfrac{1}{2}\right|+\left|x-\dfrac{3}{2}\right|=\dfrac{1}{2}-x+\dfrac{3}{2}-x<2 \Leftrightarrow x>0$,所以 $0<x<\dfrac{1}{2}.$

(实质: $x$ 在 $\frac{1}{2}$ 左侧, 所以 $\left|x-\frac{1}{2}\right|+\left|x-\frac{3}{2}\right|=\frac{1}{2}-x+\frac{3}{2}-x$).

② $\frac{1}{2} \leqslant x \leqslant \frac{3}{2}$ 时, $\left|x-\frac{1}{2}\right|+\left|x-\frac{3}{2}\right|=x-\frac{1}{2}+\frac{3}{2}-x < 2 \Leftrightarrow 1 < 2$ 恒成立, 所以 $\frac{1}{2} \leqslant x \leqslant \frac{2}{3}$.

(实质: $x$ 在 $\frac{1}{2}$ 和 $\frac{3}{2}$ 之间, 所以 $\left|x-\frac{1}{2}\right|+\left|x-\frac{3}{2}\right|$ 表示 $x$ 到 $\frac{1}{2}$, $\frac{3}{2}$ 的距离之和恒为 1).

③ $x > \frac{3}{2}$ 时, $\left|x-\frac{1}{2}\right|+\left|x-\frac{3}{2}\right|=x-\frac{1}{2}+x-\frac{3}{2} < 2 \Leftrightarrow x < 2$, 所以 $\frac{3}{2} < x < 2$.

(实质: $x$ 在 $\frac{3}{2}$ 右侧, 所以 $\left|x-\frac{1}{2}\right|+\left|x-\frac{3}{2}\right|=x-\frac{1}{2}+x-\frac{3}{2}$).

以上三部分取并集, 所以 $0 < x < 2$.

条件(1)求解: $-1 < \frac{2x-1}{3} < 1$, 所以 $-1 < x < 2$ (直接利用不等式解法1:绝对值的几何意义), 所以条件(1)不充分.

条件(2)求解:

**解法 1** (不等式解法 1:绝对值的几何意义)

$$-1 \leqslant \frac{2x-1}{x+1} \leqslant 1 \Leftrightarrow \begin{cases} \dfrac{x-2}{x+1} \leqslant 0 \\ \dfrac{3x}{x+1} \geqslant 0 \end{cases} \Leftrightarrow \begin{cases} -1 < x \leqslant 2 \\ x < -1 \text{ 或 } x \geqslant 0 \end{cases} \Leftrightarrow 0 \leqslant x \leqslant 2.$$

**解法 2** (不等式解法 2:平方去绝对值)

$$\left|\frac{2x-1}{x+1}\right|=\frac{|2x-1|}{|x+1|} \leqslant 1 \Leftrightarrow |2x-1| \leqslant |x+1|$$
$$\Leftrightarrow (2x-1)^2 \leqslant (x+1)^2 \Leftrightarrow x(x-2) \leqslant 0 \Leftrightarrow 0 \leqslant x \leqslant 2.$$

**解法 3** (不等式解法 3:零点分段去绝对值)

$$\left|\frac{2x-1}{x+1}\right| \leqslant 1 \Leftrightarrow \begin{cases} \dfrac{2x-1}{x+1} \geqslant 0 \\ \dfrac{2x-1}{x+1} \leqslant 1 \end{cases} \text{或} \begin{cases} \dfrac{2x-1}{x+1} < 0 \\ -\dfrac{2x-1}{x+1} \leqslant 1 \end{cases} \Leftrightarrow \begin{cases} x < -1 \text{ 或 } x \geqslant \frac{1}{2} \\ -1 < x \leqslant 2 \end{cases}$$

或 $\begin{cases} -1 < x < \frac{1}{2} \\ x < -1 \text{ 或 } x \geqslant 0 \end{cases} \Leftrightarrow \frac{1}{2} \leqslant x \leqslant 2$ 或 $0 \leqslant x < \frac{1}{2}$, 所以 $0 \leqslant x \leqslant 2$,

所以条件(2)不充分.

条件(1)与条件(2)联合为 $0 \leqslant x < 2$, 仍然不充分.

答案是(E).

〖评注〗 由此题可以看出,绝对值不等式解法1(几何意义)与解法2(平方去绝对值)计算量比较小,但解法3(零点分段)是最基本的解法,适用面最广.

**例 4.21**   $x$ 满足不等式 $|x-1|>2x+1$.

(1) $x$ 满足不等式 $|x-3|<x-1$      (2) $x$ 满足不等式 $|x^2-2x|<3x-6$

**解**   条件(1) $x$ 满足不等式 $|x-3|<x-1$,

**解法 1**   因为 $|x-3|<x-1$,所以 $\begin{cases} x-3>-(x-1) \\ x-3<x-1 \end{cases}$,即 $x>2$.

**解法 2**   不等式 $|x-3|<x-1$ 成立,则 $x-1>0$ 必定成立,所以两边都是正数,可以平方去绝对值. $(x-3)^2<(x-1)^2 \Leftrightarrow x>2$.

条件(2) $x$ 满足不等式 $|x^2-2x|<3x-6$,

由题意得 $\begin{cases} x^2-2x>-(3x-6) \\ x^2-2x<3x-6 \end{cases}$,即 $\begin{cases} x<-3 \text{ 或 } x>2 \\ 2<x<3 \end{cases}$,所以 $2<x<3$.

结论要求 $x$ 满足不等式 $|x-1|>2x+1$:

$x\geqslant 1$ 时,$x-1>2x+1$,解得 $x<-2$ 与 $x\geqslant 1$ 矛盾,所以无解;

$x<1$ 时,$1-x>2x+1$,解得 $x<0$ 与 $x<1$ 取交集,所以 $x<0$.

所以当 $x<0$ 时,不等式 $|x-1|>2x+1$ 成立.

条件(1) $x>2$ 不充分,条件(2) $2<x<3$ 也不充分,所以选(E).

〖评注〗   结论是否可以用平方去绝对值?下面哪一步有问题呢?

$$|x-1|>2x+1 \Leftrightarrow (x-1)^2>(2x+1)^2 \Leftrightarrow x^2+2x<0 \Leftrightarrow -2<x<0.$$

**例 4.22**   (2005)实数 $a,b$ 满足 $|a|(a+b)>a|a+b|$.

(1) $a<0$      (2) $b>-a$

**解**   条件(1),(2)单独都不成立,联合起来,若 $a<0,b+a>0$ 成立,

则 $|a|(a+b)>0$,$a|a+b|<0$,因此 $|a|(a+b)>a|a+b|$ 成立.所以选(C).

〖评注〗   绝对值零点分段处理不等式问题.

**例 4.23**   (2008) $a<-1<1<-a$.

(1) $a$ 为实数,$a+1<0$      (2) $a$ 为实数,$|a|<1$

**解**   结论 $a<-1<1<-a \Leftrightarrow a<-1$.

由条件(1),$a+1<0$,则结论成立.即条件(1)是充分的.

由条件(2),$|a|<1$,即 $-1<a<1$,显然结论不成立,因此条件(2)不充分.

所以选(A).

〖评注〗   简单的绝对值不等式问题.

**例 4.24**   $|x-1|-|2x+4|>1$ 解的集合为(    ).

(A) $(0,5/4)$             (B) $(-4,1)$

(C) $(-1,2)$             (D) $(-4,-2)$

(E) $(-4,-4/3)$

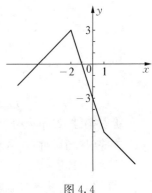

**解**   $|x-1|-|2x+4|=\begin{cases} x+5 & x<-2 \\ -3x-3 & -2\leqslant x\leqslant 1 \\ -x-5 & x>1 \end{cases}$,函数如

图 4.4 所示.

图 4.4

由 $x+5=1$，得 $x=-4$，由 $-3x-3=1$，得 $x=-\dfrac{4}{3}$.

从而 $|x-1|-|2x+4|>1$ 的解集合为 $\left(-4,-\dfrac{4}{3}\right)$. 所以选(E).

〖评注〗　此题只能用最基本的零点分段法.

例 4.25　$x^2-|x|-2<0$.

(1) $x>-2$　　　(2) $x<2$

**解**　设 $t=|x|\geqslant 0$，从而 $x^2-|x|-2<0\Leftrightarrow t^2-t-2<0$ 即 $-1<t<2$，结合 $t\geqslant 0$ 得 $0\leqslant t<2$，故 $|x|<2\Leftrightarrow -2<x<2$，从而条件(1)和(2)单独不充分,联合才充分. 故本题应选(C).

〖评注〗　注意中间变量 $t=|x|\geqslant 0$ 的范围.

【知识点 4.8】　$f(x)=|x-a|+|b-x|\ (a<b)$ 类型的特点

（1）当 $x\in[a,b]$，$f(x)_{\min}=b-a$（定值），从几何角度理解：$f(x)=|x-a|+|b-x|$ 表示 $x$ 到 $a$ 的距离与 $x$ 到 $b$ 的距离之和. 当 $x$ 在 $a,b$ 之间的时候 $f(x)$ 达到最小,最小值就是 $a,b$ 之间的距离.

（2）用零点分段的方法去掉绝对值后得到的是分段一次函数,图像的特点是:中间平,两头翘(见图 4.5).

（3）$f(x)=|x-a|+|b-x|=C$ 有解
$$\Leftrightarrow C\geqslant f(x)_{\min}=b-a;$$
$$f(x)=|x-a|+|b-x|=C\ 无解$$
$$\Leftrightarrow C<f(x)_{\min}=b-a.$$

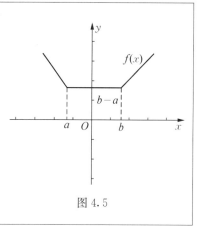

图 4.5

例 4.26　(2007)设 $y=|x-2|+|x+2|$，则下列结论中正确的是(　　).

(A) $y$ 没有最小值

(B) 只有一个 $x$ 使 $y$ 取到最小值

(C) 有无穷多个 $x$ 使 $y$ 取到最大值

(D) 有无穷多个 $x$ 使 $y$ 取到最小值

(E) 以上结论均不正确

**解**　$y=|x-2|+|x+2|=\begin{cases}-2x & x<-2\\ 4 & -2\leqslant x\leqslant 2\\ 2x & x>2\end{cases}$，函数图像如图 4.6 所示.

$y$ 的最小值为 4，$y$ 无最大值,当 $-2\leqslant x\leqslant 2$ 时，$y=4$.

因此有无穷多个 $x$ 使 $y$ 取到最小值. 所以选(D).

〖评注〗　利用绝对值的几何意义 $y=|x-2|+|x+2|$ 表示 $x$ 到 2 与到 $-2$ 的距离之和,当 $x$ 在 2 与 $-2$ 之间时,$y$ 达到最小值 4(2 与 $-2$ 的距离).

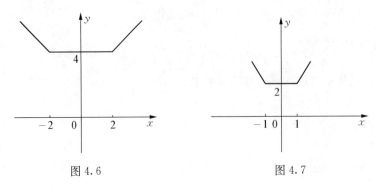

图 4.6          图 4.7

**例 4.27** 方程 $|1-x|+|1+x|=a$ 无解.

(1) $a=1$          (2) $a<2$

**解法 1** $|1-x|+|1+x|=\begin{cases}-2x & x<-1 \\ 2 & -1\leqslant x\leqslant 1. \\ 2x & x>1\end{cases}$

因此,函数 $|1-x|+|1+x|$ 的图形如图 4.7 所示.

因此,当 $a=1$ 或 $a<2$ 时,$|1-x|+|1+x|=a$ 均无解,

即条件(1)和条件(2)都是充分的. 答案是(D).

**解法 2** 由绝对值的几何意义知,任意一点 $x$ 到 1 与到 $-1$ 的距离之和应大于或等于 2,即 $|1-x|+|1+x|\geqslant 2$,所以 $a<2$ 时方程 $|1-x|+|1+x|=a$ 无解.

〖评注〗 零点分段是基本方法,利用绝对值几何意义可以快速求解.

**例 4.28** 如果关于 $x$ 的方程 $|x+1|+|x-1|=a$ 有实根,那么实数 $a$ 的取值范围为( ).

(A) $a\geqslant 0$          (B) $a>0$          (C) $a\geqslant 1$

(D) $a\geqslant 2$          (E) 以上均不正确

**解** 函数 $f(x)=|x+1|+|x-1|$ 的最小值为 2,所以当 $a\geqslant 2$ 时,方程 $|x+1|+|x-1|=a$ 有实根. 故本题正确选项为(D).

〖评注〗 直接利用绝对值的几何意义求解,注意是有实根的情况.

**例 4.29** 若关于 $x$ 的不等式 $|3-x|+|x-2|<a$ 的解集是空集,则实数 $a$ 的取值范围是( ).

(A) $a<1$          (B) $a\leqslant 1$          (C) $a>1$

(D) $a\geqslant 1$          (E) $a\neq 1$

**解** $f(x)=|3-x|+|x-2|=\begin{cases}-2x+5 & x<2 \\ 1 & 2\leqslant x\leqslant 3,\text{如图 4.8 所示}. \\ 2x-5 & x>3\end{cases}$

$f(x)$ 的最小值为 1,因此当 $a\leqslant 1$ 时,$f(x)<a$ 无解. 所以选(B).

〖评注〗 由几何意义立即可得 $f(x)=|3-x|+|x-2|\geqslant 1$,因此当 $a\leqslant 1$ 时,$f(x)<a$ 无解.

特别要注意区别是 $a\leqslant 1$ 还是 $a<1$. 建议遇到这样的等号问题,写一下便于判断. 例如此例,显然 $|3-x|+|x-2|<1$ 的解也为空集. 所以应该是 $a\leqslant 1$.

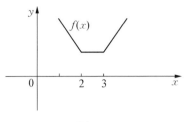

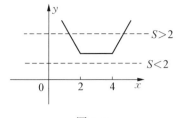

图 4.8　　　　　　　　　　　图 4.9

**例 4.30**　(2003)不等式 $|x-2|+|4-x|<S$ 无解.

(1) $S\leqslant 2$　　　(2) $S>2$

**解**　令 $f(x)=|x-2|+|4-x|=\begin{cases}-2x+6 & x<2 \\ 2 & 2\leqslant x\leqslant 4,\\ 2x-6 & x>4\end{cases}$ 则函数 $f(x)$ 如图 4.9

所示,

所以 $f(x)$ 最小值为 2. $S\leqslant 2$ 时, $f(x)<S$ 无解; $S>2$ 时, $f(x)<S$ 有解.

即条件(1)充分,条件(2)不充分.所以选(A).

〖评注〗　由几何意义立即可得 $f(x)=|x-2|+|4-x|\geqslant 2$, $S\leqslant 2$ 时, $f(x)<S$ 无解.

特别要注意判断 $S=2$ 是否充分.遇到这样的等号问题,把"条件""结论"写一下便于判断.例如此例,显然 $|x-2|+|4-x|<2$ 也无解.所以应该是 $S\leqslant 2$. 请问 "$S\leqslant 2$" 还是"不等式 $|x-2|+|4-x|\leqslant S$ 无解"的充分条件吗?(不是)

**例 4.31**　若关于 $x$ 的不等式 $|x-1|+|x-2|\leqslant a^2+a+1$ 的解集是空集,则实数 $a$ 的取值范围是(　　).

(A) $(0,1)$　　　　(B) $(-1,0)$　　　　(C) $(1,2)$

(D) $(-\infty,-1)$　　(E) 不确定

**解**　因为函数 $f(x)=|x-1|+|x-2|$ 的最小值为 1,所以当 $a^2+a+1<1$ 时,不等式的解集是空集,即 $-1<a<0$. 故本题应选(B).

〖评注〗　由绝对值的几何意义可以快速找到其最小值.

**【知识点 4.9】**　$f(x)=|x-a|-|b-x|$ $(a<b)$ 类型的特点

---

(1) 当 $x\in(-\infty,a]$, $f(x)_{\min}=a-b$;当 $x\in[b,+\infty)$, $f(x)_{\max}=b-a$.

从几何角度理解: $f(x)=|x-a|-|b-x|$ 表示 $x$ 到 $a$ 的距离与 $x$ 到 $b$ 的距离之差.

当 $x$ 在 $a$ 左侧的时候 $f(x)$ 达到最小,最小值就是 $a-b$;

当 $x$ 在 $b$ 右侧的时候 $f(x)$ 达到最大,最大值就是 $b-a$.

(2) 用零点分段的方法去掉绝对值后得到的是分段一次函数,图像的特点是:两头平、中间斜(见图 4.10).

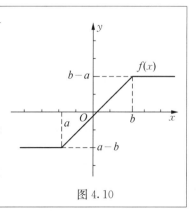

图 4.10

---

> (3) $f(x)=|x-a|-|b-x|=C$ 有解 $\Leftrightarrow a-b=f(x)_{\min}\leqslant C\leqslant f(x)_{\max}=b-a$;
> $f(x)=|x-a|-|b-x|=C$ 无解 $\Leftrightarrow C<f(x)_{\min}=a-b$ 或 $C>f(x)_{\max}=b-a$.

**例 4.32**　$|5-3x|-|3x-2|=3$ 的解是空集.

(1) $x>\dfrac{5}{3}$　　(2) $\dfrac{7}{6}<x<\dfrac{5}{3}$

**解法 1**　$|5-3x|-|3x-2|=\begin{cases}3 & x<\dfrac{2}{3}\\ -6x+7 & \dfrac{2}{3}\leqslant x\leqslant\dfrac{5}{3},\text{函数 }|5-3x|-|3x-2|\text{ 图}\\ -3 & x>\dfrac{5}{3}\end{cases}$

像如图 4.11 所示.

因此,当 $x>\dfrac{2}{3}$ 时,$|5-3x|-|3x-2|=3$ 无解.所以选(D).

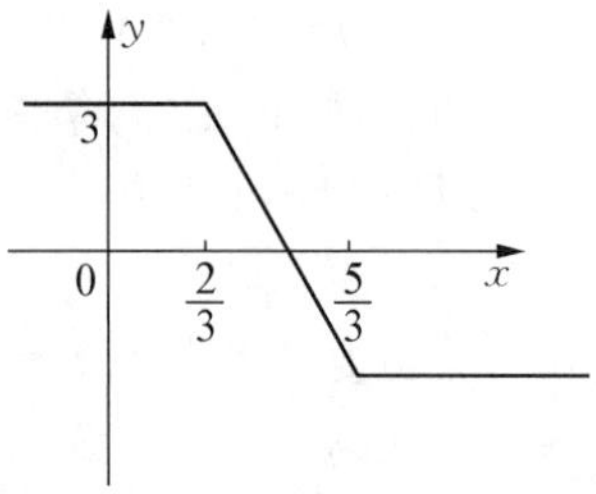

**解法 2**　$|5-3x|-|3x-2|=3\Leftrightarrow\left|\dfrac{5}{3}-x\right|-\left|x-\dfrac{2}{3}\right|=1.$

条件(1)当 $x>\dfrac{5}{3}$ 时,$\left|\dfrac{5}{3}-x\right|-\left|x-\dfrac{2}{3}\right|\equiv-1$,所以原方

程无解.

条件(2)当 $\dfrac{7}{6}<x<\dfrac{5}{3}$ 时,$\left|\dfrac{5}{3}-x\right|-\left|x-\dfrac{2}{3}\right|<1$,所以

原方程无解.

图 4.11

【评注】　$|5-3x|-|3x-2|=3$ 也可以利用绝对值的几何意义,关键两个绝对值中 $x$ 前面的系数绝对值要相同.

**例 4.33**　方程 $|x+1|-|x-4|=a$ 有无穷多解.

(1) $a=5$　　(2) $a=-5$

**解**　利用绝对值的几何意义,函数 $f(x)=|x+1|-|x-4|$ 的图像如图 4.12 所示.

其最大值为 5,最小值为 $-5$,因此当 $a=5$ 或 $a=-5$ 时都有无穷多解,即条件(1)和条件(2)都充分.故本题应选(D).

**例 4.34**　方程 $|x-7|-|x+a|=10$ 有无数个解.

(1) $a=-3$　　(2) $a=3$

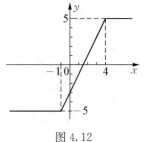

图 4.12

**解**　条件(1)　令 $f(x)=|x-7|-|x-3|$.

当 $x>7$ 时,$|x-7|-|x-3|=-4$;

当 $3\leqslant x\leqslant 7$ 时,$|x-7|-|x-3|=(7-x)-(x-3)=10-2x\in[-4,4]$;

当 $x<3$ 时,$|x-7|-|x-3|=4$;

所以 $f(x)\in[-4,4]$,即 $f(x)=|x-7|-|x-3|$ 不可能为 10,所以条件(1)不充分.

条件(2)　当 $x\leqslant-3$ 时,$|x-7|-|x+3|=10$,所以条件(2)充分.

答案是(B).

〚评注〛 条件(1)由几何意义知 $|x-7|-|x-3|=10$ 无解,条件(2)由几何意义知 $|x-7|-|x+3|=10$ 有无数个解.

**例 4.35** $|x-4|-|x-3|\leqslant a$ 对任意 $x$ 都成立.

(1) $a\geqslant 1$ (2) $a<1$

**解法1** $|x-4|-|x-3|=\begin{cases}1 & x<3\\-2x+7 & 3\leqslant x\leqslant 4, \text{函数} |x-4|-|x-3| \text{的图形如}\\-1 & x>4\end{cases}$

图 4.13 所示.

即对任意 $x$,$|x-4|-|x-3|\leqslant 1$ 成立,即当 $a\geqslant 1$ 时,$|x-4|-|x-3|\leqslant a$ 对任意 $x$ 都成立.

**解法2** 由绝对值的几何意义本题是指任意一点 $x$ 到 3 与到 4 的距离之差小于等于 $a$,易知 $|x-4|-|x-3|\leqslant 1$. 答案是(A).

〚评注〛 若结论改为 $|x-4|-|x-3|<a$ 对任意 $x$ 都成立,则条件(1)还充分吗?(不充分)

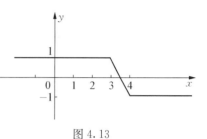

图 4.13

# 4.3 历年真题分类汇编与典型习题(含详解)

**1.** (2001)已知 $|a|=5$,$|b|=7$,$ab<0$,则 $|a-b|=($ ).

(A) 2 (B) $-2$ (C) 12 (D) $-12$

**2.** (2004)$x$,$y$ 是实数,$|x|+|y|=|x-y|$.

(1) $x>0$,$y<0$ (2) $x<0$,$y>0$

**3.** (2004) $\sqrt{a^2 b}=-a\sqrt{b}$.

(1) $a<0$,$b>0$ (2) $a>0$,$b<0$

**4.** 若 $x\in\left(\dfrac{1}{8},\dfrac{1}{7}\right)$,则 $|1-2x|+|1-3x|+\cdots+|1-10x|=($ ).

(A) 2 (B) 3 (C) 4 (D) 5 (E) 6

**5.** (2002)已知 $t^2-3t-18\leqslant 0$,则 $|t+4|+|t-6|=($ ).

(A) $2t-2$ (B) 10 (C) 3 (D) $2t+2$

**6.** 已知 $|2x+1|+|2x-5|=$ 定值,则 $x$ 的取值范围为( ).

(A) $0\leqslant x\leqslant\dfrac{1}{2}$ (B) $-1\leqslant x\leqslant 1$ (C) $-\dfrac{1}{2}\leqslant x\leqslant\dfrac{7}{2}$

(D) $-\dfrac{1}{2}\leqslant x\leqslant\dfrac{5}{2}$ (E) 以上均不正确

**7.** $y=2x+|4-5x|+|1-3x|+4$ 恒为常数,则 $x$ 的取值范围为( ).

(A) $\dfrac{1}{3}\leqslant x\leqslant\dfrac{4}{5}$ (B) $\dfrac{1}{3}<x<\dfrac{4}{5}$ (C) $\dfrac{1}{3}\leqslant x<\dfrac{4}{5}$

(D) $\dfrac{1}{3}<x<1$ (E) $\dfrac{1}{3}\leqslant x\leqslant 1$

**8.** 若 $0 < a < 1$，$-2 < b < -1$，则 $\dfrac{|a-1|}{a-1} - \dfrac{|b+2|}{b+2} + \dfrac{|a+b|}{a+b}$ 的值为(　　).

(A) 0　　　　　(B) $-1$　　　　(C) $-2$　　　　(D) $-3$　　　　(E) 2

**9.** 实数 $a$，$b$，$c$ 在数轴上的位置如图 4.14 所示，图中 $O$ 为原点，则代数式 $|a+b| - |b-a| + |a-c| + c = ($　　$)$.

(A) $a-2b$　　　　(B) $-a-2c$　　　　(C) $3a$

(D) $-3a+2c$　　　　(E) $2b+2c$

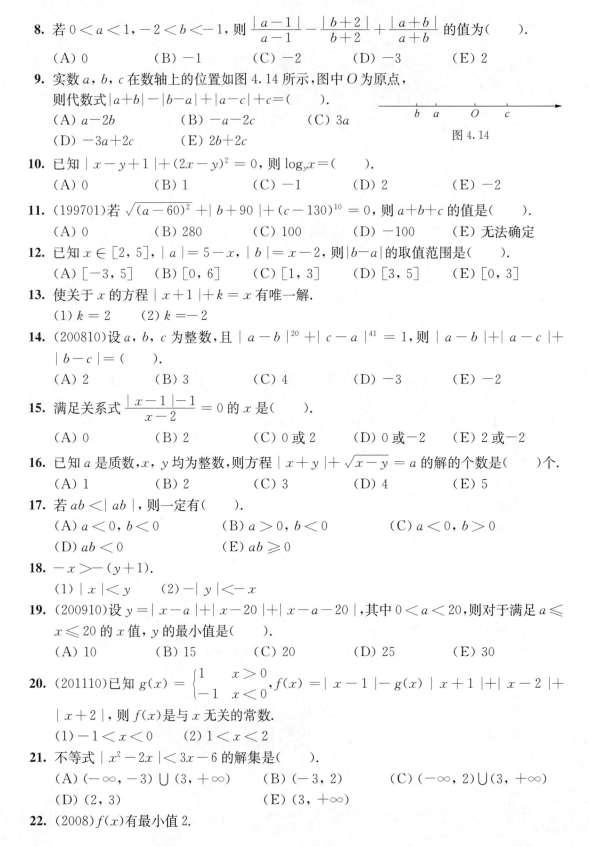

图 4.14

**10.** 已知 $|x-y+1| + (2x-y)^2 = 0$，则 $\log_y x = ($　　$)$.

(A) 0　　　　　(B) 1　　　　(C) $-1$　　　　(D) 2　　　　(E) $-2$

**11.** (199701)若 $\sqrt{(a-60)^2} + |b+90| + (c-130)^{10} = 0$，则 $a+b+c$ 的值是(　　).

(A) 0　　(B) 280　　(C) 100　　(D) $-100$　　(E) 无法确定

**12.** 已知 $x \in [2,5]$，$|a| = 5-x$，$|b| = x-2$，则 $|b-a|$ 的取值范围是(　　).

(A) $[-3,5]$　　(B) $[0,6]$　　(C) $[1,3]$　　(D) $[3,5]$　　(E) $[0,3]$

**13.** 使关于 $x$ 的方程 $|x+1| + k = x$ 有唯一解.

(1) $k=2$　　(2) $k=-2$

**14.** (200810)设 $a$，$b$，$c$ 为整数，且 $|a-b|^{20} + |c-a|^{41} = 1$，则 $|a-b| + |a-c| + |b-c| = ($　　$)$.

(A) 2　　　　　(B) 3　　　　(C) 4　　　　(D) $-3$　　　　(E) $-2$

**15.** 满足关系式 $\dfrac{|x-1|-1}{x-2} = 0$ 的 $x$ 是(　　).

(A) 0　　　　　(B) 2　　　　(C) 0 或 2　　　　(D) 0 或 $-2$　　　　(E) 2 或 $-2$

**16.** 已知 $a$ 是质数，$x$，$y$ 均为整数，则方程 $|x+y| + \sqrt{x-y} = a$ 的解的个数是(　　)个.

(A) 1　　　　　(B) 2　　　　(C) 3　　　　(D) 4　　　　(E) 5

**17.** 若 $ab < |ab|$，则一定有(　　).

(A) $a<0$，$b<0$　　　　(B) $a>0$，$b<0$　　　　(C) $a<0$，$b>0$

(D) $ab<0$　　　　(E) $ab \geqslant 0$

**18.** $-x > -(y+1)$.

(1) $|x| < y$　　(2) $-|y| < -x$

**19.** (200910)设 $y = |x-a| + |x-20| + |x-a-20|$，其中 $0 < a < 20$，则对于满足 $a \leqslant x \leqslant 20$ 的 $x$ 值，$y$ 的最小值是(　　).

(A) 10　　　　(B) 15　　　　(C) 20　　　　(D) 25　　　　(E) 30

**20.** (201110)已知 $g(x) = \begin{cases} 1 & x>0 \\ -1 & x<0 \end{cases}$，$f(x) = |x-1| - g(x)|x+1| + |x-2| + |x+2|$，则 $f(x)$ 是与 $x$ 无关的常数.

(1) $-1 < x < 0$　　(2) $1 < x < 2$

**21.** 不等式 $|x^2 - 2x| < 3x - 6$ 的解集是(　　).

(A) $(-\infty, -3) \cup (3, +\infty)$　　　　(B) $(-3, 2)$　　　　(C) $(-\infty, 2) \cup (3, +\infty)$

(D) $(2, 3)$　　　　(E) $(3, +\infty)$

**22.** (2008)$f(x)$ 有最小值 2.

(1) $f(x) = \left| x - \dfrac{5}{12} \right| + \left| x - \dfrac{1}{12} \right|$　　　(2) $f(x) = |x - 2| + |4 - x|$

23. 已知 $f(x) = |x - 1| - 2|x| + |x + 2|$，且 $-2 \leqslant x \leqslant 1$，则 $f(x)$ 的最大值与最小值的和为（　　）.

(A) 0　　　　　(B) 1　　　　　(C) 2　　　　　(D) 3　　　　　(E) $-2$

24. (2008) 方程 $|x + 1| + |x| = 2$ 无根.

(1) $x \in (-\infty, -1)$　　　(2) $x \in (-1, 0)$

25. 方程 $|x + 2| + |x - 3| = a$ 的解集为空集.

(1) $a = 5$　　　(2) $a > 5$

26. 不等式 $|x - 2| - |x - 4| < a$ 的解集为空集.

(1) $a = 1$　　　(2) $a \leqslant -2$

27. (201310) 方程 $|x + 1| + |x + 3| + |x - 5| = 9$ 存在唯一解.

(1) $|x - 2| \leqslant 3$　　　　　(2) $|x - 2| \geqslant 2$

## 详解：

**1.【C】**

**解**　由题意 $a = \pm 5, b = \pm 7$，又由于 $ab < 0$，故 $a = 5, b = -7$ 或 $a = -5, b = 7$.

若 $a = 5, b = -7$，则 $|a - b| = |5 + 7| = 12$；若 $a = -5, b = 7$，则 $|a - b| = |-5 - 7| = 12$，所以选 (C).

〖评注〗　去绝对值要讨论.

**2.【D】**

**解**　若条件 (1) 成立，则左边 $= |x| + |y| = x - y$，右边 $= |x - y| = x - y$.

若条件 (2) 成立，则左边 $= |x| + |y| = -x + y = y - x$，右边 $= |x - y| = -(x - y) = y - x$.

因此条件 (1)，(2) 都充分. 所以选 (D).

〖评注〗　此题可以用三种方法，零点分段去绝对值，绝对值的几何意义，绝对值三角不等式.

**3.【A】**

**解**　当条件 (1) 成立时，$\sqrt{a^2 b} = \sqrt{a^2}\sqrt{b} = |a|\sqrt{b} = -a\sqrt{b}$，即条件 (1) 充分.

条件 (2)，当 $b < 0$ 时，$\sqrt{b}$ 无意义，因此条件 (2) 不充分.

所以选 (A).

〖评注〗　零点分段与根号内非负.

**4.【B】**

**解**　若 $\dfrac{1}{8} < x < \dfrac{1}{7}$，可得 $8x > 1, 7x < 1$.

则原式 $= 1 - 2x + 1 - 3x + 1 - 4x + \cdots + 1 - 7x + 8x - 1 + 9x - 1 + 10x - 1 = 6 - 3 = 3$，选 (B).

〖评注〗　零点分段去绝对值.

**5.【B】**

**解**　$t^2 - 3t - 18 \leqslant 0$，则有 $-3 \leqslant t \leqslant 6$ 成立，因此 $|t + 4| + |t - 6| = t + 4 + 6 - t = 10$，选 (B).

〖评注〗　零点分段去绝对值.

**6.【D】**

**解**　$|2x + 1| + |2x - 5| =$ 定值，则需两个绝对值内异号，即 $(2x + 1)(2x - 5) \leqslant 0$，从而 $-\dfrac{1}{2} \leqslant x \leqslant \dfrac{5}{2}$. 所以选 (D).

〖评注〗 已知条件对零点分段有要求.

**7.【A】**

**解** 若 $y=2x+|4-5x|+|1-3x|+4$ 恒为定值,则需 $\begin{cases} 4-5x \geqslant 0 \\ 1-3x \leqslant 0 \end{cases}$ 成立,因此 $\frac{1}{3} \leqslant x \leqslant \frac{4}{5}$.

所以选(A).

〖评注〗 已知条件对零点分段有要求.

**8.【D】**

**解** 因为 $0<a<1$, $-2<b<-1$,所以 $a-1<0$, $b+2>0$, $a+b<0$.

从而 $\frac{|a-1|}{a-1} - \frac{|b+2|}{b+2} + \frac{|a+b|}{a+b} = \frac{-(a-1)}{a-1} - \frac{b+2}{b+2} + \frac{-(a+b)}{(a+b)} = -1-1-1 = -3$.

故本题应选(D).

〖评注〗 $\frac{|x|}{x}$ 去绝对值要根据正负号讨论,要利用不等式性质得到 $a+b<0$.

**9.【D】**

**解** 由图知 $c>0$, $b<a<0$,因此 $a+b<0$, $b-a<0$, $a-c<0$,由绝对值定义,

$$|a+b|-|b-a|+|a-c|+c = -a-b+b-a+c-a+c = -3a+2c,$$

答案是(D).

〖评注〗 去掉绝对值,只要比较绝对值内式子的符号.

**10.【A】**

**解** 由绝对值性质 $|x-y+1| \geqslant 0$,又由于 $(2x-y)^2 \geqslant 0$,从而由已知,这两式都必须等于零,

即 $\begin{cases} x-y+1=0 \\ 2x-y=0 \end{cases}$ 得 $x=1$, $y=2$. 因此 $\log_y x = \log_2 1 = 0$. 答案是(A).

〖评注〗 利用绝对值和平方的非负性.

**11.【C】**

**解** 由题意可得

$$\begin{cases} a-60=0 \\ b+90=0 \\ c-130=0 \end{cases} \Rightarrow \begin{cases} a=60 \\ b=-90 \\ c=130 \end{cases} \Rightarrow a+b+c = 60-90+130 = 100,$$

所以答案为(C).

〖评注〗 非负项之和为零,则每一项都为零.

**12.【E】**

**解** 因为 $x \in [2,5]$,所以 $|b-a| \leqslant |b|+|a| = 5-x+x-2 = 3$.

当 $b=a$ 时,即 $5-x=x-2$, $x=\frac{7}{2}$ 时, $|b-a|=0$. 所以 $0 \leqslant |b-a| \leqslant 3$.

故本题应选(E).

〖评注〗 下面解法有问题吗? $|a|=5-x \in [0,3]$, $-3 \leqslant a \leqslant 3$, $|b|=x-2 \in [0,3]$, $-3 \leqslant b \leqslant 3$,所以 $|b-a|$ 的取值范围是 $[0,6]$.

**13.【B】**

**解** 由条件(1),方程为 $|x+1|+2=x$. 若 $x \geqslant -1$,方程为 $x+1+2=x$,无解;若 $x<-1$,方程为 $-x-1+2=x$,得 $x=\frac{1}{2}$,但不满足 $x<-1$,因此,当 $k=2$ 时,原方程无解.

由条件(2),方程为 $|x+1|-2=x$. 若 $x \geqslant -1$,方程为 $x+1-2=x$,无解;若 $x<-1$,方程为 $-x-1-2=x$,得 $x=-\frac{3}{2}<-1$,有唯一解,因此,条件(1)不充分,而条件(2)是充分的.

所以选(B).

【评注】 条件(1),方程为 $|x+1|+2=x \Leftrightarrow |x+1|=x-2$,两边平方得到 $(x+1)^2=(x-2)^2$,解出 $x=0.5$,对不对?(平方增根),其实 $|x+1|=x-2$ 结合几何意义,很容易看出无解.

**14.【A】**

**解** $a,b,c$ 为整数,$|a-b|$,$|c-a|$ 均非负,又 $|a-b|^{20}+|c-a|^{41}=1$,则 $|a-b|$ 和 $|c-a|$ 一个为0,一个为1.不妨令 $|a-b|=0$,$|c-a|=1$,则将 $a=b$ 代入所求表达式得:

$|a-b|+|a-c|+|b-c|=2|a-c|=2$,选(A).

【评注】 本题可以直接用特值代入法,取 $a=c=1$,$b=0$,则 $|a-b|+|a-c|+|b-c|=|1-0|+|1-1|+|0-1|=2$.

**15.【A】**

**解** 由题意,$\begin{cases} x-2 \neq 0 \\ |x-1|-1=0 \end{cases}$,所以 $\begin{cases} x \neq 2 \\ |x-1|=1 \end{cases}$,即 $\begin{cases} x \neq 2 \\ x-1=\pm 1 \end{cases}$.解得 $x=0$.答案是(A).

【评注】 要注意增根.

**16.【E】**

**解** $x+y$ 与 $x-y$ 同奇偶,因此 $|x+y|+\sqrt{x-y}=a$,$a$ 为偶数,又 $a$ 为质数,所以 $a=2$.

由 $\begin{cases} x+y=-2 \\ x-y=0 \end{cases}$ $\begin{cases} x+y=2 \\ x-y=0 \end{cases}$ $\begin{cases} x+y=1 \\ x-y=1 \end{cases}$ $\begin{cases} x+y=-1 \\ x-y=1 \end{cases}$ $\begin{cases} x+y=0 \\ x-y=4 \end{cases}$,

得 $\begin{cases} x=-1 \\ y=-1 \end{cases}$ $\begin{cases} x=1 \\ y=1 \end{cases}$ $\begin{cases} x=1 \\ y=0 \end{cases}$ $\begin{cases} x=0 \\ y=-1 \end{cases}$ $\begin{cases} x=2 \\ y=-2 \end{cases}$ 共五组解,所以选(E).

【评注】 此题有一定的难度,综合利用了奇偶性、质数等性质.

**17.【D】**

**解** 因为 $ab<|ab|$,则 $a,b$ 中任何一个都不等于零.因此,当 $ab>0$ 时,$ab=|ab|$,因此只能一正一负,即 $ab<0$.答案是(D).

【评注】 用选项排除法也可.

**18.【A】**

**解** 结论要使 $-x>-(y+1)$ 成立,只需 $x<y+1$.

由条件(1),$|x|<y$,即 $-y<x<y<y+1$.因此条件(1)是充分的.

由条件(2),$-|y|<-x$,得 $|y|>x$,即 $y>x$ 或 $y<-x$,即 $x<y$ 或 $x<-y$,不能推出 $x<y+1$.取 $y=-3$,$x=-1$ 满足 $x<-y$,但不满足 $x<y+1$,所以条件(2)是不充分的.

【评注】 关键去掉绝对值要给予分类讨论.

**19.【C】**

**解** 由已知 $x-a \geqslant 0$,$x-20 \leqslant 0$,$x-a-20 \leqslant 0$,

因此 $y=x-a+20-x+a+20-x=40-x$.

当 $x=20$ 时,$y$ 取最小值 $40-20=20$,选(C).

【评注】 根据已知条件去掉绝对值.

**20.【D】**

**解** 条件(1) 当 $-1<x<0$ 时,

$f(x)=|x-1|+|x+1|+|x-2|+|x+2|=-(x-1)+x+1-(x-2)+x+2=6$,与 $x$ 无关,充分.

条件(2) 当 $1<x<2$ 时,

$f(x)=|x-1|-|x+1|+|x-2|+|x+2|=x-1-(x+1)-(x-2)+x+2=2$,与 $x$ 无关,充分.

所以选(D).

【评注】 $g(x)=\begin{cases} 1 & x>0 \\ -1 & x<0 \end{cases}$,此函数常称为示性函数.

**21.【D】**

**解**　由题意得 $\begin{cases} x^2-2x>-(3x-6) \\ x^2-2x<3x-6 \end{cases}$，即 $\begin{cases} x<-3\,或\,x>2 \\ 2<x<3 \end{cases}$，所以 $2<x<3$. 故本题应选(D).

〚评注〛　绝对值零点分段求不等式.

**22.【B】**

**解**　由条件(1) $f(x)=\left|x-\dfrac{5}{12}\right|+\left|x-\dfrac{1}{12}\right|\geqslant\dfrac{5}{12}-\dfrac{1}{12}=\dfrac{1}{3}$，$f(x)$ 最小值为 $\dfrac{1}{3}$，条件(1)不充分. 由条件(2)$f(x)=|x-2|+|4-x|\geqslant4-2=2$，$f(x)$ 最小值为 2. 即条件(2)充分.

〚评注〛　由绝对值的几何意义可以快速给出答案.

**23.【C】**

**解法1**　$f(x)=|x-1|-2|x|+|x+2|=\begin{cases}2x+3, & -2\leqslant x\leqslant0 \\ -2x+3, & 0\leqslant x\leqslant1\end{cases}$，$f(x)$ 如图 4.15 所示.

即 $f(x)$ 在 $-2\leqslant x\leqslant1$ 区间，最大值 $f(0)=3$，最小值 $f(-2)=-1$，即 $3+(-1)=2$.

所以选(C).

图 4.15

**解法2**　当 $-2\leqslant x\leqslant1$ 时，$|x-1|+|x+2|\equiv3$，所以 $f(x)=|x-1|+|x+2|-2|x|=3-2|x|$，$0\leqslant|x|\leqslant2$，即 $f(x)$ 在 $-2\leqslant x\leqslant1$ 区间，最大值 $f(0)=3$，最小值 $f(-2)=-1$，所以 $3+(-1)=2$.

**24.【B】**

**解**　由条件(1)，题干中方程为 $-x-1-x=2$，因此 $x=-\dfrac{3}{2}$ 为方程的根. 即条件(1)不充分.

由条件(2)，题干中方程为 $x+1-x=2$，即方程无根. 因此条件(2)是充分的，所以选(B).

〚评注〛　由几何意义知 $x\in(-1,0)$ 时，$|x+1|+|x|\equiv1$，所以方程 $|x+1|+|x|=2$ 无根.

**25.【E】**

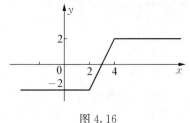

**解**　函数 $f(x)=|x+2|+|x-3|$ 的最小值为 5，所以当 $a<5$ 时，方程 $|x+2|+|x-3|=a$ 没有实根. 因此条件(1)和(2)单独都不充分，且无法联合. 故本题应选(E).

**26.【B】**

**解**　函数 $f(x)=|x-2|-|x-4|$ 的图像如图 4.16 所示.

其最大值为 2，最小值为 $-2$. 因此当 $a\leqslant-2$ 时，不等式 $|x-2|-|x-4|<a$ 的解集为空集.

图 4.16

所以条件(1)不充分，条件(2)充分. 故本题应选(B).

**27.【A】**

**解法1**　绝对值问题零点分段讨论：

$f(x)=|x+1|+|x+3|+|x-5|=\begin{cases}x\geqslant5\,时, & 3x-1=9\Rightarrow x=10/3(舍去); \\ -1\leqslant x<5\,时, & x+9=9\Rightarrow x=0; \\ -3\leqslant x<-1\,时, & -x+7=9\Rightarrow x=-2; \\ x<-3\,时, & -3x+1=9\Rightarrow x=-8/3(舍去).\end{cases}$

所以有两解 $x=0$ 与 $x=-2$.

条件(1)：当 $-1\leqslant x\leqslant5$ 时，存在唯一解 $x=0$，充分；

条件(2)：当 $x\geqslant4$ 或 $x\leqslant0$ 时，有两个解 $x=0$ 与 $x=-2$，不充分.

**解法2**　直接画出 $f(x)=|x+1|+|x+3|+|x-5|$ 的图形与 $f(x)=9$，找到交点 $x=0$ 或 $x=-2$. 余下同解法1(见图 4.17).

〚技巧〛　由绝对值的几何意义得 $|x+1|+|x+3|+|x-5|=9$ 有两个解 $x=0$ 或 $x=-2$.

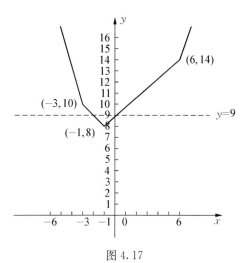

图 4.17

# 第5章

# 整　式

## 5.1　基本概念、定理、方法

### 5.1.1　代数式化简

常见的代数式有：有理式、根式、指数式、对数式等.

单项式与多项式：

单项式：形如 $a(b+c)$，最后运算是乘除运算；

多项式：形如 $ab+ac$，最后运算是加减运算；

单项式、多项式之间的关系：多项式 $\xrightleftharpoons[\text{展开}]{\text{因式分解}}$ 单项式.

### 5.1.2　等式与条件等式

**1. 等式的基本性质**

(1) 若 $a=b$，则 $a\pm c=b\pm c$（实质是移项运算）.

(2) 若 $a=b$，则 $a\cdot c=b\cdot c$　$a/c=b/c$　$(c\neq 0)$（实质是系数变形）.

(3) 若 $a$，$b$ 是正数，则 $\sqrt[n]{a}=\sqrt[n]{b}$（实质是指数变形）.

**2. 等式类型**

等式分为两种：条件等式与恒等式.

(1) 条件等式：一个含有字母的等式，只有当字母满足某种特定的条件时，等式才能成立，这种等式叫作条件等式. 例如等式 $ab=1$，只有当 $a=1/b$ 时等式才成立. 又如等式 $x^2-2x-8=0$，只有 $x=4$ 或 $x=-2$ 时才成立，显然方程都是条件等式.

(2) 恒等式：一个含有字母的等式，当字母在它的允许值范围内取任何值时等式都成立，这种等式叫作恒等式. 如等式 $(x+1)^n=\mathrm{C}_n^0x^n+\mathrm{C}_n^1x^{n-1}+\cdots+\mathrm{C}_n^nx^0$，对于 $n$ 取任意自然数时都成立，所以它是关于 $n$ 的恒等式.

**3. 条件等式的一般思路**（数学中的很多问题实质上都是条件等式问题）

(1) 把已知条件等式代入欲求、欲证之式中，但必须先把等式化简，可以化简已知条件等式，也可以将欲求、欲证之等式化简，便于将已知等式代入.

(2) 将化简等式代入有困难，可以将已知条件等式恒等变形，注意条件与结论之间的联系与区别，逐步向目标靠拢.

**4. 条件等式化简基本定理**

**定理 1**　若 $ab=0$，则 $a=0$ 或 $b=0$（实质是做因式分解）.

**定理 2**　若 $a$，$b$ 是实数，且 $a^2+b^2=0$，则 $a=0$ 且 $b=0$（实质是配平方）.

说明：

（1）定理中的 $a$，$b$ 均可表示一个代数式，且不一定只有 $a$，$b$ 两项.

（2）用条件等式化简基本定理，等式一边要为 $0$.

（3）定理 $1$ 适用于复数，定理 $2$ 不适用于复数.

（4）定理 $2$ 有几种常见的变形，例如 $a^2+|b|+\sqrt{c}=0$，则 $a=0$，$b=0$ 且 $c=0$.

### 5.1.3 一元 $n$ 次多项式

**1. 一元 $n$ 次多项式（定义）**

设 $n$ 是一个非负整数，多项式 $a_nx^n+a_{n-1}x^{n-1}+\cdots+a_1x+a_0$，其中 $a_0$，$a_1$，$\cdots$，$a_n$ 都是实数，被称为实系数多项式，若 $a_n\neq0$，则被称为一元 $n$ 次实系数多项式，简称为 $n$ 次多项式. 我们用 $f(x)$，$g(x)$，$\cdots$代表多项式，例如：$f(x)=2x^3-x^2+1$ 是一个三次多项式；$g(x)=x^2+5$ 是一个二次多项式；$h(x)=-5$ 是一个零次多项式（零次多项式就是只有常数项的单项式）；$f(x)=0$，即 $f(x)$ 的所有系数均为零，则称其为零多项式.

**2. 多项式的运算**

多项式 $f(x)=a_nx^n+a_{n-1}x^{n-1}+\cdots+a_1x+a_0$，$g(x)=b_mx^m+b_{m-1}x^{m-1}+\cdots+b_1x+b_0$ 的和、差、积仍然是一个多项式，但两个多项式的商不一定是一个多项式. 因此整除就成了两个多项式之间的一种特殊的关系.

**3. 两个多项式相等（定理）**

两个多项式相等则其对应次数前系数相等.

### 5.1.4 整除及带余除法

**1. 多项式整除（定义）**

对任意两个多项式

$$f(x)=a_nx^n+a_{n-1}x^{n-1}+\cdots+a_1x+a_0,$$
$$g(x)=b_mx^m+b_{m-1}x^{m-1}+\cdots+b_1x+b_0,$$

若存在多项式 $h(x)=c_kx^k+c_{k-1}x^{k-1}+\cdots+c_1x+c_0$，使等式 $f(x)=g(x)h(x)$ 成立，则称 $g(x)$ 整除 $f(x)$，记为 $g(x)\,|\,f(x)$. $g(x)\nmid f(x)$ 表示 $g(x)$ 不能整除 $f(x)$. 当 $g(x)\,|\,f(x)$ 时，$g(x)$ 就称为 $f(x)$ 的因式，$f(x)$ 称为 $g(x)$ 的倍式.

**2. 整除具有以下性质**

（1）若 $h(x)\,|\,g(x)$，且 $g(x)\,|\,f(x)$，则 $h(x)\,|\,f(x)$（传递性）.

（2）若 $h(x)\,|\,g(x)$ 且 $h(x)\,|\,f(x)$，则 $h(x)\,|\,[u(x)g(x)+v(x)f(x)]$，其中 $u(x)$，$v(x)$ 为任意两个多项式.

**3. 带余除法（定理）**

对任意两个实系数多项式 $f(x)$，$g(x)[g(x)$ 不是零多项式$]$，一定存在多项式 $q(x)$，$r(x)$，使得 $f(x)=q(x)g(x)+r(x)$ 成立，这里 $r(x)$ 为零多项式或 $r(x)$ 的次数小于 $g(x)$ 的次数，且 $q(x)$ 和 $r(x)$ 都是唯一的. $q(x)$ 称为 $g(x)$ 除 $f(x)$ 所得商式，$r(x)$ 称为 $g(x)$ 除 $f(x)$ 所得余式.

例如，$f(x)=4x^3+5x^2-3x-8$ 除以 $g(x)=x^2+2x+1$，用竖式做除法（类似于多位数除法）可得商式 $q(x)=4x-3$，余式 $r(x)=-x-5$，即 $4x^3+5x^2-3x-8=(4x-3)(x^2+2x+1)+(-x-5)$.

**4. 两个多项式整除的充要条件**

由整除的定义及带余除法知,$g(x)|f(x)$ 的充要条件是带余除法中余式 $r(x)=0$.

### 5.1.5 余数定理及一次因式与根的关系

**1. 一次因式余数定理**

用一次多项式 $x-a$ 去除多项式 $f(x)$,所得的余式是一个常数,这个常数值等于函数值 $f(a)$,即 $f(x)=q(x)(x-a)+f(a)$.

对于一元 $n$ 次多项式总可以分解成若干个一次因式与二次因式(在实数范围不能再分)的乘积.

**2. 一次因式与根的关系**

$(x-a)|f(x) \Leftrightarrow f(x)=q(x)(x-a) \Leftrightarrow f(a)=0 \Leftrightarrow a$ 是 $f(x)=0$ 的根.

### 5.1.6 常用的因式分解公式

把一个整式化为若干个其他的整式之积的运算称为因式分解.

(1) $a^2-b^2=(a+b)(a-b)$.

(2) $a^2 \pm 2ab+b^2=(a \pm b)^2$.

(3) $a^3 \pm 3a^2b+3ab^2 \pm b^3=(a \pm b)^3$.

(4) $a^3 \pm b^3=(a \pm b)(a^2 \mp ab+b^2)$.

(5) $a^2+b^2+c^2 \pm 2ab \pm 2ac \pm 2bc=(a \pm b \pm c)^2$.

(6) $x^2+(p+q)x+pq=(x+p)(x+q)$(十字相乘方法),更一般地,如果知道了方程 $ax^2+bx+c=0$ 的两个根 $x_1$,$x_2$,则有因式分解公式 $ax^2+bx+c=a(x-x_1)(x-x_2)$.

(7) $a^2+b^2+c^2-ab-bc-ac=\dfrac{1}{2}[(a-b)^2+(a-c)^2+(b-c)^2]$.

# 5.2 知识点分类精讲

**【知识点 5.1】** 条件等式化简

解题技巧:运用条件等式定理 1 与定理 2,即因式分解与配方化简条件等式.

**例 5.1** 若 $a^2+a=-1$,则 $a^4+2a^3-3a^2-4a+3$ 的值为( ).

(A) 7　　　(B) 8　　　(C) 9　　　(D) 10　　　(E) 12

**解** $a^4+2a^3-3a^2-4a+3=(a^2+a)^2-4(a^2+a)+3=(-1)^2-4 \times (-1)+3=8$.
所以选(B).

〖**评注**〗 条件 $a^2+a=-1$ 不能在实数范围内因式分解,所以已经为最简条件,则欲求式子变形向条件靠拢,把已知条件代入欲求的式子中.

**例 5.2** 若 $x^3+x^2+x+1=0$,则 $x^{97}+x^{98}+\cdots+x^{103}$ 的值是( ).

(A) $-1$　　　(B) 0　　　(C) 1　　　(D) 2　　　(E) 3

**解**  由已知 $x^3+x^2+x+1=0$,得 $x^2(x+1)+(x+1)=0$,即 $(x+1)(x^2+1)=0$.

因此 $x=-1$,从而 $x^{97}+x^{98}+\cdots+x^{103}=-1$,所以选(A).

〖评注〗  条件 $x^3+x^2+x+1=0$ 可以在实数范围内因式分解,所以条件可以进一步化简,把化简后的最简已知条件代入欲求的式子中.

例 5.3  已知 $a,b$ 是实数,且 $x=a^2+b^2+21$,$y=4(2b-a)$,则 $x,y$ 的大小关系是( ).

(A) $x \leqslant y$　　(B) $x \geqslant y$　　(C) $x < y$　　(D) $x > y$　　(E) 以上结论均不正确

**解**  做差比较 $x,y$ 的大小,解题的关键是逆用完全平方公式,揭示式子的非负性.

$x-y=a^2+b^2+21-4(2b-a)=(a^2+4a+4)+(b^2-8b+16)+1=(a+2)^2+(b-4)^2+1 \geqslant 1$. 所以 $x > y$. 故本题应选(D).

〖评注〗  比较大小最常用的是比差法,常用配方或者因式分解判断符号.

【知识点 5.2】  条件等式常用结论

(1) $a^2+b^2+c^2-ab-bc-ac=\dfrac{1}{2}[(a-b)^2+(a-c)^2+(b-c)^2]$,

若 $a^2+b^2+c^2-ab-bc-ac=0$,则 $a=b=c$.

(2) $a^3+b^3+c^3-3abc=(a+b+c)(a^2+b^2+c^2-ab-bc-ac)$

$\qquad\qquad\qquad\quad\ =\dfrac{1}{2}(a+b+c)[(a-b)^2+(a-c)^2+(b-c)^2]$,

若 $a^3+b^3+c^3-3abc=0$,则 $a+b+c=0$ 或 $a=b=c$.

例 5.4  (200801)若 $\triangle ABC$ 的三边 $a,b,c$ 满足 $a^2+b^2+c^2=ab+ac+bc$,则 $\triangle ABC$ 为( ).

(A) 等腰三角形　　　　(B) 直角三角形　　　　(C) 等边三角形

(D) 等腰直角三角形　　(E) 以上结果均不正确

**解**  由已知 $a^2+b^2+c^2-ab-ac-bc=0$,则 $2(a^2+b^2+c^2-ab-ac-bc)=0$.

因此 $(a-b)^2+(a-c)^2+(b-c)^2=0$,得 $a=b=c$. 所以选(C).

〖评注〗  常用结论:$a^2+b^2+c^2-ab-ac-bc=0 \Leftrightarrow a=b=c$.

例 5.5  实数 $a,b,c$ 中至少有一个大于零.

(1) $x,y,z \in \mathbf{R}$,$a=x^2-2y+\dfrac{\pi}{2}$,$b=y^2-2z+\dfrac{\pi}{3}$,$c=z^2-2x+\dfrac{\pi}{6}$

(2) $x \in \mathbf{R}$ 且 $|x| \neq 1$,$a=x-1$,$b=x+1$,$c=x^2-1$

**解**  由条件(1),$a+b+c=(x-1)^2+(y-1)^2+(z-1)^2+(\pi-3)>0$.

由 $a+b+c>0$,可知 $a,b,c$ 中至少有一个大于零,即条件(1)是充分的.

由条件(2),$abc=(x^2-1)^2>0$ 知 $a,b,c$ 中至少有一个大于零,即条件(2)也是充分的.

答案是(D).

〖评注〗  此题中两个结论常用,需要熟记.

例 5.6  实数 $x,y,z$ 中至少有一个大于零.

(1) $a$, $b$, $c$ 是不全相等的任意实数, $x = a^2 - bc$, $y = b^2 - ac$, $z = c^2 - ab$

(2) $\dfrac{a-b}{x} = \dfrac{b-c}{y} = \dfrac{c-a}{z} = xyz$

**解**　由条件(1), $a$, $b$, $c$ 是不全相等的任意实数,

所以 $x + y + z = a^2 + b^2 + c^2 - bc - ac - ab = \dfrac{1}{2}\left[(a-b)^2 + (b-c)^2 + (c-a)^2\right] > 0.$

从而 $x$, $y$, $z$ 中至少有一个大于 0, 因此, 条件(1)是充分的.

由条件(2), 得 $(a-b) + (b-c) + (c-a) = x^2yz + xy^2z + xyz^2 = xyz(x+y+z) = 0.$

又因为 $xyz \neq 0$, 则 $x + y + z = 0$. 所以 $x$, $y$, $z$ 中至少有一个大于 0. 因此条件(2)也充分.

所以选(D).

〖评注〗　配方和因式分解是最常用的方法.

---

**【知识点 5.3】**　两多项式相等, 则对应次数相等的项所对应的系数必定相等

解题技巧: 常可以从最高次项与常数项系数入手.

**例 5.7**　对任意实数 $x$, 等式 $ax - 4x + 5 + b = 0$ 恒成立, 求 $(a+b)^{2\,008} = ($　　$)$.

(A) 0　　　　(B) 1　　　　(C) $2^{1\,004}$　　　　(D) $2^{2\,008}$　　　　(E) 以上答案均不正确

**解法 1**　(基本解法): $ax - 4x + 5 + b = 0 \Leftrightarrow (a-4)x + (5+b) = 0$, 又对任意实数 $x$, 等式是恒成立的, 故有 $a = 4$, $b = -5$, 有 $a + b = -1$, 从而 $(a+b)^{2\,008} = 1$, 故选(B).

**解法 2**　(特值法): 由于对任意实数 $x$, 等式 $ax - 4x + 5 + b = 0$ 恒成立, 那么可以取 $x = 1$, 原式转化为 $a - 4 + 5 + b = 0 \Leftrightarrow a + b = -1$, 所以 $(a+b)^{2\,008} = 1$, 故选(B).

**例 5.8**　(201001)多项式 $x^3 + ax^2 + bx - 6$ 的两个因式是 $x - 1$ 和 $x - 2$, 则第三个一次因式为(　　).

(A) $x - 6$　　　(B) $x - 3$　　　(C) $x + 1$　　　(D) $x + 2$　　　(E) $x + 3$

**解**　利用 $x^3 + ax^2 + bx - 6 = (x-1)(x-2)(x+c)$, 可得 $-6 = -1 \times (-2) \times c$, 所以 $c = -3$.

答案是(B).

〖评注〗　利用多项式对应相等解题, 不用解出 $a$, $b$.

**例 5.9**　多项式 $2x^4 - x^3 - 6x^2 - x + 2$ 的因式分解为 $(2x-1)q(x)$, 则 $q(x)$ 等于(　　).

(A) $(x+2)(2x-1)^2$　　　　(B) $(x-2)(x+1)^2$　　　　(C) $(2x+1)(x^2-2)$

(D) $(2x-1)^2(x+2)$　　　　(E) $(2x+1)^2(x-2)$

**解**　利用多项式恒等, 则等号右边 $q(x)$ 中 $x^3$ 前的系数应该为 1, 所以只有(B)正确.

〖评注〗　利用多项式对应相等解题, 不用去做因式分解.

**例 5.10**　若 $4x^4 - ax^3 + bx^2 - 40x + 16$ 是完全平方式, 则 $a$, $b$ 的值为(　　).

(A) $a = 20$, $b = 41$　　　　　　　　(B) $a = -20$, $b = 9$

(C) $a = 20$, $b = 41$ 或 $a = -20$, $b = 9$　　(D) $a = 20$, $b = 40$

(E) A, B, C, D 都不正确

**解**　设 $4x^4 - ax^3 + bx^2 - 40x + 16 = (2x^2 + mx + n)^2 = 4x^4 + 4mx^3 +$

$(m^2+4n)x^2+2mnx+n^2$，所以 $\begin{cases} -a=4m \\ b=m^2+4n \\ -40=2mn \\ 16=n^2 \end{cases}$，解得 $n=4$，$m=-5$，$a=20$，$b=41$ 或 $n=$

$-4$，$m=5$，$a=-20$，$b=9$.

答案是(C).

〖评注〗 根据最高次前的系数设完全平方的形式，然后利用多项式对应相等解题.

【知识点 5.4】 多项式整除问题
解题技巧：利用竖式除法或者余数定理得到余数，且余数为 0.

例 5.11 设 $ax^3+bx^2+cx+d$ 能被 $x^2+h^2(h\neq 0)$ 整除，则 $a$，$b$，$c$，$d$ 间的关系为
( ).

(A) $ab=cd$　　(B) $ac=bd$　　(C) $ad=bc$　　(D) $a+b=cd$　(E) 以上均不正确

**解法 1** 用竖式除法

$$
\begin{array}{r}
ax+b \\
x^2+\phantom{xxx}+h^2 \overline{)ax^3+bx^2+cx\phantom{xxxxx}+d} \\
\underline{ax^3+\phantom{xxxx}+ah^2x} \\
bx^2+(c-ah^2)x+d \\
\underline{bx^2+\phantom{xxxxxxxx}+bh^2} \\
(c-ah^2)x+(d-bh^2)
\end{array}
$$

因为 $(x^2+h^2)\mid(ax^3+bx^2+cx+d)$，所以余式 $(c-ah^2)x+(d-bh^2)$ 为零多项式，

即 $c-ah^2=0$，且 $d-bh^2=0$，得 $\dfrac{c}{a}=\dfrac{d}{b}$，即 $ad=bc$. 答案是(C).

**解法 2** 因为 $ax^3+bx^2+cx+d$ 能被 $x^2+h^2(h\neq 0)$ 整除，所以根据 $x^3$ 与 $x^2$ 前系数可以设

$$ax^3+bx^2+cx+d=(x^2+h^2)(ax+b)$$

还要进一步满足 $c=ah^2$ 且 $d=bh^2$，所以得 $\dfrac{c}{a}=\dfrac{d}{b}$，即 $ad=bc$.

答案是(C).

【知识点 5.5】 一次因式定理——根与整除的关系
　　$f(x)$ 能被 $(x-a)$ 整除 $\Leftrightarrow(x-a)\mid f(x)\Leftrightarrow f(x)=(x-a)\cdot g(x)\Leftrightarrow f(x)$ 含有因式 $(x-a)\Leftrightarrow f(a)=0\Leftrightarrow a$ 是 $f(x)=0$ 的根.
　　$f(x)$ 能被 $(ax-b)$ 整除 $\Leftrightarrow(ax-b)\mid f(x)\Leftrightarrow f(x)=(ax-b)\cdot g(x)\Leftrightarrow f(x)$ 含有因式 $(ax-b)\Leftrightarrow f\left(\dfrac{b}{a}\right)=0\Leftrightarrow\dfrac{b}{a}$ 是 $f(x)=0$ 的根.

例 5.12 (200710)若多项式 $f(x)=x^3+a^2x^2+x-3a$ 能被 $x-1$ 整除，则实数 $a=$

( ).

(A) 0 　　　　　(B) 1 　　　　　(C) 0 或 1 　　　　(D) 2 或 $-1$ 　　　(E) 2 或 1

**解**　多项式 $f(x) = x^3 + a^2x^2 + x - 3a$ 能被 $x-1$ 整除 $\Leftrightarrow f(1) = 0$，即 $1 + a^2 + 1 - 3a = 0$，解得 $a = 1$，$a = 2$．所以选(E)．

〖评注〗　此类问题就不再用竖式除法了，直接用根与整除的关系．

**例 5.13**　(200910)二次三项式 $x^2 + x - 6$ 是多项式 $2x^4 + x^3 - ax^2 + bx + a + b - 1$ 的一个因式．

(1) $a = 16$ 　　　(2) $b = 2$

**解**　由结论可知

$$f(x) = 2x^4 + x^3 - ax^2 + bx + a + b - 1 = (x^2 + x - 6)q(x) = (x+3)(x-2)q(x).$$

所以 $\begin{cases} f(-3) = 0 \\ f(2) = 0 \end{cases}$，即 $\begin{cases} 4a + b = 67 \\ -a + b = -13 \end{cases}$，所以 $\begin{cases} a = 16 \\ b = 3 \end{cases}$，所以选(E)．

〖评注〗　将二次因式问题转化为一次因式问题．

**例 5.14**　$Ax^4 + Bx^3 + 1$ 能被 $(x-1)^2$ 整除．

(1) $A = 3$，$B = 4$ 　　　(2) $A = 3$，$B = -4$

**解**　要使结论成立，即 $Ax^4 + Bx^3 + 1 = q(x)(x-1)^2$，则必有 $A + B + 1 = 0$ 成立．因此条件(1)不充分．

由条件(2)

$$
\begin{array}{r}
3x^2 + 2x + 1 \\
x^2 - 2x + 1 \overline{)\ 3x^4 - 4x^3 \qquad + 1} \\
\underline{3x^4 - 6x^3 + 3x^2} \\
2x^3 - 3x^2 \qquad + 1 \\
\underline{2x^3 - 4x^2 + 2x} \\
x^2 - 2x + 1 \\
\underline{x^2 - 2x + 1} \\
0
\end{array}
$$

因此条件(2)充分．

所以选(B)．

〖评注〗　注意条件(2)虽然满足 $A + B + 1 = 0$，只能说明 $Ax^4 + Bx^3 + 1$ 能被 $x-1$ 整除，但不能说明 $Ax^4 + Bx^3 + 1$ 能被 $(x-1)^2$ 整除．

---

**【知识点 5.6】**　一次因式余数定理

$x - a$ 去除多项式 $f(x)$，余数为 $f(a)$．$ax - b$ 去除多项式 $f(x)$，余数为 $f(b/a)$．

用一次多项式 $x - a$ 去除多项式 $f(x)$，则 $f(x) = q(x)(x-a) + r$，等式两边将 $x = a$ 代入，则余数 $r = f(a)$．即 $f(x) = q(x)(x-a) + f(a)$．

用一次多项式 $ax - b$ 去除多项式 $f(x)$，则 $f(x) = q(x)(ax-b) + r$，等式两边将 $x = b/a$ 代入，则余数 $r = f(b/a)$．即 $f(x) = q(x)(ax-b) + f(b/a)$．

**例 5.15**    如果 $x^2+x+m$ 被 $x+5$ 除,余式为 $-3$,则 $m=$(    ).

(A) 21        (B) 22        (C) $-22$        (D) $-23$        (E) 23

**解**    由已知 $x^2+x+m=q(x)(x+5)+(-3)$,令 $x=-5$,则得 $(-5)^2-5+m=-3$,因此,$m=-23$. 答案是(D).

〔评注〕    此题实质就是 $f(-5)=(-5)^2-5+m=-3$,从而解出 $m$.

**例 5.16**    设 $f(x)$ 为实系数多项式,以 $x-1$ 除之,余数为 9;以 $x-2$ 除之,余数为 16,则 $f(x)$ 除以 $(x-1)(x-2)$ 的余式为(    ).

(A) $7x+2$        (B) $7x+3$        (C) $7x+4$        (D) $7x+5$        (E) $2x+7$

**解法 1**    已知 $f(1)=9$,$f(2)=16$,设 $f(x)=(x-1)(x-2)q(x)+(ax+b)$,有

$$\begin{cases} f(1)=a+b=9 \\ f(2)=2a+b=16 \end{cases} \Rightarrow \begin{cases} a=7 \\ b=2, \end{cases}$$ 故余式为 $7x+2$,故选(A).

**解法 2**    由题可设 $f(x)=(x-1)(x-2)q(x)+a(x-1)+9$,

再由 $f(2)=16$,得 $a=7$,从而余式为 $7x+2$,故选(A).

〔评注〕    解法 2 利用余数定理巧设,计算简单.

**例 5.17**    设 $f(x)$ 是三次多项式,且 $f(2)=f(-1)=f(4)=3$,$f(1)=-9$,则 $f(0)=$(    ).

(A) $-13$        (B) $-12$        (C) $-9$        (D) 13        (E) 7

**解**    根据 $f(2)=f(-1)=f(4)=3$,可设 $f(x)=a(x-2)(x+1)(x-4)+3$,

将 $x=1$ 代入,有 $f(1)=a\times(-1)\times2\times(-3)+3=-9\Rightarrow a=-2$,

得 $f(x)=-2(x-2)(x+1)(x-4)+3$,故 $f(0)=-13$,选(A).

〔评注〕    如果按照基本方法设 $f(x)=ax^3+bx^2+cx+e$,虽然可由四个条件解四个未知数,但计算量很大,利用余数定理巧设,计算量很小.

**例 5.18**    多项式 $f(x)=x^{2\,000}+3x^{90}-5x^{18}+7$ 除以 $x^3-1$ 的余式是(    ).

(A) $x-5$                (B) $x+5$                (C) $x^2-5$

(D) $x^2+5$                (E) 以上结论均不正确

**解**    考虑 $f(x)=q(x)(x^3-1)+r(x)$,令 $x^3-1=0$,即 $x^3=1$,可由 $f(x)$ 求得余式 $r(x)$;

又 $f(x)=x^2(x^3)^{666}+3(x^3)^{30}-5(x^3)^6+7$,

所以 $f(x)$ 除以 $x^3-1$ 的余式为 $1^{666}x^2+3\times1^{30}-5\times1^6+7=x^2+5$,选(D).

〔评注〕    此题用竖式除法太烦琐. 用余式定理关键还要去掉 $q(x)$,则令 $x^3=1$.

**例 5.19**    若三次多项式 $g(x)$ 满足 $g(-1)=g(0)=g(2)=0$,$g(3)=-24$,多项式 $f(x)=x^4-x^2+1$,则 $3g(x)-4f(x)$ 被 $x-1$ 除的余式为(    ).

(A) 3        (B) 5        (C) 8        (D) 9        (E) 11

**解**    由 $g(-1)=g(0)=g(2)=0$,可设 $g(x)=ax(x+1)(x-2)$,

又 $g(3)=-24\Rightarrow a=-2$,故 $g(x)=-2x(x+1)(x-2)$,所以可得 $g(1)=4$.

令 $F(x)=3g(x)-4f(x)$,则所求的余式为 $F(1)=3g(1)-4f(1)=8$,选(C).

〔评注〕    本题综合了因式定理与余式定理,技巧性颇高.

## 5.3 历年真题分类汇编与典型习题(含详解)

**1.** 无论 $x$, $y$ 取何值, $x^2 + y^2 - 2x + 12y + 40$ 的值都是(　　).

(A) 正数　　　　(B) 负数　　　　(C) 零　　　　(D) 非负数　　　(E) 非正数

**2.** 若 $x^2 + xy + y = 14$, $y^2 + xy + x = 28$, 则 $x + y$ 的值等于(　　).

(A) 6 　　　　　　　　(B) $-7$ 　　　　　　　(C) 6 或 $-7$

(D) $-6$ 或 7 　　　　　　(E) 以上结论均不正确

**3.** 设 $y = x^4 - 4x^3 + 8x^2 - 8x + 5$, 式中 $x$ 为任意实数,则 $y$ 的取值范围是(　　).

(A) 一切实数 　　(B) $y > 0$ 　　(C) $y \geqslant 5$ 　　(D) $y \geqslant 2$ 　　(E) 不能确定

**4.** 若 $(z - x)^2 - 4(z - y)(y - x) = 0$, 那么下列项中正确的是(　　).

(A) $x = y = z$ 　　　(B) $z = x + y$ 　　　　(C) $y$ 是 $x$, $z$ 的几何平均

(D) $y$ 是 $x$, $z$ 的算术平均值 　　　　(E) 以上结果均不正确

**5.** $x^2 + y^2 + z^2 - xy - yz - zx = 75$.

(1) $x - y = 5$ 且 $z - y = 10$ 　　(2) $x - y = 10$ 且 $z - y = 5$

**6.** $a = b = c = d$ 成立.

(1) $a^2 + b^2 + c^2 + d^2 - ab - bc - dc - da = 0$

(2) $a^4 + b^4 + c^4 + d^4 - 4abcd = 0$

**7.** 已知 $a = \dfrac{1}{20}x + 20$, $b = \dfrac{1}{20}x + 19$, $c = \dfrac{1}{20}x + 21$, $a^2 + b^2 + c^2 - ab - bc - ac = ($　　$)$.

(A) 4 　　(B) 3 　　(C) 2 　　(D) 1 　　(E) 0

**8.** (199801)设实数 $x$, $y$ 适合等式 $x^2 - 4xy + 4y^2 + \sqrt{3}\,x + \sqrt{3}\,y - 6 = 0$,则 $x + y$ 的最大值为(　　).

(A) $\dfrac{\sqrt{3}}{2}$ 　　(B) $\dfrac{2\sqrt{3}}{3}$ 　　(C) $2\sqrt{3}$ 　　(D) $3\sqrt{2}$ 　　(E) $3\sqrt{3}$

**9.** 若 $x^2 - 3x + 2xy + y^2 - 3y - 40 = (x + y + m)(x + y + n)$, 则 $m$, $n$ 的值分别为(　　).

(A) $m = 8$, $n = 5$ 　　　(B) $m = 8$, $n = -5$ 　　　(C) $m = -8$, $n = 5$

(D) $m = -8$, $n = -5$ 　　(E) 以上结论均不正确

**10.** (200201)$a$, $b$, $c$ 是不全相等的任意实数,若 $x = a^2 - bc$, $y = b^2 - ac$, $z = c^2 - ab$, 则 $x$, $y$, $z$(　　).

(A) 都大于 0 　　　　　　(B) 至少有一个大于 0

(C) 至少有一个小于 0 　　(D) 都不小于 0

**11.** 能唯一确定一个关于 $x$ 的二次三项式 $f(x)$ 的解析式.

(1) $f(2) = f(3)$ 　　(2) $f(4) = 6$

**12.** 若 $(1 - 2x + y)$ 是 $4xy - 4x^2 - y^2 - m$ 的一个因式,则 $m$ 的值等于(　　).

(A) 4 　　(B) 1 　　(C) $-1$ 　　(D) 2 　　(E) 0

**13.** (200910)$\triangle ABC$ 是等边三角形.

(1) $\triangle ABC$ 的三边满足 $a^2 + b^2 + c^2 = ab + bc + ac$

(2) $\triangle ABC$ 的三边满足 $a^3-a^2b+ab^2+ac^2-b^3-bc^2=0$

14. (201010) 若实数 $a,b,c$ 满足：$a^2+b^2+c^2=9$，则代数式 $(a-b)^2+(b-c)^2+(c-a)^2$ 的最大值是（　　）.

(A) 21　　　　(B) 27　　　　(C) 29　　　　(D) 32　　　　(E) 39

15. $x-2$ 是多项式 $f(x)=x^3+2x^2-ax+b$ 的因式.

(1) $a=1,b=2$　　　(2) $a=2,b=3$

16. 如果 $x^3+ax^2+bx+8$ 有两个因式 $x+1$ 和 $x+2$，则 $a+b$ 的值等于（　　）.

(A) 7　　　　(B) 8　　　　(C) 15　　　　(D) 21　　　　(E) 30

17. 若 $x^4+ax^2-bx+2$ 能被 $x^2+3x+2$ 整除，则 $a,b$ 的值等于（　　）.

(A) $a=6,b=-3$　　　　(B) $a=-6,b=3$　　　　(C) $a=2,b=-5$

(D) $a=-5,b=2$　　　　(E) $a=-3,b=6$

18. (201310) 已知 $f(x,y)=x^2-y^2-x+y+1$，则 $f(x,y)=1$.

(1) $x=y$　　　　　　　　(2) $x+y=1$

19. 已知多项式 $f(x)$ 除以 $x+2$ 所得余数为 1，除以 $x+3$ 所得余数为 $-1$，则多项式 $f(x)$ 除以 $(x+2)(x+3)$ 所得余式为（　　）.

(A) $2x-5$　　　(B) $2x+5$　　　(C) $x-1$　　　(D) $x+1$　　　(E) $2x-1$

20. (200810) $ax^2+bx+1$ 与 $3x^2-4x+5$ 的积不含 $x$ 的一次方项和三次方项.

(1) $a:b=3:4$　　　(2) $a=\dfrac{3}{5}$，$b=\dfrac{4}{5}$

21. (201110) $ax^3-bx^2+23x-6$ 能被 $(x-2)(x-3)$ 整除.

(1) $a=3,b=-16$　　　(2) $a=3,b=16$

22. 多项式 $x^n+a^n$ 除以 $x+a$ 的余式是（　　）.

(A) 0　　　　(B) $2a^n$　　　　(C) $n$ 为奇数时，余式为 $2a^n$；$n$ 为偶数时，余式为 0

(D) $n$ 为奇数时，余式为 0；$n$ 为偶数时，余式为 $2a^n$

(E) 以上结论均不正确

23. (201110) 已知 $x(1-kx)^3=a_1x+a_2x^2+a_3x^3+a_4x^4$ 对所有实数 $x$ 都成立，则 $a_1+a_2+a_3+a_4=-8$.

(1) $a_2=-9$　　　(2) $a_3=27$

24. (201410) 代数式 $2a(a-1)-(a-2)^2$ 的值为 $-1$.

(1) $a=-1$　　　(2) $a=-3$

## 详解：

**1.【A】**

**解**　原式 $=x^2-2x+1+y^2+12y+36+3=(x-1)^2+(y+6)^2+3$.

从而无论 $x,y$ 取何值，都有 $(x-1)^2+(y+6)^2+3>0$，答案是 (A).

〖评注〗　常用配方判断符号，即 $a^2+b^2\geqslant 0$，当且仅当 $a=0$ 且 $b=0$ 时等号成立.

**2.【C】**

**解**　已知的两个等式相加得 $x^2+2xy+y^2+x+y=42$，即 $(x+y)^2+(x+y)-42=0$.

因而 $(x+y-6)(x+y+7)=0$，所以 $x+y-6=0$ 或 $x+y+7=0$，即有 $x+y=6$ 或 $-7$.

**3.【D】**

**解** $y = x^4 - 4x^3 + 8x^2 - 8x + 5 = (x^2 - 2x)^2 + 4(x^2 - 2x) + 5 = [(x^2 - 2x) + 2]^2 + 1$
$= [(x-1)^2 + 1]^2 + 1 \geqslant 2$，故本题应选(D).

**4.【D】**

**解** $(z-x)^2 - 4(z-y)(y-x) = z^2 - 2xz + x^2 - 4yz + 4y^2 + 4xz - 4xy = x^2 + (-2y)^2 + z^2 - 4xy - 4yz + 2xz = (x - 2y + z)^2$,

即 $x - 2y + z = 0$,所以 $y = \dfrac{x+z}{2}$,即 $y$ 是 $x, z$ 的算术平均值. 故本题正确选项为(D).

**5.【D】**

**解** 题干可整理为 $(x-y)^2 + (y-z)^2 + (z-x)^2 = 150.$

由条件(1)$x - y = 5$ 且 $z - y = 10$,可得 $z - x = 5.$ 代入题干得 $5^2 + 10^2 + 5^2 = 150$,条件(1)充分.
因此条件(2)$x - y = 10$ 且 $z - y = 5$,可得 $z - x = -5.$ 代入题干得 $5^2 + 10^2 + (-5)^2 = 150.$ 条件(2)
也充分.

〖评注〗 常用的配方.

**6.【A】**

**解** 由条件(1),$2a^2 + 2b^2 + 2c^2 + 2d^2 - 2ab - 2bc - 2cd - 2da = 0$,
即 $(a-b)^2 + (b-c)^2 + (c-d)^2 + (d-a)^2 = 0$,从而 $a = b = c = d$ 成立,即条件(1)充分.
在条件(2)中,取 $a = -1, b = -1, c = 1, d = 1$,
则有 $(-1)^4 + (-1)^4 + 1^4 + 1^4 - 4(-1)(-1) \times 1 \times 1 = 0.$
但显然 $a = b = c = d$ 不成立,因此条件(2)不充分.

**7.【B】**

**解** 由 $a = \dfrac{1}{20}x + 20, b = \dfrac{1}{20}x + 19, c = \dfrac{1}{20}x + 21$ 可得 $a - b = 1, b - c = -2, a - c = -1$,
$a^2 + b^2 + c^2 - ab - bc - ac = \dfrac{1}{2}[(a-b)^2 + (b-c)^2 + (a-c)^2] = \dfrac{1}{2}(1 + 4 + 1) = 3.$

**8.【C】**

**解** 因为 $x^2 - 4xy + 4y^2 + \sqrt{3}x + \sqrt{3}y - 6 = 0$,
所以 $(x - 2y)^2 + \sqrt{3}(x+y) - 6 = 0$,即 $\sqrt{3}(x+y) = 6 - (x - 2y)^2 \leqslant 6$,
从而 $x + y \leqslant \dfrac{6}{\sqrt{3}} = 2\sqrt{3}$,选(C).

〖评注〗 利用非负性求最值.

**9.【E】**

**解** $(x + y + m)(x + y + n) = x^2 + (m+n)x + 2xy + y^2 + (m+n)y + mn$,从而有 $\begin{cases} m + n = -3 \\ mn = -40 \end{cases}$ 成
立,所以 $m = -8, n = 5$ 或 $m = 5, n = -8$. 答案是(E).

**10.【B】**

**解** 由于 $a, b, c$ 不全相等,又
$$2(x + y + z) = 2a^2 + 2b^2 + 2c^2 - 2ab - 2bc - 2ac = (a-b)^2 + (b-c)^2 + (c-a)^2 > 0$$
所以,$x + y + z > 0.$ 即 $x, y, z$ 中至少有一个大于零. 选(B).

〖评注〗 配方+非负性.

**11.【E】**

**解** 设 $f(x) = ax^2 + bx + c$,则由条件(1),$f(2) = f(3)$,即 $4a + 2b + c = 9a + 3b + c.$
由条件(2),$f(4) = 6$,即 $f(4) = 16a + 4b + c = 6.$
显然,两个条件单独都不能唯一确定 $a, b, c.$ 联合起来也不能唯一确定 $a, b, c$,答案是(E).

〖评注〗 要确定三个未知数,一般需要三个方程.

**12.**【C】

**解** 设 $4xy-4x^2-y^2-m=(1-2x+y)M$, $M$ 是 $4xy-4x^2-y^2-m$ 的另外一个因式,取 $x=1$, $y=1$, 这时 $4-4-1-m=0$,得 $m=-1$,故本题应选(C).

**13.**【A】

**解** 由条件(1), $a^2+b^2+c^2-ab-bc-ac=0$,则有

$$\frac{1}{2}\left[(a-b)^2+(b-c)^2+(a-c)^2\right]=0$$

得 $a=b=c$,因此条件(1)是充分的.

方法1:当 $a=b=1$ 时,无论 $c$ 取何值都成立,所以不充分.

方法2:$a^3-a^2b+ab^2+ac^2-b^3-bc^2=(a^3-a^2b)+(ab^2-b^3)+(ac^2-bc^2)$

$$=a^2(a-b)+b^2(a-b)+c^2(a-b)$$
$$=(a-b)(a^2+b^2+c^2)=0,$$

又 $a^2+b^2+c^2>0$,故 $a=b$,不能推出等边三角形,所以不充分,选(A).

**14.**【B】

**解** $(a-b)^2+(b-c)^2+(c-a)^2=2(a^2+b^2+c^2)-2(ab+bc+ac)$

$$=3(a^2+b^2+c^2)-(a^2+b^2+c^2+2ab+2bc+2ac)$$
$$=3(a^2+b^2+c^2)-(a+b+c)^2$$
$$=27-(a+b+c)^2\leqslant 27(\text{当}a+b+c=0\text{时取最大值}).$$

选(B).

〖评注〗 利用非负性求最值.

**15.**【E】

**解** 若 $x-2$ 是 $f(x)$ 的因式,即 $f(x)=(x-2)q(x)$,因此 $f(2)=2^3+2\times2^2-2a+b=0$,即必有 $16-2a+b=0$,因此,条件(1)和条件(2)不充分,且不能联合.答案是(E).

**16.**【D】

**解** 设 $f(x)=x^3+ax^2+bx+8$,由于 $x+1$ 和 $x+2$ 是 $f(x)$ 的因式,因此有 $f(-1)=0$, $f(-2)=0$,即 $\begin{cases}-1+a-b+8=0\\-8+4a-2b+8=0\end{cases}$,解得 $\begin{cases}a=7\\b=14\end{cases}$. 即 $a+b=7+14=21$.

**17.**【B】

**解** 设 $f(x)=x^4+ax^2-bx+2$. 由于 $x^2+3x+2=(x+2)(x+1)$, 所以 $x+1$ 和 $x+2$ 必是 $f(x)$ 的因式. 因此有 $f(-1)=0$, $f(-2)=0$,即 $\begin{cases}1+a+b+2=0\\16+4a+2b+2=0\end{cases}$ 解得 $\begin{cases}a=-6\\b=3\end{cases}$.

**18.**【D】

**解** (1) 当 $x=y$,代入得 $f(x,y)=1$,充分.

(2) 当 $x+y=1$, $f(x,y)=x^2-y^2-x+y+1=(x+y)(x-y)-(x-y)+1=1$,充分.

**19.**【B】

**解** 在多项式除法当中,余式次数必须低于除式次数,由于除式 $(x+2)(x+3)$ 是二次式,可设 $r(x)=ax+b$,故有 $f(x)=(x+2)(x+3)q(x)+ax+b$,因为 $f(x)$ 除以 $x+2$ 所得余数为1,所以 $f(-2)=1$;又因为 $f(x)$ 除以 $x+3$ 所得余数为 $-1$,所以 $f(-3)=-1$,即 $\begin{cases}-2a+b=1\\-3a+b=-1\end{cases}$,解得 $\begin{cases}a=2\\b=5\end{cases}$. 因此,$f(x)$ 除以 $(x+2)(x+3)$ 所得余式为 $2x+5$.

故本题应选(B).

**20.【B】**

**解**　$(ax^2+bx+1)(3x^2-4x+5)=3ax^4+(3b-4a)x^3+(5a+3-4b)x^2+(5b-4)x+6$，

题干要求 $5b-4=0$，且 $3b-4a=0$，因此 $b=\dfrac{4}{5}$，$a=\dfrac{3}{5}$．

因此条件(2)充分，条件(1)不充分．所以选(B)．

〚评注〛　知识点：两个多项式对应相等．

**21.【B】**

**解**　令 $f(x)=ax^3-bx^2+23x-6=(x-2)(x-3)\cdot g(x)$

$\begin{cases}f(2)=0\\f(3)=0\end{cases}\Rightarrow\begin{cases}2a-b+10=0\\3a-b+7=0\end{cases}\Rightarrow\begin{cases}a=3\\b=16,\end{cases}$ 选(B)．

**22.【D】**

**解**　设 $f(x)=x^n+a^n$，从而 $f(-a)=(-a)^n+a^n$，

显然 $n$ 为奇数时，$f(-a)=(-a)^n+a^n=0$；$n$ 为偶数时，$f(-a)=(-a)^n+a^n=2a^n$．

即当 $n$ 为奇数时，余式为 $0$；$n$ 为偶数时，余式为 $2a^n$．故本题应选(D)．

**23.【A】**

**解**　利用公式 $(a-b)^3=a^3-b^3-3a^2b+3ab^2$ 展开，

$$f(x)=x(1-kx)^3=x\left[1-(kx)^3-3\cdot kx+3(kx)^2\right]$$
$$=x-3kx^2+3k^2x^3-k^3x^4=a_1x+a_2x^2+a_3x^3+a_4x^4$$

所以 $a_1+a_2+a_3+a_4=f(1)=(1-k)^3$．

(1) $a_2=-9$，即 $-3k=-9$，得 $k=3$，则 $a_1+a_2+a_3+a_4=f(1)=(1-3)^3=-8$，充分；

(2) $a_3=27$，即 $3k^2=27$，得 $k=\pm3$．

当 $k=3$ 时，成立；

当 $k=-3$ 时，$a_1+a_2+a_3+a_4=f(1)=(1+3)^3=4^3=64$，不充分．

〚评注〛　多项式相等（对应次数前系数相等；任意取值两多项式的值相等）．

**24.【B】**

**解法 1**　由条件直接代入计算可得，

条件(1)，当 $a=-1$ 时，$2a(a-1)-(a-2)^2$ 值为 $-5$，不充分；

条件(2)，当 $a=-3$ 时，$2a(a-1)-(a-2)^2$ 值为 $-1$，充分．

**解法 2**　由于 $2a(a-1)-(a-2)^2=2a^2-2a-(a^2-4a+4)=a^2+2a-4$，

条件(1)，当 $a=-1$ 时，其值为 $-5$，不充分；条件(2)，当 $a=-3$ 时，其值为 $-1$，充分．

# 第6章

# 分式及其运算

## 6.1 基本概念、定理、方法

### 6.1.1 分式的定义

**1. 分式(定义)**

用 $A$，$B$ 表示两个整式，若 $B$ 中含有字母，则称 $\dfrac{A}{B}$ 为分式，其中 $A$ 表示分子，$B$ 表示分母.

**2. 分式有意义的条件**

分式中分母的值不能为零. 分式无意义条件:分母等于零. 分式等于零:分母不为零,分子等于零.

**3. 最简分式（既约分式）（定义）**

分子和分母没有正次数的公因式的分式,称为最简分式(或既约分式).

### 6.1.2 分式的基本性质

**1. 分式的基本性质**

分式的分子和分母同乘以(或除以)同一个**不为零**的式子,分式的值不变.

分式的所有运算结果如果仍为分式,此分式必须通过约分化为最简分式. 分式的基本性质主要应用在分式的通分和约分上.

**2. 约分**

把一个分式的分子与分母的公因式约去, 称为分式的约分, 约分前后的分式值是不变的. 如果分式的分子与分母形式比较复杂时,首先进行分解因式,把多项式转化成因式乘积的形式,然后再约去分子与分母的公因式.

**3. 通分**

把几个异分母的分式转化成与原来的分式相等的同分母的分式,称为分式的通分. 通分前后的分式值是不变的. 通分的关键是确立几个分式的最简公分母.

### 6.1.3 分式的运算

**1. 分式的加减运算**

同分母的几个分式相加减,分母不变,分子相加减,注意最后结果要约分化为最简分式.

不同分母的几个分式相加减,取这几个分式分母的公分母作分母,通分后化为同分母分式的加减运算.

例如: $\dfrac{x+2y}{x+y} - \dfrac{x+4y}{3x+3y} = \dfrac{3x+6y}{3(x+y)} - \dfrac{x+4y}{3(x+y)} = \dfrac{2(x+y)}{3(x+y)} = \dfrac{2}{3}.$

分式加法满足交换律、结合律和(与乘法混合运算时的)分配律.

**2. 分式的乘除运算**

几个分式相乘,分子乘分子,分母乘分母,注意约分. 分式的乘法运算满足交换律、结合律和(与加减法混合运算时的)分配律.

两个分式相除,将除式的分子分母颠倒变为乘法运算.

例如:$\dfrac{x^2}{x^2-y^2} \div \dfrac{xy}{x+y} = \dfrac{x^2}{(x+y)(x-y)} \cdot \dfrac{x+y}{xy} = \dfrac{x}{y(y-x)}$.

**3. 分式的乘方运算**

分式的乘方是把分子、分母分别乘方.

例如:$\left(\dfrac{x+1}{y-1}\right)^n = \dfrac{(x+1)^n}{(y-1)^n}$ ($n$ 为正整数).

## 6.1.4 分式计算的几个技巧

(1) 加减运算先通分.

(2) 乘除运算尽量提出公因式先约分化简.

(3) 分母可以因式分解时要考虑对分母进行拆分.

(4) 分母不能为零.

(5) 无解题思路时考虑将括号打开,头尾相连.

# 6.2 知识点分类精讲

【知识点 6.1】 分式条件等式化简

解题技巧:先利用分式性质进行约分或者通分;

                遇到分式条件,转化为等式条件,利用等式基本定理进行化简;

                若条件比较好凑,可以考虑用特殊值法求解.

**例 6.1** 当 $x = 2\,005$,$y = 1\,949$,代数式 $\dfrac{x^4-y^4}{x^2-2xy+y^2} \cdot \dfrac{y-x}{x^2+y^2}$ 的值为( ).

(A) $-3\,954$      (B) $3\,954$      (C) $-56$      (D) $56$      (E) $128$

**解** $\dfrac{x^4-y^4}{x^2-2xy+y^2} \cdot \dfrac{y-x}{x^2+y^2} = \dfrac{(x^2-y^2)(x^2+y^2)(y-x)}{(x-y)^2(x^2+y^2)} = -(x+y)$.

当 $x = 2\,005$,$y = 1\,949$ 时,原式 $= -(2\,005 + 1\,949) = -3\,954$,答案是(A).

〖评注〗 欲求式子先因式分解后约分.

**例 6.2** 三角形三边 $a,b,c$ 适合 $\dfrac{a}{b} + \dfrac{a}{c} = \dfrac{b+c}{b+c-a}$,则此三角形是( ).

(A) 以 $a$ 为腰的等腰三角形      (B) 以 $a$ 为底的等腰三角形

(C) 等边三角形                  (D) 直角三角形

(E) 以上结论均不正确

**解**　由已知条件出发，推出 $a$，$b$，$c$ 三边的数量关系即可.

$$\frac{a}{b}+\frac{a}{c}=\frac{b+c}{b+c-a}\Rightarrow\frac{a(b+c)}{bc}=\frac{b+c}{b+c-a}\Rightarrow\frac{a}{bc}=\frac{1}{b+c-a}.$$

因为 $b+c>0$，所以 $a(b+c-a)=bc\Rightarrow(a-b)(c-a)=0$，即 $a=b$ 或 $a=c$，
即三角形是以 $a$ 为腰的等腰三角形. 故本题正确选项为(A).

〖评注〗　分式条件等式，转化为等式条件等式，再利用因式分解或者配方.

**例 6.3**　已知 $abc\neq0$，则 $\dfrac{ab+1}{b}=1$.

(1) $b+\dfrac{1}{c}=1$　　　(2) $c+\dfrac{1}{a}=1$

**解**　条件(1)和条件(2)单独都不是充分的.

联合条件(1)和条件(2)，$b=1-\dfrac{1}{c}=\dfrac{c-1}{c}$，$a=\dfrac{1}{1-c}$，

因此，$\dfrac{ab+1}{b}=a+\dfrac{1}{b}=\dfrac{1}{1-c}+\dfrac{c}{c-1}=\dfrac{1-c}{1-c}=1$. 答案是(C).

〖评注〗　条件(1)只与 $b$，$c$ 有关，条件(2)只与 $a$，$c$ 有关，所以都不充分. 结论中只含有 $a$，$b$，所以条件(1)与条件(2)联合，把 $c$ 看成已知数，或者直接消去 $c$ 即可.

**例 6.4**　已知 $a+b+c=0$，则 $a\left(\dfrac{1}{b}+\dfrac{1}{c}\right)+b\left(\dfrac{1}{a}+\dfrac{1}{c}\right)+c\left(\dfrac{1}{a}+\dfrac{1}{b}\right)$ 的值等于(　　).

(A) 0　　　　(B) 1　　　　(C) 2　　　　(D) $-2$　　　　(E) $-3$

**解**　因为 $a+b+c=0$，从而 $a+b=-c$，$a+c=-b$，$b+c=-a$ 同时成立.

$a\left(\dfrac{1}{b}+\dfrac{1}{c}\right)+b\left(\dfrac{1}{a}+\dfrac{1}{c}\right)+c\left(\dfrac{1}{a}+\dfrac{1}{b}\right)=\dfrac{a}{b}+\dfrac{a}{c}+\dfrac{b}{a}+\dfrac{b}{c}+\dfrac{c}{a}+\dfrac{c}{b}=\dfrac{b+c}{a}+\dfrac{a+c}{b}+$

$\dfrac{a+b}{c}=\dfrac{-a}{a}+\dfrac{-b}{b}+\dfrac{-c}{c}=-3$. 答案是(E).

〖评注〗　打开括号重新组合. 本题也可以用特殊值法求解，令 $a=2$，$b=-1$，$c=-1$.

**例 6.5**　若 $a+b+c=0$，则 $\dfrac{1}{b^2+c^2-a^2}+\dfrac{1}{c^2+a^2-b^2}+\dfrac{1}{a^2+b^2-c^2}=$ (　　).

(A) 0　　　　(B) 1　　　　(C) $-1$　　　　(D) 3　　　　(E) $-3$

**解**　$b+c=-a$，$(b+c)^2=a^2$，从而 $b^2+c^2-a^2=-2bc$. 同理 $c^2+a^2-b^2=-2ac$，

$a^2+b^2-c^2=-2ab$. 因此 $\dfrac{1}{b^2+c^2-a^2}+\dfrac{1}{c^2+a^2-b^2}+\dfrac{1}{a^2+b^2-c^2}=\dfrac{1}{-2bc}+\dfrac{1}{-2ac}+$

$\dfrac{1}{-2ab}=-\dfrac{a}{2abc}-\dfrac{b}{2abc}-\dfrac{c}{2abc}=-\dfrac{a+b+c}{2abc}=0$，所以选(A).

〖评注〗　本题也可以用特殊值法求解.

**例 6.6**　已知 $a+b+c=0$，$abc=8$，则 $\dfrac{1}{a}+\dfrac{1}{b}+\dfrac{1}{c}$ 的值(　　).

(A) 大于零　　(B) 等于零　　(C) 大于等于零　　(D) 小于零　　(E) 小于等于零

**解**　因为 $a+b+c=0$，

所以 $\dfrac{1}{a}+\dfrac{1}{b}+\dfrac{1}{c}=\dfrac{bc+ac+ab}{abc}=\dfrac{1}{abc}\cdot\dfrac{1}{2}\left[(a+b+c)^2-(a^2+b^2+c^2)\right]$

$$=-\frac{1}{16}(a^2+b^2+c^2).$$

因为 $abc=8$，即 $a$，$b$，$c$ 都不等于零，所以 $a^2+b^2+c^2>0$. 从而 $\frac{1}{a}+\frac{1}{b}+\frac{1}{c}<0$. 所以选(D).

【评注】　同学们要对 $bc+ac+ab$ 很敏感！$\left(bc+ac+ab=\frac{1}{2}\left[(a+b+c)^2-(a^2+b^2+c^2)\right]\right)$.

**例 6.7**　已知 $2x-3\sqrt{xy}-2y=0(x>0，y>0)$，那么 $\dfrac{x^2+4xy-16y^2}{2x^2+xy-9y^2}=($ 　　$)$.

(A) 2/3　　　　(B) 4/9　　　　(C) 16/25　　　　(D) 16/27　　　　(E) 以上都不正确

**解**　因为 $2x-3\sqrt{xy}-2y=0(x>0，y>0)$，所以 $(\sqrt{x}-2\sqrt{y})(2\sqrt{x}+\sqrt{y})=0$.

由于 $2\sqrt{x}+\sqrt{y}>0$，所以 $\sqrt{x}-2\sqrt{y}=0$，即 $\sqrt{x}=2\sqrt{y}$，$x=4y$ 代入原式，

所以原式 $=\dfrac{16y^2+16y^2-16y^2}{32y^2+4y^2-9y^2}=\dfrac{16y^2}{27y^2}=\dfrac{16}{27}$，故本题应选(D).

【评注】　因式分解将条件简化.

**例 6.8**　若 $4x-3y-6z=0$，$x+2y-7z=0(xyz\neq0)$，则 $\dfrac{5x^2+2y^2-z^2}{2x^2-3y^2-10z^2}$ 的值等于(　　).

(A) $-1/2$　　　(B) $-19/2$　　　(C) $-15$　　　(D) $-13$　　　(E) $-3$

**解**　将两方程联立后把 $z$ 看作参数，可以求得 $x$，$y$ 含有 $z$ 的代数式，代入即可求得代数式的值. 由 $\begin{cases}4x-3y-6z=0\\x+2y-7z=0\end{cases}\Rightarrow\begin{cases}x=3z\\y=2z\end{cases}$ 代入，得

原式 $=\dfrac{5\times9z^2+2\times4z^2-z^2}{2\times9z^2-3\times4z^2-10z^2}=\dfrac{45+8-1}{18-12-10}=-13$. 本题正确选项为(D).

【评注】　联立方程求得 $x$，$y$ 含有 $z$ 的代数式，这样欲求分式就有具体数值了.

**例 6.9**　$\dfrac{x^2}{a^2}+\dfrac{y^2}{b^2}+\dfrac{z^2}{c^2}=1$.

(1) $\dfrac{x}{a}+\dfrac{y}{b}+\dfrac{z}{c}=1$　　　(2) $\dfrac{a}{x}+\dfrac{b}{y}+\dfrac{c}{z}=0$

**解**　条件(1)不充分，例如 $x=a/3$，$y=b/3$，$z=c/3$ 时条件成立，结论不成立.
条件(2)不充分，例如 $x=a/2$，$y=-b$，$z=-c$ 时条件成立，结论不成立.
联合条件(1)和(2)，则由条件(1)

$$1=\left(\frac{x}{a}+\frac{y}{b}+\frac{z}{c}\right)^2=\frac{x^2}{a^2}+\frac{y^2}{b^2}+\frac{z^2}{c^2}+2\frac{xy}{ab}+2\frac{xz}{ac}+2\frac{yz}{bc}$$

$$=\frac{x^2}{a^2}+\frac{y^2}{b^2}+\frac{z^2}{c^2}+2\left(\frac{xyc+xzb+yza}{abc}\right),$$

由条件(2) $\dfrac{a}{x}+\dfrac{b}{y}+\dfrac{c}{z}=\dfrac{ayz+bxz+cxy}{xyz}=0$，得 $ayz+bxz+cxy=0$.

从而 $\dfrac{x^2}{a^2}+\dfrac{y^2}{b^2}+\dfrac{z^2}{c^2}=1$，所以选(C).

〖评注〗　条件(1)和(2)都要变形向结论靠拢.

例 6.10　$f(x) \neq 2$.

(1) $f(x) = \dfrac{2x^2 + 2x + 3}{x^2 + x + 1}$　　　(2) $f(x) = x^2 - 2x + 4$

**解**　由条件(1), $f(x) = \dfrac{2x^2 + 2x + 3}{x^2 + x + 1} = \dfrac{2(x^2 + x + 1) + 1}{x^2 + x + 1} = 2 + \dfrac{1}{x^2 + x + 1}$,

因为 $\dfrac{1}{x^2 + x + 1} \neq 0$, 从而 $f(x) \neq 2$ 成立, 即条件(1)是充分的.

由条件(2), $f(x) = x^2 - 2x + 4 = (x^2 - 2x + 1) + 3 = (x-1)^2 + 3 \geqslant 3$, 即 $f(x) \neq 2$ 成立.

因此条件(2)也是充分的.

答案是(D).

〖评注〗　分式分子常数化对求最值等都很有好处!

**【知识点 6.2】**　$x + \dfrac{1}{x}$ 类型

解题技巧: 因为交叉项乘积为 1, 所以可以反复平方.

例 6.11　若 $x^2 - 5x + 1 = 0$, 则 $x^4 + \dfrac{1}{x^4}$ 的值为(　　).

(A) 527　　　(B) 257　　　(C) 526　　　(D) 256　　　(E) 356

**解**　$x^2 - 5x + 1 = 0$, 即 $x \neq 0$, 可得 $x + \dfrac{1}{x} = 5$, 从而 $x^2 + \dfrac{1}{x^2} + 2 = 25$, $x^2 + \dfrac{1}{x^2} = 23$.

两边平方得 $\left( x^2 + \dfrac{1}{x^2} \right)^2 = 529$, 所以 $x^4 + \dfrac{1}{x^4} = 529 - 2 = 527$. 所以选(A).

**【知识点 6.3】**　分式联比问题

解题技巧: 设联比比例系数, 转化为等式问题.

例 6.12　$x = -1$ 或 $x = 8$.

(1) $x = \dfrac{(a+b)(b+c)(c+a)}{abc}$ $(abc \neq 0)$　　　(2) $\dfrac{a+b-c}{c} = \dfrac{a-b+c}{b} = \dfrac{-a+b+c}{a}$

**解**　条件(1)和条件(2)单独都不充分, 联合条件(1)和条件(2).

设 $\dfrac{a+b-c}{c} = \dfrac{a-b+c}{b} = \dfrac{-a+b+c}{a} = k$, 则 $\begin{cases} a+b-c = kc \\ a-b+c = kb \\ -a+b+c = ka \end{cases}$, 从而 $a+b+c = k(a+b+c)$.

若 $a+b+c = 0$, 则有 $a+b = -c$, $a+c = -b$, $b+c = -a$, 因此 $x = \dfrac{(-c) \cdot (-a) \cdot (-b)}{abc} = -1$.

若 $a+b+c \neq 0$, 则有 $k = 1$. 从而 $a+b = 2c$, $a+c = 2b$, $b+c = 2a$, 因此 $x =$

$$\frac{2c \cdot 2a \cdot 2b}{abc} = 8.$$

所以选(C).

〖评注〗　$a+b+c = k(a+b+c) \Leftrightarrow (k-1)(a+b+c) = 0.$

例 6.13　已知 $x, y, z$ 都是实数,有 $x+y+z = 0.$

(1) $\dfrac{x}{a+b} = \dfrac{y}{b+c} = \dfrac{z}{c+a}$　　(2) $\dfrac{x}{a-b} = \dfrac{y}{b-c} = \dfrac{z}{c-a}$

解　条件(1),令 $\dfrac{x}{a+b} = \dfrac{y}{b+c} = \dfrac{z}{c+a} = t$,则有 $x = (a+b)t$,$y = (b+c)t$,$z = (a+c)t$,那么 $x+y+z = 2(a+b+c)t$,不一定为0,不充分;条件(2),同理,令 $\dfrac{x}{a-b} = \dfrac{y}{b-c} = \dfrac{z}{c-a} = t$,则有 $x = (a-b)t$,$y = (b-c)t$,$z = (c-a)t$,有 $x+y+z = 0$,充分,故选(B).

【知识点 6.4】　分式方程

解题技巧:注意定义域(分母不为零).

例 6.14　方程 $\dfrac{1}{x^2+x} + \dfrac{1}{x^2+3x+2} + \dfrac{1}{x^2+5x+6} + \dfrac{1}{x^2+7x+12} = \dfrac{4}{21}$,则 $x$ 的解是( ).

(A) 3　　　　(B) $-7$　　　　(C) 3 或 $-7$　　　　(D) 3 或 7　　　　(E) 7

解　原方程为 $\dfrac{1}{x(x+1)} + \dfrac{1}{(x+1)(x+2)} + \dfrac{1}{(x+2)(x+3)} + \dfrac{1}{(x+3)(x+4)} = \dfrac{4}{21}.$

即 $\dfrac{1}{x} - \dfrac{1}{(x+1)} + \dfrac{1}{(x+1)} - \dfrac{1}{(x+2)} + \dfrac{1}{(x+2)} - \dfrac{1}{(x+3)} + \dfrac{1}{(x+3)} - \dfrac{1}{(x+4)} = \dfrac{4}{21}.$

整理得 $\dfrac{1}{x} - \dfrac{1}{(x+4)} = \dfrac{4}{21}$,$x^2+4x-21 = 0.$ 解得 $x = -7$ 或 $x = 3.$ 答案是(C).

例 6.15　如果关于 $x$ 的方程 $\dfrac{2}{x-3} = 1 - \dfrac{m}{x-3}$ 有增根,则 $m$ 的值等于( ).

(A) $-3$　　　　(B) $-2$　　　　(C) $-1$　　　　(D) 3　　　　(E) 0

解　方程两边都乘以 $x-3$,得 $2 = x-3-m$,即 $x = 5+m.$ 方程有增根,即 $x = 3$,$m = -2.$

所以选(B).

例 6.16　(200710)方程 $\dfrac{a}{x^2-1} + \dfrac{1}{x+1} + \dfrac{1}{x-1} = 0$ 有实根.

(1) 实数 $a \neq 2$　　(2) 实数 $a \neq -2$

解　原方程为 $\dfrac{a+x-1+x+1}{x^2-1} = 0$,因此 $a+2x = 0$,即 $x = -\dfrac{a}{2}.$ 由于 $x^2-1 \neq 0$,即 $a \neq \pm 2$ 时方程有实根 $x = -\dfrac{a}{2}.$ 所以选(C).

例 6.17　$\dfrac{b}{a} = \dfrac{-1+\sqrt{5}}{2}.$

(1) $a < 0$，$b < 0$　　(2) $\dfrac{1}{a} + \dfrac{1}{b} - \dfrac{1}{a-b} = 0$

**解**　条件(1)显然不充分．由条件(2)得，$\dfrac{a+b}{ab} = \dfrac{1}{a-b}$，由此得 $b^2 + ab - a^2 = 0$，即

$\left(\dfrac{b}{a}\right)^2 + \dfrac{b}{a} - 1 = 0$，解之得 $\dfrac{b}{a} = \dfrac{-1 \pm \sqrt{5}}{2}$，所以条件(2)单独也不充分．

由条件(1)和条件(2)联合可得 $\dfrac{b}{a} > 0$，从而 $\dfrac{b}{a} = \dfrac{-1 + \sqrt{5}}{2}$．故本题正确选项为(C)．

**例 6.18**　$\dfrac{x^4 - 33x^2 - 40x + 244}{x^2 - 8x + 15} = 5$ 成立．

(1) $x = \sqrt{19 - 8\sqrt{3}}$　　(2) $x = \sqrt{19 + 8\sqrt{3}}$

**解**　由条件(1)，$x^2 = 19 - 8\sqrt{3}$，$x^2 - 19 = -8\sqrt{3}$．

两边平方得 $x^4 - 38x^2 + 169 = 0$，即 $x^4 = 38x^2 - 169$．

从而 $\dfrac{x^4 - 33x^2 - 40x + 244}{x^2 - 8x + 15} = \dfrac{5x^2 - 40x + 75}{x^2 - 8x + 15} = 5$ 成立．

因此条件(1)是充分的．用类似的计算，可得条件(2)也是充分的．答案是(D)．

〖评注〗　此题直接代入或者因式分解计算量都比较大．

## 6.3　历年真题分类汇编与典型习题(含详解)

**1.** $\dfrac{2\,007^3 - 2 \times 2\,007^2 - 2\,005}{2\,007^3 + 2\,007^2 - 2\,008}$ 的值等于(　　)．

(A) $\dfrac{2\,005}{2\,006}$　　(B) $\dfrac{2\,005}{2\,007}$　　(C) $\dfrac{2\,006}{2\,007}$　　(D) $\dfrac{2\,007}{2\,008}$　　(E) $\dfrac{2\,005}{2\,008}$

**2.** 若 $\dfrac{1}{x} - \dfrac{1}{y} = 3$，则 $\dfrac{2x - 3xy - 2y}{x - 2xy - y} = (\quad)$．

(A) $\dfrac{1}{2}$　　(B) $\dfrac{2}{3}$　　(C) $\dfrac{9}{5}$　　(D) 4　　(E) 2

**3.** 已知 $\dfrac{1}{a} + \dfrac{1}{b} = \dfrac{1}{a+b}$，则 $\dfrac{b}{a} + \dfrac{a}{b} = (\quad)$．

(A) $-3$　　(B) $-2$　　(C) $-1$　　(D) 0　　(E) 1

**4.** 已知 $a$，$b$，$c$ 均是非零实数，有 $a\left(\dfrac{1}{b} + \dfrac{1}{c}\right) + b\left(\dfrac{1}{a} + \dfrac{1}{c}\right) + c\left(\dfrac{1}{a} + \dfrac{1}{b}\right) = -3$．

(1) $a + b + c = 0$　　(2) $a + b + c = 1$

**5.** 已知 $a$，$b$，$c$ 均是不等于零的实数，有 $\dfrac{1}{b^2 + c^2 - a^2} + \dfrac{1}{c^2 + a^2 - b^2} + \dfrac{1}{a^2 + b^2 - c^2} = 0$．

(1) $a + b + c = 0$　　(2) $a^2 + b^2 + c^2 = 0$

**6.** (200810)若 $a : b = \dfrac{1}{3} : \dfrac{1}{4}$，则 $\dfrac{12a + 16b}{12a - 8b} = (\quad)$．

(A) 2　　(B) 3　　(C) 4　　(D) $-3$　　(E) $-2$

**7.** $x^2 y^2 z^2 = 1$ 成立.

(1) $x$, $y$, $z$ 为两两不等的三个实数　　(2) $x + \dfrac{1}{y} = y + \dfrac{1}{z} = z + \dfrac{1}{x}$

**8.** 已知 $a$, $b$, $c$, $d$ 为不等于零的实数,且 $a \neq b$, $c \neq d$, $ad + bc \neq 0$,设 $m_1 = \dfrac{a+b}{a-b}$, $m_2 = \dfrac{c+d}{c-d}$, $m_3 = \dfrac{ac-bd}{ad+bc}$,则有(　　　　).

(A) $m_1 + m_2 + m_3 > m_1 m_2 m_3$ 　　　　(B) $m_1 + m_2 + m_3 = m_1 m_2 m_3$

(C) $m_1 + m_2 + m_3 < m_1 m_2 m_3$ 　　　　(D) $m_1 + m_2 + m_3 = \dfrac{1}{m_1 m_2 m_3}$

(E) $m_1 + m_2 + m_3$ 与 $m_1 m_2 m_3$ 大小关系不确定

**9.** 已知 $\dfrac{x}{x^2 + x + 1} = \dfrac{1}{3}$,则 $\dfrac{x^2}{x^4 + x^2 + 1}$ 的值等于(　　　　).

(A) 3 　　　　(B) 1/2 　　　　(C) 1/3 　　　　(D) 1/6 　　　　(E) 1/4

**10.** (201010)若 $x + \dfrac{1}{x} = 3$,则 $\dfrac{x^2}{x^4 + x^2 + 1} = ($　　　　$)$.

(A) $-\dfrac{1}{8}$ 　　(B) $-\dfrac{1}{6}$ 　　(C) $\dfrac{1}{4}$ 　　(D) $-\dfrac{1}{4}$ 　　(E) $\dfrac{1}{8}$

**11.** 已知实数 $x$, $y$, $z$,则 $\dfrac{5x - y}{y + 2z} = \dfrac{1}{3}$.

(1) $x$, $y$, $z$ 满足 $\dfrac{2}{x} = \dfrac{3}{y-z} = \dfrac{4}{z+x}$

(2) $x$, $y$, $z$ 满足 $\dfrac{x}{2} = \dfrac{y}{6} = \dfrac{z}{3}$

**12.** 在直角坐标系中,坐标都是整数的点称为整点,设 $k$ 为整数,当直线 $y = x - 3$ 与 $y = kx + k$ 的交点为整点时,$k$ 有几个取值?(　　　　).

(A) 2 个 　　　(B) 4 个 　　　(C) 5 个 　　　(D) 6 个 　　　(E) 10 个

**13.** $\dfrac{1}{x(x-1)} + \dfrac{1}{x(x+1)} + \cdots + \dfrac{1}{(x+9)(x+10)} = \dfrac{11}{12}$.

(1) $x = 2$ 　　(2) $x = -11$

**14.** 若等式 $\dfrac{m}{x+3} - \dfrac{n}{x-3} = \dfrac{8x}{x^2 - 9}$ 对任意的 $x(x \neq \pm 3)$ 恒成立,则 $mn = ($　　　　$)$.

(A) $-8$ 　　(B) 8 　　(C) $-16$ 　　(D) 16 　　(E) 以上结论都不正确

**15.** $\dfrac{a^2 + 6a - 7}{a^2 + a - 2} = 0$.

(1) $(a^2 + 6a - 7)(2a - 1) = 0$ 　　(2) $2x^3 + 13x - 7$ 能被 $x - a$ 整除

**详解:**

**1.** 【E】

**解** 设 $2\,007 = a$,则原式 $= \dfrac{a^3 - 2a^2 - a + 2}{a^3 + a^2 - a - 1} = \dfrac{(a-2)(a^2-1)}{(a+1)(a^2-1)} = \dfrac{2\,005}{2\,008}$,故本题应选(E).

〔评注〕　先约分再代入.

**2.** 【C】

**解** $\dfrac{2x-3xy-2y}{x-2xy-y}=\dfrac{\dfrac{2}{y}-3-\dfrac{2}{x}}{\dfrac{1}{y}-2-\dfrac{1}{x}}=\dfrac{2\left(\dfrac{1}{y}-\dfrac{1}{x}\right)-3}{\left(\dfrac{1}{y}-\dfrac{1}{x}\right)-2}=\dfrac{9}{5}$，所以选(C).

**3.【C】**

**解** 由 $\dfrac{1}{a}+\dfrac{1}{b}=\dfrac{a+b}{ab}=\dfrac{1}{a+b}$，对角相乘化为等式，从而 $(a+b)^2=ab$，即 $a^2+b^2=-ab$，因此 $\dfrac{b}{a}+\dfrac{a}{b}=\dfrac{a^2+b^2}{ab}=\dfrac{-ab}{ab}=-1$，所以选(C).

【评注】 分式条件等式，转化为等式条件等式，注意向目标(欲求)的式子靠拢.

**4.【A】**

**解** $a\left(\dfrac{1}{b}+\dfrac{1}{c}\right)+b\left(\dfrac{1}{a}+\dfrac{1}{c}\right)+c\left(\dfrac{1}{a}+\dfrac{1}{b}\right)=\dfrac{a+c}{b}+\dfrac{b+c}{a}+\dfrac{a+b}{c}$.

条件(1)，有 $a+c=-b$，$b+c=-a$，$a+b=-c$，从而有 $\dfrac{a+c}{b}+\dfrac{b+c}{a}+\dfrac{a+b}{c}=-3$，充分；

条件(2)，有 $a+c=1-b$，$b+c=1-a$，$a+b=1-c$，

从而有 $\dfrac{a+c}{b}+\dfrac{b+c}{a}+\dfrac{a+b}{c}=-3+\left(\dfrac{1}{a}+\dfrac{1}{b}+\dfrac{1}{c}\right)\neq-3$，不充分，故选(A).

**5.【A】**

**解** 由条件(1)知，$a=-(b+c)$，代入 $\dfrac{1}{b^2+c^2-a^2}$ 中，得 $\dfrac{1}{b^2+c^2-[-(b+c)]^2}=\dfrac{1}{-2bc}$，同理有

$\dfrac{1}{c^2+a^2-b^2}=\dfrac{1}{-2ac}$，$\dfrac{1}{a^2+b^2-c^2}=\dfrac{1}{-2ab}$，故

$\dfrac{1}{b^2+c^2-a^2}+\dfrac{1}{c^2+a^2-b^2}+\dfrac{1}{a^2+b^2-c^2}=\dfrac{1}{-2bc}+\dfrac{1}{-2ac}+\dfrac{1}{-2ab}=-\dfrac{a+b+c}{2abc}=0$，条件(1)充分；

同理根据条件(2)可以得到，

$\dfrac{1}{b^2+c^2-a^2}+\dfrac{1}{c^2+a^2-b^2}+\dfrac{1}{a^2+b^2-c^2}=\dfrac{1}{-2a^2}+\dfrac{1}{-2b^2}+\dfrac{1}{-2c^2}\neq0$，条件(2)不充分，从而选(A).

**6.【C】**

**解** 设 $a=\dfrac{1}{3}t$，$b=\dfrac{1}{4}t$，则 $\dfrac{12a+16b}{12a-8b}=\dfrac{4t+4t}{4t-2t}=4$.

所以选(C).

**7.【C】**

**解** 条件(1)显然不充分.

由条件(2)，取 $x=y=z=2$，则 $x^2y^2z^2=64\neq1$，即条件(2)也不充分.

条件(1)和条件(2)联合时，因为 $x+\dfrac{1}{y}=y+\dfrac{1}{z}$，所以 $x-y=\dfrac{y-z}{yz}$，由于 $x-y\neq0$，

于是 $yz=\dfrac{y-z}{x-y}$，同理可得 $zx=\dfrac{z-x}{y-z}$，$xy=\dfrac{x-y}{z-x}$，所以 $x^2y^2z^2=\dfrac{x-y}{z-x}\cdot\dfrac{y-z}{x-y}\cdot\dfrac{z-x}{y-z}=1$.

即条件(1)和条件(2)联合起来充分.故本题应选(C).

**8.【B】**

**解** $m_1+m_2+m_3=\dfrac{a+b}{a-b}+\dfrac{c+d}{c-d}+\dfrac{ac-bd}{ad+bc}$

$$=\dfrac{ac-ad+bc-bd+ac+ad-bc-bd}{(a-b)(c-d)}+\dfrac{ac-bd}{ad+bc}=\dfrac{2(ac-bd)}{(a-b)(c-d)}+\dfrac{ac-bd}{ad+bc}$$

$$=\dfrac{(ac-bd)(2ad+2bc+ac-ad-bc+bd)}{(a-b)(c-d)(ad+bc)}=\dfrac{(ac-bd)(ad+bc+ac+bd)}{(a-b)(c-d)(ad+bc)}$$

$$= \frac{(ac-bd)(c+d)(a+b)}{(a-b)(c-d)(ad+bc)} = m_1 m_2 m_3.$$ 答案为(B).

【评注】 此题若把选项(E)改为: $m_1 + m_2 + m_3 = 2m_1 m_2 m_3$ ,就可以用特殊值法.取 $a=2$ , $b=1$ , $c=3$ , $d=2$ ,此时满足条件 $a \neq b$ , $c \neq d$ , $ad+bc \neq 0$ ,很容易得出: $m_1 + m_2 + m_3 = 3 + 5 + \frac{4}{7} = \frac{60}{7}$ ,选(B).

**9.【C】**

**解** 因为 $\frac{x}{x^2+x+1} = \frac{1}{3}$ ,所以 $\frac{x^2+x+1}{x} = 3$ ,即 $x + \frac{1}{x} = 2$.

于是 $\frac{x^4+x^2+1}{x^2} = x^2 + \frac{1}{x^2} + 1 = \left(x + \frac{1}{x}\right)^2 - 1 = 4 - 1 = 3$ ,所以 $\frac{x^2}{x^4+x^2+1} = \frac{1}{3}$.

故本题正确选项为(C).

**10.【E】**

**解** 因为 $x \neq 0$ ,所以 $\frac{x^2}{x^4+x^2+1} = \frac{1}{x^2 + \frac{1}{x^2} + 1} = \frac{1}{\left(x+\frac{1}{x}\right)^2 - 1} = \frac{1}{3^2-1} = \frac{1}{8}$ ,选(E).

**11.【E】**

**解** 条件(1),令 $\frac{2}{x} = \frac{3}{y-z} = \frac{4}{z+x} = \frac{1}{k} \Rightarrow x=2k$ , $y=5k$ , $z=2k \Rightarrow \frac{5x-y}{y+2z} = \frac{5}{9}$ ,不充分;

条件(2), $x=y=z=0$ 时,满足 $\frac{x}{2} = \frac{y}{6} = \frac{z}{3}$ ,但 $\frac{5x-y}{y+2z}$ 无意义,所以不充分;选(E).

**12.【D】**

**解** 根据题意,联立 $y=x-3$ 和 $y=kx+k$ 解得,

$x = \frac{k+3}{1-k} = -\frac{k+3}{k-1} = -\frac{k-1+4}{k-1} = -1 - \frac{4}{k-1}$ ,当 $x$ 为整数时 $y$ 必为整数,则 $k-1 = \pm 1, \pm 2, \pm 4$ ,所以 $k$ 可以为 $-3, -1, 0, 2, 3, 5$ ,共6个,故选(D).

**13.【D】**

**解** 因为 $\frac{1}{x(x-1)} + \frac{1}{x(x+1)} + \cdots + \frac{1}{(x+9)(x+10)}$

$$= \left(\frac{1}{x-1} - \frac{1}{x}\right) + \left(\frac{1}{x} - \frac{1}{x+1}\right) + \cdots + \left(\frac{1}{x+9} - \frac{1}{x+10}\right) = \frac{1}{x-1} - \frac{1}{x+10}.$$

当 $x=2$ 时, $\frac{1}{x-1} - \frac{1}{x+10} = 1 - \frac{1}{12} = \frac{11}{12}$ ,即条件(1)充分.

当 $x=-11$ 时, $\frac{1}{x-1} - \frac{1}{x+10} = -\frac{1}{12} - (-1) = \frac{11}{12}$ ,条件(2)也充分.

故本题应选(D).

**14.【C】**

**解** 因为 $\frac{m}{x+3} - \frac{n}{x-3} = \frac{m(x-3)-n(x+3)}{x^2-9} = \frac{(m-n)x-3(m+n)}{x^2-9} = \frac{8x}{x^2-9}$.

所以 $(m-n)x - 3(m+n) = 8x$ ,于是 $\begin{cases} m-n=8 \\ m+n=0 \end{cases}$ ,解之得 $m=4$ , $n=-4$ ,因此 $mn=-16$ .

故本题应选(C).

**15.【E】**

**解** 结论 $\frac{a^2+6a-7}{a^2+a-2} = \frac{(a+7)(a-1)}{(a+2)(a-1)} = 0 \Leftrightarrow a=-7$ .

由条件(1) $(a^2+6a-7) = 0$ 或 $(2a-1) = 0$ ,当 $(2a-1) = 0$ 即 $a = \frac{1}{2}$ ,即条件(1)不充分.

由条件(2) $f(x)=2x^3+13x-7$ 能被 $x-a$ 整除,即 $f(a)=0$,因此 $2a^3+13a-7=0$,

但 $f(-7)\neq 0$,即 $\dfrac{a^2+6a-7}{a^2+a-2}\neq 0$,条件(2)也不充分.故本题应选(E).

〖评注〗　注意分式方程的增根.

# 第7章

# 函　数

## 7.1　基本概念、定理、方法

### 7.1.1　函数基本概念

**1. 函数定义**

函数就是定义在非空数集 $A$，$B$ 上的某种对应关系 $f$，使得对于集合 $A$ 中的任何一个数 $x$，在集合 $B$ 中都有唯一确定的数 $y$ 与之对应，那么就称 $f$ 是集合 $A$ 上的一个函数。记作 $y = f(x)$ $(x \in A)$，其中 $x$ 常称为自变量，$y$ 称为应变量，$f$ 称为对应法则。此时称数集 $A$ 为定义域，像集 $C = \{f(x) \mid x \in A\}$ 为值域。

**2. 函数的三要素**

（1）定义域：自变量的取值范围。

（2）对应法则：函数关系 $y = f(x)$。函数对应法则通常表现为表格、解析式和图像。

（3）值域：函数值（应变量）的取值范围。

从逻辑上讲，定义域、对应法则决定了值域，是两个最基本的因素。

**3. 函数定义域的求法**

列出使函数有意义的自变量的不等关系式，求解即可求得函数的定义域。常涉及的依据为：

（1）分母不为 0。

（2）偶次根式中被开方数不小于 0。

（3）对数的真数大于 0，底数大于零且不等于 1。

（4）零指数幂的底数不等于零。

（5）实际问题要考虑实际意义等。

函数定义域是研究函数性质的基础和前提。求函数定义域是通过解关于自变量的不等式（组）来实现的。

**4. 单调性**

研究函数的单调性应结合函数单调区间，单调区间应是定义域的子集。函数的单调区间可以是整个定义域，也可以是定义域的一部分。对于具体的函数来说可能有单调区间，也可能没有单调区间，例如函数 $y = 1/x$ 在区间 $(-\infty, 0)$ 上为减函数，在区间 $(0, +\infty)$ 上也为减函数，但不能说函数在 $(-\infty, 0) \bigcup (0, +\infty)$ 上为减函数。

（1）定义：函数 $y = f(x)$ 在单调区间 $[a, b]$ 上，对任意的 $x_1$，$x_2 \in [a, b]$，

若 $x_1 < x_2$，则都有 $f(x_1) < f(x_2)$，则称 $f(x)$ 在区间 $[a, b]$ 上单调递增；

若 $x_1 < x_2$，则都有 $f(x_1) > f(x_2)$，则称 $f(x)$ 在区间 $[a, b]$ 上单调递减。

(2) 判断函数单调性的方法:

① 定义法(作差比较或作商比较).

② 利用基本函数的单调性.

③ 复合函数单调性判断法则.

如果函数 $y = f(t)$ 与 $t = \phi(x)$ 在各自定义域同方向变化(即两个函数同时递增或同时递减),则复合函数 $y = f[\phi(x)]$ 在定义域上是增函数;如果函数 $y = f(t)$ 与 $t = \phi(x)$ 在各自定义域反方向变化(即两个函数一个递增,另一个递减),则复合函数 $y = f[\phi(x)]$ 在定义域上是减函数.

函数单调性是函数性质中最活跃的性质,它的运用主要体现在不等式方面,如比较大小、解抽象函数不等式等.

### 5. 奇偶性

(1) 奇、偶函数的定义:

若函数 $y = f(x)$ 在定义域上都满足 $f(-x) = f(x)$,则称 $f(x)$ 为偶函数;

若函数 $y = f(x)$ 在定义域上都满足 $f(-x) = -f(x)$,则称 $f(x)$ 为奇函数.

注:函数定义域关于原点对称是判断函数奇偶性的必要条件.例如:$y = x^2 + 1$ 在 $[1, -1)$ 上不是偶函数.

(2) 奇、偶函数的性质:

① 偶函数图像关于 $y$ 轴对称.反之,若一个函数的图像关于 $y$ 轴对称,则为偶函数;$(a, b)$ 为偶函数上一点,则 $(-a, b)$ 也是图像上一点.

② 奇函数图像关于原点对称.反之,若一个函数的图像关于原点对称,则为奇函数;$(a, b)$ 为奇函数上一点,则 $(-a, -b)$ 也是图像上一点.

## 7.1.2　集合

(1) 元素与集合的关系:用 $\in$(属于)或 $\notin$(不属于)表示;元素常用小写字母表示,集合常用大写字母表示,一般元素 $a$ 属于集合 $A$,记为 $a \in A$.

(2) 集合中元素具有:确定性、无序性、互异性.

(3) 集合的分类:

① 按元素个数分:有限集,无限集.

② 按元素特征分:数集,点集.

(4) 集合的表示法:

① 列举法:用来表示有限集或具有显著规律的无限集,如 $\mathbf{N}_+ = \{1, 2, 3, \cdots\}$.

② 描述法:{掷一颗骰子点数为偶数}.

③ 字母表示法:自然数集 $\mathbf{N}$,正整数集 $\mathbf{N}_+$,整数集 $\mathbf{Z}$,有理数集 $\mathbf{Q}$,实数集 $\mathbf{R}$ 等.

(5) 集合与集合的关系:用包含或者相等表示,例如 $A$ 是 $B$ 的子集记为 $A \subseteq B$;$A$ 是 $B$ 的真子集记为 $A \subset B$.

① 任何一个集合是它本身的子集,记为 $A \subseteq A$.

② 空集是任何集合的子集,记为 $\varnothing \subseteq A$;空集是任何非空集合的真子集.

③ 如果 $A \subseteq B$,同时 $B \subseteq A$,那么 $A = B$;如果 $A \subseteq B$,$B \subseteq C$,那么 $A \subseteq C$.

④ $n$ 个元素的子集有 $2^n$ 个;真子集有 $2^n - 1$ 个;非空真子集有 $2^n - 2$ 个.

（6）集合的常见运算：

① 交集 $A \cap B = \{x \mid x \in A \text{ 且 } x \in B\}$.

② 并集 $A \cup B = \{x \mid x \in A \text{ 或 } x \in B\}$.

③ 补集 $\overline{A} = \{x \mid x \in U, \text{且} x \notin A\}$，集合 $U$ 表示全集.

（7）集合运算中常用结论：

① $A \subseteq B \Leftrightarrow A \cap B = A$，$A \subseteq B \Leftrightarrow A \cup B = B$.

② $\overline{A \cup B} = \overline{A} \cap \overline{B}$，$\overline{A \cap B} = \overline{A} \cup \overline{B}$.

## 7.1.3　一元二次函数及其图像

（1）形如 $y = ax^2 + bx + c\ (a \neq 0)$ 为二次函数.

（2）配方式：$y = a\left(x + \dfrac{b}{2a}\right)^2 + \dfrac{4ac - b^2}{4a}$，对称轴 $x = -\dfrac{b}{2a}$，顶点 $\left(-\dfrac{b}{2a}, \dfrac{4ac - b^2}{4a}\right)$；

交点式：$y = a(x - \alpha)(x - \beta)$，$\alpha, \beta$ 为二次函数与 $x$ 轴交点横坐标，其对称轴为 $x = \dfrac{\alpha + \beta}{2}$.

（3）单调性：

当 $a > 0$ 时，在区间 $\left(-\infty, -\dfrac{b}{2a}\right]$ 上为减函数，在区间 $\left[-\dfrac{b}{2a}, +\infty\right)$ 上为增函数；

当 $a < 0$ 时，在区间 $\left(-\infty, -\dfrac{b}{2a}\right]$ 上为增函数，在区间 $\left[-\dfrac{b}{2a}, +\infty\right)$ 上为减函数.

（4）二次函数求最值问题：首先要采用配方法，化为形如 $y = a(x - k)^2 + h$ 的配方形式，

① 若顶点的横坐标在给定的区间上，则

当 $a > 0$ 时，在顶点处取得最小值，最大值在距离对称轴较远的端点处取得；

当 $a < 0$ 时，在顶点处取得最大值，最小值在距离对称轴较远的端点处取得.

② 若顶点的横坐标不在给定的区间上，则

当 $a > 0$ 时，最小值在距离对称轴较近的端点处取得，最大值在距离对称轴较远的端点处取得；当 $a < 0$ 时，最大值在距离对称轴较近的端点处取得，最小值在距离对称轴较远的端点处取得.

## 7.1.4　指数函数、对数函数

### 1. 指数函数

$y = a^x\ (a > 0, a \neq 1)$，定义域为 $\mathbf{R}$，值域为 $(0, +\infty)$. 图像如图 7.1 所示.

（1）当 $a > 1$，指数函数 $y = a^x$ 在定义域上为增函数；

当 $0 < a < 1$，指数函数 $y = a^x$ 在定义域上为减函数.

（2）当 $a > 1$ 时，$y = a^x$ 的 $a$ 值越大，越靠近 $y$ 轴；当 $0 < a < 1$ 时，则相反.

### 2. 对数函数

如果 $a\,(a > 0, a \neq 1)$ 的 $b$ 次幂等于 $N$，就是 $a^b = N$，数 $b$ 就叫作以 $a$ 为底的 $N$ 的对数，记作 $\log_a N$（其中 $a > 0, a \neq$

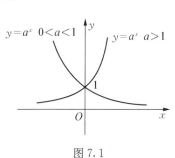

图 7.1

1，负数和零没有对数)；其中 $a$ 叫底数，$N$ 叫真数，图像如图 7.2
所示.

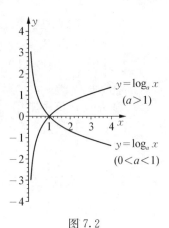

对数运算 $(M>0,\ N>0,\ a>0,\ a\neq 1,\ b>0,\ b\neq 1)$：

(1) $\log_a(M\cdot N)=\log_a M+\log_a N$.

(2) $\log_a\dfrac{M}{N}=\log_a M-\log_a N$.

(3) $\log_a M^n=n\log_a M$.

(4) $\log_a\sqrt[n]{M}=\dfrac{1}{n}\log_a M$.

(5) $a^{\log_a N}=N$.

(6) 换底公式：$\log_a N=\dfrac{\log_b N}{\log_b a}$，推论：$\log_a b\cdot\log_b c\cdot\log_c a=1$.

图 7.2

特别注意：$\log_a x^2\neq 2\log_a x$（因为 $2\log_a x$ 中 $x>0$ 而 $\log_a x^2$ 中 $x\neq 0$）.

# 7.2　知识点分类精讲

**【知识点 7.1】** 函数问题
主要涉及：函数定义域、奇偶性、单调性等.

**例 7.1**　函数 $f(x)=\dfrac{\sqrt{x^2-3x-4}}{|x+1|-2}$ 的定义域是(　　).

(A) $x>-3$　　　　　　　　(B) $-3<x\leqslant-1$

(C) $x\geqslant 4$　　　　　　　　(D) $x<-3$ 或 $-3<x\leqslant-1$ 或 $x\geqslant 4$

(E) 以上都不对

**解**　因为函数有定义的充要条件是：

$\begin{cases}x^2-3x-4\geqslant 0\\|x+1|-2\neq 0\end{cases}\Rightarrow\begin{cases}x\geqslant 4\ \text{或}\ x\leqslant-1\\x\neq-3\ \text{且}\ x\neq 1\end{cases}\Rightarrow x<-3$ 或 $-3<x\leqslant-1$ 或 $x\geqslant 4$，选(D).

〚评注〛　列出使函数有意义的自变量的不等关系式组，求解即可得到函数的定义域.

**例 7.2**　函数 $y=2^{\frac{1}{x-1}}$ 在定义域上的单调性为(　　).

(A) 在 $(-\infty,1)$ 上是增函数，在 $(1,+\infty)$ 上是增函数　　(B) 减函数

(C) 在 $(-\infty,1)$ 上是减函数，在 $(1,+\infty)$ 上是减函数　　(D) 增函数

(E) 以上结论都不正确

**解**　令 $t=\dfrac{1}{x-1}$，在 $(-\infty,1)$ 上是减函数，在 $(1,+\infty)$ 上是减函数，又 $y=2^t$ 是单调

递增函数，根据复合函数的单调性可得函数 $y=2^{\frac{1}{x-1}}$ 在 $(-\infty,1)$ 上是减函数，在 $(1,+\infty)$ 上是减函数. 故选(C).

〚评注〛　利用复合函数的单调性，单调性定义要结合区间给出.

**例 7.3**　下列函数中奇函数的个数为(　　)个.

① $f(x)=(x-1)\sqrt{\dfrac{1+x}{1-x}}$，② $f(x)=\lg(\sqrt{x^2+1}+x)$，③ $f(x)=\begin{cases} x^2+x & (x<0) \\ x-x^2 & (x>0) \end{cases}$，

④ $f(x)=|x|$．

(A) 0　　　　　(B) 1　　　　　(C) 2　　　　　(D) 3　　　　　(E) 4

**解**　① 的定义域：$\begin{cases} 1-x\neq 0 \\ \dfrac{1+x}{1-x}\geq 0 \end{cases} \Rightarrow -1\leqslant x<1$，关于原点非对称，所以为非奇非偶函数．

② 的定义域为 **R**，且 $f(-x)=\lg(\sqrt{(-x)^2+1}-x)=\lg\dfrac{1}{\sqrt{x^2+1}+x}=$

$\lg(\sqrt{x^2+1}+x)^{-1}=-\lg(\sqrt{x^2+1}+x)=-f(x)$，所以此函数为奇函数．

③ 的定义域关于原点对称，

因为当 $x>0$ 时，$-x<0$ 有 $f(-x)=x^2-x=-(x-x^2)$；

当 $x<0$ 时，$-x>0$ 有 $f(-x)=-x-x^2=-(x^2+x)$，

所以 $f(-x)=-f(x)$，所以此函数为奇函数．

④ $f(x)=|x|$ 的图像关于 $y$ 轴对称，所以为偶函数．

最终奇函数有 2 个，选(C)．

〖评注〗　奇偶性先考虑定义域，再从定义或者图像入手判断．

**【知识点 7.2】** 集合
解题技巧：结合集合的性质转化为等式或者不等式问题．

例 7.4　如果集合 $A=\{x\,|\,x^2-3x-4<0,\,x\in\mathbf{R}\}$，那么 $A\cap\mathbf{N}_+$ 真子集的个数是（　　）．

(A) 4　　　　(B) 5　　　　(C) 6　　　　(D) 7　　　　(E) 8

**解法 1**　$A=(-1,4)$，所以 $A\cap\mathbf{N}_+=\{1,2,3\}$，

所以 $A\cap\mathbf{N}_+$ 的真子集可列举如下：$\varnothing$，$\{1\}$，$\{2\}$，$\{3\}$，$\{1,2\}$，$\{1,3\}$，$\{2,3\}$．

**解法 2**　因为 $A\cap\mathbf{N}_+=\{1,2,3\}$，所以空集 $\varnothing$（即 $C_3^0$）是一个真子集，单元集有 $C_3^1=3$ 个．
二元真子集有 $C_3^2=3$ 个，所以总数 $1+3+3=7$，选(D)．

〖评注〗　一个集合若有 $n$ 个元素，则子集个数 $2^n$ 个，真子集个数 $(2^n-1)$ 个，非空真子集个数 $(2^n-2)$ 个．

例 7.5　已知两个不同的集合 $A=\{1,3,a^2-a+3\}$，$B=\{1,5,a^3-a^2-4a+7\}$，若 $A\cap B=\{1,3\}$，则 $A\cup B=$（　　）．

(A) $\{1,3,5\}$　　　　　(B) $\{1,3,9\}$　　　　　(C) $\{1,3,5,9\}$

(D) $\{3,5,9\}$　　　　　(E) 以上都不正确

**解**　因为 $A\cap B=\{1,3\}$，所以 $a^3-a^2-4a+7=3\Rightarrow a^2(a-1)-4(a-1)=0\Rightarrow$
$(a-1)(a-2)(a+2)=0$．

当 $a_1=1$ 时，$a^2-a+3=3$（违反互异性），所以 $a_1$ 舍去；

当 $a_2=2$ 时，$a^2-a+3=5$，所以 $a_2$ 舍去；

当 $a_3=-2$ 时，$A=\{1,3,9\}$，$B=\{1,5,3\}$，所以 $A\cup B=\{1,3,5,9\}$．故答案选(C)．

〖评注〗 注意集合中元素的互异性.

例7.6 设关于实数 $x$ 的不等式 $\left|x-\dfrac{(a+1)^2}{2}\right|\leqslant\dfrac{(a-1)^2}{2}$ 与 $x^2-3(a+1)x+2(3a+1)\leqslant 0\ (a\in\mathbf{R})$ 的集合依次为 $A,B$,则使 $A\subseteq B$ 的 $a$ 的取值范围为(　　).

(A) $1\leqslant a\leqslant 3$　　　(B) $1<a<3$ 或 $a=-1$　　　(C) $1\leqslant a\leqslant 3$ 或 $a=-1$

(D) $1\leqslant a\leqslant 2$　　　(E) 以上都不正确

解　$-\dfrac{(a-1)^2}{2}\leqslant x-\dfrac{(a+1)^2}{2}\leqslant\dfrac{(a-1)^2}{2}$,所以 $A=\{x\,|\,2a\leqslant x\leqslant a^2+1\}$. 由 $x^2-3(a+1)x+2(3a+1)\leqslant 0$,即 $(x-2)[x-(3a+1)]\leqslant 0$.

当 $3a+1\geqslant 2$,即 $a\geqslant\dfrac{1}{3}$ 时,$B=\{x\,|\,2\leqslant x\leqslant 3a+1\}$.

当 $3a+1<2$,即 $a<\dfrac{1}{3}$ 时,$B=\{x\,|\,3a+1\leqslant x\leqslant 2\}$.

当 $a\geqslant\dfrac{1}{3}$ 时,因为 $A\subseteq B$,所以 $\begin{cases}2\leqslant 2a\\a^2+1\leqslant 3a+1\end{cases}\Rightarrow 1\leqslant a\leqslant 3$.

当 $a<\dfrac{1}{3}$ 时,因为 $A\subseteq B$,所以 $\begin{cases}3a+1\leqslant 2a\\a^2+1\leqslant 2\end{cases}\Rightarrow\begin{cases}a\leqslant -1\\-1\leqslant a\leqslant 1\end{cases}\Rightarrow a=-1$.

所以 $\{a\,|\,1\leqslant a\leqslant 3$ 或 $a=-1\}$,所以应该选(C).

〖评注〗 集合 $B$ 中 2 与 $3a+1$ 的大小不确定要讨论,另外要特别注意 $A\subseteq B$ 与 $A\subset B$ 的区别.

例7.7 设集合 $A=\{x\,|-2\leqslant x\leqslant a\}$,$B=\{y\,|\,y=2x+3,x\in A\}$,$C=\{z\,|\,z=x^2,x\in A\}$,若 $B\cap C=C$,则 $a$ 的范围为(　　).

(A) $[1,3]$　　　(B) $[2,3]$　　　(C) $[0,3]$　　　(D) $[1/2,3]$　　　(E) 无法确定

解　$B=\{y\,|-1\leqslant y\leqslant 2a+3\}$,$C=\begin{cases}a^2\leqslant z\leqslant 4, & \text{当}-2\leqslant a\leqslant 0\text{ 时,}\\0\leqslant z\leqslant 4, & \text{当}\,0<a\leqslant 2\text{ 时,}\\0\leqslant z\leqslant a^2, & \text{当}\,a>2\text{ 时,}\end{cases}$

因为 $B\cap C=C\Leftrightarrow C\subseteq B\Leftrightarrow\begin{cases}-2\leqslant a\leqslant 2\\4\leqslant 2a+3\end{cases}$ 或 $\begin{cases}a>2\\a^2\leqslant 2a+3\end{cases}\Rightarrow\dfrac{1}{2}\leqslant a\leqslant 2$ 或 $2<a\leqslant 3$,

所以 $a\in[1/2,3]$,所以选(D).

〖评注〗 $y=2x+3$ 是 $x$ 的单调函数,所以根据 $A$ 即可求出 $B$ 的范围.但 $z=x^2$ 不是 $x$ 的单调函数,因此要用区间形式写出集合 $C$,对 $a$ 进行分类讨论.

例7.8 设 $A=\{x\,|\,x^3+2x^2-x-2>0\}$,$B=\{x\,|\,x^2+ax+b\leqslant 0\}$,若 $A\cup B=\{x\,|\,x+2>0\}$,$A\cap B=\{x\,|\,1<x\leqslant 3\}$,则 $a,b$ 分别为(　　).

(A) $3,2$　　　(B) $1,-2$　　　(C) $-3,2$　　　(D) $-2,-3$　　　(E) 以上都不正确

解　$x^3-x+2(x^2-1)=x(x^2-1)+2(x^2-1)=(x+2)(x+1)(x-1)>0$,

所以 $A=\{x\,|\,x>1$ 或 $-2<x<-1\}$,设 $B=\{x\,|\,\alpha\leqslant x\leqslant\beta\}$,

因为 $A\cup B=\{x\,|\,x>-2\}$,可得 $\begin{cases}-2<\alpha\leqslant -1\\\beta\geqslant 1\end{cases}$　①

因为 $A\cap B=\{x\,|\,1<x\leqslant 3\}$,可得 $\begin{cases}\alpha\geqslant -1\\\beta=3\end{cases}$　②

所以①与②同时满足,所以 $\begin{cases} \alpha=-1 \\ \beta=3 \end{cases}$. 由韦达定理可得 $\begin{cases} -a=\alpha+\beta \\ b=\alpha\cdot\beta \end{cases}$,所以 $\begin{cases} a=-2 \\ b=-3 \end{cases}$,选 (D).

〖评注〗　此题从正面求解有一定的难度,可以将选项直接代入验证.

**例 7.9**　已知集合 $A=\{(x,y)\mid(x-2)^2+(y+3)^2\leqslant4\}$,$B=\{(x,y)\mid(x-1)^2+(y-a)^2\leqslant\frac{1}{4}\}$. 若 $B\subseteq A$,则实数 $a$ 的范围为(　　).

(A) $[0,1]$　　　(B) $\left[-3-\frac{\sqrt{5}}{2},-3+\frac{\sqrt{5}}{2}\right]$　　　(C) $\left[-2-\frac{\sqrt{5}}{2},-2+\frac{\sqrt{5}}{2}\right]$

(D) $[-1,1]$　　　(E) 以上都不正确

**解**　$A$ 表示以 $(2,-3)$ 为圆心,半径为 $2$ 的圆围成的闭区域.

$B$ 表示以 $(1,a)$ 为圆心,半径为 $\frac{1}{2}$ 的圆围成的闭区域.

两圆的位置总是可由两圆的圆心距与两圆半径的和差大小来确定,为使 $B\subseteq A$,必须使得圆 $B$ 内切或内含于圆 $A$,即两圆心之间的距离不大于半径之差的绝对值.

所以 $(2-1)^2+(-3-a)^2\leqslant\left(2-\frac{1}{2}\right)^2$,即 $4a^2+24a+31\leqslant0$,即 $-3-\frac{\sqrt{5}}{2}\leqslant a\leqslant-3+\frac{\sqrt{5}}{2}$. 选 (B).

〖评注〗　本题集合关系实质是解析几何中两圆的位置关系.

**【知识点 7.3】　指数函数、幂函数**
重点:用指数函数的单调性判断大小,关键是区分幂函数和指数函数.

**例 7.10**　$a=\left(\frac{2}{3}\right)^{-\frac{7}{8}}$,$b=\left(\frac{8}{7}\right)^{-\frac{4}{5}}$,$c=\left(\frac{5}{7}\right)^{\frac{4}{5}}$ 的大小关系是(　　).

(A) $a>b>c$　(B) $a>c>b$　(C) $b>a>c$　(D) $c>a>b$　(E) 以上均不正确

**解**　因为 $b=\left(\frac{8}{7}\right)^{-\frac{4}{5}}=\left(\frac{7}{8}\right)^{\frac{4}{5}}>\left(\frac{5}{7}\right)^{\frac{4}{5}}=c$(利用幂函数的单调性).

$a=\left(\frac{2}{3}\right)^{-\frac{7}{8}}>\left(\frac{2}{3}\right)^0=1$,$b=\left(\frac{8}{7}\right)^{-\frac{4}{5}}<\left(\frac{8}{7}\right)^0=1$(利用指数函数的单调性).

所以 $\left(\frac{2}{3}\right)^{-\frac{7}{8}}>\left(\frac{8}{7}\right)^{-\frac{4}{5}}>\left(\frac{5}{7}\right)^{\frac{4}{5}}$,即 $a>b>c$. 选 (A).

〖评注〗　两个幂的底数相同可用指数函数增减性比较,两个幂的指数相同可用幂函数增减性比较,如两个幂的指数与底数均不同,可选第三个数作为参照来比较,常选 $-1$,$0$,$1$ 作为参照.

**【知识点 7.4】　对数函数**
重点:对数函数的单调性.

**例 7.11** $a = \left(\dfrac{1}{4}\right)^{\log_8 \sqrt{27}}$，$b = \log_4 8 + \log_{\frac{1}{2}} \sqrt{8} + \log_{0.01} 1\,000 + \log_{99} 1$，$c = \log_2 6 \cdot$ $\lg \dfrac{1}{8} + \lg \dfrac{27}{125}$ 的大小关系是(  ).

(A) $a > b > c$        (B) $b > a > c$        (C) $c > a > b$

(D) $b > c > a$        (E) 以上均不正确

**解**  $a = \left(\dfrac{1}{4}\right)^{\log_8 \sqrt{27}} = \left(2^{\log_{2^3} 3^{\frac{3}{2}}}\right)^{-2} = \left(2^{\frac{\log_2 3^{\frac{3}{2}}}{\log_2 2^3}}\right)^{-2} = \left(2^{\frac{\frac{3}{2}\log_2 3}{3}}\right)^{-2} = \left(2^{\log_2 3^{\frac{1}{2}}}\right)^{-2} = (3^{\frac{1}{2}})^{-2} = 3^{-1} = \dfrac{1}{3}$,

$b = \log_{2^2} 2^3 + \log_{2^{-1}} 2^{\frac{3}{2}} + \log_{10^{-2}} 10^3 + \log_{99} 1 = \dfrac{3}{2} - \dfrac{3}{2} - \dfrac{3}{2} = -\dfrac{3}{2}$,

$c = \log_2 6 \cdot \lg \dfrac{1}{8} + \lg \dfrac{27}{125} = \dfrac{\lg 6}{\lg 2}(-3\lg 2) + 3\lg 3 - 3\lg 5 = -3(\lg 2 + \lg 3) + 3\lg 3 - 3\lg 5 = -3(\lg 2 + \lg 5) = -3$.

所以大小关系为 $a > b > c$. 选(A).

〖评注〗  本题综合考查了对数运算.

**例 7.12**  若 $0 < a < b < 1$，则 $\log_b a$，$\log_a b$，$\log_{\frac{1}{a}} b$，$\log_{\frac{1}{b}} a$ 之间的大小关系为(  ).

(A) $\log_a b > \log_b a > \log_{\frac{1}{a}} b > \log_{\frac{1}{b}} a$        (B) $\log_b a < \log_a b < \log_{\frac{1}{a}} b < \log_{\frac{1}{b}} a$

(C) $\log_b a > \log_a b > \log_{\frac{1}{b}} a > \log_{\frac{1}{a}} b$        (D) $\log_b a > \log_a b > \log_{\frac{1}{a}} b > \log_{\frac{1}{b}} a$

(E) 无法确定

**解**  因为 $0 < a < b < 1$，所以 $\log_b a > 0$，$\log_a b > 0$，$\log_{\frac{1}{a}} b < 0$，$\log_{\frac{1}{b}} a < 0$.

因为 $\log_b a > \log_b b = 1$，$\log_a b < \log_a a = 1$，所以 $\log_b a > \log_a b > 0$.

因为 $\log_{\frac{1}{a}} b > \log_{\frac{1}{a}} a = -1$，$\log_{\frac{1}{b}} a < \log_{\frac{1}{b}} b = -1$，所以 $\log_{\frac{1}{b}} a < \log_{\frac{1}{a}} b < 0$.

所以 $\log_b a > \log_a b > \log_{\frac{1}{a}} b > \log_{\frac{1}{b}} a$，选(D).

〖评注〗  不同底的对数比大小，一般先判断正负号，再找参照数来分别与它们比较大小，这个参照数常取 $-1$，$0$，$1$.

**例 7.13**  设 $a$，$b$ 和 $c$ 都大于 1，则 $\log_a b + 2\log_b c + 4\log_c a$ 的最小值为(  ).

(A) 1        (B) 2        (C) 3        (D) 4        (E) 6

**解**  因为 $a$，$b$ 和 $c$ 都大于 1，所以 $\log_a b$，$\log_b c$，$\log_c a$ 都为正.

所以有 $\log_a b + 2\log_b c + 4\log_c a \geqslant 3\sqrt[3]{8\log_a b \cdot \log_b c \cdot \log_c a} = 3\sqrt[3]{8 \cdot \dfrac{\lg b}{\lg a} \cdot \dfrac{\lg c}{\lg b} \cdot \dfrac{\lg a}{\lg c}} = 3\sqrt[3]{8} = 6$. 选(E).

〖评注〗  三个正数的均值不等式，用到了对数换底公式.

**例 7.14**  已知 $a = \left(\dfrac{1}{4}\right)^{\frac{1}{5}}$，$b = \left(\dfrac{1}{5}\right)^{\frac{1}{4}}$，$c = \dfrac{4\log_2 b}{5\log_2 a}$，$a$，$b$ 和 $c$ 的大小关系是(  ).

(A) $a > b > c$        (B) $a > c > b$        (C) $c > a > b$

(D) $c > b > a$        (E) 以上都不正确

**解**  因为 $a^{20} = \dfrac{1}{4^4} > b^{20} = \dfrac{1}{5^5} > 0$，所以 $1 > a > b$；$c = \dfrac{\log_2 b^4}{\log_2 a^5} = \dfrac{\log_2 5}{\log_2 4} > 1$，因此 $c >$

$a>b$. 选(C).

〖评注〗 此题综合了指数、对数问题,还要利用参照数进行比较.

例7.15 函数 $f(x)=\log_a(x^2+2x-3)$. 若 $f(2)>0$,则 $f(x)$ 的单调递减区间为( ).

(A) $(1,+\infty)$ (B) $(-\infty,-1)$ (C) $(-\infty,-3)$

(D) $(-1,+\infty)$ (E) 以上都不正确

解 函数 $f(x)=\log_a(x^2+2x-3)$ 的定义域是 $(-\infty,-3)\cup(1,+\infty)$. 又 $f(2)=\log_a5>0$,因此 $a>1$. 因此只需求 $y=x^2+2x-3$ 的单调区间. 由于 $y=x^2+2x-3$ 在 $(-\infty,-1)$ 上单调递减,在 $(-1,+\infty)$ 上单调递增,因此 $f(x)$ 在 $(-\infty,-3)$ 上单调递减,选(C).

〖评注〗 复合函数的单调性,还要注意结合定义域.

例7.16 如果 $\log_m3<\log_n3<0$,则 $m,n$ 满足条件( ).

(A) $m>n>1$ (B) $n>m>1$ (C) $0<m<n<1$

(D) $0<n<m<1$ (E) 无法判断

解 因为 $\log_m3<\log_n3<0$,所以 $0<m<1$,$0<n<1$.

因为 $\log_m3=\dfrac{\lg3}{\lg m}<\log_n3=\dfrac{\lg3}{\lg n}<0$,又 $\lg3>0$,所以 $\dfrac{1}{\lg m}<\dfrac{1}{\lg n}<0$,所以 $\lg n<\lg m<0$,所以 $0<n<m<1$,选(D).

〖评注〗 不同底对数比较大小,先化为同底.

例7.17 (200901) $|\log_a x|>1$.

(1) $x\in[2,4]$,$\dfrac{1}{2}<a<1$ (2) $x\in[4,6]$,$1<a<2$

解 题干要求推出 $\log_a x>1$ 或 $\log_a x<-1$.

由条件(1),因为 $x\in[2,4]$,$\dfrac{1}{2}<a<1$,所以 $1<\dfrac{1}{a}<2$,$\dfrac{1}{a}<x$. 所以 $y=\log_a x$ 单调递减,进一步得到 $\log_a x<\log_a\dfrac{1}{a}=-1$,因此条件(1)是充分的.

由条件(2),因为 $x\in[4,6]$,$1<a<2$,所以 $x>a$. 所以 $y=\log_a x$ 单调递增,进一步得到 $\log_a x>\log_a a=1$,因此条件(2)也充分.

所以选(D).

〖评注〗 知识点:对数函数增减性、绝对值问题综合题.

例7.18 已知 $a=\log_m\dfrac{x+y}{2}$,$b=\dfrac{1}{2}(\log_m x+\log_m y)$,$c=\dfrac{1}{2}\log_m(x+y)$,则 $c>b\geqslant a$.

(1) $x>2$,$y>2$ (2) $0<m<1$

解 条件(1)与(2)单独都不充分. 经过变形可得 $a=\log_m\dfrac{x+y}{2}$,$b=\log_m\sqrt{xy}$,$c=\log_m\sqrt{x+y}$.

联合条件(1)与(2),当 $0<m<1$ 时,$y=\log_m x$ 为单调递减函数. 因为 $\dfrac{x+y}{2}\geqslant\sqrt{xy}$,又

由 $\dfrac{x+y}{xy}=\dfrac{1}{x}+\dfrac{1}{y}<1$，所以 $\sqrt{xy}>\sqrt{x+y}$. 从而得到 $\dfrac{x+y}{2}\geqslant\sqrt{xy}>\sqrt{x+y}$，所以两个条件联合充分,选(C).

〔评注〕 本题主要考察对数函数的单调性以及平均值之间的关系,用对数性质对 $a,b,c$ 作变形,转化为利用均值不等式比较 $\dfrac{x+y}{2}$, $\sqrt{xy}$, $\sqrt{x+y}$ 的大小.

【知识点 7.5】 利用二次函数求最值
解题技巧：先配方转化为顶点式,特别要注意顶点是否在定义区间内.

例 7.19 (200710)一元二次函数 $x(1-x)$ 的最大值为(　　).
(A) 0.05　　(B) 0.10　　(C) 0.15　　(D) 0.20　　(E) 0.25

解　$y=x(1-x)=-(x^2-x)=-\left(x-\dfrac{1}{2}\right)^2+\dfrac{1}{4}\leqslant\dfrac{1}{4}$,

当 $x=\dfrac{1}{2}$ 时,$y$ 取得最大值,且 $y_{max}=\dfrac{1}{4}=0.25$,故选(E).

〔评注〕 利用二次函数求最值,此外本题还可以用基本不等式得到最值.

例 7.20 已知函数 $f(x)=2^{x+2}-3\times4^x$,且 $x^2-x\leqslant0$, $f(x)$ 的最大值为(　　).
(A) 0　　(B) 1　　(C) 2　　(D) 3　　(E) 4

解　$x^2-x\leqslant0\Rightarrow0\leqslant x\leqslant1$. 令 $t=2^x$,则 $1\leqslant t\leqslant2$,

且 $f(x)=2^{x+2}-3\times4^x=4t-3t^2=-3\left(t-\dfrac{2}{3}\right)^2+\dfrac{4}{3}$.

因此当 $t=1$ 时,$f(t)=-3\left(t-\dfrac{2}{3}\right)^2+\dfrac{4}{3}$ 达到最大值 $f(1)=-3\times\dfrac{1}{9}+\dfrac{4}{3}=1$,选(B).

〔评注〕 注意变换后的二次函数有取值范围,顶点取不到.

例 7.21 若函数 $y=x^2-2mx+m-1$ 在 $[-1,1]$ 上的最小值为 $-1$,则 $m=(　　)$.
(A) $-\dfrac{1}{3}$　　(B) 0　　(C) 1　　(D) 0 或 1　　(E) 以上都不正确

解　$y=f(x)=x^2-2mx+m-1=(x-m)^2+(-m^2+m-1)$,开口向上,对称轴为 $x=m$.

(1) 当 $m<-1$ 时,对称轴 $x=m$ 在区间 $[-1,1]$ 左侧(顶点取不到),
所以 $y_{min}=f(-1)=3m=-1$,则 $m=-\dfrac{1}{3}$ 与 $m<-1$ 矛盾,所以 $m$ 无解.

(2) 当 $-1\leqslant m\leqslant1$ 时,对称轴 $x=m$ 在区间 $[-1,1]$ 内(顶点取得到),
所以 $y_{min}=f(m)=-m^2+m-1=-1$,则 $m^2-m=0$,即 $m=0$ 或 $m=1$.

(3) 当 $m>1$ 时,对称轴 $x=m$ 在区间 $[-1,1]$ 右侧(顶点取不到),所以
$y_{min}=f(1)=-m=-1$,则 $m=1$ 与 $m>1$ 矛盾,所以 $m$ 无解.

综上,$m=0$ 或 $m=1$. 故选(D).

〔评注〕 该题属于取值区间固定,对称轴变动导致最值需要讨论.

例 7.22 若 $y=x^2-2x+2$,在 $x\in[t,t+1]$ 上其最小值为 2,则 $t=(　　)$.
(A) $-1$　　(B) 0　　(C) 1　　(D) 2　　(E) $-1$ 或 2

**解**　$y = f(x) = x^2 - 2x + 2 = (x-1)^2 + 1$, 开口向上, 对称轴 $x = 1$, 在区间 $[t, t+1]$ 上变动.

(1) 当 $t + 1 < 1$, 即 $t < 0$ 时, 对称轴在区间的右侧, 所以 $y_{min} = f(t+1) = t^2 + 1 = 2$, 得 $t = -1$ 或 $t = 1$(舍去).

(2) 当 $t \leqslant 1 \leqslant t+1$, 即 $0 \leqslant t \leqslant 1$ 时, 对称轴在区间内, 所以 $y_{min} = f(1) \equiv 1 \neq 2$, 所以 $t$ 无解.

(3) 当 $1 < t$, 即 $t > 1$ 时, 对称轴在区间的左侧, 所以 $y_{min} = f(t) = t^2 - 2t + 2 = 2$, 得 $t = 2$ 或 $t = 0$(舍去).

综上, $t = -1$ 或 $t = 2$. 故选(E).

〖评注〗　该题属于对称轴给定, 取值区间变动导致最值需要讨论.

例 7.23　二次函数 $y = x^2 + bx + c$ 的图像与 $x$ 轴交于 $A$, $B$ 两点, 与 $y$ 轴交于 $C(0, 3)$. 若 $\triangle ABC$ 的面积是 9, 则此二次函数的最小值为(　　).

(A) $-6$　　　(B) $-9$　　　(C) 6　　　(D) 9　　　(E) 以上都不正确

**解**　由条件 $3 = 0 + 0 + c = c$, 且若记 $x^2 + bx + c = 0$ 的两根为 $x_1$ 和 $x_2$, 则
$\frac{1}{2} \cdot |x_1 - x_2| \cdot 3 = 9$,

因此 $36 = (x_1 - x_2)^2 = (x_1 + x_2)^2 - 4x_1 x_2 = b^2 - 4c = b^2 - 12$, $b^2 = 48$.

所以 $y = x^2 + bx + c = \left(x + \frac{b}{2}\right)^2 + \frac{4c - b^2}{4} \geqslant \frac{4c - b^2}{4} = \frac{12 - 48}{4} = -9$, 故此二次函数的最小值是 $-9$, 选(B).

【知识点 7.6】　二次函数图像问题

解题技巧: 二次函数图像问题关键要素有: 开口方向, 对称轴, $y$ 轴截距, $x$ 轴交点等.

例 7.24　二次函数 $y = ax^2 + bx + c$ $(a \neq 0)$ 的图像如图 7.3 所示, 下列四个命题中正确的个数为(　　).

① $abc > 0$,　② $b > a + c$,　③ $4a + 2b + c < 0$,　④ $c < 2b$

(A) 0　　　(B) 1　　　(C) 2　　　(D) 3　　　(E) 4

**解**　由图可知开口向下, 知 $a < 0$, 由 $y$ 轴截距知 $c > 0$, 对称轴 $x = -\frac{b}{2a} = 1$ 知 $b = -2a > 0$, 所以 $abc < 0$, 故①不正确.

当 $x = -1$ 时, $f(-1) = a - b + c < 0$, 所以 $b > a + c$, 故②正确.

当 $x = 2$ 时, $f(2) = 4a + 2b + c > 0$, 所以③不正确.

将 $a = -\frac{1}{2}b$ 代入 $f(-1) = a - b + c < 0$, 得 $c < \frac{3}{2}b$, 又 $b > 0$, 所以④ $c < 2b$ 也成立. 选(C).

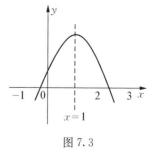

图 7.3

〖评注〗　综合考查二次函数图形的一些特征.

例 7.25　函数 $y = ax^2 + bx$ 与 $y = \log_{\left|\frac{b}{a}\right|} x$ $(ab \neq 0, |a| \neq |b|)$ 在同一直角坐标

系中的图像可能是(    ).

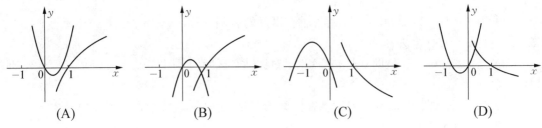

(A)                (B)                (C)                (D)

(E) 以上都不正确

**解**　由 $y = ax^2 + bx = x(ax + b)$ 知一个根为 0,另外一个根为 $-\dfrac{b}{a}$.

(A)从二次函数图像可知 $0 < -\dfrac{b}{a} < 1$,从对数函数图像知 $\left|\dfrac{b}{a}\right| > 1$,两者矛盾,所以 (A)不正确.

(B)的分析同(A).

(C)从二次函数图像可知 $-\dfrac{b}{a} < -1$,从对数函数图像知 $\left|\dfrac{b}{a}\right| < 1$,两者矛盾,所以(C)不正确.

(D)从二次函数图像可知 $-1 < -\dfrac{b}{a} < 0$,从对数函数图像知 $\left|\dfrac{b}{a}\right| < 1$,两者不矛盾,所以(D)正确.

〖评注〗　此类题目适宜用归谬的方法排除错误的选项.

# 7.3　历年真题分类汇编与典型习题(含详解)

1. 设集合 $A = \{5, \log_2(a+3)\}$,集合 $B = \{a, b\}$,若 $A \bigcap B = \{2\}$,则 $A \bigcup B$ 非空真子集有(    )个.

    (A) 4　　　　　(B) 5　　　　　(C) 6　　　　　(D) 7　　　　　(E) 8

2. (201110)抛物线 $y = x^2 + (a+2)x + 2a$ 与 $x$ 轴相切.

    (1) $a > 0$　　　(2) $a^2 + a - 6 = 0$

3. 已知 $A = \left\{ x \,\middle|\, \dfrac{x+2}{x-1} \geqslant 0, x \in \mathbf{R} \right\}$, $B = \{x \mid |x+1| = x+1\}$,则 $\overline{A} \bigcap B$ 为(    ).

    (A) $(-2, 1]$　　　　　(B) $[-1, +\infty)$　　　　　(C) $(-1, 1)$

    (D) $[-1, 1]$　　　　　(E) 以上都不正确

4. 已知集合 $A = \{x \mid x^2 - 2x - 8 < 0, x \in \mathbf{R}\}$,集合 $B = \{x \mid x^2 - 3ax + 2a^2 = 0, x \in \mathbf{R}\}$,若 $A \bigcap B = \varnothing$,则 $a$ 的范围是(    ).

    (A) $a \leqslant -2$　　　　　(B) $a \geqslant 4$　　　　　(C) $-2 \leqslant a \leqslant 4$

    (D) $a \leqslant -2, a \geqslant 4$　　　　　(E) 以上都不正确

5. 若 $-1 < a < 0$,则有(    ).

(A) $2^a > \left(\dfrac{1}{2}\right)^a > 0.2^a$ 　　　　　(B) $0.2^a > \left(\dfrac{1}{2}\right)^a > 2^a$

(C) $\left(\dfrac{1}{2}\right)^a > 0.2^a > 2^a$ 　　　　　(D) $2^a > 0.2^a > \left(\dfrac{1}{2}\right)^a$

(E) 以上都不正确

**6.** (201210)设实数 $x$，$y$ 满足 $x + 2y = 3$，则 $x^2 + y^2 + 2y$ 的最小值为(　　).

(A) 4　　　　　(B) 5　　　　　(C) 6　　　　　(D) $\sqrt{5} - 1$　　　　　(E) $\sqrt{5} + 1$

**7.** 若 $\lg 2 = 0.3010$，$\lg 3 = 0.4771$，$3^{200}$ 与 $2^{300}$ 的大小关系是(　　).

(A) $3^{200} < 2^{300}$ 　　　　　(B) $3^{200} \leqslant 2^{300}$ 　　　　　(C) $3^{200} > 2^{300}$

(D) $3^{200} \geqslant 2^{300}$ 　　　　　(E) 不能确定

**8.** 如 $abc \neq 1$，且 $\dfrac{1}{\log_a^3 x} + \dfrac{1}{\log_b^3 x} + \dfrac{1}{\log_c^3 x} = \dfrac{3}{\log_a x \cdot \log_b x \cdot \log_c x}$，则 $\log_4 \dfrac{a+b}{c} = ($　　$)$.

(A) 1　　　　　(B) 0.25　　　　　(C) 0.5　　　　　(D) 2　　　　　(E) 1.5

**9.** 已知 $0 < a < 1$，$b > 1$，且 $ab > 1$，则下列正确的是(　　).

(A) $\log_a \dfrac{1}{b} < \log_a b < \log_b \dfrac{1}{b}$ 　　　　　(B) $\log_a b < \log_b \dfrac{1}{b} < \log_a \dfrac{1}{b}$

(C) $\log_a b < \log_a \dfrac{1}{b} < \log_b \dfrac{1}{b}$ 　　　　　(D) $\log_b \dfrac{1}{b} < \log_a \dfrac{1}{b} < \log_a b$

(E) 以上都不正确

**10.** 求函数 $y = 2x + 4\sqrt{1 - x}$ 的值域为(　　).

(A) $(0, 4)$ 　　　　　(B) $(-\infty, 4)$ 　　　　　(C) $(-\infty, 4]$

(D) $(-\infty, -4]$ 　　　　　(E) 以上都不对

**11.** 若不等式 $x^2 + ax + 1 \geqslant 0$ 对一切 $x \in \left(0, \dfrac{1}{2}\right)$ 都成立，则 $a$ 的取值范围是(　　).

(A) $a \geqslant 0$ 　　　　　(B) $-1 < a < 0$ 　　　　　(C) $-\dfrac{5}{2} \leqslant a \leqslant -1$

(D) $a \geqslant -\dfrac{5}{2}$ 　　　　　(E) 以上都不正确

**12.** 设 $1 \leqslant x \leqslant 64$，函数 $y = (\log_2 x)^4 + 12(\log_2 x)^2 \cdot \log_2 \dfrac{8}{x}$ 的最大值和最小值分别为(　　).

(A) 54，2　　　　　(B) 81，9　　　　　(C) 81，0　　　　　(D) 54，0　　　　　(E) 以上都不正确

**13.** 已知 $a > 0$，$b > 0$，$c > 0$，且 $b > a + c$，那么方程 $ax^2 + bx + c = 0$ 的根的情况(　　).

(A) 有一个正根、一个负根　　　　　(B) 有两个等根　　　　　(C) 有两个正根

(D) 有两个负根　　　　　(E) 无实根

**详解：**

**1.** 【C】

**解**　因为 $A \cap B = \{2\}$，所以 $\log_2(a + 3) = 2$，$a + 3 = 2^2$，$a = 1$，$b = 2$.

所以 $A \cup B = \{1, 2, 5\}$，其非空真子集个数为 $2^3 - 2 = 6$ 个，选(C).

**2.** 【C】

**解**　抛物线 $y = x^2 + (a+2)x + 2a$ 与 $x$ 轴相切,则 $\Delta = 0$,即 $(a+2)^2 - 4 \cdot 2a = 0 \Rightarrow a = 2$.

条件(1)不充分;　条件(2) $a = 2$ 或 $a = -3$,不充分.

(1),(2)联合起来 $\begin{cases} a > 0 \\ a = 2 \text{ 或 } a = -3 \end{cases} \Rightarrow a = 2$,充分.

**3.【D】**

**解**　$A = (1, +\infty) \bigcup (-\infty, -2]$, $B = [-1, +\infty)$,所以 $\overline{A} \bigcap B = (-2, 1] \bigcap [-1, +\infty) = [-1, 1]$,选(D).

**4.【D】**

**解**　$A = (-2, 4)$, $B = \{x \mid x = a \text{ 或 } x = 2a\}$,若 $A \bigcap B = \varnothing \Leftrightarrow a, 2a$ 都不属于 $(-2, 4)$

$\Leftrightarrow \begin{cases} a \leqslant -2 \text{ 或 } a \geqslant 4 \\ 2a \leqslant -2 \text{ 或 } 2a \geqslant 4 \end{cases} \Leftrightarrow \begin{cases} a \leqslant -2 \text{ 或 } a \geqslant 4 \\ a \leqslant -1 \text{ 或 } a \geqslant 2 \end{cases} \Leftrightarrow a \leqslant -2, a \geqslant 4$,所以选(D).

〖评注〗　注意 $a, 2a$ 的大小不确定,要分类讨论.

**5.【B】**

**解**　利用 $y = x^a$ 幂函数比较大小,当 $-1 < a < 0$,所以当 $x > 0$ 时,$y = x^a$ 单调减少,所以选(B).

〖评注〗　指数相同底不同,用幂函数单调性比较大小.

**6.【A】**

**解**　将 $x = 3 - 2y$ 代入,$x^2 + y^2 + 2y = 5y^2 - 10y + 9 = 5(y-1)^2 + 4 \geqslant 4$.

**7.【C】**

**解**　由于 $\lg x$ 是单调增加的函数,且 $\lg 3^{200} = 200\lg 3 = 95.42 > \lg 2^{300} = 300\lg 2 = 90.3$,因此 $3^{200} > 2^{300}$. 选(C).

〖评注〗　利用对数性质比较大小. 此外还可以得到 $2^{100} = 10^{100\lg 2} = 10^{30.1}$,因此 $2^{100}$ 是 31 位数.

**8.【C】**

**解**　由对数运算可得 $\log_x^3 a + \log_x^3 b + \log_x^3 c = 3\log_x a \log_x b \log_x c$.

所以 $(\log_x a + \log_x b + \log_x c)(\log_x^2 a + \log_x^2 b + \log_x^2 c - \log_x a \log_x b - \log_x b \log_x c - \log_x a \log_x c) = 0$

因为 $abc \neq 1$,所以 $\log_x a + \log_x b + \log_x c = \log_x abc \neq 0$.

所以 $\log_x^2 a + \log_x^2 b + \log_x^2 c - \log_x a \log_x b - \log_x b \log_x c - \log_x a \log_x c = 0$.

即 $\frac{1}{2}\left[(\log_x a - \log_x b)^2 + (\log_x a - \log_x c)^2 + (\log_x b - \log_x c)^2\right] = 0$.

所以 $\log_x a = \log_x b = \log_x c$,可得 $a = b = c$,所以 $\log_4 \frac{a+b}{c} = \log_4 2 = \frac{1}{2}$,选(C).

〖评注〗　按各种等式化简思路,先把对数都化同底,然后一边为零,因式分解或配平方.

利用 $a^3 + b^3 + c^3 - 3abc = (a+b+c)(a^2 + b^2 + c^2 - ab - ac - bc)$.

**9.【B】**

**解**　由 $0 < a < 1$, $b > 1$,且 $ab > 1$,即 $b > \frac{1}{a}$ 可得 $\log_a b < \log_a \frac{1}{a} = -1$.

又 $\log_b \frac{1}{b} = -1$, $\log_a \frac{1}{b} > 0$,所以 $\log_a b < \log_b \frac{1}{b} < \log_a \frac{1}{b}$,选(B).

**10.【C】**

**解**　设 $t = \sqrt{1-x}$,则 $t \geqslant 0$,所以 $x = 1 - t^2$ 代入得 $y = f(t) = 2 \times (1-t^2) + 4t = -2t^2 + 4t + 2 = -2(t-1)^2 + 4$,

因为 $t \geqslant 0$,所以 $y \leqslant 4$,所求值域为 $(-\infty, 4]$,选(C).

〖评注〗　转化为二次函数求值域,要注意中间变量有范围.

**11.【D】**

**解**　设 $f(x) = x^2 + ax + 1 = \left(x + \frac{a}{2}\right)^2 + 1 - \frac{a^2}{4}$,则对称轴为 $x = -\frac{a}{2}$.

若 $-\dfrac{a}{2} \geqslant \dfrac{1}{2}$，即 $a \leqslant -1$ 时，则 $f(x)$ 在 $\left[0, \dfrac{1}{2}\right]$ 上是减函数，应有 $f\left(\dfrac{1}{2}\right) = \dfrac{a}{2} + \dfrac{5}{4} \geqslant 0$，所以有 $-\dfrac{5}{2} \leqslant a \leqslant -1$.

若 $-\dfrac{a}{2} \leqslant 0$，即 $a \geqslant 0$ 时，则 $f(x)$ 在 $\left[0, \dfrac{1}{2}\right]$ 上是增函数，有 $f(0) = 1 > 0$ 恒成立，所以有 $a \geqslant 0$.

若 $0 < -\dfrac{a}{2} < \dfrac{1}{2}$，即 $-1 < a < 0$ 时，则应有 $f_{\min} = f\left(-\dfrac{a}{2}\right) = 1 - \dfrac{a^2}{4} \geqslant 0$ 成立，所以有 $-1 < a < 0$.

综上，当 $a \geqslant -\dfrac{5}{2}$ 时，不等式 $x^2 + ax + 1 \geqslant 0$ 对一切 $x \in \left(0, \dfrac{1}{2}\right)$ 都成立，选(D).

〖评注〗 该题属于取值区间固定，对称轴变动导致最值需要讨论.

**12.【C】**

**解** 设 $t = \log_2 x$，则 $0 \leqslant t \leqslant 6$，且

$$y = t^4 + 12t^2(3 - t) = t^2(t^2 - 12t + 36) = t^2(t-6)^2 = (t^2 - 6t)^2 = \left[(t-3)^2 - 9\right]^2.$$

由于 $(t-3)^2 - 9$ 在 $0 \leqslant t \leqslant 6$ 时的最大值是 0，最小值是 $-9$，因此函数 $y = (\log_2 x)^4 + 12(\log_2 x)^2 \cdot \log_2 \dfrac{8}{x}$ 的最大值和最小值分别是 81 和 0，选(C).

**13.【D】**

**解** 因为 $a > 0$，所以抛物线 $y = f(x) = ax^2 + bx + c$ 开口向上；又因为 $c > 0$，所以抛物线截距为正；又因为 $b > 0$，所以抛物线对称轴 $x = -\dfrac{b}{2a} < 0$ 位于 $y$ 轴左方；再由 $b > a + c$，所以 $f(-1) = a - b + c < 0$. 所以 $f(-1) < 0 < f(0) = c$，$f(x) = 0$ 有一根在 $(-1, 0)$ 内，另一根在 $(-\infty, -1)$ 内，因此，方程 $f(x) = 0$ 有两个负根，故选(D).

〖评注〗 一元二次方程的实质是二次函数与 $x$ 轴的交点，本题利用二次函数图像来研究根的问题. 利用二次函数研究根的分布问题将在方程一章中进一步讨论.

# 第8章

# 代 数 方 程

## 8.1 基本概念、定理、方法

### 8.1.1 方程

定义:含有未知数的等式叫作方程,使方程(组)成立的未知数叫作方程(组)的解.

### 8.1.2 一元一次方程、二元一次方程组

**1. 讨论一元一次方程 ax = b 的解**

(1) 当 $a \neq 0$ 时,$x$ 有唯一解 $b/a$.

(2) 当 $a = 0$,$b = 0$ 时,$x$ 有无穷多解.

(3) 当 $a = 0$,$b \neq 0$ 时,$x$ 无解.

2. 讨论二元一次方程组 $\begin{cases} a_1 x + b_1 y = c_1 \\ a_2 x + b_2 y = c_2 \end{cases}$ 的解

(1) 若 $\dfrac{a_1}{a_2} \neq \dfrac{b_1}{b_2}$,方程组有唯一解.

(2) 若 $\dfrac{a_1}{a_2} = \dfrac{b_1}{b_2} = \dfrac{c_1}{c_2}$,方程组有无穷多解.

(3) 若 $\dfrac{a_1}{a_2} = \dfrac{b_1}{b_2} \neq \dfrac{c_1}{c_2}$,方程组无解.

### 8.1.3 一元二次方程

**1. 定义**

形如 $ax^2 + bx + c = 0\ (a \neq 0)$ 的方程为一元二次方程.

**2. 解的情况**

对于一元二次方程,$\Delta = b^2 - 4ac$ 称为一元二次方程根的判别式.

(1) $\Delta < 0$ 时,$ax^2 + bx + c = 0$ 无实根.

(2) $\Delta = 0$ 时,$ax^2 + bx + c = 0$ 有两个相等的实根,$x_1 = x_2 = \dfrac{-b}{2a}$.

(3) $\Delta > 0$ 时,$ax^2 + bx + c = 0$ 有两个不相等的实根,$x_{1,2} = \dfrac{-b \pm \sqrt{b^2 - 4ac}}{2a}$.

**3. 根与系数的关系——韦达定理**

设方程 $ax^2 + bx + c = 0\ (a \neq 0)$ 有两个根为 $x_1$,$x_2$,则有 $x_1 + x_2 = -\dfrac{b}{a}$,$x_1 \cdot x_2 = \dfrac{c}{a}$.

## 8.2　知识点分类精讲

> **【知识点 8.1】**　方程的失根与增根
>
> 解题技巧：方程的失根与增根根源是求解方程时定义域的缩小与扩大，特别要注意下列运算的问题：
>
> $$2x = x^2 \Rightarrow 2 = x,\ \lg x^2 = 2 \Rightarrow \lg x = 1\ (定义域缩小).$$
>
> $$\sqrt{x} = -x \Rightarrow x = x^2,\ |x| = x - 1 \Rightarrow x^2 = (x-1)^2\ (定义域扩大).$$

**例 8.1**　(200910)关于 $x$ 的方程 $\dfrac{1}{x-2} + 3 = \dfrac{1-x}{2-x}$ 与 $\dfrac{x+1}{x-|a|} = 2 - \dfrac{3}{|a|-x}$ 有相同的增根.

　　(1) $a = 2$　　　(2) $a = -2$

　　**解**　方程 $\dfrac{1}{x-2} + 3 = \dfrac{1-x}{2-x}$, $x = 2$ 为此方程的增根.

　　由条件(1) $a = 2$, 第 2 个方程为 $\dfrac{x+1}{x-2} = 2 - \dfrac{3}{2-x}$, 整理解得其增根 $x = 2$, 因此条件(1)是充分的. 同理可知条件(2)也是充分的.

　　选(D).

　　〖评注〗　增根是方程定义域的扩大. 该题实质：两个方程有相同的增根，即 $\begin{cases} x - 2 = 0 \\ x - |a| = 0 \end{cases}$，则 $|a| = 2$, 所以 $a = \pm 2$.

> **【知识点 8.2】**　一元一次方程、二元一次方程组求解
>
> 解题技巧：熟悉一元一次方程三种情况的讨论. 一般用消元法求解二元一次方程组.

**例 8.2**　关于 $x$ 的方程 $(m^2 - m - 2)x = m^2 + 2m - 8$ 有无穷多解，则 $m = ($ 　 $)$.

　　(A) $-1$　　　(B) $-4$　　　(C) 2　　　(D) $-1$ 或 2　　　(E) $-4$ 或 2

　　**解**　原方程等价于 $(m-2)(m+1)x = (m-2)(m+4)$, 所以当 $(m-2)(m+1) = 0$ 且 $(m-2)(m+4) = 0$ 时，即 $m = 2$ 时，原方程有无穷多解.

　　〖评注〗　含有参数的一元一次方程解的讨论. 本题也可以使用选项代入排除法.

**例 8.3**　(200810)某学生在解方程 $\dfrac{ax+1}{3} - \dfrac{x+1}{2} = 1$ 时，误将式中的 $x+1$ 看成 $x-1$，得到解 $x = 1$，那么 $a$ 的值和原方程的解应是($\quad$).

　　(A) $a = 1$, $x = -7$　　　(B) $a = 2$, $x = 5$　　　(C) $a = 2$, $x = 7$

　　(D) $a = 5$, $x = 2$　　　(E) $a = 5$, $x = \dfrac{1}{7}$

**解** 将原方程 $\frac{ax+1}{3}-\frac{x+1}{2}=1$ 中的 $x+1$ 看成 $x-1$，则方程变为 $\frac{ax+1}{3}-\frac{x-1}{2}=1$. 令 $x=1$ 代入得到 $\frac{a+1}{3}-\frac{1-1}{2}=1$，即 $a=2$. 则原方程为 $\frac{2x+1}{3}-\frac{x+1}{2}=1$，可以解得 $x=7$，选(C).

〖评注〗 含有参数的一元一次方程问题. 方程实质是特殊的条件等式.

【知识点 8.3】 一元二次方程求解（或可化为一元二次方程求解问题）
解题技巧：注意定义域、中间变量的范围，对于比较难解的方程可以用代入法.

**例 8.4** 对于方程 $x^2-2|x|+2=m$，如果方程实数根的个数是 3，则 $m$ 的值为
( ).

(A) 1      (B) 2      (C) $\sqrt{3}$      (D) $\frac{5}{2}$      (E) 3

**解** 原方程可化为 $|x|^2-2|x|=m-2$，因为原方程实数根的个数是 3 个，所以方程 $|x|^2-2|x|=m-2$ 中 $|x|=0$ 或 $|x|=a(a>0)$，从而 $m=2$. 此时方程的根为 $x=0$，$x=\pm2$. 选(B).

〖评注〗 利用绝对值性质 $x^2=|x|^2$ 转化为关于 $|x|$ 的一元二次方程. 一般情况下 $(|x|-a)(|x|-b)=0\ (a,b>0,\ a\neq b)$ 有四个根.

**例 8.5** 方程 $x^2+\frac{1}{x^2}-3\left(x+\frac{1}{x}\right)+4=0$ 的实数解为( ).

(A) $x=1$    (B) $x=2$    (C) $x=-1$    (D) $x=-2$    (E) $x=3$

**解** 设 $x+\frac{1}{x}=y$，则原方程可化为 $y^2-3y+2=0$，解得 $y_1=1$，$y_2=2$.

当 $y_1=1$ 时，有 $x+\frac{1}{x}=1$，即 $x^2-x+1=0$，此方程无实根.

当 $y_2=2$ 时，有 $x+\frac{1}{x}=2$，即 $x^2-2x+1=0$，解得 $x=1$，选(A).

〖评注〗 将分式方程转化为一元二次方程.

**例 8.6** 若 $x,y$ 满足 $\begin{cases}4^x\cdot2^y=256\\\frac{27^x}{9^y}=1\end{cases}$，则 $x+y=($ ).

(A) 3      (B) 4      (C) $\frac{40}{7}$      (D) $\frac{30}{7}$      (E) $\frac{50}{7}$

**解** $\begin{cases}4^x\cdot2^y=2^{2x}\cdot2^y=2^{2x+y}=256=2^8\\\frac{27^x}{9^y}=\frac{3^{3x}}{3^{2y}}=3^{3x-2y}=1=3^0\end{cases}\Rightarrow\begin{cases}2x+y=8\\3x-2y=0\end{cases}$，所以 $\begin{cases}x=\frac{16}{7}\\y=\frac{24}{7}\end{cases}$，$x+y=$

$\frac{40}{7}$. 选(C).

〖评注〗 指数方程组.

**例 8.7** 方程 $\log_2(4^x+4)=x+\log_2(2^{x+1}-3)$ 的实数解为( ).

(A) $x=-1$      (B) $x=-2$      (C) $x=1$      (D) $x=2$      (E) 以上都不正确

**解**   $\log_2(4^x+4)=\log_2 2^x+\log_2(2^{x+1}-3)=\log_2[2^x(2^{x+1}-3)]$，所以 $4^x+4=2^{2x+1}-3\cdot 2^x$.

即 $(2^x)^2-3\cdot 2^x-4=0$，即 $(2^x-4)(2^x+1)=0$. 所以 $2^x=4$，即 $x=2$ 或 $2^x+1=0$(无解).

经检验 $x=2$ 是原方程的根. 选(D).

〔**评注**〕 本题综合对数方程、指数方程、一元二次方程，求解后要注意验根. 此外，本题也可以用选项代入排除法.

---

**【知识点 8.4】** 一元二次方程根判别式"Δ"问题——有根、无根(定性判断)
解题技巧：方程有实根要注意一元二次方程退化为一元一次方程有根的情况.

---

**例 8.8**   (2001)已知一元二次方程 $k^2x^2-(2k+1)x+1=0$ 有两个相异实根，则 $k$ 的取值范围为( ).

(A) $k>\dfrac{1}{4}$      (B) $k\geqslant\dfrac{1}{4}$      (C) $k>-\dfrac{1}{4}$ 且 $k\neq 0$      (D) $k\geqslant-\dfrac{1}{4}$ 且 $k\neq 0$

**解**   因为有两个相异实根，所以 $k^2\neq 0$，$\Delta=[-(2k+1)]^2-4k^2=4k+1>0$，得 $k>-\dfrac{1}{4}$. 所以 $k>-\dfrac{1}{4}$ 且 $k\neq 0$，选(C).

〔**评注**〕 方程有两个相异实根，要注意二次项前系数不为零.

**例 8.9**   (2004) $x_1$，$x_2$ 是方程 $x^2-2(k+1)x+k^2+2=0$ 的两个实根.

(1) $k>1/2$      (2) $k=1/2$

**解**   方程有两个实根，即说明 $\Delta=4(k+1)^2-4(k^2+2)\geqslant 0$，从而可解得 $k\geqslant 1/2$，即条件(1)和条件(2)都是充分的. 所以选(D).

〔**评注**〕 两实根的条件是 $\Delta\geqslant 0$，注意等号.

**例 8.10**   关于 $x$ 的方程 $(k-1)x^2-2x+3=0$ 有实根.

(1) $k\neq 1$      (2) $k\leqslant\dfrac{4}{3}$

**解**   由条件(1)，当 $k\neq 1$ 时，方程 $(k-1)x^2-2x+3=0$ 为一元二次方程，此时判别式 $\Delta=(-2)^2-4\times(k-1)\times 3=16-12k$，因此 $k\neq 1$ 并不能保证 $\Delta\geqslant 0$，即不能保证方程 $(k-1)x^2-2x+3=0$ 有实根，因此条件(1)单独不充分.

由条件(2)，当 $k\leqslant\dfrac{4}{3}$ 时，$\Delta\geqslant 0$. 特别地，在 $k=1$ 时，方程变为一元一次方程 $-2x+3=0$，显然有实根，所以条件(2)单独充分.

选(B).

〔**评注**〕 $ax^2+bx+c=0$ 方程有实根，可能有两种情况. 情况1：$a\neq 0$，则为一元二次方程有实根问题；情况2：$a=0$，则原方程退化为一元一次方程有实根问题.

---

**【知识点 8.5】** 一元二次方程根与系数的关系——韦达定理
解题技巧：涉及两个根的定量计算问题一般都可以考虑用韦达定理.

**例 8.11** 已知 $\alpha, \beta$ 是方程 $x^2 - x - 1 = 0$ 的两个根,则 $\alpha^4 + 3\beta$ 的值等于(    ).

(A) 5　　　　(B) 6　　　　(C) $5\sqrt{2}$　　　　(D) $6\sqrt{2}$　　　　(E) 以上答案均不正确

**解**　因为 $\alpha^2 - \alpha - 1 = 0$,所以 $\alpha^2 = \alpha + 1$,

$$\alpha^4 = (\alpha^2)^2 = (\alpha + 1)^2 = \alpha^2 + 2\alpha + 1 = (\alpha + 1) + 2\alpha + 1 = 3\alpha + 2.$$

于是 $\alpha^4 + 3\beta = 3\alpha + 3\beta + 2 = 3(\alpha + \beta) + 2 = 3 \times 1 + 2 = 5$,故本题正确选项为(A).

〖评注〗　利用方程根的定义进行降次化简再利用韦达定理.

**例 8.12**　(1997)$x_1$,$x_2$ 是方程 $6x^2 - 7x + a = 0$ 的两个实根,若 $\dfrac{1}{x_1}$,$\dfrac{1}{x_2}$ 的几何平均值是 $\sqrt{3}$,则 $a$ 的值是(    ).

(A) 2　　　　(B) 3　　　　(C) 4　　　　(D) $-2$　　　　(E) $-3$

**解**　$\dfrac{1}{x_1}$,$\dfrac{1}{x_2}$ 的几何平均值为 $\sqrt{\dfrac{1}{x_1 x_2}} = \sqrt{3}$,从而由韦达定理 $\sqrt{\dfrac{6}{a}} = \sqrt{3}$,得 $a = 2$,选(A).

〖评注〗　韦达定理的简单应用.

**例 8.13**　(2002)已知方程 $3x^2 + 5x + 1 = 0$ 的两个根是 $\alpha, \beta$,则 $\sqrt{\dfrac{\beta}{\alpha}} + \sqrt{\dfrac{\alpha}{\beta}} = ($　　$)$.

(A) $-\dfrac{5\sqrt{3}}{3}$　　(B) $\dfrac{5\sqrt{3}}{3}$　　(C) $\dfrac{\sqrt{3}}{5}$　　(D) $-\dfrac{\sqrt{3}}{5}$　　(E) $-1$

**解**　由 $\alpha + \beta = -\dfrac{5}{3}$, $\alpha \cdot \beta = \dfrac{1}{3}$,可知 $\alpha, \beta$ 同为负值.

$$\left(\sqrt{\frac{\beta}{\alpha}} + \sqrt{\frac{\alpha}{\beta}}\right)^2 = \frac{\beta}{\alpha} + \frac{\alpha}{\beta} + 2\sqrt{\frac{\beta}{\alpha} \cdot \frac{\alpha}{\beta}} = \frac{\alpha^2 + \beta^2}{\alpha\beta} + 2$$

$$= \frac{(\alpha + \beta)^2 - 2\alpha\beta}{\alpha\beta} + 2 = 3\left(\frac{25}{9} - \frac{2}{3}\right) + 2 = \frac{25}{3},$$

从而 $\sqrt{\dfrac{\beta}{\alpha}} + \sqrt{\dfrac{\alpha}{\beta}} = \dfrac{5\sqrt{3}}{3}$,所以选(B).

〖评注〗　利用韦达定理,特别要注意所求式子 $\sqrt{\dfrac{\beta}{\alpha}} + \sqrt{\dfrac{\alpha}{\beta}} \geqslant 0$ 是有范围的.

请问下列变形错在哪一步? $\sqrt{\dfrac{\beta}{\alpha}} + \sqrt{\dfrac{\alpha}{\beta}} = \dfrac{\sqrt{\beta}}{\sqrt{\alpha}} + \dfrac{\sqrt{\alpha}}{\sqrt{\beta}} = \dfrac{\alpha + \beta}{\sqrt{\alpha\beta}} = -\dfrac{5\sqrt{3}}{3}$.

**例 8.14**　若 $a, b$ 是互不相等的质数,且 $a^2 - 13a + m = 0$, $b^2 - 13b + m = 0$,则 $\dfrac{b}{a} + \dfrac{a}{b}$ 的值为(    ).

(A) $\dfrac{123}{22}$　　(B) $\dfrac{125}{22}$　　(C) $\dfrac{121}{22}$　　(D) $\dfrac{127}{22}$　　(E) 以上答案均不正确

**解**　因为 $a, b$ 互不相等,且满足 $a^2 - 13a + m = 0$, $b^2 - 13b + m = 0$,所以 $a, b$ 是一元二次方程 $x^2 - 13x + m = 0$ 的两个不相等的实根.由韦达定理可得 $a + b = 13$,从而 $a, b$ 两个数中一定有一奇一偶,又由于 $a, b$ 都是质数,所以 $a, b$ 中必定有一个等于 2.不妨设 $a = 2$,从而 $b = 11$,所以 $\dfrac{b}{a} + \dfrac{a}{b} = \dfrac{11}{2} + \dfrac{2}{11} = \dfrac{125}{22}$,选(B).

〖评注〗　满足方程的数即为对应方程的根.本题综合使用韦达定理、质因数、奇偶性等.

**例 8.15**　已知新的方程的两根是方程 $3x^2+x-5=0$ 的两根的倒数,则新的方程是( ).

(A) $5x^2+2x+3=0$　　　　(B) $5x^2+2x-3=0$　　　　(C) $5x^2-x+3=0$

(D) $5x^2-x-3=0$　　　　(E) 以上结论均不正确

**解**　设方程 $3x^2+x-5=0$ 的两根为 $x_1$,$x_2$,所以 $x_1+x_2=-\dfrac{1}{3}$,$x_1x_2=-\dfrac{5}{3}$.

从而 $\dfrac{1}{x_1}+\dfrac{1}{x_2}=\dfrac{x_1+x_2}{x_1x_2}=\dfrac{1}{5}$,$\dfrac{1}{x_1}\cdot\dfrac{1}{x_2}=\dfrac{1}{x_1x_2}=-\dfrac{3}{5}$,

所以以 $\dfrac{1}{x_1}$,$\dfrac{1}{x_2}$ 两个数为根的一元二次方程为 $x^2-\left(\dfrac{1}{x_1}+\dfrac{1}{x_2}\right)x+\dfrac{1}{x_1}\cdot\dfrac{1}{x_2}=0$,

即 $x^2-\dfrac{1}{5}x-\dfrac{3}{5}=0$,即 $5x^2-x-3=0$,选(D).

〖评注〗　此题涉及根的定量计算,不需要将根求解出来(解出来是无理根,运算量很大),所以直接用韦达定理.

**例 8.16**　(200801)若方程 $x^2+px+q=0$ 的一个根是另一个根的 2 倍,则 $p$ 和 $q$ 应满足( ).

(A) $p^2=4q$　　(B) $2p^2=9q$　　(C) $4p=9q^2$　　(D) $p=3q^2$　　(E) 以上结论均不正确

**解**　设 $x_1$,$2x_1$ 是方程的两根,由韦达定理可得 $\begin{cases}x_1+2x_1=-p\\x_1\cdot 2x_1=q\end{cases}$,消去 $x_1$ 有 $2p^2=9q$,选(B).

〖评注〗　利用韦达定理,消元后得到关系.

**例 8.17**　(200901)$3x^2+bx+c=0$ $(c\neq 0)$ 的两个根为 $\alpha$,$\beta$,如果又以 $\alpha+\beta$,$\alpha\beta$ 为根的一元二次方程是 $3x^2-bx+c=0$,则 $b$ 和 $c$ 分别为( ).

(A) 2,6　　(B) 3,4　　(C) -2,-6　　(D) -3,-6　　(E) 以上结果都不正确

**解**　由韦达定理 $\begin{cases}\alpha+\beta=-\dfrac{b}{3}\\\alpha\beta=\dfrac{c}{3}\end{cases}$ 且 $\begin{cases}\alpha+\beta+\alpha\beta=\dfrac{b}{3}\\(\alpha+\beta)\alpha\beta=\dfrac{c}{3}\end{cases}$,所以 $\begin{cases}-\dfrac{b}{3}+\dfrac{c}{3}=\dfrac{b}{3}\\-\dfrac{b}{3}\cdot\dfrac{c}{3}=\dfrac{c}{3}\end{cases}$,从而解得

$\begin{cases}b=-3\\c=-6\end{cases}$,所以选(D).

〖评注〗　一元二次方程的韦达定理,注意两个一元二次方程之间的联系.

**例 8.18**　已知 $x_1$,$x_2$ 是关于 $x$ 的方程 $x^2+m^2x+n=0$ 的两个实根,$y_1$,$y_2$ 是关于 $y$ 的方程 $y^2+5my+7=0$ 的两个实根,且 $x_1-y_1=2$,$x_2-y_2=2$,则 $m$,$n$ 的值为( ).

(A) 2,-4　　(B) 4,19　　(C) 4,-29　　(D) -4,-29　　(E) 以上答案均不正确

**解**　由已知 $x_1+x_2-(y_1+y_2)=4$,即知 $-m^2+5m=4$,得 $m=1$ 或 $m=4$.

若 $m=1$,$y^2+5my+7=0$ 无实根,从而必有 $m=4$.

再由 $m=4$ 时,$y^2+20y+7=0$,即 $y_1+y_2=-20$,$y_1y_2=7$,$(y_1+2)(y_2+2)=n$,得 $n=-29$.

答案是(C).

〖评注〗 本题从正面去解,要将两个条件综合一下才能用上韦达定理.除此以外,本题还可以将选项直接代入验证.

【知识点 8.6】 一元二次方程定性、定量综合问题
解题技巧:要综合使用方程的根判别式 $\Delta$ 与韦达定理.

一元二次方程 $ax^2 + bx + c = 0$ $(a \neq 0)$ 常用结论:

| 根的性质、符号 | 用 $\Delta$ 和韦达定理综合考虑 | 实用条件 |
|---|---|---|
| 两个正根 | $\begin{cases} \Delta \geqslant 0 \\ x_1 + x_2 > 0 \\ x_1 x_2 > 0 \end{cases}$ | $\begin{cases} \Delta \geqslant 0 \\ -b/a > 0 \\ c/a > 0 \end{cases}$ |
| 两个负根 | $\begin{cases} \Delta \geqslant 0 \\ x_1 + x_2 < 0 \\ x_1 x_2 > 0 \end{cases}$ | $\begin{cases} \Delta \geqslant 0 \\ -b/a < 0 \\ c/a > 0 \end{cases}$ |
| 两根一正一负 | $\begin{cases} \Delta > 0 \\ x_1 x_2 < 0 \end{cases}$ | $\dfrac{c}{a} < 0 \ (ac < 0)$ （显然有 $\Delta > 0$） |
| 正根绝对值比负根绝对值大 | $\begin{cases} \Delta > 0 \\ x_1 + x_2 > 0 \\ x_1 x_2 < 0 \end{cases}$ | $\begin{cases} -b/a > 0 \\ c/a < 0 \end{cases}$（显然有 $\Delta > 0$） |
| 负根绝对值比正根绝对值大 | $\begin{cases} \Delta > 0 \\ x_1 + x_2 < 0 \\ x_1 x_2 < 0 \end{cases}$ | $\begin{cases} -b/a < 0 \\ c/a < 0 \end{cases}$（显然有 $\Delta > 0$） |
| 两根互为相反数 | $\begin{cases} \Delta > 0 \\ x_1 + x_2 = 0 \\ x_1 x_2 < 0 \end{cases}$ | $\begin{cases} b = 0 \\ ac < 0 \end{cases}$（显然有 $\Delta > 0$） |
| 两根互为倒数 | $\begin{cases} \Delta \geqslant 0 \\ x_1 x_2 = 1 \end{cases}$ | $\begin{cases} \Delta \geqslant 0 \\ a = c \end{cases}$ |
| 仅有一根为零 | $\begin{cases} \Delta > 0 \\ x_1 + x_2 \neq 0 \\ x_1 x_2 = 0 \end{cases}$ | $\begin{cases} b \neq 0 \\ c = 0 \end{cases}$（显然有 $\Delta > 0$） |
| 有两个有理根 | $\Delta$ 是完全平方数 | |
| 两根均为零 | $b = c = 0$ | |
| $x = 1$ 为一根 | $a + b + c = 0$ | |
| $x = -1$ 为一根 | $a - b + c = 0$ | |

例 8.19 (2005)方程 $4x^2 + (a-2)x + (a-5) = 0$ 有两个不等的负实根.

(1) $a < 6$    (2) $a > 5$

**解**  方程 $4x^2 + (a-2)x + (a-5) = 0$ 有两个不等的负实根,则

$$\begin{cases} \Delta = (a-2)^2 - 16(a-5) > 0, \\ x_1 + x_2 = \dfrac{2-a}{4} < 0, \\ x_1 \cdot x_2 = \dfrac{a-5}{4} > 0, \end{cases}$$    解不等式组可得 $5 < a < 6$ 或 $a > 14$.

即条件(1),(2)联合成立才充分,选(C).

〔评注〕  综合使用方程根判别式 $\Delta$ 与韦达定理给出条件.

**例 8.20**    $k = 3$ 成立.

(1) 方程 $(3k+2)x^2 - 7(k+4)x + k^2 - 9 = 0$ 的一个根大于 0,一个根等于 0

(2) 方程 $k^2x^2 - 2(k+1)x - 3 = 0$ 的两实根互为相反数

**解**  由条件(1),由方程的一个根大于 0,一个根等于 0 的等价条件知,$k$ 应满足

$$\begin{cases} x_1 \cdot x_2 = \dfrac{k^2-9}{3k+2} = 0 \\ x_1 + x_2 = \dfrac{7(k+4)}{3k+2} > 0 \end{cases}, 即 \begin{cases} k = \pm 3 \\ k < -4 \text{ 或 } k > -\dfrac{2}{3} \end{cases}, 故 k = 3, 条件(1)单独充分.$$

由条件(2),方程 $k^2x^2 - 2(k+1)x - 3 = 0$ 的两实根互为相反数的等价条件知,$k$ 应满足

$$\begin{cases} \Delta = [-2(k+1)]^2 + 12k^2 > 0 \\ x_1 + x_2 = \dfrac{2(k+1)}{k^2} = 0 \end{cases}, 则 \begin{cases} (k+1)^2 + 3k^2 > 0 \\ k = -1 \end{cases}, 故 k = -1, 条件(2)单独不充分.$$

故本题正确选项为(A).

〔评注〕  条件(1)中"一个根大于 0,一个根等于 0"与"一个根大于 0,一个根小于 0"有区别.

**例 8.21**    (200810)$\alpha^2 + \beta^2$ 的最小值是 $\dfrac{1}{2}$.

(1) $\alpha, \beta$ 是方程 $x^2 - 2ax + (a^2 + 2a + 1) = 0$ 的两个实根    (2) $\alpha\beta = 1/4$

**解**  由条件(1), $\Delta = (-2a)^2 - 4(a^2 + 2a + 1) \geq 0$, 得 $a \leq -\dfrac{1}{2}$.

由韦达定理可得 $\alpha^2 + \beta^2 = (\alpha+\beta)^2 - 2\alpha\beta = (2a)^2 - 2(a^2 + 2a + 1) = 2a^2 - 4a - 2 = 2(a-1)^2 - 4$.

二次函数顶点 $a = 1$ 取不到,当 $a = -\dfrac{1}{2}$, $f\left(-\dfrac{1}{2}\right) = 2 \times \left(-\dfrac{1}{2}\right)^2 - 4 \times \left(-\dfrac{1}{2}\right) - 2 = \dfrac{1}{2}$ 为其最小值. 即条件(1)是充分的.

由条件(2),因 $(\alpha-\beta)^2 \geq 0$, $\alpha^2 + \beta^2 \geq 2\alpha\beta = \dfrac{1}{2}$ 且当 $\alpha = \beta = \dfrac{1}{2}$ 时等式成立,所以条件(2)也是充分的.

所以选(D).

〔评注〕  本题是方程根的判别式、韦达定理、二次函数求最值(顶点取不到)、均值不等

式求最值的综合题.

**例 8.22**　(2006)方程 $x^2+ax+2=0$ 与 $x^2-2x-a=0$ 有一个公共实数解.

(1) $a=3$　　(2) $a=-2$

**解**　条件(1)若 $a=3$,则 $x^2+3x+2=0$ 与 $x^2-2x-3=0$ 有一公共实数根 $x=-1$,因此条件(1)充分.

条件(2)若 $a=-2$,则 $x^2-2x+2=0$,$\Delta=(-2)^2-8<0$ 无实根,从而不可能有公共实数解,即条件(2)不充分.

所以选(A).

〖评注〗　简单公共根问题,直接代入求解判断之.

**例 8.23**　已知 $a$,$b$ 是方程 $x^2-4x+m=0$ 的两个根,$b$,$c$ 是方程 $x^2-8x+5m=0$ 的两个根,则实数 $m$ 的值等于(　　).

(A) 0　　　　(B) 3　　　　(C) $-3$　　　　(D) 0 或 3　　　　(E) 0 或 $-3$

**解**　由已知可知 $b$ 是两方程的公共根,代入两方程有 $b^2-4b+m=0$ 和 $b^2-8b+5m=0$.消去 $b^2$ 的项,得 $b=m$,进一步代入 $b^2-4b+m=0$,可得 $m^2-3m=0$,所以 $m=0$ 或 $m=3$.

故本题正确选项为(D).

〖评注〗　解一元二次方程公共根的基本方法是消去平方项法. 此题也可以用代入排除法.

---

**【知识点 8.7】**　一元二次方程根的分布问题

解题技巧：利用二次函数的图像、方程根的判别式 $\Delta$、韦达定理综合讨论.

---

**1. 方程 $ax^2+bx+c=0\,(a>0)$ 的两根在某数的两侧 （即 $x_1<k<x_2$）$\Leftrightarrow f(k)<0$**

**例 8.24**　(200801)方程 $2ax^2-2x-3a+5=0$ 的一个根大于 1,另一个根小于 1.

(1) $a>3$　　(2) $a<0$

**解**　结论要求方程 $2ax^2-2x-3a+5=0$ 的一个根大于 1,另一个根小于 1,

情况(1)当 $a>0$ 时,二次函数 $f(x)=2ax^2-2x-3a+5$ 开口向上.

只要 $f(1)=2a-2-3a+5=3-a<0$,所以 $a>3$;

情况(2)当 $a<0$ 时,二次函数 $f(x)=2ax^2-2x-3a+5$ 开口向下.

只要 $f(1)=2a-2-3a+5=3-a>0$,即 $a<3$,所以 $a<0$;

所以条件 (1) $a>3$,条件(2) $a<0$ 都充分. 选(D).

〖评注〗　利用二次函数图像讨论方程根的分布,本题可以更加简洁地写为 $a\cdot f(1)<0$.

**2. 方程 $ax^2+bx+c=0\,(a>0)$ 的两根在某数的同一侧,有两种问题**

$$① \ x_1\leqslant x_2<k\Leftrightarrow\begin{cases}\Delta\geqslant 0\\-\dfrac{b}{2a}<k\\f(k)>0\end{cases};\quad ② \ k<x_1\leqslant x_2\Leftrightarrow\begin{cases}\Delta\geqslant 0\\-\dfrac{b}{2a}>k\\f(k)>0\end{cases}$$

**例 8.25**　方程 $x^2+(m-2)x+5-m=0$ 的两根都大于 2，则实数 $m$ 的取值范围是（　　）.

(A) $(-5,-4]$　　　　　(B) $(-\infty,-4]$　　　　　(C) $(-\infty,-2)$

(D) $(-\infty,-5)\bigcup(-5,-4)$　　(E) 以上结论均不正确

**解**　令 $f(x)=x^2+(m-2)x+5-m$，要使方程的两根都大于 2，则

$$\begin{cases}\Delta=(m-2)^2-4(5-m)\geqslant 0,\\ f(2)>0,\\ \dfrac{2-m}{2}>2,\end{cases}$$　　解得 $-5<m\leqslant-4$，故本题正确选项为(A).

**3. 方程 $ax^2+bx+c=0\,(a>0)$ 的两根都介于某几个数之间，有两种问题**

$$① \ k_1<x_1<x_2<k_2 \Leftrightarrow \begin{cases}\Delta>0\\ k_1<-\dfrac{b}{2a}<k_2\\ f(k_1)>0\\ f(k_2)>0\end{cases}; \quad ② \ k_1<x_1<k_2<x_2<k_3 \Leftrightarrow \begin{cases}f(k_1)>0\\ f(k_2)<0.\\ f(k_3)>0\end{cases}$$

**例 8.26**　设 $m$ 是整数，且方程 $3x^2+mx-2=0$ 的两根都在 $\left(-\dfrac{9}{5},\dfrac{3}{7}\right)$ 之间，则 $m$ 的值为（　　）.

(A) 6　　　　(B) 5　　　　(C) 4　　　　(D) 3　　　　(E) 2

**解**　设 $f(x)=3x^2+mx-2$，由于 $a=3>0$，因此方程 $f(x)=0$ 的两根介于 $-\dfrac{9}{5}$ 与 $\dfrac{3}{7}$ 之间的等价条件是

$$\begin{cases}\Delta=m^2+24\geqslant 0\\ -\dfrac{9}{5}<-\dfrac{m}{2\times 3}<\dfrac{3}{7}\\ f\left(-\dfrac{9}{5}\right)=3\times\left(-\dfrac{9}{5}\right)^2+m\times\left(-\dfrac{9}{5}\right)-2>0\\ f\left(\dfrac{3}{7}\right)=3\times\left(\dfrac{3}{7}\right)^2+m\times\dfrac{3}{7}-2>0\end{cases} \Leftrightarrow \begin{cases}m \ \text{可为任意实数}\\ -\dfrac{18}{7}<m<\dfrac{54}{5}\\ m<4\dfrac{13}{45}\\ m>\dfrac{71}{21}=3\dfrac{8}{21}\end{cases}$$

所以 $m$ 的取值范围是 $3\dfrac{8}{21}<m<4\dfrac{13}{45}$，又因为 $m$ 是整数，故 $m=4$. 选(C).

**例 8.27**　(200910)若关于 $x$ 的方程 $mx^2-(m-1)x+m-5=0$ 有两个实根 $\alpha,\beta$，且满足 $-1<\alpha<0$ 和 $0<\beta<1$，则 $m$ 的取值范围是（　　）.

(A) $3<m<4$　　　　　(B) $4<m<5$　　　　　(C) $5<m<6$

(D) $m>6$ 或 $m<5$　　　(E) $m>5$ 或 $m<4$

**解**　由题意知 $m\neq 0$，可分两种情况考虑：

(1) $m>0$，$f(x)=mx^2-(m-1)x+m-5$，如图 8.1 所示.

则有 $\begin{cases} f(-1)=m+m-1+m-5>0 \\ f(0)=m-5<0 \\ f(1)=m-m+1+m-5>0 \end{cases}$,

解得 $4<m<5$.

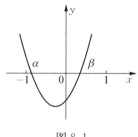

图 8.1

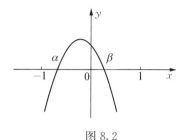

图 8.2

(2) $m<0$, $f(x)=mx^2-(m-1)x+m-5$, 如图 8.2 所示.

则有 $\begin{cases} f(-1)=m+m-1+m-5<0 \\ f(0)=m-5>0 \\ f(1)=m-m+1+m-5<0 \end{cases}$,

此不等式组无解.

〖评注〗 利用二次函数图像讨论方程或不等式问题,要注意二次函数开口的方向.

例 8.28   实数 $a$ 使关于 $x$ 的方程 $3x^2-5x+a=0$ 一个根大于 $-2$ 小于 $0$,另一个根大于 $1$ 小于 $3$.

(1) $a>-10$    (2) $a<-1$

解   设 $f(x)=3x^2-5x+a$,结合 $f(x)$ 的图像,

应该满足 $\begin{cases} f(-2)>0 \\ f(0)<0 \\ f(1)<0 \\ f(3)>0 \end{cases}$,即 $\begin{cases} 22+a>0 \\ a<0 \\ -2+a<0 \\ 12+a>0 \end{cases}$.

解得 $-12<a<0$. 所以,实数的取值范围是 $-12<a<0$.

所以条件(1)和条件(2)单独都不充分,两个条件联合起来才充分.选(C).

4. 方程 $ax^2+bx+c=0$ $(a>0)$ 的两根各自在不同的范围,即 $x_1<k_1$ 且 $x_2>k_2$ $(k_1<k_2) \Longleftrightarrow \begin{cases} f(k_1)<0 \\ f(k_2)<0 \end{cases}$.

例 8.29   方程 $x^2+2mx+m^2-9=0$ 的一根大于 $7$,另一根小于 $2$.

(1) $m>-5$    (2) $m<-4$

解   令 $f(x)=x^2+2mx+m^2-9$,方程 $x^2+2mx+m^2-9=0$ 的一根大于 $7$,另一根小于 $2$ 的等价条件为

$\begin{cases} f(2)=2^2+2m\times2+m^2-9<0 \\ f(7)=7^2+2m\times7+m^2-9<0 \end{cases}$,即 $\begin{cases} m^2+4m-5<0 \\ m^2+14m+40<0 \end{cases}$,即 $\begin{cases} -5<m<1 \\ -10<m<-4 \end{cases}$,从而

$-5 < m < -4$. 所以,条件(1)和条件(2)单独都不充分,两个条件联合起来才充分. 选(C).

**【知识点 8.8】** 含有参数的方程问题
解题技巧:先将参数当成已知数,再利用 $x$ 的条件解出参数应满足的条件.

**例 8.30** (200710)方程 $\dfrac{a}{x^2-1}+\dfrac{1}{x+1}+\dfrac{1}{x-1}=0$ 有实根.

(1) 实数 $a \neq 2$    (2) 实数 $a \neq -2$

**解** 原方程为 $\dfrac{a+x-1+x+1}{x^2-1}=0$,因此 $a+2x=0$, 即 $x=-\dfrac{a}{2}$.

由于定义域 $x^2-1 \neq 0$,即 $x \neq \pm 1$. 所以 $a \neq \pm 2$ 时方程有实根 $x=-\dfrac{a}{2}$. 所以选(C).

〖评注〗 先把参数 $a$ 当成已知数求出 $x$,再根据 $x$ 的定义域确定 $a$ 应该满足的条件.

**例 8.31** (2007)如果方程 $|x|=ax+1$ 有一个负根,那么 $a$ 的取值范围是(    ).
(A) $a < 1$       (B) $a = 1$       (C) $a > -1$       (D) $a < -1$
(E) 以上结论均不正确

**解** 因为方程 $|x|=ax+1$ 有一个负根,所以 $|x|=-x=ax+1$, $(a+1)x=-1$. 又因为 $x$ 为负数,即 $a+1>0$, $a>-1$ 成立. 所以选(C).

〖评注〗 因为是负根可以把绝对值去掉. 先把参数 $a$ 当成已知数,然后利用根的符号把 $a$ 的范围解出来.

**例 8.32** (200701)方程 $\sqrt{x-p}=x$ 有两个不相等的正根.

(1) $p \geqslant 0$    (2) $p < \dfrac{1}{4}$

**解法 1** 方程 $\sqrt{x-p}=x \Rightarrow x-p=x^2 \Rightarrow x^2-x+p=0$, 它的两个根为 $x_{1,2}=\dfrac{1 \pm \sqrt{1-4p}}{2}$,要为两个不等的正根,则必须 $\begin{cases} 1-4p>0 \\ 1-\sqrt{1-4p}>0 \end{cases}$. 解出 $\begin{cases} p<\dfrac{1}{4} \\ p>0 \end{cases}$,所以 $0 < p < \dfrac{1}{4}$,选(E).

**解法 2** 方程 $\sqrt{x-p}=x$ 转化为 $x^2-x+p=0$,设 $x_1$, $x_2$ 为两正根,则 $x_1 \cdot x_2 = p > 0$, $\Delta = 1-4p > 0$ 同时成立,从而 $0 < p < \dfrac{1}{4}$,所以条件单独都不充分,条件联合时 $p=0$ 不满足题意,所以选(E).

## 8.3 历年真题分类汇编与典型习题(含详解)

**1.** 方程 $x^2-3|x|-2=0$ 的最小根的倒数是(    ).

(A) $\dfrac{3+\sqrt{17}}{2}$    (B) $\dfrac{3-\sqrt{17}}{2}$    (C) $\dfrac{3-\sqrt{17}}{4}$    (D) $\dfrac{3+\sqrt{17}}{4}$    (E) $\dfrac{-3+\sqrt{17}}{4}$

**2.** (201010) $(\alpha+\beta)^{2\,009}=1$.

(1) $\begin{cases} x+3y=7 \\ \beta x+\alpha y=1 \end{cases}$ 与 $\begin{cases} 3x-y=1 \\ \alpha x+\beta y=2 \end{cases}$ 有相同的解

(2) $\alpha$ 与 $\beta$ 是方程 $x^2+x-2=0$ 的两个根

**3.** (200910) 关于 $x$ 的方程 $a^2x^2-(3a^2-8a)x+2a^2-13a+15=0$ 至少有一个整数根.

(1) $a=3$　　　　(2) $a=5$

**4.** (199910) 已知方程 $x^2-6x+8=0$ 有两个相异的实根,下列方程中仅有一根在已知两根之间的方程是(　　).

(A) $x^2+6x+9=0$　　　　(B) $x^2-2\sqrt{2}x+2=0$　　　　(C) $x^2-4x+2=0$

(D) $x^2-5x+7=0$　　　　(E) $x^2-6x+5=0$

**5.** (200201) 已知关于 $x$ 的方程 $x^2-6x+(a-2)|x-3|+9-2a=0$ 有两个不同的实数根,则实数 $a$ 的取值范围是(　　).

(A) $a=2$ 或 $a>0$　　　　(B) $a<0$

(C) $a>0$ 或 $a=-2$　　　　(D) $a=-2$

**6.** 已知关于 $x$ 的一元二次方程 $x^2+2(m+1)x+(3m^2+4mn+4n^2+2)=0$ 有实根,则 $m$, $n$ 的值为(　　).

(A) $m=-1$, $n=\dfrac{1}{2}$　　　　(B) $m=\dfrac{1}{2}$, $n=-1$　　　　(C) $m=\dfrac{1}{2}$, $n=1$

(D) $m=1$, $n=-\dfrac{1}{2}$　　　　(E) 以上答案均不正确

**7.** 若一元二次方程 $(a-2)x^2-2ax+a+1=0$ 有两个实根,则 $a$ 的取值范围是(　　).

(A) $a<-2$ 或 $a>2$　　　　(B) $-2<a<2$　　　　(C) $a>-2$ 且 $a\neq 2$

(D) $a\geqslant-2$ 且 $a\neq 2$　　　　(E) $a\in\mathbf{R}$ 且 $a\neq 2$

**8.** 关于 $x$ 的两个方程 $x^2+4mx+4m^2+2m+3=0$, $x^2+(2m+1)x+m^2=0$ 中至少有一个方程有实根,则 $m$ 的取值范围是(　　).

(A) $m\leqslant-\dfrac{3}{2}$ 或 $m\geqslant-\dfrac{1}{4}$　　　　(B) $-\dfrac{3}{2}<m<\dfrac{1}{4}$　　　　(C) $-\dfrac{1}{4}<m<\dfrac{1}{2}$

(D) $m\leqslant-\dfrac{3}{2}$ 或 $m\geqslant\dfrac{1}{2}$　　　　(E) 以上答案均不正确

**9.** (200010) 解方程 $4^{x-\frac{1}{2}}+2^x=1$,则(　　).

(A) 方程有两个正实根　　　　(B) 方程只有一个正实根

(C) 方程只有一个负实根　　　　(D) 方程只有一正一负两个实根

(E) 方程有两个负实根

**10.** (199701) 若 $x^2+bx+1=0$ 的两个根为 $x_1$ 和 $x_2$,且 $\dfrac{1}{x_1}+\dfrac{1}{x_2}=5$,则 $b$ 的值是(　　).

(A) $-10$　　　(B) $-5$　　　(C) $3$　　　(D) $5$　　　(E) $10$

**11.** 关于 $x$ 的方程 $x^2+mx+3m-9=0$ 的两根之比为 $2:3$,则实数 $m$ 的值等于(　　).

(A) $m=5$　　　　(B) $m=5$ 或 $m=\dfrac{15}{2}$　　　　(C) $m=\dfrac{15}{2}$

(D) $m=-5$ 或 $m=\dfrac{15}{2}$　　　　(E) $m=-5$

**12.** 关于 $x$ 的一元二次方程 $x^2 - x + a(1-a) = 0$ 有两个不相等的正根,则实数 $a$ 的取值范围是(    ).

(A) $0 < a < 1$          (B) $a < \dfrac{1}{2}$          (C) $a \neq \dfrac{1}{2}$

(D) $0 < a \leqslant \dfrac{1}{2}$          (E) $0 < a < 1$ 且 $a \neq \dfrac{1}{2}$

**13.** 已知 $x_1$,$x_2$ 是一元二次方程 $2x^2 - 2x + m + 1 = 0$ 的两个实数根,如果 $x_1$,$x_2$ 满足不等式 $7 + 4x_1x_2 > x_1^2 + x_2^2$,且 $m$ 为整数,则 $m$ 的取值为(    ).

(A) 2        (B) 2 或 1        (C) $-2$        (D) $-1$        (E) $-2$ 或 $-1$

**14.** (199810) 若方程 $x^2 + px + 37 = 0$ 恰好有两个正整数解,则 $\dfrac{(x_1+1)(x_2+1)}{p}$ 的值是(    ).

(A) $-2$        (B) $-1$        (C) 0        (D) 1        (E) 2

**15.** 设 $\alpha$,$\beta$ 为关于 $x$ 的方程 $x^2 - 2ax + a + 6 = 0$ 的两个实根,则 $(\alpha-1)^2 + (\beta-1)^2$ 的最小值为(    ).

(A) $-\dfrac{49}{4}$        (B) 18        (C) 8        (D) 9        (E) $-10$

**16.** 若两个方程 $x^2 + ax + b = 0$ 和 $x^2 + bx + a = 0$ 只有一个公共根,则(    ).

(A) $a = b$          (B) $a + b = -1$ 且 $a \neq b$          (C) $a + b = 1$

(D) $a + b = 0$          (E) $a + b = -1$

**17.** 设 $m$ 是不为零的整数,关于 $x$ 的二次方程 $mx^2 - (m-1)x + 1 = 0$ 有有理根,则 $m = $(    ).

(A) 6        (B) 4        (C) 2        (D) 1        (E) $-1$

**18.** 关于 $x$ 的一元二次方程 $x^2 + (3a-1)x + a + 8 = 0$ 有两个不相等的实数根 $x_1$,$x_2$,且 $x_1 < 1$,$x_2 > 1$,则实数 $a$ 的取值范围是(    ).

(A) $a > -2$          (B) $a < -2$          (C) $0 < a < 1$

(D) $a < -1 < 0$          (E) 以上结论均不正确

**19.** 关于 $x$ 的方程 $2kx^2 - 2x - 3k - 2 = 0$ $(k \neq 0)$ 的一个根大于1,另一个根小于1.

(1) $1 < k < 3$        (2) $-6 < k < -4$

**20.** 方程 $x^2 + 5(x+1) + k = 0$ 的两根都比2小.

(1) $k > -18$        (2) $k < \dfrac{1}{4}$

**21.** (1998) 要使方程 $3x^2 + (m-5)x + (m^2 - m - 2) = 0$ 的两根分别满足 $0 < x_1 < 1$ 和 $1 < x_2 < 2$,则实数 $m$ 的取值范围是(    ).

(A) $-2 < m < -1$          (B) $-4 < m < -1$          (C) $-4 < m < -2$

(D) $\dfrac{-1-\sqrt{65}}{2} < m < -1$          (E) $-3 < m < 1$

**22.** (199801) 已知 $a$,$b$,$c$ 三数成等差数列,又成等比数列,设 $\alpha$,$\beta$ 是方程 $ax^2 + bx - c = 0$ 的两个根,且 $\alpha > \beta$,求 $\alpha^3\beta - \alpha\beta^3$.

**23.** (199910) 设方程 $3x^2 - 8x + a = 0$ 的两个实根为 $x_1$,$x_2$,若 $\dfrac{1}{x_1}$,$\dfrac{1}{x_2}$ 的算术平均值为2,则 $a$ 的值等于(    ).

(A) $-2$          (B) $-1$          (C) $1$          (D) $\dfrac{1}{2}$          (E) $2$

**24.** (200001)已知方程 $x^3+2x^2-5x-6=0$ 的根为 $x_1=-1$，$x_2$，$x_3$，则 $\dfrac{1}{x_2}+\dfrac{1}{x_3}=$（      ）.

(A) $\dfrac{1}{6}$          (B) $\dfrac{1}{5}$          (C) $\dfrac{1}{4}$          (D) $\dfrac{1}{3}$

**25.** (201210)设 $a$，$b$ 为实数，则 $a=1$，$b=4$.

(1) 曲线 $y=ax^2+bx+1$ 与 $x$ 轴的两个交点的距离为 $2\sqrt{3}$

(2) 曲线 $y=ax^2+bx+1$ 关于直线 $x+2=0$ 对称

**26.** (200210)设方程 $3x^2+mx+5=0$ 的两个根 $x_1$，$x_2$ 满足 $\dfrac{1}{x_1}+\dfrac{1}{x_2}=1$，则 $m=$（      ）.

(A) $5$          (B) $-5$          (C) $3$          (D) $-3$

**27.** (201110)若三次方程 $ax^3+bx^2+cx+d=0$ 的三个不同实根 $x_1$，$x_2$，$x_3$ 满足：$x_1+x_2+x_3=0$，$x_1x_2x_3=0$，则下列关系式中恒成立的是（      ）.

(A) $ac=0$     (B) $ac<0$     (C) $ac>0$     (D) $a+c<0$     (E) $a+c>0$

**28.** (200510)方程 $x^2+ax+b=0$ 有一正一负两个实根.

(1) $b=-C_4^3$          (2) $b=-C_7^5$

**29.** (199710)已知二次方程 $x^2-2ax+10x+2a^2-4a-2=0$ 有实根，求其两根之积的最小值为（      ）.

(A) $-4$          (B) $-3$          (C) $-2$          (D) $-1$          (E) $-6$

**30.** (201310)设 $a$ 是整数，则 $a=2$.

(1) 二次方程 $ax^2+8x+6=0$ 有实根          (2) 二次方程 $x^2+5ax+9=0$ 有实根

**31.** (201310) 设 $a$，$b$ 为常数，则关于 $x$ 的二次方程 $(a^2+1)x^2+2(a+b)x+b^2+1=0$ 具有重实根.

(1) $a$，$1$，$b$ 成等差数列          (2) $a$，$1$，$b$ 成等比数列

**32.** (201410) $\dfrac{x}{2}+\dfrac{x}{3}+\dfrac{x}{6}=-1$，则 $x=$（      ）.

(A) $-2$          (B) $-1$          (C) $0$          (D) $1$          (E) $2$

**33.** (201410)关于 $x$ 的方程 $mx^2+2x-1=0$ 有两个不相等的实根.

(1) $m>-1$          (2) $m\neq0$

**详解：**

**1.**【C】

**解**  原方程可化为 $|x|^2-3|x|-2=0$，解得 $|x|=\dfrac{3-\sqrt{17}}{2}$（舍去）或 $|x|=\dfrac{3+\sqrt{17}}{2}$；

因此，$x=\pm\dfrac{3+\sqrt{17}}{2}$，即较小的根为 $x=-\dfrac{3+\sqrt{17}}{2}$，其倒数为 $-\dfrac{2}{3+\sqrt{17}}=\dfrac{2(3-\sqrt{17})}{8}=$

$\dfrac{3-\sqrt{17}}{4}$.

故本题正确选项为(C).

〖评注〗  利用绝对值性质 $x^2=|x|^2$ 转化为关于 $|x|$ 的一元二次方程，注意中间变量 $|x|\geqslant0$.

**2.【A】**

**解**

由条件(1)，$\begin{cases} x+3y=7 \\ 3x-y=1 \end{cases} \Rightarrow \begin{cases} x=1 \\ y=2 \end{cases}$ 代入 $\begin{cases} \beta+2\alpha=1 \\ \alpha+2\beta=2 \end{cases} \Rightarrow \begin{cases} \alpha=0 \\ \beta=1 \end{cases}$，充分.

由条件(2)，$\alpha+\beta=-1$，$(\alpha+\beta)^{2009}=-1$. 不充分. 选(A).

〖评注〗 本题考查:方程组的解是每个方程的解.

**3.【D】**

**解** 由条件(1)，题干中方程为 $9x^2-3x-6=0$，得 $x=1$，$x=-\dfrac{2}{3}$；

由条件(2)，题干中方程为 $25x^2-35x=0$，得 $x=0$，$x=\dfrac{7}{5}$.

因此条件(1)和条件(2)都是充分的，选(D).

**4.【C】**

**解** 方程 $x^2-6x+8=0$ 的两根为 $x_1=2$，$x_2=4$，而方程(A)两根都为 $-3$，方程(B)的两根都为 $\sqrt{2}$，方程(C)的两根为 $2\pm\sqrt{2}$，方程(D)无实根，方程(E)的两根为 1，5. 因此只有方程(C)仅有一根在 2 与 4 之间. 选(C).

**5.【C】**

**解** 原方程可化为 $(x-3)^2+(a-2)|x-3|-2a=0$，即 $|x-3|^2+(a-2)|x-3|-2a=0$. 因此 $(|x-3|-2)(|x-3|+a)=0$，则 $|x-3|-2=0$，即 $|x-3|=2$，或 $|x-3|=-a$，所以当 $a>0$ 或 $a=-2$ 时原方程有两个不同的实数根，选(C).

**6.【D】**

**解** 方程有实根，则 $\Delta\geqslant 0$，即 $4(m+1)^2-4(3m^2+4mn+4n^2+2)\geqslant 0$ 成立，整理可得 $(2n+m)^2+(m-1)^2\leqslant 0$，因此 $m=1$，$n=-\dfrac{1}{2}$，答案是(D).

〖评注〗 完全平方项之和小于等于零，则每一项都为零.

**7.【D】**

**解** 一元二次方程 $(a-2)x^2-2ax+a+1=0$ 有两个实根 $\Leftrightarrow \Delta\geqslant 0$ 且 $a-2\neq 0$，即 $(-2a)^2-4(a-2)(a+1)\geqslant 0$ 且 $a-2\neq 0$，得 $a\geqslant -2$ 且 $a\neq 2$，选(D).

**8.【A】**

**解** 设两个方程的根判别式分别为 $\Delta_1$ 和 $\Delta_2$，如果两个方程均无实数根，则

$$\begin{cases} (4m)^2-4(4m^2+2m+3)<0 \\ (2m+1)^2-4m^2<0 \end{cases}, 即 \begin{cases} m>-\dfrac{3}{2} \\ m<-\dfrac{1}{4} \end{cases}, 解得 -\dfrac{3}{2}<m<-\dfrac{1}{4}.$$

因此，当 $-\dfrac{3}{2}<m<-\dfrac{1}{4}$ 时，两个方程均无实根. 故至少一个方程有实数根时，$m$ 的取值范围是 $m\leqslant -\dfrac{2}{3}$ 或 $m\geqslant -\dfrac{1}{4}$. 选(A).

〖评注〗 至少一个方程有实根，可能其中一个方程有实根，也可能两个方程有实根，讨论起来比较麻烦. 我们从至少一个方程有实根的反面去讨论，即每一个方程均无实根，找出 $m$ 的范围，在这个范围之外的 $m$ 就能保证至少一个方程有实根.

**9.【C】**

**解** 原方程可化为 $\dfrac{(2^x)^2}{2}+2^x=1$. 令 $2^x=t$，$t>0$，

则原方程化为 $\frac{t^2}{2} + t = 1$，即 $t^2 + 2t - 2 = 0$，

所以 $t = -1 + \sqrt{3}$，或者 $t = -1 - \sqrt{3}$（舍去），

即 $2^x = -1 + \sqrt{3}$，故 $x = \log_2(\sqrt{3} - 1)$．因为 $0 < \sqrt{3} - 1 < 1$，所以 $x = \log_2(\sqrt{3} - 1) < 0$，选(C).

**10.【B】**

**解** 已知 $\frac{1}{x_1} + \frac{1}{x_2} = \frac{x_1 + x_2}{x_1 x_2} = 5$，由韦达定理：$x_1 x_2 = 1$，$x_1 + x_2 = -b$，得 $b = -5$. 选(B).

**11.【B】**

**解** 设方程 $x^2 + mx + 3m - 9 = 0$ 的两根为 $x_1$，$x_2 = \frac{2}{3} x_1$，由韦达定理得

$$\begin{cases} x_1 + \frac{2}{3} x_1 = -m \\ x_1 \cdot \frac{2}{3} x_1 = 3m - 9 \end{cases}，即 \begin{cases} x_1 = -\frac{3}{5} m \\ \frac{2}{3} x_1^2 = 3m - 9 \end{cases}. \ 于是 \ 2m^2 - 25m + 75 = 0，解之得 \ m = 5 \ 或 \ m = \frac{15}{2}.$$

故本题正确选项为(B).

**12.【E】**

**解** 设原方程的两实根为 $x_1$，$x_2$，则 $x_1 \neq x_2$，$x_1 > 0$，$x_2 > 0$ 的等价条件组为

$$\begin{cases} \Delta = 1 - 4a(1-a) > 0 \\ x_1 + x_2 = -(-1) > 0 \\ x_1 \cdot x_2 = a(1-a) > 0 \end{cases}，解之得 \ 0 < a < 1 \ 且 \ a \neq \frac{1}{2}，选(E).$$

**13.【E】**

**解** 由于 $\Delta = (-2)^2 - 4 \times 2 \times (m+1) \geqslant 0$，即 $m \leqslant -\frac{1}{2}$.

由 $7 + 4x_1 x_2 > x_1^2 + x_2^2 \Rightarrow (x_1 + x_2)^2 - 6x_1 x_2 - 7 < 0$.

又由于 $x_1 + x_2 = 1$，$x_1 \cdot x_2 = \frac{m+1}{2}$，所以 $m > -3$，因此 $-3 < m \leqslant -\frac{1}{2}$.

由于 $m$ 为整数，从而 $m = -2$ 或 $m = -1$，选(E).

〖评注〗 综合利用 $\Delta$ 与韦达定理.

**14.【A】**

**解** 根据韦达定理，又 $x_1$，$x_2$ 为正整数解，且 37 是一个质数，则 $x_1 = 1$，$x_2 = 37$，$p = -38$.
$\frac{(x_1 + 1)(x_2 + 1)}{p} = \frac{x_1 x_2 + (x_1 + x_2) + 1}{p} = \frac{37 + 38 + 1}{-38} = -2$. 正确的选择是(A).

**15.【C】**

**解** 由韦达定理得 $\alpha + \beta = 2a$，$\alpha\beta = a + 6$

$$(\alpha - 1)^2 + (\beta - 1)^2 = \alpha^2 - 2\alpha + 1 + \beta^2 - 2\beta + 1 = (\alpha + \beta)^2 - 2\alpha\beta - 2(\alpha + \beta) + 2$$
$$= 4a^2 - 2(a + 6) - 4a + 2 = 4a^2 - 6a - 10 = 4\left(a - \frac{3}{4}\right)^2 - \frac{49}{4}.$$

方程 $x^2 - 2ax + a + 6 = 0$ 有两个实根，即 $\Delta = 4a^2 - 4(a + 6) \geqslant 0 \Rightarrow a \leqslant -2$ 或 $a \geqslant 3$.

显然当 $a = 3$ 时，函数 $f(a) = 4a^2 - 6a - 10$ 取最小值 $f(3) = 4 \times 9 - 6 \times 3 - 10 = 8$，选(C).

〖评注〗 本题综合考查了方程判别式、韦达定理、二次函数求最值(顶点取不到).

**16.【B】**

**解** 设方程 $x^2 + ax + b = 0$ 和 $x^2 + bx + a = 0$ 的公共根为 $x_0$，则 $x_0^2 + ax_0 + b = 0$，$x_0^2 + bx_0 + a = 0$.
两式相减消去平方项得 $(a - b)x_0 + b - a = 0$，由于两个方程只有一个公共根，所以 $a \neq b$，且公共根
$x_0 = \frac{a - b}{a - b} = 1$，把 $x_0 = 1$ 代入 $x_0^2 + ax_0 + b = 0$ 或 $x_0^2 + bx_0 + a = 0$.

得 $1+a+b=0$，即 $a+b=-1$，选(B).

**17.【A】**

  **解** 一个整系数的一元二次方程有有理根，那么它的判别式一定是完全平方数，

  令 $\Delta=(m-1)^2-4m=n^2$，其中 $n$ 是非负整数，于是 $m^2-6m+1=n^2$，

  所以 $(m-3)^2-n^2=8$，即 $(m-3+n)(m-3-n)=8$.

  由于 $m-3+n\geqslant m-3-n$，并且 $(m-3+n)+(m-3-n)=2(m-3)$ 是偶数，所以 $m-3+n$ 与 $m-3-n$ 同奇偶，所以 $\begin{cases}m-3+n=4\\m-3-n=2\end{cases}$ 或 $\begin{cases}m-3+n=-2\\m-3-n=-4\end{cases}$.

  所以 $\begin{cases}m=6\\n=1\end{cases}$ 或 $\begin{cases}m=0\\n=1\end{cases}$，因此 $m=6$，故本题正确选项为(A).

  〔评注〕 本题也可用选项代入法，因为 $\Delta=(m-1)^2-4m$，用 $m=6$ 代入得到 $\Delta=(6-1)^2-4\times 6=1^2$ 为完全平方式，其他都不成立.

**18.【B】**

  **解** 设 $f(x)=x^2+(3a-1)x+a+8$，从而关于 $x$ 的一元二次方程 $x^2+(3a-1)x+a+8=0$ 的两个不相等的实数根在 $x=1$ 两侧的等价条件为 $f(1)<0$，即 $1^2+(3a-1)\times 1+a+8<0$，解得 $a<-2$，选(B).

**19.【D】**

  **解** 关于 $x$ 的方程 $2kx^2-2x-3k-2=0$ $(k\neq 0)$ 的一个根大于1，另一个根小于1等价于 $kf(1)<0$.即 $k(2k-2-3k-2)<0$，解得 $k<-4$ 或 $k>0$.

  所以，条件(1)与条件(2)单独都充分，故本题应选(D).

**20.【C】**

  **解** 设 $f(x)=x^2+5(x+1)+k=x^2+5x+5+k$，于是方程 $x^2+5(x+1)+k=0$ 的两根都比 2 小的充要条件为

$$\begin{cases}\Delta=25-4(5+k)\geqslant 0\\f(2)>0\\-\dfrac{5}{2}<2\end{cases}，可得 -19<k\leqslant\dfrac{5}{4}.$$ 显然，条件(1)与条件(2)单独都不充分，两个条件联合时有 $-18<k<\dfrac{1}{4}$，所以联合充分，选(C).

**21.【A】**

  **解** 设 $f(x)=3x^2+(m-5)x+(m^2-m-2)$，两根分别满足 $0<x_1<1$ 和 $1<x_2<2$，则应该满足 $\begin{cases}f(0)=m^2-m-2>0\\f(1)=m^2-4<0\\f(2)=m^2+m>0\end{cases}$，则 $\begin{cases}m>2,\ m<-1\\-2<m<2\\m>0,\ m<-1\end{cases}$，所以 $-2<m<-1$，选(A).

**22.** $\sqrt{5}$.

  **解** 因为 $a,b,c$ 三数成等差数列，又成等比数列，从而得知 $a=b=c\neq 0$，原方程简化为 $x^2+x-1=0$.

  根据韦达定理，$\alpha+\beta=-1$，$\alpha\beta=-1$，

  得 $\alpha^3\beta-\alpha\beta^3=\alpha\beta(\alpha^2-\beta^2)=\alpha\beta(\alpha+\beta)(\alpha-\beta)=\alpha\beta(\alpha+\beta)\sqrt{(\alpha-\beta)^2}$

        $=\alpha\beta(\alpha+\beta)[(\alpha+\beta)^2-4\alpha\beta]^{\frac{1}{2}}=\sqrt{5}.$

  〔评注〕 等比数列与韦达定理综合题.

**23.【E】**

**解** 由 $\frac{1}{x_1}+\frac{1}{x_2}=4$ 及韦达定理,得 $\frac{x_1+x_2}{x_1x_2}=\dfrac{\frac{8}{3}}{\frac{a}{3}}=\frac{8}{a}=4$,所以 $a=2$,选(E).

**24.【A】**

**解** 因为 $x^3+2x^2-5x-6=0$,所以 $(x+1)(x^2+x-6)=0$,因为 $x_1=-1$,所以 $x_2$,$x_3$ 是一元二次方程 $x^2+x-6=0$ 的两个根.

由 $x_2+x_3=-1$,$x_2x_3=-6$,得 $\frac{1}{x_2}+\frac{1}{x_3}=\frac{x_3+x_2}{x_2x_3}=\frac{-1}{-6}=\frac{1}{6}$,

故本题应选(A).

**25.【C】**

**解** 由条件(1)得 $|x_1-x_2|=\frac{\sqrt{\Delta}}{|a|}=\frac{\sqrt{b^2-4a}}{|a|}=2\sqrt{3}$,单独不充分;

由条件(2)得 $-\frac{b}{2a}=-2$,单独不充分;

由条件(1)与(2)联合得 $a=1$,$b=4$,所以联合充分.

**26.【B】**

**解** 因为 $x_1$,$x_2$ 是方程 $3x^2+mx+5=0$ 的两个根,由韦达定理得 $x_1+x_2=-\frac{m}{3}$,$x_1x_2=\frac{5}{3}$. 因此

$\frac{1}{x_1}+\frac{1}{x_2}=\frac{x_1+x_2}{x_1x_2}=2$,即 $\dfrac{-\frac{m}{3}}{\frac{5}{3}}=1$,解之得 $m=-5$,选(B).

**27.【B】**

**解法 1** 特殊值法:设三次方程为 $x(x+1)(x-1)=0$,即 $x^3-x=0$,取 $a=1$,$c=-1$,则 $ac<0$. 只有(B)正确.

**解法 2** 由三个不同实根 $x_1$,$x_2$,$x_3$ 满足 $x_1x_2x_3=0$,则不妨设 $x_1=0$,则 $d=0$,即原方程为 $ax^3+bx^2+cx=x(ax^2+bx+c)=0$.进一步,$x_2$,$x_3$ 是方程 $ax^2+bx+c=0$ 的两个根,由 $x_2+x_3=0$,说明 $x_2$,$x_3$ 两根异号,所以 $x_2x_3=\frac{c}{a}<0\Rightarrow ac<0$.

**解法 3** 根据一元三次方程 $ax^3+bx^2+cx+d=0$ 的韦达定理,

$$\begin{cases} x_1+x_2+x_3=-\frac{b}{a}=0\Rightarrow b=0 \\ x_1x_2x_3=-\frac{d}{a}=0\Rightarrow d=0 \\ x_1x_2+x_2x_3+x_1x_3=\frac{c}{a} \end{cases}$$

即 $ax^3+cx=0$,得 $x(ax^2+c)=0$,所以 $x=0$,$x^2=-\frac{c}{a}$,

三个不同实根 $x_1$,$x_2$,$x_3$,所以 $ac<0$.

〖评注〗 解法 3 有超纲嫌疑,你会自己推导出一元三次方程的韦达定理吗?(利用多项式对应相等).

**28.【D】**

**解** 由条件(1),系数 $b=-4<0$,那么方程 $x^2+ax+b=0$ 的根的判别式 $\Delta=a^2-4b=a^2+16>0$,故方程 $x^2+ax+b=0$ 有一正一负两个实根.条件(1)充分.

由条件(2),$b=-21<0$,那么方程 $x^2+ax+b=0$ 的根的判别式 $\Delta=a^2-4b=a^2+84>0$,故方程 $x^2+ax+b=0$ 有一正一负两个实根.条件(2)也充分.

故应选(D).

〖评注〗 一般情况下方程 $ax^2+bx+c=0$ 有一正一负两个根,只需 $ac<0$ 即可.因为 $ac<0$ 时判别式一定大于零.

**29.【A】**

**解**　两根之积 $x_1 \cdot x_2 = 2a^2 - 4a - 2 = 2(a-1)^2 - 4$,当 $a=1$ 时达到最小值,经验证 $a=1$ 时方程有实根,满足题干,选(A).

〖评注〗　若题目改为求两根之积的最大值,则由判别式

$\Delta = (-2a+10)^2 - 4(2a^2-4a-2) \geqslant 0 \Rightarrow -9 \leqslant a \leqslant 3$,当 $a=-9$ 时,离对称轴 $a=1$ 比较远,所以有最大值 $x_1 \cdot x_2 = 2(-9-1)^2 - 4 = 196$.

**30.【E】**

**解法1**　(1) $\Delta = 64 - 24a \geqslant 0 \Rightarrow a \in \left(-\infty, \dfrac{8}{3}\right]$ 且 $a \neq 0$,不充分.

(2) $\Delta = 25a^2 - 36 \geqslant 0 \Rightarrow a \in \left(-\infty, -\dfrac{6}{5}\right] \cup \left[\dfrac{6}{5}, +\infty\right)$,不充分.

联合起来: $a \in \left(-\infty, -\dfrac{6}{5}\right] \cup \left[\dfrac{6}{5}, \dfrac{8}{3}\right]$,也不能得出 $a=2$,不充分.

**解法2**　令 $a=-2$,则(1)与(2)都有实数根,所以选(E).

〖注意〗　此题若将题干 $a=2$ 代入条件(1)与(2),严重违反做题逻辑!

**31.【B】**

**解**　由题干,$x$ 的二次方程 $(a^2+1)x^2 + 2(a+b)x + b^2 + 1 = 0$ 具有重实根,

$\Delta = 4(a+b)^2 - 4(a^2+1)(b^2+1) = 0 \Rightarrow a^2b^2 - 2ab + 1 = 0$,即 $(ab-1)^2 = 0$. 则 $ab = 1$.

条件(1),即 $a+b=2$,举反例 $\begin{cases} a=0 \\ b=2 \end{cases}$,$x^2 + 4x + 5 = 0$ 无重实根,不充分.

条件(2),即 $ab = 1$,代入满足,故条件(2)充分.

**32.【B】**

**解**　$\dfrac{x}{2} + \dfrac{x}{3} + \dfrac{x}{6} = -1 \Rightarrow 3x + 2x + x = -6$,即 $x = -1$.

**33.【C】**

**解**　关于 $x$ 的方程 $mx^2 + 2x - 1 = 0$ 有两个不相等的实根 $\Leftrightarrow \begin{cases} \Delta = 4 + 4m > 0 \\ m \neq 0 \end{cases}$,即 $m > -1$ 且 $m \neq 0$,

即两个条件单独都不充分,联合起来充分.

# 第9章

# 不 等 式

## 9.1 基本概念、定理、方法

### 9.1.1 不等式的基本性质

（1）对称性或反身性：$a > b \Leftrightarrow b < a$.

（2）传递性：$a > b, b > c \Rightarrow a > c$.

（3）可加性：$a > b \Rightarrow a + c > b + c$，此法则又称为移项法则；

同向可相加：$a > b, c > d \Rightarrow a + c > b + d, a > b, c < d(-c > -d) \Rightarrow a - c > b - d$.

（4）可乘性：$a > b, c > 0 \Rightarrow ac > bc$；$a > b, c < 0 \Rightarrow ac < bc$.

正数同向可相乘：$a > b > 0, c > d > 0 \Rightarrow ac > bd$，

$$a > b > 0, d > c > 0(1/c > 1/d > 0) \Rightarrow a/c > b/d.$$

（5）乘、开方性：$a > b > 0 \ (n \in \mathbf{N}) \Leftrightarrow a^n > b^n > 0, \sqrt[n]{a} > \sqrt[n]{b} > 0$.

（6）倒数性：$a > b, ab > 0 \Rightarrow \dfrac{1}{a} < \dfrac{1}{b}$.

要特别注意上列性质是"⇒"符号还是"⇔"符号. 运用不等式的性质可以对不等式进行各种变形，虽然这些变形都很简单，但却是今后求解不等式、验证不等式的基本手段.

### 9.1.2 不等式求解及解集

对于含有未知数的不等式，能使其成立的未知数的值的集合，称为这个不等式的解集.

有若干个含有同一个未知数的不等式组成的不等式组的解集，就是组成不等式组的所有不等式解集的公共部分（即交集）.

求不等式（组）的解集的过程，叫作解不等式（组）.

解不等式的过程，应该是不等式的同解变形的过程. 不等式的同解变形有以下几种：

（1）移项：不等式中的任意一项，都可以改变符号后从不等式的一边移到另一边.

（2）系数变形：不等式的两边同乘（或除）以一个正数，不改变不等号的方向；

不等式的两边同乘（或除）以一个负数，必须改变不等号的方向.

（3）在不改变原不等式中未知数取值范围的前提下的其他变形.

### 9.1.3  一元一次不等式(组)及其解法

**1. 一元一次不等式解的情况**

| 情况 | $ax > b$ 的解 | $ax < b$ 的解 |
|---|---|---|
| 当 $a > 0$ 时 | $x > b/a$ | $x < b/a$ |
| 当 $a < 0$ 时 | $x < b/a$ | $x > b/a$ |
| 当 $a = 0$ 时 | $b < 0$ 时, $x \in \mathbf{R}$ | $b \leqslant 0$ 时, $x$ 无解 |
|  | $b \geqslant 0$ 时, $x$ 无解 | $b > 0$ 时, $x \in \mathbf{R}$ |

特别注意:当 $a > 0$ 时,不等号不变向;当 $a < 0$ 时,不等号改变方向.

**2. 一元一次不等式组的解法**

分别求出组成不等式组的每个一元一次不等式的解集后,求这些解集的交集.

注意:可应用数轴,直观地求出交集.

### 9.1.4  一元二次不等式及其解法

一般称一元二次不等式 $ax^2 + bx + c > 0$ $(a > 0)$ 为标准型. 任何 $ax^2 + bx + c < 0$ $(a < 0)$ 的不等式都可以利用不等式两边同乘 $-1$ 来变为标准型(要注意不等号方向也要改变),所以只讨论求解 $ax^2 + bx + c > 0$ $(a > 0)$. 可以利用二次函数的图像,通过二次函数与二次不等式的联系从而推证出任何一元二次不等式的解集. 解集情况如下:

|  | $\Delta > 0$ | $\Delta = 0$ | $\Delta < 0$ |
|---|---|---|---|
| 二次函数 $y = ax^2 + bx + c$ $(a > 0)$ 的图像 | | | |
| 一元二次方程 $ax^2 + bx + c = 0$ $(a > 0)$ 的根 | 有两相异实根 $x_1$, $x_2$ $(x_1 < x_2)$ | 有两相等实根 $x_1 = x_2 = -\dfrac{b}{2a}$ | 无实根 |
| $ax^2 + bx + c > 0$ $(a > 0)$ 的解集 | $\{x \mid x < x_1 \text{ 或 } x > x_2\}$ | $\left\{x \mid x \neq -\dfrac{b}{2a}\right\}$ | $\mathbf{R}$ |
| $ax^2 + bx + c < 0$ $(a > 0)$ 的解集 | $\{x \mid x_1 < x < x_2\}$ | $\varnothing$ | $\varnothing$ |

其他不等式(分式、指数、对数不等式等)的求解一般都可以利用性质转化为一元一次或者一元二次不等式求解,后面将详细讨论.

### 9.1.5 均值不等式

（1）当 $a$，$b > 0$ 时，$a + b \geqslant 2\sqrt{ab}$，当且仅当 $a = b$ 时等号成立（积为常数和有最小值）；$ab \leqslant \left(\dfrac{a+b}{2}\right)^2$，当且仅当 $a = b$ 时等号成立（和为常数积有最大值）.

该不等式还可推出：当 $a$，$b$ 为正数时，$\sqrt{\dfrac{a^2+b^2}{2}} \geqslant \dfrac{a+b}{2} \geqslant \sqrt{ab} \geqslant \dfrac{2}{\dfrac{1}{a}+\dfrac{1}{b}}$，

当且仅当 $a = b$ 时取"＝"号. 该不等式表示：平方平均数≥算术平均数≥几何平均数≥调和平均数.

（2）如果 $a$，$b$，$c$ 是正实数，那么 $\dfrac{a+b+c}{3} \geqslant \sqrt[3]{abc}$，当且仅当 $a = b = c$ 时取"＝"号.

# 9.2 知识点分类精讲

**【知识点 9.1】** 不等式性质
解题技巧：利用不等式性质或者函数单调性判断不等式大小.
特别要注意不等式两边同乘正数不等号不变，同乘一个负数不等号要改变.

**例 9.1** （200410）$\dfrac{c}{a+b} < \dfrac{a}{b+c} < \dfrac{b}{c+a}$.

(1) $0 < c < a < b$　　(2) $0 < a < b < c$

**解** 先看条件(1) $0 < c < a < b$，

考察 $\dfrac{c}{a+b}$ 与 $\dfrac{a}{b+c}$，因为 $a > c > 0$，故 $a+b > c+b > 0$，所以 $\dfrac{c}{a+b} < \dfrac{a}{b+c}$.

又考察 $\dfrac{a}{b+c}$ 与 $\dfrac{b}{a+c}$，因为 $0 < a < b$，故 $b+c > c+a > 0$，所以 $\dfrac{a}{b+c} < \dfrac{b}{a+c}$.

所以条件(1)充分，而条件(2)中 $a < b < c$，以上推导不充分.

选(A).

〖评注〗 综合利用了不等式性质，本题可用特值法秒杀！

**例 9.2** （200810）$ab^2 < cb^2$.

(1) 实数 $a$，$b$，$c$ 满足 $a+b+c = 0$　　(2) 实数 $a$，$b$，$c$ 满足 $a < b < c$

**解** 条件(1)和条件(2)单独都不充分，且联合起来也不充分.

比如，令 $a = -1$，$b = 0$，$c = 1$ 同时满足两个条件，但此时 $ab^2 = cb^2$，故本题应选(E).

〖评注〗 此题的关键是 $b^2 \geqslant 0$，即不等式两边都乘一个非负数，不等式方向不确定.

**例 9.3** （201001）设 $a$，$b$ 为非负实数，则 $a+b \leqslant \dfrac{5}{4}$.

(1) $ab \leqslant \dfrac{1}{16}$　　(2) $a^2 + b^2 \leqslant 1$

**解**　令 $a=2$，$b=\dfrac{1}{32}$，则 $ab=\dfrac{1}{16}$，而 $a+b=2+\dfrac{1}{32}>\dfrac{5}{4}$，从而条件(1)不是充分的.

令 $a=b=\dfrac{1}{\sqrt{2}}$，则 $a^2+b^2=1$，而 $a+b=\dfrac{1}{\sqrt{2}}+\dfrac{1}{\sqrt{2}}=\sqrt{2}>\dfrac{5}{4}$，即条件(2)也不充分.

条件(1)与条件(2)联合，若 $a$，$b$ 为非负实数，则 $(a+b)^2=a^2+b^2+2ab\leqslant 1+2\times\dfrac{1}{16}=\dfrac{9}{8}$.

所以 $a+b\leqslant\dfrac{3\sqrt{2}}{4}<\dfrac{5}{4}$，选(C).

〖评注〗　此题利用了不等式放缩来证明.

---

**【知识点 9.2】**　一元一次不等式求解
解题技巧：对于含有参数的一元一次不等式，要会进行讨论.

---

**例 9.4**　若不等式 $(2a-b)x+3a-4b<0$ 的解集为 $x<\dfrac{4}{9}$，则不等式 $(a-4b)x+2a-3b>0$ 的解集为(　　).

(A) $x<-\dfrac{1}{2}$　　(B) $x>-\dfrac{1}{2}$　　(C) $x<-\dfrac{1}{4}$　　(D) $x>-\dfrac{1}{4}$　　(E) 以上都不正确

**解**　由题意得到 $\begin{cases}2a-b>0\\x<\dfrac{4b-3a}{2a-b}=\dfrac{4}{9}\end{cases}$，进一步得到 $b=\dfrac{7}{8}a$，$a>0$.

所以 $(a-4b)x+2a-3b=\left(a-\dfrac{7}{2}a\right)x+2a-\dfrac{21}{8}a>0\Leftrightarrow-\dfrac{5}{2}a\cdot x>\dfrac{5}{8}a$，所以 $x<-\dfrac{1}{4}$，选(C).

〖评注〗　结合不等式性质解含有参数的一元一次不等式.

**例 9.5**　$(m+2)x<3(m-x)$ 的解是(　　).

(A) $x<\dfrac{3m}{m+5}$　　　(B) $\left(\dfrac{3m}{m+5},+\infty\right)$　　(C) $\left(-\infty,\dfrac{3m}{m+5}\right)\cup\left(\dfrac{3m}{m+5},+\infty\right)$

(D) 当 $m>-5$ 时，解为 $x<\dfrac{3m}{m+5}$；当 $m=-5$ 时，无解

(E) 当 $m>-5$ 时，解为 $\left(-\infty,\dfrac{3m}{m+5}\right)$；当 $m<-5$ 时，解为 $\left(\dfrac{3m}{m+5},+\infty\right)$；当 $m=-5$ 时，无解

**解**　去括号有 $mx+2x<3m-3x$，等价于 $(m+5)x<3m$. 当 $m>-5$ 时，$x<\dfrac{3m}{m+5}$；当 $m<-5$ 时，$x>\dfrac{3m}{m+5}$；当 $m=-5$ 时，不等式变为 $0<-15$，无解. 故选(E).

〖评注〗　含有参数的一元一次不等式求解讨论.

【知识点9.3】 一元二次不等式求解

解题技巧：用因式分解或者求根公式来求解.

**例9.6** (2005)满足不等式 $(x+4)(x+6)+3>0$ 的所有实数 $x$ 的集合是( ).

(A) $[4,+\infty)$  　　　(B) $(4,+\infty)$  　　　(C) $(-\infty,-2]$

(D) $(-\infty,-1)$  　　(E) $(-\infty,+\infty)$

**解** 原不等式为 $x^2+10x+27>0$，由于 $x^2+10x+27=0$ 无实根（$\Delta<0$），从而，对任意 $x\in(-\infty,+\infty)$ 总有 $(x+4)(x+6)+3>0$ 成立. 所以选(E).

〖评注〗 一元二次不等式解的情况可以结合一元二次方程、二次函数的图像来分析.

**例9.7** (1998)一元二次不等式 $3x^2-4ax+a^2<0$ $(a<0)$ 的解集是( ).

(A) $\dfrac{a}{3}<x<a$  　　(B) $x>a$ 或 $x<\dfrac{a}{3}$  　　(C) $a<x<\dfrac{a}{3}$

(D) $x>\dfrac{a}{3}$ 或 $x<a$  　　(E) $a<x<3a$

**解** $3x^2-4ax+a^2=0$ 的两根为 $x_1=a$，$x_2=\dfrac{a}{3}$，因为 $a<0$，解集为 $a<x<\dfrac{a}{3}$. 选(C).

〖评注〗 一元二次不等式解的情况可以结合一元二次方程来处理，注意对应方程两根的大小.

【知识点9.4】 一元二次不等式解集与根的关系

解题技巧：由二次函数图像可知，不等式的解集可由对应一元二次方程的根得到.

**例9.8** (2006)已知不等式 $ax^2+2x+2>0$ 的解集是 $\left(-\dfrac{1}{3},\dfrac{1}{2}\right)$，则 $a=($  ).

(A) $-12$ 　　(B) 6 　　(C) 0 　　(D) 12 　　(E) 以上结论均不正确

**解法1** 由题意知 $x_1=-\dfrac{1}{3}$，$x_2=\dfrac{1}{2}$ 是 $ax^2+2x+2=0$ 的两根，代入得

$$a\cdot\left(\frac{1}{2}\right)^2+2\cdot\frac{1}{2}+2=0，所以 a=-12.$$

**解法2** 由韦达定理可得 $x_1\cdot x_2=\dfrac{2}{a}=-\dfrac{1}{3}\times\dfrac{1}{2}=-\dfrac{1}{6}$，即 $a=-12$.

所以选(A).

〖评注〗 注意一元二次不等式、一元二次方程之间的联系.

【知识点9.5】 一元二次不等式解的情况讨论

解题技巧：利用对应的二次函数来分析，特别注意一元二次不等式退化为一元一次不等式的情况.

例 9.9    (2003)不等式 $(k+3)x^2-2(k+3)x+k-1<0$,对 $x$ 的任意数值都成立.

(1) $k=0$    (2) $k=-3$

**解**    由条件(1) $k=0$,不等式变为 $3x^2-6x-1<0$, $y=3x^2-6x-1$,二次函数开口向上, $\triangle>0$,不可能对任意数值都成立,即条件(1)不充分.

由条件(2) $k=-3$,则不等式 $-4<0$ 恒成立,即条件(2)充分.

选(B).

〖评注〗    如果从正面去解,要注意一元二次不等式退化为一元一次不等式的情况.

例 9.10    如果不等式 $(a-2)x^2+2(a-2)x-4<0$ 对一切实数 $x$ 恒成立,那么 $a$ 的范围是(    ).

(A) $(-\infty,-2)$    (B) $(-2,2]$    (C) $(-\infty,-2]$

(D) $(-2,2)$    (E) 以上结论均不正确

**解**    当 $a=2$ 时, $-4<0$ 恒成立;

当 $a\neq2$ 时,由 $(a-2)x^2+2(a-2)x-4<0$ 对一切实数 $x$ 恒成立得

$$\begin{cases} a-2<0, \\ \triangle=4(a-2)^2+16(a-2)<0, \end{cases} \text{解得} -2<a<2.$$

所以,实数 $a$ 的取值范围是 $-2<a\leqslant2$,选(B).

〖评注〗    特别要注意不要遗漏 $a=2$ 的情况.

【知识点 9.6】    根式不等式

类型Ⅰ:不等式 $\sqrt{f(x)}\geqslant g(x)$ 的同解不等式组为 $\begin{cases} g(x)\geqslant0, \\ f(x)\geqslant0, \\ f(x)\geqslant[g(x)]^2 \end{cases}$ 或 $\begin{cases} g(x)<0, \\ f(x)\geqslant0. \end{cases}$

类型Ⅱ:不等式 $\sqrt{f(x)}\leqslant g(x)$ 的同解不等式组为 $\begin{cases} g(x)\geqslant0, \\ f(x)\geqslant0, \\ f(x)\leqslant[g(x)]^2. \end{cases}$

例 9.11    (200710) $\sqrt{1-x^2}<x+1$.

(1) $x\in[-1,0]$    (2) $x\in\left(0,\dfrac{1}{2}\right]$

**解**    $\sqrt{1-x^2}<x+1$ 等价于 $\begin{cases} 1-x^2\geqslant0 \\ x+1>0 \\ (\sqrt{1-x^2})^2<(x+1)^2 \end{cases}$ ,所以 $0<x\leqslant1$ 时,不等式成立.

故条件(1) $x\in[-1,0]\not\subset(0,1]$ 不充分,条件(2) $x\in\left(0,\dfrac{1}{2}\right]\subset(0,1]$ 充分,故选(B).

〖评注〗    根式不等式类型Ⅱ.再问 $\sqrt{1-x^2}>x+1$ 的解集是?(答案: $-1<x<0$.)

例 9.12    不等式 $\sqrt{x^2-5x+6}>x-1$ 的解集为(    ).

(A) $(-\infty,1)$    (B) $(2,+\infty)$    (C) $\left[1,\dfrac{5}{3}\right]$

(D) $\left(-\infty, \dfrac{5}{3}\right)$　　　　(E) 以上结论均不正确

**解**　原不等式等价于 $\begin{cases} x^2-5x+6\geqslant 0, \\ x-1\geqslant 0, \\ x^2-5x+6>(x-1)^2 \end{cases}$ 或 $\begin{cases} x^2-5x+6\geqslant 0, \\ x-1<0, \end{cases}$ 即 $1\leqslant x<\dfrac{5}{3}$ 或

$x<1$.

所以不等式的解集为 $x<\dfrac{5}{3}$，即 $x\in\left(-\infty,\dfrac{5}{3}\right)$，故本题应选(D).

〖评注〗　根式不等式类型 I.

---

**【知识点 9.7】　绝对值不等式**

解题技巧：解绝对值不等式关键是化为等价的不含绝对值符号的不等式(组)，最基本的
　　　　　方法是零点分段，常用的方法有：

$$|f(x)|>a\Leftrightarrow f(x)>a \text{ 或 } f(x)<-a;$$

$$|f(x)|<a\Leftrightarrow -a<f(x)<a;$$

$$|f(x)|>|g(x)|\Leftrightarrow [f(x)]^2>[g(x)]^2.$$

　　　　对含有几个绝对值符号的不等式，用零点分段的方法化为等价的不含绝
　　　　对值的不等式组．有些问题可以利用绝对值的几何意义求解．

---

**例 9.13**　不等式 $|\sqrt{x-2}-3|<1$ 的解集是(　　　).

(A) $6<x<18$　　　　(B) $-6<x<18$　　　　(C) $1\leqslant x\leqslant 7$

(D) $-2\leqslant x\leqslant 3$　　　　(E) 以上结论均不正确

**解**　原不等式等价于 $-1<\sqrt{x-2}-3<1\Leftrightarrow 2<\sqrt{x-2}<4$（同时平方）
$\Leftrightarrow 4<x-2<16\Leftrightarrow 6<x<18$，所以解集为 $\{x\mid 6<x<18\}$，故选(A).

〖评注〗　利用 $|f(x)|<a\Leftrightarrow -a<f(x)<a$ 去掉绝对值.

**例 9.14**　不等式 $\sqrt{4-x^2}+\dfrac{|x|}{x}\geqslant 0$ 的解集为(　　　).

(A) $-\sqrt{3}\leqslant x<0$　　　　(B) $0<x\leqslant 2$　　　　(C) $-\sqrt{3}<x\leqslant 2$

(D) $-\sqrt{3}\leqslant x<0$ 或 $0<x\leqslant 2$　　　　(E) $x<0$

**解**　因为定义域要求 $4-x^2\geqslant 0$，即 $-2\leqslant x\leqslant 2$，且 $x\neq 0$.

当 $-2\leqslant x<0$ 时，原不等式等价于 $\sqrt{4-x^2}-1\geqslant 0$，即 $4-x^2\geqslant 1$，所以 $-\sqrt{3}\leqslant x<0$.

当 $0<x\leqslant 2$ 时，原不等式化为 $\sqrt{4-x^2}+1\geqslant 0$，显然成立.

故不等式的解为 $-\sqrt{3}\leqslant x<0$ 或 $0<x\leqslant 2$，选(D).

〖评注〗　根据根式的定义域分区间讨论去绝对值.

---

**【知识点 9.8】　高次不等式**

解题技巧：高次不等式进行因式分解后可以用串根法得解集，特别注意其中的一些二次
　　　　　三项式因式的符号.

**例 9.15** (1999)不等式 $(x^4-4)-(x^2-2)\geqslant 0$ 的解集是(    ).

(A) $x\geqslant\sqrt{2}$ 或 $x\leqslant-\sqrt{2}$       (B) $-\sqrt{2}\leqslant x\leqslant\sqrt{2}$

(C) $x<-\sqrt{3}$ 或 $x>\sqrt{3}$       (D) $-\sqrt{2}<x<\sqrt{2}$

**解** 原不等式为 $(x^2-2)(x^2+1)\geqslant 0$,即 $(x^2-2)\geqslant 0$,解得 $x\geqslant\sqrt{2}$ 或 $x\leqslant-\sqrt{2}$,选(A).

〔评注〕 高次不等式因式分解后求解.

**例 9.16** (200901) $(x^2-2x-8)(2-x)(2x-2x^2-6)>0$.

(1) $x\in(-3,-2)$       (2) $x\in[2,3]$

**解** $(x^2-2x-8)(2-x)(2x-2x^2-6)>0\Leftrightarrow(x+2)(x-4)(x-2)2\cdot(x^2-x+3)>0$.

因为 $(x^2-x+3)>0$ 恒成立,所以原不等式等价于 $(x+2)(x-2)(x-4)>0$.

利用"串根"的方法可得该不等式的解集是 $(4,+\infty)\bigcup(-2,2)$.

所以条件(1)(2)都不充分,也不能联合,所以选(E).

〔评注〕 高次不等式去掉一个恒大于零的二次三项式后用串根法.

---

**【知识点 9.9】** 分式不等式

解题方法:分式不等式 $\dfrac{f(x)}{g(x)}>0$(或 $\geqslant 0$)或 $\dfrac{f(x)}{g(x)}<0$(或 $\leqslant 0$)运用以下同解原理:

① $\dfrac{f(x)}{g(x)}>0$(或 $<0$)与 $f(x)\cdot g(x)>0$(或 $<0$)同解.

② $\dfrac{f(x)}{g(x)}\geqslant 0$(或 $\leqslant 0$)与不等式组 $\begin{cases}f(x)\cdot g(x)\geqslant 0\\g(x)\neq 0\end{cases}$ $\left(或\begin{cases}f(x)\cdot g(x)\leqslant 0\\g(x)\neq 0\end{cases}\right)$

同解.

解题技巧:利用分式性质将分式不等式转化为一般不等式可以提高解题速度.

---

**例 9.17** (2001)设 $0<x<1$,则不等式 $\dfrac{3x^2-2}{x^2-1}>1$ 的解集是(    ).

(A) $0<x<\dfrac{1}{\sqrt{2}}$                 (B) $\dfrac{1}{\sqrt{2}}<x<1$

(C) $0<x<\sqrt{\dfrac{2}{3}}$                 (D) $\sqrt{\dfrac{2}{3}}<x<1$

**解** 当 $0<x<1$,则 $x^2-1<0$,所以不等式等价于 $3x^2-2<x^2-1$,即 $2x^2-1<0$.

故有 $-\dfrac{1}{\sqrt{2}}<x<\dfrac{1}{\sqrt{2}}$,从而解集为 $0<x<\dfrac{1}{\sqrt{2}}$,所以选(A).

〔评注〕 本题在已给条件 $(0<x<1)$ 下,可以得到 $x^2-1<0$,利用不等式性质将分式不等式转化为一般不等式.

**例 9.18** 不等式 $\dfrac{3x^2+3x+2}{x^2+x+1}<k$ 恒成立,则正数 $k$ 的取值范围为(    ).

(A) $k<3$    (B) $k>3$    (C) $1<k<3$    (D) $\dfrac{5}{3}<k<3$    (E) $k\geqslant 3$

**解** 不等式的分母 $x^2+x+1$ 恒大于零,因此原不等式等价为 $3x^2+3x+2<k(x^2+$

$x+1$).

整理得 $(3-k)x^2+(3-k)x+(2-k)<0$，要使该不等式恒成立：

当 $3-k=0$，不等式恒成立；

当 $\begin{cases} 3-k<0 \\ \Delta=(3-k)^2-4(3-k)(2-k)<0 \end{cases} \Leftrightarrow \begin{cases} 3-k<0 \\ (k-3)(3k-5)>0 \end{cases}$，所以 $k>3$.

综上 $k\geqslant 3$. 即答案是(E).

〖评注〗 此题不可能用移项后串根的方法，特别注意一些二次三项式的符号，利用不等式性质转换为一般不等式，还要注意一元二次不等式退化的情况.

**【知识点 9.10】 指数不等式**

解题技巧：指数不等式 $a^{f(x)}>a^{g(x)}(a>0$ 且 $a\neq 1)$ 的同解不等式(关键是化为同底)，

当 $a>1$ 时，为 $f(x)>g(x)$；当 $0<a<1$ 时，为 $f(x)<g(x)$.

**例 9.19** 不等式 $2^{x^2-2x-3}>\left(\dfrac{1}{8}\right)^{x-1}$ 成立.

(1) $x<-3$　　(2) $x>2$

**解** 原不等式等价于 $2^{x^2-2x-3}>2^{-3(x-1)}$，即 $x^2-2x-3>-3(x-1)\Leftrightarrow x^2+x-6>0$.

解得 $x<-3$ 或 $x>2$. 即条件(1)与条件(2)单独都充分，故本题应选(D).

〖评注〗 指数不等式关键是要化同底数，然后再利用指数函数性质转化为一元二次不等式.

**【知识点 9.11】 对数不等式**

解题技巧：对数不等式 $\log_a f(x)>\log_a g(x)\ (a>0$ 且 $a\neq 1)$ 的同解不等式(关键是化为同底)，

当 $a>1$ 时，为 $\begin{cases} f(x)>0, \\ g(x)>0, \\ f(x)>g(x); \end{cases}$　当 $0<a<1$ 时，为 $\begin{cases} f(x)>0, \\ g(x)>0, \\ f(x)<g(x). \end{cases}$

**例 9.20** 不等式 $\lg x-\lg(x+1)>\lg(x-1)$ 成立.

(1) $x>1$　　(2) $x<\dfrac{3}{2}$

**解** 原不等式等价于 $\lg x>\lg(x-1)+\lg(x+1)$，即 $\lg x>\lg(x^2-1)\Leftrightarrow\begin{cases} x>0, \\ x+1>0, \\ x-1>0, \\ x>x^2-1, \end{cases}$

解得 $1<x<\dfrac{1+\sqrt{5}}{2}$，所以条件(1)与条件(2)单独都不充分，又因为 $\dfrac{3}{2}<\dfrac{1+\sqrt{5}}{2}$，所以联合起来充分，选(C).

【知识点 9.12】　利用均值不等式求最值

解题技巧：先验证给定函数是否满足均值不等式三条件：

(1)各项均为正；(2)乘积(或者和)为定值；(3)等号能否取到.

**例 9.21**　(200910) $\dfrac{1}{a}+\dfrac{1}{b}+\dfrac{1}{c}>\sqrt{a}+\sqrt{b}+\sqrt{c}$.

(1) $abc=1$　　　(2) $a,b,c$ 为不全相等的正数

**解法 1**　取 $a=b=c=1$,则知条件(1)不充分,取 $a=1,b=4,c=9$,则知条件(2)也不充分.

联合条件(1)和条件(2)有

$$\frac{1}{a}+\frac{1}{b}+\frac{1}{c}=\frac{bc+ac+ab}{abc}=bc+ac+ab=\frac{bc+ac}{2}+\frac{ac+ab}{2}+\frac{bc+ab}{2}$$
$$>\sqrt{bac^2}+\sqrt{bca^2}+\sqrt{acb^2}=\sqrt{c}+\sqrt{a}+\sqrt{b}, 选(C).$$

**解法 2**　$a,b,c$ 为正数且 $abc=1$,所以有 $\dfrac{1}{a}+\dfrac{1}{b}\geqslant 2\sqrt{\dfrac{1}{a}\cdot\dfrac{1}{b}}=2\sqrt{c}$, $\dfrac{1}{b}+\dfrac{1}{c}\geqslant$ $2\sqrt{\dfrac{1}{b}\cdot\dfrac{1}{c}}=2\sqrt{a}$, $\dfrac{1}{a}+\dfrac{1}{c}\geqslant 2\sqrt{\dfrac{1}{a}\cdot\dfrac{1}{c}}=2\sqrt{b}$,以上三个式子相加,得 $\dfrac{1}{a}+\dfrac{1}{b}+\dfrac{1}{c}\geqslant\sqrt{c}+$ $\sqrt{a}+\sqrt{b}$,又因为 $a,b,c$ 不全相等,所以 $\dfrac{1}{a}+\dfrac{1}{b}+\dfrac{1}{c}>\sqrt{c}+\sqrt{a}+\sqrt{b}$. 选(C).

〖评注〗　应用均值不等式证明不等式,特别注意均值不等式等号成立的条件.

**例 9.22**　(200810)若 $y^2-2\left(\sqrt{x}+\dfrac{1}{\sqrt{x}}\right)y+3<0$ 对一切正实数 $x$ 恒成立,则 $y$ 的取值范围是(　　).

(A) $1<y<3$　　　　(B) $2<y<4$　　　　(C) $1<y<4$

(D) $3<y<5$　　　　(E) $2<y<5$

**解**　由已知 $2\left(\sqrt{x}+\dfrac{1}{\sqrt{x}}\right)y>y^2+3$,知 $y>0$.

$$y^2+3<2\left(\sqrt{x}+\frac{1}{\sqrt{x}}\right)y\Rightarrow y+\frac{3}{y}<2\left(\sqrt{x}+\frac{1}{\sqrt{x}}\right).$$

由上式对一切正实数 $x$ 恒成立,所以 $y+\dfrac{3}{y}<2\left(\sqrt{x}+\dfrac{1}{\sqrt{x}}\right)_{\min}$.

由均值不等式知 $\sqrt{x}+\dfrac{1}{\sqrt{x}}\geqslant 2\sqrt{\sqrt{x}\cdot\dfrac{1}{\sqrt{x}}}=2$,当 $x=1$ 时,故 $\left(\sqrt{x}+\dfrac{1}{\sqrt{x}}\right)_{\min}=2$,

得 $y+\dfrac{3}{y}<2\times 2=4$,即 $y^2-4y+3<0$,解得,所以选(A).

〖评注〗　均值不等式、不等式性质综合应用. 解题技巧:也可以用 $y=3,4$ 不满足题干排除选项.

**例 9.23**　$y=\sqrt{x^2+4}+\dfrac{1}{\sqrt{x^2+4}}$ 的最小值为(　　).

(A) 0        (B) 2        (C) 2.25        (D) 2.5        (E) 以上都不正确

**解**    $y = \sqrt{x^2+4} + \dfrac{1}{\sqrt{x^2+4}} \geq 2$，但是 $\sqrt{x^2+4} = \dfrac{1}{\sqrt{x^2+4}}$ 时 $x$ 无解，所以该最小值取不到.

令 $t = \sqrt{x^2+4} \geq 2$，则 $y = t + \dfrac{1}{t}$ 在 $t \geq 2$ 时单调递增，故 $y_{\min} = 2 + \dfrac{1}{2} = 2.5$，当 $x = 0$ 时达到. 选(D).

〖评注〗   $y = t + \dfrac{1}{t}$ 俗称"Nike"函数(对勾函数)，要特别注意等号取到的条件是否成立.

## 9.3 历年真题分类汇编与典型习题(含详解)

**1.** (200810) $a > b$.

(1) $a$，$b$ 为实数，且 $a^2 > b^2$      (2) $a$，$b$ 为实数，且 $\left(\dfrac{1}{2}\right)^a < \left(\dfrac{1}{2}\right)^b$

**2.** 已知 $a$，$b \in \mathbf{R}$，且 $a > b$，则下列各式中恒成立的是(    ).

(A) $a^2 > b^2$        (B) $\dfrac{b}{a} < 1$        (C) $\lg(a-b) > 0$

(D) $\left(\dfrac{1}{2}\right)^a < \left(\dfrac{1}{2}\right)^b$        (E) $\sqrt[n]{a} > \sqrt[n]{b}$ ($n$ 为正整数，且 $n \geq 2$)

**3.** 已知 $\alpha$，$\beta$ 满足 $\begin{cases} -1 \leq \alpha + \beta \leq 1 \\ 1 \leq \alpha + 2\beta \leq 3 \end{cases}$，则 $\alpha + 3\beta$ 的最大值为(    ).

(A) 3        (B) 4        (C) 5        (D) 6        (E) 7

**4.** (2005) $4x^2 - 4x < 3$.

(1) $x \in \left(-\dfrac{1}{4}, \dfrac{1}{2}\right)$      (2) $x \in (-1, 0)$

**5.** (2001) 已知 $-2x^2 + 5x + c \geq 0$ 的解为 $-\dfrac{1}{2} \leq x \leq 3$，则 $c = ($    ).

(A) $\dfrac{1}{3}$        (B) 3        (C) $-\dfrac{1}{3}$        (D) $-3$        (E) $\dfrac{1}{2}$

**6.** 如果已知关于 $x$ 的不等式 $(a+b)x^2 + (2a-3b)x > 0$ 的解集为 $(-3, 0)$，那么 $\log_{6b} a^2$ 的值等于(    ).

(A) 1     (B) 2     (C) $-1$     (D) $-2$     (E) 以上结论均不正确

**7.** 自然数 $n$ 满足 $4n - n^2 - 3 > 0$.

(1) 自然数 $n$ 加上 2 后是一个完全平方数

(2) 自然数 $n$ 减去 1 后是一个完全平方数

**8.** (200110) 若 $a > b > 0$，$k > 0$，则下列不等式中能够成立的是(    ).

(A) $-\dfrac{b}{a} < -\dfrac{b+k}{a+k}$     (B) $\dfrac{a}{b} > \dfrac{a-k}{b-k}$     (C) $-\dfrac{b}{a} > -\dfrac{b+k}{a+k}$     (D) $\dfrac{a}{b} < \dfrac{a-k}{b-k}$

**9.** (200710) $x > y$.

(1) 若 $x$ 和 $y$ 都是正整数，且 $x^2 < y$

(2) 若 $x$ 和 $y$ 都是正整数，且 $\sqrt{x} < y$

10. (201010)不等式 $3ax - \dfrac{5}{2} \leqslant 2a$ 的解集是 $x \leqslant \dfrac{3}{2}$.

(1) 直线 $\dfrac{x}{a} + \dfrac{y}{b} = 1$ 与 $x$ 轴的交点是 $(1, 0)$

(2) 方程 $\dfrac{3x-1}{2} - a = \dfrac{1-a}{3}$ 的根为 $x = 1$

11. (201110)不等式 $ax^2 + (a-6)x + 2 > 0$ 对所有实数 $x$ 都成立.
    (1) $0 < a < 3$     (2) $1 < a < 5$

12. (201210) $x^2 - x - 5 > |2x - 1|$.
    (1) $x > 4$     (2) $x < -1$

13. (201210)若不等式 $\dfrac{(x-a)^2 + (x+a)^2}{x} > 4$ 对 $x \in (0, +\infty)$ 恒成立，则常数 $a$ 的取值

    范围是(　　).
    (A) $(-\infty, -1)$        (B) $(1, +\infty)$        (C) $(-1, 1)$
    (D) $(-1, +\infty)$        (E) $(-\infty, -1) \bigcup (1, +\infty)$

14. (2008) $(2x^2 + x + 3)(-x^2 + 2x + 3) < 0$.
    (1) $x \in [-3, -2]$     (2) $x \in (4, 5)$

15. 分式不等式 $\dfrac{2x^2 + x + 14}{x^2 + 6x + 8} \leqslant 1$ 的解集为(　　).

    (A) $-14 < x < -2$ 或 $2 \leqslant x \leqslant 3$        (B) $-4 < x < -2$ 或 $2 \leqslant x \leqslant 3$
    (C) $-4 < x < -2$                (D) $2 \leqslant x \leqslant 3$
    (E) 以上结论均不正确

16. 关于 $x$ 的分式不等式 $\dfrac{2x^2 + (a-1)x + 3}{x^2 + ax} > 1 (a < 0)$ 的解集为(　　).

    (A) $\{x \mid x < -a$ 或 $x > 0\}$        (B) $\{x \mid x \in \mathbf{R}$ 且 $x \neq 0\}$
    (C) $\{x \mid -a < x < 0\}$        (D) $\{x \mid x < 0$ 或 $x > -a\}$
    (E) 以上都不正确

17. 不等式 $2^{2x} - 3 \times 2^{x+2} + 32 > 0$ 成立.
    (1) $x > 2$     (2) $x < 3$

18. 不等式 $\dfrac{2x^2 + \lg m^{2x+1}}{4x^2 + 6x + 3} < 1$ 对于 $x$ 取一切实数都成立.

    (1) $10 < m < 100$     (2) $100 < m < 1\,000$

19. 函数 $y = 3x + \dfrac{4}{x^2} (x > 0)$ 的最小值为(　　).

    (A) $3$      (B) $9$      (C) $\sqrt[3]{9}$      (D) $3\sqrt[3]{9}$      (E) 以上都不正确

20. 已知 $x, y \in \mathbf{R}$，且 $x + y = 4$，则 $3^x + 3^y$ 的最小值是(　　).
    (A) $3\sqrt{2}$     (B) $18$     (C) $9$     (D) $2\sqrt{2}$     (E) $\sqrt{6}$

21. 若 $x > 0$，$y > 0$，且 $x + 2y = 4$，则 $\lg x + \lg y$ 的最大值是(　　).

(A) lg 2　　　　(B) 2lg 2　　　(C) $\frac{1}{2}$lg 2　　　(D) 3lg 2　　　(E) lg 3

**22.** (201310)不等式 $\frac{x^2-2x+3}{x^2-5x+6} \geqslant 0$ 的解是(　　).

(A) $(2, 3)$　　　　　　　(B) $(-\infty, 2]$　　　　　　(C) $[3, +\infty)$

(D) $(-\infty, 2] \cup [3, +\infty)$　(E) $(-\infty, 2) \cup (3, +\infty)$

**23.** (201410)$x \geqslant 2014$.

(1) $x > 2014$　　(2) $x = 2014$

**24.** (201410) $x$ 是实数,则 $x$ 的范围是$(0, 1)$.

(1) $x < \frac{1}{x}$　　　(2) $2x > x^2$

**详解:**

**1.【B】**

**解**　条件(1)不充分,比如 $a = -3$,$b = -2$,有$(-3)^2 > (-2)^2$,满足条件(1),但是 $-3 < -2$.

由于 $f(x) = \left(\frac{1}{2}\right)^x$ 为减函数,因此 $\left(\frac{1}{2}\right)^a < \left(\frac{1}{2}\right)^b \Leftrightarrow a > b$,即条件(2)充分.选(B).

**2.【D】**

**解**　指数函数 $f(x) = \left(\frac{1}{2}\right)^x$ 在$(-\infty, +\infty)$上是减函数,故由 $a > b$ 知 $\left(\frac{1}{2}\right)^a < \left(\frac{1}{2}\right)^b$ 恒成立,选(D).

**3.【E】**

**解**　因为 $\alpha + 3\beta = 2(\alpha + 2\beta) - (\alpha + \beta)$,又因为 $2 \leqslant 2(\alpha + 2\beta) \leqslant 6$,$-1 \leqslant -(\alpha + \beta) \leqslant 1$.

所以 $1 \leqslant \alpha + 3\beta \leqslant 7$,所以 $\alpha + 3\beta$ 的取值范围是$[1, 7]$,所以选(E).

〖评注〗　把"$\alpha + \beta$","$\alpha + 2\beta$"看成一个整体,利用不等式性质得出范围.

**4.【A】**

**解**　$4x^2 - 4x - 3 < 0$ 抛物线开口向上,考察 $4x^2 - 4x - 3 = 0$ 的解,$x = \frac{4 \pm \sqrt{64}}{8} = \frac{1 \pm 2}{2}$,

即 $4x^2 - 4x - 3 < 0$ 的解为:$-\frac{1}{2} < x < \frac{3}{2}$.因而条件(1)充分,而条件(2)不充分,选(A).

〖评注〗　基本一元二次不等式求解.

**5.【B】**

**解**　由已知 $x = -\frac{1}{2}$,$x = 3$ 是方程 $-2x^2 + 5x + c = 0$ 的两个实根,

将 $x = 3$ 代入方程,$-2 \times 3^2 + 5 \times 3 + c = 0$,得 $c = 3$.答案是(B).

**6.【B】**

**解**　原不等式可化为 $x[(a+b)x - (3b-2a)] > 0$,因为其解为$(-3, 0)$,

所以 $\begin{cases} a+b < 0 \\ \dfrac{3b-2a}{a+b} = -3 \end{cases}$,解得 $a = -6b$,从而 $\log_{6b} a^2 = \log_{6b}(-6b)^2 = 2$,选(B).

**7.【C】**

**解**　不等式 $4n - n^2 - 3 > 0$ 的解的集合为 $1 < n < 3$,若 $n$ 为自然数,则必须 $n = 2$.

由条件(1)令 $n = 23$,则 $23 + 2 = 5^2$,但 $n \neq 2$,所以不充分.

由条件(2)令 $n=17$,则 $17-1=4^2$,但 $n\neq2$,所以不充分.

联合条件(1)和条件(2),令 $\begin{cases}n+2=k_1^2\\n-1=k_2^2\end{cases}$,这里的 $k_1$,$k_2$ 都是正整数,且显然有 $k_1>k_2$,

从而 $k_1^2-k_2^2=(k_1+k_2)(k_1-k_2)=3$,则 $\begin{cases}k_1-k_2=1\\k_1+k_2=3\end{cases}$,得 $k_1=2$,$n=2$,答案是(C).

**8.【C】**

**解** 因为 $a>b>0$,$k>0$,所以 $ak>bk>0$,从而 $ak+ab>bk+ab$,即 $a(k+b)>b(k+a)$,所以

$\dfrac{b}{a}<\dfrac{b+k}{a+k}$,即 $-\dfrac{b}{a}>-\dfrac{b+k}{a+k}$,选(C).

**9.【E】**

**解** 由条件(1),$x$ 和 $y$ 都是正整数,$x^2<y\Rightarrow x<\dfrac{y}{x}<y$,条件(1)不充分.

由条件(2),若 $x$ 和 $y$ 都是正整数,且 $\sqrt{x}<y$,两边平方,$x<y^2$,也得不到 $x>y$.

若(1),(2)联合起来,即 $\begin{cases}x<y\\x<y^2\end{cases}$,也得不到 $x>y$ 的结论. 故选(E).

**10.【D】**

**解** 条件(1),$a=1$,代入题干 $3x-\dfrac{5}{2}\leqslant2$,得 $x\leqslant\dfrac{3}{2}$. 条件(2),$a=1$,充分. 选(D).

**11.【E】**

**解** ① 当 $a=0$ 时,$-6x+2>0$,显然不成立.

② 当 $a\neq0$ 时,$\begin{cases}a>0\\\Delta<0\end{cases}\Rightarrow(a-6)^2-4a\times2<0\Rightarrow2<a<18$,

所以当 $2<a<18$ 时不等式对所有实数 $x$ 都成立.

条件(1)不充分;条件(2)不充分.

条件(1),(2)联合,$\begin{cases}0<a<3\\1<a<5\end{cases}\Rightarrow1<a<3$,也不充分.

**12.【A】**

**解** 直接求解不等式 $x^2-x-5>|2x-1|$,分两种情况讨论:

(1) 当 $x\geqslant\dfrac{1}{2}$ 时,原不等式为 $x^2-x-5>2x-1\Rightarrow x^2-3x-4>0\Rightarrow x>4$ 或 $x<-1$,所以 $x>4$;

(2) 当 $x<\dfrac{1}{2}$ 时,原不等式为 $x^2-x-5>1-2x\Rightarrow x^2+x-6>0\Rightarrow x>2$ 或 $x<-3$,所以 $x<-3$;

综上满足 $x^2-x-5>|2x-1|$ 的解集为 $x>4$ 或 $x<-3$,所以条件(1)充分,条件(2)不充分.

**13.【E】**

**解** $\dfrac{(x-a)^2+(x+a)^2}{x}=2\left(x+\dfrac{a^2}{x}\right)\geqslant2\times2\sqrt{x\times\dfrac{a^2}{x}}=4|a|>4$,则常数 $a$ 的取值范围是 $(-\infty,-1)\bigcup(1,+\infty)$.

**14.【D】**

**解** 因为 $2x^2+x+3>0$ 恒成立,从而只要求出 $-x^2+2x+3<0$ 的解集为 $(-\infty,-1)\bigcup(3,+\infty)$,所以条件(1)和(2)都是充分的. 选(D).

【评注】 高次不等式内含一个恒大于零的二次三项式.

**15.【B】**

**解** 原不等式可化简为 $\dfrac{2x^2+x+14}{x^2+6x+8}-1\leqslant0$

$$\Leftrightarrow \frac{x^2-5x+6}{x^2+6x+8} \leqslant 0 \Leftrightarrow \frac{(x-2)(x-3)}{(x+2)(x+4)} \leqslant 0 \Leftrightarrow \begin{cases} (x+4)(x+2)(x-2)(x-3) \leqslant 0, \\ (x+2)(x+4) \neq 0 \end{cases}$$

利用串根法可得：$-4 < x < -2$ 或 $2 \leqslant x \leqslant 3$，选(B).

**16.**【D】

**解**　原不等式等价于 $\frac{x^2-x+3}{x^2+ax} > 0$. 由于 $x^2-x+3 > 0$ 对 $x \in \mathbf{R}$ 恒成立，所以 $x^2+ax > 0$，即 $x(x+a) > 0$，所以当 $a > 0$ 时，$\{x \mid x < -a$ 或 $x > 0\}$；当 $a = 0$ 时，$\{x \mid x \in \mathbf{R}$ 且 $x \neq 0\}$；当 $a < 0$ 时，$\{x \mid x < 0$ 或 $x > -a\}$，选(D).

〖评注〗　注意分子二次三项式恒大于零.

**17.**【E】

**解**　$2^{2x} - 3 \times 2^{x+2} + 32 > 0 \Leftrightarrow (2^x)^2 - 3 \times 2^2 \times 2^x + 32 > 0$，设 $2^x = t > 0$ 则不等式可化为 $t^2 - 12t + 32 > 0$，解得 $t < 4$ 或 $t > 8$，即 $2^x < 4$ 或 $2^x > 8$，从而 $x < 2$ 或 $x > 3$.

所以条件(1)与条件(2)单独都不充分，且联合起来也不充分. 故本题应选(E).

〖评注〗　设中间变量后转化为一元二次不等式.

**18.**【D】

**解**　因为 $4x^2 + 6x + 3 = 4\left(x + \frac{3}{4}\right)^2 + \frac{3}{4} > 0$，于是可将题干中原不等式去分母化为

$$2x^2 + 6x - (2x+1)\lg m + 3 > 0, \text{即 } 2x^2 + 2(3 - \lg m)x + 3 - \lg m > 0.$$

上式二次项系数 $> 0$，判别式 $\Delta = 4(3 - \lg m)^2 - 4 \times 2(3 - \lg m) = 4(\lg m - 3)(\lg m - 1)$，

由条件(1)$10 < m < 100$ 可知，$1 < \lg m < 2$，所以 $\lg m - 1 > 0$，$\lg m - 3 < 0$，故 $\Delta < 0$ 成立. 所以不等式对任意实数 $x$ 均成立，由此可得 $\frac{2x^2 + \lg m^{2x+1}}{4x^2 + 6x + 3} < 1$ 对任意实数 $x$ 均成立.

故条件(1)充分.

由条件(2)可得 $2 < \lg m < 3$，可知 $\lg m - 1 > 0$，$\lg m - 3 < 0$. 同样可得判别式 $\Delta < 0$，所以条件(2)也充分.

故应选(D).

**19.**【D】

**解**　$y = \frac{3}{2}x + \frac{3}{2}x + \frac{4}{x^2} \geqslant 3\sqrt[3]{\frac{3}{2}x \cdot \frac{3}{2}x \cdot \frac{4}{x^2}} = 3\sqrt[3]{9}$，当 $\frac{3}{2}x = \frac{3}{2}x = \frac{4}{x^2}$ 时，即 $x = \sqrt[3]{\frac{8}{3}}$ 时等号成立，选(D).

〖评注〗　此题的变形拆分是解题的关键. 在拆分的时候，为了保证取到最值，要进行平均拆分.

**20.**【B】

**解**　$3^x + 3^y \geqslant 2\sqrt{3^x 3^y} = 2\sqrt{3^4} = 18$，选(B).

**21.**【A】

**解**　根据 $4 = x + 2y \geqslant 2\sqrt{2xy}$，得到 $\sqrt{2} \geqslant \sqrt{xy}$，$xy \leqslant 2$，从而 $\lg x + \lg y = \lg xy \leqslant \lg 2$，选(A).

**22.**【E】

**解**　$x^2 - 2x + 3 = (x-1)^2 + 2 > 0$，或 $x^2 - 2x + 3$ 中 $\Delta < 0$，则 $x^2 - 2x + 3 > 0$ 恒成立. 所以原式可化为 $x^2 - 5x + 6 > 0$，即 $(x-2)(x-3) > 0 \Rightarrow x \in (-\infty, 2) \bigcup (3, +\infty)$.

〖技巧〗　$x = 2$ 或 $x = 3$ 显然不对，排除(B)，(C)，(D)；代入 $x = 0$ 满足，排除(A)，选(E).

**23.**【D】

**解**　显然条件(1)与条件(2)单独都充分.

**24.**【C】

**解**　由条件(1)，$x < \dfrac{1}{x} \Rightarrow \dfrac{x^2-1}{x} < 0 \Rightarrow x(x+1)(x-1) < 0$，即 $x < -1$ 或 $0 < x < 1$，不充分.

由条件(2)，$2x > x^2 \Rightarrow x^2 - 2x < 0 \Rightarrow 0 < x < 2$，也不充分.

两个条件联合起来 $0 < x < 1$，充分.

〖**评注**〗　此题典型错误为 $x < \dfrac{1}{x}$ 两边同乘以 $x$ 得到 $x^2 < 1$.

# 第 10 章

# 数 列

## 10.1 基本概念、定理、方法

### 10.1.1 数列

#### 1. 数列

定义:依一定次序排列的一列数称为数列.数列中的每一个数都称为这个数列的项.

数列的一般表达形式为 $a_1, a_2, a_3, \cdots, a_n, \cdots$ 或简记为 $\{a_n\}$.项数有限的数列称为有穷数列,项数无限的数列称为无穷数列.

#### 2. 数列通项

其中 $a_n$ 称为数列 $\{a_n\}$ 的通项,自然数 $n$ 称为 $a_n$ 的序号.如果通项 $a_n$ 与 $n$ 之间的函数关系,可以用一个关于 $n$ 的解析式 $f(n)$ 表达,则称 $a_n = f(n)$ 为数列 $\{a_n\}$ 的通项公式.

如数列 $1, \dfrac{1}{2}, \dfrac{1}{4}, \dfrac{1}{8}, \cdots$ 的一个通项公式为 $a_n = \dfrac{1}{2^{n-1}}$.

知道了一个数列的通项公式,就等于从整体上掌握了这个数列,即由通项公式可求出这个数列中的任意一项;对任意给出的数可以确定它是否是该数列中的项.

如在上面给出的数列中,由 $a_n = \dfrac{1}{2^{n-1}}$,可以求出 $a_{11} = \dfrac{1}{2^{10}} = \dfrac{1}{1\,024}$,也可以断定 $\dfrac{1}{10}$ 不是该数列中的项,而由 $\dfrac{1}{64} = \dfrac{1}{2^6}$,$2^{n-1} = 2^6$,得 $n = 7$,即 $\dfrac{1}{64}$ 是已知数列中的第 7 项.

#### 3. 数列的前 n 项的和（记作 $S_n$）

对于数列 $\{a_n\}$,显然有 $S_n = a_1 + a_2 + a_3 + \cdots + a_n$;

当 $n = 1$ 时,$a_1 = S_1$;当 $n \geqslant 2$ 时,$a_n = S_n - S_{n-1}$,即 $a_n = \begin{cases} S_1 & (n = 1) \\ S_n - S_{n-1} & (n \geqslant 2) \end{cases}$.

### 10.1.2 等差数列

#### 1. 定义

从第二项开始每一项和前面一项的差相等的数列为等差数列.

数学表达:①如果在数列 $\{a_n\}$ 中,$a_{n+1} - a_n = d$(常数)$(n \in \mathbf{N})$,则称数列 $\{a_n\}$ 为等差数列,$d$ 为公差.②若数列 $\{a_n\}$ 满足 $2a_n = a_{n+1} + a_{n-1}$,则数列 $\{a_n\}$ 为等差数列.

注:由定义可知常数列为等差数列,公差为 0.

若等差数列 $\{a_n\}$ 的公差为 $d$,则数列 $\{\lambda a_n + b\}$($\lambda$, $b$ 为常数)为公差为 $\lambda d$ 的等差数列;若 $\{b_n\}$ 也是公差为 $d$ 的等差数列,则 $\{\lambda_1 a_n + \lambda_2 b_n\}$($\lambda_1$, $\lambda_2$ 为常数)也是等差数列,且公差为 $\lambda_1 d + \lambda_2 d$.下标成等差数列且公差为 $m$ 的项 $a_k$, $a_{k+m}$, $a_{k+2m}$, $\cdots$ 组成的数列仍是等差数列,

公差为 $md$.

### 2. 通项公式

$$a_n = a_1 + (n-1)d.$$

**注意 1** 公差 $d$ 不为零时，若数列 $\{a_n\}$ 为等差数列 $\Leftrightarrow a_n = f(n) = a_1 + (n-1)d = dn + (a_1 - d)$ 是关于 $n$ 的一次函数. 若 $d > 0$ 则 $\{a_n\}$ 单调递增，若 $d < 0$ 则 $\{a_n\}$ 单调递减.

**注意 2** 更一般地，$a_n = a_m + (n-m)d$, $d = \dfrac{a_n - a_m}{n - m}$ $(n \neq m)$.

### 3. 等差中项

如果 $a$，$A$，$b$ 成等差数列，则 $A$ 称为 $a$ 与 $b$ 的等差中项，则 $A = \dfrac{a+b}{2}$.

### 4. 前 n 项和公式

$$S_n = \frac{(a_1 + a_n)n}{2} = na_1 + \frac{n(n-1)}{2}d = \left(\frac{d}{2}\right)n^2 + \left(a_1 - \frac{d}{2}\right)n.$$

**注意 1** 公差 $d$ 不为 0 时，若数列 $\{a_n\}$ 为等差数列 $\Leftrightarrow S_n$ 是不含常数项的二次函数.

如 $S_n = 3n^2 - 5n$，则相应 $a_n$ 一定是等差数列，实际上可以求出 $a_n = 6n - 8$，其公差是 6，首项是 $-2$；

若 $S_n$ 是一个含有常数项的二次函数，则不再构成等差数列. 但从第二项以后的各项仍然构成等差数列. 如 $S_n = 2n^2 - 3n + 4$，则相应 $a_n$ 一定不是等差数列，实际上可以求出 $a_n = \begin{cases} 3 & (n=1) \\ 4n-5 & (n \geqslant 2) \end{cases}$, $S_n = 2n^2 - 3n + 4$ 所形成的数列为 3，3，7，11，15，19，$\cdots$

**注意 2** 二次函数 $S_n = f(n) = \left(\dfrac{d}{2}\right)n^2 + \left(a_1 - \dfrac{d}{2}\right)n$ 的图像是取值为正整数的有二次函数趋势的点列，二次项系数为半公差 $\left(\dfrac{d}{2}\right)$，开口方向由公差 $(d)$ 的符号决定，对称轴为 $x = \dfrac{1}{2} - \dfrac{a_1}{d}$（求最值用）.

**注意 3** 由等差数列的定义知：若 $a_1 > 0$，$d < 0$，则 $S_n$ 有最大值；若 $a_1 < 0$，$d > 0$，则 $S_n$ 有最小值.

### 5. 等差数列的性质

**性质 1** 若 $m$，$n$，$l$，$k \in \mathbf{Z}_+$，$m + n = l + k$，则 $a_m + a_n = a_l + a_k$，反之不一定成立.

**注意 1** 可以将此公式推广到多个，但要满足两个成立的条件：一是下标之和要分别相等；二是等号两端的项数要分别相等. 如 $a_2 + a_8 + a_{12} = a_4 + a_7 + a_{11} \neq a_6 + a_{16}$（因为项数不同）. 但 $a_2 + a_8 = 2a_5$.

**注意 2** 距首末等远的两项和均相等，即 $a_1 + a_n = a_2 + a_{n-1} = \cdots = a_k + a_{n-k+1}$（两项下标之和只要是 $n+1$，这两项距首末两项必等远）；距任一项（第一项除外）前后等远两项之和都相等，即 $a_{k-1} + a_{k+1} = a_{k-2} + a_{k+2} = \cdots = 2a_k$（两项下标之和为 $2k$ 时，这两项距 $a_k$ 这项前后等远）.

**性质 2** 若 $S_n$ 为等差数列的前 $n$ 项和，则 $S_n$，$S_{2n} - S_n$，$S_{3n} - S_{2n}$ 仍为等差数列，其公差为 $n^2 d$.

### 10.1.3　等比数列

**1. 定义**

从第二项开始每一项和前面一项的比值都相等的数列为等比数列.

数学表达:①如果在数列 $\{a_n\}$ 中, $\dfrac{a_{n+1}}{a_n} = q$(常数)($n \in \mathbf{N}$),则称数列 $\{a_n\}$ 为等比数列,$q$ 为公比.②若数列 $\{a_n\}$ 满足 $a_n^2 = a_{n+1} \cdot a_{n-1}$,则数列 $\{a_n\}$ 为等比数列.

**注意 1**　常数列不一定是等比数列,非零常数列是等比数列(因为等比数列任意元素均不能为零).

**注意 2**　若数列 $\{a_n\}$ 是等比数列,则数列 $\{\lambda_1 a_n\}$($\lambda_1$ 为非零常数)是公比为 $q$ 的等比数列;若 $\{b_n\}$ 是公比为 $q_2$ 的等比数列,则 $\{\lambda_1 a_n \cdot \lambda_2 b_n\}$($\lambda_1$,$\lambda_2$ 为非零常数)也是等比数列且公比为 $q \cdot q_2$.下标成等差数列且公差为 $m$ 的项 $a_k$,$a_{k+m}$,$a_{k+2m}$,…组成的数列仍是等比数列,公比为 $q^m$.

**2. 通项公式**

$$a_n = a_1 q^{n-1}.$$

**注意 1**　$a_n = a_1 q^{n-1} = \dfrac{a_1}{q} q^n$ 形式上是关于 $n$ 的指数函数.

若数列 $\{a_n\}$ 为等比数列 $\Leftrightarrow a_n = c \cdot d^n$ ($c$, $d \neq 0$).

**注意 2**　更一般地: $a_n = a_m q^{n-m}$, $q = {}^{n-m}\sqrt{a_n / a_m}$.

**3. 等比中项**

若 $a$,$G$,$b$ 三者成等比数列,那么 $G$ 叫作 $a$,$b$ 的等比中项,且有 $G^2 = ab$ 或 $G = \pm\sqrt{ab}$.

**4. 前 n 项和公式**

$$S_n = \begin{cases} na_1 & (q = 1) \\[2mm] \dfrac{a_1(1-q^n)}{1-q} = \dfrac{a_1 - a_n q}{1-q} & (q \neq 1) \end{cases}.$$

**注意 1**　所有项的和 $S = a_1 + a_2 + a_3 + \cdots + a_n + \cdots = \lim\limits_{n \to \infty} S_n$.

对于无穷递缩等比数列($|q| < 1$,$q \neq 0$),存在所有项和为 $S = \dfrac{a_1}{1-q}$.

**5. 等比数列的性质**

**性质**　若 $m$,$n$,$l$,$k \in \mathbf{Z}_+$,$m+n = l+k$,则 $a_n \cdot a_n = a_l \cdot a_k$,反之不成立.

**注意 1**　可以将此公式推广到多个,但要满足两个成立的条件:一是下标之和要分别相等,二是等号两端的项数要分别相等.如 $a_2 \cdot a_8 \cdot a_{12} = a_4 \cdot a_7 \cdot a_{11} \neq a_6 \cdot a_{16}$(因为项数不同).

**注意 2**　距首末等远的两项积均相等. $a_1 a_n = a_1 a_1 q^{n-1} = a_1^2 q^{n-1} = a_2 a_{n-1} = \cdots = a_k a_{n-k+1}$.两项下标之和只要是 $n+1$,这两项距首末两项必等远.当 $k \neq 1$ 时,距 $a_k$ 前后等远两项之积都相等,即 $a_k^2 = a_{k-1} a_{k+1} = a_{k-2} a_{k+2} = \cdots$

## 10.2　知识点分类精讲

【知识点 10.1】　数列的定义
解题技巧：数列的实质是定义域为正整数的函数，且有一定顺序.

例 10.1　(200810) $a_1 = \dfrac{1}{3}$.

(1) 在数列 $\{a_n\}$ 中，$a_3 = 2$　　(2) 在数列 $\{a_n\}$ 中，$a_2 = 2a_1$，$a_3 = 3a_2$

解　由条件(1)，$a_3 = 2$，不能推出 $a_1$ 的值. 由条件(2)，只能推出 $a_3 = 6a_1$.
因此条件(1)和条件(2)单独都不充分. 联合条件(1)和条件(2)，则充分，所以选(C).
〖评注〗　数列是一组有序的数，依照递推关系可以验证结论成立.

例 10.2　数列 $\{a_n\}$ 的通项公式可以确定.

(1) 在数列 $\{a_n\}$ 中，有 $a_{n+1} = a_n + n$ 成立

(2) 数列 $\{a_n\}$ 的第 5 项为 1

解　由条件(1)可知 $\{a_n\}$ 的递推关系式，但由它不能确定 $\{a_n\}$ 的通项公式.
条件(2)只给出了 $\{a_n\}$ 中的第 5 项，也不能确定 $\{a_n\}$ 的通项公式，从而条件(1)和(2)单独都不充分.
由条件(2) $a_5 = 1$，再由条件(1) $a_n = a_{n+1} - n$，即可得 $a_1 = -9$，从而可决定 $\{a_n\}$ 的通项公式，故答案是(C).
〖评注〗　依照数列递推关系可以得出结论成立.

【知识点 10.2】　$a_n$ 与 $S_n$ 的关系 $a_n = \begin{cases} S_1 & (n=1), \\ S_n - S_{n-1} & (n \geqslant 2). \end{cases}$
解题技巧：要注意分类讨论，先做简单的 $n = 1$，再做 $n \geqslant 2$，最后考虑两者是否可以
　　　　　合并.

例 10.3　(2003)数列 $\{a_n\}$ 的前 $n$ 项和 $S_n = 4n^2 + n - 2$，则它的通项 $a_n$ 是(　　).

(A) $3n - 2$　　(B) $4n + 1$　　(C) $8n - 2$　　(D) $8n - 1$　　(E) 以上结论都不正确

解　当 $n = 1$ 时，$a_1 = S_1 = 3$.
当 $n \geqslant 2$ 时，$a_n = S_n - S_{n-1} = 4n^2 + n - 2 - [4(n-1)^2 + (n-1) - 2] = 8n - 3$.
从而 $a_n = \begin{cases} 3, & n = 1 \\ 8n - 3, & n \geqslant 2 \end{cases}$，所以选(E).
〖评注〗　要注意分情况讨论.

【知识点 10.3】　等差数列的定义
解题技巧：紧扣定义.

**例 10.4**　(200810)下列各项公式表示的数列为等差数列的是(　　).

(A) $a_n = \dfrac{n}{n+1}$ 　　　　(B) $a_n = n^2 - 1$ 　　　　(C) $5n + (-1)^n$

(D) $a_n = 3n - 1$ 　　　　(E) $a_n = \sqrt{n} - \sqrt[3]{n}$

**解**　用代入法,求出 $a_1$, $a_2$, $a_3$ 即可知(A),(B),(C),(E)都不是等差数列.若 $a_n = 3n-1$,则 $a_n - a_{n-1} = 3n-1 - [3(n-1)-1] = 3$,即 $a_n = 3n-1$ 为首项为 2、公差为 3 的等差数列.选(D).

〖评注〗　解题技巧:若数列 $\{a_n\}$ 为等差数列 $\Leftrightarrow a_n$ 是关于 $n$ 的一次函数.

**例 10.5**　数列 $\{a_n\}$ 中 $a_5 = 10$.

(1) 数列 $\{a_n\}$ 中,$S_n = \dfrac{1}{4} a_n(a_n + 2)$,且 $a_n > 0$

(2) 数列 $\{a_n\}$ 中,$a_1 = 1$,$a_2 = 2$,$a_3 = 3$,$a_4 = 5$,$a_6 = 13$

**解**　条件(1) $n \geqslant 2$ 时,$a_n = S_n - S_{n-1} = \dfrac{1}{4} a_n(a_n + 2) - \dfrac{1}{4} a_{n-1}(a_{n-1} + 2)$,

经过因式分解可得 $(a_n + a_{n-1})(a_n - a_{n-1} - 2) = 0$,又 $a_n > 0$,则 $a_n + a_{n-1} > 0$,所以 $a_n - a_{n-1} = 2$.由 $a_1 = \dfrac{1}{4} a_1(a_1 + 2)$,且 $a_1 > 0$,得 $a_1 = 2$.所以数列 $\{a_n\}$ 为首项为 2、公差为 2 的等差数列,所以 $a_5 = a_1 + 4d = 2 + 4 \times 2 = 10$.所以条件(1)充分.

条件(2) 可以得到规律 $a_5 = a_3 + a_4 = 3 + 5 = 8$,所以不充分.

选(A).

〖评注〗　题目中有关 $a_n$,$S_n$ 的问题,一般都利用 $a_n$ 与 $S_n$ 的关系转化为条件等式问题.

**例 10.6**　(200901)若数列 $\{a_n\}$ 中,$a_n \neq 0$ $(n \geqslant 1)$,$a_1 = \dfrac{1}{2}$,前 $n$ 项和 $S_n$ 满足 $a_n = \dfrac{2S_n^2}{2S_n - 1}$ $(n \geqslant 2)$,则 $\left\{\dfrac{1}{S_n}\right\}$ 是(　　).

(A) 首项为 2、公比为 $\dfrac{1}{2}$ 的等比数列　　　(B) 首项为 2、公比为 2 的等比数列

(C) 既非等差数列也非等比数列　　　(D) 首项为 2、公差为 $\dfrac{1}{2}$ 的等差数列

(E) 首项为 2、公差为 2 的等差数列

**解**　当 $n = 1$ 时,$\dfrac{1}{S_1} = \dfrac{1}{a_1} = 2$;当 $n \geqslant 2$ 时,$a_n = S_n - S_{n-1} = \dfrac{2S_n^2}{2S_n - 1}$.

因此 $(S_n - S_{n-1})(2S_n - 1) = 2S_n^2 \Rightarrow S_{n-1} - S_n - 2S_n S_{n-1} = 0$.

由已知 $S_n \neq 0$,所以等式两边同除 $S_n S_{n-1}$,得 $\dfrac{1}{S_n} - \dfrac{1}{S_{n-1}} = 2$.

可知 $\left\{\dfrac{1}{S_n}\right\}$ 是首项为 2、公差为 2 的等差数列.所以选(E).

〖评注〗　数列 $a_n$ 与 $S_n$ 的关系.此题问 $\left\{\dfrac{1}{S_n}\right\}$ 是何数列,则将 $a_n$ 转化为 $S_n$.

---

**【知识点 10.4】**　等差数列通项公式

解题技巧:转化为等差数列核心元素 $a_1$,$d$ 就能确定通项.等差数列的问题也可以通过核心元素 $a_1$,$d$ 转化为等式问题或者不等式问题.

**例 10.7**　(201001) 已知数列 $\{a_n\}$ 为等差数列,公差为 $d$,$a_1+a_2+a_3+a_4=12$,则 $a_4=0$.

(1) $d=-2$　　　(2) $a_2+a_4=4$

**解**　设此等差数列的首项为 $a_1$,公差为 $d$,题干给出 $a_1+a_1+d+a_1+2d+a_1+3d=12$,即 $2a_1+3d=6$,题干要求推出 $a_1+3d=0$.

由条件(1),$d=-2$,可得 $a_1=6$,从而 $6+3\times(-2)=0$ 成立,所以条件(1)充分.

由条件(2),$a_1+d+a_1+3d=4$ 与 $2a_1+3d=6$ 联立,得 $d=-2$,$a_1=6$,从而 $a_1+3d=0$ 成立,即条件(2)是充分的.

所以选(D).

〖评注〗　等差数列的基本解法是转化为核心元素 $a_1$,$d$.

**例 10.8**　(200810) $a_1a_8<a_4a_5$.

(1) $\{a_n\}$ 为等差数列,且 $a_1>0$

(2) $\{a_n\}$ 为等差数列,且公差 $d\neq 0$

**解**　由条件(1),设 $a_n=1$,则 $a_1=1>0$,但 $a_1a_8=a_4a_5$.因此条件(1)不充分.

由条件(2),$a_1a_8=a_1(a_1+7d)=a_1^2+7a_1d$,$a_4a_5=(a_1+3d)(a_1+4d)=a_1^2+7a_1d+12d^2$,从而 $a_1a_8-a_4a_5=-12d^2<0$,即 $a_1a_8<a_4a_5$,可知条件(2)是充分的.

所以选(B).

〖评注〗　用等差数列核心元素 $a_1$,$d$ 转化为不等式问题,比较大小最常用比差法.

**例 10.9**　(201101)已知 $\{a_n\}$ 为等差数列,则该数列的公差为零.

(1) 对任何正整数 $n$,都有 $a_1+a_2+\cdots+a_n\leqslant n$　　　(2) $a_2\geqslant a_1$

**解**　条件(1)可以举出反例:$\{a_n\}$ 为 $1,0,-1,-2,-3,\cdots$ 满足条件,但结论不成立,所以条件(1)不充分.

条件(2)得到 $d=a_2-a_1\geqslant 0$,所以条件(2)不充分.

条件(1)与(2)联合,可得

$S_n=a_1+a_2+\cdots+a_n=na_1+\dfrac{1}{2}n(n-1)d\leqslant n\Rightarrow a_1+\dfrac{1}{2}(n-1)d\leqslant 1$,对任何正整数

$n$ 都成立,且 $d\geqslant 0$. $f(n)=a_1+\dfrac{1}{2}(n-1)d=\dfrac{d}{2}n+\left(a_1-\dfrac{d}{2}\right)$ 是关于 $n$(正整数) 的一次函

数,且 $d=a_2-a_1\geqslant 0$ 说明该一次函数单调递增.若 $f(n)=\dfrac{d}{2}n+\left(a_1-\dfrac{d}{2}\right)\leqslant 1$ 这个条件

恒成立,则可以推出 $d=0$. 所以条件(1)与(2)联合充分,选(C).

〖评注〗　知识点:等差数列求和、一次函数. 解题技巧:数列问题转化为核心元素.

**【知识点 10.5】**　等差数列求和公式

解题技巧:转化为等差数列核心元素 $a_1$,$d$.

**例 10.10**　数列 $\{a_n\}$ 是等差数列.

(1) 点 $P_n(n,a_n)$ 都在直线 $y=2x+1$ 上　　　(2) 点 $Q_n(n,S_n)$ 都在抛物线 $y=x^2+1$ 上

**解**　由条件(1),得 $a_n=2n+1$,$a_{n+1}-a_n=2(n+1)+1-2n-1=2$,$a_n$ 是公差为 2

的等差数列,所以条件(1)充分.

由条件(2),得 $S_n = n^2 + 1$,则 $a_1 = S_1 = 2$,当 $n \geqslant 2$ 时,$a_n = S_n - S_{n-1} = 2n - 1$.

将 $n = 1$ 代入 $a_1 = 1 \neq 2$,所以通项公式 $a_n = \begin{cases} 2, & n = 1 \\ 2n - 1, & n \geqslant 2 \end{cases}$,故 $\{a_n\}$ 不是等差数列,所以条件(2)不充分.

所以选(A).

〖评注〗 解题技巧:若数列 $\{a_n\}$ 为等差数列 $\Leftrightarrow a_n$ 是关于 $n$ 的一次函数 $\Leftrightarrow S_n$ 是不含常数项的二次函数.

**例 10.11** (200910)等差数列 $\{a_n\}$ 的前 18 项和 $S_{18} = \dfrac{19}{2}$.

(1) $a_3 = \dfrac{1}{6}$,$a_6 = \dfrac{1}{3}$　　　(2) $a_3 = \dfrac{1}{4}$,$a_6 = \dfrac{1}{2}$

**解** 设等差数列首项为 $a_1$,公差为 $d$,题干要求推出 $\dfrac{18(a_1 + a_1 + 17d)}{2} = \dfrac{19}{2}$,即 $18(2a_1 + 17d) = 19$.

由条件(1),$\begin{cases} a_1 + 2d = \dfrac{1}{6} \\ a_1 + 5d = \dfrac{1}{3} \end{cases}$,得 $d = \dfrac{1}{18}$,$a_1 = \dfrac{1}{18}$,从而 $18\left(2 \times \dfrac{1}{18} + 17 \times \dfrac{1}{18}\right) = \dfrac{19}{2}$ 成立,条件(1)是充分的.

由条件(2),$\begin{cases} a_1 + 2d = \dfrac{1}{4} \\ a_1 + 5d = \dfrac{1}{2} \end{cases}$,得 $d = \dfrac{1}{12}$,$a_1 = \dfrac{1}{12}$,从而 $18\left(2 \times \dfrac{1}{12} + 17 \times \dfrac{1}{12}\right) \neq \dfrac{19}{2}$,条件(2)不充分.

所以选(A).

〖评注〗 有两个条件即可转化为等差数列核心元素 $a_1$,$d$.

**例 10.12** 一个等差数列 $\{a_n\}$ 的前 6 项和为 $S_6 = 48$,在这 6 项中,奇数项之和与偶数项之和的比为 $7 : 9$,则公差 $d$ 的数值为(　　).

(A) 3　　　　(B) $-3$　　　　(C) 2　　　　(D) $-2$　　　　(E) 4

**解** 由 $S_6 = 48 = \dfrac{6(a_1 + a_6)}{2}$,可得 $2a_1 + 5d = 16$.再由 $\dfrac{a_1 + a_3 + a_5}{a_2 + a_4 + a_6} = \dfrac{3a_1 + 6d}{3a_1 + 9d} = \dfrac{7}{9}$,可得 $2a_1 - 3d = 0$,得 $d = 2$. 答案是(C).

**例 10.13** 等差数列 $\{a_n\}$ 中,$a_1 = -5$,它的前 11 项之算术平均值为 5,从这个数列中抽去一项后,余下的 10 项的算术平均值为 4,则抽去的是(　　).

(A) $a_6$　　　(B) $a_8$　　　(C) $a_{11}$　　　(D) $a_{12}$　　　(E) $a_{13}$

**解** 由题意知,$\dfrac{a_1 + a_2 + \cdots + a_{11}}{11} = 5$,即 $a_1 + a_2 + \cdots + a_{11} = 55$,$S_{11} = 11a_1 + \dfrac{11 \times 10}{2}d = 55$,解得 $d = 2$.设抽去的是第 $k$ 项 $a_k$,从而 $\dfrac{a_1 + a_2 + \cdots + a_{k-1} + a_{k+1} + \cdots + a_{11}}{10} = 4$,即 $a_1 + a_2 + \cdots + a_{k-1} + a_{k+1} + \cdots + a_{11} = 40$,所以 $a_k = 55 - 40 = 15$.

由于 $a_1 = -5$,因此 $a_k = a_1 + (k-1)d = -5 + 2(k-1) = 15$,解得 $k = 11$,选(C).

【评注】 本题比较综合,考查了等差数列通项公式、数列求和公式、平均数.

【知识点 10.6】 等差数列性质 1 与求和公式综合使用

解题技巧:两者联合可以方便求和.

例 10.14 (200710)已知等差数列 $\{a_n\}$ 中,$a_2 + a_3 + a_{10} + a_{11} = 64$,则 $S_{12} = ($ ).

(A) 64　　　 (B) 81　　　 (C) 128　　　 (D) 192　　　 (E) 188

解 由 $a_2 + a_3 + a_{10} + a_{11} = 2(a_1 + a_{12}) = 64$ 知 $a_1 + a_{12} = 32$,

因此 $S_{12} = \dfrac{12 \times (a_1 + a_{12})}{2} = \dfrac{12 \times 32}{2} = 192$,所以选(D).

【评注】 用性质求和比转化为核心元素计算量小.

例 10.15 (200901)$\{a_n\}$ 的前 $n$ 项和 $S_n$ 与 $\{b_n\}$ 的前 $n$ 项和 $T_n$ 满足 $S_{19} : T_{19} = 3 : 2$.

(1) $\{a_n\}$ 和 $\{b_n\}$ 是等差数列　　　 (2) $a_{10} : b_{10} = 3 : 2$

解 由条件(1),设 $a_n = 1$,$b_n = 1$,则 $S_{19} : T_{19} = 1 : 1$,即条件(1)不充分,

条件(2)也是不充分的.因为满足条件(2)的数列 $\{a_n\}$,$\{b_n\}$ 有无穷多个.

联合条件(1)和条件(2),$\dfrac{2a_{10}}{2b_{10}} = \dfrac{a_1 + a_{19}}{b_1 + b_{19}} = \dfrac{\dfrac{19(a_1 + a_{19})}{2}}{\dfrac{19(b_1 + b_{19})}{2}} = \dfrac{S_{19}}{T_{19}} = \dfrac{3}{2}$ 成立,选(C).

【评注】 条件联合中逆推有一定的难度.

【知识点 10.7】 等差数列和的性质

例 10.16 若等差数列 $\{a_n\}$ 的前 $m$ 项的和为 40,第 $m+1$ 项到第 $2m$ 项的和为 60,则它的前 $3m$ 项的和为( ).

(A) 130　　　 (B) 170　　　 (C) 180　　　 (D) 260　　　 (E) 280

解 因为数列 $\{a_n\}$ 是等差数列,设其前 $n$ 项和是 $S_n$,所以 $S_m$,$S_{2m} - S_m$,$S_{3m} - S_{2m}$ 也是等差数列,即 $40$,$60$,$S_{3m} - S_{2m}$ 成等差数列,从而 $S_{3m} - S_{2m} = 80$,且 $S_{2m} - S_m = S_{2m} - 40 = 60$,解得 $S_{2m} = 100$,$S_{3m} = 180$.所以选(C).

【知识点 10.8】 $S_n$ 最值问题、变号问题

解题技巧:已知首项 $a_1$ 与公差 $d$ 时,

(1) 当 $a_1 > 0$ 且 $d < 0$ 时,$S_n$ 有最大值;通过 $\begin{cases} a_n \geq 0, \\ a_{n+1} \leq 0, \end{cases}$ 解得 $n$ 的范围

实质是 $\{a_n\}$ 首项为正,单调递减,找出前面若干非负项,其和最大.

(2) 当 $a_1 < 0$ 且 $d > 0$ 时,$S_n$ 有最小值;通过 $\begin{cases} a_n \leq 0, \\ a_{n+1} \geq 0, \end{cases}$ 解得 $n$ 的范围

实质是 $\{a_n\}$ 首项为负,单调递增,找出前面若干非正项,其和最小.

已知等差数列 $\{a_n\}$ 的前 $n$ 项和为 $S_n = An^2 + Bn$ 形式时,利用二次函数

知当 $A < 0$ 时,$S_n$ 有最大值;当 $A > 0$ 时,$S_n$ 有最小值.

**例 10.17**　等差数列 $\{a_n\}$ 中，$a_1 > 0$，若其前 $n$ 项和为 $S_n$ 时，有 $S_6 = S_{13}$，那么当 $S_n$ 取最大值时，$n$ 的值为（　　）.

(A) 7 或 8　　　(B) 8 或 9　　　(C) 9　　　(D) 9 或 10　　　(E) 10

**解法 1**　因为 $S_6 = S_{13}$ 有 $6a_1 + \dfrac{6 \times 5}{2}d = 13a_1 + \dfrac{13 \times 12}{2}d$，可得 $d = -\dfrac{1}{9}a_1 < 0$.

等差数列 $\{a_n\}$ 中，$a_1 > 0$，$d < 0$，所以前 $n$ 项和 $S_n$ 有最大值，下面求 $n$.

令 $a_n = a_1 + (n-1)d = a_1 + (n-1)\left(-\dfrac{1}{9}a_1\right) \geqslant 0 \Rightarrow n \leqslant 10$，又 $a_{10} = 0$，所以前 10 项或前 9 项和最大. 选 (D).

**解法 2**　因为 $S_6 = S_{13}$，所以 $a_7 + a_8 + \cdots + a_{12} + a_{13} = 0 \Rightarrow a_{10} = 0$，所以前 10 项或前 9 项和最大.

**解法 3**　等差数列 $\{a_n\}$ 中，$a_1 > 0$，且 $S_6 = S_{13}$，从而知公差 $d < 0$，由于 $S_n = An^2 + Bn$，由 $S_6 = S_{13}$ 知 $S_n = An^2 + Bn$ 的图像开口向下，对称轴为 $n = \dfrac{6 + 13}{2} = 9.5$，所以当 $n = 9$ 或 $n = 10$ 时，$S_n$ 取最大值.

【评注】　解法 1 转化为核心元素求解，解法 2 利用性质，解法 3 使用二次函数求最值，其中解法 2 计算量最小.

**例 10.18**　等差数列 $\{a_n\}$ 中，$S_n$ 是前 $n$ 项和，$a_3 = 12$，$S_{12} > 0 > S_{13}$，则使 $S_1$，$S_2$，$\cdots$，$S_n$ 中最大的 $n =$（　　）.

(A) 6　　　　　(B) 7　　　　　(C) 8

(D) 9　　　　　(E) 10

**解法 1**　由求和公式和性质 1 可知：

$$\begin{cases} S_{12} = \dfrac{a_1 + a_{12}}{2} \cdot 12 = 6(a_1 + a_{12}) = 6(a_6 + a_7) > 0 \\ S_{13} = \dfrac{a_1 + a_{13}}{2} \cdot 13 = 6.5(a_1 + a_{13}) = 6.5 \cdot 2a_7 < 0 \end{cases} \Rightarrow \begin{cases} a_6 > 0 \\ a_7 < 0 \end{cases}$$，从而 $S_6$ 最大，选 (A).

**解法 2**　$S_n = f(n)$ 的函数图像为形如二次函数的散点图（见图 10.1），对称轴为 $n = n_0$，$S_n$ 与横轴另外一个交点为 $2n_0$，且 $12 < 2n_0 < 13$，所以 $6 < n_0 < 6.5$，因此 $S_6$ 最大，选 (A).

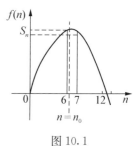

图 10.1

【评注】　解法 1 转化为核心元素求解，解法 2 利用性质，解法 3 使用二次函数求最值，其中解法 2 计算量最小.

**例 10.19**　若数列 $\{a_n\}$ 是等差数列，首项 $a_1 > 0$，$a_{2007} + a_{2008} > 0$，$a_{2007}a_{2008} < 0$，则使前 $n$ 项和 $S_n > 0$ 成立的最大自然数 $n$ 是（　　）.

(A) 4 011　　　(B) 4 012　　　(C) 4 013

(D) 4 014　　　(E) 4 015

**解**　由 $a_{2007} + a_{2008} > 0$ 和 $a_{2007}a_{2008} < 0$，可知 $a_{2007} > 0 > a_{2008}$.

数列 $\{a_n\}$ 是首项 $a_1 > 0$，公差 $d = a_{2008} - a_{2007} < 0$ 的递减等差数列.

$$S_{4\,014} = \frac{a_1 + a_{4\,014}}{2} \times 4\,014 = \frac{a_{2\,007} + a_{2\,008}}{2} \times 4\,014 > 0,$$

$$S_{4\,015} = \frac{a_1 + a_{4\,015}}{2} \times 4\,015 = \frac{a_{2\,008} + a_{2\,008}}{2} \times 4\,015 < 0,$$

以上是由于 $a_{2\,008} < 0$. 因此, 使 $S_n > 0$ 成立的最大自然数是 4\,014. 故选(D).

**例 10.20** 等差数列 $\{a_n\}$ 的前 3 项和为 21, 前 6 项和为 24, 则 $\{|a_n|\}$ 的前 9 项和等于 (    ).

(A) 41          (B) 42          (C) 35          (D) 39          (E) 47

**解** 由题意知, $S_3 = 21$, $S_6 = 24$, 即 $\begin{cases} 3a_1 + \dfrac{3 \times 2}{2}d = 21 \\ 6a_1 + \dfrac{6 \times 5}{2}d = 24 \end{cases}$. 解得 $a_1 = 9$, $d = -2$.

所以等差数列 $\{a_n\}$ 是递减数列. $a_n = a_1 + (n-1)d = 9 - 2(n-1) = -2n + 11$.

从而 $a_5 > 0$, $a_6 < 0$, 所以数列 $\{|a_n|\}$ 的前 9 项和:

$$S_9 = |a_1| + |a_2| + \cdots + |a_8| + |a_9| = a_1 + a_2 + \cdots + a_5 - (a_6 + a_7 + a_8 + a_9)$$

$$= a_1 + a_2 + \cdots + a_9 - 2(a_6 + a_7 + a_8 + a_9) = \frac{5(9+1)}{2} - \frac{4(-1-7)}{2} = 41. \text{ 选(A).}$$

**【知识点 10.9】** 等比数列的定义

解题技巧: 转化为等比数列核心元素 $a_1$, $q$.

**例 10.21** (2001)在等差数列 $\{a_n\}$ 中 $a_3 = 2$, $a_{11} = 6$; 数列 $\{b_n\}$ 是等比数列, 若 $b_2 = a_3$, $b_3 = \dfrac{1}{a_2}$, 则满足 $b_n > \dfrac{1}{a_{26}}$ 的最大的 $n$ 是(    ).

(A) 3          (B) 4          (C) 5          (D) 6

**解** 由 $\begin{cases} a_3 = a_1 + 2d = 2 \\ a_{11} = a_1 + 10d = 6 \end{cases}$, 可知 $d = \dfrac{1}{2}$, $a_1 = 1$. 因此 $a_{26} = a_1 + 25d = 1 + \dfrac{25}{2} = \dfrac{27}{2}$,

$b_2 = a_3 = 2$, $b_3 = \dfrac{1}{a_2} = \dfrac{2}{3}$, $q = \dfrac{b_3}{b_2} = \dfrac{1}{3}$. $b_n = b_1 \cdot q^{n-1} = 6 \cdot q^{n-1} = 6 \cdot \left(\dfrac{1}{3}\right)^{n-1} > \dfrac{2}{27}$,

即 $\left(\dfrac{1}{3}\right)^{n-1} > \dfrac{1}{81} = \left(\dfrac{1}{3}\right)^4$. 则 $n - 1 < 4$, 即 $n < 5$, 所以最大的 $n$ 是 4, 选(B).

**【知识点 10.10】** 等比数列中 $a_n$ 与 $S_n$ 的关系

解题技巧: 利用 $a_n$ 与 $S_n$ 的关系求解.

**例 10.22** (200801)如果数列 $\{a_n\}$ 的前 $n$ 项和 $S_n = \dfrac{3}{2}a_n - 3$, 那么这个数列的通项公式为(    ).

(A) $a_n = 2(n^2 + n + 1)$          (B) $a_n = 3 \times 2^n$          (C) $a_n = 3n + 1$

(D) $a_n = 2 \times 3^n$          (E) 以上都不正确

**解**　当 $n=1$ 时, 由 $a_1=S_1=\dfrac{3}{2}a_1-3$, 得 $a_1=6$.

当 $n\geqslant 2$ 时, $a_n=S_n-S_{n-1}=\dfrac{3}{2}a_n-3-\dfrac{3}{2}a_{n-1}+3$, 整理得 $a_n=3a_{n-1}$, 即 $\dfrac{a_n}{a_{n-1}}=3$.

因此, $\{a_n\}$ 是首项 $a_1=6$, 公比 $q=3$ 的等比数列. 即 $a_n=2\times 3^n$. 所以选(D).

---

**【知识点 10.11】**　等比、等差中项

解题注意: 若 $a$, $A$, $b$ 成等差数列($A$ 叫作 $a$ 与 $b$ 的等差中项)$\Leftrightarrow A=\dfrac{a+b}{2}$.

若 $a$, $G$, $b$ 成等比数列($G$ 叫作 $a$, $b$ 的等比中项)$\Rightarrow G^2=ab$, 反之不一定成立.

---

**例 10.23**　(2002)设 $3^a=4$, $3^b=8$, $3^c=16$, 则 $a$, $b$, $c($　　　$)$.

(A) 是等比数列, 但不是等差数列

(B) 是等差数列, 但不是等比数列

(C) 既是等比数列, 又是等差数列

(D) 既不是等比数列, 也不是等差数列

**解**　由 $(3^b)^2=3^{2b}=3^a\cdot 3^c=3^{a+c}$, 所以 $2b=a+c$, 即 $a$, $b$, $c$ 成等差数列.

由题意 $a=\log_3 4$, $b=\log_3 8$, $c=\log_3 16$, 而 $b^2=(\log_3 8)^2\neq \log_3 4\cdot \log_3 6=a\cdot c$, 即 $a$, $b$, $c$ 不是等比数列, 选(B).

**例 10.24**　实数 $a$, $b$, $c$ 成等比数列.

(1) 关于 $x$ 的一元二次方程 $ax^2-2bx+c=0$ 有两相等实根

(2) $\lg a$, $\lg b$, $\lg c$ 成等差数列

**解**　由条件(1), $\Delta=(-2b)^2-4ac=4b^2-4ac=0$ 且 $a\neq 0$, 即有 $b^2=ac$, 当 $b\neq 0$ 时, $a$, $b$, $c$ 成等比数列. 但若 $b=c=0$ 时, $a$, $b$, $c$ 不能组成等比数列. 因而条件(1)不充分.

由条件(2)可知 $\lg a$, $\lg b$, $\lg c$ 有意义, 所以 $a>0$, $b>0$, $c>0$.

又 $2\lg b=\lg a+\lg c$, 得 $b^2=ac$, 又 $a>0$, $b>0$, $c>0$, 所以 $a$, $b$, $c$ 成等比数列.

故条件(2)充分. 答案是(B).

**例 10.25**　(2001)若 $2$, $2^x-1$, $2^x+3$ 成等比数列, 则 $x=($　　　$)$.

(A) $\log_2 5$　　　(B) $\log_2 6$　　　(C) $\log_2 7$　　　(D) $\log_2 8$　　　(E) 无解

**解**　由 $(2^x-1)^2=2(2^x+3)$, 得 $(2^x)^2-4(2^x)-5=0$, 令 $2^x=t$, 则 $t^2-4t-5=0$, 得 $t=5$, $t=-1$(舍去), 故 $t=5$ 即 $2^x=5$, $x=\log_2 5$, 所以选(A).

**例 10.26**　(2003)$\dfrac{a+b}{a^2+b^2}=-\dfrac{1}{3}$.

(1) $a^2$, $1$, $b^2$ 成等比数列　　　(2) $\dfrac{1}{a}$, $1$, $\dfrac{1}{b}$ 成等差数列

**解**　由条件(1), $a^2$, $1$, $b^2$ 成等比数列. 所以 $a^2\times b^2=1^2$. 取 $a=1$, $b=1$ 满足条件(1), 但 $\dfrac{a+b}{a^2+b^2}=1\neq -\dfrac{1}{3}$, 所以条件(1)不充分.

由条件(2), $\dfrac{1}{a}$, $1$, $\dfrac{1}{b}$ 成等差数列, 所以 $\dfrac{1}{a}+\dfrac{1}{b}=2$. 取 $a=b=1$, 满足条件(2), 但

$\dfrac{a+b}{a^2+b^2}=1\neq-\dfrac{1}{3}$,所以条件(2)也不充分.

将条件(1),(2)联合起来,则有 $\begin{cases} a^2\times b^2=1^2 \\ \dfrac{1}{a}+\dfrac{1}{b}=2 \end{cases}$,

当 $ab=1$ 时,$a+b=2$,则 $a^2+b^2=(a+b)^2-2ab=2$, $\dfrac{a+b}{a^2+b^2}=1$;

当 $ab=-1$ 时,$a+b=-2$,则 $a^2+b^2=(a+b)^2-2ab=6$, $\dfrac{a+b}{a^2+b^2}=-\dfrac{1}{3}$;

所以条件(1)(2)联合起来也不充分.正确的选择是(E).

【评注】 本题也可列举一个特殊数列 $a=1$, $b=1$, $c=1$,同时满足两个条件,但 $\dfrac{a+b}{a^2+b^2}=1\neq-\dfrac{1}{3}$,即条件(1)和条件(2)都不充分,联合起来也不充分.

【知识点 10.12】 等比数列求 $S_n$
解题技巧:转化为核心元素.

**例 10.27** (200710) $S_6=126$.

(1) 数列 $\{a_n\}$ 的通项公式是 $a_n=10(3n+4)$ $(n\in\mathbf{N})$

(2) 数列 $\{a_n\}$ 的通项公式是 $a_n=2^n(n\in\mathbf{N})$

**解** 由条件(1),$a_1=70$,$a_2=100$,对任意的 $n\in\mathbf{N}$,

$$a_n-a_{n-1}=10(3n+4)-10[3(n-1)+4]=30.$$

从而 $\{a_n\}$ 是首项 $a_1=70$,公差 $d=30$ 的等差数列.

因此 $S_6=\dfrac{6\times(a_1+a_6)}{2}=3\times(70+70+5\times30)=870$,即条件(1)不充分.

由条件(2),$\{a_n\}$ 是首项 $a_1=2$,公比 $q=2$ 的等比数列.

因此 $S_6=\dfrac{2\times(1-2^6)}{1-2}=2\times(2^6-1)=126$,即条件(2)是充分的.

所以选(B).

**例 10.28** (200801) $S_2+S_5=2S_8$.

(1) 等比数列前 $n$ 项的和为 $S_n$,且公比 $q=-\dfrac{\sqrt[3]{4}}{2}$

(2) 等比数列前 $n$ 项的和为 $S_n$,且公比 $q=\dfrac{1}{\sqrt[3]{2}}$

**解** 若 $q=1$,则 $S_2=2a_1$,$S_5=5a_1$,$S_8=8a_1$,又 $a_1\neq0$,则 $S_2+S_5=7a_1\neq2S_8$,所以 $q\neq1$.

由 $S_2+S_5=2S_8$,得 $\dfrac{a_1(1-q^2)}{1-q}+\dfrac{a_1(1-q^5)}{1-q}=2\dfrac{a_1(1-q^8)}{1-q}$.

化简为:$q^2(2q^6-q^3-1)=0(q\neq0)\Rightarrow 2q^6-q^3-1=0$,

即 $(2q^3+1)(q^3-1)=0$,$q\neq1$,得 $2q^3+1=0$,解得 $q=-\dfrac{\sqrt[3]{4}}{2}$.

故选(A).

〖评注〗 知识点:等比数列求和问题.

例 10.29　(200901) $a_1^2 + a_2^2 + a_3^2 + \cdots + a_n^2 = \dfrac{1}{3}(4^n - 1)$.

(1) 数列 $\{a_n\}$ 的通项公式为 $a_n = 2^n$

(2) 在数列 $\{a_n\}$ 中,对任意正整数 $n$,有 $a_1 + a_2 + a_3 + \cdots + a_n = 2^n - 1$

解　由条件(1), $a_1^2 = 2^2$, $a_2^2 = 2^4$, $\cdots$, $a_n^2 = 2^{2n}$,

从而 $a_1^2 + a_2^2 + \cdots + a_n^2 = 2^2 + (2^2)^2 + \cdots + (2^2)^n = \dfrac{2^2(1 - 4^n)}{1 - 4} = \dfrac{4}{3}(4^n - 1) \neq \dfrac{1}{3}(4^n - 1)$,即条件(1)不充分.

由条件(2), $a_1 = 2^1 - 1 = 1$, $a_n = S_n - S_{n-1} = (2^n - 1) - (2^{n-1} - 1) = 2^{n-1}(n \geqslant 2)$.

因此 $a_1^2 + a_2^2 + \cdots + a_n^2 = 1 + 2^2 + (2^2)^2 + \cdots + (2^2)^{n-1} = \dfrac{1(1 - 4^n)}{1 - 4} = \dfrac{1}{3}(4^n - 1)$,即条件(2)是充分的,所以选(B).

〖评注〗 条件(1)中等比数列通项的平方仍然是等比数列,条件(2)已知 $S_n$ 求 $a_n$.

【知识点 10.13】　等比数列性质

例 10.30　$\{a_n\}$ 是等比数列,且 $a_n > 0$,则 $\log_3 a_1 + \log_3 a_2 + \cdots + \log_3 a_{10}$ 的值为常数.

(1) $a_5 a_6 = 81$　　(2) $a_4 a_7 = 27$

解　$\log_3 a_1 + \log_3 a_2 + \cdots + \log_3 a_{10} = \log_3(a_1 a_2 \cdots a_{10})$,

若条件(1)成立,则有 $\log_3(a_1 a_2 \cdots a_{10}) = \log_3(a_5 a_6)^5 = \log_3 3^{20} = 20$ 为常数.

若条件(2)成立,则有 $\log_3(a_1 \cdots a_{10}) = \log_3(a_4 a_7)^5 = \log_3 3^{15} = 15$ 为常数.

即条件(1),(2)都是充分的.

答案为(D).

【知识点 10.14】　等差与等比混合题

解题技巧:注意等差与等比数列之间的联系

三数成等差常设: $a - d$, $a$, $a + d$;四数成等差常设: $a - 3d$, $a - d$, $a + d$, $a + 3d$.

三数成等比常设: $\dfrac{a}{q}$, $a$, $aq$ 或 $a$, $aq$, $aq^2$;四数成等比常设: $\dfrac{a}{q^3}$, $\dfrac{a}{q}$, $aq$, $aq^3$ 或 $a$, $aq$, $aq^2$, $aq^3$.

例 10.31　(201001)在右边的表格中每行为等差数列,每列为等比数列, $x + y + z = $ (　　).

(A) 2　　　　(B) $\dfrac{5}{2}$　　　　(C) 3

(D) $\dfrac{7}{2}$　　　　(E) 4

| 2 | $\dfrac{5}{2}$ | 3 |
|---|---|---|
| $x$ | $\dfrac{5}{4}$ | $\dfrac{3}{2}$ |
| $a$ | $y$ | $\dfrac{3}{4}$ |
| $b$ | $c$ | $z$ |

解　由 $x$, $\dfrac{5}{4}$, $\dfrac{3}{2}$ 为等差数列,则 $\dfrac{5}{4} - x = \dfrac{3}{2} - \dfrac{5}{4}$,即 $x = 1$.

由 $\dfrac{5}{2}$，$\dfrac{5}{4}$，$y$ 为等比数列，则 $y = \dfrac{5}{4} \cdot \dfrac{1}{2}$，即 $y = \dfrac{5}{8}$．

由 $\dfrac{3}{2}$，$\dfrac{3}{4}$，$z$ 为等比数列，则 $z = \dfrac{3}{4} \cdot \dfrac{1}{2}$，即 $z = \dfrac{3}{8}$．

$x + y + z = 1 + \dfrac{5}{8} + \dfrac{3}{8} = 2$，选(A)．

〖评注〗　知识点：等差、等比的基本定义．

例 10.32　(2001)已知等差数列 $\{a_n\}$ 的公差不为 0，但第 3，4，7 项构成等比数列，则 $\dfrac{a_2 + a_6}{a_3 + a_7} = ($　　$)$．

(A) $\dfrac{3}{5}$ 　　　　　　(B) $\dfrac{2}{3}$ 　　　　　　(C) $\dfrac{3}{4}$ 　　　　　　(D) $\dfrac{4}{5}$

解　由已知第 3，4，7 项构成等比数列，即 $(a_1 + 3d)^2 = (a_1 + 2d)(a_1 + 6d)$，

解得 $a_1 = -\dfrac{3}{2}d$．因此 $\dfrac{a_2 + a_6}{a_3 + a_7} = \dfrac{2a_1 + 6d}{2a_1 + 8d} = \dfrac{2 \times \left(-\dfrac{3}{2}d\right) + 6d}{2 \times \left(-\dfrac{3}{2}d\right) + 8d} = \dfrac{3d}{5d} = \dfrac{3}{5}$，选(A)．

例 10.33　数列 $\{a_n\}$ 是等比数列.

(1) 设 $f(x) = \log_2 x$，数列 $f(1)$，$f(a_1)$，$f(a_2)$，$\cdots$，$f(a_n)$，$f(2^{n+1})$ 是等差数列

(2) 数列 $\{b_n\}$ 中，$S_{n+1} = 4b_n + 2$，$b_1 = 1$，且 $a_n = b_{n+1} - 2b_n$

解　由条件(1)，$f(2^{n+1}) = f(1) + [(n+2)-1]d$，其中 $f(2^{n+1}) = \log_2 2^{n+1}$，$f(1) = 0$．
所以 $n + 1 = 0 + (n+1)d$，$d = 1$，则 $f(a_n) = f(1) + [(n+1)-1]d = n$，
即 $\log_2 a_n = n$，$a_n = 2^n$，所以 $\{a_n\}$ 是等比数列，条件(1)充分.
由条件(2)，$b_1 = 1$，$b_1 + b_2 = S_2 = 4b_1 + 2$，得 $b_2 = 5$．
当 $n \geqslant 2$ 时，$b_{n+1} = S_{n+1} - S_n = 4b_n - 4b_{n-1}$．
所以 $a_n = b_{n+1} - 2b_n = 2b_n - 4b_{n-1} = 2(b_n - 2b_{n-1}) = 2a_{n-1}$，

所以，$\dfrac{a_n}{a_{n-1}} = 2$，$\{a_n\}$ 是等比数列，条件(2)充分，故应选(D)．

例 10.34　四个数中前三个数成等差数列，它们的和为 12，后三个数成等比数列，它们的和为 19，则这四个数之积为(　　)．

(A) 432 或 $-18\,000$ 　　(B) $-432$ 或 $18\,000$ 　　(C) $-432$ 或 $-18\,000$

(D) 432 或 $18\,000$ 　　　(E) 以上答案都不正确

解　依题意设这四个数为 $x-d$，$x$，$x+d$，$y$．前三个数成等差数列且和为 12，则 $3x = 12$，即 $x = 4$．后三个数成等比数列，则 $(x+d)^2 = xy$．后三个数和为 19，则 $x + x + d + y = 19$．所以有

$$\begin{cases} (4+d)^2 = 4y \\ d + y = 11 \end{cases} \Rightarrow \begin{cases} d = -14 \\ y = 25 \end{cases} \text{或} \begin{cases} d = 2 \\ y = 9 \end{cases},$$ 所以这四个数为 2，4，6，9 或 18，4，$-10$，25．

则这四个数的积为 $2 \times 4 \times 6 \times 9 = 432$ 或 $18 \times 4 \times (-10) \times 25 = -18\,000$，答案是(A)．

【知识点 10.15】　求和方法 1——利用等差等比求和公式

解题技巧：转化为核心元素.

**例 10.35** （200801） $\dfrac{(1+3)(1+3^2)(1+3^4)(1+3^8)\cdots(1+3^{32})+\dfrac{1}{2}}{3\times 3^2\times 3^3\times 3^4\times\cdots\times 3^{10}}=(\quad)$.

(A) $\dfrac{1}{2}\times 3^{10}+3^{19}$　　　　(B) $\dfrac{1}{2}+3^{19}$　　　　(C) $\dfrac{1}{2}\times 3^{19}$

(D) $\dfrac{1}{2}\times 3^{9}$　　　　　　(E) 以上都不对

**解法 1**　分母 $=3\times 3^2\times 3^3\times 3^4\times\cdots\times 3^{10}=3^{\frac{10\times(1+10)}{2}}=3^{55}$.

分子 $=(1+3)(1+3^2)(1+3^4)\cdots(1+3^{32})+\dfrac{1}{2}$

$=(1+3+3^2+3^3)(1+3^4)(1+3^8)\cdots(1+3^{32})+\dfrac{1}{2}$

$=(1+3+3^2+3^3+\cdots+3^7)(1+3^8)\cdots(1+3^{32})+\dfrac{1}{2}$

$=(1+3+3^2+3^3+\cdots+3^{63})+\dfrac{1}{2}$

$=\dfrac{1-3^{64}}{1-3}+\dfrac{1}{2}=\dfrac{3^{64}}{2}$.

因此,原式 $=\dfrac{3^{64}}{2\times 3^{55}}=\dfrac{1}{2}\times 3^{9}$,选(D).

**解法 2**　利用平方差公式,对分子做如下变形计算:

分子 $=-\dfrac{1}{2}(1-3)(1+3)(1+3^2)(1+3^4)\cdots(1+3^{32})+\dfrac{1}{2}$

$=-\dfrac{1}{2}(1-3^2)(1+3^2)(1+3^4)\cdots(1+3^{32})+\dfrac{1}{2}$

$=-\dfrac{1}{2}(1-3^{64})+\dfrac{1}{2}=-\dfrac{1}{2}+\dfrac{1}{2}\times 3^{64}+\dfrac{1}{2}=\dfrac{1}{2}\times 3^{64}$.

分母 $=3\times 3^2\times 3^3\times\cdots\times 3^{10}=3^{1+2+3+\cdots+10}=3^{\frac{(1+10)}{2}\times 10}=3^{55}$.

所以原式 $=\dfrac{\dfrac{1}{2}\times 3^{64}}{3^{55}}=\dfrac{1}{2}\times 3^{9}$,故选(D).

〖**评注**〗　求和问题最常见的是转化为等差与等比数列求和.解法 1 要注意从计算中找到规律,解法 2 利用平方差公式计算量较小.

【**知识点 10.16**】　求和方法 2——分式求和裂项相消法
解题技巧:关键是找数列的通项结构,通项的分母应该为等差数列乘积.

**例 10.36**　$1+\dfrac{1}{1+2}+\dfrac{1}{1+2+3}+\cdots+\dfrac{1}{1+2+3+\cdots+100}=(\quad)$.

(A) 1　　(B) 2　　(C) 200/101　　(D) 200/99　　(E) 以上都不正确

**解**　通项 $a_n=\dfrac{1}{1+2+3+\cdots+n}=\dfrac{2}{n(n+1)}=2\left(\dfrac{1}{n}-\dfrac{1}{n+1}\right)$.

所以 $S_n=2\left[\left(1-\dfrac{1}{2}\right)+\left(\dfrac{1}{2}-\dfrac{1}{3}\right)+\cdots+\left(\dfrac{1}{n}-\dfrac{1}{n+1}\right)\right]=2\left(1-\dfrac{1}{n+1}\right)=\dfrac{2n}{n+1}$,所以

原式 $= 200/101$. 选(C).

**例 10.37** (1999)求和：$S_n = 3 + 2 \times 3^2 + 3 \times 3^3 + 4 \times 3^4 + \cdots + n \times 3^n$.

**解**　$S_n = 3 + 2 \times 3^2 + 3 \times 3^3 + 4 \times 3^4 + \cdots + n \times 3^n$,

$3S_n = 3^2 + 2 \times 3^3 + 3 \times 3^4 + 4 \times 3^5 + \cdots + (n-1) \times 3^n + n \times 3^{n+1}$.

以上两式相减得：$-2S_n = 3 + 3^2 + 3^3 + 3^4 + \cdots + 3^n - n \times 3^{n+1}$

$$= \frac{3(1-3^n)}{1-3} - n \times 3^{n+1} = \frac{3(3^n-1)}{2} - n \times 3^{n+1}.$$

所以 $S_n = \frac{3(1-3^n)}{4} + \frac{n}{2} \times 3^{n+1} = \frac{3}{4} + \left(\frac{n}{2} - \frac{1}{4}\right)3^{n+1}$.

## 10.3　历年真题分类汇编与典型习题(含详解)

**1.** (2004)方程组 $\begin{cases} x+y=a \\ y+z=4 \\ z+x=2 \end{cases}$ 的 $x$, $y$, $z$ 成等差数列.

(1) $a=1$　　　(2) $a=0$

**2.** 如果数列 $x$, $a_1$, $\cdots$, $a_m$, $y$ 和数列 $x$, $b_1$, $\cdots$, $b_n$, $y$ 都是等差数列,则 $\frac{a_2 - a_1}{b_4 - b_2} = ($ 　　$)$.

(A) $\frac{n}{2m}$ 　　　　　(B) $\frac{n+1}{2m}$ 　　　　　(C) $\frac{n+1}{2(m+1)}$

(D) $\frac{n+1}{m+1}$ 　　　　　(E) 以上均不正确

**3.** 在 $-12$ 和 $6$ 之间插入 $n$ 个数,使这 $n+2$ 个数组成和为 $-21$ 的等差数列,则 $n$ 为( 　　).
(A) 4　　　(B) 5　　　(C) 6　　　(D) 7　　　(E) 8

**4.** (2003) 数列 $\{a_n\}$ 的前 $k$ 项和 $a_1 + a_2 + \cdots + a_k$ 与随后 $k$ 项和 $a_{k+1} + a_{k+2} + \cdots + a_{2k}$ 之比与 $k$ 无关.
(1) $a_n = 2n-1$ $(n=1, 2, \cdots)$　　　(2) $a_n = 2n$ $(n=1, 2, \cdots)$

**5.** 在等差数列 $\{a_n\}$ 中,已知 $a_1 + a_2 + \cdots + a_{10} = p$, $a_{n-9} + a_{n-8} + \cdots + a_n = q$,则该数列前 $n$ 项和 $S_n$ 等于( 　　).
(A) $n(p+q)/12$ 　　(B) $n(p+q)/18$ 　　(C) $n(p+q)/20$
(D) $n(p+q)/24$ 　　(E) $3n(p+q)/20$

**6.** (201110)已知数列 $\{a_n\}$ 满足 $a_{n+1} = \frac{a_n+2}{a_n+1}$ $(n=1, 2, \cdots)$,则 $a_2 = a_3 = a_4$.
(1) $a_1 = \sqrt{2}$　　　(2) $a_1 = -\sqrt{2}$

**7.** (199701)—等差数列中，$a_1 = 2$，$a_4 + a_6 = -4$，该等差数列的公差是（　　）.

(A) $-2$　　　　(B) $-1$　　　　(C) 1　　　　(D) 2　　　　(E) 3

**8.** 等差数列 $\{a_n\}$ 和 $\{b_n\}$ 中，$\dfrac{a_{11}}{b_{11}} = \dfrac{4}{3}$.

(1) $\{a_n\}$ 和 $\{b_n\}$ 前 $n$ 项的和之比为 $(7n+1):(4n+27)$

(2) $\{a_n\}$ 和 $\{b_n\}$ 前 21 项的和之比为 $5:3$

**9.** 一个等差数列的前 12 项的和为 354，前 12 项中偶数项的和与奇数项的和之比为 $32:27$，则公差 $d = $（　　）.

(A) 10　　　　(B) 8　　　　(C) 7　　　　(D) 6　　　　(E) 5

**10.** 设 $S_n$ 是等差数列 $\{a_n\}$ 的前 $n$ 项和，已知 $S_6 = 36$，$S_n = 324$，$S_{n-6} = 144 (n > 6)$，则 $n$ 等于（　　）.

(A) 15　　　　(B) 16　　　　(C) 17　　　　(D) 18　　　　(E) 19

**11.** (200301)若平面内有 10 条直线，其中任何两条不平行，且任何三条不共点（即不相交于一点），则这 10 条直线将平面分成了（　　）.

(A) 21 部分　　(B) 32 部分　　(C) 43 部分　　(D) 56 部分　　(E) 77 部分

**12.** 设等差数列 $\{a_n\}$ 的前 $n$ 项和为 $S_n$，$S_6$ 是 $S_n$（$n \in \mathbf{N}_+$）的最大值.

(1) $a_1 < 0$，$d > 0$　　　　(2) $a_1 = 23$，$d = -4$

**13.** 等差数列 $\{a_n\}$ 中，$a_5 < 0 < a_6$，$|a_5| < a_6$，$S_n$ 是前 $n$ 项和，则（　　）.

(A) $S_3 < 0 < S_4$　　　　　　(B) $S_5 < 0 < S_6$　　　　　　(C) $S_9 < 0 < S_{10}$

(D) $S_{10} < 0 < S_{11}$　　　　　(E) $S_{11} < 0 < S_{12}$

**14.** $\{a_n\}$ 为等差数列，$S_5 < S_6 = S_7 > S_8$，则以下结论中错误的是（　　）.

(A) $d < 0$　　　　　　　　(B) $a_7 = 0$　　　　　　　　(C) $S_9 > S_5$

(D) $S_6$，$S_7$ 均为 $\{S_n\}$ 的最大值　　　　(E) $S_8 > S_9$

**15.** (201210)在一次数学考试中，某班前 6 名同学的成绩恰好成等差数列. 若前 6 名同学的平均成绩为 95 分，前 4 名同学的成绩之和为 388 分，则第 6 名同学的成绩为（　　）分.

(A) 92　　　　(B) 91　　　　(C) 90　　　　(D) 89　　　　(E) 88

**16.** $\{a_n\}$ 为等差数列，其前 $n$ 项和 $S_n$ 的最大值为 1 300.

(1) $a_5 = 130$，$S_{19} = 1\,045$　　　(2) $a_4 = 180$，$S_{15} = 1\,200$

**17.** (2003)等差数列 $\{a_n\}$ 中，$a_{10} < 0$，$a_{11} > 0$，且 $a_{11} > |a_{10}|$，$S_n$ 是前 $n$ 项和，则（　　）.

(A) $S_1$，$S_2$，$\cdots$，$S_{10}$ 都小于 0，$S_{11}$，$S_{12}$，$\cdots$ 都大于 0

(B) $S_1$，$S_2$，$\cdots$，$S_5$ 都小于 0，$S_6$，$S_7$，$\cdots$ 都大于 0

(C) $S_1$，$S_2$，$\cdots$，$S_{20}$ 都小于 0，$S_{21}$，$S_{22}$，$\cdots$ 都大于 0

(D) $S_1$，$S_2$，$\cdots$，$S_{19}$ 都小于 0，$S_{20}$，$S_{21}$，$\cdots$ 都大于 0

(E) 以上结论均不正确

**18.** 数列 $\{a_n\}$ 中，$a_n = \lg\left[100\left(\dfrac{\sqrt{2}}{2}\right)^{n-1}\right]$，使 $S_n$ 最大的 $n$ 为（　　）.

(A) 13　　　　(B) 14　　　　(C) 15　　　　(D) 16　　　　(E) 17

**19.** 设等差数列 $\{a_n\}$ 的前 $n$ 项和为 $S_n$，且 $a_3 = 10$，$S_8 > 0$，$S_9 < 0$，则数列 $\{a_n\}$ 的公差 $d$ 的取值范围为（　　）.

(A) $(-\infty, -5)$ 　　　　(B) $\left(-\dfrac{20}{3}, -5\right)$ 　　　　(C) $\left(-\infty, -\dfrac{20}{3}\right)$

(D) $(5, +\infty)$ 　　　　(E) $\left(5, \dfrac{20}{3}\right)$

**20.** 已知数列 $-1$, $a_1$, $a_2$, $-4$ 是等差数列, $-1$, $b_1$, $b_2$, $b_3$, $-4$ 成等比数列, 则 $\dfrac{a_2 - a_1}{b_2} = $ ( 　 ).

(A) $1/2$ 　　(B) $-1/2$ 　　(C) $1/2$ 或 $-1/2$ 　　(D) $1/4$ 　　(E) $1/3$

**21.** (201110)若等差数列 $\{a_n\}$ 满足 $5a_7 - a_3 - 12 = 0$, 则 $\sum\limits_{k=1}^{15} a_k = $ ( 　 ).

(A) 15 　　　(B) 24 　　　(C) 30 　　　(D) 45 　　　(E) 60

**22.** 设 $a$, $b$, $c$, $d$ 为等比数列, $a > 0$, 能使 $a$ 唯一确定.

(1) $\dfrac{a}{b} + \dfrac{b}{c} + \dfrac{c}{d} = 1$ 　　　(2) $ab + bc + cd = 1\,092$

**23.** 已知数列 $\{a_n\}$ 的前 $n$ 项和 $S_n = 3 + 2^n$, 则这个数列是( 　 ).

(A) 等差数列 　　　　(B) 等比数列 　　　　(C) 既非等差数列, 又非等比数列

(D) 既是等差数列, 又是等比数列 　　　　(E) 无法判定

**24.** (1999)若方程 $(a^2 + c^2)x^2 - 2c(a+b)x + b^2 + c^2 = 0$ 有两个实根, 则( 　 ).

(A) $a$, $b$, $c$ 成等比数列 　　　　　　(B) $a$, $c$, $b$ 成等比数列

(C) $b$, $a$, $c$ 成等差数列 　　　　　　(D) $a$, $b$, $c$ 成等差数列

(E) 以上答案均不正确

**25.** 三个不相同的非零实数 $a$, $b$, $c$ 成等差数列, 又 $a$, $c$, $b$ 恰成等比数列, 则 $\dfrac{a}{b} = $ ( 　 ).

(A) 2 　　　(B) 4 　　　(C) $-4$ 　　　(D) $-2$ 　　　(E) 3

**26.** (2000)若 $\alpha^2$, $1$, $\beta^2$ 成等比数列, 而 $\dfrac{1}{\alpha}$, $1$, $\dfrac{1}{\beta}$ 成等差数列, 则 $\dfrac{\alpha + \beta}{\alpha^2 + \beta^2} = $ ( 　 ).

(A) $-1/2$ 或 $1$ 　　(B) $-1/3$ 或 $1$ 　　(C) $1/2$ 或 $1$ 　　(D) $1/3$ 或 $1$

**27.** 等比数列 $\{a_n\}$ 的前 $n$ 项和为 $S_n$, 使 $S_n > 10^5$ 的最小 $n$ 为 8.

(1) 首项 $a_1 = 4$ 　　　(2) 公比 $q = 5$

**28.** (199810)若在等差数列中前 5 项和 $S_5 = 15$, 前 15 项和 $S_{15} = 120$, 则前 10 项和 $S_{10} = $ ( 　 ).

(A) 40 　　　(B) 45 　　　(C) 50 　　　(D) 55 　　　(E) 60

**29.** (200201)设有两个数列 $\{\sqrt{2}-1, a\sqrt{3}, \sqrt{2}+1\}$ 和 $\left\{\sqrt{2}-1, \dfrac{a\sqrt{6}}{2}, \sqrt{2}+1\right\}$, 则使前者成为等差数列, 后者成为等比数列的实数 $a$ 的值有( 　 ).

(A) 0 个 　　　(B) 1 个 　　　(C) 2 个 　　　(D) 3 个

**30.** (200601)若 $6$, $a$, $c$ 成等差数列, 且 $36$, $a^2$, $-c^2$ 也成等差数列, 则 $c = $ ( 　 ).

(A) $-6$ 　　　　　　(B) 2 　　　　　　(C) 3 或 $-2$

(D) $-6$ 或 2 　　　　(E) 以上答案均不正确

**31.** 7 个数排成一排, 奇数项成等差数列, 偶数项成等比数列, 且奇数项的和与偶数项的积的差为 42, 首项、末项、中间项之和为 27, 则中间项为( 　 ).

(A) $-2$　　　(B) $-1$　　　(C) 0　　　(D) 1　　　(E) 2

**32.** 三个数顺序排成等比数列,其和为 114,这三个数依前面的顺序又是某等差数列的第 1,4,25 项,则此三个数的各位上的数字之和为(　　).

(A) 24　　　(B) 33　　　(C) 24 或 33　　　(D) 22 或 33　　　(E) 24 或 35

**33.** (200710) $\dfrac{\dfrac{1}{2}+\left(\dfrac{1}{2}\right)^2+\left(\dfrac{1}{2}\right)^3+\cdots+\left(\dfrac{1}{2}\right)^8}{0.1+0.2+0.3+\cdots+0.9}=($　　$)$.

(A) 85/768　　　　　(B) 85/512　　　　　(C) 85/384

(D) 255/256　　　　(E) 以上结论都不正确

**34.** $11+22\dfrac{1}{2}+33\dfrac{1}{4}+\cdots+77\dfrac{1}{64}=($　　$)$.

(A) $306\dfrac{1}{64}$　(B) $307\dfrac{63}{64}$　(C) 308　(D) $308\dfrac{1}{64}$　(E) $308\dfrac{63}{64}$

**35.** 设数列 $\{x_n\}$ 满足 $\log_a x_{n+1}=1+\log_a x_n$ $(a>0,\ a\neq 1)$,且 $x_1+x_2+\cdots+x_{100}=100$,则 $x_{101}+x_{102}+\cdots+x_{200}$ 的值等于(　　).

(A) $100a$　(B) $101a^2$　(C) $101a^{100}$　(D) $100a^{100}$　(E) 以上结论都不正确

**36.** 求和 $S_n=3+33+333+\cdots+\underbrace{333\cdots 3}_{n\text{个}}$.

**37.** $\dfrac{1}{1\times 2}+\dfrac{2}{1\times 2\times 3}+\dfrac{3}{1\times 2\times 3\times 4}+\cdots+\dfrac{9}{1\times 2\times 3\times\cdots\times 10}=($　　$)$.

(A) $1-\dfrac{1}{9!}$　　　　(B) $1-\dfrac{1}{10!}$　　　　(C) $1-\dfrac{9}{10!}$

(D) $1-\dfrac{8}{9!}$　　　　(E) 以上结论都不正确

**38.** $1+3\dfrac{1}{6}+5\dfrac{1}{12}+\cdots+17\dfrac{1}{90}=($　　$)$.

(A) $81\dfrac{1}{5}$　(B) $81\dfrac{2}{5}$　(C) $82\dfrac{1}{5}$　(D) $82\dfrac{2}{5}$　(E) $83\dfrac{1}{5}$

**39.** 若 $\{a_n\}$ 是等差数列,数列 $\left\{\dfrac{1}{a_n a_{n+1}}\right\}$ 的前 $n$ 项和为(　　).

(A) $\dfrac{1}{a_1}-\dfrac{1}{a_{n+1}}$　　　　(B) $\dfrac{n-1}{a_1 a_{n+1}}$　　　　(C) $\dfrac{n+1}{a_1 a_{n+1}}$

(D) $\dfrac{n}{a_1 a_{n+1}}$　　　　(E) 以上结果均不正确

**40.** $\dfrac{2^2}{1\times 3}+\dfrac{4^2}{3\times 5}+\cdots+\dfrac{4n^2}{(2n-1)(2n+1)}=($　　$)$.

(A) $n$　　　(B) $n-1$　　　(C) $2n$　　　(D) $\dfrac{2n^2}{2n+1}$　　　(E) $\dfrac{2n(n+1)}{2n+1}$

**41.** $S=-\dfrac{5}{512}$.

(1) $S=\dfrac{1}{2}-\dfrac{4}{2^2}+\dfrac{7}{2^3}-\cdots+\dfrac{25}{2^9}-\dfrac{28}{2^{10}}$

(2) $S=\dfrac{1}{1\times(-4)}+\dfrac{1}{4\times(-7)}+\dfrac{1}{7\times(-10)}+\cdots+\dfrac{1}{25\times(-28)}$

**42.** (200701)整数数列 $a$，$b$，$c$，$d$ 中 $a$，$b$，$c$ 成等比数列，$b$，$c$，$d$ 成等差数列.

(1) $b = 10$，$d = 6a$          (2) $b = -10$，$d = 6a$

**43.** (201010) $x_n = 1 - \dfrac{1}{2^n}(n = 1, 2, \cdots)$.

(1) $x_1 = \dfrac{1}{2}$，$x_{n+1} = \dfrac{1}{2}(1 - x_n)(n = 1, 2, \cdots)$

(2) $x_1 = \dfrac{1}{2}$，$x_{n+1} = \dfrac{1}{2}(1 + x_n)(n = 1, 2, \cdots)$

**44.** (201210)设 $\{a_n\}$ 是非负等比数列，若 $a_3 = 1$，$a_5 = \dfrac{1}{4}$，则 $\sum\limits_{n=1}^{8} \dfrac{1}{a_n} = ($    $)$.

(A) 255          (B) $\dfrac{255}{4}$          (C) $\dfrac{255}{8}$          (D) $\dfrac{255}{16}$          (E) $\dfrac{255}{32}$

**45.** (201010)等比数列 $\{a_n\}$ 中，$a_3$，$a_8$ 是方程 $3x^2 + 2x - 18 = 0$ 的两个根，则 $a_4 \cdot a_7 = $
( ).

(A) $-9$          (B) $-8$          (C) $-6$          (D) 6          (E) 8

**46.** (201110)若等比数列 $\{a_n\}$ 满足 $a_2 a_4 + 2a_3 a_5 + a_2 a_8 = 25$，且 $a_1 > 0$，则 $a_3 + a_5 = ($    $)$.

(A) 8          (B) 5          (C) 2          (D) $-2$          (E) $-5$

**47.** (200010)求 $\dfrac{1}{1 \cdot 2} + \dfrac{1}{2 \cdot 3} + \dfrac{1}{3 \cdot 4} + \cdots + \dfrac{1}{99 \cdot 100} = $ _____.

**48.** (201210)在等差数列 $\{a_n\}$ 中，$a_2 = 4$，$a_4 = 8$. 若 $\sum\limits_{k=1}^{n} \dfrac{1}{a_k a_{k+1}} = \dfrac{5}{21}$，则 $n = ($    $)$.

(A) 16          (B) 17          (C) 19          (D) 20          (E) 21

**49.** (201310)设数列 $\{a_n\}$ 满足：$a_1 = 1$，$a_{n+1} = a_n + \dfrac{n}{3}(n \geqslant 1)$，则 $a_{100} = ($    $)$.

(A) 1650          (B) 1651          (C) $\dfrac{5050}{3}$          (D) 3300          (E) 3301

**50.** (201310)设 $\{a_n\}$ 是等比数列，则 $a_2 = 2$.

(1) $a_1 + a_3 = 5$          (2) $a_1 a_3 = 4$

**51.** (201410)等差数列 $\{a_n\}$ 的前 $n$ 项和为 $S_n$，已知 $S_3 = 3$，$S_6 = 24$，则此等差数列的公差 $d$ 等于( ).

(A) 3          (B) 2          (C) 1          (D) $\dfrac{1}{2}$          (E) $\dfrac{1}{3}$

**52.** (201410)已知数列 $\{a_n\}$ 满足 $a_{n+1} = \dfrac{a_n + 2}{a_n + 1}$，$n = 1, 2, 3, \cdots$，且 $a_2 > a_1$，那么 $a_1$ 的取值范围是( ).

(A) $a_1 < \sqrt{2}$                    (B) $-1 < a_1 < \sqrt{2}$

(C) $a_1 > \sqrt{2}$                    (D) $-\sqrt{2} < a_1 < \sqrt{2}$ 且 $a_1 \neq -1$

(E) $-1 < a_1 < \sqrt{2}$ 或 $a_1 < -\sqrt{2}$

**53.** (201410)等比数列 $\{a_n\}$ 满足 $a_2 + a_4 = 20$，则 $a_3 + a_5 = 40$.

(1) 公比 $q = 2$     (2) $a_1 + a_3 = 10$

**详解：**

**1.【B】**

**解**　当 $a=1$ 时，可得方程组唯一解 $x=-\dfrac{1}{2}$，$y=\dfrac{3}{2}$，$z=\dfrac{5}{2}$，不成等差数列．因此条件(1)不充分．

当 $a=0$ 时，得方程组唯一解 $x=-1$，$y=1$，$z=3$，成等差数列．条件(2)充分．

所以选(B)．

**2.【C】**

**解**　设等差数列 $x$，$a_1$，$a_2$，$\cdots$，$a_m$，$y$ 的公差是 $d_1$，等差数列 $x$，$b_1$，$b_2$，$\cdots$，$b_n$，$y$ 的公差是 $d_2$，

则 $\dfrac{a_2-a_1}{b_4-b_2}=\dfrac{d_1}{2d_2}$，由 $y=x+(m+2-1)d_1$，$y=x+(n+2-1)d_2$，可得 $(m+1)d_1=(n+1)d_2$，

因此 $\dfrac{d_1}{d_2}=\dfrac{n+1}{m+1}$，$\dfrac{a_2-a_1}{b_4-b_2}=\dfrac{n+1}{2(m+1)}$．答案是(C)．

**3.【B】**

**解**　由已知，$-12$，$a_1$，$a_2$，$\cdots$，$a_n$，$6$ 成等差数列且 $S_{n+2}=\dfrac{(n+2)(-12+6)}{2}=-21$，

因此，$-6(n+2)=-42$，$n=5$．答案是(B)．

**4.【A】**

**解**　由条件(1) $a_n=2n-1$ 是等差数列可知 $a_1+a_2+\cdots+a_k=S_k=\dfrac{k(1+2k-1)}{2}=k^2$．

$$a_{k+1}+a_{k+2}+\cdots+a_{2k}=S_{2k}-S_k=\dfrac{2k(1+4k-1)}{2}-k^2=4k^2-k^2=3k^2.$$

因此，两者之比为 $\dfrac{k^2}{3k^2}=\dfrac{1}{3}$，与 $k$ 无关，即条件(1)是充分的．

由条件(2) $a_n=2n$ 是等差数列可知，

$$S_k=\dfrac{k(2+2k)}{2}=k(1+k),\ S_{2k}-S_k=\dfrac{2k(2+4k)}{2}-\dfrac{k(2+2k)}{2}=\dfrac{2k+6k^2}{2}=\dfrac{k(2+6k)}{2}=k(1+3k).$$

因此两者之比为 $\dfrac{1+k}{1+3k}$，与 $k$ 有关，即条件(2)不充分．

所以选(A)．

**5.【C】**

**解**　$(a_1+a_2+\cdots+a_{10})+(a_{n-9}+a_{n-8}+\cdots+a_n)$

$=(a_1+a_n)+(a_2+a_{n-1})+\cdots+(a_9+a_{n-8})+(a_{10}+a_{n-9})=10(a_1+a_n)=p+q$，

即 $a_1+a_n=\dfrac{p+q}{10}$，因此 $S_n=\dfrac{n(a_1+a_n)}{2}=\dfrac{n}{20}(p+q)$．答案是(C)．

**6.【D】**

**解**　条件(1) $a_1=\sqrt{2}$，代入 $a_2=\dfrac{a_1+2}{a_1+1}=\dfrac{2+\sqrt{2}}{\sqrt{2}+1}=\sqrt{2}$，同理 $a_3=a_4=\sqrt{2}$．

条件(2) $a_1=-\sqrt{2}$，代入 $a_2=\dfrac{-\sqrt{2}+2}{-\sqrt{2}+1}=-\dfrac{2-\sqrt{2}}{\sqrt{2}-1}=-\sqrt{2}$，同理 $a_3=a_4=-\sqrt{2}$．

〖评注〗　考查数列的递推关系．

**7.【B】**

**解**　设公差为 $d$，由已知得 $\begin{cases} a_1=2, \\ a_4+a_6=(a_1+3d)+(a_1+5d)=-4, \end{cases}$ 解得 $d=-1$，选(B)．

**8.【A】**

**解**　设 $S_n$，$T_n$ 分别表示等差数列 $\{a_n\}$ 和 $\{b_n\}$ 前 $n$ 项的和. 由条件(1)，$\dfrac{S_n}{T_n}=\dfrac{7n+1}{4n+27}$，

$$\frac{a_{11}}{b_{11}}=\frac{\frac{1}{2}(a_{11}+a_{11})}{\frac{1}{2}(b_{11}+b_{11})}=\frac{\frac{1}{2}(a_1+a_{21})}{\frac{1}{2}(b_1+b_{21})}=\frac{\frac{21}{2}(a_1+a_{21})}{\frac{21}{2}(b_1+b_{21})}=\frac{S_{21}}{T_{21}}=\frac{7\times21+1}{4\times21+27}=\frac{148}{111}=\frac{4}{3},$$

因此条件(1)是充分的.

由条件(2)，$\dfrac{S_{21}}{T_{21}}=\dfrac{5}{3}$，可推知 $\dfrac{a_{11}}{b_{11}}=\dfrac{S_{21}}{T_{21}}=\dfrac{5}{3}\neq\dfrac{4}{3}$. 因此条件(2)不充分.

答案是(A).

**9.【E】**

**解法 1**　设首项为 $a_1$，公差为 $d$，则 $\begin{cases} 12a_1+\dfrac{12\times11}{2}d=354 \\[2mm] \dfrac{6(a_1+d)+\dfrac{6\times5}{2}\times2d}{6a_1+\dfrac{6\times5}{2}\times2d}=\dfrac{32}{27} \end{cases}\Rightarrow d=5$，选(E).

**解法 2**　$\begin{cases} S_{奇}+S_{偶}=354 \\[2mm] \dfrac{S_{偶}}{S_{奇}}=\dfrac{32}{27} \end{cases}\Rightarrow\begin{cases} S_{偶}=192 \\ S_{奇}=162 \end{cases}$，由 $S_{偶}-S_{奇}=6d\Rightarrow d=5$.

**10.【D】**

**解**　因为 $S_6=36$，$S_n=324$，$S_{n-6}=144\ (n>6)$，所以 $S_n-S_{n-6}=180$，从而

$a_1+a_2+\cdots+a_6=36$，$a_n+a_{n-1}+\cdots+a_{n-5}=180$. 两式相加可得 $6(a_1+a_n)=216$，

即 $a_1+a_n=36$. 所以由 $S_n=\dfrac{n(a_1+a_n)}{2}=324$ 得，$n=\dfrac{2\times324}{a_1+a_n}=\dfrac{2\times324}{36}=18$，选(D).

**11.【D】**

**解**　设 $n$ 条直线将平面分成 $a_n$ 个区域，增加一条直线 $l$. 由已知 $l$ 与 $n$ 条直线每一条都有一个交点. 故 $l$ 被分为 $n+1$ 段，这 $n+1$ 的线段或射线都把自己所经过的 $a_n$ 个区域中的一个分为两个区域. 故 $a_{n+1}=a_n+n+1$，所以

$$\begin{aligned} a_1&=2 \\ a_2&=a_1+2 \\ a_3&=a_2+3 \\ &\vdots \\ a_{10}&=a_9+10 \end{aligned}$$

将这 10 个等式相加，化简，得

$$a_{10}=2+2+3+4+5+\cdots+10=1+\frac{10(1+10)}{2}=1+55=56,$$

正确的选择是(D).

**12.【B】**

**解**　由条件(1)可知 $d>0$，从而等差数列 $\{a_n\}$ 是递增数列，从某项起以后各项均为正数，因此，数列 $\{a_n\}$ 中只有最小值而无最大值. 所以，条件(1)不充分.

条件(2)中，$a_1=23>0$，$d=-4<0$，因此，等差数列 $\{a_n\}$ 是递减数列，且前面若干项为正数，从某项起以后各项均为负数，将 $\{a_n\}$ 的靠前的所有正项相加，所得 $S_n$ 必最大，令 $a_n=0$，

$$23+(n-1)(-4)=0,\ 4n=27,\ n=\frac{27}{4},$$

即 $a_1$，$a_2$，…，$a_6$ 为正项，$a_7$ 以后各项为负项，从而 $S_6$ 最大，条件(2)充分.故选(B).

**13.【C】**

**解**　由 $a_5 < a_6$ 知，数列 $\{a_n\}$ 的公差 $d = a_6 - a_5 > 0$，因而 $\{a_n\}$ 是递增数列.再由 $|a_5| < a_6$，$-a_5 < a_6$，知 $a_5 + a_6 > 0$，故 $S_{10} = \dfrac{a_1 + a_{10}}{2} \times 10 = 5(a_5 + a_6) > 0$，

$S_9 = \dfrac{a_1 + a_9}{2} \times 9 = 9a_5 < 0$.因此有 $S_{10} > 0 > S_9$. 故选(C).

**14.【C】**

**解**　$a_7 = S_7 - S_6 = 0$，(B) 正确；$a_8 = S_8 - S_7 < 0 = a_7$，$d = a_8 - a_7 < 0$，(A) 正确；$a_1$，$a_2$，…，$a_6$ 皆为正项，$a_7 = 0$，$a_8$，$a_9$，… 皆为负项，知 $S_6 = S_7$ 均为 $\{S_n\}$ 的最大值，(D)正确；由 $a_9 < 0$，知 $S_8 > S_9$，(E) 正确；由排除法可选(C).

〖评注〗　实际上 $S_9 - S_5 = a_6 + a_7 + a_8 + a_9 = 3a_7 + a_9 = a_9 < 0$，便可得 $S_9 < S_5$，即(C)错误.

**15.【C】**

**解**　由题意得 $\begin{cases} S_6 = 6a_1 + 15d = 95 \times 6 \\ S_4 = 4a_1 + 6d = 388 \end{cases} \Rightarrow \begin{cases} a_1 = 100 \\ d = -2 \end{cases}$，则 $a_6 = a_1 + 5d = 90$.

**16.【A】**

**解**　条件(1)中，由 $a_5$ 与 $S_{19}$ 的值可得 $\begin{cases} a_1 + 4d = 130 \\ 19a_1 + \dfrac{19 \times 18}{2}d = 1\,045 \end{cases} \Rightarrow \begin{cases} d = -15 \\ a_1 = 190 \end{cases}$.

所以数列 $\{a_n\}$ 是首项为正、公差为负的递减等差数列.令 $a_n = 0$，则

$$190 + (n-1)(-15) = 0,\ 13 < n < 14,$$

因此，前 13 项和 $S_{13}$ 最大，$S_{13} = 13 \times 190 + \dfrac{13 \times 12}{2}(-15) = 2\,470 - 1\,170 = 1\,300$.

故条件(1)充分.

条件(2)中，$\begin{cases} a_1 + 3d = 180 \\ 15a_1 + \dfrac{15 \times 14}{2}d = 1\,200 \end{cases} \Rightarrow \begin{cases} d = -25 \\ a_1 = 255 \end{cases}$.

所以数列 $\{a_n\}$ 是首项为正、公差为负的递减等差数列.令 $a_n = 0$，则

$$255 + (n-1)(-25) = 0,\ 11 < n < 12,$$

因此，前 11 项最大. $S_{11} = 11 \times 255 + \dfrac{10 \times 11}{2}(-25) = 2\,805 + (-1\,375) = 1\,430$.

条件(2)不充分，故选(A).

**17.【D】**

**解**　因为等差数列 $\{a_n\}$ 中，$a_{10} < 0$，$a_{11} > 0$，且 $a_{11} > |a_{10}|$，所以 $a_{10} + a_{11} > 0$ 且公差 $d > 0$，即数列 $\{a_n\}$ 是递增等差数列.

因此 $S_{20} = \dfrac{20(a_1 + a_{20})}{2} = 10(a_{10} + a_{11}) > 0$，从而 $S_{20}$，$S_{21}$，… 都大于 0.

$$S_{19} = \dfrac{19(a_1 + a_{19})}{2} = \dfrac{19 \times 2a_{10}}{2} = 19a_{10} < 0,$$

从而 $S_1$，$S_2$，…，$S_{19}$ 都小于 0.故本题应选(D).

**18.【B】**

**解**　$a_n = 2 + (n-1)\lg\dfrac{\sqrt{2}}{2}$，因而 $\{a_n\}$ 是首项 $a_1 = 2$，公差 $d = \lg\dfrac{\sqrt{2}}{2}$ 的等差数列，令 $a_n = 0$，有 $2 +$

$(n-1)\lg\dfrac{\sqrt{2}}{2}=0$，$n=1+\dfrac{40}{3}\approx14.3$，

从而 $a_1$，$a_2$，$\cdots$，$a_{14}>0$，$a_{15}$，$a_{16}$，$\cdots<0$，$S_{14}$ 最大，故选(B).

**19.【B】**

**解**　由 $a_3=10$，$S_8>0$，$S_9<0$ 可得 $\begin{cases}a_1+2d=10,\\8a_1+28d>0,\\9a_1+36d<0,\end{cases}$　解得 $-\dfrac{20}{3}<d<-5$，选(B).

**20.【A】**

**解**　由 $-1$，$a_1$，$a_2$，$-4$ 成等差数列,则 $-4=(-1)+3\cdot d$,得公差 $d=-1$.

由 $-1$，$b_1$，$b_2$，$b_3$，$-4$ 成等比数列,得 $-4=(-1)q^4$,即公比 $q^2=2$，$b_2=(-1)q^2=-2$.

因此 $\dfrac{a_2-a_1}{b_2}=\dfrac{d}{-2}=\dfrac{-1}{-2}=\dfrac{1}{2}$. 选(A)

**21.【D】**

**解法 1**　$\displaystyle\sum_{k=1}^{15}a_k=S_{15}=\dfrac{15(a_1+a_{15})}{2}=\dfrac{15\times2a_8}{2}=15a_8$，

又 $5a_7-a_3-12=0$ 即 $5(a_8-d)-(a_8-5d)-12=0$,所以 $a_8=3$,原式 $S_{15}=15\times3=45$.

**解法 2**　(特殊数列法)令 $a_n=C$(常数列),$5a_7-a_3-12=4C-12=0$,得到 $C=3$,

所以 $\displaystyle\sum_{k=1}^{15}a_k=\sum_{k=1}^{15}C=\sum_{k=1}^{15}3=3\times15=45$.

**22.【C】**

**解**　提示:设 $a$，$b$，$c$，$d$ 的公比为 $q$,条件(1)中，$\dfrac{a}{b}+\dfrac{b}{c}+\dfrac{c}{d}=1$,故 $\dfrac{3}{q}=1$，$q=3$,符合此条件的解有无穷多组,如 $(1,3,9,27)$，$(2,6,18,54)$，$\cdots$,条件(1)不充分.

条件(2)中，由 $ab+bc+cd=1\,092$，$a^2q(1+q^2+q^4)=1\,092$,

$a^2=\dfrac{1\,092}{q(1+q^2+q^4)}$，$a=\sqrt{\dfrac{1\,092}{q(1+q^2+q^4)}}$，给一个 $q$,就对应一个正值 $a$,同样有无穷多个 $a$ 适合,条件(2)也不充分. 将条件(1)、条件(2)联合起来考虑,由条件(1)，$q=3$,代入条件(2)得到 $a=$

$\sqrt{\dfrac{1\,092}{q(1+q^2+q^4)}}=\sqrt{\dfrac{1\,092}{3(1+3^2+3^4)}}=\sqrt{\dfrac{1\,092}{3\times91}}=\sqrt{4}=2$，

即 $a$ 可唯一确定.条件(1)、条件(2)联合起来充分,故选(C).

**23.【C】**

**解**　由已知 $a_1=S_1=3+2=5$,当 $n\geqslant2$ 时,$a_n=S_n-S_{n-1}=(3+2^n)-(3+2^{n-1})=2^{n-1}$，

将 $n=1$ 代入 $a_1=2^{1-1}=1$,与 $a_1=S_1=5$ 不相等,从而通项公式为 $a_n=\begin{cases}5,&n=1,\\2^{n-1},&n\geqslant2.\end{cases}$

这个数列既非等差数列,也非等比数列,选(C).

**24.【B】**

**解**　方程有实根 $\Delta\geqslant0$，$4c^2(a+b)^2-4(a^2+c^2)(b^2+c^2)\geqslant0$,化简得 $(ab-c^2)^2\leqslant0$,得到 $c^2=ab$,即 $a$，$c$，$b$ 成等比数列.所以选(B).

〖评注〗　此题为真题,但仅从 $c^2=ab$ 推不出 $a$，$c$，$b$ 成等比,所以此题不严密.

**25.【B】**

**解**　$a$，$b$，$c$ 成等差数列,则 $b=\dfrac{a+c}{2}$. $a$，$c$，$b$ 成等比数列,则有 $ab=c^2$,由 $c=2b-a$,得

$(2b-a)^2=ab$,整理可知 $a^2-5ab+4b^2=0$ 或 $\left(\dfrac{a}{b}\right)^2-5\left(\dfrac{a}{b}\right)+4=0$,解得 $\dfrac{a}{b}=4$ 或 $\dfrac{a}{b}=1$. 因 $a\neq b$,所

以 $\dfrac{a}{b}=4$，选(B).

**26.【B】**

**解** 由已知 $1=\alpha^2\beta^2$ 且 $1=\dfrac{\dfrac{1}{\alpha}+\dfrac{1}{\beta}}{2}=\dfrac{\beta+\alpha}{2\alpha\beta}$，即 $\alpha\beta=\pm1$.

若 $\alpha\beta=1$，则有 $\alpha+\beta=2$，$\alpha^2+2\alpha\beta+\beta^2=4$，因此 $\alpha^2+\beta^2=2$，$\dfrac{\alpha+\beta}{\alpha^2+\beta^2}=\dfrac{2}{2}=1$.

若 $\alpha\beta=-1$，则有 $\alpha+\beta=-2$，$\alpha^2+2\alpha\beta+\beta^2=4$. 因此 $\alpha^2+\beta^2=6$，$\dfrac{\alpha+\beta}{\alpha^2+\beta^2}=\dfrac{-2}{6}=-\dfrac{1}{3}$.

选(B).

**27.【C】**

**解** 若知道了首项 $a_1$ 及公比 $q$，则 $\{a_n\}$ 可被唯一确定，从而答案为(C)或(E).

若 $a_1=4$，且 $q=5$，则 $S_n=\dfrac{a_1(1-q^n)}{1-q}=\dfrac{4(1-5^n)}{-4}=5^n-1>10^5$，$n$ 的最小值为 8. 选(C).

**28.【D】**

**解** 因为 $S_5$，$S_{10}-S_5$，$S_{15}-S_{10}$ 也成等差数列，即 15，$S_{10}-15$，$120-S_{10}$ 成等差数列，所以 $2(S_{10}-15)=15+(120-S_{10})$，解得 $S_{10}=55$. 故本题应选(D).

**29.【B】**

**解** 依题意得，$(\sqrt{2}-1)+(\sqrt{2}+1)=2a\sqrt{3}$，即 $a=\dfrac{\sqrt{2}}{\sqrt{3}}=\dfrac{\sqrt{6}}{3}$，

$(\sqrt{2}-1)\times(\sqrt{2}+1)=\left(\dfrac{a\sqrt{6}}{2}\right)^2\Rightarrow a^2=\dfrac{2}{3}\Rightarrow a=\pm\dfrac{\sqrt{6}}{3}$，

所以，满足题干条件的实数 $a$ 只有一个，$a=\dfrac{\sqrt{6}}{3}$. 故本题应选(B).

**30.【D】**

**解** 根据已知条件有 $a=\dfrac{6+c}{2}$，$a^2=\dfrac{36-c^2}{2}$，即

$\left(\dfrac{6+c}{2}\right)^2=\dfrac{36-c^2}{2}\Rightarrow\dfrac{(6+c)^2}{4}=\dfrac{(6+c)(6-c)}{2}$，解得 $c=-6$ 或 $c=2$. 所以本题答案为(D).

**31.【E】**

**解** 由已知，可设这 7 个数为 $a_1$，$a_2$，$a_1+d$，$a_2q$，$a_1+2d$，$a_2q^2$，$a_1+3d$.

满足 $\begin{cases}(a_1+a_1+d+a_1+2d+a_1+3d)-a_2\cdot a_2q\cdot a_2q^2=42,\\ a_1+a_1+3d+a_2q=27\end{cases}$，

整理得 $\begin{cases}4a_1+6d-(a_2q)^3=42\\ 2a_1+3d+a_2q=27\end{cases}$，消去 $a_1$，$d$ 得 $(a_2q)^3+2(a_2q)-12=0$，解得 $a_2q=2$，选(E).

**32.【C】**

**解** 设三个数为 $x$，$xq$，$xq^2$，由已知 $x+xq+xq^2=114$.

从 $xq=x+3d$，$xq^2=x+24d$ 消去 $d$ 可得 $q^2-8q+7=0$，

即 $q=7$，$q=1$，分别代入 $x+xq+xq^2=114$ 得 $x=2$，$x=38$，

从而这三个数依次是 2，14，98 或 38，38，38.

即此三个数各位上的数字之和为 $2+1+4+9+8=24$ 或 $3+8+3+8+3+8=33$. 选(C).

**33.【C】**

**解** $\dfrac{\dfrac{1}{2}+\left(\dfrac{1}{2}\right)^2+\left(\dfrac{1}{2}\right)^3+\cdots+\left(\dfrac{1}{2}\right)^8}{0.1+0.2+0.3+0.4+\cdots+0.9}=\dfrac{\dfrac{\dfrac{1}{2}\left(1-\left(\dfrac{1}{2}\right)^8\right)}{1-\dfrac{1}{2}}}{\dfrac{(0.1+0.9)}{2}\cdot 9}=\dfrac{\dfrac{255}{256}}{\dfrac{9}{2}}=\dfrac{85}{384}$，故选(C).

〖评注〗 求和问题常转化为等差、等比数列求和.

**34.【E】**

**解** $11+22\dfrac{1}{2}+33\dfrac{1}{4}+\cdots+77\dfrac{1}{64}=(11+22+\cdots+77)+\left(\dfrac{1}{2}+\dfrac{1}{4}+\cdots+\dfrac{1}{64}\right)$

$$=11\times(1+2+3+\cdots+7)+\dfrac{\dfrac{1}{2}\left(1-\dfrac{1}{2^6}\right)}{1-\dfrac{1}{2}}$$

$$=11\times\dfrac{7\times(1+7)}{2}+1-\dfrac{1}{64}=308\dfrac{63}{64},$$

所以选(E).

**35.【D】**

**解** 由 $\log_a x_{n+1}=1+\log_a x_n\,(a>0,\ a\neq 1)$ 得 $\log_a x_{n+1}=\log_a ax_n$，因此 $\dfrac{x_{n+1}}{x_n}=a$，即数列 $\{x_n\}$ 是公比为 $a$ 的等比数列.

设 $x_1+x_2+\cdots+x_{100}=b_1$，$x_{101}+x_{102}+\cdots+x_{200}=b_2$，…，即在数列 $\{x_n\}$ 中每隔100项求和,按原顺序排列构成新数列 $\{b_n\}$，则 $\{b_n\}$ 为等比数列,公比 $q=a^{100}$，所以 $b_2=b_1q=100a^{100}$,

即 $x_{101}+x_{102}+\cdots+x_{200}=100a^{100}$，故本题应选(D).

**36. 解** 此数列的通项为 $a_n=\underbrace{333\cdots 3}_{n个}=\dfrac{1}{3}(10^n-1)$，既不是等差数列也不是等比数列,但 $\{10^n\}$ 却是一个等比数列,因此可转化为等比数列求和问题.

$$S_n=\dfrac{1}{3}(10-1)+\dfrac{1}{3}(10^2-1)+\cdots+\dfrac{1}{3}(10^n-1)=\dfrac{1}{3}\left[(10+10^2+10^3+\cdots+10^n)-n\right]$$

$$=\dfrac{1}{3}\left[\dfrac{10(1-10^n)}{1-10}-n\right].$$

**37.【B】**

**解** 注意到 $\dfrac{n}{(n+1)!}=\dfrac{1}{n!}-\dfrac{1}{(n+1)!}$，从而

$$\dfrac{1}{1\times 2}+\dfrac{2}{1\times 2\times 3}+\dfrac{3}{1\times 2\times 3\times 4}+\cdots+\dfrac{9}{1\times 2\times 3\times\cdots\times 10}$$

$$=\left(1-\dfrac{1}{2!}\right)+\left(\dfrac{1}{2!}-\dfrac{1}{3!}\right)+\left(\dfrac{1}{3!}-\dfrac{1}{4!}\right)+\cdots+\left(\dfrac{1}{9!}-\dfrac{1}{10!}\right)=1-\dfrac{1}{10!}$$，所以选(B).

**38.【B】**

**解** $1+3\dfrac{1}{6}+5\dfrac{1}{12}+\cdots+17\dfrac{1}{90}=(1+3+5+\cdots+17)+\left(\dfrac{1}{6}+\dfrac{1}{12}+\cdots+\dfrac{1}{90}\right)$

$$=\dfrac{9\times(1+17)}{2}+\left(\dfrac{1}{2\times 3}+\dfrac{1}{3\times 4}+\cdots+\dfrac{1}{9\times 10}\right)$$

$$=81+\left(\dfrac{1}{2}-\dfrac{1}{3}+\dfrac{1}{3}-\dfrac{1}{4}+\cdots+\dfrac{1}{9}-\dfrac{1}{10}\right)$$

$$=81+\dfrac{2}{5}=81\dfrac{2}{5}.$$

所以选(B).

**39.【D】**

**解** 设数列 $\{a_n\}$ 的公差为 $d$，则 $\dfrac{1}{a_n a_{n+1}} = \dfrac{1}{d}\left(\dfrac{1}{a_n} - \dfrac{1}{a_{n+1}}\right)$，

$$\frac{1}{a_1 a_2} + \frac{1}{a_2 a_3} + \cdots + \frac{1}{a_n a_{n+1}} = \frac{1}{d}\left(\frac{1}{a_1} - \frac{1}{a_2} + \frac{1}{a_2} - \frac{1}{a_3} + \cdots + \frac{1}{a_{n-1}} - \frac{1}{a_n} + \frac{1}{a_n} - \frac{1}{a_{n+1}}\right)$$

$$= \frac{1}{d}\left(\frac{1}{a_1} - \frac{1}{a_{n+1}}\right) = \frac{1}{d}\frac{a_{n+1} - a_1}{a_1 a_{n+1}} = \frac{1}{d}\frac{nd}{a_1 a_{n+1}} = \frac{n}{a_1 a_{n+1}}.$$

故选(D).

〖评注〗 此题是分式求和裂项法的基本原理.

**40.【E】**

**解** 我们用"通项入手法"分析.

$$\frac{4k^2}{(2k-1)(2k+1)} = \frac{(4k^2-1)+1}{(2k-1)(2k+1)} = 1 + \frac{1}{2}\left(\frac{1}{2k-1} - \frac{1}{2k+1}\right)(k=1,2,\cdots,n),$$

$$\frac{2^2}{1\times 3} + \frac{4^2}{3\times 5} + \cdots + \frac{4n^2}{(2n-1)(2n+1)}$$

$$= \left[1 + \frac{1}{2}\left(1 - \frac{1}{3}\right)\right] + \left[1 + \frac{1}{2}\left(\frac{1}{3} - \frac{1}{5}\right)\right] + \cdots + \left[1 + \frac{1}{2}\left(\frac{1}{2n-1} - \frac{1}{2n+1}\right)\right]$$

$$= n + \frac{1}{2}\left(1 - \frac{1}{3} + \frac{1}{3} - \frac{1}{5} + \cdots + \frac{1}{2n-1} - \frac{1}{2n+1}\right)$$

$$= n + \frac{1}{2}\left(1 - \frac{1}{2n+1}\right) = n + \frac{n}{2n+1} = \frac{2n(n+1)}{2n+1}.$$

故选(E).

**41.【A】**

**解** 条件(1)中的 $S$ 是一个等差数列 $(3n-2)$ 和一个等比数列 $\left\{(-1)^{n-1}\dfrac{1}{2^n}\right\}$ 对应项乘积组成数列的前 10 项和. 我们用错项相减法求和.

$$S = \frac{1}{2} - \frac{4}{2^2} + \frac{7}{2^3} - \cdots + \frac{25}{2^9} - \frac{28}{2^{10}}, \qquad ①$$

$$-\frac{1}{2}S = -\frac{1}{2^2} + \frac{4}{2^3} - \cdots - \frac{25}{2^{10}} + \frac{28}{2^{11}}, \qquad ②$$

①－②得 $\dfrac{3}{2}S = \dfrac{1}{2} - \dfrac{3}{2^2} + \dfrac{3}{2^3} - \cdots - \dfrac{3}{2^{10}} - \dfrac{28}{2^{11}} = \dfrac{1}{2} - 3\left(\dfrac{1}{2^2} - \dfrac{1}{2^3} + \cdots + \dfrac{1}{2^{10}}\right) - \dfrac{28}{2^{11}}$

$$= \frac{1}{2} - 3\frac{\frac{1}{2^2}\left(1 + \frac{1}{2^9}\right)}{1 - \left(-\frac{1}{2}\right)} - \frac{28}{2^{11}} = \frac{1}{2} - \frac{1}{2} - \frac{1}{2^{10}} - \frac{14}{2^{10}} = -\frac{15}{2^{10}}, \text{ 得 } S = -\frac{5}{2^9} = -\frac{5}{512}.$$

于是,条件(1)充分.

条件(2)中,$S$ 可提负号后用裂项法来求.

$$S = -\left(\frac{1}{1\times 4} + \frac{1}{4\times 7} + \frac{1}{7\times 10} + \cdots + \frac{1}{25\times 28}\right)$$

$$= -\frac{1}{3}\left(1 - \frac{1}{4} + \frac{1}{4} - \frac{1}{7} + \frac{1}{7} - \frac{1}{10} + \cdots + \frac{1}{22} - \frac{1}{25} + \frac{1}{25} - \frac{1}{28}\right)$$

$$= -\frac{1}{3}\left(1 - \frac{1}{28}\right) = -\frac{9}{28}.$$

条件(2)不充分.故选(A).

**42.【E】**

**解**  令 $a = 0$,满足条件(1)和条件(2),但无法使得结论成立.

故本题应选(E).

**43.【B】**

**解**  条件(1):(特殊值法)当 $n = 2$ 时,$x_2 = \dfrac{3}{4}$,代入条件(1),$x_2 = \dfrac{1}{2}\left(1 - \dfrac{1}{2}\right) = \dfrac{1}{4} \neq \dfrac{3}{4}$,不充分;

条件(2):$x_{n+1} = \dfrac{1}{2}(1 + x_n)$,(待定系数法),设 $x_{n+1} + t = \dfrac{1}{2}(x_n + t)$,则 $x_{n+1} = \dfrac{1}{2}x_n - \dfrac{1}{2}t$,$t = -1$,即

$x_{n+1} - 1 = \dfrac{1}{2}(x_n - 1)$,所以 $\{x_n - 1\}$ 是以 $x_1 - 1 = -\dfrac{1}{2}$ 为首项,$q = \dfrac{1}{2}$ 的等比数列,所以 $x_n - 1 = -\dfrac{1}{2}$·

$\left(\dfrac{1}{2}\right)^{n-1} = -\left(\dfrac{1}{2}\right)^n$,即 $x_n = 1 - \left(\dfrac{1}{2}\right)^n$. 选(B).

**44.【B】**

**解**  由 $a_3 = 1$,$a_5 = \dfrac{1}{4}$,得 $q = \dfrac{1}{2}$,$a_1 = 4$. $\dfrac{1}{a_n}$ 为首项为 $\dfrac{1}{4}$、公比为 2 的等比数列,所以 $\displaystyle\sum_{n=1}^{8}\dfrac{1}{a_n} = $

$\dfrac{\dfrac{1}{4}(1 - 2^8)}{1 - 2} = \dfrac{2^8 - 1}{4} = \dfrac{255}{4}$.

**45.【C】**

**解**  $a_4 \cdot a_7 = a_3 \cdot a_8 = -6$,选(C).

**46.【B】**

**解法 1**  $a_3^2 + 2a_3a_5 + a_5^2 = 25$,即 $(a_3 + a_5)^2 = 25$,又 $a_1 > 0$,所以 $a_3 + a_5 = 5$. 选(B).

**解法 2**  (特殊数列法)令 $a_n = C > 0$,则 $a_2a_4 + 2a_3a_5 + a_2a_8 = 4C^2 = 25$,所以 $C = 5/2$,所以 $a_3 + a_5 = 5$.

**47. 解**  原式 $= \left(1 - \dfrac{1}{2}\right) + \left(\dfrac{1}{2} - \dfrac{1}{3}\right) + \cdots + \left(\dfrac{1}{99} - \dfrac{1}{100}\right) = 1 - \dfrac{1}{100} = \dfrac{99}{100}$.

**48.【D】**

**解**  由 $\begin{cases} a_2 = a_1 + d = 4 \\ a_4 = a_1 + 3d = 8 \end{cases} \Rightarrow \begin{cases} a_1 = 2 \\ d = 2 \end{cases}$,则 $a_n = 2 + (n-1)2 = 2n$. 所以

$\displaystyle\sum_{k=1}^{n}\dfrac{1}{a_ka_{k+1}} = \dfrac{1}{2}\left(\dfrac{1}{2} - \dfrac{1}{4} + \dfrac{1}{4} - \dfrac{1}{6} + \cdots + \dfrac{1}{2n} - \dfrac{1}{2(n+1)}\right) = \dfrac{1}{2}\left(\dfrac{1}{2} - \dfrac{1}{2(n+1)}\right) = \dfrac{5}{21} \Rightarrow n = 20$.

**49.【B】**

**解**  由题意得 $\begin{cases} a_2 - a_1 = \dfrac{1}{3} \\ a_3 - a_2 = \dfrac{2}{3} \\ \quad\vdots \\ a_n - a_{n-1} = \dfrac{n-1}{3} \end{cases}$ ,相加得:

$a_n - a_1 = \dfrac{1}{3} + \dfrac{2}{3} + \cdots + \dfrac{n-1}{3} = \dfrac{1}{3}(1 + 2 + \cdots + n - 1) = \dfrac{1}{3} \times \dfrac{(1 + n - 1)(n - 1)}{2} \Rightarrow a_n - 1 = \dfrac{n(n-1)}{6}$,

所以 $a_{100} = 1 + \dfrac{100 \times 99}{6} = 1651$.

**50.【E】**

**解法 1**  显然单独都不充分,考虑联合.

$a_1$，$a_3$ 是方程 $x^2-5x+4=0$ 的两个根，则 $\begin{cases} a_1=1 \\ a_3=4 \end{cases}$ 或 $\begin{cases} a_1=4 \\ a_3=1 \end{cases}$，则 $a_2=\pm 2$，所以不充分.

**解法2**　举例 $\begin{cases} a_1=1 \\ a_3=4 \end{cases}$，符合条件(1) 和(2)，此时 $a_2=\pm 2$，不能得出 $a_2=2$.

故条件(1)和(2)单独都不充分，联合起来也不充分.

**51.【B】**

**解法1**　根据等差数列求和公式 $S_n=na_1+\dfrac{n(n-1)d}{2}$ 可得 $\begin{cases} 3a_1+3d=3 \\ 6a_1+15d=24, \end{cases}$

解得 $d=2$.

**解法2**　由 $\begin{cases} a_1+a_2+a_3=3 \\ a_4+a_5+a_6=24-3=21 \end{cases} \Rightarrow 9d=18 \Rightarrow d=2$.

**解法3**　根据经验公式 $S_n$，$S_{2n}-S_n$，$S_{3n}-S_{2n}$ 也成等差数列，且公差为 $n^2d$，即 $S_3$，$S_6-S_3$，$S_9-S_6$ 成等差数列，且公差为 $9d$，所以 $9d=(S_6-S_3)-S_3=18$，即 $d=2$.

**52.【E】**

**解**　由于 $a_2>a_1$，代入得 $a_2=\dfrac{a_1+2}{a_1+1}>a_1$，整理得 $\dfrac{a_1^2-2}{a_1+1}<0 \Leftrightarrow (a_1^2-2)(a_1+1)<0$，即 $-1<a_1<\sqrt{2}$ 或 $a_1<-\sqrt{2}$.

〖评注〗　此题典型错误为由 $a_2=\dfrac{a_1+2}{a_1+1}>a_1 \Rightarrow a_1+2>(a_1+1)a_1$.

**53.【D】**

**解**　条件(1) $a_3+a_5=q(a_2+a_4)=2\times 20=40$，充分.

条件(2) $a_1+a_3=10$ 与 $a_2+a_4=20$，可得 $\dfrac{a_2+a_4}{a_1+a_3}=\dfrac{q(a_1+a_3)}{a_1+a_3}=\dfrac{40}{20}=2$，与(1) 等价，也充分.

# 第11章

# 平面图形

## 11.1 基本概念、定理、方法

### 11.1.1 三角形

三个角常用大写字母 $A$，$B$，$C$ 表示，三个角对应的边常用小写字母 $a$，$b$，$c$ 表示.

**1. 三角形角之间的关系**

(1) 三角形的内角和等于 $180°$.

(2) 三角形的一个外角等于和它不相邻的两内角之和.

(3) 三角形的一个外角大于任何一个和它不相邻的内角.

**2. 三角形边之间的关系**

三角形的两边之和大于第三边，两边之差小于第三边.

**3. 三角形的面积**

$$S = \frac{\text{底} \times \text{高}}{2}.$$

$$S = \frac{1}{2}ab\sin C = \frac{1}{2}ac\sin B = \frac{1}{2}bc\sin A.$$

**4. 三角形的中位线**

三角形的中位线平行于第三边且等于第三边的一半.

**5. 三角形的四"心"**

(1) 重心：三角形的三条中线交于一点，重心到顶点的距离是它到对边中点距离的 2 倍.

(2) 外心：三角形的三边的垂直平分线交于一点. 外心到各顶点的距离相等，是该三角形外接圆的圆心.

(3) 垂心：三角形的三条高交于一点.

(4) 内心：三角形三条内角平分线交于一点. 内心到各边的距离相等，是该三角形内切圆的圆心.

**6. 直角三角形**

(1) 直角三角形的两锐角互余.

(2) 直角三角形中，两条直角边的平方和等于斜边的平方.

(3) 直角三角形中，斜边上的中线等于斜边的一半.

(4) 直角三角形中，$30°$ 锐角所对的直角边等于斜边的一半. 反之，直角三角形中，如果有一条直角边等于斜边的一半，那么这条直角边所对的锐角等于 $30°$.

(5) Rt$\triangle ABC$ 的内切圆半径 $r = \frac{a+b-c}{2}$，外接圆半径 $R = \frac{c}{2} = $ 斜边的一半.

(6) $30°$ 直角三角形，三边之比为 $a:b:c = 1:\sqrt{3}:2$.

(7) 45°直角三角形(等腰直角三角形),若 $\angle A = \angle B = 45°$,它的三边之比为 $a : b : c = 1 : 1 : \sqrt{2}$.

### 7. 等腰三角形

(1) 等腰三角形两底角相等,两腰上的中线相等,两底角平分线相等.

(2) 顶角的平分线、底边的中线、底边的高重合("三线合一").

(3) 等腰三角形是以底边的高所在直线为对称轴的轴对称图形.

### 8. 等边三角形

(1) 定义:三条边都相等的三角形称为等边三角形.

(2) 性质:具有等腰三角形的一切性质.

(3) 判定:三个角都相等的三角形是等边三角形,有一个角是 60°的等腰三角形是等边三角形.

(4) 若等边三角形的边长为 $a$,则高为 $\dfrac{\sqrt{3}}{2}a$,面积 $S = \dfrac{\sqrt{3}}{4}a^2$.

### 9. 两个三角形的全等($\triangle ABC \cong \triangle A'B'C'$)

(1) 定义:能完全重合的两个三角形称为全等三角形.

(2) 判定:

① 两边及其夹角对应相等的两个三角形全等(边角边).

② 两角及其夹边对应相等的两个三角形全等(角边角).

③ 三边对应相等的两个三角形全等(边边边).

④ 两角和其中一角的对边对应相等的两个三角形全等(角角边).

⑤ 两个直角三角形若斜边相等且只要一条直角边对应相等,这两个直角三角形全等(HL).

(3) 全等三角形的性质:

两个三角形全等,那么它们的对应边相等,对应角相等,对应的角平分线、中线、高相等,面积也相等.

### 10. 两个三角形相似($\triangle ABC \backsim \triangle A'B'C'$)

(1) 定义:对应角相等,对应边成比例的两个三角形叫作相似三角形.

(2) 判定:

① 有两角对应相等.

② 三条边对应成比例.

③ 有一角相等,且夹这等角的两边对应成比例.

④ 斜边与一条直角边对应成比例的两直角三角形相似;直角三角形被斜边上的高分成的两个直角三角形与原直角三角形相似,并且分成的两个直角三角形也相似.

(3) 相似三角形的性质:

对应角相等;对应线段(边、对应边上的高、对应边上的中线、对应角的角平分线、周长)成比例,等于相似比;面积之比等于相似比的平方.

## 11.1.2　四边形

### 1. 平行四边形

(1) 定义:在同一平面内有两组对边分别平行的四边形叫作平行四边形.

(2) 判定:(前提在同一平面内)

①两组对边分别相等;②对角线互相平分;③一组对边平行且相等;④两组对边分别平行;⑤一组对边相等一组对角相等;⑥两组对角分别相等;⑦一组对边平行一组对角相等;⑧连接任意四边形各边的中点所得图形.

(3) 性质:

① 平行四边形的对角相等,两邻角互补.

② 平行四边形对角线相互平分.

③ 平行四边形是中心对称图形,对称中心是两对角线的交点.过平行四边形对角线交点的直线,将平行四边形分成全等的两部分图形.

(4) 周长与面积:

若平行四边形两边长分别为 $a$, $b$, $b$ 上的高为 $h$,则面积 $S = bh$,周长 $l = 2(a+b)$.

(5) 特殊的平行四边形:

① 平行四边形＋直角＝矩形.

② 平行四边形＋一组邻边相等＝菱形.

③ 平行四边形＋直角＋一组邻边相等＝正方形.

### 2. 矩形

(1) 定义:一个角是直角的平行四边形.

(2) 性质:矩形具有平行四边形的所有性质,此外还有:

矩形的四个角均是直角,对角线相等;矩形既是轴对称图形,也是中心对称图形(对称轴是任何一组对边中点的连线),它有两条对称轴.

(3) 周长与面积:两边长分别为 $a$, $b$,则面积 $= ab$,周长为 $2(a+b)$,对角线长度为 $\sqrt{a^2+b^2}$.

### 3. 菱形

(1) 定义:一组邻边相等的平行四边形是菱形.

(2) 判定:

①一组邻边相等的平行四边形是菱形;②四边相等的四边形是菱形;③关于两条对角线都成轴对称的四边形是菱形;④对角线互相垂直且平分的四边形是菱形.

(3) 性质:具有平行四边形的所有性质,此外还有菱形的四边都相等,对角线相互垂直,并且每一条对角线平分一组对角.

菱形既是轴对称图形,对称轴是两条对角线所在直线,也是中心对称图形.

在 $60°$ 的菱形中(实质为两个正三角形拼接),短对角线等于边长,长对角线是短对角线或者边长的 $\sqrt{3}$ 倍.

(4) 周长与面积:

周长＝4 倍边长;

面积 $S＝$ 对角线乘积的一半(只要是对角线互相垂直的四边形都可用,由把菱形分解成 2 个三角形,化简得出).

### 4. 正方形

(1) 定义:有一组邻边相等且有一个角是直角的平行四边形.

(2) 性质:具有平行四边形、矩形、菱形的一切性质,四条边都相等,四个角都是直角,对角线互相垂直平分,每一条对角线平分一组对角.

正方形既是中心对称图形,又是轴对称图形(有四条对称轴).

（3）周长与面积:周长＝4 倍边长;面积等于边长的平方.

### 5. 四边形之间的关系图

四边形关系如图 11.1 所示.

图 11.1

### 6. 梯形

（1）定义:一组对边平行而另一组对边不平行的四边形叫梯形.

等腰梯形:两腰相等的梯形.

直角梯形:一腰垂直于底的梯形.

（2）中位线与面积:

如图 11.2 所示,设梯形的上底为 $a$,下底为 $b$,高位 $h$,中位线为 $MN$,于是

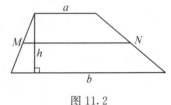

图 11.2

$$MN = \frac{1}{2}(a+b),面积 S = \frac{1}{2}(a+b)h = 中位线 \times 高.$$

## 11.1.3  圆

### 1. 定义

平面上到定点的距离等于定长的所有点组成的图形叫作圆.

### 2. 基本元素

连接圆上任意两点的线段叫作弦;经过圆心的弦叫作直径;弦到圆心的距离叫作弦心距;圆上任意两点间的部分叫作圆弧,任意一条直径的两个端点分圆成两条弧,每一条弧都叫作半圆.

圆心相同,半径不相等的两个圆叫作同心圆;圆心不相同,半径相等的两个圆叫作等圆.

顶点在圆心的角叫圆心角;顶点在圆上,两边与圆相交的角叫作圆周角.

### 3. 常用的性质

（1）一条弧所对的圆周角是圆心角的二分之一.

（2）直径所对的圆周角为直角.

（3）在同圆或等圆中,相等的圆心角所对的弧相等,所对的弦相等,所对的弦心距也相等.

（4）垂直于弦的直径平分这条弦,并且平分弦所对的弧.

### 4. 周长与面积

若圆的半径是 $r$,则面积 $S = \pi r^2$,周长 $C = 2\pi r$.

### 5. 扇形的面积与弧长

若圆的半径是 $r$,圆心角为 $A$(度数),则扇形面积 $= \dfrac{A^\circ}{360^\circ}\pi r^2$,扇形弧长 $= \dfrac{A^\circ}{360^\circ}2\pi r$,扇形周长 $= 2r + \dfrac{A^\circ}{360^\circ}2\pi r$.

# 11.2   知识点分类精讲

**【知识点 11.1】**   三角形边长问题

解题技巧:利用边之间的关系转化为等式或不等式问题.

例 11.1　三角形的两边长分别为 2 和 9,周长为偶数,则第三边的长为(　　).

(A) 6　　　　　(B) 7　　　　　(C) 8　　　　　(D) 9　　　　　(E) 10

**解**　设第三边长为 $x$,则 $7 < x < 11$,又由于三角形的周长为偶数,故 $x = 9$,选(D).

〖评注〗　利用三角形两边之和大于第三边,两边之差小于第三边.

【知识点 11.2】　三角形面积的计算

解题技巧:(1) 利用基本公式,找"底"和"底边"上的高,特别注意"底"不一定就是真正的底边.

(2) 利用面积之间的比例关系(实质找不同底等高的三角形)得到中点、三分点.

(3) 等面积法.

(4) 利用 $S = \dfrac{1}{2}ab\sin C = \dfrac{1}{2}ac\sin B = \dfrac{1}{2}bc\sin A$.

例 11.2　(200710)△ABC 的面积保持不变.

(1) 底边 $AB$ 增加了 2 厘米,$AB$ 上的高 $h$ 减少了 2 厘米

(2) 底边 $AB$ 扩大了 1 倍,$AB$ 上的高 $h$ 减少了 $50\%$

**解**　设三角形 $ABC$ 的底边 $AB = a$,$AB$ 上的高 $= h$,则面积 $S = \dfrac{1}{2}ah$.

(1) 据题意有:$S = \dfrac{1}{2}(a+2)(h-2) = \dfrac{1}{2}ah + \dfrac{2h-2a-4}{2} \neq \dfrac{1}{2}ah$,条件(1)不充分.

(2) 据题意有:$S = \dfrac{1}{2}2a\left(\dfrac{1}{2}h\right) = \dfrac{1}{2}ah$,条件(2)充分.

故选(B).

〖评注〗　三角形面积公式简单计算.

例 11.3　如图 11.3 所示,△ABC 的面积是 120 平方厘米,$D$ 是 $BC$ 的中点,$AE = \dfrac{1}{3}BE$,

$EF = \dfrac{1}{2}FD$,那么△AFD 的面积是(　　).

(A) 13 平方厘米　　　　　(B) 12 平方厘米

(C) 11 平方厘米　　　　　(D) 10 平方厘米

(E) 9 平方厘米

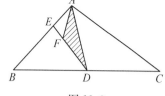

图 11.3

**解**　由边之间的比例关系可得面积之间的关系为:

$S_{\triangle AFD} = \dfrac{2}{3}S_{\triangle AED} = \dfrac{2}{3} \times \dfrac{1}{4}S_{\triangle ABD} = \dfrac{2}{3} \times \dfrac{1}{4} \times \dfrac{1}{2}S_{\triangle ABC} = \dfrac{1}{12} \times 120 = 10$ 平方厘米. 选(D).

〖评注〗　此题在几个不同底等高的三角形中寻求互相的面积关系.

例 11.4　(200810)图 11.4(a)中,若△ABC 的面积为 1,且△AEC,△DEC,△BED 的面积相等,则△AED 的面积是(　　).

(A) $\dfrac{1}{3}$　　(B) $\dfrac{1}{6}$　　(C) $\dfrac{1}{5}$　　(D) $\dfrac{1}{4}$　　(E) $\dfrac{2}{5}$

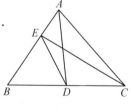

图 11.4(a)

**解法 1**    如图 11.4(b)所示,作 $CF \perp AB$,且交 $AB$ 于 $F$ 点,
作 $DG \perp AB$,且交 $AB$ 于 $G$ 点.

由已知 $\frac{1}{2}BE \cdot CF = 2 \cdot \frac{1}{2}AE \cdot CF$,从而 $BE = 2AE$,

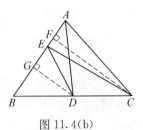

由已知 $\frac{1}{2}BE \cdot DG = \frac{1}{3}$,从而 $\triangle AED$ 的面积

$$S = \frac{1}{2} \cdot AE \cdot DG = \frac{1}{2} \cdot \frac{1}{2}BE \cdot DG = \frac{1}{2} \cdot \frac{1}{3} = \frac{1}{6}.$$ 所以选

(B).

图 11.4(b)

**解法 2**    结合图形,因为 $\triangle AEC$,$\triangle DEC$,$\triangle BED$ 的面积相等,所以 $D$ 是 $BC$ 的中点,$E$ 是 $AB$ 的三等分点.

故 $S_{\triangle AED} = \frac{1}{3}S_{\triangle ABD} = \frac{1}{3} \cdot \frac{1}{2}S_{\triangle ABC} = \frac{1}{3} \cdot \frac{1}{2} \cdot 1 = \frac{1}{6}$.

〔评注〕   显然解法 2 注意到了面积比与边长比之间的关系,解题效率更高.

**例 11.5**    (200810)如图 11.5 所示,$PQ \cdot RS = 12$.

(1) 如图,$QR \cdot PR = 12$    (2) 如图,$PQ = 5$

**解**    由条件(1),考虑三角形的面积公式,可以得到 $PQ \cdot RS = QR \cdot PR = 12$. 即条件(1)是充分的.

由条件(2),不能推出 $PQ \cdot RS = 12$. 即条件(2)不是充分的.
所以选(A).

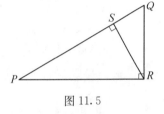

图 11.5

〔评注〕   三角形等面积法.

**例 11.6**    (201001)如图 11.6 所示,在直角三角形 $ABC$ 区域内部有座山,现计划从 $BC$ 边上某点 $D$ 开凿一条隧道到点 $A$,要求隧道长度最短,$AB$ 长为 5 千米,$AC$ 长为 12 千米,则所开凿的隧道 $AD$ 的长度约为(    ).

(A) 4.12 千米    (B) 4.22 千米    (C) 4.42 千米

(D) 4.62 千米    (E) 4.92 千米

**解**    当 $AD$ 为 $BC$ 上高时最短. 由已知 $BC = \sqrt{5^2 + 12^2} = 13$,从而 $\frac{1}{2} \times 5 \times 12 = \frac{1}{2} \times AD \times 13$,

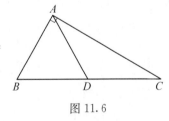

图 11.6

解得 $AD = \frac{60}{13} \approx 4.62$,选(D).

〔评注〕   以应用为背景,利用等面积法求直角三角形斜边上的高.

**【知识点 11.3】**   直角三角形的判定与计算

(1) 从角度考虑:有一个直角(两个锐角互余).

(2) 从边长考虑:边长满足勾股定理.

**例 11.7**    如果三角形的一个角等于其他两个角的差,则这个三角形一定是(    ).

(A) 等腰三角形    (B) 锐角三角形    (C) 直角三角形

(D) 钝角三角形    (E) 无法确定

**解** 设三角形的三个内角为 $\angle A$，$\angle B$，$\angle C$，于是 $\angle A = \angle B - \angle C$，又因为 $\angle A + \angle B + \angle C = 180°$，从而 $\angle B - \angle C + \angle B + \angle C = 180°$，所以 $\angle B = 90°$，则此三角形为直角三角形，选(C)．

【评注】 从角度关系判定直角三角形．

**例 11.8** 设 $a$，$b$，$c$ 为三角形的三条边，能确定三角形为直角三角形．

(1) $a$，$b$，$c$ 满足 $a^4 + b^4 + c^4 + 2a^2b^2 - 2a^2c^2 - 2b^2c^2 = 0$

(2) $a = 9$，$b = 12$，$c = 15$

**解** 由条件(1)，$a^4 + b^4 + c^4 + 2a^2b^2 - 2a^2c^2 - 2b^2c^2 = (a^2 + b^2 - c^2)^2 = 0$，

所以 $a^2 + b^2 = c^2$，即此三角形为直角三角形，条件(1)充分．

由条件(2)，$a^2 + b^2 = 9^2 + 12^2 = 225$，$c^2 = 15^2 = 225$，所以 $a^2 + b^2 = c^2$，条件(2)也充分．

选(D)．

【评注】 从边的关系判定直角三角形．若三角形边之比为 $1 : \sqrt{3} : 2$，$3 : 4 : 5$，$5 : 12 : 13$ 都是直角三角形．

**例 11.9** 如图 11.7 所示，在 $\triangle ABC$ 中，$\angle A = 38°$，$\angle B = 70°$，$CD \perp AB$ 于 $D$，$CE$ 平分 $\angle ACB$，$DP \perp CE$ 于 $P$，则 $\angle CDP$ 的大小是(    )．

(A) 75°　　　(B) 74°　　　(C) 36°

(D) 16°　　　(E) 63°

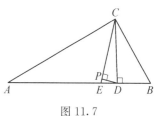

图 11.7

**解** $\angle A = 38°$，$\angle B = 70°$，从而 $\angle ACB = 72°$，$\angle BCE = \frac{1}{2}\angle ACB = 36°$．

又因为 $\angle B = 70°$，$CD \perp AB$，则 $\angle DCB = 20°$，$\angle DCE = 16°$．

在 Rt$\triangle CDP$ 中，$\angle DCP = 16°$，$\angle DPC = 90°$，从而 $\angle CDP = 180° - (16° + 90°) = 74°$．所以选(B)．

**例 11.10** (200801)直角边之和为 12 的直角三角形面积最大值等于(    )．

(A) 16　　　(B) 18　　　(C) 20　　　(D) 22　　　(E) 不能确定

**解法 1** 设一直角边为 $x$，则另一直角边为 $12 - x$，则直角三角形面积

$S = \frac{1}{2}x(12 - x) = \frac{1}{2}(12x - x^2) = -\frac{1}{2}(x - 6)^2 + 18$，当 $x = 6$ 时 $S$ 的最大值等于 18，故选(B)．

**解法 2** 设两直角边为 $a$，$b$，且 $a + b = 12$．则直角三角形面积

$S = \frac{1}{2}ab \leqslant \frac{1}{2}\left(\frac{a+b}{2}\right)^2 = \frac{1}{2}\left(\frac{12}{2}\right)^2 = 18$，当且仅当 $a = b = 6$ 时，等号成立，故选(B)．

【评注】 直角三角形面积计算．解题技巧：最值问题常用二次函数或基本不等式求解．

**【知识点 11.4】** 特殊三角形问题

解题技巧：30°直角三角形、45°直角三角形、等腰三角形、等边三角形实质都利用边、角关系解直角三角形．

**例 11.11**　直角三角形的一个内角是 $30°$,面积是 $10\sqrt{3}$,则其斜边长是(　　).

(A) $\sqrt{10}$　　(B) $2\sqrt{10}$　　(C) $3\sqrt{10}$　　(D) $3\sqrt{5}$　　(E) $4\sqrt{5}$

**解**　设 $30°$ 角所对的边长为 $a$,则三角形的面积 $S = \frac{1}{2}\sqrt{3} \cdot a \cdot a = 10\sqrt{3}$, $a = 2\sqrt{5}$. 所以斜边长 $2a = 4\sqrt{5}$,选(E).

〖评注〗　$30°$ 直角三角形,三边比为 $a : \sqrt{3}a : 2a$,面积为 $\frac{\sqrt{3}}{2}a^2$.

**例 11.12**　直角三角形 $ABC$ 的斜边长为 $2\sqrt{10}$.

(1) 直角三角形 $ABC$ 的面积等于 10

(2) $\triangle ABC$ 是等腰直角三角形

**解**　显然条件(1)和(2)单独不充分,考虑两个条件联合. 设 $\triangle ABC$ 的三边分别为 $a$, $b$, $c$,其中 $a = b$,且 $\frac{1}{2}ab = 10$ 即 $ab = 20$, $a^2 = 20$,所以 $c = \sqrt{a^2 + b^2} = \sqrt{20 + 20} = 2\sqrt{10}$,充分. 选(C).

**例 11.13**　等腰直角三角形的面积是 10,则斜边的长是(　　).

(A) 15　　(B) 20　　(C) $2\sqrt{5}$　　(D) $2\sqrt{10}$　　(E) $4\sqrt{5}$

**解**　设直角边为 $a$,则面积为 $\frac{1}{2}a^2 = 10$,所以斜边长为 $\sqrt{2}a = 2\sqrt{10}$,选(D).

〖评注〗　$45°$ 等腰直角三角形,三边比为 $a : a : \sqrt{2}a$,面积为 $\frac{1}{2}a^2$.

**例 11.14**　(200801)方程 $x^2 - (1 + \sqrt{3})x + \sqrt{3} = 0$ 的两根分别为等腰三角形的腰 $a$ 和底 $b(a < b)$,则该三角形的面积是(　　).

(A) $\frac{\sqrt{11}}{4}$　　(B) $\frac{\sqrt{11}}{8}$　　(C) $\frac{\sqrt{3}}{4}$　　(D) $\frac{\sqrt{3}}{5}$　　(E) $\frac{\sqrt{3}}{8}$

**解**　解方程 $x^2 - (1 + \sqrt{3})x + \sqrt{3} = 0$,即 $(x - 1)(x - \sqrt{3}) = 0$,得 $x_1 = 1$, $x_2 = \sqrt{3}$.

因为 $a < b$,所以等腰三角形的腰 $a = 1$,底 $b = \sqrt{3}$,则高 $h = \sqrt{1^2 - \left(\frac{\sqrt{3}}{2}\right)^2} = \frac{1}{2}$.

所以该等腰三角形的面积 $= \frac{1}{2}bh = \frac{1}{2} \times \sqrt{3} \times \frac{1}{2} = \frac{\sqrt{3}}{4}$,故选(C).

〖评注〗　等腰三角形面积的计算. 解题注意:等腰三角形已知两条边,三角形的面积可能有两个值.

**例 11.15**　(201101)已知 $\triangle ABC$ 的三条边长分别为 $a$, $b$, $c$,则 $\triangle ABC$ 是等腰直角三角形.

(1) $(a - b)(c^2 - a^2 - b^2) = 0$　　(2) $c = \sqrt{2}b$

**解**　条件(1) $(a - b)(c^2 - a^2 - b^2) = 0 \Rightarrow a = b$ 或 $c^2 = a^2 + b^2$,所以 $\triangle ABC$ 为等腰三角形或直角三角形. 所以条件(1)不充分,条件(2)也不充分.

条件(1)与(2)联合:

若 $a = b$ 结合 $c = \sqrt{2}b \Rightarrow c^2 = a^2 + b^2 \Rightarrow$ 等腰直角三角形.

若 $c^2 = a^2 + b^2$ 结合 $c = \sqrt{2}b \Rightarrow a = b \Rightarrow$ 等腰直角三角形.

选(C).

〖评注〗 边的条件等式化简.特别注意若 $ab=0$,不是 $a=0$ 的充分条件.

例 11.16 (2000)已知 $a$,$b$,$c$ 是 $\triangle ABC$ 三条边长,并且 $a=c=1$,若 $(b-x)^2-4(a-x)(c-x)=0$ 有相同实根,则 $\triangle ABC$ 为( ).

(A) 等边三角形 (B) 等腰三角形 (C) 直角三角形 (D) 钝角三角形

解 将 $a=c=1$ 代入并展开,则有 $3x^2+(2b-8)x+(4-b^2)=0$.

方程有两相同的根,即 $\Delta=(2b-8)^2-12(4-b^2)=0$,因此 $16b^2-32b+16=0$,解得 $b=1$.

由此可知,$\triangle ABC$ 为等边三角形.选(A).

〖评注〗 此题是平面几何、方程综合问题.

例 11.17 (200801)若 $\triangle ABC$ 的三边为 $a$,$b$,$c$,满足 $a^2+b^2+c^2=ab+ac+bc$,则 $\triangle ABC$ 为( ).

(A) 等腰三角形 (B) 直角三角形 (C) 等边三角形
(D) 等腰直角三角形 (E) 以上都不是

解 由已知条件 $a^2+b^2+c^2=ab+ac+ca \Leftrightarrow \frac{1}{2}\left[(a-b)^2+(a-c)^2+(b-c)^2\right]=0 \Leftrightarrow a=b=c$.

所以 $\triangle ABC$ 为等边三角形.故选(C).

〖评注〗 等边三角形判定.

**【知识点 11.5】** 全等或相似

解题技巧:利用全等或相似解题,注意面积之比是相似比的平方.

例 11.18 (200901)直角三角形 $ABC$ 的斜边 $AB=13$ 厘米,直角边 $AC=5$ 厘米,把 $AC$ 对折到 $AB$ 上去与斜边相重合,点 $C$ 与点 $E$ 重合,折痕为 $AD$,如图 11.8 所示.则图中阴影部分的面积为( )平方厘米.

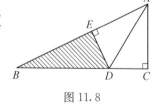

(A) 20 (B) $\frac{40}{3}$ (C) $\frac{38}{3}$

(D) 14 (E) 12

图 11.8

解法 1 在 $\triangle ABC$ 和 $\triangle DBE$ 中,$\angle ACB=\angle DEB=90°$,$\angle B$ 为公共角,则 $\triangle ABC \sim \triangle DBE$.

$S_{\triangle ABC}=\frac{1}{2}\times 12 \times 5=30$,则 $\frac{S_{\triangle ABC}}{S_{\triangle DBE}}=\left(\frac{12}{13-5}\right)^2=\left(\frac{3}{2}\right)^2$,所以 $S_{\triangle DBE}=30 \times \frac{4}{9}=\frac{40}{3}$.

选(B).

解法 2 $AD$ 为 $\angle A$ 的角平分线,由角平分线的性质得到 $DE=CD$.

考虑 $\triangle ABD$ 的面积,由 $AB \times ED=BD \times AC$,其中 $AB=13$,$AC=5$,$BD=BC-DC=12-ED$,即 $13 \times ED=(12-ED)\times 5$,所以 $ED=\frac{10}{3}$,故 $S_{\triangle DBE}=\frac{1}{2}\times 8 \times \frac{10}{3}=\frac{40}{3}$.

〖评注〗  三角形面积的计算.解法 1 利用相似三角形,解法 2 利用等面积法.

例 11.19  $AD$ 为 $\triangle ABC$ 中边 $BC$ 的中线,若 $AB=2$,$AC=4$,则(    ).

(A) $AD<6$　　　　(B) $AD>2$　　　　(C) $2<AD<6$

(D) $1<AD<3$　　　　(E) 不能确定

**解**  如图 11.9 所示,延长 $AD$ 至 $E$,使 $DE=DA$,连接 $BE$,$EC$.

因为 $D$ 是 $BC$ 中点,所以 $BD=DC$. 因此

$$\begin{cases} AD=ED \\ \angle ADC=\angle EDB \\ CD=BD \end{cases} \Rightarrow \triangle ADC \cong \triangle EDB \Rightarrow AC=EB.$$

所以在 $\triangle ABE$ 中,$BE-AB<AE<BE+AB$,

即 $2<2AD<6$,所以 $1<AD<3$. 选(D).

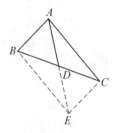

图 11.9

〖评注〗  此题是求中线的范围,利用全等、三角形三边关系来解.

---

**【知识点 11.6】**  四边形一般问题

解题技巧:四个内角和为 $360°$,常把一般四边形分割为三角形.

例 11.20  (1998)在四边形 $ABCD$ 中,设 $AB$ 的长为 8,$\angle A:\angle B:\angle C:\angle D=3:7:4:10$,$\angle CDB=60°$,则 $\triangle ABD$ 的面积是(    ).

(A) 8　　　(B) 32　　　(C) 4　　　(D) 16　　　(E) 18

**解**  如图 11.10 所示,四边形 $ABCD$ 的四内角之和为 $360°$,

又 $\angle A:\angle B:\angle C:\angle D=3:7:4:10$,

可得 $\angle A=\dfrac{360°}{24}\times 3=45°$,$\angle ADC=\dfrac{360°}{24}\times 10=150°$,

又已知 $\angle CDB=60°$,可知 $\angle ADB=90°$.

即 $\triangle ADB$ 为等腰直角三角形,斜边 $AB=8$,则 $AB$ 边上的高为 $h=4$,

所以面积 $S=\dfrac{1}{2}\times 4\times 8=16$,选(D).

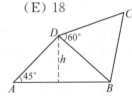

图 11.10

〖评注〗  将四边形对角线连接后,转化为两个特殊三角形.

---

**【知识点 11.7】**  平行四边形

解题技巧:注意各类平行四边形之间的关系,判定条件和性质.

例 11.21  如图 11.11 所示,已知 $BE$ 平分 $\angle ABC$,$\angle CBF=\angle CFB=65°$,$\angle EDF=50°$,则在下列 4 个结论中正确的是(    ).

①$BC/\!/AE$　　　　②$ABCD$ 是平行四边形

③$\angle C=65°$　　　　④$\triangle EFD$ 是正三角形

(A) ①②　　(B) ①③　　(C) ①②③

(D) ②③④　　(E) ③④

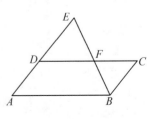

图 11.11

**解**　在 $\triangle BCF$ 中,因为 $\angle CBF = \angle CFB = 65°$,所以 $\angle C = 180° - 2 \times 65° = 50°$,又因为 $\angle EDF = 50°$,所以 $\angle C = \angle EDF$,故 $BC \parallel AE$,即①正确,③不正确.

又因为 $\angle EFD = \angle CBF = 65°$,所以 $\angle EBA = \angle EFD$,故 $DC \parallel AB$,又由①,得 $ABCD$ 是平行四边形,即②正确,④不正确.选(A).

**【知识点 11.8】**　长(正)方形
解题技巧:连接对角线后形成直角三角形.

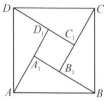

图 11.12

**例 11.22**　如图 11.12 所示,$ABCD$ 是正方形,$\triangle ABA_1$,$\triangle BCB_1$,$\triangle CDC_1$,$\triangle DAD_1$ 是四个全等的直角三角形,能确定正方形 $A_1B_1C_1D_1$ 的面积是 $4 - 2\sqrt{3}$.

(1) 正方形 $ABCD$ 的边长为 2　　(2) $\angle ABA_1 = 30°$

**解**　条件(1)和条件(2)单独都不充分,若联合条件(1)和条件(2),在直角 $\triangle AA_1B$ 中,由于 $\angle ABA_1 = 30°$,从而直角边 $AA_1 = 1$,$A_1B = \sqrt{3}$,三角形面积 $S_1 = \dfrac{1}{2} \times 1 \times \sqrt{3} = \dfrac{\sqrt{3}}{2}$.所以正方形 $A_1B_1C_1D_1$ 的面积 $S = 2^2 - 4 \times \dfrac{\sqrt{3}}{2} = 4 - 2\sqrt{3}$,选(C).

**例 11.23**　(200801)$P$ 是以 $a$ 为边长的正方形,$P_1$ 是以 $P$ 的四边中点为顶点的正方形,$P_2$ 是以 $P_1$ 的四边中点为顶点的正方形,$P_i$ 是以 $P_{i-1}$ 的四边中点为顶点的正方形,则 $P_6$ 的面积是(　　).

(A) $\dfrac{a^2}{16}$　　(B) $\dfrac{a^2}{32}$　　(C) $\dfrac{a^2}{40}$　　(D) $\dfrac{a^2}{48}$　　(E) $\dfrac{a^2}{64}$

**解**　后一个正方形 $P_i$ 的面积是前一个正方形 $P_{i-1}$ 面积的 $\dfrac{1}{2}$.

$P$ 的面积为 $a^2$,$P_1$ 的面积为 $\dfrac{1}{2}a^2$,$P_2$ 的面积为 $\dfrac{1}{2^2}a^2$,$P_3$ 的面积为 $\dfrac{1}{2^3}a^2$,…

所以 $P_6$ 的面积为 $\dfrac{1}{2^6}a^2 = \dfrac{1}{64}a^2$,故选(E).

〖评注〗　关键是要归纳出递推关系.

**例 11.24**　如图 11.13 所示,长方形 $ABCD$ 由四个等腰直角三角形和一个正方形 $EFGH$ 构成,若长方形 $ABCD$ 的面积为 $S$,则正方形 $EFGH$ 的面积为(　　).

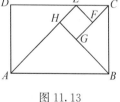

图 11.13

(A) $\dfrac{S}{8}$　　(B) $\dfrac{S}{9}$　　(C) $\dfrac{S}{10}$

(D) $\dfrac{S}{12}$　　(E) $\dfrac{S}{14}$

**解**　设 $AB = a$,$BC = b$,则 $S = ab$.

由 $\triangle ADE$,$\triangle AHB$,$\triangle EFC$ 和 $\triangle BGC$ 都是等腰直角三角形,知 $AH = \dfrac{\sqrt{2}}{2}a$,$AE =$

$\sqrt{2}b$，$BG = \frac{\sqrt{2}}{2}b$，$HE = AE - AH = \sqrt{2}b - \frac{\sqrt{2}}{2}a$，$HG = HB - BG = \frac{\sqrt{2}}{2}a - \frac{\sqrt{2}}{2}b$.

又因为 $EFGH$ 是正方形，故 $\sqrt{2}b - \frac{\sqrt{2}}{2}a = \frac{\sqrt{2}}{2}a - \frac{\sqrt{2}}{2}b$，即 $a = \frac{3}{2}b$.

所以 $S = ab = \frac{3}{2}b^2 \Rightarrow b^2 = \frac{2}{3}S$，从而 $S_{EFGH} = HG^2 = \frac{1}{2}(a-b)^2 = \frac{1}{8}b^2 = \frac{S}{12}$，选(D).

〖评注〗 从多个角度求出小正方形的边长，从而找出等量关系.

**例 11.25** 矩形对角线增大到原来的 2 倍.

(1) 矩形的周长增大到原来的 2 倍　　(2) 矩形的面积增大到原来的 4 倍

**解** 设矩形的长为 $x$，宽为 $y$，对角线 $l = \sqrt{x^2 + y^2}$.

由条件(1)，设新矩形的长为 $x_1$，宽为 $y_1$，于是 $2(x_1 + y_1) = 2 \times 2(x + y)$，即 $x_1 + y_1 = 2(x + y)$，从而无法确定长与宽各自的变化，所以条件(1)不充分.

由条件(2)，设新矩形的长为 $x_1$，宽为 $y_1$，则 $x_1 y_1 = 4xy$，也无法确定对角线的变化情况.

由条件(1)与(2)联合时，

$l_1 = \sqrt{x_1^2 + y_1^2} = \sqrt{(x_1 + y_1)^2 - 2x_1 y_1} = \sqrt{4(x+y)^2 - 8xy} = 2\sqrt{x^2 + y^2} = 2l$，选(C).

---

**【知识点 11.9】** 菱形

解题技巧：注意菱形的判定与面积的计算.

---

**例 11.26** 已知菱形的一条对角线是另一条对角线的 2 倍且面积为 $S$，则菱形的边长为(　　).

(A) $\frac{\sqrt{S}}{2}$　　(B) $\frac{\sqrt{3S}}{2}$　　(C) $\frac{\sqrt{5S}}{2}$　　(D) $\frac{\sqrt{6S}}{2}$　　(E) $\frac{\sqrt{7S}}{2}$

**解** 设较短的对角线长为 $x$，则较长的对角线为 $2x$. 则 $S = \frac{1}{2}x \cdot 2x = x^2$.

又因为菱形的对角线互相垂直平分，从而菱形的边长 $= \sqrt{\left(\frac{1}{2}x\right)^2 + x^2} = \sqrt{\frac{5x^2}{4}} = \frac{\sqrt{5S}}{2}$. 选(C).

〖评注〗 菱形的面积为对角线长度乘积的一半.

---

**【知识点 11.10】** 梯形

解题技巧：添加高、对角线后，梯形问题转化为直角三角形、矩形问题.

---

**例 11.27** (200910)如图 11.14 所示，在三角形 $ABC$ 中，已知 $EF // BC$，则三角形 $AEF$ 的面积等于梯形 $EBCF$ 的面积.

(1) $|AG| = 2|GD|$　　(2) $|BC| = \sqrt{2}|EF|$

**解** 因为 $\triangle AEF$ 相似于 $\triangle ABC$，

从而 $\dfrac{S_{\triangle ABC}}{S_{\triangle AEF}} = \left(\dfrac{BC}{EF}\right)^2 = \left(\dfrac{AD}{AG}\right)^2$,而 $S_{梯形} = S_{\triangle ABC} - S_{\triangle AEF}$.

由条件(1),$\dfrac{S_{\triangle ABC}}{S_{\triangle AEF}} = \left(\dfrac{AD}{AG}\right)^2 = \dfrac{9}{4}$,所以 $S_{梯形} \neq S_{\triangle ABC} - S_{\triangle AEF}$.条件

(1)不充分.

由条件(2),$\dfrac{S_{\triangle ABC}}{S_{\triangle AEF}} = \left(\dfrac{BC}{EF}\right)^2 = 2$,所以 $S_{梯形} = S_{\triangle ABC} - S_{\triangle AEF} =$

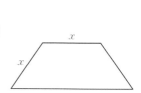

图 11.14

$S_{\triangle AEF}$,即梯形 $EBCF$ 的面积与三角形 $AEF$ 的面积相等.条件(2)充分.

选(B).

〖评注〗　知识点:相似三角形面积之比是相似比的平方.

例 11.28 　(201101)如图 11.15 所示,等腰梯形的上底与腰均

为 $x$,下底为 $x+10$,则 $x=13$.

(1) 该梯形的上底与下底之比为 $13:23$

(2) 该梯形的面积为 $216$

**解**　条件(1),$\dfrac{x}{x+10} = \dfrac{13}{23}$,得 $x=13$,条件(1)充分.

图 11.15

条件(2),等腰梯形的高为 $\sqrt{x^2 - 5^2}$,则梯形的面积为 $S_{梯} = \dfrac{(x+x+10)}{2}\sqrt{x^2-5^2} =$

$216$,即 $(x+5)\sqrt{x^2-5^2} = 216$,得 $x=13$(该方程无其他正根),所以条件(2)充分.

选(D).

〖评注〗　梯形面积计算,条件(2)中方程的求解比较困难,用代入法但要排除有其他根.

例 11.29 　如图 11.16 所示,在梯形 $ABCD$ 中,$\angle A = 60°$,$\angle B = 45°$,$CD = 8$,

$AD = 6$,则 $BC$ 的长是(　　).

(A) $3\sqrt{3}$ 　　(B) $3\sqrt{6}$ 　　(C) $6\sqrt{3}$ 　　(D) $6\sqrt{6}$ 　　(E) $6$

**解**　因为 $\dfrac{2}{\sqrt{3}} = \dfrac{6}{DE}$,$DE = 3\sqrt{3}$,$\dfrac{CF}{CB} = \dfrac{1}{\sqrt{2}}$,从而 $CB = \sqrt{2}\cdot CF = \sqrt{2}\cdot DE = 3\sqrt{6}$.

选(B).

〖评注〗　添加梯形的高后,转化为解直角三角形问题.

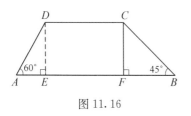

图 11.16

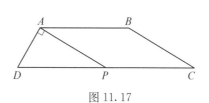

图 11.17

例 11.30 　如图 11.17 所示,梯形 $ABCD$ 中,$AB \parallel CD$,$AB = 8$,$CD = 16$,$\angle C =$

$30°$,$\angle D = 60°$,则腰 $BC$ 的长为(　　).

(A) $3\sqrt{3}$ 　　(B) $4\sqrt{3}$ 　　(C) $\dfrac{5}{2}\sqrt{3}$ 　　(D) $5\sqrt{3}$ 　　(E) $4\sqrt{5}$

**解**　过 $A$ 作 $AP \parallel BC$,交 $CD$ 于 $P$.因为 $AB \parallel CD$,$AP \parallel BC$,四边形 $ABCP$ 是平行

四边形.$\angle APD = \angle C = 30°$,$AP = BC$,$AB = PC$,从而 $\angle D + \angle APD = 90°$,$PD =$

$CD-CP=16-8=8$，即 $\triangle DAP$ 为直角三角形，$AD=\dfrac{1}{2}DP=4$，$PA=\sqrt{PD^2-AD^2}=\sqrt{8^2-4^2}=4\sqrt{3}$．选(B)．

**例 11.31**　如图 11.18 所示，$BFDM$ 和 $ADEN$ 都是正方形，已知 $CDE$ 的面积等于 6 平方厘米，则 $\triangle ABC$ 的面积为(　　)平方厘米．

(A) 9　　　　(B) 8　　　　(C) 7　　　　(D) $\dfrac{15}{2}$　　　　(E) 6

**解**　设正方形 $BMDF$ 的边长为 $a$ 厘米，正方形 $ADEN$ 的边长为 $b$ 厘米，那么 $S_{\triangle BEM}=\dfrac{a+b}{2}\cdot a$，梯形 $ABMD$ 的面积为

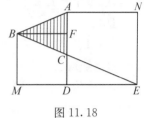

图 11.18

$S_{梯形ABMD}=\dfrac{1}{2}(BM+AD)\cdot MD=\dfrac{1}{2}(a+b)\cdot a$，所以 $S_{\triangle BEM}=S_{梯形ABMD}$．又因为 $S_{\triangle CDE}=S_{\triangle BME}-S_{梯形CDMB}$，$S_{\triangle ABC}=S_{梯形ABMD}-S_{梯形CDMB}$，所以 $S_{\triangle ABC}=S_{\triangle CDE}=6$ 平方厘米，选(E)．

〖评注〗　要求出 $\triangle ABC$ 的面积，最容易的想法是找出 $BF$ 和 $AC$ 的长度，利用三角形的面积公式，但是 $BF$，$AC$ 都不好求，而题中给出的条件是 $S_{\triangle CDE}=6$ 平方厘米，所以我们想办法找出 $\triangle ABC$ 与 $\triangle CDE$ 的关系．

**【知识点 11.11】**　圆的周长、扇形的弧长
解题技巧：关键是确定圆心角的度数．

**例 11.32**　如图 11.19 所示，由直径分别为 4 厘米、6 厘米和 10 厘米的三个半圆所围成的面积，图中阴影部分的周长为(　　)厘米．

(A) $10\pi$　　　(B) $12\pi$　　　(C) $14\pi$　　　(D) $16\pi$　　　(E) 以上结论不正确

**解**　所求阴影部分的周长为：$\dfrac{1}{2}(4\pi+6\pi+10\pi)=10\pi$，选(A)．

〖评注〗　实质求三个半圆的周长．

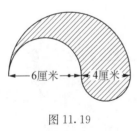

图 11.19

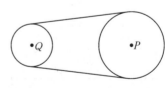

图 11.20

**例 11.33**　如图 11.20 所示，两个滑轮被一根皮带相连．若滑轮 $Q$ 每分钟旋转 300 圈，则滑轮 $P$ 每分钟旋转 150 圈．

(1) 皮带长为 $12\pi$　　　(2) 滑轮 $P$ 的半径与滑轮 $Q$ 的半径比是 2：1

**解**　因为两个滑轮由一根皮带相连，所以两个滑轮上任一点的线速度都是一样的，且滑轮的转速与皮带的长短无关，因此条件(1)不充分．

由条件(2)，设滑轮 $Q$ 的半径为 $r$，滑轮 $P$ 的半径为 $2r$，滑轮 $P$ 每分钟转 $x$ 圈，则根据题

意可得：$300 \times 2\pi r = x \cdot 4\pi r \Rightarrow x = 150$，条件(2)充分.

故本题应选(B).

【知识点 11.12】 圆的性质

重要性质：直径所对的圆周角为直角；
　　　　　　垂直于弦的直径平分这条弦，并且平分弦所对的弧.

例 11.34　如图 11.21 所示，在圆 $O$ 中 $CD$ 是直径，$AB$ 是弦，$AB \perp$ $CD$ 于 $M$，则 $AB = 12$ 厘米.

　(1) $CD = 15$ 厘米　　(2) $OM : OC = 3 : 5$.

解　显然条件(1)与条件(2)单独都不充分.

条件(1)与条件(2)联合可得：$OA = 7.5$，$OM = \dfrac{3}{5}OC = 4.5$. 在直角

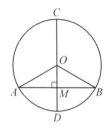

三角形 $OMA$ 中，$AM = \sqrt{AO^2 - OM^2} = 6$. 因为 $AB \perp CD$，所以 $AM =$ $MB = 6$，即 $AB = 12$. 选(C).

图 11.21

〖评注〗 利用性质"垂直于弦的直径平分这条弦".

例 11.35　如图 11.22 所示，在 $\triangle ABC$ 中，$AB = 10$，$AC = 8$，$BC = 6$，过 $C$ 点以 $C$ 到 $AB$ 的距离为直径作圆，该圆与 $AB$ 有公共点，且交 $AC$ 于 $M$，交 $BC$ 于 $N$，则 $MN$ 等于(　　).

　(A) $3\dfrac{3}{4}$　　(B) $4\dfrac{4}{5}$　　(C) $7\dfrac{1}{2}$　　(D) $13\dfrac{1}{3}$

（E）以上结论均不正确

解　设 $CD \perp AB$ 于点 $D$，由于 $AC^2 + BC^2 = 64 + 36 = 100 = AB^2$.

所以 $\triangle ABC$ 为直角三角形，即 $\angle C = 90^\circ$. 又 $S_{\triangle ABC} = \dfrac{1}{2}AC \cdot BC = \dfrac{1}{2}$

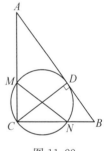

$AB \cdot CD$，因此 $CD = \dfrac{AC \cdot BC}{AB} = \dfrac{24}{5}$. 又因为 $\angle C = 90^\circ$，因此 $MN$ 为直径，

所以 $MN = CD = 4\dfrac{4}{5}$，选(B).

图 11.22

〖评注〗 利用性质"直径所对的圆周角为直角".

【知识点 11.13】 平面几何专题——不规则图形阴影面积计算

解题技巧：一般利用割补法转化为三角形、四边形、圆的问题，有重叠元素的不规则图形
　　　　　　阴影面积是难点，也是考试的重点.

例 11.36　(201001)如图 11.23 所示，长方形 $ABCD$ 的两边分别为 8 m 和 6 m，四边形 $OEFG$ 的面积是 4 m²，则阴影部分的面积为(　　).

　(A) 32 m²　　(B) 28 m²　　(C) 24 m²　　(D) 20 m²

（E）16 m²

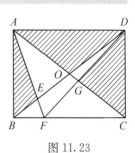

解　白色区域面积 $= \dfrac{1}{2}BF \cdot CD + \dfrac{1}{2}FC \cdot AB - S_{\text{四边形}EFGO} =$

图 11.23

$\dfrac{1}{2}CD \cdot BC - 4 = 20$，从而阴影面积为 $6 \times 8 - 20 = 28(\text{m}^2)$. 选(B).

〖评注〗　知识点:求不规则图形的面积首先考虑割补法.

例 11.37　(201201)如图 11.24 所示,三个边长为 1 的正方形所覆盖区域(实线所围)的面积为(　　).

(A) $3 - \sqrt{2}$　　　(B) $3 - \dfrac{3\sqrt{2}}{4}$　　(C) $3 - \sqrt{3}$　　(D) $3 - \dfrac{\sqrt{3}}{2}$

(E) $3 - \dfrac{3\sqrt{3}}{4}$

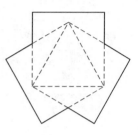

图 11.24

解　三个虚线等腰三角形面积之和等于中间虚线等边三角形的面积. 实线所围面积等于三个正方形面积减去两个中间等边三角形面积,再减去三个虚线等腰三角形的面积,所以面积 $= 3 \times 1 - 3 \times \dfrac{\sqrt{3}}{4} = 3 - \dfrac{3\sqrt{3}}{4}$. 选(E).

〖评注〗　中间等边三角形是重叠元素,两两重合多算了一次,三个重合多算了两次.

例 11.38　(200801)如图 11.25 所示,长方形 $ABCD$ 中的 $AB = 10$ 厘米,$BC = 5$ 厘米,以 $AB$ 和 $AD$ 分别为半径作 $1/4$ 圆,则图中阴影部分的面积为(　　).

(A) $25 - \dfrac{25}{2}\pi$ 平方厘米　　　　(B) $25 + \dfrac{125}{2}\pi$ 平方厘米

(C) $50 + \dfrac{25}{4}\pi$ 平方厘米　　　　(D) $\dfrac{125}{4}\pi - 50$ 平方厘米

(E) 以上结果均不正确

解　$S_{阴影} = S_{扇形BAE} + S_{扇形DAF} - S_{长方形ABCD} = \dfrac{1}{4} \cdot \pi \cdot 10^2 + \dfrac{1}{4} \cdot$

图 11.25

$\pi \cdot 5^2 - 10 \times 5 = \dfrac{125}{4}\pi - 50$，故选(D).

〖评注〗　不规则图形的面积考虑用割补法,转化为扇形与长方形问题.

例 11.39　如图 11.26 所示,半径为 $r$ 的四分之一的圆 $ABC$ 上,分别以 $AB$ 和 $AC$ 为直径作两个半圆,标有 $a$ 的阴影部分和 $b$ 的阴影部分的面积分别为 $S_a$，$S_b$，则这两部分面积 $S_a$ 与 $S_b$ 的关系为(　　).

(A) $S_a > S_b$　　(B) $S_a < S_b$　　(C) $S_a = S_b$

(D) $S_a \geqslant S_b$　　(E) 以上结论均不正确

解　$a$ 的阴影部分和 $b$ 的阴影部分的面积分别为 $S_a$，$S_b$.

则有 $S_b = S_{扇形ABC} - (S_{半圆AB} + S_{半圆AC} - S_a)$

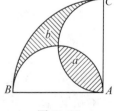

图 11.26

$\Rightarrow S_b - S_a = S_{扇形ABC} - (S_{半圆AB} + S_{半圆AC}) = \dfrac{1}{4}\pi r^2 - 2 \times \dfrac{1}{2}\pi\left(\dfrac{r}{2}\right)^2 = 0$，所以选(C).

〖评注〗　不规则图形的面积考虑用割补法,注意重叠.

例 11.40　如图 11.27(a)所示,$\triangle ABC$ 是等腰直角三角形,$AB = BC = 10$ 厘米,$D$ 是半圆周上的中点,$BC$ 是半圆的直径,图中阴影部分的面积是(　　).

(A) $25\left(\dfrac{1}{2} + \dfrac{\pi}{4}\right)$平方厘米　　　(B) $25\left(\dfrac{1}{2} - \dfrac{\pi}{4}\right)$平方厘米

(C) $25\left(\dfrac{\pi}{2}-1\right)$平方厘米　　　(D) $50\left(\dfrac{1}{3}+\dfrac{\pi}{4}\right)$平方厘米

(E) 以上答案均不正确

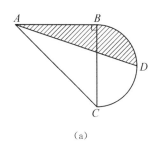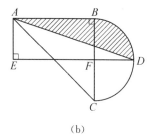

(a)　　　　　　　　　　(b)

图 11.27

**解**　如图 11.27(b)所示,做辅助线 $DE$ 平行 $AB$ 且 $AE\perp DE$,则图中阴影部分面积

$$S=S_{\frac{1}{4}圆BDF}+S_{矩形ABEF}-S_{\triangle ADE}=\frac{1}{4}\times\pi\times5^{2}+10\times5-\frac{1}{2}\times15\times5=25\left(\frac{\pi}{4}+\frac{1}{2}\right),$$

选(A).

**例 11.41**　(201310)如图 11.28 所示,在正方形 $ABCD$ 中,弧 $AOC$ 是四分之一圆周,$O$ 是弧 $AOC$ 的中点,$EF\,/\!/\,AD$.若 $DF=a$,$CF=b$,则阴影部分的面积为(　　).

(A) $\dfrac{1}{2}ab$　　　(B) $ab$　　　(C) $2ab$　　　(D) $b^{2}-a^{2}$　　　(E) $(b-a)^{2}$

**解法 1**　$S_{阴影}=S_{扇形AOB}+S_{矩形BCEF}-2S_{\triangle BEO}-S_{扇形BOC}$

$$=\frac{45^{\circ}}{360^{\circ}}\cdot\pi\cdot(a+b)^{2}+(a+b)b-2\cdot\frac{1}{2}b^{2}-\frac{45^{\circ}}{360^{\circ}}\cdot\pi\cdot(a+b)^{2}=ab.$$

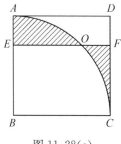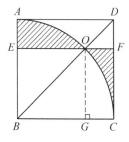

图 11.28(a)　　　　　　　　图 11.28(b)

**解法 2**　割补法注意对称性,过点 $O$ 作 $OG\perp BC$,垂足为 $G$.

由图形的对称性可知:阴影部分面积 $S=S_{矩形OFCG}=ab$.

## 11.3　历年真题分类汇编与典型习题(含详解)

1. (199710)直角三角形中,若斜边与一直角边的和为 8,差是 2,则另一条直角边的长度为
(　　).

(A) 3          (B) 4          (C) 5          (D) 10          (E) 9

**2.** 如图 11.29 所示，$AD = DE = CE$，$F$ 是 $BC$ 中点，$G$ 是 $FC$ 中点，若 $\triangle ABC$ 面积是 24 平方厘米，则阴影部分面积为(    )平方厘米.

(A) 13          (B) 14          (C) 15          (D) 16          (E) 以上结果都不对

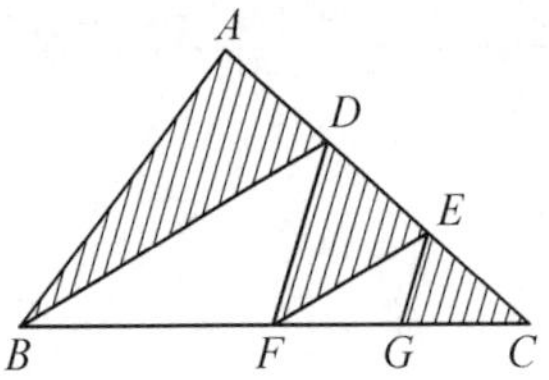

图 11.29

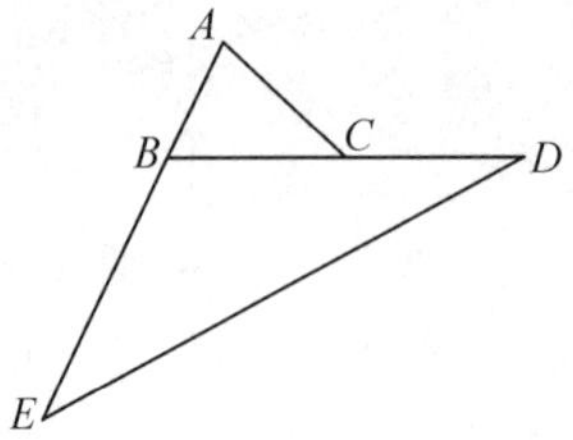

图 11.30

**3.** 如图 11.30 所示，已知三角形 $ABC$ 面积为 1，$BE = 2AB$，$BC = CD$，则三角形 $BDE$ 的面积为(    ).

(A) 2          (B) 3          (C) 4          (D) 5          (E) 6

**4.** (199810)已知等腰直角三角形 $ABC(AB{=}AC)$ 和等边三角形 $BDC$，设三角形 $ABC$ 的周长为 $2\sqrt{2}+4$，则三角形 $BDC$ 的面积是(    ).

(A) $3\sqrt{2}$          (B) $6\sqrt{2}$          (C) 12          (D) $2\sqrt{3}$          (E) $4\sqrt{3}$

**5.** $\triangle ABC$ 是直角三角形.

(1) $\triangle ABC$ 的三边之比为 $1 : \sqrt{2} : \sqrt{3}$

(2) $\triangle ABC$ 的三边长分别是 $a^2 - b^2$，$2ab$，$a^2 + b^2$ ($a$，$b$ 为正整数且 $a > b$)

**6.** 如图 11.31 所示，直角三角形 $ABC$ 中，$\angle C$ 为直角，点 $E$ 和 $D$，$F$ 分别在直角边 $AC$ 和斜边 $AB$ 上，且 $AF = FE = ED = DC = CB$，则 $\angle A=$(    ).

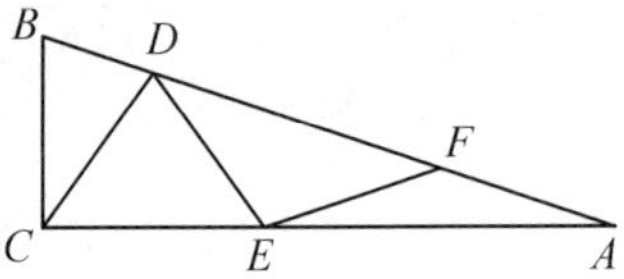

(A) $\dfrac{\pi}{8}$          (B) $\dfrac{\pi}{9}$          (C) $\dfrac{\pi}{10}$

(D) $\dfrac{\pi}{11}$          (E) $\dfrac{\pi}{12}$

图 11.31

**7.** 一个三角形的三条边分别是 6，8，10，那么最长边的高是(    ).

(A) 4          (B) 4.5          (C) 4.8          (D) 5          (E) 6

**8.** 如图 11.32 所示，等腰三角形 $ABC$ 中，一腰上的高为 $3\sqrt{3}$，这条高与底边的夹角为 60°，则 $\triangle ABC$ 的面积为(    ).

(A) 27          (B) $27\sqrt{3}$          (C) $18\sqrt{3}$

(D) $9\sqrt{3}$          (E) $11\sqrt{3}$

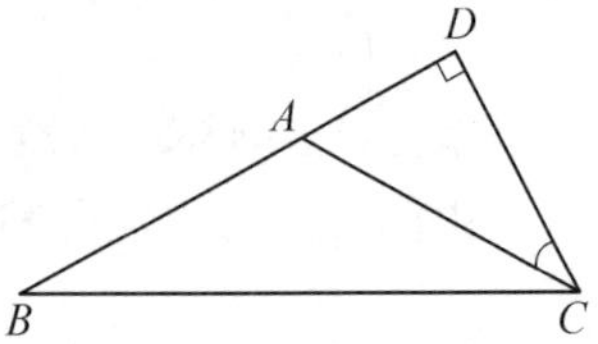

图 11.32

**9.** 等腰三角形的面积为 $8\sqrt{2}$.

(1) 等腰三角形两边长为 4 和 6

(2) 等腰三角形两边长为 3 和 5

**10.** 在等腰三角形 $ABC$ 中，$AB = AC$，$BC = \dfrac{2\sqrt{2}}{3}$，且 $AB$，$AC$ 的长分别是方程

$x^2 - \sqrt{2}mx + \dfrac{3m-1}{4} = 0$ 的两个根,求 $\triangle ABC$ 的面积.

**11.** (200301)如图 11.33 所示,设 $P$ 是正方形 $ABCD$ 外的一点,$PB = 10$ 厘米,$\triangle APB$ 的面积是 80 平方厘米,$\triangle CPB$ 的面积是 90 平方厘米,则正方形 $ABCD$ 的面积为( ).

(A) 720 平方厘米　　　　　　(B) 580 平方厘米

(C) 640 平方厘米　　　　　　(D) 600 平方厘米

(E) 560 平方厘米

图 11.33

**12.** (200810)方程 $3x^2 + [2b - 4(a+c)]x + (4ac - b^2) = 0$ 有相等的实根.

(1) $a$,$b$,$c$ 是等边三角形的三条边　　　(2) $a$,$b$,$c$ 是等腰三角形的三条边

**13.** 等腰三角形中两边的长分别为 11 厘米和 5 厘米,则此三角形的周长为( )厘米.

(A) 21　　　(B) 27　　　(C) 21 或 27　　　(D) 无法确定　　　(E) 以上结论均不正确

**14.** $\triangle ABC$ 是等边三角形.

(1) $\triangle ABC$ 的三边 $a$,$b$,$c$ 满足 $a^2 + 2ab = c^2 + 2bc$

(2) $\triangle ABC$ 的三边 $a$,$b$,$c$ 满足 $(a - b + c)(b - c) = 0$

**15.** (200910)$\triangle ABC$ 是等边三角形.

(1) $\triangle ABC$ 的三边满足 $a^2 + b^2 + c^2 = ab + bc + ac$

(2) $\triangle ABC$ 的三边满足 $a^3 - a^2b + ab^2 + ac^2 - b^2 - bc^2 = 0$

**16.** 设 $\triangle ABC \backsim \triangle A'B'C'$ 且 $\dfrac{AB}{A'B'} = \dfrac{3}{5}$,若 $\triangle ABC$ 的面积是 $a - 2$,$\triangle A'B'C'$ 的面积是 $a + 2$,那么 $a$ 的值为( ).

(A) 4.25　　　(B) 3.75　　　(C) 2.25　　　(D) 1.25　　　(E) 1.05

**17.** $\triangle ABC$ 与 $\triangle A'B'C'$ 相似,其面积之比为 $2:3$,则它们的周长之比为( ).

(A) $2:3$　　　(B) $\sqrt{2}:\sqrt{3}$　　　(C) $1:2$　　　(D) $\sqrt{3}:\sqrt{2}$　　　(E) 不能确定

**18.** 如图 11.34 所示,边长为 3 的等边 $\triangle ABC$ 中,$D$,$E$ 分别在 $AB$,$BC$ 上,$BD = \dfrac{1}{3}AB$,$DE \perp AB$,$AB = 3$,那么四边形 $ADEC$ 的面积为( ).

(A) 10　　　　　　(B) $10\sqrt{3}$　　　　　　(C) $\dfrac{7\sqrt{3}}{4}$

(D) $\sqrt{21}$　　　　　　(E) $10\sqrt{2}$

图 11.34

**19.** (201010)如图 11.35 所示,小正方形的 $\dfrac{3}{4}$ 被阴影所覆盖,大正方形的 $\dfrac{6}{7}$ 被阴影所覆盖,则小、大正方形阴影部分面积之比为( ).

(A) $7:8$　　　　　　(B) $6:7$

(C) $3:4$　　　　　　(D) $4:7$

(E) $1:2$

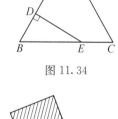
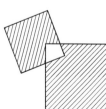

图 11.35

**20.** 将一张平行四边形的纸片折一次,使得折痕平分这个平行四边形的面积,则这样的折法共有( ).

(A) 1 种　　　(B) 2 种　　　(C) 4 种　　　(D) 8 种　　　(E) 无数种

**21.** (201110)如图 11.36 所示,若相邻点的水平距离与竖直距离都是 1,则多边形 $ABCDE$ 的面积为( ).

(A) 7　　　(B) 8　　　(C) 9　　　(D) 10　　　(E) 11

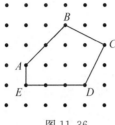

图 11.36

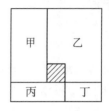

图 11.37

**22.** (201110)如图 11.37 所示,一块面积为 400 平方米的正方形土地被分割成甲、乙、丙、丁四个小长方形区域作为不同的功能区域,它们的面积分别为 128,192,48 和 32 平方米.乙的左小角划出一块正方形区域(阴影)作为公共区域,这块小正方形的面积为( )平方米.

(A) 16　　　(B) 17　　　(C) 18　　　(D) 19　　　(E) 20

**23.** 矩形的两边分别为 $a$,$b$,则 $a:b = 4:3$.

(1) 矩形的对角线等于 $a$ 的 $\frac{1}{3}$ 倍与 $b$ 的和　　　(2) 矩形的对角线等于 $a$ 的一半与 $b$ 的和

**24.** $ABCD$ 是边长为 $a$ 的正方形,点 $P$ 在 $BC$ 上运动,则 $\triangle PAD$ 的面积为( ).

(A) $\frac{1}{2}a^2$　　　　　(B) $\frac{1}{3}a^2$　　　　　(C) $\frac{2}{3}a^2$

(D) $\frac{3}{4}a^2$　　　　　(E) $\frac{1}{4}a^2$

**25.** 如图 11.38 所示,在正方形 $ABCD$ 中,$BE = 2EC$,$\triangle AOB$ 的面积是 9,则阴影部分的面积为( ).

(A) 36　　　(B) 30　　　(C) 21　　　(D) 12

(E) 以上结论均不正确

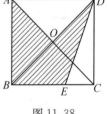

图 11.38

**26.** 邻边相等的平行四边形,如图 11.39 所示,$DF \perp AB$,且 $DF = 3$,$\angle A = 60°$,则此平行四边形的周长是( ).

(A) $2\sqrt{3}$　　　(B) $6\sqrt{3}$　　　(C) 27　　　(D) $4\sqrt{3}$　　　(E) $8\sqrt{3}$

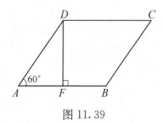

图 11.39

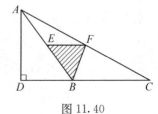

图 11.40

**27.** 如图 11.40 所示,在 $\triangle ABC$ 中,$AD \perp BC$ 于 $D$,$BC = 8$,$AD = 6$,$E$,$F$ 分别为 $AB$ 和 $AC$ 的中点,那么 $\triangle EBF$ 的面积等于(    ).

(A) 4        (B) 5        (C) $\dfrac{9}{2}$        (D) $\dfrac{8}{3}$        (E) 6

**28.** 已知梯形 $ABCD$ 中,$AB \parallel CD$,$\angle A = 90°$,$\angle DBC = 90°$,$AB = 1$,$BC = 3AD$,则梯形 $ABCD$ 的面积为(    ).

(A) $10\sqrt{2}$        (B) $10\sqrt{5}$        (C) $9\sqrt{2}$        (D) $9\sqrt{5}$        (E) $12\sqrt{3}$

**29.** (201110)如图 11.41 所示,阴影甲的面积比阴影乙的面积多 28 平方厘米,$AB = 40$ 厘米,$CB$ 垂直 $AB$,则 $BC$ 的长为(    )厘米($\pi$ 取到小数点后两位).

(A) 30                    (B) 32

(C) 34                    (D) 36

(E) 40

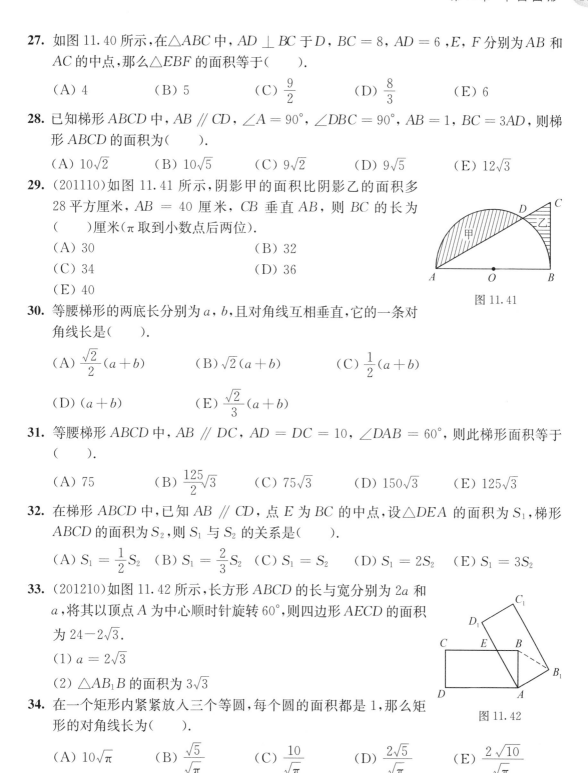

图 11.41

**30.** 等腰梯形的两底长分别为 $a$,$b$,且对角线互相垂直,它的一条对角线长是(    ).

(A) $\dfrac{\sqrt{2}}{2}(a+b)$        (B) $\sqrt{2}(a+b)$        (C) $\dfrac{1}{2}(a+b)$

(D) $(a+b)$        (E) $\dfrac{\sqrt{2}}{3}(a+b)$

**31.** 等腰梯形 $ABCD$ 中,$AB \parallel DC$,$AD = DC = 10$,$\angle DAB = 60°$,则此梯形面积等于(    ).

(A) 75        (B) $\dfrac{125}{2}\sqrt{3}$        (C) $75\sqrt{3}$        (D) $150\sqrt{3}$        (E) $125\sqrt{3}$

**32.** 在梯形 $ABCD$ 中,已知 $AB \parallel CD$,点 $E$ 为 $BC$ 的中点,设 $\triangle DEA$ 的面积为 $S_1$,梯形 $ABCD$ 的面积为 $S_2$,则 $S_1$ 与 $S_2$ 的关系是(    ).

(A) $S_1 = \dfrac{1}{2}S_2$ (B) $S_1 = \dfrac{2}{3}S_2$ (C) $S_1 = S_2$ (D) $S_1 = 2S_2$ (E) $S_1 = 3S_2$

**33.** (201210)如图 11.42 所示,长方形 $ABCD$ 的长与宽分别为 $2a$ 和 $a$,将其以顶点 $A$ 为中心顺时针旋转 $60°$,则四边形 $AECD$ 的面积为 $24-2\sqrt{3}$.

(1) $a = 2\sqrt{3}$

(2) $\triangle AB_1B$ 的面积为 $3\sqrt{3}$

**34.** 在一个矩形内紧紧放入三个等圆,每个圆的面积都是 1,那么矩形的对角线长为(    ).

(A) $10\sqrt{\pi}$        (B) $\dfrac{\sqrt{5}}{\sqrt{\pi}}$        (C) $\dfrac{10}{\sqrt{\pi}}$        (D) $\dfrac{2\sqrt{5}}{\sqrt{\pi}}$        (E) $\dfrac{2\sqrt{10}}{\sqrt{\pi}}$

图 11.42

**35.** 如图 11.43 所示,正方形 $ABCD$ 的边长为 4,分别以 $A$,$C$ 为圆心,4 为半径画圆弧,则阴影部分面积是(    ).

(A) $16-8\pi$        (B) $8\pi-16$        (C) $4\pi-8$        (D) $32-8\pi$        (E) $8\pi-32$

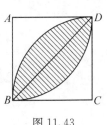

图 11.43

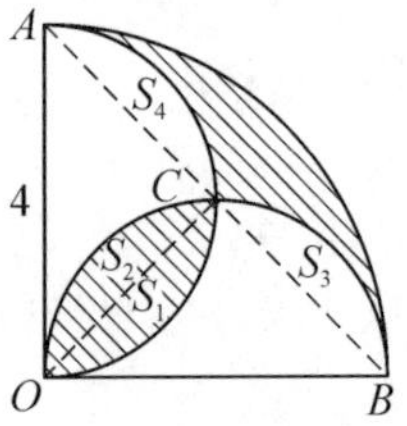

图 11.44

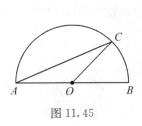

图 11.45

**36.** 圆的半径为 4,则如图 11.44 所示阴影部分的面积为(    ).

(A) $4\pi-4$　　(B) $4\pi-8$　　(C) $2\pi-2$　　(D) 3　　(E) $\dfrac{11}{2}$

**37.** (201210)如图 11.45 所示,$AB$ 是圆 $O$ 的直径,$AC$ 是弦. 若 $|AB|=6$,$\angle ACO=\dfrac{\pi}{6}$,则弧 $BC$ 的长度为(    ).

(A) $\dfrac{\pi}{3}$　　(B) $\pi$　　(C) $2\pi$　　(D) 1　　(E) 2

**38.** 如图 11.46 所示,$\triangle ABC$ 中,$\angle ABC=90°$,$AB$ 为圆的直径,$AB=20$,若面积Ⅰ比面积Ⅱ大 7,则 $\triangle ABC$ 的面积等于(    ).

(A) $70\pi$　　　　　　(B) $50\pi$

(C) $50\pi+7$　　　　(D) $50\pi-7$

(E) $70\pi-7$

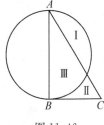

图 11.46

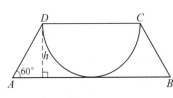

图 11.47

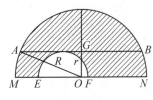

图 11.48

**39.** 如图 11.47 所示,等腰梯形 $ABCD$ 中放入一个面积为 2 的半圆,$\angle DAB=60°$,那么梯形 $ABCD$ 的面积等于(    ).

(A) 20　　(B) 10　　(C) $10\sqrt{3}\pi$　　(D) $\left(2+\dfrac{1}{\sqrt{3}}\right)\dfrac{4}{\pi}$　　(E) $\left(3+\dfrac{1}{\sqrt{2}}\right)\pi$

**40.** 如图 11.48 所示,小半圆的直径 $EF$ 落在大半圆的直径 $MN$ 上,大半圆的弦 $AB$ 与 $MN$ 平行且与小半圆相切,弦 $AB=10$,则图中阴影部分的面积为(    ).

(A) $10\pi$　　(B) $12.5\pi$　　(C) $20\pi$　　(D) $25\pi$　　(E) $30\pi$

**41.** 如图 11.49 所示,各个圆的面积都是 12 平方厘米,阴影部分的面积之和等于(    )平方厘米.

(A) 4　　(B) 5　　(C) 6　　(D) 7　　(E) 8

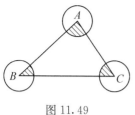
图 11.49

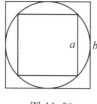
图 11.50

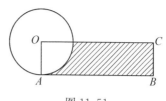
图 11.51

**42.** 如图 11.50 所示,一圆内切于一边长为 $b$ 的正方形,一个边长为 $a$ 的正方形内接于此圆,那么可以确定边长为 $b$ 的正方形的面积等于 32.

(1) $a = 4$  (2) 圆的半径等于 $2\sqrt{2}$

**43.** 圆的周长是 $8\pi$ 厘米,圆的面积与长方形的面积正好相等,图 11.51 中所示阴影部分的面积等于( )平方厘米.

(A) $9\pi$  (B) $10\pi$  (C) $11\pi$  (D) $12\pi$  (E) 以上结论均不正确

**44.** 图 11.52 所示圆的周长等于 $48\pi$.

(1) 弧 $\overarc{XYZ}$ 的长度等于 18  (2) $r = s$

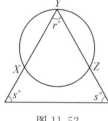
图 11.52

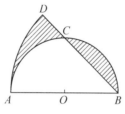
图 11.53

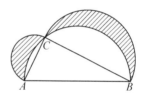
图 11.54

**45.** 如图 11.53 所示,$AB = 10$ 厘米是半圆的直径,$C$ 是 $AB$ 弧的中点,延长 $BC$ 于 $D$,$ABD$ 是以 $AB$ 为半径的扇形,则图中阴影部分的面积是( )平方厘米.

(A) $25\left(\dfrac{\pi}{2} + 1\right)$  (B) $25\left(\dfrac{\pi}{2} - 1\right)$  (C) $25\left(1 + \dfrac{\pi}{4}\right)$

(D) $25\left(1 - \dfrac{\pi}{4}\right)$  (E) 以上答案均不正确

**46.** (199710)如图 11.54 所示,$C$ 是以 $AB$ 为直径的半圆上的一点,再分别以 $AC$ 和 $BC$ 为直径作半圆,若 $AB = 5$,$AC = 3$,则图中阴影部分的面积是( ).

(A) $3\pi$  (B) $4\pi$  (C) $6\pi$  (D) 6  (E) 4

**47.** (199910)如图 11.55 所示,半圆 $ABD$ 以 $C$ 为圆心,半径为 1,且 $CD \perp AB$,延长 $BD$ 和 $AD$,分别与以 $B$,$A$ 为圆心,2 为半径的圆弧交于 $E$,$F$ 两点,则图中阴影部分的面积是( ).

(A) $\dfrac{\pi}{2} - \dfrac{1}{2}$  (B) $(1 - \sqrt{2})\pi$

(C) $\dfrac{\pi}{2} - 1$  (D) $(\sqrt{3} - 1)\pi$

(E) $(2 - \sqrt{3})\pi$

图 11.55

**48.** (201310)如图 11.56 所示，$AB = AC = 5$，$BC = 6$，$E$ 是 $BC$ 的中点，$EF \perp AC$，则
$EF =($    ).

(A) 1.2    (B) 2    (C) 2.2    (D) 2.4    (E) 2.5

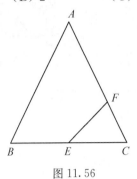

图 11.56

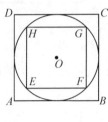

图 11.57

**49.** (200710)如图 11.57 所示，正方形 $ABCD$ 四条边与圆 $O$ 相切，而正方形 $EFGH$ 是圆 $O$ 的内接正方形. 已知正方形 $ABCD$ 的面积为 1,则正方形 $EFGH$ 的面积是(    ).

(A) $\dfrac{2}{3}$    (B) $\dfrac{1}{2}$    (C) $\dfrac{\sqrt{2}}{2}$    (D) $\dfrac{\sqrt{2}}{3}$    (E) $\dfrac{1}{4}$

**50.** (201410)三条长度分别为 $a$，$b$，$c$ 的线段能构成一个三角形.
(1) $a + b > c$    (2) $b - c < a$

**51.** (201410)如图 11.58 所示，大小两个半圆的直径在同一直线上，弦 $AB$ 与小半圆相切，且与直径平行，弦 $AB$ 长为 12,则图中阴影部分的面积为(    ).

(A) $24\pi$    (B) $21\pi$    (C) $18\pi$

(D) $15\pi$    (E) $12\pi$

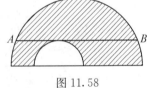

图 11.58

**52.** (201410)一个长为 8 cm,宽为 6 cm 的长方形木板在桌面上做无滑动的滚动(顺时针方向),如图 11.59 所示,第二次滚动中被一小木块垫住而停止,使木板边沿 $AB$ 与桌面成 $30°$ 角,则木板滚动中,点 $A$ 经过的路径长为(    ).

(A) $4\pi$    (B) $5\pi$    (C) $6\pi$

(D) $7\pi$    (E) $8\pi$

图 11.59

**53.** (201410)如图 11.60 所示,在平行四边形 $ABCD$ 中,$\angle ABC$ 的平分线交 $AD$ 于 $E$,$\angle BED = 150°$,则 $\angle A$ 的大小为(    ).

(A) $100°$    (B) $110°$    (C) $120°$

(D) $130°$    (E) $150°$

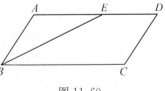

图 11.60

**详解:**

**1.** 【B】

**解** 设斜边为 $x$,直角边为 $y$,则 $\begin{cases} x+y=8 \\ x-y=2 \end{cases}$,则 $\begin{cases} x=5 \\ y=3 \end{cases}$,所以由勾股定理,另外一边长为 $4$,选(B).

**2.【B】**

**解** 因为 $AD=DE=CE$,所以 $AD=\dfrac{1}{3}AC$,从而

$$S_{\triangle ABD}=\dfrac{1}{3}S_{\triangle BAC}=\dfrac{1}{3}\times 24=8,\quad S_{\triangle BDC}=\dfrac{2}{3}S_{\triangle BAC}=\dfrac{2}{3}\times 24=16.$$

又因为 $BF=FC$,所以 $S_{\triangle DFC}=\dfrac{1}{2}S_{\triangle DBC}=\dfrac{1}{2}\times 16=8,\quad S_{\triangle FDE}=\dfrac{1}{2}S_{\triangle FDC}=\dfrac{1}{2}\times 8=4.$

$S_{\triangle EGC}=\dfrac{1}{2}S_{\triangle EFC}=\dfrac{1}{2}\times 4=2$,所以 $S_{阴影}=S_{\triangle ABD}+S_{\triangle FDE}+S_{\triangle EGC}=$
$8+4+2=14$,选(B).

**3.【C】**

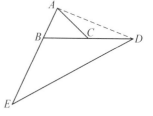

图 11.61

**解** 连接 $AD$(见图 11.61).因为 $BC=CD=\dfrac{1}{2}BD$,所以 $S_{\triangle ABD}=$
$2S_{\triangle ABC}=2$,又因为 $BE=2AB$,所以 $S_{\triangle DBE}=2S_{\triangle DAB}=2\times 2=4$,选(C).

**4.【D】**

**解** 由三角形 $ABC$ 的周长为 $2\sqrt{2}+4$,可得斜边 $BC=2\sqrt{2}$.所以等边三角形
$BDC$ 的面积为 $S=\dfrac{\sqrt{3}}{4}BC^2=2\sqrt{3}$,选(D).

**5.【D】**

**解** 由条件(1),因为 $a:b:c=1:\sqrt{2}:\sqrt{3}$,设 $a=k,b=\sqrt{2}k,c=\sqrt{3}k,(k\neq 0)$
有 $a^2+b^2=k^2+2k^2=3k^2=c^2$,即 $\triangle ABC$ 为直角三角形,条件(1)充分.
由条件(2),因为 $(a^2-b^2)^2+(2ab)^2=a^4+2a^2b^2+b^4=(a^2+b^2)^2$,
即此三角形也为直角三角形,条件(2)也充分.
选(D).

**6.【C】**

**解** $AF=FE=ED=DC=CB\Rightarrow \angle A=\angle FEA,\ \angle EFB=\angle EDA,\ \angle DCE=\angle DEC,\ \angle B=\angle CDB,$

由三角形性质知: $\left.\begin{array}{l}\angle EFB=2\angle A \\ \angle CED=\angle EDA+\angle A\end{array}\right\}\Rightarrow \angle CED=3\angle A$

所以 $\angle CDB=\angle DCA+\angle A=3\angle A+\angle A=4\angle A$

又因 $\angle C=\dfrac{\pi}{2}$,故 $\angle B+\angle A=\dfrac{\pi}{2}$,从而 $4\angle A+\angle A=\dfrac{\pi}{2}$,即 $\angle A=\dfrac{\pi}{10}$,选(C).

**7.【C】**

**解** 由于 $6^2+8^2=10^2$,可知 $\triangle ABC$ 为直角三角形,三角形面积 $S=\dfrac{6\times 8}{2}=\dfrac{10\times h}{2}$.从而 $h=$
$4.8$.选(C).

**8.【D】**

**解** 由题意知 $CD=3\sqrt{3}$,$\angle BCD=60°$,
因此 $\angle B=30°$,即 $\angle ACD=60°-\angle ACB=60°-\angle B=30°$,
可知 $AC=CD\cdot\dfrac{2}{\sqrt{3}}=3\sqrt{3}\cdot\dfrac{2}{\sqrt{3}}=6$.三角形面积 $S=\dfrac{1}{2}AB\cdot CD=\dfrac{1}{2}\times 6\times 3\sqrt{3}=9\sqrt{3}$.
应选(D).

**9.【E】**

**解** 条件(1)成立时,满足条件的三角形有两个.

当腰为 4,底边是 6 时,底边高为 $\sqrt{7}$,从而面积是 $3\sqrt{7}$.

当腰为 6,底边为 4 时,其面积是 $8\sqrt{2}$,从而条件(1)不充分.

同理,满足条件(2)的等腰三角形也有两个,面积分别是 $2.5\sqrt{2.75}$ 和 $1.5\sqrt{22.75}$,即条件(2)也不充分.

所以选(E).

**10. 解** 由题设条件,方程 $x^2 - \sqrt{2}mx + \dfrac{3m-1}{4} = 0$ 有等根 $x_1 = x_2$. 所以,判别式

$\Delta = 2m^2 - (3m-1) = 0$,得 $2m^2 - 3m + 1 = 0$,解之得 $m = 1$ 或 $m = \dfrac{1}{2}$.

当 $m = \dfrac{1}{2}$ 时,三角形腰长 $AB = AC = \dfrac{\sqrt{2}}{4}$,不满足三角形三边关系,所以舍去.

当 $m = 1$ 时,三角形腰长 $AB = AC = \dfrac{\sqrt{2}}{2}$,底边上的高 $AD = \sqrt{AB^2 - BD^2} = \dfrac{\sqrt{10}}{6}$.

所以,$\triangle ABC$ 的面积 $S = \dfrac{1}{2}BC \times AD = \dfrac{1}{2} \times \dfrac{2\sqrt{2}}{3} \times \dfrac{\sqrt{10}}{6} = \dfrac{\sqrt{5}}{9}$.

**11.【B】**

**解** 本题考点为三角形、正方形的计算. 如图 11.62 所示,延长 $PB$ 并作 $AE \perp PB$, $CF \perp PB$,三角形 $APB$ 的面积 $S_1 = \dfrac{1}{2}(AE \cdot PB) = 80$,则 $AE = 160 \div 10 =$

16. 三角形 $CPB$ 的面积 $S_2 = \dfrac{1}{2}(PB \cdot CF) = 90$,则 $CF = 180 \div 10 = 18$. 所以 $\triangle AEB$ 与 $\triangle BFC$ 为全等三角形,$BE = CF$. 正方形 $ABCD$ 的面积 $S = (AB)^2 = (AE)^2 + (CF)^2 = 16^2 + 18^2 = 580(\text{cm})^2$.

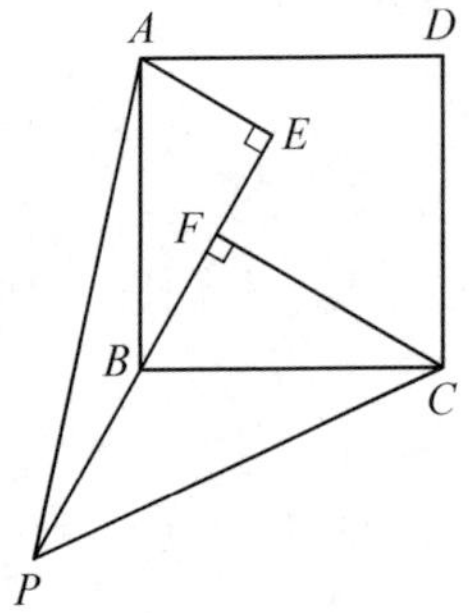

答案为(B).

图 11.62

**12.【A】**

**解** 题干要求推出 $\Delta = [2b - 4(a+c)]^2 - 12(4ac - b^2) = 0$,

由条件(1),$a = b = c$,得 $\Delta = (2b - 8b)^2 - 12(4b^2 - b^2) = 0$,

即条件(1)是充分的.

由条件(2),设 $a = c = 1$,$b = \sqrt{2}$,则 $\Delta \neq 0$,

因此条件(2)不充分.

所以选(A).

**13.【B】**

**解** 另一条边长为 11 或 5,但腰长为 5 时,不能构成三角形,所以三条边应为 11, 11, 5,从而周长为 27.选(B).

**14.【C】**

**解** 由条件(1)得: $(a+c)(a-c) + 2b(a-c) = 0$,即 $(a+c+2b)(a-c) = 0$. 因为 $a+c+2b > 0$,所以 $a-c = 0$,即 $a = c$,从而只能判断 $\triangle ABC$ 为等腰三角形,条件(1)不充分.

由条件(2) $(a-b+c)(b-c) = 0$,所以 $a-b+c = 0$ 或 $b-c = 0$.

当 $a-b+c = 0$ 即 $b = a+c$ 时,不能构成三角形. 所以 $b-c = 0$ 即 $b = c$,从而只能判断 $\triangle ABC$ 为等腰三角形,条件(2)不充分.

但条件(1)与条件(2)联合可得 $a = b = c$,所以为等边三角形,选(C).

**15.【A】**

**解** 由条件(1),$a^2 + b^2 + c^2 - ab - bc - ac = 0$,则有

$$\frac{1}{2}\left[(a-b)^2+(b-c)^2+(a-c)^2\right]=0$$

得 $a=b=c$,因此条件(1)是充分的.

由条件(2),当 $a=b=1$ 时,无论 $c$ 取何值都成立,所以不充分. 选(A).

**16.【A】**

**解** 由于 $\triangle ABC \backsim \triangle A'B'C'$,所以 $\dfrac{S_{\triangle ABC}}{S_{\triangle A'B'C'}}=\left(\dfrac{AB}{A'B'}\right)^2$,即 $\dfrac{a-2}{a+2}=\dfrac{9}{25}$,得 $a=4.25$,选(A).

**17.【B】**

**解** $\dfrac{S_{\triangle ABC}}{S_{\triangle A'B'C'}}=\dfrac{2}{3}=\left(\dfrac{\sqrt{2}}{\sqrt{3}}\right)^2$,所以 $\triangle ABC$ 的周长和 $\triangle A'B'C'$ 的周长之比为 $\sqrt{2}:\sqrt{3}$,选(B).

**18.【C】**

**解** $\triangle ABC$ 为等边三角形,由勾股定理,$BC$ 边上的高为 $\dfrac{\sqrt{3}}{2}AB$,所以 $S_{\triangle ABC}=\dfrac{\sqrt{3}}{4}AB^2=\dfrac{9\sqrt{3}}{4}$.

按题意,在 $\mathrm{Rt}\triangle EDB$ 中,$\angle B=60°$,$\angle BED=90°-60°=30°$,$BE=2BD=2\times\dfrac{1}{3}AB=2$,$DE=$

$\sqrt{BE^2-BD^2}=\sqrt{3}$,所以 $S_{\triangle EDB}=\dfrac{1}{2}DE\times BD=\dfrac{\sqrt{3}}{2}$.

所以四边形 $ADEC$ 的面积 $=S_{\triangle ABC}-S_{\triangle EDB}=\dfrac{9\sqrt{3}}{4}-\dfrac{\sqrt{3}}{2}=\dfrac{7\sqrt{3}}{4}$,选(C).

**19.【E】**

**解** 设空白部分面积为 $S$,则小正方形阴影面积为 $3S$,大正方形阴影面积为 $6S$,则小、大正方形阴影部分面积之比为 $1:2$.

**20.【E】**

**解** 只要折线过对角线中点都将平行四边形一分为二,所以无数条,选(E).

**21.【B】**

**解** (割补法)如图 11.63 所示,一个长方形面积减去 3 个小直角三角形面积,

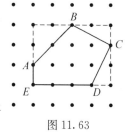

所以 $S_{ABCDE}=4\times3-\dfrac{1}{2}\times2\times2-\dfrac{1}{2}\times2\times1-\dfrac{1}{2}\times1\times2=8$.

**22.【A】**

**解法 1** 由一块面积为 400 平方米的正方形,得正方形边长为 20.

$S_丙+S_丁=80$,可得丙、丁宽为 4,所以甲长为 16,由 $S_甲=128$,甲宽为 8,由乙长

为 16,而 $S_乙=192$.

图 11.63

所以乙宽为 12. 而 $S_丁=32$,得丁长为 8,得正方形边长为 4,故 $S=4^2=16$.

**解法 2** (蒙猜法)小正方形的面积为完全平方数,只有 16 为完全平方数,满足条件.

**23.【B】**

**解** 对角线的长为 $\sqrt{a^2+b^2}$.

在条件(1)下,$\sqrt{a^2+b^2}=\dfrac{1}{3}a+b$,

$a^2+b^2=\dfrac{1}{9}a^2+\dfrac{2}{3}ab+b^2$,因此 $\dfrac{8}{9}a^2=\dfrac{2}{3}ab$,$a:b=3:4$,条件(1)不充分,

由条件(2),$\sqrt{a^2+b^2}=\dfrac{1}{2}a+b$,则 $a^2+b^2=\dfrac{1}{4}a^2+ab+b^2$,因此 $a:b=4:3$,

即条件(2)是充分的.

所以选(B).

**24.【A】**

**解** 当 $P$ 点在 $BC$ 上运动时,$\triangle PAD$ 底边 $AD$ 上的高 $h=a$ 永远成立,

因此 $\triangle PAD$ 的面积为 $\frac{1}{2}a \cdot a = \frac{1}{2}a^2$. 选(A).

**25.【C】**

**解** 因为 $S_{ABCD} = 4S_{\triangle AOB} = 4 \times 9 = 36$,所以正方形的边长 $AB = 6$,又 $CE = \frac{1}{2}BE$.

所以 $BC = BE + EC = 3EC = 6$,从而 $EC = 2$,$S_{\triangle ECD} = \frac{1}{2}EC \times CD = \frac{1}{2} \times 2 \times 6 = 6$.

$S_{阴影} = S_{ABCD} - S_{\triangle AOD} - S_{\triangle ECD} = 36 - 9 - 6 = 21$,选(C).

**26.【E】**

**解** 在 Rt$\triangle AFD$ 中,已知 $DF = 3$,$\angle A = 60°$,且 $\frac{DF}{AD} = \frac{\sqrt{3}}{2}$,从而 $AD = \frac{2}{\sqrt{3}} \cdot DF = \frac{2}{\sqrt{3}} \times 3 = 2\sqrt{3}$,

由于四边形 $ABCD$ 为菱形,因此周长 $= 4AD = 8\sqrt{3}$. 选(E).

**27.【E】**

**解** 因为 $E$,$F$ 分别为 $AB$ 和 $AC$ 的中点,所以 $EF$ 为 $\triangle ABC$ 中 $BC$ 的中位线,

$$EF = \frac{1}{2}BC = 4,\quad S_{梯形EFCB} = \frac{EF + BC}{2} \cdot \frac{AD}{2} = \frac{4+8}{2} \times 3 = 18,$$

$$S_{\triangle FBC} = \frac{1}{2}BC \cdot \frac{AD}{2} = \frac{1}{2} \times 8 \times 3 = 12,$$

所以 $S_{\triangle EBF} = S_{梯形EFCB} - S_{\triangle FBC} = 18 - 12 = 6$. 选(E).

**28.【A】**

**解** 设 $AD = x$,在 Rt$\triangle ABD$ 中,因为 $\angle A = 90°$,所以 $BD = \sqrt{x^2 + 1}$,又因为 $BC = 3AD$,所以 $BC = 3x$.

又 $AB \parallel CD$,得 $\angle BDC = \angle DBA$,所以 Rt$\triangle BAD$ 与 Rt$\triangle DBC$ 相似,所以 $\frac{AD}{AB} = \frac{BC}{BD}$,即 $\frac{x}{1} = \frac{3x}{\sqrt{x^2+1}}$,由 $x \neq 0$,得 $\sqrt{x^2+1} = 3 \Rightarrow x = 2\sqrt{2}$,所以 $BD = 3$,$BC = 6\sqrt{2}$.

所以 $S_{梯形ABCD} = S_{\triangle ABD} + S_{\triangle DBC} = \frac{1}{2}AB \cdot AD + \frac{1}{2}BD \cdot BC = \frac{1}{2} \times 2\sqrt{2} + \frac{1}{2} \times 3 \times 6\sqrt{2} = 10\sqrt{2}$,选(A).

**29.【A】**

**解** 设空白部分面积为 $x$,$S_甲 - S_乙 = 28$,则 $(S_甲 + x) - (x + S_乙) = 28$.

得 $\frac{1}{2}\pi \cdot 20^2 - \frac{1}{2} \times 40 \cdot BC = 28$,得 $BC = 10\pi - 1.4 = 30$.

**30.【A】**

**解** 如图 11.64 所示,在等腰梯形 $ABCD$ 中,$AB \parallel CD$,$AD = BC$,$AC \perp BD$,过 $B$ 点作 $BE \parallel AC$,并延长 $DC$ 交于 $E$,因而 $CE = AB$,$DB \perp BE$,所以 $\triangle DBE$ 为直角三角形,且 $BD = BE$,$DE = DC + AB = a + b$,从而 $BD^2 + BE^2 = DE^2$,即 $DE^2 = 2BD^2$,$BD = \frac{DE}{\sqrt{2}} = \frac{\sqrt{2}}{2}(a+b)$,选(A).

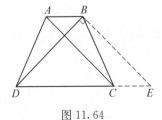

图 11.64

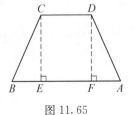

图 11.65

**31.【C】**

**解** 如图 11.65 所示,作 $CE \perp AB$ 于 $E$,$DF \perp AB$ 于 $F$,从而 $\angle FDA = 30°$,

则 $BE = AF = \dfrac{1}{2}AD = 5$,$AB = BE + EF + AF = BE + CD + AF = 20$.

$DF = \dfrac{\sqrt{3}}{2}AD = 5\sqrt{3}$,所以 $S_{梯形ABCD} = \dfrac{CD + AB}{2} \cdot DF = \dfrac{10 + 20}{2} \times 5\sqrt{3} = 75\sqrt{3}$,选(C).

**32.【A】**

**解** 如图 11.66 所示,延长 $DE$,$AB$ 交于点 $F$,从而 $\triangle DCE \cong$

$\triangle FBE$,所以 $S_{\triangle DCE} = S_{\triangle FBE}$,从而 $S_{梯形ABCD} = S_{\triangle DAF}$.

由于 $DE = EF = \dfrac{1}{2}DF$,所以 $S_{\triangle DEA} = \dfrac{1}{2}DE \cdot h$,$S_{\triangle DAF} = \dfrac{1}{2}DF \cdot h$.

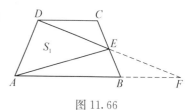

图 11.66

从而 $S_{\triangle DEA} = \dfrac{1}{2}S_{\triangle DAF} = \dfrac{1}{2}S_{梯形ABCD}$,即 $S_1 = \dfrac{1}{2}S_2$,选(A).

**33.【D】**

**解** 旋转 $60°$,则 $\angle EAB = 30°$.

条件(1)$S_{四边形AECD} = S_{ABCD} - S_{\triangle ABE} = 24 - 2\sqrt{3}$,充分;

条件(2)$\triangle AB_1B$ 为等边三角形,$\dfrac{\sqrt{3}}{4}AB^2 = 3\sqrt{3}$,得 $AB = 2\sqrt{3}$,与条件(1)等价,也充分.

**34.【E】**

**解** 设圆的半径为 $r$,则 $S = \pi r^2 = 1$,$r = \dfrac{1}{\sqrt{\pi}}$,从而矩形的长为 $\dfrac{6}{\sqrt{\pi}}$,宽为 $\dfrac{2}{\sqrt{\pi}}$,

矩形的对角线为 $\sqrt{\left(\dfrac{6}{\sqrt{\pi}}\right)^2 + \left(\dfrac{2}{\sqrt{\pi}}\right)^2} = \sqrt{\dfrac{36}{\pi} + \dfrac{4}{\pi}} = \dfrac{2\sqrt{10}}{\sqrt{\pi}}$. 选(E).

**35.【B】**

**解** 阴影部分的面积 $S = 2\left[\dfrac{\pi \cdot 4^2}{4} - \dfrac{1}{2} \cdot 4^2\right] = 8\pi - 16$. 选(B).

**36.【B】**

**解** 阴影部分 $S_1$ 的面积与空白部分 $S_3$ 的面积相等,阴影部分 $S_2$ 的面积与空白部分 $S_4$ 的面积相等,所以所求阴影部分的面积等于四分之一圆的面积减去一个直角三角形的面积,即 $S = \dfrac{\pi}{4}OA^2 - \dfrac{1}{2}OA \times OB = 4\pi - 8$,选(B).

**37.【B】**

**解** 由 $\angle ACO = \dfrac{\pi}{6}$,则 $\angle COB = \dfrac{\pi}{3}$,所以弧 $BC$ 的长度为 $\dfrac{\frac{\pi}{3}}{2\pi} \times 6 = \pi$.

**38.【D】**

**解** 由题意,面积 I 比面积 II 大 $7$,即 $S_{II} = S_I - 7$,则

$S_{\triangle ABC} = S_{III} + S_{II} = S_{III} + S_I - 7 = S_{半圆} - 7 = \dfrac{1}{2}\pi \times 100 - 7 = 50\pi - 7$,选(D).

**39.【D】**

**解** 依题意,梯形高 $h = r$,上底 $= 2r$,下底 $= 2r + 2 \times \dfrac{r}{\sqrt{3}} = 2r\left(1 + \dfrac{1}{\sqrt{3}}\right)$,因为 $\dfrac{1}{2}\pi r^2 = 2 \Rightarrow r^2 = \dfrac{4}{\pi}$,

所以梯形 $ABCD$ 的面积 $= \dfrac{1}{2}r\left[2r + 2r\left(1 + \dfrac{1}{\sqrt{3}}\right)\right] = \left(2 + \dfrac{1}{\sqrt{3}}\right)r^2 = \left(2 + \dfrac{1}{\sqrt{3}}\right)\dfrac{4}{\pi}$.

选(D).

**40.【B】**

 **解** 记大圆半径为 $OA = R$,小圆半径为 $OG = r$,根据题意可知 $R^2 - r^2 = 5^2 = 25$,所以图中阴影部分的面积为 $\frac{1}{2}\pi R^2 - \frac{1}{2}\pi r^2 = \frac{1}{2}\pi(R^2 - r^2) = \frac{1}{2}\pi \times 25 = 12.5\pi$,选(B).

**41.【C】**

 **解** 因为 $S_{\odot A} = S_{\odot B} = S_{\odot C} = 12$ 平方厘米,所以 $r_A^2 = r_B^2 = r_C^2 = \frac{12}{\pi}$.

$$S_{阴影} = S_{扇A} + S_{扇B} + S_{扇C} = \frac{\pi r^2}{360}(\angle A + \angle B + \angle C) = \frac{\pi \cdot \frac{12}{\pi}}{360} \times 180 = 6,\text{选(C).}$$

**42.【D】**

 **解** 由条件(1),$a = 4$,从而可求出内切圆的直径等于 $\sqrt{2}a = 4\sqrt{2}$,即大正方形的边长 $b = 4\sqrt{2}$. 从而大正方形的面积 $S = b^2 = 32$,条件(1)充分.

 由条件(2),内切圆的半径 $r = 2\sqrt{2}$,从而 $b = 2r = 4\sqrt{2}$,因此 $S = b^2 = 32$,条件(2)也充分.

 选(D).

**43.【D】**

 **解** 由于 $2\pi \cdot OA = 8\pi$,所以 $OA = 4$,所以 $S_{\odot O} = \pi \cdot OA^2 = 16\pi$,因此 $S_{长方形OABC} = S_{\odot O}$.

$$S_{阴影} = S_{长方形OABC} - \frac{1}{4}S_{\odot O} = \frac{3}{4}S_{\odot O} = \frac{3}{4} \times 16\pi = 12\pi,\text{选(D).}$$

**44.【E】**

 **解** 由条件(1)只能得到弧 $\overset{\frown}{XYZ}$ 的长度为 18,却无法得到弧 $\overset{\frown}{XZ}$ 的长度,所以整个圆的周长也无法得知,从而条件(1)不充分.

 由条件(2)$r = s$,只能得到三角形是等边三角形,从而 $r = 60°$,但由于圆的半径不确定,因而也无法确定圆的周长.

 条件(1),(2)联合时,根据 $X, Y, Z$ 三点平分圆周,且弧 $\overset{\frown}{XYZ}$ 的长度为 18,从而圆的周长为 27,即两个条件联合也不充分.选(E).

**45.【B】**

 **解** 如图 11.67 所示,连接 $AC$,则 $\angle ACB = 90°$,$AC = BC = \frac{10}{\sqrt{2}}$($\triangle ABC$ 是等腰直角三角形),

 阴影部分的面积 = 扇形 $ABD$ 的面积 $-\triangle ABC$ 的面积

$$= \frac{1}{8}\pi \times 10^2 - \frac{1}{2}\left(\frac{10}{\sqrt{2}}\right)^2 = \frac{100}{8}\pi - \frac{100}{4}$$

$$= \frac{25}{2}\pi - 25 = 25\left(\frac{\pi}{2} - 1\right),\text{选(B).}$$

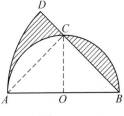

图 11.67

**46.【D】**

 **解** $BC = \sqrt{AB^2 - AC^2} = \sqrt{5^2 - 3^2} = 4$,以 $BC$ 为直径的半圆面积 $= \frac{\pi}{2} \times \left(\frac{4}{2}\right)^2 = 2\pi$,

以 $AC$ 为直径的半圆面积 $= \frac{\pi}{2} \times \left(\frac{3}{2}\right)^2 = \frac{9\pi}{8}$,以 $AB$ 为直径的半圆面积 $= \frac{\pi}{2} \times \left(\frac{5}{2}\right)^2 = \frac{25\pi}{8}$,

直角三角形 $ABC$ 的面积 $= \frac{1}{2} \times 3 \times 4 = 6$,所以 $S_{阴影} = 2\pi + \frac{9\pi}{8} + 6 - \frac{25\pi}{8} = 6$. 选(D).

**47.【C】**

 **解** 由图形的对称性,阴影 $AED$ 的面积等于阴影 $BFD$ 的面积.

阴影 $BFD$ 面积＝扇形 $AFB$ 面积－等腰三角形 $ADC$ 面积－半圆 $ABD$ 面积的一半. 而扇形 $AFB$ 的面积 $=\dfrac{45°}{360°}\times\pi\times2^2=\dfrac{\pi}{2}$，$S_{\triangle ADC}=\dfrac{1}{2}\times1\times1=\dfrac{1}{2}$，半圆 $ABD$ 的面积 $S=\dfrac{\pi}{2}$，所以阴影 $BFD$ 的面积 $=\dfrac{\pi}{2}-\dfrac{1}{2}-\dfrac{1}{2}\times\dfrac{\pi}{2}=\dfrac{\pi}{4}-\dfrac{1}{2}$，从而所求阴影部分的面积 $=2\left(\dfrac{\pi}{4}-\dfrac{1}{2}\right)=\dfrac{\pi}{2}-1$. 选(C).

**48.**【D】

**解**　连接 $AE$，得 $AE\perp BC$，

在 Rt$\triangle AEC$ 中，$AE^2+EC^2=AC^2$，得 $AE=4$.

在 Rt$\triangle AEC$ 中，$S_{\triangle AEC}=\dfrac{1}{2}AE\times EC=\dfrac{1}{2}EF\times AC$，得 $4\times3=EF\times5$，所以 $EF=2.4$.

〖技巧〗　真题遇到长度问题，可以按比例量一下.

**49.**【B】

**解法1**　$OF=\dfrac{1}{2}AB=\dfrac{1}{2}$，$EF=\sqrt{2}OF=\dfrac{\sqrt{2}}{2}$，所以 $S_{EFGH}=EF^2=\left(\dfrac{\sqrt{2}}{2}\right)^2=\dfrac{1}{2}$.

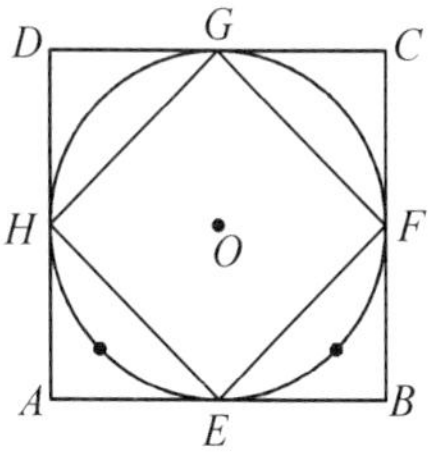

**解法2**　把正方形 $EFGH$ 逆时针旋转 $45°$，重新组合如图 11.68 所示.

已知正方形 $ABCD$ 的面积为 1，则边长 $AB=1$，$AE=AH=\dfrac{1}{2}$

$$HE=\sqrt{\left(\dfrac{1}{2}\right)^2+\left(\dfrac{1}{2}\right)^2}=\sqrt{\dfrac{1}{2}}，$$

则正方形 $EFGH$ 的面积 $=(HE)^2=\left(\sqrt{\dfrac{1}{2}}\right)^2=\dfrac{1}{2}$，故选(B).

图 11.68

**50.**【E】

**解法1**　三条长度分别为 $a$，$b$，$c$ 的线段要能构成一个三角形，须满足任意两边之和大于第三边，即同时满足 $\begin{cases}a+b>c\\a+c>b\\b+c>a\end{cases}$，因此，两个条件单独都不充分，联合起来也只满足前两个式子，故也不充分.

**解法2**　反例 $a=2$，$b=c=1$ 满足两个条件，但是不能构成三角形.

**51.**【C】

**解**　把图中的小半圆向右平移，使两个半圆的圆心重合，设大圆的半径为 $R$，小圆半径为 $r$，所以

$$S_{\text{阴影}}=S_{\text{大半圆}}-S_{\text{小半圆}}=\dfrac{1}{2}\pi(R^2-r^2)=\dfrac{1}{2}\pi\times\left(\dfrac{1}{2}AB\right)^2=\dfrac{1}{2}\pi\times36=18\pi.$$

〖技巧〗　任意位置时可以选择特殊位置，即两圆圆心重合时.

**52.**【D】

**解**　整个滚动可分两部分：第一部分是以 $C$ 为旋转中心，圆心角为 $90°$，半径为 $10$ 厘米的圆弧；第二部分是以 $B$ 为旋转中心，圆心角为 $60°$，半径为 $6$ 厘米的圆弧. 所以，总共路径长为 $l_1+l_2=\dfrac{90}{180}\times\pi\times10+\dfrac{60}{180}\times\pi\times6=5\pi+2\pi=7\pi$.

**53.**【C】

**解**　由 $\angle BED=150°$，可知 $\angle AEB=\angle EBD=30°$，由于 $BE$ 为 $\angle ABC$ 的平分线，从而 $\angle ABE=30°$，所以 $\angle A=150°-30°=120°$.

# 第 12 章

# 平面解析几何

## 12.1 基本概念、定理、方法

### 12.1.1 平面解析几何基本公式

**1. 点**

设点 $P$ 是直角坐标平面上任意一点，过 $P$ 作 $PA \perp x$ 轴于 $A$，作 $PB \perp y$ 轴于 $B$，若有向线段 $\overrightarrow{OA}$ 的数量为 $x$，有向线段 $\overrightarrow{OB}$ 的数量为 $y$，则点 $P$ 的坐标为 $(x, y)$．

**2. 两点间距离公式**

设点 $A(x_1, y_1)$，$B(x_2, y_2)$，则 $|AB| = \sqrt{(x_1 - x_2)^2 + (y_1 - y_2)^2}$．

**3. 有向线段的定比分点坐标公式**

设点 $P(x, y)$ 为有向线段 $\overrightarrow{AB}$ 的定比分点，且定比为 $\lambda$，即 $\dfrac{\overrightarrow{AP}}{\overrightarrow{PB}} = \lambda$（$AP$，$PB$ 分别为有向线段 $\overrightarrow{AP}$，$\overrightarrow{PB}$ 的数量），起点 $A(x_1, y_1)$，终点 $B(x_2, y_2)$，则

$$x = \frac{x_1 + \lambda x_2}{1 + \lambda}, \ y = \frac{y_1 + \lambda y_2}{1 + \lambda}.$$

特殊情况：当 $\lambda = 1$ 时，$P(x, y)$ 为线段 $AB$ 的中点，则 $x = \dfrac{x_1 + x_2}{2}$，$y = \dfrac{y_1 + y_2}{2}$．

**4. 直线斜率 $k$ 的计算公式**

（1）设 $\alpha$ 为直线的倾斜角（直线向上的方向与 $x$ 轴正半轴所成的角），$\alpha \in [0, \pi)$，则

$$k = \tan \alpha \ \left( \alpha \neq \frac{\pi}{2} \right).$$

（2）设直线 $l$ 上的两点 $P_1(x_1, y_1)$，$P_2(x_2, y_2)$，则 $k = \dfrac{y_2 - y_1}{x_2 - x_1}$ （$x_1 \neq x_2$）．

（3）直线 $Ax + By + C = 0$（$B \neq 0$）的斜率 $k = -\dfrac{A}{B}$．

（4）常用倾斜角 $\alpha$ 与对应的斜率 $k$：

| 倾斜角 $\alpha$ | 0 | $\pi/6$ | $\pi/4$ | $\pi/3$ | $\pi/2$ | $2\pi/3$ | $3\pi/4$ | $5\pi/6$ |
| --- | --- | --- | --- | --- | --- | --- | --- | --- |
| 斜率 $k$ | 0 | $\sqrt{3}/3$ | 1 | $\sqrt{3}$ | 不存在 | $-\sqrt{3}$ | $-1$ | $-\sqrt{3}/3$ |

从表中可以看出：

在坐标轴第一象限，斜率 $k$ 随着倾斜角 $\alpha$ 的增大而增大，从 $0 \to +\infty$；

在坐标轴第二象限,斜率 $k$ 随着倾斜角 $\alpha$ 的增大而增大,从 $-\infty \to 0$;

斜率绝对值 $|k|$ 越大,直线越陡峭(越靠近 $y$ 轴);$|k|$ 越小,直线越平缓(越靠近 $x$ 轴).

### 5. 两条直线夹角公式

设两条直线 $l_1$,$l_2$ 的斜率分别为 $k_1$,$k_2$,且 $k_1 \cdot k_2 \neq 1$,

直线 $l_1$(逆时针旋转)到 $l_2$ 的倾斜角为 $\theta$ $(\theta \in [0, \pi))$,则 $\tan\theta = \dfrac{k_2 - k_1}{1 + k_1 k_2}$.

直线 $l_1$,$l_2$ 的夹角为 $\alpha$ $\left(\alpha \in \left[0, \dfrac{\pi}{2}\right]\right)$,则 $\tan\alpha = \left|\dfrac{k_2 - k_1}{1 + k_1 k_2}\right|$. 当 $k_1 k_2 = -1$ 时,$\alpha = \dfrac{\pi}{2}$.

注意:① 每一条直线都有倾斜角,但不一定有斜率(当 $\alpha = 90°$ 时,直线垂直于 $x$ 轴,它的斜率 $k$ 不存在),所以解题若设斜率特别要注意不要遗漏垂直于 $x$ 轴的直线.

② 倾斜角的范围为 $[0, \pi)$,夹角的范围为 $[0, \pi/2]$.

### 6. 点到直线的距离公式

设直线 $l$ 的方程为 $Ax + By + C = 0$,点 $P(x_0, y_0)$ 到直线 $l$ 的距离为 $d = \dfrac{|Ax_0 + By_0 + C|}{\sqrt{A^2 + B^2}}$.

两平行直线 $l_1 : Ax + By + C_1 = 0$ 与 $l_2 : Ax + By + C_2 = 0$ 之间的距离为 $d = \dfrac{|C_1 - C_2|}{\sqrt{A^2 + B^2}}$.

## 12.1.2 直线

### 1. 直线方程的五种形式及适用条件

| 名称 | 方　程 | 要　素 | 适用条件 |
|------|--------|--------|----------|
| 斜截式 | $y = kx + b$ | $k$——斜率<br>$b$——纵截距 | 倾斜角为 $90°$ 的直线不能用此式 |
| 点斜式 | $y - y_0 = k(x - x_0)$ | $(x_0, y_0)$——直线上已知点<br>$k$——斜率 | 倾斜角为 $90°$ 的直线不能用此式 |
| 两点式 | $\dfrac{y - y_1}{y_2 - y_1} = \dfrac{x - x_1}{x_2 - x_1}$ | $(x_1, y_1)$,$(x_2, y_2)$ 是直线上两个已知点 | 与两坐标轴平行的直线不能用此式 |
| 截距式 | $\dfrac{x}{a} + \dfrac{y}{b} = 1$ | $a$——直线的横截距<br>$b$——直线的纵截距 | 过原点 $(0, 0)$ 及与两坐标轴平行的直线不能用此式 |
| 一般式 | $Ax + By + C = 0$<br>($A$,$B$ 不全为零) | | $A$,$B$ 不能同时为零 |

注意:① 其中点斜式最重要,斜截式、两点式、截距式都可以看成是点斜式的特殊情况.

② 由使用条件可知,设斜率 $k$ 要注意不要遗漏垂直于 $x$ 轴的直线(即直线 $x = a$).

③ 由使用条件可知,设截距式要注意不要遗漏过原点的直线(即直线 $y = kx$).

### 2. 两直线的位置关系判定方法

| 两直线的位置关系 | 用斜截式: $l_1:y=k_1x+b_1$, $l_2:y=k_2x+b_2$, (必须保证斜率存在) | 用一般式: $l_1:A_1x+B_1y+C_1=0$, $l_2:A_2x+B_2y+C_2=0$, |
|---|---|---|
| $l_1$ 与 $l_2$ 相交 | $k_1 \neq k_2$ | $\dfrac{A_1}{A_2} \neq \dfrac{B_1}{B_2}$ |
| $l_1$ 与 $l_2$ 重合 | $k_1=k_2$ 且 $b_1=b_2$ | $\dfrac{A_1}{A_2}=\dfrac{B_1}{B_2}=\dfrac{C_1}{C_2}$ |
| $l_1$ 与 $l_2$ 平行 | $k_1=k_2$ 且 $b_1 \neq b_2$ | $\dfrac{A_1}{A_2}=\dfrac{B_1}{B_2} \neq \dfrac{C_1}{C_2}$ |
| $l_1$ 与 $l_2$ 垂直 | $k_1 \cdot k_2=-1$ | $A_1A_2+B_1B_2=0$ |

注意: ① $l_1$ 与 $l_2$ 垂直 $\Leftrightarrow A_1A_2+B_1B_2=0$, 而 $k_1 \cdot k_2=-1$ 只是其充分非必要条件.
② 用一般式, 若 $x$, $y$ 的系数含有字母参数, 要分等于零和不等于零两种情况讨论.

## 12.1.3　圆

### 1. 圆方程的几种形式

当圆心为 $(0,0)$, 半径为 $r$ 时, 圆的标准方程为: $x^2+y^2=r^2$.

当圆心为 $C(a,b)$, 半径为 $r$ 时, 圆的标准方程为: $(x-a)^2+(y-b)^2=r^2$.

圆的一般方程为: $x^2+y^2+Dx+Ey+F=0$ $(D^2+E^2-4F>0)$.

一般方程化成标准方程常用配方法:

$$\left(x+\frac{D}{2}\right)^2+\left(y+\frac{E}{2}\right)^2=\frac{D^2+E^2-4F}{4} \ (D^2+E^2-4F>0),$$

由其可得圆心 $C\left(-\dfrac{D}{2},-\dfrac{E}{2}\right)$, 半径 $r=\dfrac{\sqrt{D^2+E^2-4F}}{2}$.

### 2. 直线与圆的位置关系

直线与圆的位置关系有三种: 相离、相切、相交. 判定方法有两种:

(1) 几何法. 直线 $l:Ax+By+C=0$, 圆 $(x-a)^2+(y-b)^2=r^2$,

圆心 $(a,b)$ 到直线 $l$ 的距离为 $d$, 则 $\begin{cases} d>r \Leftrightarrow \text{相离}, \\ d=r \Leftrightarrow \text{相切}, \\ d<r \Leftrightarrow \text{相交}. \end{cases}$

(2) 代数法. 直线 $l:Ax+By+C=0$, 圆: $x^2+y^2+Dx+Ey+F=0$, 联立得方程组

$$\begin{cases} Ax+By+C=0 \\ x^2+y^2+Dx+Ey+F=0 \end{cases} \xrightarrow{\text{消元}} \text{一元二次方程} \xrightarrow[\Delta=b^2-4ac]{\text{判别式}} \begin{cases} \Delta>0 \Leftrightarrow \text{相交}, \\ \Delta=0 \Leftrightarrow \text{相切}, \\ \Delta<0 \Leftrightarrow \text{相离}. \end{cases}$$

显然, 几何方法比代数方法更加简洁, 计算量更小.

### 3. 两个圆的位置关系

圆 $C_1:(x-a_1)^2+(y-b_1)^2=r_1^2$ 的圆心为 $C_1(a_1,b_1)$, 半径为 $r_1$.

圆 $C_2:(x-a_2)^2+(y-b_2)^2=r_2^2$ 的圆心为 $C_2(a_2,b_2)$, 半径为 $r_2$, 两圆的圆心距 $d$

$= |C_1C_2|.$

| 两圆的位置关系 | 几何判定 | 公共内切线条数 | 公共外切线条数 |
|---|---|---|---|
| 外离 | $d > r_1 + r_2$ | 2 | 2 |
| 外切 | $d = r_1 + r_2$ | 1 | 2 |
| 相交 | $|r_1 - r_2| < d < r_1 + r_2$ | 0 | 2 |
| 内切 | $d = |r_1 - r_2|$ | 0 | 1 |
| 内含 | $0 \leqslant d < |r_2 - r_1|$ | 0 | 0 |

**4. 圆的切线方程**

(1) 求过圆上的一点 $(x_0, y_0)$ 的切线方程：先求切点与圆心连线的斜率 $k$，则由垂直关系，切线斜率为 $-\dfrac{1}{k}$，由点斜式方程可求得切线方程.

(2) 求过圆外一点 $(x_0, y_0)$ 的切线方程：

① (几何方法) 设切线方程为 $y - y_0 = k(x - x_0)$，即 $kx - y - kx_0 + y_0 = 0$，然后由圆心到直线的距离等于半径，可求得 $k$，切线方程即可求出.

② (代数方法) 设切线方程为 $y - y_0 = k(x - x_0)$，即 $y = kx - kx_0 + y_0$，代入圆方程得一个关于 $x$ 的一元二次方程，由 $\Delta = 0$，求得 $k$，切线方程即可求出.

注：① 过圆外一点作圆的切线，有且只有两条. 若求出的 $k$ 只有一个解，则另外一条一定是垂直于 $x$ 轴的直线.

② 过圆 $x^2 + y^2 = r^2$ 上一点 $P(x_0, y_0)$ 的切线方程为 $xx_0 + yy_0 = r^2$.

# 12.2   知识点分类精讲

**【知识点 12.1】**   坐标轴与点

解题注意：区分距离、截距、投影等概念.

例 12.1   点 $P(-1, -\sqrt{5})$ 到 $x$ 轴的距离与其在 $y$ 轴上的投影之和是(      ).

(A) 1          (B) $\sqrt{5}$          (C) $1 + \sqrt{5}$          (D) 0          (E) 3

**解**   点 $P(-1, -\sqrt{5})$ 到 $x$ 轴距离为 $\sqrt{5}$，在 $y$ 轴上的投影(实质为 $y$ 轴坐标)为 $-\sqrt{5}$，选 (D).

〖评注〗   任意一点 $(a, b)$ 到 $x$ 轴的距离为 $|b|$，到 $y$ 轴的距离为 $|a|$；在 $x, y$ 轴上的投影分别为 $a, b$.

**【知识点 12.2】**   两点间的距离公式

例 12.2   正三角形 $ABC$ 的两个顶点为 $A(2, 0)$，$B(5, 3\sqrt{3})$，则另一个顶点 $C$ 的坐标

是(　　).

(A) $(8, 0)$　　　　　(B) $(-8, 0)$　　　　　(C) $(1, -3\sqrt{3})$

(D) $(8, 0)$或$(-1, 3\sqrt{3})$　　　　(E) $(-1, 3\sqrt{3})$

**解**　设 $C$ 的坐标为$(a, b)$,则由 $|AB| = |AC| = |BC|$ 得

$$
\begin{cases}
|AB| = \sqrt{(5-2)^2 + (3\sqrt{3}-0)^2} = \sqrt{9+27} = \sqrt{36} = 6, \\
|AC| = \sqrt{(2-a)^2 + b^2} = 6, \\
|BC| = \sqrt{(5-a)^2 + (b-3\sqrt{3})^2} = 6,
\end{cases}
$$

整理得 $b = 0$ 或 $b = 3\sqrt{3}$,$a = 8$ 或 $a = -1$,即顶点 $C$ 的坐标为$(8, 0)$ 或$(-1, 3\sqrt{3})$. 所以选(D).

〖评注〗　该题从正面解上述方程计算量比较大,可以用选项代入排除法,从几何角度应该有两个点,所以不用计算直接可以选(D).

【知识点 12.3】　线段的定比分点(中点)

解题技巧:定比分点(中点)、起点、终点知二,求另一个.

例 12.3　已知有两点 $P_1(3, -2)$,$P_2(-9, 4)$,线段 $P_1P_2$ 与 $x$ 轴的交点 $P$ 分有向线段 $\overrightarrow{P_1P_2}$ 所成比为 $\lambda$,则有(　　).

(A) $\lambda = 2$, $P(1, 0)$　　　(B) $\lambda = -2$, $P(-1, 0)$　　　(C) $\lambda = -\dfrac{1}{2}$, $P(1, 0)$

(D) $\lambda = \dfrac{1}{2}$, $P(-1, 0)$　　　(E) 以上结论均不正确

**解**　设 $P(x, 0)$,则有 $0 = \dfrac{-2+4\lambda}{1+\lambda}$,得 $\lambda = \dfrac{1}{2}$,$x = \dfrac{3 + \dfrac{1}{2} \times (-9)}{1 + \dfrac{1}{2}} = -1$,选(D).

〖评注〗　先由起点、分点、终点的纵坐标求出 $\lambda$,进一步再得到分点的横坐标.

例 12.4　已知平行四边形 $ABCD$ 的三个顶点 $A(-1, -2)$,$B(3, 4)$,$C(0, 3)$,则顶点 $D$ 的坐标为(　　).

(A) $(4, 3)$　　(B) $(-4, 3)$　　(C) $(-4, -3)$　　(D) $(-4, -4)$　　(E) $(-3, -4)$

**解**　设平行四边形 $ABCD$ 的对角线 $AC$,$BD$ 的交点为 $E(x, y)$,即 $E$ 为 $AC$ 的中点,所以 $x = \dfrac{-1+0}{2} = -\dfrac{1}{2}$,$y = \dfrac{3-2}{2} = \dfrac{1}{2}$,即 $E$ 点的坐标为 $\left(-\dfrac{1}{2}, \dfrac{1}{2}\right)$.

又因为 $E$ 为 $BD$ 的中点,所以 $-\dfrac{1}{2} = \dfrac{3+x_D}{2}$,$\dfrac{1}{2} = \dfrac{4+y_D}{2}$,解得 $x_D = -4$,$y_D = -3$,选(C).

〖评注〗　利用平行四边形性质.

【知识点 12.4】　求斜率、倾斜角

例 12.5　已知两点 $P(a, b+c)$,$Q(b, c+a)$,则直线 $PQ$ 的倾斜角为(　　).

(A) 45°        (B) 90°        (C) 120°        (D) 135°        (E) 60°

**解**    设直线 $PQ$ 的倾斜角为 $\alpha$,因为 $\tan\alpha = \dfrac{a+c-(b+c)}{b-a} = \dfrac{a-b}{b-a} = -1$,

且 $\alpha \in [0°, 180°)$,所以 $\alpha = 135°$,应选(D).

**例 12.6**    已知 $x - 2y + 4 = 0 \ (-2 \leqslant x \leqslant 2)$,则 $\left|\dfrac{y+2}{x+1}\right|$ 的最小值为(    ).

(A) 3        (B) $\dfrac{5}{3}$        (C) $-3$        (D) 2        (E) $-\dfrac{5}{3}$

**解**    如图 12.1 所示,$x - 2y + 4 = 0 \ (-2 \leqslant x \leqslant 2)$ 表示的是以 $B(-2, 1)$,$C(2, 3)$ 为端点的线段.

$\left|\dfrac{y+2}{x+1}\right| = \left|\dfrac{y-(-2)}{x-(-1)}\right|$ 可以看成线段 $BC$ 上的一点 $F(x, y)$ 与 $A(-1, -2)$ 的连线斜率的绝对值.

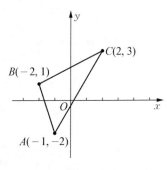

图 12.1

$k_{AB} = \dfrac{1-(-2)}{-2-(-1)} = -3$,$k_{AC} = \dfrac{3-(-2)}{2-(-1)} = \dfrac{5}{3}$,所以 $k_{AF} \geqslant \dfrac{5}{3}$ 或 $k_{AF} \leqslant -3$,从而 $|k_{AF}|$ 的最小值是 $\dfrac{5}{3}$,即 $\left|\dfrac{y+2}{x+1}\right|$ 的最小值是 $\dfrac{5}{3}$,选(B).

〖评注〗    形如 $\dfrac{y-b}{x-a}$ 的最值问题,都可以考虑动点 $(x, y)$ 与定点 $(a, b)$ 连线斜率的最值问题.此题还要注意斜率的单调性.

**例 12.7**    3 个点 $A(1, -1)$,$B(3, 3)$,$C(4, 5)$ 的位置关系为(    ).
(A) 组成三角形 $ABC$
(B) 点 $B$ 是线段 $AC$ 的中点
(C) 3 个点共线,但点 $B$ 不是线段 $AC$ 的中点
(D) 点 $B$ 在 $AC$ 的延长线上
(E) 以上答案均不正确

**解法 1**    若 $B$ 为 $AC$ 的定比分点,则由三点横坐标得定比 $\lambda_1 = \dfrac{1-3}{3-4} = 2$,由三点纵坐标得定比 $\lambda_1 = \dfrac{-1-3}{3-5} = 2$,因为 $\lambda_1 = \lambda_2 \neq 1$,所以 $A$,$B$,$C$ 三点共线,但点 $B$ 不是线段 $AC$ 的中点,故应选(C).

**解法 2**    因为 $|AB| = \sqrt{(3-1)^2 + (3+1)^2} = 2\sqrt{5}$,$|BC| = \sqrt{(4-3)^2 + (5-3)^2} = \sqrt{5}$,$|AC| = \sqrt{(4-1)^2 + (5+1)^2} = 3\sqrt{5}$,所以 $|AC| = |AB| + |BC|$,但 $|AB| \neq \dfrac{1}{2}|AC|$,故 $A$,$B$,$C$ 三点共线,但点 $B$ 不是线段 $AC$ 的中点.

**解法 3**    因为 $k_{AB} = \dfrac{3-(-1)}{3-1} = 2$,$k_{BC} = \dfrac{5-3}{4-3} = 2$,所以 $k_{AB} = k_{BC}$,又因为直线 $AB$ 和直线 $BC$ 都过同一个 $B$,所以 $A$,$B$,$C$ 三点共线,再由 $\dfrac{1+4}{2} = \dfrac{5}{2} \neq 3$,所以点 $B$ 不是线段 $AC$ 的中点.

〖评注〗    三点共线验证方法:(1)斜率相等;(2)$|AC| = |AB| + |BC|$;(3)定比分点.

**【知识点 12.5】**　点到直线的距离公式(两平行线之间的距离公式)

**例 12.8**　$a \leqslant 5$ 成立.

(1) 点 $A(a, 6)$ 到直线 $3x - 4y = 2$ 的距离大于 4

(2) 两平行直线 $l_1 : x - y - a = 0$, $l_2 : x - y - 3 = 0$ 之间的距离小于 $\sqrt{2}$

**解**　将条件(1)中的方程化为 $3x - 4y - 2 = 0$, 可得 $\dfrac{|3a - 4 \times 6 - 2|}{\sqrt{3^2 + (-4)^2}} = \dfrac{|3a - 26|}{5} > 4$,

所以 $3a - 26 < -20$ 或 $3a - 26 > 20$, 解得 $a < 2$ 或 $a > \dfrac{46}{3}$, 故条件(1)不充分.

由条件(2), 在直线 $l_2 : x - y - 3 = 0$ 上任意取一点 $(3, 0)$, 到 $l_1$ 的距离 $\dfrac{|3 - a|}{\sqrt{2}} < \sqrt{2}$,

所以 $-2 < a - 3 < 2$, 即 $1 < a < 5$, 故条件(2)充分.

故此题应选(B).

〖评注〗　两平行线之间的距离可以转化为任意直线上一点到另一平行线的距离.

**【知识点 12.6】**　求直线方程

解题注意: 待定斜率容易遗漏 $x = a$; 待定截距容易遗漏 $y = kx$.

解题技巧: 注意平面几何与解析几何的综合应用.

**例 12.9**　若直线 $l : (a + 1)x + y + 2 - a = 0$ 不经过第二象限, 则实数 $a$ 的取值范围为(　　).

(A) $a < 2$ 　　　　(B) $a \leqslant 2$ 　　　　(C) $a < -1$

(D) $a \leqslant -1$ 　　　　(E) 以上都不正确

**解**　将直线 $l$ 方程化为 $y = -(a + 1)x + a - 2$, 因为不经过第二象限,

所以 $\begin{cases} -(a + 1) > 0 \\ a - 2 \leqslant 0 \end{cases}$ 或 $\begin{cases} -(a + 1) = 0 \\ a - 2 \leqslant 0 \end{cases}$, 即 $a \leqslant -1$. 选(D).

〖评注〗　注意不要遗漏后面一种情况.

**例 12.10**　过点 $A(-1, 2)$, 且在两个坐标轴上的截距相等的直线方程为(　　).

(A) $x - y + 3 = 0$ 　　(B) $x + y - 1 = 0$ 　　(C) $x - y + 3 = 0$ 或 $y = -2x$

(D) $x + y - 1 = 0$ 或 $y = -2x$ 　　(E) $x - y + 1 = 0$ 或 $y = 2x$

**解**　有以下两种情况:

① 直线在两个坐标轴上的截距均为 0, 即直线过原点, 设此直线方程为 $y = kx$, 将 $A(-1, 2)$ 的坐标代入所设方程, 得 $2 = -k$, $k = -2$, 所以所求方程为 $y = -2x$.

② 直线在两个坐标轴上的截距均为 $a(a$ 不为 $0)$, 设此直线方程为 $\dfrac{x}{a} + \dfrac{y}{a} = 1$.

将 $A(-1, 2)$ 的坐标代入所设方程, 得 $\dfrac{-1}{a} + \dfrac{2}{a} = 1$, $a = 1$, 所以方程为 $x + y - 1 = 0$, 应选(D).

〖评注〗　截距相等要注意有两种情况, 容易遗漏过原点的直线.

**例 12.11**　直线过点 $(1, 2)$ 且到 $(2, 0)$ 的距离为 1, 则此直线方程为(　　).

(A) $3x + 4y + 11 = 0$ 　　　(B) $3x + 4y - 11 = 0$

(C) $3x + 4y - 11 = 0$ 或 $x = 1$ 　　(D) $3x + 4y - 10 = 0$ 或 $x = 1$

(E) 以上都不正确

**解**　设直线为 $y - 2 = k(x - 1)$,即 $kx - y + 2 - k = 0$. 由直线到 $(2, 0)$ 的距离为 $1$,可得 $\dfrac{|2k + 2 - k|}{\sqrt{k^2 + 1}} = 1$,解出 $k = -\dfrac{3}{4}$. 所以直线为 $3x + 4y - 11 = 0$.除此以外,显然 $x = 1$ 也满足,所以选(C).

〖评注〗　求直线方程,设斜率容易漏解 $x = a$.

**例 12.12**　(1999)在直角坐标系中,$O$ 为坐标原点,点 $A$, $B$ 的坐标分别为 $(-2, 0)$,$(2, -2)$,以 $OA$ 为一边,以 $OB$ 为另一边作平行四边形 $OACB$,则平行四边形的边 $AC$ 的方程是(　　).

(A) $y = -2x - 1$ 　　(B) $y = -2x - 2$ 　　(C) $y = -x - 2$

(D) $y = \dfrac{1}{2}x - \dfrac{3}{2}$ 　　(E) $y = -\dfrac{1}{2}x - \dfrac{3}{2}$

**解**　显然 $C$ 在 $y$ 轴上,且坐标为 $(0, -2)$,故 $AC$ 的方程为 $\dfrac{x}{-2} + \dfrac{y}{-2} = 1$,即 $y = -x - 2$.选(C).

〖评注〗　结合平面几何性质利用截距式求解直线.

**例 12.13**　(200901)设直线 $nx + (n+1)y = 1$($n$ 为正整数)与两坐标轴围成的三角形面积为 $S_n$($n = 1, 2, \cdots, 2\,009$),则 $S_1 + S_2 + \cdots + S_{2\,009} = (\quad)$.

(A) $\dfrac{1}{2} \cdot \dfrac{2\,009}{2\,008}$ 　　(B) $\dfrac{1}{2} \cdot \dfrac{2\,008}{2\,009}$ 　　(C) $\dfrac{1}{2} \cdot \dfrac{2\,009}{2\,010}$

(D) $\dfrac{1}{2} \cdot \dfrac{2\,010}{2\,009}$ 　　(E) 以上结论都不正确

**解**　直线 $\dfrac{x}{\frac{1}{n}} + \dfrac{y}{\frac{1}{n+1}} = 1$ 的横轴截距为 $\dfrac{1}{n}$,纵轴截距为 $\dfrac{1}{n+1}$,

所以直线与两坐标轴围成的三角形面积 $S_n = \dfrac{1}{2} \cdot \dfrac{1}{n} \cdot \dfrac{1}{n+1} = \dfrac{1}{2}\left(\dfrac{1}{n} - \dfrac{1}{n+1}\right)$,因此

$$S_1 + S_2 + \cdots + S_{2\,009} = \dfrac{1}{2}\left(\dfrac{1}{1} \times \dfrac{1}{2} + \dfrac{1}{2} \times \dfrac{1}{3} + \cdots + \dfrac{1}{2\,009} \times \dfrac{1}{2\,010}\right)$$

$$= \dfrac{1}{2}\left(\dfrac{1}{1} - \dfrac{1}{2} + \dfrac{1}{2} - \dfrac{1}{3} + \cdots + \dfrac{1}{2\,009} - \dfrac{1}{2\,010}\right)$$

$$= \dfrac{1}{2}\left(\dfrac{1}{1} - \dfrac{1}{2\,010}\right) = \dfrac{1}{2} \cdot \dfrac{2\,009}{2\,010}.$$

所以选(C).

〖评注〗　解析几何直线、三角形面积、裂项求和综合题,转化为截距式计算直线与坐标轴所围的面积比较方便.

**例 12.14**　(200710)如图 12.2 所示,正方形 $ABCD$ 的面积为 1.

(1) $AB$ 所在的直线方程为 $y = x - \dfrac{1}{\sqrt{2}}$ 　　(2) $AD$ 所在的直线方程为 $y = 1 - x$

**解** 条件(1)直线倾斜角为 $45°$，$A\left(\dfrac{1}{\sqrt{2}},0\right)$，$AD^2 = AB^2 = 2(OA)^2 = 2\left(\dfrac{1}{\sqrt{2}}\right)^2 = 1$.

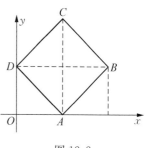

图 12.2

所以正方形 $ABCD$ 的边长为 1，故面积为 1，条件(1)充分.

条件(2)直线倾斜角为 $135°$，$A(1,0)$，$AD^2 = AB^2 = 2(OA)^2 = 2 \times 1^2 = 2 \Rightarrow AD = AB = \sqrt{2}$.

正方形 $ABCD$ 的边长为 $\sqrt{2}$，故面积为 2，条件(2)不充分.

故选(A).

〔评注〕 解析几何与平面几何综合题，面积问题最重要的是找截距.

**例 12.15** 如图 12.3 所示，四边形 $OABC$ 为正方形，$OA = 1$，$\angle AOx = 30°$，那么 $OB$ 所在的直线方程是(　　).

(A) $x - y = 0$　　　　　　(B) $y = (2 + \sqrt{3})x$

(C) $y = \sqrt{3}x$　　　　　　(D) $y = \sqrt{3}x + 2\sqrt{2}$

(E) 以上均不正确

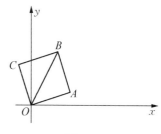

图 12.3

**解法 1** 设 $A$ 点坐标为 $(a,b)$，则 $a = \dfrac{\sqrt{3}}{2}$，$b = \dfrac{1}{2}$.

又设 $B$ 的坐标为 $(c,d)$，又 $AB = 1$，$OB = \sqrt{2}$.

由于 $OABC$ 为正方形，

由 $\begin{cases} AB^2 = \left(c - \dfrac{\sqrt{3}}{2}\right)^2 + \left(d - \dfrac{1}{2}\right)^2 = 1 \\ OB^2 = c^2 + d^2 = 2 \end{cases}$，解得 $\begin{cases} c = \dfrac{\sqrt{3} - 1}{2} \\ d = \dfrac{\sqrt{3} + 1}{2} \end{cases}$.

$OB$ 所在的直线方程为 $y = (2 + \sqrt{3})x$. 所以选(B).

**解法 2** 因为 $\angle AOx = 30°$，$k_{OA} = \dfrac{\sqrt{3}}{3}$. 又 $OA$ 与 $OB$ 的夹角为 $45°$，由两条直线的夹角公式

可得 $\tan 45° = \left| \dfrac{k_{OB} - k_{OA}}{1 + k_{OA}k_{OB}} \right| = \left| \dfrac{k_{OB} - \dfrac{\sqrt{3}}{3}}{1 + \dfrac{\sqrt{3}}{3}k_{OB}} \right| = 1$，所以 $k_{OB} = 2 \pm \sqrt{3}$（由图可知负的舍去）.

〔评注〕 此题从斜率角度很容易排除(A)，(C)选项，又因为过原点，排除(D).

**例 12.16** (200810) 直线 $y = x$，$y = ax + b$ 与 $x = 0$ 所围成的三角形的面积等于 1.

(1) $a = -1$，$b = 2$　　　(2) $a = -1$，$b = -2$

**解** 由条件(1)，$y = x$，$y = -x + 2$ 与 $x = 0$ 所围成三角形的面积〔见图 12.4(a)〕

$S_1 = \dfrac{1}{2} \times 2 \times 1 = 1$，因此条件(1)是充分的.

由条件(2)，$y = x$，$y = -x - 2$ 与 $x = 0$ 所围成三角形的面积〔见图 12.4(b)〕

$S_2 = \dfrac{1}{2} \times 2 \times 1 = 1$，因此条件(2)也是充分的.

所以选(D).

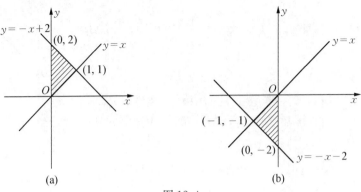

图 12.4

〖评注〗 解析几何直线问题、平面几何三角形面积计算. 从图像上看出条件(1)与条件(2)阴影部分对称,所以只要算一个即可.

**例 12.17** 已知定点 $P(6,4)$ 与定直线 $l_1: y=4x$, 过 $P$ 点的直线 $l$ 与 $l_1$ 交于第一象限 $Q$ 点,与 $x$ 轴正半轴交于点 $M$, 则使 $\triangle OQM$ 面积最小的直线 $l$ 的方程为(    ).

(A) $2x+y-16=0$      (B) $x+y-8=0$      (C) $x+y-10=0$

(D) $x+2y-14=0$      (E) 以上都不正确

**解** 问题如图 12.5 所示,设 $Q(x_0, 4x_0)$, $M(m, 0)$,

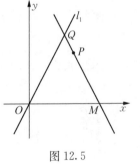

因为 $Q$, $P$, $M$ 共线,所以 $k_{PQ}=k_{PM}$, 所以 $\dfrac{4-4x_0}{6-x_0}=\dfrac{4}{6-m}$. 解之得 $m=\dfrac{5x_0}{x_0-1}$.

因为 $x_0>0$, $m>0$, 所以 $x_0-1>0$. 所以 $S_{\triangle OMQ}=\dfrac{1}{2}|OM|\times 4x_0=2mx_0=\dfrac{10x_0^2}{x_0-1}$.

图 12.5

令 $x_0-1=t$, 则 $t>0$, $S_{\triangle OMQ}=\dfrac{10(t+1)^2}{t}=10(t+\dfrac{1}{t}+2)\geqslant 40$.

当且仅当 $t=1$, 即 $x_0=2$ 时,等号成立,此时 $Q(2,8)$, 直线 $l: x+y-10=0$. 选(C).

〖评注〗 本题通过引入参数,建立了关于目标函数 $S_{\triangle OQM}$ 的函数关系式,再由基本不等式求此目标函数的最值. 要学会选择适当参数,在解析几何中,斜率 $k$, 截距 $b$, 点的坐标都是常用参数. 此题直线 $l$ 是过点 $P$ 的旋转直线,因此是选其斜率 $k$ 作为参数,还是选择点 $Q$(还是 $M$)作为参数是本题关键. 通过比较可以发现,选 $k$ 作为参数,运算量稍大,因此选用点作为参数.

**【知识点 12.7】** 两直线位置关系

(1) 相交;(2) 平行;(3) 垂直;(4) 夹角、倾斜角.

注意:直线垂直与平行的充要条件(注意直线存在、斜率不存在的情况).

**例 12.18** (1998)设正方形 $ABCD$ 如图 12.6 所示,其中 $A(2,1)$, $B(3,2)$, 则边 $CD$ 所在的直线方程是(    ).

(A) $y=-x+1$      (B) $y=x+1$      (C) $y=x+2$

(D) $y=2x+2$      (E) $y=-x+2$

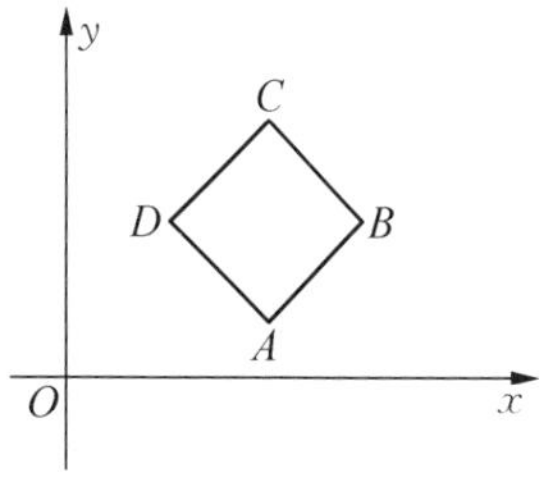

**解** 由题知 $CD /\!/ AB$，$AB$ 所在直线的斜率为 $\dfrac{2-1}{3-2}=1$. 所以 $CD$ 所在直线的斜率也为 1.

由正方形的性质得 $CA \perp BD$，$CA /\!/ y$ 轴，$BD /\!/ x$ 轴. 从而 $D$ 点的坐标为 $(1, 2)$.

由点斜式，$CD$ 所在的直线方程为 $y-2=(x-1)$，即 $y=x+1$. 所以选（B）.

图 12.6

〖评注〗 结合平面几何性质利用点斜式求解直线.

**例 12.19** （200801）$a=-4$.

(1) 点 $A(1, 0)$ 关于直线 $x-y+1=0$ 的对称点是 $A'\left(\dfrac{a}{4}, -\dfrac{a}{2}\right)$

(2) 直线 $l_1:(2+a)x+5y=1$ 与直线 $l_2:ax+(2+a)y=2$ 垂直

**解** 由条件(1)，$AA'$ 所在直线的斜率 $k_{AA'}=\dfrac{0+\dfrac{a}{2}}{1-\dfrac{a}{4}}=-1$，解得 $a=-4$，条件(1)是充分的.

由条件(2) 两直线垂直 $\Leftrightarrow (2+a)a+5(2+a)=0 \Leftrightarrow (2+a)(a+5)=0$，所以 $a=-5$ 或 $a=-2$. 条件(2)不充分.

答案是（A）.

〖评注〗 由条件(2)两直线垂直，得到 $-\dfrac{2+a}{5}\cdot\dfrac{-a}{2+a}=-1$，解得 $a=-5$，漏解！

**例 12.20** 三条直线 $l_1:x-y=0$，$l_2:x+y-2=0$，$l_3:5x-ky-15=0$ 构成一个三角形，则 $k$ 的取值范围是（　　）.

(A) $k\in\mathbf{R}$        (B) $k\in\mathbf{R}$ 且 $k\neq\pm1$，$k\neq0$

(C) $k\in\mathbf{R}$ 且 $k\neq\pm5$，$k\neq-10$      (D) $k\in\mathbf{R}$ 且 $k\neq\pm5$，$k\neq1$

(E) 以上结论均不正确

**解** 若三条直线 $l_1:x-y=0$，$l_2:x+y-2=0$，$l_3:5x-ky-15=0$ 构成一个三角形，则 $l_3$ 与 $l_1$，$l_2$ 都不平行，即 $k\neq\pm5$. 同时，三条直线也不能交于一点，而 $l_1:x-y=0$，$l_2:x+y-2=0$ 的交点为 $(1, 1)$，因此直线 $l_3$ 不能过点 $(1, 1)$，即 $k\neq-10$. 应选（C）.

〖评注〗 有两种情况，注意不要漏解.

---

**【知识点 12.8】** 求圆的方程

解题技巧：关键找圆心与半径，半径的确定可能要利用平面几何知识.

**例 12.21** （1998）设 $AB$ 为圆 $C$ 的直径，点 $A$，$B$ 的坐标分别是 $(-3, 5)$，$(5, 1)$，则圆 $C$ 的方程是（　　）.

(A) $(x-2)^2+(y-6)^2=80$      (B) $(x-1)^2+(y-3)^2=20$

(C) $(x-2)^2+(y-4)^2=80$      (D) $(x-2)^2+(y-4)^2=20$

(E) $x^2+y^2=20$

**解** $|AB|=\sqrt{(5+3)^2+(1-5)^2}=\sqrt{80}=2\sqrt{20}$，从而圆的半径 $R=\dfrac{|AB|}{2}=\sqrt{20}$.

又因为 $C$ 为 $AB$ 的中点,$C$ 的坐标为 $\left(\dfrac{-3+5}{2},\dfrac{5+1}{2}\right)=(1,3)$,则圆 $C$ 的方程是 $(x-1)^2+(y-3)^2=20$,选(B).

〚评注〛 利用平面几何性质求圆的方程.

**【知识点 12.9】** 直线与圆的位置关系

解题技巧:一般用几何方法,即考查圆心到直线的距离,与半径比较大小.

**例 12.22** (201001)已知直线 $ax-by+3=0\,(a>0,b>0)$,过圆 $x^2+4x+y^2-2y+1=0$ 的圆心,则 $a\cdot b$ 的最大值为(　　).

(A) $\dfrac{9}{16}$ 　　 (B) $\dfrac{11}{16}$ 　　 (C) $\dfrac{3}{4}$ 　　 (D) $\dfrac{9}{8}$ 　　 (E) $\dfrac{9}{4}$

**解** 所给圆为 $(x+2)^2+(y-1)^2=2^2$,将圆心 $(-2,1)$ 代入直线方程,得到 $2a+b=3$.

**解法 1** (利用二次函数)因此 $a\cdot b=a(3-2a)=-2a^2+3a=-2\left(a-\dfrac{3}{4}\right)^2+\dfrac{9}{8}$,即当 $a=\dfrac{3}{4}$,$b=3-2a=\dfrac{3}{2}$ 时,$a\cdot b=\dfrac{9}{8}$ 为其最大值,选(D).

**解法 2** (利用基本不等式求最值)$3=2a+b\geqslant 2\sqrt{2ab}$,所以 $ab\leqslant\left(\dfrac{3}{2}\right)^2\cdot\dfrac{1}{2}=\dfrac{9}{8}$,当且仅当 $a=\dfrac{3}{4}$,$b=\dfrac{3}{2}$ 时达到最值,选(D).

〚评注〛 知识点:解析几何为背景,利用二次函数或者基本不等式求最值.

**例 12.23** (200901)若圆 $C:(x+1)^2+(y-1)^2=1$ 与 $x$ 轴交于 $A$ 点,与 $y$ 轴交于 $B$ 点.则与此圆相切于劣弧 $\overparen{AB}$ 中点 $M$(注:小于半圆的弧称为劣弧)的切线方程是(　　).

(A) $y=x+2-\sqrt{2}$ 　　 (B) $y=x+1-\dfrac{1}{\sqrt{2}}$ 　　 (C) $y=x-1+\dfrac{1}{\sqrt{2}}$

(D) $y=x-2+\sqrt{2}$ 　　 (E) $y=x+1-\sqrt{2}$

**解** 设所求切线方程为 $y=kx+b$,该切线平行于 $AB$.

则 $k=k_{AB}=\dfrac{1-0}{0-(-1)}=1$,从而所求方程为 $y=x+b$.

由圆心 $(-1,1)$ 到切线的距离等于半径,得到 $\dfrac{|b-2|}{\sqrt{2}}=$

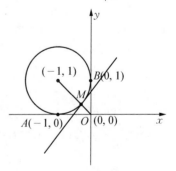

图 12.7

$1\Rightarrow b=2\pm\sqrt{2}(+\text{舍去})$.

因此所求直线方程为 $y=x+2-\sqrt{2}$,所以选(A).

〚评注〛 直线与圆相切问题.

**例 12.24** (200901)圆 $(x-1)^2+(y-2)^2=4$ 和直线 $(1+2\lambda)x+(1-\lambda)y-3-3\lambda=0$ 相交于两点.

(1) $\lambda=\dfrac{2\sqrt{3}}{5}$ 　　 (2) $\lambda=\dfrac{5\sqrt{3}}{2}$

**解**　题干要求圆心 $(1,2)$ 到直线的距离 $d=\dfrac{|1+2\lambda+2-2\lambda-3-3\lambda|}{\sqrt{(1+2\lambda)^2+(1-\lambda)^2}}<2$，

整理得 $|-3\lambda|<2\sqrt{5\lambda^2+2\lambda+2}$，$9\lambda^2<4(5\lambda^2+2\lambda+2)$，

因此 $11\lambda^2+8\lambda+8>0$，因为 $\Delta=8^2-4\times8\times11<0$，

从而对任意 $\lambda$，不等式 $11\lambda^2+8\lambda+8>0$ 都成立，所以选 (D)．

〖评注〗　直线与圆的相交问题．本题直接将结论等价化简，若将条件代入，计算量比较大．

---

**【知识点 12.10】　直线所截圆的弦长**
解题技巧：利用平面几何勾股定理．

---

　例 12.25　(201101) 直线 $ax+by+3=0$ 被圆 $(x-2)^2+(y-1)^2=4$ 截得的线段长为 $2\sqrt{3}$．

(1) $a=0$，$b=-1$　　　(2) $a=-1$，$b=0$

**解**　条件 (1) 直线 $y=3$，圆心到直线的距离为 $d=2$，等于圆的半径 2，直线与圆相切．所以条件 (1) 不充分．

条件 (2) 直线 $x=3$，圆心到直线的距离为 $d=1$，所截的线段长为 $2\sqrt{2^2-1^2}=2\sqrt{3}$，所以条件 (2) 充分．

选 (B)．

〖评注〗　解题技巧：条件 (1)，(2) 所表示的直线都很简单，可以直接画个草图即可得到．

---

**【知识点 12.11】　两圆的位置关系**
解题技巧：比较圆心距与两圆半径，特别注意两圆相交的条件．

---

　例 12.26　(200801) 圆 $c_1:\left(x-\dfrac{3}{2}\right)^2+(y-2)^2=r^2$ 与圆 $c_2:x^2-6x+y^2-8y=0$ 有交点．

(1) $0<r<\dfrac{5}{2}$　　　(2) $r>\dfrac{15}{2}$

**解**　圆 $c_1:\left(x-\dfrac{3}{2}\right)^2+(y-2)^2=r^2$，其圆心为 $O_1\left(\dfrac{3}{2},2\right)$，半径为 $r$．

圆 $c_2:x^2-6x+y^2-8y=0\Rightarrow(x-3)^2+(y-4)^2=5^2$，圆心为 $O_2(3,4)$，半径为 5．

两圆的圆心距 $d=\sqrt{\left(3-\dfrac{3}{2}\right)^2+(4-2)^2}=\dfrac{5}{2}$，则两圆有交点，即 $|r-5|\leqslant\dfrac{5}{2}\leqslant r+5$，

解得 $\dfrac{5}{2}\leqslant r\leqslant\dfrac{15}{2}$，所以条件 (1) 与条件 (2) 都不充分且不能联合，故选 (E)．

〖评注〗　两圆有交点可以是内切、相交、外切三种情况．

---

**【专题 12.1】　对称问题——都可以转化为点关于直线对称**
类型：(1) 点关于直线对称；(2) 直线关于直线对称；(3) 直线关于点对称．

常用结论:

(1) 点 $P(a, b)$ 关于 $x$ 轴对称的点为 $(a, -b)$,关于 $y$ 轴对称的点为 $(-a, b)$,

关于原点的对称点为 $(-a, -b)$,关于直线 $y=x$ 的对称点为 $(b, a)$,

关于直线 $y=-x$ 的对称点为 $(-b, -a)$.

(2) 曲线 $F(x, y)=0$ 关于 $x$ 轴对称的曲线为 $F(x, -y)=0$,关于 $y$ 轴对称的曲线为

$F(-x, y)=0$,关于原点对称的曲线为 $F(-x, -y)=0$,关于直线 $y=x$ 对称的曲

线为 $F(y, x)=0$,关于直线 $y=-x$ 对称的曲线为 $F(-y, -x)=0$.

**例 12.27** (200710)点 $P_0(2, 3)$ 关于直线 $x+y=0$ 的对称点是(　　).

(A) $(4, 3)$　　(B) $(-2, -3)$　　(C) $(-3, -2)$　　(D) $(-2, 3)$　　(E) $(-4, -3)$

**解** 设 $P_0(2, 3)$ 关于直线 $x+y=0$ 的对称点是 $P_1(x_1, y_1)$,应该满足两个条件:

(1) $P_0$,$P_1$ 所连的直线与对称轴垂直;(2) $P_0$,$P_1$ 的中点在对称轴上,所以

$$\begin{cases} \dfrac{y_1-3}{x_1-2}=1, \\ \dfrac{x_1+2}{2}+\dfrac{y_1+3}{2}=0, \end{cases}$$

解得 $x_1=-3$,$y_1=-2$. 选(C).

〔评注〕 点关于直线对称,解题要点:两点连线垂直平分对称轴. 上述解法是通法,此题对称直线比较特殊,所以可以直接得到答案.

**例 12.28** (200801)以直线 $y+x=0$ 为对称轴且与直线 $y-3x=2$ 对称的直线方程为(　　).

(A) $y=\dfrac{x}{3}+\dfrac{2}{3}$　　　　(B) $y=-\dfrac{x}{3}+\dfrac{2}{3}$　　　　(C) $y=-3x-2$

(D) $y=-3x+2$　　　　(E) 以上都不是

**解法 1** 直线 $l$ 为 $y-3x=2$,$l$ 与 $x$ 轴的交点为 $A\left(-\dfrac{2}{3}, 0\right)$,$l$ 与 $y$ 轴的交点为 $B(0, 2)$,

点 $A\left(-\dfrac{2}{3}, 0\right)$ 以直线 $y+x=0$ 为对称轴的对称点为 $A'\left(0, \dfrac{2}{3}\right)$,

点 $B(0, 2)$ 以直线 $y+x=0$ 为对称轴的对称点为 $B'(-2, 0)$.

则所求直线 $l'$ 必过 $A'$,$B'$ 两点,其方程为 $y-0=\dfrac{0-\dfrac{2}{3}}{-2-0}(x+2)$,即 $y=\dfrac{x}{3}+\dfrac{2}{3}$,故选(A).

**解法 2** 直线 $y+x=0$ 为对称轴且与直线 $y-3x=2$ 的交点为 $\left(-\dfrac{1}{2}, \dfrac{1}{2}\right)$. 设对称直线的斜率为 $k$,则有 $\left|\dfrac{k-(-1)}{1+(-1)k}\right|=\left|\dfrac{3-(-1)}{1+(-1)\times 3}\right|$,求出 $k=\dfrac{1}{3}$,所以直线方程为 $y-\dfrac{1}{2}=\dfrac{1}{3}\left(x+\dfrac{1}{2}\right)$.

**解法 3** 设对称直线上任意一点 $(x, y)$ 关于直线 $y+x=0$ 的对称点 $(-y, -x)$ 在直线 $y-3x=2$ 上,所以 $(-x)-3(-y)=2$,即 $y=\dfrac{x}{3}+\dfrac{2}{3}$.

〖评注〗 直线与直线对称问题.解题技巧:解法 1 转化为点关于直线对称问题,解法 2 利用对称直线与对称轴夹角相同,解法 3 利用轨迹传点的思想.解法 1 与解法 2 是基本方法,解法 3 只有对称轴比较特殊的情况下才能使用.

**例 12.29** 已知直线 $l_1 : 2x + 3y - 6 = 0$,关于点 $(1, -1)$ 对称的直线 $l_2$ 的方程为( ).

(A) $2x - 3y - 8 = 0$　　　(B) $2x + 3y - 5 = 0$　　　(C) $2x + 3y + 8 = 0$

(D) $2x + 3y - 8 = 0$　　　(E) 以上结论均不正确

**解法 1** 由平面几何性质知直线 $l_1$ 平行于直线 $l_2$,所以设直线 $l_2$ 的方程为:$2x + 3y + c = 0$.

在已知直线 $l_1 : 2x + 3y - 6 = 0$ 上任意找一点,比如 $(3, 0)$,则其关于点 $(1, -1)$ 的对称点为 $(2 \times 1 - 3, 2 \times (-1) - 0) = (-1, -2)$,应该在直线 $l_2$ 上,所以 $2(-1) + 3(-2) + c = 0 \Rightarrow c = 8$. 选(C).

**解法 2** 由于 $l_1 /\!/ l_2$,故设为 $2x + 3y + k = 0$,又点 $(1, -1)$ 到两直线的距离相等,所以

$$\frac{|2 \times 1 + 3 \times (-1) - 6|}{\sqrt{2^2 + 3^2}} = \frac{|2 \times 1 + 3 \times (-1) + k|}{\sqrt{2^2 + 3^2}},$$

即 $k = -6$(舍去),$k = 8$.

**解法 3** 在 $l_2$ 上任取一点 $P(x, y)$,设它关于点 $(1, -1)$ 对称的点 $P_1(x_1, y_1)$ 在直线 $l_1$ 上.

由中点坐标公式 $\begin{cases} \dfrac{x + x_1}{2} = 1 \\ \dfrac{y + y_1}{2} = -1 \end{cases} \Rightarrow \begin{cases} x_1 = 2 - x \\ y_1 = -2 - y \end{cases},$

把 $x_1 = 2 - x$,$y_1 = -2 - y$ 代入 $2x + 3y - 6 = 0$ 得 $2x + 3y + 8 = 0$,即为直线 $l_2$ 的方程.

〖评注〗 直线关于点对称问题.解题技巧:解法 1 转化为点关于点对称问题,解法 2 利用两直线关于点对称,点到直线的距离相同,解法 3 利用轨迹传点的思想. 解法 1 与解法 3 效率比较高.

---

**[专题 12.2]** 动点问题(最值、轨迹)

解题技巧:利用直线与圆的位置关系求形如 $\dfrac{y - b}{x - a}$,$ax + by$ 的最值问题.

(1) 已知一个圆的方程,求形如 $\dfrac{y - b}{x - a}$ 形式的最大值与最小值.

思路:设 $\dfrac{y - b}{x - a} = k$(可以看成两点连线的斜率),从而 $y - b = k(x - a)$,即表示过点 $(a, b)$,斜率为 $k$ 的直线方程,当直线与圆相切时,$k$ 取得最大值与最小值.

(2) 已知一个圆的方程,求形如 $ax + by$ 形式的最大值与最小值.

思路:设 $ax + by = m$,当直线 $ax + by = m$ 与圆相切时,$m$ 取得最大值与最小值.

---

**例 12.30** 设 $x, y$ 满足方程 $x^2 - 6x + y^2 + 8 = 0$,则 $\dfrac{y}{x - 1}$ 的最大值为 $a$,$x - y$ 的最小值为 $b$,则 $a, b$ 的大小关系为( ).

(A) $a > b$　　　(B) $a \geqslant b$　　　(C) $a < b$　　　(D) $a \leqslant b$　　　(E) 无法比较

**解** $x, y$ 满足方程 $x^2 - 6x + y^2 + 8 = 0$. 即 $x, y$ 是圆 $(x - 3)^2 + y^2 = 1$ 上的点,圆心

为 $(3,0)$,半径 $r=1$.设 $\dfrac{y}{x-1}=k$,则表示圆上的动点与 $(1,0)$ 连线的斜率.当该直线与圆

相切时 $\dfrac{y}{x-1}$ 取得最值.所以 $\dfrac{|2k|}{\sqrt{k^2+1}}=1$,解得 $k=\pm\dfrac{\sqrt{3}}{3}$,所以 $\dfrac{y}{x-1}$ 的最大值 $a=\dfrac{\sqrt{3}}{3}$.

设 $x-y=m$,即 $x-y-m=0$.当此直线与圆相切时 $x-y$ 取得最值.所以 $\dfrac{|3-m|}{\sqrt{2}}=$

$1$,解得 $m=3\pm\sqrt{2}$,所以 $x-y$ 的最小值 $b=3-\sqrt{2}$.显然有 $a<b$,选(C).

〖评注〗 此题结合图像可以快速得解.

**例 12.31** 线段 $AB$ 在坐标轴上活动($A$ 在 $y$ 轴上,$B$ 在 $x$ 轴上),若 $AB$ 的长为 $2a$,则 $AB$ 中点 $P$ 的轨迹方程为(    ).

(A) $x^2+y^2=a^2$      (B) $(x-a)^2+y^2=a^2$      (C) $x^2+(y-a)^2=a^2$

(D) $x+y=a$      (E) 以上都不正确

**解法 1** 设 $P$ 点坐标为 $(x,y)$,$A$,$B$,$O$(坐标原点)构成 $\mathrm{Rt}\triangle AOB$,其中 $OP$ 是斜边 $AB$ 之中线.利用直角三角形斜边上的中线等于斜边的一半,可以得到

$$|OP|=\frac{1}{2}|AB|,\text{即}\sqrt{x^2+y^2}=\frac{1}{2}\cdot 2a=a,\text{所以 }x^2+y^2=a^2,\text{选(A)}.$$

**解法 2** 设 $P$ 点坐标为 $(x,y)$,$P$ 为 $A$,$B$ 之中点,所以 $A$,$B$ 的坐标分别为 $(0,2y)$,$(2x,0)$.又若 $AB$ 的长为 $2a$,所以 $\sqrt{(0-2x)^2+(2y-0)^2}=2a$,所以 $x^2+y^2=a^2$.

所以 $AB$ 的中点 $P$ 的轨迹方程是 $x^2+y^2=a^2$,其轨迹是圆心在原点,半径为 $a$ 的圆.

〖评注〗 解法 1 利用平面几何性质求轨迹方程,解法 2 利用传点法(有中点条件).

**例 12.32** 从圆 $C:x^2+y^2-4x-6y+12=0$ 外一点 $P$ 向圆引切线,切点为 $M$,$O$ 为坐标原点,且有 $|PM|=|PO|$,则使 $|PM|$ 最小的 $P$ 点坐标为(    ).

(A) $\left(\dfrac{2}{13},\dfrac{3}{13}\right)$    (B) $\left(\dfrac{5}{13},\dfrac{7}{13}\right)$    (C) $\left(\dfrac{7}{13},\dfrac{9}{13}\right)$    (D) $\left(\dfrac{12}{13},\dfrac{14}{13}\right)$    (E) $\left(\dfrac{12}{13},\dfrac{18}{13}\right)$

**解** 将方程配方后,得 $(x-2)^2+(y-3)^2=1^2$,即圆心为 $C(2,3)$,半径 $r=1$.

切线 $PM$ 垂直于半径 $CM$,设 $P(x_1,y_1)$,则 $|PM|=\sqrt{|PC|^2-|CM|^2}=$ $\sqrt{(x_1-2)^2+(y_1-3)^2-1}$.

由 $|PM|=|PO|$,得 $\sqrt{x_1^2+y_1^2}=\sqrt{(x_1-2)^2+(y_1-3)^2-1}$,化简整理得 $2x_1+3y_1=6$.

故满足 $|PM|=|PO|$ 的 $P$ 点的轨迹是以方程 $2x+3y=6$ 表示的直线,因此 $|OP|$ 的最小

值为 $O$ 点到此直线的距离,$d=\dfrac{6}{\sqrt{13}}$.解方程组 $\begin{cases} x_1^2+y_1^2=\dfrac{36}{13} \\ 2x_1+3y_1=6 \end{cases}$,得 $x_1=\dfrac{12}{13}$,$y_1=\dfrac{18}{13}$,选(E).

〖评注〗 本题利用轨迹的思想解题,利用几何知识找到动点应该满足的条件.

**【专题 12.3】** 平面几何与解析几何综合问题

**例 12.33** (200810)过点 $A(2,0)$ 向圆 $x^2+y^2=1$ 作两条切线 $AM$ 和 $AN$[见图 12.8(a)],则两切线围成的面积(图中阴影部分)为(    ).

(A) $1-\dfrac{\pi}{3}$　　　(B) $1-\dfrac{\pi}{6}$　　　(C) $\dfrac{\sqrt{3}}{2}-\dfrac{\pi}{6}$　　　(D) $\sqrt{3}-\dfrac{\pi}{6}$　　　(E) $\sqrt{3}-\dfrac{\pi}{3}$

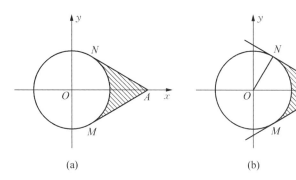

图 12.8

**解**　如图 12.8(b) 所示,连接 $O$,$N$ 两点,则知 $ON=1$,$OA=2$,从而 $AN=\sqrt{3}$,$\angle NOA=60°$,所求阴影部分面积为 $2\left(\dfrac{1}{2}\cdot\sqrt{3}\cdot 1-\dfrac{1}{6}\cdot\pi\cdot 1^2\right)=\sqrt{3}-\dfrac{\pi}{3}$. 所以选 (E).

〖**评注**〗　直线与圆相切. 求平面几何不规则图形的面积,考虑用割补法.

**例 12.34**　(201301) 已知平面区域 $D_1=\{(x,y)\mid x^2+y^2\leqslant 9\}$,$D_2=\{(x,y)\mid(x-x_0)^2+(y-y_0)^2\leqslant 9\}$,则 $D_1$,$D_2$ 覆盖区域的边界长度为 $8\pi$.

(1) $x_0^2+y_0^2=9$

(2) $x_0+y_0=3$

**解**　(1) 由 $x_0^2+y_0^2=9$ 得两圆圆心距为 3,且 $D_2$ 圆心在 $D_1$ 圆周上,由图可得圆心角为 120°,所以弧长为 $2\pi\times 3\times 2-\dfrac{120°}{360°}\times 2\pi\times 3\times 2=8\pi$,充分;

(2) 两圆可以相离,不充分. 所以选 (A).

## 12.3　历年真题分类汇编与典型习题 (含详解)

**1.** 已知三角形 $ABC$ 的三个顶点 $A(-1,-2)$,$B(2,-1)$,$C(-2,1)$,则此三角形为
(　　).

(A) 非等腰直角三角形　　　(B) 等边三角形　　　(C) 等腰三角形

(D) 钝角三角形　　　(E) 以上结论都不正确

**2.** (199701) $ab<0$ 时,直线 $y=ax+b$ 必然(　　).

(A) 经过一、二、四象限　　　(B) 经过一、三、四象限　　　(C) 在 $y$ 轴上的截距为正数

(D) 在 $x$ 轴上的截距为正数　　(E) 在 $x$ 轴上的截距为负数

**3.** 正方形 $ABCD$ 的顶点 $D$ 的坐标为 $(-1,7)$.

(1) 正方形 $ABCD$ 的四个顶点以逆时针顺序排列

(2) 点 $A$,$B$ 的坐标分别是 $(2,3)$ 和 $(6,6)$

**4.** (201010) 直线 $y=ax+b$ 经过第一、二、四象限.

(1) $a<0$　　　(2) $b>0$

**5.** 如果直线 $l$ 沿 $x$ 轴负方向平移 3 个单位,再沿 $y$ 轴正方向平移 1 个单位后,又回到原来的位置,那么直线 $l$ 的斜率是(    ).

(A) $-\dfrac{1}{3}$        (B) $-3$        (C) $\dfrac{1}{3}$        (D) 3        (E) 2

**6.** (200910)曲线 $|xy|+1=|x|+|y|$ 所围成的图形的面积为(    ).

(A) $\dfrac{1}{4}$        (B) $\dfrac{1}{2}$        (C) 1        (D) 2        (E) 4

**7.** 直线 $l_1$ 与 $l_2$ 的夹角的正切值为 3.
(1) 直线 $l_1:x-y=5$, $l_2:x+2y-3=0$
(2) 直线 $l_1:x+y=5$, $l_2:2x-y-6=0$

**8.** 已知两条直线 $l_1:2x-y+a=0$, $l_2:-4x+2y+1=0$,则 $l_1$ 与 $l_2$ 的距离是 $\dfrac{7}{10}\sqrt{5}$.

(1) $a=1$      (2) $a=2$

**9.** 直线 $l$ 过点 $P(1,1)$,与 $M(2,-3)$, $N(-3,-2)$ 所连线段 $MN$ 有交点,则直线 $l$ 的斜率 $k$ 的范围是(    ).

(A) $-4\leqslant k\leqslant\dfrac{3}{4}$        (B) $k\geqslant\dfrac{3}{4}$ 或 $k\leqslant-4$        (C) $-\dfrac{1}{4}\leqslant k\leqslant 4$

(D) $-2\leqslant k\leqslant-\dfrac{1}{4}$        (E) $k\geqslant-\dfrac{1}{4}$ 或 $k\leqslant-2$

**10.** (200801)两直线 $y=x+1$, $y=ax+7$ 与 $x$ 轴所围成的面积是 $\dfrac{27}{4}$.

(1) $a=-3$      (2) $a=-2$

**11.** (200810)方程 $x^2+mxy+6y^2-10y-4=0$ 的图形是两条直线.
(1) $m=7$      (2) $m=-7$

**12.** (200710)如图 12.9 所示,正方形 $ABCD$ 的面积为 1.

(1) $AB$ 所在的直线方程为 $y=x-\dfrac{1}{\sqrt{2}}$

(2) $AD$ 所在的直线方程为 $y=1-x$

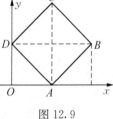

图 12.9

**13.** (201010)直线 $L$ 与圆 $x^2+y^2=4$ 相交于 $A$, $B$ 两点,且 $A$, $B$ 两点中点的坐标为 $(1,1)$,则直线 $L$ 的方程为(    ).
(A) $y-x=1$   (B) $y-x=2$   (C) $y+x=1$   (D) $y+x=2$   (E) $2y-3x=1$

**14.** 已知平行四边形两条邻边所在的直线方程是 $x+y-1=0$, $3x-y+4=0$. 它的对角线的交点是 $M(3,3)$,则这个平行四边形其他两条边所在的直线方程为(    ).
(A) $3x-y+15=0$, $x+y-11=0$
(B) $3x-y-16=0$, $x+y-11=0$
(C) $3x-y+1=0$, $x+y-8=0$
(D) $3x-y-11=0$, $x+y-16=0$
(E) $3x-y+1=0$, $x+y-11=0$

**15.** 直线 $l$ 经过点 $P(2,-5)$,且点 $A(3,-2)$ 和点 $B(-1,6)$ 到 $l$ 的距离的比为 $1:2$,则直线 $l$ 的方程是(    ).
(A) $x+y+3=0$ 或 $17x+y-29=0$

(B) $2x - y - 9 = 0$ 或 $17x + y - 29 = 0$

(C) $x + y + 3 = 0$

(D) $17x + y - 29 = 0$

(E) 以上结论均不正确

16. 已知直线 $l$ 的斜率为 $\dfrac{1}{6}$，且和两坐标轴围成面积为 3 的三角形，则 $l$ 的方程为（ ）.

(A) $x - 5y + 6 = 0$ (B) $x + 5y + 6 = 0$

(C) $x - 5y + 6 = 0$ 或 $x + 5y + 6 = 0$ (D) $x - 6y + 6 = 0$ 或 $x - 6y - 6 = 0$

(E) 以上结论均不正确

17. 与两坐标轴正方向围成三角形面积为 2，且在两坐标轴上的截距差为 3 的直线方程是（ ）.

(A) $x + 2y - 2 = 0$，$2x + y - 2 = 0$

(B) $x + 4y - 4 = 0$，$4x + y - 4 = 0$

(C) $2x + 3y - 2 = 0$，$3x + 2y - 3 = 0$

(D) $x - 2y + 2 = 0$，$2x - y - 2 = 0$

(E) 以上答案均不正确

18. 过点 $(1, 2)$ 且在两坐标轴上的截距的绝对值相等的直线的条数为（ ）.

(A) 0 (B) 1 (C) 2 (D) 3 (E) 4

19. $m = -1$ 或 $m = -8$ 成立.

(1) 直线 $(m+2)x + (1-m)y = 0$ 与 $(m-1)x + (2m+3)y + 2 = 0$ 垂直

(2) 过点 $A(-2, m)$ 和 $B(m, 4)$ 的直线与直线 $2x + y - 1 = 0$ 平行

20. (201110) 如图 12.10 所示，在直角坐标系 $xOy$ 中，矩形 $OABC$ 的顶点 $B$ 的坐标是 $(6, 4)$，则直线 $l$ 将矩形 $OABC$ 分成了面积相等的两部分.

(1) $l{:}x - y - 1 = 0$

(2) $l{:}x - 3y + 3 = 0$

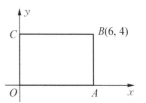

图 12.10

21. (2000) 在平面直角坐标系中，以直线 $y = 2x + 4$ 为轴与原点对称的点的坐标是（ ）.

(A) $\left(-\dfrac{16}{5}, \dfrac{8}{5}\right)$ (B) $\left(-\dfrac{8}{5}, \dfrac{4}{5}\right)$ (C) $\left(\dfrac{16}{5}, \dfrac{8}{5}\right)$ (D) $\left(\dfrac{8}{5}, \dfrac{4}{5}\right)$

22. 与直线 $2x + y - 3 = 0$ 关于点 $(-1, 1)$ 对称的直线方程是（ ）.

(A) $2x - y + 5 = 0$ (B) $2x + y - 5 = 0$ (C) $2x + y + 5 = 0$

(D) $2x - y - 3 = 0$ (E) 以上结论均不正确

23. 已知点 $M(a, b)$ 与点 $N$ 关于 $x$ 轴对称，点 $P$ 与点 $N$ 关于 $y$ 轴对称，点 $Q$ 与点 $P$ 关于直线 $x + y = 0$ 对称，则点 $Q$ 的坐标为（ ）.

(A) $(a, b)$ (B) $(b, a)$ (C) $(-a, -b)$

(D) $(-b, -a)$ (E) 以上结论均不正确

24. 点 $A(1, 1)$ 关于直线 $l{:}2x - y + 1 = 0$ 的对称点 $A'$ 的坐标是（ ）.

(A) $\left(-\dfrac{3}{5}, \dfrac{9}{5}\right)$ (B) $\left(\dfrac{3}{5}, -\dfrac{9}{5}\right)$ (C) $\left(-\dfrac{5}{6}, \dfrac{7}{6}\right)$

$$(D) \left(\frac{5}{6}, -\frac{7}{6}\right) \qquad (E) \left(\frac{5}{6}, \frac{7}{6}\right)$$

**25.** 如果直线 $y = ax + 2$ 与直线 $y = 3x - b$ 关于直线 $y = x$ 对称,则 $a, b$ 的值分别为(    ).

(A) $a = \frac{1}{2}, b = 3$ \qquad (B) $a = 3, b = \frac{1}{6}$ \qquad (C) $a = \frac{1}{2}, b = 4$

(D) $a = \frac{1}{3}, b = 6$ \qquad (E) $a = b = \frac{1}{3}$

**26.** (200710)圆 $x^2 + (y-1)^2 = 4$ 与 $x$ 轴的两个交点是(    ).

(A) $(-\sqrt{5}, 0), (\sqrt{5}, 0)$ \quad (B) $(-2, 0), (2, 0)$ \qquad (C) $(0, -\sqrt{5}), (0, \sqrt{5})$

(D) $(-\sqrt{3}, 0), (\sqrt{3}, 0)$ \quad (E) $(-\sqrt{2}, -\sqrt{3}), (\sqrt{2}, \sqrt{3})$

**27.** (199810)已知直线 $l$ 的方程为 $x + 2y - 4 = 0$,点 $A$ 的坐标为 $(5, 7)$,过 $A$ 点作直线垂直于 $l$,则垂足点的坐标为(    ).

(A) $(6, 5)$ \qquad (B) $(5, 6)$ \qquad (C) $(2, 1)$ \qquad (D) $(-2, 6)$ \qquad (E) $(-0.5, 3)$

**28.** 已知圆 $C$ 与圆 $(x-1)^2 + y^2 = 1$ 关于直线 $x + y = 0$ 对称,则圆 $C$ 的方程是(    ).

(A) $(x-1)^2 + y^2 = 1$ \qquad (B) $x^2 + y^2 = 1$ \qquad (C) $x^2 + (y+1)^2 = 1$

(D) $x^2 + (y-1)^2 = 1$ \qquad (E) 以上结论均不正确

**29.** 若直线 $l$ 将圆 $x^2 + y^2 - 2x - 4y = 0$ 平分且不通过第四象限,则 $l$ 的斜率的取值范围是(    ).

(A) $[0, 2]$ \qquad (B) $[0, 1]$ \qquad (C) $\left[0, \frac{1}{2}\right]$ \qquad (D) $\left[0, \frac{1}{2}\right)$ \qquad (E) $[0, 1)$

**30.** 已知点 $P(2, 5)$,$M$ 为圆 $(x+1)^2 + (y-1)^2 = 4$ 上任一点,则 $|PM|$ 的最大值为(    ).

(A) 6 \qquad (B) 7 \qquad (C) 8 \qquad (D) 9 \qquad (E) 10

**31.** 设点 $(x_0, y_0)$ 在圆 $C: x^2 + y^2 = 1$ 的内部,则直线 $l: x_0 x + y_0 y = 1$ 和圆 $C$(    ).

(A) 不相交 \qquad\qquad\qquad (B) 有两个距离小于 2 的交点

(C) 有一个交点 \qquad\qquad\qquad (D) 有两个距离大于 2 的交点

(E) 以上答案均不正确

**32.** 若过定点 $M(-1, 0)$ 且斜率为 $k$ 的直线与圆 $x^2 + 4x + y^2 - 5 = 0$ 在第一象限内的部分有交点,则 $k$ 的取值范围是(    ).

(A) $0 < k < \sqrt{5}$ \qquad (B) $-\sqrt{5} < k < 0$ \qquad (C) $0 < k < \sqrt{13}$

(D) $0 < k < 5$ \qquad (E) $-\sqrt{13} < k < 0$

**33.** 圆 $x^2 + y^2 + 2x + 4y - 3 = 0$ 到直线 $l: x + y + 1 = 0$ 的距离为 $\sqrt{2}$ 的点共有(    ).

(A) 1 个 \qquad (B) 2 个 \qquad (C) 3 个 \qquad (D) 4 个 \qquad (E) 5 个

**34.** 已知圆 $C$ 的圆心 $O$ 在直线 $l_1: y = \frac{1}{2}x$ 上,圆 $C$ 与直线 $l_2: x - 2y - 4\sqrt{5} = 0$ 相切,且过点 $A(2, 5)$,则圆 $C$ 的方程为(    ).

(A) $(x-2)^2 + (y-1)^2 = 16$ \qquad\qquad (B) $(x-2)^2 + (y-1)^2 = 25$

(C) $\left(x - \frac{26}{5}\right)^2 + \left(y - \frac{13}{5}\right)^2 = 16$ \qquad\qquad (D) $\left(x - \frac{26}{5}\right)^2 + \left(y - \frac{13}{5}\right)^2 = 25$

(E) $(x-2)^2 + (y-1)^2 = 16$ 或 $\left(x - \frac{26}{5}\right)^2 + \left(y - \frac{13}{5}\right)^2 = 16$

**35.** 已知直线 $ax+by+c=0(abc\neq 0)$ 与圆 $x^2+y^2=1$ 相切,则三条边长为 $|a|$,$|b|$,$|c|$ 的三角形是( ).

(A) 锐角三角形      (B) 钝角三角形      (C) 直角三角形

(D) 等腰三角形      (E) 等边三角形

**36.** (199901)已知直线 $l_1:(a+2)x+(1-a)y-3=0$ 和直线 $l_2:(a-1)x+(2a+3)y+2=0$ 互相垂直,则 $a$ 等于( ).

(A) $-1$      (B) $1$      (C) $\pm 1$      (D) $-\dfrac{3}{2}$      (E) $0$

**37.** 设 $P$ 为圆 $x^2+y^2=1$ 上的动点,则 $P$ 点到直线 $3x-4y-10=0$ 的距离的最小值为( ).

(A) $2$      (B) $\sqrt{2}$      (C) $1+\sqrt{2}$      (D) $1$      (E) $3$

**38.** 实数 $x$,$y$ 满足 $x^2+y^2=1$,则 $\dfrac{x+y+2}{x-y+2}$ 的最大值和最小值分别为( ).

(A) $2+\sqrt{3}$,$2-\sqrt{3}$      (B) $2+\sqrt{5}$,$2-\sqrt{5}$      (C) $3+\sqrt{3}$,$3-\sqrt{3}$

(D) $3+\sqrt{5}$,$3-\sqrt{5}$      (E) 以上均不正确

**39.** $\dfrac{y-1}{x-2}$ 的最大值为 $\dfrac{4}{3}$.

(1) 圆 $O$ 的方程是 $x^2+y^2=1$      (2) 动点 $P(x,y)$ 在圆 $O$ 上运动

**40.** 直线 $x+2y-3\sqrt{5}=0$ 被圆 $x^2-4x+y^2+2y=20$ 截得弦为 $AB$,则 $AB$ 的长度为( ).

(A) $8$      (B) $6$      (C) $4$      (D) $2$      (E) $1$

**41.** 若 $P(2,-1)$ 为圆 $(x-1)^2+y^2=25$ 的弦 $AB$ 的中点,则直线 $AB$ 的方程是( ).

(A) $x-y-3=0$      (B) $2x+y-3=0$      (C) $x+y-1=0$

(D) $2x-y-5=0$      (E) 以上结论均不正确

**42.** 圆 $C$ 的半径为 $\sqrt{2}$.

(1) 圆 $C$ 截 $y$ 轴所得弦长为 $2$,且圆心到直线 $x-2y=0$ 的距离为 $\dfrac{\sqrt{5}}{5}$

(2) 圆 $C$ 被 $x$ 轴分成两段弧,其长之比为 $3:1$

**43.** (201010)圆 $C_1$ 是圆 $C_2:x^2+y^2+2x-6y-14=0$ 关于直线 $y=x$ 的对称圆.

(1) 圆 $C_1:x^2+y^2-2x-6y-14=0$

(2) 圆 $C_1:x^2+y^2+2y-6x-14=0$

**44.** 两圆 $x^2+y^2-4x+2y+1=0$ 与 $x^2+y^2+4x-4y+4=0$ 的公切线有( )条.

(A) $0$      (B) $1$      (C) $2$      (D) $3$      (E) $4$

**45.** $2\leqslant m<2\sqrt{2}$.

(1) 直线 $l:y=x+m$ 与曲线 $C:y=\sqrt{4-x^2}$ 有两个交点

(2) 圆 $C_1:(x-m)^2+y^2=1$ 和圆 $C_2:x^2+(y-m)^2=4$ 相交

**46.** (199701)圆方程 $x^2-2x+y^2+4y+1=0$ 的圆心是( ).

(A) $(-1,-2)$      (B) $(-1,2)$      (C) $(-2,-2)$      (D) $(2,-2)$      (E) $(1,-2)$

**47.** (199710)若圆的方程是 $x^2+y^2-2x+4y+1=0$,直线方程是 $3x+2y=1$,则过已知圆的圆心并与直线平行的直线方程是( ).

(A) $2y+3x+1=0$    (B) $2y+3x-7=0$    (C) $3x+2y+1=0$

(D) $3x+2y-8=0$    (E) $2x+3y-6=0$

**48.** (199910)一个圆通过坐标原点,又通过抛物线 $y=\dfrac{x^2}{4}-2x+4$ 与坐标轴的交点,求该圆的方程.

**49.** (201010)若圆的方程是 $x^2+y^2=1$,则它的右半圆(在第一象限和第四象限内的部分)的方程是(    ).

(A) $y-\sqrt{1-x^2}=0$    (B) $x-\sqrt{1-y^2}=0$    (C) $y+\sqrt{1-x^2}=0$

(D) $x+\sqrt{1-y^2}=0$    (E) $x^2+y^2=\dfrac{1}{2}$

**50.** (201010)直线 $y=k(x+2)$ 是圆 $x^2+y^2=1$ 的一条切线.

(1) $k=-\dfrac{\sqrt{3}}{3}$    (2) $k=\dfrac{\sqrt{3}}{3}$

**51.** (201110)直线 $l$ 是圆 $x^2-2x+y^2+4y=0$ 的一条切线.

(1) $l:x-2y=0$    (2) $l:2x-y=0$

**52.** (200910)曲线 $x^2-2x+y^2=0$ 上的点到直线 $3x+4y-12=0$ 的最短距离是(    ).

(A) $\dfrac{3}{5}$    (B) $\dfrac{4}{5}$    (C) 1    (D) $\dfrac{4}{3}$    (E) $\sqrt{2}$

**53.** (200010)一抛物线以 $y$ 轴为对称轴,且过 $\left(-1,\dfrac{1}{2}\right)$ 点及原点,一直线 $l$ 过 $\left(1,\dfrac{5}{2}\right)$ 和 $\left(0,\dfrac{3}{2}\right)$ 点,则直线 $l$ 被抛物线截得的线段长度为(    ).

(A) $4\sqrt{2}$    (B) $3\sqrt{2}$    (C) $4\sqrt{3}$    (D) $3\sqrt{3}$

**54.** (201110)已知直线 $y=kx$ 与圆 $x^2+y^2=2y$ 有两个交点 $A$,$B$.若 $AB$ 的长度大于 $\sqrt{2}$,则 $k$ 的取值范围是(    ).

(A) $(-\infty,-1)$    (B) $(-1,0)$    (C) $(0,1)$

(D) $(1,+\infty)$    (E) $(-\infty,-1)\bigcup(1,+\infty)$

**55.** (200910)圆 $(x-3)^2+(y-4)^2=25$ 与圆 $(x-1)^2+(y-2)^2=r^2(r>0)$ 相切.

(1) $r=5\pm2\sqrt{3}$    (2) $r=5\pm2\sqrt{2}$

**56.** (201210)设 $A$,$B$ 分别是圆周 $(x-3)^2+(y-\sqrt{3})^2=3$ 上使 $\dfrac{y}{x}$ 取到最大值和最小值的点,$O$ 是坐标原点,则 $\angle AOB$ 的大小为(    ).

(A) $\dfrac{\pi}{2}$    (B) $\dfrac{\pi}{3}$    (C) $\dfrac{\pi}{4}$    (D) $\dfrac{\pi}{6}$    (E) $\dfrac{5\pi}{12}$

**57.** (201210)直线 $l$ 与直线 $2x+3y=1$ 关于 $x$ 轴对称.

(1) $l:2x-3y=1$    (2) $l:3x+2y=1$

**58.** (201310) 已知圆 $A:x^2+y^2+4x+2y+1=0$,则圆 $B$ 和圆 $A$ 相切.

(1) 圆 $B:x^2+y^2-2x-6y+1=0$    (2) 圆 $B:x^2+y^2-6x=0$

**59.** (201310)设直线 $y=x+b$ 分别在第一和第三象限与曲线 $y=\dfrac{4}{x}$ 相交于点 $A$,点 $B$,则能确定 $b$ 的值.

(1) 已知以 $AB$ 为对角线的正方形的面积　(2) 点 $A$ 的横坐标小于纵坐标

**60.** (201410)直线 $x-2y=0$，$x+y-3=0$，$2x-y=0$ 两两相交构成 $\triangle ABC$，以下各点中，位于 $\triangle ABC$ 内的点是(　　).

(A)(1,1)　　　(B)(1,3)　　　(C)(2,2)　　　(D)(3,2)　　　(E)(4,0)

**61.** (201410)圆 $x^2+y^2+2x-3=0$ 与圆 $x^2+y^2-6y+6=0$(　　).

(A) 外离　　　(B) 外切　　　(C) 相交　　　(D) 内切　　　(E) 内含

**62.** (201410)直线 $y=k(x+2)$ 与圆 $x^2+y^2=1$ 相切.

(1) $k=\dfrac{1}{2}$　　　(2) $k=\dfrac{\sqrt{3}}{3}$

**详解：**

**1.【C】**

**解**　$AB=\sqrt{(2+1)^2+(-1+2)^2}=\sqrt{10}$；$AC=\sqrt{(-2+1)^2+(1+2)^2}=\sqrt{10}$；$BC=\sqrt{(-2-2)^2+(1+1)^2}=\sqrt{20}$.

即 $BC^2=AB^2+AC^2$，则 $\triangle ABC$ 为等腰直角三角形. 应选(C).

**2.【D】**

**解**　当 $a>0$，$b<0$ 时，直线过一、三、四象限；当 $a<0$，$b>0$ 时，直线过一、二、四象限，所以(A)、(B)选项错误. $y$ 轴上的截距为 $b$，正负不定，$x$ 轴上的截距为 $-\dfrac{b}{a}>0$，所以必定为正，选(D).

**3.【C】**

**解**　条件(1)和(2)单独显然都不充分，下面将两个条件联合起来考虑.

设 $D(x_0,y_0)$，由作图(图略)可知 $x_0<2$，因为 $|AD|=|AB|=5$，$AD\perp AB$，所以

$$\begin{cases}(x_0-2)^2+(y_0-3)^2=25\\ \dfrac{y_0-3}{x_0-2}\cdot\dfrac{6-3}{6-2}=-1\end{cases}$$

解得 $x_0=-1$，$y_0=7$，即 $D(-1,7)$，所以两个条件联合起来充分.

**4.【C】**

**解**　明显需要联合.

**5.【A】**

**解**　设 $l$ 的方程是 $y=kx+b$，向 $x$ 轴负方向平移 3 个单位后，直线 $l_1$ 的方程为 $y=k(x+3)+b$. 再沿 $y$ 轴正方向平移 1 个单位后，得到直线 $l_2$ 的方程为 $y-1=k(x+3)+b$，由于 $l_2$ 与 $l$ 重合，即 $kx+b=k(x+3)+b+1$，得 $k=-\dfrac{1}{3}$，选(A).

**6.【E】**

**解**　分四种情况：

(1) $x\geqslant0$，$y\geqslant0$，则有 $xy+1=x+y$，$(x-1)(y-1)=0$，表示两条直线 $x=1$，$y=1$.

(2) $x<0$，$y\geqslant0$，则有 $-xy+1=-x+y$，$(x+1)(y-1)=0$，表示两条直线 $x=-1$，$y=1$.

(3) $x<0$，$y<0$，则有 $xy+1=-x-y$，$(x+1)(y+1)=0$，表示两条直线 $x=-1$，$y=-1$.

(4) $x\geqslant0$，$y<0$，则有 $-xy+1=x-y$，$(x-1)(y+1)=0$，表示两条直线 $x=1$，$y=-1$.

因此，曲线 $|xy|+1=|x|+|y|$ 所围成的图形如图 12.11 所示，是以 2 为边长的正方形，从而所求面积 $S=2^2=4$，选(E).

**7.【D】**

**解**　直线 $l_1$ 和 $l_2$ 的斜率分别为 $k_1$，$k_2$，夹角为 $\theta$.

由条件(1) $k_1=1$，$k_2=-\dfrac{1}{2}$，所以 $\tan\theta=\left|\dfrac{k_1-k_2}{1+k_1k_2}\right|=\left|\dfrac{1+\dfrac{1}{2}}{1-\dfrac{1}{2}}\right|=3$，

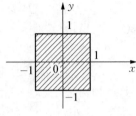

图 12.11

条件(1) 充分.

由条件(2)$k_1=-1$，$k_2=2$，所以 $\tan\theta=\left|\dfrac{k_1-k_2}{1+k_1k_2}\right|=\left|\dfrac{-1-2}{1+(-1)\times2}\right|=$

3. 条件(2)也充分.

故此题应选(D).

**8.【E】**

**解**　由题知 $l_1$ 与 $l_2$ 平行，$l_2$ 的方程为 $2x-y-\dfrac{1}{2}=0$，从而 $l_1$ 与 $l_2$ 的距离 $d=\dfrac{\left|a-\left(-\dfrac{1}{2}\right)\right|}{\sqrt{2^2+1^2}}$，要使

$d=\dfrac{7\sqrt{5}}{10}$，则必有 $\left|a+\dfrac{1}{2}\right|=\dfrac{7}{2}$，条件(1)(2)都不充分，所以选(E).

**9.【B】**

**解**　直线 $l$ 的斜率应在直线 $MP$ 和 $NP$ 的斜率之间，又 $k_{MP}=\dfrac{1-(-3)}{1-2}=-4$，$k_{NP}=\dfrac{1-(-2)}{1-(-3)}=\dfrac{3}{4}$，

所以直线 $l$ 的斜率 $k\geqslant\dfrac{3}{4}$ 或 $k\leqslant-4$，选(B).

〖评注〗　考查直线斜率的单调性问题.

**10.【B】**

**解**　在条件(1)下，$y=x+1$，$y=-3x+7$.

因此围成的面积 $S=\dfrac{1}{2}\times\left(\dfrac{7}{3}+1\right)\times\dfrac{5}{2}=\dfrac{25}{6}\neq\dfrac{27}{4}$，即条件(1)不充分.

由条件(2)，$y=x+1$，$y=-2x+7$.

因此，所围成的面积 $S=\dfrac{1}{2}\times\left(\dfrac{7}{2}+1\right)\times3=\dfrac{27}{4}$，即条件(2)是充分的.

所以选(B).

**11.【D】**

**解法 1**　由条件(1)：设 $x^2+7xy+6y^2-10y-4=(x+Ay+2)(x+By-2)$，由多项式相等对应系数相等可得

$\begin{cases}-2A+2B=-10\\A+B=7\end{cases}$，所以解得 $\begin{cases}A=6\\B=1\end{cases}$. 所以条件(1)成立.

由条件(2)同理可得，选(D).

**解法 2**　由条件(1) $m=7$ 得 $x^2+7xy+6y^2-10y-4=(x+6y+2)(x+y-2)=0$，即表示两条直线 $x+6y+2=0$，$x+y-2=0$；

由条件(2) $m=-7$ 得 $x^2-7xy+6y^2-10y-4=(x-6y-2)(x-y+2)=0$，即表示两条直线 $x-6y-2=0$，$x-y+2=0$；

选(D).

**12.【A】**

**解**　由条件(1)，$AB$ 所在的直线方程为 $y=x-\dfrac{1}{\sqrt{2}}$，则知 $AD$ 所在的直线方程为 $y=-x+\dfrac{1}{\sqrt{2}}$，因此

正方形 $ABCD$ 的面积 $S=(OD)^2+(OA)^2=\left(\dfrac{1}{\sqrt{2}}\right)^2+\left(\dfrac{1}{\sqrt{2}}\right)^2=\dfrac{1}{2}+\dfrac{1}{2}=1$.

即条件(1)是充分的.

由条件(2)，$AD$ 所在的直线方程为 $y=1-x$，则 $AB$ 所在的直线方程为 $y=x-1$，因此正方形 $ABCD$ 的面积 $S=(OD)^2+(OA)^2=1^2+1^2=2$，条件(2)不充分.

所以选(A).

**13.【D】**

**解法 1** 设 $A$，$B$ 中点 $C(1,1)$，$k_{AB} \cdot k_{OC}=-1$，$k_{AB}=-1$，所以直线 $L$ 的方程为 $y-1=-1(x-1)$，即 $y+x=2$.

**解法 2** $A$，$B$ 两点中点的坐标为 $(1,1)$，只有(D)选项 $y+x=2$ 满足条件.

**14.【B】**

**解** 解方程组 $\begin{cases} x+y=1 \\ 3x-y=-4 \end{cases}$，得平行四边形的一个顶点为 $A\left(-\dfrac{3}{4}, \dfrac{7}{4}\right)$.

设这个平行四边形其他两条边的交点为 $A'(x,y)$，因为点 $A$，$A'$ 关于对角线的交点 $M(3,3)$ 对称，即 $M(3,3)$ 是 $AA'$ 的中点，所以 $\dfrac{x+\left(-\dfrac{3}{4}\right)}{2}=3$，$\dfrac{y+\dfrac{7}{4}}{2}=3$，解得 $x=\dfrac{27}{4}$，$y=\dfrac{17}{4}$.

设其他两条边所在的直线方程分别为 $x+y+a=0$，$3x-y+b=0$.

把点 $A'$ 坐标分别代入上述两个方程，得 $a=-11$，$b=-16$. 应选(B).

**15.【A】**

**解** 设直线 $l$ 的方程为 $y+5=k(x-2)$，即 $kx-y-2k-5=0$，

$A(3,-2)$ 到直线 $l$ 的距离为 $d_1=\dfrac{|k \cdot 3-(-2)-2k-5|}{\sqrt{k^2+1}}=\dfrac{|k-3|}{\sqrt{k^2+1}}$，

$B(-1,6)$ 到直线 $l$ 的距离为 $d_2=\dfrac{|k \cdot (-1)-6-2k-5|}{\sqrt{k^2+1}}=\dfrac{|-3k-11|}{\sqrt{k^2+1}}$.

因为 $d_1:d_2=1:2$，$\dfrac{|k-3|}{|-3k-11|}=\dfrac{1}{2}$，解得 $k=-1$ 或 $k=-17$，从而所求的直线方程为 $x+y+3=0$ 或 $17x+y-29=0$. 所以选(A).

**16.【D】**

**解** 因为 $l$ 的斜率为 $\dfrac{1}{6}$，设 $l$ 的方程为 $y=\dfrac{1}{6}x+b$，与 $x$ 轴交于 $(-6b,0)$，与 $y$ 轴交于 $(0,b)$.

由已知 $\dfrac{1}{2}|-6b| \cdot |b|=3$，解得 $b=\pm 1$. 因此 $l$ 的方程为 $y=\dfrac{1}{6}x \pm 1$，即 $x-6y+6=0$ 或 $x-6y-6=0$，选(D).

**17.【B】**

**解** 设所求直线方程为 $\dfrac{x}{a}+\dfrac{y}{a+3}=1$ 或 $\dfrac{x}{b+3}+\dfrac{y}{b}=1$ $(a>0, b>0)$.

由已知条件知面积为 $2$，从而有 $\dfrac{1}{2}a(a+3)=2$ 或 $\dfrac{1}{2}b(b+3)=2$，解得 $a=1$ 或 $b=1$.

从而直线方程为 $x+\dfrac{y}{4}=1$ 或 $\dfrac{x}{4}+y=1$，即 $4x+y-4=0$ 或 $x+4y-4=0$，所以选(B).

〔**评注**〕 设截距式计算直线与坐标轴所围的面积比较方便，要注意有两解.

**18.【D】**

**解** 设直线的截距式方程为 $\dfrac{x}{a}+\dfrac{y}{b}=1$，因为 $|a|=|b|$，所以 $\dfrac{x}{a}+\dfrac{y}{a}=1$ 或 $\dfrac{x}{a}+\dfrac{y}{-a}=1$ $(a \neq 0)$，将点 $(1,2)$ 代入，得 $a=3$ 或 $a=-1$，所求直线方程为 $x+y-3=0$ 或 $x-y+1=0$.

若截距为 $0$，则直线必经过原点，斜率 $k=2$，直线方程为 $2x-y=0$.

所以，所求直线方程为 $x+y-3=0$ 或 $x-y+1=0$ 或 $2x-y=0$，故本题应选(D).

**19.【B】**

**解** 由条件(1)可得 $(m+2)(m-1)+(1-m)(2m+3)=0$，即 $m=1$ 或 $m=-1$，但是当 $m=1$ 时，满足条件(1)，但是不能得出题干的结论，因此条件(1)不充分.

由条件(2)可得 $\dfrac{4-m}{m+2}=-2$，即 $m=-8$，题干结论成立，因此条件(2)充分.

故本题应选(B).

**20.【D】**

**解法1** 利用结论：平行四边形为中心对称图形，通过其中心的直线分成的两个图形全等(面积相等). 所以矩形 $OABC$ 对角线的交点为 $(3，2)$，直线 $l$ 只需通过 $(3，2)$ 即可. 条件(1)和(2)均满足.

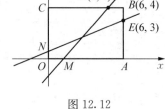

图 12.12

**解法2** 画图

(1) $D(5，4)$，$S_{梯形OMDC}=\dfrac{1}{2}(1+5)\times 4=12$，充分.

(2) $E(6，3)$，$S_{梯形ONEA}=\dfrac{1}{2}(1+3)\times 6=12$，充分.

**21.【A】**

**解** 过点 $O$ 与直线 $y=2x+4$ 垂直的直线 $OA$ 的方程为 $y=-\dfrac{1}{2}x$.

交点 $C$ 的坐标为 $\begin{cases} y=-\dfrac{1}{2}x \\ y=2x+4 \end{cases}$ 的解，解得 $C$ 点坐标为 $\left(-\dfrac{8}{5}，\dfrac{4}{5}\right)$.

对称点 $A$ 的坐标为 $\left(2\times\left(-\dfrac{8}{5}\right)，2\times\dfrac{4}{5}\right)=\left(-\dfrac{16}{5}，\dfrac{8}{5}\right)$. 所以选(A).

**22.【C】**

**解** 将 $2x+y-3=0$ 中的 $x，y$ 分别用 $-2-x，2-y$ 代入，得

$2(-2-x)+2-y-3=0$ 即 $2x+y+5=0$，选(C).

**23.【B】**

**解** $N(a，-b)$，$P(-a，-b)$，则点 $Q(b，a)$，选(B).

**24.【A】**

**解** 设 $A'(a，b)$，因为 $A'$ 是点 $A(1，1)$ 关于直线 $l：2x-y+1=0$ 的对称点，所以直线 $l$ 是线段 $AA'$ 的垂直平分线，即 $AA'\perp l$ 且 $AA'$ 的中点 $\left(\dfrac{a+1}{2}，\dfrac{b+1}{2}\right)$ 在直线 $l$ 上，所以

$$\begin{cases} \dfrac{b-1}{a-1}=-\dfrac{1}{2} \\ 2\cdot\dfrac{a+1}{2}-\dfrac{b+1}{2}+1=0 \end{cases} \Rightarrow a=-\dfrac{3}{5}，b=\dfrac{9}{5}，\text{选(A)}.$$

**25.【D】**

**解法1** 设直线 $y=3x-b$ 上任意一点为 $(x，y)$，则它关于 $y=x$ 对称点 $(y，x)$ 一定在直线 $y=ax+2$ 上，代入可得 $x=ay+2$，即 $y=\dfrac{1}{a}x-\dfrac{2}{a}$. 由题设 $y=\dfrac{1}{a}x-\dfrac{2}{a}$ 和 $y=3x-b$ 是同一条直线，所以

$$\begin{cases} \dfrac{1}{a}=3 \\ -\dfrac{2}{a}=-b \end{cases}，\text{解之得}\begin{cases} a=\dfrac{1}{3} \\ b=6 \end{cases}，\text{选(D)}.$$

**解法2** 在直线 $y=ax+2$ 上任意找一点 $(0，2)$，关于直线 $y=x$ 对称点为 $(2，0)$，在直线 $y=3x-b$ 上，$0=3\times 2-b\Rightarrow b=6$. 再在直线 $y=3x-6$ 上找一点 $(0，-6)$，关于直线 $y=x$ 对称点为 $(-6，0)$，应该满足直线方程 $y=ax+2$. 所以 $0=-6a+2\Rightarrow a=\dfrac{1}{3}$.

**26.【D】**

**解**　圆 $x^2+(y-1)^2=4$ 与 $x$ 轴的两个交点即 $y=0$ 时 $x$ 的值,即 $x^2+(0-1)^2=4$,得 $x=\pm\sqrt{3}$,即两交点为 $(-\sqrt{3},0)$,$(\sqrt{3},0)$. 故选(D).

**27.【C】**

**解**　设垂足为 $(a,b)$,则 $\begin{cases}\dfrac{b-7}{a-2}=2\\a+2b-4=0\end{cases}\Rightarrow\begin{cases}a=2\\b=1\end{cases}$,选(C).

**28.【C】**

**解**　要求圆关于某直线的对称圆,只需求圆心关于此直线的对称圆心,半径不变.

圆 $(x-1)^2+y^2=1$ 的圆心为 $(1,0)$,半径为 1,而点 $(1,0)$ 关于直线 $x+y=0$ 的对称点为 $(0,-1)$,所以圆 $C$ 的方程为 $x^2+(y+1)^2=1$. 选(C).

**29.【A】**

**解**　圆 $(x-1)^2+(y-2)^2=5$,圆心为 $A(1,2)$,半径 $r=\sqrt{5}$,且过原点 $O(0,0)$.

直线 $l$ 将圆 $x^2+y^2-2x-4y=0$ 平分,所以该直线必定要经过圆心(例如 $AO$ 连线).

由该直线不通过第四象限,满足条件的直线 $l$ 的斜率 $k$ 应满足 $0\leqslant k\leqslant k_{AO}$,即 $0\leqslant k\leqslant 2$. 选(A).

**30.【B】**

**解**　因为 $(2+1)^2+(5-1)^2=25>4$,即点 $P(2,5)$ 在 $(x+1)^2+(y-1)^2=4$ 的外部.

圆 $(x+1)^2+(y-1)^2=4$ 的圆心为 $A(-1,1)$,$r=2$.

当圆心 $A$ 在线段 $PM$ 上时,$|PM|$ 取得最大值. $|PA|=\sqrt{(2+1)^2+(5-1)^2}=5$.

$|PM|$ 的最大值为 $|PA|+|AM|=|PA|+r=5+2=7$,所以最大值为 7,选(B).

**31.【A】**

**解**　设点 $(x_0,y_0)$ 在圆 $C:x^2+y^2=1$ 的内部,则 $x_0^2+y_0^2<1$. 圆心 $(0,0)$ 到直线 $x_0x+y_0y-1=0$ 的距离为 $\dfrac{|-1|}{\sqrt{x_0^2+y_0^2}}>1=r$,所以直线与圆不相交. 答案是(A).

**32.【A】**

**解**　圆 $x^2+4x+y^2-5=0$ 的圆心为 $(-2,0)$,半径为 3,与 $x$,$y$ 正半轴的交点分别是 $A(1,0)$,$B(0,\sqrt{5})$,$k_{MB}=\sqrt{5}$,$k_{MA}=0$. 若直线与圆 $x^2+4x+y^2-5=0$ 在第一象限内的部分有交点,则直线与线段 $AB$ 相交即可,因此 $k_{MA}<k<k_{MB}$,即 $0<k<\sqrt{5}$. 选(A).

**33.【C】**

**解**　圆方程为 $(x+1)^2+(y+2)^2=8$,圆心为 $(-1,-2)$,半径为 $2\sqrt{2}$.

设点 $(x_0,y_0)$ 到 $x+y+1=0$ 的距离为 $\sqrt{2}$,则必有 $\dfrac{|x_0+y_0+1|}{\sqrt{1^2+1^2}}=\sqrt{2}$,

即 $x_0+y_0+1=-2$ 或 $x_0+y_0+1=2$. $x_0+y_0+3=0$ 过圆心 $(-1,-2)$,而 $x_0+y_0-1=0$ 与圆相切于 $(1,0)$,它们与圆共有 3 个交点. 选(C).

**34.【E】**

**解**　设圆 $C$ 的标准方程为 $(x-a)^2+(y-b)^2=r^2$,因圆心在直线 $l_1$ 上,即 $a=2b$.

圆 $C$ 过点 $A(2,5)$,得 $(2-a)^2+(5-b)^2=r^2$,又因为圆 $C$ 和直线 $l_2$ 相切,则有 $\dfrac{|a-2b-4\sqrt{5}|}{\sqrt{5}}=r$.

联立方程组 $\begin{cases}a=2b\\(2-a)^2+(5-b)^2=r^2\\|a-2b-4\sqrt{5}|=\sqrt{5}r\end{cases}$,解得 $a=2$,$b=1$,$r=4$ 或 $a=\dfrac{26}{5}$,$b=\dfrac{13}{5}$,$r=4$.

故所求圆的方程是 $(x-2)^2+(y-1)^2=16$ 或 $\left(x-\dfrac{26}{5}\right)^2+\left(y-\dfrac{13}{5}\right)^2=16$. 选(E).

**35.**【C】

　　**解**　因为直线 $ax+by+c=0(abc\neq 0)$ 与圆 $x^2+y^2=1$ 相切,所以 $\dfrac{|c|}{\sqrt{a^2+b^2}}=1$,

即 $c^2=a^2+b^2$,因此边长为 $|a|$,$|b|$,$|c|$ 的三角形是直角三角形.选(C).

**36.**【C】

　　**解**　两直线垂直,则 $(a+2)(a-1)+(1-a)(2a+3)=(a-1)(-a-1)=0$,则 $a=\pm 1$,选(C).

**37.**【D】

　　**解**　显然直线与圆不相交.圆心为 $(0,0)$,半径 $r=1$.圆到直线 $3x-4y-10=0$ 的距离 $d=\dfrac{|-10|}{\sqrt{3^2+4^2}}=$

2,动点 $P$ 到直线 $3x-4y-10=0$ 的距离最小值为 $d-r=2-1=1$.选(D).

**38.**【A】

　　**解**　令 $\dfrac{x+y+2}{x-y+2}=a$,则变形后得 $(1-a)x+(1+a)y+2(1-a)=0\ (y\neq x+2)$.

　　此方程表示一条直线,又因为 $x$,$y$ 满足 $x^2+y^2=1$,故直线与圆有公共点,则

$\dfrac{|2(1-a)|}{\sqrt{(1-a)^2+(1+a)^2}}\leqslant 1$,解得 $2-\sqrt{3}\leqslant a\leqslant 2+\sqrt{3}$,因此 $\dfrac{x+y+2}{x-y+2}$ 的最大值为 $2+\sqrt{3}$,最小值为

$2-\sqrt{3}$.所以选(A).

**39.**【C】

　　**解**　条件(1)与条件(2)都不充分,考虑两个条件联合时的情况.设 $\dfrac{y-1}{x-2}=k$,则 $y-1=k(x-2)$,它表

示过点 $(2,1)$,斜率为 $k$ 的直线,当此直线与圆 $x^2+y^2=1$ 相切时,$\dfrac{y-1}{x-2}$ 取得最值.

　　因此,由 $\dfrac{|1-2k|}{\sqrt{k^2+1}}=1$,解得 $k=0$ 或 $k=\dfrac{4}{3}$,从而 $k$ 的最大值为 $\dfrac{4}{3}$,选(C).

**40.**【A】

　　**解**　解方程组 $\begin{cases} x+2y-3\sqrt{5}=0 \\ x^2-4x+y^2+2y=20 \end{cases}$ 是比较复杂的,我们可用平面几何直线和圆的性质讨论.圆方

程为 $(x-2)^2+(y+1)^2=25$,圆心 $(2,-1)$ 到直线的距离 $d=\dfrac{|2+2\times(-1)-3\sqrt{5}|}{\sqrt{1^2+2^2}}=3$.

　　所以截得的弦的长为 $|AB|=2\sqrt{r^2-d^2}=2\sqrt{25-9}=8$,答案是(A).

**41.**【A】

　　**解**　圆 $(x-1)^2+y^2=25$ 的圆心 $C$ 为 $(1,0)$,$k_{PC}=-1$,所以 $k_{AB}=1$,所以直线 $AB$ 的方程是 $y+1=x-2$,即 $x-y-3=0$.选(A).

**42.**【C】

　　**解**　设圆 $C$ 为:$(x-a)^2+(y-b)^2=r^2$,则圆心到 $x$ 轴,$y$ 轴的距离分别为 $|b|$,$|a|$.

　　由条件(1),圆心到直线 $x-2y=0$ 的距离为 $\dfrac{\sqrt{5}}{5}$,所以 $\dfrac{|a-2b|}{\sqrt{1^2+(-2)^2}}=\dfrac{\sqrt{5}}{5}$,即 $a-2b=\pm 1$.

　　由于圆被 $y$ 轴所截得弦长为 2,所以 $r^2-a^2=1$.由 $\begin{cases} a-2b=\pm 1 \\ r^2-a^2=1 \end{cases}$,不能推出 $r=\sqrt{2}$,即条件(1)不充分.

　　由条件(2),圆被 $x$ 轴分成的弧所对的圆心角为 $90°$,可知圆截 $x$ 轴所得的弦长为 $\sqrt{2}r$,故 $r^2=2b^2$,条件(2)单独也不充分.

　　联合条件(1)和条件(2),则有 $\begin{cases} a-2b=\pm 1 \\ r^2=a^2+1 \\ r^2=2b^2 \end{cases}$.

由此得 $\begin{cases} 2b^2 - a^2 = 1 \\ a - 2b = -1 \end{cases}$ 或 $\begin{cases} 2b^2 - a^2 = 1 \\ a - 2b = 1 \end{cases}$，

解方程组得 $\begin{cases} a = -1 \\ b = -1 \end{cases}$ 或 $\begin{cases} a = 1 \\ b = 1 \end{cases}$，于是 $r^2 = 2b^2 = 2$，即 $r = \sqrt{2}$ 成立. 所以选(C).

**43.【B】**

**解**　斜率为 1 的直接代入，圆 $C_2 : x^2 + y^2 + 2x - 6y - 14 = 0$ 关于 $y = x$ 对称，以 $(y, x)$ 代入即可得圆 $C_1 : y^2 + x^2 + 2y - 6x - 14 = 0$.

**44.【E】**

**解**　圆 $x^2 + y^2 - 4x + 2y + 1 = 0$ 的圆心为 $A(2, -1)$，半径 $r_1 = 2$.

圆 $x^2 + y^2 + 4x - 4y + 4 = 0$ 的圆心为 $B(-2, 2)$，半径 $r_2 = 2$.

圆心距 $|AB| = \sqrt{4^2 + (-3)^2} = 5 > r_1 + r_2 = 4$，所以两圆外离，从而公切线有 4 条. 选(E).

**45.【A】**

**解**　由条件(1)，曲线 $C : y = \sqrt{4 - x^2}$，即 $x^2 + y^2 = 4 (y \geqslant 0)$ 的图形是以原点为圆心，2 为半径的圆，位于 $x$ 轴上方(包括与 $x$ 轴的两个交点)的半圆，$m$ 是直线 $l : y = x + m$ 的纵截距，在同一直角坐标系中绘出它们的图形，就可以得出 $2 \leqslant m < 2\sqrt{2}$ 的结论，所以条件(1)充分.

由条件(2)，圆 $C_1$ 的圆心为 $C_1(m, 0)$，半径 $r_1 = 1$；圆 $C_2$ 的圆心为 $C_2(0, m)$，半径 $r_2 = 2$.

因为圆 $C_1$ 与 $C_2$ 相交，所以 $r_2 - r_1 < |C_1 C_2| < r_2 + r_1$，即 $1 < \sqrt{m^2 + m^2} < 3$，$1 < \sqrt{2}\, |m| < 3$，

所以 $\dfrac{1}{\sqrt{2}} < |m| < \dfrac{3}{\sqrt{2}}$，由于 $\dfrac{1}{\sqrt{2}} < 2$，所以条件(2)不充分. 故此题应选(A).

**46.【E】**

**解**　配方得圆心是 $(1, -2)$，选(E).

**47.【C】**

**解**　圆方程为 $(x - 1)^2 + (y + 2)^2 = 4$，故圆心为 $(1, -2)$，又与直线 $3x + 2y = 1$ 平行，所以 $k = -\dfrac{3}{2}$，所以直线方程为 $3x + 2y + 1 = 0$，选(C).

**48. 解**　令 $x = 0$，得抛物线与 $y$ 轴交于 $A(0, 4)$；令 $y = 0$，得抛物线与 $x$ 轴相切于 $B(4, 0)$.

设圆的方程为 $x^2 + y^2 + ax + by = 0$，过点 $A(0, 4)$，$B(4, 0)$，得 $a = b = -4$，故圆的方程为 $x^2 + y^2 - 4x - 4y = 0$.

因所求圆通过 $O$，$A$，$B$ 三点，由此可得圆心坐标为 $(2, 2)$，半径 $r = 2\sqrt{2}$. 所以，圆的方程为 $(x - 2)^2 + (y - 2)^2 = 8$.

**49.【B】**

**解**　$x^2 + y^2 = 1$，因 $0 < x \leqslant 1$，得 $x = \sqrt{1 - y^2}$.

**50.【D】**

**解**　直线 $kx - y + 2k = 0$，利用 $d = r$，代入 $\dfrac{|2k|}{\sqrt{k^2 + 1}} = 1$，得 $k = \pm \dfrac{\sqrt{3}}{3}$.

**51.【A】**

**解**　圆 $(x - 1)^2 + (y + 2)^2 = 5$，圆心为 $C(1, -2)$，验证 $d = r$ 即可.

(1) $x - 2y = 0$，$d = \dfrac{|1 - 2 \times (-2)|}{\sqrt{1 + (-2)^2}} = \sqrt{5}$，充分.

(2) $2x - y = 0$，$d = \dfrac{|2 \times 1 - (-2)|}{\sqrt{2^2 + (-1)^2}} = \dfrac{4}{\sqrt{5}}$，不充分.

**52.【B】**

**解**　所给圆方程为 $(x-1)^2+y^2=1$,圆心 $(1,0)$ 到直线 $3x+4y-12=0$ 的

距离 $d=\dfrac{|3-12|}{\sqrt{9+16}}=\dfrac{9}{5}>1$(圆的半径),所给圆及直线位置如图 12.13 所示,

所以最短距离是 $d-r=\dfrac{9}{5}-1=\dfrac{4}{5}$,选(B).

**53.【A】**

**解**　一抛物线以 $y$ 轴为对称轴,且过原点,设抛物线方程为 $y=ax^2$,过点

$\left(-1,\dfrac{1}{2}\right)$,得抛物线方程为 $y=\dfrac{1}{2}x^2$.直线过 $\left(1,\dfrac{5}{2}\right)$ 和 $\left(0,\dfrac{3}{2}\right)$ 点,可得直

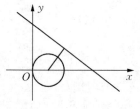

图 12.13

线方程为 $y=x+\dfrac{3}{2}$.进一步解方程组 $\begin{cases} y=\dfrac{1}{2}x^2 \\ y=x+\dfrac{3}{2} \end{cases}$,可得抛物线与直线的交点为 $\left(3,\dfrac{9}{2}\right)$ 与 $\left(-1,\dfrac{1}{2}\right)$,所

以两点之间的距离为 $d=4\sqrt{2}$.

**54.【E】**

**解法 1**　圆 $x^2+(y-1)^2=1$,由弦长公式 $l=2\sqrt{r^2-d^2}>\sqrt{2}$,又 $r=1$ 代入得到 $d^2<\dfrac{1}{2}$,圆心 $(0,1)$

到直线 $l:kx-y=0$ 的距离 $d^2=\left(\dfrac{|-(-1)|}{\sqrt{k^2+1}}\right)^2<\dfrac{1}{2}$,得 $k>1$ 或 $k<-1$.

**解法 2**　数形结合法,由图像和斜率的变化范围马上得到 $k>1$ 或 $k<-1$.

**55.【B】**

**解**　题干中两圆的圆心距 $d=\sqrt{(4-2)^2+(3-1)^2}=2\sqrt{2}$,两圆若相切,则需 $d=5+r$ 或 $d=|r-5|$,得 $r=5\pm2\sqrt{2}$.选(B).

**56.【B】**

**解**　圆与 $x$ 轴相切,设圆心为 $C$ 点,得到 $\angle AOB=2\times\angle COB=2\times\dfrac{\pi}{6}=\dfrac{\pi}{3}$.

**57.【A】**

**解**　$2x+3y=1$ 关于 $x$ 轴对称直线为 $2x+3(-y)=1$.

**58.【A】**

**解**　圆 $A:(x+2)^2+(y+1)^2=2^2$,圆心为 $A(-2,-1)$,半径 $r_A=2$,

条件(1),圆 $B:(x-1)^2+(y-3)^2=3^2$,圆心为 $B(1,3)$,半径为 $r_B=3$,$|AB|=$ $\sqrt{(1+2)^2+(3+1)^2}=5=r_A+r_B$,所以圆 $A$ 和圆 $B$ 外切,充分.

条件(2),圆 $B:(x-3)^2+y^2=3^2$,圆心为 $B(3,0)$,半径 $r_B=3$,$|AB|=\sqrt{(3+2)^2+1^2}=\sqrt{26}$,而

$r_A+r_B=5$,$|AB|\neq r_A+r_B$,圆 $A$ 和圆 $B$ 不相切,不充分.

**59.【C】**

**解**　条件(1),由直线 $y=x+b$ 和曲线 $y=\dfrac{4}{x}$ 相交可得:$\dfrac{4}{x}=x+b\Rightarrow x^2+bx-4=0$,设方程的两个

根为 $x_1$,$x_2$,由韦达定理得 $\begin{cases} x_1+x_2=-b \\ x_1x_2=-4 \end{cases}$,设 $A(x_1,x_1+b)$,$B(x_2,x_2+b)$,则 $|AB|=$

$\sqrt{(x_1-x_2)^2+(x_1+b-x_2-b)^2}=\sqrt{2}\sqrt{(x_1-x_2)^2}=\sqrt{2}\sqrt{(x_1+x_2)^2-4x_1x_2}=\sqrt{2}\sqrt{b^2+16}$.

由条件(1),可得 $|AB|$ 已知,但 $b$ 有正负,不能确定 $b$ 的值,不充分.条件(2),因为 $y_A=x_A+b$,$y_A-$

$x_A=b>0$,显然不充分.联合条件(1)与(2),取 $b>0$ 的那个根,充分.

【**技巧**】　等号条件加不等号约束直接选(C),或可以由数形结合画草图定性判断得到.

**60.【A】**

**解**　画草图分析,在坐标系内画出三条直线,构成一个三角形,可观察出点(1, 1)在三角形内.

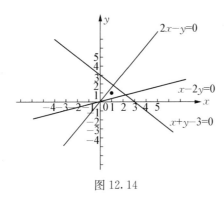

图 12.14

**61.【C】**

　　**解**　$x^2 + y^2 + 2x - 3 = 0 \Rightarrow (x+1)^2 + y^2 = 4$,即圆心为$(-1, 0)$,半径为 2;$x^2 + y^2 - 6y + 6 = 0 \Rightarrow x^2 + (y-3)^2 = 3$,即圆心为$(0, 3)$,半径为$\sqrt{3}$.

　　由于两圆心的圆心距$d = \sqrt{(-1-0)^2 + (0-3)^2} = \sqrt{10}$,且$2 - \sqrt{3} < \sqrt{10} < 2 + \sqrt{3}$,即两圆关系为相交.

**62.【B】**

　　**解**　圆与直线相切,即圆心到直线的距离等于半径,$d = \dfrac{|2k|}{\sqrt{k^2+1}} = 1 = r$,解得$k = \pm\dfrac{\sqrt{3}}{3}$,即条件(1)不充分,条件(2)充分.

# 第 13 章

# 空间几何体

## 13.1 基本概念、定理、方法

### 13.1.1 长方体

如图 13.1 所示,设 3 条相邻的棱长为 $a$, $b$, $c$.

(1) 体积:$V = abc$.

(2) 全面积:$F = 2(ab + bc + ac)$.

(3) 体对角线:$l = \sqrt{a^2 + b^2 + c^2}$.

注:当 $a = b = c$ 时为正方体,正方体体积为 $a^3$,全面积为 $6a^2$,体对角线为 $\sqrt{3}a$.

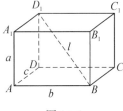

图 13.1

### 13.1.2 圆柱体

如图 13.2 所示,设高为 $h$,底面半径为 $r$.

(1) 体积:$V = S \cdot h = \pi r^2 h$.

(2) 侧面积:$S = 2\pi rh$(其侧面展开图为一个长 $2\pi r$,宽为 $h$ 的长方形).

(3) 全面积:$F = 2\pi rh + 2\pi r^2$.

特别地,在等边圆柱体(轴截面是正方形,即 $h = 2r$)中,体积为 $2\pi r^3$,侧面积为 $S = 4\pi r^2$,全面积为 $6\pi r^2$.

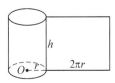

图 13.2

### 13.1.3 球体

如图 13.3 所示,设球的半径为 $r$.

(1) 体积:$V = \dfrac{4}{3}\pi r^3$.

(2) 表面积:$S = 4\pi r^2$.

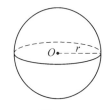

图 13.3

## 13.2 知识点分类精讲

**【知识点 13.1】** 长方体、正方体

解题技巧:连接面上的对角线、体对角线可以得到很多直角三角形.

**例 13.1** (199710)一个长方体,长与宽之比是 2∶1,宽与高之比是 3∶2,若长方体的全部棱长之和是 220 厘米,则长方体的体积是(    ).

(A) 2 880 厘米³        (B) 7 200 厘米³        (C) 4 600 厘米³

(D) 4 500 厘米³        (E) 3 600 厘米³

**解**  高：宽：长 ＝ 2：3：6,已知全部棱长为 220,则高＋宽＋长 ＝ $\frac{220}{4}$ ＝ 55,

所以高 ＝ $\frac{2}{2+3+6} \times 55 = 10$,宽 ＝ $\frac{3}{2+3+6} \times 55 = 15$,长 ＝ $\frac{6}{2+3+6} \times 55 = 30$.

所以长方体体积 $V = 10 \times 15 \times 30 = 4\ 500$ 厘米³. 选(D).

**例 13.2**  要建造一个长方体形状的仓库,其内部的高为 3 米,长与宽的和为 20 米,那么仓库容积的最大值为(    )米³.

(A) 300        (B) 400        (C) 500        (D) 600        (E) 700

**解**  设仓库长为 $x$,宽为 $20-x$,则容积 $V = 3 \cdot x(20-x) \leqslant 3 \cdot \left(\frac{x+20-x}{2}\right)^2 = 300$.

当且仅当 $x = 20-x \Rightarrow x = 10$ 时,容积达到最大值 300 米³. 选(A).

**例 13.3**  长方体全面积为 11,棱长之和为 24,则其体对角线的长为(    ).

(A) $2\sqrt{3}$        (B) 5        (C) $\sqrt{14}$

(D) $\sqrt{47}$        (E) 以上结论均不正确

**解**  设长方体三棱长为 $a$, $b$, $c$,则由已知可得 $2(ab+ac+bc) = 11$, $4(a+b+c) = 24$.

所以长方体体对角线 $d = \sqrt{a^2+b^2+c^2} = \sqrt{(a+b+c)^2 - 2(ab+ac+bc)} = \sqrt{6^2-11} = 5$,选(B).

**例 13.4**  一个长方体,有共同顶点的三条对角线长分别为 $a$, $b$, $c$,则它的体对角线长是(    ).

(A) $\sqrt{a^2+b^2+c^2}$        (B) $\frac{1}{2}\sqrt{a^2+b^2+c^2}$

(C) $\frac{1}{4}\sqrt{a^2+b^2+c^2}$        (D) $\sqrt{\frac{a^2+b^2+c^2}{2}}$

(E) $\sqrt{\frac{a^2+b^2+c^2}{4}}$

**解**  如图 13.4 所示,长方体长、宽、高分别为 $x$, $y$, $z$,体对角线为 $l$,则有 $x^2+y^2 = a^2$, $y^2+z^2 = b^2$, $z^2+x^2 = c^2$.

所以 $l = \sqrt{x^2+y^2+z^2} = \sqrt{\frac{a^2+b^2+c^2}{2}}$,选(D).

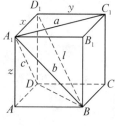

图 13.4

---

**【知识点 13.2】  圆柱体**

解题技巧：圆柱体底面是个圆,侧面展开后是个长方形.底面圆的周长等于长方形的长.

**例 13.5**  (199801)圆柱体的底半径和高的比是 1：2,若体积增加到原来的 6 倍,底半径和高的比保持不变,则底半径(    ).

(A) 增加到原来的 $\sqrt{6}$ 倍　　(B) 增加到原来的 $\sqrt[3]{6}$ 倍　　(C) 增加到原来的 $\sqrt{3}$ 倍

(D) 增加到原来的 $\sqrt[3]{3}$ 倍　　(E) 增加到原来的 6 倍

**解** 设圆柱体的底半径为 $R$,高为 $H$,已知 $R:H=1:2$,所以 $H=2R$,从而 $V=\pi R^2 H=2\pi R^3$. 设变化后的体积为 $V'$,底半径为 $r$,高为 $h$,仍有 $h=2r$, $V'=2\pi r^3$.

依题意 $V'=6V$,即 $2\pi r^3=6\cdot 2\pi R^3$,所以 $r=\sqrt[3]{6}R$. 选(B).

**例 13.6** (199901)一个两头密封的圆柱形水桶,水平横放时桶内有水部分占水桶一头圆周长的 1/4,则水桶直立时水的高度和桶的高度之比值是( ).

(A) $\dfrac{1}{4}$　　　(B) $\dfrac{1}{4}-\dfrac{1}{\pi}$　　(C) $\dfrac{1}{4}-\dfrac{1}{2\pi}$　　(D) $\dfrac{1}{8}$　　　(E) $\dfrac{\pi}{4}$

**解** 水的体积为 $V$,桶长为 $L$,桶底半径为 $R$,桶直立时水高为 $H$. 桶在水平横放时其底面(此时它与水平面垂直),如图 13.5 所示,其中有水部分的弧 $\overset{\frown}{AB}$ 等于圆周长的 1/4,故 $\angle AOB$ 是直角.

所以 $V=\left(\dfrac{\pi}{4}R^2-\dfrac{1}{2}R^2\right)L=\pi R^2 H.$

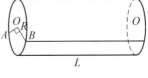

图 13.5

因此 $\dfrac{H}{L}=\dfrac{\dfrac{\pi}{4}R^2-\dfrac{1}{2}R^2}{\pi R^2}=\dfrac{1}{4}-\dfrac{1}{2\pi}$. 选(C).

**例 13.7** 一圆柱体的高与正方体的高相等,且它们的侧面积也相等,则圆柱体的体积与正方体体积的比值是( ).

(A) $\dfrac{4}{\pi}$　　　(B) $\dfrac{3}{\pi}$　　　(C) $\dfrac{\pi}{3}$　　　(D) $\dfrac{\pi}{4}$　　　(E) $\pi$

**解** 设正方体棱长为 $a$,圆柱体底面半径为 $r$. 因为 $S_{正方体侧面}=S_{圆柱体侧面}$,所以 $4a^2=2\pi r\cdot a\Rightarrow r=\dfrac{2a}{\pi}$. 所以 $V_{正方体}=a^3$, $V_{圆柱体}=\pi r^2 a=\pi\left(\dfrac{2a}{\pi}\right)^2 a=\dfrac{4}{\pi}a^3\Rightarrow\dfrac{V_{圆柱体}}{V_{正方体}}=\dfrac{4}{\pi}$. 选(A).

**例 13.8** 一张长为 12 宽为 8 的矩形铁皮卷成一个圆柱体的侧面,其高为 12,则这个圆柱体的体积是( ).

(A) $\dfrac{288}{\pi}$　　(B) $\dfrac{192}{\pi}$　　(C) 288　　　(D) 192　　　(E) $288\pi$

**解** 圆柱的侧面积为 $12\times 8=96$,高为 12,即 $2\pi rh=96$, $r=\dfrac{96}{2\pi h}=\dfrac{4}{\pi}$.

故圆柱体体积 $V=\pi r^2 h=\dfrac{192}{\pi}$,选(B).

**【知识点 13.3】 球体**

解题技巧:每个过球心的截面都是一个圆.

**例 13.9** (199810)若一球体的表面积增加到原来的 9 倍,则它的体积( ).

(A) 增加到原来的 9 倍　　(B) 增加到原来的 27 倍　　(C) 增加到原来的 3 倍

(D) 增加到原来的 6 倍　　　(E) 增加到原来的 8 倍

**解**　设球体原半径为 $r$,则它的表面积为 $S=4\pi r^2$,体积 $V=\dfrac{4}{3}\pi r^3$.

设变化后的半径为 $R$,则变化后的表面积为 $S_1=9S$,即 $4\pi R^2=9\times 4\pi r^2=36\pi r^2$,即 $R=3r$. 变化后的体积 $V_1=\dfrac{4}{3}\pi R^3=\dfrac{4}{3}\pi(3r)^3=27\times\dfrac{4}{3}\pi r^3=27V$. 选(B).

**例 13.10**　(201101)现有一个半径为 $R$ 的球体,拟用刨床将其加工成正方体,则能加工成的最大正方体的体积是(　　).

(A) $\dfrac{8}{3}R^3$　　　(B) $\dfrac{8\sqrt{3}}{9}R^3$　　　(C) $\dfrac{4}{3}R^3$　　　(D) $\dfrac{1}{3}R^3$　　　(E) $\dfrac{\sqrt{3}}{9}R^3$

**解**　正方体内接于球体时体积最大,设正方体边长为 $a$,则 $2R=\sqrt{3}a\Rightarrow a=\dfrac{2R}{\sqrt{3}}$,所以正方体体积 $V=a^3=\dfrac{8\sqrt{3}}{9}R^3$,选(B).

〖评注〗　解题技巧:题目中涉及多个立体几何体时,关键要找共性要素(此题中球的直径与正方体体对角线相同).

**例 13.11**　一个长、宽、高分别是 80 厘米,60 厘米,55 厘米的长方体水槽中有水 200 000 立方厘米,放入一个有三分之二在水中的木球,则水可以从水槽中流出.

(1) 木球直径是 60 厘米　　　(2) 木球直径是 50 厘米

**解**　如图 13.6 所示,设放入木球的半径为 $r$,若水可以从水槽中流出

则有 $\dfrac{2}{3}\times\dfrac{4}{3}\pi r^3+200\,000>80\times 60\times 55$,

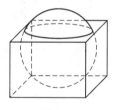

$\Rightarrow r^3>\dfrac{64\,000\times 9}{8\pi}\Rightarrow r^3>22\,930$.

条件(1)中,$r=30$,$r^3=27\,000>22\,930$,条件(1)充分.

条件(2)中,$r=25$,$r^3=15\,625<22\,930$,条件(2)不充分.

图 13.6

选(A).

**例 13.12**　如图 13.7 所示,一个底面半径为 $R$ 的圆柱形量杯中装有适量的水. 若放入一个半径为 $r$ 的实心铁球,水面高度正好升高 $r$,则 $\dfrac{R}{r}=(\ \ \ )$.

(A) $\dfrac{4\sqrt{3}}{3}$　　　　　(B) $\dfrac{3\sqrt{2}}{2}$　　　　　(C) $\dfrac{2\sqrt{3}}{3}$

(D) $\dfrac{4\sqrt{3}}{2}$　　　　　(E) 以上都不正确

**解**　水面高度升高 $r$,则圆柱体体积增加 $\pi R^2 r$,恰好是半径为 $r$ 的实心铁球的体积. 所以有 $\pi R^2 r=\dfrac{4}{3}\pi r^3\Rightarrow \dfrac{R}{r}=\sqrt{\dfrac{4}{3}}=$

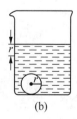

$\dfrac{2\sqrt{3}}{3}$,选(C).

(a)　　　(b)

图 13.7

**例 13.13**　表面积为 $324\pi$ 的球,其内接正四棱柱(底面

是正方形的棱柱)的高为 14,则这个正四棱柱的表面积为(    ).

(A) 418　　　　　　　　(B) 576　　　　　　　　(C) 724

(D) 612　　　　　　　　(E) 以上都不正确

**解**  设球的半径为 $R$,正四棱柱底面边长为 $a$. 因为球的表面积为 $324\pi$,所以 $4\pi R^2 = 324\pi \Rightarrow R = 9$. 由正四棱柱的体对角线长等于球的直径,即 $2a^2 + 14^2 = (2 \times 9)^2 \Rightarrow a = 8$.

所以正四棱柱表面积为 $64 \times 2 + 8 \times 14 \times 4 = 576$,选(B).

**例 13.14**  表面积相等的正方体、等边圆柱(轴截面是正方形)和球,它们的体积分别为 $V_1$,$V_2$,$V_3$,则体积之间大小关系为(    ).

(A) $V_3 < V_1 < V_2$　　　(B) $V_1 < V_3 < V_2$　　　(C) $V_2 < V_3 < V_1$

(D) $V_1 < V_2 < V_3$　　　(E) $V_2 < V_1 < V_3$

**解**  由它们的表面积相等,可得 $6a^2 = 6\pi r^2 = 4\pi R^2$. 解得 $r = \dfrac{1}{\sqrt{\pi}}a$,$R = \sqrt{\dfrac{3}{2\pi}}a$.

由几何体体积公式可得 $V_1 = a^3$,$V_2 = 2\pi r^3 = \sqrt{\dfrac{4}{\pi}}a^3$,$V_3 = \dfrac{4}{3}\pi R^3 = \sqrt{\dfrac{6}{\pi}}a^3$.

因此 $V_1 < V_2 < V_3$,故选(D).

## 13.3　历年真题分类汇编与典型习题(含详解)

**1.** 若长方体的三条棱长成等差数列,则它的全面积可以唯一确定.

(1) 此等差数列的公差为 $a$　　(2) 三条棱长之和为 $6a$

**2.** 长方体的三个侧面积分别是 2 平方厘米、6 平方厘米、3 平方厘米,则其体积为(    )立方厘米.

(A) 4　　　　　　　　(B) 5　　　　　　　　(C) 6

(D) 7.5　　　　　　　(E) 9

**3.** 建造一个容积为 8 立方米,深为 2 米的长方体无盖水池. 如果池底和池壁的造价每平方米分别为 120 元和 80 元,那么水池的最低造价为(    )元.

(A) 1 560　　　　　　　(B) 1 660　　　　　　　(C) 1 760

(D) 1 860　　　　　　　(E) 以上都不正确

**4.** 已知某正方体的体对角线长为 $a$,那么这个正方体的全面积是(    ).

(A) $2\sqrt{2}a^2$　　　(B) $2a^2$　　　(C) $2\sqrt{3}a^2$　　　(D) $3\sqrt{2}a^2$　　　(E) $3a^2$

**5.** 如图 13.8 所示,正方体 $ABCDA'B'C'D'$ 的棱长为 2,$E$,$F$ 分别是棱 $AD$,$C'D'$ 的中点. 位于 $E$ 点处的一个小虫要在这个正方体的表面上爬到 $F$ 处,它爬行的最短距离为(    ).

(A) $\dfrac{5}{2}$　　　　　　　(B) 4　　　　　　　(C) $2\sqrt{2}$

(D) $1+\sqrt{5}$　　　　　(E) $\sqrt{10}$

**6.** 长方体三条棱的比是 $3:2:1$,表面积是 88,则最长的一条棱等于(    ).

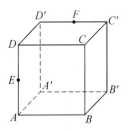

图 13.8

(A) 8          (B) 11          (C) 12          (D) $2\sqrt{22}$          (E) 6

**7.** 如图 13.9 所示，长方体 $ABCD-A_1B_1C_1D_1$ 中，高 $A_1A$ 为 1，$\angle BAB_1 = \angle B_1A_1C_1 = 30°$，则这个长方体的体对角线长为(    ).

(A) 2                    (B) $\sqrt{2}$                    (C) $\sqrt{3}$

(D) $\sqrt{5}$                  (E) $\sqrt{6}$

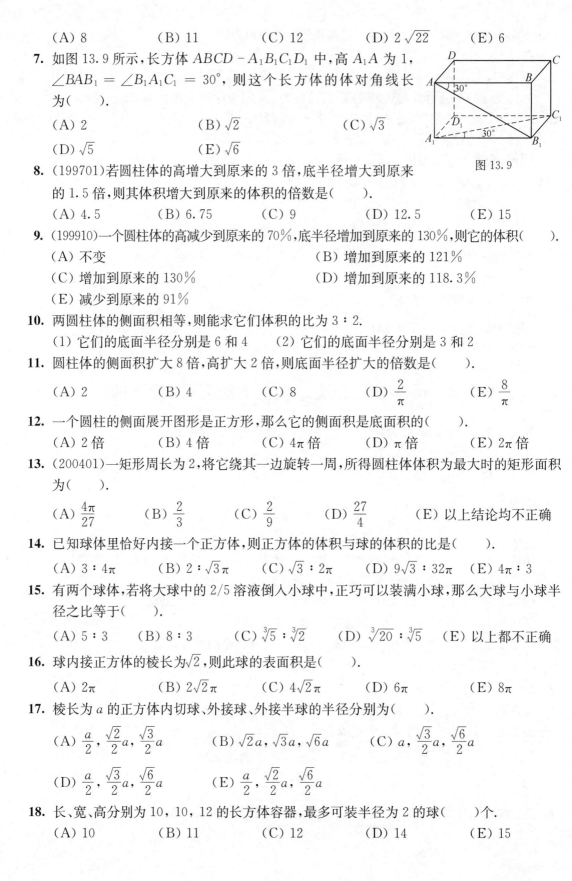

图 13.9

**8.** (199701)若圆柱体的高增大到原来的 3 倍,底半径增大到原来的 1.5 倍,则其体积增大到原来的体积的倍数是(    ).

(A) 4.5          (B) 6.75          (C) 9          (D) 12.5          (E) 15

**9.** (199910)一个圆柱体的高减少到原来的 70%,底半径增加到原来的 130%,则它的体积(    ).

(A) 不变                              (B) 增加到原来的 121%

(C) 增加到原来的 130%                  (D) 增加到原来的 118.3%

(E) 减少到原来的 91%

**10.** 两圆柱体的侧面积相等,则能求它们体积的比为 3:2.

　　(1) 它们的底面半径分别是 6 和 4          (2) 它们的底面半径分别是 3 和 2

**11.** 圆柱体的侧面积扩大 8 倍,高扩大 2 倍,则底面半径扩大的倍数是(    ).

(A) 2          (B) 4          (C) 8          (D) $\dfrac{2}{\pi}$          (E) $\dfrac{8}{\pi}$

**12.** 一个圆柱的侧面展开图形是正方形,那么它的侧面积是底面积的(    ).

(A) 2 倍          (B) 4 倍          (C) $4\pi$ 倍          (D) $\pi$ 倍          (E) $2\pi$ 倍

**13.** (200401)一矩形周长为 2,将它绕其一边旋转一周,所得圆柱体体积为最大时的矩形面积为(    ).

(A) $\dfrac{4\pi}{27}$          (B) $\dfrac{2}{3}$          (C) $\dfrac{2}{9}$          (D) $\dfrac{27}{4}$          (E) 以上结论均不正确

**14.** 已知球体里恰好内接一个正方体,则正方体的体积与球的体积的比是(    ).

(A) $3:4\pi$      (B) $2:\sqrt{3}\pi$      (C) $\sqrt{3}:2\pi$      (D) $9\sqrt{3}:32\pi$      (E) $4\pi:3$

**15.** 有两个球体,若将大球中的 2/5 溶液倒入小球中,正巧可以装满小球,那么大球与小球半径之比等于(    ).

(A) $5:3$      (B) $8:3$      (C) $\sqrt[3]{5}:\sqrt[3]{2}$      (D) $\sqrt[3]{20}:\sqrt[3]{5}$      (E) 以上都不正确

**16.** 球内接正方体的棱长为 $\sqrt{2}$,则此球的表面积是(    ).

(A) $2\pi$          (B) $2\sqrt{2}\pi$          (C) $4\sqrt{2}\pi$          (D) $6\pi$          (E) $8\pi$

**17.** 棱长为 $a$ 的正方体内切球、外接球、外接半球的半径分别为(    ).

(A) $\dfrac{a}{2}, \dfrac{\sqrt{2}}{2}a, \dfrac{\sqrt{3}}{2}a$          (B) $\sqrt{2}a, \sqrt{3}a, \sqrt{6}a$          (C) $a, \dfrac{\sqrt{3}}{2}a, \dfrac{\sqrt{6}}{2}a$

(D) $\dfrac{a}{2}, \dfrac{\sqrt{3}}{2}a, \dfrac{\sqrt{6}}{2}a$          (E) $\dfrac{a}{2}, \dfrac{\sqrt{2}}{2}a, \dfrac{\sqrt{6}}{2}a$

**18.** 长、宽、高分别为 10,10,12 的长方体容器,最多可装半径为 2 的球(    )个.

(A) 10          (B) 11          (C) 12          (D) 14          (E) 15

**19.** 体积相等的正方体、等边圆柱和球,它们的表面积分别为 $S_1$,$S_2$,$S_3$,则有(　　).

(A) $S_3 < S_1 < S_2$　　　　(B) $S_1 < S_3 < S_2$　　　　(C) $S_2 < S_3 < S_1$

(D) $S_3 < S_2 < S_1$　　　　(E) $S_2 < S_1 < S_3$

**20.** (201410)图 13.10 是一个棱长为 1 的正方体表面展开图. 在该正方体中,$AB$ 与 $CD$ 确定的截面面积为(　　).

(A) $\dfrac{\sqrt{3}}{2}$　　　　　　(B) $\dfrac{5}{2}$　　　　　　(C) 1

(D) 2　　　　　　(E) 3

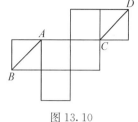

图 13.10

## 详解:

**1.【C】**

**解**　显然条件(1)和(2)单独都不能求得三棱的长度,但是联合起来,即在此等差数列中 $\begin{cases} d = a \\ 3a_2 = 6a \end{cases} \Rightarrow$

三条棱长为 $a$,$2a$,$3a$,则全面积 $S_{全} = 2(a \cdot 2a + 2a \cdot 3a + 3a \cdot a) = 22a^2$,选(C).

**2.【C】**

**解**　设长方体三条棱长分别为 $a$,$b$,$c$,则由已知可设 $ab = 2$,$bc = 6$,$ac = 3$.

则长方体体积 $V = abc = \sqrt{ab \cdot bc \cdot ac} = \sqrt{2 \times 6 \times 3} = 6$,选(C).

**3.【C】**

**解**　设水池底长为 $x$,容积为 8,所以水池宽为 $8/2x = 4/x$.

所以总造价:$y = 120 \cdot x \cdot \dfrac{4}{x} + 80\left(2x \cdot 2 + 2 \cdot \dfrac{4}{x} \cdot 2\right) = 480 + 320\left(x + \dfrac{4}{x}\right) \geqslant 480 + 320 \cdot 2\sqrt{4} = 1\,760.$

当且仅当 $x = \dfrac{4}{x} \Rightarrow x = 2$ 时达到最小值,选(C).

**4.【B】**

**解**　设正方体的棱长为 $x$,则 $a^2 = 3x^2 \Rightarrow x = a/\sqrt{3}$,所以全面积 $6x^2 = 2a^2$,选(B).

**5.【C】**

**解**　请注意小虫无论沿着哪条棱从 $E$ 爬到 $F$ 都不会是最短的距离. 有多种爬行路线:可以先在"前面"($ABCD$ 面)上爬到 $CD$ 棱(见图 13.8),再在"上面"爬到 $F$ 点,爬行路线如图 13.11(a)所示,则 $EF = \sqrt{3^2 + 1^2} = \sqrt{10}$.

可以先在"侧面"($AA'D'D$ 面)上爬到 $D'D$ 棱,再在"上面"爬到 $F$ 点,爬行路线如图 13.11(b)所示,则 $EF = \sqrt{2^2 + 2^2} = \sqrt{8} = 2\sqrt{2}$. 所以选(C).

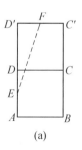
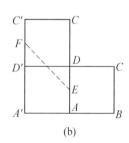

(a)　　　　(b)

图 13.11

**6.【E】**

**解**　按题意,设 3 条棱长为 $3a$,$2a$,$a$,则表面积是 $2(3a \cdot 2a + 2a \cdot a + 3a \cdot a) = 88$,解得 $a = 2$,所以最长棱 $3a = 6$,应选(E).

**7.【D】**

**解**　在 Rt$\triangle BAB_1$ 中 $\angle B_1BA = 90°$,$\angle BAB_1 = 30°$,且 $B_1B = A_1A = 1$,所以 $AB = \sqrt{3}$.

又在 Rt$\triangle B_1A_1C_1$ 中,$\angle B_1A_1C_1 = 30°$,$A_1B_1 = AB = \sqrt{3}$. 所以 $B_1C_1 = 1$,$A_1C^2 = A_1B_1^2 + B_1C_1^2 + AA_1^2$,

对角线 $A_1C = \sqrt{1 + 1 + 3} = \sqrt{5}$,选(D).

**8.【B】**

**解**　圆柱体体积 $V=\pi r^2 h$. 变化后体积 $V'=\pi\times(1.5r)^2\times 3h=6.75\pi r^2 h=6.75V$. 选(B).

**9.【D】**

**解**　$(1.30)^2\times(0.70)=1.183=118.3\%$. 选(D).

**10.【D】**

**解**　设它们的高分别为 $h_1$ 和 $h_2$.

由条件(1)，$r_1=6$，$r_2=4$，且 $2\pi r_1 h_1=2\pi r_2 h_2$，即 $2\pi\cdot 6\cdot h_1=2\pi\cdot 4\cdot h_2\Leftrightarrow\dfrac{h_1}{h_2}=\dfrac{2}{3}$，

则 $\dfrac{V_1}{V_2}=\dfrac{\pi r_1^2 h_1}{\pi r_2^2 h_2}=\dfrac{6^2}{4^2}\cdot\dfrac{2}{3}=\dfrac{3}{2}$，条件(1)充分.

由条件(2)，同样得 $\dfrac{h_1}{h_2}=\dfrac{2}{3}$，所以 $\dfrac{V_1}{V_2}=\dfrac{\pi r_1^2 h_1}{\pi r_2^2 h_2}=\dfrac{3^2}{2^2}\cdot\dfrac{2}{3}=\dfrac{3}{2}$，条件(2)也充分.

选(D).

**11.【B】**

**解**　设原来圆柱体的侧面积为 $S$，底半径为 $r$，高为 $h$，扩大的侧面积为 $S'$，底半径为 $r'$，则 $S=2\pi r\cdot h$，$S'=8S$，$2\pi r'h'=8\times 2\pi rh$，$h'=2h$. 故有 $r'=4r$. 选(B).

**12.【C】**

**解**　因为圆柱侧面展开图是正方形，所以圆柱的高 $h=2\pi r$，于是侧面积 $S_{侧}=h^2$，$r=\dfrac{h}{2\pi}$，所以底面积

是 $\pi r^2=\pi\left(\dfrac{h}{2\pi}\right)^2=\dfrac{h^2}{4\pi}$，所以侧面积是底面积的 $4\pi$ 倍. 选(C).

**13.【C】**

**解**　设矩形的边长为 $x$ 与 $1-x$，则体积

$$V=\pi x^2(1-x)=\frac{1}{2}\pi x\cdot x(2-2x)\leqslant\frac{1}{2}\pi\left(\frac{x+x+2-2x}{3}\right)^3=\frac{1}{2}\pi\left(\frac{2}{3}\right)^3,$$

当 $x=2-2x$ 时，即 $x=\dfrac{2}{3}$ 时，体积有最大值，此时矩形的面积为 $\dfrac{2}{9}$.

**14.【B】**

**解**　显然球的直径与正方体对角线相同，设球的半径为 $r$，正方体棱长为 $a$，则有

$2r=\sqrt{3}a\Rightarrow a=\dfrac{2r}{\sqrt{3}}$. 所以 $V_{正方体}=a^3=\dfrac{4}{3}\cdot\dfrac{2}{\sqrt{3}}r^3$，$V_{球}=\dfrac{4}{3}\pi r^3$. 所以 $\dfrac{V_{正方体}}{V_{球}}=\dfrac{2}{\sqrt{3}\pi}$，选(B).

**15.【C】**

**解**　设大球半径为 $R$，小球半径为 $r$，

按题意 $\dfrac{2}{5}\left(\dfrac{4}{3}\pi R^3\right)=\dfrac{4}{3}\pi r^3\Rightarrow\dfrac{2}{5}R^3=r^3$，$\dfrac{R}{r}=\sqrt[3]{\dfrac{5}{2}}$，应选(C).

**16.【D】**

**解**　正方体体对角线 ＝ 球半径的 2 倍，得 $\sqrt{3}\cdot\sqrt{2}=2r\Rightarrow r=\dfrac{\sqrt{6}}{2}$，$S_{表}=4\pi\left(\dfrac{\sqrt{6}}{2}\right)^2=6\pi$. 选(D).

**17.【D】**

**解**　由图 13.12(a)可知，正方体内切球的半径 $r=\dfrac{a}{2}$. 由图 13.12(b) 可知，正方体体对角线 $l=\sqrt{3}a=$

$2r\Rightarrow r=\dfrac{\sqrt{3}}{2}a$. 由图 13.12(c) 可知，球半径 $R=\sqrt{\left(\dfrac{\sqrt{2}}{2}a\right)^2+a^2}=\dfrac{\sqrt{6}}{2}a$，选(D).

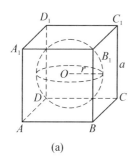 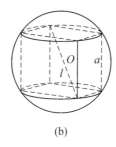 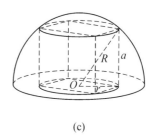

(a)    (b)    (c)

图 13.12

**18.【E】**

**解**  若高为 12,可以装 3 层. 长方体底面是 $10 \times 10$ 的正方形,可以放 5 个球,放法如图 13.13 所示,所以总计 15 个球.

若高为 10,则只能装 2 层,长方体底面是 $10 \times 12$ 的长方形,可以放 6 个球,总计有 12 个球.

所以最多可以装 15 个球.

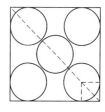

图 13.13

**19.【D】**

**解**  由它们的体积相等可得 $a^3 = 2\pi r^3 = \dfrac{4}{3}\pi R^3$. 解得 $r = \dfrac{1}{\sqrt[3]{2\pi}}a$, $R = \sqrt[3]{\dfrac{3}{4\pi}}a$.

由几何体表面积公式可得 $S_1 = 6a^2 = \sqrt[3]{216}a^2$, $S_2 = 6\pi r^2 = \sqrt[3]{54\pi}a^2$, $S_3 = 4\pi R^2 = \sqrt[3]{36\pi}a^2$.

因此 $S_3 < S_2 < S_1$,选(D).

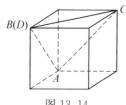

图 13.14

**20.【A】**

**解**  还原正方体如图 13.14 所示,截面为边长是 $\sqrt{2}$ 的等边三角形,根据等边三角形的面积公式可得 $S = \dfrac{\sqrt{3}}{4} \times (\sqrt{2})^2 = \dfrac{\sqrt{3}}{2}$.

# 第14章

# 计数原理与古典概型

## 14.1 基本概念、定理、方法

### 14.1.1 两个基本原理

#### 1. 加法原理

做一件事,完成它有 $n$ 类办法,在第一类办法中有 $m_1$ 种不同的方法,在第二类方法中有 $m_2$ 种不同的方法,……在第 $n$ 类办法中有 $m_n$ 种不同的方法,那么完成这件事共有 $N = m_1 + m_2 + \cdots + m_n$ 种不同的方法.

#### 2. 乘法原理

做一件事,完成它需要分成 $n$ 个步骤,做第一步有 $m_1$ 种不同的方法,做第二步有 $m_2$ 种不同的方法,……做第 $n$ 步有 $m_n$ 种不同的方法,那么完成这件事共有 $N = m_1 \cdot m_2 \cdots \cdot m_n$ 种不同的方法.

#### 3. 加法原理与乘法原理的异同

关键区别是分类还是分步.

相同点:分类计数原理和分步计数原理,回答的都是有关做一件事的不同方法种数的问题.

区别点:加法原理是完成这件事的分类计数方法(每一类都可以独立完成这件事).乘法原理是完成这件事的分步计数方法(每个步骤都不能独立完成这件事).

应用两种原理解题:①分清要完成的事情是什么;②区分是分类完成还是分步完成,"类"间相互独立,"步"间相互联系.

### 14.1.2 排列与排列数公式

#### 1. 排列定义

从 $n$ 个不同元素中,任取 $m(m \leqslant n)$ 个元素,按照一定的顺序排成的一列,叫作从 $n$ 个不同元素中任取 $m$ 个元素的一个排列.

要点:①取出元素;②按一定的顺序排列;③两个排列相同的条件:元素完全相同,元素的排列顺序也相同.

#### 2. 排列数公式

从 $n$ 个不同元素中任取 $m(m \leqslant n)$ 个元素的所有排列的总数,叫作从 $n$ 个不同元素中任取 $m$ 个元素的排列数,用符号 $P_n^m$(或 $A_n^m$)表示. 当 $m = n$ 时,即从 $n$ 个不同元素中任取出 $n$ 个元素的排列,叫作 $n$ 个元素的全排列,记为 $P_n^n$.

排列计算公式:$P_n^m = n(n-1)(n-2) \cdots (n-m+1) = \dfrac{n!}{(n-m)!}$.

全排列数 $P_n^n = n(n-1)(n-2)\cdots 2 \cdot 1 = n!$ ($n!$ 称为 $n$ 的阶乘).

除此以外,还规定 $P_n^0 = 1$, $0! = 1$. 排列数还具有性质: $P_n^m = P_n^k \cdot P_{n-k}^{m-k}$ ($k \leqslant m$).

### 14.1.3    组合与组合数公式

**1. 组合定义**

从 $n$ 个不同元素中,任取 $m$ ($m \leqslant n$) 个元素并为一组,叫作从 $n$ 个不同元素中任取 $m$ 个元素的一个组合.

要点:① 不同元素;②"只取不排"—— 无序性;③ 两个组合相同的条件:元素相同.

**2. 组合数公式**

从 $n$ 个不同元素中任取 $m$ ($m \leqslant n$) 个元素的所有组合的总数,叫作从 $n$ 个元素个中任取 $m$ 个元素的组合数,用符号 $C_n^m$ 表示. 规定: $C_n^0 = 1$, $C_n^n = 1$.

组合数公式如下: $C_n^m = \dfrac{P_n^m}{P_m^m} = \dfrac{n(n-1)(n-2)\cdots(n-m+1)}{m!} = \dfrac{n!}{m!\,(n-m)!}$.

组合数的理解:

(1) $C_n^m = \dfrac{P_n^m}{P_m^m}$: 等式右边分子 $P_n^m$ 可以理解为先从 $n$ 个不同元素中,任取 $m$ ($m \leqslant n$) 个元素,按照一定的顺序排成一列,但组合只关心取出后的结果,不关心顺序,所以要除以 $m$ 个元素所有可能的排列情况,即 $P_m^m$.

(2) $P_n^m = C_n^m \cdot P_m^m$: 排列数计算时分两步,先组合 ($C_n^m$) 后排序 ($P_m^m$).

**3. 组合数的两个性质**

(1) $C_n^m = C_n^{n-m}$. 此性质作用:当 $m > \dfrac{n}{2}$ 时,计算 $C_n^m$ 可变为计算 $C_n^{n-m}$,能够使运算简化.

直观理解:从 $n$ 个不同元素中任取 $m$ 个元素并为一组,与从 $n$ 个不同元素中任取 $n-m$ 个元素并为一组结果一致,实质是取到的与不取到的互补.

此外若 $C_n^x = C_n^y \Rightarrow x = y$ 或 $x + y = n$.

(2) $C_{n+1}^m = C_n^m + C_n^{m-1}$. 此性质作用:等式从右到左可以化简计算.

**例 14.1**    (200810) $C_n^4 > C_n^6$.

(1) $n = 10$

(2) $n = 9$

**解**    由条件(1), $C_{10}^4 = C_{10}^6$, 即条件(1)不充分.

由条件(2), $C_9^4 = \dfrac{9!}{5!4!} = 126$, $C_9^6 = \dfrac{9!}{3!6!} = 84$, 因此 $C_9^4 > C_9^6$, 即条件(2)是充分的.

所以选(B).

**例 14.2**    (200201) 方程 $\dfrac{1}{C_5^x} - \dfrac{1}{C_6^x} = \dfrac{7}{10 C_7^x}$ 的解是(        ).

(A) 4        (B) 3        (C) 2        (D) 1

**解法 1**    本题可以直接用代入法,把 $x = 2$ 代入检验,是方程的解. 故本题选(C).

**解法 2**    原方程等价于 $\dfrac{x!}{5 \times 4 \times \cdots \times (6-x)} - \dfrac{x!}{6 \times 5 \times 4 \times \cdots \times (7-x)} =$

$\dfrac{7 \times x!}{10 \times 7 \times 6 \times \cdots \times (8-x)}$, 化简得 $\dfrac{1}{(7-x)(6-x)} - \dfrac{1}{6 \times (7-x)} = \dfrac{7}{10 \times 7 \times 6}$, 即 $x^2 -$

$23x+42=0$,解得 $x=2$ 或 $x=21$(舍).

#### 4. 二项式定理

二项式定理：$(a+b)^n=\mathrm{C}_n^0a^0b^n+\mathrm{C}_n^1a^1b^{n-1}+\cdots+\mathrm{C}_n^ka^kb^{n-k}+\mathrm{C}_n^na^nb^0\ (n\in\mathbf{N}^+)$

其中等号右边共有 $n+1$ 项,其中第 $k+1$ 项的系数为 $T_{k+1}=\mathrm{C}_n^ka^kb^{n-k}\ (k=0,1,2,\cdots,n)$.

**例 14.3**　(200210) $(1+x)^2(1-x)^{10}$ 的展开式中 $x^4$ 的系数是(　　).

(A) 14　　　　　(B) 15　　　　　(C) 16　　　　　(D) 17

**解**　$(1-x)^{10}$ 展开式的一般项为 $\mathrm{C}_{10}^k(-x)^{10-k}$,所以 $(1+x)^2(1-x)^{10}$ 的展开式中 $x^4$ 的系数为 $\mathrm{C}_{10}^6-2\cdot\mathrm{C}_{10}^7+\mathrm{C}_{10}^8=15$,选(B).

**例 14.4**　(200410) 若 $(1+x)^8(x\neq0)$ 展开式的第 4 项与第 6 项的和等于第 5 项的 2 倍,则 $x=($　　$)$.

(A) 2 或 1/2　　(B) 3 或 1/3　　(C) 3/2 或 2/3　　(D) 3/4 或 4/3　　(E) 3 或 1/2

**解**　$\mathrm{C}_8^3x^5+\mathrm{C}_8^5x^3=2\mathrm{C}_8^4x^4\Rightarrow2x^2-5x+2=0\Rightarrow x=2$ 或 $1/2$,选(A).

## 14.1.4　随机试验与随机事件

#### 1. 随机试验

若试验满足条件:

(1) 试验可在相同条件下重复进行.

(2) 试验的结果具有很多可能性.

(3) 试验前不能确切知道会出现何种结果,只知道所有可能出现的结果.

这样的试验叫作随机试验,简称试验,常记为 $E$.

#### 2. 样本空间、样本点

随机试验 $E$ 的所有可能结果组成的集合称为 $E$ 的样本空间,记为 $\Omega$.

样本空间的元素,即 $E$ 的每个结果,称为样本点,记为 $e_i$.

例如,掷一颗骰子,观察出现的点数,则 $\Omega=\{1,2,3,4,5,6\}$,例如$\{1\}$,$\{2\}$等就是一个样本点,事件 $A=\{2,4,6\}$ 表示掷出的点数为偶数,事件 $B=\{1,2\}$ 表示掷出的点数小于 3.

#### 3. 随机事件

随机事件是在一定条件下可能发生也可能不发生的事件,常记为 $A$,$B$,$C$,$\cdots$.

#### 4. 基本事件、必然事件、不可能事件

由一个样本点组成的单点集,称为基本事件,基本事件也叫样本点,样本点一般不可再分. 样本空间包含所有样本点,在每次试验中总是要发生的,称为必然事件,常记为 $\Omega$. 每次试验中一定不发生的事件,称为不可能事件,记为 $\varnothing$.

## 14.1.5　古典概型

随机试验 $E$ 具有以下两个特征,称 $E$ 为古典型试验.

(1) 所涉及的随机事件只有有限个样本点(有限性),如 $n$ 个.

(2) 每个基本事件出现的可能性是相等的(等可能性),若有 $n$ 个,则每个发生的概率为 $1/n$.

若事件 $A$ 含有 $k$ 个样本点,则事件 $A$ 的概率为

$$P(A) = \frac{\text{事件 } A \text{ 所含样本点的个数}}{\Omega \text{ 中所有样本点的个数}} = \frac{k}{n}.$$

说明:计算古典概率时,首先要弄清楚随机试验是什么,即判断有限性和等可能性是否满足,其次要弄清楚样本空间是怎样构成的,构成样本空间的每个基本事件出现一定要是等可能的.忽略了这一点,就会导致错误结果.例如抛一枚硬币两次,则"两个正面""两个反面""一正一反"不具有等可能性,而"正正""正反""反正""反反"才具有等可能性.

古典概型研究的对象大致可归纳为三类问题:①摸球问题;②分房问题;③随机取数问题.古典概型的计算要有计数原理的基础.

**例 14.5** (201310)图 14.1 是某市 3 月 1～14 日的空气质量指数趋势图,空气质量指数小于 100 表示空气质量优良,空气质量指数大于 200 表示空气重度污染.某人随机选择 3 月 1～13 日中的某一天到达该市,并停留 2 天.此人停留期间空气质量都是优良的概率为( ).

(A) $\frac{2}{7}$ 　　(B) $\frac{4}{13}$ 　　(C) $\frac{5}{13}$ 　　(D) $\frac{6}{13}$ 　　(E) $\frac{1}{2}$

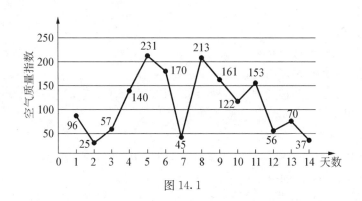

图 14.1

**解** 古典概型求 $P(A) = \frac{m}{n}$,选择 3 月 1～13 日中的某一天到达该市,并停留 2 天,则 $n = 13$.连续 2 天空气质量都是优良,即指数小于100,有 1、2 日,2、3 日,12、13 日,13、14 日共 4 种情况,所以 $P(A) = \frac{m}{n} = \frac{4}{13}$.选(B).

**例 14.6** (200910)若以连续两次掷骰子得到的点数 $a$ 和 $b$ 作为点 $P$ 的坐标,则点 $P(a, b)$ 落在直线 $x + y = 6$ 和两坐标轴围成的三角形内的概率为( ).

(A) $\frac{1}{6}$ 　　(B) $\frac{7}{36}$ 　　(C) $\frac{2}{9}$ 　　(D) $\frac{1}{4}$ 　　(E) $\frac{5}{18}$

**解** $P(a, b)$ 的总点数为 $6 \times 6 = 36$(个),满足 $a + b < 6$ 的点有:
$(1, 1), (1, 2), (1, 3), (1, 4), (2, 1), (2, 2), (2, 3), (3, 1), (3, 2), (4, 1)$,共 10 个,从而点 $P(a, b)$ 落在直线 $x + y = 6$ 和两坐标轴围成的三角形内的概率为 $\frac{10}{36} = \frac{5}{18}$,选(E).

〔评注〕 古典概型与解析几何综合题,罗列的时候用字典序可以避免重复与遗漏.

**例 14.7** (200001)某剧院正在上演一部新歌剧,前座票价为 50 元,中座票价为 35 元,后座票价为 20 元,如果购得任何一种票是等可能的,现任意购买两张票,则其票价不超过 70 元的概率是(　　).

(A) $\dfrac{1}{3}$　　　　(B) $\dfrac{1}{2}$　　　　(C) $\dfrac{3}{5}$　　　　(D) $\dfrac{2}{3}$

**解**　前座、中座、后座三种票价任意买两张共有 $3\times 3=9$(种)买法,但票价不超过 70 元的买法,只能是前后、中中、中后、后前、后中、后后 6 种搭配的方法,从而所求概率 $P=\dfrac{6}{9}=\dfrac{2}{3}$,所以选(D).

### 14.1.6　几何概型

几何型试验:①结果为无限个;②每个结果出现是等可能的.

设 $E$ 为几何型的随机试验,其基本事件空间中的所有基本事件可以用一个有界区域来描述,而其中一部分区域可以表示事件 $A$ 所包含的基本事件,则称事件 $A$ 发生的概率为

$$P(A)=\frac{L(A)}{L(\Omega)},$$

其中 $L(\Omega)$ 与 $L(A)$ 分别为 $\Omega$ 与 $A$ 的几何度量(长度、面积、体积). 这样定义的概率为几何概型.

# 14.2　知识点分类精讲

**【计数原理方法 14.1】**　区分排列还是组合
解题技巧:排列有序,组合无序.

**例 14.8**　(200801)公路 $AB$ 上各站之间共有 90 种不同的车票.

(1) 公路 $AB$ 上有 10 个车站,每两站之间都有往返车票

(2) 公路 $AB$ 上有 9 个车站,每两站之间都有往返车票

**解**　(1) 公路 $AB$ 上有 10 个车站,每两站之间都有往返车票,那么各站之间共有不同的车票种数为 $C_{10}^2\times 2!=90$,条件(1)充分.

(2) 公路 $AB$ 上有 9 个车站,每两站之间都有往返车票,那么各站之间共有不同的车票种数为 $C_9^2\times 2!=72$,条件(2)不充分. 故选(A).

〖评注〗　排列问题.解题技巧:要区分排列还是组合,可以用元素试金法.例如此题,甲站到乙站的车与乙站到甲站的车,显然不是一回事情,所以是有顺序的,应该用排列.

**例 14.9**　有 14 个队参加足球赛,共赛了 182 场.

(1) 每两个队比赛一次

(2) 每两个队在主、客场分别比赛一次

**解**　由条件(1),共赛的场次为 $C_{14}^2=\dfrac{14!}{12!2!}=91$(场),即条件(1)不充分.

由条件(2),则共赛的场次为 $P_{14}^2 = 14 \cdot 13 = 182$(场),即条件(2)充分,所以选(B).

〖评注〗 条件(1)两队之间不考虑次序,所以是组合;条件(2)有主客场,即考虑次序,所以用排列.

**例 14.10** (201201)某商店经营 15 种商品,每次在橱窗内陈列 5 种,若每两次陈列的商品不完全相同,则最多可陈列( ).

(A) 3 000 次    (B) 3 003 次    (C) 4 000 次    (D) 4 003 次    (E) 4 300 次

**解** 从 15 种中选出 5 种共有 $C_{15}^5 = 3\,003$ 种可能.

〖评注〗 知识点:计数问题.

**【计数原理方法 14.2】** 准确分类、合理分步
解题技巧:区别分类与分步,关键是否完成此事.

**例 14.11** (200001)用五种不同的颜色涂在图 14.2 中四个区域,每一个区域涂上 1 种颜色,且相邻区域的颜色必须不同,则共有不同的涂法( ).

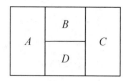

(A) 120 种    (B) 140 种    (C) 160 种    (D) 180 种

**解法 1** (加法原理)要做到图中相邻区域的颜色不同,有两类涂法:

图 14.2

(1) $A$,$C$ 两区域涂同一种颜色,与 $B$,$D$ 区域涂色各不相同有 $C_5^1 \cdot P_4^2$ 种涂法;

(2) $A$,$B$,$C$,$D$ 四区域分别涂四种不同颜色有 $P_5^4$ 种涂法.

所以共有 $C_5^1 \cdot P_4^2 + P_5^4 = 60 + 120 = 180$(种),选(D).

**解法 2** (乘法原理)$A$ 块有 5 种颜色可选,$B$ 块有 4 种颜色可选,$D$ 块有 3 种颜色可选,$C$ 块也有 3 种颜色可选,所以总共有 $5 \times 4 \times 3 \times 3 = 180$ 种方法.选(D).

**例 14.12** (201412)平面上有 5 条平行直线,与另一组 $n$ 条平行直线垂直,若两组平行线共构成 280 个矩形,则 $n=$( ).

(A) 5    (B) 6    (C) 7    (D) 8    (E) 9

**解** $N = C_5^2 C_n^2 = 280 \Rightarrow C_n^2 = \dfrac{n(n-1)}{2} = 28 \Rightarrow n = 8$. 选(D).

**例 14.13** (201301)确定两人从 $A$ 地出发经过 $B$,$C$,沿逆时针方向行走一圈回到 $A$ 地的方案(见图 14.3),若从 $A$ 地出发时每人均可选大路或山道,经过 $B$,$C$ 时,至多有一人可以更改道路,则不同的方案有( ).

(A) 16 种    (B) 24 种    (C) 36 种    (D) 48 种

(E) 64 种

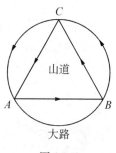

**解** 分步处理:

(1) $A \rightarrow B$,每个人有 2 种选择,有 $2 \times 2 = 4$ 种方法.

(2) $B \rightarrow C$,共有 3 种方法.

(3) $C \rightarrow A$,共有 3 种方法.

图 14.3

所以由乘法原理总计有 $4 \times 3 \times 3 = 36$ 种.选(C).

**例 14.14** (199910)从 0,1,2,3,5,7,11 这 7 个数字中每次取两个相乘,不同的积

有(　　).

　　(A) 15 种　　　(B) 16 种　　　(C) 19 种　　　(D) 23 种　　　(E) 21 种

**解**　第一类:取出的两个数不含 0 的取法共有 $C_6^2$ 种,即组成 $C_6^2$ 种不同的积.

第二类:若两个数中有一个数是 0,则乘积一定是 0,积只有一种.

所以不同的积有 $C_6^2 + 1 = 16$(种),选(B).

〖评注〗　加法原理,体现最简单"含与不含其元素"的分类思想.

**例 14.15**　(201110)在 8 名志愿者中,只能做英语翻译的有 4 人,只能做法语翻译的有 3 人,既能做英语翻译又能做法语翻译的有 1 人.现从这些志愿者中选取 3 人做翻译工作,确保英语和法语都有翻译的不同选法共有(　　)种.

　　(A) 12　　　(B) 18　　　(C) 21　　　(D) 30　　　(E) 51

**解**　设 $A = \{$仅会英语 4 人$\}$,$B = \{$英、法均会 1 人$\}$,$C = \{$仅会法语 3 人$\}$,

**解法 1**　以 $A$ 中选人情况分类:

(1) $A$ 类 4 个人中选 2 人,$B$,$C$ 类合在一起共 4 人中选 1 人:$C_4^2 C_4^1 = 24$;

(2) $A$ 类 4 个人中选 1 人,$B$,$C$ 类合在一起共 4 人中选 2 人:$C_4^1 C_4^2 = 24$;

(3) $A$ 类 4 个人中选 0 人,$B$ 类 1 人必选,$C$ 类 3 人中选 2 人:$C_1^1 C_3^2 = 3$;

所以,确保英语和法语都有翻译的不同选法共有 $N = 24 + 24 + 3 = 51$ 种.

**解法 2**　以 $B$ 中选人情况分类:

(1) 英语、法语都会的人选上,则在其余的 7 个人中再选 2 人,有 $C_7^2 = 21$ 种;

(2) 英语、法语都会的人不选上,则需要从英语 4 人中选 1 人,从法语 3 人中选 2 人或者英语 4 人中选 2 人,从法语 3 人中选 1 人,共有 $C_4^1 C_3^2 + C_4^2 C_3^1 = 12 + 18 = 30$ 种;

所以总计有 $21 + 30 = 51$ 种不同的方法.

〖评注〗　解法 1 与解法 2 从不同的角度进行分类,此外此题也可以从反面分析,反面则全是英语或全是法语,即 $C_8^3 - C_4^3 - C_3^3 = 56 - 4 - 1 = 51$.

---

**【计数原理方法 14.3】**　有限少量穷举归纳

解题技巧:穷举要用字典序避免重复与遗漏.

---

**例 14.16**　从长度为 $1, 2, 3, 4, 5, 6$ 的六根短棒中取 3 根,则能组成(　　)个不同的三角形.

　　(A) 4　　　(B) 5　　　(C) 6　　　(D) 7　　　(E) 8

**解**　穷举得到能组成三角形的有如下 7 种情况:

$(2, 3, 4)$, $(2, 4, 5)$, $(2, 5, 6)$, $(3, 4, 5)$, $(3, 4, 6)$, $(3, 5, 6)$, $(4, 5, 6)$,选(D).

**例 14.17**　三边长均为整数,且最大边长为 11 的三角形的个数为(　　).

　　(A) 25　　　(B) 26　　　(C) 30　　　(D) 36　　　(E) 37

**解**　三角形的另外两边的边长用 $x$, $y$ 表示,且不妨设 $1 \leqslant x \leqslant y \leqslant 11$,要构成三角形,$x + y > 11$,又 $x$, $y$ 为整数,所以必须 $x + y \geqslant 12$.

当 $y$ 取 11 时,$x = 1, 2, 3, 4, \cdots, 11$,可有 11 个三角形;

当 $y$ 取 10 时,$x = 2, 3, \cdots, 10$,可有 9 个三角形;

……

当 $y$ 取 6 时,$x$ 也只能取 6,只有 1 个三角形.

所以三角形的个数为 $11+9+7+5+3+1=36$,选(D).

【计数原理方法 14.4】    正难则反、除法消序
解题技巧:正面复杂的问题要记得从反面考虑;减法、除法都是消序.

**例 14.18**    (201301)三个科室的人数分别为 6,3 和 2 人,因工作原因,每晚需要安排 3 人值班,则在两个月中可以使每晚的值班人员不完全相同.

(1) 值班人员不能来自同一科室

(2) 值班人员来自三个不同科室

**解**    (1) 正面复杂反面来解 $C_{11}^3-C_6^3-C_3^3=144>62$,充分;

(2) $C_6^1 C_3^1 C_2^1=36<62$,不充分. 选(A).

**例 14.19**    (200901)湖中有四个小岛,它们的位置恰好近似构成正方形的四个顶点,若要修建三座桥将这四个小岛连接起来,则不同的建桥方案有(    )种.

(A) 12        (B) 16        (C) 18        (D) 20        (E) 24

**解**    四个小岛间两两相连要 $C_4^2=6$ 座桥,选其中 3 座的方法有 $C_6^3=20$ 种,扣除不能将其连起来的 4 种修法[见图 14.4(b)],所以共有 $C_6^3-4=20-4=16$ 种,选(B).

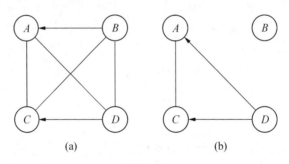

图 14.4

〖评注〗    本题若从正面穷举很容易遗漏!

**例 14.20**    信号兵把红旗与白旗从上到下挂在旗杆上表示信号,现有 3 面红旗和 2 面白旗,把这 5 面旗都挂上去,可表示不同信号的挂法有(    )种.

(A) 9        (B) 8        (C) 10        (D) 60

(E) 以上都不正确

**解法 1**    5 面旗全排列有 $P_5^5$ 种挂法,由于 3 面红旗与 2 面白旗的分别全排列均只能做 1 次挂法,故共有不同的信号种数是 $P_5^5/(P_3^3 P_2^2)=10$(种),选(C).

**解法 2**    此问题也可用组合来解,只需 5 个位置中确定 3 个,即 $C_5^3=10$,选(C).

〖评注〗    解定序问题采用除法的方法. 定序问题的本质可以理解为组合问题.

【计数原理方法 14.5】    特殊条件优先解决
解题技巧:特殊元素与特殊位置,建议从特殊位置入手分析更加方便.

**例 14.21**　从 10 个不同的文艺节目中选 6 个编成一个节目单,如果某女演员的独唱节目不能排在第二个节目上,则共有(　　)种不同的排法.

(A) 75 600　　　(B) 151 200　　　(C) 30 240　　　(D) 136 080

(E) 以上都不正确

**解法 1**　(从特殊位置考虑)第二个节目特殊先从 9 个节目中选 1 个,其余位置随意排,共有 $C_9^1 P_9^5 = 136\ 080$,选(D).

**解法 2**　(从特殊元素考虑)从某女演员角度考虑:若选她,则她可以安排在除了第二个节目之外的其余 5 个位置上,余下的位置随意排,有 $C_5^1 P_9^5$ 种;若不选她,则有 $P_9^6$ 种,所以共有 $C_5^1 P_9^5 + P_9^6 = 136\ 080$ 种.

**解法 3**　(从反面考虑)所有可能减去该女演员正好在第二个节目位置上,有 $P_{10}^6 - P_9^5 = 136\ 080$ 种.

〖评注〗　由本题可见,从特殊位置角度分析比较方便.

**例 14.22**　(201101)现有 3 名男生和 2 名女生参加面试,则面试的排序法有 24 种.

(1) 第一位面试的是女生

(2) 第二位面试的是指定的某位男生

**解**　条件(1)第一位面试的是女生,则第一步从 2 个女生中选一个,第二步余下的 4 个人全排列,所以面试的排序法有 $C_2^1 \cdot P_4^4 = 48$ 种,所以条件(1)不充分.

条件(2)因为是指定的某位男生,所以不用选,余下的 4 个人全排列即可,即 $P_4^4 = 24$,所以条件(2) 充分.选(B).

〖评注〗　知识点:排列组合.解题技巧:"指定"不用选.

---

**【专题 14.1】** 摸球问题

解题技巧:袋中有 $N$ 个不同的球,其中白球 $M$ 个,黑球 $N-M$ 个,从中任取 $n$ 个,恰有 $k$ 个白球的情况共有 $C_M^k C_{N-M}^{n-k}$ 种.

---

**例 14.23**　从 6 只 A 股和 4 只 B 股中选 3 只投资,其中至少有 2 只 A 股的情况有(　　)种.

(A) 120　　　(B) 100　　　(C) 80　　　(D) 60　　　(E) 240

**解法 1**　(正面分类)第一类:2 只 A 股 1 只 B 股;第二类:3 只 A 股 0 只 B 股,所以总共有 $C_6^2 C_4^1 + C_6^3 C_4^0 = 80$ 种,选(C).

**解法 2**　(反面求解)所有总数扣除 0 只 A 股 3 只 B 股与 1 只 A 股 2 只 B 股的情况,则总数有 $C_{10}^3 - C_6^0 C_4^3 - C_6^1 C_4^2 = 80$ 种.

〖评注〗　常见错误解法:先选 2 只 A 股,然后再从余下的 8 只股票中再任意选 1 只,即有 $C_6^2 C_8^1 = 120$ 种,显然大大重复了!

**例 14.24**　1 个盒中有 4 个黄球,5 个白球,现按下列 3 种方式从中任取 3 个球,试求取出的球中有 2 个黄球、1 个白球的概率.

(1) 1 次取 3 个

(2) 1 次取 1 个,取后不放回

(3) 1 次取 1 个,取后放回

**解**　设 3 种方式下对应的 3 个事件分别为 $A_1$，$A_2$，$A_3$，由古典概型得到

(1) $P(A_1) = \dfrac{C_4^2 C_5^1}{C_9^3} = \dfrac{5}{14}$.

(2) $P(A_2) = \dfrac{P_4^2 P_5^1 C_3^2}{P_9^3} = \dfrac{5}{14}$.

(3) $P(A_3) = \dfrac{C_3^1 \times 4^2 \times 5}{9^3} = \dfrac{80}{243}$.

【评注】

(1) 在摸球问题中，"一次取出 $k$ 个球"与"逐次无放回取出 $k$ 个球"所对应事件的概率是相同的(注意概率相同，组合数不同)，但与"有放回取出 $k$ 个球"是不同的.

(2) 有顺序用排列，无顺序用组合，而且分子、分母应该一致！

(3) 每次取 1 个，取后放回，实质就是独立！

**例 14.25**　一批产品共有 10 个正品和 2 个次品，任意抽取 2 个，每次抽 1 个，抽后不放回，问第二次抽出的是次品的概率为(　　).

(A) $\dfrac{1}{3}$　　　　(B) $\dfrac{1}{4}$　　　　(C) $\dfrac{1}{5}$　　　　(D) $\dfrac{1}{6}$

(E) 以上都不正确

**解法 1**　不放回摸球，第二次摸出的情况显然与第一次有关联，分下列两类情况：

第一类：第一次摸出的是正品，第二次摸出的是次品，概率为 $\dfrac{10}{12} \cdot \dfrac{2}{11}$；

第二类：第一次摸出的是次品，第二次摸出的也是次品，概率为 $\dfrac{2}{12} \cdot \dfrac{1}{11}$；

所以第二次摸出的是次品的概率为 $\dfrac{10}{12} \cdot \dfrac{2}{11} + \dfrac{2}{12} \cdot \dfrac{1}{11} = \dfrac{1}{6}$. 选(D).

**解法 2**　利用"抽签结果与次序无关"的结论，立即可得第二次摸出为次品的概率为 $\dfrac{2}{10+2} = \dfrac{1}{6}$.

【评注】　利用"抽签结果与次序无关"的结论可以快速求解.

抽签原理：

袋中有 $a$ 只黑球和 $b$ 只白球(它们除颜色不同外其余无差异)，不放回地从中任意依次将球摸出，则第 $k$ 次摸出的一只球为黑球的概率为 $\dfrac{a}{a+b}$(与 $k$ 无关)，在选择题和填空题中可以直接应用.

注：①概率与抽签顺序无关，与抽签方式(放回、不放回)无关，仅与"中签"比率有关；②抽签原理的前提是信息不公开，否则就是条件概率.

例如抓阄问题，10 个人里面只有 1 个人中奖，则第一、二、三…个人中奖的概率都是 1/10；若第一个人中奖，则后面人中奖的概率都为 0，这是条件概率.

再如，出售的 100 件产品中 98 件是次品、2 件正品，若已经销售了 90 件，你去买时买到次品的概率为 0.98(抽签原理)；若已经销售了 90 件次品，则你去买时买到次品的概率为 0.8 (条件概率).

**例 14.26**　(201001)某装置的启动密码是由 0 到 9 中的 3 个不同数字组成，连续 3 次

输入错误密码,就会导致该装置永久关闭,一个仅记得密码是由 3 个不同数字组成的人能够启动此装置的概率为(　　).

(A) $\dfrac{1}{120}$　　　(B) $\dfrac{1}{168}$　　　(C) $\dfrac{1}{240}$　　　(D) $\dfrac{1}{720}$　　　(E) $\dfrac{3}{1\,000}$

**解法 1**　由 0 到 9 中的 3 个不同数字组成的密码共有 $P_{10}^3 = 720$ 种.

设 $A_i(i = 1, 2, 3)$ 表示第 $i$ 次输入正确,则所求概率为

$$P = P(A_1 \bigcup \overline{A_1}A_2 \bigcup \overline{A_1}\,\overline{A_2}A_3) = P(A_1) + P(\overline{A_1}A_2) + P(\overline{A_1}\,\overline{A_2}A_3)$$

$$= \frac{1}{720} + \frac{719}{720} \cdot \frac{1}{719} + \frac{719}{720} \cdot \frac{718}{719} \cdot \frac{1}{718} = \frac{3}{720} = \frac{1}{240}, 选(\mathrm{C}).$$

**解法 2**　因为可以尝试 3 次,根据等可能事件,每次可能成功的概率为 $\dfrac{1}{P_{10}^3}$,所以所求概率为 $3 \cdot \dfrac{1}{P_{10}^3} = \dfrac{1}{240}.$

---

**【专题 14.2】** 取样问题

解题技巧:区别"含"与"不含".

---

例 14.27　从 10 位学生中任意选出 4 名支援西部,求下列事件的概率:
$A = $ "4 人中不含甲";$B = $ "4 人中含有乙或丙".

**解**　样本点总数为 $C_{10}^4$,$A$ 事件不含甲,则从余下 9 个人中选 4 个,所以 $P(A) = \dfrac{C_9^4}{C_{10}^4}$;$B$ 事件含有乙或丙的反面为不含乙且不含丙,则从余下 8 个人中选 4 个,所以 $P(B) = 1 - \dfrac{C_8^4}{C_{10}^4}.$

例 14.28　(200110)一只口袋中有 5 只大小相同的球,编号分别为 1, 2, 3, 4, 5. 今从中随机抽取 3 球,则取到的球中最大的号码是 4 的概率为(　　).

(A) 0.3　　　(B) 0.4　　　(C) 0.5　　　(D) 0.6

**解**　取到的球中最大号码是 4,即 3 只球中必须要取 4 号球,另外 2 只球是从 1, 2, 3 号球中任取 2 只,共有 $C_3^2$ 种取法. 因此,所求的概率为 $P = \dfrac{C_3^2}{C_5^3} = \dfrac{3}{10} = 0.3$,选(A).

---

**【专题 14.3】** 分房问题

解题技巧:关键区分"人"与"房". 每个人只能去一个房间(不可重复),每个房间可以容纳无限多个人(可重复).

---

例 14.29　(200710)有 5 人报名参加 3 项不同的培训,每人都只报一项,则不同的报法有(　　)种.

(A) 243　　　(B) 125　　　(C) 81　　　(D) 60

(E) 以上结论都不正确

**解**　3 项不同的培训,每人都只报一项,则每人有 3 种不同的报法. 5 人报名参加,由乘法原理不同的报法有 $3^5 = 243$(种). 故选(A).

**例 14.30**　(200101)将 4 封信投入 3 个不同的邮筒,若 4 封信全部投完,且每个邮筒至少投 1 封信,则共有投法(　　).

(A) 12 种　　　(B) 21 种　　　(C) 36 种　　　(D) 42 种

**解法 1**　第一步,选出一个邮筒准备投入 2 封信,有 $C_3^1$ 种选法;

第二步,从 4 封信中选出 2 封投入上述选出的那个邮筒,有 $C_4^2$ 种选法;

第三步,将剩下的 2 封信投入余下的 2 个邮筒,有 $P_2^2$ 种方法.

所以总共有 $C_3^1 C_4^2 P_2^2 = 36$ 种.

**解法 2**　依题意,有 2 封信要投入 1 个信箱中,所以先从 4 封信中选 2 封,有 $C_4^2$ 种取法.将选出的这 2 封看成一个整体,与余下的 2 封信,投到 3 个不同的邮筒,有 $P_3^3$ 种投法.依乘法原理,所以总共有 $C_4^2 P_3^3 = 36$ 种投法,选(C).

---

解题技巧:区别"人"与"房","指定"与"恰有",注意房间中的人数.

---

**例 14.31**　将 $n$ 个人等可能地分到 $N(n \leqslant N)$ 间房中去,试求下列事件的概率:

$A = $"某指定的 $n$ 个房间中各有 1 人";

$B = $"恰有 $n$ 间房中各有一人";

$C = $"某指定的房中恰有 $m(m \leqslant n)$ 人".

**解**　将 $n$ 个人等可能地分配到 $N$ 间房中的每一间去,共有 $N^n$ 种分法(用乘法原理).

对于事件 $A = $"某指定的 $n$ 个房间中各有 1 人",第一个人可分配到其中的任一间,因而有 $n$ 种分法,第 2 个人分配到余下 $n-1$ 间中的任意一间,有 $n-1$ 种分法,依此类推,事件 $A$ 包含的基本事件总数为 $n!$,于是 $P(A) = \dfrac{n!}{N^n}$.

对于事件 $B = $"恰为 $n$ 间房中各有一人",由于"恰有 $n$ 间房"可在 $N$ 间房中任意选取,且并不是指定的,故第一个步骤是从 $N$ 间房中选取 $n$ 个房间,有 $C_N^n$ 种选法,对于选出来的 $n$ 间房,按上面的分析,事件 $B$ 共含有 $C_N^n \cdot n!$ 个基本事件,因此 $P(B) = \dfrac{C_N^n n!}{N^n}$.

对于事件 $C = $"某指定的房中恰有 $m(m \leqslant n)$ 人",由于"恰好有 $m$ 个人",可从 $n$ 个人中任意选出,并不是指定的,因此第一步先选这 $m$ 个人,共有 $C_n^m$ 种选法,而其余 $n-m$ 个人可任意分配到其余 $N-1$ 间房中,有 $(N-1)^{n-m}$ 种分法,因此 $C$ 包含的基本事件数为 $C_n^m(N-1)^{n-m}$,因此 $P(C) = \dfrac{C_n^m(N-1)^{n-m}}{N^n}$.

〖评注〗　$n$ 个人的生日问题、投信问题都属于分房问题,要分清什么是"人",什么是"房",且一般不能颠倒.

**例 14.32**　(199810)将 3 人分配到 4 间房的每一间中,若每人被分配到这 4 间房的每一间房中的概率都相同,则第一、二、三号房中各有 1 人的概率是(　　).

(A) $\dfrac{3}{4}$　　　(B) $\dfrac{3}{8}$　　　(C) $\dfrac{3}{16}$　　　(D) $\dfrac{3}{32}$　　　(E) $\dfrac{3}{64}$

**解**　设事件 $A$ 表示第一、二、三号房中各有 1 人.1 人随机分到 4 间房中有 4 种等可能的分法,3 人随机分到 4 间房中有 $4^3$ 种等可能分法.而组成 $A$ 的不同分法有 $P_3^3 = 3!$种,因此

$P(A) = \dfrac{P_3^3}{4^3} = \dfrac{6}{64} = \dfrac{3}{32}$,选(D).

【评注】 第一、二、三号房中各有 1 人即某指定的 3 个房间中各有 1 人,为例 14.31 中 $A$ 事件的类型.

**例 14.33** (199910)将 3 人以相同的概率分配到 4 间房间的每一间中,恰有 3 间房中各有 1 人的概率是( ).

(A) 0.75      (B) 0.375      (C) 0.187 5      (D) 0.125      (E) 0.105

**解** 设事件 $B$ 表示恰有 3 间房中各有 1 人.1 人随机分到 4 间房中有 4 种等可能分法,3 人随机分到 4 间房中有 $4^3$ 种等可能分法.恰有 3 间房中各有 1 人,先从 4 间房中选 3 间有 $C_4^3$ 种选法,再安排 3 个人有 $P_3^3$ 种分法,所以组成 $B$ 的不同分法有 $C_4^3 P_3^3$ 种,因此 $P(B) = \dfrac{C_4^3 P_3^3}{4^3} = \dfrac{3}{8} = 0.375$,故本题选(B).

【评注】 为例 14.31 中 $B$ 事件的类型.

**例 14.34** (199801)有 3 个人,每人都以相同的概率被分配到 4 间房的每一间中,某指定房间中恰有 2 人的概率是( ).

(A) $\dfrac{1}{64}$      (B) $\dfrac{3}{64}$      (C) $\dfrac{9}{64}$      (D) $\dfrac{5}{32}$      (E) $\dfrac{3}{16}$

**解** 设事件 $C$ 表示某指定房间恰有 2 人.1 人随机分到 4 间房中有 4 种等可能分法,3 人随机分到 4 间房中有 $4^3$ 种等可能分法.某指定房间中恰有 2 人,所以先从 3 个人中选 2 个人,有 $C_3^2$ 种选法.余下的一个人还有 3 个房间可选,有 $C_3^1$ 种选法.所以组成 $C$ 的不同分法有 $C_3^2 C_3^1$,因此 $P(C) = \dfrac{C_3^2 C_3^1}{4^3} = \dfrac{9}{64}$,选(C).

【评注】 为例 14.31 中 $C$ 事件的类型.

**【专题 14.4】** 排队问题

解题技巧(1):特殊位置优先安排:从位置特殊角度考虑比较方便.

**例 14.35** 把 6 名警察平分到 3 个不同的交通路口指挥交通,其中甲交警必须在第一个交通路口执勤,乙和丙交警不能在第二个交通路口执勤,则不同的执勤方案有( ).

(A) 24 种      (B) 12 种      (C) 6 种      (D) 9 种      (E) 3 种

**解** 6 名警察分别为甲、乙、丙、丁、戊、己.

第一步,第二交通路口从甲、乙、丙之外的 3 名警察中选 2 人,有 $C_3^2$ 种(比如选了丁、戊);

第二步,由于甲必须在第一个交通路口执勤,则从余下的 3 名警察(比如乙、丙、己)中选 1 人到第一个交通路口执勤,有 $C_3^1$ 种(比如选了乙);

第三步,余下的 2 个人(比如丙、己)就到第三个交通路口执勤,就 1 种;

所以按照乘法原理总共有 $C_3^2 C_3^1 = 9$ 种.选(D).

**例 14.36** (2001)(排座位)在共有 10 个座位的小会议室内随机地坐上 6 名与会者,则指定的 4 个座位被坐满的概率是( ).

(A) $\dfrac{1}{14}$　　　(B) $\dfrac{1}{13}$　　　(C) $\dfrac{1}{12}$　　　(D) $\dfrac{1}{11}$

**解**　用乘法原理,10 个座位随机地坐 6 名与会者,共有 $P_{10}^6$ 不同的坐法,指定的 4 个座位被坐满的坐法是 $C_6^4 \cdot 4! \cdot C_6^2 \cdot 2!$,所求事件的概率是 $P = \dfrac{C_6^4 \cdot 4! C_6^2 \cdot 2!}{P_{10}^6} = \dfrac{1}{14}$,选(A).

---

**解题技巧(2):相邻、等间隔、小团体问题打包处理,还要注意包内顺序.**

**例 14.37**　7 名同学排成一排,其中甲、乙、丙 3 人必须排在一起的不同排法有(　　)种.

(A) 680　　　(B) 700　　　(C) 710　　　(D) 720　　　(E) 760

**解**　第一步,把甲、乙、丙 3 人看成 1 个人和其余 4 个人排队有 $P_5^5$ 种方法;第二步,把甲、乙、丙 3 人进行排列有 $P_3^3$ 种排法,所以共有 $P_3^3 \cdot P_5^5 = 720$ 种不同的排法,选(D).

**例 14.38**　10 个学生,4 名女生,6 名男生排成一排.甲、乙两名女生之间间隔了 3 名男生,有(　　)种排法.

(A) $P_6^3 P_6^6$　　(B) $C_6^3 P_2^2 P_6^6$　　(C) $P_6^3 P_2^2 P_6^6$　　(D) $C_6^3 P_6^6$

(E) 以上都不正确

**解**　第一步,甲、乙两名女生之间间隔了 3 名男生,从 6 名男生选出 3 名排进去,有 $P_6^3$ 种;

第二步,甲、乙两人还有顺序,有 $P_2^2$ 种;

第三步,将甲、乙与中间 3 名男生看成一个整体,与余下的 5 个人进行全排列,有 $P_6^6$ 种;

所以总计有 $P_6^3 P_2^2 P_6^6$ 种.选(C).

**例 14.39**　(201101)3 个三口之家一起观看演出,他们购买了同一排的 9 张连座票,则每一家的人都坐在一起的不同坐法有(　　).

(A) $(3!)^2$ 种　　(B) $(3!)^3$ 种　　(C) $3(3!)^3$ 种　　(D) $(3!)^4$ 种　　(E) 9! 种

**解**　依题意,每个三口之家捆绑在一起,再内排(一个三口之家内部再排列),所以共有 $P_3^3 P_3^3 P_3^3 P_3^3 = (3!)^4$,选(D).

**【评注】**　"小团体"问题,先将"小团体"看成一个元素与其他元素排列,最后再进行"小团体"内部的排列.

---

**解题技巧(3):不相邻问题插空处理:①不相邻问题"插空法"分两步进行:第一步,将没有限制条件的(没要求不相邻)$n$ 个元素排列好;第二步,将要求不相邻的元素插在 $(n+1)$ 个空隙位置(包括两端)进行排列,然后根据乘法原理计算.②两元素不相邻问题,可以由"正难则反"转化为相邻问题.**

**例 14.40**　5 个男生 3 个女生排成一列,要求女生不相邻且不可排两头,共有(　　)种排法.

(A) 2 880　　(B) 2 882　　(C) 2 884　　(D) 2 890　　(E) 2 600

**解**　先排无限制条件的 5 个男生共有 $P_5^5$ 种,由于女生不相邻且不可排两头,故 3 个女生只能分别插在 5 个男生的 4 个空隙中,有 $P_4^3$ 种(若允许排两头有 $P_6^3$ 种)插法.由乘法原理共

有 $P_5^5 P_4^3 = 2\,880$(种),选(A).

**例 14.41**　7 名运动员接连出场,其中 3 名美国选手必须接连出场,2 名俄罗斯选手不能接连出场的排法有(　　)种.

(A) 72　　　　(B) 219　　　　(C) 144　　　　(D) 432　　　　(E) 864

**解**　第一步,3 名美国选手接连出场打包成一个整体,与余下 2 名运动员组成三个整体全排列有 $P_3^3$ 种排法,包内还有顺序 $P_3^3$,故有 $P_3^3 P_3^3$ 种;

第二步,将 2 名俄罗斯选手插入上述三个整体形成的 4 个空位中,故有 $P_4^2$ 种;

所以总计有 $P_3^3 P_3^3 P_4^2 = 432$ 种. 选(D).

---

解题技巧(4):两排问题直排处理.

---

**例 14.42**　(200801)有两排座位,前排 6 个座,后排 7 个座. 若安排 2 人就座,规定前排中间 2 个座位不能坐,且此 2 人始终不能相邻而坐,则不同的坐法有(　　)种.

(A) 92　　　　(B) 93　　　　(C) 94　　　　(D) 95　　　　(E) 96

**解法 1**　分三类情况讨论:

(1) 前排后排各坐一人的坐法有 $C_4^1 C_7^1 P_2^2 = 56$(种);

(2) 两人都坐在后排的坐法有 $P_6^2 = 30$(种);

(3) 两人都坐在前排的坐法有 $C_2^2 C_2^1 P_2^2 = 8$(种).

根据加法原理,总共不同的坐法有 $56 + 30 + 8 = 94$(种). 故选(C).

**解法 2**　11 个座位安排 2 人就座,总的坐法种数为 $P_{11}^2 = 110$(种). 穷举得 2 人相邻的坐法共有 $8 \times 2 = 16$(种). 因此有 $110 - 16 = 94$(种) 不相邻的坐法. 所以选(C).

〖评注〗　解法 1 先分类再分步,解法 2 将不相邻问题转化为相邻问题.

---

解题技巧(5):环排问题特点无首无尾、方向无差别.

---

**例 14.43**　4 个人围圆桌而坐,共有(　　)种坐法.

(A) 24　　　　(B) 12　　　　(C) 9　　　　(D) 6　　　　(E) 无法确定

**解**　全排列有 4! 种,但是按照顺时针顺序甲、乙、丙、丁 4 种情况只能算一种,所以共有 $4!/4 = 3! = 6$ 种,选(D).

〖评注〗　经验结论:$n$ 个人围圆桌而坐,共有 $(n-1)!$ 种坐法.

---

**【专题 14.5】**　分组分派问题

**【解题技巧】**

方法提示:先分组再分派,分组要注意是平均分组还是非平均分组,分派要注意对象有无区别.

(1) 非平均分组与分配问题:将 $n = m_1 + m_2 + \cdots + m_k (m_1, m_2, \cdots, m_k$ 互不相同) 个相异元素分成 $k$ 组,第一组有 $m_1$ 个元素,第二组有 $m_2$ 个元素,$\cdots$,第 $k$ 组有 $m_k$ 个元素,则不同的分法总数为 $C_n^{m_1} \cdot C_{n-m_1}^{m_2} \cdot \cdots \cdot C_{m_k}^{m_k}$;

若再分给 $x$ 个人中的 $k$ 个人,则共有 $(C_n^{m_1} \cdot C_{n-m_1}^{m_2} \cdot \cdots \cdot C_{m_k}^{m_k}) \cdot P_x^k$ 种不同的分法.

(2) 平均分组与分配问题:将 $n = mk$ 个相异元素平均分成 $k$ 组,每组有 $m$ 个元素的

分法为 $\dfrac{C_n^m \cdot C_{m(k-1)}^m \cdot \cdots \cdot C_{2m}^m \cdot C_m^m}{P_k^k}$ 种(实质:除以 $P_k^k$ 实质是消序);

若再分给 $x$ 个人中的 $k$ 个人,则共有 $\dfrac{C_n^m \cdot C_{m(k-1)}^m \cdots C_{2m}^m \cdot C_m^m}{P_k^k} \cdot P_x^k$ 种不同的分法.

**例 14.44**  6 本不同的书,分给甲、乙、丙 3 人,求有多少种分法?

(1) 将 6 本书分成 3,2,1 三组;　　(2) 将 6 本书分成 4,1,1 三组;

(3) 将 6 本书分成 2,2,2 三组;　　(4) 甲 3 本,乙 2 本,丙 1 本;

(5) 甲 4 本,乙 1 本,丙 1 本;　　(6) 甲 2 本,乙 2 本,丙 2 本;

(7) 3 本,2 本,1 本三人;　　(8) 4 本,1 本,1 本三人;

(9) 2 本,2 本,2 本三人.

**解**　(1) 实质为一个非平均分组问题,所以有 $C_6^3 C_3^2 C_1^1 = 60$ 种分法.

(2) 实质为一个部分平均分组问题,所以有 $C_6^4 C_2^1 C_1^1 / P_2^2 = 15$ 种分法.

(3) 实质为一个平均分组问题,所以有 $C_6^2 C_4^2 C_2^2 / P_3^3 = 15$ 种分法.

(4) 第一步,进行非平均分组,有 $C_6^3 C_3^2 C_1^1 = 60$ 种分法;第二步,进行分派,由于"甲得 3 本,乙得 2 本,丙得 1 本",即一组 3 本的给甲、一组 2 本给乙、一组 1 本给丙,对应只有 1 种分配方法.所以有 $C_6^3 C_3^2 C_1^1 \times 1 = 60$ 种分法.

(5) 第一步,进行部分平均分组问题,有 $C_6^4 C_2^1 C_1^1 / P_2^2 = 15$ 种分法;第二步,再进行分派,由于"甲 4 本,乙 1 本,丙 1 本",则一组 4 本的必定给甲,两组一本的需要分派,有 $P_2^2$ 种派法,所以总计有 $\dfrac{C_6^4 C_2^1 C_1^1}{P_2^2} P_2^2 = C_6^4 C_2^1 C_1^1 = 30$ 种分法.

(6) 第一步,先进行平均分组,有 $C_6^2 C_4^2 C_2^2 / P_3^3 = 15$ 种分法;第二步,再进行分派,有 $P_3^3$ 种派法,所以总计有 $\dfrac{C_6^2 C_4^2 C_2^2}{P_3^3} P_3^3 = C_6^2 C_4^2 C_2^2 = 90$ 种分法.

(7) 第一步,先进行非平均分组,有 $C_6^1 C_5^2 C_3^3 = 60$ 种分法;第二步,再分配给不同的人有 $P_3^3$ 种分法,所以总共有 $C_6^1 C_5^2 C_3^3 \times P_3^3 = 360$ 种分法.

(8) 第一步,先进行一个部分平均分组问题,有 $C_6^4 C_2^1 C_1^1 / P_2^2 = 15$ 种分法;第二步,再分配给不同的人有 $P_3^3$ 种分法,所以总共有 $\dfrac{C_6^4 C_2^1 C_1^1}{P_2^2} P_3^3 = 90$ 种分法.

(9) 第一步,进行一个平均分组问题,有 $C_6^2 C_4^2 C_2^2 / P_3^3 = 15$ 种分法;第二步,再分配给不同的人有 $P_3^3$ 种分法,所以总共有 $\dfrac{C_6^2 C_4^2 C_2^2}{P_3^3} P_3^3 = C_6^2 C_4^2 C_2^2 = 90$ 种分法.

〖**评注**〗 (1)、(2)、(3)是只分组;(4)、(5)、(6)是 分组＋定向分派(实质为组合);(7)、(8)、(9)是 分组＋任意分派.

**例 14.45**  (201001)某大学派出 5 名志愿者到西部 4 所中学支教,若每所中学至少有一名志愿者,则不同的分配方案共有(　　).

(A) 240 种　　(B) 144 种　　(C) 120 种　　(D) 60 种　　(E) 24 种

**解法 1** (分房问题捆绑法)每所中学至少有一名志愿者,先从 5 名志愿者中选出 2 人捆绑在一起,然后再安排到 4 所中学去,所以共有 $C_5^2 P_4^4 = 240$ 种分配方案,选(A).

**解法 2** (分组分派)依照题意,先分组:5 个人分四组,每组至少一个人,则一组有 2 人,其余三组各 1 人,共有 $\dfrac{C_5^2 \cdot C_3^1 \cdot C_2^1 \cdot C_1^1}{P_3^3} = 10$ 种分法;再将四个组分派到 4 所中学去,有 $P_4^4 = 24$ 种方法.依照乘法原理总共有 $\dfrac{C_5^2 \cdot C_3^1 \cdot C_2^1 \cdot C_1^1}{P_3^3} \cdot P_4^4 = 10 \times 24 = 240$ 种方法.选(A).

〔**评注**〕 解法 2 是部分平均分组,除以 $P_3^3$ 实质是消序.

**例 14.46** (201110)10 名网球选手中有 2 名种子选手.现将他们分成两组,每组 5 人,则 2 名种子选手不在同一组的概率为( ).

(A) $\dfrac{5}{18}$      (B) $\dfrac{4}{9}$      (C) $\dfrac{5}{9}$      (D) $\dfrac{1}{2}$      (E) $\dfrac{2}{3}$

**解法 1** 现将 10 名网球选手分成两组,每组 5 人共有 $n(\Omega) = C_{10}^5 C_5^5 / P_2^2$ 种分法.

(正面求解)2 名种子选手不在同一组,即 8 名非种子选手分成 2 组,每组 4 人与种子选手搭配,两个种子选手可交换,则 $n(A) = \dfrac{C_8^4 C_4^4}{P_2^2} \times P_2^2 = C_8^4$,所以 $P(A) = \dfrac{C_8^4}{C_{10}^5 C_5^5 / P_2^2} = \dfrac{5}{9}$,选(C).

**解法 2** (反面求解)减去在同一组的概率,从 8 个人中选出 3 人与种子选手搭配,故 $P(A) = 1 - P(\overline{A}) = 1 - \dfrac{C_8^3}{C_{10}^5 C_5^5 / P_2^2} = \dfrac{5}{9}$.

**例 14.47** (201401)在某项活动中,将 3 男 3 女 6 名志愿者,都随机地分成甲、乙、丙三组,每组 2 人,则每组志愿者是异性的概率为( ).

(A) 1/90      (B) 1/15      (C) 1/10      (D) 1/5      (E) 2/5

**解** 将 3 男 3 女 6 名志愿者,都随机地分成甲、乙、丙三组,每组 2 人共有 $n_\Omega = \dfrac{C_6^2 C_4^2 C_2^2}{3!} \times 3! = C_6^2 C_4^2 C_2^2$ 种,每组志愿者是异性共有 $n_A = \dfrac{C_3^1 C_3^1 C_2^1 C_2^1}{3!} \times 3! = C_3^1 C_3^1 C_2^1 C_2^1$ 种,故所求的概率 $P = \dfrac{C_3^1 C_3^1 C_2^1 C_2^1}{C_6^2 C_4^2 C_2^2} = \dfrac{2}{5}$,故选(E).

**【专题 14.6】** 定序问题

**解题技巧** 回忆组合数计算公式 $C_n^m = \dfrac{P_n^m}{P_m^m}$,等式右边分子 $P_n^m$ 可以理解为先从 $n$ 个不同元素中,任取 $m(m \leqslant m)$ 个元素,按照一定的顺序排成的一列,但组合只关心取出后的结果,不考虑顺序,所以要除以 $m$ 个元素所有可能的排列情况 $P_m^m$,所以计数问题中,可以用除法来消序.

**例 14.48** 从 6 人中任选 4 人排成一排,其中甲、乙必入选,且甲必须排在乙的左边(可以不相邻),则所有不同的排法数是( ).

(A) 36      (B) 72      (C) 144      (D) 288      (E) 328

**解** 第一步,因为 6 人中甲、乙必入选,所以从其他 4 人中任选 2 人有 $C_4^2$ 种方法,将这

4 人全排列,有 $C_4^2 P_4^4$ 种排法.

第二步,甲必须排在乙的左边(可以不相邻),除以 $P_2^2$ 消序.

所以共有 $C_4^2 P_4^4/P_2^2 = 72$(种) 方法. 选(B).

**例 14.49** 某工程队有 6 项工程需要先后单独完成,其中工程乙必须在工程甲完成后才能进行,工程丙必须在工程乙完成后才能进行,又工程丁必须在工程丙完成后立即进行,那么安排这 6 项工程的不同排法种数是(　　).

(A) 18　　　(B) 36　　　(C) 20　　　(D) 50　　　(E) 80

**解** 由于工程丁必须在工程丙完成后立即进行,所以将丙、丁打包看成一个对象,总共看成 5 项工程的排序,相当于有甲、乙、(丙丁)三个对象的定序,故有 $\dfrac{5!}{3!} = 20$ 种,选(C).

**例 14.50** (201410)用 0,1,2,3,4,5 组成没有重复数字的四位数,其中千位数字大于百位数字且百位数字大于十位数字的四位数的个数是(　　).

(A) 36　　　(B) 40　　　(C) 48　　　(D) 60　　　(E) 72

**解法 1** 四位数有定序要求,由于千位数字大于百位数字且百位数字大于十位数字,因此,千位、百位、十位上的数字可从 6 个数中选出 3 个,且只有 1 种排列方式,即 $C_6^3$ 种选择. 个位数再从余下 3 个数字中选 1 个,有 $C_3^1$ 种选择,故共有 $C_6^3 \cdot C_3^1 = 60$ 种. 选(D).

**解法 2** 先从 6 个数字中选 4 个排列有 $P_6^4$ 种,3 个元素有定序要求,所以总数为 $P_6^4/3! = 60$ 种.

### 【专题 14.7】 组数问题

**例 14.51** 从 1,2,3,4,5,6,7 这 7 个数字中任意选出 3 个数字,在组成的无重复数字的三位数中,各位数字之和为奇数的共有(　　)种.

(A) 72　　　(B) 100　　　(C) 80　　　(D) 96　　　(E) 240

**解** 各位数字之和为奇数有两种情况:

第一类:3 个奇数之和为奇数,则从 1,3,5,7 这 4 个奇数中选 3 个排成三位数,有 $P_4^3$ 种;

第二类:2 个偶数与 1 个奇数之和为奇数,则从 2,4,6 这 3 个偶数中选 2 个,再从 1,3,5,7 这 4 个奇数中选 1 个排成三位数,有 $C_3^2 C_4^1 P_3^3$ 种.

所以总共有 $P_4^3 + C_3^2 C_4^1 P_3^3 = 72 + 24 = 96$ 种. 选(D).

**例 14.52** 用 0,1,2,3,4,5,6 这 7 个数字可以组成无重复数字的四位偶数共(　　)个.

(A) 400　　　(B) 380　　　(C) 410　　　(D) 430　　　(E) 420

**解** 没有重复数字的四位偶数,其首位不能是 0,末位未必是偶数,所以可分为两类:

第一类末位数为 0,符合条件的四位数有 $P_6^3 = 120$ 个;

第二类末位数为非零的偶数,则末位从 2,4,6 中选一个,有 $C_3^1$ 种取法,首位不能是 0,故有除去 0 与末位选中的数字外 5 个数字可以取,百位、十位则再从余下的 5 个数字中有顺序地取 2 个,所以符合条件的有 $C_3^1 \times C_5^1 \times P_5^2 = 300$ 个.

所以共有 $120 + 300 = 420$(个),选(E).

〖**评注**〗 "0"这个元素比较特殊,既不能放在首位,若在末位就为偶数了,所以从末位是

"0"与非"0"入手进行分类.

---

**【专题 14.8】** 不对应、配对问题

解题技巧：不对号入座问题用穷举法可得：两元素不对号有 2 种，三元素不对号有 2 种，
　　　　　四元素不对号有 9 种.

---

**例 14.53** 设有编号为 1，2，3，4，5 的 5 个小球和编号为 1，2，3，4，5 的 5 个盒子，现将这 5 个小球放入这 5 个盒子内，要求每个盒子内放一个球，且恰好有 2 个球的编号与盒子的编号相同，则这样的投放方法的总数为（　　）.

（A）20 种　　　（B）30 种　　　（C）60 种　　　（D）120 种　　　（E）130 种

**解** 此题实质为恰有 2 个球对号，说明有 3 个球不对号.

第一步，从 5 个球中选出 2 个是对号的，其余 3 个不对号，有 $C_5^2$ 种；

第二步，3 个不对号，有 2 种情况；

所以总共有 $C_5^2 \times 2 = 20$ 种，选（A）.

**例 14.54** 从 6 双不同的鞋中任取 4 只，这 4 只鞋恰有两只配成一双的不同取法有（　　）种.

（A）60　　　（B）240　　　（C）480　　　（D）270　　　（E）360

**解法 1** "恰有两只配成一双"含义为 2 只成双，2 只不成双.

第一步，从 6 双中取 1 双，有 $C_6^1$ 种；

第二步，从余下的 5 双中取 2 双，有 $C_5^2$ 种；

第三步，从取出的两双中各取 1 只（肯定不成双），有 $C_2^1 C_2^1$ 种；

所以总共有 $C_6^1 C_5^2 C_2^1 C_2^1 = 240$ 种不同的取法，选（B）.

**解法 2** 第一步，从 6 双中取 1 双，有 $C_6^1$ 种；第二步，从余下的 10 只鞋子中取 2 只，有 $C_{10}^2$ 种，再减去可能成双的 5 种情况，共有 $C_{10}^2 - 5$ 种；所以总共有 $C_6^1(C_{10}^2 - 5) = 240$ 种.

---

**【专题 14.9】** 涂色问题

解题技巧：根据颜色选用个数用加法原理，或者直接使用乘法原理.

---

**例 14.55** $N = 96$.

(1) 如图 14.5 所示，用 4 种不同的颜色对图中 5 个区域，要求每个区域涂一种颜色，且相邻的区域不同色，则不同的涂色方法有 $N$ 种

(2) 如图 14.5 所示，用 4 种不同的颜色对图中 5 个区域（4 种颜色全部使用），要求每个区域涂一种颜色，且相邻的区域不同色，则不同的涂色方法有 $N$ 种

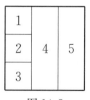

图 14.5

**解** (1) 第一类：区域 1 与区域 3 同色共有 $4 \times 3 \times 1 \times 2 \times 3 = 72$ 种；

第一类：区域 1 与区域 3 不同色共有 $4 \times 3 \times 2 \times 1 \times 3 = 72$ 种；

所以总计 144 种，不充分；

(2) 注意：4 种颜色要全部使用，故

第一类：区域 1 与区域 3 同色共有 $4 \times 3 \times 1 \times 2 \times 1 = 24$ 种；

第一类:区域 1 与区域 3 不同色共有 $4 \times 3 \times 2 \times 1 \times 3 = 72$ 种;

所以总计 96 种,充分;选(B).

**例 14.56** 如图 14.6 所示,一个地区分为 5 个行政区域,现给地图着色,要求相邻区域不同色,现在有 4 种颜色可供选择,则不同的方法有(　　)种.

图 14.6

(A) 24

(B) 48

(C) 72

(D) 144

(E) 120

**解**　依题意至少需要用 3 种颜色:

(1) 当用 3 种颜色时,区域 2 与区域 4 必须同色,区域 3 与区域 5 必须同色,故有 $P_4^3$ 种;

(2) 当用 4 种颜色时,若区域 2 与区域 4 同色,则区域 3 与区域 5 不同色,有 $P_4^4$ 种;若区域 3 与区域 5 同色,则区域 2 与区域 4 不同色,有 $P_4^4$ 种;故用 4 色时共有 $2P_4^4$ 种.

所以由加法原理可知,满足题意的着色方法共有 $P_4^3 + 2P_4^4 = 72$ 种.选(C).

**【专题 14.10】** 相同指标分配问题——隔板处理

**解题技巧:** 指标(物品)之间没有差别,分配对象有差别.把相同的指标分给不同的成员,只要用隔板将指标隔开就好.

**例 14.57** (200910)若将 10 只相同的球随机放入编号为 1,2,3,4 的四个盒子中,则每个盒子都不空的投放方法有(　　)种.

(A) 72　　　(B) 84　　　(C) 96　　　(D) 108　　　(E) 120

**解**　把 10 只相同的球排成一排,在两球之间的 9 个空隙中用 3 块"隔板"分开,"隔板"放的位置不同,就是一种不同的投放方法.所以不同的投放有 $C_9^3 = 84$ 种,选(B).

**例 14.58** 满足 $x_1 + x_2 + x_3 + x_4 = 12$ 的正整数解的组数有(　　)种.

(A) $C_{11}^3 \cdot P_4^4$　　(B) $C_{13}^3$　　(C) $C_{12}^3$　　(D) $C_{11}^3$　　(E) $P_{11}^3$

**解**　$x_1 + x_2 + x_3 + x_4 = 12$ 的正整数解的组数等价于将 12 个完全相同的球放入 1,2,3,4 四个盒子中.12 个完全相同的球排成一列,在它们之间形成 11 个空隙,任选三个插入 3 块隔板,把球分成 4 个组.每一种方法所得球的数目

$$\underbrace{\bigcirc\bigcirc}_{x_1}|\underbrace{\bigcirc\bigcirc\bigcirc\bigcirc}_{x_2}|\underbrace{\bigcirc\bigcirc\bigcirc}_{x_3}|\underbrace{\bigcirc\bigcirc\bigcirc}_{x_4}$$

图 14.7

依次为 $x_1$,$x_2$,$x_3$,$x_4$,显然 $x_1 + x_2 + x_3 + x_4 = 12$,故 $(x_1, x_2, x_3, x_4)$ 是方程的一组解.反之,方程的任何一组解 $(y_1, y_2, y_3, y_4)$,对应着唯一的一种在 12 个球之间插入隔板的方式(见图 14.7),故方程的解和插板的方法一一对应,即方程的解的组数等于插隔板的方法数 $C_{11}^3$.选(D).

**〖评注〗**　若求方程 $x_1 + x_2 + x_3 + \cdots + x_m = n$ 非负整数解的个数,令 $a_i = x_i + 1$ 代入方程,则 $\Rightarrow a_1 - 1 + a_2 - 1 + \cdots + a_m - 1 = n \Rightarrow a_1 + a_2 + \cdots + a_m = n + m$,进而转化为求 $a_i$ 的正整数解的个数,为 $C_{n+m-1}^{m-1}$.

这种隔板法用起来非常简单,这类问题模型要求满足条件相当严格,必须具备以下 3 个条件:①所要分的物品必须完全相同;②所要分的物品必须分完,绝不允许有剩余;③参与分物品的每个成员至少分到 1 个,不允许出现分不到物品的成员.

**【专题 14.11】** 几何概型

**例 14.59** 若在区间 $(0,1)$ 内任取两个数, 则事件"两数之和小于 $\dfrac{6}{5}$"的概率为(　　).

(A) 8/25　　(B) 17/25　　(C) 1/2　　(D) 1/3　　(E) 1/4

**解** 这个概率可用几何方法确定. 在区间 $(0,1)$ 中随机地取两个数分别记为 $x$ 和 $y$, 则 $(x,y)$ 的可能取值形成如图 14.8 所示的单位正方形 $\Omega$, 其面积为 $S_\Omega = 1$. 而事件 $A$ "两数之和小于 6/5" 可表示为 $A = \{x+y < 6/5\}$, 其区域为图中的阴影部分.

所以由几何方法得

$$P(A) = \frac{S_A}{S_\Omega} = 1 - \frac{1}{2}\left(\frac{4}{5}\right)^2 = \frac{17}{25}. \text{选(B)}.$$

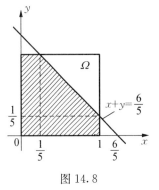

图 14.8

## 14.3　历年真题分类汇编与典型习题(含详解)

**1.** $n = 3$.

(1) 若 $\mathrm{P}_{2n+1}^4 = 140\mathrm{P}_n^3$　　(2) 若 $\mathrm{C}_n^4 = \mathrm{P}_n^3$

**2.** 汽车上有 10 名乘客, 沿途设有 5 个车站, 乘客下车的不同方式共有(　　)种.

(A) $10\mathrm{C}_5^1$　　(B) $\mathrm{P}_{10}^5$　　(C) $5^{10}$　　(D) $10^5$　　(E) 以上均不正确

**3.** 7 名学生争夺 5 项冠军, 每项冠军只有一人. 获得冠军的可能的种数有(　　).

(A) $7^5$　　(B) $5^7$　　(C) $\mathrm{P}_7^5$　　(D) $\mathrm{P}_7^4$　　(E) $\mathrm{P}_7^7$

**4.** 4 位老师分别教 4 个班的课, 考试时要求老师不在本班监考, 不同的监考方法有(　　)种.

(A) 8　　(B) 9　　(C) 10　　(D) 11　　(E) 12

**5.** 从 1, 2, 3, 4, $\cdots$, 20 这 20 个自然数中任选 3 个不同的数, 使它们成等差数列, 这样的等差数列共有(　　).

(A) 90 个　　(B) 120 个　　(C) 200 个　　(D) 180 个　　(E) 210 个

**6.** 若直线方程 $ax+by=0$ 中的 $a,b$ 可以从 0, 1, 2, 3, 4 这五个数字中任取两个不同的数字, 则方程所表示的不同的直线共有(　　).

(A) 10 种　　(B) 12 种　　(C) 14 种　　(D) 16 种　　(E) 17 种

**7.** 由数字 0, 1, 2, 3, 4, 5 所组成的没有重复数字的四位数中, 不能被 5 整除的数共有(　　)个.

(A) 186　　(B) 187　　(C) 190　　(D) 191　　(E) 192

**8.** 有卡片 9 张, 将 0, 1, 2, $\cdots$, 8 这 9 个数字分别写在每张卡片上, 现从中任取 3 张排成一个三位数, 若 6 可当 9 用, 则可组成不同的三位数(　　)个.

(A) 602　　(B) 604　　(C) 606　　(D) 608　　(E) 610

**9.** 从 11 名工人中选出 4 人排版, 4 人印刷, 则共有 185 种不同的选法.

(1) 11 名工人中 5 人只会排版,4 人只会印刷

(2) 11 名工人中 2 名工人既会排版,又会印刷

10. 5 个工程队承建某项工程的 5 个不同的子项目,每个工程队承建一项,其中甲工程队不能承建一号子项目,则不同的承建方案共有(    )种.

(A) $C_4^1 C_4^4$      (B) $C_4^1 P_4^4$      (C) $C_4^4$      (D) $P_4^4$      (E) 以上结论均不正确

11. 有六种不同颜色为下列区域着色(见图 14.9),要求在①②③④四个区域中相邻(有公共边界)区域不用同一种颜色,则不同的着色方法有(    )种.

(A) $4^6$      (B) $6^4$      (C) 24

(D) 240      (E) 480

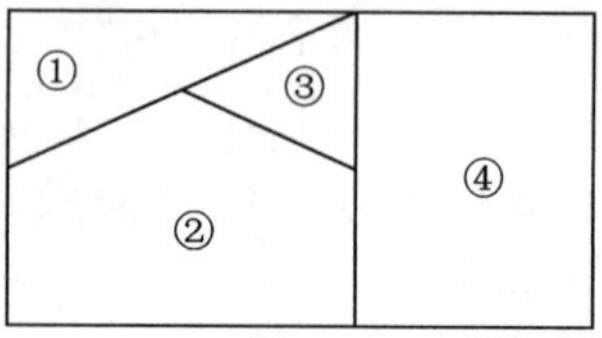

图 14.9

12. A,B,C,D,E 五人并排站成一排,如果 A,B 必相邻,且 B 在 A 右边,那么不同排法有(    ).

(A) 24 种      (B) 60 种      (C) 90 种      (D) 120 种      (E) 140 种

13. 计划展出 10 幅不同的画,包括 1 幅水彩画、4 幅油画和 5 幅国画.将它们排成一行陈列,要求同一品种的画必须连在一起,并且水彩画不放在两端,那么不同的陈列方式有(    )种.

(A) $P_3^3 P_4^4 P_5^5$      (B) $P_3^3 P_4^4 P_5^3$      (C) $P_3^1 P_4^4 P_5^5$      (D) $P_2^2 P_4^4 P_5^5$      (E) $P_2^2 P_4^4 P_5^3$

14. 三名男歌唱家和两名女歌唱家联合举行一场音乐会,演出的出场顺序要求两名女歌唱家之间恰有一名男歌唱家,其出场方案共有(    ).

(A) 36 种      (B) 18 种      (C) 12 种      (D) 6 种      (E) 16 种

15. 共有 432 种不同的排法.

(1) 6 个人排成两排,每排 3 人,其中甲、乙两人不在同一排

(2) 6 个人排成一排,其中甲、乙两人不相邻且不在排头和排尾

16. 7 名同学排成一排,其中甲、乙 2 人必须不相邻的不同排法有(    ).

(A) 3 200 种      (B) 3 400 种      (C) 3 600 种      (D) 3 800 种      (E) 4 000 种

17. 3 个人坐在有 8 个座位的一排椅子上,若每个人的左右两边都有空座位,则不同坐法的种数是(    ).

(A) 24      (B) 23      (C) 22      (D) 25      (E) 26

18. $P = 1\,440$.

(1) 数字 1,2,3,4,5,6,7 组成无重复数字的七位数,三个偶数必须相邻的七位数个数为 $P$

(2) 数字 1,2,3,4,5,6,7 组成无重复数字的七位数,三个偶数互不相邻的七位数个数为 $P$

19. 有 10 个三好学生名额,分配到高三年级 6 个班,每班至少 1 个名额,则不同的分配方案有(    )种.

(A) 120      (B) 126      (C) 160      (D) 170      (E) 180

20. 有编号为 1,2,3 的三个盒子,将 20 个完全相同的小球放在盒子中,要求每个盒子中球的个数不小于它的编号数,则不同的分法有(    )种.

(A) 100      (B) 112      (C) 120      (D) 128      (E) 180

**21.** 某高校有 14 名志愿者参加一论坛接待工作. 若每天排早、中、晚三班, 每班 4 人, 每人每天最多值一班, 则开幕式当天不同的排班种数为( ).

(A) $C_{14}^{12}C_{12}^4C_8^4$　　　　　　(B) $C_{14}^{12}C_{12}^4P_8^4$　　　　　(C) $\dfrac{C_{14}^{12}C_{12}^4C_8^4}{P_3^3}$

(D) $C_{14}^{12}C_{12}^4C_8^4P_3^3$　　　(E) 以上均不正确

**22.** 有甲、乙、丙 3 项任务, 甲需要 2 人承担, 乙、丙各需 1 人承担, 现从 10 人中选派 4 人承担这 3 项任务, 不同的选派方法共有( )种.

(A) 1 260　　(B) 2 520　　(C) 3 780　　(D) 12　　(E) 以上都不正确

**23.** 将 9 个人(含甲、乙)平均分成 3 组, 甲、乙分在同一组, 则不同的分组方法的种数为( ).

(A) 70　　(B) 140　　(C) 280　　(D) 840　　(E) 以上结论均不正确

**24.** 7 个人排成一排, 甲不在排头且乙不在排尾的排法共有( )种.

(A) 3 620　　(B) 3 640　　(C) 3 720　　(D) 3 740　　(E) 3 820

**25.** 从 0, 1, 2, 3, 4, 5, 6, 7, 8, 9 这 10 个数中取 3 个数, 使和为不小于 10 的偶数, 不同的取法有( )种.

(A) 48　　(B) 49　　(C) 50　　(D) 51　　(E) 52

**26.** (200110) 若 $C_{m-1}^{m-2}=\dfrac{3}{n-1}C_{n+1}^{n-2}$, 则( ).

(A) $m=n-2$　　(B) $m=n+2$　　(C) $m=\sum\limits_{k=1}^{n}k$　　(D) $m=1+\sum\limits_{k=1}^{n}k$

**27.** (201010) $C_{31}^{4n-1}=C_{31}^{n+7}$.

(1) $n^2-7n+12=0$　　　(2) $n^2-10n+24=0$

**28.** (200110) 一个班组里有 5 名男工和 4 名女工, 若要安排 3 名男工和 2 名女工分别担任不同的工作, 则不同的安排方法共有( )种.

(A) 300　　(B) 720　　(C) 1 440　　(D) 7 200

**29.** (200201) 两线段 $MN$ 和 $PQ$ 不相交, 线段 $MN$ 上有 6 个点 $A_1$, $A_2$, $\cdots$, $A_6$, 线段 $PQ$ 上有 7 个点 $B_1$, $B_2$, $\cdots$, $B_7$. 若将每一个 $A_i$ 和每一个 $B_j$ 连成不作延长的线段 $A_iB_j(i=1, 2, \cdots, 6; j=1, 2, \cdots, 7)$, 则由这些线段 $A_iB_j$ 相交而得到的交点最多有( ).

(A) 315 个　　(B) 316 个　　(C) 317 个　　(D) 318 个

**30.** (200110) 某办公室有男职工 5 人, 女职工 4 人, 欲从中抽调 3 人支援其他工作, 但至少有 2 位是男士, 问抽调方案有( )种.

(A) 50　　(B) 40　　(C) 30　　(D) 20

**31.** (199710) 某公司电话号码有 5 位, 若第一位数字必须是 5, 其余各位数字是 0 到 9 的任意一个, 则由完全不同的数字组成的电话号码的个数是( ).

(A) 126　　(B) 1 260　　(C) 3 024　　(D) 5 040　　(E) 3 040

**32.** (199901) 加工某产品需要经过 5 个工种, 其中某一工种不能最后加工, 试问可安排几种工序?( ).

(A) 96 种　　(B) 102 种　　(C) 112 种　　(D) 92 种　　(E) 86 种

**33.** (201210) 某次乒乓球单打比赛中, 先将 8 名选手等分为 2 组进行小组单循环赛. 若一位选手只打了 1 场比赛就因故退赛,则小组赛的实际比赛场数为( ).

(A) 24　　　(B) 19　　　(C) 12　　　(D) 11　　　(E) 10

**34.** (201310)在某次比赛中,有 6 名选手进入决赛. 若决赛设有 1 个一等奖,2 个二等奖,3 个三等奖,则可能的结果共有( )种.

(A) 16　　　(B) 30　　　(C) 45　　　(D) 60　　　(E) 120

**35.** (199901)在 $(\sqrt{2}+\sqrt[4]{3})^{50}$ 的展开式中有多少项是有理数?( ).

(A) 11 项　　(B) 12 项　　(C) 13 项　　(D) 14 项　　(E) 15 项

**36.** (200101) $\left(x^2-\dfrac{1}{x}\right)^{10}$ 的展开式中系数最大的项是( ).

(A) 第 4, 6 项　　　　(B) 第 5, 6 项　　　　(C) 第 5, 7 项

(D) 第 6 项　　　　　(E) 以上都不正确

**37.** (199801)在 $(1+x)^{14}$ 的展开式中( ).

(A) 第 5, 6, 7 三项系数成等差数列

(B) 第 5, 6, 7 三项系数成等比数列

(C) 第 4, 5, 6 三项系数成等差数列

(D) 第 4, 5, 6 三项系数成等比数列

(E) 以上均不正确

**38.** (201410)在一次足球预选赛中有 5 个球队进行双循环赛(每两个球队之间赛两场). 规定胜一场得 3 分,平一场得 1 分,负一场得 0 分. 赛完后一个球队的积分不同情况的种数为( ).

(A) 25　　　(B) 24　　　(C) 23　　　(D) 22　　　(E) 21

**39.** (2001)将一块各面均涂有红漆的正立方体锯成 125 个大小不同的小正立方体,从这些小正方体中随机抽取一个,所取到的小正方体至少有两面涂有红漆的概率是( ).

(A) 0.064　　(B) 0.216　　(C) 0.288　　(D) 0.352

**40.** (200810)若以连续掷两枚骰子分别得到的点数 $a$ 与 $b$ 作为点 $M$,则 $M(a, b)$ 落入圆 $x^2+y^2=18$ 内(不含圆周)的概率是( ).

(A) $\dfrac{7}{36}$　　(B) $\dfrac{2}{9}$　　(C) $\dfrac{1}{4}$　　(D) $\dfrac{5}{18}$　　(E) $\dfrac{11}{36}$

**41.** (200001)某人忘记三位号码锁(每位均有 0~9 十个数码)的最后一个数码,因此在正确拨出前两个数码后,只能随机地试拨最后一个数码,每拨一次算作一次试开,则他在第 4 次试开时才将锁打开的概率是( ).

(A) $\dfrac{1}{4}$　　(B) $\dfrac{1}{6}$　　(C) $\dfrac{2}{5}$　　(D) $\dfrac{1}{10}$

**42.** (201210)图 14.10 是一个简单的电路图,$S_1$,$S_2$,$S_3$ 表示开关. 随机闭合 $S_1$,$S_2$,$S_3$ 中的 2 个,灯泡⊗发光的概率是( ).

(A) $\dfrac{1}{6}$　　(B) $\dfrac{1}{4}$　　(C) $\dfrac{1}{3}$

(D) $\dfrac{1}{2}$　　(E) $\dfrac{2}{3}$

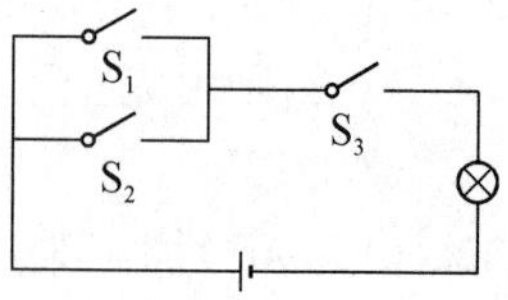

图 14.10

**43.** (2001)从集合 $\{0, 1, 3, 5, 7\}$ 中先任取一个数记为 $a$,放回集合后再任取一个数记为 $b$,

若 $ax + by = 0$ 能表示一条直线,则该直线的斜率等于 $-1$ 的概率为(　　).

(A) $\dfrac{4}{25}$　　　(B) $\dfrac{1}{6}$　　　(C) $\dfrac{1}{4}$　　　(D) $\dfrac{4}{15}$　　　(E) $\dfrac{7}{15}$

**44.** (200001)袋中有 6 只红球、4 只黑球,从袋中随机取出 4 只球,设取到一只红球得 2 分,取到一只黑球得 1 分,则得分不大于 6 分的概率是(　　).

(A) $\dfrac{23}{42}$　　　(B) $\dfrac{4}{7}$　　　(C) $\dfrac{25}{42}$　　　(D) $\dfrac{13}{21}$

**45.** (199701)10 件产品中有 3 件次品,从中随机抽出 2 件,至少抽到一件次品的概率是(　　).

(A) $\dfrac{1}{3}$　　　(B) $\dfrac{2}{5}$　　　(C) $\dfrac{7}{15}$　　　(D) $\dfrac{8}{15}$　　　(E) $\dfrac{3}{5}$

**46.** (200210)从 6 双不同的鞋子中任取 4 只,则其中没有成双鞋子的概率是(　　).

(A) $\dfrac{4}{11}$　　　(B) $\dfrac{5}{11}$　　　(C) $\dfrac{16}{33}$　　　(D) $\dfrac{2}{3}$

**47.** (201210)直线 $y = kx + b$ 经过第三象限的概率是 $\dfrac{5}{9}$.

(1) $k \in \{-1, 0, 1\}$, $b \in \{-1, 1, 2\}$　　　(2) $k \in \{-2, -1, 2\}$, $b \in \{-1, 0, 2\}$

**48.** (201001)某商店举行店庆活动,顾客消费达到一定数量后,可以在 4 种赠品中随机选取 2 件不同的赠品,任意两位顾客所选赠品中,恰有 1 件品种相同的概率是(　　).

(A) $\dfrac{1}{6}$　　　(B) $\dfrac{1}{4}$　　　(C) $\dfrac{1}{3}$　　　(D) $\dfrac{1}{2}$　　　(E) $\dfrac{2}{3}$

**49.** (201101)将 2 个红球与 1 个白球随机地放入甲、乙、丙三个盒中,则乙盒中至少有 1 个红球的概率为(　　).

(A) $\dfrac{1}{9}$　　　(B) $\dfrac{8}{27}$　　　(C) $\dfrac{4}{9}$　　　(D) $\dfrac{5}{9}$　　　(E) $\dfrac{17}{27}$

**50.** (199710)一批灯泡共 10 只,其中有 3 只质量不合格,今从该批灯泡中随机取出 5 只,问:
(1) 这 5 只灯泡都合格的概率是多少?
(2) 这 5 只灯泡中有 3 只合格的概率是多少?

**51.** (199901)甲盒内有红球 4 只,黑球 2 只,白球 2 只;乙盒内有红球 5 只,黑球 3 只;丙盒内有黑球 2 只,白球 2 只.从这三只盒子的任意一只中任取出一只球,它是红球的概率是(　　).

(A) 0.562 5　　　(B) 0.5　　　(C) 0.45　　　(D) 0.375　　　(E) 0.225

**52.** (199910)匣子有 4 只球,其中红球、黑球、白球各一只,另有一只红、黑、白三色球,现在从匣子中任意取 2 只球,其中恰有一球上有红色的概率为(　　).

(A) $\dfrac{1}{6}$　　　(B) $\dfrac{1}{3}$　　　(C) $\dfrac{1}{2}$　　　(D) $\dfrac{2}{3}$　　　(E) $\dfrac{5}{6}$

**53.** (201010)在 10 道备选试题中,甲能答对 8 题,乙能答对 6 题.若某次考试从这 10 道备选题中随机抽出 3 道作为考题,至少答对 2 题才算合格,则甲、乙两人考试都合格的概率是(　　).

(A) $\dfrac{28}{45}$　　　(B) $\dfrac{2}{3}$　　　(C) $\dfrac{14}{15}$　　　(D) $\dfrac{26}{45}$　　　(E) $\dfrac{8}{15}$

**54.** (201310)将一个白木质的正方体的六个表面都涂上红漆,再将它锯成 64 个小正方体.从中任取 3 个,其中至少有 1 个三面是红漆的小正方体的概率是(　　).

(A) 0.665　　　(B) 0.578　　　(C) 0.563　　　(D) 0.482　　　(E) 0.335

55. (201410)李明的讲义夹里放了大小相同的试卷共 12 页,其中语文 5 页、数学 4 页、英语 3 页,他随机地从讲义夹中抽出 1 页,抽出的是数学试卷的概率等于(　　).

(A) $\dfrac{1}{12}$　　　(B) $\dfrac{1}{6}$　　　(C) $\dfrac{1}{5}$　　　(D) $\dfrac{1}{4}$　　　(E) $\dfrac{1}{3}$

56. (201410)在矩形 $ABCD$ 的边 $CD$ 上随机取一点 $P$,使得 $AB$ 是 $\triangle APB$ 的最大边的概率大于 $\dfrac{1}{2}$.

(1) $\dfrac{AD}{AB} < \dfrac{\sqrt{7}}{4}$　　　(2) $\dfrac{AD}{AB} > \dfrac{1}{2}$

## 详解:

**1. 【A】**

**解**　由条件(1),得 $(2n+1)(2n)(2n-1)(2n-2) = 140n(n-1)(n-2)$,即 $n(n-1)(4n^2-35n+69)=0$,即 $n=0,n=1,n=3,n=\dfrac{23}{4}$,因为 $\begin{cases} 2n+1 \geqslant 4 \\ n \geqslant 3 \end{cases}$,所以 $n=3$. 条件(1) 充分.

由条件(2) $\dfrac{n!}{(n-4)!4!} = n(n-1)(n-2)$,可得 $n(n-1)(n-2)(n-3) = 24n(n-1)(n-2)$,即 $n(n-1)(n-2)(n-27)=0$,所以 $n=0$, $n=1$, $n=27$.

由于 $n \geqslant 4$,从而 $n=27$,条件(2) 不充分.

所以选(A).

**2. 【C】**

**解**　可以分为 10 个步骤完成:

第一步第一个乘客下车有 5 种不同的方法;

第二步第二个乘客下车有 5 种不同的方法;

……

第十步第十个乘客下车有 5 种不同的方法.

由乘法原理,不同的下车方式共有 $\underbrace{5 \times 5 \times \cdots \times 5}_{10个} = 5^{10}$,选(C).

**3. 【A】**

**解**　因同一学生可同时夺得几项冠军,故学生可重复排列. 将 7 名学生看作 7 家"店",5 项冠军看作 5 个"客". 每个"客"有 7 种住宿法,由乘法原理得 $7^5$ 种,选(A).

**4. 【B】**

**解**　设教师 A,B,C,D 分别教甲、乙、丙、丁四个班. 考试时要求老师不在本班监考,

所以 A 有 3 种可能,监考乙、丙或丁班. 若选定乙班,B,C 和 D 3 人监考甲、丙和丁班,有 3 种可能方法,即总共有 $3 \times 3 = 9$ 种不同方法,选(B).

**5. 【D】**

**解**　第一步从这 20 个自然数中任取一个,有 $C_{20}^1 = 20$ 种取法. 为了能成等差数列,所以第二步只能在余下的 9 个数字中任取一个. (解释:比如第一个数取到 15,则第二个数只能取 16,17,14,13,12,11,10,9,8 九个数中的任意一个. 若取了 18,则第三个数应该为 21,超出了候选范围.)一旦第二个数确定下来,那么公差也确定了,所以第三个数是由第二个数确定的,不用再选了. 所以总共有 $C_{20}^1 C_9^1 \cdot 1 = 180$ 个,选(D).

**6. 【B】**

**解**　(1) 当 $a$ 或 $b$ 中有一个为 0 时,表示直线 $y=0$ 或 $x=0$,共 2 条.

(2) 当 $a$,$b$ 都不为零时,表示不同直线的方程有 $P_4^2=4\times3=12$ 条.

但是 $x+2y=0,2x+4y=0$ 实为一条直线;$2x+y=0,4x+2y=0$ 实质也为一条直线. 所以共有 $12-2=10$ 条.

综上所述,共有 $2+10=12$ 条直线. 选(B).

**7.【E】**

**解法 1**　(加法原理)不能被 5 整除,则个位数只可能是 1,2,3,4 中的一个.

不含 0 时,满足题意的四位数有 $C_4^1\cdot P_4^3=96$;含有 0 时,有 $C_4^1C_3^1P_4^2=96$.

由加法原理,故共有 $96+96=192$(种),所以应选(E).

**解法 2**　(乘法原理)不能被 5 整除,则第一步:个位数可能是 1,2,3,4 中的一个,有 $C_4^1$ 种选法. 第二步:首位数可以从原来 6 个中去掉个位数,再去掉 0,所以有 4 个数可以选,有 $C_4^1$ 种选法. 第三步:百位与十位数可以从余下的 4 个数字中选 2 个,有 $P_4^2$ 种选法. 依乘法原理,所以有 $C_4^1C_4^1P_4^2=192$(种),所以应选(E).

**8.【A】**

**解**　可分两种情况:

(1) 不含 6 的三位数共有 $P_7^1\cdot P_7^2$ 个.

(2) 含 6 的三位数有两种情况:

① 含 6 不含 0 的三位数有 $2C_7^2\cdot P_3^3$ 个,② 含 6 也含 0 的三位数有 $2C_7^1\cdot P_2^1\cdot P_2^2$ 个.

由加法原理,共有 $P_7^1P_7^2+2C_7^2P_3^3+2C_7^1P_2^1P_2^2=602$(个),所以选(A).

**9.【C】**

**解**　此题只能选(C)或(E).联合条件(1)和条件(2),可分为三类情况:

(1) 从只会印刷的 4 人中任选 2 人 $C_4^2$,两样都会的人印刷 $C_2^2$,只会排版的 5 人中任选 4 人 $C_5^4$,即 $C_4^2C_2^2C_5^4$;

(2) 从只会印刷的 4 人中任选 3 人 $C_4^3$,两样都会的 2 人中任选一人印刷 $C_2^1$,另外一个人与只会排版的 5 人合在一起任选 4 人去排版 $C_6^4$,即 $C_4^3C_2^1C_6^4$;

(3) 只会印刷的人都选即 $C_4^4$,从其他 7 人中任选 4 人排版 $C_7^4$,即 $C_4^4\cdot C_7^4$;由加法原理共有 $C_4^2C_2^2C_5^4+C_4^3C_2^1C_6^4+C_4^4C_7^4=30+120+35=185$(种),选(C).

**10.【B】**

**解**　甲工程队不能承建一号子项目,则甲工程队只能承建其他 4 个项目中的一个,共有 $C_4^1$ 种,其他四个工程队承建剩下的 4 个项目,共有 $P_4^4$ 种,故由乘法原理,不同的承建方案有 $C_4^1P_4^4$ 种,选(B).

**11.【E】**

**解**　完成着色这件事情,共分 4 个步骤,可一次考虑为①②③④着色时各自的方法数,再由乘法原理确定总的着色方法数,因此为①着色有 6 种方法,为②着色有 5 种方法,为③着色有 4 种方法,为④着色有 4 种方法,所以共有 $6\times5\times4\times4=480$ 种. 选(E).

**12.【A】**

**解**　先将特殊元素 A,B 捆绑起来,与另外三个元素全排列,有 $P_4^4$ 种方法. 又由于 A,B 不能交换,故不再需要将 A,B 排序,所以总共有 $P_4^4=24$ 种,选(A).

**13.【D】**

**解**　先把 3 个品种的画各看成整体,而水彩画不能放在头尾,故只能放在中间,所以油画与国画有 $P_2^2$ 种放法,再考虑油画与国画本身又可以全排列,故排列的方法为 $P_2^2P_4^4P_5^5$,选(D).

**14.【A】**

**解**　按要求出场顺序必须有一个小团体"女男女",因此先在三名男歌唱家中选一名(有 $C_3^1$ 种选法)与两名女歌唱组成一个团体,将这个小团体视为一个元素,与其余 2 名男歌唱家排列有 $P_3^3$ 种排法. 最后小团体内 2 名女歌唱家排列有 $P_2^2$ 种排法,所以共有 $C_3^1P_3^3P_2^2=36$ 种出场方案,选(A).

【评注】 对于"小团体"排列问题,可先将"小团体"看作一个元素与其他元素排列,最后再进行"小团体"内部的排列.

**15.【A】**

**解** 满足条件(1)的排法分为两类:第一类,甲在前排,乙在后排,有 $P_4^1 P_3^1 P_4^4$ 种排法;第二类,乙在前排,甲在后排,有 $P_4^1 P_3^1 P_4^4$ 种排法. 由加法原理,符合条件的不同排法共有 $P_4^1 P_3^1 P_4^4 + P_4^1 P_3^1 P_4^4 = 432$(种),所以条件(1)充分.

满足条件(2)的排法分为两步:第一步,除甲、乙以外的 4 个人排队,有 $P_4^4$ 种排法;第二步,甲、乙插入排好的队中除头、尾以外的 3 个空位置,有 $P_3^2$ 种插法. 由乘法原理,不同的排法共有 $P_4^4 P_3^2 = 144$(种),所以条件(2) 不充分. 故此题应选(A).

**16.【C】**

**解** 第一步:把甲、乙以外的 5 人全排列有 $P_5^5$ 种方法;第二步:把甲、乙插入排好的 5 个人的 6 个空(包括两端)有 $P_6^2$ 种方法. 所以共有 $P_5^5 P_6^2 = 3\,600$ 种不同的排法. 选(C).

**17.【A】**

**解** 3 个人坐在有 8 个座位的一排椅子上,则 5 个空座位,5 个空座位中间有 4 个空隙,从中插入 3 个人,这样能保证每个人的左右两边都有空座位,所以有 $P_4^3 = 24$ 种方法,选(A).

**18.【B】**

**解** 条件(1),

**解法 1** 先把三个偶数看成一个元素,与其余的 4 个奇数,一共 5 个元素全排列有 $P_5^5$ 种,此外这三个偶数进一步排列次序有 $P_3^3$ 种,所以总共有 $P_5^5 P_3^3 = 720$ 种,所以不充分.

**解法 2** 因为三个偶数 2,4,6 必须相邻,所以要得到一个符合条件的七位数可以分为如下三步:第一步将 1,3,5,7 四个数字排好有 $P_4^4$ 种不同的排列;第二步将 2,4,6 三个数字"捆绑"在一起有 $P_3^3$ 种不同的"捆绑"方法;第三步将第二步"捆绑"的这个整体"插入"到第一步所排的四个不同数字的五个空(包括两端的两个位置)中的其中一个位置上,有 $P_5^1$ 种不同的"插空"方法. 根据乘法原理满足条件(1)的七位数的个数共有 $P = P_4^4 P_3^3 P_5^1 = 720$,即条件(1) 不充分.

由条件(2),因为三个偶数 2,4,6 互不相邻,所以要得到符合条件的七位数可以分为两步:第一步:将 1,3,5,7 四个数字排好有 $P_4^4$ 种不同的排法;第二步:将 2,4,6 分别插入到第一步所排的四个数字的五个空(包括两端的两个位置)中的三个位置上,有 $P_5^3$ 种插入方法. 根据乘法原理满足条件(2)的七位数的个数共有 $P = P_4^4 P_5^3 = 1\,440$,即条件(2)充分. 故本题正确选项为(B).

**19.【B】**

**解** 6 个班,用 5 个隔板,将 10 个名额并成一排,名额之间有 9 个空,将 5 个隔板插入 9 个空,每一种插法,对应一种分配方案,故有 $C_9^5 = 126$(种)分配方案. 选(B).

**20.【C】**

**解** 第一步,先在 2,3 号盒子中放球,2 号放 1 个,3 号放 2 个,有 1 种方法;第二步,将剩下的 17 个小球并成一排,小球之间有 16 个空,将 2 个隔板插入 16 个空,每一种插法,对应一种分配方案,有 $C_{16}^2 = 120$(种)分配方案.选(C).

**21.【A】**

**解** 第一步,从 14 名志愿者中选出 12 人有 $C_{14}^{12}$ 种选法;第二步,将选出的 12 人平均分成 3 组有 $\dfrac{C_{12}^4 C_8^4 C_4^4}{P_3^3}$ 种分法;第三步,将分好的 3 组分配到早、中、晚三班,有 $P_3^3$ 种分法所以共有 $C_{14}^{12} \dfrac{C_{12}^4 C_8^4 C_4^4}{P_3^3} P_3^3 = C_{14}^{12} C_{12}^4 C_8^4$(种)分法. 选(A).

**22.【B】**

**解** 第一步,从 10 人中选出 4 人有 $C_{10}^4$ 种选法;第二步,将选出的 4 人分成 3 组有 $\dfrac{C_4^2 C_2^1 C_1^1}{P_2^2}$ 种选法;第三

步,将分好的 3 组分配到甲、乙、丙三项任务中,因甲需 2 人承担,乙、丙各需 1 人承担,所以 2 人一组的只能分给甲,共有 $P_2^2$ 种方法;所以共有 $C_{10}^1 \dfrac{C_4^2 C_2^1 C_1^1}{P_2^2} \cdot P_2^2 = 2\,520$(种)选法,选(B).

**23.【A】**

**解** 第一步,将甲、乙以外的 7 人分成三组,一组 3 人,一组 3 人,一组 1 人,有 $\dfrac{C_7^3 C_4^3 C_1^1}{P_2^2}$ 种方法;第二步,由题意将甲、乙分给 1 人的那组有 1 种方法.所以共有 $\dfrac{C_7^3 C_4^3 C_1^1}{P_2^2} = 70$(种)方法.选(A).

**24.【C】**

**解** 7 个人排成一排,总的方法有 $P_7^7$ 种,甲排在排头的方法有 $P_6^6$ 种,乙排在排尾的方法也有 $P_6^6$ 种,甲排在排头且乙排在排尾的方法有 $P_5^5$ 种,从而排法总数为 $P_7^7 - P_6^6 - P_6^6 + P_5^5 = 3\,720$ 种,选(C).

**25.【D】**

**解** 从这 10 个数中取 3 个不同的偶数的取法有 $C_5^3$ 种;取 1 个偶数和 2 个奇数的取法有 $C_5^1 C_5^2$ 种.另外从这 10 个数中取出 3 个数,使其和为小于 10 的偶数,有 9 种(用字典序可以罗列出来)不同取法.因此符合条件的不同取法有 $C_5^3 + C_5^1 C_5^2 - 9 = 51$(种).选(D).

**26.【D】**

**解** 由 $C_{m-1}^{m-2} = \dfrac{3}{n-1} C_{n+1}^{n-2}$,可得 $C_{m-1}^1 = \dfrac{3}{n-1} C_{n+1}^3$,即 $m - 1 = \dfrac{3}{n-1} \times \dfrac{(n+1)n(n-1)}{3 \times 2 \times 1}$,所以 $m = 1 + \dfrac{n(n+1)}{2} = 1 + \sum\limits_{k=1}^{n} k$.故本题应选(D).

**27.【E】**

**解** 题干 $4n - 1 = n + 7$ 或 $4n - 1 + n + 7 = 31$,得 $n = 5$.

条件(1): $n = 3$ 或 $n = 4$,不充分;条件(2): $n = 4$ 或 $n = 6$,不充分.选(E).

**28.【D】**

**解** 不同的安排方法共有 $C_5^3 \cdot C_4^2 \cdot P_5^5 = 7\,200$ 种,故本题选(D).

**29.【A】**

**解** 在线段 $MN$ 和 $PQ$ 上分别取 2 点,可组成一个凸四边形,其对角线在四边形内恰有一个交点,当然这些交点有可能有重合,当不重合时,所求交点个数最多为 $C_6^2 C_7^2 = 15 \times 21 = 315$,选(A).

**30.【A】**

**解** "至少有 2 位是男士"有两种情况:3 位都是男士或 2 位男士 1 位女士,所以共有 $C_5^2 \cdot C_4^1 + C_5^3 = 40 + 10 = 50$ 种,选(A).

**31.【C】**

**解** 第一位数是 5,其余四位数只能在 9 个数字中挑选,则不同的数字组成的电话号码个数为 $C_9^4 \times 4! = 3\,024$,故本题选(C).

**32.【A】**

**解** 指定不能最后加工的那个工种可安排在前四步的任何一步加工,它被排定后其余四个工种有 4! 种排法,故可安排的工序种数是 $4 \times 4! = 96$.选(A).

**33.【E】**

**解** 8 名选手等分为 2 组进行小组单循环赛,则每小组共有 $C_4^2 = 6$ 场,因为有一位选手只打了 1 场比赛就因故退赛,所以减少 2 场,故总共有 $2 \times 6 - 2 = 10$ 场.

**34.【D】**

**解** 由乘法原理知有 $C_6^1 C_5^2 C_3^3 = 60$ 种情况.

**35.【C】**

**解** 二项式 $(\sqrt{2} + \sqrt[4]{3})^{50}$ 展开式一般项为 $C_{50}^k \cdot 2^{\frac{1}{2}k} \cdot 3^{\frac{1}{4}(50-k)}$ $(k = 0, 1, \cdots, 50)$.要为有理数,则 $\dfrac{1}{2}k$,

$\frac{1}{4}(50-k)$ 为整数,即 $k$ 为偶数且 $50-k$ 为 4 的倍数,穷举得 $k=2,6,10,14,\cdots,46,50$,共 13 个,选(C).

**36.【C】**

**解** $\left(x^2-\frac{1}{x}\right)^{10}$ 的展开式中第 $k+1$ 项系数 $a_{k+1}=C_{10}^k x^{2k}(-x)^{k-10}$,系数最大项必为正项,即奇数项,由二项式结构分析,中后项系数绝对值大于前面项,所以第 5,7 项的系数最大,选(C).

**37.【A】**

**解** 二项式 $(1+x)^{14}$ 的展开式中第 $k$ 项为 $C_{14}^{k-1}\cdot 1^{k-1}\cdot x^{14-k+1}$,则第 5,6,7 三项系数分别为 $a_5=C_{14}^4=1001$,$a_6=C_{14}^5=2002$,$a_7=C_{14}^6=3003$,所以第 5,6,7 三项系数成等差数列,选(A).

**38.【B】**

**解** 5 个球队双循环比赛,每个球队赛 8 场,可设胜 $x$ 场,平 $y$ 场,负 $z$ 场,得分为 $n$,依题意有 $\begin{cases} x+y+z=8 \\ n=3x+y \end{cases}$,当 8 场全负时得 0 分,当 8 场全胜时得 24 分,0~24 共 25 种情况,但是其中 23 分无法得到,7 胜 1 平只能得到 22 分,所以共有 24 种.

所以 $n$ 的最大值为 24,即一个球队的积分不同情况的种数有 24 种可能.

**39.【D】**

**解** 两面涂有红漆的小正方体共有 $12\times 3=36$(个),三面涂有红漆的小正方体共有 $4\times 2=8$(个),故所求概率为 $\frac{36+8}{125}=0.352$,所以选(D).

**40.【D】**

**解** 要使 $(a,b)$ 落入圆 $x^2+y^2=18$ 内,即要求 $a^2+b^2<18$,掷两次骰子总可能性为 $6\times 6=36$(种),满足 $a^2+b^2<18$ 的可能性为:

$(a,b)=(1,1),(1,2),(1,3),(1,4),(2,1),(3,1),(4,1),(2,2),(2,3),(3,2)$,共计 10 种,

从而求概率 $P=\frac{10}{36}=\frac{5}{18}$.

所以选(D).

**41.【D】**

**解** 设 $A_i=\{$第 $i$ 次试开成功$\}$,$i=1,2,3,4$,则

$$P(\overline{A_1}\,\overline{A_2}\,\overline{A_3}A_4)=P(\overline{A_1})\cdot P(\overline{A_2}\mid \overline{A_1})\cdot P(\overline{A_3}\mid \overline{A_1}\,\overline{A_2})\cdot P(A_4\mid \overline{A_1}\,\overline{A_2}\,\overline{A_3})$$
$$=\frac{9}{10}\times\frac{8}{9}\times\frac{7}{8}\times\frac{1}{7}=\frac{1}{10}.$$

故本题应选(D).

**42.【E】**

**解** 随机闭合 $S_1,S_2,S_3$ 中的 2 个共有 $C_3^2$ 种(也可以穷举得 $S_1S_2,S_2S_3,S_1S_3$),灯泡⊗发光则有 $S_3$ 闭合,$S_1,S_2$ 中有一个闭合,即 $C_2^1$ 种(也可以 $S_2S_3,S_1S_3$ 这两种),所以灯泡⊗发光的概率为 $\frac{2}{3}$.

**43.【B】**

**解** 设 $A=\{$直线的斜率等于 $-1\}$,由题意 $a,b$ 不能同时为 0,所以基本事件总数为 $5^2-1=24$,事件 $A$ 所含基本事件要求 $a=b\neq 0$,数量为 4.因此该直线的斜率等于 $-1$ 的概率为 $P(A)=\frac{4}{24}=\frac{1}{6}$.故选(B).

**44.【A】**

**解** 从 10 只球中取 4 只,样本点总数共有 $C_{10}^4$ 种取法.取 4 球得分不大于 6 分的情况有:

① 取出 4 只黑球,取法有 $C_6^0C_4^4$ 种;

② 取出 1 只红球,3 只黑球,取法共有 $C_6^1C_4^3$ 种;

③ 取出 2 只红球,2 只黑球,取法共有 $C_6^2 C_4^2$ 种;

则得分不大于 6 分的概率是 $P = \dfrac{C_6^0 C_4^4 + C_6^1 C_4^3 + C_6^2 C_4^2}{C_{10}^4} = \dfrac{23}{42}$,选(A).

**45.【D】**

**解** 10 件中随机抽出 2 件,全是正品的概率为 $\dfrac{C_7^2}{C_{10}^2} = \dfrac{7}{15}$,所以抽出 2 件至少抽到一件是次品的概率为

$1 - \dfrac{7}{15} = \dfrac{8}{15}$,选(D).

**46.【C】**

**解** 样本点总数为 $C_{12}^4$,"从 6 双不同的鞋子中任取 4 只,没有成双的鞋子",即"先从 6 双鞋子中任选 4 双,再从选出的 4 双中的每一双任取一只",共有选法 $C_6^4 (C_2^1)^4$.所以所求的概率 $P = \dfrac{C_6^4 (C_2^1)^4}{C_{12}^4} = \dfrac{16}{33}$,选(C).

**47.【D】**

**解** 条件(1)与(2)分别穷举可得概率都为 $\dfrac{5}{9}$.

**48.【E】**

**解** 任意两位顾客选赠品的总可能性为 $C_4^2 C_4^2 = 36$(种).

任意两位顾客所选赠品中,恰有 1 件品种相同,所以两顾客可以选相同的一件赠品,有 $C_4^1$ 种选法;然后一个顾客只能在余下的 3 件赠品中选,有 $C_3^1$ 种选法;另外一个顾客只能在余下的 2 件赠品中选,有 $C_2^1$ 种选法.所以有利于该事件的选法一共有 $C_4^1 C_3^1 C_2^1 = 24$(种),所以所求的概率为 2/3.选(E).

〔**评注**〕 知识点:古典概型计算.可以先定下相同的赠品,再考虑不同的赠品.

**49.【D】**

**解法 1** 事件 $A$=乙盒中至少有 1 个红球,$\bar{A}$=乙盒中没有红球.白球 3 个盒子随便放,有 $C_3^1$ 种放法.2 个红球可以放到甲、丙 2 个盒子中,有 $C_2^1 C_2^1$ 种放法.所以 $N_{\bar{A}} = C_3^1 C_2^1 C_2^1$.样本点总数:每个球可以放入 3 个盒子中,所以 $N_{\Omega} = 3^3$.

$P(A) = 1 - P(\bar{A}) = 1 - \dfrac{C_3^1 C_2^1 C_2^1}{3^3} = 1 - \dfrac{4}{9} = \dfrac{5}{9}$,选(D).

**解法 2** 样本点总数:每个球可以放入 3 个盒子中,所以 $N_{\Omega} = 3^3$.

事件 $A$=乙盒中至少有 1 个红球,分类有 2 种情况:

(1) 乙盒中有 1 个红球.先从 2 个红球中选出 1 个,余下的 1 个红球只能放到甲、丙 2 个盒中,1 个白球可以放到甲、乙、丙 3 个盒中,共有 $C_2^1 \times 2 \times 3 = 12$ 种放法.

(2) 乙盒中有 2 个红球,1 个白球可以放到甲、乙、丙 3 个盒中,共有 3 种放法.

所以 $P(A) = \dfrac{12 + 3}{3^3} = \dfrac{5}{9}$.

〔**评注**〕 古典概型之分球入盒问题."至少"问题从简单的一面入手(解法 1 从反面入手、解法 2 从正面入手分析).特别注意:此题 2 个红球是不同的.

**50.** $\dfrac{1}{12}$,$\dfrac{5}{12}$.

**解** 设 $A$={5 只灯泡都合格},$B$={5 只灯泡只有 3 只合格},基本事件总数 $N = C_{10}^5$,$A$ 包含的基本事件数等于 $C_7^5$,$B$ 包含的基本事件数等于 $C_7^3 C_3^2$,所以

$$P(A) = \dfrac{C_7^5}{C_{10}^5} = \dfrac{1}{12}, \quad P(B) = \dfrac{C_7^3 C_3^2}{C_{10}^5} = \dfrac{5}{12}.$$

**51.【D】**

**解** 从甲、乙、丙盒子中任取一个的概率都是 1/3,再取到红球的概率为

$$\frac{1}{3} \times \frac{4}{8} + \frac{1}{3} \times \frac{5}{8} + \frac{1}{3} \times \frac{0}{8} = 0.375, 选(D).$$

**52.【D】**

**解**　$\dfrac{C_2^1 C_2^1}{C_4^2} = \dfrac{2}{3}$, 故本题选(D).

**53.【A】**

**解**　甲答对 2 题, 乙至少答对 2 题; 甲答对 3 题, 乙至少答对 2 题, $P(A) = \dfrac{C_6^2 C_2^1 (C_6^2 C_4^1 + C_6^3) + C_6^3 (C_6^2 C_4^1 + C_6^3)}{C_{10}^3 \cdot C_{10}^3} =$

$\dfrac{28}{45}$, 选(A).

**54.【E】**

**解**　3 面都有红漆的小正方体对应原先大正方体的 8 个顶点, 所以共有 8 个.

任取 3 个至少 1 个三面是红漆的反面是任取 3 个中 1 个都没有三面是红漆,

所以 $P(A) = 1 - P(\bar{A}) = 1 - \dfrac{C_{56}^3}{C_{64}^3} = 1 - \dfrac{165}{248} \approx 0.335$.

**55.【E】**

**解**　$P(A) = \dfrac{m}{n} = \dfrac{4}{12} = \dfrac{1}{3}$.

**56.【A】**

**解**　几何概型计算方法是分别求得构成事件 $A$ 的区域长度和试验的全部结果所构成的区域长度, 两者求比值, 即为概率.

**解法 1**　记"在矩形 $ABCD$ 的边 $CD$ 上随机取一点 $P$, 使△$APB$ 的最大边是 $AB$"为事件 $M$, 试验的全部结果构成的长度即为线段 $CD$, 构成事件 $M$ 的长度 $P_1 P_2$ 为线段 $CD$ 的一半, 根据对称性, 当 $P_1 D = \dfrac{1}{4} CD$ 时, $AB = P_1 B$, 如图 14.11 所示.

设 $CD = 4$, 则 $AF = DP_1 = 1$, $BF = 3$,

从而 $AD = P_1 F = \sqrt{P_1 B^2 - BF^2} = \sqrt{16 - 9} = \sqrt{7}$.

即 $\dfrac{AD}{AB} = \dfrac{\sqrt{7}}{4}$, 当 $\dfrac{AD}{AB} < \dfrac{\sqrt{7}}{4}$ 时, $AB > PB$, 所以条件(1)充分.

**解法 2**　设 $AB = 1$, $AD = x$, $DP = y (0 \leqslant y \leqslant 1)$, 则 $AP = \sqrt{x^2 + y^2}$, $BP = \sqrt{x^2 + (1-y)^2}$, 由 $AB$

为最大边, 则满足 $\begin{cases} AP = \sqrt{x^2 + y^2} < 1 \\ BP = \sqrt{x^2 + (1-y)^2} < 1 \end{cases} \Rightarrow 1 - \sqrt{1-x^2} < y < \sqrt{1-x^2}$.

$P\{AB$ 是 △$APB$ 的最大边$\} = \dfrac{\sqrt{1-x^2} - (1 - \sqrt{1-x^2})}{1-0} = 2\sqrt{1-x^2} - 1 > \dfrac{1}{2} \Rightarrow 0 < x < \dfrac{\sqrt{7}}{4}$.

故条件(1)充分, 条件(2)不充分.

〖评注〗　条件(2)由极限思维判断不可能成立.

# 第15章

# 概　率

## 15.1　基本概念、定理、方法

### 15.1.1　事件的关系及其运算

(1) 子事件(包含)：若事件 $A$ 发生，必然导致事件 $B$ 发生，则称事件 $A$ 是 $B$ 的子事件，记作 $A \subset B$(见图 15.1).

(2) 相等事件：若 $A \subset B$ 且 $B \subset A$，则称事件 $A$ 与 $B$ 相等，记作 $A = B$(见图 15.2).

(3) 并(和)事件：事件 $A$ 和事件 $B$ 至少有一个发生的事件，称为 $A$ 和 $B$ 的和事件，记作 $A \bigcup B$(见图 15.3). $\bigcup_{i=1}^{k} A_i$ 表示 $A_1$, $A_2$, $A_3$, $\cdots$, $A_k$ 中至少有一个发生.

(4) 交(积)事件：事件 $A$ 和 $B$ 同时发生的事件，称为 $A$ 与 $B$ 的交(积)事件，记为 $A \bigcap B$(见图 15.4) 或 $AB$. $\bigcap_{i=1}^{k} A_i$ 表示 $A_1$, $A_2$, $A_3$, $\cdots$, $A_k$ 同时发生.

(5) 差事件：表示 $A$ 发生而 $B$ 不发生的事件，称为 $A$ 与 $B$ 的差事件，记作 $A - B$(见图 15.5).

(6) 互不相容事件(互斥事件)：若事件 $A$ 与 $B$ 不能同时发生，即 $AB = \varnothing$(见图 15.6)，则称 $A$ 与 $B$ 是互斥事件. 反之，称 $A$ 与 $B$ 相容.

(7) 对立事件(或逆事件)：若 $A \bigcup B = \Omega$ 且 $AB = \varnothing$，称 $A$ 与 $B$ 互为对立事件(或逆事件)，记 $B = \overline{A}$(见图 15.7).

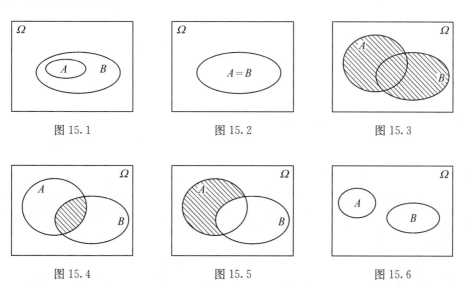

图 15.1　　　　　　图 15.2　　　　　　图 15.3

图 15.4　　　　　　图 15.5　　　　　　图 15.6

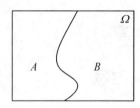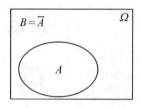

图 15.7

对立与互斥的关系：

① 对立事件只对两个事件而言,互不相容(互斥)可对多个事件来定义.

② 对立事件一定是互斥事件,但互斥事件不一定是对立事件.

③ $A$, $B$ 对立——$A$, $B$ 不可能同时发生,但也不可能同时不发生. 即 $A$, $B$ 中至少出现一个,也只能出现一个；$A$, $B$ 互斥——$A$ 与 $B$ 不能同时发生,但也可能一个都不发生.

(8) 事件的运算：

① 交换律：$A \bigcup B = B \bigcup A$；$AB = BA$.

② 结合律：$(A \bigcup B) \bigcup C = A \bigcup (B \bigcup C)$；$(A \bigcap B) \bigcap C = A \bigcap (B \bigcap C)$.

③ 分配律：$(A \bigcap B)C = (AC) \bigcap (BC)$；$A \bigcup (BC) = (A \bigcup B)(A \bigcup C)$.

④ 德摩根律：$\overline{A \bigcup B} = \overline{A} \bigcap \overline{B}$；$\overline{A \bigcap B} = \overline{A} \bigcup \overline{B}$.

⑤ 对减法运算满足：$A - B = A - AB = A\overline{B}$.

事件之间的关系及运算与集合论中的几何之间的关系及运算完全相似,可以用文氏图帮助理解,特别要注意复杂事件的概率表述.

## 15.1.2　随机事件的概率及其性质

### 1. 概率的公理化定义

若一个实值函数 $P(A)$ 满足下列条件：

(1) **非负性**：对于每一个事件 $A$,有 $P(A) \geqslant 0$；

(2) **正则性**：$P(\Omega) = 1$；

(3) **可列可加性**：若 $A_1$, $A_2$, $\cdots$, $A_n$, $\cdots$ 是两两互不相容事件,有

$$P(A_1 \bigcup A_2 \bigcup A_3 \bigcup \cdots) = P(A_1) + P(A_2) + P(A_3) + \cdots.$$

则称 $P(A)$ 为事件 $A$ 的概率,常用来度量随机事件 $A$ 发生的可能性大小.

### 2. 概率的性质

性质 1：设有有限个两两互斥的事件 $A_1$, $A_2$, $\cdots$, $A_n$,则

$$P(A_1 \bigcup A_2 \bigcup A_3 \bigcup \cdots \bigcup A_n) = P(A_1) + P(A_2) + P(A_3) + \cdots + P(A_n).$$

性质 2：设 $\overline{A}$ 是 $A$ 的对立事件,则 $P(\overline{A}) = 1 - P(A)$.

说明：该性质是"正难则反"的理论基础,即当直接计算 $P(A)$ 比较麻烦,而计算 $P(\overline{A})$ 比较方便时,就可先求 $P(\overline{A})$. 一般来讲,求若干事件之中"至少"出现其中一事件的概率,求其对立事件的概率较为简便.

性质 3：设 $A \subset B$, $P(B - A) = P(B) - P(A)$, $P(A) \leqslant P(B)$.

性质 4：$P(A \bigcup B) = P(A) + P(B) - P(AB)$, $P(A \bigcup B) \leqslant P(A) + P(B)$.

说明：只有在事件 $A$ 与 $B$ 互斥时，才有 $P(A \cup B) = P(A) + P(B)$.

进一步推广到三个事件有：

$$P(A \cup B \cup C) = P(A) + P(B) + P(C) - P(AB) - P(AC) - P(BC) + P(ABC).$$

### 15.1.3　独立性

**1. 独立事件**

如果两事件中任意事件的发生不影响另一事件的概率，则称这两个事件是相互独立的.

**2. 数学定义**

若 $P(AB) = P(A) \cdot P(B)$，则称事件 $A$ 和 $B$ 是相互独立的.

几点说明：

(1) 可以证明：事件 $A$，$B$；$\overline{A}$，$B$；$A$，$\overline{B}$；$\overline{A}$，$\overline{B}$ 之中有一对相互独立，则另外三对也相互独立.

(2) $P(AB) = P(A) \cdot P(B)$ 的意义是相互独立的事件同时发生的概率为各自概率的乘积.

一般地，如果事件 $A_1$，$A_2$，$\cdots$，$A_n$ 相互独立，那么这 $n$ 个事件同时发生的概率等于每个事件发生的概率的积，即 $P(A_1 \cdot A_2 \cdots A_n) = P(A_1) \cdot P(A_2) \cdot \cdots \cdot P(A_n)$. 若能判断诸事件的独立性，即可简化其交事件的概率计算.

(3) 若 $A$，$B$，$C$ 三个事件同时满足：

$P(AB) = P(A) \cdot P(B)$，$P(AC) = P(A) \cdot P(C)$，$P(BC) = P(B) \cdot P(C)$ （$A$，$B$，$C$ 两两独立）且 $P(ABC) = P(A) \cdot P(B) \cdot P(C)$ （$A$，$B$，$C$ 三三独立），则事件 $A$，$B$，$C$ 相互独立.

所以 $A_1$，$A_2$，$\cdots$，$A_n$ 相互独立 $\Rightarrow A_1$，$A_2$，$\cdots$，$A_n$ 两两独立，反之不一定成立.

**3. 独立、互斥、对立的区别**

定义上，独立是两事件概率上的关系，互斥、对立是事件间的关系. 比较如下：

| $A$，$B$ | 互不相容 | 相互对立 | 相互独立 |
|---|---|---|---|
| 定义 | $AB = \varnothing$ | $AB = \varnothing$ 且 $A + B = \Omega$ | $P(AB) = P(A)P(B)$ |
| 加法定理 | $P(A \cup B) = P(A) + P(B)$ | $P(A \cup B) = P(A) + P(B) = 1$ | $P(A \cup B) = P(A) + P(B) - P(A)P(B)$ |
| 乘法定理 | $P(AB) = 0$ | $P(AB) = 0$ | $P(AB) = P(A)P(B)$ |

(1) 互不相容事件、相互对立事件、相互独立事件的关系见图 15.8.

(2) 若 $P(A) > 0$，$P(B) > 0$，则有：

若 $A$，$B$ 相互独立，必有 $A$，$B$ 相容（独立必不互斥）；

若 $A$，$B$ 互不相容，必有 $A$，$B$ 不相互独立.

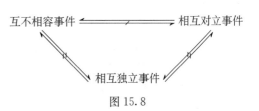

图 15.8

### 15.1.4 独立重复试验

**1. 独立重复试验、伯努利试验、n 重伯努利试验**

假如一个试验在相同条件下,重复进行 $n$ 次,并各次试验之间相互独立,则称此种试验为 $n$ 重独立重复试验. 假如一个试验的结果只有 $A$ 与 $\overline{A}$ 两个(即事件 $A$ 要么发生,要么不发生)则称为伯努利试验. 假如一个伯努利试验重复进行 $n$ 次,并且各次试验之间相互独立,则称其为 $n$ 重伯努利试验.

**2. n 重伯努利试验中的常见概率计算**

如果在一次试验中某次事件成功的概率是 $p$,不成功的概率为 $q = 1 - p$.

(1) $n$ 次试验中恰好成功 $k$ 次的概率为 $P_n(k) = C_n^k p^k (1-p)^{n-k}$ $(k = 0, 1, \cdots, n)$.

(2) 直到第 $k$ 次试验,才首次成功的概率为 $P_k = (1-p)^{k-1} \cdot p$ $(k = 1, 2, \cdots)$.

(3) 做 $n$ 次伯努利试验,直到第 $n$ 次试验,才成功了 $k$ 次,概率为 $C_{n-1}^{k-1} p^k (1-p)^{n-k}$ $(k = 1, \cdots, n)$(实质前面 $n-1$ 次试验中才成功了 $k-1$ 次,第 $n$ 次试验是成功的,前后独立).

(4) $n$ 次试验中至少成功 1 次的概率为 $1 - (1-p)^n$(从反面考虑:一次也没有成功);$n$ 次试验中至多成功 1 次的概率为 $(1-p)^n + C_n^1 p(1-p)^{n-1}$(从正面考虑:成功 0 次或 1 次).

注意区分:"恰有 $k$ 次发生"与"某指定的 $k$ 次发生,其余次试验不发生";

"事件 $A$ 恰好发生 $k$ 次"与"事件 $A$ 恰好发生 $k$ 次,且最后一次事件 $A$ 发生".

## 15.2  知识点分类精讲

**【知识点 15.1】**  事件关系、概率性质与公式

解题技巧:利用文氏图分析,注意用集合语言描述概率意义.

**例 15.1** (1999)若 $A \supset C$, $B \supset C$, $P(A) = 0.7$, $P(A-C) = 0.4$, $P(AB) = 0.5$,则 $P(AB-C) = ($    $)$.

(A) 0.1　　　(B) 0.2　　　(C) 0.3　　　(D) 0.4　　　(E) 0.5

**解**　$P(AB-C) = P(AB) - P(ABC) = 0.5 - P(ABC) = 0.5 - P(C)$(因为 $C \subset AB$).
由 $P(A-C) = P(A) - P(C) = 0.4$,可得 $P(C) = 0.3$,从而 $P(AB-C) = 0.5 - 0.3 = 0.2$,所以选(B).

〖评注〗 根据题意画个文氏图可以帮助分析.

**例 15.2** (2003)$A$, $B$, $C$ 为随机事件,$A$ 发生必导致 $B$, $C$ 同时发生.
(1) $A \cap B \cap C = A$　　　(2) $A \cup B \cup C = A$

**解**　题干要求 $A \subset BC$.

由条件(1) $A \cap B \cap C = A \cap (B \cap C) = A$ 可知 $A \subset BC$,所以(1) 充分.

由条件(2) $A \cup B \cup C = A \cup (B \cup C) = A$ 可知 $(B \cup C) \subset A$,所以 $B \cap C \subseteq (B \cup C) \subset A$,条件(2) 不充分.

选(A).

〔评注〕 此题关键要将概率意义转化为集合语言,条件(2)也可以用反例,$C \subset B \subset A$ 满足条件(2)但推不出 $A \subset BC$.

例 15.3 (200801)申请驾照时必须参加理论考试和路考且两种考试均通过,若在同一批学员中有 70% 的人通过了理论考试,80% 的人通过了路考,则最后领到驾驶执照的人有 60%.

(1) 10% 的人两种考试都没通过　　(2) 20% 人仅通过了路考

解 设事件 $A = $ "通过了理论考试",$B = $ "通过了路考",$P(A) = 0.7$,$P(B) = 0.8$;最后领到驾驶执照必须理论考试和路考两种考试均通过,即为 $A \bigcap B$.

(1) 由于 10% 的人两种考试都没有通过,即 $P(\overline{A} \bigcap \overline{B}) = 0.1$.

所以 $P(\overline{A} \bigcap \overline{B}) = 1 - P(A \bigcup B) = 0.1$,得 $P(A \bigcup B) = 0.9$.

又 $P(A \bigcup B) = P(A) + P(B) - P(A \bigcap B)$,所以 $0.9 = 0.7 + 0.8 - P(A \bigcap B)$,得 $P(A \bigcap B) = 0.6$,所以条件(1) 充分.

(2) 20% 的人仅通过了路考的一种考试,即 $P(\overline{A}B) = 0.2$.

所以 $P(A \bigcap B) = P(B) - P(\overline{A}B) = 0.8 - 0.2 = 0.6$,所以条件(2) 充分.

故选(D).

〔评注〕 概率加法公式、概率性质综合应用. 解题技巧:能将事件概率意义转化为集合表述,结合文氏图可以快速得解.

例 15.4 已知 $P(A) = P(B) = P(C) = \dfrac{1}{4}$,$P(AB) = 0$,$P(AC) = P(BC) = \dfrac{1}{12}$,则事件 $A$,$B$,$C$ 全不发生的概率为(　　).

(A) $\dfrac{1}{4}$ (B) $\dfrac{1}{3}$ (C) $\dfrac{5}{12}$

(D) $\dfrac{1}{2}$ (E) 无法确定

解 因为 $ABC \subset AB$,所以 $0 \leqslant P(ABC) \leqslant P(AB) = 0$,即 $P(ABC) = 0$.

事件 $A$,$B$,$C$ 全不发生的概率为 $P(\overline{A}\,\overline{B}\,\overline{C})$,由概率性质2,$P(\overline{A}\,\overline{B}\,\overline{C}) = 1 - P(A \bigcup B \bigcup C) = 1 - [P(A) + P(B) + P(C) - P(AB) - P(AC) - P(BC) + P(ABC)] = 1 - \dfrac{3}{4} + \dfrac{1}{6} - 0 = \dfrac{5}{12}$,选(C).

〔评注〕 三个事件的加法公式. 特别注意事件 $A$,$B$,$C$ 全不发生为 $\overline{A}\,\overline{B}\,\overline{C}$,不全发生为 $\overline{ABC} = \overline{A} \bigcup \overline{B} \bigcup \overline{C}$.

【知识点 15.2】 独立、互斥、对立关系

解题技巧:紧扣定义来判断.

例 15.5 (2003)$A$,$B$ 是两个随机事件,$P(A - B) = P(A) - P(B)$.

(1) $A$ 与 $\overline{B}$ 互不相容　　(2) $\overline{A}$ 与 $B$ 互不相容

解 $P(A - B) = P(A) - P(AB)$,要使 $P(A - B) = P(A) - P(B)$,即要求 $P(AB) = $

$P(B)$.

由条件(1),若 $A$ 与 $\overline{B}$ 互不相容(即互斥),则 $A \subset B$,从而 $AB = A$,所以 $P(AB) = P(A)$,故条件(1)不充分.

由条件(2),$\overline{A}$ 与 $B$ 互不相容,可知 $B \subset A$,从而 $AB = B$,所以 $P(AB) = P(B)$ 成立,即条件(2)充分.

所以选(B).

〚评注〛 互斥与性质3综合问题,可以结合文氏图分析.

例 15.6 (2007) $\min[P(A), P(B)] = 0$.

(1) 事件 $A, B$ 相互独立    (2) 事件 $A, B$ 互不相容

解 由条件(1),$P(AB) = P(A)P(B)$,由条件(2) $AB = \varnothing$,即 $P(AB) = 0$,条件(1)和条件(2)单独都不充分.

联合条件(1)和条件(2),则知 $P(AB) = P(A)P(B) = 0$,从而 $P(A), P(B)$ 中至少有一个为零,且 $P(A), P(B) \geqslant 0$,所以 $\min[P(A), P(B)] = 0$,所以选(C).

【知识点 15.3】 独立性
重要考点: ①独立的判定;②独立、互不相容、对立的联系与区别;③用独立性计算概率.

例 15.7 $A, B, C$ 相互独立.

(1) $A, B, C$ 两两独立    (2) $A$ 与 $BC$ 独立

解 $A, B, C$ 两两独立,不能推出 $P(ABC) = P(A)P(B)P(C)$.不能保证 $A, B, C$ 相互独立,即条件(1)不充分.

由条件(2),$P(ABC) = P(A)P(BC)$ 也不能推出 $A, B, C$ 相互独立.

联合条件(1)与(2),则有 $P(ABC) = P(A)P(BC) = P(A)P(B)P(C)$,所以 $A, B, C$ 相互独立,故答案为(C).

〚评注〛 $A, B, C$ 两两独立且 $A, B, C$ 三三独立,则事件 $A, B, C$ 相互独立.

例 15.8 将一枚硬币独立地掷两次,引进事件:$A_1 = \{$掷第一次出现正面$\}$,$A_2 = \{$掷第二次出现正面$\}$,$A_3 = \{$正、反面各出现一次$\}$,$A_4 = \{$正面出现两次$\}$,则下列判断正确的是( ).

(A) $A_1, A_2, A_3$ 相互独立    (B) $A_2, A_3, A_4$ 相互独立

(C) $A_1, A_2, A_3$ 两两独立    (D) $A_2, A_3, A_4$ 两两独立

(E) 以上都不正确

解 因为 $P(A_1) = \dfrac{1}{2}$,$P(A_2) = \dfrac{1}{2}$,$P(A_3) = \dfrac{1}{2}$,$P(A_4) = \dfrac{1}{4}$,

且 $P(A_1 A_2) = \dfrac{1}{4}$,$P(A_1 A_3) = \dfrac{1}{4}$,$P(A_2 A_3) = \dfrac{1}{4}$,$P(A_2 A_4) = \dfrac{1}{4}$,$P(A_1 A_2 A_3) = 0$,

可见有

$$P(A_1 A_2) = P(A_1)P(A_2), \ P(A_1 A_3) = P(A_1)P(A_3), \ P(A_2 A_3) = P(A_2)P(A_3),$$
$$P(A_1 A_2 A_3) \neq P(A_1)P(A_2)P(A_3), \ P(A_2 A_4) \neq P(A_2)P(A_4).$$

故 $A_1$，$A_2$，$A_3$ 两两独立但不相互独立；$A_2$，$A_3$，$A_4$ 不两两独立更不相互独立，应选(C).

〖评注〗 按照相互独立与两两独立的定义进行验算即可，三个事件相互独立注意应先检查两两独立，若成立再检验是否三三独立.

例 15.9 (200801)若从原点出发的质点 $M$ 向 $x$ 轴的正向移动一个和两个坐标单位的概率分别是 $\frac{2}{3}$ 和 $\frac{1}{3}$，则该质点移动 3 个坐标单位，到达 $x=3$ 的概率是(　　).

(A) $\frac{19}{27}$ 　　(B) $\frac{20}{27}$ 　　(C) $\frac{7}{9}$ 　　(D) $\frac{22}{27}$ 　　(E) $\frac{23}{27}$

解　该质点从原点出发向 $x$ 轴的正向移动 3 个坐标单位到达点 $x=3$，分三类情况讨论：

(1) 每次移动一个单位共三次到达点 $x=3$，其概率为 $\left(\frac{2}{3}\right)^3=\frac{8}{27}$；

(2) 先移动一个单位，后移动两个单位到达点 $x=3$，其概率为 $\frac{2}{3}\times\frac{1}{3}=\frac{2}{9}$；

(3) 先移动两个单位，后移动一个单位到达点 $x=3$，其概率为 $\frac{2}{3}\times\frac{1}{3}=\frac{2}{9}$.

根据加法原理，所求概率为 $\frac{8}{27}+\frac{2}{9}+\frac{2}{9}=\frac{20}{27}$，故选(B).

〖评注〗 利用独立性计算概率. 特别说明：此题应该有独立性的说明，否则无法计算.

例 15.10 (1999)设 $A_1$，$A_2$，$A_3$ 为三个独立事件，且 $P(A_k)=P$，$(k=1,2,3,0<P<1)$，则这三个事件不全发生的概率是(　　).

(A) $(1-P)^3$ 　　　(B) $3(1-P)$ 　　　(C) $(1-P)^3+3P(1-P)$

(D) $3P(1-P)^3+3P^2(1-P)$ 　　　　　(E) $3P(1-P)^2$

解　三个事件不全发生的概率为：$C_3^0 P^0(1-P)^3+C_3^1 P^1(1-P)^2+C_3^2 P^2(1-P)^1=(1-P)^3+3P(1-P)^2+3P^2(1-P)^1=(1-P)^3+3P(1-P)$，选(C).

例 15.11 甲、乙、丙各自去破译一个密码，他们能译出的概率分别为 $\frac{1}{5}$，$\frac{1}{3}$，$\frac{1}{4}$，试求：

(1) 恰有一人译出的概率；　　(2) 密码能破译的概率.

解　设 $A$ 表示甲破译，$B$ 表示乙破译，$C$ 表示丙破译.

(1) $P(A\bar{B}\bar{C})+P(\bar{A}B\bar{C})+P(\bar{A}\bar{B}C)=P(A)P(\bar{B})P(\bar{C})+P(\bar{A})P(B)P(\bar{C})+P(\bar{A})P(\bar{B})P(C)=\frac{1}{5}\times\left(1-\frac{1}{3}\right)\left(1-\frac{1}{4}\right)+\left(1-\frac{1}{5}\right)\times\frac{1}{3}\times\left(1-\frac{1}{4}\right)+\left(1-\frac{1}{5}\right)\times\left(1-\frac{1}{3}\right)\times\frac{1}{4}=\frac{6}{60}+\frac{12}{60}+\frac{8}{60}=\frac{26}{60}=\frac{13}{30}$.

(2) 密码能破译 $\Leftrightarrow$ 至少有一个人能破译，所以

$$P(A\bigcup B\bigcup C)=1-P(\overline{A\bigcup B\bigcup C})=1-P(\bar{A})P(\bar{B})P(\bar{C})$$
$$=1-\left(1-\frac{1}{5}\right)\left(1-\frac{1}{3}\right)\left(1-\frac{1}{4}\right)$$
$$=1-\frac{24}{60}=\frac{36}{60}=\frac{3}{5}.$$

〖评注〗 如果事件 $A_1$，$A_2$，$\cdots$，$A_n$ 相互独立，则 $P(A_1 \bigcup A_2 \bigcup \cdots \bigcup A_n) = 1 - P(\overline{A_1})P(\overline{A_2})\cdots P(\overline{A_n})$，该式在计算"$n$ 个独立事件至少有一个发生"的概率时非常有用.

**例 15.12** (199810)甲、乙、丙三人进行定点投篮比赛,已知甲的命中率为 0.9,乙的命中率为 0.8,丙的命中率为 0.7,现每人各投一次,求:

(1) 三人中至少有两人投进的概率;　　(2) 三人中至多有两人投进的概率.

**解** 设 $A = $"甲投进"，$B = $"乙投进"，$C = $"丙投进"，

依题意，$P(A) = 0.9$，$P(B) = 0.8$，$P(C) = 0.7$，显然事件 $A$，$B$，$C$ 相互独立.

(1) $P(至少两人投进) = P(AB\overline{C}) + P(A\overline{B}C) + P(\overline{A}BC) + P(ABC)$

$\qquad = P(A)P(B)P(\overline{C}) + P(A)P(\overline{B})(C) + P(\overline{A})P(B)P(C)$

$\qquad\quad + P(A)P(B)P(C)$

$\qquad = 0.9 \times 0.8 \times 0.3 + 0.9 \times 0.2 \times 0.7 + 0.1 \times 0.8 \times 0.7 + 0.9$

$\qquad\quad \times 0.8 \times 0.7$

$\qquad = 0.902.$

(2) $P(至多两人投进) = P(不全投进) = P(\overline{ABC}) = 1 - P(ABC)$

$\qquad = 1 - P(A)P(B)P(C)$

$\qquad = 1 - 0.9 \times 0.8 \times 0.7 = 0.496.$

**例 15.13** (201001)在一次竞猜活动中,设有 5 关,如果连续通过 2 关就算闯关成功,小王通过每关的概率都是 $\frac{1}{2}$,他闯关成功的概率为(　　).

(A) $\frac{1}{8}$ 　　　(B) $\frac{1}{4}$ 　　　(C) $\frac{3}{8}$ 　　　(D) $\frac{4}{8}$ 　　　(E) $\frac{19}{32}$

**解** 用 $A_i$（$i = 1, 2, 3, 4, 5$）表示第 $i$ 关闯关成功,由独立性小王的过关成功率:

$P(A_1 A_2 \bigcup \overline{A_1} A_2 A_3 \bigcup A_1 \overline{A_2} A_3 A_4 \bigcup \overline{A_1}\,\overline{A_2} A_3 A_4 \bigcup A_1 \overline{A_2}\,\overline{A_3} A_4 A_5 \bigcup \overline{A_1} A_2 \overline{A_3} A_4 A_5 \bigcup \overline{A_1}$

$\overline{A_2}\,\overline{A_3} A_4 A_5) = \frac{1}{2} \times \frac{1}{2} + \frac{1}{2} \times \frac{1}{2} \times \frac{1}{2} + 2 \times \frac{1}{2} \times \frac{1}{2} \times \frac{1}{2} \times \frac{1}{2} + 3 \times \frac{1}{2} \times \frac{1}{2} \times \frac{1}{2} \times \frac{1}{2} \times \frac{1}{2}$

$= \frac{1}{4} + \frac{1}{8} + \frac{1}{8} + \frac{3}{32} = \frac{19}{32}$，选(E).

〖评注〗 解题的关键是把事件用集合语言表示出来.

---

**【知识点 15.4】** $n$ 重伯努利概型

解题注意:注意成立的条件,"至少""至多"问题要具体问题具体分析.

**例 15.14** (200710)若王先生驾车从家到单位必须经过三个有红绿灯的十字路口,则他没有遇到红灯的概率为 0.125.

(1) 他在每一个路口遇到红灯的概率都是 0.5

(2) 他在每一个路口遇到红灯的事件相互独立

**解** 条件(1)和条件(2)单独都不充分,联合条件(1)和条件(2),则所求概率为

$C_3^0 (0.5)^0 (0.5)^3 = 0.125$，所以选(C).

〖评注〗 简单的伯努利概型.注意其需要满足的条件.

**例 15.15** （200701）人群中血型为 O 型、A 型、B 型、AB 型的概率分别为 0.46，0.4，0.11，0.03，从中任取 5 人，则至多有 1 个 O 型血的概率为（ ）.

(A) 0.045　　(B) 0.196　　(C) 0.201　　(D) 0.241　　(E) 0.461

**解** 把"人群中 O 型血"记为事件 $A$，则 $\overline{A}$ 为"非 O 型血"，从而 $P(A)=0.46$，$P(\overline{A})=0.54$.
所以所求概率为 $P=P_5(0)+P_5(1)=C_5^0\times0.46^0\times0.54^5+C_5^1\times0.46\times0.54^4=0.241$，选(D).

〖评注〗 本题先要转化为伯努利概型，"至多"问题正面并不复杂直接求解.

**例 15.16** 一射手对同一目标独立地进行 4 次射击，若至少命中 1 次的概率是 $\dfrac{80}{81}$，则该射手的命中率是（ ）.

(A) $\dfrac{1}{9}$　　(B) $\dfrac{1}{3}$　　(C) $\dfrac{1}{2}$　　(D) $\dfrac{2}{3}$　　(E) $\dfrac{8}{9}$

**解** 设该射手的命中率是 $p$，则

$$P(至少命中1次)=1-P(4次都没有命中)=1-(1-p)^4=\frac{80}{81}\Rightarrow p=\frac{2}{3}，选(D).$$

〖评注〗 该"至少"问题，正面有四种情况，反面只有一种情况，所以从反面求解简单.

**例 15.17** （200910）命中来犯敌机的概率是 99%.

(1) 每枚导弹命中率为 0.6　　　(2) 至多同时向来犯敌机发射 4 枚导弹

**解** 条件(1)与条件(2)单独都不充分.
联合条件(1)与条件(2)，设事件 $A=$"命中来犯敌机"，命中率为 0.6，则不命中率为 0.4.
至多同时向来犯敌机发射 4 枚导弹，命中来犯敌机的概率为
$$P(A)=1-P(\overline{A})=1-0.4^4=0.9744<99\%，所以联合也不充分，选(E).$$

**例 15.18** （1999）进行一系列独立的试验，每次试验成功的概率为 $P$，则在成功两次之前已经失败三次的概率为（ ）.

(A) $4P^2(1-P)^3$　　　　(B) $4P(1-P)^3$　　　　(C) $10P^2(1-P)^3$
(D) $P^2(1-P)^3$　　　　(E) $(1-P)^3$

**解** 成功两次之前已经失败三次 $\Leftrightarrow$ 第 5 次成功，前面 4 次中成功一次(失败三次)，前后互相独立，所以概率为 $C_4^1P(1-P)^3\cdot P=4P^2(1-P)^3$，选(A).

**例 15.19** （200801）某乒乓球男子单打决赛在甲、乙两选手间进行比赛，用 7 局 4 胜制.已知每局比赛甲选手战胜乙选手的概率为 0.7，则甲选手以 4：1 战胜乙的概率为（ ）.

(A) $0.84\times0.7^3$　　　　(B) $0.7\times0.7^3$　　　　(C) $0.3\times0.7^3$
(D) $0.9\times0.7^3$　　　　(E) 以上都不对

**解** 甲选手以 4：1 获胜，共比赛了 5 局，甲选手仅输了 1 局，且赢了第 5 局，则甲选手前 4 局赢了 3 局的概率为：$C_4^3\cdot(0.7)^3\cdot(0.3)^1=4\times0.7^3\times0.3$，而赢了第 5 局的概率为 0.7.
根据乘法原理，所求的概率为 $4\times0.7^3\times0.3\times0.7=0.84\times0.7^3$，故选(A).

〖评注〗 做 $n$ 次伯努利试验，直到第 $n$ 次才成功 $k$ 次的概率为 $C_{n-1}^{k-1}p^kq^{n-k}$.

## 15.3　历年真题分类汇编与典型习题(含详解)

**1.** (2006)若 $B\subset A$，$C\subset A$，且 $P(A)=0.9$，$P(\overline{B}\cup\overline{C})=0.8$，则 $P(A-BC)=$（ ）.

(A) 0.1      (B) 0.3      (C) 0.5      (D) 0.7      (E) 0.9

**2.** (200101)若事件 $A$ 和 $B$ 互不相容,且 $P(A+B) < 1$,$P(A) > 0$,$P(B) > 0$,则在下列式子中,正确的有(　　).

$P(A+B) = P(A) + P(B) - P(AB)$;　$P(\overline{A}\,\overline{B}) = 0$;

$P(\overline{A}B + A\overline{B}) = P(\overline{A}B) + P(A\overline{B})$;　$P(\overline{A} + \overline{B}) = 1$.

(A) 4个      (B) 3个      (C) 2个      (D) 1个

**3.** (2003)$A$,$B$,$C$ 为随机事件,$A$ 发生必导致 $B$ 与 $C$ 至少一个不发生.

(1) $A \subset \overline{BC}$      (2) $\overline{A} \supset BC$

**4.** (200301)对于任意两个互不相容的事件 $A$ 与 $B$,以下等式中只有一个不正确,它是(　　).

(A) $P(A-B) = P(A)$

(B) $P(A-B) = P(A) + P(\overline{A} \bigcup B) - 1$

(C) $P(\overline{A}-B) = P(\overline{A}) - P(B)$

(D) $P[(A \bigcup B) \bigcap (A-B)] = P(A)$

(E) $P(\overline{A-B}) = P(A) - P(\overline{A} \bigcup B)$

**5.** (200310)设当事件 $A$ 与 $B$ 同时发生时,事件 $C$ 必发生,则下列选项中正确的是(　　).

(A) $P(C) \leqslant P(A) + P(B) - 1$

(B) $P(C) \geqslant P(A) + P(B) - 1$

(C) $P(C) = P(AB)$

(D) $P(C) = P(A \bigcup B)$

(E) 以上都不正确

**6.** (200510)$\overline{A} \bigcup \overline{B}$ 是必然事件.

(1) 事件 $A$ 与 $B$ 相互独立      (2) 事件 $A$ 与 $B$ 互不相容

**7.** (201210)在一个不透明的布袋中装有 2 个白球、$m$ 个黄球和若干黑球,它们只有颜色不同,则 $m = 3$.

(1) 从布袋中随机摸出一球,摸到白球的概率是 0.2

(2) 从布袋中随机摸出一球,摸到黄球的概率是 0.3

**8.** (200101)甲文具盒内有 2 支蓝色笔和 3 支黑色笔,乙文具盒内也有 2 支蓝色笔和 3 支黑色笔. 现从甲文具盒中任取 2 支笔放入乙文具盒,然后再从乙文具盒中任取 2 支笔. 求最后取出的 2 支笔都是黑色笔的概率(简答题).

**9.** (200201)在盛有 10 只螺母的盒子中有 0 只,1 只,2 只,……,10 只铜螺母是等可能的,今向盒中放入 1 只铜螺母,然后随机从盒中取出 1 只螺母,则这个螺母为铜螺母的概率是(　　).

(A) $\dfrac{6}{11}$      (B) $\dfrac{5}{10}$      (C) $\dfrac{5}{11}$      (D) $\dfrac{4}{11}$

**10.** (1998)掷一枚不均匀硬币,正面朝上的概率为 $\dfrac{2}{3}$,若将此硬币掷 4 次,则正面朝上 3 次的概率是(　　).

(A) $\dfrac{8}{81}$      (B) $\dfrac{8}{27}$      (C) $\dfrac{32}{81}$      (D) $\dfrac{1}{2}$      (E) $\dfrac{26}{27}$

11. (200810)张三以卧姿射击 10 次,命中靶子 7 次的概率是 $\frac{15}{128}$.

(1) 张三以卧姿打靶的命中率是 0.2　　(2) 张三以卧姿打靶的命中率是 0.5

12. (199710)一种编码由 6 位数字组成,其中每位数字可以是 0,1,2,…,9 中的任意一个,求编码的前两位数字都不超过 5 的概率.

13. (201010)某公司有 9 名工程师,张三是其中之一,从中任意抽调 4 人组成攻关小组,包括张三的概率是(　　).

(A) $\frac{2}{9}$　　　(B) $\frac{2}{5}$　　　(C) $\frac{1}{3}$　　　(D) $\frac{4}{9}$　　　(E) $\frac{5}{9}$

14. (199901)框图(见图 15.9)中的字母代表元件种类,字母相同但下标不同的为同一类元件.已知 $A,B,C,D$ 各类元件的正常工作概率依次为 $p,q,r,s$,且各元件的工作是相互独立的,则此系统正常工作的概率为(　　).

(A) $s^2 pqr$

(B) $s^2(p+q+r)$

(C) $s^2(1-pqr)$

(D) $1-(1-pqr)(1-s)^2$

(E) $s^2[1-(1-p)(1-q)(1-r)]$

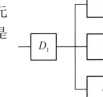

图 15.9

15. 某人向同一目标独立重复射击,每次射击命中目标的概率为 $p(0<p<1)$,则此人第 4 次射击恰好第 2 次命中目标的概率为(　　).

(A) $3p(1-p)^2$　　　(B) $6p(1-p)^2$　　　(C) $3p^2(1-p)^2$

(D) $6p^2(1-p)^2$　　　(E) 以上都不正确

16. (200001)假设实验室器皿中产生 A 类细菌与 B 类细菌的机会相等,且每个细菌的产生是互相独立的,若某次发现产生了 $n$ 个细菌,则其中至少有一个 A 类细菌的概率是_____.

17. (200010)某人将 5 个环一一投向一木桩,直到有一个套中为止,若每次套中的概率为 0.1,则至少剩下一个环未投的概率是_____.(计算到小数点后四位)

18. (200401)某种疾病的自然痊愈率为 0.10,为了检验一种治疗该病的新药是否有效,将它给患该病的 10 位志愿者服用.假定判定规则是:若 10 名志愿者中至少 3 人痊愈,则认为该药有效,否则认为完全无效.按此规则,新药实际上完全无效却被判定为有效的概率为(　　).

(A) 0.01　　　(B) 0.02　　　(C) 0.03　　　(D) 0.05　　　(E) 0.07

19. (200301)$A,B,C$ 为随机事件,$A-B$ 与 $C$ 独立.

(1) $A,B,C$ 两两独立　　(2) $P(ABC)=P(A)P(B)P(C)$

20. (200310)甲、乙、丙依次轮流投掷一枚均匀硬币,若先投出正面者为胜,则甲、乙、丙获胜的概率分别为(　　).

(A) $\frac{1}{3},\frac{1}{3},\frac{1}{3}$　　　(B) $\frac{4}{8},\frac{2}{8},\frac{1}{8}$　　　(C) $\frac{4}{8},\frac{3}{8},\frac{1}{8}$

(D) $\frac{4}{7},\frac{2}{7},\frac{1}{7}$　　　(E) 以上结论均不正确

**21.** (200301)两只一模一样的铁罐里都装有大量的红球和黑球,其中一罐(取名"甲罐")内的红球数与黑球数之比为 2∶1,另一罐(取名"乙罐")内的黑球数与红球数之比为 2∶1. 今任取一罐并从中依次取出 50 只,查得其中有 30 只红球和 20 只黑球,则该罐为"甲罐"的概率是该罐为"乙罐"的概率的(　　).

(A) 154 倍　　　　(B) 254 倍　　　　(C) 438 倍　　　　(D) 798 倍　　　　(E) 1 024 倍

**22.** (201110)某种流感在流行,从人群中任意找出 3 人,其中至少有 1 人患该种流感的概率为 0.271.

(1) 该流感的发病率为 0.3　　　(2) 该流感的发病率为 0.1

## 详解:

**1.【D】**

**解**　由性质知 $P(A-BC)=P(A)-P(ABC)=0.9-P(ABC)$.

由于 $B \subset A$,则 $AB=B$,$P(ABC)=P(BC)$.再由已知 $P(\overline{B} \cup \overline{C})=1-P(BC)=0.8$,得 $P(BC)=0.2$,因此 $P(A-BC)=0.9-0.2=0.7$,选(D).

**2.【B】**

**解**　只有第二式不正确,其余三个式子正确.选(B).

**3.【D】**

**解**　题干要求推出 $A \subset \overline{B} \cup \overline{C}=\overline{BC}$,从而直接可得条件(1) 是充分的.

条件(2):由 $\overline{A} \supset BC$,可知 $\overline{\overline{A}} \subset \overline{BC}$,即 $A \subset \overline{BC}$,条件(2) 也是充分的.

所以选(D).

**4.【E】**

**解**　本题考点为随机事件的关系. 根据题意有 $P(A-B)=P(A-AB)=P(A)-P(AB)=P(A)-[1-P(\overline{AB})]=P(A)-1+P(\overline{A+B})$. 故(A)(B)正确.

因为 $A$,$B$ 互不相容,$\overline{A} \supset B$,则 $P(\overline{A}-B)=P(\overline{A})-P(B)$,故(C) 正确. $P[(A+B)(A-B)]=P(A-B)=P(A)$,故(D) 正确. 根据题意 $A$,$B$ 互不相容,得 $AB=0$ 和 $P(AB)=0$,再将各选项简化,可知选项(E)不正确.答案为(E).

**5.【B】**

**解**　由事件 $A$ 与 $B$ 同时发生时事件 $C$ 必发生可得 $AB \subset C$,所以

$P(AB)=P(A)+P(B)-P(A \cup B) \leqslant P(C)$ 且 $0 \leqslant P(A \cup B) \leqslant 1$,所以(B) 成立.

**6.【B】**

**解**　(1) 事件 $A$ 与 $B$ 相互独立 $\Rightarrow$ 事件 $\overline{A}$ 与 $\overline{B}$ 相互独立,

但由此推不出 $\overline{A} \cup \overline{B}=\Omega$,即推不出 $\overline{A} \cup \overline{B}$ 是必然事件. 故条件(1) 不充分.

(2) 事件 $A$ 与 $B$ 互不相容,即 $\overline{A} \cap \overline{B}=\varnothing$.

而 $\overline{A} \cap \overline{B}=\overline{AB}=\Omega-AB=\Omega-\varnothing=\Omega$. 即 $\overline{A} \cup \overline{B}$ 是必然事件,故(2)充分.

故应选(B).

**7.【C】**

**解**　明显需要联合. 由条件(1)得到,总共有 10 个球;由条件(2)得到黄球有 $0.3 \times 10=3$ 个.

**8. 解**　由题意可知,从甲文具盒中任取 2 支笔有 3 种情况:取到 2 支蓝色笔;取到 2 支黑色笔;取到 1 支黑色笔和 1 支蓝色笔.

情况 1:从甲盒中取到 2 支蓝色笔放入乙盒,再从乙盒取 2 支黑色笔的概率为 $\dfrac{C_2^2}{C_5^2} \cdot \dfrac{C_3^2}{C_7^2}=\dfrac{1}{70}$;

情况 2:从甲盒中取到 2 支黑色笔放入乙盒,再从乙盒取 2 支黑色笔的概率为 $\dfrac{C_3^2}{C_5^2} \cdot \dfrac{C_5^2}{C_7^2}=\dfrac{1}{7}$;

情况 3：从甲盒中取到 1 支黑色笔和 1 支蓝色笔，放入乙盒，再从乙盒取 2 支黑色笔的概率为 $\dfrac{C_2^1 C_3^1}{C_5^2} \cdot \dfrac{C_4^2}{C_7^2}$

$= \dfrac{6}{35}$；

故所求概率为 $\dfrac{1}{70} + \dfrac{1}{7} + \dfrac{6}{35} = \dfrac{23}{70}$.

**9.【A】**

**解**　每个盒子被抽到的概率都为 1/10，故 $P = \dfrac{1}{11}\left(\dfrac{1}{11} + \dfrac{2}{11} + \cdots + \dfrac{11}{11}\right) = \dfrac{6}{11}$，选（A）.

**10.【C】**

**解**　设 $A =$ "正面朝上"，这是一个 $n = 4$，$P = P(A) = \dfrac{2}{3}$ 的伯努利试验，因而正面朝上 3 次（即 $A$ 发

生了 3 次）的概率为 $C_4^3 \left(\dfrac{2}{3}\right)^3 \left(\dfrac{1}{3}\right) = 4 \times \dfrac{8}{27} \times \dfrac{1}{3} = \dfrac{32}{81}$，选（C）.

**11.【B】**

**解**　由条件(1)，所求概率 $P = C_{10}^7 \left(\dfrac{1}{5}\right)^7 \left(\dfrac{4}{5}\right)^3 = \dfrac{C_{10}^7 \cdot 4^3}{5^{10}}$. 分母不可能分解为 128，即 $P \neq \dfrac{15}{128}$，从而条

件(1) 不充分.

由条件(2)，所求概率 $P = C_{10}^7 \left(\dfrac{1}{2}\right)^7 \left(\dfrac{1}{2}\right)^3 = C_{10}^7 \cdot \dfrac{1}{2^{10}} = \dfrac{15}{128}$，条件(2) 是充分的.

所以选（B）.

**12.** 0.36.

**解**　设 $A = \{$编码的前两位数字都不超过 5$\}$，基本事件总数 $N = 10^6$，$A$ 包含的基本事件数等于 $6^2 \times$

$10^4$，所以 $P(A) = \dfrac{6^2 \times 10^4}{10^6} = 0.36$.

**13.【D】**

**解**　9 名工程师从中任意抽调 4 人共有 $C_9^4$ 种，包括张三，则从余下的 8 个人中再选 3 人，有 $C_8^3$ 种，所以

概率为 $\dfrac{C_8^3}{C_9^4} = \dfrac{4}{9}$. 选（D）.

**14.【E】**

**解**　能正常工作的概率

$$P[D_1 D_2 (A \cup B \cup C)] = P(D_1)P(D_2)P(A \cup B \cup C)$$
$$= P(D_1)P(D_2)[1 - P(\bar{A})P(\bar{B})P(\bar{C})] = s^2[1 - (1-p)(1-q)(1-r)]，选（E）.$$

**15.【C】**

**解**　"第 4 次射击恰好第 2 次命中"表示 4 次射击中第 4 次命中目标，前 3 次射击中有一次命中目标. 由

独立性知所求概率为 $C_3^1 p(1-p)^2 \cdot p = C_3^1 p^2 (1-p)^2$，选（C）.

**16.** $1 - \dfrac{1}{2^n}$.

**解**　$P(至少有一个 A 类细菌) = 1 - P(全是 B 类细菌) = 1 - \dfrac{1}{2^n}$.

**17.** 0.343 9.

**解法 1**　设 $A_i$ 为第 $i$ 个环套中木桩（$i = 1, 2, 3, 4$），依题意

$$P(A_1) = 0.1，P(A_2) = 0.9 \times 0.1，P(A_3) = 0.9^2 \times 0.1，P(A_4) = 0.9^3 \times 0.1.$$

至少剩下一个环未投的概率为

$$P(A_1)+P(A_2)+P(A_3)+P(A_4) = 0.1+0.9\times0.1+0.9^2\times0.1+0.9^3\times0.1$$
$$= 0.1\times(1+0.9+0.9^2+0.9^3)$$
$$= 0.1\times\frac{1-0.9^4}{1-0.9}=0.343\,9.$$

**解法 2** "至少剩下一个环"的反面是"5 个环都要投",即前 4 个环都失败了,所以概率为 $1-(1-0.1)^4 = 1-0.9^4 = 0.343\,9$.

**18.【E】**

**解** 根据题意,实际上完全无效却判为有效的概率为

$$p = \sum_{i=3}^{10} C_{10}^i(0.1)^i\times(1-0.1)^{10-i} = 1-\sum_{i=0}^{2} C_{10}^i(0.1)^i\times(1-0.1)^{10-i} = 0.07.$$

答案为(E).

**19.【C】**

**解** 本题考点为随机事件之间的关系.

根据条件(1) $A,B,C$ 两两独立,即 $A,C$ 独立,故 $P(AC)=P(A)P(C)$,

根据条件(2),$P(ABC)=P(A)P(B)P(C)$,

所以(1)(2)联合起来有

$$P[(A-B)C] = P[(A-BC)C] = P(AC-ABC) = P(AC)-P(ABC)$$
$$= P(A)P(C)-P(A)P(B)P(C) = [P(A)-P(A)P(B)]P(C)$$
$$= [P(A)-P(AB)]P(C)$$
$$= P(A-B)P(C),$$

所以联合充分,单独均不充分.选(C).

**20.【D】**

**解** 若第一轮出结果,则:

若甲获胜,即甲第一次投出正面,概率为 $\frac{1}{2}$;

若乙获胜,则甲第一次投出反面,乙投出正面,概率为 $\frac{1}{2}\times\frac{1}{2}=\frac{1}{4}$;

若丙获胜,则甲、乙均投出反面,丙是正面,概率为 $\frac{1}{2}\times\frac{1}{2}\times\frac{1}{2}=\frac{1}{8}$;

若第一轮不能出结果,则第二轮,第三轮,……,所以

甲获胜的概率为 $\frac{1}{2}+\frac{1}{2}\times\frac{1}{2}\times\frac{1}{2}\times\frac{1}{2}+\left(\frac{1}{2}\right)^7+\left(\frac{1}{2}\right)^{10}+\cdots = \dfrac{\frac{1}{2}}{1-\left(\frac{1}{2}\right)^3}=\frac{4}{7}$;

乙获胜的概率为 $\frac{1}{2}\times\frac{1}{2}+\left(\frac{1}{2}\right)^5+\left(\frac{1}{2}\right)^8+\left(\frac{1}{2}\right)^{11}+\cdots = \dfrac{\left(\frac{1}{2}\right)^2}{1-\left(\frac{1}{2}\right)^3}=\frac{2}{7}$;

则丙获胜的概率为 $1-\frac{4}{7}-\frac{2}{7}=\frac{1}{7}$.选(D).

〖**评注**〗 对于无限轮流问题,可根据第一轮的概率得到三人获胜的概率比,甲:乙:丙$=\frac{4}{7}:\frac{2}{7}:\frac{1}{7}=4:2:1$,又有概率之和为 1,则甲、乙、丙获胜的概率分别为 $\frac{4}{7},\frac{2}{7},\frac{1}{7}$.

**21.【E】**

**解** 因为罐中的球足够多,所以,甲罐中取红球的概率始终为 $\frac{2}{3}$,取黑球的概率始终为 $\frac{1}{3}$;同样,乙罐中取红球的概率始终为 $\frac{1}{3}$,取黑球的概率始终为 $\frac{2}{3}$.则甲罐中取 30 个红球 20 个黑球的概率为 $C_{50}^{30}\left(\frac{2}{3}\right)^{30}\left(\frac{1}{3}\right)^{20}$,乙罐中取 30 个红球 20 个黑球的概率为 $C_{50}^{30}\left(\frac{1}{3}\right)^{30}\left(\frac{2}{3}\right)^{20}$,则所求比率为 1 024,选 (E).

**22.【B】**

**解** 设流感发病率为 $p$,则至少有 1 人患该种流感的概率为 $P(A)=1-P(\bar{A})=0.271$,即 $1-(1-p)^3=0.271$,得 $(1-p)^3=0.729$,$1-p=0.9$,即 $p=0.1$. 条件(1)不充分;条件(2)充分.

# 第 16 章

# 数 据 描 述

## 16.1 基本概念、定理、方法

### 16.1.1 平均数

常用的集中趋势指标有算术平均数、几何平均数、中位数和众数等. 这些指标在统计学中也称为平均指标,可以用来反映一批数据的典型水平或中心位置. 几种常用的平均数的比较见下表(其中算术平均与几何平均的简单形式最为重要):

| 分类及意义 | 计 算 公 式 | 特 点 |
|---|---|---|
| 1. 算术平均数($\bar{x}$)<br>总量与总体单位总数的比值 | 简单形式:<br>$$\bar{x} = \frac{1}{n}\sum_{i=1}^{n} x_i = \frac{1}{n}(x_1 + x_2 + \cdots + x_n)$$<br>加权形式:$\bar{x} = \dfrac{\sum\limits_{i=1}^{n} x_i f_i}{\sum\limits_{i=1}^{n} f_i}$<br>其中 $f_i$ 表示频数,$\sum\limits_{i=1}^{n} f_i = n$ | 优点:<br>① 容易理解,便于计算<br>② 灵敏度高<br>缺点:<br>① 易受极值影响<br>② 在偏斜分布中不具有代表性 |
| 2. 几何平均数($\overline{x_g}$)<br>$n$ 个正数变量值乘积的 $n$ 次方根<br>主要用于计算平均增长率 | 简单形式:<br>$$\overline{x_g} = \sqrt[n]{\prod_{i=1}^{n} x_i} = \sqrt[n]{x_1 \cdot x_2 \cdot \cdots \cdot x_n}$$<br>加权形式:$\overline{x_g} = \sqrt[\sum\limits f_i]{\prod\limits_{i=1}^{n} x_i^{f_i}}$<br>其中 $f_i$ 表示频数,$\sum\limits_{i=1}^{n} f_i = n$ | 优点:<br>① 灵敏度高<br>② 受极值影响小于 $\bar{x}$<br>③ 适宜于各比率之积为总比率的变量求平均<br>缺点:<br>有"0"或负值时不能计算 |
| 3. 中位数($M_e$)<br>变量值由小到大顺序排列中居中间位置的标志值 | $M_e = \begin{cases} x_{(\frac{n+1}{2})} & n \text{ 为奇数} \\ \dfrac{1}{2}\{x_{(\frac{n}{2})} + x_{(\frac{n}{2}+1)}\} & n \text{ 为偶数} \end{cases}$ | 优点:<br>① 容易理解<br>② 不受极值影响<br>缺点:<br>灵敏度和计算功能差 |
| 4. 众数($M_o$)<br>一组数据中出现次数最多的变量值 | | 优点:<br>① 容易理解<br>② 不受极值影响<br>缺点:<br>① 灵敏度和计算功能差<br>② 可能不存在,也可能不唯一 |

**计算平均增长率应该用几何平均数.**

比率数据属于相对数,它不能如绝对数那样对其进行累加,而只能对其进行连乘,比如工厂年产量去年比前年的年增长率为 10%,今年比去年的年增长率为 20%,那么今年对前年的相对增长率为 $(1+10\%)\times(1+20\%)-1$. 而我们不能用 $(1+10\%)+(1+20\%)-1$ 来计算,这样累加的结果是没有实际意义的,因此对于比率数据,在对其计算平均数的时候,我们不能像计算一般的平均数那样计算,而要用几何平均数的计算公式计算.

实际上,几何平均数也可以看作是均值的一种变形. 我们只要对其计算公式两边取对数,则其公式的形式变为算术平均数的公式形式.

**平均值的性质:**

(1) $\sum\limits_{i=1}^{n}(x_i-\overline{x})=0$,数据对平均值的偏差之和为零.

(2) 数据与平均值的偏差平方和最小,即对任意的实数 $c$,有 $\sum\limits_{i=1}^{n}(x_i-\overline{x})^2\leqslant\sum\limits_{i=1}^{n}(x_i-c)^2$.

(3) 变量值都为正的算术平均与几何平均之间的关系:算术平均 $\geqslant$ 几何平均.

例如,二元均值不等式 $\dfrac{x_1+x_2}{2}\geqslant\sqrt{x_1x_2}$,当且仅当 $x_1=x_2$ 时等号成立.

**中位数的性质:**

数据与中位数的偏差绝对值之和最小,即对任意的实数 $c$,有 $\sum\limits_{i=1}^{n}|x_i-M_e|\leqslant\sum\limits_{i=1}^{n}|x_i-c|$.

## 16.1.2    方差与标准差

离散趋势指标反映的是它们的个性、差异性. 要研究总体的分布特征,离散程度是另一个很重要的方面. 离散趋势指标是反映总体各单位数量值的差异程度,亦即反映分配数列中以平均数为中心各数量值的变动范围或离散程度.

| 分类及意义 | 计　算 | 特　点 |
|---|---|---|
| 1. 方差($\sigma^2$)<br>各变量值与均值偏差平方的平均 | 简单形式:<br>$$\sigma^2=\dfrac{\sum\limits_{i=1}^{n}(x_i-\overline{x})^2}{n}$$<br>加权形式:<br>$$\sigma^2=\dfrac{\sum\limits_{i=1}^{n}(x_i-\overline{x})^2\cdot f_i}{\sum\limits_{i=1}^{n}f_i}$$ | 优点:反映全部数据分布分散状况,数字上合理<br>缺点:受计量单位和平均水平影响,不便于比较 |
| 2. 标准差($\sigma$)<br>方差的平方根(取正根) | $\sigma=\sqrt{\sigma^2}$ | 优点:反映全部数据分布分散状况,且与原数据同单位 |
| 3. 极差($R$)<br>数据中最大值与最小值之差 | $R=$ 最大值－最小值 | 优点:容易理解,计算方便<br>缺点:不能反映全部数据分布状况 |

**方差的另一种计算方法：**

$$\sigma^2 = \frac{1}{n}\sum_{i=1}^{n}(x_i - \overline{x})^2 = \frac{1}{n}\big[(x_1-\overline{x})^2 + (x_2-\overline{x})^2 + \cdots + (x_n-\overline{x})^2\big]$$

$$= \frac{1}{n}\big[(x_1^2 + x_2^2 + \cdots + x_n^2) - 2(x_1 + x_2 + \cdots + x_n)\overline{x} + n\overline{x}^2\big]$$

$$= \frac{1}{n}\big[(x_1^2 + x_2^2 + \cdots + x_n^2) - n\overline{x}^2\big] = \frac{1}{n}\sum_{i=1}^{n}x_i^2 - \overline{x}^2.$$

**数据线性变换后的均值、方差、标准差：**

设 $x_1, \cdots, x_n$ 的均值为 $\overline{x}$，方差为 $\sigma_x^2$，标准差为 $\sigma_x$，如果对数据作线性变换：$y_i = ax_i + b$（$a,b$ 不为零），则 $y_1, \cdots, y_n$ 的均值为 $a\overline{x} + b$，方差为 $a^2\sigma_x^2$，标准差为 $|a|\sigma_x$.

## 16.1.3 数据的图表表示

主要讨论直方图（频数直方图、频率直方图），饼图.

1. 频数分布直方图

例如，图 16.1 反映某电脑公司销售量分布的直方图：

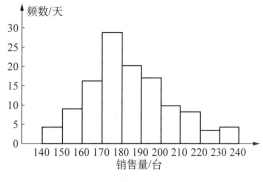

图 16.1

（1）基本概念：

① 频数：落在不同小组中的数据个数为该组的频数. 各组的频数之和等于这组数据的总数.

② 频率：频数与数据总数的比，则各组频率之和为 1. 频率大小反映了各组频数在数据总数中所占的份额.

③ 组数：把全体样本分成的组的个数称为组数.

④ 组距：把所有数据分成若干个组，每个小组的两个端点间的距离.

（2）列出频数分布表的注意事项：

运用频数分布直方图进行数据分析的时候，一般先列出它的分布表，其中有几个常用的公式：各组频数之和等于抽样数据总数；各组频率之和等于 1；数据总数×各组的频率＝相应组的频数.

画频数分布直方图的目的，是为了将频数分布表中的结果直观、形象地表示出来，其中组距、组数起关键作用. 分组过少，数据就非常集中；分组过多，数据就非常分散，这就掩盖了分布的特征，当数据在 100 以内时，一般分 6～12 组.

（3）直方图的特点：

通过长方形的高代表对应组的频数与组距的比（因为比是一个常数，为了画图和看图方便，通常直接用高表示频数），这样的统计图称为频数分布直方图.

它能：①清楚显示各组频数分布情况；②易于显示各组之间频数的差别.

（4）制作频数分布直方图的步骤：

① 找出所有数据中的最大值和最小值，并算出它们的差.

② 决定组距和组数.

③ 确定分点.

④ 列出频数分布表.

⑤ 画频数分布直方图.

(5) 频数分布折线图的制作:

我们可以在频数分布直方图的基础上,先取直方图各矩形上边的中点,然后在横轴上取两个频数为 0 的点,这两点分别与直方图左右两端的两个长方形的组中值(矩形宽的中点)相距一个组距,将这些点用线段依次连接起来,就得到了频数分布折线图.

(6) 条形图和直方图的区别:

① 条形图是用条形的高度表示频数的大小,而直方图实际上是用长方形的面积表示频数,当长方形的宽相等的时候,可以用矩形的高表示频数.

② 条形图中,横轴上的数据是孤立的,是一个具体的数据,而直方图中,横轴上的数据是连续的,是一个范围.

③ 条形图中各长方形之间有空隙,而直方图中各长方形是靠在一起的,中间无空隙.

(7) 与统计图有关的数学思想方法:

① 数形结合:从统计图中,能看出各组数据的特点,可进一步应用这些数据特点解决实际问题. 通过整理数据,根据要求绘制统计图,可进一步分析数据、做出决策.

② 类比:绘制频数分布直方图和绘制条形图类似,如果长方形的宽一样,那么长方形的高度之比就是各组内数据个数之比.

### 2. 频率分布直方图

在直角坐标系中,横轴表示样本数据,纵轴表示频率与组距的比值,将频率分布表中各组频率的大小用相应矩形面积的大小来表示,由此画成的统计图称作频率分布直方图(见图 16.2).

频率 = 数据落在各组内的频率就是该组相应小矩形的面积,小矩形面积总和为 1.

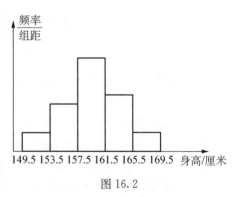

图 16.2

### 3. 饼图

所谓"饼图",也称比例图、扇形图或者饼状图,主要用来描述量之间的相对比例关系;相对而言,"饼图"一般是图形材料当中最简单的一种."饼图"的阅读要领着重在其"数据"的含义(是实际值还是比例,如果是比例的话看是占谁的比例等). 例如在工作中,如果遇到需要计算总费用或金额的各个部分构成比例的情况,一般都是通过各个部分与总额相除来计算,而且这种比例表示方法很抽象,现在我们可以使用一种饼图,能够直接以图形的方式显示各个组成部分所占的比例.

使用饼图的情况:仅有一个要绘制的数据系列;要绘制的数值没有负值;要绘制的数值几乎没有零值;类别数目一般不超过 7 个;各类别分别代表整个饼图的一部分.

### 4. 数表

数表就是一堆数字集合在一起,要从中能找出一般的规律,特别注意暗藏等差、等比数列.

## 16.2　知识点分类精讲

【知识点 16.1】　平均数及其应用
解题技巧：紧扣定义，特别要注意总数的变化.

例 16.1　(2006)如果 $x_1$，$x_2$，$x_3$ 三个数的算术平均值为 5，则 $x_1+2$，$x_2-3$，$x_3+6$ 与 8 的算术平均值为(　　).

(A) $3\frac{1}{4}$　　　　　(B) $6\frac{1}{2}$　　　　　(C) 7

(D) $9\frac{1}{5}$　　　　　(E) 以上答案均不正确

解　由题意 $\dfrac{x_1+x_2+x_3}{3}=5$，则可知 $x_1+x_2+x_3=15$，

因此 $\dfrac{(x_1+2)+(x_2-3)+(x_3+6)+8}{4}=\dfrac{x_1+x_2+x_3+13}{4}=\dfrac{28}{4}=7$，选(C).

〖评注〗　注意总数的变化.

例 16.2　(200710)三个实数 $x_1$，$x_2$，$x_3$ 的算术平均数为 4.

(1) $x_1+6$，$x_2-2$，$x_3+5$ 的算术平均数为 4

(2) $x_2$ 为 $x_1$ 和 $x_3$ 的等差中项，且 $x_2=4$

解　由条件(1)得 $\dfrac{x_1+6+x_2-2+x_3+5}{3}=4\Rightarrow\dfrac{x_1+x_2+x_3}{3}=1$，所以条件(1) 不充分.

由条件(2)得 $\dfrac{x_1+x_3}{2}=x_2=4\Rightarrow x_1+x_3=8$，且 $x_2=4$，所以 $\dfrac{x_1+x_2+x_3}{3}=\dfrac{x_1+x_3+4}{3}=\dfrac{8+4}{3}=4$，所以条件(2) 充分.

选(B).

〖评注〗　紧扣平均值的定义.

例 16.3　(200701)设变量 $x_1$，$x_2$，$\cdots$，$x_{10}$ 的算术平均值为 $\overline{x}$，若 $\overline{x}$ 是固定值，则 $x_i$( $i=1,2,\cdots,10$)中可任意取值的变量有(　　).

(A) 10 个　　(B) 9 个　　(C) 2 个　　(D) 1 个　　(E) 0 个

解　由已知 $\dfrac{x_1+x_2+\cdots+x_{10}}{10}=\overline{x}$ 为固定值，因此 $x_1+x_2+\cdots+x_{10}=10\overline{x}$ 为固定值，当 $x_1,\cdots,x_{10}$ 中 10 个变量中 9 个任意取值时，另一个就是固定的. 选(B).

〖评注〗　可以由浅入深类比分析. 很容易理解变量 $x_1$，$x_2$，$x_3$ 的算术平均值为 $\overline{x}$，若 $\overline{x}$ 是固定值，则 $x_i$ 中只有 2 个可以自由变动.

例 16.4　三个实数 1，$x-2$，$x$ 的几何平均值等于 4，5，$-3$ 的算术平均值，则 $x$ 的值是(　　).

(A) $-2$　　　(B) 4　　　(C) 2　　　(D) $-2$ 或 4　　　(E) 2 或 4

**解**  由题意得 $\sqrt[3]{1 \cdot x \cdot (x-2)} = \dfrac{4+5-3}{3}$，得到 $x=-2$(舍去)或 $x=4$，选(B).

【评注】 在几何平均值的概念中要求每个元素都要为正数，而在算术平均数中无此要求.

例 16.5   某班学生共 40 人，期中数学考试成绩统计如下表所示：

| 成绩 | 90~100 | 80~89 | 70~79 | 60~69 | 50~59 |
|------|--------|-------|-------|-------|-------|
| 人数 | 12 | 18 | 5 | 0 | 5 |

问该班期中数学平均成绩不会低于(    )分.

(A) 83          (B) 80          (C) 75

(D) 78          (E) 以上都不正确

**解**  以每个分数段的最低分计算平均值，即 $\overline{x} = \dfrac{90 \times 12 + 80 \times 18 + 70 \times 5 + 50 \times 5}{12+18+5+5} = 78$，所以平均成绩不会低于 78 分，选(D).

【评注】 加权平均值上下限问题.

例 16.6   车间共有 40 人，某次技术操作考核的平均成绩为 80 分，其中男工的平均成绩为 83 分，女工平均成绩为 78 分. 该车间有女工(    )人.

(A) 16          (B) 18          (C) 20          (D) 24          (E) 25

**解**  设该车间有女工 $x$ 人，则有男工 $(40-x)$ 人，由已知女工的平均成绩为 78 分，女工所得总分数为 $80 \times 40 - 83(40-x)$，故有 $\dfrac{80 \times 40 - 83(40-x)}{x} = 78$，得 $x=24$，选(D).

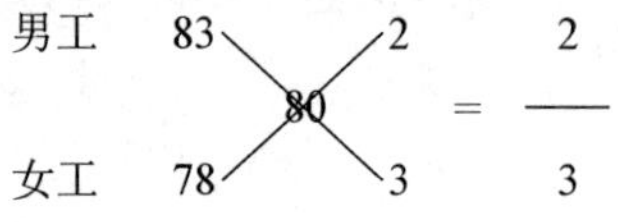

【评注】 解题技巧:可以利用"十字交叉法"速解(见图 16.3).

男工 $\begin{array}{c} 83 \\ \\ 78 \end{array}$ $\times$ $\begin{array}{c} 2 \\ 80 \\ 3 \end{array}$ $= \dfrac{2}{3}$

女工

图 16.3

所以男工人数：女工人数 $= 2:3$，所以女工有 $(3/5) \times 40 = 24$ 人.

例 16.7   $a$ 和 $b$ 的算术平均值是 8.

(1) $a, b$ 为不相等的自然数，且 $\dfrac{1}{a}$，$\dfrac{1}{b}$ 的算术平均值为 $\dfrac{1}{6}$

(2) $a, b$ 为自然数，且 $\dfrac{1}{a}$，$\dfrac{1}{b}$ 的算术平均数为 $\dfrac{1}{6}$

**解**  由条件(1)与条件(2)共同满足 $\dfrac{1}{a}$，$\dfrac{1}{b}$ 的算术平均值为 $\dfrac{1}{6}$，且 $a, b$ 均为自然数的条件出发考虑. 已知 $\dfrac{\frac{1}{a} + \frac{1}{b}}{2} = \dfrac{1}{6}$，则 $ab = 3(a+b)$.

**解法 1**  由上式可得 $b = \dfrac{3a}{a-3} = 3 + \dfrac{9}{a-3}$.

由 $b$ 是自然数，知 $a-3$ 是 9 的正约数，

当 $a-3=1$，即 $a=4$ 时，$b=12$，则 $a$ 和 $b$ 的算术平均值是 8；

当 $a-3=3$，即 $a=6$ 时，$b=6$，则 $a$ 和 $b$ 的算术平均值是 6；

当 $a-3=9$，即 $a=12$ 时，$b=4$，则 $a$ 和 $b$ 的算术平均值是 8；

由以上可知，条件(1)充分，而条件(2)不充分，故选(A).

**解法 2** 由 $ab = 3(a + b)$，又 $a, b$ 是正整数，故 $a, b$ 中至少有一个是 3 的倍数.

不妨设 $a$ 为 3 的倍数，即 $a = 3k$（$k$ 为正整数），则 $b = \dfrac{3k}{k-1}$. 由于 $k$ 与 $k - 1$ 互质，故 $k - 1$ 必为 3 的约数. 又因为 $a > 3$，所以 $k - 1 > 0$，因此 $k - 1 = 1$ 或 $k - 1 = 3$，即 $k = 2$ 或 $k = 4$.

当 $k = 2$ 时，$a = 6 = b$，此时 $a, b$ 的算术平均值为 6，不是 8；

当 $k = 4$ 时，$a = 12$，$b = 4$，此时 $a \neq b$，故 $\dfrac{a + b}{2} = \dfrac{16}{2} = 8$.

所以条件 (1) 充分，条件 (2) 不充分，故此题应选 (A).

〖评注〗 一个方程 $ab = 3(a + b)$ 要解得两个未知数，这种方程我们称为"不定方程". 不定方程的求解需要借助其他条件，这里就利用了整除性. 特别注意解法 1 中，由于 $b = \dfrac{3a}{a - 3}$ 的分子和分母都可以变化，我们利用"分子常数化"得 $b = \dfrac{3a}{a - 3} = \dfrac{3(a - 3) + 9}{a - 3} = 3 + \dfrac{9}{a - 3}$，讨论起来就方便很多. "分子常数化"在分式问题（分式方程、分式最值）中很常用.

**例 16.8** 假设 5 个相异正整数的平均数为 15，中位数为 18，则此 5 个正整数中的最大数的最大值可能为（　　）.

(A) 24　　　　(B) 32　　　　(C) 35　　　　(D) 40　　　　(E) 45

**解** 5 个相异正整数的中位数为 18，所以可设这 5 个数为 $x_1 < x_2 < 18 < x_4 < x_5$，平均数为 15 得 $x_1 + x_2 + 18 + x_4 + x_5 = 5 \times 15$. 当 $x_1 = 1$，$x_2 = 2$，$x_4 = 19$ 时，$x_5$ 最大，

所以 $x_5 = 75 - 19 - 18 - 2 - 1 = 35$，选 (C).

〖评注〗 本题紧扣平均数、中位数的定义.

**例 16.9** (200810) 某班有学生 36 人，期末各科平均成绩为 85 分以上的为优秀生，若该班优秀生平均成绩为 90 分，非优秀生平均成绩为 72 分，全班平均成绩为 80 分，则优秀生的人数是（　　）.

(A) 12　　　　(B) 14　　　　(C) 16　　　　(D) 18　　　　(E) 20

**解** 设该班优秀生为 $x$ 人，非优秀生为 $y$ 人，

则由题意 $\begin{cases} x + y = 36 \\ 90x + 72y = 36 \times 80 \end{cases}$，解得 $x = 16$（人），所以选 (C).

〖评注〗 用"十字交叉"的方法计算更加快.

优秀　　90　　　　8　　4

　　　　　　80　　——＝——，优秀：非优秀 ＝ 4 : 5，所以优秀的有 16 人.

非优秀　72　　　　10　　5

**例 16.10** (201301) 某单位年终共发了 100 万元奖金，奖金金额分别是一等奖 1.5 万元，二等奖 1 万元，三等奖 0.5 万元，则该单位至少有 100 人.

(1) 得二等奖的人数最多

(2) 得三等奖的人数最多

**解** 设获一等奖、二等奖、三等奖的分别有 $x, y, z$ 人，则 $1.5x + y + 0.5z = 100$.

(1) 取 $x = 30$，$y = 50$，$z = 10$ 满足 $1.5x + y + 0.5z = 100$，但人数小于 100 人，不充分.

(2) $1.5x + y + 0.5z = (x + y + z) + 0.5(x - z) = 100$，由题意得 $z > x$，则 $x - z < 0$，

所以 $x+y+z>100$,充分.

【评注】 条件(2)三等奖的人数最多,则奖金平均值小于 1 万元,则人数要大于 100.

例 16.11 (201201)已知 3 种水果的平均价格为 10 元/千克,则每种水果的价格均不超过 18 元/千克.

(1) 3 种水果中价格最低的为 6 元/千克

(2) 购买重量分别是 1 千克、1 千克和 2 千克的 3 种水果共用了 46 元

解 设 3 种水果的平均价格分别为 $x$,$y$,$z$ 元/千克,由平均价格为 10 元/千克,得 $x+y+z=30$.

条件(1),若最低的为 6,则另外 2 个之和为 24,即每种价格都不会超过 18,充分.

条件(2),$x+y+2z=46$,得 $z=16$,$x+y=14$,即每种水果的价格均不超过 18,充分.

例 16.12 (201301)甲班共有 30 名学生,在一次满分为 100 分的测试中,全班平均成绩为 90 分,则成绩低于 60 分的学生至多有(　　)个.

(A) 8　　　　　(B) 7　　　　　(C) 6　　　　　(D) 5　　　　　(E) 4

解法 1 设成绩低于 60 分的至多有 $x$ 人,若都按照 60 分算,其他人都按照 100 分算,从而 $60x+100(30-x) \geqslant 90 \times 30$,解得 $x \leqslant 7.5$,取整数 $x=7$,选(B).

解法 2 最少扣 41 分,则 $41x \leqslant 3\,000-2\,700 \Rightarrow x \leqslant 7.5$,所以 $x$ 的最大值为 7.

【评注】 (验证法)从最大的开始验证:若有 8 个学生成绩低于 60 分,则余下 22 个学生总分要大于 $2\,700-60 \times 8=2\,220$(不可能的,因为 22 个学生最多 2 200 分);若有 7 个学生成绩低于 60 分,则余下 23 个学生总分要大于 $2\,700-60 \times 7=2\,280$(可能的).

【知识点 16.2】 方差、标准差及其应用

解题技巧:方差、标准差反映的是数据分散情况.

例 16.13 如果数据 $x_1$,$x_2$,$\cdots$,$x_n$ 的算术平均为 $\bar{x}$,方差为 $\sigma^2$,则 $4x_1+3$,$4x_2+3$,$\cdots$,$4x_n+3$ 的算术平均、方差、标准差分别为(　　).

(A) $\bar{x}$,$\sigma^2$,$\sigma$　　　　　(B) $4\bar{x}+3$,$4\sigma^2$,$2\sigma$　　　　　(C) $4\bar{x}+3$,$16\sigma^2$,$4\sigma$

(D) $4\bar{x}+3$,$\sigma^2$,$\sigma$　　　　　(E) 以上都不正确

解 由数据的线性变换性质可知,选(C).

例 16.14 设有两组数(每组 9 个),分别为:

| 第Ⅰ组 | 10 | 10 | 20 | 30 | 40 | 50 | 60 | 70 | 70 |
|---|---|---|---|---|---|---|---|---|---|
| 第Ⅱ组 | 10 | 20 | 30 | 30 | 40 | 50 | 50 | 60 | 70 |

用 $\bar{x}_\mathrm{I}$,$\bar{x}_\mathrm{II}$ 分别表示第Ⅰ,Ⅱ组数的平均值,$\sigma_\mathrm{I}$,$\sigma_\mathrm{II}$ 分别表示第Ⅰ,Ⅱ组数的标准差,则(　　).

(A) $\bar{x}_\mathrm{I}<\bar{x}_\mathrm{II}$,$\sigma_\mathrm{I}<\sigma_\mathrm{II}$　　　(B) $\bar{x}_\mathrm{I}=\bar{x}_\mathrm{II}$,$\sigma_\mathrm{I}>\sigma_\mathrm{II}$　　　(C) $\bar{x}_\mathrm{I}>\bar{x}_\mathrm{II}$,$\sigma_\mathrm{I}<\sigma_\mathrm{II}$

(D) $\bar{x}_\mathrm{I}<\bar{x}_\mathrm{II}$,$\sigma_\mathrm{I}=\sigma_\mathrm{II}$　　　(E) $\bar{x}_\mathrm{I}=\bar{x}_\mathrm{II}$,$\sigma_\mathrm{I}<\sigma_\mathrm{II}$

解 由两组数据的对称性,可得 $\bar{x}_\mathrm{I}=\bar{x}_\mathrm{II}=40$.除去两组的相同数字后,第Ⅰ组余下 10,70,第Ⅱ组余下 30,50.所以 $\sigma_\mathrm{I}>\sigma_\mathrm{II}$.选(B).

【评注】　本题不用计算,紧扣平均值、标准差定义比较两组数据即可得到结论.

例 16.15　A 班与 B 班举行英文打字比赛,参赛学生每分钟输入英文个数的统计数据如下:

| 班级 | 人数 | 平均数 | 中位数 | 方差 |
| --- | --- | --- | --- | --- |
| A | 46 | 120 | 149 | 190 |
| B | 46 | 120 | 151 | 110 |

根据上面的样本数据表格可以得出如下结论:

① 两个班学生打字平均水平相同;

② B 班优秀的人数不少于 A 班优秀的人数(每分钟输入英文个数大于 150 个为优秀);

③ B 班打字水平波动情况比 A 班的打字水平波动小.

其中正确的结论是(　　).

(A) ①②③　　　　　　(B) ①②　　　　　　(C) ①③

(D) ②③　　　　　　(E) 以上结果均不正确

**解**　由平均数相同,所以两个班学生打字平均水平相同,①正确. A 班中位数小于 B 班中位数,所以 B 班优秀的人数多于或等于 A 班优秀的人数,②正确. B 班方差小于 A 班方差,所以 B 班打字水平波动情况比 A 班的打字水平波动小,③正确. 选(A).

【评注】　本题综合了平均数、中位数、方差的意义.

【知识点 16.3】　频数直方图、频率直方图

解题注意:可以根据纵轴标示区分是频数直方图还是频率直方图.

难点:从频率直方图得到数字特征(均值、中位数、众数等).

例 16.16　将容量为 $n$ 的样本中的数据分成 6 组,绘制频率分布直方图. 若第一组至第六组数据的频率之比为 2:3:4:6:4:1,且前三组数据的频数之和等于 27,则 $n$ 等于(　　).

(A) 80　　(B) 75　　(C) 70　　(D) 65　　(E) 60

**解**　频率＝频数 / 总数,所以频率之比＝频数之比. 所以容量 $n = \dfrac{6+4+1+2+3+4}{2+3+4} \times 27 = 60$,选(E).

例 16.17　某棉纺厂为了了解一批棉花的质量,从中随机抽取了 100 根棉花纤维的长度(棉花纤维的长度是棉花质量的重要指标),所得数据都在区间 [5,40] 中,其频率分布直方图如图 16.4 所示,则其抽样的 100 根中,棉花纤维的长度小于 20 毫米的约有(　　)根.

(A) 18　　(B) 20　　(C) 22

(D) 25　　(E) 30

**解**　小于 20 毫米的频率之和为 (0.01＋0.01＋

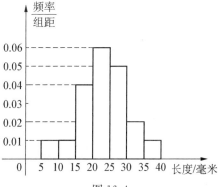

图 16.4

$0.04)\times 5 = 0.3$,所以 100 根中有 30 根,选(E).

**例 16.18**    一般地,家庭用电量(千瓦时)与气温(℃)有一定的关系. 图 16.5(a)表示某年 12 个月中每月的平均气温,图 16.5(b)表示某家庭在这年 12 个月中每月的用电量. 根据这些信息,以下关于该家庭用电量与气温间关系的叙述中,正确的是(      ).

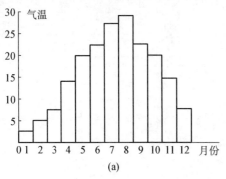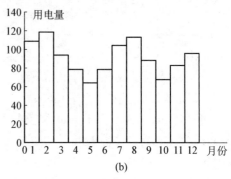

图 16.5

(A) 气温最高时,用电量最多

(B) 气温最低时,用电量最少

(C) 当气温大于某一值时,用电量随气温增高而增加

(D) 当气温小于某一值时,用电量随气温降低而增加

(E) 以上结论均不正确

**解**    气温最高时(8 月份),用电量不是最多,所以(A)不正确;

气温最低时(1 月份),用电量不是最少,所以(B)不正确;

气温存在某一个值,例如 6 月份 22 度左右,用电量随气温增高而增加,所以(C)正确;

关键 2 月份用电量最高,1 月份气温最低,但用电量比 2 月份少,所以(D)不正确.

【评注】    本题要联系两个直方图才能判断.

**例 16.19**    图 16.6 中有 2 个学院各 50 名学生的身高绘制的频数直方图,从图中可以推断出(      ).

A学院50名学生身高频数直方图        B学院50名学生身高频数直方图

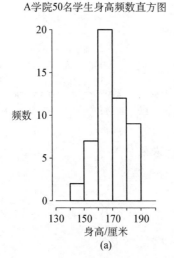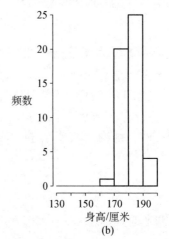

图 16.6

(A) $\overline{x}_A < \overline{x}_B$, $\sigma_A < \sigma_B$　　(B) $\overline{x}_A > \overline{x}_B$, $\sigma_A > \sigma_B$　　(C) $\overline{x}_A < \overline{x}_B$, $\sigma_A > \sigma_B$

(D) $\overline{x}_A > \overline{x}_B$, $\sigma_A < \sigma_B$　　(E) 以上都不正确

**解**　由图 16.6 可以看到,A 学院学生身高中心位置在 B 学院学生身高中心位置的左侧,所以 $\overline{x}_A < \overline{x}_B$. 又 A 学院学生身高散布得比较开、B 学院学生身高比较集中,所以 $\sigma_A > \sigma_B$,选(C).

〖评注〗　直方图、平均数、标准差综合问题.

**例 16.20**　在一次环保知识测试中,三年一班两名同学根据班级成绩(分数为整数)分别绘制了不同的频率分布直方图,如图 16.7 所示.已知图 16.7(a)从左到右每个小组的频率分别为 0.04,0.08,0.24,0.32,0.20,0.12,其中 68.5~76.5 小组的频数为 12;图 16.7(b)从左到右每个小组的频数之比为 1:2:4:7:6:3:2,请结合条件和频率分布直方图回答下列问题:

(1) 三年一班参加测试的人数是多少?

(2) 若这次测试的成绩 80 分以上(含 80 分)为优秀,则优秀人数是多少?

(3) 若这次测试的成绩 60 分以上(含 60 分)为及格,则及格率是多少?

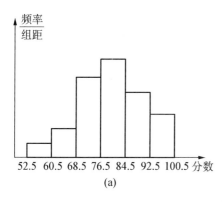 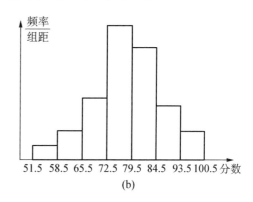

图 16.7

**解**　(1) $12 \div 0.24 = 50$(人),所以三年一班参加测试的人数是 50 人.

(2) 由图 16.7(b)可知,优秀人数为 $\dfrac{6+3+2}{1+2+4+7+6+3+2} \times 50 = 22$(人).

(3) 由图 16.7(a)可知,这次测试的成绩及格率是 $\dfrac{50-50 \times 0.04}{50} = \dfrac{48}{50} = 96\%$.

〖评注〗　注意测试分数为整数,对于不同的问题应该选用不同的直方图来分析.

**【知识点 16.4】**　饼图

解题技巧:各块的比例与各块圆心角的度数比例一致.

**例 16.21**　如图 16.8,回答下列问题:

(1) 图 16.8 所列国家为 SCI 收录的前十名,我国排名(　　).

(A) 第 4　　(B) 第 5　　(C) 第 6　　(D) 第 7　　(E) 第 8

(2) 总数在前三位的国家的论文总数约占所有国家论文总数的(　　).

(A) 40%　　(B) 50%　　(C) 60%　　(D) 70%　　(E) 80%

(3) 2002 年 SCI 收录文章中,美国占 32.17%,则我国约占(　　).

(A) 2%　　　(B) 3%　　　(C) 4%

(D) 6%　　　(E) 7%

(4) 日本比英国的论文数少(　　).

(A) 5%　　　(B) 8%　　　(C) 10%

(D) 2%　　　(E) 12%

(5) 由图 16.8 可以推出的结论是(　　).

Ⅰ. 法国和中国的论文数量相差最少

Ⅱ. 前十位之外的其他国家的论文数量多于德、法、意三国论文数量之和

Ⅲ. 在排名前十位的国家中,后七位国家的论文数量之和仍然小于美国

(A) 只有Ⅰ　　　　　　　(B) 只有Ⅱ

(C) 只有Ⅲ　　　　　　　(D) 只有Ⅱ和Ⅲ　　　　(E) 以上说法都不对

2002年SCI(科学引文索引)收录各国论文数

图 16.8

**解**

(1) 排名根据数量,依次为美国、英国、日本、德国、法国、中国,中国排名第 6,选(C).

(2) 从图中可知,前三名美国、英国、日本几乎是半圆,所以比率接近 50%,选(B).

(3) 根据比例,我国占 $\dfrac{40\ 758}{313\ 613/32.17\%} \approx \dfrac{40\ 758}{1\ 000\ 000} \approx 4\%$,选(C).

(4) 日本比英国的论文数少 $\dfrac{87\ 916 - 81\ 315}{87\ 916} \approx \dfrac{7}{88} \approx 8\%$,选(B).

(5) Ⅰ. 显然加拿大与意大利之差小于法国与中国之差,所以不正确.

Ⅱ. 前十位之外的其他国家的论文数量之和为 201 258,德、法、意三国论文数量之和 $74\ 552 + 52\ 112 + 38\ 064 < 80\ 000 + 60\ 000 + 40\ 000 = 180\ 000 < 201\ 258$,所以正确.

Ⅲ. 后七位国家分别是德国、法国、中国、加拿大、意大利、俄罗斯、印度,其和为 $74\ 552 + 52\ 112 + 40\ 758 + 38\ 269 + 38\ 064 + 26\ 539 + 20\ 105 < (75 + 55 + 45 + 40 + 40 + 30 + 25) \times 1\ 000 = 310\ 000 < 313\ 613$,所以正确. 选(D).

〔**评注**〕 本题中用了不少估算,大大减少了计算时间.

**例 16.22** 某初级中学开展了向山区"希望小学"捐赠图书活动.全校 1 200 名学生每人都捐赠了一定数量的图书.已知各年级人数比例分布扇形统计图如图 16.9(a)所示.学校为了了解各年级捐赠情况,从各年级中随机抽查了部分学生,进行了捐赠情况的统计调查,绘制成如图 16.9(b)的频数分布直方图.根据以上信息解答下列问题:

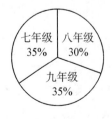

(a)

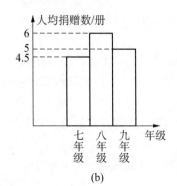

(b)

图 16.9

(1) 从直方图中,我们可以看出人均捐赠图书最多的是_____年级;

(2) 估计九年级共捐赠图书多少册?

(3) 全校大约共捐赠图书多少册?

**解**　(1) 利用频数分布直方图可以看出:七年级人均捐赠图书 4.5 册;八年级人均捐赠图书 6 册;九年级人均捐赠图书 5 册.所以人均捐赠图书最多的是八年级.

(2) 由于九年级的学生人数为 $1\,200 \times 35\% = 420$(人),又人均捐赠图书 5 册.所以可以估计九年级共捐赠图书 $420 \times 5 = 2\,100$(册).

(3) 仿照(2)可知七年级共捐赠图书 $1\,200 \times 35\% \times 4.5 = 1\,890$(册);八年级共捐赠图书 $1\,200 \times 30\% \times 6 = 2\,160$(册).所以全校大约共捐赠图书:$1\,890 + 2\,160 + 2\,100 = 6\,150$(册).

---

**【知识点 16.5】**　数表

*解题技巧:特别注意转化为等差或者等比数列.*

**例 16.23**　将全体正整数排成一个三角形数表:

$$1$$
$$2 \quad 3$$
$$4 \quad 5 \quad 6$$
$$7 \quad 8 \quad 9 \quad 10$$
$$\bullet \quad \bullet \quad \bullet \quad \bullet \quad \bullet \quad \bullet \quad \bullet$$

按照以上排列的规律,第 $n$ 行($n \geqslant 3$)从左向右的第 3 个数为(　　).

(A) $n^2 - n + 6$　　　　　(B) $n + 3$　　　　　(C) $\dfrac{n^2 - n + 6}{2}$

(D) $\dfrac{n^2 - n + 2}{2}$　　　　　(E) 以上都不正确

**解**　前 $n - 1$ 行共有 $1 + 2 + 3 + \cdots + n - 1$ 个数,即共有 $\dfrac{n^2 - n}{2}$ 个,因此第 $n$ 行第 3 个数是全体正整数中第 $\dfrac{n^2 - n}{2} + 3$ 个数,即 $\dfrac{n^2 - n + 6}{2}$,选(C).

〔**评注**〕　通过列举、分析、归纳、猜想找出规律,特别注意转化为等差或等比数列.

**例 16.24**　用 $n$ 个不同的实数 $a_1, a_2, \cdots, a_n$ 可得到 $n!$ 个不同的排列,每个排列为一行,写成一个 $n!$ 行的数表,对第 $i$ 行 $a_{i1}, a_{i2}, \cdots, a_{in}$,

记 $b_i = -a_{i1} + 2a_{i2} - 3a_{i3} + \cdots + (-1)^n na_{in}(i = 1, 2, \cdots, n!)$

| 1 | 2 | 3 |
|---|---|---|
| 1 | 3 | 2 |
| 2 | 1 | 3 |
| 2 | 3 | 1 |
| 3 | 1 | 2 |
| 3 | 2 | 1 |

例如 1,2,3 可得数表如图 16.10 所示,由于此数表中每一列数之和均为 12,所以 $b_1 + b_2 + \cdots + b_6 = -12 + 2 \times 12 - 3 \times 12 = -24$.那么用 1,2,3,4,5 形成的数表中,$b_1 + b_2 + \cdots + b_{120} = (\quad)$.

图 16.10

(A) 5 400　　　　　(B) 27 000　　　　　(C) $-5\,400$

(D) $-1\,080$　　　　　(E) 以上都不正确

**解**　在用 1,2,3,4,5 所形成的数表中,起始数字为 1 的共有 $P_4^4$ 行,类似,起始数字为

2，3，4，5 的行都有 $P_4^4$ 个,于是数表中各列之和为 $(1+2+3+4+5) \cdot P_4^4 = 360$.

所以　$b_1 + b_2 + \cdots + b_{120} = (-1) \times 360 + 2 \times 360 - 3 \times 360 + 4 \times 360 - 5 \times 360$

$$= (-1+2-3+4-5) \times 360 = -1\,080, 选(D).$$

〖评注〗　本题要从特殊情况中要找出一般规律,还运用了排列组合计数原理.

## 16.3　历年真题分类汇编与典型习题(含详解)

**1.** 已知 $x_1$，$x_2$，$x_3$ 的算术平均值为 $a$，$y_1$，$y_2$，$y_3$ 的算术平均值为 $b$，则 $2x_1+3y_1$，$2x_2+3y_2$，$2x_3+3y_3$ 的算术平均值为(　　).

(A) $2a+3b$ 　　　　(B) $\dfrac{2}{3}a+b$ 　　　　(C) $6a+9b$

(D) $2a+b$ 　　　　(E) 以上结论均不正确

**2.** $x_1$，$x_2+1$，$x_3+2$，$x_4+3$，$x_5+4$ 的算术平均值是 $\bar{x}+2$.

(1) 如果 $x_1$，$x_2$，$x_3$，$x_4$，$x_5$ 的算术平均值是 $\bar{x}$

(2) 如果 $x_1$，$x_2$，$x_3$，$x_4$，$x_5$ 的算术平均值是 $\bar{x}+1$

**3.** 已知 $x_1$，$x_2$，$\cdots$，$x_n$ 的几何平均值为 $3$，前 $n-1$ 个数的几何平均值为 $2$，则 $x_n$ 的值为(　　).

(A) $\dfrac{9}{2}$ 　　(B) $\left(\dfrac{3}{2}\right)^n$ 　　(C) $2\left(\dfrac{3}{2}\right)^{n-1}$ 　　(D) $3\left(\dfrac{3}{2}\right)^{n-1}$ 　　(E) $\left(\dfrac{3}{2}\right)^{n-1}$

**4.** $x$，$y$ 的算术平均值是 $2$，几何平均值是 $2$，则 $\dfrac{1}{\sqrt{x}}$ 与 $\dfrac{1}{\sqrt{y}}$ 的几何平均值是(　　).

(A) $2$ 　　　　(B) $\sqrt{2}$ 　　　　(C) $\sqrt{2}/3$

(D) $\sqrt{2}/2$ 　　　　(E) 以上结论均不正确

**5.** 将一条长为 $a$ 的线段截成长为 $x$ 和 $a-x$ 的两条线段,使 $x$ 恰是 $a$ 和 $a-x$ 的几何平均值. 我们称对任意一个量 $a$ 的这种分割为黄金分割,则 $x$ 为(　　).

(A) $0.382a$ 　　　　(B) $0.5a$ 　　　　(C) $0.618a$

(D) $0.832a$ 　　　　(E) 以上都不正确

**6.** 某同学 9 门课的平均考试成绩为 80 分,后查出有 2 门课的试卷分别少加了 5 分和 4 分,则该同学的实际平均成绩应为(　　)分.

(A) 90 　　　(B) 80 　　　(C) 82 　　　(D) 81 　　　(E) 83

**7.** 两数 $a$，$b$ 的几何平均值的 3 倍大于它的算术平均值.

(1) $a$，$b$ 满足 $a^2+b^2 < 34ab$ 　　　(2) $a$，$b$ 均为正数

**8.** 某班学生的平均身高是 1.66 米.

(1) 该班有 30 名男生,他们的平均身高为 1.70 米

(2) 该班有 20 名女生,她们的平均身高为 1.60 米

**9.** 已知 $a$，$b$，$c$ 是三个正整数,且 $a>b>c$,若 $a$，$b$，$c$ 的算术平均值为 $\dfrac{14}{3}$,几何平均值为 $4$,且 $b$，$c$ 之积恰为 $a$,则 $a$，$b$，$c$ 的值依次为(　　).

(A) 6，5，3　　(B) 12，6，2　　(C) 4，2，8　　(D) 8，4，2　　(E) 以上都不正确

**10.** 若三个正整数 $a > b > c$，使得 $a = 10$，$b = 4$，$c = 2$.

(1) $a = bc + 2$ 且 $a，b，c$ 的算术平均值为 16/3　　(2) $a，b，c$ 的几何平均值为 $\sqrt[3]{80}$

**11.** 数学考试有一道平均数的计算题，一学生粗心地把 $\dfrac{5}{3}$，$\dfrac{3}{2}$，$\dfrac{13}{8}$，$\dfrac{8}{5}$ 中的一个分数的分子和分母抄颠倒了，抄错后的平均值和正确的答案最大相差（　　）.

(A) $\dfrac{4}{15}$ 　　　　　　 (B) $\dfrac{5}{24}$ 　　　　　　 (C) $\dfrac{105}{234}$

(D) $\dfrac{39}{160}$ 　　　　　　 (E) 以上结果都不正确

**12.** 某人 5 次上班途中所花时间（单位:分钟）分别为 10，11，9，$x$，$y$. 已知这组数据的平均数为 10，方差为 2，则 $|x - y|$ 的值为（　　）.

(A) 1 　　　　　　 (B) 2 　　　　　　 (C) 3

(D) 4 　　　　　　 (E) 5

**13.** 甲乙两人在相同条件下，各打靶 10 次，命中环数如下表所示.

| 甲成绩 | 8 | 6 | 9 | 5 | 10 | 7 | 4 | 8 | 9 | 5 |
| --- | --- | --- | --- | --- | --- | --- | --- | --- | --- | --- |
| 乙成绩 | 9 | 6 | 5 | 8 | 6 | 9 | 6 | 8 | 7 | 7 |

由以上数据可以估计（　　）.

(A) 甲比乙的射击情况稳定　　　　　　(B) 乙比甲的射击情况稳定

(C) 两人的射击情况没有区别　　　　　　(D) 无法判定

(E) 以上结果均不正确

**14.** 从一堆苹果中任取 5 只，称得它们的质量如下（单位为克）:125，124，121，123，127，则该样本标准差为（　　）.

(A) $\sqrt{2}$ 　　　　　　 (B) 0 　　　　　　 (C) 1

(D) 2 　　　　　　 (E) 3

**15.** 甲、乙、丙三名射箭运动员在某次测试中各射箭 20 次，三人的测试成绩如下:

| 甲的成绩 | | | |
| --- | --- | --- | --- |
| 环数 | 7 | 8 | 9 | 10 |
| 频数 | 5 | 5 | 5 | 5 |

| 乙的成绩 | | | |
| --- | --- | --- | --- |
| 环数 | 7 | 8 | 9 | 10 |
| 频数 | 6 | 4 | 4 | 6 |

| 丙的成绩 | | | |
| --- | --- | --- | --- |
| 环数 | 7 | 8 | 9 | 10 |
| 频数 | 4 | 6 | 6 | 4 |

$\sigma_1$，$\sigma_2$，$\sigma_3$ 分别表示甲、乙、丙三名运动员这次测试成绩的标准差，则有（　　）.

(A) $\sigma_3 > \sigma_1 > \sigma_2$ 　　　　(B) $\sigma_2 > \sigma_1 > \sigma_3$ 　　　　(C) $\sigma_1 > \sigma_2 > \sigma_3$

(D) $\sigma_2 > \sigma_3 > \sigma_1$ 　　　　(E) 以上结果都不正确

**16.** 如图 16.11 所示，样本 A 和 B 分别取自两个不同的总体，它们的样本平均数分别为 $\bar{x}_A$ 和 $\bar{x}_B$，样本标准差分别为 $\sigma_A$ 和 $\sigma_B$，则下列正确的是（　　）.

(A) $\bar{x}_A > \bar{x}_B$，$\sigma_A > \sigma_B$ 　　(B) $\bar{x}_A < \bar{x}_B$，$\sigma_A > \sigma_B$ 　　(C) $\bar{x}_A > \bar{x}_B$，$\sigma_A < \sigma_B$

(D) $\bar{x}_A < \bar{x}_B$，$\sigma_A < \sigma_B$ 　　(E) 以上结果都不正确

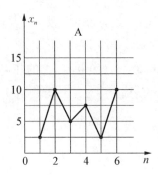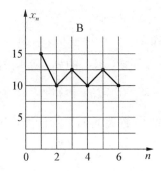

图 16.11

**17.** 在某项体育比赛中,评委为一位同学所打出的分数如下:90,89,90,95,93,94,93. 去掉一个最高分和一个最低分后,所剩数据的平均分和方差分别为(  ).

(A) 92,2    (B) 92,2.8    (C) 93,2    (D) 93,2.8    (E) 93,2.8

**18.** (201110)某学生在军训时进行打靶测试,共射击 10 次. 他的第 6,7,8,9 次射击分别射中 9.0 环、8.4 环、8.1 环、9.3 环,他的前 9 次射击的平均环数高于前 5 次的平均环数. 若要是 10 次射击的平均环数超过 8.8 环,则他第 10 次射击至少应该射中(  )环(报靶成绩精确到 0.1 环).

(A) 9.0    (B) 9.2    (C) 9.4    (D) 9.5    (E) 9.9

**19.** 图 16.12 是某城市通过抽样得到的居民某年的月均用水量(单位:吨)的频率分布直方图,直方图中 $x$ 的值是(  ).

(A) 0.1    (B) 0.11    (C) 0.12    (D) 0.13    (E) 0.14

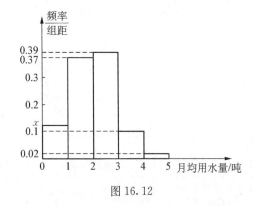

图 16.12

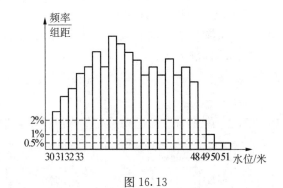

图 16.13

**20.** 根据某水文观测点的历史统计数据,得到某条河流水位的频率分布直方图如图 16.13 所示. 从图中可以看出,该水文观测点平均至少一百年才遇到一次的洪水的最低水位是(  ).

(A) 48 米    (B) 49 米    (C) 50 米    (D) 51 米    (E) 52 米

**21.** 中小学生的视力状况受到全社会的广泛关注,某市有关部门对全市 4 万名初中生的视力状况进行一次抽样调查统计(数据精确到小数点后一位),所得到的有关数据绘制成频率分布直方图,如图 16.14 所示,从左到右五个小组的频率之比依次是 2:4:9:7:3,第五小组的频数是 30.

(1) 本次调查共抽测了多少名学生?

(2) 本次调查抽测的数据的中位数应在哪个小组? 说明理由.

(3) 如果视力在 4.9～5.1(含 4.9、5.1)均属正常,那么全市初中生视力正常的约有多少人?

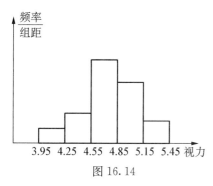

图 16.14

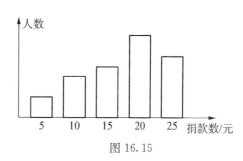

图 16.15

**22.** 某班所有同学数学考试成绩频率直方图如图 16.16 所示,则下列命题中正确的个数为(　　)个.

命题①若该班有 30 人,则落在 60 分到 70 分的有 6 人;

命题② $a = 0.03$;

命题③若 70 分至 80 分之间的有 15 人,则落在 80 分到 90 分的有 9 人;

命题④该班平均分达到 70 分.

(A) 0　　　　(B) 1　　　　(C) 2　　　　(D) 3　　　　(E) 4

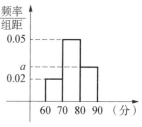

图 16.16

**23.** 去年某省 CPI 的增长主要由 5 部分组成,如图 16.17 所示:

$A$ 表示房地产,$B$ 表示肉、蛋、副食品,$C$ 表示粮食,$D$ 表示棉花服装,$E$ 表示家电产品等其他各项. 这 5 部分增长的比例为 $10 : 7 : 4 : 2 : 1$,则房地产在饼图中所占扇形的圆心角度数等于(　　)度.

(A) 105　　　　　　(B) 115　　　　　　(C) 125

(D) 135　　　　　　(E) 150

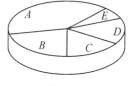

图 16.17

**24.** (201310)某学校高一年级男生人数占该年级学生人数的 40%. 在一次考试中,男、女生的平均分数分别为 75 和 80,则这次考试高一年级学生的平均分数为(　　).

(A) 76　　　(B) 77　　　(C) 77.5　　　(D) 78　　　(E) 79

**25.** (201410)$a$, $b$, $c$, $d$, $e$ 五个数满足 $a \leqslant b \leqslant c \leqslant d \leqslant e$,其平均数 $m = 100$,$c = 120$,则 $e - a$ 的最小值是(　　).

(A) 45　　　(B) 50　　　(C) 55　　　(D) 60　　　(E) 65

**详解：**

**1.【A】**

**解**　由已知 $\dfrac{x_1 + x_2 + x_3}{3} = a$, $\dfrac{y_1 + y_2 + y_3}{3} = b$,得 $x_1 + x_2 + x_3 = 3a$, $y_1 + y_2 + y_3 = 3b$.

因此 $\dfrac{2x_1 + 3y_1 + 2x_2 + 3y_2 + 2x_3 + 3y_3}{3} = \dfrac{2(x_1 + x_2 + x_3) + 3(y_1 + y_2 + y_3)}{3} = \dfrac{6a + 9b}{3} = 2a + 3b$.

选(A).

**2.【A】**

**解** 由条件(1) $\dfrac{x_1+x_2+x_3+x_4+x_5}{5}=\bar{x}$,则 $x_1+x_2+x_3+x_4+x_5=5\bar{x}$,从而

$$\dfrac{x_1+(x_2+1)+(x_3+2)+(x_4+3)+(x_5+4)}{5}=\dfrac{(x_1+x_2+x_3+x_4+x_5)+(1+2+3+4)}{5}=$$

$\dfrac{5\bar{x}+10}{5}=\bar{x}+2$,即条件(1)是充分的.

由条件(2) $\dfrac{x_1+x_2+x_3+x_4+x_5}{5}=\bar{x}+1$,

则    $\dfrac{x_1+(x_2+1)+(x_3+2)+(x_4+3)+(x_5+4)}{5}=\dfrac{5\bar{x}+15}{5}=\bar{x}+3$,

即条件(2)不充分.

答案是(A).

**3.【D】**

**解** 由条件可得 $\sqrt[n]{x_1\cdot x_2\cdot\cdots\cdot x_n}=3\Rightarrow x_1\cdot x_2\cdot\cdots\cdot x_n=3^n$,

$\sqrt[n-1]{x_1\cdot x_2\cdot\cdots\cdot x_{n-1}}=2\Rightarrow x_1\cdot x_2\cdot\cdots\cdot x_{n-1}=2^{n-1}$,

以上两式一除,可得 $x_n=\dfrac{3^n}{2^{n-1}}=3\left(\dfrac{3}{2}\right)^{n-1}$,选(D).

**4.【D】**

**解** 根据题目得到 $x=y=2$,从而 $\dfrac{1}{\sqrt{x}}$ 与 $\dfrac{1}{\sqrt{y}}$ 的几何平均值为 $\dfrac{\sqrt{2}}{2}$,选(D).

【评注】 若告知 $n$ 个数的几何平均值和算术平均值相等则这 $n$ 个数相等,且其值等于算术平均值或几何平均值.

**5.【C】**

**解** 由已知,得 $x=\sqrt{a(a-x)}$,两边平方,整理得 $x^2+ax-a^2=0$,解得 $x=\dfrac{-1\pm\sqrt{5}}{2}a$(舍去负值),

即 $x=\dfrac{-1+\sqrt{5}}{2}a\approx0.618a$. 选(C).

**6.【D】**

**解** 该同学的9门课平均分 $\bar{x}=\dfrac{1}{9}\sum\limits_{i=1}^{9}x_i=80$,故 $\sum\limits_{i=1}^{9}x_i=80\times9=720$,实际上9门课总分为 $720+5+4=729$,所以 $\bar{x}=81$,应选(D).

**7.【C】**

**解** 当 $a=-1$, $b=-2$ 时, $(-1)^2+(-2)^2<34\times(-1)\times(-2)$,但此时 $a$, $b$ 为负数,不满足几何平均值定义的要求,所以条件(1)不充分.

条件(2)显然单独不充分. 将条件(1)和条件(2)联合起来,由(1)得 $(a+b)^2<36ab$,由(2)得 $\sqrt{ab}$ 有意义,且 $a+b>0$. 可得 $\sqrt{(a+b)^2}<\sqrt{36ab}$,即 $a+b<6\sqrt{ab}$,所以 $3\sqrt{ab}>\dfrac{a+b}{2}$ 成立. 所以条件(1)和条件(2)联合起来充分,选(C).

**8.【C】**

**解** 条件(1)和(2)显然单独都不充分. 将条件(1)和条件(2)联合起来,得该班学生的平均身高为

$\dfrac{1.70\times30+1.60\times20}{50}=\dfrac{83}{50}=1.66$(米),联合充分,选(C).

**9.【D】**

**解** 由题设条件可知 $\begin{cases}\dfrac{a+b+c}{3}=\dfrac{14}{3}\\[2mm]\sqrt[3]{abc}=4\\[2mm]bc=a\end{cases}$ ,即 $\begin{cases}a=8\\b+c=6,\\bc=8\end{cases}$ 解得 $\begin{cases}a=8\\b=4,\\c=2\end{cases}$ 或 $\begin{cases}a=8\\b=2.\\c=4\end{cases}$

由 $a>b>c$,可知 $a=8,b=4,c=2$,故选(D).

**10.**【A】

**解**　条件(1)中,$\begin{cases} a=bc+2, \\ a+b+c=16, \end{cases}$ 上式代入下式,得 $bc+b+c=14$,即 $(b+1)(c+1)=15$,又 $a,b,$
$c$ 是正整数,所以 $(b+1)(c+1)$ 都是 15 的正约数,考虑到 $b+1>c+1$,所以有下列情况:

当 $b+1=15,c+1=1$ 时,$c=0$(舍去).

当 $b+1=5,c+1=3$ 时,即 $b=4,c=2,a=10$,所以条件(1)充分.

条件(2)中,令 $a=20,b=4,c=1$,满足条件(2),但结论不成立.

选(A).

〖评注〗　两个方程要解 3 个未知数,也属于"不定方程",从整除性角度考虑.

**11.**【A】

**解**　因为 $\dfrac{3}{2}<\dfrac{8}{5}<\dfrac{13}{8}<\dfrac{5}{3}$,抄错最大或者最小的可能使平均值偏差最大.

若抄错的是 $\dfrac{5}{3}$,则抄错后的平均值与正确平均值相差

$$\left|\frac{1}{4}\left(\frac{3}{2}+\frac{8}{5}+\frac{13}{8}+\frac{3}{5}\right)-\frac{1}{4}\left(\frac{3}{2}+\frac{8}{5}+\frac{13}{8}+\frac{5}{3}\right)\right|=\left|\frac{1}{4}\left(\frac{3}{5}-\frac{5}{3}\right)\right|=\frac{4}{15}.$$

若抄错的是 $\dfrac{3}{2}$,则抄错后的平均值与正确平均值相差

$$\left|\frac{1}{4}\left(\frac{2}{3}+\frac{8}{5}+\frac{13}{8}+\frac{3}{5}\right)-\frac{1}{4}\left(\frac{3}{2}+\frac{8}{5}+\frac{13}{8}+\frac{5}{3}\right)\right|=\left|\frac{1}{4}\left(\frac{2}{3}-\frac{3}{2}\right)\right|=\frac{5}{24}.$$

最大差 $\dfrac{4}{15}$,选(A).

〖评注〗　请结合平均值的意义仔细想一想为什么只需要算两个数?

**12.**【D】

**解**　由题意,平均数为 10 可得 $x+y=20$,

方差为 2 可得 $\dfrac{1}{5}\left[(10-10)^2+(11-10)^2+(9-10)^2+(x-10)^2+(y-10)^2\right]=2\Rightarrow$
$(x-10)^2+(y-10)^2=8.$

两式联立可得 $\begin{cases} x=12 \\ y=8 \end{cases}$ 或 $\begin{cases} x=8 \\ y=12, \end{cases}$ 所以 $|x-y|=4$,选(D).

**13.**【B】

**解**　甲、乙除去相同成绩后,甲余下:10,4,5,乙余下:6,6,7;所以甲、乙平均值相同,甲的方差大于乙的方差,所以乙比甲的射击情况稳定,选(B).

**14.**【D】

**解**　质量从小到大排序为 121,123,124,125,127. 平均数为 124,方差为 4,标准差为 2.

**15.**【B】

**解**　容易比较出甲、乙、丙三名射箭运动员测试成绩平均数相同,都为 8.5. 但丙的数据比较靠近平均值,其次是甲,最后是乙,所以选(B).

**16.**【B】

**解**　A 组均值在 $(5,10)$ 之间,B 组均值在 $(10,15)$ 之间,所以 $\bar{x}_A<\bar{x}_B$. 从数据的波动情况可得 $\sigma_A>\sigma_B$,所以选(B).

**17.**【B】

**解**　去掉最低分 89,去掉最高分 95,余下 5 个分数为 90,90,93,93,94;均值为 92,方差为 2.8,选(B).

**18.【E】**

**解法1** 设前 5 次射击环数和为 $s_5$，第 10 次射击为 $x_{10}$，

则 $\dfrac{s_5+9.0+8.4+8.1+9.3}{9} > \dfrac{s_5}{5} \Rightarrow s_5 < 43.5$.

又 $\dfrac{s_5+34.8+x_{10}}{10} > 8.8$，得 $x_{10} > 53.2-s_5 > 53.2-43.5 = 9.7$，只能选(E).

**解法2** （估算法）第 6，7，8，9 次射击的平均环数为 $(9.0+8.4+8.1+9.3)/4 = 8.7$ 环，由题意，假设前 9 次都为 8.7 环，若要使 10 次射击的平均环数超过 8.8 环，则第 10 次至少要大于 $8.8+0.1 \times 9 = 9.7$ 环，所以选(E).

**19.【C】**

**解** 由"各小矩形的面积总和等于 1"可得 $x+0.37+0.39+0.1+0.02 = 1 \Rightarrow x = 0.12$，选(C).

**20.【C】**

**解** $(50, 51]$ 频率为 0.005，$(51, 52]$ 频率为 0.005，所以 $(50, 52]$ 频率为 0.01，达到百年一遇，所以洪水的最低水位是 50，选(C).

**21.** 250；第三小组；1.12 万.

**解** (1) 因为频率之比等于频数之比. 设第一小组的频数为 $2k$，所以各组的频数依次为 $2k$，$4k$，$9k$，$7k$，$3k$；于是 $3k = 30$，所以 $k = 10$. 所以 $2k = 20$，$4k = 40$，$9k = 90$，$7k = 70$，故有 $20+40+90+70+30 = 250$(人).

所以本次调查共抽测了 250 名学生.

(2) 因为从左到右五个小组的频率为 0.08，0.16，0.36，0.28，0.12；$0.08+0.16 = 0.24 < 0.5$，$0.08+0.16+0.36 > 0.5$，所以中位数应在第三小组.

(3) 抽样数据中视力正常的比率是 0.28，所以 4 万名学生中视力正常的约为 1.12 万人.

**22.【E】**

**解** 命题①：若该班有 30 人，则落在 60 分到 70 分的有 $30 \times (0.02 \times 10) = 6$ 人，命题正确；

命题②：$a = \dfrac{1-(0.02 \times 10)-(0.05 \times 10)}{10} = 0.03$，命题正确；

命题③：若落在 70 分到 80 分的有 15 人，则总人数为 $a = \dfrac{15}{0.05 \times 10} = 30$ 人，则落在 80 分到 90 分的有 $30 \times (0.03 \times 10) = 9$ 人，命题正确；

命题④：该班平均分最低为 $60 \times (0.02 \times 10) + 70 \times (0.05 \times 10) + 80 \times (0.03 \times 10) = 71$ 分，达到了 70 分，命题正确.

**23.【E】**

**解** 圆心角度数为 $\dfrac{10}{10+7+4+2+1} \times 360° = 150°$，选(E).

**24.【D】**

**解** 设高一年级学生人数为 $x$，则平均分为 $\dfrac{75 \times 0.4x + 80 \times 0.6x}{x} = 78$.

**25.【B】**

**解** 要使 $e-a$ 取最小值，即 $e$ 要尽量小，$a$ 要尽量大. 由于 $c = 120$，$c \leqslant d \leqslant e$，所以 $e$ 最小可取 120，此时 $c = d = e$. 由于平均数 $m = 100$，即 $a+b+c+d+e = 500$，因此 $a+b = 500-(c+d+e) = 140$，又由于 $a \leqslant b$，所以 $a$ 的最大值为 70. 从而 $e-a$ 的最小值为 $120-70 = 50$.

# 第17章

# 应用题集训

## 17.1 基本概念、定理、方法

**1. 方程的观点**

稍微复杂一些的应用题往往需要列方程,需要设未知数.

一般来说 $n$ 个方程可以求出 $n$ 个未知数,所以需要求 $n$ 个未知数,一般要列出 $n$ 个方程.方程个数越多求解就越复杂,所以尽量少设未知数. 联考试题中一般都设一元一次方程(组)或者一元二次方程,而且要尽量避免出现高次方程.

**2. 列方程和解方程**

通常寻找等量关系建立方程,等量关系来自常识和物理定律、数学定理等. 未知数个数大于方程个数的这类方程称为"不定方程". 求解"不定方程"需要找到其他条件帮助求解,经常利用整除性、奇偶性、实际问题范围等信息.

## 17.2 知识点分类精讲

【专题 17.1】 列方程解应用题

**例 17.1** (200910)某人在市场上买猪肉,小贩称得肉重为 4 斤(1 斤=500 克),但此人不放心,拿出一个自备的 100 克重的砝码,将肉和砝码放在一起让小贩用原称复称,结果重量为 4.25 斤.由此可知顾客应要求小贩补猪肉( )两.

(A) 3        (B) 6        (C) 4        (D) 7        (E) 8

**解**  4 斤=2 000 克,4.25 斤=2 125 克,设此人买到的猪肉实际重 $x$ 克,则有 $\dfrac{2\,000}{x}=\dfrac{2\,125}{x+100}$,解得 $x=1\,600$(克),因此 $2\,000-1\,600=400$(克)$=8$(两),选(E).

〖评注〗 由比例列方程;要注意单位的统一和换算.

**例 17.2** (201310)产品出厂前,需要在外包装上打印某些标志. 甲、乙两人一起每小时可完成 600 件,则可以确定甲每小时完成多少件.

(1) 乙的打件速度是甲的打件速度的 $\dfrac{1}{3}$

(2) 乙工作 5 小时可以完成 1 000 件

**解** (1) 设甲每小时完成 $x$ 件,则 $x+\dfrac{1}{3}x=600 \Rightarrow x=450$,充分.

(2) 由题意得乙 1 小时可以完成 200 件,则甲每小时可以完成 $600-400=200$ 件,充分. 选(D).

**例 17.3** (200801)一件含有 25 张一类贺卡和 30 张二类贺卡的邮包的总重量(不计包装重量)为 700 克.

(1) 一类贺卡重量是二类贺卡重量的 3 倍

(2) 一张一类贺卡与两张二类贺卡的总重量是 $\dfrac{100}{3}$ 克

**解** 设一张一类贺卡重量是 $x$ 克,一张二类贺卡重量是 $y$ 克,

由条件(1)得 $x=3y$,由条件(2) 得 $x+2y=\dfrac{100}{3}$,因此(1)和(2)单独都不充分.

条件(1)和(2)联合起来,即 $\begin{cases} x=3y \\ x+2y=\dfrac{100}{3} \end{cases} \Rightarrow \begin{cases} x=20 \\ y=\dfrac{20}{3} \end{cases}$,则 25 张一类贺卡和 30 张二类贺卡的总重量为:$25\times 20+30\times\dfrac{20}{3}=700$(克),条件充分. 故选(C).

**例 17.4** (201101)在年底的献爱心活动中,某单位共有 100 人参加捐款. 据统计,捐款总额是 19 000 元,个人捐款数额有 100 元、500 元和 2 000 元三种,该单位捐款 500 元的人数为(    ).

(A) 13        (B) 18        (C) 25        (D) 30        (E) 38

**解** 设捐 100 元的有 $x$ 人,捐 500 元的有 $y$ 人,捐 2 000 元的有 $z$ 人,则可得方程:
$\begin{aligned} x+y+z=100 \\ x+5y+20z=190 \end{aligned}$ $\Rightarrow 4y+19z=90$,且 $y$,$z$ 为非负整数. 其中等式右边 90 为偶数,等式左边 $4y$ 也为偶数,所以 $19z$ 也应该为偶数,且 $19z\leqslant 90$. 所以 $z=2$,则 $y=13$,选(A).

〖评注〗 列方程解应用题. 一个方程($4y+19z=90$)要解 2 个未知数,这种方程称为"不定方程",要求解必须添加一些条件,常从奇偶性、整除性、质数(合数)等角度考虑.

**例 17.5** 某次数学竞赛准备了 22 支铅笔发奖品,原计划一等奖每人发 6 支,二等奖每人发 3 支,三等奖每人发 2 支. 后改为一等奖每人发 9 支,二等奖每人发 4 支,三等奖每人发 1 支. 每次都把奖品发完,则共有(    )名学生获奖.

(A) 5        (B) 6        (C) 7        (D) 8        (E) 9

**解** 设获一等奖、二等奖、三等奖的分别有 $x$,$y$,$z$ 人,则

$$\begin{cases} 6x+3y+2z=22 & ① \\ 9x+4y+z=22 & ② \end{cases}$$

**方法 1** 由②×2-①得 $12x+5y=22$,则 $12\mid 22-5y$ 且 $y$ 为偶数,得 $y=2$,进一步得 $x=1$,$z=5$,所以 $x+y+z=8$.

**方法 2** 由 $9x+4y+z=22$,$x$ 前系数绝对值最大,对 $x$ 从 0 开始穷举:

当 $x=0$ 时,$\begin{cases} 3y+2z=22 \\ 4y+z=22 \end{cases}$,解无意义(不是整数);

当 $x=1$ 时,$\begin{cases} 3y+2z=12 \\ 4y+z=13 \end{cases}$,得 $y=2$,$z=5$.

【类型 17.1】 行程问题

核心公式：速度 = 路程 ÷ 时间.

解题技巧：找出关于路程、时间、速度的等式关系.

**1. 利用 $S = vt$ 求速度、时间、路程**

**例 17.6** (2006)某人以 6 千米/小时的平均速度上山,上山后立即以 12 千米/小时的平均速度原路返回,那么此人在往返过程中的每小时平均所走的千米数为( ).

(A) 9      (B) 8      (C) 7      (D) 6

(E) 以上结论均不正确

**解** 设上山路程为 $S$,则总时间为 $\dfrac{S}{6} + \dfrac{S}{12}$,从而每小时平均所走的千米数为 $\dfrac{2S}{\dfrac{S}{6} + \dfrac{S}{12}} = \dfrac{2}{\dfrac{1}{6} + \dfrac{1}{12}} = 2 \times \dfrac{12}{3} = 8$,所以选(B).

〖评注〗 答案为调和平均.

**例 17.7** (2006)一辆大巴车从甲城以匀速 $v$ 行驶可按预定时间到达乙城. 但在距乙城还有 150 千米处因故停留了半小时,因此需要平均每小时增加 10 千米才能按预定时间到达乙城,则大巴车原来的速度 $v = $( ).

(A) 45 千米/小时    (B) 50 千米/小时    (C) 55 千米/小时    (D) 60 千米/小时

(E) 以上结论均不正确

**解** 设大巴车原来的速度为 $v$,则 $\dfrac{150}{v} - \dfrac{150}{v+10} = \dfrac{1}{2}$,整理得 $v^2 + 10v - 3\,000 = 0$,所以 $v = 50$. 选(B).

**例 17.8** (2007)甲、乙、丙三人进行百米赛跑(假设他们的速度不变),甲到达终点时,乙距终点还差 10 米,丙距终点还差 16 米. 那么乙到达终点时,丙距终点还有( ).

(A) $\dfrac{22}{3}$ 米      (B) $\dfrac{20}{3}$ 米      (C) $\dfrac{15}{3}$ 米      (D) $\dfrac{10}{3}$ 米

**解** 由条件知甲、乙、丙三人速度之比为 $100 : 90 : 84$,则有 $\dfrac{84}{90} = \dfrac{100 - x}{100}$,得 $x = \dfrac{20}{3}$(米),选(B).

〖评注〗 行程问题中常用比例关系：

时间相同,速度比等于路程比；

速度相同,时间比等于路程比；

路程相同,速度比等于时间的反比.

**例 17.9** (200510)一列火车完全通过一个长为 1 600 米的隧道用了 25 秒,通过一根电线杆用了 5 秒,则该列火车的长度为( ).

(A) 200 米    (B) 300 米    (C) 400 米    (D) 450 米    (E) 500 米

**解法 1** 设火车长度为 $x$ 米,火车完全通过一个长为 1 600 米的隧道相当于火车走了车

长和隧道长之和的路程,通过一根电线杆相当于火车走了车长的路程,根据速度相等得

$$\frac{1\,600+x}{25}=\frac{x}{5}\Rightarrow x=400.$$

**解法 2**　列车通过一根电线杆用了 5 秒,说明列车用 5 秒走了该列车车长的距离. 而列车完全通过隧道,即列车走完 1 600 米的隧道加自己的车长共用了 25 秒,即列车走完 1 600 米用了 $25-5=20$ 秒. 这样列车 5 秒可走 $1\,600\div4=400$ 米,即列车的长度为 400 米. 选(C).

【评注】　火车通过物体(桥梁和隧道),所走的长度 = 车长 + 物体长.

**例 17.10**　(200810)一批救灾物资分别随 16 列货车从甲站紧急调到 600 千米以外的乙站,每辆货车速度都为 125 千米/小时,若两列相邻的货车在运行中的间隔不得小于 25 千米,都到达乙站最少需要的小时数为(　　).

(A) 7.4　　　　　(B) 7.6　　　　　(C) 7.8　　　　　(D) 8　　　　　(E) 8.2

**解法 1**　最后一列车到达,第一列车相当于走了 $(600+15\times25)$ 千米,得到所需的时间为 $(600+15\times25)/125=7.8$ 小时.

**解法 2**　第一列车从甲站到乙站时间为 $\frac{600}{125}=4.8$(小时). 第二列车在第一列车到乙站后至少还需 $\frac{25}{125}=\frac{1}{5}$(小时)才能到乙站. 以此类推,第三列车在第一列车到乙站后至少需 $\frac{1}{5}+\frac{1}{5}=\frac{2}{5}$(小时)才能到乙站,……,第十六列车在第一列车到乙站后需 $\frac{15}{5}=3$(小时)才能到乙站,从而这批物资全部到达乙站至少需要 $4.8+3=7.8$(小时).

所以选(C).

【评注】　此题为等间隔物体运动,注意 16 列车之间有 15 个间隔段,不要当成 16 个间隔段!

### 2. 相对速度问题

同向而行:相对速度 $=v_甲-v_乙$;相向而行:相对速度 $=v_甲+v_乙$.

顺水速度 = 静水速度 + 水流速度,逆水速度 = 静水速度 - 水流速度.

**例 17.11**　(2005)一支部队排成长度为 800 米的队列行军,速度为 80 米/分钟. 在队首的通信员以 3 倍于行军的速度跑步到队尾,花 1 分钟传达首长命令后,立即以同样的速度跑回到队首. 在这往返全过程中通信员所花费的时间为(　　).

(A) 6.5 分钟　　(B) 7.5 分钟　　(C) 8 分钟　　　(D) 8.5 分钟　　　(E) 10 分钟

**解**　通信员从队首跑步到队尾所花的时间为 $\dfrac{800}{80+3\times80}=2.5$(分钟),

通信员从队尾跑步到队首所花的时间为 $\dfrac{800}{3\times80-80}=5$(分钟),

共花的时间为 $2.5+1+5=8.5$,所以选(D).

【评注】　注意区分不同情况下的相对速度.

### 3. 直线上行程问题

A. 直线上相遇问题

**例 17.12**　(1998)甲、乙两汽车从相距 695 千米的两地出发,相向而行,乙车比甲车迟

2 个小时出发,甲车每小时行驶 55 千米,若乙车出发后 5 小时与甲相遇,则乙车每小时行驶
( ).

(A) 55 千米 　　(B) 58 千米 　　(C) 60 千米 　　(D) 62 千米 　　(E) 65 千米

**解** 设乙车每小时行驶 $x$ 千米,则依题意 $55 \times 7 + x \times 5 = 695$,解得 $x = 62$ 千米,选(D).

B. 直线上追赶问题

**例 17.13** 某人乘长途客车中途下车,客车开走 10 分钟后,发现将一行李遗忘在客车上,情急之下,马上乘出租车前去追赶,若客车速度为 75 千米/小时,出租车可达 100 千米/小时,价格为 1.2 元/千米,那么该乘客想追上他的行李,要付出的出租车费至少应为( )元.

(A) 90 　　(B) 85 　　(C) 80 　　(D) 75 　　(E) 60

**解** 乘客追上他的行李所需要的时间为 $\dfrac{75 \times \frac{1}{6}}{100 - 75} = 0.5$ (小时). 所以,追赶过程中走过的距离为 $100 \times 0.5 = 50$ (千米),从而付出出租车费至少为 $50 \times 1.2 = 60$ (元),选(E).

**例 17.14** (200910)一艘小轮船上午 8:00 起航逆流而上(设船速和水流速度一定),中途船上一块木板落入水中,直到 8:50 船员才发现这块重要的木板丢失,立即调转船头去追,最终于 9:20 追上木板.由上述数据可以算出木板落入水中的时间是( ).

(A) 8:50 　　(B) 8:30 　　(C) 8:25 　　(D) 8:20 　　(E) 8:15

**解** 设静水中船速为 $v_1$,水流速度为 $v_2$,在轮船出发后 $t$ 分钟后木板落入水中,则由已知得 $\dfrac{\Delta S}{\Delta v} = \dfrac{(50 - t)[v_2 + (v_1 - v_2)]}{[(v_1 + v_2) - v_2]} = 30$,所以 $t = 20$ (分钟),选(D).

〖评注〗 本题综合了相对速度、逆水、顺水速度.

**4. 环形上行程问题**

A. 环形上的同向追赶问题

甲、乙从 $A$ 地同时出发,同向而行,在 $B$ 地甲追上乙,如图 17.1 所示.

甲第一次追上乙,则有 $S_甲 - S_乙 = S$;

甲每次追上乙,甲比乙多跑一圈,若追上 $n$ 次,则有 $S_甲 - S_乙 = n \cdot S$;

由时间相等可得,$\dfrac{v_甲}{v_乙} = \dfrac{S_甲}{S_乙} = \dfrac{S_乙 + n \cdot S}{S_乙}$.

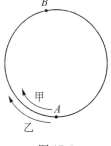

图 17.1

**例 17.15** 甲、乙两人在 400 米的跑道上参加长跑比赛,甲、乙同时出发,甲跑 3 圈后第一次遇到乙,如果甲的平均速度比乙的平均速度快 3 米/秒,则乙的平均速度为( ).

(A) 5 米/秒 　　(B) 6 米/秒 　　(C) 7 米/秒 　　(D) 8 米/秒 　　(E) 9 米/秒

**解法 1** 设乙的平均速度为 $x$,甲的速度为 $x + 3$,由 $S_甲 - S_乙 = S$,

即 $400 \times 3 - \dfrac{400 \times 3}{x + 3} \cdot x = 400 \Rightarrow x = 6$,选(B).

**解法 2** 设乙的平均速度为 $x$,则有 $\dfrac{400 \times 3}{x + 3} = \dfrac{400 \times 2}{x}$,解得 $x = 6$,选(B).

〖评注〗 解法 2 抓住了每次追及都差一圈的实质,所以甲跑 3 圈,则乙跑 2 圈.

B. 环形上的逆向相遇问题

甲、乙从 $A$ 地同时出发,逆向(相背)而行,在 $B$ 地甲、乙相遇,如图 17.2 所示.

等量关系：$S_{甲}+S_{乙}=S$；

每相遇一次甲与乙路程之和为一圈，若相遇 $n$ 次有 $S_{甲}+S_{乙}=n\cdot S$；

由时间相等，可得 $\dfrac{v_{甲}}{v_{乙}}=\dfrac{S_{甲}}{S_{乙}}=\dfrac{n\cdot S-S_{乙}}{S_{乙}}$.

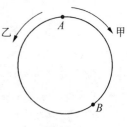

图 17.2

**例 17.16**　(200910)甲、乙 2 人在环形跑道上跑步，他们同时从起点出发，当方向相反时每隔 48 秒相遇 1 次，当方向相同时每隔 10 分钟相遇 1 次. 若甲每分钟比乙快 40 米，则甲、乙 2 人的跑步速度分别是(　　)米/分.

(A) 470,430　　(B) 380,340　　(C) 370,330　　(D) 280,240　　(E) 270,230

**解**　设跑道长 $S$，则

$$\begin{cases} \dfrac{S}{v_{甲}+v_{乙}}=\dfrac{48}{60}=0.8 \\ \dfrac{S}{v_{甲}-v_{乙}}=10 \\ v_{甲}-v_{乙}=40 \end{cases} \Rightarrow \begin{cases} S=400 \\ v_{甲}=270 \\ v_{乙}=230 \end{cases}.$$

选(E).

〖评注〗　环形跑道相遇、追赶综合题.

**【类型 17.2】** 工程问题

通常将整个工程量看成单位 1，然后根据题干条件按比例求解.

重要公式：工程量＝工程效率×工程时间.

注意：

(1) 工程时间一般不可直接相加，但工程效率可以直接相加，所以建议设工程效率，根据工程量来列方程.

(2) 工程量固定不变，时间与效率成反比.

(3) 一项工程甲单独做需要 $m$ 天，乙单独做需要 $n$ 天，则甲、乙合作需要 $\dfrac{mn}{m+n}$ 天.

**1. 基本量计算**

**例 17.17**　(2008)完成某项任务，甲单独做需要 4 天，乙单独做需要 6 天，丙单独做需要 8 天，现甲、乙、丙 3 人依次一日一轮换地工作，则完成这项任务共需的天数为(　　).

(A) $6\dfrac{2}{3}$　　　(B) $5\dfrac{1}{3}$　　　(C) 6　　　(D) $4\dfrac{2}{3}$　　　(E) 4

**解法 1**　由已知，甲、乙、丙每天完成工程量分别为 $\dfrac{1}{4}$，$\dfrac{1}{6}$，$\dfrac{1}{8}$，

因此 $\dfrac{1}{4}+\dfrac{1}{6}+\dfrac{1}{8}+\dfrac{1}{4}+\dfrac{1}{6}=\dfrac{6+4+3+6+4}{24}=\dfrac{23}{24}$，再由 $\dfrac{1}{24}\div\dfrac{1}{8}=\dfrac{1}{3}$，即共需要的天数是 $5\dfrac{1}{3}$.

选(B).

**解法 2**　(巧设工程量)设工程量为 24,则甲、乙、丙每天的效率分别为 6,4,3. 前五天完成了 $6+4+3+6+4=23$,则最后一天丙做,再需要 $\frac{1}{3}$,所以总计需要 $5\frac{1}{3}$ 天.

〚评注〛　此题是工程量的简单计算,用最小公倍数巧设工程量.

**例 17.18**　甲、乙、丙 3 人完成某种工作. 甲单独做,完成工作的时间是乙、丙 2 人合作所需时间的 5 倍;乙单独做,完成工作的时间与甲、丙 2 人合作所需时间相等,问丙单独做,完成工作的时间是甲、乙 2 人合作所需时间的(　　)倍.

(A) 5/3　　　(B) 7/5　　　(C) 2　　　(D) 11/5　　　(E) 3

**解法 1**　(设工程时间)设甲、乙、丙各自单独做分别需要 $x,y,z$ 天,由题意得

$$\begin{cases} x=5\cdot\dfrac{yz}{y+z} \\ y=\dfrac{xz}{x+z} \end{cases} \Rightarrow \begin{cases} \dfrac{1}{x}=\dfrac{y+z}{5yz}=\dfrac{1}{5z}+\dfrac{1}{5y} \\ \dfrac{1}{y}=\dfrac{x+z}{xz}=\dfrac{1}{z}+\dfrac{1}{x} \end{cases} \Rightarrow \begin{cases} \dfrac{1}{x}-\dfrac{1}{5y}=\dfrac{1}{5z} \\ \dfrac{1}{y}-\dfrac{1}{x}=\dfrac{1}{z} \end{cases} \Rightarrow \begin{cases} \dfrac{1}{x}=\dfrac{1}{2}\cdot\dfrac{1}{z} \\ \dfrac{1}{y}=\dfrac{3}{2}\cdot\dfrac{1}{z} \end{cases},$$

则甲、乙合作所用时间 $=\dfrac{1}{\dfrac{1}{x}+\dfrac{1}{y}}=\dfrac{1}{\dfrac{1}{2}\cdot\dfrac{1}{z}+\dfrac{3}{2}\cdot\dfrac{1}{z}}=\dfrac{z}{2}$,所以丙单独做完成工作的时间是甲、乙两人合作所需时间的 2 倍.

选(C).

**解法 2**　(设效率)设甲、乙、丙各自单独做每天的效率分别为 $v_甲,v_乙,v_丙$,由题意得

$$\begin{cases} v_甲\times 5=v_乙+v_丙 \\ v_乙=v_甲+v_丙 \end{cases} \Rightarrow \begin{cases} v_乙+v_丙=5v_甲 \\ v_乙-v_丙=v_甲 \end{cases} \Rightarrow \begin{cases} v_乙=3v_甲 \\ v_丙=2v_甲 \end{cases}.$$

则 $\dfrac{\text{丙所用时间}}{\text{甲、乙合作时间}}=\dfrac{\dfrac{1}{v_丙}}{\dfrac{1}{v_甲+v_乙}}=\dfrac{v_甲+v_乙}{v_丙}=\dfrac{4v_甲}{2v_甲}=2.$

〚评注〛　由此题可见,设效率比较简单,设工程时间往往是分式方程,计算比较复杂;工程量固定不变,时间与效率成反比.

**2. 合作问题**

**例 17.19**　(1999)一项工程由甲、乙 2 队一起做 30 天可以完成,甲队单独做 24 天后,乙队加入,2 个队一起做 10 天后,甲队调走,乙队继续做了 17 天才完成,若这项工程由甲队单独做需(　　).

(A) 60 天　　　(B) 70 天　　　(C) 80 天　　　(D) 90 天　　　(E) 100 天

**解法 1**　甲队每天完成 $\dfrac{1}{x}$,乙队每天完成 $\dfrac{1}{y}$(工程量看作 1),则

$$\begin{cases} \dfrac{1}{x}+\dfrac{1}{y}=\dfrac{1}{30} \\ \dfrac{24}{x}+\dfrac{10}{30}+17\times\dfrac{1}{y}=1 \end{cases},$$

解得 $x=70$,选(B).

**解法 2**　设工程量为 1,甲、乙每天的效率分别为 $x,y$,由题意得

$$\begin{cases} 30(x+y)=1 \\ 24x+10(x+y)+17y=1 \end{cases} \Rightarrow \begin{cases} x+y=\dfrac{1}{30} \\ 34x+27y=1 \end{cases} \Rightarrow x=\dfrac{1}{70}, \text{所以甲队单独做需 } 70 \text{ 天.}$$

**解法 3**　(纵向比较法)甲 30 天 + 乙 30 天 = 甲 34 天 + 乙 27 天, 得甲 4 天 = 乙 3 天, 则乙 30 天 = 甲 40 天, 所以甲单独做需要 30 + 40 天.

〖评注〗　纵向比较法, 先由题目得甲 $m$ 天 = 乙 $n$ 天, 由比例得甲 $a$ 天 = 乙 $a \cdot \dfrac{n}{m}$ 天.

**例 17.20**　(201010)一件工程要在规定时间内完成. 若甲单独做要比规定的时间推迟 4 天, 若乙单独做要比规定的时间提前 2 天完成. 若甲、乙合作了 3 天, 剩下的部分由甲单独做, 恰好在规定时间内完成, 则规定时间为(　　)天.

(A) 19　　　　(B) 20　　　　(C) 21　　　　(D) 22　　　　(E) 24

**解法 1**　设规定时间为 $x$ 天, 则甲单独做需 $(x+4)$ 天, 乙单独做需 $(x-2)$ 天, $\dfrac{3}{x+4}+$

$\dfrac{3}{x-2}+\dfrac{x-3}{x+4}=1$, 即 $\dfrac{x}{x+4}+\dfrac{3}{x-2}=1$, 所以 $x=20$. 选(B).

**解法 2**　(纵向比较法)甲 4 天的工程量 = 乙 3 天工程量, 甲、乙所用时间差 1 天, 整个工程甲、乙差 6 天, 所以甲单独做 24 天, 乙单独做要 18 天, 所以规定时间是 24 - 4 = 20(18 + 2 = 20) 天.

### 3. 工程与行程问题结合

**例 17.21**　(2007)甲、乙两队修一条公路, 甲队单独施工需要 40 天完成, 乙队单独施工需要 24 天完成. 现两队同时从两端开工, 结果在距该路中点 7.5 千米处会合完工, 则这条公路的长度为(　　).

(A) 60 千米　　　(B) 70 千米　　　(C) 80 千米　　　(D) 90 千米　　　(E) 100 千米

**解法 1**　设公路全程长度为 $x$ 千米, 甲每天完成的工作量为 $\dfrac{x}{40}$ 千米, 乙每天完成的工作

量为 $\dfrac{x}{24}$ 千米. 依据时间相等得: $\dfrac{\dfrac{x}{2}-7.5}{\dfrac{x}{40}}=\dfrac{\dfrac{x}{2}+7.5}{\dfrac{x}{24}} \Rightarrow x=60$. 选(A).

**解法 2**　甲、乙完成长度之比为 $24:40=3:5$, 故总长 $=\dfrac{7.5}{\dfrac{5}{8}-0.5}=60$. (利用总量 =

部分量/部分量所占百分比)

〖评注〗　此题是工程问题、行程问题综合题.

### 4. 放水、排水问题

**例 17.22**　1 个水池上部装有若干同样粗细的进水管, 底部装有 1 根常开的排水管. 当打开 4 个进水管时, 需要 4 小时将水池注满; 当打开 3 个进水管时, 需要 8 小时将水池注满. 现需要 2 个小时将水池注满, 至少需要打开进水管(　　)个.

(A) 8　　　　(B) 7　　　　(C) 6　　　　(D) 5　　　　(E) 4

**解法 1**　设每根进水管的每小时效率为 $x$, 每根排水管的每小时效率为 $y$, 由题意得

$$\begin{cases}(4x-y)\times 4=1\\(3x-y)\times 8=1\end{cases}\Rightarrow\begin{cases}x=1/8\\y=1/4\end{cases}.$$

设需要 $n$ 根进水管 2 小时可以将水注满,则 $\left(n\times\dfrac{1}{8}-\dfrac{1}{4}\right)\times 2=1\Rightarrow n=6.$

选(C).

**解法 2**　4 进 1 排,每小时效率 1/4;

3 进 1 排,每小时效率 1/8;

1 进每小时效率=1/4-1/8=1/8,1 排每小时效率=1/4,可得 2 进=1 排.

2 小时注满,则每小时效率为 1/2,需要 4 根进+2 根进(抵消 1 排)=6 根.

〖**评注**〗　遇到"有进有排""有增有减"(牛吃草)问题时,转化为单位时间进行比较,得到"进"与"排"的效率关系,进一步用"进"抵消"排",则只要考虑"进"的问题.

**例 17.23**　(牛吃草问题)牧场上有一片青草,每天都生长得一样快.这片青草供给 10 头牛吃,可以吃 22 天,或者供给 16 头牛吃,可以吃 10 天,

(1) 如果供给 15 头牛吃,可以吃几天?

(2) 要在 5 天内吃完所有草,至少放几头牛?

(3) 要保证草永远都吃不完,至多放几头牛?

**解法 1**　(列方程解应用题)设每头牛每天吃草为 $x$,牧场每天生长草为 $y$,由题意得

$$\begin{cases}(10x-y)\cdot 22=1\\(16x-y)\cdot 10=1\end{cases}\Rightarrow\begin{cases}x=1/110\\y=1/22\end{cases}.$$

(1) $1\div\left(\dfrac{15}{110}-\dfrac{1}{22}\right)=11.$

(2) $5\cdot\left(\dfrac{n}{110}-\dfrac{1}{22}\right)=1\Rightarrow n=27.$

(3) $\dfrac{n}{110}\leqslant\dfrac{1}{22}\Rightarrow n\leqslant 5.$

**解法 2**　(纵向比对法)假设 1 头牛 1 天吃 1 份草则 10 头牛 22 天吃 220 份草,16 头牛 10 天吃 160 份草,对比发现 12 天长出 60 份新草,则 1 天长出 5 份草,原来牧场有 $220-22\times 5=110$ 份草.

(1) 供 15 头牛实际只有 10 头牛在吃牧场上原来的草,则需要 110/10=11 天吃完;

(2) 每天需要吃 110/5=22 份草,则需要 22+5=27 头牛;

(3) 至多放 5 头牛.

---

【**类型 17.3**】　浓度问题

重要公式:

溶液=溶质+溶剂,

$$浓度=\dfrac{溶质}{溶液}\times 100\%=\dfrac{溶质}{溶质+溶剂}\times 100\%.$$

常用的等量关系:

(1) 物质守恒原理.

(2) 浓度不变准则.

**例 17.24** (200801)将价值 200 元的甲原料与价值 480 元的乙原料配成一种新原料,若新原料每 1 千克的售价分别比甲、乙原料每千克的售价少 3 元和多 1 元,则新原料的售价是(　　).

(A) 15 元　　　(B) 16 元　　　(C) 17 元　　　(D) 18 元　　　(E) 19 元

**解**　设新原料售价为 $x$ 元/千克,据题意则有方程: $\dfrac{200}{x+3}+\dfrac{480}{x-1}=\dfrac{200+480}{x}$,

化简为 $\dfrac{5}{x+3}+\dfrac{12}{x-1}=\dfrac{17}{x}$,解得 $x=17$. 故选(C).

〖评注〗　混合前、混合后质量守恒. 特别注意:不用解方程,直接代入验根就可以了. 另外本题不严密,应该交代"混合后使总价值不变"!

浓度问题四种常考类型:

(1) 浓度混合问题:利用质量守恒或十字交叉法.

(2) 几个杯子互相倾倒溶液:杯子倒前倒后浓度不变,被倒入杯子实质为浓度混合问题.

(3) 蒸发、稀释、加浓问题:关键找不变量,然后用最小公倍数统一.

　　"蒸发"问题:特点是减少溶剂,解题关键是找到始终不变的量(溶质);

　　"稀释"问题:特点是增加溶剂,解题关键是找到始终不变的量(溶质);

　　"加浓"问题:特点是增加溶质,解题关键是找到始终不变的量(溶剂);

(4) 倒出一定量用等量水补足:溶液总量不变,相当于溶质"打折".

**1. 浓度混合问题:利用质量守恒或十字交叉法**

**例 17.25** (200801)若用浓度为 30% 和 20% 的甲、乙两种食盐溶液配成浓度为 24% 的食盐溶液 500 克,则甲、乙两种溶液各取(　　).

(A) 180 克　320 克　　　　　(B) 185 克　315 克

(C) 190 克　310 克　　　　　(D) 195 克　305 克

(E) 200 克　300 克

**解**　设甲、乙两种溶液应各取 $x$ 和 $y$ 克,据题意列方程:

$\begin{cases}0.3x+0.2y=0.24\times500=120\\x+y=500\end{cases}$,化简为 $\begin{cases}3x+2y=1\,200\\2x+2y=1\,000\end{cases}$,解得 $\begin{cases}x=200\\y=300\end{cases}$,故选(E).

〖评注〗　应用题之溶液混合问题,可以用十字交叉方法快速求解.

**2. 几个杯子互相倾倒溶液:杯子倒前倒后浓度不变,被倒入杯子实质为浓度混合问题**

**例 17.26** (200901)在某实验中,三个试管各盛水若干克. 现将浓度为 12% 的盐水 10 克倒入 A 管中,混合后取 10 克倒入 B 管中,混合后再取 10 克倒入 C 管中,结果 A,B,C 三个试管中盐水的浓度分别为 6%,2%,0.5%,那么三个试管中原来盛水最多的试管及其盛水量各是(　　).

(A) A 试管,10 克　　　　　(B) B 试管,20 克

(C) C 试管,30 克　　　　　(D) B 试管,40 克

(E) C 试管,50 克

**解**　设 A 管中原有水 $x$ 克,B 管中原有水 $y$ 克,C 管中原有水 $z$ 克,

则由已知 $\dfrac{0.12\times10}{x+10}=0.06$, $\dfrac{0.06\times10}{y+10}=0.02$, $\dfrac{0.02\times10}{z+10}=0.005$,

因此 $x=10$，$y=20$，$z=30$，所以选(C).

**例 17.27**　甲杯中有纯酒精 12 克，乙杯中有水 15 克．第一次将甲杯中的部分纯酒精倒入乙杯，第二次将乙杯中的部分溶液倒入甲杯．这样甲的浓度为 50%，乙的浓度为 25%．问第二次从乙杯倒入甲杯的混合溶液为(　　)克．

(A) 13　　　　(B) 14　　　　(C) 15　　　　(D) 16　　　　(E) 17

**解**　设第一次将甲杯中的 $x$ 克纯酒精倒入乙杯，则 $\dfrac{x}{15+x}=25\%\Rightarrow x=5$ 克．

设第二次将乙杯中的 $y$ 克溶液倒入甲杯，则 $\dfrac{(12-5)+y\times 25\%}{(12-5)+y}=50\%\Rightarrow y=14$ 克．

**3. 蒸发、稀释、加浓问题：关键找不变量，然后用最小公倍数统一**

**例 17.28**　一种溶液蒸发掉一定量的水后浓度变为 10%，再蒸发掉同样多的水后浓度变为 12%，第三次蒸发掉同样多的水后浓度变为(　　)．

(A) 14%　　　(B) 17%　　　(C) 16%　　　(D) 15%　　　(E) 18%

**解法 1**　设溶质为 $m$，溶液为 $n$，每次蒸发掉水 $x$，则

$$\begin{cases} \dfrac{m}{n-x}=10\% \\ \dfrac{m}{n-2x}=12\% \end{cases} \Rightarrow \begin{matrix} n=7x \\ m=0.6x \end{matrix}, \text{所以} \dfrac{m}{n-3x}=\dfrac{0.6x}{7x-3x}=15\%.$$

选(D).

**解法 2**　$10\%=\dfrac{10}{100}=\dfrac{60}{600}$，$12\%=\dfrac{12}{100}=\dfrac{60}{500}$，可见水蒸发掉 $600-500=100$，所以第三次蒸发掉同样多的水后浓度变为 $\dfrac{60}{500-100}=15\%$．

〔评注〕　蒸发问题溶质不变，所以将分子用最小公倍数统一起来．

**例 17.29**　(201110)含盐 12.5% 的盐水 40 千克蒸发掉部分水分后变成了含盐 20% 的盐水，蒸发掉的水分重量为(　　)千克．

(A) 19　　　　(B) 18　　　　(C) 17　　　　(D) 16　　　　(E) 15

**解法 1**　设蒸发掉的水分质量为 $x$ 千克，根据溶质不变，列方程得：
$40\times 12.5\%=(40-x)\times 20\%$，所以 $x=15$．

选(E).

**解法 2**　(比例法)盐：水$=1:7$ 变为盐：水$=1:4$，所以水少了 3 份，故蒸发的水为 $\dfrac{40}{8}\times 3=15$ 千克．

**4. 倒出一定量用等量水补足：溶液总量不变，相当于溶质"打折"**

重要公式：浓度为 $p\%$ 的 $L$ 升溶液，倒出 $M$ 升溶液再补足等量的水，则浓度变为 $p\%\cdot\dfrac{L-M}{L}$．

反复稀释公式：设从 $V$ 升溶液中，每次倒出 $a_i$ 再用等量的水补足，则最终浓度公式为

$$\text{最终浓度}=\text{初始浓度}\times\dfrac{(V-a_1)(V-a_2)\cdots(V-a_k)}{V^k}.$$

**例 17.30**　有某种纯农药 1 桶，倒出 8 升后，用水注满，然后又倒出 4 升，再用水补满，

此时测得桶中纯农药和水之比是 $18 : 7$,则桶的体积为(　　).

(A) 20/7 升　　　(B) 30 升　　　(C) 40 升　　　(D) 50 升

(E) 以上结论均不正确

**解法 1**　设桶的容积为 $x$ 升,则第二次倒出的纯农药为 $\dfrac{x-8}{x} \times 4$,由题意

$$\dfrac{x-8-\dfrac{x-8}{x} \times 4}{x} = \dfrac{18}{25},$$

解得 $x = 40$(升),选(C).

**解法 2**　设桶的容积为 $x$ 升,则第二次倒出后留下的纯农药为 $\dfrac{x-8}{x} \times (x-4)$,由题意

$$\dfrac{\dfrac{x-8}{x} \times (x-4)}{x} = \dfrac{18}{25},$$

解得 $x = 40$(升),选(C).

〖评注〗　典型的溶液稀释问题,注意稀释后浓度的变化.

上面解法中,方程式都可以化为 $100\% \cdot \left(\dfrac{x-8}{x}\right)\left(\dfrac{x-4}{x}\right) = \dfrac{18}{25}$(反复稀释公式).

**例 17.31**　某桶纯酒精,每次倒出 2/3 后加满清水,则倒了第(　　)次后浓度小于 1%.

(A) 6　　　(B) 5　　　(C) 4　　　(D) 3

(E) 以上结论均不正确

**解**　设 $n$ 次,则 $100\% \cdot \left(1 - \dfrac{2}{3}\right)^n < 1\% \Rightarrow \left(\dfrac{1}{3}\right)^n < \dfrac{1}{100} \Rightarrow n \geqslant 5$,选(B).

---

**【类型 17.4】**　不等式与线性规划应用题

解题技巧:不等式问题特别要注意实际问题隐含的取值范围.

　　　　　　一般线性规划问题利用图解法,最优值往往在边界点上达到,整数解线性规划问题最优解需要数形结合分析,在边界点附近穷举比较大小.

---

**例 17.32**　(201110)某地区平均每天产生生活垃圾 700 吨,由甲、乙两个处理厂处理.甲厂每小时可处理垃圾 55 吨,所需费用为 550 元;乙厂每小时可处理垃圾 45 吨,所需费用为 495 元.如果该地区每天的垃圾处理费不能超过 7 370 元,那么甲厂每天处理垃圾的时间至少需要(　　)小时.

(A) 6　　　(B) 7　　　(C) 8　　　(D) 9　　　(E) 10

**解**　设甲厂每天处理垃圾的时间至少需要 $x$ 小时,乙厂每天处理垃圾的时间需要 $y$ 小时,则

$$\begin{cases} 55x + 45y = 700 \\ 550x + 495y \leqslant 7\,370 \Rightarrow 50x + 45y \leqslant 670 \end{cases}$$

化简 $\begin{cases} 11x + 9y = 140 \\ 10x + 9y \leqslant 134 \end{cases}$,由 $9y = 140 - 11x$ 代入 $10x + 9y \leqslant 134$,

即 $10x + 140 - 11x \leqslant 134$,得 $x \geqslant 6$. 选(A).

[**评注**]  实际问题的隐含范围：$9y = 140 - 11x \geqslant 0$，所以 $6 \leqslant x \leqslant 140/11$.

**例 17.33**  (201310)福彩中心发行彩票的目的是为了筹措资金资助福利事业. 现在福彩中心准备发行一种面值为 5 元的福利彩票刮刮卡,方案设计如下:(1)该福利彩票的中奖率为 50%;(2)每张中奖彩票的中奖奖金有 5 元和 50 元两种. 假设购买一张彩票获得 50 元奖金的概率为 $p$,且福彩中心筹得资金不少于发行彩票面值总和的 32%,则( ).

(A) $p \leqslant 0.005$　(B) $p \leqslant 0.01$　(C) $p \leqslant 0.015$　(D) $p \leqslant 0.02$　(E) $p \leqslant 0.025$

**解**  设彩票发行量为 $x$,则福彩中心筹得资金满足

$5x - p \cdot x \cdot 50 - (50\% - p) \cdot x \cdot 5 \geqslant 5x \cdot 32\% \Rightarrow p \leqslant 0.02$. 选(D).

**例 17.34**  (201412)几个朋友外出游玩,购买了一些瓶装水,则能确定购买的瓶装水数量.

(1) 若每人分 3 瓶,则剩余 30 瓶

(2) 若每人分 10 瓶,则只有 1 人不够

**解**  设有 $x$ 人,$y$ 瓶水,则

条件(1)得 $y - 3x = 30$,显然单独不充分;

条件(2)得 $\begin{cases} 10(x-1) < y \\ 10x > y \end{cases}$,显然单独也不充分;

条件(1)与条件(2)联合得到 $4\frac{2}{7} < x < 5\frac{5}{7}$,取整得 $x = 5$.

**例 17.35**  某公司计划 2008 年在甲、乙 2 个电视台做总时间不超过 300 分钟的广告,广告总费用不超过 9 万元. 甲、乙电视台的广告收费标准分别为 500 元/分钟和 200 元/分钟. 假定甲、乙 2 个电视台为该公司所做的每分钟广告,能给公司带来的收益分别为 0.3 万元和 0.2 万元. 问该公司如何分配在甲、乙 2 个电视台的广告时间,才能使公司的收益最大,最大收益是多少万元?( )

(A) 70　　(B) 60　　(C) 65　　(D) 55　　(E) 50

**解**  设甲、乙电视台的广告时间分别为 $x$,$y$ 分钟,则 $x + y \leqslant 300$, $500x + 200y \leqslant 90\,000$,最值点往往在交点处取到,于是 $\begin{cases} x + y = 300 \\ 500x + 200y = 90\,000 \end{cases} \Rightarrow \begin{cases} x = 100 \\ y = 200 \end{cases}$.

则 $0.3x + 0.2y = 0.3 \times 100 + 0.2 \times 200 = 70$ 万. 选(A).

**例 17.36**  (201201)某公司计划运送 180 台电视机和 110 台洗衣机下乡,现在两种货车,甲种货车每辆最多可载 40 台电视机和 10 台洗衣机,乙种货车每辆最多可载 20 台电视机和 20 台洗衣机,已知甲、乙两种货车的租金分别是每辆 400 元和 360 元,则最少的运费是( ).

(A) 2 560 元　(B) 2 600 元　(C) 2 640 元　(D) 2 680 元　(E) 2 720 元

**解**  设分别需要甲种货车、乙种货车 $x$,$y$ 辆($x$,$y$ 为整数),

在约束条件 $\begin{cases} 40x + 20y \geqslant 180 \\ 10x + 20y \geqslant 110 \end{cases}$,即 $\begin{cases} 2x + y \geqslant 9 \\ x + 2y \geqslant 11 \end{cases}$ 下,求 $400x + 360y$ 的最小值.

解交点 $\begin{cases} 2x + y = 9 \\ x + 2y = 11 \end{cases} \Rightarrow x = \frac{7}{3}$,在交点附近用穷举法得

$x = 2$,$y = 5$ 时,运费为 2 600;$x = 3$,$y = 4$ 时,运费为 2 640,所以选(B).

〔**评注**〕 整数解线性规划问题,最优解在边界点附近,穷举比较大小.

**例 17.37** (201410)A,B 两种型号的客车载客量分别为 36 人和 60 人,租金分别为 1 600元/辆和 2 400 元/辆,某旅行社租用 A,B 两种车辆安排 900 名旅客出行,则至少要花租金 37 600 元.

(1) B 型车租用数量不多于 A 型车租用数量

(2) 租用车总数不多于 20 辆

**解** 设 A,B 两种车各用 $x$,$y$ 辆,花费的总金额为 $z$,目标函数 $z = 1\,600x + 2\,400y$.

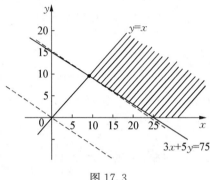

图 17.3

条件(1)可得约束条件为 $\begin{cases} 36x + 60y \geqslant 900 \\ y \leqslant x \\ x, y \in \mathbf{N} \end{cases} \Leftrightarrow \begin{cases} 3x + 5y \geqslant 75 \\ y \leqslant x \\ x, y \in \mathbf{N} \end{cases}$ ,由图 17.3 知最值在约束

条件交点或其附近达到,把约束不等式改为等式 $\begin{cases} 3x + 5y = 75 \\ y = x \end{cases} \Rightarrow x = 9\dfrac{3}{8}$,当 $x = 10$ 时,

$\begin{cases} y \geqslant 9 \\ y \leqslant 10 \end{cases}$ 取 $y = 9$,此时 $z = 1\,600 \times 10 + 2\,400 \times 9 = 37\,600$,充分;

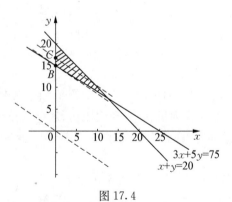

图 17.4

条件(2)可得约束条件为 $\begin{cases} 36x + 60y \geqslant 900 \\ x + y \leqslant 20 \\ x, y \in \mathbf{N} \end{cases} \Leftrightarrow \begin{cases} 3x + 5y \geqslant 75 \\ x + y \leqslant 20 \\ x, y \in \mathbf{N} \end{cases}$ ,由图 17.4 知最值在约束

条件边界点 $\begin{cases} x = 0 \\ y = 15 \end{cases}$ 上达到最小值,$z = 1\,600 \times 0 + 2\,400 \times 15 = 36\,000$,不充分.

选(A).

〔评注〕 整数解线性规划的最值在约束条件边界点或者附近达到.这类问题还要数形结合进行具体分析.

**【类型 17.5】 函数图形应用＋分段函数**

解题技巧：函数图像问题特别注意一些重要元素,例如增减性、截距、对称性等.

分段函数往往要根据分段点的位置用不同区间上的函数,特别要注意讨论!

**例 17.38** (200910)如图17.5所示,向放在水槽底部的口杯注水(流量一定),注满口杯后继续注水,直到注满水槽,水槽中水平面上升高度 $h$ 与注水时间 $t$ 之间的函数关系大致是( ).

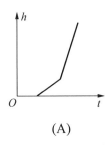 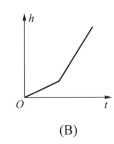 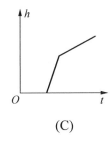 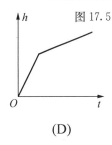

图 17.5

(A)　　　　　(B)　　　　　(C)　　　　　(D)

(E) 以上图形都不正确

**解** 在注满口杯前 $h=0$,所以应该不经过原点.当注满口杯后, $h$ 随时间 $t$ 而增加,当 $h$ 超过水杯顶部位置时,随时间 $t$ 增加, $h$ 也增加,但此时由于水面宽度增加, $h$ 增加速度较前缓慢.选(C).

〔评注〕 本题两个要点：①是否过原点,②增减性变化规律.

**例 17.39** 某村办公厂今年前五个月生产某种产品的总量 $C$(件)关于时间 $t$(月)的函数图像如图17.6所示,则该厂这种产品的生产状况是( ).

(A)1月至3月每月生产总量逐月增加,4、5两月生产总量逐月减少

(B)1月至3月每月生产总量逐月增加,4、5两月生产总量与3月持平

(C)1月至3月每月生产总量逐月增加,4、5两月均停止生产

(D)1月至3月每月生产总量不变,4、5两月均停止生产

(E) 以上结论均不正确

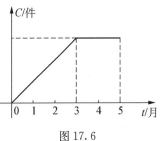

图 17.6

**解** 1月至3月总量 $C$(件)关于时间 $t$(月)的一次函数(实质数列 $n$ 是 $S_n$ 的一次函数),所以前三个月产量恒定,4、5两月总量不变,所以停产.选(D).

例 17.40 (201110)为了调节个人收入,减少中低收入者的赋税负担,国家调整了个人工资薪金所得税的征收方案.已知原方案的起征点为 2 000 元/月,税费分九级征收,前四级税率见下表:

| 级数 | 全月应纳税所得额 $q$/元 | 税率/% |
|---|---|---|
| 1 | $0 < q \leqslant 500$ | 5 |
| 2 | $500 < q \leqslant 2\,000$ | 10 |
| 3 | $2\,000 < q \leqslant 5\,000$ | 15 |
| 4 | $5\,000 < q \leqslant 20\,000$ | 20 |

新方案的起征点为 3 500 元/月,税费分七级征收,前三级税率如下表所示.

| 级数 | 全月应纳所得税额 $q$/元 | 税率/% |
|---|---|---|
| 1 | $0 < q \leqslant 1\,500$ | 3 |
| 2 | $1\,500 < q \leqslant 4\,500$ | 10 |
| 3 | $4\,500 < q \leqslant 9\,000$ | 20 |

若某人在新方案下每月缴纳的个人工资薪金所得税是 345 元,则此人每月缴纳的个人工资薪金所得税比原方案减少了(    )元.

(A) 825          (B) 480          (C) 345          (D) 280          (E) 135

**解**  按照新方案分段交:先算出每段多交的税 $1\,500 \times 3\% = 45$ 元,$3\,000 \times 10\% = 300$ 元.

所以此人的工资薪金为

$8\,000 = 3\,500$(不交)$+1\,500$(交 3%)$+3\,000$(交 10%),即 $345 = 45 + 300$,

按原来方案分段交:

$8\,000 = 2\,000$(不交)$+500$(交 5%)$+1\,500$(交 10%)$+3\,000$(交 15%)$+1\,000$(交 20%)

$500 \times 5\% + 1\,500 \times 10\% + 3\,000 \times 15\% + 1\,000 \times 20\% = 825$ 元.

所以现减少 $825 - 345 = 480$ 元. 选(B).

例 17.41 某公司按销售人员营业额的不同,分别给予不同的销售提成,其提成规定如下. 某员工在 2009 年 4 月份所得提成为 770 元,则该员工该月的销售额为(    )元.

| 销售额/元 | 提成率/% | 销售额/元 | 提成率/% |
|---|---|---|---|
| 不超过 10 000 | 0 | 20 000~30 000 | 3.5 |
| 10 000~15 000 | 2.5 | 30 000~40 000 | 4 |
| 15 000~20 000 | 3 | 40 000 以上 | 5 |

(A) 33 125          (B) 26 000          (C) 30 000          (D) 33 625          (E) 33 525

**解**  由题意得

| 销售额/元 | 提成率/% | 提成额 |
|---|---|---|
| 不超过 10 000 | 0 | 0 |
| 10 000 ~ 15 000 | 2.5 | $5\,000 \times 2.5\% = 125$ |
| 15 000 ~ 20 000 | 3 | $5\,000 \times 3\% = 150$ |
| 20 000 ~ 30 000 | 3.5 | $10\,000 \times 3.5\% = 350$ |
| 30 000 ~ 40 000 | 4 | $10\,000 \times 4\% = 400$ |
| 40 000 以上 | 5 | |

现在提成额落在 30 000~40 000 区间内,所以销售额为 $30\,000 + (770 - 125 - 150 - 350) \div 4\% = 33\,625$.

选(D).

**例 17.42** (201210)某商场在一次促销活动中规定:一次购物不超过 100 元时,没有优惠;超过 100 元而没有超过 200 元时,按该次购物全额 9 折优惠;超过 200 元时,其中 200 元按 9 折优惠,超过 200 元的部分按 8.5 折优惠. 若甲、乙两人在该商场购买的物品分别付费 94.5 元和 197 元,则两人购买物品在举办活动前需要的付费总额是( )元.

(A) 291.5    (B) 314.5    (C) 325    (D) 291.5 或 314.5

(E) 314.5 或 325

**解** 甲在该商场购买的物品付费 94.5 元有两种情况:

情况 1:实际购物 94.5 元;

情况 2:实际购物超过 100 元而没有超过 200 元,此时原价为 $94.5 \div 0.9 = 105$ 元;

乙在商场购买的物品付费 197 元,则原价必定超过 200,原价为 $200 + \dfrac{(197 - 180)}{0.85} = 220$ 元,所以两人购买物品在举办活动前需要的付费总额是 314.5 元或 325 元. 选(E).

**【类型 17.6】** 集合计数问题

**两个集合问题**

计数公式(见图 17.7):

$n(A \cup B) = n(A) + n(B) - n(A \cap B) = n(A \cap \overline{B}) + n(A \cap B) + n(\overline{A} \cap B) = n(\Omega) - n(\overline{A} \cap \overline{B})$;

$n(\overline{A \cup B}) = n(\Omega) - n(A) - n(B) + n(A \cap B)$.

**例 17.43** (200410)某单位有职工 40 人,其中参加计算机考核的有 31 人,参加外语考核的有 20 人,有 8 人没有参加任何一种考核,则同时参加这 2 项考核的职工有( )人.

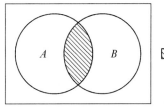

图 17.7

(A) 10    (B) 13    (C) 15    (D) 19    (E) 20

**解** $n(计 \cup 外) = 40 - 8 = 32$,则 $n(计 \cap 外) = n(计) + n(外) - n(计 \cup 外) = 31 + 20 - 32 = 19$. 选(D).

例 17.44　(200801)某单位有 90 人,其中 65 人参加外语培训,72 人参加计算机培训,已知参加外语培训而未参加计算机培训的有 8 人,则参加计算机培训而未参加外语培训的人数是(　).

(A) 5　　　　(B) 8　　　　(C) 10　　　　(D) 12　　　　(E) 15

**解**　由题意,没有参加外语培训的人数为:$90 - 65 = 25$(人).

没有参加计算机培训的人数为:$90 - 72 = 18$(人).

又已知参加外语培训而没有参加计算机培训的有 8 人,则既没参加计算机培训又没参加外语培训的人数为:$18 - 8 = 10$(人).

这样参加计算机培训而没参加外语培训的人数为:$25 - 10 = 15$(人),故选(E).

〖评注〗　两个事件的容斥问题.解题技巧:画图帮助分析,如图 17.8 所示.

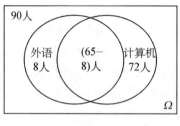

图 17.8

**三个集合问题**

三个集合问题如图 17.9 所示.

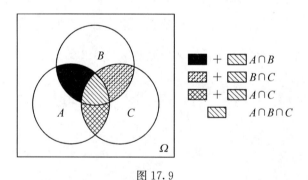

图 17.9

总人数公式:

$$n(A \bigcup B \bigcup C) = n(A) + n(B) + n(C) - n(A \bigcap B) - n(B \bigcap C) - n(A \bigcap C) + n(A \bigcap B \bigcap C) = n(\Omega) - n(\overline{A} \bigcap \overline{B} \bigcap \overline{C});$$

总人次公式:$n(A) + n(B) + n(C) = I(\text{只有 1 个}) + II(\text{只有 2 个}) \times 2 + III(\text{3 个都有}) \times 3.$

例 17.45　(201001)某公司的员工中,拥有本科毕业证、计算机等级证、汽车驾驶证的人数分别为 130,110,90,又知只有一种证的人数为 140,三证齐全的人数为 30,则恰有双证的人数为(　).

(A) 45　　　　(B) 50　　　　(C) 52　　　　(D) 65　　　　(E) 100

**解法 1**　如图 17.10 所示,由题设条件得到

$$\begin{cases} a+\ +c+x+\ +\ +m=110 & ① \\ a+b+\ +\ +y+\ +m=130 & ② \\ b+c+\ +\ +z+m=90 & ③ \\ x+y+z+\ =140 & ④ \\ m=30 & ⑤ \end{cases}$$

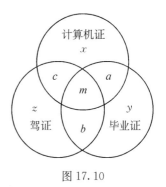

图 17.10

由 $\dfrac{①+②+③-④-3×⑤}{2}$,得到 $a+b+c=50$. 选 (B).

**解法 2**　设恰有双证的人数为 $x$,由总人数公式得到

$$130+110+90=140×1+x×2+30×3,$$

解出 $x=50$.

〖评注〗　三个事件的容斥问题,万能方法将事件划分为互不相容的部分然后根据已知条件列方程求解.

**例 17.46**　(200810)某班同学参加智力竞赛,共有 $A$,$B$,$C$ 3 题,每题或得 0 分或得满分,竞赛结果是无人得 0 分,3 题全答对的有 1 人,答对 2 题的有 15 人.答对 $A$ 题的人数和答对 $B$ 题的人数之和为 29 人,答对 $A$ 题的人数和答对 $C$ 题的人数之和为 25 人,答对 $B$ 题的人数和答对 $C$ 题的人数之和为 20 人,那么该班的人数为(　　).

(A) 20　　　(B) 25　　　(C) 30　　　(D) 35　　　(E) 40

**解法 1**

$n(A\bigcup B\bigcup C)=n(A)+n(B)+n(C)-n(A\bigcap B)-n(B\bigcap C)-n(A\bigcap C)+n(A\bigcap B\bigcap C)$

已知 $n(A)+n(B)=29$,$n(A)+n(C)=25$,$n(B)+n(C)=20$,

$\Rightarrow n(A)+n(B)+n(C)=(29+25+20)/2=37$,

$n(A\bigcap B)+n(B\bigcap C)+n(A\bigcap C)=15+1×3=18$,

所以 $n(A\bigcup B\bigcup C)=37-18+1=20$. 选 (A).

**解法 2**　设答对 1 题的有 $x$ 人,则 $\dfrac{29+25+20}{2}=x+15×2+1×3\Rightarrow x=4$.

所以总人数为 $1+15+4=20$ 人.

---

**【类型 17.7】**　数列应用题

解题技巧:首先要分清该数列是等差数列还是等比数列.其次区分是求 $S_n$ 还是求 $a_n$.

　　　　　一般情况下,增或减的量是具体量时,应用等差数列公式,增或减的量就是公差.增或减的量是百分数时,应用等比数列有关公式,用 1 加或减这个百分数得公比.

　　　　　最后还要注意项数问题.

**例 17.47**　(1993)设银行的一年期定期存款利率为 $10\%$,某人于 1991 年 1 月 1 日存入 10 000 元,1994 年 1 月 1 日取出,若按复利计算,他取出的本金和利息共计是(　　).

(A) 10 300 元    (B) 10 303 元    (C) 13 000 元    (D) 13 310 元    (E) 14 641 元

**解**    1991 年 1 月 1 日是 $a_1$,$a_1 = 10\,000$,$q = 1.1$,

所求为 1994 年 1 月 1 日是 $a_4$,$a_4 = a_1 \cdot q^{4-1} = 10\,000 \times (1+0.1)^3 = 13\,310$,所以选 (D).

〖评注〗 常用结论:

(1) 若本金为 $a$ 元,年利率为 $p\%$,那么 $n$ 年后,本息共 $a(1+p\%)^n$.

例如:若 1999 年 1 月 1 日本金为 $a$ 元,年利率为 $p\%$,过了 3 年本利和应该为 $a(1+p\%)^3$.

若 $n$ 年本金为 $a$ 元,年利率为 $p\%$,$m$ 年时本息共 $a(1+p\%)^{m-n}$.

例如:若 1999 年 1 月 1 日本金为 $a$ 元,年利率为 $p\%$,2013 年 1 月 1 日本利和应该为 $a(1+p\%)^{14}$.

(2) 单利与复利的区别(年利率都为 5%).

| 情况 | 特点 | 本金 | 5 年后本息和 |
|---|---|---|---|
| 单利 | 本金不变 | 100 万 | $100 + 100 \times 5\% \times 5$ |
| 复利 | 利滚利 | 100 万 | $100(1+5\%)^5$ |

**例 17.48**    (200910)一个球从 100 米高处自由落下,每次着地后又跳回前一次高度的一半再落下,当它第 10 次着地时,共经过的路程是(    )米.(精确到 1 米且不计任何阻力)

(A) 300    (B) 250    (C) 200    (D) 150    (E) 100

**解**    所求路程 $S = 100 + 2 \times 50 + 2 \times 25 + \cdots + 2 \times \dfrac{50}{2^8} = 100 + 100\left[1 + \dfrac{1}{2} + \dfrac{1}{2^2} + \cdots + \dfrac{1}{2^8}\right] = 100 + 100 \dfrac{1 \times \left(1 - \frac{1}{2^9}\right)}{1 - \frac{1}{2}} = 100 + 200\left(1 - \dfrac{1}{2^9}\right) \approx 300$ (米),选(A).

〖评注〗 其实前三次已经达到 $100 + 2 \times 50 + 2 \times 25 = 250$ 米,所以可以直接选(A).

**例 17.49**    (201001)甲企业一年的总产值为 $\dfrac{a}{P}\left[(1+P)^{12} - 1\right]$.

(1) 甲企业一月份的产值为 $a$,以后每月产值的增长率为 $P$

(2) 甲企业一月份的产值为 $\dfrac{a}{2}$,以后每月产值的增长率为 $2P$

**解**    由条件(1),甲 1 月份产值为 $a$,则 2 月份为 $a(1+P)$,3 月份为 $a(1+P)^2$,$\cdots$,以此类推 12 月份产值为 $a(1+P)^{11}$,因此一年的总产值为

$$S_{12} = a + a(1+P) + a(1+P)^2 + \cdots + a(1+P)^{11} = a\left[1 + (1+P) + (1+P)^2 + \cdots + (1+P)^{11}\right]$$

$$= a \cdot \frac{1 - (1+P)^{12}}{1 - (1+P)} = \frac{a}{P}\left[(1+P)^{12} - 1\right].$$

即条件(1)是充分的.

由条件(2),一年的总产值为

$$S_{12} = \frac{a}{2} + \frac{a}{2}(1+2P) + \frac{a}{2}(1+2P)^2 + \cdots + \frac{a}{2}(1+2P)^{11}$$

$$= \frac{a}{2}\left[1 + (1+2P) + (1+2P)^2 + \cdots + (1+2P)^{11}\right]$$

$$= \frac{a}{2} \cdot \frac{1-(1+2P)^{12}}{1-(1+2P)}$$

$$= \frac{a}{2} \cdot \frac{1}{2P}\left[(1+2P)^{12}-1\right].$$

从而条件(2)不充分. 选(A).

〖评注〗 等比数列求和,实质就是求前 12 项的和 $S_{12}$.

若一月份的产值为 $a(=a_1)$,每个月比上个月增长 $p\%$,则

① 12 月份的产值为:$a_{12} = a_1(1+p\%)^{12-1} = a(1+p\%)^{11}$;

② 全年产值为:$S_{12} = a + a(1+p\%) + a(1+p\%)^2 + \cdots + a(1+p\%)^{11} = \dfrac{a[1-(1+p\%)^{12}]}{1-(1+p\%)}$.

---

**【类型 17.8】** 至少至多问题

解题技巧:方法 1:总量一定条件下,此消彼长. 即在求解"某部分"的数量至少(至多)时, 可以转换为"其他部分"数量最多(最少)来分析.

方法 2:转化为不等式问题.

方法 3:整数解至少至多问题平均思想,或者利用抽屉原理.

抽屉原理 1:

将多于 $n$ 件的物品任意放到 $n$ 个抽屉中,那么至少有一个抽屉中的物品件数不少于 2.(至少有 2 件物品在同一个抽屉)

抽屉原理 2:

将多于 $m \times n$ 件的物品任意放到 $n$ 个抽屉中,那么至少有一个抽屉中的物品的件数不少于 $m+1$(至少有 $m+1$ 件物品在同一个抽屉).

---

**例 17.50** (201110)某学生在军训时进行打靶测试,共射击 10 次. 他的第 6、7、8、9 次射击分别射中 9.0 环、8.4 环、8.1 环、9.3 环,他的前 9 次射击的平均环数高于前 5 次的平均环数. 若要使 10 次射击的平均环数超过 8.8 环,则他第 10 次射击至少应该射中( )环.(打靶成绩精确到 0.1 环)

(A) 9.0　　　(B) 9.2　　　(C) 9.4　　　(D) 9.5　　　(E) 9.9

**解法 1** 设前 5 次射击环数和为 $s_5$,第 10 次射击为 $x_{10}$,

则 $\dfrac{s_5 + 9.0 + 8.4 + 8.1 + 9.3}{9} > \dfrac{s_5}{5} \Rightarrow s_5 < 43.5$.

又 $\dfrac{s_5 + 34.8 + x_{10}}{10} > 8.8$,所以 $x_{10} > 53.2 - s_5 > 53.2 - 43.5 = 9.7$,只能选(E).

**解法 2** (估算法)第 6、7、8、9 次射击的平均环数为 $(9.0 + 8.4 + 8.1 + 9.3)/4 = 8.7$ 环,由题意假设前 9 次都为 8.7 环,若要 10 次射击的平均环数超过 8.8 环,则第 10 次至少要

大于 $8.8+0.1×9=9.7$ 环,所以选(E).

**例 17.51**　(201101)某年级共有 8 个班,在一次年级考试中,共 21 名学生不及格,每班不及格的学生最多有 3 名,则(一)班至少有 1 名学生不及格.

(1)(二)班的不及格人数多于(三)班

(2)(四)班不及格的学生有 2 名

**解**　题干(一)班至少 1 名不及格,它的反面:(一)班 0 个不及格. 又因为共 21 名学生不及格,每班不及格的学生最多有 3 名,所以其余班各 3 人不及格.

条件(1)⇒三班最多 2 人,不是 3 人⇒(一)班至少 1 人,条件(1)充分.

条件(2)四班有 2 名,不是 3 人⇒(一)班至少 1 人(对),条件(2)充分.

选(D).

〖评注〗　如"至少"问题反面简单,则从反面入手分析.

**例 17.52**　一次数学竞赛,总共有 5 道题,做对第 1 题的占总人数的 80%,做对第 2 题的占总人数的 95%,做对第 3 题的占总人数的 85%,做对第 4 题的占总人数的 79%,做对第 5 题的占总人数的 74%,如果至少做对 3 题(包括 3 题)的算及格,那么这次数学竞赛的及格率至少是(　　).

(A) 74%　　　(B) 70%　　　(C) 73%　　　(D) 71%　　　(E) 72%

**解**　设总人数为 100 人,则做对的总题为 $80+95+85+79+74=413$ 题,错题数为 $500-413=87$ 题,为求出最低及格率,则不及格的尽量多,即错 3 题的人尽量多:$87/3=29$ 人,则及格率为 $(100-29)/100=71\%$,选(D).

〖评注〗　本题将求"及格的至少"转化为"不及格的最多"来思考.

**例 17.53**　某学校在高考前夕进行了 4 次数学模考,第一次得 80 分以上的学生为 70%,第二次是 75%,第三次是 85%,第四次是 90%,那么在 4 次考试中 80 分以上的学生至少是(　　).

(A) 10%　　　(B) 20%　　　(C) 30%　　　(D) 40%　　　(E) 45%

**解**　这 4 次每次没有考 80 分的分别为 30%,25%,15%,10%,求在 4 次考试中 80 分以上的至少为多少也就是求 80 以下最多为多少. 假设每次都考 80 分以下的人没有重合的,即 $30\%+25\%+15\%+10\%=80\%$,所以 80 分以上的至少有 20%,选(B).

〖评注〗　本题将"80 分以上的至少为多少"转化为"求 80 分以下的最多为多少". 此外,如果没有出现重合,那么数量是最多的.

**例 17.54**　100 个人参加测试,要求回答 5 道试题,并且规定凡答对 3 题或 3 题以上的为测试合格. 测试结果是:答对第一题的有 81 人,答对第二题的有 91 人,答对第三题的有 85 人,答对第四题的有 79 人,答对第五题的有 74 人,那么至少有(　　)人合格.

(A) 62　　　(B) 65　　　(C) 66　　　(D) 68　　　(E) 70

**解**　共答对 $81+91+85+79+74=410$,根据最少原则,因考虑尽量多的人只答对 2 题. 100 人每人答对 2 题 $410-200=210$,余下 210 题由 70 人每人答对 3 题,答案是 70.

选(E).

〖评注〗　本题先假设 100 个人,每个人都答对 2 题,然后将多出来的题分给 70 人,这样就可以求出合格的至少多少人了.

**例 17.55**　四年级某班有 45 名同学,则同一个月过生日的至少有(　　)个人.

(A) 7　　　　(B) 6　　　　(C) 5　　　　(D) 4　　　　(E) 3

**解**　45 名同学⇔45 件物品(找出物品的对应量)

同一个月⇔同一个抽屉,因此可把一年中的 12 个月看作 12 个抽屉.(找出抽屉数)

问题⇔将 45 名同学看作 45 件物品放入 12 个抽屉中.

因为 $45 \div 12 = 3.75$,因此至少有 $3+1 = 4$ 个人在同一个月出生,所以选(D).

**例 17.56**　把 154 本书分给某班的同学,如果不管怎样分,都至少有一位同学会分得 4 本或 4 本以上的书,那么这个班最多有(　　)名学生.

(A) 77　　　　(B) 54　　　　(C) 51　　　　(D) 50　　　　(E) 49

**解**　154 本书⇔154 件物品,同学⇔抽屉.(找出物品对应量,抽屉)

至少会有一位同学会分得 4 本或 4 本以上的书⇔至少会有一个抽屉中有不少于 4 本书.

根据抽屉原理 2,则有 $m+1 = 4$,即 $n = 154 \div 3 = 51.3$,即 $n = 51$,那么这个班最多有 51 名学生,选(C).

**例 17.57**　从一副完整的扑克牌中,至少抽出(　　)张牌,才能保证至少有 6 张牌的花色相同.

(A) 21　　　　(B) 22　　　　(C) 23　　　　(D) 24　　　　(E) 25

**解**　一副完整的扑克牌包括大王、小王、红桃、方块、黑桃、梅花各 13 张.考虑最差情况:要求 6 张牌的花色相同,最差情况即红桃、方块、黑桃、梅花各抽出 5 张,再加上大王、小王,此时共取出了 $4 \times 5 + 2 = 22$ 张,此时若再取一张,则一定有一种花色的牌有 6 张.即至少取出 23 张牌,才能保证至少 6 张牌的花色相同.选(C).

---

**【类型 17.9】**　最值应用题
解题技巧:应用题求最值方法
　　(1) 利用均值不等式求最值或者二次函数求最值.
　　(2) 利用不等式求最值.
　　(3) 利用统筹思想求最值.

---

**例 17.58**　(200901)某工厂定期购买一种原料.已知该厂每天需用该原料 6 吨,每吨价格 1 800 元,原料的保管等费用平均每吨 3 元,每次购买原料需支付运费 900 元,若该工厂要使平均每天支付的总费用最省,则应该每(　　)天购买一次原料.

(A) 11　　　　(B) 10　　　　(C) 9　　　　(D) 8　　　　(E) 7

**解**　设应该每 $x$ 天购买一次原料,购买量为 $6x$ 吨.

保管费为:$3[6x + 6(x-1) + 6(x-2) + \cdots + 6 \cdot 2 + 6 \cdot 1] = 3 \cdot 6 \cdot \frac{(x+1)}{2}x = 9x(x+1)$.

则该厂平均每天支付的总费用为 $\frac{1\,800 \times 6x + 900 + 9x(x+1)}{x} = 1\,800 \times 6 + 9 + 9\left(\frac{100}{x} + x\right)$. $\frac{100}{x} + x$ 最小即可.由均值不等式可得 $\frac{100}{x} + x \geqslant 2\sqrt{\frac{100}{x} \cdot x} = 20$,当且仅当 $\frac{100}{x} = x$,即 $x = 10$ 时等号成立.所以选(B).

【评注】 数列、均值不等式求最值综合应用题.

例 17.59 　(201001)甲商店销售某种商品,该商品的进价为每件 90 元,若每件定价 100 元,则一天内能售出 500 件,在此基础上,定价每增 1 元,一天会少售出 10 件,要使甲商店获得最大利润,则该商品的定价应为(　　).

(A) 115 元　　(B) 120 元　　(C) 125 元　　(D) 130 元　　(E) 135 元

解法 1 　(二次函数)设定价为 $100+a$(元),由已知条件,利润为

$$y = (100+a)(500-10a) - 90(500-10a) = -10a^2 + 400a + 5\,000 = -10(a-20)^2 + 9\,000,$$

即当 $a = 20$ 时,利润最大,选(B).

【评注】 应用题价格问题,利用二次函数求最值.

解法 2 　(均值不等式)$y = (100+a)(500-10a) - 90(500-10a) = (500-10a)(100+a-90) = 10(50-a)(10+a) \leqslant 10\left[\dfrac{(50-a)+(10+a)}{2}\right]^2 = 9\,000.$

当且仅当 $50-a = 10+a \Rightarrow a = 20$ 时达到最大值 9 000,所以定价应该为 $100 + 20 = 120$ 元.

例 17.60 　星期天妈妈要做好多事情.擦玻璃要 20 分钟,收拾厨房要 15 分钟,洗脏衣服的领子、袖口要 10 分钟,打开全自动洗衣机洗衣服要 40 分钟,晾衣服要 10 分钟.妈妈干完所有这些事情要用多长时间?(　　)

(A) 110　　(B) 95　　(C) 70　　(D) 60　　(E) 80

解 　要想节约时间,就要保证空闲时间最短,因此需要看哪段时间空闲,能否利用空闲的时间做其他事.

最合理的安排:先洗衣服的领子和袖口,接着打开全自动洗衣机洗衣服,在洗衣服的 40 分钟内擦玻璃和收拾厨房,最后晾衣服,共需 60 分钟(见图 17.11),选(D).

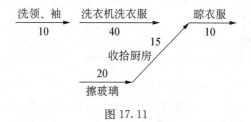

图 17.11

例 17.61 　(201310)某单位在甲、乙 2 个仓库中分别存在着 30 吨和 50 吨货物,现要将这批货物转运到 A,B 两地存放,A,B 两地的存放量都是 40 吨.甲、乙 2 个仓库到 A,B 两地的距离(单位:公里)如表 1 所示,甲、乙 2 个仓库运送到 A,B 两地的货物重量如表 2 所示.若每吨货物每公里的运费是 1 元,则下列调运方案中总运费最少的是(　　).

表 1

|  | 甲 | 乙 |
| --- | --- | --- |
| A | 10 | 15 |
| B | 15 | 10 |

表 2

|  | 甲 | 乙 |
| --- | --- | --- |
| A | $x$ | $y$ |
| B | $u$ | $v$ |

(A) $x=30$, $y=10$, $u=0$, $v=40$

(B) $x=0$, $y=40$, $u=30$, $v=10$

(C) $x=10$, $y=30$, $u=20$, $v=20$

(D) $x=20$, $y=20$, $u=10$, $v=30$

(E) $x=15$, $y=25$, $u=15$, $v=25$

**解法 1**　由表 1 第一行可得乙发送 1 吨到 A 地比甲发送 1 吨到 A 地要多 5 元,要费用最少则将甲 30 吨全发到 A 地,A 地还缺 10 吨由乙发送;由第二行可得甲发送 1 吨到 B 地比乙发送 1 吨到 A 地要多 5 元,要费用最少则将乙余下的 40 吨全发给 B 地即可.

**解法 2**　由题意得 $\begin{cases} x+y=40 \\ u+v=40 \\ x+u=30 \\ y+v=50 \end{cases}$,

总运费 $M=10x+15y+15u+10v=10x+15(40-x)+15(30-x)+10(x+10)=-10x+1\,150(0\leqslant x\leqslant 30)$,要使 $M$ 最小,即 $x$ 取最大值,即 $x=30$.

【评注】　各选项方案都可以完成本任务,直接代入计算费用如下:

(A) $x=30$, $y=10$, $u=0$, $v=40$ 时,所需费用 $x=30\times 10+10\times 15+0\times 15+40\times 10=850$(最少);

(B) $x=0$, $y=40$, $u=30$, $v=10$ 时,所需费用 $x=0\times 10+40\times 15+30\times 15+10\times 10=1\,150$;

(C) $x=10$, $y=30$, $u=20$, $v=20$ 时,所需费用 $x=10\times 10+30\times 15+20\times 15+20\times 10=1\,050$;

(D) $x=20$, $y=20$, $u=10$, $v=30$ 时,所需费用 $x=20\times 10+20\times 15+10\times 15+30\times 10=950$;

(E) $x=15$, $y=25$, $u=15$, $v=25$ 时,所需费用 $x=15\times 10+25\times 15+15\times 15+25\times 10=1\,000$.

选(A).

# 17.3　历年真题分类汇编与典型习题(含详解)

**1.** (199710)用一条绳子量井深,若将绳子折成三折来量,井外余绳 4 尺,折成 4 折来量,井外余绳 1 尺,则井深是(　　).

(A) 6 尺　　　(B) 7 尺　　　(C) 8 尺　　　(D) 9 尺　　　(E) 12 尺

**2.** (200010)菜园里的白菜获得丰收,收到 3/8 时,装满 4 筐还多 24 斤,其余部分收完后刚好又装满了 8 筐,菜园管理者共收了白菜(　　).

(A) 381 斤　　　(B) 382 斤　　　(C) 383 斤　　　(D) 384 斤

**3.** (200210)有大小两种货车,2 辆大货车与 3 辆小货车可以运货 15.5 吨,5 辆大货车与 6 辆小货车可以运货 35 吨,则 3 辆大车与 5 辆小车可以运货(　　).

(A) 20.5 吨　　　(B) 22.5 吨　　　(C) 24.5 吨　　　(D) 26.5 吨

**4.** (200401)装一台机器需要甲、乙、丙三种部件各一件,现库中存有这三种部件共270件,分别用甲、乙、丙库存件数的 $\frac{3}{5}$, $\frac{3}{4}$, $\frac{2}{3}$ 装配若干机器,那么原来库存有甲种部件(    )件.

(A) 80　　　　(B) 90　　　　(C) 100　　　　(D) 110　　　　(E) 以上均不对

**5.** (199701)某投资者以2万元购买甲、乙两种股票,甲股票的价格为8元/股,乙股票的价格为4元/股,它们的投资额之比是4∶1,在甲、乙股票价格分别为10元/股和3元/股时,该投资者全部抛出这两种股票,他共获利(    ).

(A) 3 000元　　(B) 3 889元　　(C) 4 000元　　(D) 5 000元　　(E) 2 300元

**6.** (199710)某商品打九折会使销量增加20%,则这一折扣会使销售额增加的百分比是(    ).

(A) 18%　　　(B) 10%　　　(C) 8%　　　(D) 5%　　　(E) 2%

**7.** (199801)一种货币贬值15%,一年后又增值百分之几才能保持原币值?(    ).

(A) 15%　　　(B) 15.25　　(C) 16.68%　　(D) 17.17%　　(E) 17.65%

**8.** (199810)某种商品降价20%后,若欲恢复原价,应提价(    ).

(A) 20%　　　(B) 25%　　　(C) 22%　　　(D) 15%　　　(E) 24%

**9.** (199810)一笔钱购买A型彩色电视机,若买5台余2 500元,若买6台则缺4 000元,今将这笔钱用于买B型彩色电视机,正好可购7台,B型彩色电视机每台的售价是(    ).

(A) 4 000元　　(B) 4 500元　　(C) 5 000元　　(D) 5 500元　　(E) 6 000元

**10.** (199910)某商店将每套服装按原价提高50%后再作7折"优惠"的广告宣传,这样每售出一套服装可获利625元.已知每套服装的成本是2 000元,该店按"优惠价"售出一套服装比按原价(    ).

(A) 多赚100元　　　　(B) 少赚100元　　　　(C) 多赚125元

(D) 少赚125元　　　　(E) 多赚155元

**11.** (200001)商店委托搬运队运送500只瓷花瓶,双方商定每只花瓶运费0.50元,若搬运中打破一只,则不但不计运费,还要从运费中扣除2.00元.已知搬运队共收到240元,试问搬运中打破了几只花瓶?(    ).

(A) 3只　　　　(B) 4只　　　　(C) 5只　　　　(D) 6只

**12.** (200101)一商店把某商品按标价的九折出售,仍可获利20%,若该商品的进价为每件21元,则该商品每件的标价为(    ).

(A) 26元　　　　(B) 28元　　　　(C) 30元　　　　(D) 32元

**13.** (200110)商店某种服装换季降价,原来可买8件的钱现在可以买13件,问这种服装价格下降的百分比是(    ).

(A) 36.5%　　　(B) 38.5%　　　(C) 40%　　　(D) 42%

**14.** (200110)用一笔钱的5/8购买甲商品,再以所余金额的2/5购买乙商品,最后剩余900元,这笔钱的总额是(    ).

(A) 2 400元　　(B) 3 600元　　(C) 4 000元　　(D) 4 500元

**15.** (200210)甲花费5万元购买了股票,随后他将这些股票转卖给乙,获利10%,不久乙又将这些股票返卖给甲,但乙损失了10%,最后甲按乙卖给他的价格的9折把这些股票卖掉了,不计交易费,甲在上述交易中(    ).

(A) 不盈不亏　　　(B) 盈利 50 元　　　(C) 盈利 100 元　　　(D) 亏损 50 元

**16.** (200210)商店出售两套礼盒,均以 210 元售出,按进价计算,其中一套盈利 25%,而另一套亏损 25%,结果商店( ).

(A) 不赚不赔　　　(B) 赚了 24 元　　　(C) 亏了 28 元　　　(D) 亏了 24 元

**17.** (200301)所得税是工资加奖金总和的 30%,如果一个人的所得税为 6 810 元,奖金为 3 200 元,则他的工资为( ).

(A) 12 000　　(B) 15 900　　(C) 19 500　　(D) 25 900　　(E) 62 000

**18.** (200401)某工厂生产某种新型产品,一月份每件产品销售的利润是出厂价的 25%(假设利润=出厂价-成本),二月份每件产品出厂价降低 10%,成本不变,销售件数比一月份增加 80%,则利润增长( ).

(A) 6%　　(B) 8%　　(C) 15.5%　　(D) 25.5%　　(E) 以上均不对

**19.** (200601)某电子产品一月份按原定价的 80% 出售,能获利 20%,二月份由于进价降低,按同样原定价的 75% 出售,却能获利 25%,那么二月份进价是一月份进价的百分之( ).

(A) 92　　(B) 90　　(C) 85　　(D) 80　　(E) 75

**20.** (200710)王女士以一笔资金分别投入股市和基金,但因故需抽回一部分资金. 若从股市中抽回 10%,从基金中抽回 5%,则其总投资额减少 8%,若从股市和基金的投资额中各抽回 15% 和 10%,则其总投资额减少 130 万元,其总投资额为( ).

(A) 1 000 万元　　(B) 1 500 万元　　(C) 2 000 万元　　(D) 2 500 万元　　(E) 3 000 万元

**21.** (199701)甲仓库存粮 30 吨,乙仓存粮 40 吨,要再往甲仓和乙仓运去粮食 80 吨,使甲仓粮食是乙仓粮食数量的 1.5 倍,应运往乙仓的粮食是( ).

(A) 15 吨　　(B) 20 吨　　(C) 25 吨　　(D) 30 吨　　(E) 35 吨

**22.** (199710)某地连续举办三场国际商业足球比赛,第二场观众比第一场少了 80%,第三场观众比第二场减少了 50%,若第三场观众仅有 2 500 人,则第一场观众有( ).

(A) 15 000 人　　(B) 20 000 人　　(C) 22 500 人　　(D) 25 000 人　　(E) 27 500 人

**23.** (199810)商店本月的计划销售额为 20 万元,由于开展了促销活动,上半月完成了计划的 60%,若全月要超额完成计划的 25%,则下半月应完成销售额( ).

(A) 12 万元　　(B) 13 万元　　(C) 14 万元　　(D) 15 万元　　(E) 16 万元

**24.** (199901)一批图书放在两个书柜中,其中第一柜占 55%,若从第一柜中取出 15 本放入第二柜中,则两书柜的书各占这批图书的 50%,这批图书共有( ).

(A) 200 本　　(B) 260 本　　(C) 300 本　　(D) 360 本　　(E) 600 本

**25.** (199910)容器内装满铁质或木质的黑球与白球,其中 30% 是黑球,60% 的白球是铁质的. 则容器中木质白球的百分比是( ).

(A) 28%　　(B) 30%　　(C) 40%　　(D) 42%　　(E) 70%

**26.** (200010)单位有男职工 420 人,男职工人数是女职工人数的 $1\frac{1}{3}$ 倍,工龄 20 年以上者占全体职工人数的 20%,工龄 10~20 年者是工龄 10 年以下者人数的一半,工龄在 10 年以下者人数是( ).

(A) 250 人　　(B) 275 人　　(C) 392 人　　(D) 401 人

**27.** (200110)健身房中,某个周末下午 3:00,参加健身的男士与女士人数之比为 3∶4,下午 5∶00,男士中有 25%,女士中有 50% 离开了健身房.此时留在健身房内的男士与女士人数之比是( ).

(A) 10∶9  (B) 9∶8  (C) 8∶9  (D) 9∶10

**28.** (200201)奖金发给甲、乙、丙、丁四人,其中 1/5 发给甲,1/3 发给乙,发给丙的奖金数正好是甲、乙奖金之差的 3 倍,已知发给丁的奖金为 200 元,则这笔奖金数为( ).

(A) 1 500 元  (B) 2 000 元  (C) 2 500 元  (D) 3 000 元

**29.** (200301)某公司得到一笔贷款共 68 万元,用于下属 3 个工厂的设备改造,结果甲、乙、丙 3 个工厂按比例分别得到 36 万元、24 万元和 8 万元.

(1) 甲、乙、丙 3 个工厂按 1/2∶1/3∶1/9 的比例贷款

(2) 甲、乙、丙 3 个工厂按 9∶6∶2 的比例贷款

**30.** (200310)某城区 2001 年绿地面积较上年增加了 20%,人口却负增长,结果人均绿地面积比上年增长了 21%.

(1) 2001 年人口较上年下降了千分之 8.26

(2) 2001 年人口较上年下降了千分之 10

**31.** (200310)某培训班有学员 96 人,其中男生占全班人数的 $\frac{7}{12}$,女生中有 15% 是 30 岁和 30 岁以上的,则女生中不到 30 岁的人数是( ).

(A) 30 人  (B) 31 人  (C) 32 人  (D) 33 人  (E) 34 人

**32.** (200310)某工厂人员由技术人员、行政人员和工人组成,共有男职工 420 人,是女职工的 $1\frac{1}{3}$ 倍,其中行政人员占全体职工的 20%,技术人员比工人少 $\frac{1}{25}$,那么该工厂有工人( ).

(A) 200 人  (B) 250 人  (C) 300 人  (D) 350 人  (E) 400 人

**33.** (200501)甲、乙两个储煤仓库的库存煤量之比为 10∶7.要使这两个仓库的库存煤量相等,甲仓库需向乙仓库搬入的煤量占甲仓库库存煤量的( ).

(A) 10%  (B) 15%  (C) 20%  (D) 25%  (E) 30%

**34.** (200610)甲、乙两仓库存储的粮食重量之比为 4∶3,现从甲仓库中调出 10 万吨粮食,则甲、乙两仓库存粮吨数之比为 7∶6.甲仓库原有粮食的万吨数为( ).

(A) 70  (B) 78  (C) 80

(D) 85  (E) 以上结论均不正确

**35.** (200610)仓库中有甲、乙两种产品若干件,其中甲占总仓库存量的 45%,若再存入 160 件乙产品后,甲产品占新库存量的 25%,那么甲产品原有件数为( ).

(A) 80  (B) 90  (C) 100

(D) 110  (E) 以上结论均不正确

**36.** (200710)某电镀厂两次改进操作方法,使用锌量比原来节约 15%,则平均每次节约( ).

(A) 42.5%  (B) 7.5%  (C) $(1-\sqrt{0.85})\times100\%$

(D) $(1+\sqrt{0.85})\times100\%$  (E) 以上结论均不正确

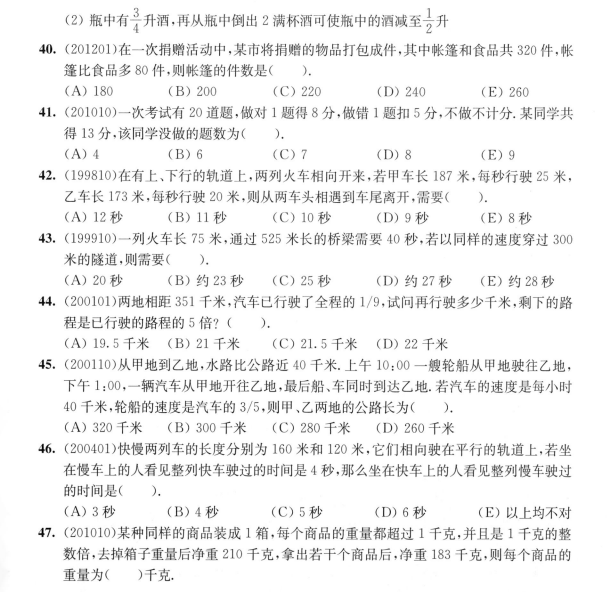

**37.** (200710) 1 千克鸡肉的价格高于 1 千克牛肉的价格.
(1) 一家超市出售袋装鸡肉与袋装牛肉,一袋鸡肉的价格比一袋牛肉的价格高 30%
(2) 一家超市出售袋装鸡肉与袋装牛肉,一袋鸡肉的重量比一袋牛肉的重 25%

**38.** (200801) 本学期某大学的 $a$ 个学生或者付 $x$ 元的全额学费或者付半额学费,付全额学费的学生所付的学费占 $a$ 个学生所付学费总额的比率是 $\frac{1}{3}$.
(1) 在这 $a$ 个学生中 20% 的人付全额学费
(2) 这 $a$ 个学生本学期共付 9 120 元学费

**39.** (200801) 一杯酒容积为 $\frac{1}{8}$ 升.
(1) 瓶中有 $\frac{3}{4}$ 升酒,再倒入 1 满杯酒可使瓶中的酒增至 $\frac{7}{8}$ 升
(2) 瓶中有 $\frac{3}{4}$ 升酒,再从瓶中倒出 2 满杯酒可使瓶中的酒减至 $\frac{1}{2}$ 升

**40.** (201201) 在一次捐赠活动中,某市将捐赠的物品打包成件,其中帐篷和食品共 320 件,帐篷比食品多 80 件,则帐篷的件数是( ).
(A) 180    (B) 200    (C) 220    (D) 240    (E) 260

**41.** (201010) 一次考试有 20 道题,做对 1 题得 8 分,做错 1 题扣 5 分,不做不计分. 某同学共得 13 分,该同学没做的题数为( ).
(A) 4    (B) 6    (C) 7    (D) 8    (E) 9

**42.** (199810) 在有上、下行的轨道上,两列火车相向开来,若甲车长 187 米,每秒行驶 25 米,乙车长 173 米,每秒行驶 20 米,则从两车头相遇到车尾离开,需要( ).
(A) 12 秒    (B) 11 秒    (C) 10 秒    (D) 9 秒    (E) 8 秒

**43.** (199910) 一列火车长 75 米,通过 525 米长的桥梁需要 40 秒,若以同样的速度穿过 300 米的隧道,则需要( ).
(A) 20 秒    (B) 约 23 秒    (C) 25 秒    (D) 约 27 秒    (E) 约 28 秒

**44.** (200101) 两地相距 351 千米,汽车已行驶了全程的 1/9,试问再行驶多少千米,剩下的路程是已行驶的路程的 5 倍?( ).
(A) 19.5 千米    (B) 21 千米    (C) 21.5 千米    (D) 22 千米

**45.** (200110) 从甲地到乙地,水路比公路近 40 千米.上午 10:00 一艘轮船从甲地驶往乙地,下午 1:00,一辆汽车从甲地开往乙地,最后船、车同时到达乙地.若汽车的速度是每小时 40 千米,轮船的速度是汽车的 3/5,则甲、乙两地的公路长为( ).
(A) 320 千米    (B) 300 千米    (C) 280 千米    (D) 260 千米

**46.** (200401) 快慢两列车的长度分别为 160 米和 120 米,它们相向驶在平行的轨道上,若坐在慢车上的人看见整列快车驶过的时间是 4 秒,那么坐在快车上的人看见整列慢车驶过的时间是( ).
(A) 3 秒    (B) 4 秒    (C) 5 秒    (D) 6 秒    (E) 以上均不对

**47.** (201010) 某种同样的商品装成 1 箱,每个商品的重量都超过 1 千克,并且是 1 千克的整数倍,去掉箱子重量后净重 210 千克,拿出若干个商品后,净重 183 千克,则每个商品的重量为( )千克.

(A) 1　　　　　(B) 2　　　　　(C) 3　　　　　(D) 4　　　　　(E) 5

**48.** (199801)一批货物运进仓库,由甲、乙2队合运9小时,可运进全部货物的50%,乙队单独运则要30小时才能运完,又知甲队每小时可运进3吨,则这批货物共有(　　).

(A) 135吨　　　(B) 140吨　　　(C) 145吨　　　(D) 150吨　　　(E) 155吨

**49.** (200001)一艘轮船发生漏水事故.当船舱漏进水600桶时,2部抽水机开始排水,甲机每分钟能排水20桶,乙机每分钟能排水16桶,经50分钟刚好将水全部排完.每分钟漏进的水有(　　).

(A) 12桶　　　　　(B) 18桶　　　　　(C) 24桶　　　　　(D) 30桶

**50.** (200010)甲、乙两机床4小时共生产某种零件360个,现在2台机床同时生产这种零件,在相同时间内,甲机床生产了1 225个,乙机床生产了1 025个,甲机床每小时生产零件(　　).

(A) 49个　　　　　(B) 50个　　　　　(C) 51个　　　　　(D) 52个

**51.** (200201)公司的一项工程由甲、乙2队合作6天完成,公司需付8 700元;由乙、丙2队合作10天完成,公司需付9 500元;甲、丙2队合作7.5天完成,公司需付8 250元.若单独承包给1个工程队并且要求不超过15天完成全部工作,则公司付钱最少的队是(　　).

(A) 甲队　　　　　(B) 丙队　　　　　(C) 乙队　　　　　(D) 不能确定

**52.** (200710)管径相同的3条不同管道甲、乙、丙,同时向某基地容积为1 000立方米的油罐供油,丙管道的供油速度比甲管道供油速度大.

(1) 甲、乙同时供油10天可灌满油罐　　　　(2) 乙、丙同时供油5天可灌满油罐

**53.** (201101)现有一批文字材料需要打印,2台新型打印机单独完成此任务分别需要4小时与5小时,2台旧型打印机单独完成此次任务分别需要9小时与11小时.则能在2.5小时内完成此任务.

(1) 安排2台新型打印机同时打印

(2) 安排1台新型打印机与2台旧型打印机同时打印

**54.** (201110)已知某种商品的价格从1月份到3月份的月平均增长速度为10%,那么该商品3月份的价格是其1月份价格的(　　).

(A) 21%　　　(B) 110%　　　(C) 120%　　　(D) 121%　　　(E) 133.1%

**55.** (2004)A公司2003年6月份的产值是1月份产值的$a$倍.

(1) 在2003年上半年,A公司月产值的平均增比率为$\sqrt[5]{a}$

(2) 在2003年上半年,A公司月产值的平均增比率为$\sqrt[6]{a}-1$

**56.** (201110)甲、乙2组射手打靶,2组射手的平均成绩是150环.

(1) 甲组的人数比乙组人数多20%

(2) 乙组的平均成绩是171.6环,比甲组的平均成绩高30%

**57.** (201210)一满桶纯酒精倒出10升后,加满水搅匀,再倒出4升后,再加满水.此时,桶中的纯酒精与水的体积比是2∶3,则桶的体积是(　　)升.

(A) 15　　　　　(B) 18　　　　　(C) 20　　　　　(D) 22　　　　　(E) 25

**58.** (201110)打印1份资料,若每分钟打30个字,需要若干小时打完.当打到此材料的$\frac{2}{5}$时,打字效率提高了40%,结果提前半小时打完.这份材料的字数是(　　)个.

(A) 4 650　　　(B) 4 800　　　(C) 4 950　　　(D) 5 100　　　(E) 5 250

**59.** (201210)一项工作,甲、乙、丙 3 人各自独立完成需要的天数分别为 3,4,6,则丁独立完成该项工作需要 4 天时间.

(1) 甲、乙、丙、丁 4 人共同完成该项工作需要 1 天时间

(2) 甲、乙、丙 3 人各做一天,剩余部分由丁独立完成

**60.** (201210)甲、乙、丙 3 人同时在起点出发进行 1 000 米自行车比赛(假设他们各自的速度保持不变),甲到达终点时,乙距终点还有 40 米,丙距终点还有 64 米. 那么乙到达终点时,丙距终点(　　)米.

(A) 21　　　　(B) 25　　　　(C) 30　　　　(D) 35　　　　(E) 39

**61.** (201010) 在一条与铁路平行的公路上有一行人与一骑车人同向行进,行人速度为 3.6 千米/小时,骑车人速度为 10.8 千米/小时. 如果一列火车从他们的后面同向匀速驶来,它通过行人的时间是 22 秒,通过骑车人的时间是 26 秒,则这列火车的车身长为(　　)米.

(A) 186　　　　(B) 268　　　　(C) 168　　　　(D) 286　　　　(E) 188

**62.** (201110)1 列火车匀速行驶时,通过 1 座长为 250 米的桥梁需要 10 秒钟,通过 1 座长为 450 米的桥梁需要 15 秒钟,该火车通过长为 1 050 米的桥梁需要(　　)秒.

(A) 22　　　　(B) 25　　　　(C) 28　　　　(D) 30　　　　(E) 35

**63.** (201110)甲、乙两人赛跑,甲的速度是 6 米/秒.

(1) 乙比甲先跑 12 米,甲起跑后 6 秒钟追上乙

(2) 乙比甲先跑 2.5 秒,甲起跑后 5 秒钟追上乙

**64.** (200701)某地水费的收费标准如下:每户每月使用不超过 5 吨,按 4 元/吨收费;若超过 5 吨则按更高的标准收费.9 月份张家的用水量比李家多 50%,两家水费分别为 90 元和 55 元,则超过 5 吨的收费标准是(　　).

(A) 5 元/吨　　(B) 5.5 元/吨　　(C) 6 元/吨　　(D) 6.5 元/吨　　(E) 7 元/吨

**65.** (201010)某地震灾区现居民住房的总面积为 $a$ 平方米,当地政府计划每年以 10% 的住房增长率建设新房,并决定每年拆除固定数量的危旧房. 如果 10 年后该地的住房面积正好比现有住房面积增加一倍,那么,每年应该拆除危旧房的面积是(　　)平方米.

(注:$1.1^9 \approx 2.4$,$1.1^{10} \approx 2.6$,精确到小数点后一位)

(A) $\dfrac{1}{8}$　　　　(B) $\dfrac{1}{40}a$　　　　(C) $\dfrac{3}{80}a$

(D) $\dfrac{1}{20}a$　　　　(E) 以上结论都不正确

**66.** (200701)设罪犯与警察在一开阔地上相隔 1 条宽 0.5 千米的河,罪犯从北岸 $A$ 点处以每分钟 1 千米的速度向正北逃窜,警察从南岸 $B$ 点以每分钟 2 千米的速度向正东追击(如图 17.12),则警察从 $B$ 点到达最佳射击位置(即罪犯与警察相距最近的位置)所需的时间是(　　).

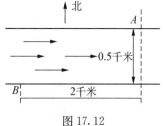

图 17.12

(A) $\dfrac{3}{5}$ 分　　　　(B) $\dfrac{5}{3}$ 分　　　　(C) $\dfrac{10}{7}$ 分

(D) $\dfrac{7}{10}$ 分　　　　(E) $\dfrac{7}{5}$ 分

**67.** (201310)某公司今年第一季度和第二季度的产值分别比去年同期增长了 11% 和 9%,且这两个季度产值的同比绝对增加量相等.该公司今年上半年的产值同比增长了(　　).

(A) 9.5%　　　(B) 9.9%　　　(C) 10%　　　(D) 10.5%　　　(E) 10.9%

**68.** (201310)某物流公司将一批货物的 60% 送到了甲商场,100 件送到了乙商场,其余的都送到了丙商场.若送到甲、丙 2 个商场的货物数量之比为 7:3,则该批货物共有(　　)件.

(A) 700　　　(B) 800　　　(C) 900　　　(D) 1 000　　　(E) 1 100

**69.** (201310)老王上午 8:00 骑自行车离家去办公楼开会.若每分钟骑行 150 米,则他会迟到 5 分钟;若每分钟骑行 210 米,则他会提前 5 分钟.会议开始的时间是(　　).

(A) 8:20　　　(B) 8:30　　　(C) 8:45　　　(D) 9:00　　　(E) 9:10

## 详解:

**1.【C】**

**解**　设井深 $x$ 尺,则绳长 $=3(x+4)=4(x+1)$,解得 $x=8$ 尺.选(C).

**2.【D】**

**解**　设共收白菜 $x$ 斤,则 $\dfrac{\frac{3}{8}x-24}{4}=\dfrac{\frac{5}{8}x}{8}$,即等式两边均为每筐白菜的斤数,得 $x=384$.选(D).

**3.【C】**

**解**　设一辆大车运货 $x$ 吨,一辆小车运货 $y$ 吨,

由已知 $\begin{cases}2x+3y=15.5\\5x+6y=35\end{cases}$ 解得 $x=4$,$y=2.5$,即 $3x+5y=12+12.5=24.5$(吨),选(C).

**4.【C】**

**解**　设甲、乙、丙库存数分别为 $x$,$y$,$z$,依题意得 $\begin{cases}\frac{3}{5}x=\frac{3}{4}y=\frac{2}{3}z\\x+y+z=270\end{cases}$.

由上式得 $y=\dfrac{4}{5}x$,$z=\dfrac{9}{10}x$.代入下式得 $x+\dfrac{4}{5}x+\dfrac{9}{10}x=270$,解得 $x=100$,选(C).

**5.【A】**

**解**　起初 20 000 元投资于甲和乙两种股票,比例为 4:1.

故投资于甲为 $20\,000\times\dfrac{4}{5}=16\,000$ 元,共 $\dfrac{16\,000}{8}=2\,000$ 股.

投资于乙为 $20\,000\times\dfrac{1}{5}=4\,000$ 元,共 $\dfrac{4\,000}{4}=1\,000$ 股.

以后,卖出甲共得 $2\,000\times10=20\,000$ 元,卖出乙共得 $1\,000\times3=3\,000$ 元,共卖得 23 000 元,故总盈利 $23\,000-20\,000=3\,000$ 元,选(A).

**6.【C】**

**解**　假设原销售量为 100 件,每件 1 元,则原销售额为 100 元.

现打九折,销售量增至 120 件,销售额变为 $120\times0.9$ 元 $=108$ 元.

故销售额增加的百分比为 $\dfrac{108-100}{100}=8\%$,所以选(C).

**7.【E】**

**解**　设原币值为 1,贬值 15% 后需增值 $x$ 才能保持原币值 1,即 $(1-15\%)(1+x)=1$.

所以 $x=\dfrac{1}{1-0.15}-1=\dfrac{1}{0.85}-1\approx0.176\,5=17.65\%$,选(E).

**8.【B】**

**解** 设原价为 1,降价 20% 后需提价 $x$ 才能保持原价 1,

即 $(1-20\%)(1+x)=1$,$x=25\%$. 选(B).

**9.【C】**

**解** 设 A 型彩色电视机单价为 $x$ 元,据题意有 $5x+2\,500=6x-4\,000$,

得 $x=6\,500$ 元. 从而这笔钱总数为 $6\,500\times5+2\,500=35\,000$ 元.

所以 B 型彩电的单价为 $35\,000\div7=5\,000$ 元. 选(C).

**10.【C】**

**解** 依题意可知优惠价为 $2\,000+625=2\,625$ 元,

所以设原价为 $x$ 元,从而 $x(1+50\%)\times70\%=2\,625$,解出 $x=2\,500$ 元.

所以现在多赚 $2\,625-2\,500=125$ 元,选(C).

**11.【B】**

**解** 设损坏了 $x$ 只,依题意有:$(0.50\times500)-(0.50+2.00)x=240$,解得 $x=4$,选(B).

**12.【B】**

**解** 设每件标价为 $x$ 元,由 $\dfrac{0.9x-21}{21}=20\%$,所以 $x=28$,选(B).

**13.【B】**

**解** 由题意可知该服装降价前后价格之比为 $13:8$,于是可设降价前价格为 13 元/件,降价后价格为 8 元/件,从而价格下降的百分比为 $\dfrac{13-8}{13}\approx38.5\%$,选(B).

**14.【C】**

**解 解法 1** $900\div\left[1-\dfrac{5}{8}-\left(1-\dfrac{5}{8}\right)\dfrac{2}{5}\right]=4\,000$ 元;

**解法 2** 设这笔钱的总数为 $x$ 元,依题意有 $x-\dfrac{5}{8}x-\left(x-\dfrac{5}{8}x\right)\dfrac{2}{5}=900\Rightarrow x=4\,000$. 选(C).

**15.【B】**

**解** 甲转卖给乙时,获利 $50\,000$ 元 $\times10\%=5\,000$ 元.

乙花费 $50\,000(1+10\%)=55\,000$ 元,乙转卖给甲时甲花费 $55\,000(1-10\%)=49\,500$.

甲再一次卖掉股票所得金额为 $49\,500\times0.9=44\,550$,亏损了 $49\,500-44\,550=4\,950$,甲在这次交易中盈利 $5\,000-4\,950=50$ 元,选(B).

**16.【C】**

**解** 设 2 套礼盒进价分别为 $x$,$y$,则 $\begin{cases} x(1+25\%)=210 \\ y(1-25\%)=210 \end{cases}\Rightarrow x=168,\ y=280.$

总进价为 $168+280=448$ 元,售出总额为 $210\times2=420$ 元,故亏损 $448-420=28$ 元. 所以选(C).

**17.【C】**

**解** 设这个人的工资为 $x$ 元,则 $(x+3\,200)\times30\%=6\,810\Rightarrow x=19\,500$ 元. 选(C).

**18.【B】**

**解** 设出厂价为 $a$ 元/件,成本为 $b$ 元/件,1 月份的销售量为 $n$ 件.

1 月份每件产品的利润为 $a-b$,由题意得 $a-b=\dfrac{1}{4}a$,所以 $b=\dfrac{3}{4}a$.

2 月份出厂价为 $a(1-10\%)=0.9a$,销售件数为 $n(1+80\%)=1.8n$,

故 2 月份的总利润为 $y_2=(0.9a-b)1.8n=\dfrac{27}{100}an$,

1 月份的总利润为 $y_1=n(a-b)=\dfrac{1}{4}an$,

增长率 $= \dfrac{y_2 - y_1}{y_1} = \dfrac{y_2}{y_1} - 1 = \dfrac{27}{25} - 1 = \dfrac{2}{25} = 8\%$.

故正确选项为(B).

**19.【B】**

**解**　设本产品原定价为 $x$,1 月份进价为 $y_1$, 2 月份进价为 $y_2$,

依题意有 $\dfrac{0.8x - y_1}{y_1} = 0.2$, $\dfrac{0.75x - y_2}{y_2} = 0.25$, 即 $y_1 = \dfrac{8}{12}x$, $y_2 = \dfrac{75}{125}x$.

从而 $\dfrac{y_2}{y_1} = \dfrac{75}{125} \times \dfrac{12}{8} = \dfrac{9}{10} = 90\%$, 选(B).

**20.【A】**

**解**　设原投入股市 $x$ 万元,投入基金 $y$ 万元,则资金总数为 $(x+y)$ 万元.

依题意有 $\begin{cases} 10\%x + 5\%y = 8\%(x+y), \\ 15\%x + 10\%y = 130, \end{cases}$ 化简 $\begin{cases} 2x - 3y = 0, \\ 3x + 2y = 2\,600, \end{cases}$ 解得 $x = 600$, $y = 400$.

因此 $x + y = 600 + 400 = 1\,000$(万元), 选(A).

**21.【B】**

**解**　甲仓存粮 30 吨,乙仓存粮 40 吨,当再往甲仓和乙仓运去粮食 80 吨时,最后,甲乙 2 仓共计 $30 + 40 + 80 = 150$ 吨,又甲:乙 $= 1.5 : 1$,故乙仓为 $150 \times \dfrac{1}{1.5 + 1} = 60$ 吨,需向乙仓再运进 $60 - 40 = 20$ 吨. 选(B).

**22.【D】**

**解**　假设第一场观众为 100,则第二场观众为 20,第三场观众为 10,故第一场观众与第三场观众之比为 $10 : 1$,若第三场观众仅有 2 500 人,从而第一场观众有 25 000 人. 选(D).

**23.【B】**

**解**　按超额计划,全月应完成 $20 \times 1.25 = 25$(万元),上半月已完成 $20 \times 0.6 = 12$(万元),故下半月应完成 $25 - 12 = 13$(万元). 所以选(B).

**24.【C】**

**解**　设这批图书共有 $x$ 本,第一柜有 $0.55x$,第二柜有 $0.45x$.

由已知得 $0.55x - 15 = 0.45x + 15$,所以 $x = 300$(本),选(C).

**25.【A】**

**解**　$(1 - 0.30)(1 - 0.60) = 0.28 = 28\%$,所以选(A).

**26.【C】**

**解**　**解法1**　总人数为 $420 + 420 \div 1\dfrac{1}{3} = 735$,工龄在 10 年以下者为 $735 \times 80\% \div \left(1 + \dfrac{1}{2}\right) = 392$.

**解法2**　设工龄在 10 年以下者为 $x$ 人,依题意 $\dfrac{1.5x}{1 - 0.2} = \left(1 + \dfrac{3}{4}\right) \times 420 \Rightarrow x = 392$. 选(C).

**27.【B】**

**解**　设男士人数为 300 人,女士人数为 400 人,则下午 5:00 以后留在健身房内的男士与女士人数之比为 $300(1 - 25\%)/400(1 - 50\%) = 225/200 = 9 : 8$,选(B).

**28.【D】**

**解**　设这笔奖金数为 $x$ 元,则 $\dfrac{1}{5}x + \dfrac{1}{3}x + 3\left(\dfrac{1}{3}x - \dfrac{1}{5}x\right) + 200 = x \Rightarrow x = 3\,000$ 元,选(D).

**29.【D】**

**解**　由条件(1),甲、乙、丙三个工厂的贷款比例为 $\dfrac{1}{2} : \dfrac{1}{3} : \dfrac{1}{9} = \dfrac{9}{18} : \dfrac{6}{18} : \dfrac{2}{18} = 9 : 6 : 2$.

则甲、乙、丙三个工厂所得的贷款分别为 $68 \times \dfrac{9}{17} = 36$, $68 \times \dfrac{6}{17} = 24$, $68 \times \dfrac{2}{17} = 8$,

即条件(1)单独充分.显然条件(2)和条件(1)是等价的,也充分.选(D).

**30.【A】**

**解**　设 2000 年人口数为 100,绿地面积为 100,则 2001 年人口数为 $100-a$,绿地面积为 120,于是 $\frac{120}{100-a}-1=0.21\Rightarrow a=100-\frac{120}{1.21}\approx0.826$,因此 $\frac{100-(100-0.826)}{100}=8.26‰$.条件(1)充分,条件(2)不充分.故选(A).

**31.【E】**

**解**　$96\times\left(1-\frac{7}{12}\right)(1-15\%)=96\times\frac{5}{12}\times0.85=34$(人),选(E).

**32.【C】**

**解**　工厂共有职工 $420\div1\frac{1}{3}+420=735$(人).其中,技术人员、工人共有 $735\times80\%=588$(人),工人共有 $588\div\left(1+\frac{24}{25}\right)=300$(人),选(C).

**33.【B】**

**解**　设甲、乙两个储煤仓库的库存煤量分别为 10 吨和 7 吨,要使这两个仓库库存煤量相等,即都为 8.5 吨,显然应从甲仓库向乙仓库搬入 1.5 吨,占甲仓库原存煤量的 $\frac{1.5}{10}=15\%$,选(B).

**34.【C】**

**解**　设甲仓库原有粮食 $4x$ 万吨,乙仓库原有粮食 $3x$ 万吨,依题意得 $\frac{4x-10}{3x}=\frac{7}{6}\Rightarrow x=20$,从而 $4x=4\times20=80$,选(C).

**35.【B】**

**解**　设原仓库总存量为 $x$ 件,则原来甲产品占 $0.45x$ 件,依题意有 $\frac{0.45x}{x+160}=\frac{25}{100}\Rightarrow x=200$,因此 $0.45x=0.45\times200=90$,选(B).

**36.【C】**

**解**　设原来使用锌量为 $a$,平均每次节约 $x$,依题意有 $a(1-x)^2=a(1-15\%)$,解得 $x=1-\sqrt{0.85}$.选(C).

**37.【C】**

**解**　条件(1)中不知道一袋鸡肉和一袋牛肉各自的重量是多少,所以求不出是 1 千克鸡肉的价格高还是 1 千克牛肉的价格高,因此,条件(1)不充分.

条件(2)中不知道一袋鸡肉和一袋牛肉的价格,所以也不充分.

两个条件联合时,设一袋牛肉的价格为 $a$,重量为 $b$,则 1 千克牛肉的价格为 $\frac{a}{b}$,从而 1 千克鸡肉的价格为 $\frac{(1+30\%)a}{(1+25\%)b}>\frac{a}{b}$,即 1 千克鸡肉的价格高于 1 千克牛肉的价格,所以两个条件联合起来充分.选(C).

**38.【A】**

**解**　条件(1)可得,付全额学费的学生所付的学费占这 $a$ 个学生所付学费总额的比率是:$\frac{20\%}{20\%+80\%\times50\%}=\frac{20}{20+40}=\frac{1}{3}$,故条件(1)充分.

条件(2),只知 $a$ 个学生所付学费总额,无法得到付全额学费的学生所付的学费占这 $a$ 个学生所付学费总额的比率.故条件(2)不充分.故选(A).

**39.【D】**

**解**　由条件(1),1 满杯酒 $=\frac{7}{8}-\frac{3}{4}=\frac{1}{8}$(升),即条件(1)是充分的.

由条件(2),1 满杯酒 $= \dfrac{1}{2}\left(\dfrac{3}{4} - \dfrac{1}{2}\right) = \dfrac{1}{8}$(升),即条件(2)也是充分的.所以选(D).

**40.【B】**

**解** 设帐篷、食品分别为 $x,y$ 件,由题意得 $\begin{cases} x+y = 320 \\ x-y = 80 \end{cases}$,所以 $x = 200$.

〖**评注**〗 知识点:列方程解应用题.

**41.【C】**

**解法 1** 设做对 $x$ 题,做错 $y$ 题,没做 $z$ 题,则

$$\begin{cases} x+y+z = 20 \\ 8x-5y = 13 \end{cases}.$$

由 $8x = 13+5y$ 得 $8 \mid 13+5y$ 且 $y$ 为奇数,由穷举法可得 $y = 7$,则 $x = 6$,$z = 7$,选(C).

**解法 2** 设做对 $x$ 题,做错 $y$ 题,则没做 $20-(x+y)$,

又 $20-(x+y) > 0$,得 $x+y < 20$. 又 $8x-5y = 13$,即 $8(x-1) = 5(y+1)$,则

$\begin{cases} x-1 = 5 \\ y+1 = 8 \end{cases}$,即 $\begin{cases} x = 6 \\ y = 7 \end{cases}$,即没做的题目有 $20-(6+7) = 7$ 题.

**42.【E】**

**解** 从两车头相遇到车尾离开,两车共走 $173+187 = 360$(米),共同行进的速度为 $20+25 = 45$(米/秒),故所花时间 $360 \div 45 = 8$(秒). 选(E).

**43.【C】**

**解** $\dfrac{300+75}{525+75} \times 40 = 25$,故本题应选(C).

**44.【A】**

**解** 设还要行驶 $x$ 公里,由 $351 \times \dfrac{1}{9} + x = \dfrac{1}{5}\left(\dfrac{8}{9} \times 351 - x\right) \Rightarrow x = 19.5$,选(A).

**45.【C】**

**解** 设甲、乙两地公路长为 $x$ 公里,则水路长为 $x-40$. 依题意有

$\dfrac{x}{40} + 3 = \dfrac{x-40}{40 \times \dfrac{3}{5}} \Rightarrow x = 280$,选(C).

**46.【A】**

**解** 设快车的速度为每秒 $v_1$ 米,慢车的速度为每秒 $v_2$ 米,由题意得

$\dfrac{160}{v_1+v_2} = 4$,即 $v_1+v_2 = 40$,所以 $\dfrac{120}{v_1+v_2} = \dfrac{120}{40} = 3$,故应选(A).

**47.【C】**

**解法 1** 设每个商品的重量为 $x$ 千克,共有 $y$ 个商品,拿出了 $z$ 个商品,则

$\begin{cases} xy = 210 \\ xy-xz = 183 \end{cases}$,得 $xz = 27$,又 $x,z$ 为正整数且 $x > 1$,由整除性得 $x$ 的可能取值为 3 或 9,选项中只有

3,所以选(C),或解得 $\begin{cases} x = 3 \\ y = 70 \\ z = 9 \end{cases}$ 或 $\begin{cases} x = 9 \\ y = 210/9 \\ z = 3 \end{cases}$($y$ 不为整数,舍去).

**解法 2** 每个商品的重量为 $x$ 千克,共有 $n$ 个商品,拿出了 $(n-m)$ 个商品,

$\begin{cases} nx = 210 \\ mx = 183 \end{cases}$,$\dfrac{n}{m} = \dfrac{70}{61}$,$x > 1$ 且 $x \in \mathbf{N}$,$n = 70$,$m = 61$,即 $x = 3$.

〖**高分技巧**〗 184 千克能整除 3 千克,直接选(C). 或拿出的 $m$ 个商品共 $210-183 = 27$ 千克,每个商品

的重量都超过 1 千克,只有 3 能被 27 整除.

**48.【A】**

**解** 设共有货物 $w$ 吨,乙队每小时可运 $x$ 吨,则 $\begin{cases} 9(x+3) = 0.5w \\ w = 30x \end{cases} \Rightarrow x = \dfrac{9}{2}$,$w = 135$,选(A).

**49.【C】**

**解** 设每分钟漏进水 $x$ 桶,则 $600 + 50x = 50(20 + 16)$,解得 $x = 24$,故本题应选(C).

**50.【A】**

**解** 设甲机床每小时生产 $x$ 个零件,乙机床每小时生产 $y$ 个零件,则

$\begin{cases} 4x + 4y = 360 \\ \dfrac{1\,225}{x} = \dfrac{1\,025}{y} \end{cases} \Rightarrow \begin{cases} x = 49 \\ y = 41 \end{cases}$. 故本题应选(A).

**51.【A】**

**解** 设甲、乙、丙单独做各需 $x$,$y$,$z$ 天,依题意得

$$\begin{cases} \dfrac{1}{x} + \dfrac{1}{y} = \dfrac{1}{6} \\[2mm] \dfrac{1}{y} + \dfrac{1}{z} = \dfrac{1}{10} \\[2mm] \dfrac{1}{x} + \dfrac{1}{z} = \dfrac{1}{7.5} \end{cases}$$,解得 $x = 10$,$y = 15$,$z = 30$.

由于单独承包给 1 个工程队并且要求不超过 15 天完成全部工作,因此可排除丙队.

又设公司付给 3 个工程队每天各 $u$,$v$,$w$ 元,则

$$\begin{cases} 6(u+v) = 8\,700 \\ 10(v+w) = 9\,500 \\ 7.5(u+w) = 8\,250 \end{cases}$$

解得 $u = 800$,$v = 650$,因此甲队单独做需 $10 \times 800 = 8\,000$ 元,乙队单独做需 $15 \times 650 = 9\,750$ 元,所以答案为(A).

**52.【C】**

**解** 显然条件(1)和(2)单独都不充分,2 个条件联合可得丙管道的供油速度比甲管道供油速度大,即 2 个条件联合起来充分. 故本题应选(C).

**53.【D】**

**解** 设工程量为 1,则 2 台新打印机每小时的工程速度为 $1/4$,$1/5$. 2 台旧打印机每小时的工程速度为 $1/9$,$1/11$.

条件(1)安排 2 台新型打印机同时打印,则 $\dfrac{1}{1/4 + 1/5} = \dfrac{20}{9} < 2.5$,所以条件(1)充分.

条件(2)安排 1 台新型打印机与 2 台旧型打印机同时打印,

因为 $\dfrac{1}{1/4 + 1/9 + 1/11} < \dfrac{1}{1/5 + 1/9 + 1/11} \approx \dfrac{1}{0.2 + 0.111\,1 + 0.090\,9} < \dfrac{1}{0.4} = 2.5$,所以 2 种组合都充分.

所以选(D).

〖评注〗 分数估算可以提高计算速度.

**54.【D】**

**解** 设 1 月份价格为 $a$,则 2、3 月份价格分别为 $a(1 + 10\%)$,$a(1 + 10\%)^2$,

则 3 月份是 1 月份的:$\dfrac{a(1 + 10\%)^2}{a} \times 100\% = 121\%$.

**55.【E】**

**解**  设公司 1 月份的产值是 $b$,月平均增比率为 $x$,则 $b(1+x)^5 = ab$,即 $x = \sqrt[5]{a} - 1$.

因而条件(1)、(2)都不充分. 所以选(E).

**56.【C】**

**解**  (1),(2)两条件明显需要联合.

设乙组的人数为 $a$,则甲组的人数为 $1.2a$.

设甲组平均成绩为 $x$ 环,乙组的平均成绩是 171.6 环,比甲组的平均成绩高 30%,所以 $171.6 = (1 + 30\%) \cdot x$,得到 $x = 132$.

所以两组平均成绩 $= \dfrac{132 \times 1.2a + 171.6 \times a}{1.2a + a} = 150$.

**57.【C】**

**解**  设桶的体积为 $V$,则 $\left(\dfrac{V-10}{V}\right)\left(\dfrac{V-4}{V}\right) = \dfrac{2}{2+3}$,验证选项(C)正确.

**58.【E】**

**解**  设这份材料有 $x$ 个字,等价于完成了 $\dfrac{3}{5}$ 的工作量,效率提高后所用时间少 30 分钟,得 $\dfrac{\frac{3}{5}x}{30} - \dfrac{\frac{3}{5}x}{30(1+40\%)} = 30 \Rightarrow x = 5\,250$.

**59.【A】**

**解**  条件(1)由题意可得,丁的 1 天的效率为 $1 - \dfrac{1}{3} - \dfrac{1}{4} - \dfrac{1}{6} = \dfrac{1}{4}$,所以丁独立完成该项工作需要 4 天时间,充分.

条件(2),剩余的工作量为 $1 - \dfrac{1}{3} - \dfrac{1}{4} - \dfrac{1}{6} = \dfrac{1}{4}$,但没有明确是几天干完的,所以无法推出结论,不充分.

**60.【B】**

**解**  乙到达终点时,丙跑了 $\dfrac{936}{960} \times 1\,000 = 975$ 米,所以距离终点还有 25 米.

**61.【D】**

**解**  由 1 米/秒 = 3.6 千米/时,设火车车身长 $S$ 米,速度为 $V$ 米/秒,$\begin{cases} S/22 = V-1 \\ S/26 = V-3 \end{cases} \Rightarrow \begin{cases} S = 286 \\ V = 14 \end{cases}$.

**62.【D】**

**解**  设火车车身长为 $l$ 米,由速度相等得 $\dfrac{250+l}{10} = \dfrac{450+l}{15}$,所以 $l = 150$ 米,

得 $v = \dfrac{250+150}{10} = 40$ 米/秒,根据 $t = \dfrac{1\,050+l}{v}$,得 $t = \dfrac{1\,050+150}{40} = 30$ 秒.

〔评注〕  火车通过物体(桥梁和隧道),所走的长度 = 车长 + 物体长.

**63.【C】**

**解**  设甲、乙速度分别为 $x$ 米/秒,$y$ 米/秒,由路程相等得到

(1) $6x = 12 + 6y$;  (2) $5x = (5+2.5)y$;

(1),(2)联合起来:得 $x = 6$.

**64.【E】**

**解**  显然两家都超过了 5 吨,设李家用水 $a$ 吨,张家用水 $1.5a$ 吨,超过 5 吨的收费标准为 $b$ 元/吨,则

张家水费：$5 \times 4 + (1.5a - 5) \times b = 90$　①

李家水费：$5 \times 4 + (a - 5) \times b = 55$　②

两式子相减得 $ab = 70$，代入 ②，解得 $b = 7$.

**65.【C】**

**解**　设每年应该拆除危旧房的面积为 $x$ 平方米，则一年后的住房面积为 $a(1 + 10\%) - x = 1.1a - x$，

两年后住房面积为 $[a(1 + 10\%) - x](1 + 10\%) - x = 1.1^2 a - 1.1x - x$，

……

十年后住房面积为 $1.1^{10}a - 1.1^9 x - 1.1^8 x - \cdots - 1.1x - x$，

则　　　　　　　　$1.1^{10}a - [1.1^9 + 1.1^8 + \cdots + 1.1 + 1]x = 2a$，

$1.1^{10}a - \dfrac{1 - 1.1^{10}}{1 - 1.1}x = 2a \Rightarrow 2.6a - 16x = 2a \Rightarrow x = \dfrac{3}{80}a$，选 (C).

〖**评注**〗　本题难度和运算量都比较大，关键写出前几项的表达式后归纳出十年后的表达式，再借助等比数列求和.

**66.【D】**

**解**　设所需时间为 $t$，按题意相当于求两点距离的最小值，根据勾股定理得

$$S^2 = (2 - 2t)^2 + (t + 0.5)^2 = 5t^2 - 7t + 4.25，$$

当 $t = \dfrac{7}{10}$ 时，距离最短.

**67.【B】**

**解**　设去年第一、二季度的产值分别为 $a, b$，由题意可得 $a \times 11\% = b \times 9\% $，即 $11a = 9b \Rightarrow b = \dfrac{11}{9}a$，则今年上半年产值同比增长为

$\dfrac{11\%a + 9\%b}{a + b} \times 100\% = \dfrac{2a \times 11\%}{a + \dfrac{11}{9}a} = 9.9\%$，选 (B).

**68.【A】**

**解**　设该批货物一共有 $x$ 件，则由题意得 $\dfrac{60\%x}{40\%x - 100} = \dfrac{7}{3} \Rightarrow x = 700$.

**69.【B】**

**解**　设准时到需要时间为 $t$，则根据路程不变得 $150(t + 5) = 210(t - 5) \Rightarrow t = 30$，所以会议开始时间为 8:30.

第 3 部分

# 数学考试冲刺归纳

# 第18章

# 数学考试冲刺归纳

## 18.1 管理类联考数学知识点清单

### 18.1.1 算术

**1. 整数**

注意概念的联系和区别及综合使用,小整数用穷举法,大整数用质因数分解.

(1) 整数及其运算.

(2) 整除、公倍数、公约数:整除、余数问题用带余除法转化为等式;最小公倍数、最大公约数定义,求法,两者数量上关系;最小公倍数、最大公约数应用.

(3) 奇数、偶数:奇偶性判定.

(4) 质数、合数:定义,1既不是质数也不是合数,质数中只有2是偶数,质因数分解.

**2. 分数、小数、百分数**

有理数、无理数的区别,无理数运算(开方、分母有理化).

**3. 比与比例**

分子、分母变化,正反比,联比(用最小公倍数统一).

**4. 数轴与绝对值**

优先考虑绝对值几何意义,零点分段讨论去绝对值,非负性,绝对值三角不等式,绝对值方程与不等式.

### 18.1.2 代数

**1. 整式**

因式分解、配方、恒等.

(1) 整式及其运算:条件等式化简基本定理(因式分解与配方运算)与常用结论,多项式相等,整式竖式除法.

(2) 整式的因式与因式分解:常见因式分解(双十字相乘),多项式整除,(一次)因式定理,余数定理.

**2. 分式及其运算**

分式条件等式化简,求值,齐次分式,对称分式,$x+1/x$ 型问题,分式联比,分式方程.

**3. 函数**

注意定义域、函数建模、函数值域(最值).

（1）集合：互异性、无序性，元素个数，集合关系，利用集合形式考查方程不等式.

（2）一元二次函数及其图像：最值应用(注意顶点是否去得到)，数形结合图像应用.

（3）指数函数、对数函数：图像(过定点)，单调性应用.

### 4. 代数方程

（1）一元一次方程：解的讨论.

（2）一元二次方程：(可变形)求解，判别式、韦达定理，根的定性、定量讨论(利用二次函数研究根的分布问题).

（3）二元一次方程组：方程组的含义、应用题、解析几何联系.

### 5. 不等式

（1）不等式的性质：等价、放缩、变形.

（2）均值不等式：一正二定三相等，最值应用.

（3）不等式求解：一元一次不等式(组)解的情况讨论；一元二次不等式解的情况，解集与根的关系，二次三项式符号的判定；简单绝对值不等式零点分段或利用几何意义；简单分式不等式注意结合分式性质.

### 6. 数列、等差数列、等比数列

优先考虑特殊数列验证法，数列定义，$S_n$ 与 $a_n$ 的关系，等差、等比数列的定义、判断、核心元素、中项，等差数列性质与求和公式综合使用，$S_n$ 最值与变号问题，求和方法(转化为等差或等比、分式裂项、错位相减法).

## 18.1.3 几何

### 1. 平面图形

与角度、边长有关的问题直接丈量，与圆有关的阴影部分面积问题可以蒙猜.

不规则图形面积计算利用割补法，对称折叠旋转找全等，平行直角找相似，特别注意重叠元素，多个图形综合找共性元素.

（1）三角形：边、角关系，四心，面积灵活计算(等面积法、同底等高)，特殊三角形(直角、等腰、等边)，全等相似.

（2）四边形：矩形(正方形)；平行四边形对角线互相平分；梯形注意添高，等腰、直角梯形.

（3）圆与扇形：面积与弧长，圆的性质，注意添半径.

### 2. 空间几何体

注意各几何体的内切球与外接球半径，等体积问题.

（1）长方体：体积、全面积、体对角线、全棱长及其关系.

（2）柱体：体积、侧面积、全面积，由矩形卷成或旋转成柱体、密封圆柱水面高度.

（3）球体：体积、表面积.

### 3. 平面解析几何

利用坐标系画草图，先定性判断再定量计算，复杂问题可用验证法.

5种对称问题、3种解析几何最值问题，轨迹问题.

（1）平面直角坐标系：中点，截距，投影，斜率.

（2）直线方程：求直线方程，注意漏解情况，两直线位置关系；

圆的方程:配方利用标准方程,成圆的条件.

(3) 两点间距离公式:点与圆的位置关系、两圆位置关系;点到直线的距离公式;直线与圆的位置关系.

## 18.1.4　数据分析

### 1. 计数原理

(1) 加法原理、乘法原理.

(2) 排列与排列数.

(3) 组合与组合数:

排列组合解题按照方法来分,常用的方法有:①区分排列与组合;②准确分类合理分步;③特殊条件优先解决;④正面复杂反面来解;⑤有限问题穷举归纳等.

常见的类型有摸球问题,分房问题,涂色问题,定序问题,排队问题(相邻、等间隔、小团体问题、不相邻问题),分组分派问题,配对问题,相同指标分配问题等.

### 2. 数据描述

(1) 平均值.

(2) 方差与标准差:定义,计算,意义,线性变换,由统计意义快速计算,两组数据比较(特别注意数据的对称性),实际平均应用题.

(3) 数据的图表表示:直方图(频数直方图,频率直方图),饼图,数表.

### 3. 概率

(1) 事件及其简单运算:复杂事件的表示,事件的概率意义,概率性质.

(2) 加法公式:两事件独立、互斥、对立情况下加法公式,三事件加法公式.

(3) 乘法公式:利用独立性计算概率.

(4) 古典概型:定义(等可能＋有限),用穷举法计算古典概型,摸球问题[逐次(有放回与无放回)、一次取样;抽签与次序无关],分房问题(生日问题),随机取样.

(5) 伯努利概型:伯努利概型定义及条件,分段伯努利方程.

## 18.1.5　应用题

考点 1:列方程解应用题＋不定方程求解(整数解不定方程用穷举法).

考点 2:比、百分比、比例应用题(变化率、比例还原、联比).

考点 3:价格问题(盈亏、增减率、分段计价).

考点 4:浓度问题(四大类型).

考点 5:工程问题(注意合作问题).

考点 6:行程问题(基本公式运用、直线与环形跑道上行程问题).

考点 7:容斥原理(两个饼、三个饼集合计数).

考点 8:不等式应用、整数解线性规划用图像法＋穷举法.

考点 9:函数图形(单调性、分段函数).

考点 10:最值应用题(均值不等式、二次函数求最值).

考点 11:数列应用题(区别通项还是求和,注意项数,注意单利与复利问题).

考点 12:至少至多问题(平均与极端思想).

## 18.2　管理类联考数学必考思维

通过对管理类联考 20 多年真题进行分析,我们认为管理类联考数学着重考察的思维方式有如下 4 种:

★ 穷举归纳法　★ 分类讨论法
★ 数形结合法　★ 逻辑推理法

### 18.2.1　穷举归纳法

穷举法的基本思想是根据题目的部分条件确定答案的大致范围,并在此范围内对所有可能的情况逐一验证,直到全部情况验证完毕.穷举时要注意不重复也不遗漏,建议按照一定的顺序进行,对于所有可能情况比较多的时候还有可能要进一步寻找规律,归纳出一般的结论!

**例 18.1**　(201301)(条件充分性判断)设 $a_1 = 1$,$a_2 = k$,$a_{n+1} = |a_n - a_{n-1}|$($n \geqslant 2$),则 $a_{100} + a_{101} + a_{102} = 2$.

(1) $k = 2$

(2) $k$ 是小于 20 的正整数

**解**　(1) $k = 2$ 时,穷举得该数列为 $1, 2, 1, 1, 0, 1, 1, 0, \cdots$ 发现从第三项起相邻三项的和为 2,则 $a_{100} + a_{101} + a_{102} = 2$,充分;

(2) 穷举得该数列为

$$\underbrace{1, k, k-1}, \underbrace{1, k-2, k-3}, \underbrace{1, k-4, k-5}, \cdots, \underbrace{1, \underset{1,1,0}{k-18}, k-19}, \cdots$$

$k$ 是小于 20 的正整数时,必定出现相邻三项为 $1, 1, 0$,则相邻三项和为 2,所以也充分. 选(D).

〖评注〗　非等差等比数列一般都需要经穷举找出规律.

**例 18.2**　(201101)一所四年制大学每年的毕业生 7 月份离校,新生 9 月份入学. 该校 2001 年招生 2 000 名,之后每年比上一年多招 200 名,则该校 2007 年 9 月底的在校学生有(　).

(A) 14 000 名　　(B) 11 600 名　　(C) 9 000 名　　(D) 6 200 名　　(E) 3 200 名

**解**

| 年级 | 2001 | 2002 | 2003 | 2004 | 2005 | 2006 | 2007 |
|------|------|------|------|------|------|------|------|
| 招生人数 | 2 000 | 2 200 | 2 400 | 2 600 | 2 800 | 3 000 | 3 200 |

该校 2007 年 9 月底时,有 2004 级、2005 级、2006 级、2007 级学生在校,
共 2 600＋2 800＋3 000＋3 200＝11 600 人,选(B).

〖评注〗　本题直接穷举就可以得到答案,不用什么高深的数学知识!

**例 18.3**　(200810)若以连续掷 2 枚骰子分别得到的点数 $a$ 与 $b$ 作为点 $M$,则 $M(a, b)$ 落入圆 $x^2 + y^2 = 18$ 内(不含圆周)的概率是(　).

(A) $\dfrac{7}{36}$　　　　(B) $\dfrac{2}{9}$　　　　(C) $\dfrac{1}{4}$　　　　(D) $\dfrac{5}{18}$　　　　(E) $\dfrac{11}{36}$

**解**　要使 $(a,b)$ 落入圆 $x^2+y^2=18$ 内,即要求 $a^2+b^2<18$,掷两次骰子总可能性为 $6\times6=36$(种),满足 $a^2+b^2<18$ 的可能性为:

$(a,b)=(1,1),(1,2),(1,3),(1,4),(2,1),(3,1),(4,1),(2,2),(2,3),(3,2)$,共计 10 种

从而求概率 $P=\dfrac{10}{36}=\dfrac{5}{18}$.

所以选(D).

〖**评注**〗　古典概型发现排列与组合用不上的时候,一般只能穷举,建议使用字典序方法!

**例 18.4**　(201410)在一次足球预选赛中有 5 个球队进行双循环赛(每 2 个球队之间赛 2 场).规定胜 1 场得 3 分,平 1 场得 1 分,负 1 场得 0 分.赛完后 1 个球队的积分不同情况的种数为(　　).

(A) 25　　　(B) 24　　　(C) 23　　　(D) 22　　　(E) 21

**解**　5 个球队双循环比赛,每个球队赛 8 场,可设胜 $x$ 场,平 $y$ 场,负 $z$ 场,得分为 $n$,依题意有 $\begin{cases}x+y+z=8\\n=3x+y\end{cases}$,当 8 场全负时得 0 分,当 8 场全胜时得 24 分,0~24 共 25 种情况,但是其中 23 分无法得到,7 胜 1 平只能得到 22 分,所以共有 24 种.

所以 $n$ 的最大值为 24,即一个球队的积分不同情况的种数有 24 种可能.选(B).

〖**评注**〗　计数问题无从入手时也只能穷举数数!

**例 18.5**　(201001)3 名小孩中有 1 名学龄前儿童(年龄不足 6 岁),他们的年龄都是质数(素数),且依次相差 6 岁,他们的年龄之和为(　　)岁.

(A) 21　　　(B) 27　　　(C) 33　　　(D) 39　　　(E) 51

**解**　设 3 个儿童的年龄依次为 $a,b,c\,(a<6)$,

若 $a=2$,则 $b=2+6=8$,$c=8+6=14$,其中 $b,c$ 不是质数,不合题意.

若 $a=3$,则 $b=3+6=9$,$c=9+6=15$,其中 $b,c$ 不是质数,不合题意.

取 $a=5$,则 $b=5+6=11$,$c=11+6=17$,即 $a,b,c$ 均为质数,符合题意要求,则 3 个儿童年龄和为 $5+11+17=33$.选(C).

〖**评注**〗　整数问题,小整数(小质数)直接穷举!

**例 18.6**　(201412)设 $m,n$ 是小于 20 的质数,满足条件 $|m-n|=2$ 的 $\{m,n\}$ 共有(　　).

(A) 2 组　　　(B) 3 组　　　(C) 4 组　　　(D) 5 组　　　(E) 6 组

**解**　穷举得 $\{3,5\}$,$\{5,7\}$,$\{11,13\}$,$\{17,19\}$ 四组,选(C).

〖**评注**〗　整数问题,小整数(小质数)直接穷举!特别注意 1 既不是质数也不是合数!

**例 18.7**　(200301)若平面内有 10 条直线,其中任何 2 条不平行,且任何 3 条不共点(即不相交于一点),则这 10 条直线将平面分成了(　　)部分.

(A) 21　　　(B) 32　　　(C) 43　　　(D) 56　　　(E) 77

**解**　从简单入手分析.若平面内有 1 条直线,则直线将平面分成了 $2=1+1$ 个部分;若平面内有 2 条直线,则直线将平面分成了 $4=1+1+2$ 个部分;若平面内有 3 条直线,则直线

将平面分成了 $7=1+1+2+3$ 个部分；⋯⋯若平面内有 10 条之间,则直线将平面分成了 $1+(1+2+3+\cdots+9+10)=56$ 个部分,选(D).

〚评注〛 本题是典型的由简单穷举入手,归纳出一般的结论.

### 18.2.2 分类讨论法

每个数学结论都有其成立的条件,每一种数学方法的使用也往往有其适用范围,在我们所遇到的数学问题中,有些问题的结论不是唯一确定的,有些问题的结论在解题中不能以统一的形式进行研究,还有些问题的已知量是用字母表示数的形式给出的,这样字母的取值不同也会影响问题的解决.由上述几类问题可知,就其解题方法及转化手段而言都是一致的,即把所有研究的问题根据题目的特点和要求,分成若干类,转化成若干个小问题来解决,这种按不同情况分类,然后再逐一研究解决的数学思想,称为分类讨论思想.

分类讨论思想是化繁为简、逐个击破的过程,分类要注意不要重复也不要遗漏,着重考查学生全面考虑问题的能力,提高周密严谨的数学素养.

例 18.8 (200810) $|1-x|-\sqrt{x^2-8x+16}=2x-5$.

(1) $2<x$

(2) $x<3$

解 题干为 $|1-x|-\sqrt{(x-4)^2}=2x-5$,即要求 $|1-x|-|x-4|=2x-5$ 成立.

$$|1-x|-|x-4|=\begin{cases}-3, & x<1 \\ 2x-5, & 1\leqslant x\leqslant 4 \\ 3, & x>4\end{cases}$$ ,从而当 $1\leqslant x\leqslant 4$ 时题干成立.

条件(1)和条件(2)单独都不充分.

联合条件(1)和条件(2),则 $2<x<3$ 是 $1\leqslant x\leqslant 4$ 的子集合,从而条件(1)和条件(2)联合起来是充分的.所以选(C).

〚评注〛 绝对值问题最一般的解题思路就是分类讨论去绝对值!

例 18.9 (200901) $|\log_a x|>1$.

(1) $x\in[2,4]$, $\frac{1}{2}<a<1$

(2) $x\in[4,6]$, $1<a<2$

解 题干要求推出 $\log_a x>1$ 或 $\log_a x<-1$.

由条件(1), $x\in[2,4]$, $\frac{1}{2}<a<1$,所以 $1<\frac{1}{a}<2$, $\frac{1}{a}<x$.所以 $y=\log_a x$ 单调递减,进一步得到 $\log_a x<\log_a\frac{1}{a}=-1$,因此条件(1)是充分的.

由条件(2), $x\in[4,6]$, $1<a<2$,所以 $x>a$.所以 $y=\log_a x$ 单调递增,进一步得到 $\log_a x>\log_a a=1$,因此条件(2)也充分.

所以选(D).

〚评注〛 参数不同函数单调性不同,需要分类讨论!

例 18.10 (200210) 若 $\dfrac{a+b-c}{c}=\dfrac{a-b+c}{b}=\dfrac{-a+b+c}{a}=k$,则 $k$ 的值等于

(    ).

(A) 1　　　　　(B) 1 或 $-2$　　　(C) $-1$ 或 2　　　(D) $-2$　　　　(E) 1 或 2

**解**　因为 $\dfrac{a+b-c}{c}=\dfrac{a-b+c}{b}=\dfrac{-a+b+c}{a}=k$，所以 $\begin{cases} a+b-c=ck \\ a-b+c=bk \\ -a+b+c=ak \end{cases}$，三式相加

得

$$a+b+c=k(a+b+c).$$

所以，当 $a+b+c\neq 0$ 时，$k=1$；

当 $a+b+c=0$ 时，$a+b=-c$，得 $k=\dfrac{a+b-c}{c}=\dfrac{-2c}{c}=-2.$

故本题应选(B).

〖评注〗　等式两边要同除以一个代数式，要讨论其是否等于 0.

### 18.2.3　数形结合法

著名数学家华罗庚曾说过："数缺形时少直观，形少数时难入微，数形结合百般好，隔离分家万事休.""数"与"形"反映了事物两个方面的属性. 我们认为，数形结合，主要指的是数与形之间的一一对应关系. 数形结合就是把抽象的数学语言、数量关系与直观的几何图形、位置关系结合起来，通过"以形助数"或"以数解形"，即通过抽象思维与形象思维的结合，可以使复杂问题简单化，抽象问题具体化，从而起到优化解题途径的目的.

**例 18.11**　(201201)直线 $y=x+b$ 是抛物线 $y=x^2+a$ 的切线.

(1) $y=x+b$ 与 $y=x^2+a$ 有且仅有一个交点

(2) $x^2-x\geqslant b-a(x\in \mathbf{R})$

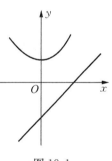

图 18.1

**解**　条件(1)，$y=x+b$ 与 $y=x^2+a$ 有且仅有一个交点. 由于 $y=x+b$ 的斜率为 1，不可能与 $y$ 轴平行，所以必定是抛物线 $y=x^2+a$ 的切线，所以充分.

条件(2)，由 $x^2+a\geqslant x+b$，抛物线 $y=x^2+a$ 可能在直线 $y=x+b$ 上方(见图 18.1)，所以不充分. 本题选(A).

〖评注〗　此题只能数形结合画图分析！

**例 18.12**　(200710)设 $y=|x-2|+|x+2|$，则下列结论中正确的是(　　).

(A) $y$ 没有最小值

(B) 只有一个 $x$ 使 $y$ 取到最小值

(C) 有无穷多个 $x$ 使 $y$ 取到最大值

(D) 有无穷多个 $x$ 使 $y$ 取到最小值

(E) 以上结论均不正确

**解**　(几何意义)利用绝对值的几何意义，$y=|x-2|+|x+2|$ 表示 $x$ 到 2 与到 $-2$ 的距离之和，当 $x$ 在 2 与 $-2$ 之间时，$y$ 达到最小值 4(2 与 $-2$ 的距离).

本题选(D).

**例 18.13**　(200811)某单位有 90 人，其中 65 人参加外语培训，72 人参加计算机培训，已知参加外语培训而未参加计算机培训的有 8 人，则参加计算机培训而未参加外语培训的人数是(　　).

(A) 5　　　　(B) 8　　　　(C) 10　　　　(D) 12　　　　(E) 15

**解**　画图帮助分析,如图 18.2 所示.

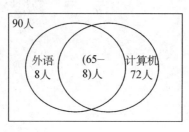

图 18.2

本题选(E).

例 18.14　(200910)若关于 $x$ 的方程 $mx^2-(m-1)x+m-5=0$ 有 2 个实根 $\alpha,\beta$,且满足 $-1<\alpha<0$ 和 $0<\beta<1$,则 $m$ 的取值范围是(　　).

(A) $3<m<4$　　(B) $4<m<5$　　(C) $5<m<6$　　(D) $m>6$ 或 $m<5$

(E) $m>5$ 或 $m<4$

**解**　由题意知 $m\neq 0$,设 $f(x)=mx^2-(m-1)x+m-5$,可分 2 种情况考虑

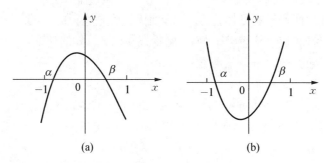

(a)　　　　　　　　(b)

图 18.3

(1) 开口向下,$m<0$,$f(x)=mx^2-(m-1)x+m-5$,如图 18.3(a)所示,

则有 $\begin{cases} f(-1)=m+m-1+m-5<0 \\ f(0)=m-5>0 \\ f(1)=m-m+1+m-5<0 \end{cases}$,此不等式组无解;

(2) $m>0$,$f(x)=mx^2-(m-1)x+m-5$,如图 18.3(b)所示,

则有 $\begin{cases} f(-1)=m+m-1+m-5>0 \\ f(0)=m-5<0 \\ f(1)=m-m+1+m-5>0 \end{cases}$,解得 $4<m<5$.

选(B).

〖评注〗　本题既需要分类讨论又需要数形结合!

例 18.15　(201310)方程 $|x+1|+|x+3|+|x-5|=9$ 存在唯一解.

(1) $|x-2|\leqslant 3$

(2) $|x-2|\geqslant 2$

**解**　(几何意义)由绝对值的几何意义可快速得 $|x+1|+|x+3|+|x-5|=9$ 有 2 个

解,$x=0$ 或 $x=-2$.

条件(1)当 $-1\leqslant x\leqslant 5$ 时,存在唯一解 $x=0$,充分;

条件(2)当 $x\geqslant 4$ 或 $x\leqslant 0$ 时,有两个解 $x=0$ 与 $x=-2$,不充分.

选(A).

**例 18.16**　(201310)设直线 $y=x+b$ 分别在第一象限和第三象限与曲线 $y=\dfrac{4}{x}$ 相交于点 $A$ 与点 $B$,则能唯一确定 $b$ 的值.

(1) 已知以 $AB$ 为对角线的正方形的面积

(2) 点 $A$ 的横坐标小于纵坐标

**解**　条件(1)由直线 $y=x+b$ 和曲线 $y=\dfrac{4}{x}$ 相交可得:

$\dfrac{4}{x}=x+b\Rightarrow x^2+bx-4=0$,设方程的两个根为 $x_1$,$x_2$,韦达定

理得 $\begin{cases} x_1+x_2=-b \\ x_1x_2=-4 \end{cases}$,设 $A(x_1,\ x_1+b)$,$B(x_2,\ x_2+b)$,则

$|AB|=\sqrt{(x_1-x_2)^2+(x_1+b-x_2-b)^2}=\sqrt{2}\sqrt{(x_1-x_2)^2}$

$=\sqrt{2}\sqrt{(x_1+x_2)^2-4x_1x_2}=\sqrt{2}\sqrt{b^2+16}$. 由条件(1),可得

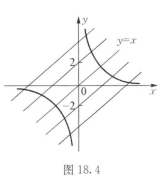

图 18.4

$|AB|$ 已知,但 $b$ 有正负,不能确定 $b$ 的值,不充分.

条件(2),因为 $y_A=x_A+b$,$y_A-x_A=b>0$,显然不充分.

联合条件(1)与(2),取 $b>0$ 的那个根,充分. 选(C).

〖评注〗　可以由数形结合画草图定性判断得到,如图 18.4 所示.

只满足条件(1)已知以 $AB$ 为对角线的正方形的面积时由对称性有两解,再满足条件(2)点 $A$ 的横坐标小于纵坐标时就能唯一确定 $b$ 的值了,所以选(C).

**例 18.17**　(201410)直线 $x-2y=0$,$x+y-3=0$,$2x-y=0$ 两两相交构成 $\triangle ABC$,以下各点中,位于 $\triangle ABC$ 内的点是(　　).

(A) $(1,1)$　　(B) $(1,3)$　　(C) $(2,2)$　　(D) $(3,2)$　　(E) $(4,0)$

**解**　画草图分析,在坐标系内画出 3 条直线,构成一个三角形,如图 18.5 所示,

可观察出点 $(1,1)$ 在三角形内. 选(A).

〖评注〗　此题最佳做法就是画草图定性判断!

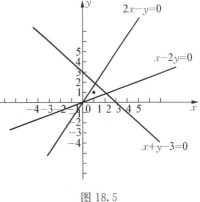

图 18.5

## 18.2.4　逻辑推理法

管理类联考综合着重考查学生逻辑思维的能力. 数学试题中的条件充分性判断题我们认为就是数学背景的逻辑思维题,要求学生不但会数学,最后还要通过逻辑判断选出正确的选项.

纵观近几年联考真题,数学试题中与逻辑有点关系的命题点越来越多,例如常考至少、至多、恒成立、恒不成立、平均或极端等,都与逻辑思维紧密联系,希望引起考生的重视!

**例 18.18** $x \geqslant 2\,014$.

(1) $x > 2\,014$

(2) $x = 2\,014$

**解** 显然条件(1)与条件(2)单独都充分. 选(D).

〖评注〗 此题显然不是考数学而是考逻辑!

**例 18.19** (201010)某学生在军训时进行打靶测试,共射击 10 次. 他的第 6、7、8、9 次射击分别射中 9.0 环、8.4 环、8.1 环、9.3 环,他的前 9 次射击的平均环数高于前 5 次的平均环数. 若要使 10 次射击的平均环数超过 8.8 环,则他第 10 次射击至少应该射中(　　)环. (打靶成绩精确到 0.1 环)

(A) 9.0　　　　(B) 9.2　　　　(C) 9.4　　　　(D) 9.5　　　　(E) 9.9

**解法 1** 设前 5 次射击环数和为 $s_5$,第 10 次射击为 $x_{10}$,

则 $\dfrac{s_5 + 9.0 + 8.4 + 8.1 + 9.3}{9} > \dfrac{s_5}{5} \Rightarrow s_5 < 43.5$.

又 $\dfrac{s_5 + 34.8 + x_{10}}{10} > 8.8$,所以 $x_{10} > 53.2 - s_5 > 53.2 - 43.5 = 9.7$,只能选(E).

**解法 2** 第 6、7、8、9 次射击的平均环数为 $(9.0 + 8.4 + 8.1 + 9.3)/4 = 8.7$ 环,由题意假设前 9 次都为 8.7 环,若要 10 次射击的平均环数超过 8.8 环,则第 10 次至少要大于 $8.8 + 0.1 \times 9 = 9.7$ 环,所以选(E).

〖评注〗 逻辑理解上:第 10 次至少,则第 1 到第 9 次总和要最大!

**例 18.20** (201301)某单位年终共发了 100 万元奖金,奖金金额分别是一等奖 1.5 万元、二等奖 1 万元、三等奖 0.5 万元,则该单位至少有 100 人.

(1) 得二等奖的人数最多

(2) 得三等奖的人数最多

**解** 设获一等奖、二等奖、三等奖的分别有 $x$,$y$,$z$ 人,则 $1.5x + y + 0.5z = 100$.

(1) 取 $x = 30$,$y = 50$,$z = 10$ 满足 $1.5x + y + 0.5z = 100$,但人数小于 100 人,不充分.

(2) $1.5x + y + 0.5z = (x + y + z) + 0.5(x - z) = 100$,由题意得 $z > x$,则 $x - z < 0$,所以 $x + y + z > 100$,充分. 选(B).

〖评注〗 逻辑理解上:条件(2)三等奖的人数最多,则奖金平均值小于 1 万元,则人数要大于 100.

**例 18.21** (201210)若不等式 $\dfrac{(x-a)^2 + (x+a)^2}{x} > 4$ 对 $x \in (0, +\infty)$ 恒成立,则常数 $a$ 的取值范围是(　　).

(A) $(-\infty, -1)$　　　　　　　　(B) $(1, +\infty)$

(C) $(-1, 1)$　　　　　　　　　　(D) $(-1, +\infty)$

(E) $(-\infty, -1) \bigcup (1, +\infty)$

**解** $\dfrac{(x-a)^2 + (x+a)^2}{x} = 2\left(x + \dfrac{a^2}{x}\right) \geqslant 2 \times 2\sqrt{x \times \dfrac{a^2}{x}} = 4|a| > 4$,则常数 $a$ 的取值范围是 $(-\infty, -1) \bigcup (1, +\infty)$. 选(E).

〖评注〗　逻辑上：$f(x) = \dfrac{(x-a)^2 + (x+a)^2}{x} > 4$ 对 $x \in (0, +\infty)$ 恒成立只要 $f(x)_{\min} > 4$ 即可.

# 18.3　两种选择题做题技巧

## 18.3.1　特值代入法

管理类联考数学试题都是选择题,而且都是单选题,选择题相比简答题不需要步骤,选择题相比填空题正确答案就在下方,而且管理类联考都是单选题,所以从应试的角度,我们可以采用常规推演法,也可以采用特值代入法.

**例 18.22**　(200810)设 $a$, $b$, $c$ 为整数,且 $|a-b|^{20} + |c-a|^{41} = 1$,则 $|a-b| + |a-c| + |b-c| = ($ 　　).

(A) 2　　　　(B) 3　　　　(C) 4　　　　(D) $-3$　　　(E) $-2$

**解**　本题可以直接用特值代入法,取 $a = c = 1$, $b = 0$ 代入,则
$|a-b| + |a-c| + |b-c| = |1-0| + |1-1| + |0-1| = 2.$
所以选(A).

**例 18.23**　(201110)若三次方程 $ax^3 + bx^2 + cx + d = 0$ 的 3 个不同实根 $x_1$, $x_2$, $x_3$ 满足：$x_1 + x_2 + x_3 = 0$, $x_1 x_2 x_3 = 0$,则下列关系式中恒成立的是(　　).

(A) $ac = 0$　(B) $ac < 0$　(C) $ac > 0$　(D) $a+c < 0$　(E) $a+c > 0$

**解**　(特值验证法)设满足条件的三次方程为 $x(x+1)(x-1) = 0$,即 $x^3 - x = 0$,则 $a = 1$, $c = -1$,所以 $ac < 0$ 正确. 选(B).

**例 18.24**　(200710)已知等差数列 $\{a_n\}$ 中, $a_2 + a_3 + a_{10} + a_{11} = 64$,则 $S_{12} = ($ 　　).

(A) 64　　(B) 81　　(C) 128　　(D) 192　　(E) 188

**解**　(特殊数列法)令 $a_n = C > 0$,则 $4C = 64$,所以 $S_{12} = 12C = 192$. 选(D).

**例 18.25**　(201110)若等差数列 $\{a_n\}$ 满足 $5a_7 - a_3 - 12 = 0$,则 $\displaystyle\sum_{k=1}^{15} a_k = ($ 　　).

(A) 15　　(B) 24　　(C) 30　　(D) 45　　(E) 60

**解**　(特殊数列法)令 $a_n = C$(常数列), $5a_7 - a_3 - 12 = 4C - 12 = 0$,得到 $C = 3$,所以 $\displaystyle\sum_{k=1}^{15} a_k = \sum_{k=1}^{15} C = \sum_{k=1}^{15} 3 = 3 \times 15 = 45$. 选(D).

**例 18.26**　(2014)已知 $\{a_n\}$ 为等差数列,且 $a_2 - a_5 + a_8 = 9$,则 $a_1 + a_2 + \cdots + a_9 = ($ 　　).

(A) 27　　(B) 45　　(C) 54　　(D) 81　　(E) 162

**解**　$\{a_n\}$ 为等差数列, $a_2 + a_8 = 2a_5$,则 $a_2 - a_5 + a_8 = a_5 = 9$,所以 $a_1 + a_2 + \cdots + a_9 = \dfrac{9(a_1 + a_9)}{2} = \dfrac{9 \cdot 2a_5}{2} = 9 \cdot a_5 = 81$. 故选(D).

〖技巧〗　(特殊数列法)令 $a_n = C$,则 $a_2 - a_5 + a_8 = C - C + C = C = 9$,所以 $a_1 + a_2 +$

$\cdots + a_9 = 9C = 81.$

**例 18.27**　(200301) $\dfrac{a+b}{a^2+b^2} = -\dfrac{1}{3}.$

(1) $a^2, 1, b^2$ 成等差数列

(2) $\dfrac{1}{a}, 1, \dfrac{1}{b}$ 成等比数列

**解**　$a = b = c = 1$ 时条件(1)、(2)均成立,联合也成立,但都不充分,"一箭三雕"秒杀选(E).

**例 18.28**　(200901) $(x^2 - 2x - 8)(2 - x)(2x - 2x^2 - 6) > 0.$

(1) $x \in (-3, -2)$

(2) $x \in [2, 3]$

**解**　$(x^2 - 2x - 8)(2 - x)(2x - 2x^2 - 6) > 0 \Leftrightarrow (x^2 - 2x - 8)(x - 2) 2 \cdot (x^2 - x + 3) > 0$

因为 $(x^2 - x + 3) > 0$ 恒成立,所以原不等式等价于 $(x + 2)(x - 2)(x - 4) > 0.$

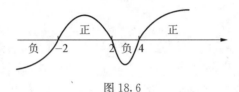

图 18.6

利用"串根"的方法(见图 18.6)可得该不等式的解集是 $(4, +\infty) \bigcup (-2, 2).$

所以条件(1)(2)都不充分,也不能联合,所以选(E).

【实用技巧】　条件(1)取 $x = -2.5$ 代入不成立,故不充分;条件(2)取 $x = 2$ 代入不成立,故不充分;而且条件(1)与条件(2)无法联合.

**例 18.29**　(200910) $\dfrac{1}{a} + \dfrac{1}{b} + \dfrac{1}{c} > \sqrt{a} + \sqrt{b} + \sqrt{c}.$

(1) $abc = 1$

(2) $a, b, c$ 为不全相等的正数

**解**　取 $a = b = c = 1$,则知条件(1)不充分;

取 $a = 1, b = 4, c = 9$,则知条件(2)也不充分;

联合条件(1)和条件(2),

$a, b, c$ 为正数且 $abc = 1$,所以有

$$\dfrac{1}{a} + \dfrac{1}{b} \geqslant 2\sqrt{\dfrac{1}{a} \cdot \dfrac{1}{b}} = 2\sqrt{c}, \ \dfrac{1}{b} + \dfrac{1}{c} \geqslant 2\sqrt{\dfrac{1}{b} \cdot \dfrac{1}{c}} = 2\sqrt{a}, \ \dfrac{1}{a} + \dfrac{1}{c} \geqslant 2\sqrt{\dfrac{1}{a} \cdot \dfrac{1}{c}} =$$

$2\sqrt{b}$,以上三个式子相加,得 $\dfrac{1}{a} + \dfrac{1}{b} + \dfrac{1}{c} \geqslant \sqrt{c} + \sqrt{a} + \sqrt{b}$,又因为 $a, b, c$ 不全相等,所以 $\dfrac{1}{a} +$

$\dfrac{1}{b} + \dfrac{1}{c} > \sqrt{c} + \sqrt{a} + \sqrt{b}.$ 选(C).

【实用技巧】　上述严格证明,考试时同学们很难在短时间内想到.我们可以用特值作判断:

条件(1)取 $a = b = c = 1$ 时不充分;条件(2) 取 $a = 1, b = 2, c = 3$ 时不充分;

条件(1)与(2)联合时,取 $a=1$,$b=4$,$c=\frac{1}{4}$ 时充分;取 $a=4$,$b=4$,$c=\frac{1}{16}$ 时充分;故蒙猜联合也充分!

**例 18.30** (201210) $x^2-x-5>|2x-1|$.

(1) $x>4$

(2) $x<-1$

**解** 直接求解不等式 $x^2-x-5>|2x-1|$,分两种情况讨论:

(1) 当 $x\geqslant\frac{1}{2}$ 时,原不等式为 $x^2-x-5>2x-1\Rightarrow x^2-3x-4>0\Rightarrow x>4$ 或 $x<-1$,所以 $x>4$;

(2) 当 $x<\frac{1}{2}$ 时,原不等式为 $x^2-x-5>1-2x\Rightarrow x^2+x-6>0\Rightarrow x>2$ 或 $x<-3$,所以 $x<-3$;

综上,满足 $x^2-x-5>|2x-1|$ 的解集为 $x>4$ 或 $x<-3$,所以条件(1)充分,条件(2)不充分.选(A).

〖实用技巧〗 特值验证法:条件(1)中代入 $x=5$ 与 $x=10$ 都成立,所以"猜"充分;

条件(2)中代入 $x=-2$ 不成立,所以一定不充分.

**例 18.31** (200910)一艘小轮船上午 8:00 起航逆流而上(设船速和水流速度一定),中途船上一块木板落入水中,直到 8:50 船员才发现这块重要的木板丢失,立即调转船头去追,最终于 9:20 追上木板.由上述数据可以算出木板落入水中的时间是(　　).

(A) 8:50　　　　　　　　　　(B) 8:30

(C) 8:25　　　　　　　　　　(D) 8:20

(E) 8:15

**解** 设静水中船速为 $v_1$,水流速度为 $v_2$,在轮船出发 $t$ 分钟后木板落入水中,则由已知 $\frac{(50-t)v_2+(50-t)(v_1-v_2)}{v_2+v_1-v_2}=30$(分钟),整理得 $50-t=30$,$t=20$(分钟),选(D).

〖实用技巧〗 可设水速为 0,木板就不漂移了,发现后 30 分钟追上,则 8:50 之前 30 分钟落入水中,选(D).

**例 18.32** (201410)如图 18.7 所示,大小两个半圆的直径在同一直线上,弦 $AB$ 与小半圆相切,且与直径平行,弦 $AB$ 长为 12,则图中阴影部分的面积为(　　).

(A) $24\pi$　　　(B) $21\pi$　　　(C) $18\pi$　　　(D) $15\pi$　　　(E) $12\pi$

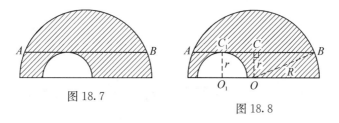

图 18.7　　　　　　　　图 18.8

**解** 把图中的小半圆向右平移,使两个半圆的圆心重合,设大圆的半径为 $R$,小圆半径为 $r$,如图 18.8 所示,所以

$$S_{阴影} = S_{大半圆} - S_{小半圆} = \frac{1}{2}\pi(R^2 - r^2) = \frac{1}{2}\pi \times \left(\frac{1}{2}AB\right)^2 = \frac{1}{2}\pi \times 36 = 18\pi. \text{ 选(C)}.$$

### 18.3.2　反向验证法

管理类联考数学都是单选题,即正确答案有且只有一个,我们可以从上往下,当然也可以从下往上将选项代入,进行逐个验证找出正确答案.

**例 18.33**　(200901)方程 $|x - |2x + 1|| = 4$ 的根是(　　).

(A) $x = -5$ 或 $x = 1$　　　　　　(B) $x = 5$ 或 $x = -1$

(C) $x = 3$ 或 $x = -\frac{5}{3}$　　　　(D) $x = -3$ 或 $x = \frac{5}{3}$

(E) 不存在

**解**　原方程等价于 $x - |2x + 1| = 4$　或　$x - |2x + 1| = -4$,

即 $\begin{cases} 2x + 1 \geq 0 \\ x - 2x - 1 = 4 \end{cases} \begin{cases} 2x + 1 < 0 \\ x + 2x + 1 = 4 \end{cases}$ 或 $\begin{cases} 2x + 1 \geq 0 \\ x - 2x - 1 = -4 \end{cases} \begin{cases} 2x + 1 < 0 \\ x + 2x + 1 = -4 \end{cases}$.

前面两不等式组无解,从后不等式组可解出 $x = 3$ 或 $x = -\frac{5}{3}$. 所以选(C).

〖**实用技巧**〗 将选项直接代入验根. 建议用如下顺序:(C)→(D)→(B)→(A)→(E).

**例 18.34**　(200910)若 $x, y$ 是有理数,且满足 $(1 + 2\sqrt{3})x + (1 - \sqrt{3})y - 2 + 5\sqrt{3} = 0$,则 $x, y$ 的值分别为(　　).

(A) 1, 3　　　(B) −1, 2　　　(C) −1, 3　　　(D) 1, 2

(E) 以上结论都不正确

**解**　由已知 $(x + y - 2) + (2x - y + 5)\sqrt{3} = 0$,从而必有 $\begin{cases} x + y - 2 = 0 \\ 2x - y + 5 = 0 \end{cases}$,得 $x = -1$, $y = 3$,选(C).

〖**技巧**〗题目问 $x, y$ 的值分别为什么,可以用反向验证法,反向验证线路图(C)→(D)→(B)→(E)→(A).

**例 18.35**　(200310)数列 $\{a_n\}$ 的前 $n$ 项和 $S_n = 4n^2 + n - 2$,则它的通项 $a_n$ 是(　　).

(A) $3n - 2$　　　(B) $4n + 1$　　　(C) $8n - 2$　　　(D) $8n - 1$

(E) 以上结论都不正确

**解**　$a_1 = S_1 = 3$,排除(A)~(D),直接选(E).

**例 18.36**　(201010) $x_n = 1 - \frac{1}{2^n}(n = 1, 2, \cdots)$.

(1) $x_1 = \frac{1}{2}$, $x_{n+1} = \frac{1}{2}(1 - x_n)(n = 1, 2, \cdots)$

(2) $x_1 = \frac{1}{2}$, $x_{n+1} = \frac{1}{2}(1 + x_n)(n = 1, 2, \cdots)$

**解**　条件(1):特殊值法. 当 $n = 2$ 时,$x_2 = \frac{3}{4}$. 但条件(1),$x_2 = \frac{1}{2}\left(1 - \frac{1}{2}\right) = \frac{1}{4} \neq \frac{3}{4}$,不充分;

条件(2),当 $n = 2$ 时,$x_2 = \frac{3}{4} = 1 - \left(\frac{1}{2}\right)^2$;当 $n = 3$ 时,$x_3 = \frac{7}{8} = 1 - \left(\frac{1}{2}\right)^3$;均充分,

蒙猜就充分!

本题选(B).

〖评注〗　条件(2)也可以穷举归纳出 $x_n = 1 - \dfrac{1}{2^n}(n=1,2,\cdots)$,所以充分.数列一般若能验证数列前三项成立,通项就成立!

〖例 18.37〗　(200610)已知不等式 $ax^2 + 2x + 2 > 0$ 的解集是 $\left(-\dfrac{1}{3}, \dfrac{1}{2}\right)$,则 $a=$
(　　).

(A) $-12$　　(B) 6　　(C) 0　　(D) 12

(E) 以上结论均不正确

解　由解集在两根之间,可得 $a < 0$,秒杀,选(A).

〖例 18.38〗　(200910)一个球从 100 米高处自由落下,每次着地后又跳回前一次高度的一半再落下,当它第 10 次着地时,共经过的路程是(　　)米.(精确到 1 米且不计任何阻力)

(A) 300　　(B) 250　　(C) 200　　(D) 150　　(E) 100

解　所求路程 $S = 100 + 2 \times 50 + 2 \times 25 + \cdots + 2 \times \dfrac{50}{2^8}$

$= 100 + 100\left[1 + \dfrac{1}{2} + \dfrac{1}{2^2} + \cdots + \dfrac{1}{2^8}\right] = 100 + 200\left(1 - \dfrac{1}{2^9}\right) \approx 300$(米),选(A).

〖实用技巧〗　穷举时发现前 3 次已经经过 250,所以只能选(A).

〖例 18.39〗　(199910)甲、乙、丙三名工人加工完成一批零件,甲工人完成了总件数的34%,乙、丙两工人完成的件数之比是 6：5,已知丙工人完成了 45 件,则甲工人完成了
(　　).

(A) 48 件　　(B) 51 件　　(C) 60 件　　(D) 63 件　　(E) 132 件

解　甲个人完成件数含有质数 17,秒杀,选(B).

〖例 18.40〗　(200901)某国参加北京奥运会的男女运动员的比例原为 19：12,由于先增加若干名女运动员,使男女运动员的比例变为 20：13,后又增加了若干名男运动员,于是男女运动员比例最终变为 30：19.如果后增加的男运动员比先增加的女运动员多 3 人,则最后运动员的总人数为(　　).

(A) 686　　(B) 637　　(C) 700　　(D) 661　　(E) 600

解法 1　设原来男运动员人数为 $19k$,女运动员人数为 $12k$,先增加 $x$ 名女运动员,后增加 $x+3$ 名男运动员,则

$\begin{cases} \dfrac{19k}{12k+x} = \dfrac{20}{13} \\ \dfrac{19k+x+3}{12k+x} = \dfrac{30}{19} \end{cases} \Rightarrow \begin{cases} k=20 \\ x=7 \end{cases}$,所以最后运动员人数为 $(19k+x+3)+(12k+x)=637$,

所以选(B).

解法 2　(固定基准量)

男：女 $= 19：12 = 380：240$;

男：女$' = 20：13 = 380：247$;

男′：女′＝30：19＝390：247；

男的增加了 7 份,女的增加了 10 份,差 3 份对应 3 个人,所以 1 份 1 个人,所以总人数为 390＋247＝637 人.

〖实用技巧〗 反向验证法,男女运动员比例最终变为 30：19,即结果应该能被 49 整除,只可能是(A)或者(B),进一步反推可以排除(A).

例 18.41 (201310)甲、乙、丙三个容器中装有盐水,现将甲容器中盐水的 $\frac{1}{3}$ 倒入乙容器,摇匀后将乙容器中盐水的 $\frac{1}{4}$ 倒入丙容器,摇匀后再将丙容器中盐水的 $\frac{1}{10}$ 倒入甲容器,此时甲、乙、丙三个容器中盐水的含盐量都是 9 千克,则甲容器中原来的盐水含盐量是(　)千克.

(A) 13　　　　(B) 12.5　　　　(C) 12　　　　(D) 10　　　　(E) 9.5

解　甲容器中盐水的 $\frac{1}{3}$ 倒入乙容器,根据只有 12 能被 3 整除,选(C).

例 18.42 (201301)甲班共有 30 名学生,在一次满分为 100 分的测试中,全班平均成绩为 90 分,则成绩低于 60 分的学生至多有(　)个.

(A) 8　　　　(B) 7　　　　(C) 6　　　　(D) 5　　　　(E) 4

解　(验证法)从最大的开始验证：

若有 8 个学生成绩低于 60 分,则余下 22 个学生总分要大于 $2700-60\times8=2220$(不可能的,因为 22 个学生最多 2 200 分);

若有 7 个学生成绩低于 60 分,则余下 23 个学生总分要大于 $2700-60\times7=2280$(可能的).选(B).

# 18.4　应试快速蒙猜法

管理类联考都是单选题,在发生下列情况：不会做、做不出、来不及做的时候,我们不会空着,考生们肯定会"猜"一个,根据对历年真题的总结,我们归纳出如下一些蒙猜技巧,需要强调的是,蒙猜有风险,万不得已时才能用！

## 18.4.1　几何蒙猜技巧——有图有真相,直接丈量法

例 18.43 (201201)如图 18.9 所示,$\triangle ABC$ 是直角三角形,$S_1$,$S_2$,$S_3$ 为正方形,已知 $a$,$b$,$c$ 分别是 $S_1$,$S_2$,$S_3$ 的边长,则(　).

(A) $a=b+c$　　　　　　　(B) $a^2=b^2+c^2$

(C) $a^2=2b^2+2c^2$　　　(D) $a^3=b^3+c^3$

(E) $a^3=2b^3+2c^3$

〖实用技巧〗 在考场上实际测量得 $a=1.3$,$b=0.8$,$c=0.5$,直接选(A).

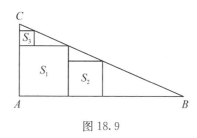

图 18.9

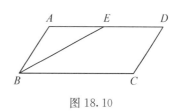

图 18.10

**例 18.44** (201410)如图 18.10 所示,在平行四边形 $ABCD$ 中,$\angle ABC$ 的平分线交 $AD$ 于 $E$,$\angle BED = 150°$,则 $\angle A$ 的大小为(    ).

(A) $100°$   (B) $110°$   (C) $120°$   (D) $130°$   (E) $150°$

**解** 由 $\angle BED = 150°$,可知 $\angle AEB = \angle EBC = 30°$,由于 $BE$ 为 $\angle ABC$ 的平分线,从而 $\angle ABE = 30°$,所以 $\angle A = 180° - 30° - 30° = 120°$. 应选(C).

〖实用技巧〗 问角度,直接量!

**例 18.45** (200801)如图 18.11 所示,长方形 $ABCD$ 中的 $AB$ = 10 厘米,$BC$ = 5 厘米,以 $AB$ 和 $AD$ 分别为半径作 1/4 圆,则图中阴影部分的面积为(    ).

(A) $25 - \dfrac{25}{2}\pi$ 平方厘米    (B) $25 + \dfrac{125}{2}\pi$ 平方厘米

(C) $50 + \dfrac{25}{4}\pi$ 平方厘米    (D) $\dfrac{125}{4}\pi - 50$ 平方厘米

(E) 以上结果均不正确

图 18.11

**解** 不规则图形蒙猜方法:外凸不规则图形形如 $A\pi - B$,内凹不规则图形形如 $A - B\pi$,此题可以秒杀选(D).

**例 18.46** (201110)如图 18.12 所示,一块面积为 400 平方米的正方形土地被分割成甲、乙、丙、丁 4 个小长方形区域作为不同的功能区域,它们的面积分别为 128,192,48 和 32 平方米. 乙的左小角划出一块正方形区域(阴影)作为公共区域,这块小正方形的面积为(    )平方米.

(A) 16    (B) 17    (C) 18    (D) 19

(E) 20

**解** 正方形面积选平方数,秒杀,选(A).

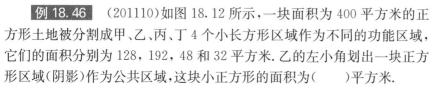

图 18.12

## 18.4.2 选项结构蒙猜技巧——根据选项特征选答案

### 1. "或"与"∪"

**例 18.47** (201110)已知直线 $y = kx$ 与圆 $x^2 + y^2 = 2y$ 有 2 个交点 $A$,$B$,若 $AB$ 的长度大于 $\sqrt{2}$,则 $k$ 的取值范围是(    ).

(A) $(-\infty, -1)$   (B) $(-1, 0)$   (C) $(0, 1)$   (D) $(1, +\infty)$

(E) $(-\infty, -1) \cup (1, +\infty)$

〖蒙猜技巧〗 选项(E)是(A)与(D)的组合,蒙猜选(E).

**例 18.48** (201210)若不等式 $\dfrac{(x-a)^2+(x+a)^2}{x}>4$ 对 $x\in(0,+\infty)$ 恒成立,则常数 $a$ 的取值范围是(　　).

(A) $(-\infty,-1)$ 　　　　　 (B) $(1,+\infty)$

(C) $(-1,1)$ 　　　　　 (D) $(-1,+\infty)$

(E) $(-\infty,-1)\bigcup(1,+\infty)$

〖蒙猜技巧〗 选项(E)是(A)与(B)的组合,蒙猜选(E).

**例 18.49** (201301)在 $(x^2+3x+1)^5$ 的展开式中,$x^2$ 的系数为(　　).

(A) 5 　　　 (B) 10 　　　 (C) 45 　　　 (D) 90 　　　 (E) 95

〖蒙猜技巧〗 选项(E)＝(A)＋(D),蒙猜选(E).

**2. 概率和为 1——一般找和为 1 然后往后选!**

**例 18.50** (201001)某商店举行店庆活动,顾客消费达到一定数量后,可以在 4 种赠品中随机选取 2 个不同的赠品,任意两位顾客所选赠品中,恰有 1 件品种相同的概率是(　　).

(A) $\dfrac{1}{6}$ 　　　 (B) $\dfrac{1}{4}$ 　　　 (C) $\dfrac{1}{3}$ 　　　 (D) $\dfrac{1}{2}$ 　　　 (E) $\dfrac{2}{3}$

选(E).

**例 18.51** (201101)将 2 个红球与 1 个白球随机地放入甲、乙、丙三个盒中,则乙盒中至少有 1 个红球的概率为(　　).

(A) $\dfrac{1}{9}$ 　　　 (B) $\dfrac{8}{27}$ 　　　 (C) $\dfrac{4}{9}$ 　　　 (D) $\dfrac{5}{9}$ 　　　 (E) $\dfrac{17}{27}$

选(D).

**例 18.52** (201110)10 名网球选手中有 2 名种子选手. 现将他们分成两组,每组 5 人,则 2 名种子选手不在同一组的概率为(　　).

(A) $\dfrac{5}{18}$ 　　　 (B) $\dfrac{4}{9}$ 　　　 (C) $\dfrac{5}{9}$ 　　　 (D) $\dfrac{1}{2}$ 　　　 (E) $\dfrac{2}{3}$

选(C).

**例 18.53** (201201)经统计,某机场的一个安检口每天中午办理安检手续的乘客人数及相应的概率如下表:

| 乘客人数 | 0～5 | 6～10 | 11～15 | 16～20 | 21～25 | 25 以上 |
|---|---|---|---|---|---|---|
| 概率 | 0.1 | 0.2 | 0.2 | 0.25 | 0.2 | 0.05 |

该安检口 2 天中至少有 1 天中午办理安检手续的乘客人数超过 15 的概率是(　　).

(A) 0.2 　　　 (B) 0.25 　　　 (C) 0.4 　　　 (D) 0.5 　　　 (E) 0.75

选(E).

**例 18.54** (201210)图 18.13 是一个简单的电路图,$S_1$,$S_2$,$S_3$ 表示开关.随机闭合 $S_1$,$S_2$,$S_3$ 中的 2 个,灯泡⊗发光的概率是(　　).

(A) $\dfrac{1}{6}$ 　　　 (B) $\dfrac{1}{4}$ 　　　 (C) $\dfrac{1}{3}$ 　　　 (D) $\dfrac{1}{2}$

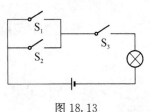

图 18.13

(E) $\dfrac{2}{3}$

选 (E).

**例 18.55**　(201310)将一个白木质的正方体的六个表面都涂上红漆,再将它锯成 64 个小正方体,从中任取 3 个,其中至少有 1 个三面是红漆的小正方体的概率是(　　).

(A) 0.665　　　(B) 0.578　　　(C) 0.563　　　(D) 0.482　　　(E) 0.335

选 (E).

**例 18.56**　(201401)掷一枚均匀的硬币若干次,当正面向上次数大于反面向上次数时停止,则在 4 次之内停止的概率为(　　).

(A) 1/8　　　(B) 3/8　　　(C) 5/8　　　(D) 3/16　　　(E) 5/16

选 (C).

### 3. 少数服从多数——选项编制策略

**例 18.57**　(201201)如图 18.14 所示,三个边长为 1 的正方形所覆盖区域(实线所围)的面积为(　　).

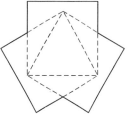

(A) $3-\sqrt{2}$　　　(B) $3-\dfrac{3\sqrt{2}}{4}$　　　(C) $3-\sqrt{3}$　　　(D) $3-\dfrac{\sqrt{3}}{2}$

(E) $3-\dfrac{3\sqrt{3}}{4}$

图 18.14

【蒙猜技巧】　$\sqrt{3}$ 出现 3 次,分母 4 出现 2 次,所以选 (E).

**例 18.58**　(201412)已知 $x_1$, $x_2$ 是方程 $x^2-ax-1=0$ 的两个实根,则 $x_1^2+x_2^2=$(　　).

(A) $a^2+2$　　　(B) $a^2+1$　　　(C) $a^2-1$　　　(D) $a^2-2$　　　(E) $a+2$

**解**　由韦达定理得 $x_1^2+x_2^2=(x_1+x_2)^2-2x_1x_2=a^2+2$,选 (A).

【蒙猜技巧】　根据少数服从多数,选 (A).

**例 18.59**　(201412)一件工作,甲、乙合作需要 2 天,人工费 2 900 元,乙、丙 2 个人合作需要 4 天,人工费 2 600 元,甲、丙 2 人合作 2 天完成全部工作量的 $\dfrac{5}{6}$,人工费 2 400 元,则甲单独完成这件工作需要的时间与人工费为(　　).

(A) 3 天, 3 000 元　　　(B) 3 天, 2 580 元　　　(C) 3 天, 2 700 元　　　(D) 4 天, 3 000 元

(E) 4 天, 2 900 元

【蒙猜技巧】　本题正面做计算量稍大,根据少数服从多数原则选 (A).

**例 18.60**　(201412)若直线 $y=ax$ 与圆 $(x-a)^2+y^2=1$ 相切,则 $a^2=$(　　).

(A) $\dfrac{1+\sqrt{3}}{2}$　　　(B) $1+\dfrac{\sqrt{3}}{2}$　　　(C) $\dfrac{\sqrt{5}}{2}$　　　(D) $1+\dfrac{\sqrt{5}}{3}$　　　(E) $\dfrac{1+\sqrt{5}}{2}$

**解**　由 $d=r\Rightarrow\dfrac{|a^2|}{\sqrt{a^2+1}}=1\Rightarrow a^4=a^2+1\Rightarrow a^4-a^2-1=0\Rightarrow a^2=\dfrac{1\pm\sqrt{5}}{2}$(负舍),选 (E).

【蒙猜技巧】　根据少数服从多数,选 (E).

## 18.4.3　条件充分性判断蒙猜技巧

题型特点:带有逻辑推理的数学题.

**1. A,B 选项**

技巧:两条件不能联合(2 个考点、矛盾、无交集),否定简单的条件,复杂的条件就充分!

**例 18.61**　(201010) $(\alpha+\beta)^{2009}=1$.

(1) $\begin{cases} x+3y=7 \\ \beta x+\alpha y=1 \end{cases}$ 与 $\begin{cases} 3x-y=1 \\ \alpha x+\beta y=2 \end{cases}$ 有相同的解

(2) $\alpha$ 与 $\beta$ 是方程 $x^2+x-2=0$ 的两个根

选(A).

**例 18.62**　(200901) $2a^2-5a-2+\dfrac{3}{a^2+1}=-1$.

(1) $a$ 是方程 $x^2-3x+1=0$ 的根

(2) $|a|=1$

选(A).

**2. D 选项**

技巧 1:两条件无法联合,简单的充分,复杂的更加充分!

技巧 2:两解情况(相差正负号).

技巧 3:等价情况.

技巧 4:包含情况(特殊在前、一般在后).

**例 18.63**　(200810) $\alpha^2+\beta^2$ 的最小值是 $\dfrac{1}{2}$.

(1) $\alpha,\beta$ 是方程 $x^2-2ax+(a^2+2a+1)=0$ 的两个实根

(2) $\alpha\beta=1/4$

选(D).

**例 18.64**　(201201)如图 18.15 所示,等腰梯形的上底与腰均为 $x$,下底为 $x+10$,则 $x=13$.

(1) 该梯形的上底与下底之比为 13∶23

(2) 该梯形的面积为 216

选(D).

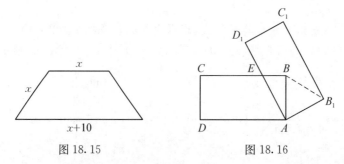

图 18.15　　　　　图 18.16

**例 18.65**　(201210)如图 18.16 所示,长方形 $ABCD$ 的长与宽分别为 $2a$ 和 $a$,将其以顶点 $A$ 为中心顺时针旋转 $60°$,则四边形 $AECD$ 的面积为 $24-2\sqrt{3}$.

(1) $a=2\sqrt{3}$

(2) $\triangle AB_1B$ 的面积为 $3\sqrt{3}$

选(D).

**例 18.66**　(200910)关于 $x$ 的方程 $\dfrac{1}{x-2}+3=\dfrac{1-x}{2-x}$ 与 $\dfrac{x+1}{x-|a|}=2-\dfrac{3}{|a|-x}$ 有相同的增根.

(1) $a=2$

(2) $a=-2$

选(D).

**例 18.67**　(200810)方程 $x^2+mxy+6y^2-10y-4=0$ 的图形是两条直线.

(1) $m=7$

(2) $m=-7$

选(D).

**例 18.68**　(201010)直线 $y=k(x+2)$ 是圆 $x^2+y^2=1$ 的一条切线.

(1) $k=-\dfrac{\sqrt{3}}{3}$

(2) $k=\dfrac{\sqrt{3}}{3}$

选(D).

**例 18.69**　(201110)已知数列 $\{a_n\}$ 满足 $a_{n+1}=\dfrac{a_n+2}{a_n+1}(n=1,2,\cdots)$,则 $a_2=a_3=a_4$.

(1) $a_1=\sqrt{2}$

(2) $a_1=-\sqrt{2}$

选(D).

**例 18.70**　(201201)一元二次方程 $x^2+bx+1=0$ 有两个不同实根.

(1) $b<-2$

(2) $b>2$

选(D).

**例 18.71**　(200301)某公司得到一笔贷款共 68 万元,用于下属 3 个工厂的设备改造.结果甲、乙、丙 3 个工厂按比例分别得到 36 万元、24 万元和 8 万元.

(1) 甲、乙、丙 3 个工厂按 $\dfrac{1}{2}:\dfrac{1}{3}:\dfrac{1}{9}$ 的比例分配贷款

(2) 甲、乙、丙 3 个工厂按 $9:6:2$ 的比例分配贷款

选(D).

**例 18.72**　(201210)某人用 10 万元购买了甲、乙 2 种股票.若甲种股票上涨 $a\%$,乙种股票下降 $b\%$ 时,此人购买的甲、乙 2 种股票总值不变,则此人购买甲种股票用了 6 万元.

(1) $a=2,b=3$

(2) $3a-2b=0(a\neq0)$

选(D).

**例 18.73** (201301)(条件充分性判断)设 $a_1 = 1$, $a_2 = k$, $a_{n+1} = |a_n - a_{n-1}|$ $(n \geqslant 2)$, 则 $a_{100} + a_{101} + a_{102} = 2$.

(1) $k = 2$

(2) $k$ 是小于 20 的正整数

【评注】 蒙猜经验:特例条件(1)在前,更一般条件(2)在后,蒙猜选(D).

**例 18.74** (200810)直线 $y = x$, $y = ax + b$ 与 $x = 0$ 所围成的三角形的面积等于 1.

(1) $a = -1$, $b = 2$

(2) $a = -1$, $b = -2$

选(D).

### 3. C 选项

技巧 1:两条件需要联合,特别是应用题.

技巧 2:定性条件＋定量条件;等号条件＋不等号条件.

技巧 3:两条件有小交集.

**例 18.75** (201001)设 $a$, $b$ 为非负实数,则 $a + b \leqslant \dfrac{5}{4}$.

(1) $ab \leqslant \dfrac{1}{16}$

(2) $a^2 + b^2 \leqslant 1$

选(C).

**例 18.76** (201201)某户要建一个长方形的羊栏,则羊栏的面积大于 $500 \text{ m}^2$.

(1) 羊栏的周长为 $120 \text{ m}$

(2) 羊栏对角线的长不超过 $50 \text{ m}$

选(C).

**例 18.77** (201210)设 $a$, $b$ 为实数,则 $a = 1$, $b = 4$.

(1) 曲线 $y = ax^2 + bx + 1$ 与 $x$ 轴的两个交点的距离为 $2\sqrt{3}$

(2) 曲线 $y = ax^2 + bx + 1$ 关于直线 $x + 2 = 0$ 对称

选(C).

**例 18.78** (200801)$\dfrac{b+c}{|a|} + \dfrac{c+a}{|b|} + \dfrac{a+b}{|c|} = 1$.【等量关系加不等式约束】

(1) 实数 $a$, $b$, $c$ 满足 $a + b + c = 0$

(2) 实数 $a$, $b$, $c$ 满足 $abc > 0$

选(C).

**例 18.79** (201110)抛物线 $y = x^2 + (a+2)x + 2a$ 与 $x$ 轴相切.【等量关系加不等式约束】

(1) $a > 0$

(2) $a^2 + a - 6 = 0$

选(C).

**例 18.80** (201310)设直线 $y = x + b$ 分别在第一象限和第三象限与曲线 $y = \dfrac{4}{x}$ 相交

于点 $A$ 与点 $B$,则能唯一确定 $b$ 的值.【等量关系加不等式约束】

(1) 已知以 $AB$ 为对角线的正方形的面积

(2) 点 $A$ 的横坐标小于纵坐标

选(C).

**例 18.81**　(201412)已知 $x_1$,$x_2$,$x_3$ 都是实数,$\bar{x}$ 为 $x_1$,$x_2$,$x_3$ 的平均数,则 $|x_k-\bar{x}|\leqslant 1$, $k=1,2,3$.【等量关系加不等式约束】

(1) $|x_k|\leqslant 1$, $k=1,2,3$

(2) $x_1=0$

选(C).

**例 18.82**　(200710)若王先生驾车从家到单位必须经过 3 个有红绿灯的十字路口,则他没有遇到红灯的概率为 0.125.

(1) 他在每一个路口遇到红灯的概率都是 0.5

(2) 他在每一个路口遇到红灯的事件相互独立

选(C).

**例 18.83**　(200910)$\dfrac{1}{a}+\dfrac{1}{b}+\dfrac{1}{c}>\sqrt{a}+\sqrt{b}+\sqrt{c}$.

(1) $abc=1$

(2) $a$,$b$,$c$ 为不全相等的正数

选(C).

**例 18.84**　(200901)$\{a_n\}$ 的前 $n$ 项和 $S_n$ 与 $\{b_n\}$ 的前 $n$ 项和 $T_n$ 满足 $S_{19}:T_{19}=3:2$.

(1) $\{a_n\}$ 和 $\{b_n\}$ 是等差数列

(2) $a_{10}:b_{10}=3:2$

选(C).

**例 18.85**　(201201)已知 $\{a_n\}$,$\{b_n\}$ 分别为等比数列与等差数列,$a_1=b_1=1$,则 $b_2\geqslant a_2$.

(1) $a_2>0$

(2) $a_{10}=b_{10}$

选(C).

**例 18.86**　(200801)1 件含有 25 张一类贺卡和 30 张二类贺卡邮包的总重量(不计包装重量)为 700 克.

(1) 一类贺卡重量是二类贺卡重量的 3 倍

(2) 1 张一类贺卡与 2 张二类贺卡的总重量是 $\dfrac{100}{3}$ 克

选(C).

**例 18.87**　(201001)售出一件甲商品比售出一件乙商品利润要高.

(1) 售出 5 件甲商品、4 件乙商品共获利 50 元

(2) 售出 4 件甲商品、5 件乙商品共获利 47 元

选(C).

**例 18.88** (201110)甲、乙 2 人赛跑,甲的速度是 6 米/秒.

(1) 乙比甲先跑 12 米,甲起跑后 6 秒钟追上乙

(2) 乙比甲先跑 2.5 秒,甲起跑后 5 秒钟追上乙

选(C).

**例 18.89** (201110)甲、乙两组射手打靶,2 组射手的平均成绩是 150 环.

(1) 甲组的人数比乙组人数多 20%

(2) 乙组的平均成绩是 171.6 环,比甲组的平均成绩高 30%

选(C).

**例 18.90** (201310)甲、乙 2 人以不同的速度在环形跑道上跑步,甲比乙快,则乙跑一圈需要 6 分钟.

(1) 甲、乙相向而行,每隔 2 分钟相遇一次

(2) 甲、乙同向而行,每隔 6 分钟相遇一次

选(C).

**例 18.91** (201412)几个朋友外出游玩,购买了一些瓶装水,则能确定购买的瓶装水数量.

(1) 若每人分 3 瓶,则剩余 30 瓶

(2) 若每人分 10 瓶,则只有 1 人不够

选(C).

**例 18.92** (200810)$|1-x|-\sqrt{x^2-8x+16}=2x-5$.(有小交集)

(1) $2 < x$

(2) $x < 3$

选(C).

**例 18.93** (201412)底面半径为 $r$,高为 $h$ 的圆柱体表面积记为 $S_1$,半径为 $R$ 的球体表面积记为 $S_2$,则 $S_1 \leqslant S_2$.(有小交集)

(1) $R \geqslant \dfrac{r+h}{2}$

(2) $R \leqslant \dfrac{2h+r}{3}$

选(C).

**4. E 选项**

技巧 1:简单问题,定性判断,特值"一箭三雕".

技巧 2:联合也不充分.

**例 18.94** (201201)已知 $a,b$ 是实数,则 $a > b$.

(1) $a^2 > b^2$

(2) $a^2 > b$

〖实用技巧〗 特例 $a=-3$,$b=-2$,"一箭三雕"秒杀,选(E).

**例 18.95** (200810)A 企业的职工人数今年比前年增加了 30%.

(1) A 企业的职工人数去年比前年减少了 20%

(2) A 企业的职工人数今年比去年增加了 50%

〖实用技巧〗　明显 2 个百分比不能直接相减！选(E).

▊例 18.96▊　(200810)整个队列的人数是 57.

(1) 甲、乙 2 人排队买票,甲后面有 20 人,而乙前面有 30 人

(2) 甲、乙 2 人排队买票,甲、乙之间有 5 人

〖实用技巧〗　即使联合也不能确定甲、乙位置,选(E).

▊例 18.97▊　(201101)在一次英语考试中,某班的及格率为 80%.

(1) 男生及格率为 70%,女生及格率为 90%

(2) 男生的平均分与女生的平均分相等

〖实用技巧〗　(2) 推不出男女生人数,所以仍然不充分！选(E).

再次强调,蒙猜有风险,万不得已时才能用！各位考生还是要充分备考,以真实能力考出好成绩！

# 18.5　数学经验结论与公式

## 18.5.1　算术

★ $a$ 除以 $b$ 的整除/余数问题可转化为 $a = bq + r(0 \leqslant r < b)$ 的等式问题,反之看到整数等式要想得到整除！

★ 最小公倍数定义 $[a, b]$、最大公约数定义 $(a, b)$,两者数量上关系 $a \times b = (a, b) \times [a, b]$.（最大公约数 × 最小公倍数 = 两数之乘积）.

★ 最小的质数为 2,最大的两位数质数为 97,最小的三位数质数为 101;两个质数相加为奇数必有一个为 2;三质数之和是偶数,其中必有一个是 2.

★ $a, b$ 是有理数,$\beta$ 是任意无理数,且 $a + b\beta = 0 \Rightarrow a = b = 0$.

▊例 18.98▊　(200910)若 $x, y$ 都是有理数,且满足 $(1 + 2\sqrt{3})x + (1 - \sqrt{3})y - 2 + 5\sqrt{3} = 0$,则 $x, y$ 的值分别为(　　).

(A) $-1, 2$　　(B) $1, 3$　　(C) $1, 2$　　(D) $-1, 3$

(E) 以上结论都不正确

选(D).

★ 实数裂项运算 $\dfrac{1}{n(n+k)} = \dfrac{1}{k}\left[\dfrac{1}{n} - \dfrac{1}{n+k}\right]$.

▊例 18.99▊　(201301)已知 $f(x) = \dfrac{1}{(x+1)(x+2)} + \dfrac{1}{(x+2)(x+3)} + \cdots + \dfrac{1}{(x+9)(x+10)}$,则 $f(8) = ($　　$)$.

(A) $\dfrac{1}{9}$　　(B) $\dfrac{1}{10}$　　(C) $\dfrac{1}{16}$　　(D) $\dfrac{1}{17}$　　(E) $\dfrac{1}{18}$

选(E).

★ $\dfrac{|a|}{a} = \dfrac{a}{|a|} = \begin{cases} 1, & a > 0 \\ -1, & a < 0 \end{cases}$,$\dfrac{|a|}{a} + \dfrac{|b|}{b} + \dfrac{c}{|c|}$ 取值为 $3, 1, -1, -3$.

例 18.100 (200801) $\dfrac{b+c}{|a|} + \dfrac{c+a}{|b|} + \dfrac{a+b}{|c|} = 1$.

(1) 实数 $a, b, c$ 满足 $a+b+c=0$

(2) 实数 $a, b, c$ 满足 $abc > 0$

选(C).

★ $a, b, c$ 为实数, $n, m \in \mathbf{N}$, $m$ 为偶数, 若 $|a| + b^{2n} + \sqrt[m]{c} = 0$, 则 $a = b = c = 0$. (若干个非负代数式的和为 0, 只能每一个都为 0).

例 18.101 (201101) 若实数 $a, b, c$ 满足 $|a-3| + \sqrt{3b+5} + (5c-4)^2 = 0$, 则 $abc = ($    $)$.

(A) $-4$ 　　(B) $-\dfrac{5}{3}$ 　　(C) $-\dfrac{4}{3}$ 　　(D) $\dfrac{4}{5}$ 　　(E) 3

选(A).

例 18.102 (200810) $|3x+2| + 2x^2 - 12xy + 18y^2 = 0$, 则 $2y-3x = ($    $)$.

(A) $-\dfrac{14}{9}$ 　　(B) $-\dfrac{2}{9}$ 　　(C) 0 　　(D) $\dfrac{2}{9}$ 　　(E) $\dfrac{14}{9}$

选(E).

例 18.103 (200901) 已知实数 $a, b, x, y$ 满足 $y + |\sqrt{x} - \sqrt{2}| = 1 - a^2$ 和 $|x-2| = y-1-b^2$, 则 $3^{x+y} + 3^{a+b} = ($    $)$.

(A) 25 　　(B) 26 　　(C) 27 　　(D) 28 　　(E) 29

选(D).

例 18.104 (200910) $2^{x+y} + 2^{a+b} = 17$.

(1) $a, b, x, y$ 满足 $y + |\sqrt{x} - \sqrt{3}| = 1 - a^2 + \sqrt{3}b$

(2) $a, b, x, y$ 满足 $|x-3| + \sqrt{3}b = y-1-b^2$

选(C).

★ $|ax-b| + |cy-d| = e(>0)$ 所围的图形: 当 $|a| = |c|$ 时表示正方形; 当 $|a| \neq |c|$ 时表示菱形, $|ax-b| + |cy-d| = e(>0)$ 面积都为 $\dfrac{2e^2}{|ac|}$.

★ $f(x) = |x-a| + |b-x|$ $(a<b)$ 最值: $f(x)_{\min} = |a-b|$ (2 个零点之间的距离), 奇数个绝对值相加在中间零点达到最小值, 偶数个绝对值相加在中间两个零点范围内达到最小值.

例 18.105 (200801) 设 $y = |x-2| + |x+2|$, 则下列结论中正确的是(    ).

(A) $y$ 没有最小值 　　　　(B) 只有一个 $x$ 使 $y$ 取到最小值

(C) 有无穷多个 $x$ 使 $y$ 取到最大值

(D) 有无穷多个 $x$ 使 $y$ 取到最小值

(E) 以上结论均不正确

选(D).

例 18.106 (200301) 不等式 $|x-2| + |4-x| < S$ 无解.

(1) $S \leqslant 2$

(2) $S > 2$

选(A).

**例 18.107**　(200910)设 $y=|x-a|+|x-20|+|x-a-20|$，其中 $0<a<20$，则对于满足 $a\leqslant x\leqslant 20$ 的 $x$ 值，$y$ 的最小值是(　　)．

(A) 10　　　　(B) 15　　　　(C) 20　　　　(D) 25　　　　(E) 30

选(C)．

★ $f(x)=|x-a|-|b-x|$ 最值：$f(x)_{\min}=-|a-b|$，$f(x)_{\max}=|a-b|$．

★ 绝对值三角不等式：$|x+y|=|x|+|y|\Rightarrow xy\geqslant 0$，$|x-y|<|x|+|y|\Rightarrow xy>0$；$|x+y|=|x|-|y|\Rightarrow xy\leqslant 0$ 且 $|x|\geqslant|y|$．

**例 18.108**　(200401)$x,y$ 是实数，$|x|+|y|=|x-y|$．

(1) $x>0,y<0$

(2) $x<0,y>0$

选(D)．

**例 18.109**　(201301)已知 $a,b$ 是实数，则 $|a|\leqslant 1$，$|b|\leqslant 1$．

(1) $|a+b|\leqslant 1$

(2) $|a-b|\leqslant 1$

选(C)．

★ 绝对值不等式：$a|b|>b|a|\Rightarrow a>0,b<0$；$a|b|\leqslant b|a|\Rightarrow a\leqslant 0$ 或 $b\geqslant 0$．

**例 18.110**　(200501)实数 $a,b$ 满足 $|a|(a+b)>a|a+b|$．

(1) $a<0$

(2) $b>-a$

选(C)．

**例 18.111**　(201001)$a|a-b|\geqslant|a|(a-b)$．

(1) 实数 $a>0$

(2) 实数 $a,b$ 满足 $a>b$

选(A)．

## 18.5.2　代数

★ 条件等式化简基本定理

定理 1：若 $ab=0$，则 $a=0$ 或 $b=0$．(实质是做因式分解)

定理 2：若 $a,b$ 是实数，且 $a^2+b^2=0$，则 $a=0$ 且 $b=0$．(实质是配平方)

**例 18.112**　(201301)$\triangle ABC$ 的边长分别为 $a,b,c$，则 $\triangle ABC$ 为直角三角形．

(1) $(c^2-a^2-b^2)(a^2-b^2)=0$

(2) $\triangle ABC$ 的面积为 $\dfrac{1}{2}ab$

选(B)．

**例 18.113**　(201101)已知三角形 $ABC$ 的 3 条边长分别为 $a,b,c$，则三角形 $ABC$ 是等腰直角三角形．

(1) $(a-b)(c^2-a^2-b^2)=0$

(2) $c=\sqrt{2}b$

选(C).

★ $a^2 + b^2 + c^2 - ab - bc - ac = \dfrac{1}{2}\left[(a-b)^2 + (a-c)^2 + (b-c)^2\right]$

特别地：$a^2 + b^2 + c^2 - ab - bc - ac = 0$，则 $a = b = c$.

**例 18.114** (200801)若△ABC 的 3 条边 $a$, $b$, $c$ 满足 $a^2 + b^2 + c^2 = ab + ac + bc$，则 △ABC 为(    ).

(A) 等腰三角形　　(B) 直角三角形　　(C) 等边三角形　　(D) 等腰直角三角形

(E) 以上结果均不正确

选(C).

**例 18.115** (200910)△ABC 是等边三角形.

(1) △ABC 的 3 条边满足 $a^2 + b^2 + c^2 = ab + bc + ac$

(2) △ABC 的 3 条边满足 $a^3 - a^2 b + ab^2 + ac^2 - b^2 - bc^2 = 0$

选(A).

**例 18.116** (201010)若实数 $a$, $b$, $c$ 满足：$a^2 + b^2 + c^2 = 9$，则代数式 $(a-b)^2 + (b-c)^2 + (c-a)^2$ 的最大值是(    ).

(A) 21　　　　(B) 27　　　　(C) 29　　　　(D) 32　　　　(E) 39

选(B).

★ 比例性质,合分比定理：$\dfrac{a}{b} = \dfrac{c}{d} = \dfrac{a \pm mc}{b \pm md} \overset{m=1}{=\!=} \dfrac{a \pm c}{b \pm d}$.

★ 分式 $\dfrac{ax+m}{bx+n}$ 为定值 $\Leftrightarrow \dfrac{a}{b} = \dfrac{m}{n}$ 且为定值 $\dfrac{m}{n}$.

**例 18.117** (200901)对于使 $\dfrac{ax+7}{bx+11}$ 有意义的一切 $x$ 的值,这个分式为一个定值.

(1) $7a - 11b = 0$

(2) $11a - 7b = 0$

选(B).

★ $a + b + c = 0$, $abc > 0$, 则其中必有两个为负数,一个为正数.

★ $a + b + c > M$, 则其中至少有一个大于 $\dfrac{M}{3}$.

**例 18.118** (200201)$a$, $b$, $c$ 是不全相等的任意实数,若 $x = a^2 - bc$, $y = b^2 - ac$, $z = c^2 - ab$, 则 $x$, $y$, $z$(    ).

(A) 都大于 0 　　　　　　　　(B) 至少有一个大于 0

(C) 至少有一个小于 0 　　　　(D) 都不小于 0

选(B).

**例 18.119** (201412)已知 $a$, $b$ 为实数,则 $a \geqslant 2$ 或 $b \geqslant 2$.

(1) $a + b \geqslant 4$

(2) $ab \geqslant 4$

选(A).

★ $a > b$ 且 $\dfrac{1}{a} < \dfrac{1}{b} \Rightarrow ab > 0$; $a > b$ 且 $\dfrac{1}{a} > \dfrac{1}{b} \Rightarrow a > 0$, $b < 0$.

★ 不等式趋 1 增减性

若 $a > b > 0$,则 $\dfrac{a}{b} > \dfrac{a+1}{b+1} > \dfrac{a+2}{b+2} > \cdots > \dfrac{a+k}{b+k} \to 1(k$ 为正无穷大数$)$;

若 $b > a > 0$,则 $\dfrac{a}{b} < \dfrac{a+1}{b+1} < \dfrac{a+2}{b+2} < \cdots < \dfrac{a+k}{b+k} \to 1(k$ 为正无穷大数$)$.

**例 18.120**　$(200110)$若 $a > b > 0, k > 0$,则下列不等式中能够成立的是( ).

(A) $-\dfrac{b}{a} < -\dfrac{b+k}{a+k}$ 　　　　(B) $\dfrac{a}{b} > \dfrac{a-k}{b-k}$

(C) $-\dfrac{b}{a} > -\dfrac{b+k}{a+k}$ 　　　　(D) $\dfrac{a}{b} < \dfrac{a-k}{b-k}$

选(C).

★ 柯西不等式

$(a^2 + b^2)(c^2 + d^2) \geqslant (ac + bd)^2$,当且仅当 $ad = bc$ 时等号成立.

**例 18.121**　$(201101)$已知实数 $a, b, c, d$ 满足 $a^2 + b^2 = 1, c^2 + d^2 = 1$,则 $|ac + bd| < 1$.

(1) 直线 $ax + by = 1$ 与 $cx + dy = 1$ 仅有一个交点

(2) $a \neq c, b \neq d$

选(A).

★ 一次因式余数定理:余数 $r = f(a)$.

一次因式定理:

$f(x)$ 能被 $(x - a)$ 整除 $\Leftrightarrow x - a \mid f(x)$

$\Leftrightarrow f(x) = (x - a) \cdot g(x)$

$\Leftrightarrow f(x)$ 含有因式 $(x - a)$

$\Leftrightarrow f(a) = 0$

$\Leftrightarrow a$ 是 $f(x) = 0$ 的根.

**例 18.122**　$(200710)$若多项式 $f(x) = x^3 + a^2 x^2 + x - 3a$ 能被 $x - 1$ 整除,则实数 $a = ($ ).

(A) 0　　　　(B) 1　　　　(C) 0 或 1　　　　(D) 2 或 $-1$　　　　(E) 2 或 1

选(E).

**例 18.123**　$(200910)$二次三项式 $x^2 + x - 6$ 是多项式 $2x^4 + x^3 - ax^2 + bx + a + b - 1$ 的一个因式.

(1) $a = 16$

(2) $b = 2$

选(E).

**例 18.124**　$(201110) ax^3 - bx^2 + 23x - 6$ 能被 $(x - 2)(x - 3)$ 整除.

(1) $a = 3, b = -16$

(2) $a = 3, b = 16$

选(B).

**例 18.125**　$(201201)$若 $x^3 + x^2 + ax + b$ 能被 $x^2 - 3x + 2$ 整除,则( ).

(A) $a = 4, b = 4$ 　　　　(B) $a = -4, b = -4$

(C) $a = 10, b = -8$ 　　　　(D) $a = -10, b = 8$

(E) $a = -2, b = 0$

选(D).

★ 二次函数

配方式：$y = a\left(x + \dfrac{b}{2a}\right)^2 + \dfrac{4ac - b^2}{4a}$，对称轴 $x = -\dfrac{b}{2a}$，顶点 $\left(-\dfrac{b}{2a}, \dfrac{4ac - b^2}{4a}\right)$；

交点式：$y = a(x - \alpha)(x - \beta)$，$\alpha, \beta$ 为二次函数与 $x$ 轴交点横坐标，其对称轴为 $x = \dfrac{\alpha + \beta}{2}$. 两根 $\alpha, \beta$ 之间距离 $|\alpha - \beta| = \dfrac{\sqrt{\Delta}}{|a|}$.

★ 关于 $x$ 的方程 $ax^2 + bx + c = 0 (a, b, c$ 为有理数)，其中有一个根为 $A + \sqrt{B}$，则另外一个根为 $A - \sqrt{B}$.

★ 关于 $x$ 的方程 $ax^2 + bx + c = 0 (a \neq 0)$，若有二实根 $x_1, x_2$，则 $|x_1 - x_2| = \dfrac{\sqrt{\Delta}}{|a|}$.

**例 18.126** (201210) 设 $a, b$ 为实数，则 $a = 1, b = 4$.

(1) 曲线 $y = ax^2 + bx + 1$ 与 $x$ 轴的 2 个交点的距离为 $2\sqrt{3}$

(2) 曲线 $y = ax^2 + bx + 1$ 关于直线 $x + 2 = 0$ 对称

选(C).

**例 18.127** (200301) 一元二次方程 $x^2 + bx + c = 0$ 的 2 个根的差的绝对值为 4.

(1) $\begin{cases} b = 4 \\ c = 0 \end{cases}$

(2) $b^2 - 4c = 16$

选(D).

**例 18.128** (201512) 设抛物线 $y = x^2 + 2ax + b$ 与 $x$ 轴相交于 $A, B$ 两点，点 $C$ 坐标为 $(0, 2)$，若 $\triangle ABC$ 的面积等于 6，则(    ).

(A) $a^2 - b = 9$  (B) $a^2 + b = 9$  (C) $a^2 - b = 36$  (D) $a^2 + b = 36$  (E) $a^2 - 4b = 9$

选(A).

★ 关于 $x$ 的方程 $ax^2 + bx + c = 0 (ac \neq 0)$，若有二实根 $x_1, x_2$，则以 $\dfrac{1}{x_1}, \dfrac{1}{x_2}$ 为两根的方程为 $cx^2 + bx + a = 0$；以 $-x_1, -x_2$ 为两根的方程为 $ax^2 - bx + c = 0$.

★ 方程根的分布问题：

类型 1：方程 $ax^2 + bx + c = 0$ 两根在某数的两侧(即 $x_1 < k < x_2$) $\Leftrightarrow a \cdot f(k) < 0$；

类型 2：方程 $ax^2 + bx + c = 0 (a > 0)$ 两根在某数的同一侧，有两种问题

① $x_1 \leqslant x_2 < k \Leftrightarrow \begin{cases} \Delta \geqslant 0 \\ -\dfrac{b}{2a} < k \\ f(k) > 0 \end{cases}$；② $k < x_1 \leqslant x_2 \Leftrightarrow \begin{cases} \Delta \geqslant 0 \\ -\dfrac{b}{2a} > k \\ f(k) > 0 \end{cases}$

类型 3：方程 $ax^2 + bx + c = 0 (a > 0)$ 的两根都介于某几个数之间，有两种问题

① $k_1 < x_1 < x_2 < k_2 \Leftrightarrow \begin{cases} \Delta > 0 \\ k_1 < -\dfrac{b}{2a} < k_2 \\ f(k_1) > 0 \\ f(k_2) > 0 \end{cases}$；② $k_1 < x_1 < k_2 < x_2 < k_3 \Leftrightarrow \begin{cases} f(k_1) > 0 \\ f(k_2) < 0 \\ f(k_3) > 0 \end{cases}$.

类型 4：方程 $ax^2 + bx + c = 0(a > 0)$ 的两根各自在不同的范围，即 $x_1 < k_1$ 且 $x_2 > k_2$
$(k_1 < k_2) \Leftrightarrow \begin{cases} f(k_1) < 0 \\ f(k_2) < 0 \end{cases}$.

★ 不等式解集的端点为对应方程的根.

★ 若方程无实根，$ax^2 + bx + c > 0$ 的解集为全体实数 **R**，而 $ax^2 + bx + c < 0$ 的解集为空集 $\varnothing$（其中 $a > 0$）.

★ $a \geqslant f(x)$ 恒成立 $\Leftrightarrow a \geqslant f(x)_{max}$；$a \leqslant f(x)$ 恒成立 $\Leftrightarrow a \leqslant f(x)_{min}$；

$a > f(x)$ 无解 $\Leftrightarrow a \leqslant f(x)$ 恒成立 $\Leftrightarrow a \leqslant f(x)_{min}$；

$a < f(x)$ 无解 $\Leftrightarrow a \geqslant f(x)$ 恒成立 $\Leftrightarrow a \geqslant f(x)_{max}$；

$a \geqslant f(x)$ 有解 $\Leftrightarrow a \geqslant f(x)_{min}$；

$a \leqslant f(x)$ 有解 $\Leftrightarrow a \leqslant f(x)_{max}$.

**例 18.129**　（201401）不等式 $|x^2 + 2x + a| \leqslant 1$ 的解集为空.

(1) $a < 0$

(2) $a > 2$

选（B）.

★ 均值不等式：一正二定三相等.

当 $a$，$b$ 为正数时，$\sqrt{\dfrac{a^2 + b^2}{2}} \geqslant \dfrac{a + b}{2} \geqslant \sqrt{ab} \geqslant \dfrac{2}{\dfrac{1}{a} + \dfrac{1}{b}}$，当且仅当 $a = b$ 时取"="号.

该不等式表示：平方平均数 $\geqslant$ 算术平均数 $\geqslant$ 几何平均数 $\geqslant$ 调和平均数.

★ 中项性质：若等差数列 $\{a_n\}$，$\{b_n\}$ 的前 $n$ 项和为 $S_n$，$T_n$，则 $\dfrac{S_{2k-1}}{T_{2k-1}} = \dfrac{a_k}{b_k}$.

**例 18.130**　（2002）设 $3^a = 4$，$3^b = 8$，$3^c = 16$，则 $a$，$b$，$c$（　　）.

(A) 是等比数列，但不是等差数列　　(B) 是等差数列，但不是等比数列

(C) 既是等比数列，又是等差数列　　(D) 既不是等比数列，也不是等差数列

选（B）.

**例 18.131**　（201101）实数 $a$，$b$，$c$ 成等差数列.

(1) $e^a$，$e^b$，$e^c$ 成等比数列

(2) $\ln a$，$\ln b$，$\ln c$ 成等差数列

选（A）.

★ $a$，$b$，$c$ 成等比数列 $\Leftrightarrow \log_m a$，$\log_m b$，$\log_m c$ 成等差数列；

$a$，$b$，$c$ 成等差数列 $\Leftrightarrow m^a$，$m^b$，$m^c$ 成等比数列；

$a$，$b$，$c$ 既成等差数列又成等比数列 $\Leftrightarrow a = b = c$（常数列）.

**例 18.132**　（201401）甲、乙、丙 3 人年龄相同.

(1) 甲、乙、丙年龄等差

(2) 甲、乙、丙年龄等比

选（C）.

★ 若 $S_n = kn^2 + bn$，则 $\{a_n\}$ 为等差数列；若 $S_n = k - kq^n$，则 $\{a_n\}$ 为等比数列.

**例 18.133**　（2003）数列 $\{a_n\}$ 的前 $n$ 项和 $S_n = 4n^2 + n - 2$，则它的通项 $a_n$ 是（　　）.

(A) $3n-2$      (B) $4n+1$      (C) $8n-2$      (D) $8n-1$

(E) 以上结论都不正确

选(E).

★ 等差数列前 $n$ 项和 $S_n = \dfrac{(a_1+a_n)}{2} \times n =$ 平均值×项数.

**例 18.134** (201612)在 1 到 100 之间,能被 9 整除的整数的平均值是( ).

(A) 27      (B) 36      (C) 45      (D) 54      (E) 63

选(D).

★ 等差数列前 $n$ 项和在 $\dfrac{1}{2} - \dfrac{a_1}{d}$ 点或者附近达到最值.

### 18.5.3 几何

★ 面积之比与边之比的关系:如图 18.17 所示,$\dfrac{BD}{DC} = \dfrac{1}{2} \Leftrightarrow \dfrac{S_{\triangle ABD}}{S_{\triangle ACD}} = \dfrac{1}{2}$.

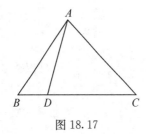

图 18.17          图 18.18

**例 18.135** (200810)如图 18.18 所示,若△ABC 的面积为 1,且△AEC,△DEC,△BED 的面积相等,则△AED 的面积是( ).

(A) $\dfrac{1}{3}$      (B) $\dfrac{1}{6}$      (C) $\dfrac{1}{5}$      (D) $\dfrac{1}{4}$      (E) $\dfrac{2}{5}$

选(B).

**例 18.136** (201401)如图 18.19 所示,已知 $AE = 3AB$,$BF = 2BC$,若△ABC 的面积为 2,则△AEF 的面积为( ).

(A) 14      (B) 12      (C) 10      (D) 8

(E) 6

选(B).

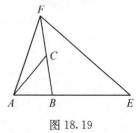

图 18.19

★ 等边三角形($a$ 为边长),高 $h = \dfrac{\sqrt{3}}{2}a$,面积 $S = \dfrac{\sqrt{3}}{4}a^2$,内切圆半径 $r = \dfrac{\sqrt{3}}{6}a$,外接圆半径 $R = \dfrac{\sqrt{3}}{3}a$.

★ 直角三角形常见勾股数:$3:4:5$;$5:12:13$;$7:24:25$;$8:15:17$.

★ 直角三角形外接圆半径为 $c/2$,内切圆半径为 $(a+b-c)/2$.

★ 过平行四边形对角线交点的直线将平行四边形面积一分为二.

★ 菱形面积等于对角线乘积的一半.

**例 18.137** (201210)若菱形的 2 条对角线的长分别为 6 和 8,则这个菱形的周长与面积分别为( ).

(A) 14;24　　(B) 14;48　　(C) 20;12　　(D) 20;24　　(E) 20;48

选(D).

★梯形小结论:如图 18.20 所示,① $S_3 = S_4$,② $S_1 \times S_2 = S_3 \times S_4$.

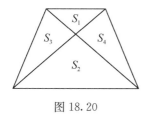　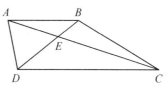

图 18.20　　　　　　　　　图 18.21

**例 18.138** (201512)如图 18.21 所示,在四边形 $ABCD$ 中,$AB \parallel CD$,$AB$ 与 $CD$ 的边长分别为 4 和 8,若 $\triangle ABE$ 的面积为 4,则四边形 $ABCD$ 的面积为( ).

(A) 24　　(B) 30　　(C) 32　　(D) 36　　(E) 40

选(D).

★长方体两组关系:① $(ab)(ac)(bc) = V^2$;② $(a+b+c)^2 = a^2 + b^2 + c^2 + 2(ab + ab + bc)$.

★内切球:截面圆直径＝边长;外接球:球直径＝体对角线长.

**例 18.139** (201101)现有一个半径为 $R$ 的球体,拟用刨床将其加工成正方体,则能加工成的最大正方体的体积是( ).

(A) $\dfrac{8}{3}R^3$　　(B) $\dfrac{8\sqrt{3}}{9}R^3$　　(C) $\dfrac{4}{3}R^3$　　(D) $\dfrac{1}{3}R^3$　　(E) $\dfrac{\sqrt{3}}{9}R^3$

选(B).

★在平面几何中:周长一定,图形越接近于圆,面积越大;面积一定,图形越接近于圆,周长越小.

在立体几何中:表面积一定,图形越接近于球,体积越大;体积一定时,图形越接近于球,表面积越小.

★两直线垂直的充分条件:$k_1 \cdot k_2 = -1$;

两直线垂直的重要条件:$A_1A_2 + B_1B_2 = 0$.

**例 18.140** (199901)已知直线 $l_1$:$(a+2)x + (1-a)y - 3 = 0$ 和直线 $l_2$:$(a-1)x + (2a+3)y + 2 = 0$ 互相垂直,则 $a$ 等于( ).

(A) $-1$　　(B) 1　　(C) $\pm 1$　　(D) $-\dfrac{3}{2}$　　(E) 0

选(C).

★两平行直线 $Ax + By + C_1 = 0$ 与 $Ax + By + C_2 = 0$ 之间的距离 $= \dfrac{\mid C_1 - C_2 \mid}{\sqrt{A^2 + B^2}}$.

★若直线与圆相交,弦长 $= 2\sqrt{r^2 - d^2}$.

★过圆 $x^2 + y^2 = r^2$ 上一点 $P(x_0, y_0)$ 的切线方程为 $xx_0 + yy_0 = r^2$.

过圆 $(x-a)^2+(y-b)^2=r^2$ 上一点 $P(x_0,y_0)$ 的切线方程为

$(x-a)(x_0-a)+(y-b)(y_0-b)=r^2$.

**例 18.141** （201401）已知直线 $L$ 是圆 $x^2+y^2=5$ 在点 $(1,2)$ 处的切线,则 $L$ 在 $y$ 轴上的截距为(　　).

(A) 2/5　　　　(B) 2/3　　　　(C) 3/2　　　　(D) 5/2　　　　(E) 5

选(D).

★ 过定点的直线系:过 $A_1x+B_1y+C_1=0$ 与 $A_2x+B_2y+C_2=0$ 交点的直线可以表示为:$(A_1x+B_1y+C_1)+\lambda(A_2x+B_2y+C_2)=0$.

**例 18.142** （200901）圆 $(x-1)^2+(y-2)^2=4$ 和直线 $(1+2\lambda)x+(1-\lambda)y-3-3\lambda=0$ 相交于两点.

(1) $\lambda=\dfrac{2\sqrt{3}}{5}$

(2) $\lambda=\dfrac{5\sqrt{3}}{2}$

选(D).

★ 两圆若相交,2 个圆方程相减即可得到两圆公共弦方程.

圆 $x^2+y^2+D_1x+E_1y+F_1=0$ 与圆 $x^2+y^2+D_2x+E_2y+F_2=0$ 公共弦方程为 $(D_1-D_2)x+(E_1-E_2)y+(F_1-F_2)=0$.

★ 5 种特殊对称

| | 点 $P(x,y)$ | 曲线 $F(x,y)=0$ | $Ax+By+C=0$ |
|---|---|---|---|
| 关于原点 | $(-x,-y)$ | $F(-x,-y)=0$ | $A(-x)+B(-y)+C=0$ |
| 关于 $x$ 轴 | $(x,-y)$ | $F(x,-y)=0$ | $Ax+B(-y)+C=0$ |
| 关于 $y$ 轴 | $(-x,y)$ | $F(-x,y)=0$ | $A(-x)+By+C=0$ |
| 关于直线 $y=x$ | $(y,x)$ | $F(y,x)=0$ | $Ay+Bx+C=0$ |
| 关于直线 $y=-x$ | $(-y,-x)$ | $F(-y,-x)=0$ | $A(-y)+B(-x)+C=0$ |

点 $P(x_0,y_0)$ 关于直线 $x+y+m=0$ 的对称点为 $P'(-y_0-m,-x_0-m)$;

点 $P(x_0,y_0)$ 关于直线 $x-y+m=0$ 的对称点为 $P'(y_0-m,x_0+m)$;

直线 $Ax+By+C=0$ 关于直线 $x+y+m=0$ 的对称直线为 $A(-y-m)+B(-x-m)+C=0$;

直线 $Ax+By+C=0$ 关于直线 $x-y+m=0$ 的对称直线为 $A(y-m)+B(x+m)+C=0$.

**例 18.143** （200710）点 $P_0(2,3)$ 关于直线 $x+y=0$ 的对称点是(　　).

(A) $(4,3)$　　(B) $(-2,-3)$　　(C) $(-3,-2)$　　(D) $(-2,3)$　　(E) $(-4,-3)$

选(C).

**例 18.144** （201010）圆 $c_1$ 是圆 $c_2:x^2+y^2+2x-6y-14=0$ 关于直线 $y=x$ 的对称圆.

(1) 圆 $c_1:x^2+y^2-2x-6y-14=0$

(2) 圆 $c_1: x^2 + y^2 + 2y - 6x - 14 = 0$

选(B).

**例 18.145**　(200801)以直线 $y + x = 0$ 为对称轴且与直线 $y - 3x = 2$ 对称的直线方程为(　　).

(A) $y = \dfrac{x}{3} + \dfrac{2}{3}$ 　　　　(B) $y = -\dfrac{x}{3} + \dfrac{2}{3}$

(C) $y = -3x - 2$ 　　　　(D) $y = -3x + 2$

(E) 以上都不是

选(A).

**例 18.146**　(201210)直线 $L$ 与直线 $2x + 3y = 1$ 关于 $x$ 轴对称.

(1) $L: 2x - 3y = 1$

(2) $L: 3x + 2y = 1$

选(A).

## 18.5.4　数据分析

★抽签中奖与次序无关原理:袋中有 $a$ 个中奖球,$b$ 个不中奖球,逐次无放回摸,则第 $k$ 次摸到中奖球的概率为 $\dfrac{a}{a+b}$(与 $k$ 无关).

★只有一个中奖与次序无关原理:袋中共有 $n$ 个球,只有 1 个中奖球,逐次无放回摸,则第 $k$ 次才摸到中奖球的概率为 $\dfrac{1}{n}$(与 $k$ 无关).

**例 18.147**　(201001)某装置的启动密码是由 0 到 9 中的 3 个不同数字组成,连续 3 次输入错误密码,就会导致该装置永久关闭,一个仅记得密码是由 3 个不同数字组成的人能够启动此装置的概率为(　　).

(A) $\dfrac{1}{120}$ 　　(B) $\dfrac{1}{168}$ 　　(C) $\dfrac{1}{240}$ 　　(D) $\dfrac{1}{720}$ 　　(E) $\dfrac{3}{1\,000}$

选(C).

★分房问题:$n$ 个人进 $N$ 间房间有 $N^n$ 种;$n$ 个人分别进 $N$ 间房间有 $P_N^n(n \leqslant N)$ 种.

**例 18.148**　(200710)有 5 人报名参加 3 项不同的培训,每人都只报 1 项,则不同的报法有(　　)种.

(A) 243 　　(B) 125 　　(C) 81 　　(D) 60

(E) 以上结论都不正确

选(A).

★分组问题:$n$ 个组个数一样要除以 $n!$.

**例 18.149**　(201401)在某项活动中,将 3 男 3 女 6 名志愿者,都随机地分成甲、乙、丙 3 组,每组 2 人,则每组志愿者是异性的概率为(　　).

(A) 1/90 　　(B) 1/15 　　(C) 1/10 　　(D) 1/5 　　(E) 2/5

选(E).

★不对应问题:二、三、四元素不对应 1,2,9 种.

**例 18.150**　(201401)某单位决定对 4 个部门的经理进行轮岗,要求每位经理必须轮换到 4 个部门中的其他部门任职,则不同的方案有( ).

(A) 3 种　　　　(B) 6 种　　　　(C) 8 种　　　　(D) 9 种　　　　(E) 10 种

选(D).

★$n$ 相同指标分配给 $m$ 个不同对象:非空(至少 1 个) 共 $C_{n-1}^{m-1}$,允许空共有 $C_{n+m-1}^{m-1}$ 种.

例 18.151　　(200910)若将 10 只相同的球随机放入编号为 1,2,3,4 的 4 个盒子中,则每个盒子不空的投放方法有( )种.

(A) 72　　　　(B) 84　　　　(C) 96　　　　(D) 108　　　　(E) 120

选(B).

★$n$ 重伯努利试验中的常见概率计算:

① $n$ 次试验中恰好成功 $k$ 次的概率为 $P_n(k) = C_n^k p^k (1-p)^{n-k}(k = 0, 1, \cdots, n)$.

② $n$ 次试验中至少成功 1 次的概率为 $1-(1-p)^n$ (从反面考虑:一次也没有成功);

$n$ 次试验中至多成功 1 次的概率为 $(1-p)^n + C_n^1 p(1-p)^{n-1}$ (从正面考虑:成功 0 次或 1 次).

③ 直到第 $k$ 次试验,才首次成功的概率为 $P_k = (1-p)^{k-1} \cdot p$ 　$(k = 1, 2, \cdots)$.

④ 直到第 $n$ 次,才成功了 $k$ 次,概率为 $C_{n-1}^{k-1} p^k (1-p)^{n-k}$.

例 18.152　　(201301)档案馆在一个库房中安装了 $n$ 个烟火感应报警器,每个报警器遇到烟火发出警报的概率均为 $p$,该库房遇烟火发出警报的概率达到 0.999.

(1) $n = 3$,　$p = 0.9$

(2) $n = 2$,　$p = 0.97$

选(D).

例 18.153　　(199901)进行一系列独立的试验,每次试验成功的概率为 $P$,则在成功 2 次之前已经失败 3 次的概率为( ).

(A) $4P^2(1-P)^3$　　　　　　　　(B) $4P(1-P)^3$

(C) $10P^2(1-P)^3$　　　　　　　　(D) $P^2(1-P)^3$

(E) $(1-P)^3$

选(A).

例 18.154　　(200801)某乒乓球男子单打决赛在甲、乙两选手间进行比赛,用 7 局 4 胜制.已知每局比赛甲选手战胜乙选手的概率为 0.7,则甲选手以 4:1 战胜乙的概率为( ).

(A) $0.84 \times 0.7^3$　(B) $0.7 \times 0.7^3$　(C) $0.3 \times 0.7^3$　(D) $0.9 \times 0.7^3$　(E) 以上都不对

选(A).

★数据线性变换后的均值、方差、标准差:

设 $x_1, \cdots, x_n$ 的均值为 $\bar{x}$,方差为 $s^2$,标准差为 $s$,令 $y_i = ax_i + b(a, b$ 不为零),则 $y_1, \cdots, y_n$ 的均值为 $a\bar{x} + b$,方差为 $a^2 s^2$,标准差为 $|a|s$.

★连续 5 个整数的方差必定为 2.连续 7 个整数的标准差为 2.

例 18.155　　(201401)已知 $M = \{a, b, c, d, e\}$ 是一个整数集合,则能确定集合 $M$ 的元素.

(1) $a, b, c, d, e$ 平均值为 10

(2) 方差为 2

选(C).

例 18.156　　(201512)设有两组数据 $S_1$:3,4,5,6,7 和 $S_2$:4,5,6,7,$a$,则能确定

$a$ 的值.

(1) $S_1$ 与 $S_2$ 的均值相等

(2) $S_1$ 与 $S_2$ 的方差相等

选(A).

★ 频率分布直方图中每个直线方条的面积为频率,所有直方条的面积之和为 1.

## 18.5.5  应用题

★ 一个总体分成两个部分,对应三个同性质的数据时可以用十字交叉法,结果为数量比.

**例 18.157**  (200810)某班有学生 36 人,期末各科平均成绩为 85 分以上的为优秀生,若该班优秀生平均成绩为 90 分,非优秀平均成绩为 72 分,全班平均成绩为 80 分,则优秀生的人数是(  ).

(A) 12        (B) 14        (C) 16        (D) 18        (E) 20

选(C).

**例 18.158**  (201401)某部门在一次联欢活动中共设了 26 个奖,奖品均价为 280 元,其中一等奖单价为 400 元,其他奖品价格为 270 元,一等奖的个数为(  ).

(A) 6 个        (B) 5 个        (C) 4 个        (D) 3 个        (E) 2 个

选(E).

**例 18.159**  (200801)若用浓度为 30%和 20%的甲、乙两种食盐溶液配成浓度为 24%的食盐溶液 500 克,则甲、乙两种溶液各取(  ).

(A) 180 克        320 克        (B) 185 克        315 克

(C) 190 克        310 克        (D) 195 克        305 克

(E) 200 克        300 克

选(E).

★ 先增长 $p\%$,再降低 $p\%$,最后结果比原来少了 $(p\%)^2$.

上班时速度减少 $p\%$,下班时速度增加 $p\%$,来回总的时间比原来减少.

先增长 $p\%$,再增长 $p\%$,最后结果大于一次增长 $2p\%$.

先降低 $p\%$,再降低 $p\%$,最后结果也大于一次降低 $2p\%$.

★ 两件物品都用同样价格出售,一件亏了 $p\%$,一件赚了 $p\%$,最后结果一定是亏了,亏了 $(p\%)^2$.

**例 18.160**  (200901)一家商店为回收资金,把甲、乙 2 件商品均以 480 元一件卖出.已知甲商品赚了 20%,乙商品亏了 20%,则商店盈亏结果为(  ).

(A) 不亏不赚    (B) 亏了 50 元    (C) 赚了 50 元    (D) 赚了 40 元    (E) 亏了 40 元

选(E).

★ 原价 $a$ 元可以买 $m$ 件商品,现在 $a$ 元可以买 $n$ 件商品($m<n$),相当于打了 $\dfrac{m}{n}$ 折;

买了 $a$ 元商品返给顾客 $b$ 元购物券,相当于打了 $\dfrac{a}{a+b}$ 折;

买了 $a$ 元商品返给顾客 $b$ 元现金,相当于打了 $\dfrac{a-b}{a}$ 折.

★ 成本增加 $p\%$,售价也增加 $p\%$,利润率没变化.

★若时间相等,则速度与距离成正比.若路程相等,则速度与时间成反比.

例 18.161　(201210)甲、乙、丙 3 人同时在起点出发进行 1 000 米自行车比赛(假设他们各自的速度保持不变),甲到达终点时,乙距终点还有 40 米,丙距终点还有 64 米.那么乙到达终点时,丙距终点(　　)米.

(A) 21　　　(B) 25　　　(C) 30　　　(D) 35　　　(E) 39

选(B).

★用 $v_1$ 速度走了时间为 $t$ 的路程,用 $v_2$ 速度走了时间为 $t$ 的路程,则平均速度为 $\dfrac{v_1+v_2}{2}$.

用 $v_1$ 速度走了距离为 $S$ 的路程,用 $v_2$ 速度走了距离为 $S$ 的路程,则平均速度为 $\dfrac{2S}{\dfrac{S}{v_1}+\dfrac{S}{v_2}}$

$$=\dfrac{2}{\dfrac{1}{v_1}+\dfrac{1}{v_2}}=\dfrac{2v_1v_2}{v_1+v_2}.$$

由均值不等式得 $\dfrac{v_1+v_2}{2}\geqslant\dfrac{2v_1v_2}{v_1+v_2}$,等号当且仅当 $v_1=v_2$ 时成立.

例 18.162　(2006)某人以 6 千米/小时的平均速度上山,上山后立即以 12 千米/小时的平均速度原路返回,那么此人在往返过程中的每小时平均所走的千米数为(　　).

(A) 9　　　(B) 8　　　(C) 7　　　(D) 6

(E) 以上结论均不正确

选(B).

★直线上相遇问题,相遇时间 $t=\dfrac{S}{v_甲+v_乙}$;直线上追赶问题,追上时间 $t=\dfrac{\Delta S}{v_甲-v_乙}$.

★环形同向甲追上乙 $n$ 次,则有 $S_甲-S_乙=n\cdot S$;环形反向甲、乙相遇 $n$ 次有 $S_甲+S_乙=n\cdot S$.

★倒出一定量用等量水补足:溶液总量不变,相当于溶质"打折".

浓度为 $p\%$ 的 $L$ 升溶液,倒出 $M$ 升溶液再补足等量的水,则浓度变为 $p\%\cdot\dfrac{L-M}{L}$.

反复稀释公式:设从 $V$ 升溶液中,每次倒出 $a_i$ 再用等量的水补足,则最终浓度公式为

最终浓度＝初始浓度 $\times\dfrac{(V-a_1)(V-a_2)\cdots(V-a_k)}{V^k}$.

例 18.163　(201210)一满桶纯酒精倒出 10 升后,加满水搅匀,再倒出 4 升后,再加满水.此时,桶中的纯酒精与水的体积比是 2∶3,则桶的体积是(　　)升.

(A) 15　　　(B) 18　　　(C) 20　　　(D) 22　　　(E) 25

选(C).

例 18.164　(201401)某容器中装满了浓度为 90% 的酒精,倒出 1 升后用水将容器充满,搅拌均匀后倒出 1 升,再用水将容器注满,已知此时的酒精浓度为 40%,则该容器的容积是(　　).

(A) 2.5 升　　　(B) 3 升　　　(C) 3.5 升　　　(D) 4 升　　　(E) 4.5 升

选(B).

★一项工程甲单独做需要 $m$ 天,乙单独做需要 $n$ 天,则甲乙合作需要 $\dfrac{mn}{m+n}$ 天.

★三个饼计数问题

$|A \cup B \cup C| = |A| + |B| + |C| - |A \cap B| - |B \cap C| - |A \cap C| + |A \cap B \cap C|$

$|A| + |B| + |C| = I(只有1个) + II(只有2个) \times 2 + III(3个都有) \times 3$

注意,$|A \cup B \cup C|$ 为总人数,$|A| + |B| + |C|$ 为总人次.

**例 18.165** (201001)某公司的员工中,拥有本科毕业证、计算机登记证、汽车驾驶证的人数分别为 130,110,90,又知只有一种证的人数为 140,三证齐全的人数为 30,则恰有双证的人数为(    ).

(A) 45        (B) 50        (C) 52        (D) 65        (E) 100

选(B).

**例 18.166** (200810)某班同学参加智力竞赛,共有 A,B,C 三题,每题或得 0 分或得满分,竞赛结果是无人得 0 分,3 题全答对的有 1 人,答对 2 题的有 15 人.答对 A 题的人数和答对 B 题的人数之和为 29 人,答对 A 题的人数和答对 C 题的人数之和为 25 人,答对 B 题的人数和答对 C 题的人数之和为 20 人,那么该班的人数为(    ).

(A) 20        (B) 25        (C) 30        (D) 35        (E) 40

选(A).

★抽屉原理(整数个物品):将多于 $n$ 件的物品任意放到 $n$ 个抽屉中,那么至少有 1 个抽屉中的物品件数不少于 2.(至少有 2 件物品在同一个抽屉)

将多于 $m \times n$ 件的物品任意放到 $n$ 个抽屉中,那么至少有 1 个抽屉中的物品的件数不少于 $m+1$.(至少有 $m+1$ 件物品在同一个抽屉)

★至少(至多)问题:A 部分至少(最少),则 A 的对立面要最大.

**例 18.167** (201101)某年级共有 8 个班,在一次年级考试中,共 21 名学生不及格,每班不及格的学生最多有 3 名,则(一)班至少有 1 名学生不及格.

(1) (二)班的不及格人数多于(三)班

(2) (四)班不及格的学生有 2 名

选(D).

★平均与极端思想.

**例 18.168** (201410)$a, b, c, d, e$ 五个数满足 $a \leqslant b \leqslant c \leqslant d \leqslant e$,其平均数 $m = 100$,$c = 120$,则 $e - a$ 的最小值是(    ).

(A) 45        (B) 50        (C) 55        (D) 60        (E) 65

选(B).

## 18.6 管理类联考数学易错点(陷阱)及真题举例

★1 既不是质数,也不是合数;质数中只有 2 为偶数,其他都为奇数.

**例 18.169** (201001)3 名小孩中有 1 名学龄前儿童(年龄不足 6 岁),他们的年龄都是质数(素数),且依次相差 6 岁,他们的年龄之和为(    ).

(A) 21        (B) 27        (C) 33        (D) 39        (E) 51

选(C).

**例 18.170** (201412).设 $m$, $n$ 是小于 20 的质数,满足条件 $|m-n|=2$ 的 $\{m,n\}$ 共有( ).

(A)2 组　　　(B)3 组　　　(C)4 组　　　(D)5 组　　　(E)6 组

选(C).

★ $\dfrac{1}{2}:\dfrac{1}{3}:\dfrac{1}{9}\neq\dfrac{1}{2}:\dfrac{1}{3}:\dfrac{1}{6}$(注意不要把 9 看成 6).

**例 18.171** (200101)一公司向银行借款 34 万元,欲按 $\dfrac{1}{2}:\dfrac{1}{3}:\dfrac{1}{9}$ 的比例分配给下属甲、乙、丙 3 个车间进行技术改造,则甲车间应得( ).

(A)17 万元　　(B)8 万元　　(C)12 万元　　(D)18 万元　　(E)以上都不对

选(D).

★甲比乙大 $p\%\neq$ 乙比甲小 $p\%$.

**例 18.172** (200910)已知某车间的男工人数比女工人数多 80%,若在该车间一次技术考核中全体工人的平均成绩为 75 分,而女工平均成绩比男工平均成绩高 20%,则女工的平均成绩为( )分.

(A)88　　　(B)86　　　(C)84　　　(D)82　　　(E)80

选(C).

★对应不同总体的百分比不能直接相加减.

**例 18.173** (200901)A 企业的职工人数今年比前年增加了 30%.

(1) A 企业的职工人数去年比前年减少了 20%

(2) A 企业的职工人数今年比去年增加了 50%

选(E).

**例 18.174** (201110)某种新鲜水果的含水量为 98%,一天后的含水量降为 97.5%.某商店以每斤 1 元的价格购进了 1 000 斤新鲜水果,预计当天能售出 60%,两天内售完.要使利润维持在 20%,则每斤水果的平均售价应定为( ).

(A)1.20　　　(B)1.25　　　(C)1.30　　　(D)1.35　　　(E)1.40

选(C).

**典型错解** 设平均售价为 $x$ 元/斤,则成本为 1 000 元,

$600x+400\times(1-98\%+97.5\%)\cdot x=1\,200$,所以 $x\approx 1.20$.

★ $\sqrt{a^2}=|a|$,点 $P(x,y)$ 到 $x$ 轴距离为 $|y|$,直线 $\dfrac{x}{a}+\dfrac{y}{b}=1$ 与两坐标轴所围面积 $S=\dfrac{1}{2}|ab|$.

★ $|a|^2=a^2$ 两边平方去绝对值可能会产生增根.

**例 18.175** (200901)方程 $||x-|2x+1||=4$ 的根是( ).

(A) $x=-5$ 或 $x=1$　　　　(B) $x=5$ 或 $x=-1$

(C) $x=3$ 或 $x=-\dfrac{5}{3}$　　　(D) $x=-3$ 或 $x=\dfrac{5}{3}$

(E)不存在

选(C).

〖平方增根〗　$x-4=|2x+1|$，两边平方得到 $(x-4)^2=(2x+1)^2$，解出 $x=-5$ 或 1.（增根）

★等式、不等式两边同除以一个表达式要讨论.

**例 18.176**　(200210)若 $\dfrac{a+b-c}{c}=\dfrac{a-b+c}{b}=\dfrac{-a+b+c}{a}=k$，则 $k$ 的值等于（　　）.

（A）1　　　　（B）1 或 $-2$　　（C）$-1$ 或 2　　（D）$-2$　　　（E）1 或 2

选（B）.

**例 18.177**　(201410)已知数列 $\{a_n\}$ 满足 $a_{n+1}=\dfrac{a_n+2}{a_n+1}$，$n=1,2,3,\cdots$，且 $a_2>a_1$，那么 $a_1$ 的取值范围是（　　）.

（A）$a_1<\sqrt{2}$　　　　　　　　（B）$-1<a_1<\sqrt{2}$

（C）$a_1>\sqrt{2}$　　　　　　　　（D）$-\sqrt{2}<a_1<\sqrt{2}$ 且 $a_1\neq-1$

（E）$-1<a_1<\sqrt{2}$ 或 $a_1<-\sqrt{2}$

选（E）.

**例 18.178**　(201410)$x$ 是实数，则 $x$ 的范围是 $(0,1)$.

(1) $x<\dfrac{1}{x}$

(2) $2x>x^2$

选（C）.

★题目中明确有"实根"，一定要考虑 $\Delta$.

**例 18.179**　(200810)$\alpha^2+\beta^2$ 的最小值是 $\dfrac{1}{2}$.

(1) $\alpha,\beta$ 是方程 $x^2-2ax+(a^2+2a+1)=0$ 的两个实根

(2) $\alpha\beta=1/4$

选（D）.

★韦达定义，注意符号！

**例 18.180**　(199810) 若方程 $x^2+px+37=0$ 恰好有两个正整数解，则 $\dfrac{(x_1+1)(x_2+1)}{p}$ 的值是（　　）.

（A）$-2$　　（B）$-1$　　　（C）0　　　（D）1　　　（E）2

选（A）.

★二次项前含有参数的方程、不等式要注意讨论.

★常数列是等差数列，非零常数列也是等比数列.

★数列 $a,b,c$ 满足 $b^2=ac \not\Rightarrow a,b,c$ 成等比.

★$a_n=\begin{cases} S_1 & (n=1) \\ S_n-S_{n-1} & (n\geqslant 2) \end{cases}$，先算 $a_1$.

**例 18.181**　(2003)数列 $\{a_n\}$ 的前 $n$ 项和 $S_n=4n^2+n-2$，则它的通项 $a_n$ 是（　　）.

（A）$3n-2$　　（B）$4n+1$　　（C）$8n-2$　　（D）$8n-1$

（E）以上结论都不正确

选(E).

★斜率乘积等于−1是两直线垂直的充分而非必要条件.

**例 18.182** (199901)已知直线 $l_1$：$(a+2)x+(1-a)y-3=0$ 和直线 $l_2$：$(a-1)x+$ $(2a+3)y+2=0$ 互相垂直,则 $a$ 等于( ).

(A) $-1$      (B) $1$      (C) $\pm1$      (D) $-\dfrac{3}{2}$      (E) $0$

选(C).

**例 18.183** (200801) $a=-4$.

(1) 点 $A(1,0)$ 关于直线 $x-y+1=0$ 的对称点是 $A'\left(\dfrac{a}{4},-\dfrac{a}{2}\right)$

(2) 直线 $l_1$：$(2+a)x+5y=1$ 与直线 $l_2$：$ax+(2+a)y=2$ 垂直

选(A).

★直线设斜率为 $k$,容易遗漏 $x=a$ 这种直线.

★点在圆内无切线、点在圆上有一条切线、点在圆外必有两条切线.

★从同一总体中先后抽样可能造成重复.

例如:从 6 只 A 股和 4 只 B 股中选 3 只投资,其中至少有 2 只 A 股的情况有_____种.

常见错误解法:先选 2 只 A 股,然后再从余下的 8 只股票中再任意选 1 只,即有 $C_6^2C_8^1=120$ 种,显然大大重复了!

★概率公式:

$P(A+B)\neq P(A)+P(B)$；$P(\overline{A+B})=P(\overline{A})+P(\overline{B})$ 正确吗?

$P(A-B)\neq P(A)-P(B)$.

★区分算数平均数、几何平均数、调和平均数.

★条件充分性判断陷阱:

1) 必要而非充分条件(由上往下推就错)

**例 18.184** (201201)直线 $y=x+b$ 是抛物线 $y=x^2+a$ 的切线.

(1) $y=x+b$ 与 $y=x^2+a$ 有且仅有一个交点

(2) $x^2-x\geqslant b-a(x\in\mathbf{R})$

选(A).

2) 容易混淆答案

**例 18.185** (200710)方程 $\dfrac{a}{x^2-1}+\dfrac{1}{x+1}+\dfrac{1}{x-1}=0$ 有实根.

(1) 实数 $a\neq2$

(2) 实数 $a\neq-2$

选(C).

**例 18.186** (200910)关于 $x$ 的方程 $\dfrac{1}{x-2}+3=\dfrac{1-x}{2-x}$ 与 $\dfrac{x+1}{x-|a|}=2-\dfrac{3}{|a|-x}$ 有相同的增根.

(1) $a=2$

(2) $a=-2$

选(D).

3）大范围不能推出小范围充分

**例 18.187** （201310）设 $a$ 是整数，则 $a = 2$.

（1）二次方程 $ax^2 + 8x + 6 = 0$ 有实根

（2）二次方程 $x^2 + 5ax + 9 = 0$ 有实根

选（E）.

4）不能上来就考虑联合

**例 18.188** （201401）设 $x$ 是非零实数，则 $\dfrac{1}{x^3} + x^3 = 18$.

（1）$x + \dfrac{1}{x} = 3$

（2）$x^2 + \dfrac{1}{x^2} = 7$

选（A）.

5）有时是多余条件不需要联合

请比较下面两题：

**例 18.189** （200501）实数 $a$，$b$ 满足 $|a|(a+b) > a|a+b|$.

（1）$a < 0$

（2）$b > -a$

选（C）.

**例 18.190** （201001）$a|a-b| \geqslant |a|(a-b)$.

（1）实数 $a > 0$

（2）实数 $a$，$b$ 满足 $a > b$

选（A）.

6）联合仍然不充分

**例 18.191** （201512）将 2 升甲酒精和 1 升乙酒精混合得到丙酒精，则能确定甲、乙两种酒精的浓度.

（1）1 升甲酒精和 5 升乙酒精混合后的浓度是丙酒精浓度的 1/2 倍

（2）1 升甲酒精和 2 升乙酒精混合后的浓度是丙酒精浓度的 2/3 倍

选（E）.

# 第 4 部分
## 历年数学真题试卷及详解

# 2009 年管理类联考综合能力试题(数学部分)

**一、问题求解**(本大题共 15 小题,每小题 3 分,共 45 分)

1. 一家商店为回收资金,把甲、乙两件商品均以 480 元一件卖出. 已知甲商品赚了 20%,乙商品亏了 20%,则商店盈亏结果为( ).

   (A) 不亏不赚    (B) 亏了 50 元    (C) 赚了 50 元    (D) 赚了 40 元    (E) 亏了 40 元

2. 某国参加北京奥运会的男女运动员的比例原为 19:12,由于先增加若干名女运动员,使男女运动员的比例变为 20:13,后又增加了若干名男运动员,于是男女运动员比例最终变为 30:19. 如果后增加的男运动员比先增加的女运动员多 3 人,则最后运动员的总人数为( ).

   (A) 686    (B) 637    (C) 700    (D) 661    (E) 600

3. 某工厂定期购买一种原料. 已知该厂每天需用该原料 6 吨,每吨价格 1 800 元,原料的保管等费用平均每吨 3 元,每次购买原料需支付运费 900 元,若该工厂要使平均每天支付的总费用最省,则应该每( )天购买一次原料.

   (A) 11    (B) 10    (C) 9    (D) 8    (E) 7

4. 在某实验中,3 个试管各盛水若干克. 现将浓度为 12% 的盐水 10 克倒入 A 管中,混合后取 10 克倒入 B 管中,混合后再取 10 克倒入 C 管中,结果 A,B,C 3 个试管中盐水的浓度分别为 6%,2%,0.5%,那么 3 个试管中原来盛水最多的试管及其盛水量各是( ).

   (A) A 试管,10 克    (B) B 试管,20 克    (C) C 试管,30 克

   (D) B 试管,40 克    (E) C 试管,50 克

5. 一艘轮船往返航行于甲、乙 2 个码头之间,若船在静水中的速度不变,则当这条河的水流速度增加 50% 时,往返 1 次所需的时间比原来将( ).

   (A) 增加    (B) 减少半个小时    (C) 不变

   (D) 减少 1 个小时    (E) 无法判断

6. 方程 $|x-|2x+1||=4$ 的根是( ).

   (A) $x=-5$ 或 $x=1$    (B) $x=5$ 或 $x=-1$    (C) $x=3$ 或 $x=-\dfrac{5}{3}$

   (D) $x=-3$ 或 $x=\dfrac{5}{3}$    (E) 不存在

7. $3x^2+bx+c=0\ (c\neq 0)$ 的 2 个根为 $\alpha,\beta$;如果又以 $\alpha+\beta,\alpha\beta$ 为根的一元二次方程是 $3x^2-bx+c=0$,则 $b$ 和 $c$ 分别为( ).

   (A) 2,6    (B) 3,4    (C) $-2,-6$    (D) $-3,-6$    (E) 以上结果都不正确

8. 若 $(1+x)+(1+x)^2+\cdots+(1+x)^n=a_1(x-1)+2a_2(x-1)^2+\cdots+na_n(x-1)^n$,则 $a_1+2a_2+3a_3+\cdots+na_n=($ ).

   (A) $\dfrac{3^n-1}{2}$    (B) $\dfrac{3^{n+1}-1}{2}$    (C) $\dfrac{3^{n+1}-3}{2}$    (D) $\dfrac{3^n-3}{2}$    (E) $\dfrac{3^n-3}{4}$

**9.** 在 36 人中,血型情况如下:A 型 12 人,B 型 10 人,AB 型 8 人,O 型 6 人,若从中随机选出 2 人,则 2 人血型相同的概率是( ).

(A) $\dfrac{77}{315}$ 　　　 (B) $\dfrac{44}{315}$ 　　　 (C) $\dfrac{33}{315}$ 　　　 (D) $\dfrac{9}{122}$

(E) 以上结论都不正确

**10.** 湖中有 4 个小岛,它们的位置恰好近似构成正方形的四个顶点,若要修建三座桥将这四个小岛连接起来,则不同的建桥方案有( )种.

(A) 12 　　　 (B) 16 　　　 (C) 18 　　　 (D) 20 　　　 (E) 24

**11.** 若数列 $\{a_n\}$ 中,$a_n \neq 0$ $(n \geqslant 1)$,$a_1 = \dfrac{1}{2}$,前 $n$ 项和 $S_n$ 满足 $a_n = \dfrac{2S_n^2}{2S_n - 1}$ $(n \geqslant 2)$,则

$\left\{\dfrac{1}{S_n}\right\}$ 是( ).

(A) 首项为 2、公比为 1/2 的等比数列

(B) 首项为 2、公比为 2 的等比数列

(C) 既非等差数列也非等比数列

(D) 首项为 2、公差为 1/2 的等差数列

(E) 首项为 2、公差为 2 的等差数列

**12.** 直角三角形 $ABC$ 的斜边 $AB = 13$ 厘米,直角边 $AC = 5$ 厘米,把 $AC$ 对折到 $AB$ 上去与斜边相重合,点 $C$ 与点 $E$ 重合,折痕为 $AD$(见图 1).则图中阴影部分的面积为( )平方厘米.

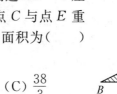

图 1

(A) 20 　　　 (B) $\dfrac{40}{3}$ 　　　 (C) $\dfrac{38}{3}$

(D) 14 　　　 (E) 12

**13.** 设直线 $nx + (n+1)y = 1$ ($n$ 为正整数)与两坐标轴围成的三角形面积为 $S_n$($n = 1, 2, \cdots, 2\,009$),则 $S_1 + S_2 + \cdots + S_{2\,009} = ($ ).

(A) $\dfrac{1}{2} \times \dfrac{2\,009}{2\,008}$ 　　　 (B) $\dfrac{1}{2} \times \dfrac{2\,008}{2\,009}$ 　　　 (C) $\dfrac{1}{2} \times \dfrac{2\,009}{2\,010}$

(D) $\dfrac{1}{2} \times \dfrac{2\,010}{2\,009}$ 　　　 (E) 以上结论都不正确

**14.** 若圆 $C$:$(x+1)^2 + (y-1)^2 = 1$ 与 $x$ 轴交于 $A$ 点、与 $y$ 轴交于 $B$ 点.则与此圆相切于劣弧 $\overset{\frown}{AB}$ 中点 $M$(注:小于半圆的弧称为劣弧)的切线方程是( ).

(A) $\dot{y} = x + 2 - \sqrt{2}$ 　　　 (B) $y = x + 1 - \dfrac{1}{\sqrt{2}}$ 　　　 (C) $y = x - 1 + \dfrac{1}{\sqrt{2}}$

(D) $y = x - 2 + \sqrt{2}$ 　　　 (E) $y = x + 1 - \sqrt{2}$

**15.** 已知实数 $a, b, x, y$ 满足 $y + |\sqrt{x} - \sqrt{2}| = 1 - a^2$ 和 $|x - 2| = y - 1 - b^2$,则 $3^{x+y} + 3^{a+b} = ($ ).

(A) 25 　　　 (B) 26 　　　 (C) 27 　　　 (D) 28 　　　 (E) 29

**二、条件充分性判断**(本大题共 10 小题,每小题 3 分,共 30 分)

**16.** $a_1^2 + a_2^2 + a_3^2 + \cdots + a_n^2 = \dfrac{1}{3}(4^n - 1)$.

(1) 数列 $\{a_n\}$ 的通项公式为 $a_n = 2^n$

(2) 在数列 $\{a_n\}$ 中,对任意正整数 $n$,有 $a_1 + a_2 + a_3 + \cdots + a_n = 2^n - 1$

**17.** A 企业的职工人数今年比前年增加了 $30\%$.

(1) A 企业的职工人数去年比前年减少了 $20\%$

(2) A 企业的职工人数今年比去年增加了 $50\%$

**18.** $|\log_a x| > 1$.

(1) $x \in [2, 4]$, $\dfrac{1}{2} < a < 1$　　　　(2) $x \in [4, 6]$, $1 < a < 2$

**19.** 对于使 $\dfrac{ax+7}{bx+11}$ 有意义的一切 $x$ 的值,这个分式为一个定值.

(1) $7a - 11b = 0$　　　　(2) $11a - 7b = 0$

**20.** $\dfrac{a^2 - b^2}{19a^2 + 96b^2} = \dfrac{1}{134}$.

(1) $a$, $b$ 均为实数,且 $|a^2 - 2| + (a^2 - b^2 - 1)^2 = 0$

(2) $a$, $b$ 均为实数,且 $\dfrac{a^2 b^2}{a^4 - 2b^4} = 1$

**21.** $2a^2 - 5a - 2 + \dfrac{3}{a^2 + 1} = -1$.

(1) $a$ 是方程 $x^2 - 3x + 1 = 0$ 的根　　　　(2) $|a| = 1$

**22.** 点 $(s, t)$ 落入圆 $(x - a)^2 + (y - a)^2 = a^2$ 内的概率是 $\dfrac{1}{4}$.

(1) $s$, $t$ 是连续掷 1 枚骰子 2 次所得到的点数,$a = 3$

(2) $s$, $t$ 是连续掷 1 枚骰子 2 次所得到的点数,$a = 2$

**23.** $(x^2 - 2x - 8)(2 - x)(2x - 2x^2 - 6) > 0$.

(1) $x \in (-3, -2)$　　　　(2) $x \in [2, 3]$

**24.** 圆 $(x - 1)^2 + (y - 2)^2 = 4$ 和直线 $(1 + 2\lambda)x + (1 - \lambda)y - 3 - 3\lambda = 0$ 相交于两点.

(1) $\lambda = \dfrac{2\sqrt{3}}{5}$　　　　(2) $\lambda = \dfrac{5\sqrt{3}}{2}$

**25.** $\{a_n\}$ 的前 $n$ 项和 $S_n$ 与 $\{b_n\}$ 的前 $n$ 项和 $T_n$ 满足 $S_{19} : T_{19} = 3 : 2$.

(1) $\{a_n\}$ 和 $\{b_n\}$ 是等差数列　　　　(2) $a_{10} : b_{10} = 3 : 2$

# 2009年管理类联考综合能力试题(数学部分)详解

**1.【答案】** E

　　**【解答】** 设甲商品成本价为 $a$ 元,乙商品成本价为 $b$ 元,

　　由已知 $1.2a=480$(元), $0.8b=480$(元),从而 $a=400$(元), $b=600$(元),

　　所以 $2\times480-(400+600)=-40$(元),即商店亏了 $40$ 元,所以选(E).

　　〖**评注**〗 知识点:应用题之价格问题.

**2.【答案】** B

　　**【解答】** **解法1** 设原来男运动员为 $a$ 人,女运动员为 $b$ 人,后增加女运动员 $x$ 人,增加男运动员 $y$ 人.

　　则有 $\begin{cases} \dfrac{a}{b}=\dfrac{19}{12} \\ \dfrac{a}{b+x}=\dfrac{20}{13} \\ \dfrac{a+y}{b+x}=\dfrac{30}{19} \\ y=x+3 \end{cases}$,解得 $x=7$, $y=10$, $a=380$, $b=240$,

　　从而最后运动员总人数为 $380+240+7+10=637$(人),所以选(B).

　　**解法2** 设原来男运动员人数为 $19k$,女运动员人数为 $12k$,先增加 $x$ 名女运动员,后增加 $x+3$ 名男运动员,则

　　$\begin{cases} \dfrac{19k}{12k+x}=\dfrac{20}{13} \\ \dfrac{19k+x+3}{12k+x}=\dfrac{30}{19} \end{cases} \Rightarrow \begin{cases} k=20 \\ x=7 \end{cases}$,所以最后运动员人数为 $(19k+x+3)+(12k+x)=637$,所以选(B).

　　〖**评注**〗 知识点:应用题之比例问题.解法1设方程比较简单,但求解比较复杂.解法2利用已知条件尽可能减少未知数个数,求解就比较方便.除此以外,男女运动员比例最终变为 $30:19$,即结果应该能被 $49$ 整除,只可能是(A)或者(B).

**3.【答案】** B

　　**【解答】** 设应该每 $x$ 天购买1次原料,购买量为 $6x$ 吨.

　　保管费为 $3[6x+6(x-1)+6(x-2)+\cdots+6\cdot2+6\cdot1]=3\times6\times\dfrac{(x+1)}{2}x=9x(x+1)$,

　　则该厂平均每天支付的总费用为 $\dfrac{1\,800\times6x+900+9x(x+1)}{x}=6\times1\,800+9+9\left(\dfrac{100}{x}+x\right)$.

　　$\dfrac{100}{x}+x$ 最小即可.可得 $\dfrac{100}{x}+x\geq2\sqrt{\dfrac{100}{x}\cdot x}=20$,当且仅当 $\dfrac{100}{x}=x$,即 $x=10$ 时等号成立.

　　所以选(B).

　　〖**评注**〗 知识点:数列、均值不等式求最值综合应用题.

**4.【答案】** C

　　**【解答】** 设 A 管中原有水 $x$ 克,B 管中原有水 $y$ 克,C 管中原有水 $z$ 克,

　　则由已知 $\dfrac{0.12\times10}{x+10}=0.06$, $\dfrac{0.06\times10}{y+10}=0.02$, $\dfrac{0.02\times10}{z+10}=0.005$,

　　因此 $x=10$, $y=20$, $z=30$,所以选(C).

　　〖**评注**〗 应用题之浓度问题.

**5.【答案】** A

【解答】　设甲、乙两码头相距 $S$,船在静水中的速度为 $v_1$,水流速度为 $v_2$,

则原往返一次所需的时间 $t_1 = \dfrac{S}{v_1+v_2} + \dfrac{S}{v_1-v_2} = \dfrac{2v_1 S}{v_1^2-v_2^2}$,

现往返一次所需的时间 $t_2 = \dfrac{S}{v_1+1.5v_2} + \dfrac{S}{v_1-1.5v_2} = \dfrac{2v_1 S}{v_1^2-(1.5v_2)^2}$,

因此 $t_1 < t_2$,所以选(A).

〖评注〗　知识点:行程问题应用题. 注意顺水与逆水时的相对速度.

**6.【答案】**　C

【解答】　原方程等价于 $x-|2x+1| = 4$ 　或　 $x-|2x+1| = -4$,

即 $\begin{cases}2x+1\geqslant 0\\x-2x-1=4\end{cases}\quad\begin{cases}2x+1<0\\x+2x+1=4\end{cases}$ 或 $\begin{cases}2x+1\geqslant 0\\x-2x-1=-4\end{cases}\quad\begin{cases}2x+1<0\\x+2x+1=-4\end{cases}$.

前面两个不等式组无解,从后两个不等式组可解出 $x=3$ 或 $x=-\dfrac{5}{3}$. 所以选(C).

〖评注〗　知识点:绝对值方程. 关键是用零点分段去掉两层绝对值. 除此以外,此题还可以用验根法,将选项直接代入验根.

**7.【答案】**　D

【解答】　由韦达定理 $\begin{cases}\alpha+\beta=-\dfrac{b}{3}\\\alpha\beta=\dfrac{c}{3}\end{cases}$ 且 $\begin{cases}\alpha+\beta+\alpha\beta=\dfrac{b}{3}\\(\alpha+\beta)\alpha\beta=\dfrac{c}{3}\end{cases}$,得 $\begin{cases}c=2b\\-\dfrac{b}{3}=1\end{cases}$,所以 $\begin{cases}b=-3\\c=-6\end{cases}$.

〖评注〗　知识点:一元二次方程的韦达定理. 注意两个一元二次方程之间的联系.

**8.【答案】**　C

【解答】　令 $x=2$ 代入等式两边,得

$$a_1 + 2a_2 + 3a_3 + \cdots + na_n = a_1(2-1) + 2a_2(2-1)^2 + \cdots + na_n(2-1)^n$$
$$= (1+2) + (1+2)^2 + \cdots + (1+2)^n$$
$$= 3 + 3^2 + \cdots + 3^n = \frac{3(1-3^n)}{1-3} = \frac{3}{2}(3^n-1) = \frac{3^{n+1}-3}{2}.\ 选(C).$$

〖评注〗　知识点:等式特殊值法,等比数列求和.

**9.【答案】**　A

【解答】　所求事件的概率为 $P = \dfrac{C_{12}^2 + C_{10}^2 + C_8^2 + C_6^2}{C_{36}^2} = \dfrac{77}{315}$,所以选(A).

〖评注〗　知识点:古典概型.

**10.【答案】**　B

【解答】　4 个小岛间两两相连要 $C_4^2 = 6$ 座桥,选其中 3 座的方法有 $C_6^3 = 20$ 种,扣除不能将其连起来的 4 种修法,即 $C_6^3 - 4 = 20 - 4 = 16$,所以选(B).

〖评注〗　知识点:组合问题

**11.【答案】**　E

【解答】　当 $n=1$ 时,$\dfrac{1}{S_1} = \dfrac{1}{a_1} = 2$;

当 $n\geqslant 2$ 时,$a_n = S_n - S_{n-1} = \dfrac{2S_n^2}{2S_n-1}$.

因此 $(S_n - S_{n-1})(2S_n-1) = 2S_n^2 \Rightarrow S_{n-1} - S_n - 2S_n S_{n-1} = 0$.

由已知 $S_n \neq 0$,所以等式两边同除 $S_n S_{n-1}$,得 $\dfrac{1}{S_n} - \dfrac{1}{S_{n-1}} = 2$.

可知 $\left\{\dfrac{1}{S_n}\right\}$ 是首项为 2、公差为 2 的等差数列,所以选(E).

〖评注〗 知识点:数列 $a_n$ 与 $S_n$ 的关系.

**12.【答案】** B

**【解答】 解法1** 在 $\triangle ABC$ 和 $\triangle DBE$ 中,$\angle ACB = \angle DEB = 90°$,$\angle B$ 为公共角,则 $\triangle ABC \backsim \triangle DBE$.

$S_{\triangle ABC} = \frac{1}{2} \times 12 \times 5 = 30$,则 $\frac{S_{\triangle ABC}}{S_{\triangle DBE}} = \left(\frac{12}{13-5}\right)^2 = \left(\frac{3}{2}\right)^2$,所以 $S_{\triangle DBE} = 30 \times \frac{4}{9} = \frac{40}{3}$.

所以选(B).

**解法2** 因为 $\triangle ABC \backsim \triangle DBE$,所以 $\frac{ED}{AC} = \frac{BE}{BC}$,其中 $BC = \sqrt{13^2 - 5^2} = 12$,则 $ED = \frac{AC \times BE}{BC} = \frac{5 \times 8}{12} = \frac{10}{3}$. 故 $S_{\triangle DBE} = \frac{1}{2} \times 8 \times \frac{10}{3} = \frac{40}{3}$.

**解法3** $AD$ 为 $\angle A$ 的角平分线,由角平分线的性质得到 $DE = CD$,$\frac{AB}{AC} = \frac{BD}{DC}$,则 $\frac{AB+AC}{AC} = \frac{BD+DC}{DC}$,即 $\frac{AB+AC}{AC} = \frac{BC}{DC}$,所以 $DC = \frac{10}{3} = ED$,故 $S_{\triangle DBE} = \frac{1}{2} \times 8 \times \frac{10}{3} = \frac{40}{3}$.

**解法4** $AD$ 为 $\angle A$ 的角平分线,由角平分线的性质得到 $DE = CD$.
考虑 $\triangle ABD$ 的面积,由 $AB \cdot ED = BD \cdot AC$,其中 $AB = 13$,$AC = 5$,$BD = BC - DC = 12 - ED$,即 $13 \times ED = (12 - ED) \times 5$,所以 $ED = \frac{10}{3}$,故 $S_{\triangle DBE} = \frac{1}{2} \times 8 \times \frac{10}{3} = \frac{40}{3}$.

〖评注〗 知识点:三角形面积的计算. 解法1和2利用相似,解法3利用角平分线定理,解法4利用等面积法.

**13.【答案】** C

**【解答】** 直线 $\dfrac{x}{\frac{1}{n}} + \dfrac{y}{\frac{1}{n+1}} = 1$ 的横轴截距为 $\frac{1}{n}$,纵轴截距为 $\frac{1}{n+1}$,

所以直线与两坐标轴围成的三角形面积 $S_n = \frac{1}{2} \cdot \frac{1}{n} \cdot \frac{1}{n+1} = \frac{1}{2}\left(\frac{1}{n} - \frac{1}{n+1}\right)$,因此

$$S_1 + S_2 + \cdots + S_{2\,009} = \frac{1}{2}\left(\frac{1}{1} \times \frac{1}{2} + \frac{1}{2} \times \frac{1}{3} + \cdots + \frac{1}{2\,009} \times \frac{1}{2\,010}\right)$$

$$= \frac{1}{2}\left(\frac{1}{1} - \frac{1}{2} + \frac{1}{2} - \frac{1}{3} + \cdots + \frac{1}{2\,009} - \frac{1}{2\,010}\right) = \frac{1}{2}\left(\frac{1}{1} - \frac{1}{2\,010}\right) = \frac{1}{2} \times \frac{2\,009}{2\,010}.$$

所以选(C).

〖评注〗 知识点:解析几何(直线)、三角形面积、裂项求和综合题.

**14.【答案】** A

**【解答】** 设所求切线方程为 $y = kx + b$,该切线平行于 $AB$,如图1所示. 则 $k = k_{AB} = \frac{1-0}{0-(-1)} = 1$,从而所求方程为 $y = x + b$.

由圆心 $(-1, 1)$ 到切线的距离等于半径,得到

$$\frac{|b-2|}{\sqrt{2}} = 1 \Rightarrow b = 2 \pm \sqrt{2}(+ \text{舍去}).$$

因此所求直线方程为 $y = x + 2 - \sqrt{2}$,所以选(A).

〖评注〗 知识点:解析几何,直线与圆相切问题.

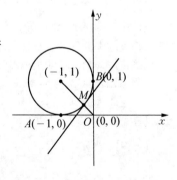

图1

**15.【答案】** D

**【解答】** 由 $y = 1 - a^2 - |\sqrt{x} - \sqrt{2}|$ 及 $y = |x-2| + 1 + b^2$,可得 $1 - a^2 - |\sqrt{x} - \sqrt{2}| = |x-2| + 1 + b^2$,整理得 $|\sqrt{x} - \sqrt{2}| \cdot (|\sqrt{x} + \sqrt{2}| + 1) + a^2 + b^2 = 0$,从而解得 $x = 2$,$a = 0$,$b = 0$,$y = 1$.

所以 $3^{x+y} + 3^{a+b} = 3^3 + 3^0 = 28$. 选(D).

〖评注〗 知识点:非负项之和为零,则每一非负项都为零. 此题的关键是要将两个条件等式综合到一个条件等式中,然后一边为零,一边因式分解或配平方.

16.【答案】 B

【解答】 由条件(1),$a_1^2 = 2^2$,$a_2^2 = 2^4$,$\cdots$,$a_n^2 = 2^{2n}$,

从而 $a_1^2 + a_2^2 + \cdots + a_n^2 = 2^2 + (2^2)^2 + \cdots + (2^2)^n = \dfrac{2^2(1-4^n)}{1-4} = \dfrac{4}{3}(4^n - 1) \neq \dfrac{1}{3}(4^n - 1)$,即条件(1)

不充分.

由条件(2),$a_1 = 2^1 - 1 = 1$,$a_n = S_n - S_{n-1} = (2^n - 1) - (2^{n-1} - 1) = 2^{n-1}(n \geqslant 2)$.

因此 $a_1^2 + a_2^2 + \cdots + a_n^2 = 1 + 2^2 + (2^2)^2 + \cdots + (2^2)^{n-1} = \dfrac{1(1-4^n)}{1-4} = \dfrac{1}{3}(4^n - 1)$,即条件(2)充分.

所以选(B).

〖评注〗 知识点:等比数列求和问题. 条件(1)等比数列通项的平方仍然是等比数列,条件(2)已知 $S_n$ 求 $a_n$.

17.【答案】 E

【解答】 设 A 企业前年职工人数为 $a$,去年职工人数为 $b$,今年职工人数为 $c$,题干要求推出 $c = 1.3a$. 条件(1)和条件(2)单独都不充分. 联合条件(1)和条件(2),则 $b = 0.8a$,$c = 1.5b$,可得 $c = 1.5b = 1.5 \times 0.8a = 1.2a \neq 1.3a$. 所以联合也不充分,所以选(E).

〖评注〗 知识点:基本比例问题.

18.【答案】 D

【解答】 题干要求推出 $\log_a x > 1$ 或 $\log_a x < -1$.

由条件(1),因为 $x \in [2,4]$,$\dfrac{1}{2} < a < 1$,所以 $1 < \dfrac{1}{a} < 2$,$\dfrac{1}{a} < x$. 所以 $y = \log_a x$ 单调递减,进一步得到 $\log_a x < \log_a \dfrac{1}{a} = -1$,因此条件(1)是充分的.

由条件(2),因为 $x \in [4,6]$,$1 < a < 2$,所以 $x > a$. 所以 $y = \log_a x$ 单调递增,进一步得到 $\log_a x > \log_a a = 1$,因此条件(2)也充分.

所以选(D).

〖评注〗 知识点:对数函数增减性、绝对值问题综合题.

19.【答案】 B

【解答】 当 $bx + 11 \neq 0$ 时,分式 $\dfrac{ax+7}{bx+11}$ 有意义.

由条件(1),将 $a = \dfrac{11}{7}b$ 代入分式得 $\dfrac{ax+7}{bx+11} = \dfrac{\frac{11}{7}bx + 7}{bx + 11}$,显然不是一个定值,即条件(1)不是充分的.

由条件(2),将 $a = \dfrac{7}{11}b$ 代入分式得 $\dfrac{ax+7}{bx+11} = \dfrac{\frac{7}{11}bx + 7}{bx + 11} = \dfrac{\frac{7}{11}(bx + 11)}{bx + 11} = \dfrac{7}{11}$ 是一个定值,因此条件(2)是充分的. 所以选(B).

〖评注〗 知识点:分式问题.

20.【答案】 D

【解答】 由题干要求推出 $134a^2 - 134b^2 = 19a^2 + 96b^2$,即 $a^2 = 2b^2$.

由条件(1),2 个非负项之和为零,则每一项都为零,所以 $a^2 = 2$,$a^2 - b^2 - 1 = 0$,即 $a^2 = 2$,$b^2 = 1$,因此条件(1)是充分的.

由条件(2),$a^2b^2 = a^4 - 2b^4 \Rightarrow a^4 - a^2b^2 - b^4 - b^4 = 0 \Rightarrow (a^2 - b^2)(a^2 + b^2) - b^2(a^2 + b^2) = 0 \Rightarrow (a^2 + b^2)(a^2 - 2b^2) = 0$,$a^2 + b^2 \neq 0$,从而 $a^2 - 2b^2 = 0$,所以 $a^2 = 2b^2$. 即条件(2)也充分.

所以选(D).

【评注】 知识点:两个非负项之和为零,则每一项都为零;分式条件等式转化为等式的条件等式,然后利用因式分解进一步化简.

**21.**【答案】 A

【解答】 由条件(1),将 $a^2 = 3a - 1$ 代入题干,则有

$$2a^2 - 5a - 2 + \frac{3}{a^2+1} = 6a - 2 - 5a - 2 + \frac{3}{3a} = a - 4 + \frac{1}{a} = \frac{a^2 - 4a + 1}{a} = \frac{3a - 1 - 4a + 1}{a} = -1,$$

即条件(1)是充分的.

由条件(2),可取 $a = 1$,则 $2a^2 - 5a - 2 + \frac{3}{a^2+1} = 2 - 5 - 2 + \frac{3}{2} \neq -1$,因此条件(2)不充分.

所以选(A).

〔评注〕 知识点:方程的根、分式问题、绝对值问题综合题. 特别注意,条件(1)不用解出根再代入,因为根为无理根,代入运算量很大,这里采用降次代入的方法.

**22.**【答案】 B

【解答】 由条件(1),点 $(s, t)$ 落入 $(x-3)^2 + (y-3)^2 = 3^2$ 内的所有可能点有:

$(1, 1), (1, 2), (1, 3), (1, 4), (1, 5), (2, 1), (2, 2), (2, 3), (2, 4), (2, 5), (3, 1), (3, 2),$
$(3, 3), (3, 4), (3, 5), (4, 1), (4, 2), (4, 3), (4, 4), (4, 5), (5, 1), (5, 2), (5, 3), (5, 4),$
$(5, 5)$,共计 25 种,掷两次骰子的可能性共 $6 \times 6 = 36$ 种,从而概率 $P = \frac{25}{36} \neq \frac{1}{4}$,因此条件(1)不充分.

由条件(2),点 $(s, t)$ 落入 $(x-2)^2 + (y-2)^2 = 2^2$ 内的所有可能点有:

$(1, 1), (1, 2), (2, 1), (1, 3), (3, 1), (2, 2), (2, 3), (3, 2), (3, 3)$,共计 9 种,从而所求概率为

$P = \frac{9}{36} = \frac{1}{4}$,即条件(2)是充分的. 所以选(B).

〔评注〕 知识点:古典概型与解析几何综合题. 解题技巧:罗列的时候按照字典序进行就可以有效避免重复与遗漏.

**23.**【答案】 E

【解答】 $(x^2 - 2x - 8)(2 - x)(2x - 2x^2 - 6) > 0 \Leftrightarrow (x^2 - 2x - 8)(x-2)2 \cdot (x^2 - x + 3) > 0,$

因为 $(x^2 - x + 3) > 0$ 恒成立,所以原不等式等价于 $(x+2)(x-2)(x-4) > 0$.

利用"串根"的方法(见图2)可得该不等式的解集是

$(4, +\infty) \bigcup (-2, 2)$.

所以条件(1)(2)都不充分,也不能联合,所以选(E).

〔评注〕 知识点:高次不等式求解(串根法),二次三项式符号的判定.

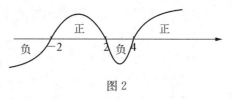

图2

**24.**【答案】 D

【解答】 题干要求圆心$(1, 2)$到直线的距离 $d = \frac{|1 + 2\lambda + 2 - 2\lambda - 3 - 3\lambda|}{\sqrt{(1+2\lambda)^2 + (1-\lambda)^2}} < 2,$

整理得 $|-3\lambda| < 2\sqrt{5\lambda^2 + 2\lambda + 2}$,$9\lambda^2 < 4(5\lambda^2 + 2\lambda + 2)$,因此 $11\lambda^2 + 8\lambda + 8 > 0$,因为 $\Delta = 8^2 - 4 \times 8 \times 11 < 0$,从而对任意 $\lambda$,不等式 $11\lambda^2 + 8\lambda + 8 > 0$ 都成立. 所以选(D).

〔评注〕 知识点:直线与圆的位置关系. 本题直接将结论等价化简,若将条件代入计算量比较大.

**25.**【答案】 C

【解答】 由条件(1),设 $a_n = 1, b_n = 1$,则 $S_{19} : T_{19} = 1 : 1$,即条件(1)不充分.

条件(2)也是不充分的,因为满足条件(2)的数列 $\{a_n\}, \{b_n\}$ 有无穷多个.

联合条件(1)和条件(2),$\frac{2a_{10}}{2b_{10}} = \frac{a_1 + a_{19}}{b_1 + b_{19}} = \frac{19(a_1 + a_{19})/2}{19(b_1 + b_{19})/2} = \frac{S_{19}}{T_{19}} = \frac{3}{2}$ 成立. 所以选(C).

〔评注〕 知识点:等差数列性质与求和公式综合使用.

# 2010 年管理类联考综合能力试题（数学部分）

**一、问题求解**（本大题共 15 小题，每小题 3 分，共 45 分）

1. 电影开演时观众中女士与男士人数之比为 5：4，开演后无观众入场，放映 1 个小时后，女士的 20%，男士的 15% 离场，则此时在场的女士与男士人数之比为（ ）．

   （A）4：5　　（B）1：1　　（C）5：4　　（D）20：17　　（E）85：64

2. 某商品的成本为 240 元，若按该商品标价的 8 折出售，利润率是 15%，则该商品的标价为（ ）．

   （A）276 元　　（B）331 元　　（C）345 元　　（D）360 元　　（E）400 元

3. 3 名小孩中有 1 名学龄前儿童（年龄不足 6 岁），他们的年龄都是质数（素数），且依次相差 6 岁，他们的年龄之和为（ ）．

   （A）21　　（B）27　　（C）33　　（D）39　　（E）51

4. 如表 1 所示的表格中每行为等差数列，每列为等比数列，$x+y+z=$（ ）．

   （A）2　　（B）$\dfrac{5}{2}$　　（C）3　　（D）$\dfrac{7}{2}$　　（E）4

表 1

| 2 | $\dfrac{5}{2}$ | 3 |
|---|---|---|
| $x$ | $\dfrac{5}{4}$ | $\dfrac{3}{2}$ |
| $a$ | $y$ | $\dfrac{3}{4}$ |
| $b$ | $c$ | $z$ |

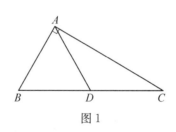

图 1

5. 如图 1 所示，在直角三角形 $ABC$ 区域内部有座山，现计划从 $BC$ 边上某点 $D$ 开凿一条隧道到点 $A$，要求隧道长度最短，一直角边 $AB$ 长为 5 千米，$AC$ 长为 12 千米，则所开凿的隧道 $AD$ 的长度约为（ ）．

   （A）4.12 千米　　（B）4.22 千米　　（C）4.42 千米　　（D）4.62 千米　　（E）4.92 千米

6. 某商店举行店庆活动，顾客消费达到一定数量后，可以在 4 种赠品中随机选取 2 个不同的赠品，任意两位顾客所选赠品中，恰有 1 件品种相同的概率是（ ）．

   （A）$\dfrac{1}{6}$　　（B）$\dfrac{1}{4}$　　（C）$\dfrac{1}{3}$　　（D）$\dfrac{1}{2}$　　（E）$\dfrac{2}{3}$

7. 多项式 $x^3+ax^2+bx-6$ 的 2 个因式是 $x-1$ 和 $x-2$，则第三个一次因式为（ ）．

   （A）$x-6$　　（B）$x-3$　　（C）$x+1$　　（D）$x+2$　　（E）$x+3$

8. 某公司的员工中，拥有本科毕业证、计算机登记证、汽车驾驶证的人数分别为 130，110，90，又知只有一种证的人数为 140，三证齐全的人数为 30，则恰有双证的人数为（ ）．

   （A）45　　（B）50　　（C）52　　（D）65　　（E）100

9. 甲商店销售某种商品，该商品的进价为每件 90 元，若每件定价 100 元，则一天内能售出 500

件,在此基础上,定价每增加 1 元,一天会少售出 10 件,若使甲商店获得最大利润,则该
商品的定价应为(　　).

(A) 115 元　　　(B) 120 元　　　(C) 125 元　　　(D) 130 元　　　(E) 135 元

10. 已知直线 $ax - by + 3 = 0$ $(a > 0, b > 0)$,过圆 $x^2 + 4x + y^2 - 2y + 1 = 0$ 的圆心,则
$a \cdot b$ 的最大值为(　　).

(A) $\dfrac{9}{16}$　　　(B) $\dfrac{11}{16}$　　　(C) $\dfrac{3}{4}$　　　(D) $\dfrac{9}{8}$　　　(E) $\dfrac{9}{4}$

11. 某大学派出 5 名志愿者到西部 4 所中学支教,若每所中学至少有一名志愿者,则不同的
分配方案共有(　　).

(A) 240 种　　　(B) 144 种　　　(C) 120 种　　　(D) 60 种　　　(E) 24 种

12. 某装置的启动密码是由 0 到 9 中的 3 个不同数字组成,连续 3 次输入错误密码,就会导
致该装置永久关闭,一个仅记得密码是由 3 个不同数字组成的人能够启动此装置的概率
为(　　).

(A) $\dfrac{1}{120}$　　　(B) $\dfrac{1}{168}$　　　(C) $\dfrac{1}{240}$　　　(D) $\dfrac{1}{720}$　　　(E) $\dfrac{3}{1\,000}$

13. 某居民小区决定投资 15 万元修建停车位,据测算,修建一个室内车位的费用为 5 000 元,
修建一个室外车位的费用为 1 000 元,考虑到实际因素,计划室外车位的数量不少于室内
车位的 2 倍,也不多于室内车位的 3 倍,这笔投资最多可建车位的数量为(　　).

(A) 78　　　(B) 74　　　(C) 72　　　(D) 70　　　(E) 66

14. 如图 2 所示,长方形 $ABCD$ 的两边分别为 8 米和 6 米,四边形
$OEFG$ 的面积是 4 米$^2$,则阴影部分的面积为(　　).

(A) 32 米$^2$　　　(B) 28 米$^2$　　　(C) 24 米$^2$

(D) 20 米$^2$　　　(E) 16 米$^2$

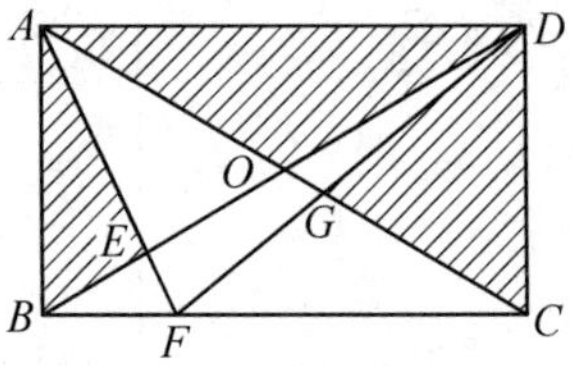

15. 在一次竞猜活动中,设有 5 关,如果连续通过 2 关就算闯关成功,

小王通过每关的概率都是 $\dfrac{1}{2}$,他闯关成功的概率为(　　).

图 2

(A) $\dfrac{1}{8}$　　　(B) $\dfrac{1}{4}$　　　(C) $\dfrac{3}{8}$　　　(D) $\dfrac{4}{8}$　　　(E) $\dfrac{19}{32}$

**二、条件充分性判断**(本大题共 10 小题,每小题 3 分,共 30 分)

16. $a \,|\, a - b \,|\, \geqslant |\, a \,|\, (a - b)$.

(1) 实数 $a > 0$　　　(2) 实数 $a, b$ 满足 $a > b$

17. 有偶数位来宾.

(1) 聚会时所有来宾都被安排坐在一张圆桌周围,且每位来宾与其邻座性别不同

(2) 聚会时男宾人数是女宾人数的两倍

18. 售出一件甲商品比售出一件乙商品利润要高.

(1) 售出 5 件甲商品、4 件乙商品共获利 50 元

(2) 售出 4 件甲商品、5 件乙商品共获利 47 元

19. 已知数列 $\{a_n\}$ 为等差数列,公差为 $d$,$a_1 + a_2 + a_3 + a_4 = 12$,则 $a_4 = 0$.

(1) $d = -2$　　　(2) $a_2 + a_4 = 4$

20. 甲企业今年人均成本是去年的 60%.

(1) 甲企业今年总成本比去年减少 25%, 员工人数增加 25%

(2) 甲企业今年总成本比去年减少 28%, 员工人数增加 20%

**21.** 该股票涨了.

(1) 某股票连续 3 天涨 10% 后, 又连续 3 天跌 10%

(2) 某股票连续 3 天跌 10% 后, 又连续 3 天涨 10%

**22.** 某班有 50 名学生, 其中女生 26 名, 在某次选拔测试中, 有 27 名学生未通过, 则有 9 名男生通过.

(1) 在通过的学生中, 女生比男生多 5 人

(2) 在男生中未通过的人数比通过的人数多 6 人

**23.** 甲企业一年的总产值为 $\dfrac{a}{P}\left[(1+P)^{12}-1\right]$.

(1) 甲企业 1 月份的产值为 $a$, 以后每月产值的增长率为 $P$

(2) 甲企业 1 月份的产值为 $\dfrac{a}{2}$, 以后每月产值的增长率为 $2P$

**24.** 设 $a$, $b$ 为非负实数, 则 $a+b\leqslant\dfrac{5}{4}$.

(1) $ab\leqslant\dfrac{1}{16}$　　(2) $a^2+b^2\leqslant1$

**25.** 如图 3 所示, 在三角形 $ABC$ 中, 已知 $EF\parallel BC$, 则三角形 $AEF$ 的面积等于梯形 $EBCF$ 的面积.

(1) $|AG|=2|GD|$

(2) $|BC|=\sqrt{2}|EF|$

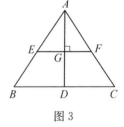

图 3

# 2010 年管理类联考综合能力试题(数学部分)详解

**1.【答案】** D

**【解答】** 设电影开始时,女士为 $a$ 人,男士为 $b$ 人,由女士与男士人数之比为 $5:4$,可设 $a=5k$,$b=4k$,从而

$$\frac{5k\times(1-20\%)}{4k\times(1-15\%)}=\frac{4}{3.4}=\frac{20}{17}, 选(D).$$

**〖评注〗** 知识点:应用题之比率问题;比率是常考知识点,要注意谁与谁比.

**2.【答案】** C

**【解答】** 设标价为 $a$ 元,则售价为 $0.8a$ 元,由已知 $\dfrac{0.8a-240}{240}=0.15$,解得 $a=345$(元),选(C).

**〖评注〗** 知识点:应用题之价格问题;特别要明确成本、利润、价格、销量间的关系.

**3.【答案】** C

**【解答】** 设 3 个儿童的年龄依次为 $a$,$b$,$c$($a<6$),
若 $a=2$,则 $b=2+6=8$,$c=8+6=14$,其中 $b$,$c$ 不是质数,不合题意.
若 $a=3$,则 $b=3+6=9$,$c=9+6=15$,其中 $b$,$c$ 不是质数,不合题意.
取 $a=5$,则 $b=5+6=11$,$c=11+6=17$,即 $a$,$b$,$c$ 均为质数,符合题意要求,则 3 个儿童年龄和为 $5+11+17=33$.
选(C).

**〖评注〗** 知识点:质数的定义,特别注意 1,7,13 不满足条件,因为 1 既不是质数,也不是合数.

**4.【答案】** A

**【解答】** 由 $x$,$\dfrac{5}{4}$,$\dfrac{3}{2}$ 为等差数列,得 $\dfrac{5}{4}-x=\dfrac{3}{2}-\dfrac{5}{4}$,

由 $\dfrac{5}{2}$,$\dfrac{5}{4}$,$y$ 为等比数列,得 $y=\dfrac{5}{4}\cdot\dfrac{1}{2}$,

由 $\dfrac{3}{2}$,$\dfrac{3}{4}$,$z$ 为等比数列,得 $z=\dfrac{3}{4}\cdot\dfrac{1}{2}$,

即 $x=1$,$y=\dfrac{5}{8}$,$z=\dfrac{3}{8}$,$1+\dfrac{5}{8}+\dfrac{3}{8}=2$.

选(A).

**〖评注〗** 知识点:等差、等比的基本定义.

**5.【答案】** D

**【解答】** 当 $AD$ 为 $BC$ 上的高时最短. 由已知 $BC=\sqrt{5^2+12^2}=13$,

从而 $\dfrac{1}{2}\times5\times12=\dfrac{1}{2}\times AD\times13$,解得 $AD=\dfrac{60}{13}\approx4.62$.

选(D).

**〖评注〗** 知识点:以应用为背景,利用等面积求直角三角形斜边上的高.

**6.【答案】** E

**【解答】** 任意 2 位顾客选赠品的总可能性为 $C_4^2\cdot C_4^2=36$(种).

任意 2 位顾客所选赠品中,恰有 1 件品种相同,所以 2 个顾客可以选相同的 1 件赠品,有 $C_4^1$ 种选法;然后 1 个顾客只能在余下的 3 件赠品中选,有 $C_3^1$ 种选法;另外 1 个顾客只能在余下的 2 件赠品中选,有 $C_2$

种选法.所以有利于该事件的选法一共有 $C_4^1 \cdot P_3^2 = 24$(种),所以所求的概率为 2/3. 选(E).

【评注】　知识点:古典概型计算. 可以先定下相同的赠品,再考虑不同的赠品.

7.【答案】　B

【解答】　若 $x^3 + ax^2 + bx - 6 = (x-2)(x-3)(x+c)$,则有 $-6 = (-1) \times (-2) \times c$,即 $c = -3$,选(B).

【评注】　知识点:多项式恒等则对应系数相等,经常从常数项、首项入手.

8.【答案】　B

【解答】　如图 1 所示公司员工可分为 8 部分(注意这 8 个部分互不相交),为书写方便,这里 $A,B,C$ 分别代表仅有本科毕业证,仅有计算机登记证,仅有汽车驾驶证的人数,由已知条件知

$$\begin{cases} A + AB + AC + ABC = 130 \\ B + AB + BC + ABC = 110 \\ C + AC + BC + ABC = 90 \\ A + B + C = 140 \\ ABC = 30 \end{cases}$$

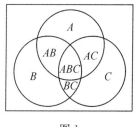

图 1

由前三个方程得 $A + B + C + 3ABC + 2(AB + AC + BC) = 330$,

即 $140 + 3 \times 30 + 2(AB + AC + BC) = 330$,所以 $AB + AC + BC = 50$.

选(B).

【评注】　知识点:应用问题之容斥问题,将事件划分为互不相容的部分是关键.

9.【答案】　B

【解答】　设定价为 $100 + a$(元),由已知条件,利润

$$\begin{aligned} y &= (100 + a)(500 - 10a) - 90(500 - 10a) \\ &= -10a^2 + 400a + 5\,000 \\ &= -10(a - 20)^2 + 9\,000 \end{aligned}$$

即当 $a = 20$ 时,利润最大,选(B).

【评注】　知识点:应用题价格问题,利用二次函数求最值.

10.【答案】　D

【解答】　所给圆为 $(x+2)^2 + (y-1)^2 = 2^2$,将圆心 $(-2, 1)$ 代入直线方程,得到 $2a + b = 3$.

解法 1　(利用二次函数) $a \cdot b = a(3 - 2a) = -2a^2 + 3a = -2\left(a - \dfrac{3}{4}\right)^2 + \dfrac{9}{8}$,即当 $a = \dfrac{3}{4}$,

$b = 3 - 2a = \dfrac{3}{2}$ 时,$a \cdot b = \dfrac{9}{8}$ 为其最大值,选(D).

解法 2　(利用基本不等式求最值) $3 = 2a + b \geqslant 2\sqrt{2ab}$,所以 $ab \leqslant \left(\dfrac{3}{2}\right)^2 \cdot \dfrac{1}{2} = \dfrac{9}{8}$,当且仅当 $a =$

$\dfrac{3}{4}$,$b = \dfrac{3}{2}$ 时达到最值,选(D).

【评注】　知识点:解析几何为背景,利用二次函数或者基本不等式求最值.

11.【答案】　A

【解答】

解法 1　(捆绑法)每所中学至少有 1 名志愿者,先从 5 名志愿者中选出 2 人捆绑在一起,然后再安排到 4 所中学去,所以共有 $C_5^2 P_4^4 = 240$ 种分配方案,选(A).

解法 2　(分组分配)依照题意,先分组:5 个人分 4 组,每组至少 1 个人,则 1 组有 2 人,其余 3 组各 1 人,

共有 $\dfrac{C_5^2 \cdot C_3^1 \cdot C_2^1 \cdot C_1^1}{P_3^3} = 10$ 种分法;再将 4 个组分派到 4 所中学去,有 $P_4^4 = 24$ 种方法. 依照乘法原理

总共有 $\dfrac{C_5^2 \cdot C_3^1 \cdot C_2^1 \cdot C_1^1}{P_3^3} \cdot P_4^4 = 10 \times 24 = 240$ 种方法.

**解法 3**  由题意知其中 1 所学校应分得 2 人,另外 3 所各 1 人.

第一步,选 1 所学校准备分得 2 人,共有 $C_4^1$ 种选法;

第二步,从 5 人中选 2 人到这所学校,共有 $C_5^2$ 种选法;

第三步,安排剩下 3 人去 3 所学校,共有 3! 种方式.

由乘法原理,不同分配方案为 $C_4^1 \cdot C_5^2 \cdot 3! = 240$ 种,选(A).

〖评注〗 知识点:排列组合之分配问题.

**12.【答案】** C

**【解答】**

**解法 1**  由 0 到 9 中的 3 个不同数字组成的密码共有 $P_{10}^3 = 720$ 种.

设 $A_i(i = 1, 2, 3)$ 表示第 $i$ 次输入正确,则所求概率为

$$P = P(A_1 \bigcup \overline{A}_1 A_2 \bigcup \overline{A}_1 \overline{A}_2 A_3) = P(A_1) + P(\overline{A}_1 A_2) + P(\overline{A}_1 \overline{A}_2 A_3)$$

$$= \frac{1}{720} + \frac{719}{720} \cdot \frac{1}{719} + \frac{719}{720} \cdot \frac{718}{719} \cdot \frac{1}{718} = \frac{3}{720} = \frac{1}{240}. \ \text{选(C)}.$$

**解法 2**  因为可以尝试 3 次,根据等可能事件,每次可能成功的概率为 $\dfrac{1}{P_{10}^3}$,所以所求概率为 $3 \cdot \dfrac{1}{P_{10}^3} = \dfrac{1}{240}.$

〖评注〗 知识点:利用加法原理或者等可能概型计算概率.

**13.【答案】** B

**【解答】**  设建设室内车位 $x$ 个,室外车位 $y$ 个,

由题意 $\begin{cases} 5\,000x + 1\,000y = 150\,000 \\ 2x \leqslant y \leqslant 3x \end{cases}$,即求满足 $\begin{cases} y = 150 - 5x \\ 2x \leqslant y \leqslant 3x \end{cases}$ 的 $x$,$y$,使得 $x + y$ 达最大.

即 $7x \leqslant 150$,$8x \geqslant 150$,$x$ 为正整数则可能取值为 19, 20, 21.

取 $x = 19$,得 $y = 55$,$x + y = 19 + 55 = 74$,

取 $x = 20$,得 $y = 50$,$x + y = 20 + 50 = 70$,

取 $x = 21$,得 $y = 45$,$x + y = 21 + 45 = 66$,

所以 $x + y$ 最大值为 74,选(B).

〖评注〗 知识点:利用不等式求应用题最值.

**14.【答案】** B

**【解答】**  白色区域面积 $= \dfrac{1}{2}BF \cdot CD + \dfrac{1}{2}FC \cdot AB - S_{四边形 EFGO} = \dfrac{1}{2}CD \cdot BC - 4 = 20$,从而阴影面积

为 $6 \times 8 - 20 = 28(米^2)$. 所以选(B).

〖评注〗 知识点:求不规则图形的面积首先考虑割补法.

**15.【答案】** E

**【解答】**  用 $A_i(i = 1, 2, 3, 4, 5)$ 表示第 $i$ 关闯关成功,则小王的过关成功率

$$P(A_1 A_2 \bigcup \overline{A}_1 A_2 A_3 \bigcup A_1 \overline{A}_2 A_3 A_4 \bigcup \overline{A}_1 \overline{A}_2 A_3 A_4 \bigcup A_1 \overline{A}_2 \overline{A}_3 A_4 A_5 \bigcup \overline{A}_1 A_2 \overline{A}_3 A_4 A_5 \bigcup \overline{A}_1 \overline{A}_2 \overline{A}_3 A_4 A_5)$$

$$= \frac{1}{2} \cdot \frac{1}{2} + \frac{1}{2} \cdot \frac{1}{2} \cdot \frac{1}{2} + 2 \cdot \frac{1}{2} \cdot \frac{1}{2} \cdot \frac{1}{2} \cdot \frac{1}{2} + 3 \cdot \frac{1}{2} \cdot \frac{1}{2} \cdot \frac{1}{2} \cdot \frac{1}{2} \cdot \frac{1}{2}$$

$$= \frac{1}{4} + \frac{1}{8} + \frac{1}{8} + \frac{3}{32} = \frac{19}{32}. \ \text{所以选(E)}.$$

〖评注〗 知识点:解题的关键是把事件用集合语言表示出来.

**16.【答案】** A

**【解答】**

由条件(1),$a>0$,则$|a|=a$,$|a-b|\geqslant(a-b)$恒成立,因此,总有$a|a-b|\geqslant|a|(a-b)$成立,即条件(1)是充分的.

由条件(2),取$a=-1$,$b=-2$,则$a>b$,而$a|a-b|=(-1)\times1=-1$,$|a|(a-b)=1\times1=1$显然$a|a-b|<|a|(a-b)$,即条件(2)不充分.

选(A).

〖评注〗 知识点:绝对值不等式问题关键是根据条件去掉绝对值,转化为一般不等式.

**17.【答案】** A

**【解答】** 设男宾人数为$x$,女宾人数为$y$,题干要求推出$x+y$为偶数.

由条件(1),必有$x=y$,因此$x+y=2x$为偶数,即条件(1)是充分的.

由条件(2),取$y=1$,$x=2$,则满足条件(2),但$1+2=3\neq$偶数,因此条件(2)不充分.

选(A).

〖评注〗 知识点:考查实际问题中数的奇偶性,条件(1)中围圆桌坐非常重要.

**18.【答案】** C

**【解答】** 设甲每件利润为$x$元,乙每件利润为$y$元,题干要求推出$x>y$.

条件(1)和条件(2)单独都不充分.

联合条件(1)和条件(2),则有$\begin{cases}5x+4y=50\\4x+5y=47\end{cases}$,即$x-y=3$,$x>y$成立.

选(C).

〖评注〗 知识点:应用题之价格问题,联立方程组后判断大小.

**19.【答案】** D

**【解答】** 设此等差数列的首项为$a_1$,公差为$d$,题干给出$a_1+a_1+d+a_1+2d+a_1+3d=12$,即题干要求推出$a_1+3d=0$.

由条件(1),$d=-2$,可得$a_1=6$,从而$6+3\cdot(-2)=0$成立.

由条件(2),$a_1+d+a_1+3d=4$与$2a_1+3d=6$联立,得$d=-2$,$a_1=6$,从而$a_1+3d=0$成立,即条件(1)与条件(2)都是充分的. 选(D).

〖评注〗 知识点:等差数列的基本解法是转化为核心元素$a_1$,$d$.

**20.【答案】** D

**【解答】** 设甲企业去年总成本为$a_1$,员工人数为$b_1$,今年总成本为$a_2$,员工人数为$b_2$,题干要求推出$\dfrac{a_2}{b_2}=0.6\dfrac{a_1}{b_1}$.

由条件(1),$a_2=0.75a_1$,$b_2=1.25b_1$,因此$\dfrac{a_2}{b_2}=\dfrac{0.75a_1}{1.25b_1}=0.6\dfrac{a_1}{b_1}$.

由条件(2),$a_2=0.72a_1$,$b_2=1.2b_1$,因此$\dfrac{a_2}{b_2}=\dfrac{0.72a_1}{1.2b_1}=0.6\dfrac{a_1}{b_1}$.

即条件(1)和条件(2)都是充分的.选(D).

〖评注〗 知识点:常见应用题比率问题.

**21.【答案】** E

**【解答】** 设该股票原价为$a$,现价为$b$,题干要求推出$b>a$.

由条件(1),$b=a(1+0.1)^3(1-0.1)^3=a(0.99)^3<a$.

由条件(2),$b=a(1-0.1)^3(1+0.1)^3=a(0.99)^3<a$.

因此,条件(1)及条件(2)都不充分. 选(E).

**22.【答案】** D

**【解答】** 设通过的女生人数为 $x$,通过的男生人数为 $y$,题干要求推出 $y = 9$.

由条件(1),$y + y + 5 = 50 - 27$,得 $y = 9$ 成立,因此条件(1)是充分的.

由条件(2),$y + (y + 6) = 50 - 26$,得 $y = 9$ 成立,条件(2)也充分.

选(D).

〖评注〗 知识点:简单的列方程解应用题.

**23.【答案】** A

**【解答】** 由条件(1),甲 1 月份产值为 $a$,则 2 月份为 $a(1+P)$,3 月份为 $a(1+P)^2$,…,以此类推,12 月份产值为 $a(1+P)^{11}$,因此一年的总产值为

$$S_{12} = a + a(1+P) + a(1+P)^2 + \cdots + a(1+P)^{11}$$
$$= a[1 + (1+P) + (1+P)^2 + \cdots + (1+P)^{11}]$$
$$= a \cdot \frac{1-(1+P)^{12}}{1-(1+P)} = \frac{a}{P}[(1+P)^{12}-1].\ 即条件(1)是充分的.$$

由条件(2),一年的总产值为

$$S_{12} = \frac{a}{2} + \frac{a}{2}(1+2P) + \frac{a}{2}(1+2P)^2 + \cdots + \frac{a}{2}(1+2P)^{11}$$
$$= \frac{a}{2}[1 + (1+2P) + (1+2P)^2 + \cdots + (1+2P)^{11}]$$
$$= \frac{a}{2} \cdot \frac{1-(1+2P)^{12}}{1-(1+2P)} = \frac{a}{2} \cdot \frac{1}{2P}[(1+2P)^{12}-1].\ 从而条件(2)不充分.$$

选(A).

〖评注〗 知识点:等比数列求和,实质就是求前 12 项和 $S_{12}$.

**24.【答案】** C

**【解答】** 由条件(1),令 $a = 2, b = \frac{1}{32}$,则 $ab = \frac{1}{16}$,而 $a + b = 2 + \frac{1}{32} > \frac{5}{4}$,从而条件(1)不充分.

由条件(2),令 $a = b = \frac{1}{\sqrt{2}}$,则 $a^2 + b^2 = 1$,而 $a + b = \frac{1}{\sqrt{2}} + \frac{1}{\sqrt{2}} = \sqrt{2} > \frac{5}{4}$,即条件(2)也不充分.

条件(1)与条件(2)联合,若 $a, b$ 为非负实数,则

$(a+b)^2 = a^2 + b^2 + 2ab \leqslant 1 + 2 \times \frac{1}{16} = \frac{9}{8}$,所以 $a + b \leqslant \frac{3\sqrt{2}}{4} < \frac{5}{4}$,选(C).

〖评注〗 知识点:不等式放缩问题.

**25.【答案】** B

**【解答】** 因为 $\triangle AEF \backsim \triangle ABC$,从而 $\frac{S_{\triangle ABC}}{S_{\triangle AEF}} = \left(\frac{BC}{EF}\right)^2 = \left(\frac{AD}{AG}\right)^2$,而 $S_{梯形} = S_{\triangle ABC} - S_{\triangle AEF}$.

由条件(1),$\frac{S_{\triangle ABC}}{S_{\triangle AEF}} = \left(\frac{AD}{AG}\right)^2 = \frac{9}{4}$,所以 $S_{梯形} \neq S_{\triangle AEF}$.条件(1)不充分.

由条件(2),$\frac{S_{\triangle ABC}}{S_{\triangle AEF}} = \left(\frac{BC}{EF}\right)^2 = 2$,所以 $S_{梯形} = S_{\triangle ABC} - S_{\triangle AEF} = S_{\triangle AEF}$,即梯形 $EBCF$ 的面积与三角形 $AEF$ 的面积相等.条件(2)充分.

选(B).

〖评注〗 知识点:相似三角形面积之比是相似比的平方.

# 2011 年管理类联考综合能力试题(数学部分)

**一、问题求解**(本大题共 15 小题,每小题 3 分,共 45 分)

1. 已知船在静水中的速度为 28 千米/小时,河水的速度为 2 千米/小时.则此船在相距 78 千米的两地间往返一次所需时间是(  ).

   (A) 5.9 小时　　(B) 5.6 小时　　(C) 5.4 小时　　(D) 4.4 小时　　(E) 4 小时

2. 若实数 $a$,$b$,$c$ 满足 $|a-3|+\sqrt{3b+5}+(5c-4)^2=0$,则 $abc=$(  ).

   (A) $-4$　　(B) $-\dfrac{5}{3}$　　(C) $-\dfrac{4}{3}$　　(D) $\dfrac{4}{5}$　　(E) 3

3. 某年级 60 名学生中,有 30 人参加合唱团,45 人参加运动队,其中参加合唱团而未参加运动队的有 8 人,则参加运动队而未参加合唱团的有(  ).

   (A) 15 人　　(B) 22 人　　(C) 23 人　　(D) 30 人　　(E) 37 人

4. 现有一个半径为 $R$ 的球体,拟用刨床将其加工成正方体,则能加工成的最大正方体的体积是(  ).

   (A) $\dfrac{8}{3}R^3$　　(B) $\dfrac{8\sqrt{3}}{9}R^3$　　(C) $\dfrac{4}{3}R^3$　　(D) $\dfrac{1}{3}R^3$　　(E) $\dfrac{\sqrt{3}}{9}R^3$

5. 2007 年,某市的全年研究与实验发展(R 和 D)经费支出 300 亿元,比 2006 年增长 20%,该市的 GDP 为 10 000 亿元,比 2006 年增长 10%.2006 年该市 R 和 D 经费支出占当年 GDP 的(  ).

   (A) 1.75%　　(B) 2%　　(C) 2.5%　　(D) 2.75%　　(E) 3%

6. 现从 5 名管理专业、4 名经济专业和 1 名财务专业的学生中随机派出 1 个 3 人小组,则该小组中 3 个专业各有 1 名学生的概率为(  ).

   (A) $\dfrac{1}{2}$　　(B) $\dfrac{1}{3}$　　(C) $\dfrac{1}{4}$　　(D) $\dfrac{1}{5}$　　(E) $\dfrac{1}{6}$

7. 一所四年制大学每年的毕业生 7 月份离校,新生 9 月份入学.该校 2001 年招生 2 000 名,之后每年比上一年多招 200 名,则该校 2007 年九月底的在校学生有(  ).

   (A) 14 000 名　　(B) 11 600 名　　(C) 9 000 名　　(D) 6 200 名　　(E) 3 200 名

8. 将 2 个红球与 1 个白球随机地放入甲、乙、丙 3 个盒中,则乙盒中至少有 1 个红球的概率为(  ).

   (A) $\dfrac{1}{9}$　　　　(B) $\dfrac{8}{27}$　　　　(C) $\dfrac{4}{9}$

   (D) $\dfrac{5}{9}$　　　　(E) $\dfrac{17}{27}$

9. 如图 1 所示,四边形 $ABCD$ 是边长为 1 的正方形,弧 $\overset{\frown}{AOB}$,$\overset{\frown}{BOC}$,$\overset{\frown}{COD}$,$\overset{\frown}{DOA}$ 均为半圆,则阴影部分的面积为(  ).

   (A) $\dfrac{1}{2}$　　　　(B) $\dfrac{\pi}{2}$　　　　(C) $1-\dfrac{\pi}{4}$

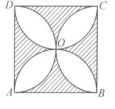

图 1

(D) $\dfrac{\pi}{2}-1$           (E) $2-\dfrac{\pi}{2}$

**10.** 3 个三口之家一起观看演出,他们购买了同一排的 9 张连座票,则每一家的人都坐在一起的不同坐法有(  ).

(A) $(3!)^2$ 种    (B) $(3!)^3$ 种    (C) $3(3!)^3$ 种    (D) $(3!)^4$ 种    (E) $9!$ 种

**11.** 设 $P$ 是圆 $x^2+y^2=2$ 上的一点,该圆在点 $P$ 的切线平行于直线 $x+y+2=0$,则点 $P$ 的坐标为(  ).

(A) $(-1,1)$    (B) $(1,-1)$    (C) $(0,\sqrt{2})$    (D) $(\sqrt{2},0)$    (E) $(1,1)$

**12.** 设 $a,b,c$ 是小于 12 的三个不同的质数(素数)且 $|a-b|+|b-c|+|c-a|=8$,则 $a+b+c=$(  ).

(A) 10    (B) 12    (C) 14    (D) 15    (E) 19

**13.** 在年底的献爱心活动中,某单位共有 100 人参加捐款.据统计,捐款总额是 19 000 元,个人捐款数额有 100 元、500 元和 2 000 元三种,该单位捐款 500 元的人数为(  ).

(A) 13    (B) 18    (C) 25    (D) 30    (E) 38

**14.** 某施工队承担了开凿 1 条长为 2 400 米隧道的工程,在掘进了 400 米后,由于改进了施工工艺,每天比原计划多掘进 2 米,最后提前 50 天完成了施工任务,原计划施工工期是(  ).

(A) 200 天    (B) 240 天    (C) 250 天    (D) 300 天    (E) 350 天

**15.** 已知 $x^2+y^2=9$,$xy=4$,则 $\dfrac{x+y}{x^3+y^3+x+y}=$(  ).

(A) $\dfrac{1}{2}$    (B) $\dfrac{1}{5}$    (C) $\dfrac{1}{6}$    (D) $\dfrac{1}{13}$    (E) $\dfrac{1}{14}$

**二、条件充分性判断**(本大题共 10 小题,每小题 3 分,共 30 分)

**16.** 实数 $a,b,c$ 成等差数列.

(1) $e^a,e^b,e^c$ 成等比数列      (2) $\ln a,\ln b,\ln c$ 成等差数列

**17.** 在一次英语考试中,某班的及格率为 80%.

(1) 男生及格率为 70%,女生及格率为 90%      (2) 男生的平均分与女生的平均分相等

**18.** 如图 2 所示,等腰梯形的上底与腰均为 $x$,下底为 $x+10$,则 $x=13$.

(1) 该梯形的上底与下底之比为 $13:23$

(2) 该梯形的面积为 216

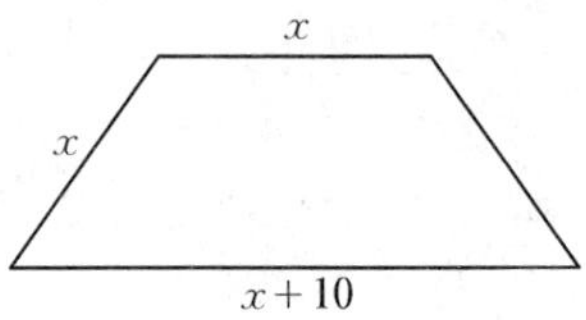

**19.** 现有 3 名男生和 2 名女生参加面试,则面试的排序法有 24 种.

(1) 第一位面试的是女生      (2) 第二位面试的是指定的某位男生

图 2

**20.** 已知三角形 $ABC$ 的三条边长分别为 $a,b,c$,则三角形 $ABC$ 是等腰直角三角形.

(1) $(a-b)(c^2-a^2-b^2)=0$      (2) $c=\sqrt{2}b$

**21.** 直线 $ax+by+3=0$ 被圆 $(x-2)^2+(y-1)^2=4$ 截得的线段长为 $2\sqrt{3}$.

(1) $a=0,b=-1$      (2) $a=-1,b=0$

**22.** 已知实数 $a,b,c,d$ 满足 $a^2+b^2=1$,$c^2+d^2=1$,则 $|ac+bd|<1$.

(1) 直线 $ax+by=1$ 与 $cx+dy=1$ 仅有一个交点      (2) $a\neq c,b\neq d$

23. 某年级共有8个班,在一次年级考试中,共21名学生不及格,每班不及格的学生最多有3名,则一班至少有1名学生不及格.

    (1) 二班的不及格人数多于三班　　　　(2) 四班不及格的学生有2名

24. 现有一批文字材料需要打印,2台新型打印机单独完成此任务分别需要4小时与5小时,2台旧型打印机单独完成此次任务分别需要9小时与11小时. 则能在2.5小时内完成此任务.

    (1) 安排2台新型打印机同时打印

    (2) 安排1台新型打印机与2台旧型打印机同时打印

25. 已知$\{a_n\}$为等差数列,则该数列的公差为零.

    (1) 对任何正整数$n$,都有$a_1 + a_2 + \cdots + a_n \leqslant n$　　　　(2) $a_2 \geqslant a_1$

# 2011年管理类联考综合能力试题(数学部分)详解

1.【答案】 B

【解答】 顺水时相对速度为 $28+2$,逆水时相对速度为 $28-2$.所以两地间往返一次所需时间是 $\dfrac{78}{28+2}+\dfrac{78}{28-2}=5.6$,选(B).

〔评注〕 知识点:行程问题、相对速度.

2.【答案】 A

【解答】 因为 $|a-3|\geqslant 0$,$\sqrt{3b+5}\geqslant 0$,$(5c-4)^2\geqslant 0$,所以 $a-3=0$,$3b+5=0$,$5c-4=0$.即 $a=3$,$b=-\dfrac{5}{3}$,$c=\dfrac{4}{5}$,所以 $abc=-4$,选(A).

〔评注〕 知识点:非负项之和为0,则每一项等于0.

3.【答案】 C

【解答】

从图1中可以看出,参加运动队而未参加合唱团的有23人,选(C).

〔评注〕 知识点:容斥原理. 解题技巧:容斥问题用图像帮助分析.

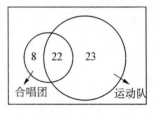

图1

4.【答案】 B

【解答】 正方体内接于球体时体积最大,设正方体边长为 $a$,则 $2R=\sqrt{3}a\Rightarrow a=\dfrac{2R}{\sqrt{3}}$,所以正方体体积 $V=a^3=\dfrac{8\sqrt{3}}{9}R^3$,选(B).

〔评注〕 知识点:立体几何. 解题技巧:题目中涉及多个立体几何体时,关键要找共性要素(此题中球的直径与正方体对角线相等).

5.【答案】 D

【解答】 2006 年,该市 R 和 D 经费支出为 $a$,则 $1.2a=300\Rightarrow a=250$.

2006 年,该市 GDP 为 $b$,则 $1.1b=10\,000\Rightarrow b=\dfrac{10\,000}{1.1}$.

2006 年该市 R 和 D 经费支出占当年 GDP 的百分比为 $\dfrac{a}{b}=\dfrac{250\times 1.1}{10\,000}=2.75\%$,选(D).

〔评注〕 知识点:比例问题. 解题技巧:结果应该为 1.1 的倍数,只有(D)满足.

6.【答案】 E

【解答】 事件 $A=$ "该小组中 3 个专业各有 1 名学生",

$N_\Omega=C_{10}^3$,$N_A=C_5^1 C_4^1 C_1^1$,$P(A)=\dfrac{N_A}{N_\Omega}=\dfrac{1}{6}$,选(E).

〔评注〕 知识点:古典概型.

7.【答案】 B

【解答】

| 年级 | 2001 | 2002 | 2003 | 2004 | 2005 | 2006 | 2007 |
|---|---|---|---|---|---|---|---|
| 招生人数 | 2 000 | 2 200 | 2 400 | 2 600 | 2 800 | 3 000 | 3 200 |

该校 2007 年 9 月底时,有 2004 级、2005 级、2006 级、2007 级学生在校,共 $2\,600+2\,800+3\,000+3\,200=11\,600$ 人,选(B).

〔评注〕 知识点:等差数列应用题.解题技巧:对于一些简单问题罗列一下就可以了.

**8.【答案】** D

**【解答】**

**解法1** 事件 $A = $ "乙盒中至少有1个红球", $\bar{A} = $ "乙盒中没有红球".

白球3个盒子随便放,有 $C_3^3$ 种放法.2个红球可以放到甲、丙2个盒子中,有 $C_2^1 \cdot C_2^1$ 种放法.所以 $N_{\bar{A}} = C_3^3 C_2^1 C_2^1$.样本点总数:每个球可以放入3个盒子中,所以 $N_\Omega = 3^3$.

所以 $P(A) = 1 - P(\bar{A}) = 1 - \dfrac{C_3^3 C_2^1 C_2^1}{3^3} = 1 - \dfrac{4}{9} = \dfrac{5}{9}$,选(D).

**解法2** 样本点总数:每个球可以放入3个盒子中,所以 $N_\Omega = 3^3$.

事件 $A = $ "乙盒中至少有1个红球",分类有2种情况:

(1) 乙盒中有1个红球.先从2个红球中选出1个,余下的1个红球只能放到甲、丙2个盒中,1个白球可以放到甲、乙、丙3个盒中,共有 $C_2^1 \cdot 2 \cdot 3 = 12$ 种放法.

(2) 乙盒中有2个红球,1个白球可以放到甲、乙、丙3个盒中,共有3种放法.

所以 $P(A) = \dfrac{12 + 3}{3^3} = \dfrac{5}{9}$.

〔评注〕 知识点:古典概型之分球入盒问题."至少"问题从简单的一面入手(解法1从反面入手、解法2从正面入手分析).特别注意:此题2个红球是不同的.

**9.【答案】** E

**【解答】** 结合对称性, $S_{\text{阴影}} = 8 S_{\text{小阴影}} = 8 \cdot \left( \left( \dfrac{1}{2} \right)^2 - \dfrac{1}{4} \pi \cdot \left( \dfrac{1}{2} \right)^2 \right) = 2 \left( 1 - \dfrac{\pi}{4} \right) = 2 - \dfrac{\pi}{2}$,选(E).

〔评注〕 知识点:平面不规则面积的计算.解题技巧:对于不规则图形面积的计算,优先考虑用割补法,特别考虑四边形与扇形的结合.

**10.【答案】** D

**【解答】** 依题意,每个三口之家捆绑在一起,再内排(一个三口之家内部再排列),所以共有 $P_3^3 P_3^3 P_3^3 P_3^3 = (3!)^4$,选(D).

〔评注〕 知识点:排列组合问题.解题技巧:"小团体"问题,先将"小团体"看成一个元素与其他元素排列,最后再进行"小团体"内部的排列.

**11.【答案】** E

**【解答】**

设圆上一点 $P(a, b)$,该圆在点 $P$ 的切线平行于直线 $x + y + 2 = 0$,所以 $OP \perp$ 直线 $x + y + 2 = 0$.可

得方程 $\begin{cases} a^2 + b^2 = 2 \\ \dfrac{b}{a} \cdot (-1) = -1 \end{cases}$,可以解出 $a = b = 1$,选(E).

〔评注〕 知识点:直线与圆相切问题.解题技巧:画草图可以判断出圆 $x^2 + y^2 = 2$ 与平行于直线 $x + y + 2 = 0$ 的切线相切,切点应该在第一或第三象限,只有(E)在第一象限.

**12.【答案】** D

**【解答】** 不妨设 $a > b > c$,

$|a - b| + |b - c| + |c - a| = a - b + b - c + a - c = 2(a - c) = 8 \Rightarrow a - c = 4$.

12以内质数:2,3,5,7,11,故 $a = 7$, $c = 3 \Rightarrow b = 5$.所以 $a + b + c = 15$,选(D).

〔评注〕 知识点:绝对值问题、质数问题综合题.解题技巧:小于12的质数可以罗列出来.

**13.【答案】** A

**【解答】** 设捐100元的有 $x$ 人,捐500元的有 $y$ 人,捐2000元的有 $z$ 人,则可得方程:

$\begin{cases} x + y + z = 100 \\ x + 5y + 20z = 190 \end{cases} \Rightarrow 4y + 19z = 90$ 且 $y$, $z$ 为非负整数.其中等式右边90为偶数,等式左边 $4y$ 也为

偶数,所以 $19z$ 也应该为偶数,且 $19z \leqslant 90$. 所以 $z = 2$,则 $y = 13$,选(A).

〖评注〗 知识点:应用题、方程求解. 解题技巧:一个方程 $(4y + 19z = 90)$ 要解 2 个未知数,则必须添加一些条件,常从奇偶性、整除性、质数(合数)等角度考虑.

**14.【答案】 D**

【解答】 设原计划每天挖 $x$ 米,剩下 2 000 米,则 $\dfrac{2\,000}{x} - \dfrac{2\,000}{x+2} = 50$,即 $x^2 + 2x - 80 = 0$,故 $x = 8$. 所以原计划施工工期是 $\dfrac{2\,400}{8} = 300$ 天. 选(D).

〖评注〗 知识点:工程问题. 解题技巧:可以将选项直接代入问题中,若总天数为 300,则 $\dfrac{2\,400}{300} = 8$ 米,代入验算成立.

**15.【答案】 C**

【解答】 原式 $= \dfrac{x+y}{(x+y)(x^2+y^2-xy)+x+y} = \dfrac{1}{(x^2+y^2-xy)+1} = \dfrac{1}{9-4+1} = \dfrac{1}{6}$. 选(C).

〖评注〗 知识点:分式条件等式化简. 解题技巧:欲求式子变形(向条件靠拢)后代入计算.

**16.【答案】 A**

【解答】

条件(1) $e^a$,$e^b$,$e^c$ 成等比数列,则 $(e^b)^2 = e^a \cdot e^c \Rightarrow e^{2b} = e^{a+c} \Rightarrow 2b = a+c$,充分.

条件(2) $\ln a$,$\ln b$,$\ln c$ 成等差数列,则 $2\ln b = \ln a + \ln c \Rightarrow b^2 = ac$,不充分.

选(A).

〖评注〗 知识点:等差、等比中项. 解题注意:若 $2b = a+c$,则 $a$,$b$,$c$ 成等差数列. 若 $b^2 = ac$,$a$,$b$,$c$ 不一定成等比数列.

**17.【答案】 E**

【解答】 条件(1)、(2)单独都不充分.

条件(1)与(2)联合,设男生人数为 $a$,则及格人数为 $0.7a$,女生人数为 $b$,则及格人数为 $0.9b$,及格率为 $\dfrac{0.7a+0.9b}{a+b}$,由条件(2)推不出 $a = b$,所以条件(1)与(2)联合不充分,选(E).

〖评注〗 知识点:应用题之平均成绩问题. 特别注意:男生的平均分与女生的平均分相等推不出男女人数相等.

**18.【答案】 D**

【解答】 条件(1),$\dfrac{x}{x+10} = \dfrac{13}{23}$,得 $x = 13$,所以条件(1)充分.

条件(2),等腰梯形的高为 $\sqrt{x^2-5^2}$,则梯形的面积为 $S_{梯形} = \dfrac{(x+x+10)}{2}\sqrt{x^2-5^2} = 216$,即 $(x+5)$

$\sqrt{x^2-5^2} = 216$,得 $x = 13$(该方程无其他正根),所以条件(2)充分.

选(D).

〖评注〗 知识点:平面几何梯形问题. 解题技巧:条件(2)方程的求解比较困难,用代入法但要排除有其他根.

**19.【答案】 B**

【解答】 条件(1)第一位面试的是女生,则第一步从 2 个女生中选一个,第二步余下的 4 个人全排列,所以面试的排序法有 $C_2^1 P_4^4 = 48$ 种,所以条件(1)不充分.

条件(2)因为是指定的某位男生,所以不用选,余下的 4 个人全排列即可,即 $P_4^4 = 24$ 种,所以条件(2)充分.

选(B).

〖评注〗 知识点:排列组合. 解题技巧:"指定"不用选.

**20.【答案】 C**

【解答】

条件(1) $(a-b)(c^2-a^2-b^2)=0 \Rightarrow a=b$ 或 $c^2=a^2+b^2$，所以三角形 $ABC$ 为等腰三角形或直角三角形.所以条件(1)不充分.

条件(2)也不充分.

条件(1)与(2)联合：

若 $a=b$ 结合 $c=\sqrt{2}b \Rightarrow c^2=a^2+b^2 \Rightarrow$ 等腰直角三角形.

若 $c^2=a^2+b^2$ 结合 $c=\sqrt{2}b \Rightarrow a=b \Rightarrow$ 等腰直角三角形.

选(C).

〖评注〗 知识点：平面几何(条件等式化简).特别注意若 $ab=0$，不是 $a=0$ 的充分条件.

**21.** 【答案】 B

【解答】

条件(1)，直线为 $y=3$，圆心到直线的距离为 $d=2$，等于圆的半径 2，直线与圆相切.所以条件(1)不充分.

条件(2)，直线为 $x=3$，圆心到直线的距离为 $d=1$，所截的线段长为 $2\sqrt{2^2-1^2}=2\sqrt{3}$，所以条件(2)充分.

选(B).

〖评注〗 知识点：解析几何直线所截圆的弦长.解题技巧：条件(1)与条件(2)所表示的直线都很简单，可以直接画个草图即可得到.

**22.** 【答案】 A

【解答】

**解法1** 结论 $|ac+bd|<1 \Leftrightarrow (ac+bd)^2<(a^2+b^2)\cdot(c^2+d^2)$.

由柯西不等式 $(ac+bd)^2 \leqslant (a^2+b^2)(c^2+d^2)$，当且仅当 $ad=bc$ 取等号.

条件(1)直线 $ax+by=1$ 与 $cx+dy=1$ 仅有一个交点，即两直线相交(不平行且不重合)，则 $ad \neq bc$，所以条件(1)充分.

条件(2) $a \neq c$，$b \neq d$ 推不出 $ad \neq bc$，所以条件(2)不充分.例如可以取特殊值 $a=b=\dfrac{1}{\sqrt{2}}$，$c=d=-\dfrac{1}{\sqrt{2}}$，满足 $a^2+b^2=1$，$c^2+d^2=1$，但 $|ac+bd|=1$.

选(A).

**解法2** 
$$\begin{aligned}(ac+bd)^2 &= a^2c^2+b^2d^2+2acbd \\ &= (a^2+b^2)(c^2+d^2)-a^2d^2-b^2c^2+2acbd \\ &= 1-(ad-bc)^2,\end{aligned}$$

条件(1)直线 $ax+by=1$ 与 $cx+dy=1$ 仅有一个交点，即两直线相交(不平行且不重合)，则 $\dfrac{a}{c} \neq \dfrac{b}{d}$，即 $ad-bc \neq 0$，有 $|ac+bd|<1$，条件(1)充分.

条件(2)可取值 $a=b=\dfrac{1}{\sqrt{2}}$，$c=d=-\dfrac{1}{\sqrt{2}}$，满足 $a^2+b^2=1$，$c^2+d^2=1$，但 $|ac+bd|=1$.

〖评注〗 知识点：不等式、两直线位置关系.解题技巧：柯西不等式属于第一次出现的知识点，考生往往不熟悉，解法2比较初等.

**23.** 【答案】 D

【解答】 题干一班至少1名不及格，它的反面：一班0个不及格.又因为共21名学生不及格，每班不及格的学生最多有3名，所以其余各班各3人不及格.

条件(1)⇒三班最多2人，不是3人⇒一班至少1人，条件(1)充分.

条件(2)四班有 2 名,不是 3 人⇒一班至少 1 人,条件(2)充分,选(D).

【评注】 知识点:平均数问题. 解题技巧:"至少"问题常从反面入手分析.

24.【答案】 D

【解答】 设工程量为 1,则 2 台新打印机每小时的工程速度为 1/4,1/5. 2 台旧打印机每小时的工程速度为 1/9,1/11.

条件(1)安排 2 台新型打印机同时打印,则 $\dfrac{1}{1/4+1/5}=\dfrac{20}{9}<2.5$,所以条件(1)充分.

条件(2)安排 1 台新型打印机与 2 台旧型打印机同时打印,因为 $\dfrac{1}{1/4+1/9+1/11}<\dfrac{1}{1/5+1/9+1/11}\approx$

$\dfrac{1}{0.2+0.111\,1+0.090\,9}<\dfrac{1}{0.4}=2.5$,所以条件(2)充分.

所以选(D).

【评注】 知识点:工程问题. 解题技巧:分数估算可以提高计算速度.

25.【答案】 C

【解答】 条件(1)可以举出反例:$\{a_n\}$ 为 1, 0, $-1$, $-2$, $-3$, …满足条件,但结论不成立,所以条件(1)不充分.

条件(2)得到 $d=a_2-a_1\geqslant 0$,所以条件(2)不充分.

条件(1)与(2)联合,可得

$S_n=a_1+a_2+\cdots+a_n=na_1+\dfrac{1}{2}n(n-1)d\leqslant n\Rightarrow a_1+\dfrac{1}{2}(n-1)d\leqslant 1$,对任何正整数 $n$ 都成立,且

$d\geqslant 0$. $f(n)=a_1+\dfrac{1}{2}(n-1)d=\dfrac{d}{2}n+\left(a_1-\dfrac{d}{2}\right)$ 是关于 $n$(正整数)的一次函数,且 $d=a_2-a_1\geqslant$

0,说明该一次函数单调递增.若 $f(n)=\dfrac{d}{2}n+\left(a_1-\dfrac{d}{2}\right)\leqslant 1$ 这个条件恒成立,则可以推出 $d=0$. 所以条件(1)与(2)联合充分,选(C).

【评注】 知识点:等差数列求和、一次函数. 解题技巧:数列问题转化为核心元素.

# 2012 年管理类联考综合能力试题(数学部分)

**一、问题求解**(本大题共 15 小题,每小题 3 分,共 45 分)

1. 某商品的定价为 200 元,受金融危机的影响,连续两次降价 20%后的售价为( ).

   (A) 114 元        (B) 120 元        (C) 128 元

   (D) 144 元        (E) 160 元

2. 如图 1 所示,△ABC 是直角三角形,$S_1$,$S_2$,$S_3$ 为正方形,已知 $a$,$b$,$c$ 分别是 $S_1$,$S_2$,$S_3$ 的边长,则( ).

   (A) $a = b + c$        (B) $a^2 = b^2 + c^2$

   (C) $a^2 = 2b^2 + 2c^2$        (D) $a^3 = b^3 + c^3$

   (E) $a^3 = 2b^3 + 2c^3$

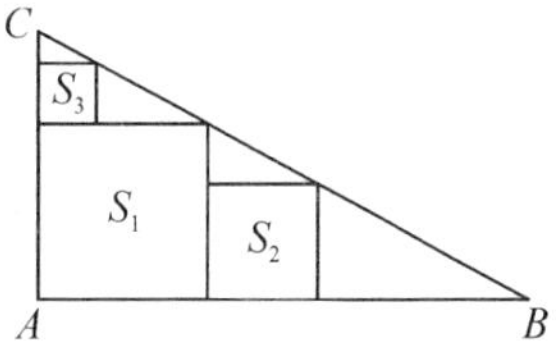

   图 1

3. 如图 2 所示,1 个储物罐的下半部分是底面直径与高均是 20 m 的圆柱形、上半部分(顶部)是半球形,已知底面与顶部的造价是 400 元/$m^2$,侧面的造价是 300 元/$m^2$,该储物罐的造价是( ).($\pi \approx 3.14$)

   (A) 56.52 万元        (B) 62.8 万元

   (C) 75.36 万元        (D) 87.92 万元

   (E) 100.48 万元

   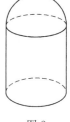

   图 2

4. 在一次商品促销活动中,主持人出示一个 9 位数,让顾客猜测商品的价格,商品的价格是该 9 位数中从左到右相邻的 3 个数字组成的 3 位数,若主持人出示的是 513 535 319,则顾客一次猜中价格的概率是( ).

   (A) $\dfrac{1}{7}$    (B) $\dfrac{1}{6}$    (C) $\dfrac{1}{5}$    (D) $\dfrac{2}{7}$    (E) $\dfrac{1}{3}$

5. 某商店经营 15 种商品,每次在橱窗内陈列 5 种,若每两次陈列的商品不完全相同,则最多可陈列( ).

   (A) 3 000 次        (B) 3 003 次        (C) 4 000 次

   (D) 4 003 次        (E) 4 300 次

6. 甲、乙、丙 3 个地区的公务员参加一次测评,其人数和考分情况如下表:

| 人数     分数<br>地区 | 6 | 7 | 8 | 9 |
|---|---|---|---|---|
| 甲 | 10 | 10 | 10 | 10 |
| 乙 | 15 | 15 | 10 | 20 |
| 丙 | 10 | 10 | 15 | 15 |

   3 个地区按平均分由高到低的排名顺序为( ).

   (A) 乙、丙、甲        (B) 乙、甲、丙        (C) 甲、丙、乙

   (D) 丙、甲、乙        (E) 丙、乙、甲

7. 经统计,某机场的一个安检口每天中午办理安检手续的乘客人数及相应的概率如下表:

| 乘客人数 | 0~5 | 6~10 | 11~15 | 16~20 | 21~25 | 25 以上 |
|---|---|---|---|---|---|---|
| 概率 | 0.1 | 0.2 | 0.2 | 0.25 | 0.2 | 0.05 |

该安检口 2 天中至少有 1 天中午办理安检手续的乘客人数超过 15 的概率是( ).

(A) 0.2　　　(B) 0.25　　　(C) 0.4　　　(D) 0.5　　　(E) 0.75

8. 某人在保险柜中存放了 $M$ 元现金,第一天取出它的 $\frac{2}{3}$,以后每天取出前一天所取的 $\frac{1}{3}$,共取了 7 次,保险柜中剩余的现金为( ).

(A) $\frac{M}{3^7}$ 元　　　　　(B) $\frac{M}{3^6}$ 元　　　　　(C) $\frac{2M}{3^6}$ 元

(D) $\left[1-\left(\frac{2}{3}\right)^7\right]M$ 元　　　(E) $\left[1-7\left(\frac{2}{3}\right)^7\right]M$ 元

9. 在直角坐标系中,若平面区域 $D$ 中所有点的坐标 $(x,y)$ 均满足:$0\leqslant x\leqslant 6$,$0\leqslant y\leqslant 6$,$|y-x|\leqslant 3$,$x^2+y^2\geqslant 9$,则 $D$ 的面积是( ).

(A) $\frac{9}{4}(1+4\pi)$　(B) $9\left(4-\frac{\pi}{4}\right)$　(C) $9\left(3-\frac{\pi}{4}\right)$　(D) $\frac{9}{4}(2+\pi)$　(E) $\frac{9}{4}(1+\pi)$

10. 某单位春季植树 100 颗,前 2 天安排乙组植树,其余任务由甲、乙 2 组用 3 天完成,已知甲组每天比乙组多植树 4 棵,则甲组每天植树( ).

(A) 11 棵　　　(B) 12 棵　　　(C) 13 棵　　　(D) 15 棵　　　(E) 17 棵

11. 在两队进行的羽毛球对抗赛中,每队派出 3 男 2 女共 5 名运动员进行 5 局单打比赛. 如果女子比赛安排在第二和第四局进行,则每队队员的不同出场顺序有( ).

(A) 12 种　　　(B) 10 种　　　(C) 8 种　　　(D) 6 种　　　(E) 4 种

12. 若 $x^3+x^2+ax+b$ 能被 $x^2-3x+2$ 整除,则( ).

(A) $a=4,b=4$　　　(B) $a=-4,b=-4$　　　(C) $a=10,b=-8$

(D) $a=-10,b=8$　　　(E) $a=-2,b=0$

13. 某公司计划运送 180 台电视机和 110 台洗衣机下乡,现在有 2 种货车,甲种货车每辆最多可载 40 台电视机和 10 台洗衣机,乙种货车每辆最多可载 20 台电视机和 20 台洗衣机,已知甲、乙两种货车的租金分别是每辆 400 元和 360 元,则最少的运费是( ).

(A) 2 560 元　　　(B) 2 600 元　　　(C) 2 640 元　　　(D) 2 680 元　　　(E) 2 720 元

14. 如图 3 所示,3 个边长为 1 的正方形所覆盖区域(实线所围)的面积为( ).

(A) $3-\sqrt{2}$　　　　　(B) $3-\frac{3\sqrt{2}}{4}$　　　　　(C) $3-\sqrt{3}$

(D) $3-\frac{\sqrt{3}}{2}$　　　(E) $3-\frac{3\sqrt{3}}{4}$

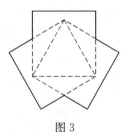

图 3

15. 在一次捐赠活动中,某市将捐赠的物品打包成件,其中帐篷和食品共 320 件,帐篷比食品多 80 件,则帐篷的件数是( ).

(A) 180　　　(B) 200　　　(C) 220　　　(D) 240　　　(E) 260

二、条件充分性判断(本大题共 10 小题,每小题 3 分,共 30 分)

16. 一元二次方程 $x^2+bx+1=0$ 有 2 个不同实根.

(1) $b < -2$

(2) $b > 2$

**17.** 已知 $\{a_n\}$,$\{b_n\}$ 分别为等比数列与等差数列,$a_1 = b_1 = 1$,则 $b_2 \geqslant a_2$.

(1) $a_2 > 0$

(2) $a_{10} = b_{10}$

**18.** 直线 $y = ax + b$ 过第二象限.

(1) $a = -1$,$b = 1$

(2) $a = 1$,$b = -1$

**19.** 某产品由 2 道独立工序加工完成,则该产品是合格品的概率大于 0.8.

(1) 每道工序的合格率为 0.81

(2) 每道工序的合格率为 0.9

**20.** 已知 $m$,$n$ 是正整数,则 $m$ 是偶数.

(1) $3m + 2n$ 是偶数

(2) $3m^2 + 2n^2$ 是偶数

**21.** 已知 $a$,$b$ 是实数,则 $a > b$.

(1) $a^2 > b^2$

(2) $a^2 > b$

**22.** 在某次考试中,3 道题中答对 2 道题即为及格. 假设某人答对各题的概率相同,则此人及格的概率是 $\dfrac{20}{27}$.

(1) 答对各题的概率均为 $\dfrac{2}{3}$

(2) 3 道题全部答错的概率为 $\dfrac{1}{27}$

**23.** 已知 3 种水果的平均价格为 10 元/千克,则每种水果的价格均不超过 18 元/千克.

(1) 3 种水果中价格最低的为 6 元/千克

(2) 购买重量分别是 1 千克、1 千克和 2 千克的 3 种水果共用了 46 元

**24.** 某户要建 1 个长方形的羊栏,则羊栏的面积大于 500 平方米.

(1) 羊栏的周长为 120 米

(2) 羊栏对角线的长不超过 50 米

**25.** 直线 $y = x + b$ 是抛物线 $y = x^2 + a$ 的切线.

(1) $y = x + b$ 与 $y = x^2 + a$ 有且仅有 1 个交点

(2) $x^2 - x \geqslant b - a$ $(x \in \mathbf{R})$

# 2012年管理类联考综合能力试题(数学部分)详解

1.【答案】　C

　　【解答】　$200 \times (1-20\%)(1-20\%) = 128$ 元,选(C).

　　〔评注〕　知识点:简单价格问题.

2.【答案】　A

　　【解答】　由三角形相似可得 $\dfrac{b}{a-c} = \dfrac{a-b}{c}$,得 $a = b+c$. 选(A).

　　〔评注〕　知识点:相似问题. 可以由丈量直接秒杀.

3.【答案】　C

　　【解答】　造价为 $400 \times (\pi \times 10^2 + 0.5 \times 4\pi \times 10^2) + 300 \times (2\pi \times 10 \times 20) = 240\,000\pi = 75.36$ 万元.
选(C).

　　〔评注〕　知识点:立体几何表面积.

4.【答案】　B

　　【解答】　513 535 319 从左到右相邻 3 个数字组成的三位数有:

513, 135, 353, 535, 531, 319. 所以顾客一次猜中价格的概率是 1/6. 选(B).

　　〔评注〕　知识点:概率问题之古典概型.

5.【答案】　B

　　【解答】　从 15 种中选出 5 种共有 $C_{15}^5 = 3\,003$ 种可能. 选(B).

　　〔评注〕　知识点:计数问题.

6.【答案】　E

　　【解答】　甲平均 $= \dfrac{6 \times 10 + 7 \times 10 + 8 \times 10 + 9 \times 10}{10+10+10+10} = 7.5$,

　　　　　　　乙平均 $= \dfrac{6 \times 15 + 7 \times 15 + 8 \times 10 + 9 \times 20}{15+15+10+20} = 7.58$,

　　　　　　　丙平均 $= \dfrac{6 \times 10 + 7 \times 10 + 8 \times 15 + 9 \times 15}{10+10+15+15} = 7.7$,

所以,3 个地区按平均分由高到低的排名顺序为丙、乙、甲. 选(E).

　　〔评注〕　知识点:平均数计算,注意总数变化.

7.【答案】　E

　　【解答】　$P(超过 15 人) = 0.25 + 0.2 + 0.05 = 0.5$, $P(不超过 15 人) = 0.1 + 0.2 + 0.2 = 0.5$.

**解法 1** (从正面求解)"2 天中至少有 1 天"等价于"1 天或 2 天",

所求概率为 $C_2^1 \times 0.5 \times 0.5 + 0.5^2 = 0.75$.

**解法 2** (从反面求解)"2 天中至少有 1 天"的反面为"1 天也没有",

所求概率为 $1 - 0.5^2 = 0.75$. 选(E).

　　〔评注〕　知识点:伯努利概型.

8.【答案】　A

　　【解答】　剩余的现金 $= M - \dfrac{2}{3}M - \dfrac{2}{3}M \times \dfrac{1}{3} - \dfrac{2}{3}M \times \left(\dfrac{1}{3}\right)^2 - \cdots - \dfrac{2}{3}M \times \left(\dfrac{1}{3}\right)^6$

　　　　　　　$= M - \dfrac{2}{3}M\left[1 + \dfrac{1}{3} + \cdots + \left(\dfrac{1}{3}\right)^6\right] = \dfrac{M}{3^7}$,选(A).

〖评注〗 知识点:等比数列求和问题.

9.【答案】 C

【解答】 由割补法可得,$S_D = 6 \times 6 - \frac{1}{4}\pi \times 3^2 - 2 \times \frac{1}{2} \times 3 \times 3 = 9\left(3 - \frac{\pi}{4}\right)$,选(C).

〖评注〗 知识点:解析几何与平面几何综合问题.

10.【答案】 D

【解答】 设甲组每天植树 $x$ 棵,则乙组每天植树 $x-4$ 棵,

由题意得 $2(x-4) + 3(2x-4) = 100$,则 $x=15$.选(D).

〖评注〗 知识点:简单工程问题.

11.【答案】 A

【解答】 $P_2^2 \cdot P_3^3 = 12$.选(A).

〖评注〗 知识点:计数问题之排队问题.

12.【答案】 D

【解答】 若 $x^3 + x^2 + ax + b$ 能被 $x^2 - 3x + 2 = (x-1)(x-2)$ 整除,

则 $\begin{cases} f(1) = 2 + a + b = 0 \\ f(2) = 12 + 2a + b = 0 \end{cases}$,所以 $a = -10$,$b = 8$.选(D).

〖评注〗 知识点:整式问题因式定理.

13.【答案】 B

【解答】 设分别需要甲种货车、乙种货车 $x$,$y$ 辆($x$,$y$ 为整数).

在约束条件 $\begin{cases} 40x + 20y \geqslant 180 \\ 10x + 20y \geqslant 110 \end{cases}$,即 $\begin{cases} 2x + y \geqslant 9 \\ x + 2y \geqslant 11 \end{cases}$ 下,求 $400x + 360y$ 的最小值.

用穷举法得 $x=2$,$y=5$ 时,运费最少为 2 600 元.选(B).

〖评注〗 知识点:不等式应用题.

14.【答案】 E

【解答】 实线所围面积等于三个正方形面积减去三个中间等边三角形面积,

所以面积 $= 3 \times 1 - 3 \times \frac{\sqrt{3}}{4} = 3 - \frac{3\sqrt{3}}{4}$.选(E).

〖评注〗 知识点:平面几何.

15.【答案】 B

【解答】 设帐篷、食品分别为 $x$,$y$ 件,由题意得 $\begin{cases} x + y = 320 \\ x - y = 80 \end{cases}$,所以 $x = 200$.选(B).

〖评注〗 知识点:列方程解应用题.

16.【答案】 D

【解答】 由题意得 $\Delta = b^2 - 4 > 0$,即 $b > 2$ 或 $b < -2$,所以条件(1)与(2)都充分.选(D).

〖评注〗 知识点:一元二次方程判别式问题.

17.【答案】 C

【解答】

**解法 1** 条件(1),取 $q = 2$,$d = 0$,则 $a_2 = 2$,$b_2 = 1$,所以不充分.

条件(2),得 $q^9 = 1 + 9d$,取 $q = -2$,$d = -\frac{171}{3}$,显然 $b_2 < a_2$,所以不充分.

条件(1)与(2)联合,由条件(1)得 $a_2 = a_1 \cdot q = q > 0$,由条件(2) 得 $q^9 = 1 + 9d$.

所以 $b_2 = 1 + d = 1 + \frac{q^9 - 1}{9} = \frac{q^9 + 8}{9} = \frac{q^9 + 1 + \cdots + 1}{9} \geqslant \sqrt[9]{q^9} = q = a_2$.

**解法 2** (数形结合) $a_n = a_1 \cdot q^{n-1} = q^{n-1}$ 是关于 $n$ 的指数函数.

$b_n = b_1 + (n-1)d = dn + (1-d)$ 是关于 $n$ 的一次函数.

若 $a_1 = b_1$, $a_{10} = b_{10}$ 时,当 $q \neq 1$ 时,$a_n$ 的图像必在 $b_n$ 下方,所以 $b_2 > a_2$;当 $q = 1$ 时,$b_2 = a_2$. 所以 $b_2 \geqslant a_2$ 成立,即联合充分. 选(C).

〖评注〗 知识点:等差、等比数列转化为核心元素,数形结合(指数函数).

**18.**【答案】 A

【解答】 条件(1),$y = -x + 1$ 过第二象限. 条件(2),$y = x - 1$ 不过第二象限. 选(A).

〖评注〗 知识点:解析几何直线问题.

**19.**【答案】 B

【解答】 由独立性可得,条件(1),$P = 0.81 \times 0.81 < 0.8$,所以不充分.

条件(2),$P = 0.9 \times 0.9 > 0.8$,充分. 选(B).

〖评注〗 知识点:独立性概率计算.

**20.**【答案】 D

【解答】

条件(1),$m$, $n$ 是正整数,$3m + 2n$ 是偶数,其中 $2n$ 必为偶数,所以 $3m$ 为偶数,则 $m$ 是偶数,所以充分.

条件(2),$m$, $n$ 是正整数,$3m^2 + 2n^2$ 是偶数,其中 $2n^2$ 必为偶数,所以 $3m^2$ 为偶数,则 $m$ 是偶数,所以充分. 选(D).

〖评注〗 知识点:整数奇偶性问题.

**21.**【答案】 E

【解答】 取反例 $a = -3$, $b = -2$ 满足条件(1)与(2),但不满足 $a > b$,所以选(E).

〖评注〗 知识点:不等式问题.

**22.**【答案】 D

【解答】 "此人及格"等价于"答对 2 道"或"答对 3 道",

概率为 $C_3^2 p^2 (1-p) + p^3 = 3p^2(1-p) + p^3$.

条件(1),$p = \dfrac{2}{3}$ 代入结果为 $\dfrac{20}{27}$,所以充分.

条件(2),由 3 道题全部答错的概率为 $(1-p)^3 = \dfrac{1}{27}$ 得 $p = \dfrac{2}{3}$,所以也充分. 选(D).

〖评注〗 知识点:伯努利概型.

**23.**【答案】 D

【解答】 设 3 种水果的平均价格分别为 $x$, $y$, $z$ 元/千克,由平均价格为 10 元/千克,得 $x + y + z = 30$.

条件(1),若最低的为 6,则另外 2 个之和为 24,即每种价格都不会超过 18,充分.

条件(2),$x + y + 2z = 46$,得 $z = 16$,$x + y = 14$,即每种水果的价格均不超过 18,充分. 选(D).

〖评注〗 应用题之不定方程问题.

**24.**【答案】 C

【解答】 设长方形长、宽分别为 $x$, $y$,

由条件(1)得 $x + y = 60$,由条件(2)得 $\sqrt{x^2 + y^2} \leqslant 50$. 显然单独都不充分.

考虑需要联合. $2xy = (x+y)^2 - (x^2 + y^2) \geqslant 60^2 - 50^2 = 1\,100$,所以 $xy \geqslant 550 > 500$,即联合充分. 选(C).

〖评注〗 知识点:不等式.

**25.**【答案】 A

【解答】

条件(1),$y = x + b$ 与 $y = x^2 + a$ 有且仅有一个交点. 由于 $y = x + b$ 的斜率为 1,不可能与 $y$ 轴平行,

所以必定是抛物线 $y=x^2+a$ 的切线,所以充分.

条件(2),由 $x^2+a \geqslant x+b$,抛物线 $y=x^2+a$ 可能在直线 $y=x+b$ 上方(见图1),所以不充分.选(A).

〖评注〗　知识点:函数图像(数形结合).

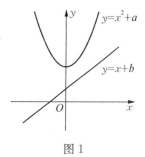

图 1

# 2013 年管理类联考综合能力试题(数学部分)

**一、问题求解**(本大题共 15 小题,每小题 3 分,共 45 分)

1. 某工厂生产一批零件,计划 10 天完成任务,实际提前 2 天完成,则每天的产量比计划平均提高了( ).

   (A) 15% (B) 20% (C) 25% (D) 30% (E) 35%

2. 甲、乙 2 人同时从 $A$ 点出发,沿 400 米跑道同向均匀行走,25 分钟后乙比甲少走了 1 圈,若乙行走 1 圈需要 8 分钟,甲的速度是( )(单位:米/分钟).

   (A) 62 (B) 65 (C) 66 (D) 67 (E) 69

3. 甲班共有 30 名学生,在一次满分为 100 分的测试中,全班平均成绩为 90 分,则成绩低于 60 分的学生至多有( )个.

   (A) 8 (B) 7 (C) 6 (D) 5 (E) 4

4. 某工程由甲公司承包需 60 天完成,由甲、乙两公司共同承包需要 28 天完成,由乙、丙 2 个公司共同承包需要 35 天完成,则由丙公司承包完成该工程需要的天数为( ).

   (A) 85 (B) 90 (C) 95 (D) 100 (E) 105

5. 已知 $f(x) = \dfrac{1}{(x+1)(x+2)} + \dfrac{1}{(x+2)(x+3)} + \cdots + \dfrac{1}{(x+9)(x+10)}$,则 $f(8) = $ ( ).

   (A) $\dfrac{1}{9}$ (B) $\dfrac{1}{10}$ (C) $\dfrac{1}{16}$ (D) $\dfrac{1}{17}$ (E) $\dfrac{1}{18}$

6. 甲、乙 2 个商店同时购进了一批某品牌电视机,当甲店售出 15 台时乙售出了 10 台,此时两店的库存比为 8:7,库存差为 5,甲、乙两店总进货量为( ).

   (A) 75 (B) 80 (C) 85 (D) 100 (E) 125

7. 如图 1,在直角三角形 $ABC$ 中,$AC = 4$,$BC = 3$,$DE \parallel BC$,已知梯形 $BCDE$ 的面积为 3,则 $DE$ 长为( ).

   (A) $\sqrt{3}$ (B) $\sqrt{3}+1$

   (C) $4\sqrt{3}-4$ (D) $\dfrac{3\sqrt{2}}{2}$

   (E) $\sqrt{2}+1$

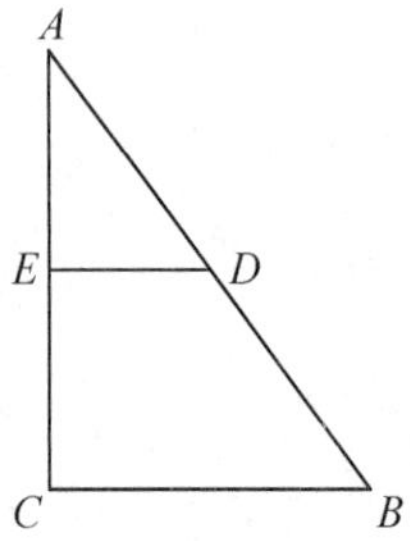

   图 1

8. 点 $(0,4)$ 关于 $2x+y+1=0$ 的对称点为( ).

   (A) $(2,0)$ (B) $(-3,0)$ (C) $(-6,1)$
   (D) $(4,2)$ (E) $(-4,2)$

9. 在 $(x^2+3x+1)^5$ 的展开式中,$x^2$ 的系数为( ).

   (A) 5 (B) 10 (C) 45 (D) 90 (E) 95

10. 已知 10 件产品中有 4 件一等品,从中任取 2 件,则至少有 1 件是一等品的概率为( ).

    (A) $\dfrac{1}{3}$ (B) $\dfrac{2}{3}$ (C) $\dfrac{2}{15}$ (D) $\dfrac{8}{15}$ (E) $\dfrac{13}{15}$

**11.** 将体积为 $4\pi \text{ cm}^3$ 和 $32\pi \text{ cm}^3$ 的 2 个实心金属球融化后铸成 1 个实心大球,求大球的表面积（　　）.

(A) $32\pi \text{ cm}^2$　　(B) $36\pi \text{ cm}^2$　　(C) $38\pi \text{ cm}^2$　　(D) $40\pi \text{ cm}^2$　　(E) $42\pi \text{ cm}^2$

**12.** 有 1 箱水果要装箱,1 名熟练工单独装箱需要 10 天,每天报酬为 200 元;1 名普通工单独装箱需要 15 天,每天报酬为 120 元. 由于场地限制,最多可同时安排 12 人装箱,若要求在 1 天内完成装箱任务,则支付的最少报酬为（　　）.

(A) 1 800 元　　(B) 1 840 元　　(C) 1 920 元　　(D) 1 960 元　　(E) 2 000 元

**13.** 已知 $\{a_n\}$ 为等差数列,若 $a_2$ 与 $a_{10}$ 是方程 $x^2 - 10x + 9 = 0$ 的两个根,则 $a_5 + a_7 = $（　　）.

(A) $-10$　　(B) $-9$　　(C) $9$　　(D) $10$　　(E) $12$

**14.** 已知抛物线 $y = x^2 + bx + c$ 的对称轴为 $x = 1$,且过点 $(-1, 1)$,则（　　）.

(A) $b = -2$, $c = -2$　　　　(B) $b = 2$, $c = 2$

(C) $b = -2$, $c = 2$　　　　(D) $b = -1$, $c = -1$

(E) $b = 1$, $c = 1$

**15.** 确定两人从 $A$ 地出发经过 $B$, $C$,沿逆时针方向行走 1 圈回到 $A$ 地的方案(见图2),若从 $A$ 地出发时每人均可选大路或山道,经过 $B$, $C$ 时,至多有 1 人可以更改道路,则不同的方案有（　　）.

(A) 16 种　　　(B) 24 种　　　(C) 36 种

(D) 48 种　　　(E) 64 种

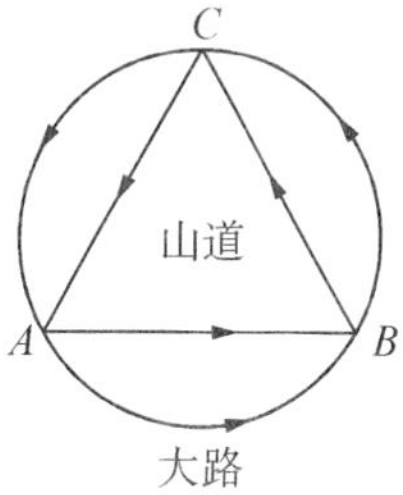

图 2

**二、条件充分性判断**（本大题共 10 小题,每小题 3 分,共 30 分）

**16.** 已知二次函数 $y = ax^2 + bx + c$,则方程 $f(x) = 0$ 有 2 个不同实根.

(1) $a + c = 0$

(2) $a + b + c = 0$

**17.** $\triangle ABC$ 的边长分别为 $a$, $b$, $c$,则 $\triangle ABC$ 为直角三角形.

(1) $(c^2 - a^2 - b^2)(a^2 - b^2) = 0$

(2) $\triangle ABC$ 的面积为 $\frac{1}{2}ab$

**18.** $p = mq + 1$ 为质数.

(1) $m$ 为正整数,$q$ 为质数

(2) $m$, $q$ 均为质数

**19.** 已知平面区域 $D_1 = \{(x, y) \mid x^2 + y^2 \leqslant 9\}$,$D_2 = \{(x, y) \mid (x - x_0)^2 + (y - y_0)^2 \leqslant 9\}$,则 $D_1$, $D_2$ 覆盖区域的边界长度为 $8\pi$.

(1) $x_0^2 + y_0^2 = 9$

(2) $x_0 + y_0 = 3$

**20.** 3 个科室的人数分别为 6,3 和 2 人,因工作原因,每晚需要安排 3 人值班,则在 2 个月中可以使每晚的值班人员不完全相同.

(1) 值班人员不能来自同一科室

(2) 值班人员来自 3 个不同科室

**21.** 档案馆在 1 个库房中安装了 $n$ 个烟火感应报警器,每个报警器遇到烟火发出警报的概率均为 $p$,该库房遇烟火发出警报的概率达到 0.999.

(1) $n = 3$，$p = 0.9$

(2) $n = 2$，$p = 0.97$

22. 已知 $a$，$b$ 是实数，则 $|a| \leqslant 1$，$|b| \leqslant 1$.

(1) $|a + b| \leqslant 1$

(2) $|a - b| \leqslant 1$

23. 某单位年终共发了 100 万元奖金，奖金金额分别是：一等奖 1.5 万元，二等奖 1 万元，三等奖 0.5 万元，则该单位至少有 100 人.

(1) 得二等奖的人数最多

(2) 得三等奖的人数最多

24. 设 $x$，$y$，$z$ 为非零实数，则 $\dfrac{2x + 3y - 4z}{-x + y - 2z} = 1$.

(1) $3x - 2y = 0$

(2) $2y - z = 0$

25. 设 $a_1 = 1$，$a_2 = k$，$a_{n+1} = |a_n - a_{n-1}|$ $(n \geqslant 2)$，则 $a_{100} + a_{101} + a_{102} = 2$.

(1) $k = 2$

(2) $k$ 是小于 20 的正整数

# 2013 年管理类联考综合能力试题(数学部分)详解

1. **【答案】** C

   **【解答】** 设工作总量为 1,则每天实际的产量比计划平均提高了 $\dfrac{\dfrac{1}{8}-\dfrac{1}{10}}{\dfrac{1}{10}}=25\%$.

2. **【答案】** C

   **【解答】** 设甲和乙的速度分别为 $v_甲$,$v_乙$,由题意得 $\begin{cases}(v_甲-v_乙)\times 25=400\\ v_乙=400\div 8=50\end{cases}\Rightarrow v_甲=66.$

3. **【答案】** B

   **【解答】** **解法 1** 设成绩低于 60 分的有 $x$ 人,都按照 59 分算,其他人都按照 100 分算,从而 $59x+100(30-x)=90\times 30$,$x\leqslant\dfrac{300}{41}=7\dfrac{13}{41}$,取整解得 $x=7$,选(B).

   **解法 2** 最少扣 41 分,则 $41x\leqslant 3\,000-2\,700\Rightarrow x\leqslant 7.5$,所以 $x$ 的最大值为 7.

   **【技巧】** (验证法)从最大的开始验证:

   若有 8 个学生成绩低于 60 分,则余下 22 个学生总分要大于 $2\,700-59\times 8=2\,228$(不可能的,因为 22 个学生最多 $2\,200$ 分);

   若有 7 个学生成绩低于 60 分,则余下 23 个学生总分要大于 $2\,700-59\times 7=2\,287$(可能的).

4. **【答案】** E

   **【解答】** 设工程量为 1,由已知得 $V_甲=\dfrac{1}{60}$,$\begin{cases}V_甲+V_乙=\dfrac{1}{28}\\ V_丙+V_乙=\dfrac{1}{35}\end{cases}\Rightarrow V_丙=\dfrac{1}{35}-\dfrac{1}{28}+\dfrac{1}{60}=\dfrac{1}{105}$,所以丙单独做需要 105 天.

5. **【答案】** E

   **【解答】** 利用裂项,$f(8)=\dfrac{1}{9\times 10}+\dfrac{1}{10\times 11}+\cdots+\dfrac{1}{17\times 18}=\dfrac{1}{9}-\dfrac{1}{10}+\dfrac{1}{10}-\dfrac{1}{11}+\cdots+\dfrac{1}{17}-\dfrac{1}{18}=\dfrac{1}{9}-\dfrac{1}{18}=\dfrac{1}{18}.$

6. **【答案】** D

   **【解答】** **解法 1** 设甲、乙进货量分别为 $x$,$y$,由题意得

   $$\begin{cases}\dfrac{x-15}{y-10}=\dfrac{8}{7}\\ (x-15)-(y-10)=5\end{cases}\Rightarrow\begin{cases}x=55\\ y=45\end{cases}\Rightarrow x+y=100.$$

   **解法 2** 设甲、乙两店的库存为 $8k$,$7k$,则 $8k-7k=k=5$,所以进货量为 $15k+10+15=100$.

7. **【答案】** D

   **【解答】** 由题意得 $S_{\triangle ADE}=6-3=3$,则 $\left(\dfrac{DE}{BC}\right)^2=\dfrac{3}{6}$,则 $DE=\dfrac{3\sqrt{2}}{2}.$

8. **【答案】** E

   **【解答】** 设对称点的坐标为 $(a,b)$,则 $\begin{cases}\dfrac{b-4}{a-0}\times(-2)=-1\\ 2\,\dfrac{a+0}{2}+\dfrac{b+4}{2}+1=0\end{cases}\Rightarrow\begin{cases}a=-4\\ b=2\end{cases}.$

【技巧】 可用验证法或者画草图得到.

9.【答案】 E

【解答】 $[(x^2+3x)+1]^5$ 的一般项为 $C_5^k(x^2+3x)^k=C_5^kx^k(x+3)^k$, $k=0,1,2,3,4,5$. 其中 $C_5^1x(x+3)$ 与 $C_5^2x^2(x+3)^2$ 中含有 $x^2$ 项,所以 $x^2$ 项的系数为 $C_5^1+C_5^2\times 3^2=5+90=95$.

10.【答案】 B

【解答】 **解法1** 至少有1件是一等品有两种情况:2件是一等品或1件是一等品(另一件非一等品),则所求概率为 $\dfrac{C_4^2+C_4^1C_6^1}{C_{10}^2}=\dfrac{30}{45}=\dfrac{2}{3}$.

**解法2** "至少1件一等品"的反面为"都不是一等品",则所求概率为 $1-\dfrac{C_6^2}{C_{10}^2}=\dfrac{2}{3}$.

11.【答案】 B

【解答】 大球的体积 $=\dfrac{4}{3}\pi r^3=(32+4)\pi$,则 $r=3$,所以表面积为 $4\pi\times 3^2=36\pi$.

12.【答案】 C

【解答】 设需要熟练工、普通工分别为 $x,y$ 人,求满足 $\begin{cases} x+y\leqslant 12 \\ \dfrac{x}{10}+\dfrac{y}{15}\geqslant 1 \end{cases}$ 的条件下 $200x+120y$ 的最小值,

当 $x=y=6$ 时,$200x+120y$ 达到最小值,$200\times 6+120\times 6=1\,920$.

13.【答案】 D

【解答】 $a_5+a_7=a_2+a_{10}=10$.

14.【答案】 A

【解答】 对称轴 $x=-\dfrac{b}{2}=1$,则 $b=-2$. 又 $1=(-1)^2+b(-1)+c$,得 $c=-2$.

15.【答案】 C

【解答】 (分步处理) (1) $A\to B$,每个人有 2 种选择,有 $2\times 2=4$ 种方法;

(2) $B\to C$,共有 3 种方法;

(3) $C\to A$,共有 3 种方法;

所以由乘法原理总计有 $4\times 3\times 3=36$ 种.

16.【答案】 A

【解答】 条件(1),$\Delta=b^2-4ac=b^2-4a(-a)=b^2+4a^2>0$,充分.

条件(2),取 $a=c=-1$,$b=2$,得 $\Delta=b^2-4ac=0$,不充分.

17.【答案】 B

【解答】 条件(1),$(c^2-a^2-b^2)(a^2-b^2)=0\Rightarrow a^2+b^2=c^2$ 或 $a^2=b^2$,不充分.

条件(2)为直角三角形面积计算公式,充分.

18.【答案】 E

【解答】 条件(1),(2)都可以取反例 $m=q=3$.

19.【答案】 A

【解答】 条件(1),由 $x_0^2+y_0^2=9$ 得两圆圆心距为 3,且 $D_2$ 圆心在 $D_1$ 圆周上,由图可得圆心角为 $120°$,

所以弧长为 $2\pi\times 3\times 2-\dfrac{120°}{360°}\times 2\pi\times 3\times 2=8\pi$,充分.

条件(2),两圆可以相离,不充分.

20.【答案】 A

【解答】 条件(1),$C_{11}^3-C_6^3-C_3^3=144>60$,充分.

条件(2),$C_6^1C_3^3C_1^2=36<60$,不充分.

**21.【答案】** D

　　**【解答】** 条件(1),至少一个报警的概率为 $1-(1-0.9)^3=0.999$,充分.

　　条件(2),至少一个报警的概率为 $1-(1-0.97)^2=0.9991$,充分.

**22.【答案】** C

　　**【解答】** 条件(1),反例 $a=3$, $b=-2$,不充分.

　　条件(2),反例 $a=3$, $b=2$,不充分.

　　考虑(1)与(2)联合,

　　**解法 1** $|a+b|\leqslant 1\Rightarrow(a+b)^2\leqslant 1$, $|a-b|\leqslant 1\Rightarrow(a-b)^2\leqslant 1$,两个式子相加得 $a^2+b^2\leqslant 1$,所以 $|a|\leqslant 1$, $|b|\leqslant 1$,联合充分.

　　**解法 2** $2|a|=|(a+b)+(a-b)|\leqslant|a-b|+|a+b|=2\Rightarrow|a|\leqslant 1$,同理可得 $|b|\leqslant 1$.

**23.【答案】** B

　　**【解答】** 设得一等奖、二等奖、三等奖的人数分别为 $x$, $y$, $z$,则 $1.5x+y+0.5z=100$.

　　条件(1),取 $x=30$, $y=50$, $z=10$,满足 $1.5x+y+0.5z=100$,但人数小于 100 人,不充分.

　　条件(2), $1.5x+y+0.5z=(x+y+z)+0.5(x-z)=100$,由题意得 $z>x$,则 $x-z<0$,所以 $x+y+z>100$,充分.

　　**【技巧】** 条件(2)得三等奖的人数最多,则奖金平均值小于 1 万元,则人数要大于 100.

**24.【答案】** C

　　**【解答】** 明显要联合,将 $\begin{cases}x=\dfrac{2}{3}y\\z=2y\end{cases}$ 代入成立,所以联合充分.

**25.【答案】** D

　　**【解答】** 条件(1), $k=2$ 时,穷举得该数列为 $1, 2, 1, 1, 0, 1, 1, 0, \cdots$ 发现从第三项起相邻三项的和为 2,则 $a_{100}+a_{101}+a_{102}=2$,充分.

　　条件(2),穷举得该数列为

$$\underbrace{1, k, k-1,}_{} \underbrace{1, k-2, k-3,}_{} \underbrace{1, k-4, k-5,}_{} \cdots, \underbrace{1, k-18, k-19,}_{1,1,0} \cdots$$

$k$ 是小于 20 的正整数时,必定出现相邻三项为 $1, 1, 0$,则相邻三项和为 2,所以也充分.

# 2014年管理类联考综合能力试题(数学部分)

**一、问题求解**(本大题共 15 小题,每小题 3 分,共 45 分)

1. 某部门在一次联欢活动中共设了 26 个奖,奖品均价为 280 元,其中一等奖单价为 400 元,其他奖品价格为 270 元,一等奖的个数为(　　).

   (A) 6 个　　　(B) 5 个　　　(C) 4 个　　　(D) 3 个　　　(E) 2 个

2. 某单位进行办公室装修,若甲、乙 2 个装修公司合作做,需 10 周完成,工时费为 100 万元,甲公司单独做 6 周后由乙公司接着做 18 周完成,工时费为 96 万元,甲公司每周的工时费为(　　).

   (A) 7.5 万元　　(B) 7 万元　　　(C) 6.5 万元　　(D) 6 万元　　　(E) 5.5 万元

3. 如图1,已知 $AE = 3AB$, $BF = 2BC$,若 $\triangle ABC$ 的面积为2,则 $\triangle AEF$ 的面积为(　　).

   (A) 14

   (B) 12

   (C) 10

   (D) 8

   (E) 6

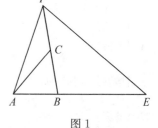

图1

4. 某容器中装满了浓度为 90% 的酒精,倒出 1 升后用水将容器充满,搅拌均匀后倒出 1 升,再用水将容器注满,已知此时的酒精浓度为 40%,则该容器的容积是(　　).

   (A) 2.5 升　　　(B) 3 升　　　(C) 3.5 升　　　(D) 4 升　　　(E) 4.5 升

5. 如图2,圆 $A$ 与圆 $B$ 的半径均为1,则阴影部分的面积为(　　).

   (A) $\dfrac{2\pi}{3}$　　　　　　　　(B) $\dfrac{\sqrt{3}}{2}$

   (C) $\dfrac{\pi}{3} - \dfrac{\sqrt{3}}{4}$　　　　　(D) $\dfrac{2\pi}{3} - \dfrac{\sqrt{3}}{4}$

   (E) $\dfrac{2\pi}{3} - \dfrac{\sqrt{3}}{2}$

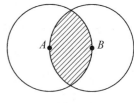

图2

6. 某公司投资一个项目,已知上半年完成了预算的 1/3,下半年完成了剩余部分的 2/3,此时还有 8 千万元投资未完成,则该项目的预算为(　　).

   (A) 3 亿元　　(B) 3.6 亿元　　(C) 3.9 亿元　　(D) 4.5 亿元　　(E) 5.1 亿元

7. 甲、乙 2 个人上午 8:00 分别自 $A$,$B$ 出发相向而行,9:00 第一次相遇,之后速度均提高了 1.5 千米/小时,甲到 $B$,乙到 $A$ 后都立刻照原路返回,若 2 人在 10:30 第二次相遇,则 $A$,$B$ 两地相距为(　　).

   (A) 5.6 千米　　(B) 7 千米　　　(C) 8 千米　　　(D) 9 千米　　　(E) 9.5 千米

8. 已知 $\{a_n\}$ 为等差数列,且 $a_2 - a_5 + a_8 = 9$,则 $a_1 + a_2 + \cdots + a_9 = ($　　$)$.

   (A) 27　　　　(B) 45　　　　(C) 54　　　　(D) 81　　　　(E) 162

9. 在某项活动中,将 3 男 3 女 6 名志愿者,都随机地分成甲、乙、丙 3 组,每组 2 人,则每组志愿者是异性的概率为(    ).

(A) 1/90    (B) 1/15    (C) 1/10    (D) 1/5    (E) 2/5

10. 已知直线 $L$ 是圆 $x^2+y^2=5$ 在点(1，2)处的切线，则 $L$ 在 $y$ 轴上的截距为(    ).

(A) 2/5    (B) 2/3    (C) 3/2    (D) 5/2    (E) 5

11. 某单位决定对 4 个部门的经理进行轮岗，要求每位经理必须轮换到 4 个部门中的其他部门任职，则不同的方案有(    ).

(A) 3 种    (B) 6 种    (C) 8 种    (D) 9 种    (E) 10 种

12. 如图 3，正方体 $ABCD$-$A'B'C'D'$ 的棱长为 2，$F$ 是棱 $C'D'$ 的中点，则 $AF$ 的长为(    ).

(A) 3    (B) 5

(C) $\sqrt{5}$    (D) $2\sqrt{2}$

(E) $2\sqrt{3}$

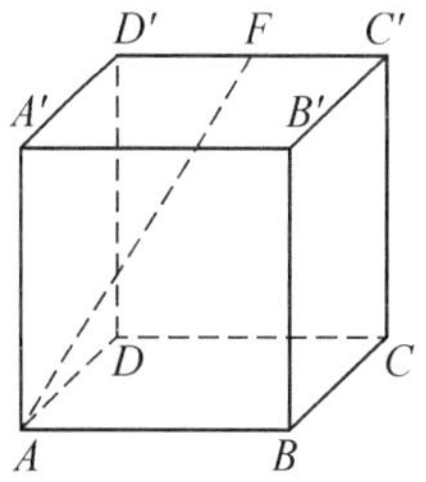

图 3

13. 某工厂在半径为 5 厘米的球形工艺品上镀一层装饰金属，厚度为 0.01 厘米，已知装饰金属的原材料为棱长 20 厘米的正方体锭子，则加工 10 000 个该工艺品需要的锭子数最少为(不考虑加工损耗，$\pi \approx 3.14$)(    ).

(A) 2    (B) 3    (C) 4    (D) 5    (E) 20

14. 若几个质数(素数)的乘积为 770，则它们的和为(    ).

(A) 85    (B) 84    (C) 28    (D) 26    (E) 25

15. 掷一枚均匀的硬币若干次，当正面向上次数大于反面向上次数时停止，则 4 次之内停止的概率为(    ).

(A) 1/8    (B) 3/8    (C) 5/8    (D) 3/16    (E) 5/16

**二、条件充分性判断**(本大题共 10 小题，每小题 3 分，共 30 分)

16. 设 $x$ 是非零实数，则 $\dfrac{1}{x^3}+x^3=18$.

(1) $x+\dfrac{1}{x}=3$    (2) $x^2+\dfrac{1}{x^2}=7$

17. 甲、乙、丙 3 人年龄相同.

(1) 甲、乙、丙年龄等差    (2) 甲、乙、丙年龄等比

18. 不等式 $|x^2+2x+a| \leqslant 1$ 的解集为空.

(1) $a<0$    (2) $a>2$

19. 已知曲线 $L$：$y=a+bx-6x^2+x^3$，则 $(a+b-5)(a-b-5)=0$.

(1) 曲线过(1，0)    (2) 曲线过(-1，0)

20. 如图 4，$O$ 是半圆圆心，$C$ 是半圆上的一点，$OD \perp AC$，则 $OD$ 长可以确定.

(1) 已知 $BC$ 长    (2) 已知 $AO$ 长

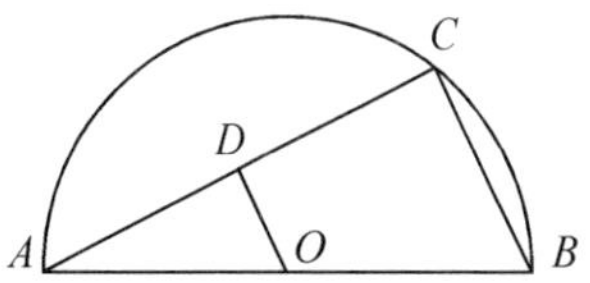

图 4

21. 已知 $x$，$y$ 为实数，则 $x^2+y^2 \geqslant 1$.

(1) $4y-3x \geqslant 5$    (2) $(x-1)^2+(y-1)^2 \geqslant 5$

22. 已知袋中有红、黑、白三色球若干个，红球最多.

(1) 随机取出 1 个球是白球的概率为 $\dfrac{2}{5}$

(2) 随机取出的 2 个球中至少有 1 个黑球的概率小于 $\dfrac{1}{5}$

23. 已知二次函数 $f(x) = ax^2 + bx + c$,则能确定 $a, b, c$ 的值.

　　(1) 曲线 $y = f(x)$ 过点 $(0, 0)$ 和 $(1, 1)$　　　(2) 曲线 $y = f(x)$ 与 $y = a + b$ 相切

24. 方程 $x^2 + 2(a+b)x + c^2 = 0$ 有实根.

　　(1) $a, b, c$ 是三角形的三边长　　(2) $a, c, b$ 等差

25. 已知 $M = \{a, b, c, d, e\}$ 是一个整数集合,则能确定集合 $M$ 的元素.

　　(1) $a, b, c, d, e$ 的平均值为 10　　　　(2) $a, b, c, d, e$ 的方差为 2

# 2014 年管理类联考综合能力试题(数学部分)详解

1. **【答案】** E

   **【解答】** 设一等奖的个数为 $x$,则其他奖品为 $26-x$ 个,根据题意可得

   $$400x + 270(26-x) = 280 \times 26,$$

   解得 $x = 2$.

   〖技巧〗 可以用十字交叉法秒杀!

   一等奖个数:$26 \times \dfrac{1}{13} = 2$(个).

2. **【答案】** B

   **【解答】** 设甲公司每周工时费为 $x$ 万元,乙公司每周工时费为 $y$ 万元,根据题意可得

   $$\begin{cases} (x+y) \times 10 = 100 \\ 6x + 18y = 96 \end{cases},$$

   解得:$x = 7$,$y = 3$,正确答案应为(B).

3. **【答案】** B

   **【解答】** 因为是等高三角形,故面积比等于底边比.

   由 $BF = 2BC$,得 $S_{\triangle ABF} = 2S_{\triangle ABC} = 4$,

   由 $AE = 3AB$,得 $S_{\triangle AEF} = 3S_{\triangle ABF} = 12$,

   故选(B).

4. **【答案】** B

   **【解答】** 设容器的容积为 $x$,则由题得:$0.9 \times \left(\dfrac{x-1}{x}\right)^2 = 0.4$,解得 $x = 3$,故选(B).

5. **【答案】** E

   **【解答】** 圆问题,添半径,则 $AB = AC = AD = 1$.

   所以 $\angle CAD = 120°$,又四边形 $ACBD$ 为菱形,得 $CD = \sqrt{3}$,$S = 2 \cdot \dfrac{1}{3} \cdot$

   $\pi - \dfrac{1}{2} \cdot 1 \cdot \sqrt{3} = \dfrac{2\pi}{3} - \dfrac{\sqrt{3}}{2}$.

   故选(E).

   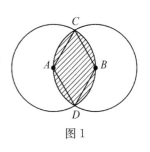

   图 1

6. **【答案】** B

   **【解答】**

   **解法 1** 该项目的预算为 $\dfrac{\dfrac{0.8}{1/3}}{\dfrac{2}{3}} = 3.6$ 亿元.

   **解法 2** 设该公司的投资预算为 $x$ 亿元,则由题意可知:

   $$x - \left[\dfrac{1}{3}x + \dfrac{2}{3}\left(\dfrac{2}{3}\right)\right] = 0.8$$

即 $x-\dfrac{1}{3}x-\dfrac{4}{9}x=\dfrac{2}{9}x=0.8$,解得 $x=\dfrac{9}{2}\times0.8=3.6$(亿元).

所以选(B).

7.【答案】 D

【解答】 设 $A$,$B$ 两地相距 $S$ 千米,甲的速度为 $v_1$,乙的速度为 $v_2$,由条件得

$$\begin{cases}\dfrac{S}{v_1+v_2}=1\\[3mm]\dfrac{2S}{v_1+v_2+3}=1.5\end{cases}\Rightarrow S=9.\ 故选(D).$$

8.【答案】 D

【解答】 $\{a_n\}$ 为等差数列,$a_2+a_8=2a_5$,则 $a_2-a_5+a_8=a_5=9$,

所以 $a_1+a_2+\cdots+a_9=\dfrac{9(a_1+a_9)}{2}=\dfrac{9\cdot2a_5}{2}=9\cdot a_5=81.$ 故选(D).

〖技巧〗 特殊数列法. 令 $a_n=C$,则 $a_2-a_5+a_8=C-C+C=C=9$,所以 $a_1+a_2+\cdots+a_9=9C=81.$

9.【答案】 E

【解答】 将 3 男 3 女 6 名志愿者,都随机地分成甲、乙、丙 3 组,每组 2 人共有 $n_\Omega=\dfrac{C_6^2C_4^2C_2^2}{3!}\times3!=$

$C_6^2C_4^2C_2^2$ 种,每组志愿者是异性共有 $n_A=\dfrac{C_3^1C_3^1C_2^1C_2^1}{3!}\times3!=C_3^1C_3^1C_2^1C_2^1$ 种,故所求的概率为 $P=$

$\dfrac{C_3^1C_3^1C_2^1C_2^1}{C_6^2C_4^2C_2^2}=\dfrac{2}{5}$,故选(E).

10.【答案】 D

【解答】

**解法 1** 设切线 $L$ 为 $y-2=k(x-1)$,即 $kx-y+(2-k)=0$,则圆心$(0,0)$到 $L$ 的距离为 $d=$

$\dfrac{|2-k|}{\sqrt{k^2+1}}=\sqrt{5}\Rightarrow k=-\dfrac{1}{2}$. 故直线为 $y-2=-\dfrac{1}{2}(x-1)$,令 $x=0$,得 $L$ 在 $y$ 轴上的截距为 $5/2$.

**解法 2** 点 $A(1,2)$在圆上,则 $k_{OA}\cdot k_L=-1\Rightarrow k_L=-\dfrac{1}{2}$,余下同解法 1.

〖技巧〗 利用过圆 $x^2+y^2=r^2$ 上一点 $P(x_0,y_0)$ 的切线方程为 $xx_0+yy_0=r^2$,则 $L$ 为 $x\cdot1+y\cdot$

$2=5$,得 $y=-\dfrac{1}{2}x+\dfrac{5}{2}$. 所以 $l$ 在 $y$ 轴上的截距为 $\dfrac{5}{2}$. 故选(D).

11.【答案】 D

【解答】 该题属于 4 元素不对应问题,所以共有 $C_3^1C_3^1=9$ 种. 故选(D).

〖技巧〗 课堂归纳的不对应问题"一二九"!

12.【答案】 A

【解答】 连接 $A'F'$,由 $A'F'=\sqrt{5}$,在直角 $\triangle AA'F'$ 中

$$AF=\sqrt{(AA')^2+(A'F')^2}=\sqrt{2^2+(\sqrt{5})^2}=3.$$

故选(A).

13.【答案】 C

【解答】 **解法 1** $\dfrac{\dfrac{4}{3}\pi(5.01^3-5^3)\times10\,000}{20\times20\times20}\approx3.9$,所以至少需要 4 个.

**解法 2** 每个球形工艺品需要装饰材料的体积为 $0.01\times4\pi\times5^2=\pi$(立方厘米),得 10 000 个的体积为

$10\,000\pi\approx31\,400$(立方厘米),又每个锭子的体积为:$20^3=8\,000$(立方厘米),所以共需的锭子数个数为

$31\,400 \div 8\,000 \approx 3.93$,故至少 4 个,选(C).

**14.** 【答案】 E

【解答】 $770 = 7 \times 110 = 7 \times 2 \times 55 = 7 \times 2 \times 5 \times 11$,得 $7 + 2 + 5 + 11 = 25$,故选(E).

**15.** 【答案】 C

【解答】 只可能两种情况,"正"或者"反正正",所以概率为 $\dfrac{1}{2} + \left(\dfrac{1}{2}\right)^3 = \dfrac{5}{8}$. 故选(C).

**16.** 【答案】 A

【解答】 条件(1)由 $3^2 = \left(x + \dfrac{1}{x}\right)^2 = x^2 + 2x \cdot \dfrac{1}{x} + \dfrac{1}{x^2} = \left(x^2 + \dfrac{1}{x^2}\right) + 2$,得 $x^2 + \dfrac{1}{x^2} = 7$.

由 $x^3 + \dfrac{1}{x^3} = \left(x + \dfrac{1}{x}\right)\left(x^2 + \dfrac{1}{x^2} - 1\right) = 3 \times (7 - 1) = 18$,所以(1)充分.

条件(2)由 $\left(x + \dfrac{1}{x}\right)^2 - 2x \cdot \dfrac{1}{x} = 7$,得 $\left(x + \dfrac{1}{x}\right)^2 = 9$,得 $x + \dfrac{1}{x} = \pm 3$.

故 $x^3 + \dfrac{1}{x^3} = \left(x + \dfrac{1}{x}\right)\left(x^2 + \dfrac{1}{x^2} - 1\right) = \pm 3 \times (7 - 1) = \pm 18$,所以(2)不充分.

所以选(A).

**17.** 【答案】 C

【解答】 (1) 若当甲、乙、丙年龄成等差时,取甲、乙、丙年龄分别为 2,4,6 岁,但甲、乙、丙年龄不相同,故(1)不充分.

(2) 若当甲、乙、丙年龄成等比时,取甲、乙、丙年龄分别为 2,4,8 岁,但甲、乙、丙年龄不相同,故(2)不充分.

(1)+(2),若当甲、乙、丙年龄既成等差又成等比,则甲=乙=丙.

故(1)+(2)充分,所以答案选(C).

〖技巧〗 经验结论,3 个数同时成等差与等比即为常数列!

**18.** 【答案】 B

【解答】 若 $|x^2 + 2x + a| \leqslant 1$ 的解集为空集 $\Leftrightarrow |x^2 + 2x + a| > 1$ 恒成立,即

情况 1) $x^2 + 2x + a - 1 > 0$ 恒成立,则 $\Delta = 2^2 - 4(a - 1) < 0 \Rightarrow a > 2$;

也可以用 $a > -x^2 - 2x + 1 = -(x + 1)^2 + 2 \geqslant 2$ 得到.

情况 2) $x^2 + 2x + a + 1 < 0$ 恒成立,不可能.

所以(1)不充分,(2)充分,选(B).

**19.** 【答案】 A

【解答】 (1) 曲线过点 $(1, 0)$,则有 $0 = a + b - 6 + 1 \Rightarrow a + b = 5 \Rightarrow (a + b - 5)(a - b - 5) = 0$.

故(1)为充分条件.

(2) 曲线过点 $(-1, 0)$,则有 $0 = a - b - 6 - 1 \Rightarrow a - b = 7 \nRightarrow (a + b - 5)(a - b - 5) = 0$.

故曲线过点 $(-1, 0)$ 不充分.

故选(A).

**20.** 【答案】 A

【解答】 因为 $AB$ 为半圆直径,所以 $AC \perp BC$,又因为 $OD \perp AC$,且 $O$ 为 $AB$ 中点,所以 $OD = 1/2 BC$.

得(1) 已知 $BC$ 长,可得 $OD = \dfrac{1}{2} BC$,故充分.

(2) 已知 $AO$ 长,不能得出 $OD$,故不充分.

答案选(A).

**21.** 【答案】 A

【解答】 $\sqrt{x^2 + y^2}$ 表示点 $(x, y)$ 到原点的距离.

(1) 若 $4y-3x \geqslant 5$,则 $d=\sqrt{x^2+y^2} \geqslant \dfrac{5}{\sqrt{4^2+3^2}}=1$. 得 $x^2+y^2 \geqslant 1$,所以

(1)充分.

(2) 若 $(x-1)^2+(y-1)^2 \geqslant 5$,则 $x^2+y^2 \geqslant \sqrt{5}-\sqrt{2} \not\Rightarrow x^2+y^2 \geqslant 1$,所以(2)

不充分.

故选(A).

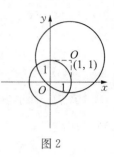

图 2

〖评注〗 由条件(2),如图所示,两圆 $x^2+y^2=1$ 与 $(x-1)^2+(y-1)^2=5$ 相交,故会存在某些 $x^2+y^2<1$ 的点,不充分.

**22.**【答案】 C

【解答】 **解法1** 设共有 $5n$ 个球,由条件(1)得白球为 $2n$ 个,设黑球为 $x$ 个,由条件(2)得

$$\frac{C_{5n-x}^2}{C_{5n}^2}=\frac{(5n-x)(5n-x-1)}{5n(5n-1)}=\left(\frac{5n-x}{5n}\right)\left(\frac{5n-x-1}{5n-1}\right)>\frac{4}{5},$$

其中 $\dfrac{5n-x-1}{5n-1}<1$,故 $\left(\dfrac{5n-x}{5n}\right)>\dfrac{4}{5}\Rightarrow x<n$.

所以红球有 $5n-2n-x=3n-x>2n$,则红球最多.

**解法2** 设红球为 $m$ 个,黑球为 $n$ 个,白球为 $r$ 个.

由(1)$\Rightarrow \dfrac{r}{m+n+r}=\dfrac{2}{5}$,(1)不充分.

由(2)$\Rightarrow \dfrac{C_{m+r}^2}{C_{m+n+r}^2}>\dfrac{4}{5}$,即 $\dfrac{(m+r)(m+r-1)}{(m+n+r)(m+n+r-1)}>\dfrac{4}{5}$,(2)不充分.

考虑(1)+(2),由 $\dfrac{m+r-1}{m+n+r-1}<1$,得 $\dfrac{m+r}{m+n+r}>\dfrac{4}{5}$.

再由 $\dfrac{r}{m+n+r}=\dfrac{2}{5}$,得 $\dfrac{m}{m+n+r}>\dfrac{2}{5}$,$\dfrac{n}{m+n+r}<\dfrac{1}{5}$.

故红球最多,答案为(C).

**解法3** (1)、(2)单独都不充分.

(1)与(2)联合,设共有 $5n$ 个球,由条件(1)得白球为 $2n$ 个,设黑球为 $x$ 个,则红球为 $3n-x$ 个;随机取出

两球,两球中至少有一个黑球的概率为 $\dfrac{C_x^1 C_{5n-1}^1/2!}{C_{5n}^2}<\dfrac{1}{5}\Rightarrow x<n\Rightarrow 3n-x>2n$. 所以选(C).

〖技巧〗 等号条件＋不等号条件直接选(C).

如果考生能够理解"随机取出的2个球中至少有1个黑球的概率小与1/5"进一步可以推出"随机取出的1个球是黑球的概率小于1/5"的话,那此题就可以瞬间秒杀!

**23.**【答案】 C

【解答】 由(1)得 $c=0$,$a+b+c=1$,即 $a+b=1$,(1)单独不充分,

由(2)得 $f\left(-\dfrac{b}{2a}\right)=a+b$,即 $\dfrac{4ac-b^2}{4a}=a+b$,(2)单独不充分.

由(1)、(2)单独,均不能确定 $a$,$b$,$c$ 的值.

考虑(1)+(2)联合: $\begin{cases} c=0 \\ a+b=1 \\ \dfrac{4ac-b^2}{4a}=a+b \end{cases}$ 得 $\begin{cases} a=-1 \\ b=2 \\ c=0 \end{cases}$.

故(1)+(2)充分,答案为(C).

〖技巧〗 明显需要联合,选(C).

**24.**【答案】 D

【解答】 (1) $a$,$b$,$c$ 为三角形的三边长,有 $a+b>c$,所以 $\Delta=4(a+b)^2-4c^2>0$. 所以充分.

(2) $a$, $c$, $b$ 等差,有 $2c = a + b$,则 $\Delta = 4(a+b)^2 - 4c^2 = 4(a+b)^2 - (a+b)^2 = 3(a+b)^2 \geqslant 0$,所以 (2) 充分.

答案为(D).

25. 【答案】　C

【解答】　显然(1)(2)单独均不充分.

条件(1)与(2)联合,利用平均数、方差的统计意义,结合整数集合,定性判断出集合 $M$ 中的元素必为 8,9,10,11,12,所以选(C).

〔技巧〕　两条件明显需要联合,选(C).如果此题仅从平均数与方差的定义角度列方程求解则可能陷入误区!

# 2015年管理类联考综合能力试题(数学部分)

**一、问题求解**(本大题共15小题,每小题3分,共45分)

1. 若实数 $a:b:c=1:2:5$,且 $a+b+c=24$,则 $a^2+b^2+c^2=$( ).

   (A) 30      (B) 90      (C) 120      (D) 240      (E) 270

2. 某公司共有甲、乙2个部门,如果从甲部门调10人到乙部门,那么乙部门的人数是甲部门的2倍;如果把乙部门的 $\frac{1}{5}$ 调到甲部门,那么2个部门的人数相等,该公司的总人数为( ).

   (A) 150      (B) 180      (C) 200      (D) 240      (E) 250

3. 设 $m$,$n$ 是小于20的质数,满足条件 $|m-n|=2$ 的 $\{m,n\}$ 共有( ).

   (A) 2组      (B) 3组      (C) 4组      (D) 5组      (E) 6组

4. 如图1,$BC$ 是半圆的直径,且 $BC=4$,$\angle ABC=30°$,则图中阴影部分的面积为( ).

   (A) $\frac{4}{3}\pi-\sqrt{3}$      (B) $\frac{4}{3}\pi-2\sqrt{3}$      (C) $\frac{2}{3}\pi+\sqrt{3}$

   (D) $\frac{2}{3}\pi+2\sqrt{3}$      (E) $2\pi-2\sqrt{3}$

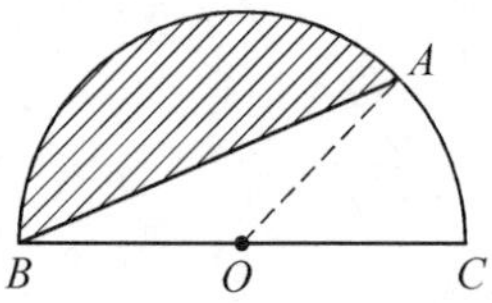

   图1

5. 某人驾车从A地赶往B地,前一半路程比计划多用了45分钟,速度只有计划的80%,若后一半路程的平均速度为120千米/小时,此人还能按原定时间达到B地,则A,B两地距离为( ).

   (A) 450千米      (B) 480千米      (C) 520千米      (D) 540千米      (E) 600千米

6. 在某次考试中,甲、乙、丙3个班的平均成绩为80,81,81.5,3个班的学生分数之和为6 952,3个班共有( )人.

   (A) 85      (B) 86      (C) 87      (D) 88      (E) 90

7. 有1根圆柱形铁管,厚度为0.1米,内径为1.8米,长度为2米,若将其熔化后做成长方体,则长方体的体积为( ).

   (A) 0.38      (B) 0.59      (C) 1.19      (D) 5.09      (E) 6.28

8. 如图2,梯形 $ABCD$ 的上底与下底分别为5,7,$E$ 为 $AC$ 与 $BD$ 的交点,$MN$ 过点 $E$ 且平行于 $AD$,则 $MN=$( ).

   (A) $\frac{26}{5}$      (B) $\frac{11}{2}$      (C) $\frac{35}{6}$

   (D) $\frac{36}{7}$      (E) $\frac{40}{7}$

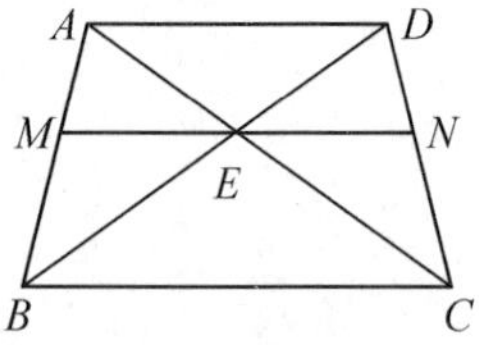

   图2

9. 已知 $x_1$,$x_2$ 是方程 $x^2-ax-1=0$ 的2个实根,则 $x_1^2+x_2^2=$( ).

   (A) $a^2+2$      (B) $a^2+1$      (C) $a^2-1$      (D) $a^2-2$      (E) $a+2$

10. 一件工作,甲、乙合作需要2天,人工费2 900元,乙、丙2个人合作需要4天,人工费2 600

元,甲、丙2人合作2天完成全部工作量的 $\frac{5}{6}$,人工费2 400元,则甲单独完成这件工作需要的时间与人工费为(    ).

(A) 3天,3 000元　　　　(B) 3天,2 580元　　　　(C) 3天,2 700元

(D) 4天,3 000元　　　　(E) 4天,2 900元

**11.** 若直线 $y = ax$ 与圆 $(x-a)^2 + y^2 = 1$ 相切,则 $a^2 = ($    $)$.

(A) $\frac{1+\sqrt{3}}{2}$　　　(B) $1+\frac{\sqrt{3}}{2}$　　　(C) $\frac{\sqrt{5}}{2}$　　　(D) $1+\frac{\sqrt{5}}{3}$　　　(E) $\frac{1+\sqrt{5}}{2}$

**12.** 设点 $A(0, 2)$ 和 $B(1, 0)$,在线段 $AB$ 上取一点 $M(x, y)(0 < x < 1)$,则以 $x, y$ 为两边的矩形面积的最大值为(    ).

(A) $\frac{5}{8}$　　　(B) $\frac{1}{2}$　　　(C) $\frac{3}{8}$　　　(D) $\frac{1}{4}$　　　(E) $\frac{1}{8}$

**13.** 某新兴产业在2005年末至2009年末产值的年平均增长率为 $q$,在2009年末至2013年末产值的年平均增长率比前面下降了40%,2013年末产值约为2005年产值的14.46($\approx 1.95^4$)倍,则 $q$ 为(    ).

(A) 30%　　　(B) 35%　　　(C) 40%　　　(D) 45%　　　(E) 50%

**14.** 某次网球比赛的四强对阵为甲对乙、丙对丁,2场比赛的胜者将争夺冠军,选手之间相互获胜的概率如下:

| | 甲 | 乙 | 丙 | 丁 |
|---|---|---|---|---|
| 甲获胜概率 | | 0.3 | 0.3 | 0.8 |
| 乙获胜概率 | 0.7 | | 0.6 | 0.3 |
| 丙获胜概率 | 0.7 | 0.4 | | 0.5 |
| 丁获胜概率 | 0.2 | 0.7 | 0.5 | |

则甲获得冠军的概率为(    ).

(A) 0.165　　　(B) 0.245　　　(C) 0.275　　　(D) 0.315　　　(E) 0.330

**15.** 平面上有5条平行直线,与另一组 $n$ 条平行直线垂直,若2组平行线共构成280个矩形,则 $n = ($    $)$.

(A) 5　　　(B) 6　　　(C) 7　　　(D) 8　　　(E) 9

**二、条件充分性判断**(本大题共10小题,每小题3分,共30分)

**16.** 信封中装有10张奖券,只有1张有奖,从信封中同时抽取2张,中奖概率为 $P$;从信封中每次抽取1张奖券后放回,如此重复抽取 $n$ 次,中奖概率为 $Q$,则 $P < Q$.

(1) $n = 2$　　　　(2) $n = 3$

**17.** 已知 $p, q$ 为非零实数,则能确定 $\frac{p}{q(p-1)}$ 的值.

(1) $p + q = 1$　　　　(2) $\frac{1}{p} + \frac{1}{q} = 1$

**18.** 已知 $a, b$ 为实数,则 $a \geq 2$ 或 $b \geq 2$.

(1) $a + b \geq 4$　　　　(2) $ab \geq 4$

**19.** 圆盘 $x^2+y^2 \leqslant 2(x+y)$ 被直线 $L$ 分成面积相等的两部分.

    (1) $L: x+y=2$           (2) $L: 2x-y=1$

**20.** 已知 $\{a_n\}$ 是公差大于零的等差数列，$S_n$ 是 $\{a_n\}$ 的前 $n$ 项和，则 $S_n \geqslant S_{10}$，$n=1$，2，$\cdots$.

    (1) $a_{10}=0$           (2) $a_{11}a_{10}<0$

**21.** 几个朋友外出游玩，购买了一些瓶装水，则能确定购买的瓶装水数量.

    (1) 若每人分 3 瓶，则剩余 30 瓶         (2) 若每人分 10 瓶，则只有 1 人不够

**22.** 已知 $M=(a_1+a_2+\cdots+a_{n-1})(a_2+a_3+\cdots+a_n)$，$N=(a_1+a_2+\cdots+a_n)(a_2+a_3+\cdots+a_{n-1})$，则 $M>N$.

    (1) $a_1>0$           (2) $a_1a_n>0$

**23.** 设 $\{a_n\}$ 是等差数列，则能确定数列 $\{a_n\}$.

    (1) $a_1+a_6=0$           (2) $a_1a_6=-1$

**24.** 已知 $x_1$，$x_2$，$x_3$ 都是实数，$\bar{x}$ 为 $x_1$，$x_2$，$x_3$ 的平均数，则 $|x_k-\bar{x}| \leqslant 1$，$k=1$，2，3.

    (1) $|x_k| \leqslant 1$，$k=1$，2，3         (2) $x_1=0$

**25.** 底面半径为 $r$，高为 $h$ 的圆柱体表面积记为 $S_1$，半径为 $R$ 的球体表面积记为 $S_2$，则 $S_1 \leqslant S_2$.

    (1) $R \geqslant \dfrac{r+h}{2}$         (2) $R \leqslant \dfrac{2h+r}{3}$

# 2015 年管理类联考综合能力试题(数学部分)详解

1. **【答案】** E

   **【解答】** 设 $a=k$，$b=2k$，$c=5k$，那么 $k+2k+5k=24 \Rightarrow 8k=24 \Rightarrow k=3$，那么 $a=3$，$b=6$，$c=15$，则 $a^2+b^2+c^2=9+36+225=270$，选(E)。

2. **【答案】** D

   **【解答】** 设甲部门的人数为 $x$，乙部门的人数为 $y$，则得到方程组：$\begin{cases} 2(x-10)=y+10 \\ x+\dfrac{1}{5}y=\dfrac{4}{5}y \end{cases} \Rightarrow \begin{cases} x=90 \\ y=150 \end{cases} \Rightarrow$

   $x+y=240$。

3. **【答案】** C

   **【解答】** 穷举得 $\{3,5\}$，$\{5,7\}$，$\{11,13\}$，$\{17,19\}$ 四组，选(C)。

   〚评注〛 注意 1 既不是质数也不是合数！

4. **【答案】** A

   **【解答】** $S_{阴影}=S_{扇形 AOB}-S_{\triangle AOB}=\dfrac{120°}{360°}\pi\times 2^2-\dfrac{1}{2}\times 2\times\sqrt{3}=\dfrac{4}{3}\pi-\sqrt{3}$，选(A)。

5. **【答案】** D

   **【解答】** 设一半路程为 $S$，联立方程得 $\begin{cases} \dfrac{S}{v}+\dfrac{3}{4}=\dfrac{S}{0.8v} \\ \dfrac{S}{v}-\dfrac{3}{4}=\dfrac{S}{120} \end{cases}$，得 $S=270 \Rightarrow 2S=540$，选(D)。

6. **【答案】** B

   **【解答】** **解法 1** $80<3$ 个班平均分 $<81.5$，所以 $85.3=\dfrac{6\,952}{81.5}<$ 总人数 $<\dfrac{6\,952}{80}=86.9$，取整选(B)。

   **解法 2** 设甲、乙、丙 3 个班分别有 $x$，$y$，$z$ 人，则 $80x+81y+81.5z=6\,952$。

   A 选项，若 3 个班级有 85 人，$85\times 81.5=6\,927.5<6\,952$，所以不可能；

   C 选项，若 3 个班级有 87 人，$85\times 80=6\,660>6\,952$，所以不可能；

   同理可以排除(D)，(E)，所以只能选(B)。

   〚评注〛 正面无法做可以反向验证或者可以估算答案。

7. **【答案】** C

   **【解答】** 圆柱体的体积问题，$V=\pi(1^2-0.9^2)\times 2=0.38\pi=1.19$，选(C)。

8. **【答案】** C

   **【解答】** 由相似三角形得 $\dfrac{ME}{BC}=\dfrac{5}{12} \Rightarrow ME=\dfrac{5}{12}\times BC=\dfrac{35}{12}$，

   又 $ME=ME$，所以 $MN=2ME=2\times\dfrac{35}{12}=\dfrac{35}{6}$，选(C)。

   〚评注〛 由梯形的腰线公式 $MN=\dfrac{2}{\dfrac{1}{AD}+\dfrac{1}{BC}}$，可快速求出 $MN=\dfrac{2}{\dfrac{1}{5}+\dfrac{1}{7}}=\dfrac{35}{6}$。

9. **【答案】** A

   **【解答】** 由韦达定理得 $x_1^2+x_2^2=(x_1+x_2)^2-2x_1x_2=a^2+2$，选(A)。

10. **【答案】** A

    **【解答】** 设甲、乙、丙 3 人的效率分别为 $x$，$y$，$z$，得：

$$\begin{cases} x+y=\dfrac{1}{2} \\ y+z=\dfrac{1}{4} \\ z+x=\dfrac{5}{12} \end{cases} \Rightarrow x=\dfrac{1}{3},则甲单独完成这件工作需要 3 天时间.$$

设甲、乙、丙 3 人每天的人工费各是 $a$ 元、$b$ 元、$c$ 元,由题意得

$$\begin{cases} 2a+2b=2\,900 \\ 4b+4c=2\,600 \\ 2a+2c=2\,400 \end{cases},解得 a=1\,000,所以甲单独完成这件工作需要 3 天,人工费为 3\,000 元,选(A).$$

〖评注〗 本题计算量稍大.

11.【答案】 E

【解答】 由 $d=r \Rightarrow \dfrac{|a^2|}{\sqrt{a^2+1}}=1 \Rightarrow a^4=a^2+1 \Rightarrow a^4-a^2-1 \Rightarrow a^2=\dfrac{1\pm\sqrt{5}}{2}$(负舍),选(E).

12.【答案】 B

【解答】 显然 $AB$ 的直线方程为:$\dfrac{x}{1}+\dfrac{y}{2}=1 \Rightarrow 2x+y=2$,

则面积 $S=xy=x(2-2x)=2x(1-x) \leqslant 2\left(\dfrac{x+1-x}{2}\right)^2=\dfrac{1}{2}$,选(B).

13.【答案】 E

【解答】 由题意得 $(1+q)^4(1+0.6q)^4=14.46 \Rightarrow (1+1.6q+0.6q^2)^4=1.95^4$,

$60q^2+160q-95=0 \Rightarrow (6q+19)(10q-5)=0 \Rightarrow q=\dfrac{1}{2}=50\%$,选(E).

〖评注〗 本题计算量稍大.

14.【答案】 A

【解答】 最后甲获胜概率有 2 种情况:

第一种情况为:甲胜乙,丙胜丁,再甲胜丙,概率 $P_1=0.3\times0.5\times0.3=0.045$;

第二种情况为:甲胜乙,丁胜丙,再甲胜丁,概率 $P_2=0.3\times0.5\times0.8=0.12$;

最终的概率为 $P=0.045+0.12=0.165$.选(A).

15.【答案】 D

【解答】 $N=C_5^2 C_n^2=280 \Rightarrow C_n^2=\dfrac{n(n-1)}{2}=28 \Rightarrow n=8$.选(D).

16.【答案】 B

【解答】 $P=1-\dfrac{C_9^2}{C_{10}^2}=1-\dfrac{72}{90}=\dfrac{1}{5}$,

条件(1) $Q=1-\left(\dfrac{9}{10}\right)^2=\dfrac{19}{100}<P$,不充分;

条件(2) $Q=1-\left(\dfrac{9}{10}\right)^3=\dfrac{271}{1\,000}>P$,充分,选(B).

17.【答案】 B

【解答】 条件(1)只需要取 $q=0$ 就不充分了;

条件(2) $\dfrac{1}{p}+\dfrac{1}{q}=1 \Rightarrow p+q=pq$,题干即为 $\dfrac{p}{q(p-1)}=\dfrac{p}{pq-q}=\dfrac{p}{p+q-q}=1$,充分,选(B).

〖评注〗 可以用 2 组特值判断.

18.【答案】 A

【解答】 条件(1)显然能得出 $a,b$ 中至少有 1 个大于等于 2,即 $a\geqslant2$ 或 $b\geqslant2$,充分;

条件(2)反例 $a=-2$, $b=-2$,不充分.选(A).

**19.**【答案】　D

【解答】　只需要看哪条直线经过圆心即可,圆心坐标为(1,1),显然两个条件单独都充分,选(D).

**20.**【答案】　D

【解答】　$\{a_n\}$ 是公差大于零的等差数列,本题只需要说明 $S_{10}$ 为最小值即可.

条件(1) $a_{10}=0$ 显然成立;

条件(2) $a_{11}a_{10}<0$ 可以推出 $a_{11}>0$,$a_{10}<0$,显然也充分,选(D).

**21.**【答案】　C

【解答】　设有 $x$ 人,$y$ 瓶水,则

条件(1)得 $y-3x=10$,显然单独不充分;

条件(2)得 $\begin{cases} 10(x-1)<y \\ 10x>y \end{cases}$,显然单独也不充分;

条件(1)与条件(2)联合得到 $4\dfrac{2}{7}<x<5\dfrac{5}{7}$,取整得 $x=5$.

**22.**【答案】　B

【解答】　**解法 1**　设 $a_1+a_2+a_3+a_4+\cdots+a_n=S$,则

$$M=(S-a_n)(S-a_1), \quad N=S(S-a_1-a_n),$$

进一步 $M-N=(S-a_n)(S-a_1)-S(S-a_1-a_n)=a_1a_n>0$,

条件(1)不充分,条件(2)充分,选(B).

**解法 2**　$M-N=S_{n-1}(S_n-a_1)-S_n(S_{n-1}-a_1)=S_{n-1}S_n-S_{n-1}a_1-S_{n-1}S_n+S_na_1=a_1(S_n-S_{n-1})=a_1a_n$,

条件(1)不充分,条件(2)充分,选(B).

**23.**【答案】　E

【解答】　本题显然联合 2 个条件,可以得出 $a_1$,$a_6$ 为方程 $x^2-1=0$ 的两个根,那么 $a_1=1$,$a_6=-1$ 或 $a_1=-1$,$a_6=1$,显然不能确定数列,选(E).

**24.**【答案】　C

【解答】　条件(1)取 $x_1=1$,$x_2=x_3=-1$,则 $\bar{x}=-\dfrac{1}{3}$,其中 $|x_1-\bar{x}|=|1+\dfrac{1}{3}|=\dfrac{4}{3}$,不充分;

条件(2)取 $x_1=0$,$x_2=x_3=3$,则 $\bar{x}=2$,其中 $|x_1-\bar{x}|=|0-2|=2$,不充分;

条件(1)与条件(2)联合:

$k=1$ 时,$|x_1-\bar{x}|=\left|0-\dfrac{x_2+x_3}{3}\right|=\left|\dfrac{x_2+x_3}{3}\right|\leqslant\dfrac{2}{3}$;

$k=2$ 时,$|x_2-\bar{x}|=\left|x_2-\dfrac{x_2+x_3}{3}\right|=\left|\dfrac{2}{3}x_2-\dfrac{1}{3}x_3\right|\leqslant\dfrac{2}{3}|x_2|+\dfrac{1}{3}|x_3|=1$;

$k=3$ 时,$|x_3-\bar{x}|=\left|x_3-\dfrac{x_2+x_3}{3}\right|=\left|\dfrac{2}{3}x_3-\dfrac{1}{3}x_2\right|\leqslant\dfrac{2}{3}|x_3|+\dfrac{1}{3}|x_1|=1$;

所以联合充分,选(C).

**25.**【答案】　C

【解答】　**解法 1**　$S_1=2\pi rh+2\pi r^2$,$S_2=4\pi R^2$,$S_1\leqslant S_2\Leftrightarrow rh+r^2\leqslant 2R^2$ 即 $R^2\geqslant r\times\dfrac{(h+r)}{2}$,

条件(1)得到 $R^2\geqslant\dfrac{r+h}{2}\times\dfrac{r+h}{2}$,取 $r=2$,$h=1$,显然不充分;

条件(2) $R$ 可以接近零,显然不充分;

条件(1)与条件(2)联合:

$$\dfrac{r+h}{2}\leqslant R\leqslant\dfrac{2h+r}{3}\Rightarrow\dfrac{r+h}{2}\leqslant\dfrac{2h+r}{3}\Rightarrow h\geqslant r,$$

从而 $R^2 \geqslant \dfrac{r+h}{2} \times \dfrac{r+h}{2} \geqslant \dfrac{r+r}{2} \times \dfrac{r+h}{2} = r \times \dfrac{r+h}{2}$，充分．

**解法 2** 条件(1) $S_2 = 4\pi R^2 \geqslant 4\pi \left(\dfrac{r+h}{2}\right)^2 = \pi(r+h)^2 = \pi(r^2 + 2rh + h^2)$，

$S_1 = 2\pi r^2 + 2\pi rh = \pi(2r^2 + 2rh)$，则 $S_2 - S_1 \geqslant \pi(h^2 - r^2)$，取 $h = 1$，$r = 2$ 时，$S_2 - S_1 \geqslant 0$ 不一定成立，所以不充分；

条件(2) $R$ 可以接近零，显然不充分；

条件(1)与条件(2)联合：

$$\frac{r+h}{2} \leqslant R \leqslant \frac{2h+r}{3} \Rightarrow \frac{r+h}{2} \leqslant \frac{2h+r}{3} \Rightarrow h \geqslant r,$$

则 $S_2 - S_1 \geqslant \pi(h^2 - r^2) = \pi(h-r)(h+r) \geqslant 0$ 成立，所以选(C).

# 2016 年管理类联考综合能力试题(数学部分)

**一、问题求解**(本大题共 15 小题,每小题 3 分,共 45 分)

1. 某家庭在一年总支出中,子女教育支出与生活资料支出的比为 3∶8,文化娱乐支出与子女教育支出的比为 1∶2.已知文化娱乐支出占家庭总支出的 10.5%,则生活资料支出占家庭总支出的(    ).

   (A) 40%    (B) 42%    (C) 48%    (D) 56%    (E) 64%

2. 有一批同规格的正方形瓷砖,用它们铺满整个正方形区域时剩余 180 块,将此正方形区域的边长增加一块瓷砖的长度时,还需要增加 21 块瓷砖才能铺满,该批瓷砖共有(    ).

   (A) 9 981 块          (B) 10 000 块          (C) 10 180 块

   (D) 10 201 块          (E) 10 222 块

3. 上午 9 时一辆货车从甲地出发前往乙地,同时一辆客车从乙地出发前往甲地,中午 12 时两车相遇,已知货车和客车的时速分别是 90 千米/小时和 100 千米/小时,则当客车到达甲地时货车距乙地的距离是(    ).

   (A) 30 千米    (B) 43 千米    (C) 45 千米    (D) 50 千米    (E) 57 千米

4. 在分别标记了数字 1,2,3,4,5,6 的 6 张卡片中随机取 3 张,其上数字之和等于 10 的概率为(    ).

   (A) 0.05    (B) 0.1    (C) 0.15    (D) 0.2    (E) 0.25

5. 某商场将每台进价为 2 000 元的冰箱以 2 400 元销售时,每天销售 8 台,调研表明这种冰箱的售价每降低 50 元,每天就能多销售 4 台.若要每天销售利润最大,则该冰箱的定价应为(    ).

   (A) 2 200    (B) 2 250    (C) 2 300    (D) 2 350    (E) 2 400

6. 某委员会由 3 个不同专业的人员组成,3 个专业的人数分别是 2,3,4,从中选派 2 位不同专业的委员外出调研,则不同的选派方式有(    ).

   (A) 36 种    (B) 26 种    (C) 12 种    (D) 8 种    (E) 6 种

7. 从 1 到 100 的整数中任取一个数,则该数能被 5 或 7 整除的概率为(    ).

   (A) 0.02    (B) 0.14    (C) 0.2    (D) 0.32    (E) 0.34

8. 如图 1,在四边形 $ABCD$ 中,$AB /\!/ CD$, $AB$ 与 $CD$ 的边长分别为 4 和 8,若 △$ABE$ 的面积为 4,则四边形 $ABCD$ 的面积为(    ).

   (A) 24    (B) 30    (C) 32

   (D) 36    (E) 40

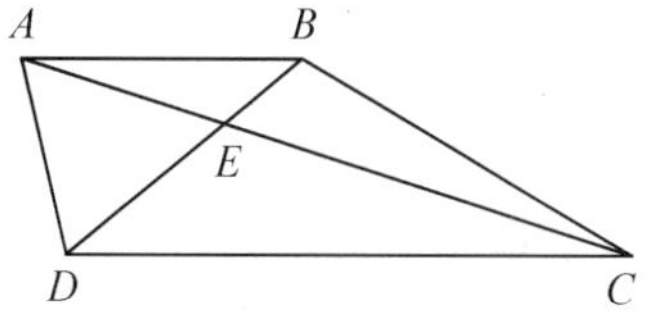

   图 1

9. 现有长方形木板 340 张,正方形木板 160 张(见图 2),这些木板正好可以装配成若干竖式和横式的无盖箱子(见图 3),装配成的竖式和横式箱子的个数为(    ).

   (A) 25,80    (B) 60,50    (C) 20,70    (D) 60,40    (E) 40,60

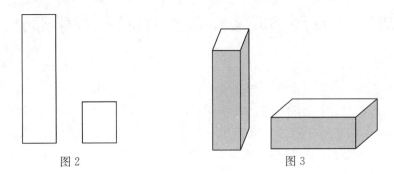

图 2                    图 3

**10.** 圆 $x^2+y^2-6x+4y=0$ 上到原点距离最远的点是(    ).

(A)$(-3,2)$    (B)$(3,-2)$    (C)$(6,4)$    (D)$(-6,4)$    (E)$(6,-4)$

**11.** 如图 4 所示,点 $A,B,O$ 的坐标分别为 $(4,0)$,$(0,3)$,$(0,0)$,若 $(x,y)$ 是 $\triangle AOB$ 中的点,则 $2x+3y$ 的最大值为(    ).

(A) 6        (B) 7        (C) 8

(D) 9        (E) 12

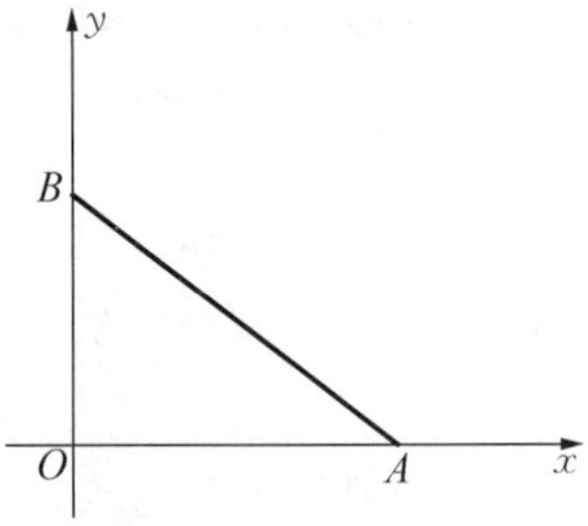

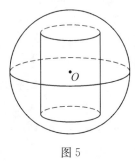

图 4

**12.** 设抛物线 $y=x^2+2ax+b$ 与 $x$ 轴相交于 $A$,$B$ 两点,点 $C$ 坐标为 $(0,2)$,若 $\triangle ABC$ 的面积等于 6,则(    ).

(A) $a^2-b=9$            (B) $a^2+b=9$

(C) $a^2-b=36$          (D) $a^2+b=36$

(E) $a^2-4b=9$

**13.** 某公司以分期付款方式购买一套定价为 1 100 万元的设备,首期付款 100 万元,之后每月付款 50 万元,并支付上期余额的利息,月利率 1‰,该公司共为此设备支付了(    ).

(A) 1 195 万元        (B) 1 200 万元        (C) 1 205 万元

(D) 1 215 万元        (E) 1 300 万元

**14.** 某学生要在 4 门不同课程中选修 2 门课程,这 4 门课程中的 2 门各开设 1 个班,另外 2 门各开设 2 个班,该学生不同的选课方式共有(    ).

(A) 6 种        (B) 8 种        (C) 10 种

(D) 13 种      (E) 15 种

**15.** 如图 5 所示,在半径为 10 厘米的球体上开 1 个底面半径是 6 厘米的圆柱形洞,则洞的内壁面积为(单位:平方厘米)(    ).

(A) $48\pi$        (B) $288\pi$        (C) $96\pi$

(D) $576\pi$      (E) $192\pi$

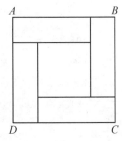

图 5

## 二、条件充分性判断(本大题共 10 小题,每小题 3 分,共 30 分)

**16.** 已知某公司男员工的平均年龄和女员工的平均年龄,则能确定该公司员工的平均年龄.

(1) 已知该公司员工的人数

(2) 已知该公司男、女员工的人数之比

**17.** 如图 6 所示,正方形 $ABCD$ 由 4 个相同的长方形和 1 个小正方形

图 6

拼成,则能确定小正方形的面积.

(1) 已知正方形 $ABCD$ 的面积

(2) 已知长方形的长宽之比

18. 利用长度为 $a$ 和 $b$ 的 2 种管材能连接成长度为 37 的管道(单位:米).

(1) $a = 3$, $b = 5$

(2) $a = 4$, $b = 6$

19. 设 $x$, $y$ 是实数,则 $x \leqslant 6$, $y \leqslant 4$.

(1) $x \leqslant y + 2$

(2) $2y \leqslant x + 2$

20. 将 2 升甲酒精和 1 升乙酒精混合得到丙酒精,则能确定甲、乙 2 种酒精的浓度.

(1) 1 升甲酒精和 5 升乙酒精混合后的浓度是丙酒精浓度的 1/2 倍

(2) 1 升甲酒精和 2 升乙酒精混合后的浓度是丙酒精浓度的 2/3 倍

21. 设有两组数据 $S_1$：3, 4, 5, 6, 7 和 $S_2$：4, 5, 6, 7, $a$,则能确定 $a$ 的值.

(1) $S_1$ 与 $S_2$ 的均值相等

(2) $S_1$ 与 $S_2$ 的方差相等

22. 已知 $M$ 是一个平面有限点集,则平面上存在到 $M$ 中各点距离相等的点.

(1) $M$ 中只有 3 个点

(2) $M$ 中的任意 3 点都不共线

23. 设 $x$, $y$ 为实数,则可以确定 $x^3 + y^3$ 的最小值.

(1) $xy = 1$

(2) $x + y = 2$

24. 已知数列 $a_1$, $a_2$, $\cdots$, $a_9$, $a_{10}$,则 $a_1 - a_2 + a_3 - a_4 + \cdots + a_9 - a_{10} \geqslant 0$.

(1) $a_n \geqslant a_{n+1}$, $n = 1, 2, \cdots, 9$

(2) $a_n^2 \geqslant a_{n+1}^2$, $n = 1, 2, \cdots, 9$

25. 已知 $f(x) = x^2 + ax + b$,则 $0 \leqslant f(1) \leqslant 1$.

(1) $f(x)$ 在 $[0, 1]$ 中有 2 个零点

(2) $f(x)$ 在 $[1, 2]$ 中有 2 个零点

# 2016年管理类联考综合能力试题(数学部分)详解

**1.** 【答案】　D

　　【解答】　教育：生活＝3：8,文娱：教育＝1：2,则教育：生活：文娱＝6：16：3,文娱为 $10.5\%$ ,所以生活为 $16 \times \dfrac{10.5\%}{3} = 56\%$ .

**2.** 【答案】　C

　　【解答】　设正方形边长有 $x$ 块,则 $x^2 + 180 = (x+1)^2 - 21$ , $x = 100$ ,所以共有 10 180 块.

**3.** 【答案】　E

　　【解答】　甲、乙两地相距 $(90+100) \times 3 = 570$ 千米,设货车距离乙地 $x$ 千米,由时间相等可得, $\dfrac{270}{100} = \dfrac{300-x}{90}$ ,得 $x = 57$ .

**4.** 【答案】　C

　　【解答】　样本点总数为 $C_6^3$ ,穷举得三个数字之和为 10 有如下 3 种情况: $1+3+6$ , $1+4+5$ , $2+3+5$ .所求概率为 $\dfrac{3}{C_6^3} = \dfrac{3}{20} = 0.15$ .

**5.** 【答案】　B

　　【解答】　设价格降低了 $x$ 个 50 元,则利润 $y$ 为

$$y = (2\,400 - 50x)(8 + 4x) - 2\,000(8 + 4x)$$
$$= (400 - 50x)(8 + 4x)$$
$$= 200(8 - x)(2 + x)$$

当且仅当 $8 - x = 2 + x$ ,即 $x = 3$ 时达到最大值,则定价为 $2\,400 - 50 \times 3 = 2\,250$ .

**6.** 【答案】　B

　　【解答】　**解法1**　$C_2^1 C_3^1 + C_2^1 C_4^1 + C_3^1 C_4^1 = 26$ .

　　**解法2**　$C_9^2 - (C_2^2 + C_3^2 + C_4^2) = 26$ .

**7.** 【答案】　D

　　【解答】　1 到 100 的整数中能被 5 整除的有 20 个,能被 7 整除的有 14 个,能被 35 整除的有 2 个,所以能被 5 或 7 整除的概率为 $\dfrac{20 + 14 - 2}{100} = 0.32$ .

**8.** 【答案】　D

　　【解答】　**解法1**　由于 $\triangle ABE$ 与 $\triangle CDE$ 相似,得 $\dfrac{S_{\triangle ABE}}{S_{\triangle CDE}} = \left(\dfrac{AB}{CD}\right)^2 = \left(\dfrac{4}{8}\right)^2 = \dfrac{1}{4}$ ,因此 $S_{\triangle CDE} = 4S_{\triangle ABE} = 16$ .

又由相似可得 $\dfrac{BE}{DE} = \dfrac{AB}{CD} = \dfrac{4}{8} = \dfrac{1}{2}$ ,从而 $\dfrac{S_{\triangle ABE}}{S_{\triangle AED}} = \dfrac{BE}{DE} = \dfrac{1}{2}$ ,即 $S_{\triangle AED} = 2S_{\triangle ABE} = 8$ .

同理 $\triangle BCE$ 的面积也为 8.所以,梯形 $ABCD$ 的面积为 $4 + 16 + 8 + 8 = 36$ .

　　**解法2**　(由梯形的经验结论)由 $\triangle DEC \backsim \triangle BEA$ ,则 $\dfrac{S_{\triangle DEC}}{S_{\triangle BEA}} = \left(\dfrac{CD}{AB}\right)^2 = 4$ ,得 $S_{\triangle DEC} = 16$ .在梯形中,令 $S_{\triangle AED} = S_{\triangle BEC} = x$ ,由 $S_{\triangle AED} \times S_{\triangle BEC} = S_{\triangle DEC} \times S_{\triangle BEA} = 4 \times 16$ ,则 $S_{\triangle AED} = S_{\triangle BEC} = 8$ ,所以梯形 $ABCD$ 的面积为 36.

**9.** 【答案】　E

　　【解答】　设装配成的竖式和横式箱子分别为 $x$ , $y$ 个,则

$$\begin{cases} 4x+3y=340 \\ x+2y=160 \end{cases}, 得 \begin{cases} x=40 \\ y=60 \end{cases}.$$

10.【答案】 E

【解答】 $(x-3)^2+(y+2)^2=13$,圆心$(3,-2)$过原点,则圆上到原点距离最远的点为$A$点,则$A$点坐标为$(6,-4)$.

11.【答案】 D

【解答】 **解法1** 设$2x+3y=C$,则直线$y=-\dfrac{2}{3}x+\dfrac{C}{3}$,由图像可知在$(0,3)$时$C$达到最大值9.

**解法2** $2x+3y$的最大值一定在$(4,0)$,$(0,3)$,$(0,0)$三点中取到,显然当$x=0$,$y=3$时,代入$2x+3y=2\times0+3\times3=9$,得最大值.

12.【答案】 A

【解答】 $S=\dfrac{1}{2}|AB|\times|OC|=\dfrac{1}{2}|AB|\times2=|AB|=\dfrac{\sqrt{(2a)^2-4b}}{1}=\sqrt{(2a)^2-4b}=6$,则$a^2-b=9$.

13.【答案】 C

【解答】 第二次付款支付利息$1\,000\times1\%=10$万元,第三次付款支付利息$950\times1\%=9.5$万元,一共要付款20次,由等差数列求和公式得$S=20\times10+\dfrac{20\times19}{2}\times(-0.5)=105$,所以一共支付了$1\,100+105=1\,205$万元.

14.【答案】 D

【解答】 **解法1** 设$A$,$B$两门课有2个班级,$C$,$D$课程只有1个班级,则选$A$,$B$课程有4种方式;选$A$,$C$课程有2种方式;选$A$,$D$课程有2种方式;选$B$,$C$课程有2种方式;选$B$,$D$课程有2种方式;选$C$,$D$课程有1种方式,所以总计有13种方式.

**解法2** $C_6^2-(C_2^2+C_2^2)=15-2=13$种.

15.【答案】 E

【解答】 **解法1** 球的表面积为$4\pi\times10^2=400\pi$,设圆柱形洞的高为$h$,则$10^2=\left(\dfrac{h}{2}\right)^2+6^2$,因此$h=16$.所以,内壁面积为$S=2\pi\times6\times16=192\pi$.

**解法2** 设圆柱高为$h$,球为圆柱的外接球,则$12^2+h^2=20^2$,得$h=16$,所以洞的内壁面积为$2\pi rh=2\pi\times6\times16=192\pi$.

16.【答案】 B

【解答】 已知男员工与女员工的平均年龄分别为$a$,$b$,要求出全体员工的平均年龄,必须要知道男女员工的人数之比,或者男女员工的具体人数,由此可知条件(1)不充分,条件(2)充分.故选(B).

17.【答案】 C

【解答】 设长方形的长、宽分别为$x$,$y$,由图可知小正方形的面积为$(x-y)^2$.

(1) 已知正方形$ABCD$的面积,即已知$x+y$,单独不充分;

(2) 已知长方形的长宽之比为$\dfrac{x}{y}$,单独不充分;

两个条件联合起来,设$\begin{cases}(x+y)^2=m^2\\ \dfrac{x}{y}=n\end{cases}$,即$\begin{cases}x+y=m\\ x=yn\end{cases}$,解得$y=\dfrac{m}{1+n}$,$x=\dfrac{mn}{1+n}$,

此时,$(x-y)^2=\left(\dfrac{mn}{1+n}-\dfrac{m}{1+n}\right)^2$,可确定.故选(C).

18.【答案】 A

【解答】 条件(1),$3x+5y=37$,由于$5y$的尾数只能是0或5,且$x$,$y$只能是一奇一偶,因此,穷举得解

$x = 4$，$y = 5$，充分.

条件(2)，$4x + 6y = 37$，显然无解(左边为偶数,右边为奇数)，不充分.

故选(A).

**19.【答案】** C

**【解答】** (1)反例 $x = 8$，$y = 6$，单独不充分；(2)反例 $x = 8$，$y = 5$，单独不充分；

(1)与(2)联合，两式相加得 $y \leqslant 4$，再代入条件(1)，得 $x \leqslant 6$.

故选(C).

**20.【答案】** E

**【解答】** 设甲、乙的浓度分别为 $x$，$y$，则丙的浓度为 $\dfrac{2x+y}{3}$，

(1) $\dfrac{x+5y}{6} = \dfrac{1}{2} \times \dfrac{2x+y}{3}$，得 $x = 4y$，单独不充分；

(2) $\dfrac{x+2y}{3} = \dfrac{2}{3} \times \dfrac{2x+y}{3}$，得 $x = 4y$，单独不充分.

两个条件联合仍然不能确定甲、乙两种酒精的浓度，选(E).

**21.【答案】** A

**【解答】** (1) $S_1$ 与 $S_2$ 的均值相等得 $a = 3$，单独充分；

(2) 由 5 个连续整数的方差为 2，得 $a = 3$ 或 $a = 8$，不充分.

故选(A).

**22.【答案】** C

**【解答】** (1)三点共线的时候不成立；(2)四个点时不成立；

两个条件联合的时候，该点为三个点所成三角形的外心.

故选(C).

**23.【答案】** B

**【解答】** 条件(1)，$x = \dfrac{1}{y}$ 代入得 $\dfrac{1}{y^3} + y^3$，若 $y < 0$，则 $-\left[ \dfrac{1}{(-y)^3} + (-y)^3 \right] \leqslant -2$，没有最小值；

条件(2)，$x = 2 - y$ 代入，得 $(2-y)^3 + y^3 = 6y^2 - 12y + 8 = 6(y-1)^2 + 2$，有最小值 2.

故选(B).

**24.【答案】** A

**【解答】** 条件(1)，$a_1 - a_2 \geqslant 0$，$a_3 - a_4 \geqslant 0$，$\cdots$，$a_9 - a_{10} \geqslant 0$ 相加结论成立，单独充分；

条件(2)，$a_n^2 - a_{n+1}^2 \geqslant 0$，则 $(a_n - a_{n+1})(a_n + a_{n+1}) \geqslant 0$，取 $a_n = -10$，$-9$，$-8$，$\cdots$，$-2$，$-1$，不成立.

故选(A).

**25.【答案】** D

**【解答】** **解法1** (1) 转化为方程根的分布问题，即在 $f(x)$ 在 $[0, 1]$ 中有两个根，即

$$\begin{cases} f(0) \geqslant 0 \\ f(1) \geqslant 0 \\ 0 \leqslant -\dfrac{a}{2} \leqslant 1 \\ \Delta = a^2 - 4b \geqslant 0 \end{cases} \Rightarrow \begin{cases} b \geqslant 0 \\ 1 + a + b \geqslant 0 \\ -1 \leqslant \dfrac{a}{2} \leqslant 0 \\ b \leqslant \dfrac{a^2}{4} \end{cases}$$，则 $f(1) = 1 + a + b \leqslant 1 + a + \dfrac{a^2}{4} = \left(1 + \dfrac{a}{2}\right)^2 \leqslant 1$；

**解法2** (2) 利用二次函数的交点式.

设 $f(x) = (x - x_1)(x - x_2)$，其中 $x_1$，$x_2 \in [1, 2]$，则 $x_1 - 1$，$x_2 - 1 \in [0, 1]$，故 $f(1) = (1 - x_1)(1 - x_2) = (x_1 - 1)(x_2 - 1) \in [0, 1]$.

故选 D.

# 2017 年管理类联考综合能力试题(数学部分)

**一、问题求解**(本大题共 15 小题,每小题 3 分,共 45 分)

1. 将某品牌电冰箱连续两次降价 10% 后的售价是降价前的( ).
   (A) 80% (B) 81% (C) 82% (D) 83% (E) 84%

2. 张老师到一所中学进行招生咨询,上午接到了 45 名学生的咨询,其中的 9 位同学下午又咨询了张老师,占张老师下午咨询学生的 10%,一天中向张老师咨询的学生人数为( ).
   (A) 81 (B) 90 (C) 115 (D) 126 (E) 135

3. 甲、乙、丙 3 种货车载重量成等差数列,2 辆甲种车和 1 辆乙种车的载重量为 95 吨,1 辆甲种车和 3 辆丙种车载重量为 150 吨,则甲、乙、丙分别各 1 辆车,一次最多运送货物为( )吨.
   (A) 125 (B) 120 (C) 115 (D) 110 (E) 105

4. 不等式 $|x-1|+x \leqslant 2$ 的解集为( ).
   (A) $(-\infty, 1]$ (B) $\left(-\infty, \dfrac{3}{2}\right]$ (C) $\left[1, \dfrac{3}{2}\right]$ (D) $[1, +\infty)$ (E) $\left[\dfrac{3}{2}, +\infty\right)$

5. 某种机器人可搜索到的区域半径为 1 米的圆,如机器人沿直线行走 10 米,则其搜过的面积为( )平方米.
   (A) $10 + \dfrac{\pi}{2}$ (B) $10 + \pi$ (C) $20 + \dfrac{\pi}{2}$ (D) $20 + \pi$ (E) $10\pi$

6. 老师问班上 50 名同学周末复习的情况,结果有 20 人复习过数学、30 人复习过语文、6 人复习过英语,且同时复习了数学和语文的有 10 人、语文和英语的有 2 人、英语和数学的有 3 人.若同时复习过这 3 门课的人数为 0,则没复习过这 3 门课程的学生人数为( ).
   (A) 7 (B) 8 (C) 9 (D) 10 (E) 11

7. 在 1 到 100 之间,能被 9 整除的整数的平均值是( ).
   (A) 27 (B) 36 (C) 45 (D) 54 (E) 63

8. 某试卷由 15 道选择题组成,每道题有 4 个选项,只有 1 项是符合试题要求的,甲有 6 道题能确定正确选项,有 5 道题能排除 2 个错误选项,有 4 道题能排除 1 个错误选项,若从每题排除后剩余的选项中选 1 个作为答案,则甲得满分的概率为( ).
   (A) $\dfrac{1}{2^4} \cdot \dfrac{1}{3^5}$ (B) $\dfrac{1}{2^5} \cdot \dfrac{1}{3^4}$ (C) $\dfrac{1}{2^5} + \dfrac{1}{3^4}$ (D) $\dfrac{1}{2^4} \cdot \left(\dfrac{3}{4}\right)^5$ (E) $\dfrac{1}{2^4} + \left(\dfrac{3}{4}\right)^5$

9. 如图 1 所示,在扇形 $AOB$ 中,$\angle AOB = \dfrac{\pi}{4}$,$OA = 1$,$AC \perp OB$,则阴影部分的面积为( ).
   (A) $\dfrac{\pi}{8} - \dfrac{1}{4}$ (B) $\dfrac{\pi}{8} - \dfrac{1}{8}$ (C) $\dfrac{\pi}{4} - \dfrac{1}{2}$ (D) $\dfrac{\pi}{4} - \dfrac{1}{4}$

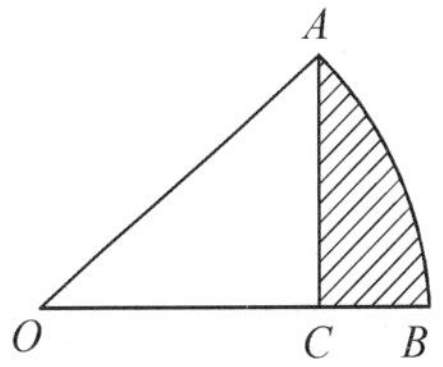

图 1

(E) $\dfrac{\pi}{4}-\dfrac{1}{8}$

**10.** 某公司用 1 万元购买了价格分别是 1 750 元和 950 元的甲、乙两种办公设备,则购买的甲、乙办公设备的件数分别为(　　).

(A) 3,5　　(B) 5,3　　(C) 4,4　　(D) 2,6　　(E) 6,2

**11.** 已知 $\triangle ABC$ 和 $\triangle A'B'C'$ 满足 $AB:A'B'=AC:A'C'=2:3$,$\angle A+\angle A'=\pi$,则 $\triangle ABC$ 和 $\triangle A'B'C'$ 的面积比为(　　).

(A) $\sqrt{2}:\sqrt{3}$　　(B) $\sqrt{3}:\sqrt{5}$　　(C) 2:3　　(D) 2:5　　(E) 4:9

**12.** 甲从 1,2,3 中抽取 1 个数,设为 $a$;乙从 1,2,3,4 中抽取 1 个数,设为 $b$,规定当 $a>b$ 或者 $a+1<b$ 时甲获胜,则甲取胜的概率为(　　).

(A) $\dfrac{1}{6}$　　(B) $\dfrac{1}{4}$　　(C) $\dfrac{1}{3}$　　(D) $\dfrac{5}{12}$　　(E) $\dfrac{1}{2}$

**13.** 将长、宽、高分别是 12,9 和 6 的长方体切割成正方体,且切割后无剩余,则能切割成相同正方体的最少个数为(　　).

(A) 3　　(B) 6　　(C) 24　　(D) 96　　(E) 648

**14.** 甲、乙、丙三人每轮各投篮 10 次,投了三轮,投中数如下表

|  | 第一轮 | 第二轮 | 第三轮 |
|---|---|---|---|
| 甲 | 2 | 5 | 8 |
| 乙 | 5 | 2 | 5 |
| 丙 | 8 | 4 | 9 |

记 $\sigma_1$,$\sigma_2$,$\sigma_3$ 分别为甲、乙、丙投中数的方差,则(　　).

(A) $\sigma_1>\sigma_2>\sigma_3$　　　　(B) $\sigma_1>\sigma_3>\sigma_2$

(C) $\sigma_2>\sigma_1>\sigma_3$　　　　(D) $\sigma_2>\sigma_3>\sigma_1$

(E) $\sigma_3>\sigma_2>\sigma_1$

**15.** 将 6 人分成 3 组,每组 2 人,则不同的分组方式共有(　　)种.

(A) 12　　(B) 15　　(C) 30　　(D) 45　　(E) 90

**二、条件充分性判断**(本大题共 10 小题,每小题 3 分,共 30 分)

**16.** 某人需要处理若干份文件,第 1 小时处理了全部文件的 $\dfrac{1}{5}$,第 2 小时处理了剩余文件的 $\dfrac{1}{4}$,则此人需要处理的文件数为 25 份.

(1) 前两小时处理了 10 份文件

(2) 第二小时处理了 5 份文件

**17.** 圆 $x^2+y^2-ax-by+c=0$ 与 $x$ 轴相切,则能确定 $c$ 的值.

(1) 已知 $a$ 的值

(2) 已知 $b$ 的值

**18.** 某人从 $A$ 地出发,先乘时速为 220 千米的动车,后转乘时速为 100 千米的汽车到达 $B$ 地,则 $A$,$B$ 两地的距离为 960 千米.

（1）乘动车时间与乘汽车的时间相等

（2）乘动车时间与乘汽车的时间之和为 6 小时

**19.** 直线 $y = ax + b$ 与抛物线 $y = x^2$ 有 2 个交点.

（1）$a^2 > 4b$

（2）$b > 0$

**20.** 能确定某企业产值的月平均增长率.

（1）已知 1 月份的产值

（2）已知全年的总产值

**21.** 如图 2 所示,一个铁球沉入水池中,则能确定铁球的体积.

（1）已知铁球露出水面的高度

（2）已知水深及铁球与水面交线的周长

**22.** 设 $a$, $b$ 是 2 个不相等的实数,则函数 $f(x) = x^2 + 2ax + b$ 的最小值小于零.

（1）1, $a$, $b$ 成等差数列

（2）1, $a$, $b$ 成等比数列

图 2

**23.** 某人参加资格证考试,有 A 类和 B 类选择,A 类的合格标准是抽 3 道题至少会做 2 道,B 类的合格标准是抽 2 道题需要都会做,则此人参加 A 类考试合格的机会大.

（1）此人 A 类题中有 60% 会做

（2）此人 B 类题中有 80% 会做

**24.** 某机构向 12 位老师征题,共征集到 5 种题型的试题 52 道,则能确定供题教师的人数.

（1）每位教师提供的试题数相同

（2）每位教师提供的题型不超过 2 种

**25.** $a$, $b$, $c$ 为实数,则 $\min\{|a-b|, |b-c|, |a-c|\} \leqslant 5$.

（1）$|a| \leqslant 5$, $|b| \leqslant 5$, $|c| \leqslant 5$

（2）$a + b + c = 15$

# 2017 年管理类联考综合能力试题(数学部分)详解

1. **【答案】** B

   **【解答】** 设原价为 1,连续 2 次降价后为 0.81 元,所以降价后售价是降价前的 81%.

2. **【答案】** D

   **【解答】** 下午人数为 $\dfrac{9}{10\%}=90$ 人,所以上下午总数为 $45+90-9=126$ 人.

3. **【答案】** E

   **【解答】** 由甲、乙、丙成等差数列,设甲、乙、丙分别为 $x-d$, $x$, $x+d$,则 $\begin{cases} 2(x-d)+x=95 \\ (x-d)+3(x+d)=150 \end{cases}$,

   即 $\begin{cases} 3x-2d=95 \\ 4x+2d=150 \end{cases} \Rightarrow \begin{cases} x=35 \\ d=5 \end{cases}$.所以甲、乙、丙各一辆最多运货 $(x-d)+x+(x+d)=3x=105$.

4. **【答案】** B

   **【解答】** 当 $x \geqslant 1$ 时,$x-1+x \leqslant 2 \Rightarrow x \leqslant \dfrac{3}{2}$,故 $1 \leqslant x \leqslant \dfrac{3}{2}$;

   当 $x < 1$ 时,$1-x+x \leqslant 2$,故 $x < 1$;

   综上,$x \leqslant \dfrac{3}{2}$.

5. **【答案】** D

   **【解答】** 如图 1 所示:

   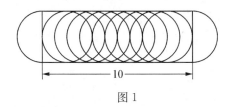

   图 1

   则其搜过的面积为 $10 \times 2+\pi=20+\pi$.

6. **【答案】** C

   **【解答】** 画图可以得到至少复习一科的人数为 $20+30+6-10-2-3+0=41$,所以没复习过这 3 门课程的学生人数为 $50-41=9$ 人.

7. **【答案】** D

   **【解答】** 由 $\bar{x}=\dfrac{S_n}{n}=\dfrac{\frac{(a_1+a_n)n}{2}}{n}=\dfrac{(a_1+a_n)}{2}$,则此题 $\bar{x}=\dfrac{(9+99)}{2}=54$.

8. **【答案】** B

   **【解答】** 有 5 道题能排除 2 个错误选项,则从 2 个答案中选 1 个的概率为 $\dfrac{1}{2^5}$.

   有 4 道题能排除 1 个错误选项,则从 3 个答案中选 1 个的概率为 $\dfrac{1}{3^4}$.

   由独立性可得概率为 $\dfrac{1}{2^5} \cdot \dfrac{1}{3^4}$.

9. **【答案】** A

【解答】 △AOB 为等腰直角三角形,由 $OA = 1$,得 $AC = OC = \dfrac{1}{\sqrt{2}}$.

所以 $S_{阴影} = S_{扇形} - S_{\triangle AOB} = \dfrac{45°}{360°} \pi \cdot 1^2 - \dfrac{1}{2} \left( \dfrac{1}{\sqrt{2}} \right)^2 = \dfrac{\pi}{8} - \dfrac{1}{4}$.

10. 【答案】 A

【解答】 设甲、乙两种办公设备各需要 $x$,$y$ 件,则 $1\,750x + 950y = 10\,000$,即 $35x + 19y = 200$,由奇偶性穷举可得 $x = 3$,$y = 5$.

11. 【答案】 E

【解答】 $\dfrac{S_{\triangle ABC}}{S_{\triangle A'B'C'}} = \dfrac{\dfrac{1}{2} AB \cdot AC \cdot \sin A}{\dfrac{1}{2} A'B' \cdot A'C' \cdot \sin A'} = \dfrac{AB}{A'B'} \dfrac{AC}{A'C'} \dfrac{\sin A}{\sin(\pi - A)} = \dfrac{4}{9}$.

12. 【答案】 E

【解答】 $n_\Omega = 4 \times 3 = 12$,满足 $a > b$ 的 $(a,\,b)$ 有 $(2,\,1)$,$(3,\,1)$,$(3,\,2)$ 三种;满足 $a + 1 < b$ 的 $(a,\,b)$ 有 $(1,\,3)$,$(1,\,4)$,$(2,\,4)$ 三种,所以概率 $P = \dfrac{3 + 3}{12} = \dfrac{1}{2}$.

13. 【答案】 C

【解答】 12,9,6 的最大公因数为 3,且切割后无剩余的情况下,则能切割成相同正方体的个数为 $\dfrac{12 \times 9 \times 6}{3 \times 3 \times 3} = 24$ 个.

14. 【答案】 B

【解答】 $\bar{x}_1 = 5$,$\sigma_1 = \dfrac{1}{3} \left[ (-3)^2 + 0^2 + 3^2 \right] = 6$;

$\bar{x}_2 = 4$,$\sigma_2 = \dfrac{1}{3} \left[ 1^2 + (-2)^2 + 1^2 \right] = 2$;

$\bar{x}_3 = 7$,$\sigma_3 = \dfrac{1}{3} \left[ 1^2 + (-3)^2 + 2^2 \right] = \dfrac{14}{3}$,所以 $\sigma_1 > \sigma_3 > \sigma_2$.

15. 【答案】 B

【解答】 $\dfrac{C_6^2 C_4^2 C_2^2}{3!} = 15$.

16. 【答案】 D

【解答】 第 2 小时处理了总量的 $\dfrac{1}{4} \times \dfrac{4}{5} = \dfrac{1}{5}$,

(1) 前两小时共处理了 $\dfrac{2}{5}$,对应 10 份文件,故总数为 $\dfrac{10}{\dfrac{2}{5}} = 25$,充分;

(2) 第二小时处理了 5 份文件,故总数为 $\dfrac{5}{\dfrac{1}{5}} = 25$,充分.

17. 【答案】 A

【解答】 圆 $\left( x - \dfrac{a}{2} \right)^2 + \left( x - \dfrac{b}{2} \right)^2 = \dfrac{a^2 + b^2 - 4c}{4}$ 与 $x$ 轴相切 $\Leftrightarrow \left| \dfrac{b}{2} \right| = \sqrt{\dfrac{a^2 + b^2 - 4c}{4}} \Leftrightarrow c = \dfrac{a^2}{4}$.

(1) 已知 $a$ 的值,则能确定 $c$ 的值;(2) 已知 $b$ 的值,与 $c$ 的值无关,不充分.

18. 【答案】 C

【解答】 (1) 乘动车时间与乘汽车的时间都为 $k$,则 $A$,$B$ 两地的距离为 $960k$ 千米,不能确定;(2) 乘动车时间与乘汽车的时间之和为 6 小时,不能确定动车与汽车的时间分配.

条件(1)与(2)联合,乘动车时间与乘汽车的时间都为 3 小时,所以 $A$,$B$ 两地的距离为 $(220 + 100) \times 3 = 960$ 千米.

**19.【答案】** B

**【解答】** 直线与抛物线联立得 $ax+b=x^2$，即 $x^2-ax-b=0$ 有两个不同的根 $\Leftrightarrow a^2+4b>0$.

(1) 反例 $a=1$，$b=-1$，

(2) $b>0\Rightarrow a^2+4b>0$，充分.

〚评注〛 此题也可以数形结合画图分析.

**20.【答案】** E

**【解答】** 设每个月产值为 $a_i(i=1,2,\cdots,12)$，设月平均增长率为 $p$，则 $\dfrac{a_2}{a_1}\times\dfrac{a_3}{a_2}\times\cdots\times\dfrac{a_{12}}{a_{11}}=(1+p)^{11}$，所

以 $\dfrac{a_{12}}{a_1}=(1+p)^{11}\Rightarrow p=\sqrt[11]{\dfrac{a_{12}}{a_1}}-1$，故

条件(1)已知 $a_1$，单独不充分；

条件(2)已知全年的总产值，得不到 $a_1$ 与 $a_{12}$ 的值，单独不充分；

条件(1)与条件(2)联合仍然不能确定 $a_1$ 与 $a_{12}$ 的值，所以联合也不充分.

反例：

第一组：$a_1=1$，$a_2=2$，$a_3=3$，$a_4=4$，$a_5=5$，$a_6=6$，$a_7=7$，$a_8=8$，$a_9=9$，$a_{10}=10$，$a_{11}=11$，$a_{12}=14$；

第二组：$a_1'=1$，$a_2'=2$，$a_3'=3$，$a_4'=4$，$a_5'=5$，$a_6'=6$，$a_7'=7$，$a_8'=8$，$a_9'=9$，$a_{10}'=10$，$a_{11}'=12$，

$a_{12}'=13$.

两组的和相同，1月份产值也相同，但月平均增长率 $p=\sqrt[11]{\dfrac{a_{12}}{a_1}}-1$ 不同.

**21.【答案】** B

**【解答】** (1) 无法求出球体半径；

(2) 已知水深为 $h$，铁球与水面交线的周长 $C$ 可以确定截面半径 $r$，设球的半径

为 $R$，则由 $(h-R)^2+r^2=R^2$，可得 $R=\dfrac{h^2+r^2}{2h}$，充分.

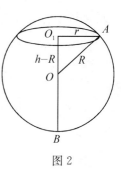

图 2

**22.【答案】** A

**【解答】** (1) $2a=1+b$，$f(x)=x^2+2ax+2a-1=(x+a)^2-(a-1)^2$，则

$f(x)_{\min}=-(a-1)^2$，因为 $a$，$b$ 是 2 个不相等的实数，故 $a\neq 1$，则 $f(x)_{\min}=$

$-(a-1)^2<0$，充分；

(2) $a^2=1\times b$，则 $f(x)=x^2+2ax+a^2=(x+a)^2\geqslant 0$，不充分.

**23.【答案】** C

**【解答】** 明显需要联合，A 类考试合格的概率为 $C_3^2\left(\dfrac{3}{5}\right)^2\left(\dfrac{2}{5}\right)+\left(\dfrac{3}{5}\right)^3=\dfrac{54+27}{125}=\dfrac{81}{125}$；

B 类考试合格的概率为 $\left(\dfrac{4}{5}\right)^2=\dfrac{80}{125}$，所以此人参加 A 类考试合格的机会大.

**24.【答案】** C

**【解答】** (1) 设每位教师提供的试题数相同(为 $x$)，如果有 $N$ 个老师，则 $xN=52(N\leqslant 12)$，$52=1\times$

$2\times 2\times 13$，所以 $N$ 可以取 $1$，$2$，$4$，不充分；

(2) 每位教师提供的题型不超过 2 种，分类即 1 种或者 2 种.

如果每人提供 1 种题型，则 5 种题型至少需要 5 人. 如果每人提供 2 种题型，则 5 种题型至少需要 3 人，

要求 5 种题型则人数在 3~5 人之间；条件(1)与(2)联合，可以确定供题教师的人数为 4 人.

**25.【答案】** A

**【解答】** (1) **解法 1** 由 $|a|\leqslant 5$，$|b|\leqslant 5$，$|c|\leqslant 5$，至少有 2 个字母在同一个 $[-5,0]$ 或者 $[5,0]$ 上，

如下图，故 $\min\{|a-b|,|b-c|,|a-c|\}\leqslant 5$，充分.

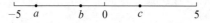

**解法 2** 若 $a$, $b$, $c$ 中全相等或者两个相等,则结论成立;若 $a$, $b$, $c$ 互相不相等时,不妨设 $a>b>c$,则 $|a-b|+|b-c|=a-b+b-c=a-c\in[0,10]$,又 $|a-b|$,$|b-c|$ 都非负,所以 $|a-b|$,$|b-c|$ 中至少有一个小于等于 5,故结论成立.

(2) 反例 $a=-7$, $b=8$, $c=14$, $|a-b|=15$, $|b-c|=6$, $|a-c|=21$,不充分.

# 2018 年管理类联考综合能力试题(数学部分)

**一、问题求解**(本大题共 15 小题,每小题 3 分,共 45 分)

1. 学校竞赛设一等奖、二等奖和三等奖,比例为 $1 : 3 : 8$,获奖率为 $30\%$,已知 10 人获得一等奖,则参加竞赛的人数为(    ).

   (A) 300    (B) 400    (C) 500    (D) 550    (E) 600

2. 为了解某公司员工的年龄结构,按男、女人数的比例进行随机抽样,结果如下:

   | 男员工年龄(岁) | 23 | 26 | 28 | 30 | 32 | 34 | 36 | 38 | 41 |
   |---|---|---|---|---|---|---|---|---|---|
   | 女员工年龄(岁) | 23 | 25 | 27 | 27 | 29 | 31 | | | |

   根据表中数据估计,该公司男员工的平均年龄与全体员工的平均年龄分别是(    )岁.

   (A) 32,30    (B) 32,29.5    (C) 32,27    (D) 30,27    (E) 29.5,27

3. 某单位采取分段收费的方式收取网络流量(单位为 GB)费用:每月流量 20(含)以内免费,流量 20 到 30(含)的每 GB 收费 1 元. 流量 30 到 40(含)的每 GB 收费 3 元,流量 40 以上的每 GB 收费 5 元,小王这个月用了 45GB 的流量,则他应该交费(    ).

   (A) 45 元    (B) 65 元    (C) 75 元    (D) 85 元    (E) 135 元

4. 如图 1 所示,圆 $O$ 是三角形 $ABC$ 的内切圆,若三角形 $ABC$ 的面积与周长的大小之比为 $1 : 2$,则圆 $O$ 的面积为(    ).

   (A) $\pi$    (B) $2\pi$    (C) $3\pi$

   (D) $4\pi$    (E) $5\pi$

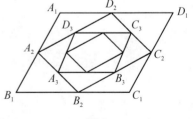

图 1

5. 设实数 $a,b$ 满足 $|a-b|=2$,$|a^3-b^3|=26$,则 $a^2+b^2$ $=$(    ).

   (A) 30    (B) 22    (C) 15    (D) 13    (E) 10

6. 有 96 位顾客至少购买了甲、乙、丙 3 种商品中的一种,经调查:同时购买了甲、乙 2 种商品的有 8 位,同时购买了甲、丙 2 种商品的有 12 位,同时购买了乙、丙 2 种商品的有 6 位,同时购买了 3 种商品的有 2 位,则仅购买 1 种商品的顾客有(    ).

   (A) 70 位    (B) 72 位    (C) 74 位    (D) 76 位    (E) 82 位

7. 如图 2 所示,四边形 $A_1B_1C_1D_1$ 是平行四边形,$A_2$,$B_2$,$C_2$,$D_2$ 分别是 $A_1B_1C_1D_1$ 四边的中点,$A_3$,$B_3$,$C_3$,$D_3$ 分别是四边形 $A_2B_2C_2D_2$ 四边的中点,依次下去,得到四边形序列 $A_nB_nC_nD_n(n=1,2,3,\cdots)$. 设 $A_nB_nC_nD_n$ 的面积为 $S_n$,且 $S_1=12$,则 $S_1+S_2+S_3+\cdots=$(    ).

   (A) 16    (B) 20    (C) 24

图 2

　　(D) 28　　　　(E) 30

8. 将 6 张不同的卡片，2 张一组分别装入甲、乙、丙三个袋中. 若指定的两张卡片要在同一组，则不同的装法有（　　）.

　　(A) 12 种　　　(B) 18 种　　　(C) 24 种　　　(D) 30 种　　　(E) 36 种

9. 甲、乙两人进行围棋比赛，约定先胜 2 盘者赢得比赛，已知每盘棋甲获胜的概率是 0.6，乙获胜的概率是 0.4，若乙在第一盘获胜，则甲赢得比赛的概率为（　　）.

　　(A) 0.144　　　(B) 0.288　　　(C) 0.36　　　(D) 0.4　　　(E) 0.6

10. 已知圆 $C:x^2+(y-a)^2=b$. 若圆 $C$ 在点 $(1,2)$ 处的切线与 $y$ 轴的交点为 $(0,3)$，则 $ab=$（　　）.

　　(A) $-2$　　　(B) $-1$　　　(C) 0　　　(D) 1　　　(E) 2

11. 羽毛球队有 4 名男运动员和 3 名女运动员，从中选出两对参加混双比赛，则不同的选派方式有（　　）.

　　(A) 9 种　　　(B) 18 种　　　(C) 24 种　　　(D) 36 种　　　(E) 72 种

12. 从标号位 1 到 10 的 10 张卡片中随机抽取 2 张，它们的标号之和能被 5 整除的概率为（　　）.

　　(A) $\dfrac{1}{5}$　　　(B) $\dfrac{1}{9}$　　　(C) $\dfrac{2}{9}$　　　(D) $\dfrac{2}{15}$　　　(E) $\dfrac{7}{45}$

13. 某单位为检查 3 个部门的工作，由 3 个部门的主任和外聘的 3 名人员组成检查组，分 2 人一组检查工作，每组有 1 名外聘成员，规定本部门主任不能检查本部门，则不同的安排方式有（　　）.

　　(A) 6 种　　　(B) 8 种　　　(C) 12 种　　　(D) 18 种　　　(E) 36 种

14. 如图 3 所示，圆柱体的底面半径为 2，高为 3，垂直于底部的平面截圆柱体所得截面为矩形 $ABCD$，若弦 $AB$ 所对的圆心角是 $\dfrac{\pi}{3}$，则截掉部分（较小部分）的体积为（　　）.

图 3

　　(A) $\pi-3$　　　(B) $2\pi-6$　　　(C) $\pi-\dfrac{3\sqrt{3}}{2}$　　　(D) $2\pi-3\sqrt{3}$

　　(E) $\pi-\sqrt{3}$

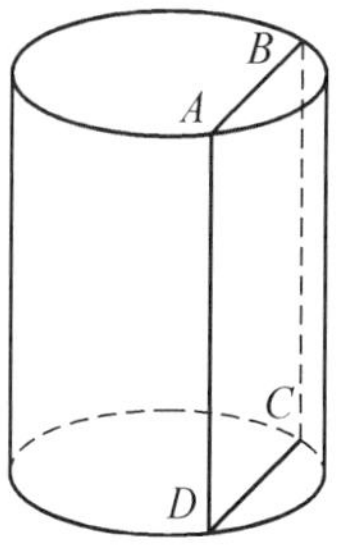

15. 函数 $f(x)=\max\{x^2,-x^2+8\}$ 的最小值为（　　）.

　　(A) 8　　　(B) 7　　　(C) 6　　　(D) 5

　　(E) 4

**二、条件充分性判断**（本大题共 10 小题，每小题 3 分，共 30 分）

16. 设 $x,y$ 为实数，则 $|x+y|\leqslant 2$.

　　(1) $x^2+y^2\leqslant 2$

　　(2) $xy\leqslant 1$

17. 设 $\{a_n\}$ 为等差数列，则能确定 $a_1+a_2+\cdots+a_9$ 的值.

　　(1) 已知 $a_1$ 的值

　　(2) 已知 $a_5$ 的值

18. 设 $m,n$ 是正整数，则能确定 $m+n$ 的值.

(1) $\dfrac{1}{m} + \dfrac{3}{n} = 1$

(2) $\dfrac{1}{m} + \dfrac{2}{n} = 1$

**19.** 甲、乙、丙 3 人的年收入成等比数列,则能确定乙的年收入的最大值.

(1) 已知甲、丙 2 人的年收入之和

(2) 已知甲、丙 2 人的年收入之积

**20.** 如图 4 所示,在矩形 $ABCD$ 中,$AE = FC$,则三角形 $AED$ 与四边形 $BCFE$ 能拼接成一个直角三角形.

(1) $EB = 2FC$

(2) $ED = EF$

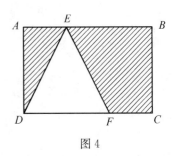

图 4

**21.** 甲购买了若干件 A 玩具、乙购买了若干件 B 玩具送给幼儿园,甲比乙少花了 100 元,则能确定甲购买的玩具件数.

(1) 甲与乙共购买了 50 件玩具

(2) A 玩具的价格是 B 玩具的 2 倍

**22.** 已知点 $P(m, 0)$,$A(1, 3)$,$B(2, 1)$,点 $(x, y)$ 在三角形 $PAB$ 上,则 $x - y$ 的最小值与最大值分别为 $-2$ 和 $1$.

(1) $m \leqslant 1$

(2) $m \geqslant -2$

**23.** 如果甲公司的年终奖总额增加 $25\%$,乙公司的年终奖总额减少 $10\%$. 若两者相等,则能确定两公司的员工人数之比.

(1) 甲公司的人均年终奖与乙公司的相同

(2) 两公司的员工人数之比与两公司的年终奖总额之比相等

**24.** 设 $a$,$b$ 为实数,则圆 $x^2 + y^2 = 2y$ 与直线 $x + ay = b$ 不相交.

(1) $|a - b| > \sqrt{1 + a^2}$

(2) $|a + b| > \sqrt{1 + a^2}$

**25.** 设函数 $f(x) = x^2 + ax$,则 $f(x)$ 的最小值与 $f(f(x))$ 的最小值相等.

(1) $a \geqslant 2$

(2) $a \leqslant 0$

# 2018 年管理类联考综合能力试题(数学部分)详解

**1.**【答案】　B

【解答】　已知 10 人获得一等奖,则二等奖有 30 人,三等奖有 80 人. 所以参加竞赛的人数为

$$\frac{10+30+80}{30\%} = 400 \text{ 人}.$$

**2.**【答案】　A

【解答】　由数据对称性得,男员工平均年龄 = 32,女员工平均年龄 = 27,则全体员工平均年龄为

$$\frac{32 \times 9 + 27 \times 6}{9+6} = 30.$$

**3.**【答案】　B

【解答】　小王用了 45 GB 的流量,1～20 GB 费用为 0 元,21～30 GB 费用为 10 元,31～40 GB 费用为 30 元,41～45 GB 费用为 25 元,所以总计费用为 10+30+25=65 元.

**4.**【答案】　A

【解答】　设三角形的三边长为 $a$,$b$,$c$,内切圆半径为 $r$,则 $\dfrac{S_{\triangle ABC}}{C_{\triangle ABC}} =$

$$\frac{\frac{1}{2}(a+b+c)r}{a+b+c} = \frac{1}{2},$$则 $r=1$,所以 $S_{内切圆} = \pi r^2 = \pi.$

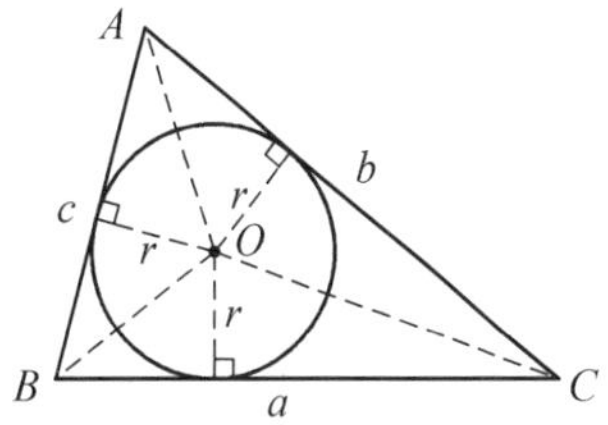

图 1

**5.**【答案】　E

【解答】　$|a^3-b^3| = |(a-b)(a^2+ab+b^2)| = |a-b||a^2+ab+b^2| = 26$,又 $|a-b| = 2$,$a^2+ab+b^2 = \left(a+\frac{1}{2}b\right) + \frac{3}{4}b^2 \geqslant 0$,故 $a^2+ab+b^2 = 13.$

又 $|a-b|^2 = a^2 - 2ab + b^2 = 4$,则 $ab = 3$,所以 $a^2 + b^2 = 10.$

〖技巧〗可取特值 $a = 3$,$b = 1$ 秒杀.

**6.**【答案】　C

【解答】　由同时购买了 3 种商品的有 2 位,则仅购买了甲、乙 2 种商品的有 8−2 = 6 位,仅购买了甲、丙 2 种商品的有 12−2 = 10 位,仅购买了乙、丙 2 种商品的有 6−2 = 4 位,所以仅购买 1 种商品的顾客有 96 − 6 − 10 − 4 − 2 = 74 位.

**7.**【答案】　C

【解答】　由题意,$S_1$,$S_2$,$S_3$,… 成首项 $S_1 = 12$、公比 $q = \frac{1}{2}$ 的等比数列,则

$$S_1 + S_2 + S_3 + \cdots = \frac{S_1}{1-\frac{1}{2}} = 24.$$

**8.**【答案】　B

【解答】　$\dfrac{C_4^2 C_2^2}{2!} \times 3! = 18.$

**9.**【答案】　C

【解答】　由题意,若乙在第一盘获胜,则甲必须在接下来的两盘连续获胜,所以概率为 $0.6 \times 0.6 = 0.36.$

**10.**【答案】　E

【解答】 圆 $C$ 的圆心为 $(0,a)$,半径为 $\sqrt{b}$. 切线过点 $(1,2)$,$(0,3)$,则切线斜率 $k=\dfrac{2-3}{1-0}=-1$,故圆心与切点连线斜率为 $1$,即 $\dfrac{a-2}{0-1}=1$,则 $a=1$,$b=(0-1)^2+(1-2)^2=2$,所以 $ab=2$.

11.【答案】 D

【解答】 $\dfrac{C_4^1 C_3^1 \times C_3^1 C_2^1}{2!}=36$.

12.【答案】 A

【解答】 从 10 张卡片中抽取 2 张共 $C_{10}^2=45$ 种. 标号之和能被 5 整除,则标号之和为 5,10 或 15. 标号之和为 5 有 $1+4$,$2+3$ 两种;标号之和为 10 有 $1+9$,$2+8$,$3+7$,$4+6$ 四种;标号之和为 15 有 $5+10$,$6+9$,$7+8$ 三种. 所以它们的标号之和能被 5 整除的概率为 $\dfrac{2+4+3}{45}=\dfrac{1}{5}$.

13.【答案】 C

【解答】 规定 3 个本部门主任不能检查本部门有 2 种,余下 3 个外聘人员排法有 $3!=6$ 种,所以共有 $2\times6=12$ 种.

14.【答案】 D

【解答】 平面图如图 2,则截掉部分(较小部分)的体积为

$$V=\left(\frac{1}{6}\pi\times2^2-\frac{\sqrt{3}}{4}\times2^2\right)\times3=2\pi-3\sqrt{3}.$$

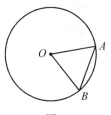

图 2

15.【答案】 E

【解答】 由图 3 可知,在 $x=\pm2$ 时,$f(x)$ 达到最小值 4.

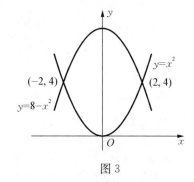

图 3

16.【答案】 A

【解答】

解法 1 (代数方法):$2xy\leqslant x^2+y^2\leqslant2$,则 $xy\leqslant1$,故 $|x+y|^2=x^2+y^2+2xy\leqslant2+2=4$,所以 $|x+y|\leqslant2$.

解法 2 (几何方法):如图 4,可知充分.

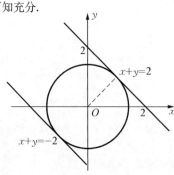

图 4

条件(2)，取 $x=2$，$y=\dfrac{1}{2}$，知不充分.

**17.【答案】** B

**【解答】** $\{a_n\}$ 为等差数列，则 $a_1+a_2+\cdots+a_9=S_9=9a_5$，所以 (1) 不充分，(2) 充分.

**18.【答案】** D

**【解答】**

(1) 由条件可得 $\dfrac{1}{m}=1-\dfrac{3}{n}=\dfrac{n-3}{n}$，则 $m=\dfrac{n}{n-3}=\dfrac{n-3+3}{n-3}=1+\dfrac{3}{n-3}$，又 $m$，$n$ 是正整数，则

$\begin{cases} n=6 \\ m=2 \end{cases}$ 或 $\begin{cases} n=4 \\ m=4 \end{cases}$，所以 $m+n=8$ 可以确定.

(2) 由条件可得 $n+2m=mn$，则 $mn-(n+2m)+2=2$，即 $(m-1)(n-2)=2$，则 $\begin{cases} m-1=2 \\ n-2=1 \end{cases}$ 或

$\begin{cases} m-1=1 \\ n-2=2 \end{cases}$ 或 $\begin{cases} m-1=-2 \\ n-2=-1 \end{cases}$ 或 $\begin{cases} m-1=-1 \\ n-2=-2 \end{cases}$，得 $\begin{cases} m=3 \\ n=3 \end{cases}$ 或 $\begin{cases} m=2 \\ n=4 \end{cases}$，所以 $m+n=6$ 可以确定.

**19.【答案】** D

**【解答】** 设甲、乙、丙收入为 $a$，$b$，$c$，成等比数列，得 $b^2=ac$.

(1) 已知 $a+c$，则 $a+c\geqslant 2\sqrt{ac}=2b$，则能确定乙年收入的最大值.

(2) 已知 $ac$，则 $b=\sqrt{ac}$ 为定值，定值就是最大值，充分.

**20.【答案】** D

**【解答】** 延长 $BC$ 与 $EF$ 交于点 $G$，如图 5.

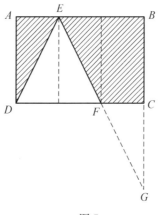

图 5

(1) $\triangle GCF\backsim\triangle GBE$ 且 $EB=2FC$，则 $CG=AD$，又 $AE=FC$，且 $\angle A=\angle FCG=90°$ 得 $\triangle ADE\cong\triangle CGF$，充分.

(2) 由 $ED=EF$，则 $\angle EDF=\angle EFD$，又 $\angle AED=\angle EDF$，$\angle EFD=\angle CFG$，故 $\angle AED=\angle CFG$. 在直角三角形 $\triangle ADE$ 与 $\triangle CGF$ 中，$AE=FC$，$\angle A=\angle FCG=90°$，$\angle AED=\angle CFG$，所以 $\triangle ADE\cong\triangle CGF$，充分.

**21.【答案】** E

**【解答】** (1) 设甲购买了 A 玩具 $x$ 件，则乙购买了 $50-x$ 件，玩具的单价不知，所以无法列方程，单独不充分.

(2) 设 A 玩具价格为 $2m$，B 玩具价格为 $m$，但数量不知，所以无法列方程，单独不充分.

条件 (1) 与 (2) 联合，得 $(50-x)m-x\cdot 2m=100$，得 $50-3x=\dfrac{100}{m}$，例如 $\begin{cases} m=20 \\ x=15 \end{cases}$，$\begin{cases} m=5 \\ x=10 \end{cases}$ 都是解，所

以不能确定甲购买的玩具件数.

22.【答案】 C

【解答】 令 $x-y=Z$，$Z$ 的最值在三角形 $PAB$ 上达到，可转化为线性规划问题，$y=x-Z$ 在 $x$ 轴上截距 $Z$ 的最值.画图如下，动直线斜率恒为 $-1$，则极端位置到点 $(-2,0)$，$(1,0)$，所以 $m$ 的取值范围为 $-2\leqslant m\leqslant 1$，所以联合充分.

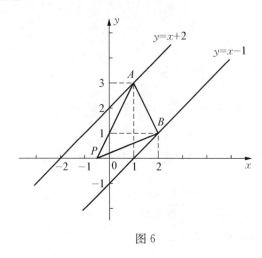

图 6

23.【答案】 D

【解答】 设甲、乙公司年终奖总额分别为 $x$，$y$，甲、乙公司人数为 $a$，$b$，由题意得

$$x(1+25\%)=y(1-10\%)\Leftrightarrow 1.25x=0.9y\Leftrightarrow \frac{x}{y}=\frac{18}{25}.$$

(1) 甲公司的人均年终奖与乙公司的相同，即 $\frac{x}{a}=\frac{y}{b}$，则 $\frac{a}{b}=\frac{x}{y}=\frac{18}{25}$，充分.

(2) 两公司的员工人数之比与两公司的年终奖总额之比相等，即 $\frac{a}{b}=\frac{x}{y}=\frac{18}{25}$，也充分.

24.【答案】 A

【解答】 圆 $x^2+(y-1)^2=1^2$ 与直线 $x+ay-b=0$ 不相交，等价于圆心 $(0,1)$ 到直线的距离 $d=\frac{|a-b|}{\sqrt{1+a^2}}>1\Leftrightarrow |a-b|>\sqrt{1+a^2}$，所以 (1) 充分，(2) 不充分.

25.【答案】 D

【解答】 $f(x)=x^2+ax=\left(x+\frac{a}{2}\right)^2-\frac{a^2}{4}$，则 $f(x)_{\min}=-\frac{a^2}{4}$.

令 $y=f(x)=x^2+ax$，则 $f(f(x))=f(y)=y^2+ay=\left(y+\frac{a}{2}\right)^2-\frac{a^2}{4}$，当且仅当 $y+\frac{a}{2}=0$ 时 $f(x)$ 的最小值与 $f(f(x))$ 的最小值相等.故 $y+\frac{a}{2}=x^2+ax+\frac{a}{2}=0$ 这个方程要有解，则 $\Delta=a^2-4\times\frac{a}{2}\geqslant 0\Leftrightarrow a\geqslant 2$ 或 $a\leqslant 0$，所以 2 个条件单独都充分.

# 2019 年管理类联考综合能力试题(数学部分)

**一、问题求解**(本大题共 15 小题,每小题 3 分,共 45 分)

1. 某车间计划 10 天完成一项任务,工作 3 天后因故停工 2 天.若仍要按原计划完成任务,则工作效率需要提高(　　).

   (A) 20％　　　(B) 30％　　　(C) 40％　　　(D) 50％　　　(E) 60％

2. 设函数 $f(x) = 2x + \dfrac{a}{x^2}(a > 0)$ 在 $(0, +\infty)$ 内的最小值为 $f(x_0) = 12$,则 $x_0 = ($　　$)$.

   (A) 5　　　(B) 4　　　(C) 3　　　(D) 2　　　(E) 1

3. 某影城统计了一季度的观众人数,如图 1 所示,则一季度的男女观众人数之比为(　　).

   (A) 3∶4

   (B) 5∶6

   (C) 12∶13

   (D) 13∶12

   (E) 4∶3

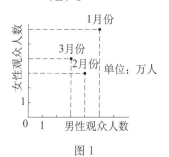

图 1

4. 设实数 $a, b$ 满足 $ab = 6$,$|a + b| + |a - b| = 6$,则 $a^2 + b^2 = ($　　$)$.

   (A) 10　　　(B) 11　　　(C) 12　　　(D) 13　　　(E) 14

5. 设圆 $C$ 与圆 $(x - 5)^2 + y^2 = 2$ 关于 $y = 2x$ 对称,则圆 $C$ 的方程为(　　).

   (A) $(x - 3)^2 + (y - 4)^2 = 2$　　　(B) $(x + 4)^2 + (y - 3)^2 = 2$

   (C) $(x - 3)^2 + (y + 4)^2 = 2$　　　(D) $(x + 3)^2 + (y + 4)^2 = 2$

   (E) $(x + 3)^2 + (y - 4)^2 = 2$

6. 将一批树苗种在 1 个正方形花园边上,四角都种.如果每隔 3 米种 1 棵,那么剩余 10 棵树苗;如果每隔 2 米种 1 棵,那么恰好种满正方形的 3 条边.则这批树苗有(　　).

   (A) 54 棵　　　(B) 60 棵　　　(C) 70 棵　　　(D) 82 棵　　　(E) 94 棵

7. 有分别标记了数字 1,2,3,4,5,6 的 6 张卡片,甲随机抽取 1 张后,乙从余下的卡片中再抽取 2 张.乙的卡片数字之和大于甲的卡片数字的概率为(　　).

   (A) $\dfrac{11}{60}$　　　(B) $\dfrac{13}{60}$　　　(C) $\dfrac{43}{60}$　　　(D) $\dfrac{47}{60}$　　　(E) $\dfrac{49}{60}$

8. 10 名同学的语文和数学成绩如下表:

| 语文成绩 | 90 | 92 | 94 | 88 | 86 | 95 | 87 | 89 | 91 | 93 |
|---|---|---|---|---|---|---|---|---|---|---|
| 数学成绩 | 94 | 88 | 96 | 93 | 90 | 85 | 84 | 80 | 82 | 98 |

语文和数学成绩的均值分别为 $E_1$ 和 $E_2$,标准差分别为 $\sigma_1$ 和 $\sigma_2$,则(　　).

(A) $E_1 > E_2$,$\sigma_1 > \sigma_2$　　　(B) $E_1 > E_2$,$\sigma_1 < \sigma_2$

(C) $E_1 > E_2$,$\sigma_1 = \sigma_2$　　　(D) $E_1 < E_2$,$\sigma_1 > \sigma_2$

(E) $E_1 < E_2$，$\sigma_1 < \sigma_2$

9. 如图 2 所示,正方体位于半径为 3 的球内,且一面位于球的大圆上,则正方体表面积最大为( ).

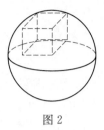

(A) 12            (B) 18

(C) 24            (D) 30

(E) 36

图 2

10. 在三角形 $ABC$ 中,$AB = 4$,$AC = 6$,$BC = 8$,$D$ 为 $BC$ 的中点,则 $AD = ($   ).

(A) $\sqrt{11}$     (B) $\sqrt{10}$     (C) 3     (D) $2\sqrt{2}$     (E) $\sqrt{7}$

11. 某单位要铺设草坪.若甲、乙两公司合作需 6 天完成,工时费共 2.4 万元;若甲公司单独做 4 天后由乙公司接着做 9 天完成,工时费共计 2.35 万元.若由甲公司单独完成该项目,则工时费共计( ).

(A) 2.25 万元    (B) 2.35 万元    (C) 2.4 万元    (D) 2.45 万元    (E) 2.5 万元

12. 如图 3 所示,六边形 $ABCDEF$ 是平面与棱长为 2 的正方体相截所得到的.若 $A$,$B$,$D$,$E$ 分别为相应棱的中点,则六边形 $ABCDEF$ 的面积为( ).

(A) $\dfrac{\sqrt{3}}{2}$           (B) $\sqrt{3}$

(C) $2\sqrt{3}$          (D) $3\sqrt{3}$

(E) $4\sqrt{3}$

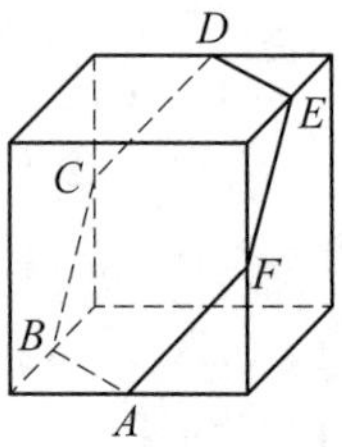

图 3

13. 货车行驶 72 千米用时 1 小时,其速度 $v$ 与行驶时间 $t$ 的关系如图 4 所示,则 $v_0 = ($   )km/h.

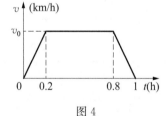

(A) 72            (B) 80

(C) 90            (D) 85

(E) 100

图 4

14. 某中学的 5 个学科各推荐 2 名教师作为支教候选人.若从中选派来自不同学科的 2 人参加支教工作,则不同的选派方式有( ).

(A) 20 种    (B) 24 种    (C) 30 种    (D) 40 种    (E) 45 种

15. 设数列 $\{a_n\}$ 满足 $a_1 = 0$,$a_{n+1} - 2a_n = 1$,则 $a_{100} = ($   ).

(A) $2^{99} - 1$    (B) $2^{99}$    (C) $2^{99} + 1$    (D) $2^{100} - 1$    (E) $2^{100} + 1$

**二、条件充分性判断**(本大题共 10 小题,每小题 3 分,共 30 分)

16. 甲、乙、丙 3 人各自拥有不超过 10 本图书,甲再购入 2 本图书后,他们拥有的图书数量构成等比数列.则能确定甲拥有图书的数量.

(1) 已知乙拥有的图书数量

(2) 已知丙拥有的图书数量

17. 有甲、乙 2 袋奖券,获奖率分别为 $p$ 和 $q$.某人从 2 袋中各随机抽取 1 张奖券.则此人获奖的概率不小于 $\dfrac{3}{4}$.

(1) 已知 $p+q=1$

(2) 已知 $pq = \dfrac{1}{4}$

**18.** 直线 $y=kx$ 与圆 $x^2+y^2-4x+3=0$ 有两个交点.

(1) $-\dfrac{\sqrt{3}}{3}<k<0$

(2) $0<k<\dfrac{\sqrt{2}}{2}$

**19.** 能确定小明的年龄.

(1) 小明的年龄是完全平方数

(2) 20 年后小明的年龄是完全平方数

**20.** 关于 $x$ 的方程 $x^2+ax+b-1=0$ 有实根.

(1) $a+b=0$

(2) $a-b=0$

**21.** 如图 5 所示,已知正方形 $ABCD$ 的面积,$O$ 为 $BC$ 上一点,$P$ 为 $AO$ 的中点,$Q$ 为 $DO$ 上一点,则能确定三角形 $PQD$ 的面积.

(1) $O$ 为 $BC$ 的三等分点

(2) $Q$ 为 $DO$ 的三等分点

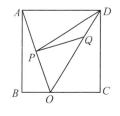

图 5

**22.** 设 $n$ 为正整数,则能确定 $n$ 除以 5 的余数.

(1) 已知 $n$ 除以 2 的余数

(2) 已知 $n$ 除以 3 的余数

**23.** 某校理学院五个系每年的录取人数如下表:

| 系别 | 数学系 | 物理系 | 化学系 | 生物系 | 地学系 |
|---|---|---|---|---|---|
| 录取人数 | 60 | 120 | 90 | 60 | 30 |

今年与去年相比,物理系的录取平均分没变.则理学院的录取平均分升高了.

(1) 数学系的录取平均分升高了 3 分,生物系的录取平均分降低了 2 分

(2) 化学系的录取平均分升高了 1 分,地学系的录取平均分降低了 4 分

**24.** 设三角形区域 $D$ 由直线 $x+8y-56=0$,$x-6y+42=0$ 与 $kx-y+8-6k=0(k<0)$ 围成,则对任意的 $(x,y)\in D$,$\lg(x^2+y^2)\leqslant 2$.

(1) $k\in(-\infty,-1]$

(2) $k\in\left[-1,-\dfrac{1}{8}\right)$

**25.** 设数列 $\{a_n\}$ 的前 $n$ 项和为 $S_n$,则数列 $\{a_n\}$ 是等差数列.

(1) $S_n=n^2+2n$,$n=1,2,3,\cdots$

(2) $S_n=n^2+2n+1$,$n=1,2,3,\cdots$

# 2019 年管理类联考综合能力试题(数学部分)详解

1. 【答案】　C

　　【解答】　假设总工程量为 10,则原来效率为 1,后来效率为 $\dfrac{10-3}{5}=1.4$,所以工作效率需要提高 40%.

2. 【答案】　B

　　【解答】　函数 $f(x)=x+x+\dfrac{a}{x^2}\geqslant 3\sqrt[3]{x\cdot x\cdot \dfrac{a}{x^2}}=3\sqrt[3]{a}=12$,得 $\sqrt[3]{a}=4$. 当且仅当 $x=\dfrac{a}{x^2}$ 时取最小值,即 $x_0=\sqrt[3]{a}=4$.

3. 【答案】　C

　　【解答】　1 月份男性 5 万人、女性 6 万人;2 月份男性 4 万人、女性 3 万人;3 月份男性 3 万人、女性 4 万人. 所以一季度的男女观众人数之比为 $\dfrac{5+4+3}{6+3+4}=\dfrac{12}{13}$.

4. 【答案】　D

　　【解答】　特值法,令 $a=3,b=2$ 满足题意,则 $a^2+b^2=13$.

5. 【答案】　E

　　【解答】　设圆心 $(5,0)$ 关于直线 $2x-y=0$ 的对称点为 $(a,b)$,则满足

$$\begin{cases}\dfrac{b-0}{a-5}\times 2=-1\\2\cdot\dfrac{5+a}{2}-\dfrac{b}{2}=0\end{cases},得到\begin{cases}a=-3\\b=4\end{cases}.$$ 由于圆关于直线对称,故半径不变,得圆 $C$ 的方程为 $(x+3)^2+(y-4)^2=2$.

6. 【答案】　D

　　【解答】　设共有 $x$ 棵树苗,则 $\dfrac{3(x-10)}{2(x-1)}=\dfrac{4}{3}$,得 $x=82$.

7. 【答案】　D

　　【解答】　$n_\Omega=C_6^1 C_5^2=60$.

乙的卡片数字之和大于甲的卡片数字情况较多,故从反面考虑.

甲的卡片数字大于或等于乙的卡片数字之和,穷举得

甲 $=3$,乙 $=1+2$;

甲 $=4$,乙 $=1+2$、$1+3$;

甲 $=5$,乙 $=1+2$、$1+3$、$1+4$、$2+3$;

甲 $=6$,乙 $=1+2$、$1+3$、$1+4$、$1+5$、$2+3$、$2+4$;

反面共 13 种,所以概率 $P=1-\dfrac{13}{60}=\dfrac{47}{60}$.

8. 【答案】　B

　　【解答】　**解法 1**　语文、数学都以 90 为参照量,则

| 语文成绩 | 0 | 2 | 4 | $-2$ | $-4$ | 5 | $-3$ | $-1$ | 1 | 3 | 平均数为 0.5 |
| --- | --- | --- | --- | --- | --- | --- | --- | --- | --- | --- | --- |
| 数学成绩 | 4 | $-2$ | 6 | 3 | 0 | $-5$ | $-6$ | $-10$ | $-8$ | 8 | 平均数为 $-0.5$ |

而且数学成绩更加分散,所以 $E_1>E_2$,$\sigma_1<\sigma_2$.

**解法 2**　将数据由小到大重新排列得

| 语文成绩 | 86 | 87 | 88 | 89 | 90 | 91 | 92 | 93 | 94 | 95 |
|---|---|---|---|---|---|---|---|---|---|---|
| 数学成绩 | 80 | 82 | 84 | 85 | 88 | 90 | 93 | 94 | 96 | 98 |

由数据对称性观察可得 $E_1 > E_2$，由数据分散性可得 $\sigma_1 < \sigma_2$.

9. 【答案】　E

【解答】　在正方体下方补充 1 个相同的正方体变成 1 个长方体，则球是长方体的外接球，由球直径等于长方体的体对角线长，得 $6 = \sqrt{a^2 + a^2 + (2a)^2}$，故 $a^2 = 6$，所以正方体的表面积为 $6a^2 = 36$.

10. 【答案】　B

【解答】　过 $A$ 作 $AE \perp BC$，垂足为 $E$，如图 1 所示.

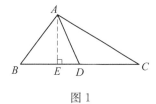

图 1

**解法 1**　由勾股定理得

$AB^2 + AC^2 = (AE^2 + BE^2) + (AE^2 + EC^2) = 2AE^2 + BE^2 + EC^2 = 2(AD^2 - DE^2) + (BD - ED)^2 + (ED + DC)^2 = 2AD^2 + 2BD^2 = 2AD^2 + \dfrac{1}{2}BC^2$，

故中线 $AD = \dfrac{1}{2}\sqrt{2AB^2 + 2AC^2 - BC^2}$，所以 $AD = \sqrt{10}$.

**解法 2**　设 $ED = x$，则由 $AE^2 = AB^2 - BE^2 = AC^2 - EC^2$，即

$4^2 - (4 - x)^2 = 6^2 - (4 + x)^2$，得 $x = \dfrac{5}{4}$，故 $AE = \dfrac{3\sqrt{15}}{4}$. 所以 $AD = \sqrt{AE^2 + ED^2} = \sqrt{10}$.

11. 【答案】　E

【解答】　设甲、乙完成这项工程的效率分别为 $a, b$，则

$\begin{cases} 6(a + b) = 1 \\ 4a + 9b = 1 \end{cases}$，得 $a = 0.1$，故甲单独做这项工程需要 10 天.

设甲、乙每天的工时费分别为 $x, y$ 万元，则

$\begin{cases} 6x + 6y = 2.4 \\ 4x + 9y = 2.35 \end{cases}$，得 $x = 0.25$.

所以甲单独做费用为 $0.25 \times 10 = 2.5$ 万元.

12. 【答案】　D

【解答】　由图 2 可知，六边形 $ABCDEF$ 是正六边形，边长为 $\sqrt{2}$. 正六边形可以分解成 6 个正三角形，所以正六边形的面积为 $6 \times \dfrac{\sqrt{3}}{4} \times (\sqrt{2})^2 = 3\sqrt{3}$.

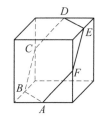

图 2

13. 【答案】　C

【解答】　图 3 中横坐标为时间，纵坐标为速度，所以梯形面积为路程. 故 $\dfrac{(0.6 + 1)v_0}{2} = 72$，所以 $v_0 = 90$ km/h.

14. 【答案】　D

【解答】　从 5 个学科中选 2 个学科共 $C_5^2$ 种方式，再从每个学科中选 1 人有 $C_2^1 C_2^1$ 种方式，所以共计 $C_5^2 C_2^1 C_2^1 = 40$ 种方式.

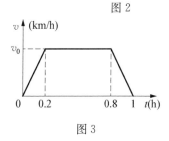

图 3

15. 【答案】　A

【解答】

**解法 1**　$a_1 = 0 = 2^0 - 1$，$a_2 = 2a_1 + 1 = 1 = 2^1 - 1$，$a_3 = 2a_2 + 1 = 3 = 2^2 - 1$，$\cdots$，穷举得 $a_{100} = 2^{99} - 1$.

**解法2**  $a_{n+1} = 2a_n + 1$ 两边加1,则 $a_{n+1} + 1 = 2a_n + 1 + 1 = 2(a_n + 1)$,故 $\dfrac{a_{n+1} + 1}{a_n + 1} = 2$,即 $\{a_n + 1\}$ 是

以 $a_1 + 1 = 1$ 为首项,公比 $q = 2$ 的等比数列,所以 $a_n + 1 = 1 \times 2^{n-1}$,则 $a_{100} = 2^{99} - 1$.

**16.【答案】**  C

**【解答】**  设甲、乙、丙3人各自拥有 $x, y, z$ 本图书, $x, y, z$ 不超过10,

由题意可知 $x + 2, y, z$ 成等比.

(1) 反例:已知 $y = 4$,例如 $x + 2 = 2, y = 4, z = 8, x + 2 = 4, y = 4, z = 4$,所以甲的数量不能确定;

(2) 反例:已知 $z = 8$,例如 $x + 2 = 2, y = 4, z = 8, x + 2 = 8, y = 8, z = 8$,所以甲的数量不能确定;

(1)与(2)联合,由 $y^2 = (x + 2)z$,已知 $y, z$,且 $x, y, z \leqslant 10$ 则能确定 $x$,所以选 C.

**17.【答案】**  D

**【解答】**  此人获奖的概率 $P = 1 - (1 - p)(1 - q) \geqslant \dfrac{3}{4} \Leftrightarrow (p - 1)(q - 1) \leqslant \dfrac{1}{4}$.

(1) $(p - 1)(q - 1) \leqslant \left[ \dfrac{(p - 1) + (q - 1)}{2} \right]^2 = \dfrac{1}{4}$,充分.

(2) $(p - 1)(q - 1) = pq - (p + q) + 1 \leqslant pq - 2\sqrt{pq} + 1 = \dfrac{1}{4} - 2\sqrt{\dfrac{1}{4}} + 1 = \dfrac{1}{4}$,充分.

**18.【答案】**  A

**【解答】**  圆 $(x - 2)^2 + y^2 = 1$,直线与圆有2个交点,则圆心 $(2, 0)$ 到这直线 $kx - y = 0$ 的距离 $d = \dfrac{|2k - 0|}{\sqrt{k^2 + 1}} < 1$,解得 $-\dfrac{\sqrt{3}}{3} < k < \dfrac{\sqrt{3}}{3}$,所以条件(1)充分,条件(2)不充分.

**19.【答案】**  C

**【解答】**  (1) 反例,小明的年龄是 $2^2, 3^2, \cdots$,不充分;

(2) 反例,20年后小明的年龄是 $25, 36, \cdots$,不充分;

(1)与(2)联合,

**解法1**  穷举得完全平方数, $1, 4, 9, 16, 25, 36, 49, 64, 81, 100$. 其中相差20的为 $16, 36$,故小明的年龄为16岁,所以充分.

**解法2**  设小明现在的年龄为 $x$,则 $\begin{cases} x = m^2 \\ x + 20 = n^2 \\ n > m \text{ 且均为正整数} \end{cases}$,即 $n^2 - m^2 = 20$,则 $(n - m)(n + m) = 20 =$

$2 \times 10 = 4 \times 5$. $\begin{cases} n - m = 2 \\ n + m = 10 \end{cases}$ 或 $\begin{cases} n - m = 4 \\ n + m = 5 \end{cases}$,由第一组方程得 $\begin{cases} n = 6 \\ m = 4 \end{cases}$,所以 $x = 16$,能确定.

**20.【答案】**  D

**【解答】**  (1) $\Delta = a^2 - 4(b - 1) = (-b)^2 - 4b + 4 = (b - 2)^2 \geqslant 0$,充分;

(2) $\Delta = a^2 - 4(b - 1) = b^2 - 4b + 4 = (b - 2)^2 \geqslant 0$,充分.

**21.【答案】**  B

**【解答】**  (1) 图4中 $Q$ 变动导致三角形 $PQD$ 的面积变化;

(2) $P$ 为 $AO$ 的中点且 $Q$ 为 $DO$ 的三等分点,则 $S_{\triangle PQD} = \dfrac{1}{3} S_{\triangle POD} = \dfrac{1}{3} \times$

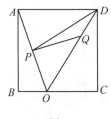

图4

$\dfrac{1}{2} S_{\triangle AOD} = \dfrac{1}{3} \times \dfrac{1}{2} \times \dfrac{1}{2} \times S_{正方形ABCD} = \dfrac{1}{12} S_{正方形ABCD}$,充分.

**22.【答案】**  E

**【解答】**  单独显然不充分,考虑联合. 设 $n$ 除以2与除以3的余数均为1,则 $n = 6q + 1 (q \in \mathbf{Z})$. 例如, $n = 7$ 除以5的余数为2, $n = 13$ 除以5的余数为3,所以不能确定.

**23.【答案】**  C

【解答】 设数学系、物理系、化学系、生物系、地学系的平均分为 $a_1$, $a_2$, $a_3$, $a_4$, $a_5$, 则理学院去年平均

分为 $\bar{x}_{去年} = \dfrac{60a_1 + 120a_2 + 90a_3 + 60a_4 + 30a_5}{60 + 120 + 90 + 60 + 30}$.

(1) 物理系不变,但化学系、地学系未知,不充分;

(2) 物理系不变,但数学系、生物系未知,不充分;

(1)与(2)联合得,理学院今年平均分为

$$\bar{x}_{今年} = \frac{60(a_1+3) + 120a_2 + 90(a_3+1) + 60(a_4-2) + 30(a_5-4)}{60 + 120 + 90 + 60 + 30}$$

$$= \frac{60a_1 + 120a_2 + 90a_3 + 60a_4 + 30a_5 + 30}{60 + 120 + 90 + 60 + 30} > \bar{x}_{去年}.$$

**24.**【答案】 A

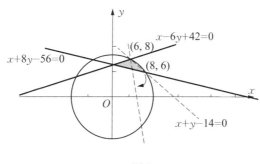

图 5

【解答】 $\lg(x^2 + y^2) \leqslant 2 \Leftrightarrow 0 < x^2 + y^2 \leqslant 10^2$.

$kx - y + 8 - 6k = 0 \Leftrightarrow (x-6)k + (8-y) = 0$,故直线恒过点 $(6, 8)$.

当 $k = -1$ 时,直线为 $x + y - 14 = 0$,经检验 $(6, 8)$ 与 $(8, 6)$ 在圆 $x^2 + y^2 = 10^2$ 上,画图比较斜率得,

当斜率 $k \in (-\infty, -1]$ 时,三角形区域 $D$ 在区域 $0 < x^2 + y^2 \leqslant 10^2$ 内,所以(1)单独充分. 而当 $k \in \left[ -1, -\dfrac{1}{8} \right)$ 时,三角形区域 $D$ 不在区域 $0 < x^2 + y^2 \leqslant 10^2$ 内,所以(2)单独不充分.

**25.**【答案】 A

【解答】 (1) $n = 1$ 时,$a_1 = S_1 = 3$; $n \geqslant 2$ 时,$a_n = S_n - S_{n-1} = 2n + 1$;

所以 $a_n = 2n + 1$, $n = 1, 2, 3, \cdots$ 是等差数列,充分;

(2) $n = 1$ 时,$a_1 = S_1 = 4$; $n \geqslant 2$ 时,$a_n = S_n - S_{n-1} = 2n + 1$;

所以 $a_n = \begin{cases} 4, & n = 1 \\ 2n + 1, & n \geqslant 2 \end{cases}$, $n = 1, 2, 3, \cdots$ 不是等差数列,不充分.

【经验结论】 若 $S_n = kn^2 + bn$,则 $\{a_n\}$ 为等差数列.

# 2020 年管理类联考综合能力试题(数学部分)

**一、问题求解**(本大题共 15 小题,每小题 3 分,共 45 分)

1. 某产品去年涨价 10%,今年涨价 20%,则该产品这两年共涨价(    ).
   (A) 15%　　(B) 16%　　(C) 30%　　(D) 32%　　(E) 33%

2. 设 $A=\{x\mid\mid x-a\mid<1,x\in\mathbf{R}\}$,$B=\{x\mid\mid x-b\mid<2,x\in\mathbf{R}\}$,则 $A\subset B$ 的充分必要条件是(    ).
   (A) $\mid a-b\mid\leqslant 1$　　　　　　(B) $\mid a-b\mid\geqslant 1$
   (C) $\mid a-b\mid<1$　　　　　　(D) $\mid a-b\mid>1$
   (E) $\mid a-b\mid=1$

3. 总成绩 = 甲成绩×30%+乙成绩×20%+丙成绩×50%,考试通过标准是每部分 $\geqslant 50$ 分,且总成绩 $\geqslant 60$ 分,已知某人甲成绩 70 分,乙成绩 75 分,且通过了这项考试,则此人丙成绩的分数至少是(    ).
   (A) 48　　(B) 50　　(C) 55　　(D) 60　　(E) 62

4. 从 1 至 10 这 10 个整数中任取 3 个数,恰有 1 个质数的概率是(    ).
   (A) $\dfrac{2}{3}$　　(B) $\dfrac{1}{2}$　　(C) $\dfrac{5}{12}$　　(D) $\dfrac{2}{5}$　　(E) $\dfrac{1}{120}$

5. 若等差数列 $\{a_n\}$ 满足 $a_1=8$,且 $a_2+a_4=a_1$,则 $\{a_n\}$ 前 $n$ 项和的最大值为(    ).
   (A) 16　　(B) 17　　(C) 18　　(D) 19　　(E) 20

6. 已知实数 $x$ 满足 $x^2+\dfrac{1}{x^2}-3x-\dfrac{3}{x}+2=0$,则 $x^3+\dfrac{1}{x^3}=$(    ).
   (A) 12　　(B) 15　　(C) 18　　(D) 24　　(E) 27

7. 设实数 $x,y$ 满足 $\mid x-2\mid+\mid y-2\mid\leqslant 2$,则 $x^2+y^2$ 的取值范围是(    ).
   (A) $[2,18]$　　(B) $[2,20]$　　(C) $[2,36]$　　(D) $[4,18]$　　(E) $[4,20]$

8. 某网店对单价为 55 元、75 元、80 元的 3 种商品进行促销,促销策略是每单满 200 元减 $m$ 元,如果每单减 $m$ 元后售价均不低于原价的 8 折,那么 $m$ 的最大值为(    ).
   (A) 40　　(B) 41　　(C) 43　　(D) 44　　(E) 48

9. 某人在同一观众群体中调查了对 5 部电影的看法,得到了如下数据:

| 电影 | 第一部 | 第二部 | 第三部 | 第四部 | 第五部 |
|---|---|---|---|---|---|
| 好评率 | 0.75 | 0.5 | 0.3 | 0.8 | 0.4 |
| 差评率 | 0.25 | 0.5 | 0.7 | 0.2 | 0.6 |

据此数据,观众意见分歧最大的前 2 部电影依次是(    ).
   (A) 第一部、第三部　　　　(B) 第二部、第三部
   (C) 第二部、第五部　　　　(D) 第四部、第一部
   (E) 第四部、第二部

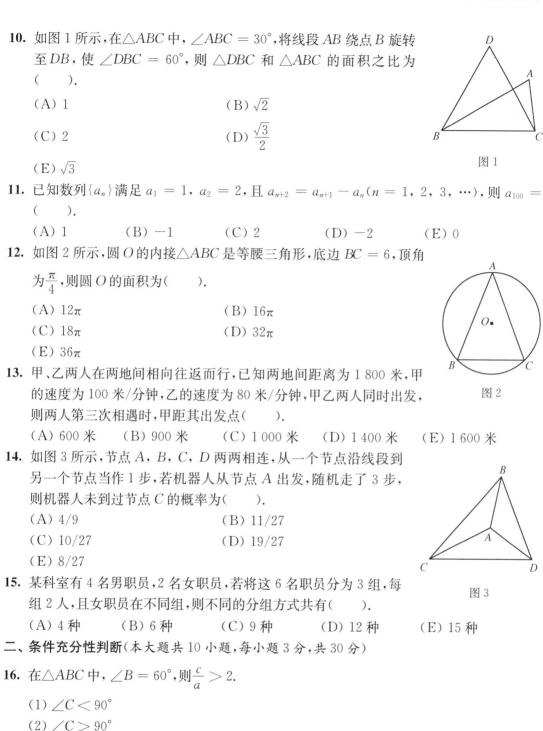

10. 如图 1 所示,在 △ABC 中,∠ABC = 30°,将线段 AB 绕点 B 旋转至 DB,使 ∠DBC = 60°,则 △DBC 和 △ABC 的面积之比为( ).

(A) 1 　　　　　　　　　　(B) $\sqrt{2}$

(C) 2 　　　　　　　　　　(D) $\dfrac{\sqrt{3}}{2}$

(E) $\sqrt{3}$

图 1

11. 已知数列 $\{a_n\}$ 满足 $a_1 = 1$, $a_2 = 2$,且 $a_{n+2} = a_{n+1} - a_n (n = 1, 2, 3, \cdots)$,则 $a_{100} =$ ( ).

(A) 1 　　　(B) −1 　　　(C) 2 　　　(D) −2 　　　(E) 0

12. 如图 2 所示,圆 $O$ 的内接 △ABC 是等腰三角形,底边 $BC = 6$,顶角为 $\dfrac{\pi}{4}$,则圆 $O$ 的面积为( ).

(A) 12π 　　　　　　　　(B) 16π

(C) 18π 　　　　　　　　(D) 32π

(E) 36π

图 2

13. 甲、乙两人在两地间相向往返而行,已知两地间距离为 1 800 米,甲的速度为 100 米/分钟,乙的速度为 80 米/分钟,甲乙两人同时出发,则两人第三次相遇时,甲距其出发点( ).

(A) 600 米 　　(B) 900 米 　　(C) 1 000 米 　　(D) 1 400 米 　　(E) 1 600 米

14. 如图 3 所示,节点 $A$, $B$, $C$, $D$ 两两相连,从一个节点沿线段到另一个节点当作 1 步,若机器人从节点 $A$ 出发,随机走了 3 步,则机器人未到过节点 $C$ 的概率为( ).

(A) 4/9 　　　　　　　　(B) 11/27

(C) 10/27 　　　　　　　(D) 19/27

(E) 8/27

图 3

15. 某科室有 4 名男职员,2 名女职员,若将这 6 名职员分为 3 组,每组 2 人,且女职员在不同组,则不同的分组方式共有( ).

(A) 4 种 　　(B) 6 种 　　(C) 9 种 　　(D) 12 种 　　(E) 15 种

**二、条件充分性判断**(本大题共 10 小题,每小题 3 分,共 30 分)

16. 在 △ABC 中,∠B = 60°,则 $\dfrac{c}{a} > 2$.

(1) ∠C < 90°

(2) ∠C > 90°

17. $x^2 + y^2 = 2x + 2y$ 上的点到 $ax + by + \sqrt{2} = 0$ 的距离最小值大于 1.

(1) $a^2 + b^2 = 1$

(2) $a > 0, b > 0$

18. 若 $a, b, c$ 是实数,则能确定 $a, b, c$ 的最大值.

(1) 已知 $a, b, c$ 的平均值

(2) 已知 $a$, $b$, $c$ 的最小值

19. 有甲、乙手机共 20 部,从中任选 2 部,则恰有 1 部甲的概率 $P > \dfrac{1}{2}$.

  (1) 甲手机不少于 8 部
  (2) 乙手机大于 7 部

20. 某公司计划租 $n$ 辆车出游,则能确定出游人数.
  (1) 若租 20 座的车辆,则有 1 车未坐满
  (2) 若租 12 座的车辆,则少 10 个座位

21. 能确定长方体的体对角线长度.
  (1) 已知长方体 1 个顶点的 3 个面的面积
  (2) 已知长方体 1 个顶点的 3 个面的面对角线

22. 已知甲、乙、丙 3 人共捐款 3 500 元,能确定每人的捐款金额.
  (1) 3 个人的捐款金额各不相同
  (2) 3 个人捐款的金额都是 500 的倍数

23. 设函数 $f(x) = (ax - 1)(x - 4)$,则在 $x = 4$ 左侧附近有 $f(x) < 0$.

  (1) $a > \dfrac{1}{4}$

  (2) $a < 4$

24. 设 $a$, $b$ 是正实数,则 $\dfrac{1}{a} + \dfrac{1}{b}$ 存在最小值.

  (1) 已知 $ab$ 的值
  (2) 已知 $a$, $b$ 的方程 $x^2 - (a+b)x + 2 = 0$ 的不同实根

25. 设 $a$, $b$, $c$, $d$ 是正实数,则 $\sqrt{a} + \sqrt{d} \leqslant \sqrt{2(b+c)}$.
  (1) $a + d = b + c$
  (2) $ad = bc$

# 2020 年管理类联考综合能力试题(数学部分)详解

1. **【答案】** D

   **【解答】** 设原价为 100,则现价为 $100 \times 1.1 \times 1.2 = 132$,所以这两年涨价了 32%.

2. **【答案】** A

   **【解答】** $|x-a| < 1 \Leftrightarrow a-1 < x < a+1$. $|x-b| < 2 \Leftrightarrow b-2 < x < b+2$.

   $A \subset B$ 的充分必要条件是 $\begin{cases} a+1 \leqslant b+2 \\ a-1 \geqslant b-2 \end{cases} \Leftrightarrow \begin{cases} a-b \leqslant 1 \\ a-b \geqslant -1 \end{cases} \Leftrightarrow |a-b| \leqslant 1$.

3. **【答案】** B

   **【解答】** 设丙的成绩为 $x$ 分,则 $\begin{cases} 70 \times 30\% + 75 \times 20\% + x \times 50\% \geqslant 60 \\ x \geqslant 50 \end{cases} \Rightarrow \begin{cases} x \geqslant 48 \\ x \geqslant 50 \end{cases}$,

   所以 $x \geqslant 50$.

4. **【答案】** B

   **【解答】** 从 1 到 10 的整数中,质数为 2,3,5,7,共 4 个,非质数有 6 个.

   从 10 个数中选 3 个数字共有 $C_{10}^3 = 120$ 种方法.

   恰有 1 个质数的情况有 $C_4^1 C_6^2 = 60$ 种,所以恰有一个为质数的概率为 $P = \dfrac{60}{120} = \dfrac{1}{2}$.

5. **【答案】** E

   **【解答】** 由 $\begin{cases} a_1 = 8 \\ a_2 + a_4 = a_1 \end{cases} \Rightarrow \begin{cases} a_1 = 8 \\ 2a_1 + 4d = a_1 \end{cases} \Rightarrow \begin{cases} a_1 = 8 \\ d = -2 \end{cases}$,故 $a_5 = 0$.

   所以前 4 项或前 5 项的和最大,$S_5 = 8 + 6 + 4 + 2 = 20$.

6. **【答案】** C

   **【解答】** 由 $x^2 + \dfrac{1}{x^2} - 3x - \dfrac{3}{x} + 2 = \left(x + \dfrac{1}{x}\right)^2 - 3\left(x + \dfrac{1}{x}\right) = 0$,得 $x + \dfrac{1}{x} = 3$ 或 $0$(舍).

   所以 $x^3 + \dfrac{1}{x^3} = \left(x + \dfrac{1}{x}\right)\left(x^2 - 1 + \dfrac{1}{x^2}\right) = \left(x + \dfrac{1}{x}\right)\left[\left(x + \dfrac{1}{x}\right)^2 - 3\right] = 18$.

7. **【答案】** B

   **【解答】** $|x-2| + |y-2| \leqslant 2$ 的图像如图 1 中正方形区域.
   其中离原点最近的点为 $(1, 1)$,最远的点为 $(2, 4)$,$(4, 2)$,则 $x^2 + y^2$ 的
   最小值为 $1^2 + 1^2 = 2$,最大值为 $2^2 + 4^2 = 20$,所以 $x^2 + y^2$ 的取值范围是
   $[2, 20]$.

   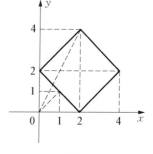

   图 1

8. **【答案】** B

   **【解答】** 设折扣前的价格为 $x$ 元,则 $x - m \geqslant 0.8x \Rightarrow m \leqslant 0.2x$.

   折扣前的价格最小为 $55 + 75 + 75 = 205$,所以 $m \leqslant 0.2 \times 205 = 41$.

9. **【答案】** C

   **【解答】** **解法 1** 总人数固定,2 种意见的人数越接近分歧就越大,所以
   观众意见分歧最大的前 2 部电影依次是第二部、第五部.

   **解析 2** 第二部的方差为 $0.5 \times 0.5 = 0.25$,第五部的方差为 $0.4 \times 0.6 = 0.24$,方差大说明观众意见分歧大.

10. **【答案】** E

    **【解答】** **解法 1** 将线段 $AB$ 绕点 $B$ 旋转至 $DB$,则 $AB = DB$,由三角形面积公式得

$$\frac{S_{\triangle DBC}}{S_{\triangle ABC}} = \frac{\frac{1}{2}BC \cdot BD \cdot \sin 60°}{\frac{1}{2}BC \cdot BA \cdot \sin 30°} = \frac{\sin 60°}{\sin 30°} = \frac{\frac{\sqrt{3}}{2}}{\frac{1}{2}} = \sqrt{3}.$$

**解法 2**　过 $A$ 点作 $AE \perp BC$ 于 $E$,过 $D$ 点作 $DF \perp BC$ 与 $F$.

$$\frac{S_{\triangle DBC}}{S_{\triangle ABC}} = \frac{\frac{1}{2}BC \cdot DF}{\frac{1}{2}BC \cdot AE} = \frac{DF}{AE} = \frac{\frac{\sqrt{3}}{2}BD}{\frac{1}{2}BA} = \sqrt{3}.$$

【技巧】可以把图形特殊化,在 $\triangle ABC$ 中,令 $\angle BAC = 90°$.

11.【答案】　B

【解答】　$a_1 = 1, a_2 = 2, a_3 = a_2 - a_1 = 2 - 1 = 1, a_4 = a_3 - a_2 = 1 - 2 = -1,$
$a_5 = a_4 - a_3 = -1 - 1 = -2, a_6 = a_5 - a_4 = -2 - (-1) = -1, a_7 = a_6 - a_5 = -1 - (-2) = 1 = a_1, \cdots,$ 该数列是 6 项为一个周期的周期数列,所以 $a_{100} = a_4 = -1$.

12.【答案】　C

【解答】　在图 2 中,连接半径 $OB, OC$.

由同弧所对的圆心角是圆周角的 2 倍,$\angle BAC = 45° \Rightarrow \angle BOC = 90°$,又 $BC = 6$,

则 $OC = \frac{BC}{\sqrt{2}} = 3\sqrt{2}$,所以圆 $O$ 的面积为 $\pi (3\sqrt{2})^2 = 18\pi$.

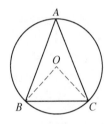

图 2

13.【答案】　D

【解答】　甲、乙两人第三次相遇,一共走了 5 个全程,即 $5 \times 1\,800 = 9\,000$,用时 $9\,000 \div (100 + 80) = 50$ 分钟,故甲走了 $100 \times 50 = 5\,000 = 2 \times 1\,800 + 1\,400$,所以两人第三次相遇时,甲距其出发点 1 400 米.

14.【答案】　E

【解答】　利用独立性分析得到,从 $A$ 点出发,走 3 步,每一步均有 3 种选择,故总数有 $3 \times 3 \times 3 = 27$ 种.

机器人未到过节点 $C$,从 $A$ 点出发可以有 2 种选择,接着到达 $B$ 或 $D$ 点时,也分别有 2 种选择,故有 $2 \times 2 \times 2 = 8$ 种,所以概率为 8/27.

15.【答案】　D

【解答】　**解法 1**　男员工 4 人分成 2, 1, 1 三组有 $\frac{C_4^2 C_2^1 C_1^1}{2!}$ 种方法,再把 2 名女职员分派进去有 $2!$ 种方法,故总共有 $\frac{C_4^2 C_2^1 C_1^1}{2!} \times 2! = 12$ 种方法.

**解法 2**　这 6 名职员分为 3 组,每组 2 人,有 $\frac{C_6^2 C_4^2 C_2^2}{3!} = 15$ 种方法.2 名女职员在一组有 $\frac{C_4^2 C_2^2}{2!} = 3$ 种方法,所以一共有 $15 - 3 = 12$ 种方法.

16.【答案】　B

【解答】　(1) 反例:如图 3 所示,若 $\triangle ABC$ 为等边三角形,则 $\frac{c}{a} = 1$,

不充分;

(2) 若 $\triangle ABC$ 为直角三角形,$\angle B = 60°$,$\angle C = 90°$,则 $\frac{c}{a} = 2$.

当 $\angle C > 90°$,则 $\frac{c}{a} > 2$,充分.

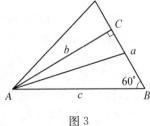

图 3

17.【答案】　C

【解答】　$(x - 1)^2 + (y - 1)^2 = 2$ 的圆心为 $(1, 1)$,半径 $r = \sqrt{2}$.

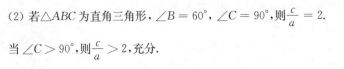

圆心$(1,1)$到直线到直线 $ax+by+\sqrt{2}=0$ 的距离 $d=\dfrac{|a+b+\sqrt{2}|}{\sqrt{a^2+b^2}}$.

如图 4 所示,可知圆上的点到直线距离最小值为 $d-r$.

即 $d-r=\dfrac{|a+b+\sqrt{2}|}{\sqrt{a^2+b^2}}-\sqrt{2}>1$ 等价于 $\dfrac{|a+b+\sqrt{2}|}{\sqrt{a^2+b^2}}>1+\sqrt{2}$.

图 4

(1) $a^2+b^2=1$ 时,$a=\dfrac{\sqrt{2}}{2}$,$b=-\dfrac{\sqrt{2}}{2}$,上述不等式不成立;

(2) $a>0$,$b>0$ 时,$a=1$,$b=1$,上述不等式不成立;

条件(1)与条件(2)联合,则 $\dfrac{|a+b+\sqrt{2}|}{\sqrt{a^2+b^2}}>1+\sqrt{2}\Leftrightarrow a+b+\sqrt{2}>1+\sqrt{2}\Leftrightarrow a+b>1$.

在 $a>0$,$b>0$ 时 $(a+b)^2>a^2+b^2=1$,所以 $a+b>1$ 成立,联合充分.

**18.**【答案】 E

【解答】 两条件单独均不充分;考虑 2 个条件联合,已知 $a$,$b$,$c$ 的平均值 $\bar{x}$(常数),$a+b+c=3\bar{x}$ 的值固定.设 $a$,$b$,$c$ 的最小值为 $a$,则 $b+c=3\bar{x}-a$,$b$,$c$ 哪个大不能确定,所以无法确定 $a$,$b$,$c$ 的最大值.

**19.**【答案】 C

【解答】 设甲手机有 $x$ 部,则恰好取到 1 部甲的概率为

$$P=\frac{C_x^1 C_{20-x}^1}{C_{20}^2}=\frac{x(20-x)}{190}>\frac{1}{2}\Leftrightarrow x^2-20x+95<0\Leftrightarrow 10-\sqrt{5}<x<10+\sqrt{5},$$

即 $7.7<x<12.3$,即甲有 $8,9,10,11,12$ 手机,乙有 $12,11,10,9,8$ 手机,所以甲手机不少于 8 部,乙手机大于 7 部,联合充分.

**20.**【答案】 E

【解答】 设人数为 $x$.

(1) $20(n-1)<x<20n$,单独不充分;

(2) $x=12n+10$,单独不充分;

两个条件联合:$20(n-1)<12n+10<20n\Leftrightarrow 10<8n<30\Leftrightarrow n=2$ 或 $n=3$,所以人数 $x=34$ 或 $46$,所以联合也不充分.

**21.**【答案】 D

【解答】 设长方体的长、宽、高分别为 $a$,$b$,$c$,则长方体的体对角线长度为 $\sqrt{a^2+b^2+c^2}$.

(1) 已知长方体 1 个顶点的 3 个面的面积,即已知 $ab$,$ac$,$bc$,则能求出 $a$,$b$,$c$ 的值,所以能确定长方体的体对角线长,充分;

(2) 已知长方体 1 个顶点的 3 个面的面对角线,即已知 $\sqrt{a^2+b^2}$,$\sqrt{a^2+c^2}$,$\sqrt{c^2+b^2}$,则也能确定 $\sqrt{a^2+b^2+c^2}$ 的值,也充分.

**22.**【答案】 E

【解答】 单独不充分,联合起来,甲、乙、丙可以分别为 500 元、1 000 元、2 000 元或 2 000 元、1 000 元、500 元,所以不能确定每人的捐款金额.

**23.**【答案】 A

【解答】 (1) $a>\dfrac{1}{4}$ 时,$f(x)=a\left(x-\dfrac{1}{a}\right)(x-4)$

开口向上,如图 5 所示,

则 $x=4$ 在左侧附近有 $f(x)<0$,充分;

(2) $a<4$ 时,当 $a=0$ 时,如图 6 所示,则 $x=4$ 左

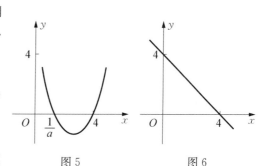

图 5 图 6

侧附近有 $f(x)>0$,不充分.

**24.【答案】** A

【解答】 $a,b$ 是正实数,则 $\dfrac{1}{a}+\dfrac{1}{b}\geqslant 2\sqrt{\dfrac{1}{a}\cdot\dfrac{1}{b}}$,当且仅当 $\dfrac{1}{a}=\dfrac{1}{b}$,即 $a=b$ 的时候存在最小值.

(1) 已知 $ab$ 的值,则 $\dfrac{1}{a}+\dfrac{1}{b}$ 存在最小值,充分.

(2) 已知 $a,b$ 的方程 $x^2-(a+b)x+2=0$ 的不同实根,则 $a\neq b$.所以 $\dfrac{1}{a}+\dfrac{1}{b}$ 不一定存在最小值,不充分.

**25.【答案】** A

【解答】 条件(1)当 $a+d=b+c$ 时,$\sqrt{2(b+c)}-(\sqrt{a}+\sqrt{d})=\sqrt{2(a+d)}-(\sqrt{a}+\sqrt{d})$,$a,b,c,d$ 是正实数,故 $(\sqrt{2(a+d)})^2-(\sqrt{a}+\sqrt{d})^2=a+d-2\sqrt{a}\sqrt{d}=(\sqrt{a}-\sqrt{d})^2\geqslant 0$,所以 $\sqrt{a}+\sqrt{d}\leqslant\sqrt{2(b+c)}$ 成立,充分;

条件(2)当 $ad=bc$ 时,举反例 $a=1,d=4,b=c=2$ 时,

$\sqrt{a}+\sqrt{d}=1+2=3$,$\sqrt{2(b+c)}=2\sqrt{2}$,所以不充分.

# 2021 年管理类联考综合能力试题(数学部分)

**一、问题求解**(本大题共 15 小题,每小题 3 分,共 45 分)

1. 某便利店第一天售出 50 种商品,第二天 45 种,第三天 60 种,前两天有 25 种相同,后两天售出商品有 30 种相同. 这三天售出商品至少有(    ).

    (A) 70 种    (B) 75 种    (C) 80 种    (D) 85 种    (E) 100 种

2. 三位年轻人的年龄成等差,且最大与最小的两人年龄差的 10 倍是另一人的年龄,则三人中年龄最大的是(    ).

    (A) 19    (B) 20    (C) 21    (D) 22    (E) 23

3. $\dfrac{1}{1+\sqrt{2}} + \dfrac{1}{\sqrt{2}+\sqrt{3}} + \cdots + \dfrac{1}{\sqrt{99}+\sqrt{100}} = ($    ).

    (A) 9    (B) 10    (C) 11    (D) $3\sqrt{11}-1$    (E) $3\sqrt{11}$

4. 设 $p$、$q$ 是小于 10 的质数,则满足条件 $1 < \dfrac{q}{p} < 2$ 的 $p$、$q$ 有(    ).

    (A) 2 组    (B) 3 组    (C) 4 组    (D) 5 组    (E) 6 组

5. 设二次函数 $f(x) = ax^2 + bx + c$,且 $f(2) = f(0)$,则 $\dfrac{f(3)-f(2)}{f(2)-f(1)} = ($    ).

    (A) 2    (B) 3    (C) 4    (D) 5    (E) 6

6. 如图 1 所示,由 $P$ 到 $Q$ 的电路中有三个元件,分别标有 $T_1$、$T_2$、$T_3$. 电流能通过 $T_1$、$T_2$、$T_3$ 的概率分别为 0.9、0.9、0.99. 假设电流能否通过三个元件相互独立,则电流能在 $P$、$Q$ 之间通过的概率是(    ).

    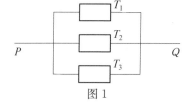

    图 1

    (A) 0.801 9    (B) 0.998 9
    (C) 0.999    (D) 0.999 9
    (E) 0.999 99

7. 甲乙两组同学中,甲组有 3 男 3 女,乙组有 4 男 2 女,从甲、乙两组中各选出 2 名同学,这 4 人中恰有 1 女的选法有(    ).

    (A) 26 种    (B) 54 种    (C) 70 种    (D) 78 种    (E) 105 种

8. 若球体的内接正方体的体积为 8 m³,则该球体的表面积为(    ).

    (A) $4\pi$ m²    (B) $6\pi$ m²    (C) $8\pi$ m²    (D) $12\pi$ m²    (E) $24\pi$ m²

9. 如图 2 所示,已知六边形边长为 1,分别以六边形的顶点 $O$、$P$、$Q$ 为圆心,以 1 为半径作圆弧,则阴影部分面积为(    ).

    (A) $\pi - \dfrac{3\sqrt{3}}{2}$    (B) $\pi - \dfrac{3\sqrt{3}}{4}$

    (C) $\dfrac{\pi}{2} - \dfrac{3\sqrt{3}}{4}$    (D) $\dfrac{\pi}{2} - \dfrac{3\sqrt{3}}{8}$

    (E) $2\pi - 3\sqrt{3}$

    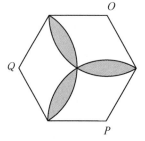

    图 2

**10.** 已知 $ABCD$ 是圆 $x^2+y^2=25$ 的内接四边形,若 $AC$ 是直线 $x=3$ 与圆 $x^2+y^2=25$ 的交点,则四边形 $ABCD$ 面积的最大值为(    ).

(A) 20        (B) 24        (C) 40        (D) 48        (E) 60

**11.** 某商场利用抽奖方式促销,100 个奖券中有 3 个一等奖,7 个二等奖,则一等奖先于二等奖抽完的概率为(    ).

(A) 0.3        (B) 0.5        (C) 0.6        (D) 0.7        (E) 0.73

**12.** 函数 $f(x)=x^2-4x-2|x-2|$ 的最小值是(    ).

(A) $-4$        (B) $-5$        (C) $-6$        (D) $-7$        (E) $-8$

**13.** 从装有 1 个红球、2 个白球、3 个黑球的袋中随机取出 3 个球,则这 3 个球颜色至多有两种的概率为(    ).

(A) 0.3        (B) 0.4        (C) 0.5        (D) 0.6        (E) 0.7

**14.** 现有甲、乙两种浓度的酒精,已知用 10 升甲酒精和 12 升乙酒精可以配成浓度为 70% 的酒精,用 20 升甲和 8 升乙可以配成浓度为 80% 的酒精,则甲酒精的浓度为(    ).

(A) 72%        (B) 80%        (C) 84%        (D) 88%        (E) 91%

**15.** 甲、乙两人相距 330 千米,他们驾车同时出发,经过 2 小时相遇,甲继续行驶 2 小时 24 分钟后到达乙的出发地,则乙车速为(    ).

(A) 20 千米/小时                (B) 25 千米/小时

(C) 80 千米/小时                (D) 90 千米/小时

(E) 96 千米/小时

**二、条件充分性判断**(本大题共 10 小题,每小题 3 分,共 30 分)

**16.** 某班增加两名同学,则该班平均身高增加了.

(1) 增加的两名同学的平均身高与原来男同学的平均身高相同

(2) 原来男同学的平均身高大于女同学的平均身高

**17.** 设 $x,y$ 为实数,则能确定 $x\leqslant y$.

(1) $x^2\leqslant y-1$

(2) $x^2+(y-2)^2\leqslant 2$

**18.** 清理一块场地,则甲、乙、丙三人能在 2 天内完成.

(1) 甲、乙两人需要 3 天完成

(2) 甲、丙两人需要 4 天完成

**19.** 某单位进行投票表决,已知该单位的男女员工人数之比为 3:2. 则能确定至少有 50% 的女员工参加了投票.

(1) 投赞成票的人数超过总人数的 40%

(2) 参加投票的女员工比男员工多

**20.** 设 $a,b$ 为实数,则能确定 $|a|+|b|$ 的值.

(1) 已知 $|a+b|$ 的值

(2) 已知 $|a-b|$ 的值

**21.** 设 $a$ 为实数,圆 $C$: $x^2+y^2=ax+ay$,则能确定圆 $C$ 的方程.

(1) 直线 $x+y=1$ 与圆 $C$ 相切

(2) 直线 $x-y=1$ 与圆 $C$ 相切

**22.** 某人购买了果汁、牛奶、咖啡三种物品,已知果汁每瓶 12 元,牛奶每袋 15 元,咖啡每盒 35 元,则能确定所买各种物品的数量.

(1) 总花费为 104 元

(2) 总花费为 215 元

**23.** 某人开车去上班,有一段路因维修限速通行,则可以算出此人上班的距离.

(1) 路上比平时多用了半小时

(2) 已知维修路段的通行速度

**24.** 已知数列 $\{a_n\}$,则数列 $\{a_n\}$ 为等比数列.

(1) $a_n a_{n+1} > 0$

(2) $a_{n+1}^2 - 2a_n^2 - a_{n+1}a_n = 0$

**25.** 给定两个直角三角形,则这两个直角三角形相似.

(1) 每个直角三角形边长成等比数列

(2) 每个直角三角形边长成等差数列

# 2021 年管理类联考综合能力试题(数学部分)详解

1. **【答案】** B

   **【解答】** 第一、第二天共有 $50+45-25=70$ 种,第二、第三天共有 $45+60-30=75$ 种.若第一、第二天包含在第二、第三天里,则这三天售出的商品最少,故最少为 75 种.

2. **【答案】** C

   **【解答】** 设三人的年龄分别为 $a-d$, $a$, $a+d$. 由题意得 $[a+d-(a-d)]\times 10=a$,即 $a=20d$,故三人的年龄分别为 $19d$, $20d$, $21d$,因为是年轻人,所以三人中年龄最大的为 21.

3. **【答案】** A

   **【解答】** $\dfrac{1}{1+\sqrt{2}}+\dfrac{1}{\sqrt{2}+\sqrt{3}}+\cdots+\dfrac{1}{\sqrt{99}+\sqrt{100}}=\sqrt{2}-1+\sqrt{3}-\sqrt{2}+\cdots+\sqrt{100}-\sqrt{99}=\sqrt{100}-1=9$.

4. **【答案】** B

   **【解答】** 小于 10 的质数有 2, 3, 5, 7,要求 $1<\dfrac{q}{p}<2$,仅有 $\dfrac{3}{2}$, $\dfrac{5}{3}$, $\dfrac{7}{5}$ 三组.

5. **【答案】** B

   **【解答】** **解法 1** 由 $f(2)=f(0)$,即 $4a+2b+c=c$,得 $b=-2a$.

   所以 $\dfrac{f(3)-f(2)}{f(2)-f(1)}=\dfrac{(9a+3b+c)-(4a+2b+c)}{(4a+2b+c)-(a+b+c)}=\dfrac{5a+b}{3a+b}=\dfrac{3a}{a}=3$.

   **解法 2** 由 $f(2)=f(0)$,即二次函数对称轴 $x=-\dfrac{b}{2a}=1$,故 $b=-2a$.

   $\dfrac{f(3)-f(2)}{f(2)-f(1)}=\dfrac{f(-1)-f(0)}{f(0)-f(1)}=\dfrac{(a-b+c)-c}{c-(a+b+c)}=\dfrac{a-b}{-a-b}=\dfrac{3a}{a}=3$.

6. **【答案】** D

   **【解答】** 由并联电路可知,电流能在 $P$、$Q$ 之间通过即三个元件中至少有一个正常工作,正面分类较多,考虑反面,反面为三个元件均不工作,故所求概率 $P=1-0.1\times 0.1\times 0.01=0.999\,9$.

7. **【答案】** D

   **【解答】** 4 人中恰有 1 女,分两类情况:

   第一类:1 女来自甲组,即甲组选出 1 男 1 女,乙组选出 2 男,有 $C_3^1\cdot C_3^1\cdot C_4^2=54$ 种;

   第二类:1 女来自乙组,即甲组选出 2 男,乙组选出 1 男 1 女,有 $C_3^2\cdot C_4^1\cdot C_2^1=24$ 种.

   综上,选法一共有 $54+24=78$ 种.

8. **【答案】** D

   **【解答】** 球半径为 $R$,正方体边长为 $a$. 内接正方体的体积为 $8\ \text{m}^3$,则正方体边长为 2. 由正方体体对角线长等于球直径可得 $\sqrt{3}a=2R$,故 $R=\dfrac{\sqrt{3}a}{2}=\dfrac{\sqrt{3}}{2}\times 2=\sqrt{3}$,故 $S_{表}=4\pi R^2=12\pi$.

9. **【答案】** A

   **【解答】** 如图 1 所示,连接 $AB$、$AQ$,由对称性可知图 1 中阴影部分面积为 $6S_1$,则

   $$S_{阴}=6S_1=6(S_{扇}-S_{\triangle ABQ})=6\left(\dfrac{1}{6}\pi\cdot 1^2-\dfrac{\sqrt{3}}{4}\cdot 1^2\right)=\pi-\dfrac{3\sqrt{3}}{2}.$$

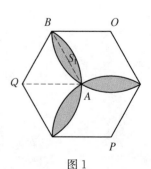

图 1

**10.【答案】** C

**【解答】** $ABCD$ 是圆的内接四边形,故 $B$、$D$ 应该在 $A$、$C$ 两侧,作图 2,

求出 $A$、$C$ 点坐标,根据题意: $\begin{cases} x = 3 \\ x^2 + y^2 = 25 \end{cases}$,即 $A(3, 4)$,$C(3, -4)$,故 $|AC| = 8$.

$AC$ 把四边形分解成两个三角形,$S_{四边形} = S_{\triangle ABC} + S_{\triangle ADC} = \frac{1}{2}AC \cdot h_1 + \frac{1}{2}AC \cdot h_2 = \frac{1}{2}AC \cdot (h_1 + h_2)$.

当 $BD$ 应恰好为直径时,即如图 3 所示时,$h_1 + h_2$ 最大,此时四边形 $ABCD$ 的面积最大,

最大值 $S_{ABCD} = \frac{1}{2} \times 8 \times 10 = 40$.

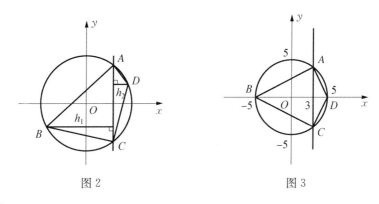

图 2                  图 3

**11.【答案】** D

**【解答】** **解法 1** 样本点总数,考虑从 1~100 个位置中选 10 个位置有 $C_{100}^{10}$ 种,10 个位置里面选 3 个位置抽到一等奖有 $C_{10}^3$,其余位置抽到二等奖,故样本点总数为 $C_{100}^{10}C_{10}^3$. 事件一等奖先于二等奖抽完等价于 100 个位置中选 10 个位置,有 $C_{100}^{10}$ 种,然后 10 个位置中最后一个是二等奖意味着前面 9 个位置中选 3 个位置抽到一等奖有 $C_9^3$ 种,所以,该事件有 $C_{100}^{10}C_9^3$ 种,故概率 $P = \dfrac{C_{100}^{10}C_9^3}{C_{100}^{10}C_{10}^3} = 0.7$.

**解法 2** 一等奖先于二等奖抽完,意味着第 10 次抽出二等奖,由抽签中奖与次序无关,可得概率为 $7/10 = 0.7$.

**12.【答案】** B

**【解答】** $f(x) = |x-2|^2 - 2|x-2| - 4$ （令 $t = |x-2|$）

$\qquad\qquad = t^2 - 2t - 4 = (t-1)^2 - 5 \geqslant -5$. （当 $t = 1$ 时）

**13.【答案】** E

**【解答】** 至多两种颜色的对立面为三种颜色均有,故 $P = 1 - \dfrac{C_3^1 \cdot C_2^1 \cdot C_3^1}{C_6^3} = \dfrac{14}{20} = 0.7$.

**14.【答案】** E

**【解答】** 设甲、乙的浓度分别为 $x$,$y$,则 $\begin{cases} 10x + 12y = 70\% \cdot 22 \\ 20x + 8y = 80\% \cdot 28 \end{cases}$,解得 $x = 91\%$.

**15.【答案】** D

**【解答】** 根据题意,列方程 $\begin{cases} 2(V_{甲} + V_{乙}) = 330 \\ V_{甲} = \dfrac{330}{2 + 2 \cdot \frac{24}{60}} = 75 \end{cases}$,解得 $V_{乙} = 165 - 75 = 90$(千米 / 小时).

**16.【答案】** C

**【解答】** (1)不知女同学平均身高,不充分;(2)不知新增加同学身高,不充分;

由(1)与(2)联合,原男生平均身高>原女生平均身高,可得,原男生平均身高>原总体平均身高>原女

生平均身高,新增同学平均身高与原男生平均身高相同,故总体平均身高增加,联合充分.

**17.【答案】** D

**【解答】** (1) $y \geqslant x^2 + 1$ 区域与 $y \geqslant x$ 区域如图 4 所示, $y \geqslant x^2 + 1$ 区域是 $y \geqslant x$ 区域的子集,所以充分;

(2) $x^2 + (y-2)^2 \leqslant 2$ 画图如图 5 所示,圆心 $(0, 2)$ 到 $y = x$ 的距离恰好为半径,故圆与直线相切, $y \geqslant x$ 为直线左半边区域,圆内所有点都在 $y \geqslant x$ 区域内,充分.

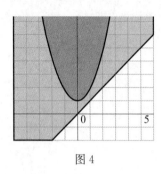

图 4        图 5

**18.【答案】** E

**【解答】** 设总工程量为 12,则

(1) $V_甲 + V_乙 = 4$,不充分.

(2) $V_甲 + V_丙 = 3$,不充分.

条件(1)、(2)联合,若 $V_甲 = 2$, $V_乙 = 2$, $V_丙 = 1$,三人合作所需时间 $t = \dfrac{12}{2+2+1} = \dfrac{12}{5} > 2$,不充分.

**19.【答案】** C

**【解答】**

设男：女 $= 3k : 2k$,总数为 $5k$.

(1) 有超过 $40\% \times 5k = 2k$ 的人投赞成票,即投赞成票的人数超过 $2k$,但具体男女比例不清楚,不充分.

(2) 投票的女比男多,不知道投票总人数,不充分.

条件(1)(2)联合,投赞成票的人数超过总人数的 $40\%$,则投票人数超过总人数的 $40\%$,即投票人数超过 $5k \times 40\% = 2k$,又参加投票的女员工比男员工多,故至少有 $50\%$ 的女员工参加了投票.

**20.【答案】** C

**【解答】** (1) 令 $|a+b| = 0$, $a = 1$, $b = -1$, $|a| + |b| = 2$, $a = 2$, $b = -2$, $|a| + |b| = 4$,不充分.

(2) 令 $|a-b| = 0$, $a = 1$, $b = 1$, $|a| + |b| = 2$, $a = 2$, $b = 2$, $|a| + |b| = 4$,不充分.

条件(1)、(2)联合,

令 $\begin{cases} |a+b| = x \\ |a-b| = y \end{cases}$,两边平方则 $\begin{cases} |a+b|^2 = a^2 + b^2 + 2ab = x^2 \\ |a-b|^2 = a^2 + b^2 - 2ab = y^2 \end{cases}$,

得 $\begin{cases} a^2 + b^2 = \dfrac{x^2 + y^2}{2} \\ 2ab = \dfrac{x^2 - y^2}{2} \end{cases}$,则 $\left( |a| + |b| \right)^2 = a^2 + b^2 + 2|a||b| = a^2 + b^2 + 2|ab| = \dfrac{x^2 + y^2}{2} + \left| \dfrac{x^2 - y^2}{2} \right|$,充分.

**21.【答案】** A

**【解答】**

**解法 1** (代数方法定量计算)

(1) 从方程角度,将 $y = 1 - x$ 代入圆方程 $x^2 + y^2 = ax + ay$,得 $2x^2 - 2x + (1-a) = 0$,令 $\Delta = (-2)^2$

$-4 \times 2(1-a) = 0$,得 $a = \dfrac{1}{2}$,充分.

(2) 从解析几何角度,圆 $C$ 配方得 $\left(x-\dfrac{a}{2}\right)^2 + \left(y-\dfrac{a}{2}\right)^2 = \dfrac{a^2}{2}$,是以 $\left(\dfrac{a}{2}, \dfrac{a}{2}\right)$ 为圆心、$\dfrac{|a|}{\sqrt{2}}$ 为半径的圆. 直线 $x-y=1$ 与圆 $C$ 相切,等价于圆心 $\left(\dfrac{a}{2}, \dfrac{a}{2}\right)$ 到直线 $x-y-1=0$ 的距离等于半径 $\dfrac{|a|}{\sqrt{2}}$,即

$$\dfrac{\left|\dfrac{a}{2}-\dfrac{a}{2}-1\right|}{\sqrt{2}} = \dfrac{|a|}{\sqrt{2}},$$

得 $a = \pm 1$,不充分.

**解法 2**（解析几何画图定性分析）

圆 $C$: $\left(x-\dfrac{a}{2}\right)^2 + \left(y-\dfrac{a}{2}\right)^2 = \dfrac{a^2}{2}$ 是以 $\left(\dfrac{a}{2}, \dfrac{a}{2}\right)$ 为圆心、$\dfrac{|a|}{\sqrt{2}}$ 为半径的圆,该圆圆心在 $y=x$ 上,且经过原点. 下面画图分析,如图 6 和图 7 所示.

(1) 与 $x+y=1$ 相切满足题干条件的圆只有 1 个,故圆可确定,充分.

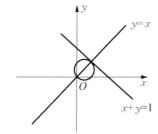

图 6

(2) 与 $x-y=1$ 相切且满足条件的圆有 2 个,不充分.

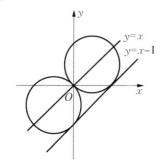

图 7

**22.**【答案】　A

【解答】　设果汁、牛奶、咖啡数量分别为 $x$, $y$, $z$($x$, $y$, $z$ 为正整数).

(1) $12x+15y+35z = 104$,注意 $15y$, $35z$ 尾数为 0 或 5,故 $x=2$,则 $15y+35z=80 \Rightarrow z=1$, $y=3$, $x$, $y$, $z$ 解唯一,充分.

(2) $12x+15y+35z = 215$,注意 $15y$, $35z$ 尾数为 0 或 5. 令 $x=5$,则 $15y+35z=155 \Rightarrow \begin{cases} z=1, y=8 \\ z=4, y=1 \end{cases}$;

令 $x=10$, $15y+35z=115 \Rightarrow z=2$, $y=3$,故 $x$, $y$, $z$ 解不确定,不充分.

**23.**【答案】　E

【解答】　设总路程为 $S$,限速路程为 $S_1$,平时速度为 $V$,限速时速度为 $V_1$:

(1) $\dfrac{S_1}{V_1} - \dfrac{S_1}{V} = 0.5$,不能求出 $S$,不充分.

(2) 已知 $V_1$,不能求出 $S$,不充分.

条件(1)与(2)联合,未知量太多,不充分.

**24.**【答案】 C

【解答】 (1)显然不充分.(2) $a_n = a_{n+1} = 0$,不充分.

条件(1)与(2)联合, $a_{n+1}^2 - 2a_n^2 - a_{n+1}a_n = (a_{n+1} + a_n)(a_{n+1} - 2a_n)$,

又 $a_{n+1} \cdot a_n > 0$,即 $a_{n+1} + a_n \neq 0$,则 $a_{n+1} - 2a_n = 0$,即 $\dfrac{a_{n+1}}{a_n} = 2$,充分.

**25.**【答案】 D

【解答】 **解法 1** 设直角三角形三边长分别为 $a, b, c$ 且 $a < b < c$.

(1) $\begin{cases} a^2 + b^2 = c^2 \\ b^2 = ac \end{cases}$,则 $a^2 + ac - c^2 = 0$,同除 $c^2$,则 $\left(\dfrac{a}{c}\right)^2 + \dfrac{a}{c} - 1 = 0$,得 $\dfrac{a}{c} = \dfrac{-1 \pm \sqrt{5}}{2}$(负舍),故两

个给定直角三角形直角边与斜边之比相等,所以两个直角三角形相似,充分.

(2) $\begin{cases} a^2 + b^2 = c^2 \\ b = \dfrac{a+c}{2} \end{cases}$,则 $a^2 + \left(\dfrac{a+c}{2}\right)^2 - c^2 = 0$,化简得 $5a^2 + 2ac - 3c^2 = 0$,则 $(5a - 3c)(a + c) = 0$,得

$\dfrac{a}{c} = \dfrac{3}{5}$,故两个给定直角三角形直角边与斜边之比相等,所以两个直角三角形相似,充分.

**解法 2** (1) 设三边长为 $a, aq, aq^2$,即 $a^2 + (aq)^2 = (aq^2)^2 \Rightarrow 1 + q^2 = q^4$,则可推得 $q^4 - q^2 - 1 = 0$,

$q^2 = \dfrac{1 + \sqrt{5}}{2}(q^2 > 0)$, $q = \sqrt{\dfrac{1 + \sqrt{5}}{2}}(q > 0)$. 故 $q$ 唯一,则两直角边之比 $\dfrac{aq}{a} = q$(唯一),充分.

(2) 设三边长为 $a - m, a, a + m$,即 $a^2 + (a-m)^2 = (a+m)^2$,化简得 $a^2 = 4am(a \neq 0)$,故 $a = 4m$,即

三边长为 $3m, 4m, 5m$,充分.

# 2022 年管理类联考综合能力试题(数学部分)

**一、问题求解**(本大题共 15 小题,每小题 3 分,共 45 分)

1. 一项工程施工 3 天后,因故障停工 2 天,之后工程队提高工作效率 20%,仍能按原计划完成,则原计划工期为(　　).

(A) 9 天　　　　(B) 10 天　　　　(C) 12 天　　　　(D) 15 天　　　　(E) 18 天

2. 某商品的成本利润率为 12%,若其成本降低 20% 而售价不变,则利润率为(　　).

(A) 32%　　　(B) 35%　　　(C) 40%　　　(D) 45%　　　(E) 48%

3. 设 $x$, $y$ 为实数,则 $f(x, y) = x^2 + 4xy + 5y^2 - 2y + 2$ 的最小值为(　　).

(A) 1　　　　(B) $\dfrac{1}{2}$　　　　(C) 2　　　　(D) $\dfrac{3}{2}$　　　　(E) 3

4. 如图 1 所示,△$ABC$ 是等腰直角三角形,以 $A$ 为圆心的圆弧交 $AC$ 于 $D$,交 $BC$ 于 $E$,交 $AB$ 的延长线于 $F$. 若曲边三角形 $CDE$ 与 $BEF$ 的面积相等,则 $\dfrac{AD}{AC} = ($　　$)$.

(A) $\dfrac{\sqrt{3}}{2}$　　(B) $\dfrac{2}{\sqrt{5}}$　　(C) $\sqrt{\dfrac{3}{\pi}}$　　(D) $\dfrac{\sqrt{\pi}}{2}$　　(E) $\sqrt{\dfrac{2}{\pi}}$

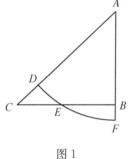
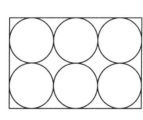
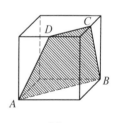

图 1　　　　　　　　　　图 2　　　　　　　　　　图 3

5. 如图 2 所示,已知相邻的圆都相切,从这 6 个圆中随机取 2 个,这 2 个圆不相切的概率为(　　).

(A) $\dfrac{8}{15}$　　(B) $\dfrac{7}{15}$　　(C) $\dfrac{3}{5}$　　(D) $\dfrac{2}{5}$　　(E) $\dfrac{2}{3}$

6. 如图 3 所示,在棱长为 2 的正方体中,$A$, $B$ 是顶点,$C$, $D$ 是所在棱的中点,则四边形 $ABCD$ 的面积为(　　).

(A) $\dfrac{9}{2}$　　(B) $\dfrac{7}{2}$　　(C) $\dfrac{3\sqrt{2}}{2}$　　(D) $2\sqrt{5}$　　(E) $3\sqrt{2}$

7. 桌面上放有 8 只杯子,将其中的 3 只杯子翻转(杯口朝上与朝下互换)作为 1 次操作,8 只杯口朝上的杯子经 $n$ 次操作后,杯口全部朝下,则 $n$ 的最小值为(　　).

(A) 3　　　　(B) 4　　　　(C) 5　　　　(D) 6　　　　(E) 8

8. 某公司有甲、乙、丙 3 个部门. 若从甲部门调 26 人到丙部门,则丙部门是甲部门人数的 6

倍;若从乙部门调 5 人到丙部门,则丙部门的人数与乙部门人数相等.甲、乙两部门之差除以 5 的余数为(    ).

(A) 0　　　　(B) 1　　　　(C) 2　　　　(D) 3　　　　(E) 4

**9.** 在直角 $\triangle ABC$ 中,$D$ 为斜边 $AC$ 的中点,以 $AD$ 为直径的圆交 $AB$ 于 $E$,若 $\triangle ABC$ 的面积为 8,则 $\triangle AED$ 的面积为(    ).

(A) 1　　　　(B) 2　　　　(C) 3　　　　(D) 4　　　　(E) 6

**10.** 一个自然数的各位数字都是 105 的质因数,且每个质因数最多出现一次,这样的自然数有(    ).

(A) 6 个　　(B) 9 个　　(C) 12 个　　(D) 15 个　　(E) 27 个

**11.** 购买 A 玩具和 B 玩具各 1 件需花费 1.4 元,购买 200 件 A 玩具和 150 件 B 玩具需花费 250 元,则 A 玩具的单价为(    ).

(A) 0.5 元　(B) 0.6 元　(C) 0.7 元　(D) 0.8 元　(E) 0.9 元

**12.** 甲、乙两支足球队进行比赛,比分为 4:2,且在比赛过程中乙队没有领先过,则不同的进球顺序有(    ).

(A) 6 种　　(B) 8 种　　(C) 9 种　　(D) 10 种　　(E) 12 种

**13.** 4 名男生和 2 名女生随机站成一排,女生既不在两端也不相邻的概率为(    ).

(A) $\dfrac{1}{2}$　　(B) $\dfrac{5}{12}$　　(C) $\dfrac{3}{8}$　　(D) $\dfrac{1}{3}$　　(E) $\dfrac{1}{5}$

**14.** 已知 A,B 两地相距 208 km,甲、乙、丙三车的速度分别为 60 km/h、80 km/h、90 km/h,甲、乙两车从 A 地出发去 B 地,丙车从 B 地出发去 A 地,三车同时出发.当丙车与甲、乙两车的距离相等时,用时(    ).

(A) 70 min　(B) 75 min　(C) 78 min　(D) 80 min　(E) 86 min

**15.** 如图 4 所示,用 4 种颜色对图中 5 块区域进行涂色,每块区域涂 1 种颜色,且相邻的 2 块区域颜色不同,不同的涂色方法有(    ).

(A) 12 种　　　　　　　　(B) 24 种

(C) 32 种　　　　　　　　(D) 48 种

(E) 96 种

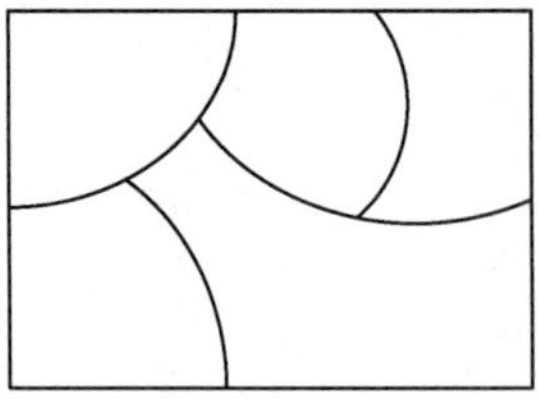

图 4

## 二、条件充分性判断(本大题共 10 小题,每小题 3 分,共 30 分)

**16.** 如图 5 所示,$AD$ 与圆相切于点 $D$,$AC$ 与圆相交于 $BC$.则能确定 $\triangle ABD$ 与 $\triangle BDC$ 的面积之比.

(1) 已知 $\dfrac{AD}{CD}$

(2) 已知 $\dfrac{BD}{CD}$

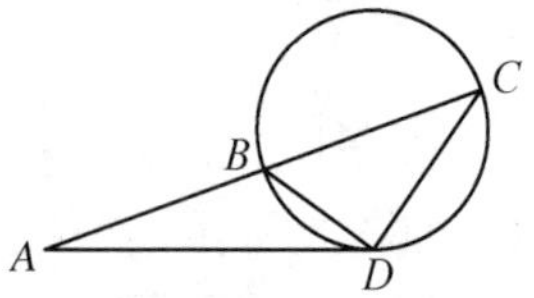

图 5

**17.** 设实数 $x$ 满足 $|x-2|-|x-3|=a$,则能确定 $x$ 的值.

(1) $0<a\leqslant\dfrac{1}{2}$

(2) $\dfrac{1}{2}<a\leqslant 1$

**18.** 两个人数不等的班数学测验的平均分不相等,则能确定人数多的班.

  (1) 已知两个班的平均成绩

  (2) 已知两个班的总平均值

**19.** 在 $\triangle ABC$ 中,$D$ 为 $BC$ 边上的点,$BD$,$AB$,$BC$ 成等比数列,则 $\angle BAC = 90°$.

  (1) $BD = DC$

  (2) $AD \perp BC$

**20.** 将 75 名学生分成 25 组,每组 3 人,能确定女生的人数.

  (1) 已知全是男生的组数和全是女生的组数

  (2) 只有 1 名男生的组数和只有 1 名女生的组数相等

**21.** 某直角三角形的三边长 $a$,$b$,$c$ 成等比数列,则能确定公比的值.

  (1) $a$ 是直角边

  (2) $c$ 是斜边

**22.** 已知 $x$ 为正实数,则能确定 $x - \dfrac{1}{x}$ 的值.

  (1) 已知 $\sqrt{x} + \dfrac{1}{\sqrt{x}}$ 的值

  (2) 已知 $x^2 - \dfrac{1}{x^2}$ 的值

**23.** 已知 $a$,$b$ 为实数,则能确定 $\dfrac{a}{b}$ 的值.

  (1) $a$,$b$,$(a + b)$ 为等比数列

  (2) $a(a + b) > 0$

**24.** 已知正数列 $\{a_n\}$,则 $\{a_n\}$ 为等差数列.

  (1) $a_{n+1}^2 - a_n^2 = 2n$,$n = 1$,$2$,$\cdots$

  (2) $a_1 + a_3 = 2a_2$

**25.** 设实数 $a$,$b$ 满足 $|a - 2b| \leqslant 1$,则 $|a| > |b|$.

  (1) $|b| > 1$

  (2) $|b| < 1$

# 2022 年管理类联考综合能力试题(数学部分)详解

**1.【答案】** D

　　**【解答】** 设原计划工期为 $x$ 天,总工程量为 1,列方程 $\dfrac{3}{x}+\dfrac{1}{x}\times 1.2\times(x-5)=1$,解得 $x=15$.

**2.【答案】** C

　　**【解答】** 设原来成本为 100 元,成本利润率为 12%,则售价为 112 元.成本降低 20% 后,成本为 80 元,则利润率为 $\dfrac{112-80}{80}\times 100\%=40\%$.

**3.【答案】** A

　　**【解答】** 由非负性得 $f(x,y)=(x^2+4xy+4y^2)+(y^2-2y+1)+1=(x+2y)^2+(y-1)^2+1\geqslant 1$.

**4.【答案】** E

　　**【解答】** 若曲边三角形 $CDE$ 与 $BEF$ 的面积相等,则 $S_{\triangle ABC}=S_{\text{扇形}ADF}$,则 $\dfrac{1}{2}\times\left(\dfrac{AC}{\sqrt{2}}\right)^2=\dfrac{45^\circ}{360^\circ}\pi\cdot AD^2$,所以 $\dfrac{AD}{AC}=\sqrt{\dfrac{2}{\pi}}$.

**5.【答案】** A

　　**【解答】** 样本点总数为 $C_6^2=15$.给这些圆标号如图 1 所示。

　　**解法 1** 这 2 个圆不相切的情况有 $A$ 与 $C$、$A$ 与 $E$、$A$ 与 $F$、$B$ 与 $D$、$B$ 与 $F$、$C$ 与 $D$、$C$ 与 $E$、$D$ 与 $F$ 共 8 种,所以概率为 $\dfrac{8}{15}$.

　　**解法 2** (从反面做)相切情况有 $A$ 与 $B$、$B$ 与 $C$、$D$ 与 $E$、$E$ 与 $F$、$A$ 与 $D$、$B$ 与 $E$、$C$ 与 $F$ 共 7 种,所以不相切的概率为 $1-\dfrac{7}{15}=\dfrac{8}{15}$.

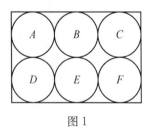

图 1

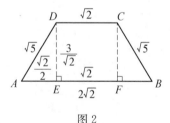

图 2

**6.【答案】** A

　　**【解答】** 截面 $ABCD$ 是等腰梯形,其中 $CD=\sqrt{2}$,$AB=2\sqrt{2}$,$AD=CB=\sqrt{5}$,如图 2 所示。

　　故等腰梯形的高 $DE=\dfrac{3}{\sqrt{2}}$,所以梯形的面积为 $\dfrac{(\sqrt{2}+2\sqrt{2})\times\dfrac{3}{\sqrt{2}}}{2}=\dfrac{9}{2}$.

**7.【答案】** B

　　**【解答】** **解法 1** 直接穷举。8 只杯口朝上的被子经杯口全部朝下,要经过偶数次翻动.穷举一下可得:(翻动有底纹的那 3 个)

| 原来 | ↑↑↑ ↑ ↑ ↑ ↑ ↑ |
| --- | --- |
| 第 1 次 | ↓↓↓ ↑↑↑ ↑ ↑ |
| 第 2 次 | ↓↓↓↓ ↓↓↑ ↑ |
| 第 3 次 | ↓↓↓↓ ↑↑↑ ↑ |
| 第 4 次 | ↓↓↓↓↓↓↓↓ |

**解法 2** 8 只杯子口全部向下要翻动至少 8 次，一个杯子如果开口向下，再翻动 $2n(n$ 为正整数）次杯口还是向下，故问题转化为求 $8+2n$ 能被 3 整除的最小值. 当 $n=2$ 时，$8+2n=12$ 能被 3 整除，商为 4，所以最少需要 4 次.

8. 【答案】　C

【解答】　设甲、乙、丙 3 个部门原来各有 $x,y,z$ 人. 由题意列方程得：$\begin{cases} 6(x-26)=z+26 & ① \\ y-5=z+5 & ② \end{cases}$.

**解法 1**　由②得 $z=y-10$，代入 ① 得到 $y=6x-172$，则 $x-y=172-5x=34\times5+2-5x=5(34-x)+2$. 故甲、乙两部门之差除以 5 的余数等于 2.

**解法 2**　在①中找特值，等式右边要能被 6 整除，取 $z=4$，则 $x=31$，$y=14$，故 $x-y=17$，所以甲、乙两部门之差除以 5 的余数为 2.

9. 【答案】　B

【解答】　如图 3 所示，直径 $AD$ 所对的圆周角 $\angle AED=90°$，故 $\triangle AED$ 与 $\triangle ACB$ 相似，则 $\dfrac{S_{\triangle AED}}{S_{\triangle ACB}}=\left(\dfrac{AD}{AB}\right)^2=\left(\dfrac{1}{2}\right)^2$，所以 $S_{\triangle AED}=2$.

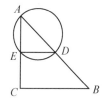

图 3

10. 【答案】　D

【解答】　对 105 进行质因数分解，$105=3\times5\times7$. 每个质因数最多出现一次，分类计数：

①一位数有 3 个；②两位数有 $P_3^2=6$ 个；③三位数有 $3!=6$ 个，所以总共有 15 个.

11. 【答案】　D

【解答】　设购买一个 A 玩具和一个 B 玩具分别需要 $x$ 和 $y$ 元，由题意得 $\begin{cases} x+y=1.4 \\ 200x+150y=250 \end{cases}$，解得 $x=0.8$.

12. 【答案】　C

【解答】　样本点总数为 $C_6^4=15$. 反面情况直接穷举：乙开头的有 5 种，甲乙乙甲甲甲 1 种，反面情况共 6 种，所以共 $15-6=9$ 种.

13. 【答案】　E

【解答】　6 个人全排列有 6! 种. 4 个男生全排列有 4! 种，4 个男生之间有 3 个空，选 2 个空把女生插入，共有 $P_3^2$ 种，所以 $P=\dfrac{4!P_3^2}{6!}=\dfrac{1}{5}$.

14. 【答案】　C

【解答】　由三人的速度，画出三人路程关系（见图 4），设用时 $t$ 分钟，由 $DE=CE$ 列方程 $208-60t-90t=170t-208$，得 $t=1.3$（小时），即 78 分钟.

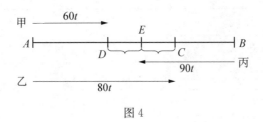

图 4

**15.【答案】** E

**【解答】** 把区域标记为如图 5 所示区域,区域 D 与别的区域接触最多,优先从 D 考虑,按照 D→A→B→C→E 的顺序分步计数,共 $4 \times 3 \times 2 \times 2 \times 2 = 96$ 种涂色方法.

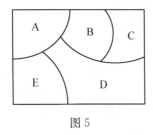

图 5

**16.【答案】** B

**【解答】** **解法1** 由弦切角定理(弦切角的度数等于它所夹的弧所对的圆周角的度数),即 $\angle BDA = \angle BCD$,则 $\triangle ABD$ 与 $\triangle ADC$ 相似,又 $\frac{S_{\triangle ABD}}{S_{\triangle ADC}} = \left(\frac{BD}{DC}\right)^2$,故 $\frac{S_{\triangle ABD}}{S_{\triangle BDC}} = \frac{S_{\triangle ABD}}{S_{\triangle ADC} - S_{\triangle ABD}}$,所以(1)不充分,(2)充分.

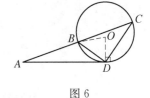

图 6

**解法2** 设圆心为 $O$,连接 $BO$ 与 $OD$.如图 6 所示.

由同弧所对的圆心角是圆周角的 2 倍得 $\angle BOD = 2\angle BCD$.

$\angle OBD = \angle ODB = \frac{1}{2}(180° - \angle BOD) = 90° - \frac{1}{2}\angle BOD = 90° - \angle BCD$. $OD \perp AD$,即 $\angle ODA = 90°$. $\angle BDA = 90° - \angle ODB = 90° - (90° - \angle BCD) = \angle BCD$,又 $\angle A$ 是 $\triangle ABD$、$\triangle ADC$ 的公共角,故 $\triangle ABD$ 与 $\triangle ADC$ 相似,又 $\frac{S_{\triangle ABD}}{S_{\triangle ADC}} = \left(\frac{BD}{DC}\right)^2$,故 $\frac{S_{\triangle ABD}}{S_{\triangle BDC}} = \frac{S_{\triangle ABD}}{S_{\triangle ADC} - S_{\triangle ABD}}$,所以(1)不充分,(2)充分.

**17.【答案】** A

**【解答】** $f(x) = |x-2| - |x-3|$ 图像如图 7 所示.

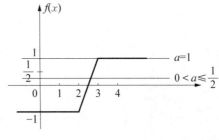

图 7

(1) 当 $0 < a \leqslant \frac{1}{2}$ 时,$f(x)$ 与 $g(x) = a$ 有且仅有一个交点,故能确定 $x$ 的值,充分;

(2) 当 $a = 1$ 时,$f(x)$ 与 $g(x) = a$ 有无数个交点,故不能确定 $x$ 的值,不充分.

**18.【答案】** C

**【解答】** 单独显然不充分，考虑联合.

设甲、乙两个班的平均分别为 $x$, $y$, 人数为 $a$, $b$, 两个班级的总平均为 $z$.

$x \times a + y \times b = z(a+b)$, 解得 $(x-z) \times a = (z-y) \times b$, 故 $\dfrac{a}{b} = \dfrac{z-y}{x-z}$. 若 $x$, $y$, $z$ 给定了，则 $\dfrac{a}{b}$ 就能确定了，所以能确定人数多的班.

**19.【答案】** B

**【解答】** $BD$, $AB$, $BC$ 成等比数列，则 $AB^2 = BD \cdot BC$.

(1) 若 $BD = DC = 1$, $BC = 2$, 则 $AB = \sqrt{2}$, 如图 8 所示，$AB = A'B$, 三角形不能确定，所以不充分；

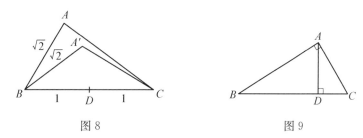

图 8                 图 9

(2) 如图 9 所示，$\triangle ABD$ 与 $\triangle CBA$, $\angle B$ 是公共角，又 $\dfrac{AB}{BD} = \dfrac{BC}{AB}$, 故 $\triangle ABD$ 与 $\triangle CBA$ 相似. 当 $AD \perp BC$ 时，$\angle BAC = \angle BDA = 90°$.

**【注意】** 本质上就是直角三角形的射影定理.

**20.【答案】** C

**【解答】** 每组 3 人，根据男女个数进行分类有 4 种情况：3 男、2 男 1 女、1 男 2 女、3 女.

设 3 男、2 男 1 女、1 男 2 女、3 女组数分别为 $a$, $b$, $c$, $d$, 则 $a+b+c+d = 25$, 故女生人数应该为 $b+2c+3d$.

(1) 已知全是男生的组数和全是女生的组数，即已知 $a$, $d$, 但 $b$, $c$ 无法确定，女生人数无法确定；

(2) 只有 1 名男生的组数和只有 1 名女生的组数相等，即 $b = c$, 但 $a$, $d$ 无法确定，女生人数无法确定；

考虑 (1) 与 (2) 联合，则已知 $a$, $d$ 且 $b = c$, 则 $b$, $c$ 能确定，所以女生人数为 $b+2c+3d$ 能确定.

**21.【答案】** D

**【解答】** 某直角三角形的三边长 $a$, $b$, $c$ 成等比数列，公比为 $q$, 则 $b = aq$, $c = aq^2$.

(1) $a$ 是直角边，则 $a^2 + b^2 = c^2$, 即 $a^2 + (aq)^2 = (aq^2)^2$, 则 $1 + q^2 = q^4$, 所以 $q = \sqrt{\dfrac{1+\sqrt{5}}{2}}$, 充分；

(2) $c$ 是斜边，则 $a^2 + b^2 = c^2$, 与条件 (1) 等价，也充分.

**22.【答案】** B

**【解答】**

(1) **解法 1** $\sqrt{x} = 2$ 或 $\sqrt{x} = \dfrac{1}{2}$ 时，$\sqrt{x} + \dfrac{1}{\sqrt{x}}$ 的值都为 $\dfrac{5}{2}$. 当 $x = 4$ 时，$x - \dfrac{1}{x} = 4 - \dfrac{1}{4}$. 当 $x = \dfrac{1}{4}$ 时，

$x - \dfrac{1}{x} = \dfrac{1}{4} - 4$. 所以 (1) 不充分.

**解法 2** 令 $\sqrt{x} + \dfrac{1}{\sqrt{x}} = p$, 则 $(\sqrt{x})^2 - p\sqrt{x} + 1 = 0$, $\sqrt{x}$ 不一定有解，有解也可能有两解，故 $x$ 不能确定，

所以 $x - \dfrac{1}{x}$ 的值不能确定.

**解法 3** 已知 $\sqrt{x} + \dfrac{1}{\sqrt{x}}$ 的值，能确定 $x + \dfrac{1}{x}$ 的值，能确定 $x^2 + \dfrac{1}{x^2}$ 的值，但不能确定 $x - \dfrac{1}{x}$ 的值；

**解法 4** $x-\dfrac{1}{x}=\left(\sqrt{x}+\dfrac{1}{\sqrt{x}}\right)\left(\sqrt{x}-\dfrac{1}{\sqrt{x}}\right)$，其中 $\sqrt{x}-\dfrac{1}{\sqrt{x}}=\pm\sqrt{\left(\sqrt{x}+\dfrac{1}{\sqrt{x}}\right)^2-4}$，所以 $x-\dfrac{1}{x}$ 的值不能确定.

(2) **解法 1** 令 $x^2-\dfrac{1}{x^2}=p$，则 $(x^2)^2-px^2-1=0$，$x^2$ 一定有解，又 $x$ 是正实数，故 $x$ 能确定，所以 $x-\dfrac{1}{x}$ 的值能确定.

**解法 2** 已知 $x^2-\dfrac{1}{x^2}$ 的值，可以确定 $x^4+\dfrac{1}{x^4}$ 的值. 又 $x$ 为正数，能确定 $x^2+\dfrac{1}{x^2}$ 的值，能确定 $x+\dfrac{1}{x}$ 的值. 因为 $x^2-\dfrac{1}{x^2}=\left(x+\dfrac{1}{x}\right)\left(x-\dfrac{1}{x}\right)$，所以 $x-\dfrac{1}{x}$ 的值也能确定.

23. 【答案】　E

【解答】　(1) $a$，$b$，$(a+b)$ 为等比数列，则 $b^2=a(a+b)$，即 $a^2+ab-b^2=0$，则 $\left(\dfrac{a}{b}\right)^2+\left(\dfrac{a}{b}\right)-1=0$，故 $\dfrac{a}{b}=\dfrac{-1\pm\sqrt{5}}{2}$，不充分.

(2) $a(a+b)>0$，显然不充分.

条件(1)与(2)联合，只知 $a$ 与 $a+b$ 同号，不能确定 $a$ 与 $b$ 是否同号，所以还是不充分.

【注意】本质上，等比数列确定奇数项的值，并不能确定公比的值.

24. 【答案】　C

【解答】　(1) 已知正数列 $\{a_n\}$，若 $a_1=1$，则 $a_2=\sqrt{3}$，进一步有 $a_3=\sqrt{7}$，不成等差，不充分；

(2) 显然前三项成等差，不能说明 $\{a_n\}$ 为等差数列.

考虑两个条件联合，

**解法 1**　由 $\begin{cases} a_2^2-a_1^2=2 \\ a_3^2-a_2^2=4 \\ a_1+a_3=2a_2 \end{cases}$　解得 $\begin{cases} a_1=\dfrac{1}{2} \\ a_2=\dfrac{3}{2} \\ a_3=\dfrac{5}{2} \end{cases}$，再由递推关系得 $a_4^2=a_3^2+2\times 3=\left(\dfrac{5}{2}\right)^2+6=\dfrac{49}{4}$，又 $\{a_n\}$

为正数列，故 $a_4=\dfrac{7}{2}$，$\cdots$，可以验证 $\{a_n\}$ 为等差数列.

**解法 2**　由条件(2)知 $a_1$，$a_2$，$a_3$ 成等差，设公差为 $d$，$\begin{cases} a_2^2-a_1^2=2\times 1=(a_1+d)^2-a_1^2=d(2a_1+d) \\ a_3^2-a_2^2=2\times 2=(a_1+2d)^2-(a_1+d)^2=d(2a_1+3d) \end{cases}$，

解得 $\begin{cases} a_1=\dfrac{1}{2} \\ d=1 \end{cases}$，由条件(1) $\begin{cases} a_2^2-a_1^2=2\times 1 \\ a_3^2-a_2^2=2\times 2 \\ \qquad\vdots \\ a_n^2-a_{n-1}^2=2\times(n-1) \end{cases}$

相加相消得 $a_n^2=a_1^2+2\times(1+2+\cdots+n-1)=\left(\dfrac{1}{2}\right)^2+2\times\dfrac{(1+n-1)(n-1)}{2}=n^2-n+\dfrac{1}{4}=$

$\left(n-\dfrac{1}{2}\right)^2$，又 $\{a_n\}$ 为正数列，则 $a_n=n-\dfrac{1}{2}$，所以 $\{a_n\}$ 为等差数列.

25. 【答案】　A

【解答】

**解法 1**　$|a-2b|\leqslant 1\Leftrightarrow 2b-1\leqslant a\leqslant 2b+1$.

(1) $|b|>1$，

当 $b>1$ 时，$a\geqslant 2b-1=b+b-1>b>0$，故 $|a|>|b|$.

当 $b<-1$ 时，$a\leqslant 2b+1=b+b+1<b<0$，故 $|a|>|b|$，所以充分.

**解法 2**　由绝对值三角不等式得 $||a|-|2b||\leqslant|a-2b|\leqslant 1$，得 $-1\leqslant|2b|-|a|\leqslant 1$，进一步有 $|a|\geqslant 2|b|-1$.

(1) 当 $|b|>1$ 时，则 $|a|\geqslant|b|+|b|-1>|b|+1-1=|b|$，所以充分；

(2) 反例 $b=0$，$a=0$，不充分.

# 2023年管理类联考综合能力试题(数学部分)

**一、问题求解**(本大题共 15 小题,每小题 3 分,共 45 分)

1. 油价上涨 5% 后,加 1 箱油比原来多花 20 元,1 个月后油价下降 4%,则加 1 箱油需要花
( )元.
(A) 384　　　　(B) 401　　　　(C) 402.8　　　　(D) 403.2　　　　(E) 404

2. 已知甲、乙两公司的利润之比为 3∶4,甲、丙两公司的利润之比为 1∶2,若乙公司的利润
为 3 000 万元,则丙公司的利润为( )万元.
(A) 5 000　　　(B) 4 500　　　(C) 4 000　　　(D) 3 500　　　(E) 2 500

3. 一个分数的分母和分子之和为 38,其分子、分母都减去 15,约分后得到 $\dfrac{1}{3}$,则这个分数的
分母与分子之差为( ).
(A) 1　　　　　(B) 2　　　　　(C) 3　　　　　(D) 4　　　　　(E) 5

4. $\sqrt{5+2\sqrt{6}}-\sqrt{3}=$ ( ).
(A) $\sqrt{2}$　　　　(B) $\sqrt{3}$　　　　(C) $\sqrt{6}$　　　　(D) $2\sqrt{2}$　　　　(E) $2\sqrt{3}$

5. 某公司财务部有 2 名男员工,3 名女员工;销售部有 4 名男员工,1 名女员工. 现要从中选
2 名男员工、1 名女员工组成工作小组,并要求每个部门至少有 1 名员工入选,则工作小
组的构成方式有( )种.
(A) 24　　　　　(B) 36　　　　　(C) 50　　　　　(D) 51　　　　　(E) 68

6. 甲、乙两人从同一地点出发,甲先出发 10 分钟,若乙跑步追赶甲,则 10 分钟可追上. 若乙
骑车追赶甲,每分钟比跑步多行 100 米,则 5 分钟可追上. 那么甲每分钟走的距离为
( ).
(A) 50 米　　　(B) 75 米　　　(C) 100 米　　　(D) 125 米　　　(E) 150 米

7. 如图 1 所示,已知点 $A(-1, 2)$,点 $B(3, 4)$,若点 $P(m, 0)$
使得 $|PB|-|PA|$ 最大,则( ).
(A) $m=-5$　　　　　　(B) $m=-3$
(C) $m=-1$　　　　　　(D) $m=1$
(E) $m=3$

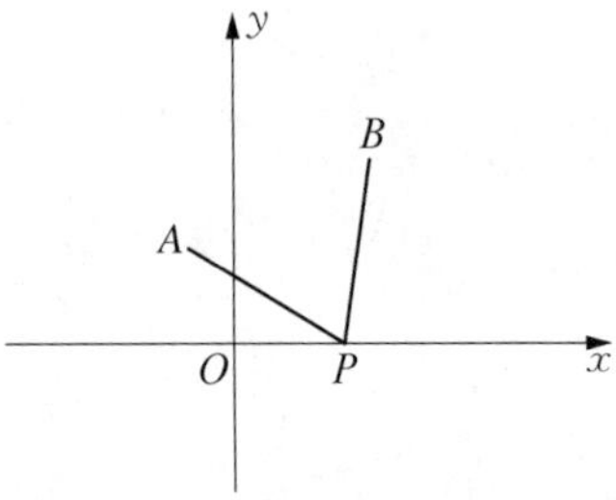

8. 由于疫情防控,电影院要求不同家庭之间至少间隔 1 个座
位,同一家庭的成员座位要相连. 两个家庭看电影,一家 3
人,一家 2 人,现有一排 7 个相连的座位,则符合要求的坐
法有( )种.
(A) 36　　　　　(B) 48　　　　　(C) 72　　　　　(D) 144　　　　　(E) 216

图 1

9. 方程 $x^2-3|x-2|-4=0$ 的所有实根之和为( ).
(A) $-4$　　　　(B) $-3$　　　　(C) $-2$　　　　(D) $-1$　　　　(E) 0

**10.** 如图 2 所示,从一个棱长为 6 的正方体中裁去 2 个相同的正三棱锥,若正三棱锥的底面边长 $AB$ 为 $4\sqrt{2}$,则剩余几何体的表面积为(　　).

(A) 168

(B) $168 + 16\sqrt{3}$

(C) $168 + 32\sqrt{3}$

(D) $112 + 32\sqrt{3}$

(E) $124 + 32\sqrt{3}$

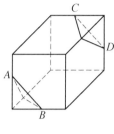

图 2

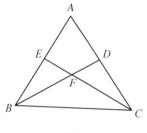

图 3

**11.** 如图 3 所示,在三角形 $ABC$ 中,$\angle BAC = 60°$,$BD$ 平分 $\angle ABC$,交 $AC$ 于 $D$,$CE$ 平分 $\angle ACB$ 交 $AB$ 于 $E$,$BD$ 和 $CE$ 交于 $F$,则 $\angle EFB = ($　　$)$.

(A) $45°$　　(B) $52.5°$　　(C) $60°$　　(D) $67.5°$　　(E) $75°$

**12.** 跳水比赛中,裁判给某选手的一个动作打分,其平均值为 8.6,方差为 1.1,若去掉一个最高得分 9.7 和一个最低得分 7.3,则剩余得分的(　　).

(A) 平均值变小,方差变大

(B) 平均值变小,方差变小

(C) 平均值变小,方差不变

(D) 平均值变大,方差变大

(E) 平均值变大,方差变小

**13.** 设 $x$ 为正实数,则 $\dfrac{x}{8x^3 + 5x + 2}$ 的最大值为(　　).

(A) $\dfrac{1}{15}$　　(B) $\dfrac{1}{11}$　　(C) $\dfrac{1}{9}$　　(D) $\dfrac{1}{6}$　　(E) $\dfrac{1}{5}$

**14.** 如图 4 所示,在矩形 $ABCD$ 中,$AD = 2AB$,$E$,$F$ 分别为 $AD$,$BC$ 的中点,从 $A$,$B$,$C$,$D$,$E$,$F$ 中任意取 3 个点,则这 3 个点为顶点可组成直角三角形的概率为(　　).

(A) $\dfrac{1}{2}$　　(B) $\dfrac{11}{20}$　　(C) $\dfrac{3}{5}$　　(D) $\dfrac{13}{20}$

(E) $\dfrac{7}{10}$

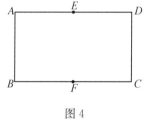

图 4

**15.** 快递员收到 3 个同城快递任务,取送地点各不相同,取送件可穿插进行,不同的送件方式有(　　)种.

(A) 6　　(B) 27　　(C) 36　　(D) 90　　(E) 360

**二、条件充分性判断**(本大题共 10 小题,每小题 3 分,共 30 分)

**16.** 有体育、美术、音乐、舞蹈 4 个兴趣班,每名同学至少参加 2 个,则至少有 12 名同学参加的兴趣班完全相同.

(1) 参加兴趣班的同学共有 125 人

(2) 参加 2 个兴趣班的同学有 70 人

**17.** 关于 $x$ 的方程 $x^2 - px + q = 0$ 有两个实根 $a$，$b$，则 $p - q > 1$.

(1) $a > 1$

(2) $b < 1$

**18.** 已知等比数列 $\{a_n\}$ 的公比大于 $1$，则 $\{a_n\}$ 递增.

(1) $a_1$ 是方程 $x^2 - x - 2 = 0$ 的根

(2) $a_1$ 是方程 $x^2 + x - 6 = 0$ 的根

**19.** 设 $x$，$y$ 是正数，则 $\sqrt{x^2 + y^2}$ 有最小值和最大值.

(1) $(x-1)^2 + (y-1)^2 = 1$

(2) $y = x + 1$

**20.** 设集合 $M = \{(x, y) \mid (x-a)^2 + (y-b)^2 \leqslant 4\}$，$N = \{(x, y) \mid x > 0, y > 0\}$，则 $M \cap N \neq \varnothing$.

(1) $a < -2$

(2) $b > 2$

**21.** 甲、乙两车分别从 $A$，$B$ 两地同时出发，相向而行，$1$ 小时后，甲车到达 $C$ 点，乙车到达 $D$ 点，则能确定 $A$，$B$ 两地的距离.

图 5

(1) 已知 $C$，$D$ 两地的距离

(2) 已知甲、乙两车的速度比

**22.** 已知 $m$，$n$，$p$ 为三个不同的质数，则能确定 $m$，$n$，$p$ 的乘积.

(1) $m + n + p = 16$

(2) $m + n + p = 20$

**23.** $8$ 个班参加植树活动，共植树 $195$ 棵，则能确定各班植树棵数的最小值.

(1) 各班植树的棵数均不相同

(2) 各班植树棵数的最大值是 $28$

**24.** 设数列 $\{a_n\}$ 前 $n$ 项和为 $S_n$，则 $a_2$，$a_3$，$a_4$，$\cdots$ 为等比数列.

(1) $S_{n+1} > S_n$

(2) $\{S_n\}$ 是等比数列

**25.** 甲有 $2$ 张牌 $a$，$b$，乙有 $2$ 张牌 $x$，$y$，甲、乙各任意取出 $1$ 张牌，则甲取出的牌不小于乙取出的牌的概率不小于 $\dfrac{1}{2}$.

(1) $a > x$

(2) $a + b > x + y$

# 2023 年管理类联考综合能力试题(数学部分)详解

**1.** 【答案】　D

【解答】　设原 1 箱油 $x$ 元,则 $(1+5\%)x-x=20$,则 $x=400$(元).

故上涨 5% 后再下降 4%,所以 $(1+5\%)\times400\times(1-4\%)=403.2$(元).

**2.** 【答案】　B

【解答】　甲:乙 $=3:4$,甲:丙 $=1:2=3:6$,故甲:乙:丙 $=3:4:6$.令甲 $=3k$,乙 $=4k$,丙 $=6k$,则 $4k=3\,000$,得 $k=750$,所以丙公司的利润 $=6k=4\,500$ 万元.

**3.** 【答案】　D

【解答】　设这个分数的分子为 $x$,分母为 $y$,则 $\begin{cases}x+y=38\\ \dfrac{x-15}{y-15}=\dfrac{1}{3}\end{cases}$,解得 $\begin{cases}x=17\\ y=21\end{cases}$,所以 $y-x=4$.

**4.** 【答案】　A

【解答】　$\sqrt{5+2\sqrt{6}}-\sqrt{3}=\sqrt{(\sqrt{2})^2+2\sqrt{2}\cdot\sqrt{3}+(\sqrt{3})^2}-\sqrt{3}=\sqrt{(\sqrt{2}+\sqrt{3})^2}-\sqrt{3}=(\sqrt{2}+\sqrt{3})-\sqrt{3}=\sqrt{2}$.

**5.** 【答案】　D

【解答】　**解法 1**　从正面分类.

① 一女来自财务部,有 $C_3^1(C_2^1C_4^1+C_2^2)=42$ 种;

② 一女来自销售部,有 $C_1^1(C_2^1C_4^1+C_2^2)=9$ 种;

故总计有 $N=42+9=51$ 种.

**解法 2**　从反面分析.

总计有 $N=C_6^2C_4^1-(C_2^2C_3^1+C_4^2C_1^1)=60-(3+6)=51$ 种.

**6.** 【答案】　C

【解答】　由追及问题知,追及时间$=\dfrac{\text{路程差}}{\text{速度差}}$,列方程得 $\begin{cases}10=\dfrac{10v_甲}{v_乙-v_甲}\\ 5=\dfrac{10v_甲}{(v_乙+100)-v_甲}\end{cases}$,

则 $v_甲=100$ 米/分钟.

**7.** 【答案】　A

【解答】　连接 $AB$,由三角形两边之差小于第三边,得 $||PB|-|PA||<|AB|$.

当 $P$、$A$、$B$ 三点共线时,此时 $|PB|-|PA|=|AB|$ 最大,故 $P$ 在 $x$ 轴上,且在 $BA$ 延长线上时 $|PB|-|PA|$ 最大.可得 $k_{AB}=\dfrac{1}{2}$,直线 $AB$ 所在方程为 $y-2=\dfrac{1}{2}(x+1)$,将点 $P(m,0)$ 代入,所以 $m=-5$.

**8.** 【答案】　C

【解答】　三口之家内部全排列有 3! 种,两口之家内部全排列有 2! 种.有 2 个空座位形成 3 个空,故总计有 $N=C_3^2\times2!\times2!\times3!=72$ 种.

**9.** 【答案】　B

【解答】　对 $x$ 进行分类讨论,

① 当 $x\geqslant2$ 时,$x^2-3(x-2)-4=0\Leftrightarrow x^2-3x+2=0\Leftrightarrow x=2$ 或 $x=1$(舍);

② 当 $x<2$ 时,$x^2-3(2-x)-4=0\Leftrightarrow x^2+3x-10=0\Leftrightarrow x=-5$ 或 $x=2$(舍);

故所有实根之和为 $-5+2=-3$.

**10.**【答案】 B

【解答】 正三棱锥是底面为正三角形、三个侧面为全等的等腰三角形的三棱锥.

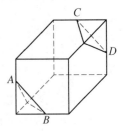

如图 1 所示,减少 6 个等腰直角三角形的面积为 $6 \times \frac{1}{2} \times 4 \times 4 = 48$,增加两个

等边三角形面积 $2 \times \frac{\sqrt{3}}{4} \times (4\sqrt{2})^2 = 16\sqrt{3}$. 所以剩余几何体的表面积为 $S =$

$6 \times 6 \times 6 - 48 + 16\sqrt{3} = 168 + 16\sqrt{3}$.

图 1

**11.**【答案】 C

【解答】 如图 2 所示,由 $BD$ 平分 $\angle ABC$ 得 $\angle ABD = \angle FBC$,$CE$ 平分

$\angle ACB$ 得 $\angle ACE = \angle BCF$.

由三角形外角等于不相邻两个内角和可得,$\angle EFB = \angle FBC + \angle BCF =$

$\frac{180° - 60°}{2} = 60°$.

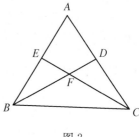

图 2

**12.**【答案】 E

【解答】 由于 $\frac{9.7 + 7.3}{2} = 8.5 < 8.6$,故平均值变大;去掉最高分与最低

分,分散程度变小,方差变小.

**13.**【答案】 B

【解答】 $\frac{8x^3 + 5x + 2}{x} = 8x^2 + 5 + \frac{2}{x} = 5 + 8x^2 + \frac{1}{x} + \frac{1}{x} \geqslant 5 + 3\sqrt[3]{8x^2 \cdot \frac{1}{x} \cdot \frac{1}{x}} = 5 + 6 = 11$,

当且仅当 $8x^2 = \frac{1}{x} = \frac{1}{x}$,即 $x = \frac{1}{2}$ 时,$\frac{x}{8x^3 + 5x + 2}$ 达到最大值 $\frac{1}{11}$.

**14.**【答案】 E

【解答】 从 $A$, $B$, $C$, $D$, $E$, $F$ 中任意取 3 个点共有 $n_\Omega = C_6^3 = 20$ 种.

**解法 1** 如图 3 所示,(正面穷举)3 个顶点可组成直角三角形的有:

$\triangle ABC$, $\triangle ABD$, $\triangle ABE$, $\triangle ABF$, $\triangle ACD$, $\triangle ADF$, $\triangle AEF$, $\triangle BCD$,

$\triangle BCE$, $\triangle BFE$, $\triangle CDE$, $\triangle CDF$, $\triangle CEF$, $\triangle DEF$.

共 14 个,所以概率为 14/20 = 7/10.

**解法 2** (反面穷举)3 个顶点不能组成三角形的有:$ADE$, $BFC$;不能组成

直角三角形有:

$\triangle ACE$, $\triangle ACF$, $\triangle BED$, $\triangle BFD$,所以概率为 $P = 1 - \frac{6}{20} = \frac{7}{10}$.

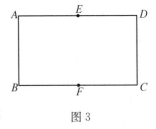

图 3

**15.**【答案】 D

【解答】 3 个快递业务,取送地点不同,取件一定在送件前. 假设取件地址是 $A$, $B$, $C$,送件地址是 $a$, $b$,

$c$,地点先全排列共 $A_6^6$ 种. 因为 $A$ 和 $a$ 之间顺序固定,$B$ 和 $b$ 顺序也固定,$C$ 和 $c$ 顺序也固定,所以消序

得共 $\frac{A_6^6}{A_2^2 A_2^2 A_2^2} = 90$ 种.

**16.**【答案】 D

【解答】 (1) 每名同学至少参加 2 个,故有 $C_4^2 + C_4^3 + C_4^4 = 11$ 种可能的组合. 125 人÷11 种>11(人/

种),则至少有 12 名同学参加的兴趣班完全相同.

(2) 参加 2 个兴趣班种数有 $C_4^2 = 6$ 种可能的组合. 70 人÷6 种>11(人/种),则至少有 12 名同学参加的

兴趣班完全相同.

**17.**【答案】 C

**【解答】** **解法 1** 根据韦达定理 $\begin{cases} a+b=p \\ ab=q \end{cases}$，$p-q>1\Leftrightarrow 1-p+q<0\Leftrightarrow 1-a-b+ab=(1-a)(1-b)<0$，单独考虑(1)和(2)显然信息量不全，联合是充分，联合选 C.

**解法 2** 单独显然不充分，联合表明一个根比 1 大，一个根比 1 小，令 $f(x)=x^2-px+q$，则 $f(1)=1-p+q<0\Leftrightarrow p-q>1$，所以联合充分.

18.**【答案】** C

**【解答】** (1) $a_1$ 是方程 $x^2-x-2=0$ 的根，则 $a_1=2$ 或 $a_1=-1$. 当 $a_1=-1$ 时且公比大于 1，$\{a_n\}$ 递减.

(2) $a_1$ 是方程 $x^2+x-6=0$ 的根，则 $a_1=2$ 或 $a_1=-3$. 当 $a_1=-3$ 时且公比大于 1，$\{a_n\}$ 递减.

(1)与(2)联合，$a_1=2$ 且公比大于 1，此时等比数列 $\{a_n\}$ 一定是增数列. 所以联合充分.

19.**【答案】** A

**【解答】** 令 $d=\sqrt{x^2+y^2}$ 表示 $(x,y)$ 到 $(0,0)$ 的距离.

(1) $(x-1)^2+(y-1)^2=1$ 表示圆周上的点，圆心到原点的距离是 $\sqrt{2}$，则圆上的点到原点的最大距离是 $\sqrt{2}+1$，最小值是 $\sqrt{2}-1$，充分.

(2) $y=x+1$ 表示直线，直线上点 $(x,y)$ 到原点的距离只有最小值没有最大值，不充分.

20.**【答案】** E

**【解答】** **解法 1** 集合 $M$ 代表圆心是 $(a,b)$、半径为 2 的圆周及圆内的点. 集合 $N$ 代表第一象限，要保证 $M\cap N\neq\varnothing\Leftrightarrow a>-2$，$b>-2$，所以单独不充分，联合也不充分.

**解法 2** 反例为 $a=-3$，$b=3$，选 E.

21.**【答案】** E

**【解答】** 由图 4 可知，$S_{AB}=V_{甲}\times 1+S_{CD}+V_{乙}\times 1$.

条件(1)显然信息量不全，缺少甲、乙的速度；条件(2)也信息量不全，缺少 $CD$ 的长度，条件(1)与条件(2)联合起来也缺少甲、乙的速度的具体值，所以选 E.

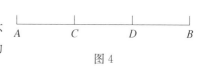

图 4

22.**【答案】** A

**【解答】** 已知 $m$，$n$，$p$ 为 3 个不同的质数.

条件(1)若 $m+n+p=16$，$m$，$n$，$p$ 只能是一偶二奇，取值只有一种可能 2，3，11，所以 $m\times n\times p=2\times 3\times 11=66$，充分.

条件(2)若 $m+n+p=20$，$m$，$n$，$p$ 只能是一偶二奇，取值只有两种可能 2，5，13 或 2，7，11. $m$，$n$，$p$ 的乘积不唯一，不充分.

23.**【答案】** C

**【解答】** 设 8 个班分别植树 $x_1$，$x_2$，$x_3$，…，$x_8$ 棵

条件(1)反例：1，2，3，4，5，6，7，167 与 2，3，4，5，6，7，8，160，所以各班植树棵数的最小值为 1 或者 2，最小值不唯一，不充分.

条件(2)反例：28，27，26，25，24，23，23，19 与 28，27，26，25，24，24，23，18，最小值不唯一，不充分.

(1)与(2)联合，假设 $x_1<x_2<x_3<\cdots<x_8$，$x_8=28$，$x_1+x_2+x_3+\cdots+x_8=195$，即 $x_1+x_2+x_3+\cdots+x_7+28=195$ (和为定值)，$x_1$ 最小，则对立面 $x_2+x_3+\cdots+28$ 最大，令 $x_7=27$，$x_6=26$，$x_5=25$，$x_4=24$，$x_3=23$，$x_2=22$，故 $x_1+22+23+24+25+26+27+28=195$，所以 $x_1=20$.

24.**【答案】** C

**【解答】** 条件(1) $S_{n+1}>S_n$，反例：$a_n=1$，2，3，4…，不充分.

条件(2) $\{S_n\}$ 是等比数列, 令 $S_n \equiv 1$ 得到反例: $a_n = 1, 0, 0 \cdots$, 不充分.

考虑联合, 由 $S_{n+1} > S_n$, 则 $a_n = S_n - S_{n-1} > 0$, 故 $\{a_n\}$ 是正的 $(n = 2, 3, 4\cdots)$, 从而 $\{S_n\}$ 也是正的数列.

设 $q$ 是等比数列 $\{S_n\}$ 的公比, 则 $q = \dfrac{S_{n+1}}{S_n} > 1$.

当 $n \geqslant 2$ 时, $a_n = S_n - S_{n-1} = S_1 q^{n-1} - S_1 q^{n-2} = a_1 q^{n-1} - a_1 q^{n-2} = a_1(q-1) q^{n-2}(q > 1)$,

则 $a_2$, $a_3$, $a_4$, $\cdots$ 为等比数列, 所以选 C.

**25.** 【答案】  B

【解答】  样本空间 $\Omega = \{(a, x), (a, y), (b, x), (b, y)\}$ 共 4 种情况.

题干所求为 $P\{甲 \geqslant 乙\} \geqslant \dfrac{1}{2}$, 即 $a \geqslant x$, $a \geqslant y$, $b \geqslant x$, $b \geqslant y$, 至少要有 2 个成立.

条件(1)反例 $a = 3$, $b = 1$, $x = 2$, $y = 4$, 此时甲 $\geqslant$ 乙的情况只有 $a = 3$, $x = 2$ 这种情况, 故 $P\{甲 \geqslant 乙\} = \dfrac{1}{4}$, 不充分.

条件(2)不妨令 $a \geqslant b$, $x \geqslant y$, 可以讨论, 如果 $a$ 是最大, 则 $a \geqslant x$, $a \geqslant y$, 以上 4 种情况, 至少前 2 种情况满足甲 $\geqslant$ 乙, 故概率 $P\{甲 \geqslant 乙\} \geqslant \dfrac{1}{2}$; 若 $a$ 不是最大, 那么只能 $x$ 最大, 则排序只能为 $x \geqslant a \geqslant b \geqslant y$, 至少有 2 种情况满足甲 $\geqslant$ 乙, 故概率 $P\{甲 \geqslant 乙\} \geqslant \dfrac{1}{2}$, 充分. 所以选 B.

# 2024 年管理类联考综合能力试题（数学部分）

**一、问题求解**（本大题共 15 小题，每小题 3 分，共 45 分）

1. 甲股票上涨 20% 后的价格与乙股票下跌 20% 后的价格相等，则甲、乙股票的原价格之比为（　　）．

　(A) 1∶1　　　　(B) 1∶2　　　　(C) 2∶1　　　　(D) 3∶2　　　　(E) 2∶3

2. 将 3 张写有不同数字的卡片随机地排成一排，数字面朝下．翻开左边和中间的 2 张卡片，如果中间卡片上的数字大，那么取中间的卡片，否则取右边的卡片．则取出的卡片上的数字最大的概率为（　　）．

　(A) $\dfrac{5}{6}$　　　　(B) $\dfrac{2}{3}$　　　　(C) $\dfrac{1}{2}$　　　　(D) $\dfrac{1}{3}$　　　　(E) $\dfrac{1}{4}$

3. 甲、乙两人参加健步走活动．第一天两人走的步数相同，此后甲每天都比前一天多走 700 步，乙每天走的步数保持不变．若乙前 7 天走的总步数与甲前 6 天走的总步数相同，则甲第 7 天走了（　　）．

　(A) 10 500 步　　　　　　(B) 13 300 步　　　　　　(C) 14 000 步

　(D) 14 700 步　　　　　　(E) 15 400 步

4. 函数 $f(x)=\dfrac{x^4+5x^2+16}{x^2}$ 的最小值为（　　）．

　(A) 12　　　　(B) 13　　　　(C) 14　　　　(D) 15　　　　(E) 16

5. 已知点 $O(0,0)$，$A(a,1)$，$B(2,b)$，$C(1,2)$，若四边形 $OABC$ 为平行四边形，则 $a+b=$（　　）．

　(A) 3　　　　(B) 4　　　　(C) 5　　　　(D) 6　　　　(E) 7

6. 已知等差数列 $\{a_n\}$ 满足 $a_2 a_3 = a_1 a_4 + 50$，且 $a_2 + a_3 < a_1 + a_5$，则公差为（　　）．

　(A) 2　　　　(B) −2　　　　(C) 5　　　　(D) −5　　　　(E) 10

7. 已知 $m$，$n$，$k$ 都是正整数．若 $m+n+k=10$，则 $m$，$n$，$k$ 的取值方法有（　　）．

　(A) 21 种　　　(B) 28 种　　　(C) 36 种　　　(D) 45 种　　　(E) 55 种

8. 如图 1 所示，正三角形 $ABC$ 的边长为 3，以 $A$ 为圆心，以 2 为半径作圆弧，再分别以 $B$，$C$ 为圆心，以 1 为半径作圆弧，则阴影部分的面积为（　　）．

　(A) $\dfrac{9}{4}\sqrt{3}-\dfrac{\pi}{2}$　　　　　　(B) $\dfrac{9}{4}\sqrt{3}-\pi$

　(C) $\dfrac{9}{8}\sqrt{3}-\dfrac{\pi}{2}$　　　　　　(D) $\dfrac{9}{8}\sqrt{3}-\pi$

　(E) $\dfrac{3}{4}\sqrt{3}-\dfrac{\pi}{2}$

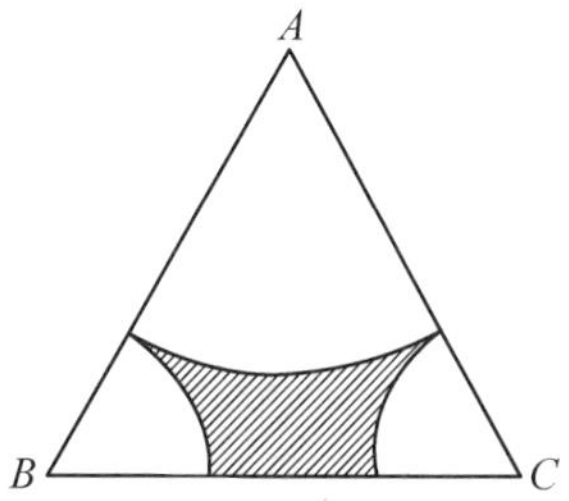

图 1

9. 在雨季，某水库的蓄水量已超警戒水位，同时上游来水均匀注入水库，需要及时泄洪．若开 4 个泄洪闸，则水库的蓄水量降到安全水位需要 8 天；若开 5 个泄洪闸，则水库的蓄水量降到安全水位需要 6 天．若开 7 个泄洪闸，则水库的蓄水量降到安全水位需要（　　）．

(A) 4.8 天　　(B) 4 天　　(C) 3.6 天　　(D) 3.2 天　　(E) 3 天

10. 如图 2 所示，在三角形点阵中，第 $n$ 行及其上方所有点的个数之和记为 $a_n$，如 $a_1 = 1$，$a_2 = 3$. 已知 $a_k$ 是平方数，且 $1 < a_k < 100$，则 $a_k = ($　　$)$.

(A) 16　　　(B) 25　　　(C) 36　　　(D) 49　　　(E) 81

11. 如图 3 所示，在边长为 2 的正三角形材料中裁剪出一个半圆形工件，半圆的直径在三角形的一条边上，则这个半圆的面积最大为(　　).

(A) $\dfrac{3\pi}{8}$　　(B) $\dfrac{3\pi}{5}$　　(C) $\dfrac{3\pi}{4}$　　(D) $\dfrac{\pi}{4}$　　(E) $\dfrac{\pi}{2}$

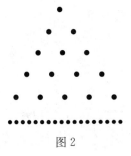

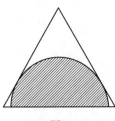

图 2　　　　　　　　　　　图 3

12. 甲、乙两码头相距 100 千米，一艘游轮从甲地顺流而下到达乙地用了 4 小时，返回时游轮的静水速度增加了 25%，用了 5 小时，则航道的水流速度为(　　).

(A) 3.5 千米/小时　　　(B) 4 千米/小时　　　(C) 4.5 千米/小时

(D) 5 千米/小时　　　(E) 5.5 千米/小时

13. 如图 4 所示，圆柱形容器的底面半径是 $2r$. 将半径为 $r$ 的铁球放入容器后，液面的高度为 $r$. 液面原来的高度为(　　).

(A) $\dfrac{r}{6}$　　(B) $\dfrac{r}{3}$　　(C) $\dfrac{r}{2}$

(D) $\dfrac{2r}{3}$　　(E) $\dfrac{5r}{6}$

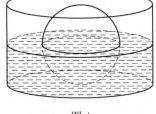

图 4

14. 有 4 种不同的颜色，甲、乙两人各自随机选 2 种，则两人所选颜色完全相同的概率为(　　).

(A) $\dfrac{1}{6}$　　(B) $\dfrac{1}{9}$　　(C) $\dfrac{1}{12}$

(D) $\dfrac{1}{18}$　　(E) $\dfrac{1}{36}$

15. 设非负实数 $x$，$y$ 满足 $\begin{cases} 2 \leqslant xy \leqslant 8, \\ \dfrac{x}{2} \leqslant y \leqslant 2x, \end{cases}$ 则 $x + 2y$ 的最大值为(　　).

(A) 3　　　(B) 4　　　(C) 5　　　(D) 8　　　(E) 10

**二、条件充分性判断**(本大题共 10 小题，每小题 3 分，共 30 分)

16. 已知袋中装有红、黑、白 3 种颜色的球若干个，随机取出 1 球，则该球是白球的概率大于 $\dfrac{1}{4}$.

(1) 红球数最少

（2）黑球数不到一半

**17.** 已知 $n$ 是正整数,则 $n^2$ 除以 3 余 1.

（1）$n$ 除以 3 余 1

（2）$n$ 除以 3 余 2

**18.** 设二次函数 $f(x) = ax^2 + bx + 1$,则能确定 $a < b$.

（1）曲线 $y = f(x)$ 关于直线 $x = 1$ 对称

（2）曲线 $y = f(x)$ 与直线 $y = 2$ 相切

**19.** 设 $a$, $b$, $c$ 为实数,则 $a^2 + b^2 + c^2 \leqslant 1$.

（1）$|a| + |b| + |c| \leqslant 1$

（2）$ab + bc + ca = 0$

**20.** 设 $a$ 为实数,$f(x) = |x - a| - |x - 1|$,则 $f(x) \leqslant 1$.

（1）$a \geqslant 0$

（2）$a \leqslant 2$

**21.** 设 $a$, $b$ 为正实数,则能确定 $a \geqslant b$.

（1）$a + \dfrac{1}{a} \geqslant b + \dfrac{1}{b}$

（2）$a^2 + a \geqslant b^2 + b$

**22.** 兔窝位于兔子正北 60 米,狼在兔子正西 100 米,兔子和狼同时直奔兔窝,则兔子率先到达兔窝.

（1）兔子的速度是狼的速度的 $\dfrac{2}{3}$

（2）兔子的速度是狼的速度的 $\dfrac{1}{2}$

**23.** 设 $x$, $y$ 为实数,则能确定 $x \geqslant y$.

（1）$(x - 6)^2 + y^2 = 18$

（2）$|x - 4| + |y + 1| = 5$

**24.** 设曲线 $y = x^3 - x^2 - ax + b$ 与 $x$ 轴有 3 个不同的交点 $A$, $B$, $C$,则 $|BC| = 4$.

（1）点 $A$ 的坐标为 $(1，0)$

（2）$a = 4$

**25.** 设 $\{a_n\}$ 为等比数列,$S_n$ 是 $\{a_n\}$ 的前 $n$ 项和,则能确定 $\{a_n\}$ 的公比.

（1）$S_3 = 2$

（2）$S_9 = 26$

# 2024 年管理类联考综合能力试题(数学部分)详解

1. 【答案】 E

【解答】 设甲、乙股票的原价格分别为 $x,y$,则 $x(1+20\%)=y(1-20\%)$,得 $\dfrac{x}{y}=\dfrac{2}{3}$,故选 E.

2. 【答案】 C

【解答】 假设 3 个不同数字为 1,2,3,排成一排,共有 $A_3^3=6$ 种,即 123,132,213,231,312,321. 根据准则,要把最大的数字 3 取出来,有 132,231,213 这 3 种情况,所以 $P(A)=\dfrac{3}{6}=\dfrac{1}{2}$,故选 C.

3. 【答案】 D

【解答】 设甲、乙两人第一天走的步数为 $x$,则乙前 7 天走的总步数为 $7x$,甲是首项为 $x$、公差为 700 的等差数列,所以甲前 6 天走的总步数为 $S_6=6x+\dfrac{6\times(6-1)}{2}\times700=6x+10\,500$,则 $7x=6x+10\,500$,故 $x=10\,500$,所以甲第 7 天走的步数为 $10\,500+(7-1)\times700=14\,700$,故选 D.

4. 【答案】 B

【解答】 由均值不等式得 $f(x)=\dfrac{x^4+5x^2+16}{x^2}=x^2+\dfrac{16}{x^2}+5\geqslant2\sqrt{x^2\cdot\dfrac{16}{x^2}}+5=13$,当且仅当 $x^2=\dfrac{16}{x^2}$,即 $x=\pm2$ 时取到最小值,故选 B.

5. 【答案】 B

【解答】 平行四边形 $OABC$(见图 1)中对角线中点重合,根据中点坐标公式可得 $\begin{cases}\dfrac{0+2}{2}=\dfrac{1+a}{2}\\[2mm]\dfrac{0+b}{2}=\dfrac{2+1}{2}\end{cases}$,解得 $\begin{cases}a=1\\b=3,\end{cases}$ 所以 $a+b=1+3=4$,故选 B.

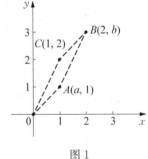

图 1

6. 【答案】 C

【解答】 等差数列由 $a_2a_3=a_1a_4+50$,得 $(a_1+d)(a_1+2d)=a_1(a_1+3d)+50$,化简得 $2d^2=50$,解得 $d=\pm5$. 又 $a_2+a_3<a_1+a_5$,即 $a_1+d+a_1+2d<a_1+a_1+4d$,解得 $d>0$,所以 $d=5$,故选 C.

7. 【答案】 C

【解答】 将 10 看成 10 个相同的 1,放入 3 个不同的盒子 $(m,n,k)$,每个盒子至少 1 个 1,利用隔板法,在 10 个相同的 1 之间形成的 9 个间隙中任意插入 2 块隔板,把 1 分成 3 堆,每一种分法对应 $m,n,k$ 的一组正整数解,故原方程的正整数解的组数共有 $C_9^2=36$(种),故选 C.

8. 【答案】 B

【解答】 如图 2 分析可得,阴影面积等于三角形面积减去以 $A$、$B$、$C$ 为圆心且圆心角为 $60°$ 的 3 个扇形面积,即 $S_{阴}=\dfrac{\sqrt{3}}{4}\times3^2-\dfrac{\pi}{6}(2^2+1+1)=\dfrac{9\sqrt{3}}{4}-\pi$,故选 B.

9. 【答案】 B

【解答】 假设安全蓄水量为 24,设每天上游均匀注水的效率为 $x$,下游每

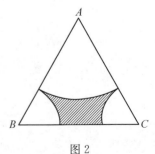

图 2

个泄洪闸效率为 $y$，根据题意列方程 $\begin{cases} 8 \times (4y - x) = 24 \\ 6 \times (5y - x) = 24 \end{cases}$，化简得 $\begin{cases} 4y - x = 3 \\ 5y - x = 4 \end{cases}$，解得 $\begin{cases} x = 1 \\ y = 1 \end{cases}$，如果开 7

个闸门，所需时间为 $\dfrac{24}{7-1} = 4$，故选 B.

**10.【答案】** C

**【解答】** $a_k$ 表示首项为 1、公差为 1 的前 $n$ 项和，即 $a_k = S_n = \dfrac{n(n+1)}{2}$，所以 $1 < \dfrac{n(n+1)}{2} < 100$，又

$a_k$ 是平方数，当 $n = 8$ 时符合条件，此时 $a_k = \dfrac{n(n+1)}{2} = 36$，故选 C.

**11.【答案】** A

**【解答】** 当正三角形另两条边与半圆相切时，面积最大（见图 3）. 圆心在底

边中点，则 $MC = 1$. 根据 $30°$ 直角三角形三边长度之比为 $1 : \sqrt{3} : 2$，得半径

为 $\dfrac{\sqrt{3}}{2}$，则半圆面积为 $S = \dfrac{1}{2}\pi r^2 = \dfrac{1}{2}\pi \left(\dfrac{\sqrt{3}}{2}\right)^2 = \dfrac{3}{8}\pi$，故选 A.

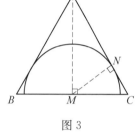

图 3

**12.【答案】** D

**【解答】** $\begin{cases} v_{\text{船}} + v_{\text{水}} = \dfrac{100}{4} \\ (1 + 25\%) v_{\text{船}} - v_{\text{水}} = \dfrac{100}{5} \end{cases}$，得 $\begin{cases} v_{\text{船}} = 20 \\ v_{\text{水}} = 5 \end{cases}$.

**13.【答案】** E

**【解答】** 设液面原来高度为 $h$，根据前后体积相等得 $V_{\text{原}} + \dfrac{1}{2}V_{\text{球}} = V_{\text{后}}$，即 $\pi \cdot (2r)^2 \cdot h + \dfrac{1}{2} \times \dfrac{4}{3}\pi r^3 =$

$\pi \cdot (2r)^2 \cdot r$，得 $h = \dfrac{5}{6}r$，故选 E.

**14.【答案】** A

**【解答】** 4 种不同的颜色，甲、乙两人各随机选 2 种，共有 $C_4^2 C_4^2 = 36$ 种情况. 两人颜色完全相同共有

$C_4^2 = 6$ 种情况，所以概率 $P = \dfrac{6}{36} = \dfrac{1}{6}$，故选 A.

**15.【答案】** E

**【解答】** 令 $x + 2y = c$，画出 $y = \dfrac{8}{x}$，$y = \dfrac{2}{x}$，$y = 2x$，$y = \dfrac{x}{2}$ 的

图像（见图 4），最大值在封闭区域 $ABCD$ 的端点 $A(2, 1)$、$B(4, 2)$、

$C(2, 4)$、$D(1, 2)$ 处取得. 在直线 $x + 2y = c$ 过 $C(2, 4)$ 时，代入得

$c_{\max} = 2 \times 1 + 2 \times 4 = 10$，故选 E.

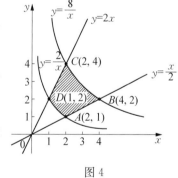

图 4

**16.【答案】** C

**【解答】** (1) 反例，红球 1 个，白球 2 个，黑球 10 个，取出白球的概

率远小于 $\dfrac{1}{4}$，不充分.

(2) 反例，红球 2 个，白球 1 个，黑球 1 个，取出白球的概率等于 $\dfrac{1}{4}$，

不充分.

考虑联合：

**解法 1** $P(\text{黑}) < \dfrac{1}{2}$，则 $P(\text{白}) + P(\text{红}) > \dfrac{1}{2}$. 又 $P(\text{白}) \geqslant P(\text{红})$，则 $P(\text{白}) + P(\text{白}) > P(\text{白}) +$

$P(\text{红}) > \dfrac{1}{2}$，即 $P(\text{白}) > \dfrac{1}{4}$，故选 C.

**解法 2** 设红、白、黑球分别有 $x$、$y$、$z$ 个，$\dfrac{z}{x+y+z} < \dfrac{1}{2}$，即 $z < x+y$，又 $x < y$，故白球的概率

$P(白) = \dfrac{y}{x+y+z} > \dfrac{y}{x+y+(x+y)} = \dfrac{y}{2x+2y} > \dfrac{y}{2y+2y} = \dfrac{1}{4}$，故选 C.

**17.【答案】** D

**【解答】** (1) 设 $n = 3k+1(k \in \mathbf{Z})$，则 $n^2 = (3k+1)^2 = 9k^2+6k+1 = 3(3k^2+2k)+1$，即 $n^2$ 除以 3 余数为 1，充分.

(2) 设 $n = 3k+2(k \in \mathbf{Z})$，则 $n^2 = (3k+2)^2 = 9k^2+12k+4 = 3(3k^2+4k+1)+1$，即 $n^2$ 除以 3 余数为 1，充分，故选 D.

**18.【答案】** C

**【解答】** (1) 曲线 $y = f(x)$ 的对称轴为 $x = -\dfrac{b}{2a} = 1$，可得 $b = -2a$，无法确定 $a$ 和 $b$ 的大小关系，不充分.

(2) 曲线与直线相切得 $ax^2+bx+1 = 2$，即 $ax^2+bx-1 = 0$，则 $\Delta = b^2+4a = 0$，不充分. 联合起来 $\begin{cases} b = -2a \\ b^2+4a = 0 \end{cases}$，得 $a(a+1) = 0$，因为 $a \neq 0$，所以 $a = -1$，$b = 2$，可以确定 $a < b$，故选 C.

**19.【答案】** A

**【解答】** (1) $(|a|+|b|+|c|)^2 = a^2+b^2+c^2+2(|ab|+|bc|+|ac|) \leqslant 1$，因为 $|ab|+|bc|+|ac| \geqslant 0$ 恒成立，所以 $a^2+b^2+c^2 \leqslant 1$，充分.

(2) 反例 $a = 2$，$b = c = 0$，此时 $a^2+b^2+c^2 > 1$，不充分，故选 A.

**20.【答案】** C

**【解答】** 结论 $f(x) \leqslant 1$ 要求 $f(x)$ 的最大值小于等于 1. $f(x) = |x-a|-|x-1|$ 的最大值等于 $|a-1|$，即结论要求 $|a-1| \leqslant 1$，解得 $0 \leqslant a \leqslant 2$，所以条件(1)和条件(2)都不充分，但是联合充分，故选 C.

**21.【答案】** B

**【解答】 解法 1**

(1) 反例 $a = 0.1$，$b = 0.5$，满足 $a + \dfrac{1}{a} \geqslant b + \dfrac{1}{b}$，但是 $a < b$，不充分.

(2) $a^2+a \geqslant b^2+b \Leftrightarrow a^2-b^2 \geqslant b-a \Leftrightarrow (a+b)(a-b) \geqslant b-a \Leftrightarrow (a+b)(a-b)-(a-b) \geqslant 0 \Leftrightarrow (a+b+1)(a-b) \geqslant 0$，因为 $a+b+1 > 0$，所以 $a \geqslant b$，充分，故选 B.

**解法 2**

(1) 画出 $f(x) = x + \dfrac{1}{x}$ 的图像(见图 5)，在第一象限不是单调函数，不充分.

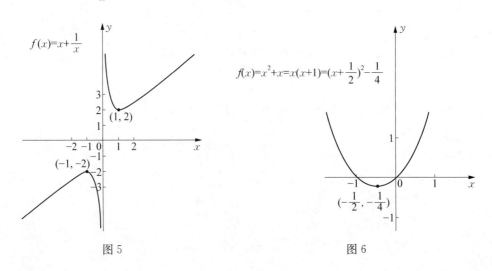

图 5                    图 6

(2) 画出 $f(x) = x^2 + x = x(x+1) = \left(x + \frac{1}{2}\right)^2 - \frac{1}{4}$ 的图像(见图 6),在第一象限单调递增函数,充分,故选 B.

**22.【答案】** A

**【解答】** 如图 7 所示,根据勾股定理可得狼到兔窝的距离 $=$ $\sqrt{100^2 + 60^2} = 20\sqrt{34}$.

只要满足 $\dfrac{\text{兔子速度}}{\text{狼速度}} > \dfrac{\text{兔子到兔窝的距离}}{\text{狼到兔窝的距离}} = \dfrac{60}{20\sqrt{34}} = \dfrac{3}{\sqrt{34}}$,兔子就可率先到达兔窝.

(1) $\dfrac{\text{兔子速度}}{\text{狼速度}} = \dfrac{2}{3} > \dfrac{3}{\sqrt{34}}$,充分.

(2) $\dfrac{\text{兔子速度}}{\text{狼速度}} = \dfrac{1}{2} < \dfrac{3}{\sqrt{34}}$,不充分,故选 A.

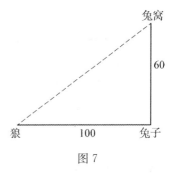

图 7

**23.【答案】** D

**【解答】** (1) 如图 8 所示,$(x-6)^2 + y^2 = 13$ 的图形在 $x \geqslant y$ 区域内,充分.

(2) 如图 9 所示,$|x-4| + |y+1| = 5$ 的图形在 $x \geqslant y$ 区域内,充分,故选 D.

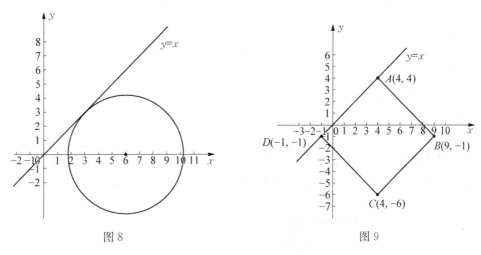

图 8                          图 9

**24.【答案】** C

**【解答】** (1) $A(1, 0)$ 代入曲线方程得 $0 = 1 - 1 - a + b \Rightarrow a = b$,不充分.

(2) $a = 4$,$y = x^3 - x^2 - 4x + b$,不充分.

联合起来:

$y = x^3 - x^2 - 4x + 4 = x^2(x-1) - 4(x-1) = (x^2 - 4)(x-1) = (x+2)(x-2)(x-1)$,另外 2 个根为 $x_2 = 2$,$x_3 = -2$,则 $|BC| = 4$ 充分,故选 C.

**25.【答案】** E

**【解答】** 单独均不充分,考虑联合,得 $S_3 = \dfrac{a_1(1-q^3)}{1-q}$,$S_9 = \dfrac{a_1(1-q^9)}{1-q}$,

则 $\dfrac{S_9}{S_3} = \dfrac{a_1(1-q^9)}{1-q} \cdot \dfrac{1-q}{a_1(1-q^3)} = \dfrac{1-q^9}{1-q^3} = \dfrac{(1-q^3)(1+q^3+q^6)}{1-q^3} = (1+q^3+q^6) = 13$,得 $q^3 = -4$ 或 3,所以 $q$ 不唯一,不充分,故选 E.

# 2025 年管理类联考综合能力试题(数学部分)

**一、问题求解**(本大题共 15 小题,每小题 3 分,共 45 分)

1. 两瓶酒精溶液体积相同,酒精与水的体积之比分别为 1：2 和 2：3. 将这两瓶酒精溶液混合,混合后酒精与水的体积之比为(　　).

   (A) 7：13　　(B) 11：19　　(C) 23：37　　(D) 3：5　　(E) 5：7

2. 已知圆、正方形、等边三角形的周长分别为 $a$, $b$, $c$. 若它们的面积相等,则(　　).

   (A) $a < b < c$　(B) $a < c < b$　(C) $b < a < c$　(D) $b < c < a$　(E) $c < b < a$

3. 某人骑车从甲地前往乙地,前 1/3 路程的平均速度是 12 km/h,中间 1/3 路程的平均速度是 18 km/h,后 1/3 路程的平均速度是 12 km/h,此人全程的平均速度是(　　).

   (A) 12.5 km/h　　　　(B) 13 km/h　　　　(C) 13.5 km/h

   (D) 14 km/h　　　　(E) 14.5 km/h

4. 一项任务,甲单独完成需要 15 天,甲、乙 2 人共同完成需要 6 天,甲、乙、丙 3 人共同完成需要 4 天. 现在乙单独工作 1 天后,余下工作由甲、丙 2 人共同完成,还需要(　　).

   (A) 4 天　　(B) 5 天　　(C) 6 天　　(D) 7 天　　(E) 8 天

5. 如图 1 所示,圆的半径为 2,圆心角 $\angle AOB = 120°$,点 $C$ 是劣弧 $AB$ 上的动点,则四边形 $AOBC$ 面积的最大值为(　　).

   (A) $\sqrt{3}$　　(B) $2\sqrt{3}$　　(C) 4　　(D) $3\sqrt{3}$　　(E) $4\sqrt{3}$

6. 如图 2 所示,在大半球中挖去一个同心小半球,小半球直径为大半球直径的一半. 若小半球的体积为 20 cm³,则剩下部分的体积为(　　).

   (A) 160 cm³　(B) 140 cm³　(C) 100 cm³　(D) 80 cm³　(E) 60 cm³

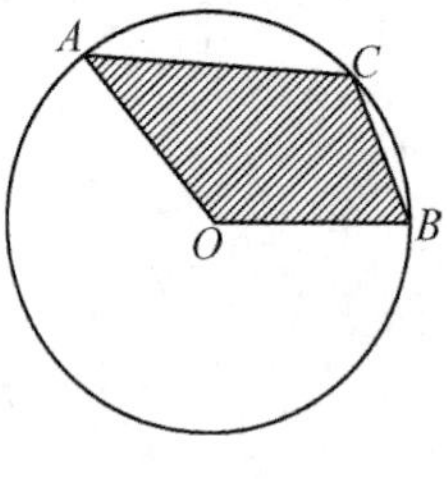

图1 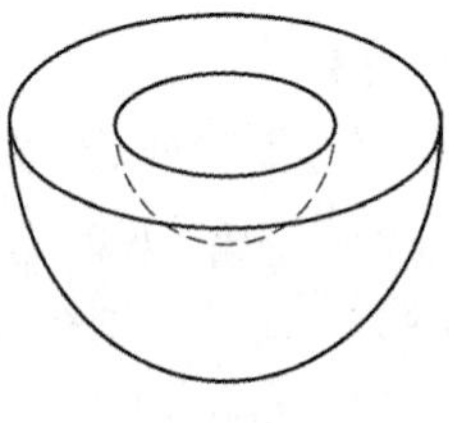　　　　　　　　　图2

7. 某单位举行田径赛,参加田赛项目的有 50 人,参加径赛项目的有 45 人. 已知该单位有 90 名员工,其中 18 人未参加比赛. 若两类项目均参加的女员工有 5 名,则两类项目均参加的男员工有(　　).

   (A) 10 人　　(B) 12 人　　(C) 14 人　　(D) 16 人　　(E) 18 人

8. 已知点 $A$ 是圆 $x^2 + y^2 - 16x - 12y + 75 = 0$ 的圆心. 过原点 $O$ 作该圆的一条切线,切点为 $B$,则三角形 $AOB$ 的面积为(　　).

   (A) $\frac{15}{2}\sqrt{5}$　　(B) $15\sqrt{5}$　　(C) 25　　(D) $25\sqrt{3}$　　(E) $\frac{25}{2}\sqrt{3}$

9. $1+2-3+4+5-6+7+8-9+10+\cdots+97+98-99=$（       ）.

 (A) 1 536  (B) 1 551  (C) 1 568  (D) 1 584  (E) 1 617

10. 如图 3 所示，在边长为 1 的正方形 $ABCD$ 中，$E$，$F$ 分别为 $AB$，$AD$ 的中点，$DE$，$BF$ 交于点 $O$. 四边形 $BCDO$ 的面积为（       ）.

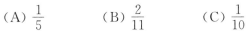

 (A) $\dfrac{2}{3}$  (B) $\dfrac{3}{4}$  (C) $\dfrac{5}{9}$

 (D) $\dfrac{7}{12}$  (E) $\dfrac{11}{18}$

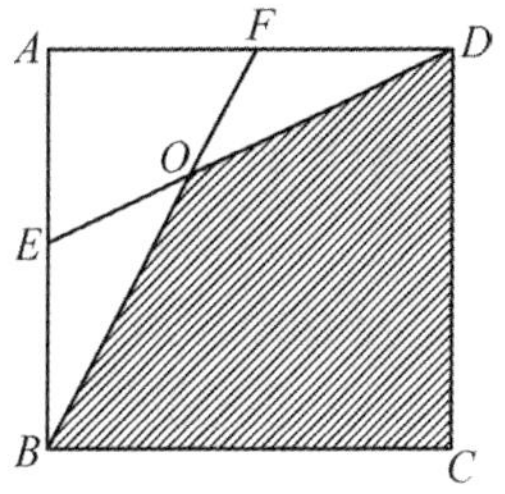

图 3

11. 已知 100 件商品中有 2 件次品. 将这些商品任意装入 10 箱，每箱 10 件，则 2 件次品被装入同一箱的概率为（       ）.

 (A) $\dfrac{1}{5}$  (B) $\dfrac{2}{11}$  (C) $\dfrac{1}{10}$

 (D) $\dfrac{1}{11}$  (E) $\dfrac{9}{100}$

12. 某公司有甲、乙、丙 3 个股东，甲的股份是丙的 2.4 倍，乙的股份是丙的 3 倍. 年底分红时，红利的 20% 由 3 人均分，其余部分按 3 人持有股份的比例分配. 已知丙分得 460 万元，则公司年底的红利总计为（       ）.

 (A) 2 400 万元 (B) 2 100 万元 (C) 1 800 万元 (D) 1 200 万元 (E) 1 000 万元

13. 袋中装有 2 个红球、3 个白球、4 个黑球. 随机取出 2 个球，它们同色的概率为（       ）.

 (A) $\dfrac{1}{6}$  (B) $\dfrac{1}{4}$  (C) $\dfrac{7}{36}$  (D) $\dfrac{5}{18}$  (E) $\dfrac{1}{3}$

14. 设 $a$，$b$，$c$，$d$ 为正整数. 若 $\dfrac{29}{35}=\dfrac{b}{a}+\dfrac{d}{c}$，则 $a+b+c+d$ 的最小值是（       ）.

 (A) 15  (B) 16  (C) 17  (D) 18  (E) 24

15. 如图 4 所示，$A$，$B$，$C$，$D$，$E$ 5 个集装箱堆放成 2 组，每次运走某组最上面的 1 个集装箱. 将 5 个集装箱全部运走，不同的搬运顺序有（       ）.

 (A) 5 种  (B) 6 种  (C) 10 种

 (D) 12 种  (E) 15 种

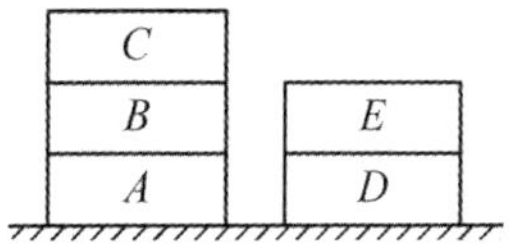

图 4

**二、条件充分性判断**(本大题共 10 小题，每小题 3 分，共 30 分)

 要求判断每小题给出的条件(1)和条件(2)能否充分支持题干所陈述的结论. A、B、C、D、E 五个选项为判断结果，请选择一项符合题目要求的判断.

 (A) 条件(1)充分，但条件(2)不充分.

 (B) 条件(2)充分，但条件(1)不充分.

 (C) 条件(1)和条件(2)单独都不充分，但条件(1)和条件(2)联合起来充分.

 (D) 条件(1)充分，条件(2)也充分.

 (E) 条件(1)和条件(2)单独都不充分，条件(1)和条件(2)联合起来也不充分.

16. 甲、乙、丙 3 人共同完成了一批零件的加工，3 人的工作效率互不相同，已知他们的工作效率之比，则能确定这批零件的数量.

 (1) 已知甲、乙两人加工零件数量之差

(2) 已知甲、丙两人加工零件数量之和

17. 设 $m,n$ 为正整数. 则能确定 $m,n$ 的乘积.

   (1) 已知 $m,n$ 的最大公约数

   (2) 已知 $m,n$ 的最小公倍数

18. 甲班有 34 人, 乙班有 36 人. 在满分为 100 的考试中, 甲班总分数与乙班总分数相等, 则可知两班的平均分之差.

   (1) 两班的平均分都是整数

   (2) 乙班的平均分不低于 65

19. 如图 5 所示, 在菱形 $ABCD$ 中, $M,N$ 分别为 $AD$ 和 $CD$ 的中点, $P$ 是 $AC$ 上的动点. 则能确定 $PM+PN$ 的最小值.

   (1) 已知 $AC$

   (2) 已知 $AB$

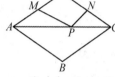

图 5

20. 在分别标记了数字 $1,2,3,4,5,a$ 的 6 张卡片中随机抽取 2 张, 则这 2 张卡片上的数字之和为奇数的概率大于 $\frac{1}{2}$.

   (1) $a=7$

   (2) $a=8$

21. 设 $a,b$ 为实数, 则 $(a+b\sqrt{2})^{\frac{1}{2}}=1+\sqrt{2}$.

   (1) $a=3, b=2$

   (2) $(a-b\sqrt{2})(3+2\sqrt{2})=1$

22. 设 $p,q$ 是常数. 若等腰三角形的底和腰的长是方程 $x^2-3px+q=0$ 的 2 个不同的根, 则能确定该三角形.

   (1) $q\leqslant 2p^2$

   (2) $p\geqslant 2$

23. 设 $x,y$ 是实数. 则 $\sqrt{2x^2+2y^2}-|x|-y^2\geqslant 0$.

   (1) $|x|\leqslant 1$

   (2) $|y|\leqslant 1$

24. 已知 $a_1,a_2,a_3,a_4,a_5$ 为实数, 则 $a_1,a_2,a_3,a_4,a_5$ 成等差数列.

   (1) $a_1+a_5=a_2+a_4$

   (2) $a_1+a_5=2a_3$

25. 已知曲线 $L: y=a(x-1)(x-7)$, 则能确定实数 $a$ 的值.

   (1) $L$ 与圆 $(x-4)^2+(y+1)^2=10$ 恰有 3 个交点

   (2) $L$ 与圆 $(x-4)^2+(y-4)^2=25$ 有 4 个交点

# 2025 年管理类联考综合能力试题(数学部分)详解

1.【答案】 B

【解答】 两瓶酒精溶液体积相同,可以统一两瓶酒精溶液的总份数为 3 与 5 的最小公倍数 15,则有
$\begin{cases} 1:2=5:10 \\ 2:3=6:9 \end{cases}$,故混合后酒精与水的体积之比为 $(5+6):(10+9)=11:19$.

2.【答案】 A

【解答】 **解法1** 设圆的半径为 $r$,正方形的边长为 $m$,三角形的边长为 $n$,则有 $r=\dfrac{a}{2\pi}$,$m=\dfrac{b}{4}$,$n=\dfrac{c}{3}$.由三者面积相等,得 $\dfrac{a^2}{4\pi}=\dfrac{b^2}{16}=\dfrac{\sqrt{3}}{36}c^2$,可得 $a<b<c$.

**解法2** 设圆的半径为 $r$,正方形的边长为 $x$,等边三角形的边长为 $y$,由题意可知 $S=\pi r^2=x^2=\dfrac{\sqrt{3}}{4}y^2$,得 $r=\dfrac{x}{\sqrt{\pi}}$,$y=\dfrac{2x}{\sqrt{3}}$,故 $a=2\pi\cdot\dfrac{x}{\sqrt{\pi}}=2\sqrt{\pi}x$,$b=4x$,$c=\dfrac{6x}{\sqrt{3}}$,即 $a^2=4\pi x^2$;$b^2=16x^2$;$c^2=12\sqrt{3}x^2$,从而可得 $a<b<c$.

【经验】 平面几何中,周长一定,图形越接近于圆,面积越大;面积一定,图形越接近于圆,周长越小.

3.【答案】 C

【解答】 假设甲、乙两地之间 1/3 的路程为 36 千米,则此人全程的平均速度为 $\dfrac{36\times3}{\dfrac{36}{12}+\dfrac{36}{18}+\dfrac{36}{12}}=$ $13.5$ km/h.

4.【答案】 C

【解答】 设总工作量为 60,则甲、乙、丙完成工作的速度为:$\begin{cases} v_{甲}=4 \\ v_{甲}+v_{乙}=10 \\ v_{甲}+v_{乙}+v_{丙}=15 \end{cases}$,得 $v_{乙}=6$,$v_{丙}=5$,所以余下工作由甲、丙两人共同完成还需要 $\dfrac{60-6}{4+5}=6$(天).

5.【答案】 B

【解答】 如图 1 所示,当 $OC\perp AB$ 时,四边形 $AOBC$ 的面积最大,此时三角形 $AOC$ 和三角形 $BOC$ 都是等边三角形,$(S_{AOBC})_{max}=2\times\dfrac{\sqrt{3}}{4}\times2^2=2\sqrt{3}$.

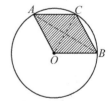

图 1

6.【答案】 B

【解答】 设小半球的半径为 $R$,则大半球的半径为 $2R$.
由 $V_{小半球}=\dfrac{1}{2}\times\dfrac{4}{3}\pi R^3=20$,故 $V_{大半球}=\dfrac{1}{2}\times\dfrac{4}{3}\pi\times(2R)^3=160$,所以 $V_{剩余}=V_{大半球}-V_{小半球}=140$.

7.【答案】 E

【解答】 设两类项目都参加的有 $x$ 人.由图 2 集合计数可得 $50+45-x+18=90$,则 $x=23$,所以两类项目均参加的男员工有 $23-5=18$(人).

8.【答案】 E

【解答】 $x^2+y^2-16x-12y+75=0\Rightarrow(x-8)^2+(y-6)^2=25$,圆心为 $(8,6)$,半径 $r=5$.如图 3

所示,在 Rt$\triangle AOB$ 中,$AO = 10$,$AB = 5$,$OB = 5\sqrt{3}$,则 $S_{\triangle AOB} = \frac{1}{2} \times 5\sqrt{3} \times 5 = \frac{25}{2}\sqrt{3}$.

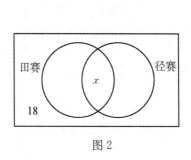

图 2

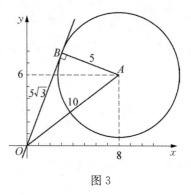

图 3

9. 【答案】 D

【解答】 $(1 + 2 - 3) + (4 + 5 - 6) + (7 + 8 - 9) + \cdots + (97 + 98 - 99)$

$= 0 + 3 + 6 + \cdots + 96$

$= \dfrac{(0 + 96) \times 33}{2}$

$= 1\,584$

10. 【答案】 A

【解答】 **解法1** 如图 4 所示,连接 $EF$,$BD$.

$\triangle OEF \backsim \triangle ODB \Rightarrow \dfrac{OE}{OD} = \dfrac{EF}{BD} = \dfrac{1}{2} \Rightarrow S_{\triangle OBD} = 2S_{\triangle OBE}$

$\Rightarrow S_{\triangle EBD} = 3S_{\triangle OBE} = \dfrac{1}{2}S_{\triangle MBD} = \dfrac{1}{4} \Rightarrow S_{\triangle OBE} = \dfrac{1}{12}$

$\Rightarrow S_{\triangle OBD} = \dfrac{1}{6} \Rightarrow S_{BCDD} = S_{\triangle OBD} + S_{\triangle CBD} = \dfrac{1}{6} + \dfrac{1}{2} = \dfrac{2}{3}$.

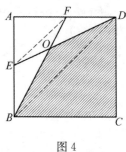

图 4

**解法2** 连接 $AO$,由 $E$,$F$ 分别为 $AB$,$AD$ 的中点,则有 $S_{\triangle AOF} = S_{\triangle DOF} = S_{\triangle AOE} = S_{\triangle BOE}$. 又 $S_{\triangle AOF} + S_{\triangle DOF} + S_{\triangle AOE} = 3S_{\triangle AOF} = S_{\triangle AED} = \dfrac{1}{2} \times \dfrac{1}{2} \times 1$,

故 $S_{\triangle AOF} = \dfrac{1}{12}$,所以 $S_{阴影} = S_{正} - 4S_{\triangle AOF} = 1 - \dfrac{1}{3} = \dfrac{2}{3}$.

11. 【答案】 D

【解答】 **解法1** 根据题意可知 $P = \dfrac{C_{10}^1 C_{98}^8 C_{90}^{10} C_{80}^{10} \cdots C_{10}^{10}}{C_{100}^{10} C_{90}^{10} \cdots C_{10}^{10}} = \dfrac{10 C_{98}^8}{C_{100}^{10}} = \dfrac{1}{11}$.

**解法2** 若只考虑 2 件次品,假设每个箱子有 10 个位置.

2 件次品放在 100 个位置有 $A_{100}^2$ 种可能,2 件次品放在同一个箱子有 $C_{10}^1 A_{10}^2$ 种可能,则 2 件次品被装入同一箱的概率 $P = \dfrac{C_{10}^1 A_{10}^2}{A_{100}^2} = \dfrac{1}{11}$.

**解法3** 把 100 个产品看成 100 个位置.第一个次品有 100 个位置好选,随便放;第二个次品有 99 个位置好选,但要与第一个次品在同一组,有 9 个位置可选,所以概率 $P = \dfrac{100}{100} \times \dfrac{9}{99} = \dfrac{1}{11}$.

12. 【答案】 A

【解答】 **解法1** (总量还原)

设甲、乙、丙的股份比例为 $2.4 : 3 : 1 = 12 : 15 : 5$,丙的分红比例为 $\dfrac{1}{3} \times 20\% + \dfrac{5}{12 + 15 + 5} \times 80\% =$

$\dfrac{115}{600}$,年底红利 $= 460 \div \dfrac{115}{600} = 2\,400$(万元).

**解法2**(列方程)

设年终总红利为 $x$,则 $\dfrac{20\% x}{3} + 80\% x \times \dfrac{1}{2.4+1+3} = 460$,解得 $x = 2\,400$(万元).

**13.【答案】** D

**【解答】** 9 个球随机取出 2 个球共有 $C_9^2 = 36$ 种取法,2 个球同色的取法有 $C_2^2 + C_3^2 + C_4^2 = 10$(种),则取出 2 个球同色的概率 $P = \dfrac{C_2^2 + C_3^2 + C_4^2}{C_9^2} = \dfrac{10}{36} = \dfrac{5}{18}$.

**14.【答案】** C

**【解答】** $\dfrac{29}{35} = \dfrac{b}{a} + \dfrac{d}{c} = \dfrac{bc+ad}{ac}$,则 $(a \times c)_{\min} = 35$.

不妨设 $a = 5$, $c = 7$,此时分子 $7b + 5d = 29$,穷举得 $b = 2$, $d = 3$.

所以 $(a+b+c+d)_{\min} = 5 + 2 + 7 + 3 = 17$.

**15.【答案】** C

**【解答】** **解法1**(定序):排 $A$, $B$, $C$, $D$, $E$ 的顺序共有 $A_5^5$ 种,$C$, $B$, $A$ 之间的顺序固定除 $A_3^3$, $E$, $D$ 之间的顺序固定除 $A_2^2$,所以有 $\dfrac{A_5^5}{A_3^3 A_2^2} = 10$(种).

**解法2**(组合):由题意,排 $A$, $B$, $C$, $D$, $E$ 的顺序一共有 5 步.

$C$, $B$, $A$ 之间的顺序固定,从 5 个位置选 3 个位置放 $C$, $B$, $A$,有 $C_5^3$ 种;

$E$, $D$ 之间的顺序固定,从剩下 2 个位置选 2 个位置放 $E$, $D$,有 $C_2^2$ 种;

共有 $C_5^3 \times C_2^2 = 10$ 种.

**解法3**(穷举):直接两分法穷举也可以得到共 10 种.

**16.【答案】** D

**【解答】** 不妨设甲、乙、丙的工作效率之比为 $3:2:1$,由于时间相同,甲、乙、丙完成的工作量之比为 $3:2:1$,设甲、乙、丙加工的零件数分别为 $3k$, $2k$, $k$,则零件的总数为 $6k$.

条件(1)已知甲、乙两人加工零件数量之差 $k$,能确定零件的总数,充分.

条件(2)已知甲、丙两人加工零件数量之和 $4k$,能确定零件的总数,充分.选 D.

**17.【答案】** C

**【解答】** 设 $m$, $n$ 的最大公约数为 $(m,n)$, $m$, $n$ 的最小公倍数为 $[m,n]$,则由 $m \times n = (m,n) \times [m,n]$ 可知单独都不充分,联合充分.选 C.

**18.【答案】** E

**【解答】** 设甲、乙 2 班的平均分分别为 $x$, $y$,根据题干得 $34x = 36y \Rightarrow \dfrac{x}{y} = \dfrac{36}{34} = \dfrac{18}{17}$.设 $x = 18k$, $y = 17k$,则 $x - y = k$.

单独显然不充分,考虑联合,则 $65 \leqslant 17k \leqslant 100$,则 $k = 4, 5$,不唯一,不充分.选 E.

**19.【答案】** B

**【解答】** 如图 5 所示,作 $N$ 点关于对角线 $AC$ 的对称点 $N'$,结合菱形的对称性可知,$N'$ 为边 $BC$ 的中点,且 $PN = PN'$,则 $PM + PN = PM + PN'$.当点 $M$, $P$, $N'$ 共线时,$PM + PN'$ 取最小值,此时 $PM + PN' = AB$.故条件(1)不充分,条件(2)充分.选 B.

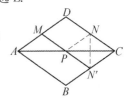

图 5

**20.【答案】** D

**【解答】** 6 张卡片中随机抽取 2 张共有 $C_6^2 = 15$ 种取法.

2 个整数的和为奇数,这 2 个数一奇一偶.

条件(1)6 个数中有 4 个奇数和 2 个偶数,

一奇一偶的取法有 $C_4^1 C_2^1 = 8$ 种,其概率 $P = \dfrac{8}{15} > \dfrac{1}{2}$,充分.

条件(2)6 个数中有 3 个奇数和 3 个偶数,

一奇一偶的取法有 $C_3^1 C_3^1 = 9$ 种,其概率 $P = \dfrac{9}{15} > \dfrac{1}{2}$,充分. 选 D.

**21.【答案】** A

【解答】 结论 $(a + b\sqrt{2})^{\frac{1}{2}} = 1 + \sqrt{2} \Leftrightarrow a + b\sqrt{2} = 3 + 2\sqrt{2}$.

条件(1) $a = 3, b = 2$,充分.

条件(2) $(a - b\sqrt{2})(3 + 2\sqrt{2}) = 1$,则 $a - b\sqrt{2} = \dfrac{1}{3 + 2\sqrt{2}} = 3 - 2\sqrt{2}$.

反例 $a = 3 - 2\sqrt{2}, b = 0$,此时 $(a + b\sqrt{2})^{\frac{1}{2}} = (3 - 2\sqrt{2})^{\frac{1}{2}} = \sqrt{2} - 1$,不充分.

【注意】题目 $a, b$ 为实数,如果 $a, b$ 为有理数,则条件(2)也充分,选 D.

**22.【答案】** A

【解答】 设 $x^2 - 3px + q = 0$ 的 2 个不同的根为 $a, b$,不妨令 $a > b$. 若以 $a$ 为腰长,$b$ 为底长,必可构成等腰三角形. 当 $b + b > a$ 时,以 $b$ 为腰长,$a$ 为底长,也可构成等腰三角形;当 $b + b \leqslant a$ 时,则不能以 $b$ 为腰长,$a$ 为底长构成等腰三角形.

故确定该三角形 $\Leftrightarrow b + b \leqslant a$

$$\Leftrightarrow 2 \times \frac{3p - \sqrt{\Delta}}{2} \leqslant \frac{3p + \sqrt{\Delta}}{2}(边长为正,则 \ p > 0)$$

$$\Leftrightarrow p \leqslant \sqrt{\Delta} \Leftrightarrow p^2 \leqslant \Delta = (-3p)^2 - 4q \Leftrightarrow q \leqslant 2p^2.$$

故条件(1)充分.

条件(2)反例 $p = 3, q = 20$ 时,2 个根为 4 或 5,此时等腰三角形可以为 4,4,5 或 4,5,5,不能确定,不充分. 选 A.

**23.【答案】** B

【解答】 条件(1)反例 $x = 0, y = 2$,$\sqrt{2x^2 + 2y^2} - |x| - y^2 = 2\sqrt{2} - 4 < 0$,不充分.

条件(2)

**解法 1** (利用非负性) $\sqrt{2x^2 + 2y^2} - |x| - y^2 \geqslant 0 \Leftrightarrow \sqrt{2x^2 + 2y^2} \geqslant |x| + y^2$,两边同时平方得 $2x^2 + 2y^2 \geqslant (|x| + y^2)^2 = x^2 + 2|x|y^2 + y^4 \Leftrightarrow x^2 - 2|x|y^2 + y^4 + 2y^2 - 2y^4 \Leftrightarrow (|x| - y^2)^2 + 2y^2(1 - y^2) \geqslant 0$.要使该等式恒成立,则只需要 $1 - y^2 \geqslant 0$ 即可,即 $|y| \leqslant 1$,故条件(2) 充分.

**解法 2** (基本不等式变形):

$x^2 + y^2 \geqslant 2xy \Leftrightarrow |x|^2 + |y|^2 \geqslant 2|x||y| \Leftrightarrow 2|x|^2 + 2|y|^2 \geqslant 2|x||y| + |x|^2 + |y|^2 = (|x| + |y|)^2$,即 $\sqrt{2|x|^2 + 2|y|^2} \geqslant |x| + |y|$,现在只需证明 $|x| + |y| \geqslant |x| + y^2$ 即可,即只需证明 $|y| \geqslant y^2 \Leftrightarrow |y| \leqslant 1$,故条件(2) 充分.

**解法 3** (非负性不等式):

$\sqrt{2x^2 + 2y^2} = \sqrt{x^2 + y^2 + x^2 + y^2} \geqslant \sqrt{x^2 + y^2 + 2|x||y|} = |x| + |y| \geqslant |x| + y^2$,

当 $|y| \leqslant 1 \Rightarrow |y| \geqslant y^2$,充分.

**解法 4** (柯西不等式):

$(x^2 + y^2)(1^2 + 1^2) \geqslant (|x| + |y|)^2 \Leftrightarrow \sqrt{2(x^2 + y^2)} \geqslant |x| + |y|$,现在只需证明 $|x| + |y| \geqslant |x| + y^2$ 即可,即只需证明 $|y| \geqslant y^2 \Leftrightarrow |y| \leqslant 1$,故条件(2) 充分,选 B.

**24.【答案】** E

【解答】 反例 0,2,3,4,6,所以两条件单独均不充分,联合也不充分. 选 E.

【注意】$a_1$,$a_2$,$a_3$,$a_4$,$a_5$ 成等差数列 $\Rightarrow a_1 + a_5 = a_2 + a_4 = 2a_3$,但反之不行.

25.【答案】　C

【解答】　两条件的圆与曲线 $L$ 都经过点$(1,0)$和$(7,0)$.

条件(1),如图 6 所示,曲线 $L_1$,$L_2$ 与圆 $(x-4)^2 + (y+1)^2 = 10$ 均有 3 个交点,曲线 $L$ 不唯一,不充分.

条件(2),如图 6 所示,曲线 $L_1$,$L_3$ 与圆 $(x-4)^2 + (y-4)^2 = 25$ 均有 4 个交点,曲线 $L$ 不唯一,不充分.

两条件联合,有唯一的曲线 $L_1$,充分,选 C.

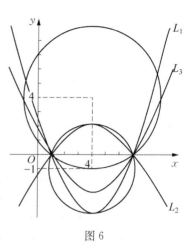

图 6

# 附 录
# 数学公式速查

## 一、数

1. 整数 **Z** 的奇偶数

(1) 偶数：能被 2 整除的整数，表示为 $2k(k \in \mathbf{Z})$.

奇数：不能被 2 整除的整数，表示为 $2k+1(k \in \mathbf{Z})$.

(2) 奇数 $\pm$ 奇数 ＝ 偶数，偶数 $\pm$ 偶数 ＝ 偶数，奇数 $\pm$ 偶数 ＝ 奇数.

奇数 $\times$ 奇数 ＝ 奇数，奇数 $\times$ 偶数 ＝ 偶数，偶数 $\times$ 偶数 ＝ 偶数.

2. 质数与合数

(1) 质数：比 1 大的正整数中，只有 1 和本身 2 个约数.

(2) 合数：比 1 大的正整数中，非质即合.

(3) 20 以内的质数：2，3，5，7，11，13，17，19.

3. 实数

1) 有理数的本质

若 $m = \dfrac{a}{b}$，$a \in \mathbf{Z}$，$b \in \mathbf{Z}$，$b \neq 0$，则 $m$ 一定为有理数.

2) 运算

(1) 有理数 $+-\times\div$ 有理数→有理数.

(2) 无理数 $+-\times\div$ 无理数→不确定.

(3) 有理数 $\pm$ 无理数→无理数.

(4) 有理数 $\times$ 无理数→ $\begin{cases} \text{有理数（前面有理数为 0）} \\ \text{无理数} \end{cases}$.

## 二、整式

1. 常用公式

(1) $(a \pm b)^2 = a^2 \pm 2ab + b^2$.

(2) $(a+b+c)^2 = a^2 + b^2 + c^2 + 2ab + 2bc + 2ac$.

(3) $a^2 - b^2 = (a+b)(a-b)$.

(4) $a^3 \pm b^3 = (a+b)(a^2 \mp ab + b^2)$.

2. 一次因式定理与余式定理

若整式 $f(x)$ 除以 $(x-a)$ 所得的商式为 $g(x)$，余式为 $r(x)$，则有

$$f(x) = (x-a) \cdot g(x) + r(x)$$

此时 $f(a) = r(a)$.

如果 $r(x) = 0$，称为整式 $f(x)$ 能被 $(x-a)$ 整除，或 $(x-a)$ 是 $f(x)$ 的因式，此时 $f(a) = 0$.

### 三、绝对值、平均值

1. 绝对值

定义：$|a| = \begin{cases} a, & a \geqslant 0 \\ -a, & a < 0 \end{cases}$.

性质：

(1) 非负性：$|a| \geqslant 0$.

(2) 对称性：$|-a| = |a|$.

(3) 自比性：$-|a| \leqslant a \leqslant |a|$.

(4) 平方性：$|a|^2 = a^2$.

(5) 根式性：$\sqrt{a^2} = |a|$.

(6) 乘除性：$|a \cdot b| = |a| \cdot |b|$，$\left| \dfrac{a}{b} \right| = \dfrac{|a|}{|b|}(b \neq 0)$.

(7) 范围性：若 $b > 0$，则 $|a| < b \Leftrightarrow -b < a < b$；$|a| > b \Leftrightarrow a < -b$ 或 $a > b$.

(8) 绝对值三角不等式：$||x| - |y|| \leqslant |x + y| \leqslant |x| + |y|$.

(9) $f(x) = |x - a| + |x - b|$ 的最小值是 $f(x) = |a - b|$.

$f(x) = |x - a| - |x - b|$ 的最大值是 $f(x) = |a - b|$，最小值是 $f(x) = -|a - b|$.

2. 平均值与均值不等式

(1) 定义：$a$，$b$，$c$ 的算术平均值：$\dfrac{a + b + c}{3}$，$a$，$b$，$c$ 的几何平均值：$\sqrt[3]{abc}$ $(a, b, c > 0)$.

(2) 均值不等式：$\dfrac{a + b}{2} \geqslant \sqrt{ab}$.

一正：$a > 0$，$b > 0$.

二定：$a + b$ 为定值时可求 $ab$ 的最大值；$ab$ 为定值时可求 $a + b$ 的最小值.

三相等：当且仅当 $a = b$ 时，等号成立.

### 四、函数、方程、不等式

1. 一元二次函数表达式

(1) 一般式：$y = ax^2 + bx + c(a \neq 0)$.

(2) 配方式：$y = a\left(x + \dfrac{b}{2a}\right)^2 + \dfrac{4ac - b^2}{4a}$，顶点坐标：$\left(-\dfrac{b}{2a}, \dfrac{4ac - b^2}{4a}\right)$，对称轴：$x = -\dfrac{b}{2a}$.

(3) 零点式：$f(x) = a(x - x_1)(x - x_2)$，其中，$f(x_1) = f(x_2) = 0$.

2. 一元二次方程：$ax^2 + bx + c = 0(a \neq 0)$

判别式：$\Delta = b^2 - 4ac$

(1) 当 $\Delta > 0$ 时，有两个不相等的实数根.

(2) 当 $\Delta = 0$ 时，有两个相等实数根.

(3) 当 $\Delta < 0$ 时，方程无实数根.

求根公式：$x = \dfrac{-b \pm \sqrt{b^2 - 4ac}}{2a}$.

韦达定理：$x_1 + x_2 = -\dfrac{b}{a}$，$x_1 x_2 = \dfrac{c}{a}$.

两根之间的距离是：$|x_1 - x_2| = \dfrac{\sqrt{\Delta}}{|a|}$.

3. 不等式恒成立与无解问题

$f(x) > a$ 恒成立 $\Leftrightarrow f(x)_{\min} > a$.

$f(x) > a$ 无解 $\Leftrightarrow f(x) \leqslant a$ 恒成立 $\Leftrightarrow f(x)_{\max} \leqslant a$.

## 五、数列

(1) 已知数列的前 n 项和 $S_n$，则 $a_n = \begin{cases} S_1, & n = 1 \\ S_n - S_{n-1}, & n \geqslant 2 \end{cases}$.

(2) 等差数列与等比数列(见表1).

**表1　等差数列与等比数列**

| | 等差数列 | 等比数列 |
|---|---|---|
| 实例 | $1, 3, 5, 7, 9, \cdots$ | $2, 4, 8, 16, 32, \cdots$ |
| 定义 | $a_{n+1} - a_n = d$（常数） | $\dfrac{a_{n+1}}{a_n} = q$（常数） |
| 通项 | $a_n = a_1 + (n-1)d$ | $a_n = a_1 \cdot q^{n-1}$ |
| 三项 | 数列 $a$、$b$、$c$ 成等差数列 $\Leftrightarrow b = \dfrac{a+c}{2}$ | 数列 $a$、$b$、$c$ 成等比数列 $\Rightarrow b^2 = ac$ |
| 角标 | 如果 $m + n = s + t$，则有 $a_m + a_n = a_s + a_t$ | 如果 $m + n = s + t$，则有 $a_m \cdot a_n = a_s \cdot a_t$ |
| 求和 | $S_n = \dfrac{n(a_1 + a_n)}{2}$，$S_n = na_1 + \dfrac{n(n-1)}{2}d$ | $S_n = \begin{cases} \dfrac{a_1(1-q^n)}{1-q}, & (q \neq 1) \\ na_1, & (q = 1) \end{cases}$ 若 $\|q\| < 1$,则该数列的所有项和 $S = \dfrac{a_1}{1-q}$ |
| 性质 | $S_n$, $S_{2n} - S_n$, $S_{3n} - S_{2n}$, $\cdots$,仍成等差数列 | $S_n$, $S_{2n} - S_n$, $S_{3n} - S_{2n}$, $\cdots$,仍成等比数列 |

## 六、平面几何

1. 三角形

三角形的三条边：①任意的两边之和大于第三条边；②任意的两边之差小于第三条边.

面积：$S = \dfrac{1}{2} \times 底 \times 高$.

直角三角形：勾股定理 $a^2 + b^2 = c^2$（例如：$a = 3$, $b = 4$, $c = 5$；$a = 5$, $b = 12$, $c = 13$；$\cdots$）.

三角形相似：对应边成比例,对应角相等,面积之比 = 相似比$^2$.

2. 四边形

(1) 菱形：对角线分别为 $m$、$n$,面积为 $S = \dfrac{1}{2}mn$.

（2）梯形：①面积：$S = \dfrac{1}{2} \times (上底 + 下底) \times 高$.

② 蝴蝶定理（见图 1）：$S_3 = S_4$；$S_1 S_2 = S_3 S_4 = S_3^2$.

3. 圆与扇形（见图 2）

1）圆

（1）周长：$C = 2\pi r$.

（2）面积：$S = \pi r^2$.

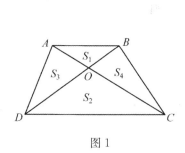

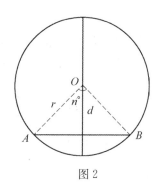

图 1　　　　　　　　　　　　　　　图 2

2）扇形

（1）弧长：$L = \dfrac{n^\circ}{360^\circ} \times 2\pi r$.

（2）扇形面积：$S = \dfrac{n^\circ}{360^\circ} \times \pi r^2$.

（3）性质：①直径所对的圆周角为直角；②同弧所对的圆心角是圆周角的 2 倍；③垂径定理：垂直于弦的直径平分这条弦，弦长公式 $AB = 2\sqrt{r^2 - d^2}$.

# 七、立体几何

1. 长方体（见图 3）

（1）表面积：$S = 2(ab + bc + ac)$.

（2）体积：$V = abc$.

（3）体对角线：$l = \sqrt{a^2 + b^2 + c^2}$.

2. 圆柱体（见图 4）

（1）侧面积：$S_{侧} = 2\pi rh$.

（2）全面积：$S_{全} = 2\pi rh + 2\pi r^2$.

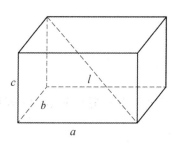

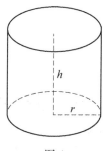

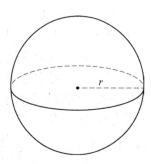

图 3　　　　　　　　　　　图 4　　　　　　　　　　　图 5

(3) 体积：$V = \pi r^2 h$.

3. 球体(见图 5)

(1) 表面积：$S = 4\pi r^2$.

(2) 体积：$V = \dfrac{4}{3}\pi r^3$.

# 八、平面解析几何

1. 基本公式

点到点的距离公式：$P_1(x_1, y_1)$, $P_2(x_2, y_2)$，则 $|P_1P_2| = \sqrt{(x_1 - x_2)^2 + (y_1 - y_2)^2}$.

中点公式：$x = \dfrac{x_1 + x_2}{2}$, $y = \dfrac{y_1 + y_2}{2}$.

斜率：$P_1P_2$ 所在直线的斜率 $k = \dfrac{y_2 - y_1}{x_2 - x_1}$.

点 $P(x_0, y_0)$ 到直线 $Ax + By + C = 0$ 的距离公式：$d = \dfrac{|Ax_0 + By_0 + C|}{\sqrt{A^2 + B^2}}$.

2. 直线方程

点斜式：$y - y_0 = k(x - x_0)$，其中直线过点 $P(x_0, y_0)$，斜率为 $k$.

斜截式：$y = kx + b$，其中直线斜率为 $k$，在 $y$ 轴上截距为 $b$.

两点式：$\dfrac{y - y_1}{y_2 - y_1} = \dfrac{x - x_1}{x_2 - x_1}$，直线过两点 $A(x_1, y_1)$, $B(x_2, y_2)$, $(x_1 \neq x_2, y_1 \neq y_2)$.

截距式：$\dfrac{x}{a} + \dfrac{y}{b} = 1$，其中直线在 $x$ 轴、$y$ 轴上的截距分别为 $a$、$b(a, b \neq 0)$.

3. 圆的方程

(1) 标准方程：$x^2 + y^2 = r^2$，圆心为 $(0, 0)$，半径为 $r$；

$(x - a)^2 + (y - b)^2 = r^2$，圆心为 $(a, b)$，半径为 $r$.

(2) 一般方程：$x^2 + y^2 + Dx + Ey + F = 0$，经过配方得 $\left(x + \dfrac{D}{2}\right)^2 + \left(y + \dfrac{E}{2}\right)^2 = \dfrac{D^2 + E^2 - 4F}{4}(D^2 + E^2 - 4F > 0)$.

4. 点、直线、圆与圆的关系

1) 点与圆的位置关系

点与圆有三种位置关系：点在圆内，圆上，圆外.

点 $P(x_0, y_0)$ 与圆 $(x - a)^2 + (y - b)^2 = r^2$ 的位置关系判断：设点 $P$ 到圆心的距离为 $d = \sqrt{(a - x_0)^2 + (b - y_0)^2}$，则

(1) $d > r \Leftrightarrow$ 点 $P$ 在圆外.

(2) $d = r \Leftrightarrow$ 点 $P$ 在圆上.

(3) $d < r \Leftrightarrow$ 点 $P$ 在圆内.

2) 直线与圆的位置关系

直线 $l$: $Ax + By + C = 0$，圆：$(x - a)^2 + (y - b)^2 = r^2$ 的半径为 $r$，圆心 $M(a, b)$ 到直线 $l$ 的距离为 $d = \dfrac{|Aa + Bb + C|}{\sqrt{A^2 + B^2}}$，则

(1) $d < r \Leftrightarrow$ 直线 $l$ 与圆 $M$ 相交.

(2) $d = r \Leftrightarrow$ 直线 $l$ 与圆 $M$ 相切.

(3) $d > r \Leftrightarrow$ 直线 $l$ 与圆 $M$ 相离.

3) 两个圆的位置关系

设两圆的半径分别为 $R$，$r$，圆心距为 $d$，则：

(1) $d > R + r \Leftrightarrow$ 两圆外离.

(2) $d = R + r \Leftrightarrow$ 两圆外切.

(3) $R - r < d < R + r \Leftrightarrow$ 两圆相交.

(4) $d = R - r \Leftrightarrow$ 两圆内切.

(5) $0 < d < R - r \Leftrightarrow$ 两圆内含.

## 九、数据分析

1. 排列数公式

(1) $P_n^m = n(n-1)\cdots[n-(m-1)]$，实例：$P_7^3 = 7 \times 6 \times 5$.

(2) 全排列 $P_n^n = n(n-1)\cdots 3 \cdot 2 \cdot 1$，实例 $P_5^5 = 5 \times 4 \times 3 \times 2 \times 1$.

2. 排列数公式

$C_n^m = \dfrac{P_n^m}{P_m^m} = \dfrac{n!}{m!(n-m)!}$，实例：$C_8^5 = \dfrac{8 \times 7 \times 6 \times 5 \times 4}{5 \times 4 \times 3 \times 2 \times 1}$.

3. 组合数的性质

$C_n^m = C_n^{n-m}$.

4. 方差

$S^2 = \dfrac{1}{n}\left[(x_1 - \bar{x})^2 + (x_2 - \bar{x})^2 + \cdots + (x_n - \bar{x})^2\right]$.

## 十、应用题

1. 比例问题

(1) 甲比乙大 $p\% \Leftrightarrow$ 甲 $=$ 乙$(1 + p\%)$.

(2) 乙比甲少 $p\% \Leftrightarrow$ 乙 $=$ 甲$(1 - p\%)$.

(3) 增长率 $= \dfrac{现值 - 原值}{原值} \times 100\%$，减少率 $= \dfrac{|现值 - 原值|}{原值} \times 100\%$.

(4) 总量 $= \dfrac{部分量}{部分量对应的百分比}$

2. 浓度问题

浓度 $= \dfrac{溶质}{溶液} \times 100\%$（溶液 $=$ 溶质 $+$ 溶剂）

3. 行程问题

$s = vt$

4. 工程问题

工程量 $=$ 工程效率 $\times$ 工程时间